MANUEL

DE

CONCHYLIOLOGIE

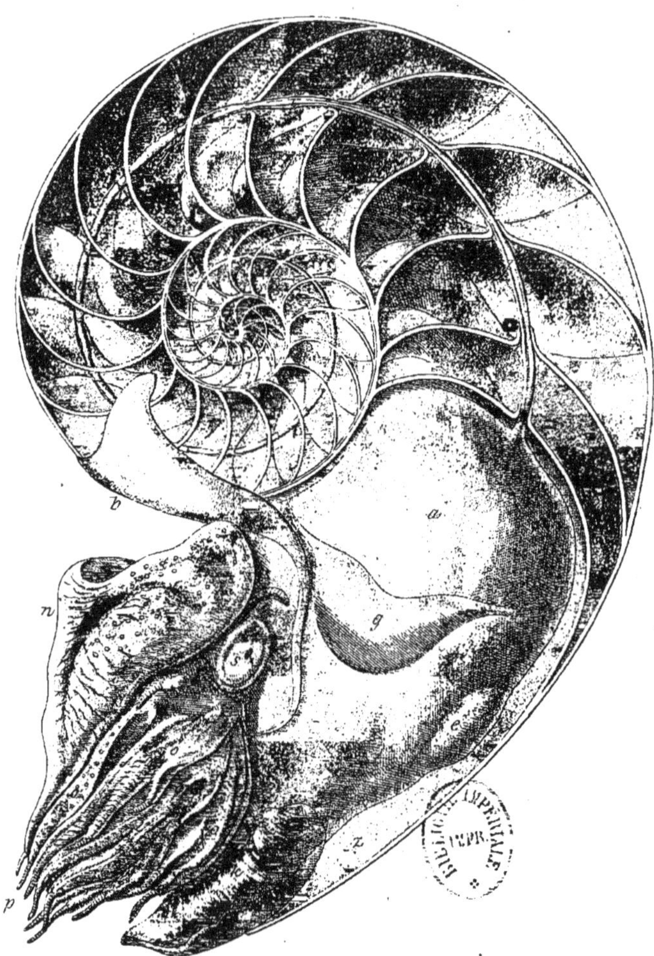

LE NAUTILE FLAMBÉ

(d'après Owen)

a — Le manteau	n — Capuchon
b — Son repli dorsal	ooo — Digitations extérieures
e — Glande nidamentaire	p — Tentacules
g — Muscle de la coquille	s — Oeil
iii — Siphon	xx — Cloisons
k — Entonnoir	z — Dernière loge

J.W. Lowry sc.

MANUEL

DE

CONCHYLIOLOGIE

OU

HISTOIRE NATURELLE

DES

MOLLUSQUES VIVANTS ET FOSSILES

PAR LE

Dʳ S. P. WOODWARD, A. L. S.

ANCIEN AIDE PALÉONTOLOGISTE AU BRITISH MUSEUM

AUGMENTÉ D'UN APPENDICE

PAR

RALPH TATE, A. L. S., F. G. S.

TRADUIT DE L'ANGLAIS SUR LA DEUXIÈME ÉDITION

PAR

ALOÏS HUMBERT

———

AVEC 23 PLANCHES CONTENANT 579 FIGURES

ET 297 GRAVURES DANS LE TEXTE

———

PARIS

F. SAVY, LIBRAIRE-ÉDITEUR

24, RUE HAUTEFEUILLE, 24

1870

PRÉFACE DE L'AUTEUR [1]

Ce Manuel, qui a été l'objet des préoccupations constantes de l'auteur pendant six ans, était destiné à servir d'accompagnement à la *Géologie* du général Portlock, et le désir de le rendre digne de cette association a entraîné à une dépense de travail et d'argent qui ne peut être compensée que par un débit considérable.

Dans les questions de classification et de nomenclature, l'auteur a suivi les conseils et l'exemple de son ancien collègue de la Société géologique de Londres, feu Édouard Forbes ; ce n'est qu'avec l'approbation de ce savant qu'il a introduit dans quelques cas exceptionnels des additions ou des modifications à la méthode et au plan adoptés dans l'*History of British Mollusca*.

La marche qu'il a suivie a été sanctionnée par la plus haute autorité scientifique de l'Angleterre; son plan est en effet le même que celui sur lequel ont été faits les cours du professeur Owen, et dressés les catalogues du musée Huntérien. Il a été adopté aussi par le docteur E. Balfour dans le musée de Madras, par le professeur Henslow dans son rapport à l'Association Britannique sur la

---

[1] En traduisant cette préface de la première édition anglaise, nous avons retranché quelques paragraphes qu'il nous paraissait inutile de reproduire dans cette nouvelle édition. (*Trad.*)

formation des collections typiques, et par le professeur Morris dans son *Catalogue of British Fossils*.

L'auteur a évité d'introduire dans ce Manuel des vues personnelles et particulières, et s'est attaché seulement à ce qui est solidement établi et sanctionné par les meilleurs maîtres.

Dans le but de faciliter les citations et de satisfaire aux besoins les plus généraux. l'on a réduit autant que possible le nombre des grands groupes et des genres de coquilles, et ceux qui n'ont qu'une importance secondaire ou qui sont vaguement définis, ont été indiqués comme sous-genres. Un grand nombre de noms faisant double emploi et inutiles ont été simplement cités, comme l'on peut s'en assurer en jetant un coup d'œil sur la table alphabétique où ils sont imprimés en italiques. L'auteur est d'accord avec l'habile botaniste sir J. E. Smith, pour désirer que « la classification ne soit pas encombrée de noms de cette nature ; » on ne les a admis ici que par respect pour l'usage et pour l'opinion générale[1].

Les règles de l'Association Britannique destinées à garantir l'uniformité, ont vu s'élever contre elles quelques adversaires remuants qui, sous le prétexte d'appliquer la « loi de priorité » (p. 50), cherchent à se distinguer par l'emploi de noms antérieurs à ceux de Linné, ainsi que de noms manuscrits. Mais cette manie est arrivée à ses dernières limites et tombera sous le mépris général, lorsqu'elle aura perdu le mérite de la nouveauté[2].

La recherche des dates est le travail le plus aride auquel un auteur puisse employer son temps ; il n'est jamais prudent de

---

[1] Toutes les bévues et les fautes d'orthographe des faiseurs de genres français et anglais ont été soigneusement relevées dans l'*Index Generum Malacozoorum*, que nous devons au consciencieux et regrettable docteur Hermannsen ; cet ouvrage est indispensable à tous ceux qui écrivent sur la conchyliologie.

[2] Un seul exemple suffira. Dans un compte rendu publié par E. Forbes dans l'*Atheneum*, le nom de la *Lottia fulva* avait été imprimé par erreur *Jothia fulva* ; quoique immédiatement corrigée, la faute d'impression donna naissance à un « genre nouveau » qui prit sa place dans les ouvrages de Gray, de Philippi, de Ca low, d'Adams, et d'autres conchyliologistes.

les prendre de seconde main, et même les citations des ouvrages originaux ne sont pas toujours satisfaisantes[1].

Les figures sur bois intercalées dans le texte, ont été gravées principalement par miss A. N. Waterhouse, d'après les dessins originaux de l'auteur; elles ont le mérite de représenter exactement ce que l'on désirait rendre.

Les gravures de M. Lowry se recommandent elles-mêmes; un grand nombre de figures ont été faites d'après des échantillons de sa collection, et l'on peut juger de l'intérêt qu'il a pris à cet ouvrage, d'après le soin avec lequel les caractères essentiels des coquilles ont été rendus.

[1] Les dates inscrites sur le titre des journaux et des mémoires de sociétés savantes ne sont pas ordinairement des *dates de publication*, mais elles se rapportent aux années *pour lesquelles* ces ouvrages sont livrés aux souscripteurs. Il devient, par la suite, presque impossible de corriger ces fausses dates.

MANUEL

DE CONCHYLIOLOGIE

PREMIÈRE PARTIE

CHAPITRE PREMIER

PLACE DES MOLLUSQUES DANS LE RÈGNE ANIMAL

Les animaux sont construits suivant cinq types différents qui constituent autant de divisions naturelles ou embranchements.

1. Le plus élevé de ces groupes est séparé de celui qui est immédiatement au-dessous de lui par une ligne de démarcation nettement tranchée. Dans ce groupe la masse principale du système nerveux est placée dans la région dorsale du corps et n'est jamais percée par le tube digestif. Elle est séparée du canal alimentaire par une cloison qui est le plus souvent osseuse et divisée en parties distinctes, connues sous le nom de vertèbres; dans un petit nombre de cas la cloison est cartilagineuse, et n'est pas divisée en partie distinctes. Les vertèbres sont un caractère commun des animaux de cet embranchement que l'on a appelés pour cela *Vertébrés*; mais elles n'en sont pas un caractère essentiel, comme ce nom semblerait l'impliquer. Des organes distincts sont consacrés aux fonctions de respiration et de circulation; les sexes sont généralement séparés, chaque individu se développe d'un seul œuf. Le sang est rouge.

2. Dans le second embranchement, celui des *Mollusques*, dont on peut

voir des exemples dans l'Escargot commun de nos jardins, le Nautile e
l'Huitre, les parties molles sont, dans la plupart des cas, protégées par
une coquille externe qui est plus dure que les os des vertébrés et que
la carapace du crabe ou du homard. Elle est composée presque exclusivement de carbonate de chaux, tandis que les os des vertébrés contiennent une grande proportion de phosphate de chaux. Les coquilles de
plusieurs Brachiopodes, tels que les *Lingula*, et de quelques Ptéropodes,
tels que les *Conularia*, sont riches en phosphate de chaux. La cavité di-
gestive est complétement séparée des parois du corps. Le système nerveux se compose de trois paires de ganglions, excepté dans les Brachiopodes, et ces centres nerveux sont très-dispersés; c'est pourquoi le
professeur Owen a proposé pour le grand groupe des Mollusques le nom
de *Heterogangliata*. L'extrémité du canal alimentaire voisine de la bouche est entourée par les ganglions qui fournissent des nerfs au pied et
à la tête.

3. Les différents groupes formés par les insectes, les araignées, les
crabes, les étoiles de mer, les oursins, les entozoaires, et les vers, n'ont
pas de squelette interne ; mais en revanche leurs téguments sont suffisamment durs pour servir à la fois de soutien, d'enveloppe et de protection pour les parties molles. Cette armature externe est divisée,
ainsi que le corps et les membres qu'elle recouvre, en segments ou anneaux, ce qui distingue nettement les animaux qui font partie de ce
groupe de tous les autres. On reconnaîtra la convenance de classer les
vers avec les insectes, si l'on se rappelle que même le papillon et
l'abeille commencent leur vie sous une apparence tout à fait vermiforme.
Cette division des animaux à articulations, porte le nom d'*Annelés* (*An-
nulosa*). Le système nerveux consiste chez eux en ganglions arrangés
par paires sur la ligne médiane du corps. En raison de ce développement symétrique des centres nerveux, M. le professeur Owen a donné à
ce groupe le nom de *Homogangliata*. Le système nerveux est traversé
par le canal alimentaire. Les animaux rayonnés forment une partie de
cet embranchement.

4. L'embranchement suivant comprend la plupart des Polypes, tels
que les anémones de mer, l'hydre d'eau douce, et les coraux, animaux
chez lesquels la cavité générale est en communication directe avec celle de
l'appareil digestif, disposition qui leur a valu le nom *Cœlentérés* (*Cœlen-
terata*). Les parties molles formant la paroi du corps sont composées de
deux membranes distinctes ; il n'y a pas de cœur, ni d'organe spécial
de respiration apparent, et, dans la plupart des cas, il n'y a que de très-
faibles traces d'un système nerveux.

5. Tous les animaux, tels que les éponges, les foraminifères et une
grande partie des animalcules microscopiques, qui ne rentrent pas dans
les groupes précédents, forment le dernier embranchement, celui des
Protozoaires (*Protozoa*). Ils sont caractérisés par une absence générale
de tout organe spécial.

Il semble que l'embranchement des Mollusques a des rapports beaucoup plus étroits avec celui des Protozoaires qu'avec aucun des autres. Il est toujours plus facile de descendre du point le plus élevé d'un embranchement à des êtres plus bas dans l'échelle zoologique, que de remonter à des êtres plus parfaits. Ainsi nous pouvons passer d'une forme à l'autre, depuis les Céphalopodes aux Brachiopodes et de ceux-ci aux Protozoaires, sans rencontrer aucune distinction tranchée. Nous pouvons passer, de même, des plus élevés des Annelés aux Protozoaires. Mais nous ne pouvons trouver aucune série continue de formes adultes qui relient les Annelés aux Mollusques, ou les Mollusques aux Vertébrés.

On emploie fréquemment les termes de supérieur et d'inférieur en parlant des animaux; il est important de se rappeler que ces expressions ne sont nullement destinées à indiquer qu'il y ait aucune différence quelconque dans le degré de perfection, ou qu'un animal soit moins bien adapté qu'un autre pour accomplir les actes vitaux. En disant qu'un animal a une organisation inférieure, l'on entend seulement exprimer que les fonctions vitales sont accomplies chez lui par le moyen d'un petit nombre d'organes. Plus le nombre des organes différents destinés à remplir des fonctions spéciales est grand, plus l'animal est considéré comme supérieur.

Les preuves fournies par les recherches géologiques semblent montrer que les types principaux de l'organisation animale ont existé à une époque relativement ancienne dans l'histoire du globe, et que toutes les formes qui ont laissé quelques indications de leur existence appartiennent à l'un de ces types. Les plus anciens fossiles connus aujourd'hui appartiennent aux Protozoaires; mais immédiatement après eux viennent les Mollusques.

En ajoutant à la population actuelle du monde les formes qui ont peuplé celui-ci à des époques depuis longtemps écoulées, nous pouvons arriver à quelque conception obscure du grand plan du règne animal. Si nous ne voyons pas aujourd'hui les limites du temple de la nature, et si nous ne saisissons pas entièrement ses contours, du moins pouvons nous être certains qu'il y a une limite à l'ordre de choses actuel et qu'il y a eu un plan que nôtre constitution mentale nous rend capables d'apprécier et d'étudier avec une admiration toujours croissante.

CLASSES DES MOLLUSQUES

Cet embranchement est formé de deux grands groupes, à savoir, les *Mollusques* proprement dits et les *Molluscoïdes*. Les *Mollusques* sont des animaux à corps mou, enveloppé d'un peau musculeuse, et ordinairement protégé par une coquille univalve ou bivalve. La partie de leur tégument qui contient les viscères et sécrète la coquille a reçu le nom de *manteau;* dans les univalves, il prend la forme d'un sac, avec une ouverture antérieure, par laquelle la tête et les organes locomoteurs font saillie; dans les bivalves il est divisé en deux lobes.

Les mollusques univalves sont *céphalés,* c'est-à-dire pourvus d'une tête distincte; ils ont des yeux et des tentacules, et leur bouche est armée de mâchoires ou de rangées de dents[1]. Cuvier les a divisés en trois classes basées sur les modifications de leurs pieds ou organes principaux de locomotion.

1. Les Seiches et les mollusques qui leur ressemblent forment la pre-

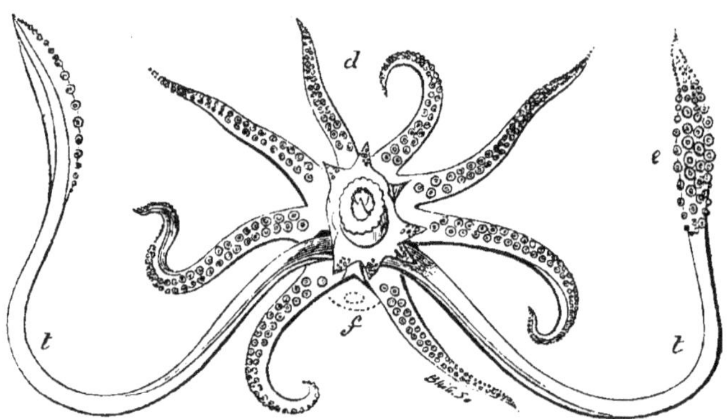

Fig. 1. — Céphalopode vu par sa face buccale[2].

mière classe, et ont reçu le nom de *Céphalopodes*[3] à cause de leurs pieds ou, pour mieux dire, de leurs *bras* qui sont attachés à·la tête de manière à former un cercle autour de la bouche.

---

[1] Une des difficultés que l'on rencontre dans l'étude des mollusques consiste dans l'emploi fréquent de termes tels que ceux de mâchoires, bras, pieds, etc. Le lecteur ne doit pas supposer que les parties ainsi désignées sont les homologues des organes portant les mêmes noms chez les vertébrés. Lorsqu'on les applique aux mollusques ces termes ont une signification vague et mal définie.

[2] Fig. 1. *Loligo vulgaris,* Lam. 1/4, d'après un échantillon pris devant Tenby, par M. J. S. Bowerbank. L'on voit au centre les mandibules qui sont entourées de la lèvre circulaire, la membrane buccale (avec deux rangs de petites ventouses sur ses lobes), les huit bras sessiles, et les longs tentacules (*t*) pédonculés, avec leurs extrémités élargies en massues (*e*). Les bras *dorsaux* sont indiqués par *d,* et l'entonnoir par *f.*

[3] De *képhalè,* tête, et *pous, podos,* pied. Voyez le frontispice et la pl. l.

2. Dans les *Gastéropodes* [1] qui ont pour type les Limaçons, la face inférieure du corps forme un seul pied musculaire sur lequel l'animal rampe ou glisse.

Fig. 2. — Gastéropode [2].   Fig. 3. — Ptéropode [3].

3. Les *Ptéropodes* [4] habitent seulement la mer, et se meuvent au moyen d'une paire de nageoires partant des côtés de la tête et s'étendant en dehors.

Les autres mollusques sont *acéphalés*, c'est-à-dire manquent de toute tête distincte ; ils sont tous aquatiques, et la plupart d'entre eux sont fixés ou n'ont pas de moyen de se transporter d'un lieu à un autre. On les divise en trois classes caractérisées par des modifications de leurs organes respiratoires et de leur coquille.

4. Les *Brachiopodes* [5] sont des bivalves ayant une valve placée sur le dos

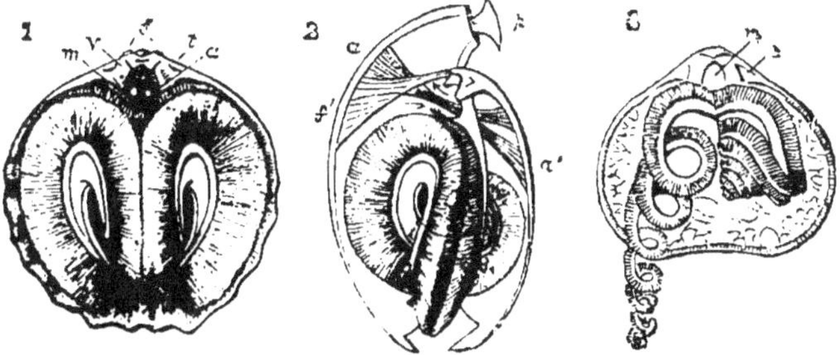

Fig. 4, 5, 6. — Brachiopodes [6].

de l'animal, et l'autre opposée à la première ; ils tirent leur nom de deux longs bras ciliés, partant des côtés de la bouche, et au moyen desquels

[1] *Gaster*, face inférieure du corps.
[2] Fig. 2. *Helix desertorum*, Forskal. D'après un échantillon vivant au British Museum. Mars, 1850.
[3] Fig. 3. *Hyalæa tridentata*, Lam. ; d'après Quoy et Gaimard.
[4] *Pteron*, aile.
[5] *Brachion*, bras.
[6] Fig. 4. (3) *Rhynchonella psittacea*, Chem. sp. ; valve dorsale avec l'animal (d'a-

ils créent des courants qui amènent la nourriture à l'orifice buccal. L'on supposait jadis que ces bras remplaçaient le pied qui existe chez les mollusques des classes précédentes. Ce sont toutefois des organes essentiellement respiratoires, et en conséquence le nom de *Brachionobranchia* (respirant par les bras) a été proposé pour remplacer le terme erroné de *Brachiopoda* (ayant des pieds en forme de bras).

5. Les *Lamellibranches* (*Lamellibranchiata*)[1] ou bivalves ordinaires (ex. l'Huître), respirent par deux paires de branchies en forme de plaques membraneuses aplaties, attachées au manteau; l'une des valves est appliquée contre le côté droit, l'autre contre le côté gauche du corps. L'on donne quelquefois aux animaux de cette classe le nom de *Conchifères* (*Conchifera*).

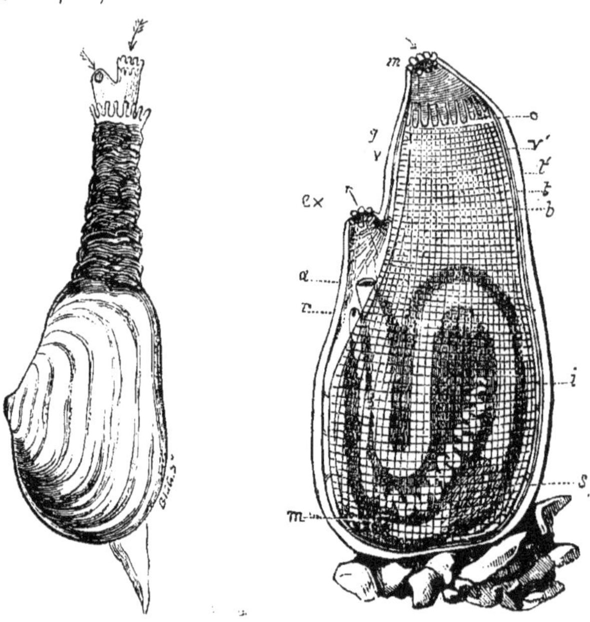

Fig. 7. — Bivalve[2].   Fig. 8. — Tunicier[3].

Les *Tuniciers* n'ont pas de coquille, mais sont protégés par une tunique gélatineuse élastique, percée de deux orifices; l'organe respira-

près Owen). 5, 6, *Terebratula australis*, Quoy. D'après des échantillons récoltés par M. Jukes. (2) Figure idéale des deux valves vues de côté ; *f'*, les muscles cardinaux qui servent à ouvrir les valves. (1) Valve dorsale. Ces figures sont dues à l'obligeance de M. J.-E. Gray.

[1] *Lamellibranchiata*, à branchies en lamelles.

[2] Fig. 7. *Mya truncata*, L. 1/2. D'après Forbes et Hanley.

[3] Fig. 8. *Ascidia mentula*, Müll. Figure idéale ; d'après un échantillon dragué près de Tenby, par M. Bowerbank.

toire prend la forme d'une *tunique* interne ou d'un ruban étendu au travers de la cavité interne. Avec les *Bryozoaires*, et peut-être les Brachiopodes, les Tuniciers forment la sous-classe des *Molluscoïdes*. Les *Tuniciers* avaient été décrits en détail dans la première édition de ce Manuel, mais dans celle-ci ils ont été laissés de côté pour ne pas rendre l'ouvrage trop volumineux.

Cinq de ces modifications du type des mollusques étaient connues de Linné qui rapporta à l'une ou à l'autre d'entre elles tous ses genres de coquilles[1] ; mais, malheureusement, il n'adopta pas lui-même la vérité qu'il fut le premier à entrevoir ; et là, comme en botanique, il employa une méthode artificielle de préférence à la méthode naturelle.

Le classement systématique des corps naturels ne doit pas être basé uniquement sur la commodité, ni établi simplement dans le but d'aider la mémoire et de faciliter les communications. La vraie méthode doit être suggérée par les objets eux-mêmes, par leurs propriétés et leurs rapports ; elle peut ne pas être facile à apprendre, elle peut nécessiter des modifications et des améliorations perpétuelles, mais, en tant que représentant l'état actuel des connaissances, elle aidera à l'INTELLIGENCE du sujet, tandis qu'un « arrangement mort et arbitraire » est un obstacle continuel à l'avancement de la science et « ne contient en lui-même aucun principe de progrès. »

MŒURS ET ÉCONOMIE DES MOLLUSQUES

Chaque créature vivante a son histoire particulière ; chacune a ses caractères propres qui servent à la distinguer des êtres voisins ; chacune a son territoire, sa nourriture spéciale et son rôle à jouer dans l'économie de la nature. Toutefois, notre but actuel est d'indiquer les circonstances et de retracer la marche des changements qui ne sont pas particuliers à des individus ou à des espèces, mais qui ont une application plus étendue et forment l'histoire d'une grande classe.

Dans les premiers temps de leur vie les mollusques se ressemblent plus entre eux, soit pour l'apparence, soit pour les mœurs, qu'à l'état adulte ; les jeunes des formes aquatiques sont presque aussi différents de leurs parents que la chenille l'est du papillon. L'analogie est toutefois renversée sous de certains rapports ; car, tandis que les mollusques adultes sont souvent sédentaires ou marcheurs, les jeunes sont tous nageurs ; de telle sorte que, à l'aide de leurs nageoires et des courants de l'océan ils voyagent à de grandes distances et répandent ainsi leur race aussi loin qu'ils peuvent trouver un climat et des conditions de vie convena-

---

[1] Les types Linnéens étaient : Sepia, Limax, Clio, Anomia, Ascidia. Les Térébratules, dont l'organisation était inconnue, étaient réunies aux Anomia.

bles. Des myriades de ces petits voyageurs sont entraînés depuis les côtes dans la haute mer où ils périssent; leurs coquilles fragiles et délicates entrent dans la composition d'un dépôt qui s'accumule constamment, même dans les parties les plus profondes de la mer.

Quelques-unes de ces petites créatures s'abritent pendant un certain temps sous la coquille de leurs parents, et un grand nombre d'entre elles peuvent sécréter des fils soyeux pour s'amarrer et éviter d'être emportées par les courants. Toutes ont une coquille qui les protége et les jeunes bivalves ont à cette période de leur vie, des yeux qui leur aident à choisir une localité convenable.

Après quelques jours au plus de cette existence errante, les tribus sédentaires se fixent dans la place qu'elles ont l'intention d'occuper pendant le reste de leur vie. Le Tunicier se soude lui-même à un rocher ou à une algue; le Taret adhère au bois, et la Pholade et le Lithodome aux rochers calcaires, dans lesquels ils ont bientôt creusé une chambre qui rend leurs premiers moyens d'ancrage inutiles. La Mye et le Solen creusent dans le sable ou dans la vase; la Moule et le Jambonneau filent un byssus; l'Huître et le Spondyle s'attachent par des épines ou des expansions foliacées de leur coquille; les Brachiopodes sont tous fixés par des moyens semblables, et même quelques Gastéropodes, tels que l'Hipponyx et le Vermet, deviennent des prisonniers volontaires.

D'autres groupes conservent la faculté de voyager, lorsqu'ils le veulent, et changent de résidence d'une manière périodique ou pour aller à la recherche de leur nourriture; la Moule de rivière se traîne lentement au moyen d'expansions et de contractions de son pied flexible; la Bucarde et la Trigonie ont un pied courbé qui leur permet de faire de courts sauts; le Peigne (*Pecten opercularis*) nage rapidement en ouvrant et en fermant ses valves colorées. Presque tous les Gastéropodes rampent comme l'Escargot, bien que certains d'entre eux soient beaucoup plus actifs que les autres; les Limnées peuvent glisser sur la surface de l'eau, la coquille en bas; les Nucléobranches et les Ptéropodes nagent dans la pleine mer. Les Seiches ont une singulière manière de marcher la tête en bas, sur leurs bras étendus; elles peuvent aussi nager avec leurs nageoires ou avec leurs bras palmés, ou encore en chassant l'eau vigoureusement hors de leur chambre branchiale: le Calmar peut même frapper la surface de la mer avec sa queue, et s'élancer dans l'air comme un poisson volant. (Owen.)

Par ces divers moyens les mollusques se sont répandus sur tous les points du globe habitable; chaque région a sa famille; chaque station a ses espèces propres; les Gastéropodes terrestres recherchent les lieux humides, les bois, les pentes et les rochers exposés au soleil, ils montent aux arbres ou creusent dans la terre. Les Limnées, qui respirent l'air en nature, vivent dans l'eau douce, et viennent seulement de temps en temps à la surface; les Auricules vivent sur le bord de la mer ou dans les étangs salés. Dans la mer, chaque zone de profondeur a sa faune de mollusques. La Patelle et le Vignot vivent entre les niveaux des hautes et des basses marées, et sont laissés à sec deux fois par jour ; les Troques et les Pourpres se trouvent à basse mer, au milieu des plantes marines ; la Moule aime les côtes vaseuses, et la Bucarde préfère les vastes bancs de sable à fleur d'eau. La plupart des coquilles brillamment colorées des tropiques se trouvent dans des eaux peu profondes ou au milieu des brisants. Les bancs d'Huitres sont ordinairement situés par sept à neuf mètres de profondeur; les bancs de Peignes à trente-six mètres. Les Térébratules se trouvent à des profondeurs encore plus grandes, ordinairement à quatre-vingt-dix mètres, et quelquefois à cent quatre-vingts mètres, même dans les mers polaires. Les élégants Ptéropodes, les Janthines, et une multitude d'autres mollusques flottants passent leur vie dans la haute mer, toujours éloignés des côtes; tandis que les Litiopes et les Scyllées suivent les Sargasses dans leurs voyages et se nourrissent de ces gazons trompeurs.

La nourriture des mollusques consiste en végétaux, en infusoires, ou en animaux. Tous les Gastéropodes terrestres sont herbivores et leurs déprédations ne sont que trop bien connues des jardiniers et des fermiers; bien des récoltes de blé ou de vesces ont été dévastées par la petite limace grise. Ils montrent une préférence pour certaines plantes; ainsi ils affectionnent particulièrement les pois et les choux, mais ils ont en horreur la moutarde blanche et jeûnent ou changent de quartier tant que cette plante occupe le sol[1]. Quelques espèces, telles que l'Hélice des caves[2] se nourrissent de végétaux cryptogames ou de feuilles mortes en décomposition; les Limaces sont attirées par les champignons ou par toutes les substances odorantes. Les Gastéropodes marins à ouverture entière (*Holostomata*) sont presque tous herbivores et par conséquent restreints au rivage et aux eaux peu profondes dans lesquelles croissent les algues. Au-dessous de vingt-sept mètres l'on ne rencontre plus guère en fait de productions végétales que les nullipores; mais à cette profondeur les coraux et les zoophytes cornés remplacent les algues, et fournissent aux mollusques un aliment plus nutritif.

Tous les bivalves et autres mollusques acéphales vivent d'infusoires, ou de plantes microscopiques qui leur sont apportées par le courant qu'entretient continuellement leur appareil ciliaire; telle doit être aussi la nourriture du Magile enfoui dans son banc de coraux et de la Calyptrée rivée par son pied calcaire au lieu où elle est née.

Les groupes carnivores se nourrissent principalement d'autres mollusques ou de zoophytes, car, si l'on en excepte les Céphalopodes, ils ont

---

[1] De l'eau de chaux claire ou des solutions alcalines très-étendues sont encore plus fatales aux mollusques terrestres que le sel.

[2] *Cellar snail*. Probablement une *Zonites* (an *Helix cellaria* ?) (Trad.).

une organisation qui ne les rend guère propres à poursuivre et à détruire des animaux d'autres classes. Une exception remarquable nous est offerte par le *Stilifer*, qui vit en parasite sur les étoiles de mer et les oursins; et une autre, par la *Testacelle* qui se nourrit du ver de terre ordinaire, qu'elle poursuit dans son trou en ayant un bouclier qui la protége par derrière.

La plupart des Gastéropodes à canal (*Siphonostomata*) ont une nourriture animale ; les Strombes et les Buccins qui vivent de proie morte, dévorent les poissons et d'autres animaux dont les restes sont toujours abondants sur les côtes découpées et rocheuses. Beaucoup de mollusques sont en guerre avec leurs congénères et les prennent d'assaut ; les bivalves ont beau s'enfermer dans leur coquille et les Nérites s'abriter dans leur maison et sous leur opercule, l'ennemi, avec sa langue disposée en forme de râpe et armée de dents siliceuses, perce un trou dans la coquille, devenue un vain bouclier au travers duquel l'instinct trace un chemin. Parmi les myriades de petites coquilles que la mer amoncelle dans chaque recoin abrité, l'on en trouve une grande proportion qui sont ainsi trouées par les Buccins et les Pourpres ; et, dans les couches fossilifères, telles que celles de la Touraine, presque la moitié des bivalves et des Gastéropodes sont perforés et s'offrent à nous comme des débris de banquets antédiluviens.

Cela se passe sur la côte ou dans le fond de la mer; loin des rivages la Carinaire et la Firole poursuivent les Acalèphes flottants ; et l'Argonaute avec sa parente la Spirule, carnassière comme lui, se trouvent dans la haute mer, sur presque tous les points du globe. Les plus actifs et les plus rapaces de tous sont les Calmars et les Seiches qui justifient la place élevée qu'ils occupent dans les systèmes des naturalistes en dévorant même des poissons.

Si les mollusques sont de grands mangeurs, ils fournissent à leur tour une nourriture à beaucoup d'autres créatures, accomplissant ainsi cette loi universelle qui consiste à manger et à être mangé. Les hommes civilisés avalent encore des huîtres, quoique les escargots ne soient plus considérés comme un plat délicat; les Moules, les Bucardes et les Littorines (Vignots) sont fort estimés des enfants et des autres classes simples de la société; il en est de même des Peignes et des Haliotides là où l'on peut s'en procurer. Deux espèces de Buccins sont apportées en quantités considérables sur le marché de Londres, et les bras des Céphalopodes sont mangés par les Napolitains ainsi que par les indigènes des Indes orientales et les Malais. Dans les époques de disette les habitants pauvres des côtes d'Écosse et d'Irlande consomment d'immenses quantités de coquillages[1]. L'on en récolte encore davantage pour les

---

[1] Hugh Miller. *Scenes and Legends of North of Scotland*. Les *Kjökkenmöddings*, ou monceaux de débris de cuisine, que l'on a trouvés si abondamment en Danemark, en Écosse, à la Nouvelle-Zélande et dans d'autres pays, ont quelquefois des centaines de mètres de long et sont composés presque entièrement de coquilles.

employer comme appât : ainsi, l'on fait grand usage du Calmar dans la
pêche de la morue à Terre-Neuve, et de la Patelle et du Buccin sur les
côtes des Iles Britanniques.

Les mollusques servent de proie à un grand nombre d'animaux sauvages : le rat et le raton viennent les chercher sur la plage quand ils
sont pressés par la faim; la loutre de l'Amérique du Sud et la sarigue can-
crivore fréquentent les étangs salés et le bord de la mer pour y capturer
les mollusques; la baleine vit ordinairement de petits Ptéropodes flottants; les oiseaux de mer cherchent les espèces littorales sur la plage
à mesure que la mer se retire; tandis que, dans leur propre élément,
les espèces marines sont perpétuellement dévorées par des poissons.
L'églefin est un grand conchyliologiste, et quelques coquilles rares des
mers du Nord ont été retirées entières de l'estomac de la morue; d'autre part les robustes valves de la Cyprine ne peuvent résister aux dents
de l'*Anarrhicas*.

Les mollusques deviennent quelquefois la proie d'animaux qui leur
sont bien inférieurs en sagacité; ainsi, l'étoile de mer avale les petits
bivalves tout entiers et dissout l'animal; les Bulles (*Philine*), qui sont
elles-mêmes carnassières, sont mangées par les étoiles de mer et par
les anémones de mer (*Actinia*).

Les mollusques terrestres servent de nourriture à un grand nombre
d'oiseaux, particulièrement à ceux de la famille des grives, et à quelques insectes; ainsi la larve lumineuse du ver luisant les dévore, et
quelques grands coléoptères carnassiers (par ex. les *Carabus violaceus*
et *Goerius olens*) tuent quelquefois des Limaces.

Toutefois, les plus grands ennemis des mollusques, sont les animaux
de leur propre embranchement. C'est à peine si la moitié des animaux
à coquilles broutent paisiblement les herbes marines ou se contentent
des particules nutritives que la mer apporte dans leur bouche; tous les
autres tondent les zoophytes vivants ou se nourrissent de mollusques
herbivores.

L'on ne trouve cependant dans aucune classe l'instinct de conservation plus développé, ni les moyens de défense mieux appropriés aux
besoins: leurs coquilles semblent faites exprès pour compenser la lenteur
de leurs mouvements et le faible développement de leurs sens. La Seiche
échappe aux attaques de ses ennemis en nageant en arrière et en obs-
curcissant l'eau par une décharge de son encre; l'Aplysie verse, lorsqu'elle est irritée, une abondante liqueur pourpre, que l'on regardait
jadis comme vénéneuse. D'autres se fient pour leur sûreté à une résistance passive, ou se cachent dans quelque retraite. L'on a souvent remarqué que les mollusques ont une ressemblance de couleur et d'aspect
avec les lieux qu'ils fréquentent; ainsi les Patelles sont ordinairement
recouvertes de balanes et d'herbes marines, et les Ascidies de zoophytes qui leur font un déguisement efficace: les Limes et les Modioles se tissent un abri de fils entrelacés. Un Ascidien (*A. cochligera*)

se revêt d'un sable coquillier, et les Troques agglutinants, soudent des coquilles et des coraux sur les bords de leur demeure, ou la recouvrent de pierres à tel point qu'elle prend l'aspect d'un petit tas de cailloux.

L'on doit reconnaître que les instincts des mollusques sont d'un ordre peu relevé, car ils sont presque limités à la conservation de l'individu, à la fuite du danger, et au choix de la nourriture. L'on a observé un exemple de quelque chose ressemblant à un sentiment de sociabilité chez une Hélice vigneronne (*Helix pomatia*), qui, après s'être échappée d'un jardin, y retourna pour retrouver son compagnon de captivité; mais, le naturaliste distingué qui a été témoin du fait hésitait à mentionner une action aussi extraordinaire. Nous savons, par les observations de M. Georges Roberts, de Lyme Regis, que la Patelle a aussi un amour du « *home* », ou, du moins, possède certaines connaissances de topographie, et retourne à la même place après son excursion accomplie à chaque marée. Le professeur Forbes a immortalisé la sagacité du Solen qui, lorsqu'il a découvert que l'ennemi le guette, se laisse saler dans son trou, plutôt que de s'exposer à être pris. D'autre part, M. Bowerbank a trouvé un curieux exemple d'instinct en défaut dans le piquant d'un oursin fossile qui semble avoir été troué par un Gastéropode carnassier.

Nous avons parlé des mollusques comme substances alimentaires, mais ils ont d'autres usages, même pour l'homme; ils servent de jouets aux enfants qui entendent dans les coquilles le mugissement de la mer; ils sont l'orgueil des collecteurs qui mettent leur luxe à un Cône ou à une Scalaire [1], et ils servent d'ornements chez certaines tribus barbares. Les habitants des Iles-des-Amis portent la *Porcelaine aurore* comme signe de dignité (Stutchbury), et ceux de la Nouvelle-Zélande polissent les *Elenchus* de manière à en faire un ornement plus brillant que les pendants d'oreilles de perles des temps classiques ou de nos jours. (Clarke.) Une des substances les plus belles de la nature est la lumachelle opalisante (*shell opal*), formée des débris de l'Ammonite. Les formes et les couleurs des coquilles (comme celles de tous les objets naturels) répondent à quelque but particulier ou obéissent à quelque loi générale; mais, outre cela, il y a encore bien des points qui semblent

---

[1] L'on doit peu regretter les prix extravagants qui ont été payés pour des coquilles rares, parce que cela a encouragé les voyageurs à collectionner. La manie de collectionner des coquilles n'est toutefois pas plus *scientifique* que l'élève des pigeons ou l'étude des vieilles porcelaines. Au point de vue de l'*instruction*, les meilleures coquilles sont les *types* de genres, ou les espèces qui montrent des détails particuliers de structure, et, heureusement pour les commençants, les prix ont beaucoup baissé dans ces dernières années. Une Carinaire, qui valait jadis 2,500 fr. (Sowerby) ne vaut plus aujourd'hui que 1 fr. 25 ; une Scalaire qui se payait jusqu'à 1,000 fr. en 1701 (Rumphius) ne valait plus en 1755, que 500 fr., et on peut l'avoir aujourd'hui pour 6 fr. 25. Le *Conus gloria-maris* s'est vendu plus d'une fois 1,250 fr., et la *Cyprœa umbilicata* a été vendue 750 fr.

spécialement destinés à faire l'objet de nos études et calculés pour
exciter une admiration intelligente. Ainsi, les teintes de beaucoup de
coquilles sont cachées pendant la vie par une couche externe sans
éclat, et les chambres nacrées du Nautile ne sont vues que par les
yeux de l'homme. Et, si l'on veut s'en tenir seulement à l'utilité,
combien de côtes manquent de calcaire, mais abondent en bancs de
coquilles qui peuvent être réduites en chaux par la calcination, tandis
que d'autres plages ont des sables coquilliers qui sont utilisés par les
agriculteurs [1].

On ne sait pas grand chose sur la durée de la vie individuelle des
mollusques qui doit probablement être très-variable. Un grand nombre
d'espèces aquatiques sont annuelles, parcourant le cycle de leur existence dans l'espace d'une seule année ; des populations entières sont
ensevelies dans la couche hivernale de boue qui s'accroît d'année en
année dans le lit des rivières, des lacs et des mers ; c'est ainsi que nous
trouvons dans l'argile wealdienne couches sur couches de petites Paludines, alternant avec de minces lits de sédiment, disposition qui indique
des périodes séparées par des temps incommensurables. Les naturalistes qui emploient la drague, ont observé que, tandis que l'on peut prendre certaines espèces de mollusques en toute saison à l'état adulte, il
en est d'autres que l'on ne peut se procurer dans cet état que tard dans
l'automne ou seulement pendant l'hiver ; celles que l'on prend au printemps ou en été sont jeunes, ou incomplétement développées. Il est
bien connu que l'on peut trouver des coquilles *mortes* (de certaines
espèces), d'une taille plus grande que celle d'aucun individu que l'on
rencontre vivant, et cela provient de ce qu'elles atteignent ces dimensions dans une saison pendant laquelle nos recherches sont suspendues.
Quelques espèces ont besoin de plus d'une année pour arriver à leur
développement complet ; ainsi, les jeunes des *Doris* et des *Eolis* naissent en été, dans les endroits chauds et peu profonds, voisins de la
côte : à l'approche de l'hiver, ces mollusques se retirent dans des
eaux plus profondes, et, le printemps suivant, ils retournent sur
les rochers qui découvrent à basse mer ; ils atteignent leur croissance complète de bonne heure, au commencement de l'été, et disparaissent après avoir frayé.

Les mollusques terrestres sont pour la plupart bisannuels ; ils éclosent
en été ou en automne, ont atteint la moitié de leur grosseur dans
l'hiver, et arrivent à leur taille définitive dans le printemps ou l'été
suivant. En captivité, un Escargot (Garden snail) [2] peut vivre six ou
huit ans ; mais, il est probable qu'à l'état libre un grand nombre d'in-

---

[1] Les sables coquilliers ne sont utiles que dans les sols tourbeux ou dans les terres
argileuses fortes. Ce sable se durcit quelquefois en calcaire, comme sur la côte
du Devonshire, ou, comme à la Guadeloupe, où il contient des coquilles littorales
et des squelettes humains d'une époque récente.

[2] *Helix hortensis?* (Trad.)

dividus meurent dans leur second hiver, car l'on trouve sous des murs couverts de lierre et dans d'autres positions abritées, des amas de coquilles vides qui adhèrent les unes aux autres, les animaux ayant péri pendant l'hibernation. Quelques espèces de Gastéropodes marins vivent un grand nombre d'années et révèlent leur âge d'une manière très-simple et très-intéressante par le nombre des *varices* qui se trouvent sur leurs tours; le contour de la Ranelle et du Rocher résultent de la réapparition régulière de ces ornements qui se montrent aux mêmes intervalles chez les individus bien nourris comme chez leurs frères moins fortunés. A en juger par leurs varices ou bouches périodiques, les Ammonites (*Pl.* III, *fig.* 3) semblent avoir vécu et avoir continué de croître pendant de nombreuses années.

Beaucoup de bivalves, tels que les Moules et les Bucardes, arrivent à toute leur grosseur en un an. L'Huître agrandit sa coquille au moyen de pousses annuelles pendant quatre ou cinq ans, après quoi elle cesse de croître par les bords; mais l'on rencontre des échantillons très-adultes, surtout à l'état fossile, chez lesquels la coquille a un ou deux pouces d'épaisseur. Le Bénitier (*Tridacna*) qui atteint une taille si considérable que les poëtes et les sculpteurs en ont fait le berceau de la déesse de la mer, doit jouir d'une longévité exceptionnelle ; comme il vit dans les lagunes abritées des iles madréporiques et a des habitudes assez sédentaires, les coraux croissent autour de lui jusqu'à l'ensevelir presque au milieu d'eux; aussi, bien qu'il ne semble pas qu'il y ait de limites à sa vie, et que, d'après tout ce que nous savons, elle puisse durer un siècle, il arrive probablement un moment où il est enveloppé par ses voisins ou étouffé sous les sédiments.

Les mollusques d'eau douce qui habitent les climats froids s'enterrent pendant l'hiver dans la vase des marais et des rivières; et les mollusques terrestres se cachent dans la terre, ou sous les mousses et les feuilles mortes. Dans les climats chauds, ils s'engourdissent pendant la saison la plus chaude et la plus sèche de l'année.

Les genres et les espèces qui sont le plus sujets à ce sommeil estival se font remarquer par la ténacité de leur vie, et l'on a cité de nombreux cas dans lesquels ils avaient été apportés encore vivants de contrées éloignées. En juin 1850, l'on envoya d'Australie à M. Gray, une Moule d'étang qui avait été plus d'un an hors de l'eau[1]. Des Ampullaires ont été trouvées vivantes dans des troncs d'acajou du Honduras (M. Pickering); et M. Caillaud en a rapporté d'Égypte à Paris, emballées dans de la sciure de bois. Il n'est même pas aisé de s'assurer des limites de leur faculté de résistance, car M. Laidlay, en ayant placé dans ce but un certain nombre dans un tiroir, il les trouva encore vivantes après cinq

---

[1] Elle était encore vivante 498 jours après avoir été sortie de l'étang ; pendant ce laps de temps, elle n'avait été mise que deux fois dans l'eau, et cela pendant quelques heures, pour s'assurer si elle était vivante. (*Rev. W. O. Newnham.*)

ans, quoique ce fût sous le climat brûlant de Calcutta. On sait bien que les Cyclostomes, qui sont aussi operculés, survivent à un emprisonnement de plusieurs mois; mais les faits de ce genre sont plus remarquables chez les Hélicés. Quelques grands Bulimes tropicaux apportés de Valparaiso par le lieutenant Graves, revinrent à la vie après être restés emballés, quelques-uns pendant treize, d'autres pendant vingt mois. En 1849, M. Pickering reçut de M. Wollaston un plein panier de mollusques de Madère (appartenant à vingt ou trente espèces différentes), dont les trois quarts se trouvèrent être vivants après avoir été renfermés plusieurs mois, en y comprenant le voyage sur mer. M. Wollaston nous a lui-même raconté que des échantillons de deux Hélices de Madère (*Helix papilio* et *tectiformis*) ont survécu à une diète et à un emprisonnement, qui avaient duré deux ans et demi dans des boites de carton, et qu'un grand nombre d'échantillons du petit *Helix turricula*, apportés en Angleterre en même temps, étaient *tous* vivants après avoir été enfermés dans un sac pendant un an et demi.

Mais, l'exemple le plus intéressant de résurrection nous est offert par un individu de l'*Helix desertorum* provenant d'Égypte et observé par le docteur Baird [1]. Cet échantillon avait été fixé sur une tablette dans le British Museum, le 25 mars 1846; le 7 mars 1850 l'on observa qu'il avait dû sortir de sa coquille dans l'intervalle (parce que le papier avait été décoloré, à ce qu'il semblait, dans les efforts que l'animal avait faits pour s'échapper); mais, reconnaissant qu'il lui était impossible de s'enfuir, il s'était retiré de nouveau, fermant son ouverture avec le mucus brillant ordinaire; cela donna l'idée de le plonger dans l'eau tiède et fit opérer une résurrection merveilleuse. L'on profita de cette occasion pour faire un dessin de l'animal vivant (*fig.* 2).

La conservation des mollusques est assurée d'une manière efficace par leur extrême fécondité; et, quoique ils soient exposés à des milliers de dangers dans leur vie, il en survit assez d'individus pour repeupler abondamment la terre et la mer. La ponte d'une seule Doris peut être de 600,000 œufs (Darwin); l'on a estimé qu'une moule de rivière peut produire 500,000 jeunes dans une seule saison, et l'huître doit être presque aussi prolifique. Les mollusques terrestres ont moins d'ennemis et pondent un moins grand nombre d'œufs.

Enfin les mollusques déploient les mêmes soins instinctifs que les insectes et que les animaux supérieurs pour placer leurs œufs dans des situations où ils soient à l'abri des causes de destruction, ou accessibles à l'influence de l'air et de la chaleur, ou encore entourés de la nourriture dont les jeunes auront besoin. Les Bulimes des pays tropicaux soudent ensemble des feuilles pour protéger et cacher leurs gros œufs qui ressemblent à des œufs d'oiseaux; les Limaces déposent les leurs dans

---

[1] *Ann. of Nat. Hist.*, 1850.

la terre; la Janthine les attache à un radeau flottant; et l'Argonaute porte les siens dans sa fragile nacelle.

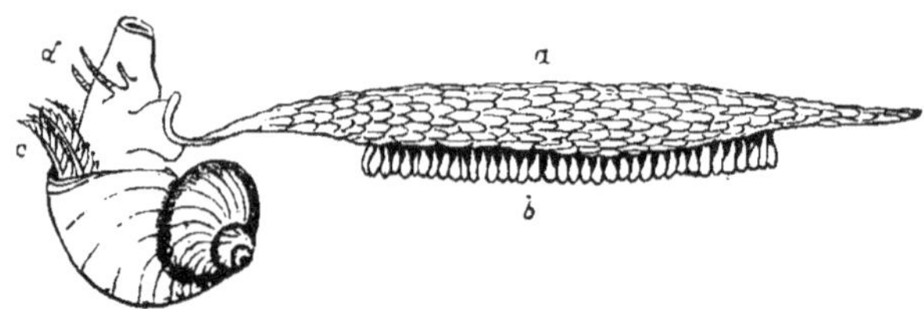

Fig. 9. — Janthine avec son radeau.

Les capsules cornées du Buccin sont réunies en paquets, avec des espaces parcourant l'intérieur pour faciliter le libre passage de l'eau de mer; le ruban nidamentaire des Doris et des Eolis est fixé à quelque rocher ou à quelque surface solide dont il ne peut être détaché par les vagues. La Moule de rivière et la Cyclade poussent encore plus loin leur sollicitude maternelle, et élèvent leurs jeunes dans leur propre manteau, ou dans une poche spéciale (*marsupium*) désignée sous le même nom que celle de la sarigue, afin de les protéger jusqu'à ce qu'ils soient assez forts pour se tirer d'affaire tout seuls.

Si quelque homme pénétré de l'esprit d'un Paley ou d'un Chateaubriand étudiait ces phénomènes, il pourrait découvrir plus que les fai stériles qui, pris isolément, sont sans signification pour le matérialiste; il verrait à chaque pas de nouvelles preuves de la sagesse et de la bonté de Dieu, qui manifeste sa grandeur en montrant les mêmes soins pour la conservation de ses plus faibles créatures que pour le bien-être de l'homme et la stabilité du monde.

STRUCTURE ET PHYSIOLOGIE DES MOLLUSQUES

Les mollusques possèdent un système nerveux distinct, des instruments appropriés aux cinq sens, et des muscles au moyen desquels ils exécutent des mouvements variés. Ils ont des organes qui leur servent à se procurer leur nourriture et à la digérer; un cœur, ainsi que des artères et des veines dans lesquelles circulent leurs fluides incolores; un organe respiratoire, et, dans la plupart des cas, une coquille qui les protége. Ils produisent des œufs, et leurs jeunes passent généralement par un état préparatoire ou larvaire.

Le *système nerveux*, dont dépendent la sensation et l'exercice du mouvement musculaire, se compose d'un cerveau ou *centre* principal, et de différents nerfs possédant des propriétés distinctes : les nerfs *optiques* sont seulement sensibles à la lumière et aux couleurs ; les nerfs *auditifs* conduisent les impressions sonores ; les nerfs *olfactifs* celles qui sont produites par les odeurs ; les nerfs du *goût*, celles des saveurs ; tandis que les nerfs du toucher ou de la sensation *tactile* sont largement répandus et indiquent d'une manière plus générale la présence des objets extérieurs. Les nerfs par l'intermédiaire desquels le mouvement est produit sont distincts des précédents, mais les accompagnent de telle sorte, qu'ils semblent faire partie des mêmes cordons. Les deux sortes de nerfs cessent d'agir quand leur connexion avec le centre est interrompue ou détruite. L'on a des raisons de croire que la plupart des mouvements des animaux inférieurs résultent de l'action réflexe de stimulants extérieurs (comme c'est le cas pour l'acte de la *respiration* chez l'homme) sans intervention de la volonté[1].

Dans les mollusques, la partie principale du système nerveux consiste en un anneau qui entoure l'œsophage et envoie des nerfs aux différentes parties du corps. Les points d'où rayonnent les nerfs sont des dilatations appelés centres nerveux ou *ganglions*, dont ceux qui se trouvent sur les côtés et à la partie supérieure de l'anneau représentent le cerveau et fournissent des nerfs aux yeux, aux tentacules et à la bouche ; d'autres centres, en connexion avec la partie inférieure de l'anneau œsophagien, envoient des nerfs au pied, aux viscères et à l'organe respiratoire. Dans les bivalves le centre branchial est le plus apparent et est situé sur le muscle adducteur postérieur. Chez les Tuniciers l'on peut voir le centre nerveux correspondant dans la tunique musculaire, entre les deux orifices. Cette dissémination des centres nerveux est éminemment caractéristique de tout l'embranchement.

ORGANES DES SENS SPÉCIAUX. — *Vue.* Les yeux sont au nombre de deux, placés sur le devant ou sur les côtés de la tête ; ils sont quelquefois *sessiles*, d'autres fois, portés sur de longs pédoncules (*ommatophora*). Les yeux des Céphalopodes ressemblent à ceux des Poissons par leurs grandes dimensions et leur structure compliquée. Chacun consiste en un fort globe fibreux (*sclérotique*), transparent en avant (*cornée*), avec la surface interne opposée (*rétine*) recouverte d'un pigment foncé qui reçoit les rayons lumineux. Cette chambre est occupée, comme dans l'œil humain, par une humeur aqueuse, un cristallin, et une humeur vitrée. Dans les *Strombidæ* l'œil a une organisation aussi parfaite, mais, dans la plupart des Gastéropodes, il a une structure plus simple et n'est peut-être sensible qu'aux impressions lumineuses sans être doué de la vision distincte. Les bivalves ont aussi, pendant l'état larvaire, une paire d'yeux dans la position normale (*fig.* 50), près de la bouche ; mais ces organes ne continuent pas à se développer, et les adultes en sont privés, ou possèdent seulement des organes visuels rudimentaires sous la forme

---

[1] Voyez Müller, *Traité de physiologie.*

de taches noires (*ocelli*), le long des bords du manteau[1]. Ces organes, considérés comme des yeux, ont été découverts dans un grand nombre de bivalves ; ils sont surtout apparents dans le Peigne qui, à cause de cela, a reçu de Poli le nom d'*Argus* (*fig.* 10).

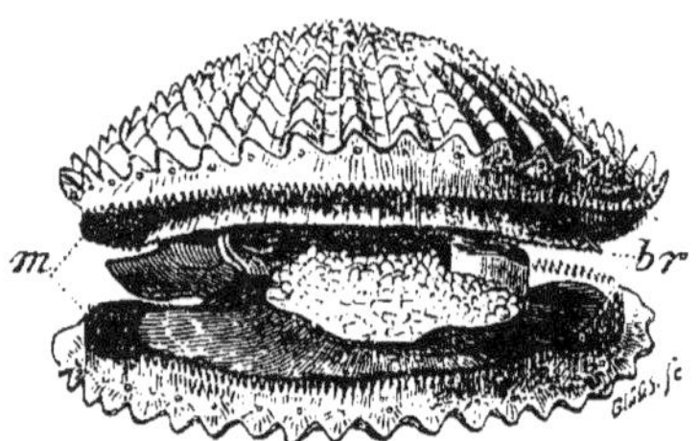

Fig. 10. — *Pecten varius* [2].

Dans les Tuniciers des ocelles semblables sont placés entre les tentacules qui entourent les orifices.

Sens de l'ouïe. Chez les Céphalopodes les plus parfaits, cet organe se compose de deux cavités creusées dans le crâne rudimentaire qui protége le cerveau ; dans chacune est suspendu un petit corps calcaire ou *otolithe*, comme dans les cavités vestibulaires des poissons. L'on

Fig. 11. — Tentacule d'un Nudibranche [3].

trouve des capsules auditives semblables près de la base des tentacules dans les Gastéropodes, et on les a découvertes par la vibration des otolithes dans beaucoup de bivalves et de Brachiopodes. A l'exception des *Tritonia* et *Eolis*, l'on n'a observé aucun mollusque qui émit des sons. (Grant.)

Sens de l'odorat. Ce sens existe évidemment chez les Céphalopodes et les Gastéropodes ; les Hélices s'en servent pour reconnaître leur nourriture ; les Limaces sont attirées par des odeurs que nous considérons

---

[1] Chacun de ces ocelles possède une cornée, un cristallin, une choroïde, et un nerf optique ; ce sont, sans aucun doute, des organes visuels. (Garner.) Duvernoy est arrivé à la même conclusion dans un mémoire publié, en 1852, dans les *Annales des sciences naturelles*.

[2] *Pecten varius*, L., d'après un échantillon dragué par M. Bowerbank, devant Tenby ; *m*, les bords frangés du manteau ; *br*, les branchies.

[3] Fig. 11. Tentacule de *Eolis coronata*, Forbes ; d'après Alder et Hancock.

comme désagréables, et beaucoup de mollusques carnassiers marins peuvent être pris avec des appâts animaux. Chez le Nautile perlé, il y a au-dessous de chaque œil une saillie creuse, plissée, que M. Valenciennes regarde comme l'organe de l'odorat [1]. MM. Hancock et Embleton attribuent la même fonction aux tentacules lamelleux des Nudibranches, et les comparent aux organes olfactifs des poissons.

Les tentacules labiaux des bivalves sont considérés comme des organes destinés à distinguer la nourriture, mais l'on ignore de quelle manière ils accomplissent cette fonction (*fig.* 18, *l*, *l*). Le sens du *goût* est plutôt indiqué aussi par les habitudes de l'animal et le choix qu'il fait de sa nourriture que par la structure d'un organe spécial. Les Acéphales semblent montrer peu de discernement dans le choix de leur nourriture, et avalent tout ce qui est assez petit pour entrer dans leur bouche, y compris des animalcules vivants et même les spicules pointues des éponges. Dans quelques cas, toutefois, comme chez les *Pecten*, l'orifice buccal est bien gardé (*fig.* 10). Dans les céphalés, la langue est armée d'épines servant à réduire la nourriture en petits fragments, et ne peut pas posséder une bien grande délicatesse tactile.

Tous les mollusques possèdent le sens plus commun et plus répandu du *toucher*; il s'exerce par la peau, qui est partout molle et, *humide*, et, à un plus haut degré, par les franges des bivalves (*fig.* 12), ainsi que par les filaments et les tentacules (*vibracula*) des Gastéropodes; les pédoncules oculaires de l'Escargot sont évidemment doués sous ce rapport d'une grande sensibilité. La

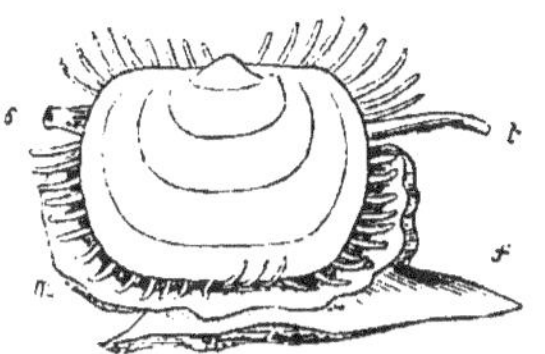

Fig. 12. — *Lepton squamosum* [2].

ténacité de la vie chez les mollusques et leur grande puissance de reproduction des parties détruites doivent nous faire supposer qu'ils ne sont pas très-sensibles à la douleur.

Système musculaire. Les muscles des mollusques sont surtout en connexion avec la peau qui est extrêmement contractile dans toutes les parties du corps. L'Escargot nous offre un exemple remarquable quoique vulgaire, de ce fait, lorsqu'il retire ses pédoncules oculaires par un procédé semblable à celui par lequel on retourne un doigt de gant ; les branchies ramifiées de quelques opisthobranches, et les tentacules des Céphalopodes sont éminemment contractiles [3].

---

[1] M. Owen regarde les lamelles membraneuses qui se trouvent entre les tentacules buccaux et en avant de la bouche, comme le siége de l'organe de l'olfaction. Voyez figure 51.

[2] Fig. 12. *Lepton squamosum*, Mont., d'après un dessin de M. Alder, dans les *British Mollusca*.

[3] Les fibres musculaires des mollusques présentent souvent les stries transversale qui caractérisent les muscles *volontaires* des animaux supérieurs. Huxley a ob-

La tunique interne des Ascidiens (*fig.* 8, *t*) présente un bel exemple de tissu musculaire, les fibres qui s'entre-croisent ayant l'apparence d'un treillis. Dans les Salpes, qui sont transparentes, ces fibres sont groupées en bandelettes plates et arrangées suivant des dessins caractéristiques. Dans cette classe (Tuniciers) ils agissent seulement comme *sphincters* (ou muscles circulaires), et par leur brusque contraction chassent l'eau hors de la cavité branchiale. Le pied musculaire des bivalves est extrêmement flexible, ayant des couches de fibres circulaires pour opérer son extension (*fig.* 18, *f*) et des bandelettes longitudinales pour opérer sa rétraction (*fig.* 30*) ; on l'a comparé pour la structure et la mobilité à la langue de l'homme. Dans les mollusques fouisseurs,

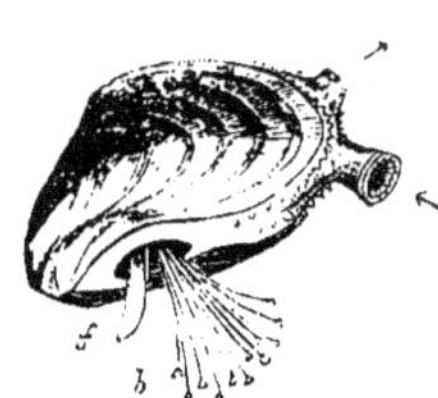

Fig. 13. — *Dreissena* [1].

tels que les *Solen*, il est très–grand et très–puissant, et dans les espèces perforantes, sa surface est semée de particules siliceuses (*spicula*) qui en font un instrument très-efficace pour l'agrandissement de leurs cellules. (Hancock.) Dans les bivalves fixés il n'est pas développé, ou existe seulement à l'état rudimentaire, et est lié à une glande qui sécrète les matériaux de ces fils au moyen desquels s'amarrent les Moules et les Jambonneaux (*fig.* 13.) Ces fils ont reçu le nom de byssus ; la cheville (*plug*) de l'Anomie et le pédoncule de la Térébratule sont des modifications du *byssus*.

Ce n'est que dans les Céphalopodes que nous trouvons des muscles attachés aux cartilages internes qui représentent les os des animaux vertébrés ; les muscles des bras sont insérés dans un cartilage crânien, et ceux des nageoires dans des cartilages latéraux.

Une troisième catégorie de muscles s'attachent à la coquille. Les valves de l'Huître (et des autres *Monomyaires*) sont reliées par un seul muscle ; celles de la Cythérée (et des autres Dimyaires) le sont par deux muscles ; ce sont les contractions de ces organes qui rapprochent les deux valves l'une de l'autre. On les nomme, à cause de leur fonction, *adducteurs*, et la partie de la coquille sur laquelle ils s'insèrent est toujours indiquée par des impressions (*fig.* 14, *a*, *a'*).

Le bord du manteau est aussi musculaire et son attache est marquée sur la coquille par une ligne appelée l'*impression palléale* (*p*) ; la présence d'une échancrure, ou *sinus* (*s*), dans cette ligne, mon-

---

servé des fibres musculaires striées dans les *Salpa ;* Hancock en a vu dans la *Waldheimia australis ;* cet habile anatomiste a fait des recherches rigoureuses, mais infructueuses, pour découvrir des fibres de cette nature dans les Brachiopodes sans charnière. L'on a vu des fibres striées dans les Gastéropodes.

[1] Fig. 13. *Dreissena polymorpha* (Pallas sp.). des Surrey timber-docks. *f*, pied ; *b*, byssus.

tre que l'animal avait des siphons rétractiles; le pied de l'anima
est ramené en arrière par des muscles *rétracteurs* attachés aussi à

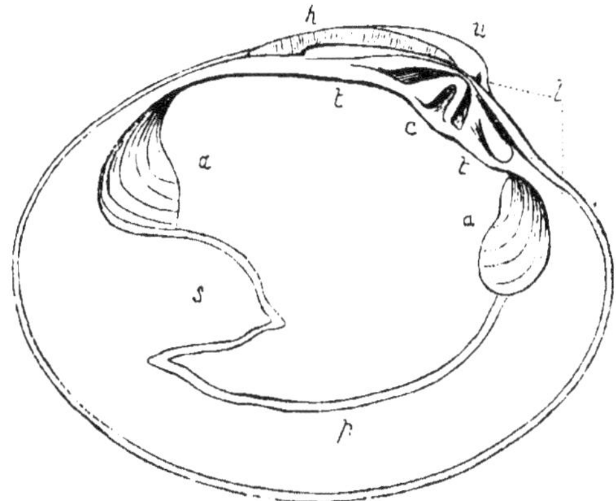

Fig. 14. — Valve gauche de *Cytherea chione* [1].

la coquille et laissant de petites impressions près de celles des adducteurs (*fig.* 50*).

Quand les Gastéropodes sont inquiétés, ils se retirent dans leur coquille au moyen d'un muscle rétracteur (shell-muscle) qui passe dans
le pied ou est attaché à l'opercule; son impression est en forme de fer
à cheval dans la Patelle, ainsi que dans la Navicelle, le Concholepas, et
le Nautile; avec l'âge elle devient plus profonde. Dans les univalves
spirales l'impression est moins apparente, parce qu'elle est située sur
la columelle et quelquefois divisée en deux. Ce muscle correspond
aux rétracteurs postérieurs des bivalves.

Système digestif. Cette partie de l'économie animale est de première
importance dans les animaux rayonnés et ne l'est guère moins dans les
mollusques. Chez les bivalves qui ont un grand pied, les organes digestifs sont cachés dans la partie supérieure de cet organe; la bouche
est dépourvue d'armature, à l'exception de deux paires de palpes membraneux qui ont l'apparence de branchies accessoires (*fig.* 18, *l*, *t*). Les
bras ciliés des Brachiopodes occupent une position semblable (*fig.* 4,
5, 6). Les mollusques céphalés sont fréquemment armés de mâchoires
cornées, agissant verticalement comme les mandibules d'un oiseau;
dans les mollusques terrestres la mâchoire supérieure n'a en face d'elle

[1] Fig. 14. *Cytherea chione*, L., de la côte du Devonshire (figure originale); *h*, ligament; *u*, crochet; *l*, lunule; *c*, dent cardinale; *tt*, dents latérales; *a*, adducteur antérieur; *a'*, adducteur postérieur; *p*, impression palléale; *s*, sinus occupé par le rétracteur des siphons.

qu'une langue denticulée, tandis que chez les Limnéides il y a en outre
deux mâchoires cornées agissant dans le sens latéral. La langue est
musculaire et armée d'épines recourbées (ou *dents linguales*), disposées
selon des plans très-variés qui sont éminemment caractéristiques des
genres [1]. Ces dents sont de couleur ambrée, luisantes et translucides;
comme elles sont siliceuses (insolubles dans les acides) elles peuvent
servir de lime pour user des substances très-dures. C'est par leur
moyen que les Patelles râpent les nullipores à consistance pierreuse,
que les Buccins percent des trous dans d'autres coquilles; et les Céphalopodes se servent certainement de leur langue à la manière des chats.
La langue, ou ruban lingual, forme ordinairement une triple bandelette dont la partie centrale est appelée *rachis*, et les parties latérales
pleuræ; les dents rachidiennes forment quelquefois une seule série,

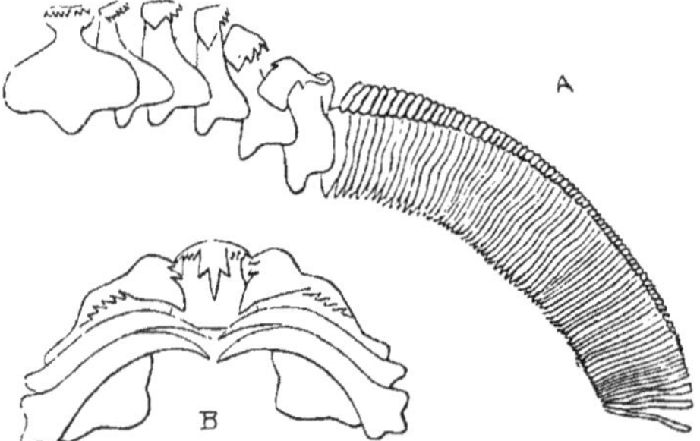

Fig. 15. — Dents linguales des Mollusques [2].

dans laquelle elles se recouvrent les unes les autres, ou bien il y a des
dents latérales de chaque côté d'une série médiane. Les dents des
pleuræ sont nommées *uncini;* elles sont extrêmement nombreuses dans
les Gastéropodes herbivores (*fig.* 15, A).

La langue forme quelquefois une courte crête semi-circulaire contenue
entre les mâchoires; dans d'autres cas elle est extrêmement allongée,
et ses plis s'étendent en arrière jusqu'à l'estomac. Le ruban lingual d
la Patelle est plus long que l'animal entier; la langue du Buccin montre
cent rangées de dents; la grande Limace a 160 rangées, chacune
de 180 dents.

---

[1] La préparation du ruban lingual comme objet microscopique permanent demande une certaine délicatesse de manipulation, mais l'on peut voir la disposition
des dents simplement en comprimant une portion de l'animal entre deux lames de
verre.

[2] Fig. 15, A, dents linguales du *Trochus cinerarius* (d'après Lovén). L'on n'a repré
senté que la dent médiane, les dents latérales (5), et les *uncini* (90) d'un côté d'une
seule rangée. B, une rangée des dents linguales de la *Cypræa europæa*, consistant
en une dent médiane et en trois *uncini* de chaque côté d'elle.

Le devant de la langue est fréquemment courbé ou tout à fait replié; c'est la partie de l'organe qui fonctionne, et ses dents sont souvent brisées ou émoussées. La partie postérieure du ruban lingual a ordinairement ses bords enroulés sur eux-mêmes et réunis, formant un

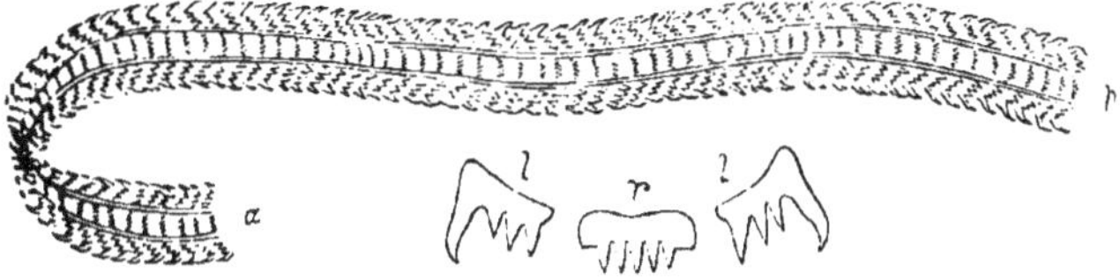

Fig. 16. — Langue du Buccin [1].

tube que l'on suppose s'ouvrir graduellement. Les nouvelles dents se développent d'arrière en avant et arrivent successivement à fonctionner comme dans les requins et les raies. Dans les *Bullidæ* le *rachis* de la langue est inerme et la trituration de la nourriture est confiée à un organe qui ressemble au gésier d'une poule et est souvent pavé de plaques calcaires assez grandes et assez fortes pour broyer les petits coquillages qui sont avalés entiers. Dans l'Aplysie, qui a une nourriture végétale, le gésier est armé de nombreuses petites plaques et épines. L'estomac de quelques bivalves contient un instrument appelé le stylet

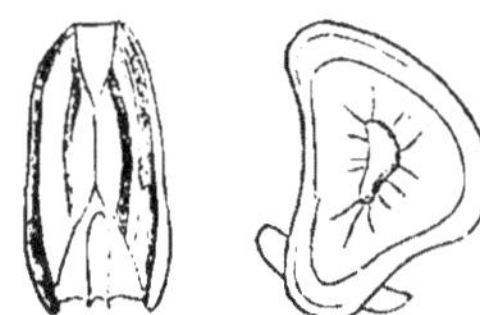

Fig. 17. — Gésier de Bulle [2].

cristallin que l'on suppose avoir un usage analogue. Chez les Céphalopodes, il y a un jabot dans lequel peut s'accumuler la nourriture, ainsi qu'un gésier pour la triturer.

Le *foie* est toujours gros dans les mollusques (*fig.* 10); sa sécrétion est tirée du sang artériel, et le produit est versé, soit dans l'estomac, soit dans le commencement de l'intestin. Dans les Nudibranches, qui ont des estomacs remarquablement ramifiés, le foie accompagne toutes les ramifications gastriques, il pénètre même dans les papilles respiratoires qui se trouvent sur le dos des Éolides. L'on a constaté dans la plupart des classes l'existence d'un *organe rénal;* dans les bivalves il a été reconnu à la présence de l'acide urique. L'intestin fait plus de cir-

---

[1] **Fig. 16.** Ruban lingual du *Buccinum undatum* (figure originale), d'après une préparation communiquée par M. W. Thomson, du *King's College. a*, extrémité antérieure ; *p*, extrémité postérieure ; *l*, dent latérale ; *r*, dent rachidienne.

[2] **Fig. 17.** Gésier de la *Bulla lignaria* (figure originale), vu de face et de profil chez un individu arrivé à la moitié de sa croissance, la partie la plus rapprochée de la tête de l'animal étant placée en bas ; dans la vue de face les plaques sont en contact. L'orifice *cardiaque* est dans le centre, en avant ; l'orifice *pylorique* est sur le côté postérieur dorsal, près de la petite plaque transversale.

convolutions dans les groupes herbivores que dans les carnivores; dans les bivalves et dans l'Haliotide, il passe au travers du ventricule du cœur; son orifice postérieur est toujours situé près de l'ouverture respiratoire (ou, là où il y en a deux, près de l'orifice efférent [1]), et les excréments sont emmenés par l'eau qui a déjà passé sur les branchies.

Outre les organes déjà mentionnés, les mollusques céphalés possèdent toujours des *glandes salivaires* bien développées et quelques-uns ont un *pancréas* rudimentaire; un grand nombre d'entre eux ont aussi des glandes spéciales pour la sécrétion des fluides colorés, tels que la pourpre du Murex, le liquide violet de la Janthine et de l'Aplysie, le liquide jaune des Bullidæ, le fluide laiteux des Éolis et la sécrétion d'encre des Céphalopodes. La glande qui sécrète ces liquides est située sur le manteau. Elle consiste en une mince couche de cellules allongées, et on la trouve dans la plupart des Gastéropodes. Le fluide qu'elle produit semble avoir des propriétés différentes suivant les espèces. Ainsi dans l'Aplysie et quelques autres Gastéropodes, il est coloré au moment même où il est sécrété; mais dans d'autres il est incolore, comme c'est le cas chez le *Turbo littoralis* et le *Trochus cinerarius*. Dans le Murex et la Pourpre, il est aussi incolore au moment où il est sécrété; mais, exposé au soleil, il devient d'abord jaunâtre, et enfin violet, après avoir passé par différentes teintes intermédiaires résultant du mélange du jaune, du bleu et du rouge. Suivant M. Lacaze Duthiers, il est probable que les Romains tiraient leur teinture pourpre de trois ou quatre espèces de mollusques, tels que les *Murex trunculus* et *brandaris*, et la *Purpura hæmastoma*. Il n'y a qu'un petit nombre de mollusques tels que les *Helix alliaria* et *Eledone moschata* qui exhalent des odeurs spéciales. Un grand nombre d'espèces sont phosphorescentes, en particulier les Tuniciers flottants (*Salpa* et *Pyrosoma*) et les bivalves qui habitent dans des cavités (*Pholadidæ*). Quelques Céphalopodes sont légèrement lumineux; et un Limacien, le *Phosphorax* tire son nom de la même propriété.

Système circulatoire. Les mollusques n'ont pas de système absorbant distinct, mais le produit de la digestion (*chyle*) passe dans la cavité abdominale générale et de là dans les grandes veines qui sont perforées de nombreuses ouvertures circulaires. Les organes circulatoires sont le cœur, les artères et les veines; le sang est incolore ou d'un blanc bleuâtre pâle. Le *cœur* se compose d'une *oreillette* (divisée quelquefois en deux), qui reçoit le sang des branchies, et d'un *ventricule* musculaire qui le chasse dans les artères du corps. Des extrémités capillaires des artères, il se réunit de nouveau dans les veines, circule une seconde fois

---

[1] Dans la plupart des Gastéropodes, l'intestin revient sur lui-même et se termine sur le côté droit, près de la tête. Quelquefois il aboutit dans une perforation plus ou moins éloignée du bord de l'ouverture de la coquille, comme c'est le cas dans les *Trochotoma, Fissurella, Macroschisma* et *Dentalium*. Dans les Oscabrions, l'intestin est droit et se termine à la partie postérieure du corps.

à travers l'organe respiratoire et retourne au cœur sous forme de sang artériel. Outre ce cœur aortique ordinaire, la circulation est aidée chez les Céphalopodes par deux *cœurs branchiaux* supplémentaires. M. Alder a compté 60 à 80 pulsations par minute dans les Nudibranches, et 120 par minute dans une Vitrine. Tant les veines que les artères forment quelquefois de grandes lacunes ou *sinus*; dans les Céphalopodes, l'œsophage est entouré en tout ou en partie par un *sinus* veineux; dans les Acéphales la cavité viscérale elle-même fait partie du système circulatoire.

Système aquifère. Les recherches anatomiques récentes de MM. Hancock, Rolleston, Robertson, Williams et autres, ont jeté de très-grands doutes sur l'existence d'un système aquifère dans les mollusques. Il y a incontestablement un certain nombre de pores qui s'ouvrent dans l'eau ambiante; ces pores sont situés, soit dans le centre du disque locomoteur, comme cela se voit chez les *Cypræa, Conus,* et *Ancillaria ;* soit sur le bord de cet organe, comme chez les *Haliotis, Doris* et *Aplysia.* Dans les Céphalopodes ils sont diversement placés, sur les côtés de la tête ou à la base des bras; quelques-uns d'entre eux donnent accès dans de grandes poches sous-orbitaires, dans lesquelles les tentacules se retirent. Selon MM. Rolleston et Robertson [1] il n'y a pas de connexion entre le système vasculaire sanguin et le système aquifère, et le pied des Lamellibranches est distendu par le moyen de canaux aquifères qu'ils regardent comme un rein rudimentaire. D'autre part MM. Agassiz et Lacaze Duthiers affirment qu'il y a une connexion entre les deux systèmes. La preuve sur laquelle se basent les deux premiers observateurs c'est que, quand ils poussent une injection colorée dans une veine, et une injection de couleur différente dans les canaux aquifères, il se forme deux systèmes colorés de ramifications que le microscope prouve être distincts jusque dans leurs rameaux les plus ténus. M. Agassiz a aussi employé une injection colorée; il prétend que, quand elle était injectée par le grand pore dans la surface pédieuse de quelques espèces de Pyrules, il remplissait non-seulement le système de canaux du pied, mais aussi tout l'ensemble du système circulatoire. Il dit aussi que, quand on sort une Mactre de l'eau, elle rejette par le pied une quantité de fluide qui consiste en eau salée, dans laquelle flottent une grande quantité de corpuscules sanguins. Il considère cela comme une preuve du mélange du sang et de l'eau de mer dans l'intérieur du corps de l'animal.

Système respiratoire. Le phénomène respiratoire consiste dans l'exposition du sang à l'influence de l'air, ou de l'eau contenant de l'air, acte pendant lequel de l'oxygène est absorbé et de l'acide carbonique exhalé. C'est un phénomène essentiel à la vie animale et il n'est jamais entièrement suspendu, même pendant l'hibernation. Les animaux à respiration aérienne qui habitent les eaux sont obligés de visiter souvent

---

[1] *Philosophical Transactions,* 1862.

la surface, et l'eau corrompue est si nuisible aux animaux à respiration aquatique, qu'ils essayent bientôt de sortir du verre ou du baquet où ils sont renfermés, si l'on n'en renouvelle pas fréquemment l'eau. En général l'eau douce est immédiatement fatale aux espèces marines, et l'eau salée à celles qui habitent naturellement l'eau douce; mais il y a quelques espèces qui préfèrent l'eau saumâtre, et un grand nombre qui la supportent jusqu'à un certain degré. La profondeur à laquelle vivent les mollusques est probablement influencée par la quantité d'oxygène qui leur est nécessaire; les espèces les plus actives et les plus énergiques ne vivent que dans les eaux peu profondes, ou près de la surface; celles que l'on rencontre dans les eaux très-profondes sont aussi celles qui ont les instincts les plus imparfaits et qui sont organisées d'une manière spéciale en vue de leur habitat. Quelques mollusques à respiration aquatique comme les Littorines, les Patelles et les Kellia n'ont besoin que de l'air humide de la mer, et de la visite renouvelée deux fois par jour de la marée; tandis que beaucoup de mollusques à respiration aérienne vivent entièrement sous l'eau ou dans des lieux humides dans le voisinage de l'eau. En réalité, que la respiration soit aquatique ou aérienne, le phénomène est le même, et il est essentiel dans chacun des cas que la surface de l'organe respiratoire soit maintenue humide. Le phénomène est plus ou moins complet, selon l'étendue et le degré de division des vaisseaux dans lesquels le fluide qui circule est exposé à l'influence révivifiante de l'oxygène.

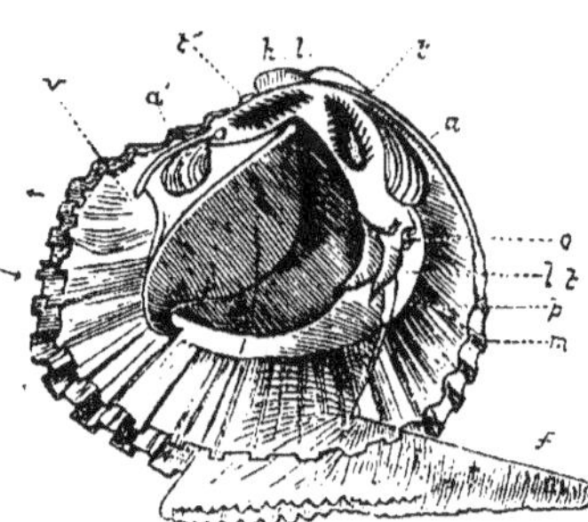

Fig. 18. — *Trigonia pectinata*[1].

Les Gastéropodes terrestres (*Pulmonés*) ont un poumon ou chambre à air qui est formée par un pli du manteau, et sur la paroi interne de laquelle se distribuent les vaisseaux pulmonaires; cette chambre a un orifice arrondi, situé sur le côté droit de l'animal et s'ouvrant et se fermant à intervalles réguliers. L'air paraît se renouveler dans cette cavité avec une rapidité suffisante (par la loi de diffusion) sans aucun mécanisme spécial.

Dans les mollusques aquatiques, la respiration s'effectue au moyen du manteau ou par une partie de celui-ci qui est spécialisée et forme une *branchie*. Dans tous les Brachiopodes elle a lieu au moyen des bras, tandis que le manteau lui sert d'auxiliaire. Dans les bivalves ordinaires les

[1] *Trigonia pectinata*, Lam. (figure originale). Apportée d'Australie par feu le capitaine Owen Stanley. On voit les branchies dans le centre, à travers le manteau qui est transparent. *o*, bouche *ll*, tentacules labiaux; *f*, pied; *v*, anus.

branchies forment deux lames membraneuses de chaque côté du corps ; le manteau musculaire est encore quelquefois soudé, formant une chambre avec deux orifices, dans l'un desquels pénètre l'eau, tandis qu'elle s'échappe par l'autre ; il y a, en avant, une troisième ouverture pour le pied, mais celle-là n'a aucune influence sur la circulation branchiale. Quelquefois les orifices se prolongent en longs tubes ou *siphons*, particulièrement dans ces mollusques qui creusent dans le sable (*fig.* 19 et 7).

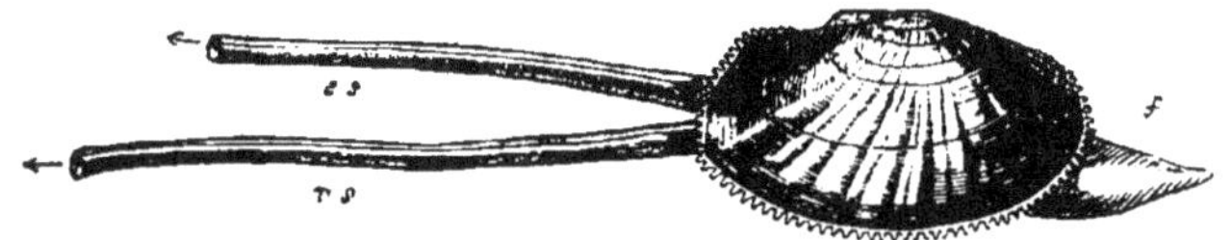

Fig. 19. — Bivalve à longs siphons [1].

Les bivalves qui n'ont pas de siphons, et même ceux chez lesquels le manteau est divisé en deux lobes, sont pourvus de valvules ou plis qui rendent les canaux respiratoires d'un effet aussi complet. Ces courants ne sont nullement en rapport avec l'ouverture et la fermeture des valves, qui a lieu seulement pendant la locomotion ou pendant les efforts faits pour expulser les particules irritantes [2].

Dans quelques Gastéropodes, les organes respiratoires forment des touffes situées sur le dos et sur les flancs (par exemple dans les Nudibranches), ou protégées par un repli du manteau (comme dans les Inférobranches et les Tectibranches de Cuvier) [3]. Mais, dans la plupart des cas, le manteau est infléchi et forme sur la partie dorsale du cou une chambre voûtée, qui contient des branchies pectinées ou plumeuses (*fig.* 68). Dans les Gastéropodes carnassiers (*Siphonostomata*), l'eau pénètre dans cette chambre à travers un *siphon*, formé par un prolongement du bord supérieur du manteau et protégé par le *canal* de la coquille ; après avoir traversé toute la longueur de la branchie, elle revient et s'échappe par un siphon postérieur généralement moins développé, mais cependant

---

[1] Fig. 19. *Psammobia respertina*, Chemn., d'après Poli, réduite de moitié. Les flèches indiquent la direction du courant ; *rs*, siphon respiratoire ; *es*, siphon efférent ; *f*, pied.

[2] Si l'on place une Moule d'étang dans un verre d'eau, et qu'on laisse tomber doucement du sable fin sur ses orifices respiratoires, l'on verra rebondir les particules qui arrivent dans le voisinage de l'ouverture supérieure, tandis qu'elles entrent rapidement dans l'inférieure. Mais comme l'animal ne goûte pas ce genre de nourriture, on le verra bientôt plonger avec son pied et, fermant ses valves, faire jaillir l'eau (et avec elle le sable) par ses deux orifices ; le mouvement du pied est, cela va sans dire, destiné à faire changer de place l'animal.

[3] M. Collingwood (*Annals of Nat. Hist.*, 1861), après avoir discuté la fonction que remplissent ces touffes ou papilles, conclut qu'elles ne sont des branchies, ni au point de vue morphologique, ni au point de vue physiologique.

très-long dans l'*Ovulum volva* et formant une épine tubuleuse dans les *Typhis*.

Dans les Prosobranches marins herbivores (*Holostomata*) il n'y a pas de vrai siphon, mais un des lobes du cou est quelquefois courbé en dessus et remplit le même rôle, comme on le voit dans les Paludines et les Ampullaires (*fig.* 109). Les courants qui entrent dans la chambre branchiale et ceux qui en sortent sont maintenus distincts par une frange valvuliforme se continuant depuis le lobe collaire. Le courant sortant est isolé d'une manière encore plus efficace dans les Fissurelles, les Haliotides et les Dentales, chez lesquels il s'échappe par un trou de la coquille qui est très-éloigné du point où il est entré. Près de cet orifice l'on trouve ceux de l'anus, des reins et des organes générateurs.

Les Céphalopodes ont deux ou quatre branchies en forme de plumes, placées symétriquement dans une chambre branchiale située au côté inférieur du corps; l'ouverture est en avant, et elle est occupée par un *entonnoir*, qui, dans le Nautile, ressemble beaucoup au siphon de la Paludine, mais qui, dans les Seiches, a ses bords réunis. Le bord libre du manteau est disposé de manière à permettre à l'eau d'entrer dans la chambre branchiale de chaque côté de l'entonnoir : ses parois musculaires se contractent alors et lancent l'eau à travers l'entonnoir, disposition surtout utile pour la locomotion [1]. M. Bowerbank a observé que l'Elédone fait vingt respirations par minute, lorsqu'il est tranquille dans un bassin d'eau.

Dans la plupart des cas, l'eau ne se renouvelle à la surface des branchies que par la seule action ciliaire; dans les Céphalopodes, elle est renouvelée, comme chez les animaux vertébrés, par l'expansion et la contraction alternatives de la chambre respiratoire.

Le système respiratoire est de la plus haute importance dans l'économie des mollusques, et ses modifications fournissent de précieux caractères pour la classification. Il faut remarquer que les classes établies par Cuvier sont basées sur une quantité de particularités et sont très-inégales en importance ; mais les ordres sont caractérisés par leurs conditions respiratoires, et ont une valeur beaucoup plus égale.

	ORDRES.	CLASSES.
	Dibranchiata, Owen.	CEPHALOPODA.
	Tetrabranchiata, Owen.	
	Nucleobranchiata, Bl.	
EXCEPHALA.. .	Prosobranchiata, M. Edw.	GASTEROPODA.
	Pulmonifera, Cuv.	
	Opisthobranchiata, M. Edw.	
	Aporobranchiata, Bl.	PTEROPODA.
	Palliobranchiata, Bl.	BRACHIOPODA.
ACEPHALA. . .	Lamellibranchiata, Bl.	CONCHIFERA.
	Heterobranchiata, Bl.	TUNICATA.

[1] C'est un moyen de locomotion très-efficace dans les Calmars grêles et terminés en pointe, qui se lancent en arrière, comme des fusées, par un effet de recul.

Coquille. Les rapports entre la coquille et l'organe respiratoire sont très-intimes : l'on peut en effet la regarder comme un *pneumosquelette*, puisqu'elle est essentiellement une portion endurcie de calcaire du manteau dont l'organe respiratoire est tout au plus une partie spécialisée [1].

La coquille est une partie si caractéristique des mollusques que ces animaux ont reçu le nom de *Testacés* (de *testa*, une coquille) dans les ouvrages scientifiques ; le nom populaire de *coquillages* [2], quoique n'étant pas tout à fait exact, ne peut être remplacé, dans le langage ordinaire, par aucune autre épithète. Il y a, toutefois, une classe entière et plusieurs familles dans lesquelles il n'existe rien que le vulgaire puisse reconnaître pour une coquille.

L'on appelle les coquilles *externes* quand elles contiennent l'animal, et *internes* quand elles sont cachées dans le manteau ; on donne le nom de mollusques nus à ceux qui ont des coquilles de cette seconde catégorie aussi bien qu'à ceux qui en sont complétement dépourvus.

Les trois quarts des mollusques sont *univalves*, c'est-à-dire ont seulement une coquille ; les autres sont pour la plupart *bivalves*, c'est-à-dire ont deux coquilles ; les Pholades ont des plaques accessoires, et la coquille du *Chiton* est composée de huit pièces. La plupart des *multivalves* des anciens auteurs étaient des animaux articulés (*Cirrhipèdes*), réunis à tort aux vrais mollusques, avec lesquels ils n'ont de rapports que dans l'apparence extérieure.

Chez tous les mollusques, sauf l'Argonaute, il se développe, avant l'éclosion, une coquille rudimentaire qui devient le *nucleus* de la coquille adulte ; elle est souvent de forme et de couleur différentes du reste de la coquille, d'où il résulte que ces jeunes peuvent être pris pour des espèces différentes des adultes.

Dans les *Cymba* (*fig.* 20) le nucleus est grand et irrégulier ; dans le *Fusus antiquus*, il est cylindrique ; dans les *Pyramidellidæ*, il est oblique ; enfin, il est spiral dans les Carinaires, les Atlantes et beaucoup de Patelles qui ont à l'état d'adulte des coquilles symétriques.

La coquille rudimentaire des Nudibranches tombe de très-bonne heure et n'est jamais remplacée. Sous ce rapport, la coquille des mollusques diffère entièrement de l'enveloppe solide des Crabes et d'autres animaux articulés qui tombe et est renouvelée périodiquement.

---

[1] Dans sa forme la plus simple, la coquille est seulement un cône creux, ou une plaque protégeant l'organe respiratoire et le cœur, comme c'est le cas chez les Limaces, les Testacelles, et les Carinaires. Ses caractères particuliers se rapportent toujours à la condition de l'organe respiratoire ; et, dans les Térébratules elle s'identifie avec la branchie. Dans les Nudibranches, le manteau vasculaire remplit en tout ou en partie la fonction respiratoire. Dans les Céphalopodes la coquille se complique par l'addition d'une portion distincte, interne, chambrée (*phragmocone*) qui est proprement un squelette *viscéral* ; dans la Spirule la coquille est réduite à cette partie.

[2] L'expression anglaise de *shell fish* n'a pas de correspondant exact en français. (Trad.)

Dans les Bivalves, la coquille embryonnaire forme le sommet de chaque valve ; elle est souvent très-différente de celle qui se développe ensuite,

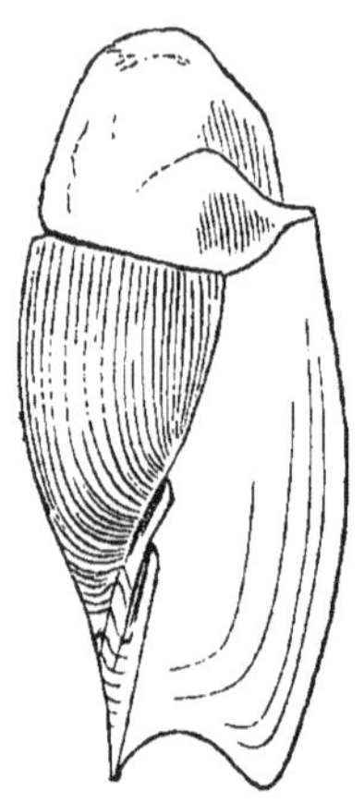

Fig. 20. — *Cymba* [1].

comme c'est le cas chez les *Unio pictorum, Cyclas Henslowiana* et *Pecten pusio*. Dans les coquilles qui sont fixées, comme l'Huitre et l'Anomie, le sommet présente souvent une reproduction exacte de la surface à laquelle adhérait primitivement la jeune coquille.

Les coquilles sont composées de carbonate de chaux avec une faible proportion de matière animale. L'origine de cette chaux doit être recherchée dans la nourriture de l'animal. Les travaux modernes de chimie organique ont montré que les végétaux tirent leurs principes élémentaires du règne inorganique (air, eau et sol), et que les animaux tirent les leurs du règne végétal. Les plantes marines filtrent l'eau salée et séparent la chaux aussi bien que les éléments organiques ; et la chaux est une des substances minérales les plus abondantes dans les plantes terrestres.

Les mollusques obtiennent de cette source de la chaux en abondance ; nous observons même fréquemment des exemples de coquilles devenant exceptionnellement épaisses par suite de la surabondance de ce sel dans leurs tissus. D'autre part, l'on rencontre, dans les eaux claires et tranquilles et sur les fonds argileux, des variétés à coquille mince et délicate ; tandis que, dans les districts qui sont complétement dépourvus de chaux, comme le cap Lizard, dans le Cornouailles, et des étendues semblables de silicate de magnésie en Asie Mineure, il n'y a pas de mollusques. (Forbes.)

La texture des coquilles est variée et caractéristique. Quelques-unes, lorsqu'elles sont cassées, présentent un faible éclat, comme celui du marbre ou de la porcelaine, et sont nommées *porcelainées* [2] ; d'autres sont *nacrées;* quelques-unes ont une structure *fibreuse* ; certaines sont *cornées,* et d'autres *vitreuses* et *translucides.*

Les coquilles nacrées sont formées de couches alternatives, d'une membrane très-mince et de carbonate de chaux, mais cela seul ne suffit pas pour donner l'éclat nacré qui semble dépendre des petites ondulations des couches représentées dans la figure 23. Cet éclat a été imité avec succès sur des boutons d'acier gravés. Les coquilles nacrées, lorsqu'elles sont polies, fournissent la nacre. Lorsqu'on les fait digérer dans un acide étendu, il reste un résidu membraneux qui conserve la forme

---

[1] Fig. 20. *Cymba proboscidalis*, Lam.; d'après un très-jeune échantillon de la collection de Hugh Cunning, provenant de l'Afrique occidentale.

[2] Je traduis littéralement le mot anglais *porcellanous*, pour lequel je ne crois pas qu'il existe d'expréssion française. (Trad.)

originaire de la coquille. C'est le genre de coquilles qui se détruit le plus facilement, et, dans quelques formations géologiques, nous ne trouvons que des moules des coquilles nacrées, tandis que celles de structure fibreuse sont complétement conservées.

Les *perles* sont produites par un grand nombre de bivalves, et, en particulier, par les Huîtres perlières d'Orient (*Avicula margaritifera*) et par une des moules de rivière d'Europe (*Unio margaritiferus*). On en trouve quelquefois aussi dans l'Huître commune, dans les *Anodonta, cygnea, Pinna nobilis, Mytilus edulis*, ou notre Moule commune, et dans le *Spondylus gæderopus*. Dans ces espèces, elles sont généralement d'une couleur verte ou rose. Les perles que l'on trouve dans l'*Arca Noæ* sont violettes et celles de l'*Anomia cepa* sont de couleur violette (*purple*). Elles ont une structure semblable à celle de la coquille et se composent comme elle de trois couches ; mais la couche qui est la plus interne dans la coquille se trouve placée à l'extérieur dans la perle. L'irisation est due à la lumière tombant sur les bords affleurants de plaques plissées en partie transparentes. Plus les plaques sont minces et transparentes, plus l'éclat irisé est beau, et l'on prétend que c'est la raison pour laquelle les perles marines l'emportent sur celles que l'on obtient des mollusques d'eau douce. Outre les sillons formés par la surface plissée, il y a une quantité de fines lignes noires (distantes les unes des autres de $0^{mm},01435$) qui peuvent ajouter à l'effet brillant. Dans quelques perles ces lignes vont d'un pôle à l'autre, comme les degrés de longitude sur le globe ; dans d'autres, elles vont dans différentes directions, et, dans quelques-unes, les lignes qui se trouvent sur la même perle suivent différentes directions, de telle sorte qu'elles s'entre-croisent. Le nucleus consiste souvent en un fragment de substance organique d'un jaune brunâtre, qui se comporte de la même manière que l'épiderme, lorsqu'on le traite par certains réactifs chimiques. L'on dit généralement que ce nucleus est formé par du sable, mais c'est simplement une conjecture qui a fini par être considérée comme un fait ; c'est tout à fait exceptionnellement que le sable forme le nucleus ; en règle générale, c'est quelque substance organique. Dans certains districts un genre de nucleus semble être plus commun que dans d'autres ; c'est du moins ainsi que l'on peut expliquer les résultats divers obtenus par les observateurs dans différentes localités. Filippi (*Sull' origine delle Perle*. Traduit dans : Müller's *Archiv*. 1856) a trouvé que, dans beaucoup de cas, le nucleus était formé par un *Distome*. Küchenmeister a observé que les perles étaient surtout abondantes dans les mollusques vivant dans les parties tranquilles de l'Elster, où les Acariens aquatiques (*Limnochares anodontæ*) se rencontraient le plus abondamment. Les noyaux les plus fréquents semblent être le corps ou les œufs de petits parasites internes, tels que les *Filaria. Distoma, Bucephalus*[1], etc. Les

---

[1] Möbius et Kelaart, *Annals of Nat. Hist.*, I, 1858, p. 81.

perles complétement sphériques ne peuvent se former que libres dans les muscles ou dans d'autres parties molles de l'animal. Les Chinois les obtiennent artificiellement en introduisant dans la moule vivante des substances étrangères, tels que des fragments de nacre fixés à des fils de métal, qui se revêtent ainsi d'une matière plus brillante.

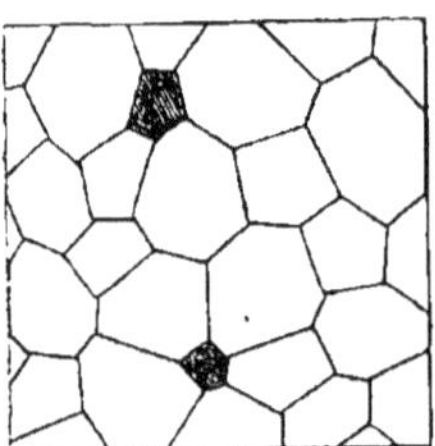

Fig. 21. — *Pinna.*

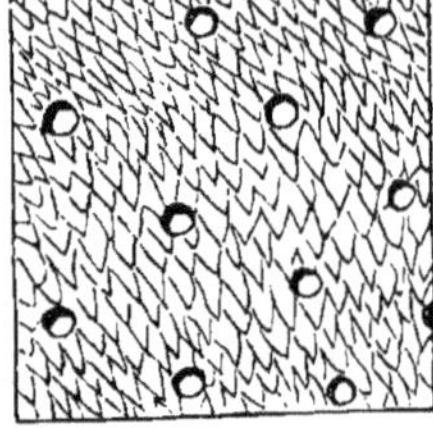

Fig. 22. — *Terebratula.*

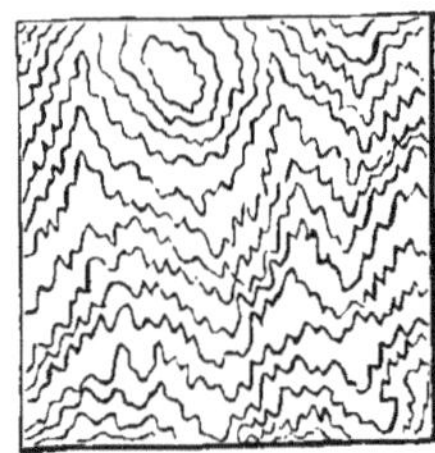

Fig. 23. — Perle [1].

Il se forme à l'intérieur des coquilles porcelainées des saillies et des concrétions semblables, c'est-à-dire des perles, qui n'ont pas d'éclat *nacré :* ces productions sont aussi variables de couleur que les surfaces sur lesquelles elles se forment [2].

Les coquilles *fibreuses* se composent de couches successives de cellules prismatiques contenant du carbonate de chaux translucide ; les cellules de chaque couche successive correspondent, de sorte que la coquille, surtout lorsqu'elle est très-épaisse (comme dans les *Inoceramus* et *Trichites* qui ne se rencontrent qu'à l'état fossile), se brise verticalement en fragments, montrant sur leurs bords une structure semblable à celle de l'arragonite (ou du spath fibreux). Des coupes horizontales montrent un réseau cellulaire, avec çà et là une cellule sombre qui est vide (*fig.* 21).

L'Huître a une structure lamelleuse due à l'accumulation irrégulière des cellules dans ses couches successives, et elle se désagrége en plaques horizontales.

Dans les coquilles perforantes (*Pholadidæ*) le carbonate de chaux a un arrangement atomique semblable à celui de l'arragonite qui est beaucoup plus dure que le spath calcaire ; dans d'autres cas, la différence de dureté dépend de la proportion de matière animale et de la manière selon laquelle les couches sont réunies [3].

---

[1] Fig. 21, 22, 23. Coupes grossies de coquilles, d'après le docteur Carpenter. L'on peut facilement préparer des fragments de coquilles, que l'on use jusqu'à les rendre très-minces, et que l'on soude ensuite à des lamelles de verre avec du baume de Canada; cela forme de curieux objets microscopiques.

[2] Elles sont roses dans les Turbinelles et les Strombes, blanches dans les Huîtres ; blanches ou vitreuses, pourpres ou noires dans les *Mytilus ;* roses et translucides dans les *Pinna.* (Gray.)

[3] La *pesanteur spécifique* des coquilles flottantes (telles que l'Argonaute et la Janthine) est plus faible que celle d'aucune autre. (De la Bèche.)

Dans beaucoup de coquilles bivalves, l'on trouve une fine *structure tubuleuse;* elle est très-apparente dans quelques coupes de *Pinna* et d'Huitre. Cette structure tubuleuse est souvent produite par la croissance d'une éponge confervoïde, de sorte que l'on doit prendre grand soin de s'assurer si les perforations sont une partie essentielle de la coquille.

Les Brachiopodes offrent une structure caractéristique qui permet de reconnaitre le plus petit fragment de leurs coquilles; elle consiste en cellules allongées et courbées, feutrées et perforées souvent de trous circulaires arrangés en quinconce (*fig.* 22).

Mais la structure la plus complexe parmi les coquilles est celle que présentent les Gastéropodes à structure porcelainée. Ceux-ci ont leur coquille composée de trois cou-
ches qui se séparent facilement dans les fossiles à cause de la disparition de leur ciment orga-nique. Dans la figure 24 A, *a* re-présente la couche externe, *b* la couche intermédiaire, et *c* la couche interne; on peut aussi voir ces trois couches dans la figure 24 B. Chacune de ces cou-ches est composée d'un très-grand nombre de plaques ver-ticales qui sont disposées comme

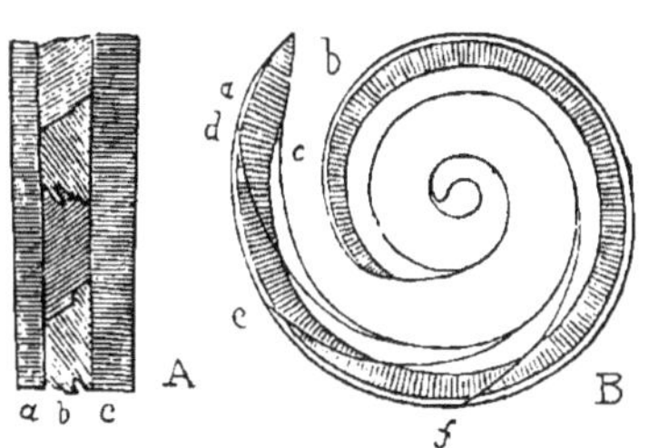

Fig. 24. — Coupes d'un Cône [1].

des cartes placées de champ; la direction des plaques est quelquefois transversale dans la couche centrale, et longitudinale dans l'externe et dans l'interne (ex. *Cypræa, Cassis, Ampullaria,* et *Bulimus*), ou lon-gitudinale dans l'intermédiaire et transversale dans les autres (ex. *Co-nus, Pyrula, Oliva* et *Voluta*).

Chaque *plaque* est, à son tour, composée d'une série de cellules pris-matiques disposées obliquement (45°), et, leur direction alternant dans les plaques successives, elles se croisent à angle droit. C'est sur les fossiles tertiaires que l'on voit le mieux cette structure, soit en exami-nant leurs bords fracturés, soit en en préparant des coupes polies [2]. (Bowerbank.)

La coquille de l'Argonaute et l'os de la Seiche ont une structure par-ticulière; et l'Hippurite se distingue par une texture treillisée qui ne

---

[1] Coupes du *Conus ponderosus.* Brug., du miocène de la Touraine. A, coupe longi tudinale d'un fragment ; B. coupe horizontale complète ; *a* couche externe ; *b*, couche intermédiaire ; *d, e, f,* lignes d'accroissement.

[2] Il faut se rappeler que les coquilles fossiles sont souvent le résultat de *pseudo-morphoses,* ou de simples moulages, en spath ou en chalcédoine, de cavités jadis occupées par la coquille ; tels sont les fossiles que l'on trouve à Blackdown, ainsi que beaucoup de ceux de l'argile de Londres, à Barton. Les fossiles paléozoïques sont souvent *métamorphisés,* c'est-à-dire, ont subi un nouvel arrangement de leurs parti-cules. comme les roches dans lesquelles on les rencontre.

ressemble à celle d'aucune autre coquille, sauf peut-être de quelques Cardiacés ou Chamacés.

Épiderme. Toutes les coquilles ont une enveloppe externe de matière animale appelée l'épiderme (ou *periostracum*), quelquefois mince et transparent, d'autres fois épais et opaque. Il est épais et de couleur olive dans toutes les coquilles d'eau douce et dans beaucoup de coquilles marines des régions arctiques (ex. *Cyprina* et *Astarte*); c'est de lui que dépendent souvent les couleurs des coquilles; il est quelquefois soyeux, comme dans l'*Helix sericea,* ou frangé de poils, comme dans le *Trichotropis*; dans le Buccin et quelques espèces de Tritons et de Cônes il est épais et rude, comme une étoffe grossière, et dans quelques Modioles il en part de longs filaments en forme de barbe.

Dans les Cyprées et d'autres mollusques à manteau largement lobé, l'épiderme est plus ou moins recouvert par une couche additionnelle de coquille déposée extérieurement.

L'épiderme est vivant, mais insensible, comme celui de l'homme; il protége la coquille contre les influences atmosphériques et chimiques; après la mort de l'animal il est bientôt décoloré ou détruit dans des circonstances où, pendant la vie du mollusque, il n'aurait subi aucun changement. Dans les bivalves il est en connexion organique avec les bords du manteau. Il est surtout développé dans les coquilles qui fréquentent des stations humides, parmi les feuilles en décomposition, et dans les coquilles d'eau douce. Toutes les eaux douces sont plus ou moins saturées de gaz acide carbonique, et, dans les contrées calcaires, elles tiennent assez de carbonate de chaux en dissolution pour le déposer sous la forme de tuf sur les Moules et autres coquilles [1]. Mais, lorsque le calcaire manque pour neutraliser l'acide, l'eau agit sur les coquilles et les dissoudrait entièrement si elles n'étaient pas protégées par leur épiderme. Toujours est-il que nous pouvons souvent reconnaître les coquilles d'eau douce par l'érosion de ces points dans lesquels l'épiderme était le plus mince, à savoir les sommets des coquilles spirales et ceux des bivalves, ces parties étant aussi celles qui sont le plus longtemps exposées. Des échantillons de Mélanopsides et de Bithynies sont tronqués à plusieurs reprises dans le cours de leur accroissement, au point que les adultes n'ont quelquefois que la moitié de la longueur qu'ils devraient avoir, et les Planorbes, qui ont une forme discoïde, arrivent quelquefois à être perforés par suite de la disparition de leurs tours internes; dans ces cas-là, l'animal ferme avec de nouvelles couches la brèche faite à sa coquille. Quelques Mulettes épaississent énormément leurs sommets et forment une couche de matière animale avec chaque nouvelle couche de coquille, de sorte que l'action de la rivière s'interrompt à des degrés successifs.

---

[1] C'est ce qui se passe à Tisbury, dans le Wiltshire, où feu mademoiselle Benett avait trouvé des échantillons remarquables d'Anodontes.

FORMATION ET CROISSANCE DE LA COQUILLE.

La coquille, comme nous l'avons déjà dit, est formée par le *manteau ;* chacune de ses couches a fait une fois partie de cet organe sous la forme d'une simple membrane ou d'une couche de cellules ; et chaque couche a été successivement endurcie par du carbonate de chaux et abandonnée par le manteau pour être jointe à celles qui avaient été précédemment formées. Comme la coquille est extra-vasculaire elle n'a pas en elle le pouvoir de réparer ses pertes. (Carpenter.)

L'épiderme et les productions cellulaires sont formés par le bord (ou *collier*) du manteau ; les couches membraneuses et nacrées sont produites par la partie mince et transparente qui contient les viscères ; de là vient que nous ne trouvons la texture nacrée que sous la forme d'un revêtement à l'intérieur de la coquille, comme cela se présente chez le Nautile, toutes les Aviculides et les Turbinides.

Si le bord de la coquille est fracturé pendant la vie de l'animal, l'accident sera complétement réparé par la reproduction de l'épiderme, ainsi que de la couche externe de la coquille avec sa couleur propre. Mais, si le sommet est détruit ou qu'il se soit fait un trou à une certaine distance de la bouche, cette ouverture sera seulement fermée avec les matériaux sécrétés par le manteau viscéral. Les coquilles et les vers perforants font souvent des irruptions de ce genre, et il y a même une éponge (*Cliona*) qui mine complétement les coquilles les plus solides. Il existe dans la collection du docteur Gray, la coupe d'un Cône, dans le sommet duquel une colonie de Lithodomes s'était établie, obligeant

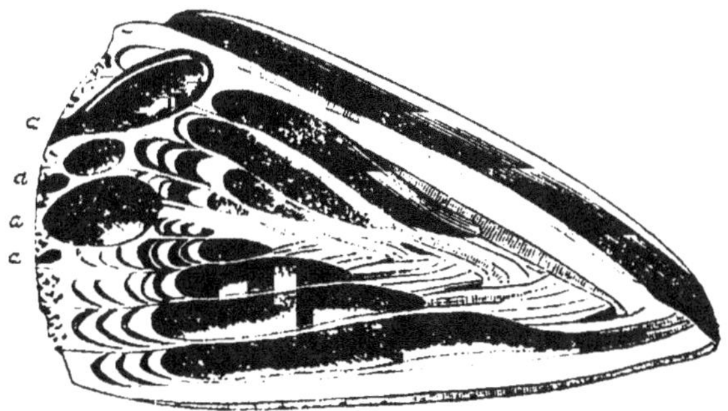

Fig. 25. — Coupe d'un Cône perforé par des Lithodomes.

l'animal à se contracter plus vite qu'il ne pouvait former de la coquille pour remplir le vide.

Lignes d'accroissement. Tant que l'animal continue à croître, chaque nouvelle couche de coquille s'étend au delà de celle qui avait été formée avant elle, d'où il résulte que la surface externe est marquée de lignes d'accroissement. Pendant l'hiver, ou la saison de repos qui lui correspond, les coquilles cessent de croître, et ces points périodiques de repos sont souvent indiqués par des interruptions des lignes d'accroissement et de couleur qui autrement sont régulières, ou par des signes encore plus frappants. Il est probable que cette pause, ou cessation de croissance s'étend jusque dans la saison de la reproduction; autrement, il y aurait deux périodes d'accroissement et deux de repos dans chaque année. Dans un grand nombre de coquilles, l'accroissement est uniforme; mais, dans d'autres, la fin de chaque période est marquée par le développement d'une frange ou bourrelet (*varix*), ou d'une rangée d'épines, comme dans les Tridacnes et les *Murex*. (Owen, Grant.)

Caractères de l'adulte. Pour chaque espèce, le moment où elle atteint

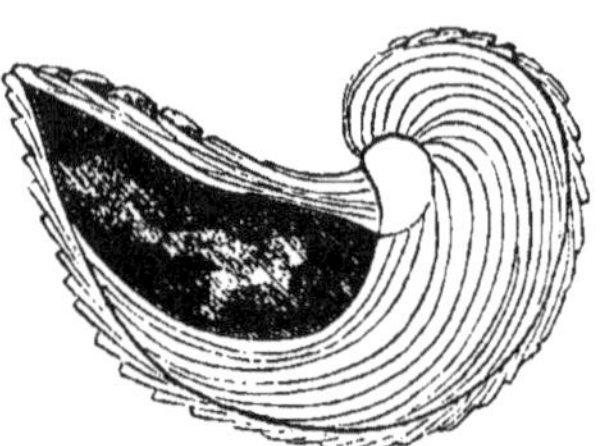

Fig. 26. — Coupe de *Gryphæa* [1].

sa taille définitive est ordinairement marqué par des changements dans la coquille. Quelques Bivalves, comme l'Huitre et la Gryphée (*fig.* 26), continuent à augmenter d'épaisseur longtemps après avoir cessé de s'accroître sur les bords; la plus grande augmentation se fait à la valve inférieure, surtout près du sommet; dans le Spondyle, quelques parties du manteau sécrètent plus que d'autres, de sorte qu'il reste dans la substance de la coquille des cavités pleines de liquide.

Le Taret et la Fistulane, arrivés à l'état adulte, ferment l'extrémité de leurs trous; la *Pholodidea* remplit la grande ouverture pédieuse de ses valves; et l'*Aspergillum* forme le disque poreux qui lui a valu son nom. Des coquilles à surface ornée, et en particulier les Ammonites, et certaines espèces de Rostellaires et de Fuseaux, perdent souvent leurs ornements dans la dernière période de leur croissance. Mais le changement le plus caractéristique est l'épaississement et la contraction de l'ouverture dans les univalves. La jeune Porcelaine (*fig.* 27) a un bord mince et tranchant, qui, chez l'adulte, se courbe en dedans, se garnit de dents et s'épaissit énormément; la Ptérocère (pl. IV, *fig.* 3) ne développe ses pointes scorpioïdes que lorsqu'elle a

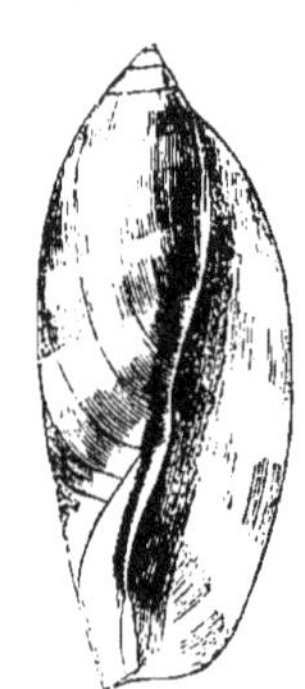

Fig. 27.— Jeune Porcelaine [2].

atteint toute sa taille; et les mollusques terrestres forment une lèvre épaissie, ou rétrécissent leur ouverture avec des saillies, au point que l'on a de la peine à comprendre

---

[1] Fig. 26. Coupe de la *Gryphæa incurva*, Sow. Lias, Dorset (figure originale); réduite de moitié; la valve supérieure est peu épaissie; la valve inférieure est remplie de lias.

[2] *Cypræa testudinaria*, Lin., jeune.

comment ils peuvent entrer ou sortir, et comment ils peuvent expulser leurs œufs (ex. *pl. XII, fig.* 4, *Anastoma;* et *fig.* 5, *Helix hirsuta*).

Ils semblent cependant avoir besoin à ce moment de plus d'espace dans leurs maisons qu'auparavant, et ils obtiennent ce résultat de plusieurs manières curieuses. Les Néritides et les Auriculides dissolvent toute la colonne spirale interne de leur coquille [1]; le Cône (*fig.* 24, B) ne laisse aux tours internes de sa coquille que l'épaisseur d'une feuille de papier; la Porcelaine va encore plus loin, et enlève continuellement les couches internes de la paroi de la coquille, tout en déposant de nouvelles couches à l'extérieur au moyen de son manteau replié (*fig.* 93), jusqu'à ce que, dans certains cas, la coquille adulte ait perdu toute ressemblance avec ce qu'elle était dans le jeune âge.

La faculté qu'ont ces mollusques de dissoudre des portions de leurs propres coquilles se trouve aussi chez les *Murex*, qui enlèvent de leurs tours les épines qui s'opposent à leur accroissement, et chez les Pourpres et d'autres genres, qui usent la paroi de leur ouverture. On suppose que, dans ces cas, l'action s'opère sous l'influence d'un agent chimique. Ce qui donne une certaine valeur à cette opinion, c'est la composition de la salive du *Dolium galea* (très-voisin des Pourpres), qui a été étudiée par le professeur Troschel. Une analyse chimique a montré qu'elle contenait seulement une petite proportion de matière organique, et se composait de 94 pour cent d'eau, le reste étant presque entièrement formé d'acides chlorhydrique et sulfurique, et de sulfates de magnésie, de potasse et de soude. Cette sécrétion ne paraît pas être employée pour aider la digestion, car l'on trouve dans l'estomac de petites coquilles calcaires intactes. Elle ne sert pas à perforer des pierres et l'on ignore quelles sont ses fonctions. Nous mentionnons ici ces faits pour montrer que les mollusques sécrètent des acides étendus qui peuvent, dans certains cas être employés à dissoudre la coquille. Toutefois, la salive n'a pas d'effet sur l'intérieur de la coquille du *Dolium*; qui paraît en effet être inattaquable par les acides puissants. (*Monatsberichte der Akademie zu Berlin*, 1854, p. 486.)

Coquilles décollées. L'on voit souvent que, lorsque les coquilles spirales arrivent à l'état adulte, elles cessent d'occuper la partie supérieure de leur cavité; l'espace devenu ainsi vide est quelquefois rempli de substance solide, comme dans le Magile; ou bien il se cloisonne, comme dans les Vermets, les Euomphales, les Turritelles et les Tritons (*fig.* 62). Le sommet abandonné est quelquefois très-mince; cessant d'être vivant et devenant cassant, il se rompt, et laisse la coquille tronquée ou décollée. Cela arrive constamment chez les Troncatelles, les Cylindrelles, et le *Bulimus decollatus;* dans les coquilles d'eau douce cela dépend de circonstances locales, mais c'est très-fréquent chez les Pirènes et les *Cerithidea*.

---

[1] Le Bernard-l'hermite (*Pagurus*) fait quelquefois cela à la coquille qu'il occupe.

Formes des coquilles. Ces formes seront décrites d'une manière spéciale à propos de chaque classe en particulier ; nous en avons dit assez pour montrer que l'on trouve dans les coquilles des mollusques (comme dans le squelette des Vertébrés), des indications de beaucoup des affinités principales et des particularités de structure de l'animal. L'on peut quelquefois avoir de la difficulté à déterminer le genre d'une coquille, surtout quand sa forme est très-simple ; mais cela provient plutôt de l'imperfection de nos expressions techniques et de nos systèmes que d'un manque de concordance entre l'animal et sa coquille.

Monstruosités. Les tours des coquilles spirales sont quelquefois séparés par l'interposition de substances étrangères qui adhèrent à elles pendant qu'elles sont jeunes ; l'Escargot des jardins a été trouvé dans cet état, et des exemples moins complets se rencontrent dans les coquilles marines. Des coquilles discoïdes deviennent quelquefois spirales (comme certains échantillons de Planorbes trouvés à Rochdale), ou irrégulières dans leur croissance, ce qui est dû à un état maladif. Les Ammonites, qui ont des formes discoïdes, montrent quelquefois une légère tendance à devenir spirales ; plus rarement, elles deviennent asymétriques, leur carène étant sur un des côtés au lieu d'être sur le milieu.

Toutes les coquilles adhérentes sont sujettes à des déviations dans leur croissance et à des déformations résultant de leur position dans des cavités ou de leur contact avec les rochers. La *Dreissena polymorpha* fait dévier les autres moules d'eau douce en attachant leurs valves avec son byssus, et les Balanes produisent quelquefois d'étranges protubérances sur le dos des Porcelaines, auxquelles ils se sont attachés pendant leur jeune âge[1].

Dans les terrains tertiaires miocènes d'Asie Mineure, E. Forbes a découvert des familles entières de Néritines, de Paludines et de Mélanopsides à tours garnis de côtes ou de carènes, comme si elles avaient subi l'influence malsaine de l'eau saumâtre. Les Littorines fossiles du Crag de Norwich sont également tordues, probablement par suite de l'irruption de l'eau douce ; des faits analogues se présentent aujourd'hui dans la Baltique.

Coquilles inverses. L'on a rencontré des variétés bouche-à-gauche ou inverses de coquilles spirales dans quelques-unes des espèces les plus communes, comme le Buccin ou l'Escargot des jardins. Le *Bulimus citrinus* est aussi souvent sénestre que dextre ; et une variété inverse du *Fusus antiquus* était plus commune que la forme normale dans la mer pliocène. D'autres coquilles sont constamment inverses, comme la *Pyrula perversa*, plusieurs espèces de *Pupa*, et les genres

---

[1] Il y a dans le British Museum un *Helix terrestris* (Chemn.), qui a un petit bâton passant au travers de sa coquille et faisant saillie au sommet et à l'ombilic. M. Pickering a dans sa collection un *Helix hortensis* qui s'étant trouvé pris dans une coquille de noix, lorsqu'il était jeune, et étant devenu trop grand pour en sortir, a eu à supporter ce cauchemar jusqu'à la fin de ses jours.

entiers des *Clausilia*, *Physa* et *Triforis*. Les bivalves montrent moins distinctement des variations de cette nature; toutefois, la valve adhérente des Chama a son sommet tourné indifféremment du côté droit ou du côté gauche, et, de deux échantillons de la *Lucina Childreni* qui se trouvent dans le British Museum, l'un a la valve droite plate, l'autre la valve gauche.

Les *couleurs des coquilles* sont ordinairement limitées à la surface qui est au-dessous de l'épiderme et sont sécrétées par le bord du manteau sur lequel l'on voit souvent des teintes et des dessins semblables (exemple *Voluta undulata*, fig. 89). Quelquefois les couches internes des coquilles porcelainées ont une coloration différente des couches externes, et les artistes en camées mettent à profit cette différence pour produire des figures blanches ou roses sur champ foncé [1].

La sécrétion des couleurs par le manteau dépend beaucoup de l'action de la lumière; les coquilles qui se trouvent dans les eaux peu profondes sont, en somme, plus chaudement et plus brillamment colorées que celles qui vivent dans les grandes profondeurs; les bivalves qui sont ordinairement fixés ou stationnaires (comme les Spondyles et le *Pecten pleuronectes*) ont la valve supérieure ornée de couleurs vives, tandis que l'inférieure est incolore. La partie dorsale de beaucoup de coquilles spirales est plus foncée que leur face inférieure; mais, dans la Janthine, la base de la coquille est ordinairement tournée en haut, et est fortement teintée de violet. Quelques couleurs sont plus stables que d'autres; les taches rouges des Natices et des Nérites sont souvent conservées dans les fossiles tertiaires et jurassiques et l'on en a même vu dans un échantillon de la *N. subcostata*, Schl. du calcaire dévonien. La *Terebratula hastata* et quelques *Pecten* de la période carbonifère ont conservé leurs dessins; l'*Orthoceras anguliferus* des couches dévoniennes a des bandes en zigzag colorées, et une Térébratule de la même époque, provenant des parties arctiques de l'Amérique du Nord est ornée de nombreuses rangées de taches d'un rouge foncé.

Opercule. La plupart des mollusques à coquilles spirales ont un *opercule*, ou couvercle qui leur sert à fermer leur ouverture, lorsqu'ils se retirent en se contractant. (Voyez GASTEROPODA.) Il se développe sur un lobe spécial, à la partie postérieure du pied, et se compose de couches cornées, endurcies quelquefois par de la substance calcaire (*fig. 28*).

Cet opercule a été considéré par Adanson, et, plus récemment, par le docteur Gray, comme l'homologue de la valve droite des Conchifères;

---

[1] L'on voit dans le British Museum des camées sculptés sur la coquille du *Cassis cornuta* qui sont blancs sur un fond orange; d'autres, sculptés sur les *C. tuberosa* et *madagascariensis*, qui sont blancs sur un fond de couleur vineuse foncée; d'autres, sur le *C. rufa*, qui sont d'une couleur de saumon pâle sur un fond orange; et enfin sur le *Strombus gigas*, qui sont jaunes sur un fond rose. En limant certaines Olives (par ex. l'*Oliva utriculus*), l'on peut en faire des coquilles de couleurs très-différentes.

mais, quoique semblable en apparence, ses rapports anatomiques sont complétement différents. Par sa position, il représente le byssus des bivalves (Lovén); et par ses fonctions il ressemble à la cheville au moyen de laquelle les individus libres de *Byssoarca* ferment leur ouverture. (Forbes.)

Fig. 28. — *Trochus ziziphinus* [1].

Homologies de la coquille [2]. La coquille a une structure si simple que ses modifications présentent peu de points de comparaison; mais ceux-ci même ne sont pas complétement compris ou dégagés de tout doute. La coquille bivalve peut être comparée à la tunique externe de l'Ascidien fendue et convertie en valves séparées. Dans les Conchifères, cette division du manteau est verticale et les valves sont placées à droite et à gauche. Dans les Brachiopodes la séparation est horizontale et les valves sont situées du côté dorsal et du côté ventral. Les bivalves *monomyaires* sont ordinairement couchés sur un côté (comme les Pleuronectides parmi les poissons); et leurs valves, quoique réellement droite et gauche, sont nommées supérieure et inférieure. La coquille univalve est l'équivalent des deux valves du bivalve. Dans les Ptéropodes elle est composée de plaques dorsales et ventrales comparables aux valves de la Térébratule. Dans les Gastéropodes elle est l'équivalent des deux valves des Conchifères unies en dessus [3]. La coquille du Nautile correspond à celle d'un Gastéropode; mais, tandis que ses chambres sont ébauchées dans beaucoup de coquilles spirales, le *siphon* est quelque chose de surajouté, et la coquille entière de la Seiche et de l'Argonaute [4] n'a pas d'équivalent et de parallèle connu dans les autres classes de mollusques. Un commençant pourrait imaginer qu'il existe une ressemblance entre la coquille d'un *Orthoceras* et une colonne vertébrale. Le *phragmocone* est le représentant de l'axe calcaire (ou splanchnosquelette) d'un corail, tel qu'un *Amplexus* ou une *Siphonophyllia*.

---

[1] *Trochus ziziphinus;* d'après un échantillon pris dans la baie de Pegwell où l'espèce est abondante. On y voit de petits prolongements tentaculaires, des lobules collaires, des lobules latéraux, des filaments tentaculaires et un lobe operculigère.

[2] Les parties qui se correspondent par leur vraie nature (leur origine et leur développement) sont appelées *homologues;* celles qui se ressemblent seulement par leur apparence ou leurs usages, sont appelées *analogues.*

[3] Comparez une Fissurelle ou un Trochus (*fig.* 28) avec le *Lepton squamosum* (*fig.* 12). Le disque de l'Hipponyce est analogue à la plaque ventrale des Hyales et des Térébratules.

[4] M. Adams compare la coquille de l'Argonaute aux capsules nidamentaires du Buccin; l'on aurait trouvé une meilleure analogie dans le radeau de la Janthine qui est sécrété par le pied de l'animal, et sert à faire flotter les capsules d'œufs.

Température et hibernation. On manque encore d'observations sur la température des mollusques; l'on sait toutefois qu'elle varie avec le milieu dans lequel ils vivent, et qu'elle est quelquefois d'un ou deux degrés au-dessus ou au-dessous de la température ambiante ; chez les Escargots, par le temps froid, elle est en général d'un ou deux degrés plus élevée que celle du milieu ambiant.

Les mollusques des pays froids et des pays tempérés sont sujets à l'*hibernation*; pendant qu'ils sont dans cet état le cœur cesse de battre, la respiration est presque suspendue, et les blessures ne se cicatrisent pas. Lorsqu'il fait très-chaud ils sont sujets à l'*estivation*, c'est-à-dire tombent dans un sommeil estival; mais pendant celui-ci les fonctions animales sont beaucoup moins interrompues. (Müller.)

Reproduction des parties détruites. Il ressort des expériences de Spallanzani que si l'on enlève à des Escargots leurs tentacules oculaires, ils les reproduisent complétement en quelques semaines ; d'autres physiologistes ont répété l'expérience et ont obtenu le même résultat. Mais il n'est pas certain que la reproduction ait lieu lorsqu'on enlève le cerveau de l'animal. Madame Power a fait des observations semblables sur différents gastéropodes marins et a reconnu que des portions du pied, du manteau et des tentacules étaient régénérées. M. Hancock raconte que les Eolis se dévorent quelquefois mutuellement leurs papilles, et que si on les tient dans de l'eau impure, elles tombent malades et perdent ces organes; dans un des cas, comme dans l'autre, ils sont bientôt renouvelés, si l'on met de nouveau les animaux dans des circonstances favorables.

Reproduction vivipare. Ce mode de reproduction se rencontre dans un petit nombre d'espèces de Gastéropodes chez lesquelles les œufs restent dans l'oviducte jusqu'à ce que les jeunes aient atteint un développement assez avancé. Il semble aussi se présenter dans les Acéphales, parce que leurs œufs restent dans quelques parties de la coquille ou du corps de la mère, jusqu'à ce qu'ils soient éclos.

Reproduction ovipare. Les sexes sont distincts dans les mollusques les plus élevés en organisation (ou *dioïques*) ; ils sont réunis sur un seul individu (*monoïques*) chez les Gastéropodes terrestres, les Ptéropodes, les Opisthobranches, et quelques Conchifères. Les Prosobranches s'accouplent ; mais chez les Acéphales dioïques, les zoospermes sont simplement déchargés dans l'eau, et sont aspirés par l'autre sexe au moyen des courants respiratoires. Les Gastéropodes terrestres ont besoin d'une union réciproque ; les Limnéides s'unissent à la suite les unes des autres, et forment ainsi des chaines flottantes.

Les œufs des Gastéropodes terrestres sont séparés et protégés par une coque qui est quelquefois albumineuse et flexible, et d'autres fois calcaire et cassante ; ceux des espèces d'eau douce sont mous, muqueux et transparents. Le frai des Gastéropodes marins se compose d'un grand nombre d'œufs, adhérant ensemble en masses, ou étendus sous la forme d'une bandelette ou d'un ruban, dans lequel les œufs sont disposés en rangées ; ce *ruban nidamentaire* est quelquefois roulé en spirale, comme un ressort de montre, et attaché par une de ses extrémités. Les œufs des Gastéropodes carnivores sont enfermés dans des capsules albumineuses coriaces qui contiennent chacune de nombreux germes ; elles sont déposées, séparément, ou par rangées, ou agglutinées en groupes qui égalent en volume l'animal qui les a produites (*fig.* 83). Les capsules nidamentaires de la Seiche sont disposées en grappes comme des raisins, et chacune ne contient

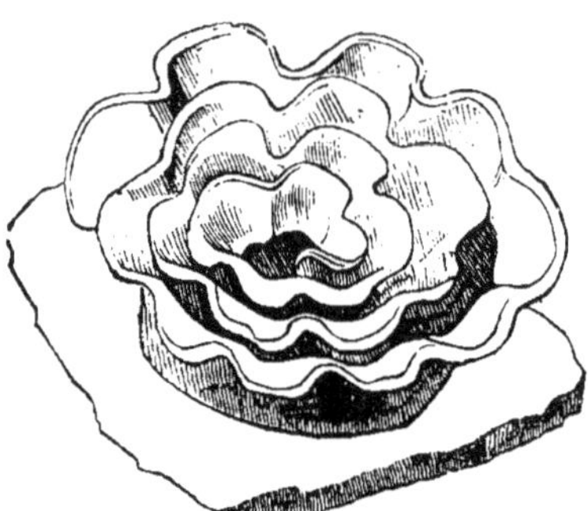

Fig. 29. — Frai de Doris [1].

qu'un seul embryon ; celles du Calmar sont groupées en masses rayonnantes, et chaque capsule allongée contient de trente à quarante œufs. La substance qui soude ainsi les œufs entre eux, ou qui les enveloppe, est sécrétée par la *glande nidamentaire*, organe qui est très-développé dans les Gastéropodes et les Céphalopodes femelles (*fig.* 50, *n*).

Développement. L'œuf des mollusques est composé d'un *vitellus* coloré, entouré d'*albumen*. Sur un des côtés du vitellus se trouve une sphère transparente, nommée la *vésicule germinative*, qui a une tache ou *nucleus* à sa surface. Cette vésicule germinative est une cellule nucléée, capable de produire d'autres cellules semblables à elle ; c'est la partie essentielle de l'œuf, celle de laquelle l'*embryon* se forme ; mais elle ne subit de changements que sous l'influence des zoospermes [2]. Après la fécondation, la vésicule germinative, qui descend alors dans le centre du vitellus, se sépare spontanément en deux ; elle se divise et se subdivise ensuite en globules de plus en plus petits, qui ont chacun leur centre transparent ou nucleus, jusqu'à ce que le tout présente une apparence granuleuse uniforme. La phase suivante est caractérisée par la formation d'un *épithélium* ciliaire sur la surface de la masse embryonnaire ; l'on commence à apercevoir, dans l'albumen, près des cils, des mouvements qui augmentent d'intensité jusqu'à ce que l'embryon commence à tourner dans le fluide qui le baigne [3].

---

[1] Ruban nidamentaire de la *Doris Johnstoni*. (Alder et Hancock.)

[2] On ne connaît aucun exemple de parthénogénèse chez les mollusques ; le cas le plus douteux est celui qui est rapporté par M. Gaskoin. Ce naturaliste constata qu'un échantillon d'*Helix lactea*, Müll. de l'Europe méridionale, était encore vivant après avoir été, pendant deux ans dans sa collection ; lorsqu'on l'eût transporté dans une caisse de Ward, il se ranima, et six semaines après il avait produit vingt petits!

[3] Selon les observations du professeur Lovén (sur certains mollusques bivalves), les œufs sont expulsés immédiatement après l'absorption des zoospermes, et, à ce

Jusqu'à ce moment, les œufs de toutes les classes d'animaux présentent, à peu près, la même apparence ; ils manifestent jusque-là une complète unité d'organisation. Dans la phase suivante, le développement d'un organe bordé de forts cils, et servant à la fois à la locomotion et à la respiration, montre que l'embryon est un mollusque ; les changements qui surviennent bientôt après montrent à quelle classe particulière il appartient. La tête rudimentaire se distingue de bonne heure par les taches oculaires noires, et le cœur se reconnaît à ses pulsations. Les organes digestifs et d'autres qui n'étaient d'abord qu'esquissés, deviennent plus distincts, et l'on constate qu'ils sont couverts d'une coquille transparente. A ce moment, l'embryon est capable de se mouvoir par ses propres contractions musculaires, et d'avaler de la nourriture ; en conséquence, il « éclôt, » c'est-à-dire s'échappe de l'œuf.

L'on sait très-peu de chose sur le développement des Brachiopodes. F. Müller a décrit [1] un embryon que l'on suppose qui pourrait appartenir à une *Crania*. Il possédait deux valves arrondies, de dimensions inégales, la dorsale étant la plus grande. On voyait une petite plaque ovale dans la partie où se trouve la charnière. Il partait du manteau cinq paires de soies roides, dont quatre naissaient de la moitié ventrale. Le bord du manteau, dans la valve dorsale, était garni de nombreuses soies plus fines qui se recourbaient sur l'extérieur de la valve ventrale. Le canal alimentaire remplissait la moitié postérieure de l'espace situé entre les valves. Il y avait deux capsules auditives et deux yeux. La moitié antérieure du corps était occupée par quatre paires de bras cylindriques entourant une protubérance arrondie au sommet de laquelle était la bouche. La locomotion s'effectuait au moyen des cils enveloppant les bras, et faisant progresser l'animal dans l'eau avec la bouche en avant. On ne pouvait reconnaître ni organes circulatoires ni organes reproducteurs.

Les jeunes bivalves éclosent avant de quitter leurs parents. (Voyez Conchifera.) Les formes par lesquelles ils passent présentent des diffé-

---

qu'il semble, sous leur influence ; mais l'imprégnation n'a pas lieu dans l'ovaire même. Il a distinctement vu les zoospermes du *Cardium pygmæum* pénétrer les enveloppes de l'œuf, les unes après les autres et arriver au vitellus, puis disparaître. En ce qui concerne la vésicule germinative, elle s'approche d'abord de la face interne de la membrane vitelline, de manière à recevoir l'influence des zoospermes ; elle se retire ensuite au centre du vitellus, et parcourt une série de divisions spontanées. Dans la description de M. Lovén, il est dit qu'elle se rompt et se dissout en partie pendant que l'œuf est encore dans l'ovaire, et avant l'imprégnation ; elle passe alors au centre du vitellus et subit, ainsi que le vitellus, les changements décrits par Barry, tandis que l'on voit le nucleus de la vésicule germinative, ou quelque corps qui lui ressemble exactement, occuper une petite proéminence sur la surface de la membrane vitelline, jusqu'à ce que la métamorphose du vitellus soit complète ; à ce moment il disparaît d'une manière qui n'a pas été observée, et sans avoir rempli aucune fonction que l'on ait pu apprécier.

[1] *Archiv für Anatomie und Physiologie*, 1860, p. 72 ; voyez aussi : *Annals of Nat Hist.*, 1860.

rences caractéristiques dans plusieurs familles, de sorte que, même dans l'état actuel de nos connaissances embryologiques, on constate cinq ou six types de développement. On peut même voir de grandes

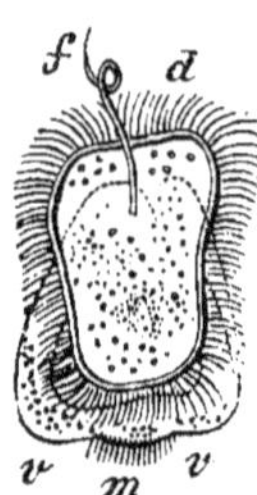

Fig. 30 [1].

différences dans une même famille, comme c'est le cas pour les formes marines et d'eau douce des *Mytilidæ*. La description suivante se rapporte au type auquel appartiennent les jeunes des *Crenella*. Ils ont d'abord un disque natatoire, frangé de longs cils et armé d'un filament tentaculaire grêle (*flagellum*). A une période plus avancée, ce disque disparaît graduellement à mesure que les palpes labiaux se développent; les embryons acquièrent alors un pied et, avec cet organe, la faculté de filer un byssus. Ils ont alors, près des tentacules labiaux, une paire d'yeux (*fig.* 30*, c) qui, plus tard, se perdent ou sont remplacés par de nombreux organes rudimentaires, placés plus favorablement pour la vision sur les bords du manteau. Le développement

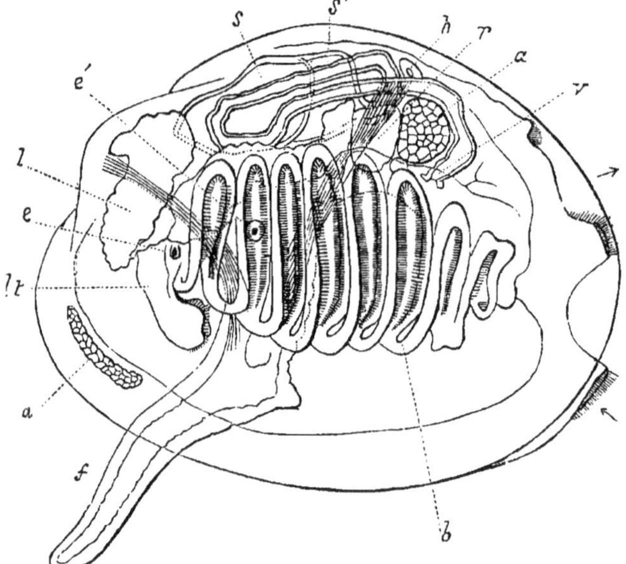

Fig. 30*. — Embryon d'une Moule [2].

des jeunes a été observé chez plusieurs genres de Ptéropodes. On peut les diviser en deux groupes : ceux chez lesquels le corps est entouré

[1] Fig. 30. Très-jeune embryon de *Crenella marmorata*, Forbes, très-grossi ; *d*, disque, bordé de cils; *f*, flagellum ; *vv*, valves ; *m*, manteau cilié.

[2] Fig. 30*. Jeune du *Mytilus edulis*, d'après Lovén. *e*, œil; *e'*, capsule auditive;

d'un ou de plusieurs anneaux de cils et ceux chez lesquels ces anneaux manquent.

La plupart des Gastéropodes aquatiques sont très-petits au moment où ils éclosent et ils commencent leur vie sous cette même forme que nous avons déjà mentionnée comme caractérisant d'une manière permanente les Ptéropodes (*fig.* 69).

Les Pulmonés et les Céphalopodes produisent de gros œufs, contenant une provision suffisante de nourriture pour alimenter l'embryon jusqu'à ce qu'il ait acquis des dimensions et un développement considérables ; ainsi la Seiche a, au moment de sa naissance, une coquille d'un demi-pouce de long, composée de plusieurs couches ; le *Bulimus ovatus* a une coquille d'un pouce de long au moment de son éclosion (*fig.* 51). On dit que ces mollusques ne subissent pas de métamorphoses, parce que leur état larvaire est caché dans l'œuf.

Les recherches de John Hunter[2] sur les conditions embryonnaires des animaux l'ont amené à conclure que *chaque phase* du développement

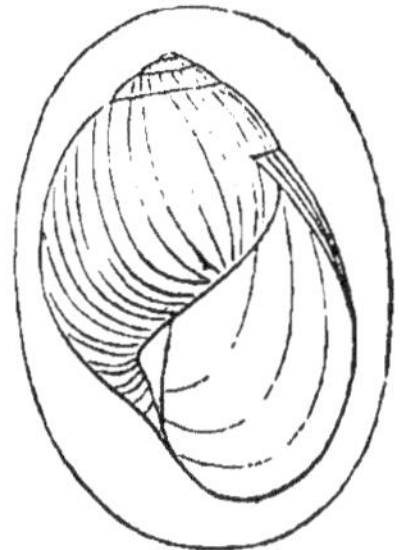

Fig. 51 [1].

des animaux les plus élevés en organisation correspond à la *forme permanente* de quelqu'un de ceux des ordres inférieurs. Cette grande généralisation qui a été depuis lors définie plus exactement et basée sur une plus grande réunion de faits, dont nous avons déjà cité quelques-uns, peut être établie comme suit :

Dans la toute première période de leur existence, tous les animaux montrent une condition uniforme ; mais après la première apparition d'un développement spécial, l'on ne rencontre d'uniformité que chez les membres de la même division primaire, et à chaque pas ultérieur elle est de plus en plus restreinte. A partir de ce premier degré, les membres de chaque groupe primaire prennent des formes et passent par des phases qui n'ont de parallèles que dans la division à laquelle chacun appartient. Le mammifère ne montre aucune ressemblance, à quelque période que ce soit, avec le mollusque, l'insecte, ou l'étoile de mer *adultes*; il en a seulement avec la phase ovarienne des invertébrés,

---

ll, tentacules labiaux ; *ss'*, estomac ; *b*, branchies ; *h*, cœur ; *v*, anus ; *l*, foie ; *r*, organe rénal ; *a*, adducteur antérieur ; *a'*, adducteur postérieur ; *f*, pied. Les flèches indiquent les ouvertures afférentes et efférentes ; entre ces ouvertures les bords du manteau sont soudés chez le jeune.

[1] Œuf et jeune de *Bulimus ovatus*, Müll. sp., du Brésil, d'après des échantillons de la collection de Hugh Cuming.

[2] Dans ses œuvres les éléments les plus subtils du système semblent toujours flotter devant lui ; deux ou trois fois il les a saisis et, après les avoir tenus momentanément, il les a laissé échapper de nouveau. Enfin, dans les préparatifs étonnants qu'il fit pour son musée, il construisit ce système, pour l'intelligence de l'homme de science, en se servant des révélations muettes de la nature. (Coleridge.)

et avec des phases plus avancées des classes formées sur son propre type. Il en est de même pour les mollusques dont l'organisation est la plus parfaite; après leur première phase de développement, ils ressemblent aux ordres plus simples de leur propre embranchement, mais nullement à ceux d'aucun autre groupe.

Les vues que nous venons de tracer sont celles du professeur Owen, qui est le successeur de Hunter, et qui a montré de la manière la plus claire et soutenu de la manière la plus ferme que « l'unité d'organisation » manifestée par le monde animal résulte du plan d'une intelligence suprême, et ne peut pas être attribuée à l'action d'une « loi » mécanique.

CLASSIFICATION

Le but de la classification est, premièrement, d'arranger les espèces d'une manière commode et intelligible[1], et, secondement, de fournir une exposition sommaire ou condensée de tout ce qui est connu relativement à leur structure et à leurs rapports.

En étudiant les mollusques, nous trouvons des ressemblances de deux sortes. D'abord, des concordances de structure, de forme et de mœurs; et, ensuite, des ressemblances de forme et de mœurs sans concordance de structure. On appelle les premières des rapports d'*affinité*; les secondes des rapports d'*analogie*.

Les *affinités* peuvent être rapprochées ou éloignées. Il y a une certaine somme d'affinités communes à tous les animaux; mais, de même que les parentés parmi les hommes, on ne les reconnaît que lorsqu'elles sont suffisamment étroites. On suppose que des ressemblances de structure qui existent depuis une période très-peu avancée de la vie, impliquent une parenté originaire; on les a appelées *génétiques* (ou *histologiques*) et elles sont de la plus haute importance. Celles qui viennent s'ajouter à une période postérieure ont moins de valeur.

Analogies. Des modifications se rapportant seulement à des habitudes particulières sont appelées *adaptives*, ou *téléologiques*, d'après leurs rapports avec les causes finales[2]. Une seconde catégorie de ressemblances analogiques est purement externe et trompeuse; on les a appelées *imitatives* (Strickland) et, par leur fréquence, elles justifient presque l'opinion qu'une certaine série de formes et de couleurs se répètent ou reparaissent dans chaque classe et chaque famille. Dans toutes les classifications artificielles, ces ressemblances imitatives ont amené à

---

[1] L'on connait au moins 20,000 espèces de mollusques vivants et 16,000 espèces fossiles.

[2] Ainsi, la ressemblance que présente l'Argonaute avec la Carinaire a fait supposer pendant longtemps qu'il était la coquille d'un Nucléobranche occupée par un *Ocythoe* qui y aurait vécu en parasite.

associer dans les mêmes groupes des animaux très-différents les uns des autres [1]. De certaines formes sont également *représentées* géographiquement [2] et géologiquement [3] aussi bien que systématiquement.

Dans toutes les tentatives faites pour caractériser des groupes d'animaux, nous trouvons que, en allant des combinaisons les plus restreintes aux plus grandes, beaucoup des caractères externes les plus saillants deviennent d'une valeur moindre, et nous sommes obligés de chercher des signes plus constants et plus généraux dans les phases du développement embryonnaire et dans les conditions des systèmes circulatoire, respiratoire, et nerveux.

Espèces. Tous les échantillons ou les individus qui se ressemblent assez pour que nous puissions raisonnablement croire qu'ils sont descendus d'une souche commune, constituent une *espèce*. C'est par une prévoyance particulière, pour empêcher le mélange des espèces, que les hybrides sont toujours stériles; et il est certain, en ce qui concerne les coquilles, qu'un grand nombre d'espèces n'ont pas changé de forme depuis l'époque tertiaire jusqu'à nos jours, c'est-à-dire pendant un espace de plusieurs milliers d'années, et après une série innombrable de générations. Quand des individus d'une même ponte diffèrent entre eux de quelque manière, on leur donne le nom de *variétés;* par exemple, l'un d'eux peut être plus exposé à la lumière et prendre une coloration plus vive ; ou bien, il peut trouver une nourriture plus abondante et devenir plus gros que les autres. Si ces particularités deviennent permanentes dans quelque lieu ou dans quelque période, que tous les échantillons d'une certaine ile ou d'une certaine montagne, ou que ceux d'une mer ou d'une formation géologique diffèrent de ceux que l'on trouve ailleurs, la variété devenue ainsi permanente recevra le nom de *race*, c'est ainsi que dans l'espèce humaine il y a des races blanches et d'autres colorées. Dans certains genres, les espèces sont moins sujettes à la variation que dans d'autres; les Nucules, par exemple, quoique très-nombreuses, peuvent toujours se distinguer par de bons caractères. D'autres genres, tels que les Ammonites, les Térébratules et les Tellines présentent, à un degré extrêmement embarrassant, des variations qui sont dues à l'âge, au sexe, à la somme de nourriture, aux différences de profondeur et de salure des eaux. En outre, tandis que dans quelques genres, il semble que toutes les variétés possibles aient

[1] C'est ainsi que s'est faite l'association des *Aporrhais* avec les Strombes, des Ancyles avec les Patelles.

[2] Les *Monoceros imbricatum* et *Buccinum antarcticum* remplacent, dans l'Amérique du Sud notre Pourpre et notre Buccin communs, et les *Solen gladiolus* et *Solen americanus* remplacent nos *Solen siliqua* et *Solen ensis*.

[3] Le retour fréquent d'espèces semblables dans des couches successives peut pousser les commençants à attribuer trop d'importance à l'action du temps et des circonstances extérieures; mais les impressions de ce genre disparaissent lorsque l'on a acquis plus d'expérience.

été appelées à l'existence, l'on ne connaît, dans d'autres, qu'un petit nombre de formes remarquablement distinctes.

Les *genres* sont des groupes d'espèces unies par une communauté de structure dans tous les points essentiels. Les genres de bivalves ont été caractérisés par le nombre et la position de leurs dents cardinales ; ceux des univalves spirales par la forme de leur ouverture ; mais ces caractères pratiques n'ont de valeur qu'en tant qu'ils indiquent des différences dans les animaux eux-mêmes.

Les *familles* sont des groupes de genres qui se ressemblent par quelques caractères plus généraux que ceux qui unissent les espèces en genres. Celles que nous avons adoptées sont pour la plupart des modifications des familles artificielles établies par Lamarck ; cette marche nous a paru préférable, dans l'état actuel de nos connaissances, à une subdivision en familles très-nombreuses auxquelles il est difficile d'assigner des caractères précis.

Nous avons déjà parlé des *Classes* et des *Ordres* des mollusques ; ceux qui sont adoptés maintenant sont pour la plupart naturels.

On a quelquefois prétendu que ces groupes sont seulement des artifices scientifiques et n'existent pas *en réalité* dans la nature, mais ceci est une manière aussi fausse que terre à terre de considérer le sujet. Les travaux des classificateurs les plus éminents ont été dirigés vers la recherche de la valeur relative des caractères que l'on peut tirer de toutes les parties de l'organisation animale ; et, autant que le leur permettaient les données qu'ils possédaient, ils ont exprimé dans leurs systèmes « tous les faits ou toutes les généralisations les plus élevées de l'histoire naturelle. » (Owen.)

M. Milne Edwards a fait remarquer que l'apparence réelle du règne animal n'est pas celle d'une armée bien ordonnée, mais plutôt celle du ciel étoilé sur lequel sont disséminées des constellations de diverses grandeurs, avec ici et là une étoile solitaire qui ne peut être rattachée à aucun groupe voisin.

Cette comparaison est extrêmement juste ; nous ne pouvons pas nous attendre à ce que nos groupes systématiques aient des valeurs numériques égales [1], mais ils devraient être d'importance égale au point de vue de la structure ; ils pourraient présenter ainsi une *symétrie* d'arrangement qui l'emporte sur la simple régularité numérique.

Les naturalistes à esprit le plus philosophique ont été d'avis que le développement des formes animales s'est effectué selon un plan régulier, et ils ont dirigé leurs recherches de manière à découvrir ce « reflet de l'esprit divin. » Quelques-uns se sont figuré l'avoir trouvé dans un nombre mystique, et ont en conséquence converti tous les groupes en

---

[1] Le développement numérique des groupes est en *proportion inverse du volume des individus qui les composent.* (Waterhouse.)

s éries de *cinq*[1]. Nous ne voulons pas déprécier ces conceptions, toutefois nous pensons qu'il est mieux de ne décrire des choses que ce que nous en connaissons.

On a toujours éprouvé de grandes difficultés à disposer les groupes selon leurs affinités. Cela ne peut se faire en une seule série, moyen que nous sommes forcés d'employer pour les décrire; chaque groupe est en effet relié à *tous* les autres; et si nous étendons la représentation des affinités à de très-petits groupes, tout arrangement quelconque sur une surface plane échouera, car les affinités rayonnent dans toutes les directions. Le « réseau » auquel Fabricius les comparait est une image aussi insuffisante que la « chaine » des anciens auteurs[2].

NOMENCLATURE.

C'est à Linné qu'est due l'introduction de l'usage de deux noms, l'un générique, l'autre spécifique pour désigner chaque animal; aucun nom scientifique n'est par conséquent antérieur aux ouvrages du naturaliste suédois. Du consentement général des savants de tous les pays le grec et le latin ont été choisis dans la construction de ces noms.

Synonymes. Il arrive souvent qu'une espèce ou un genre sont établis à des époques différentes par plusieurs personnes ignorant mutuellement leurs travaux. Les noms faisant ainsi double emploi sont appelés *synonymes*; ils se sont récemment multipliés d'une manière étonnante, et sont une pierre d'achoppement et une honte dans toutes les branches de l'histoire naturelle[3].

---

[1] Les partisans de l'arrangement sur cinq (*quinarians*) font cinq classes de Mollusques, en excluant les Tuniciers; on pourrait arriver au même résultat, d'une manière plus satisfaisante, en réduisant les Ptéropodes au rang d'un ordre qui serait placé dans le voisinage immédiat des *Opisthobranches*.

[2] L'arrangement quinaire des classes de mollusques rappelle l'emblème oriental de l'éternité, le serpent qui se mord la queue. On peut proposer le diagramme suivant comme un *système circulaire* perfectionné :

[Poissons.]

Di-branchiata.

Nucleo-   Tetra-
Opistho-   ✦   Proso-
Aporo-   Pulmo-
Pallio-   Lamelli-

Hetero-branchiata.

[Zoophytes.]

[3] Dans sa monographie des *Helicidæ*, famille qui contient 17 genres, Pfeiffer n'énumère pas moins de 350 *synonymes génériques;* le docteur Albers, de Berlin, a ajouté à cette liste une nouvelle centaine de noms de son invention.

4*

Une coquille très-commune dans les estuaires jouit de la variété de titres suivante :

> Scrobicularia piperata (*Gmelin sp.*).
> Trigonella plana (*Da Costa*).
> Mactra Listeri (*Auct.*).
> Mya hispanica (*Chemnitz*).
> Venus borealis (*Pennant*).
> Lutraria compressa (*Lam.*).
> Arenaria plana (*Megerle*).

En ce qui concerne les noms spécifiques, l'on doit certainement adopter les plus anciens, en exceptant toutefois ceux qui rentrent dans les cas suivants :

1° Les noms manuscrits, qui ont été admis par politesse ;

2° Les noms donnés par des auteurs antérieurs à Linné ;

3° Les noms qui ne sont accompagnés ni d'une description ni d'une figure ;

4° Les barbarismes, ou les noms contenant une erreur ou une absurdité [1].

Il est aussi vivement à désirer que les noms généralement acceptés ne soient pas changés par suite de la découverte de noms plus anciens contenus dans quelque publication obscure.

Quant à ce qui concerne les *genres*, les naturalistes qui croient à leur existence réelle comme « idées de l'intelligence créatrice » seront disposés à mettre de côté un grand nombre d'appellations appliquées au hasard, qui ont été données à des coquilles sans aucune énonciation claire de leurs caractères, et à adopter des noms plus récents, s'ils ont été établis avec une perception exacte des motifs qui militent en faveur d'une distinction générique [2].

Autorité pour les noms spécifiques. L'accroissement des synonymes ayant rendu désirable de trouver le nom d'auteur après chaque nom d'espèce, il s'est présenté une nouvelle source d'erreur. Plusieurs naturalistes s'imaginant en effet que le *créateur du genre*, et non le *créateur de l'espèce*, devait jouir de ce privilége, ont modifié ou divisé presque chaque genre, et placé leur signature comme autorité pour des noms donnés un demi-siècle ou un siècle auparavant par Linné ou

---

[1] Cette question a été l'objet d'une enquête et d'un rapport du comité de l'Association Britannique, en 1842.

[2] Plusieurs usages fàcheux, — contre lesquels il n'existe malheureusement pas de loi, — devraient être fortement désapprouvés. D'abord, l'emploi de noms appliqués déjà d'une manière usuelle à d'autres objets ; ainsi celui de *Cidaris* (nom d'un genre d'Oursins bien connu) pour un groupe de coquilles spirales ; celui de *Arenaria* (appartenant aux botanistes) pour un bivalve. Ensuite, la conversion de noms *spécifiques* en noms *génériques*, manière de faire qui a amené une confusion extrême, et qui est née du vain désir d'appliquer de nouvelles désignations à des objets dès longtemps connus de tous, afin d'obtenir ainsi une sorte de réputation douteuse.

Bruguière. La majorité des naturalistes ont désavoué cette manière de faire, et ont convenu de distinguer par l'addition de « *sp.* » les noms des auteurs qui ont créé les noms spécifiques dont les appellations génériques ont été changées. Le *type* d'un genre devrait être l'espèce qui montre le mieux les caractères du groupe; mais il n'est pas toujours facile de suivre cette règle et par conséquent la première sur la liste est souvent donnée comme le type.

ABRÉVIATIONS.

Étym., étymologie; *syn.*, synonyme; *Distr.*, distribution; *MS.*, non publié; *Sp.*, espèce; *B. M.*, collection du British Museum.

Distr., distribution. Norwége — Nouvelle-Zélande, comprend toutes les mers intermédiaires.

Foss., fossile. Lias — Craie, signifie que le genre a existé dans ces couches et dans toutes celles qui se trouvent entre elles. Craie —, veut dire que le genre a existé depuis la craie jusqu'à notre époque.

Profondeur — 90 mètres, indique que le genre se trouve à toutes les profondeurs entre la marée basse et 90 mètres ; 1/4, indique un quart de grandeur naturelle ; 4.1 un grossissement de quatre fois.

Lat., largeur; *Long.*, longueur; *Alt.*, hauteur ou épaisseur. *Mill.*, un millimètre (ou 1/25 de pouce anglais).

CHAPITRE II

DISTRIBUTION GÉOGRAPHIQUE DES MOLLUSQUES

C'est un des faits les plus connus de l'Histoire Naturelle que plusieurs contrées possèdent une Flore et une Faune distinctes, c'est-à-dire un ensemble de plantes et d'animaux qui leur sont spéciaux; il est également vrai, quoique moins généralement connu, que la mer a aussi ses provinces de vie animale et végétale. Les plus importantes ou les mieux connues de ces provinces sont indiquées sur la carte ci-jointe[1].

La division de la surface du globe en provinces naturelles doit être établie sur les bases les plus larges possible.

La distribution géographique de chaque classe d'animaux et de plantes doit être prise en considération pour arriver à une théorie d'une application universelle.

Les divisions du globe les plus philosophiques sont dues à Swainson, (1855), et au docteur Sclater, (1857). La classification de ce dernier a été adoptée par plusieurs naturalistes. Elle est basée sur la considération de la distribution des oiseaux, et a été étendue aux Poissons et aux Batraciens par le docteur Günther. On peut l'appliquer aussi aux mollusques. Dans le tableau du docteur Sclater le globe est divisé en six régions qui sont : 1° La région Palæarctique, qui comprend l'Europe, l'Afrique septentrionale, l'Asie Mineure, la Perse, les régions de l'Asie situées au nord de l'Himalaya, la Chine septentrionale et le Japon; 2° La région

---

[1] Nous avons pensé que cette carte, qui était en noir dans l'édition anglaise, serait beaucoup plus instructive et plus facile à consulter si l'on coloriait les provinces marines d'après les données fournies dans le texte. Voici les couleurs par lesquelles nous avons distingué ces différentes provinces :

Bleu. 1. Province Arctique ; 15. Province Magellanique.

Vert. 2. Boréale ; 5. Aralo-Caspienne ; 7. Africaine australe ; 10. Japonaise ; 14. Péruvienne.

Jaune. 3. Celtique ; 17. Caraïbe.

Lilas. 4. Lusitanienne; 9. Australo-Zélandaise ; 12. Californienne.

Orange. 6. Africaine occidentale ; 11. Aleutienne ; 13. Panamique.

Rouge. 8. Indo-Pacifique ; 16. Patagonienne ; 18. Transatlantique.

Les régions terrestres se distinguent presque toutes les unes des autres par des contrastes de blancs et de hachures. Nous ferons remarquer en outre que les noms et les chiffres qui les désignent sont écrits en caractères couchés, tandis que les noms et les chiffres qui correspondent aux provinces marines sont écrits en caractères droits. (Edit. et Trad.)

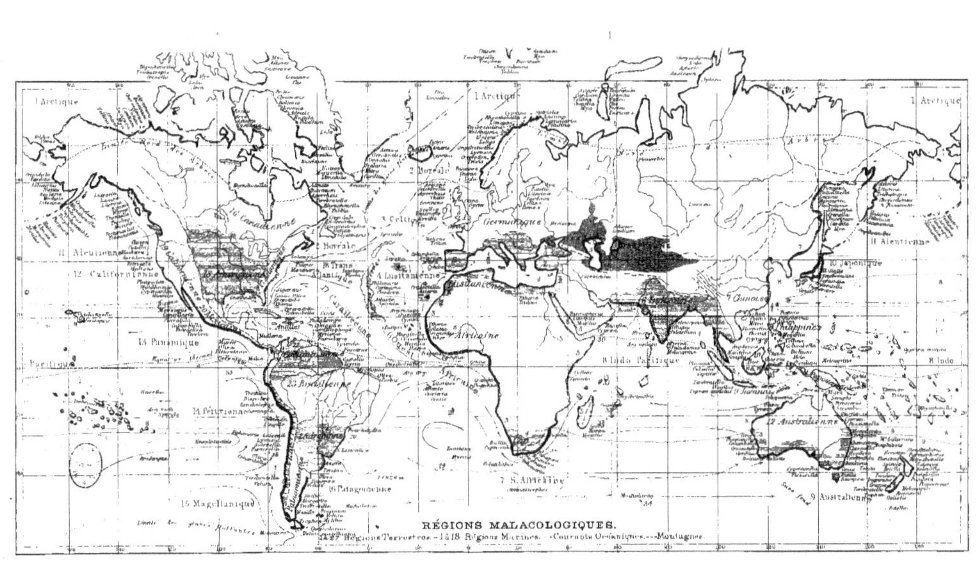

RÉGIONS MALACOLOGIQUES.

Il y a souvent dans une aire spécifique un point où les individus sont plus abondants que partout ailleurs; on l'a nommé la « métropole » de l'espèce. L'on peut démontrer que certaines espèces qui semblent n'être nulle part communes, ont été jadis abondantes; et il est probable qu'un grand nombre d'autres ne semblent rares que parce que leur quartier général est à présent inconnu. (Forbes.)

Les *centres spécifiques* sont les points dans lesquels on suppose que les différentes espèces ont été créées, lorsque l'on adopte l'hypothèse de ceux qui croient que chacune d'elles provient d'une souche commune (p. 47); l'on ne peut jamais reconnaître ces centres que d'une manière approximative. La théorie d'après laquelle chaque espèce provient d'un seul individu, ou d'une seule paire, créée seulement une fois, et dans un lieu spécial trouve une confirmation remarquable dans le fait que tant d'animaux et de plantes ne sont indigènes que dans des localités déterminées, lorsqu'un millier d'autres endroits auraient pu aussi bien les nourrir [1].

Aires génériques. Les groupes naturels d'espèces, que ce soit des genres, des familles ou des ordres, sont distribués d'une manière tout à fait semblable aux espèces [2]; ce n'est toutefois pas pour la même raison, puisque les éléments qui les composent ne sont pas liés entre eux par la filiation, mais, à ce qu'il semble, par l'intention du Créateur.

Les aires subgénériques sont ordinairement plus petites que les aires génériques ; d'autre part, il va sans dire que les aires des ordres et des familles sont plus grandes que celles des genres que ces groupes renferment. Mais il est nécessaire de se rappeler que des groupes de

---

[1] Mary Somerville, *Physical Geography*, II, 95.

[2] Les classes, les ordres, les familles et les genres ne sont que des noms qui s'appliquent à des genres de différents degrés d'étendue; En langage technique un *genre* est un groupe auquel l'on applique un *nom* (ex. *Ribes*) ; mais en réalité, *Exogènes, Renonculacées, Ranunculus* sont des genres de différents degrés.

« Un des principaux arguments en faveur du *caractère naturel* des genres (ou groupes), est celui que l'on peut tirer du fait que beaucoup de genres sont, comme on peut le montrer, *centralisés* dans des aires géographiques définies (*Erica*, par ex.) ; c'est-à-dire que nous trouvons toutes les espèces, où la plus grande partie d'entre elles réunies dans une aire qui a quelque point où se rencontre le nombre *maximum* d'espèces.

« Mais, dans l'*espace géographique* nous trouvons assez souvent que le même genre peut avoir deux aires ou davantage, dans chacune desquelles on voit ce phénomène d'un point où se trouve le *maximum* des espèces, et autour duquel les espèces de moins en moins nombreuses semblent rayonner.

« Par contre, *dans le temps* (ou en d'autres termes, en *distribution géologique*), chaque type générique a une extension unique et continue. Une fois qu'un type générique a cessé il ne reparaît jamais.

« Un genre est une abstraction, un idée divine. Le seul fait de la centralisation dans l'espace et dans le temps de groupes d'espèces liées entre elles, c'est-à-dire de genre, en est une preuve suffisante. Nous faisons sans doute beaucoup de prétendus genres qui sont artificiels ; mais un vrai genre est naturel, et par cela même indépendant de la volonté de l'homme. » — E. Forbes. Voyez : *Ann. of Nat, Hist.*, juillet 1852, et janvier 1855, page 45

même nom ne sont pas toujours de valeur égale, et, comme l'extension géographique des espèces varie, il arrive souvent que les aires spécifiques d'une classe ou d'une famille sont plus grandes que les aires génériques d'une autre. Les plus petites aires sont ordinairement celles des formes que l'on nomme *aberrantes* ; les espèces et les groupes *typiques* sont les plus largement distribués. (Waterhouse.)

« Quand une aire géographique renferme un nombre considérable d'espèces, on peut trouver dans l'intérieur de cette aire un point de maximum (*métropole*), autour duquel le nombre des espèces devient de plus en plus faible. Un genre peut avoir plus d'un centre. Il peut avoir eu à une certaine époque une aire non interrompue, et cependant, avec le temps et les changements, avoir son centre brisé de telle sorte qu'il semble y avoir des points séparés. Toutefois, si l'on trace l'histoire d'un genre naturel, à la fois selon son extension dans le *temps* et dans l'*espace*, il n'est pas impossible que l'aire, considérée d'une manière abstraite, ne se trouve être nécessairement unique. » (Forbes.)

Le professeur Forbes, pour démontrer la théorie de l'*unité des aires génériques* a donné de nombreux exemples prouvant que quelques-uns des cas les plus exceptionnels peuvent s'expliquer et confirment la règle. L'un de ceux-ci est relatif au genre *Mitra* dont l'on connait 420 espèces ; il a sa métropole dans les iles Philippines, et s'étend par la mer Rouge à la Méditerranée et à l'Afrique occidentale, les espèces devenant de moins en moins nombreuses et de plus en plus petites et obscures. Loin de toutes les autres, on trouve une seule espèce sur la côte du Groënland. Mais cette même coquille se trouve fossile en Irlande avec une autre *Mitra* vivant aujourd'hui dans la Méditerranée. Un autre exemple nous est fourni par le genre *Panopæa*, dont les onze espèces vivantes, sont largement séparées. On connait plus de cent espèces fossiles de ce genre: elles sont distribuées sur un grand nombre de points, dans la vaste aire sur les bords de laquelle les restes de cette ancienne forme semblent languir comme la dernière ride d'une vague circulaire [1].

Selon cette manière de voir, les centres spécifiques sont semés près les uns des autres sur la surface entière du globe ; ceux des genres sont distribués en plus petit nombre ; et les points d'origine des grands groupes deviennent de moins en moins nombreux, jusqu'à ce que nous ayons à estimer la position probable ou le lieu de création des divisions primaires elles-mêmes. Nous sommes ainsi amenés à nous demander s'il ne peut pas y avoir eu quelque foyer commun, quelque centre des centres, d'où seraient sortis les premiers et les principaux types de la vie.

Limite des provinces naturelles. Les provinces terrestres sont sépa-

---

[1] L'on peut rencontrer les exemples les plus frappants et les plus concluants de cette théorie dans la distribution des vertébrés supérieurs.

rées par de hautes montagnes, des déserts, des mers et des climats différents, tandis que les mers sont séparées par des continents et influencées par le caractère physique des lignes de côtes, par les climats et les courants. Ces « barrières naturelles, » comme Buffon les appelait, retardent ou empêchent complétement les migrations des espèces dans de certaines directions.

Influence du climat. La diversité des climats a été l'explication vulgaire de la plupart des phénomènes de distribution géographique, parce que l'on sait fort bien que certaines espèces ont besoin d'une somme tropicale de chaleur, tandis que d'autres peuvent supporter une grande variété de températures, et que certaines enfin ne prospèrent qu'au milieu des rigueurs des régions arctiques. Le caractère de la végétation des zones de latitude a été esquissé par le baron de Humboldt; Fabricius et Linné ont divisé le globe en provinces entomologiques climatériques ; enfin, E. Forbes a construit une carte des *zônes homoiozoïques* ou zones de vie marine. On peut appliquer à ces différents travaux la remarque de M. Kirby, — c'est que toute division du globe en provinces au moyen de parallèles et de méridiens *équivalents* a l'apparence d'un système artificiel et arbitraire en désaccord, avec les faits. E. Forbes a eu le soin de faire remarquer que, quoique « les faunes des régions situées dans des conditions physiques semblables aient entre elles des ressemblances frappantes, « ces ressemblances » ne sont pas dues à la présence d'espèces ou de genres identiques, mais *représentatifs* » (p. 47).

Origine des provinces naturelles. M. Kirby semble avoir été le premier à reconnaître ce fait que les conditions physiques ne sont pas les causes premières de l'existence des provinces zoologiques qu'il considérait comme fixées par la volonté du Créateur plutôt que réglées par les lignes isothermes [1]. M. Swainson a aussi montré que les conditions dépendant de la température, de la nourriture, de la situation et des ennemis, sont totalement insuffisantes pour expliquer les phénomènes de géographie zoologique qu'il attribuait à l'action de lois inconnues [2].

Les matériaux les plus importants pour l'étude de ces « lois inconnues » ont été fournis par le professeur E. Forbes, qui était peut-être le premier naturaliste capable de mettre en œuvre la grande quantité de faits accumulés par les géologues relativement à la distribution de la vie organique dans le monde primitif. Nous reviendrons sur ce sujet à propos des coquilles fossiles ; en attendant, nous pouvons dire que, d'après ces preuves, les faunes des diverses provinces sont d'âges différents, et que, leur origine se lie avec des changements géologiques antérieurs (souvent très-anciens) et une distribution différente des terres et des eaux à la surface du globe.

[1] Introduction to Entomology.
[2] Treatise on Geography and Classification of Animals ; Lardner's Cabinet Cyclopedia.

PROVINCES MARINES

Parmi les genres de coquilles marines, il y en a certains qui ont été
considérés comme particulièrement caractéristiques du climat. Ainsi,
l'on peut choisir dans la liste des coquilles arctiques les espèces suivantes, comme exemples des coquilles des hautes latitudes ; celles qui
sont marquées d'un astérisque se trouvent aussi bien dans l'hémisphère
austral que dans l'hémisphère boréal :

Buccinum.	Velutina.	*Crenella.
*Chrysodomus.	Lacuna.	*Yoldia.
*Trophon.	*Margarita.	*Astarte.
Admete.	——	Cyprina.
*Trichotropis.	*Rhynchonella.	Glycimeris.

On considère les suivantes comme spéciales aux mers des régions
chaudes :

Nautilus.	Conus.	Columbella.	Perna.
Rostellaria.	Harpa.	Cyprœa.	Vulsella.
Triton.	Oliva.	Nerita.	Tridacna.
Cancellaria.	Voluta.	Spondylus.	Crassatella.
Terebra.	Marginella.	Plicatula.	Sanguinolaria.

On ne doit pas conclure que ces genres ont toujours caractérisé des
climats extrêmes. Au contraire, tous ceux-ci ont existé dans les mers
britanniques à une période géologique peu ancienne. Les *Rhynchonella*
et les *Astarte* étaient jadis des coquilles tropicales, et depuis la période
de la craie en Angleterre, il y a eu des *Nautiles* dans la mer du
Nord, et des Cônes et des Olives dans le bassin de Londres. Une même
espèce n'a pas vécu à une époque dans la zone tropicale, à une autre
dans la zone tempérée, mais les genres ont eu dans beaucoup de cas
une extension beaucoup plus grande que celle qu'ils ont aujourd'hui.
Quelques formes tropicales sont plus abondantes et s'étendent plus loin
dans l'hémisphère sud que dans l'hémisphère nord ; plusieurs grandes
Volutes se trouvent jusqu'à l'extrémité de l'Amérique du Sud et les plus
grandes de toutes habitent la Nouvelle-Zélande.

Les provinces tropicales et subtropicales peuvent être groupées naturellement en trois divisions principales, à savoir : Atlantique, Indo-Pacifique et Américaine occidentale, — divisions qui sont limitées par des
méridiens de longitude et non par des parallèles de latitude. La province arctique est relativement petite et exceptionnelle, et les trois faunes les plus méridionales de l'Amérique, de l'Afrique et de l'Australie
diffèrent extrêmement les unes des autres, sans que l'on puisse attribuer cela au climat.

Si l'on n'examine qu'une petite étendue d'une côte maritime, on reconnaîtra que le caractère de ses mollusques dépend beaucoup de la nature du rivage, des marées, de la profondeur et de circonstances locales sur lesquelles nous reviendrons plus loin. Mais ces particularités disparaîtront lorsque l'on étendra ses études à une région suffisamment vaste pour renfermer toutes les variétés ordinaires de conditions.

L'on a établi que chaque faune se compose d'un certain nombre d'espèces spéciales, qui en forment plus de la moitié, et d'un plus petit nombre qui sont communes à quelques autres provinces. En s'assurant de la direction des marées et des courants, ainsi que des circonstances dans lesquelles les espèces se rencontrent, l'on peut arriver à déterminer à quelle province appartenaient originairement ces mollusques plus largement distribués. Lorsque des espèces se rencontrent à la fois à l'état vivant et à l'état fossile, il est aisé de deviner les directions selon lesquelles leurs migrations se sont effectuées.

La faune de la Méditerranée a été examinée par E. Forbes et Philippi; ils sont arrivés à reconnaître qu'une grande proportion de la population de cette mer y est venue de l'Atlantique et un plus petit nombre d'espèces de la mer Rouge. Le nombre des espèces que l'on supposait être spéciales à cette faune diminue si rapidement avec les progrès des recherches dans l'Atlantique, qu'on ne peut plus en faire une province distincte de la Lusitanienne.

Quand les faunes des autres régions auront été soumises à la même critique, l'on arrivera probablement à établir un beaucoup plus grand nombre de provinces que nous n'avons essayé pour le moment d'en indiquer sur la carte.

Il peut être bon de mentionner ici l'extension géographique extraordinaire attribuée à quelques espèces marines. Ces faits doivent être reçus avec beaucoup de doute; car, lorsqu'ils ont été suffisamment examinés, il s'est ordinairement trouvé que quelques-unes des localités étaient fausses, ou que l'on avait confondu plusieurs espèces. M. Krauss indique les distributions suivantes dans son excellente monographie des mollusques de l'Afrique méridionale :

Ranella granifera : Mer Rouge, Natal, Inde, Chine, Philippines, Nouvelle-Zélande.

Triton olearius : Brésil, Méditerranée, Natal, Pacifique.

Purpura lapillus : Groënland (Sénégal, Cap).

Venus verrucosa : (Antilles), Angleterre, Sénégal, Canaries, Méditerranée, Mer Rouge, Cap, (Australie).

Octopus vulgaris : Antilles, Brésil, Europe, Natal, Maurice, Inde.

Argonauta argo : (Antilles), Méditerranée, Mer Rouge, Cap.

On prétend aussi que la *Lucina divaricata* se trouve sur les côtes de l'Europe, de l'Inde, de l'Afrique, de l'Amérique et de l'Australie (Gray). Dans ce cas l'on a confondu plusieurs espèces. Les *Saxicaves* perforantes ont été transportées avec le lest dans toutes les parties du monde, et il reste encore à s'assurer si *la même espèce* se trouve à l'état vivant au delà des mers arctiques et des parties septentrionales de l'Atlantique.

Enfin, la *Monnaie de Guinée* (*Cypræa moneta*) est toujours indiquée dans les catalogues comme une coquille de la Méditerranée et du Cap, quoique sa patrie soit dans le Pacifique; elle ne se rencontre dans l'Atlantique que par le fait du naufrage de quelqu'un des navires qui apportent chaque année d'immenses quantités de ces petites coquilles en Angleterre d'où elles sont réexportées à la côte d'Afrique.

I. Province arctique.

Les mers polaires arctiques ne contiennent qu'une réunion de mollusques dont la limite est formée au sud par les îles Aleutiennes dans le Pacifique, mais qui, dans les parties septentrionales de l'Atlantique, est déterminée surtout par la limite des glaces flottantes, et descend aussi bas que Terre-Neuve à l'ouest, pour remonter de là brusquement vers l'Islande et le cap Nord. Le docteur Middendorff[1] a donné une histoire générale très-complète des mollusques arctiques; ceux du Groënland ont été catalogués et décrits par Othon Fabricius et Möller[2], et plus récemment par Mörch[3]; Middendorff énumère 158 espèces et Mörch 202. On trouve des notices éparses dans les *Annals of Natural History*[4], et dans les suppléments aux récits des voyages aux régions arctiques de Phipps, Scoresby, Franklin, Back, Ross, Parry et Richardson. L'existence des mêmes animaux marins dans la mer du Kamtschatka et la baie de Baffin a, pendant longtemps, été considérée comme prouvant au moins un ancien passage au Nord-Ouest: mais la rencontre de dépôts de coquilles marines d'espèces actuelles, disposées par bancs à une grande distance dans l'intérieur des terres, a rendu probable l'opinion qu'un exhaussement même récent des terres dans l'Amérique arctique peut avoir beaucoup réduit le passage. Pendant la période glaciaire cette mer arctique s'étendait avec la même faune sur la Grande-Bretagne, sur l'Europe septentrionale jusqu'aux Alpes et aux Carpathes, et sur la Sibérie, ainsi que sur une partie considérable de l'Amérique du Nord. Les coquilles vivant maintenant dans les mers arctiques se trouvent à l'état fossile dans les dépôts du « Drift du nord » (Northern Drift) sur toutes ces contrées, et un petit nombre de ces espèces se sont attardées dans les limites des deux provinces suivantes, surtout dans des points d'une profondeur exceptionnelle. Les coquilles arctiques ont

---

[1] *Malaco-zoologia Rossica*, *Mém. de l'Acad. imp. des sc. de Pétersbourg*, t. VI, partie II, 1849.

[2] *Index Molluscorum Grœnlandiæ*. Hafn. 1842.

[3] *Fortegnelse over Grönlands Blöddyr* in : H. Rink, *Grönland geographisk og statistisk beskrevet*, Bind II, 1857.

[4] Hancock, *Ann. Nat. Hist.*, vol. XVIII, p. 525, pl. V.

pour la plupart un épiderme verdâtre épais (p. 34) ; elles se rencontrent en très-grande abondance et sont remarquablement sujettes à varier de forme, circonstance attribuée par E. Forbes à l'influence du mélange d'eau douce produit par la fonte de grandes masses de neige et de glace.

MOLLUSQUES ARCTIQUES.

R. Laponie russe ; F. Finmarck ; I. Islande ; G. Groënland ; D. Détroit de Davis (côte occidentale) ; B. Détroit de Behring ; O. Ochotsk ; * Espèces britanniques (vivantes) ; ** Espèces britanniques (fossiles).

Octopus granulatus. G.
Cirroteuthis Mülleri. G.
Rossia palpebrosa. G. Pass. du P.Régent.
Onychoteuthis Bergii. F. B.
—   Fabricii. G.
—   amœna. G.
*Ommastrephes todarus. F. Terre Neuve.

Limacina arctica. G. O.
Spirialis stenogyra. F.
—   balea. G.
*Clio borealis. Nouv.-Zemble. G.

*Nassa incrassata. F.
*Buccinum undatum, var. Kara. O.
—   hydrophanum. D. Pass. du
            Prince-Régent.
—   tenebrosum. R. G. B.
*   —   Humphreysianum. R. G.
**   —   cyaneum F. D. G. Icy C.
            Saint-Laurent.
—   glaciale. Kara. O. C. Parry.
            G. Spitzberg.
—   angulosum N.-Zemble. Icy
            C. Spitzberg.
—   tenue. Nouv.-Zemble. G.
—   Groenlandicum. E.
—   undulatum. G.
—   scalariforme. G.
**   —   ciliatum. G.
—   boreale (Leach.). Baie de
            Baffin.
—   sericatum. D. P. Refuge.
*   —   Hollbollii (Mangelia, Möl.)
            G. F.
*   —   Dalei. R. B.
Pleurotoma, 13 sp. G.
*Fusus antiquus. Nouv.-Zemble. B.
**   —   carinatus. G.
*   —   contrarius. R. O.
—   deformis. R. Spitz.
**   —   despectus. G. Spitz.
—   heros. C. Parry.
—   latericeus. G.

**Fusus Sabini. D. Mass.
—   pellucidus. D.
—   Kroyeri. G. Spitz.
—   decemcostatus. B. Terre-Neuve.
*   —   Berniciensis. R. B.
—   Spitzbergensis. Spitz.
*   —   Islandicus. F.
*   —   gracilis. F. R. G. B.
** Trophon clathratus. R. G B.
**   —   scalariformis. Spitz. T.-N. B.
**   —   Gunneri. F. G.
**   —   craticulatus. R. I. G.
*   —   Barvicensis. F.
—   harpularius. F. E. U.
*   —   truncatus.
*Purpura lapillus. R. G. B.
Mangelia 9 sp. G.
—   decussata. D.
*Bela turricula. F. G.
*   — rufa. F. G.
**Mitra Grœnlandica. G.
**Admete viridula. R. Spitz. G. B.
*Trichotropis borealis. F. G. B. Pass. du
            Prince-Régent. B.
—   conica. G.
—   insignis. B.
—   bicarinata. B.
*Natica helicoïdes. R. G. B.
**   —   clausa. F. N.-Zemble. G. Ile
            Melville. Pass. du Prince-Ré-
            gent.
—   pallida. R. O.
—   flava. N.-Zemble. B. Terre-
            Neuve.
*   —   pusilla (grœnlandica). G. Nor-
            wége. Spitz.
—   nana. G.
*Velutina lævigata. R. B.
*   —   flexilis. F.
**   —   zonata. R. G.
—   lanigera. G.
Lamellaria prodita. F.
—   Grœnlandica. G. B.
**Scalaria Grœnlandica. F. G. B.

**Scalaria borealis. (Eschrichti). G.
Amaura candida. G.
Chemnitzia albula. G.
**Mesalia lactea. G.
** Turritella polaris. G.
Aporrhais occidentalis. Labrador.
*Littorina obtusata. R.
* — tenebrosa. N. Zemble. D.
— Grœnlandica. G. F.
* — palliata (arctica). G.
— limata. F.
* Lacuna vincta. R. Terre-Neuve. G.
— labiosa. F. P. Refuge.
* — crassior. R.
— glacialis. G.
* — pallidula. G.
* — puteolus. F. Terre-Neuve.
— frigida. F.
— solidula. F.
Hydrobia castanea. R. G.
Rissoa scrobiculata. G.
— globulus. G.
— saxatilis. G.
* Skenea planorbis. G. F.
* Margarita cinerea. F. E. U.
* — undulata. R. G.
* — alabastrum. F.
* — helicina. G. Mer Blanche.
Spitzb.
— sordida. R. Spitzb. G. B.
— umbilicalis. D. B.
— Harrisoni. D.
— glauca. G.
— Vahlii. G.
* — costulata. G.
* Puncturella Noachina. F. G.
* Acmæa testudinalis. R. Islande. G.
** Lepeta cæca. G. F. Spitzb. Cap Eden.
Pilidium rubellum. F. G. D.
Patella 4 sp. G.
* Chiton ruber. F. G. Spitzb.
* — albus. F. G.
Dentalium entale. Spitzb.

Bulla Reinhardi. G.
— subangulata. G.
* Cylichna alba. G. F. Spitzb.
— turrita. G.
* Philine scabra. Norwége. G.
— punctata, (Möll.). G.
Doris liturata. G.
— acutiuscula. G.
— obvelata. G.
* Dendronotus arborescens. F. G.
Æolis bodocensis. G.
Tergipes rupium. G.
Euplocamus Holbölli. G.

* Terebratulina caput-serpentis. Spitzb.
F. Mass. Médit.
* Waldheimia cranium. F.
— septigera. F.
Terebratella Spitzbergensis. Sp.
— Labradorensis. Labr.
** Rhynchonella psittacea. R. Baie de
Baffin, 76° N. Ile Melville. B.
* Crania anomala. Spitzb.

* Anomia squamula. R.
* — aculeata. R.
** Pecten Islandicus. F. Nouv.-Zemble.
Spitzb. G. B. Saint-Laurent.
— vitreus. F. Amérique arctique.
— Grœnlandicus. R. Spitzb. D.
Limatula sulcata. G. F.
* Mytilus edulis. R. G. B.
* Modiola modiolus. R. B.
* Crenella discors (lævigata). G. D. Nouv.-
Zemble.
* — decussata. R. G.
* — nigra. Nouv.-Zemble. R. G. D.
** — faba. G.
— vitrea. G.
Arca glacilis. Pass. du Prince-Régent.
Nucula corticata. G.
— inflata. G. D.
Leda buccata. G.
— macilenta. G.
** — rostrata (pernula), F. Spitzb.
Amérique arctique,
** — minuta (Fabr.) F. Spitzb. G. D.
** — lucida. F. (= navicularis ?)
Spitzb.
* — pygmæa. G. F. Sibérie.
** Yoldia arctica, Gr. (myalis) G. États-
Unis. Spitzb.
** — lanceolata (arctica, B. et S.) Icy
Cape.
— limatula. F. États-Unis. Kamtsch.
— hyperborea. Spitzb.
** — thraciæformis (angularis). G.
Mass.
** — truncata, Br. (Portlandica), Hit.
P. Refuge. Amérique arcti
que.
** Astarte borealis (arctica). F. Islande. G.
** — semisulcata (corrugata). Mer de
Kara. Nouv.-Zemble. Spitzb.
Pass. du Pr.-Régent. Cap Parry. Icy Cape.
* — elliptica. F. G. Spitzb.
* — sulcata. R. Nouvelle-Zemble. O
** — crebricosta. F. Spitzb. Terre-
Neuve.

Astarte crenata. Pass. du Pr.-Régent.
— Warhami. Détr. de Davis.
— globosa. G.
* — compressa. Nouv.-Zemble. G.
— Banksii. Spitzb. Baie de Baffin.
Cardium edule, var. rusticum. R.
— Islandicum. Nouv.-Zemble. G.
** — Grœnlandicum. Kara. Spitzb. Cap Parry. Saint-Laurent.
— elegantulum. G.
* Cryptodon flexuosus. G. F.
* Turtonia minuta. G. F.
* Cyprina Islandica. R. Labrador.
** Cardita borealis. Mass. O.
** Tellina calcarea. F. G. B.
** — Grœnlandica (= Balthica, L.). Nouv.-Zemble. Spitzb. F. G. B.

** Tellina edentula. B.
* Mya truncata. R. Spitzb. G. Cap. Parry. B.
** — Uddevallensis. Saint-Laurent. D. Ile du Prince-Régent. Ile Melville.
* — arenaria. Nouv.-Zemble. G. O.
** Saxicava rugosa (arctica). Nouv.-Zemble, Spitzb. G. Cap Parry. B.
* — (Panopæa) Norvegica. Mer blanche. O.
Machæra costata. Labrador. O.
Glycimeris siliqua. Cap. Parry. Terre-Neuve.
* Lyonsia Norvegica. F. O.
— arenosa. G. D. P. Refuge.
** Thracia myopsis. G.
Pandora glacialis. Spitzb. Baff. (Leach).

II. Province boréale.

La province Boréale s'étend à travers l'Atlantique, de la Nouvelle-Écosse et du Massachusetts à l'Islande, aux Feroë et aux Shetland, et, le long de la côte de Norwége, du cap Nord au cap Naze.

Dans la liste des 289 coquilles de Scandinavie, donnée par le docteur Lovén[1], 217, soit 75 pour 100, sont communes aux îles Britanniques, et 157 s'étendent jusqu'à la côte septentrionale de l'Espagne.

Les coquilles boréales de l'Amérique ont été décrites par le docteur Gould[2]. Il ressort de ses listes que sur 270 espèces de coquilles marines trouvées sur la côte du Massachusetts au nord du cap Cod, plus de la moitié sont communes avec l'Europe septentrionale.

L'on croit qu'un grand nombre de ces espèces ne se sont étendues aussi loin que par le moyen de lignes continues de côtes intermédiaires qui n'existent plus aujourd'hui[3].

[1] *Index Molluscorum Scandinaviæ*; extrait du: *Ofversigt af K. Vet. Akad. Forh.* 1846. Le climat du Finmark est beaucoup moins sévère que celui de la Laponie russe ; le port de Hammerfest est libre toute l'année.

[2] *Report on the Invertebrata of Massachusetts.* 1841.

[3] Forbes, *Memoirs of the Geol. Survey.* I, p. 579. Sir John Richardson dit, en parlant des Gadoïdes et des Pleuronectides :

« La plupart des poissons de cet ordre cherchent leur nourriture sur le fond ou près du fond, et un nombre très-considérable d'espèces sont communes aux deux côtés de l'Atlantique, surtout dans les hautes latitudes où ils abondent. Il ne paraît pas que leur grande extension géographique doive être attribuée à une migration loin de leurs lieux d'origine ; il semble plutôt que, sous ce rapport, ils doivent être comparés aux Hiboux qui, bien qu'étant pour la plupart des oiseaux stationnaires, comprennent cependant une plus grande proportion d'espèces communes à l'ancien et au nouveau monde que les familles les plus migratrices. Plusieurs des *Scombéroïdes* qui prennent leur nourriture à la surface, ont déjà été indiqués comme traversant plusieurs degrés de longitude dans l'Atlantique ; mais l'existence dans des localités très-éloignées, des *Gadoïdes* qui prennent leur nourriture au fond de la mer, doit être attribuée à une cause différente, car il n'est pas probable qu'aucun d'eux s'aventure en dehors des sondes ou même approche jamais la haute mer. » (*Report Zool. N. America*, p. 218.)

COQUILLES BORÉALES COMMUNES A L'EUROPE ET A L'AMÉRIQUE DU NORD.

*Espèces britanniques.

*Teredo navalis.
* Pholas crispata.
* Solen ensis.
*(Panopæa) Norvegica.
*Mya arenaria.
* — truncata.
* Thracia phaseolina (Conrad, Couth.).
 Mactra ponderosa (ovalis, G.).
?Montacuta bidentata.
*Turtonia minuta.
?Kellia rubra.
?Lepton nitidum (fabagella, Conr.?).
*Saxicava rugosa (arctica).
 Tellina solidula, var. (fusca, Say.).
* — calcarea (sordida, Couth.).
*Lucina borealis.
? — divaricata.
*Cryptodon flexuosus.
*Astarte borealis.
* — triangularis? (quadrans, G.).
*Cyprina Islandica.
?(Cardium Islandicum, États-Unis —
 Nouv.-Zemble).
 Yoldia limatula.
 — arctica, Gr. (= myalis).
*Leda pygmæa.
* — caudata.
? — navicularis (lucida, Lovén?).
*Nucula tenuis.
*Mytilus edulis.
*Modiola modiolus.
*Crenella nigra.
* — discors, L.
* — decussata (glandula, Tot.).
 Pecten Islandicus.
?Ostrea edulis (borealis, Lam.?).
*Anomia ephippium.
* — aculeata.
 — squamula?

*Terebratulina caput-serpentis.
*Rhynchonella psittacea.

*Dendronotus arborescens.
 Polycera Lessonii?
?Amphisphyra hyalina (debilis?).
 Cylichna alba (triticea, C.).
* — obtusa (pertenuis).
*Philine quadrata (formosa, St.).

*Chiton cinereus.
* — marmoreus.
* — ruber.
* — lævis.
* — asellus.
* — albus.
*Dentalium (entale, L. ?).
?Lepeta cæca (candida, C.).
*Acmæa testudinalis (amœna, S.).
*Puncturella Noachina.
*Adeorbis divisus (= Skenea serpuloï-
 des).
 Margarita cinerea.
* — costulata? (Skenea.).
* — helicina.
* — undulata.
* — alabastrum (= occidentalis?)
 Littorina Grœnlandica.
* — tenebrosa (vestita).
 — palliata?
*Lacuna vincta (divaricata).
* — puteolus (Montagui).
*Skenea planorbis.
*Velutina lævigata.
 — zonata.
*Lamellaria perspicua.
*Natica helicoïdes.
 — clausa.
* — pusilla.
*Scalaria Grœnlandica.
 (Ianthina communis).
 Odostomia producta.
 Cancellaria (Admete) viridula.
*Trichotropis borealis.
*Fusus antiquus (tornatus).
* — Islandicus.
* — propinquus.
* — ?rosaceus.
*Trophon muricatus.
* — clathratus.
 — scalariformis.
 — harpularius.
*Purpura lapillus.
*Buccinum undatum.
* — (Cominella) Dalei.
*Bela turricula.
* — Trevelyana.
* — rufa (Vahlii)?

L'*Ommastrephes sagittatus* est commun aussi aux deux côtés de l'Atlantique du Nord.

Les genres :

Machæra,	*Glycimeris,*	*Cardita,*
Solemya,	*Mesodesma* (*deauratum*),	*Crepidula,*

sont spéciaux à la côte américaine de la province boréale.

Plusieurs autres espèces, vivant de nos jours sur les côtes des États-Unis, se rencontrent à l'état fossile en Angleterre ; ainsi, l'on croit que le *Trophon cinereus*, Say, est le *Fusus Forbesi*, Strickland, de l'île de Man ; d'autres espèces sont indiquées sur la liste des mollusques arctiques.

III. Province celtique.

La province celtique, telle qu'elle a été circonscrite par E. Forbes, comprend les côtes des Iles-Britanniques, le Danemark, la Suède méridionale, et la Baltique[1]. La faune de cette région (qui renferme les principales pêcheries de harengs) est essentiellement atlantique ; un grand nombre des espèces qu'elle renferme ont une origine ancienne, et se rencontrent à l'état fossile dans le pliocène.

Les mollusques britanniques décrits par Forbes et Hanley se montent à 682, à savoir :

14 (15) Céphalopodes.	100 Pulmonés.	175 (172) Acéphales.
220 (254) Univalves marins.	4 (5) Ptéropodes.	75 (75) Tuniciers.
91 (100) Nudibranches.	5 (7) Brachiopodes.	

Les deux tiers des Nudibranches, 55 univalves marins, et 7 mollusques bivalves ne sont connus aujourd'hui que dans les mers britanniques ; mais, comme la plupart de ces espèces sont de petite taille ou « critiques, » on pense qu'elles peuvent encore se rencontrer ailleurs. En 1857, M. Mac Andrew connaissait 626 mollusques marins, comme cela est indiqué par les chiffres entre parenthèses dans le résumé ci-dessus.

Quelques-unes des espèces appartiennent à la province lusitanienne dont les limites septentrionales comprennent les îles de la Manche, et viennent effleurer les côtes d'Angleterre.

---

[1] Forbes et Hanley, *History of British Mollusca and their shells*, 1853, 4 vol. in-8 avec 203 pl., est le principal guide pour les testacés britanniques. M. G. Jeffreys vient de publier, 1862-1869, *British Conchology*, 5 vol. in-8, avec 140 pl. Les Nudibranches seuls ont été plus complétement décrits par MM. Alder et Hancock, *A Monograph of the Brithis Nudibranchiata Mollusca*, with figures of all the species, 1845, in-folio, avec 82 pl. col. La *Zoologia danica*, de O. F. Müller est encore l'ouvrage le plus important pour la zoologie marine des côtes du Danemark, 1788-1806, 4 vol. in-folio, avec 160 pl.

Phasianella pullus.	Murex corallinus.	Cytherea chione.
Haliotis tuberculata.	Avicula Tarentina.	Petricola lithophaga.
Truncatella Montagui.	Galeomma Turtoni.	Venerupis irus.
Oncidium celticum.	Pandora rostrata.	Cardium rusticum L.
Bulla hydatis.	Ervilia castanea.	(tuberculatum).
Volva patula.	Mactra helvacea.	

Parmi les Gastéropodes, 54 sont communs avec les mers qui se trouvent, soit au nord, soit au sud des Iles Britanniques; 52 s'avancent plus au sud, mais ne se trouvent pas au nord de ces iles; et 54, qui ont là leur limite méridionale, se trouvent, non-seulement dans le nord de l'Europe, mais pour la plupart aussi dans l'Amérique boréale. La moitié environ des bivalves s'étendent à la fois au nord et au sud des Iles Britanniques; 40 s'étendent seulement au sud, et il s'en trouve en Scandinavie environ encore autant, sur lesquels 27 sont communs avec l'Amérique du Nord. (Forbes.)

Dans les listes des coquilles arctiques et boréales, les espèces britanniques sont indiquées par un astérisque.

Suivant les calculs de M. Mac Andrew, on connaissait, en 1850, 406 espèces de mollusques à coquilles, sur lesquels :

217, soit 55 p. 100 sont communes	avec la Scandinavie.
246, soit 61	—	—	avec le nord de l'Espagne.
227, soit 56	—	—	avec le sud de l'Espagne et la Méditerrannée.
97, soit 24	—	—	avec les Canaries.

Les espèces suivantes sont, jusqu'à présent, spéciales aux Iles Britanniques :

Assiminea, sp.	Odostomia 19 sp?	Montacuta ferruginosa.
Jeffreysia, sp.	Buccinum fusiforme.	Argiope cistellula.
Otina otis.	Fusus Berniciensis.	Pecten nivens.
Rissoa, sp.	— Turtoni.	Syndosmia tenuis.
Stylifer Turtoni.	Natica Kingii.	Thracia villosiuscula.

Les espèces comestibles les plus communes sont :

Ostrea edulis.	Mytilus edulis.	Fusus antiquus.
Pecten maximus.	Cardium edule.	Littorina littorea.
— opercularis.	Buccinum undatum.	

Parmi les espèces qui caractérisent la province celtique, ou qui y sont le plus abondantes, on peut citer les suivantes :

Trophon muricatus.	Natica nitida.	Rissoa cingillus.
Nassa reticulata.	Velutina lævigata.	Scalaria Trevelyana.
Natica Montagui.	Turritella communis.	Littorina littoralis.
— monilifera.	Aporrhais pes-pelecani.	Trochus Montagui.

Trochus millegranus.	Scaphander lignarius.	Pholas candida.
— tumidus.	Tellina crassa.	Mactra elliptica.
Patella vulgata.	Venus striatula.	— solida.
— pellucida.	— casina.	Periploma prætenuis.
Acmæa virginea.	Donax anatinus.	Thracia distorta.
Chiton cinereus.	Solen ensis.	Syndosmya prismatica.

La vaste étendue de la Baltique ne présente aucune coquille qui manque aux côtes de la Grande-Bretagne et de la Suède. L'eau de cette mer est saumâtre, et devient moins salée vers le Nord, jusqu'à ce que l'on ne rencontre plus que des coquilles d'estuaires ; les Littorines et les Limnées y vivent ensemble comme dans beaucoup de marais d'Angleterre. La courte liste suivante est tirée des mémoires du docteur Middendorff et de M. Boll :

Buccinum undatum.	Neritina fluviatilis.	Tellina Balthica.
Purpura lapillus.	Limnæa auricularia.	— tenuis.
Nassa reticulata.	— ovata.	Scrobicularia piperata.
Littorina littorea.	Mytilus edulis.	Mya arenaria.
Patella (tarentina).	Donax trunculus.	— truncata.
Hydrobia muricata.	Cardium edule, var.	

MM. Meyer et Möbius ont collecté les espèces suivantes à Kiel :

Chiton cinereus.	Rissoa parva.	Cerithium reticulatum.
Acmæa testudinalis.	Littorina littorea.	Nassa reticulata.
Rissoa labiosa.	— littoralis.	Buccinum undatum.
— inconspicua.	— tenebrosa.	Fusus antiquus.
— ulvæ.	Lacuna vincta.	
— ventrosa.	— pallidula.	

IV. Province lusitanienne.

Les côtes de la baie de Biscaye, le Portugal, la Méditerranée et le nord-ouest de l'Afrique, jusqu'au cap Joub, forment une province importante, s'étendant à l'Ouest dans l'Atlantique, jusqu'aux bancs de sargasses, de telle sorte qu'elle renferme Madère, les Açores et les Canaries [1].

[1] Dans la partie septentrionale de la province lusitanienne, on trouve les pêcheries de sardines ; dans la Méditerranée, les pêcheries de thon, de corail et d'éponges.

Les bancs de sargasses (représentés dans la carte) s'étendent dans le milieu de l'Atlantique septentrionale, du 19ᵉ au 47ᵉ degré, couvrant un espace presque sept fois plus grand que la surface de la France. Colomb, qui rencontra le premier les sargasses, à environ 100 milles (40 lieues) à l'ouest des Açores, craignit que ses vaisseaux n'arrivassent contre un haut fond. (Humboldt.) E. Forbes suppose que ces bancs indiquent une ancienne ligne de côtes de la province lusitanienne terrestre, sur laquelle cette plante se trouvait originairement. Le docteur Harvey a montré que des espèces de *Sargassum* se trouvent abondamment le long des côtes des contrées tropicales, mais qu'il n'y en a aucune qui corresponde exactement aux raisins des tropiques. (*S. bacciferum.*) Ces derniers ne produisent jamais de fructifications, car les

Dans la partie atlantique de cette province on rencontre les genres suivants qui manquent aux mers celtique et boréale, bien que deux d'entre eux, *Mitra* et *Mesalia* se trouvent sur la côte du Groënland.

Argonauta.	Cancellaria.	Auricula.	——
Philonexis.	Sigaretus.	Pedipes.	Spondylus.
Chiroteuthis.	Crepidula.	Ringicula.	Avicula.
——	Mesalia.	Umbrella.	Solemya.
Conus.	Vermetus.	Glaucus.	Chama.
Pleurotoma.	Fossarus.		Crassatella.
Marginella.	Planaxis.	Carinaria.	Lithodomus.
Cymba.	Litiopa.	Firola.	Ungulina.
Mitra.	Truncatella.	Atlanta.	Galeomma.
Terebra.	Solarium.	Oxygyrus.	Cardita.
Columbella.	Bifrontia.	——	Cytherea.
Pisania.	Turbo.	Cleodora.	Petricola.
Dolium.	Monodonta.	Cuvieria.	Venerupis.
Cassis.	Haliotis.	Creseis.	Mesodesma.
Triton.	Gadinia.	——	Ervilia.
Ranella.	Siphonaria.	Megerlia.	Panopæa.

Les côtes de l'Espagne et du Portugal sont moins connues qu'aucune autre partie de la province, mais l'exploration en est, sous quelques rapports, plus facile que celles des côtes de la Méditerranée à cause des marées. Les coquillages y sont plus demandés comme article d'alimentation que dans notre pays, et le marché de Lisbonne a fourni à M. Mac Andrew la première indication que le genre *Cymba* s'avançât aussi loin au Nord.

M. Mac Andrew a obtenu en draguant sur les côtes des Asturies et de la Galice, surtout dans la baie de Vigo, 212 espèces, d'un caractère assez septentrional, puisque 50 pour 100 d'entre elles étaient communes avec la Norwége, et 86 pour 100 étaient communes avec le sud de l'Espagne.

Sur la côte méridionale de la péninsule, on a récolté 353 espèces dont 28 pour 100 sont communes avec la Norwége et 51 pour 100 avec les Iles Britanniques.

Les espèces identiques se trouvent surtout parmi les coquilles draguées à une profondeur considérable (64 à 74 mètres) ; les espèces littorales ont un aspect beaucoup plus spécial.

soi-disant baies ne sont point un fruit, mais seulement des vésicules à air, et pourtant ils continuent à croitre et à prospérer dans leur position actuelle parce qu'ils se propagent par rupture. C'est peut-être un état anormal du *S. vulgare*, semblable aux variétés du *Fucus nodosus* (Mackayi) et du *F. vesiculosus*, qui se rencontrent souvent en immenses couches ; les unes se trouvent sur les côtes vaseuses, les autres dans les marais salants, stations dans lesquelles on ne les a jamais trouvées en fructification. (*Manual of British Algæ*, Intr. 16, 17).

Les coquilles de la côte de Mogador sont généralement identiques avec celles de la Méditerranée et de la péninsule Ibérique.

Iles Canaries. Les coquilles des Canaries collectées par MM. Webb et Berthelot [1], et décrites par M. d'Orbigny, sont au nombre de 124, auxquelles M. Mac Andrew en a ajouté plus de 170. Sur ces 500 espèces, 17 pour 100 sont communes avec la Norwége, 52 pour 100 avec les Iles Britanniques, et 63 pour 100 avec les côtes de l'Espagne et la Méditerranée. Deux d'entre elles seulement, la *Neritina viridis* et la *Columbella cribraria*, sont des coquilles des Antilles. Parmi les coquilles africaines que l'on y trouve, et qui ne se rencontrent pas dans des localités plus septentrionales, les plus remarquables sont les :

Crassatella divaricata.	Ranella lævigata.	Cymba proboscidalis.
Cardium costatum.	Cassis flammea.	Conus betulinus.
Lucina Adansoni.	— testiculus.	— Prometheus.
Cerithium nodulosum.	Cymba Neptuni.	— Guinaicus.
Murex saxatilis.	— porcina.	— papilionaceus.

Madère. M. Mac Andrew a collecté à Madère 156 espèces, dont 44 pour 100 sont britanniques, 70 pour 100 sont communes avec la Méditerranée, et 83 avec les Canaries. Parmi ces dernières se trouvent les deux coquilles des Antilles déjà mentionnées, et les coquilles africaines suivantes :

Pedipes.	Mitra fusca.	Patella crenata.
Littorina striata.	— zebrina.	— guttata.
Solarium.	Marginella guancha.	— Lowei.
Scalaria cochlea.	Cancellaria.	— Candei.
Natica porcellana.	Monodonta Bertheloti.	Pecten corallinoïdes.

Açores. Parmi les coquilles littorales qui s'étendent jusqu'aux Açores on peut citer les *Pedipes, Littorina striata, Mitra fusca,* et *Ervilia castanea ;* les autres espèces rencontrées dans ces iles appartiennent à la province lusitanienne. (Mac Andrew.)

La *Faune Méditerranéenne* nous est connue par les recherches de Poli, delle Chiaje, Philippi, Vérany, Milne Edwards, E. Forbes et Deshayes. Dans les parties occidentales elle est identique avec celle des côtes atlantiques adjacentes ; le nombre des espèces va en diminuant à l'est, quoiqu'il soit renforcé par un nombre considérable de nouvelles formes qui ne sont connues jusqu'à présent que de la Méditerranée, et par quelques adjonctions (environ 30) d'un caractère différent provenant de la mer Rouge. Le nombre total des espèces pourvues de coquilles est estimé à 600, à savoir :

Céphalopodes.	1	Nucléobranches.	6	Lamellibranches.	200
Ptéropodes.	13	Gastéropodes.	370	Brachiopodes.	10

---

[1] *Histoire naturelle des iles Canaries.* La liste des coquilles a été réimprimée avec les additions dues à M. Mac Andrew, et forme un des catalogues du British Museum.

Sur les côtes de Sicile, M. Philippi a trouvé un ensemble de 619 espè-
c de mollusques marins, à savoir :

Bivalves.	188	Ptéropodes.	13	Gastéropodes.	319
Brachiopodes.	10	Nudibranches.	54	Céphalopodes.	15

Sur les 522 qui sont pourvus de coquilles, 162 n'ont pas été trouvés
à l'état fossile, et l'on suppose qu'ils sont d'origine post-tertiaire, du
moins en ce qui regarde leur présence dans la Méditerranée. Les 360 autres espèces se rencontrent fossiles dans les couches tertiaires récentes,
avec environ 200 autres qui sont éteintes ou que l'on ne trouve du
moins pas vivantes sur ces côtes ; un petit nombre d'entre elles vivent
aujourd'hui dans les régions plus chaudes du Sénégal, de la mer Rouge
et des Antilles :

SÉNÉGAL.	ANTILLES.	MER ROUGE.
Lucina columbella.	Lucina Pennsylvanica.	Argonauta hians.
Cardium hians.	Vermetus intortus.	Dentalium elephantinum.
Terebra fusca.		Terebra duplicata.
	MAROC.	Phorus agglutinans.
	Trochus strigosus.	Niso terebellum.
		Pecten medius.
		Diplodonta apicalis.

Toutefois, la plupart de ces espèces ont une origine septentrionale ;
c'est le cas pour les :

Saxicava rugosa.	Tellina crassa.	Rhynchonella psittacea.
(Panopæa) Norvegica.	Cyprina Islandica.	Patella vulgata.
Mya truncata.	Leda pygmæa.	Eulimella Scillæ.
Periploma prætenuis.	Limopsis pygmæa.	Buccinum undatum.
Lutraria solenoïdes.	Ostrea edulis.	Fusus contrarius.

Sur les 522 espèces de mollusques testacés de Sicile, environ 35 (comprenant 10 espèces pélagiennes) sont communes avec les Antilles, si
leur détermination est exacte ; 28, parmi lesquelles on compte le *Murex brandaris* et d'autres espèces vulgaires, sont indiquées, avec plus
de probabilité, comme étant communes avec l'Afrique occidentale ; 74,
parmi lesquelles se trouve le *Murex trunculus*, sont communes avec la
mer Rouge ; la *Crania ringens* ne peut être distinguée de l'espèce que
l'on trouve à la Nouvelle-Galles du Sud (Davidson) ; et la *Columbella
corniculum* s'étend depuis la côte septentrionale d'Espagne jusqu'en
Australie, les échantillons de ces localités éloignées ne pouvant être distingués que comme variétés géographiques. (Gaskoin.) Six autres espèces sont comprises dans le catalogue des coquilles d'Australie de Menke,
mais elles demandent vérification.

Les genres suivants, dont neuf sont des mollusques nus, sont considérés comme étant aujourd'hui spéciaux à la Méditerranée ; le petit
nombre des espèces qui y rentrent montre que l'on a affaire à des formes

aberrantes ou sur le point de s'éteindre. Les *Cassidaria* et *Thecidium*
sont des genres anciens, largement répandus, et le *Thecidium* de la Méditerranée se rencontre à l'état fossile en Bretagne et aux Canaries :

Thysanoteuthis, 2 sp.	Scæurgus 1.	Morrisia, 2.
Verania, 1.	Pleurobranchæa 1.	Thecidium, 1,
Dosidicus. 1.	Tethys, 1.	Schacchia, 2.
Doridium, 1	Cassidaria, 6.	
Icarus, 1.	Pedicularia. 1.	

Les genres *Fasciolaria, Siliquaria, Tylodina, Notarchus, Verticordia, Clavagella* et *Crania* se rencontrent seulement dans cette partie
de la région lusitanienne.

Parmi les espèces spéciales on trouve les :

Nassa semistriata.	Argiope cuneata.	Artemis lupinus.
Fusus crispus.	Clavagella angulata.	Trigona nitidula.
Tylodina Rafinesquii.	Spondylus Gussonii.	Lucinopsis decussata.
Crania rostrata.	Astarte bipartita.	

Mer Égée. E. Forbes a observé dans la mer Égée 450 espèces de mollusques appartenant aux ordres suivants :

Céphalopodes. . . . 4	Nudibranches. . . 15	Brachiopodes.. . . 8
Ptéropodes. 8	Opisthobranches. . 28	Lamellibranches. . 145
Nucléobranches. . . 7	Prosobranches. . . 217	Tuniciers. 22

Dans ce nombre 71 étaient des espèces nouvelles, mais plusieurs de
celles-ci ont été depuis lors trouvées dans l'Atlantique et même en
Écosse [1]. Le seul Pulmoné marin était l'*Auricula myosotis.*

Mer Noire. L'on trouve dans la partie septentrionale de cette mer
quelques coquilles Aralo-Caspiennes; du reste, la mer Noire ne diffère
de la Méditerranée que par le petit nombre de ses espèces ; le docteur
Middendorff n'en énumère que 68. L'eau est moins salée et il n'y a pas
de marée, mais il y a un courant constant qui va à la Méditerranée à
travers les Dardanelles [2].

Adriatique. Lorenz[3] a trouvé dans le Quarnero 178 mollusques, dont
75 étaient des bivalves et 88 des univalves ; 75 s'étendaient jusque dans
la mer Égée, et 58 dans la province Boréale. Un petit nombre seulement
semblaient être spéciaux à l'Adriatique.

[1] *Trans. of the British Association* (pour 1843) 1844, p. 150.
[2] Il y a un courant continuel allant de l'Atlantique à la Méditerranée à travers le
détroit de Gibraltar, et la marée y est presque nulle ; elle n'est que d'un pied à Naples
et dans l'Euripe, de deux pieds à Messine, et de cinq à Venise et dans la baie de
Tunis.
[3] *Physikalische Verhältnisse und Vertheilung der Organismen im Quarnerischen
Golfe.* Wien, 1865.

V. Province aralo-caspienne.

La mer d'Aral et la mer Caspienne sont les seules mers intérieures qui contiennent des coquilles spéciales. Celles que l'on y trouve consistent surtout en un remarquable groupe de Bucardes qui creusent dans la vase (*fig.* 215). Il n'a pas été fait d'explorations avec la drague, mais d'autres espèces, existant probablement encore dans ces mers, ont été trouvées dans les lits horizontaux de calcaire qui forment la côte et qui s'étendent au loin sur les steppes dans toutes les directions. Ce calcaire s'est formé dans des eaux saumâtres : il est quelquefois composé de myriades de Cyclades, ou de coquilles de *Dreissena* et de *Cardium*, comme dans les îlots près d'Astrakan. On suppose qu'il indique l'ancienne existence d'une vaste mer intérieure, dont l'Aral et la Caspienne sont des restes, mais qui, à une époque antérieure à celle du Mammouth et du Rhinocéros de Sibérie, était plus grande que la Méditerranée telle que nous la connaissons. Le niveau actuel de la Caspienne est de 25 mètres au-dessous de celui de la mer Noire ; celui de la mer d'Aral a été évalué de 55 mètres plus élevé que celui de la Caspienne, mais il n'est probablement pas bien différent ; leurs eaux sont seulement saumâtres, et même dans quelques endroits elles sont potables. Le calcaire des steppes s'élève à un niveau de 60 à 90 mètres au-dessus de la Caspienne ; il s'étend à l'est jusqu'aux montagnes de l'Hindou-Koh et de la Tartarie chinoise, au sud sur le Daghestan et la région basse qui se trouve à l'est de Tiflis, et on le trouve à l'ouest jusqu'aux rives septentrionales de la mer Noire. L'espace sur lequel on a reconnu son existence est représenté sur la carte par des lignes obliques[1]. Quelques-unes des coquilles de la Caspienne existent dans la mer d'Azof et dans les estuaires du Dnieper et du Dniester. Nos renseignements sur cette contrée rarement visitée sont tirés des ouvrages de Pallas, Eichwald[2], Krynicki[3], Middendorff et sir Roderick Murchison.

COQUILLES ARALO-CASPIENNES.

A, mer d'Aral ; C, mer Caspienne ; N, mer Noire.
Les espèces marquées d'un * se trouvent dans le calcaire des Steppes.
*Cardium edule, L. C. (très-petit) N. Baltique.
— edule, var. (rusticum, Chemn.) A. C. N. Mer glaciale.
*Didacna trigonoïdes, Pall. C. (mer d'Azof, M. Hommaire).
— Eichwaldi, Kryn. (crassa, Eichw.) B. N. (Nikolaieff.)
Monodacna caspia, Eichw. C.
— pseudo-cardium, Desh. (pontica, Eichw.) N.

[1] D'après une esquisse due à l'obligeance du professeur Ramsay.
[2] *Geogr. des Kaspischen Meeres, des Kaukasus und des südlichen Russlands.* Berlin, 1850. — *Fauna Caspio-Caucasica.* 1841.
[3] *Bull. des Natural. de Moscou,* 1857.

```
Adacna   læviuscula, Eichw. C.
   —     vitrea, Eichw. C. A.
 *  —    edentula, Pallas. C.
   —     plicata, Eichw. C. N. (Dniester, Akerman, Odes  .
   —     colorata, Eichw. C. N. (Azof, Dnieper).
* Mytilus edulis, L. C. (manque à la liste de Middendorff).
   —     latus, Chemn. N.
* Dreissena polymorpha, Pall. C. N.
```

```
Paludinella stagnalis, L. (pusilla, Eichw.) C. N. (Odessa) Ochotsk.
 *     —      variabilis, Eichw. C.
* Neritina liturata, Eichw. C. Sur les Algues.
* Rissoa Caspia, Eichw. C.
   —     oblonga, Desm. N.
   —     cylindracea, Kryn. N. [1].
```

M. Eichwald a décrit les espèces suivantes du calcaire des steppes.
(Murchison, *Russia*, p. 297.)

Paludina Triton.	——	Donax priscus.
— exigua.	Mactra caspia.	Monodacna propinqua.
Rissoa conus.	— Karagana.	— intermedia.
— dimidiata.	Cyclas Ustuertensis.	— Catillus.
Bullina Ustuertensis.	Mytilus rostriformis.	Adacna prostrata.

On ne connait pas d'autres étendues de mers intérieures ayant des
coquilles spéciales; celles des dépôts modernes de la Mésopotamie (à
Sinkra et Warka), récoltées par M. W. K. Loftus, sont des espèces que
l'on trouve encore abondantes aujourd'hui dans le golfe Persique [2].

VI. Province africaine occidentale.

Les côtes tropicales de l'Afrique occidentale sont riches en trésors
conchyliologiques, mais il s'en faut de beaucoup qu'elles aient été
complétement explorées. Les recherches d'Adanson [3], de Cranch [4] (le
naturaliste de l'expédition au Congo), et des officiers de l'expédition du
Niger. Le docteur Dunker à décrit 149 espèces dans son *Index Moll.
Guineæ, coll. Tams.* Cassel, 1855.

---

[1] La *Velutina (Limneria) Caspiensis*, A. Ad. a été établie sur un échantillon de
Limnea Gebleri, Midd. (1851), de Barnaoul, en Sibérie.

[2] L'on a prétendu avoir trouvé dans la mer Morte une espèce de polypier (*Porites
elongata*, Lam.), vivant maintenant aux Séchelles. (Voy. Humboldt, *Tableaux de la
Nature*). Selon M. Schubert, on y trouverait aussi les *Melania costata* et *Melania
Jordanica*.

[3] *Histoire Natur. du Sénégal.* in-4°, Paris, 1757. Ce naturaliste habile, mais excentrique, a enlevé à ses propres ouvrages leur utilité en refusant d'adopter la nomenclature binaire de Linné, et en employant au lieu de cela les combinaisons les
plus bizarres qu'il pût trouver de lettres tirées au sort.

[4] *Appendice au récit du voyage du capitaine Tuckey* (1818), par le docteur Leach.

A *Sainte-Hélène*, M. Cuming a récolté 16 espèces de coquilles marines
dont 7 étaient nouvelles. La *Littorina Helenæ* se trouve sur le rivage de
Sainte-Hélène et les *L. miliaris* et *Nerita Ascensionis*, à l'Ascension :

COQUILLES DE L'AFRIQUE OCCIDENTALE.

Onychoteuthis, 5 sp.
Cranchia, 2 sp.
Strombus rosaceus.
Triton ficoïdes.
Ranella quercina.
Dolium tessellatum.
Harpa rosea.
Oliva hiatula.
Fusionella.
Nassa Pfeifferi.
Desmoulinsia.
Purpura nodosa.
Rapana bezoar.
Murex vitulinus.
— angularis.
— megaceros.
— rosarius.
— duplex.
— cornutus.
Clavella? filosa.
— afra.
Lagena nassa.
Terebra striatula.
— ferruginea.
?Halia priamus.
Mitra nigra.
Cymba.

Marginella.
Persicula.
Pleurotoma mitriformis.
Tonella lineata.
Clavatula mitra.
— coronata.
— bimarginata.
— virginea.
Conus papilionaceus.
— genuinus.
— testudinarius.
— achatinus.
— monachus.
Natica fulminea.
Cypræa stercoraria.
— picta.
Vermetus lumbricalis.
Cerithium Adansonii.
Turritella torulosa.
Mesalia.
Littorina punctata.
Collonia.
Clanculus villanus.
Haliotis virginea.
— coccinea
Nerita Senegalensis.
— Ascensionis.

Pecten gibbus.
Arca ventricosa.
— senilis.
Cardium ringens.
— costatum.
Lucina columbella.
Ungulina rubra.
Diplodonta rosea.
Cardita ajar.
Artemis Africana.
— torrida.
Cyclina Adansonii.
Trigona bicolor.
— tripla.
Cytherea tumens.
— Africana.
Venus plicata.
Tellina.
Strigilla Senegalensis.
Gastrana polygona.
Mactra depressa.
— rugosa.
— nitida.
Pholas clausa.
Tugonia anatina.

Discina radiosa.

VII. Province africaine australe.

La faune de l'Afrique méridionale au delà du tropique possède peu
de caractères en commun avec celle de la côte occidentale et ressemble
plus à celle de l'Océan Indien, comme l'on pouvait du reste s'y attendre
d'après la direction des courants. Mais, malgré ces rapports elle a un
ensemble important d'animaux marins qui ne se trouvent nulle part
ailleurs, et le « Cap des Tempêtes » forme entre les populations des
deux grands océans, une barrière qui n'est guère moins complète que
celle que constitue le promontoire allongé de l'Amérique du Sud. La
côte est généralement rocheuse, et il n'y a pas de récifs de coraux ; les
accumulations de sable sont nombreuses et quelquefois très-étendues,
comme l'est, par exemple, le banc des Aiguilles. Les quelques coquilles
que l'on a obtenues à de grandes profondeurs près de ces bancs ont un
intérêt considérable, mais il paraît que les explorations en bateau sont
très-difficiles et souvent impossibles à cause du ressac. Les coquilles
qui proviennent du Cap sont trop souvent des échantillons morts et

roulés, ramassés sur la plage. Les mollusques de l'Afrique méridionale ont été collectés et décrits par MM. Owen Stanley, Hinds, A. Adams, et surtout par le docteur Krauss qui a publié sur ce sujet une monographie très-complète[1]; sur 400 coquilles marines énumérées dans son ouvrage, plus de 200 sont spéciales, et la plupart de celles-ci appartiennent à un petit nombre de genres littoraux. Il n'y a que 11 espèces qui soient communes avec la côte du Sénégal, tandis que 18 se trouvent dans la mer Rouge; 15 espèces sont indiquées comme se trouvant en Europe ; toutes les autres qui ne sont pas spéciales, existent sur la côte orientale d'Afrique.

COQUILLES DE L'AFRIQUE MÉRIDIONALE.

Panopæa Natalensis.	Patella apicina.	Cominella tigrina.
Solen marginatus.	— longicosta.	Bullia lævissima.
Mactra Spengleri.	— pectinata, etc.	— achatina.
Gastrana ventricosa.	Siphonaria, 5 sp.	— natalensis.
Nucula pulchra, Hinds.	Pupillia (aperta).	Nassa plicosa.
(Banc des Aiguilles, 128 m.)	Fissurella, 10 sp.	— capensis.
Pectunculus Belcheri, (220	Crepidula, 4 sp.	Cyclonassa Kraussi.
mètres).	Haliotis sanguinea.	Eburna papillaris.
Modiola capensis.	Delphinula granulosa.	Columbella, 5 sp.
— pelagica, Forbes.	— cancellata.	Ancillaria obtusa.
Septifer Kraussi.	Trochus, 22 sp.	Mitra, 5 sp.
————	Turbo sarmaticus.	Imbricaria carbonacea.
Terebratulina abyssicola.	Littorina Africana, 7 sp.	Voluta armata.
(242 mètres.)	Phasianella, 6 sp.	— scapha.
Terebratella (Kraussia).	Bankivia varians.	— abyssicola (242 m.).
— rubra.	Turritella, 4 sp.	Marginella rosea.
— cognata.	Pleurotoma, 6 sp.	Trivia ovulata.
— pisum.	Clionella (sinuata).	Cypræa, 52 sp.
— Deshayesii,	Typhis arcuatus.	Luponia Algoensis.
(220 m.).	Triton dolarius.	Cyprovulum (capense),
————	— fictili (90 à 110 m.).	Conus, 8 sp.
Chiton, 16 sp.	Harpa crassa.	————
Patella, 20 sp.	Cominella ligata.	Octopus argus.
— cochlea.	— lagenaria.	Sepia, 4 sp.
— compressa.	— limbosa.	

Les espèces suivantes sont indiquées comme étant communes au Cap et aux mers d'Europe[2].

Saxicava (arctica ?) Groënland, Médit.	Chama gryphoides, Médit. mer Rouge.
Tellina fabula, Iles Britann. Médit.	Pecten pusio, Iles Britann.
Lucina lactea, Médit. Mer Rouge.	————
— fragilis, Médit.	Diphyllidia (lineata?) Iles Britann. septentrion., Médit.
Venus verrucosa, Antilles? Iles Britann. Sénégal, Canaries, mer Rouge, Australie?	Eulima nitida, Médit.
Tapes pullastra, mer du Nord.	Purpura lapillus?? (pas dans la Médit.).
— geographica, Médit.	Nassa marginulata.
Arca lactea, Médit.	Octopus vulgaris? Iles Britann.
	Argonauta argo, Médit.

Die Südafrikanischen Mollusken, in-4° Stuttgart, 1848.
[2] Certaines espèces sont marquées d'un point de doute ; d'autres ont été omises.

VIII. Province indo-pacifique.

C'est l'aire de beaucoup la plus considérable sur laquelle soient distribués des mollusques et d'autres animaux marins. Elle s'étend de l'Australie au Japon, et de la mer Rouge et de la côte orientale d'Afrique à l'île de Pâques dans le Pacifique, embrassant ainsi les trois quarts de la circonférence du globe et 45° de latitude. Cette grande région pourrait, il est vrai, être subdivisée en un certain nombre de provinces plus petites, telles que la mer Rouge, le golfe Persique, Madagascar, etc., ayant chacune une association particulière d'espèces et quelques espèces spéciales ; mais un nombre considérable d'espèces se trouvent dans toute la province et leur caractère général est le même [1]. M. Cuming a reçu de la côte orientale d'Afrique plus de 100 espèces de coquilles identiques à celles qu'il avait recueillies lui-même aux Philippines et dans les îles madréporiques du Pacifique [2]. C'est la région par excellence des récifs de coraux et des coquilles qui s'y abritent. Le nombre des espèces qui habitent cette province doit se monter à plusieurs milliers. Les îles Philippines ont fourni la série la plus considérable, mais cette supériorité apparente est due, dans un certain degré, aux recherches de M. Cuming ; aucune autre partie de la province n'a été en effet aussi complétement explorée [3].

Parmi les genres les plus caractéristiques de la province indo-pacifique qui sont énumérés dans la liste suivante, ceux qui sont marqués d'un astérisque manquent complétement sur les côtes de l'Atlantique, mais la moitié d'entre eux se rencontrent à l'état fossile dans les terrains tertiaires anciens d'Europe. Ceux dont le nom est en italiques se trouvent aussi sur la côte occidentale d'Amérique.

*Nautilus.	*Magilus.	Stomatella.	Hemicardium.
*Pteroceras.	*Melo.	Gena.	*Cypricardia.
*Rimella.	_Mitra._	*Broderipia.	*Cardilia.
*Rostellaria.	*Cylindra.	*Rimula.	*_Verticordia._
*Seraphs.	*Imbricaria.	*Neritopsis.	*Pythina.
Conus.	Ovulum.	*Scutellina.	Circe.
Pleurotoma.	*_Pyrula_ (type).	*Linteria.	*Clementia.
*Cithara.	*Monoptygma.	*Dolabella.	*Glaucomya,
*Clavella.	Phorus.	*Hemipecten.	*Meroe.
*Turbinella (typ.).	Siliquaria.	*Placuna.	Anatinella.
Cyllene.	*Quoyia.	*Malleus.	Cultellus.
Eburna.	*Tectaria.	*Vulsella.	*Anatina.
Phos.	_Imperator._	*Pedum.	*Chæna.
Dolium.	Monodonta.	*_Septifer._	*Aspergillum.
Harpa.	Delphinula.	*Cucullæa.	*Jouannetia.
*Ancillaria.	_Liotia._	*Hippopus.	*_Lingula._
*Ricinula.	*Stomatia.	*Tridacna.	_Discina._

[1] Voyez : Mary Sommerville, _Physical Geography_, II, p. 255.
[2] _Journal Geol. Soc._, 1846, vol II, p. 268.
[3] M. Cuming a recueilli 2,500 espèces de coquilles marines aux Philippines, et il

Les espèces strictement littorales varient sur chaque grande ligne de côtes : ainsi, l'on rencontre les *Littorina intermedia* et *Tectaria pagodus* sur la côte orientale d'Afrique; les *Littorina conica* et *melanostoma* dans le golfe du Bengale ; les *Littorina Sinensis* et *castanea*, et *Haliotis venusta* sur la côte de Chine ; les *Littorina scabra* et *Haliotis squamata*, dans l'Australie septentrionale; l'*H. asinina* à la Nouvelle-Guinée ; et la *L. picta* aux îles Sandwich.

MER ROUGE.

Sur les 408 mollusques de la mer Rouge recueillis par Ehrenberg et Hemprich, 74 sont communs avec la Méditerranée, ce qui ferait supposer que ces mers ont été en communication postérieurement à la première apparition de quelques-unes des coquilles actuelles. Parmi les espèces communes aux deux mers, 40 sont des coquilles de l'Atlantique qui ont émigré dans la mer Rouge par la voie de la Méditerranée, probablement pendant la période du nouveau pliocène; les autres sont des coquilles de la province Indo-Pacifique qui s'étendaient jadis jusque dans la Méditerranée

Les genres qui manquent à la Méditerranée, mais qui se trouvent dans la mer Rouge, montrent de la manière la plus frappante la différence de caractère de ces deux mers et l'affinité de cette dernière avec la faune indienne.

Pteroceras.	Ancillaria.	Siphonaria.	Limopsis.
Strombus, 8 sp.	Harpa.	Placuna.	Tridacna.
Rostellaria.	Ricinula.	Plicatula.	Crassatella.
Turbinella.	Magilus.	Pedum.	Trigona.
Terebra.	Pyramidella.	Malleus.	Sanguinolaria.
Eburna.	Parmophorus.	Vulsella.	Anatina.
Oliva.	Nerita.	Perna.	Aspergillum.

D'autres genres deviennent abondants, ainsi les *Conus*, dont on trouve 19 espèces dans la mer Rouge, les *Cypræa* 16, *Mitra* 10, *Cerithium* 17, *Pinna* 10, *Chama* 5, *Circe* 10.

GOLFE PERSIQUE.

Le golfe Persique et les côtes qui en sont voisines n'ont pas encore été suffisamment explorées au point de vue de leur zoologie marine [1]. Les coquilles suivantes ont été ramassées par le major Baker sur la plage de

estime qu'il doit en exister un millier de plus. Les genres les mieux représentés sont les *Conus*, 120 sp. ; *Pleurotoma*, 100 ; *Mitra*, 250 ; *Columbella*, 40 ; *Cypræa*, 50 ; *Natica*, 50 ; *Chiton*, 50 ; *Tellina*, 50.

[1] La Porcelaine mouchetée (*Cypræa princeps*), du golfe Persique, valait une fois 1250 francs.

Kurrachee, avec beaucoup d'autres, évidemment nouvelles, mais dans un état de conservation trop imparfait pour qu'elles pussent être décrites (1850).

Rostellaria curta.
Murex tenuispina, var.
Pisania spiralis.
Ranella tuberculata.
— spinosa.
— crumena.
Triton lampas.
Bullia sp.
Eburna spirata.
Purpura persica.
— carinifera.
Columbella blanda.
Oliva subulata.
— Indusica.
— ancillaroïdes.
Cypræa Lamarckii.
— ocellata.
Natica pellis-tigrina.
Sigaretus sp.
Odostomia sp.
Phorus corrugatus.
Planaxis sulcata.
Imperator Sauliæ.
Monodonta sp.
Haliotis sp.
Stomatella imbricata.
— sulcifera.
Fissurella Ruppellii.
— Indusica.
— salebrosa,
— dactylosa.

Fissurella funiculata.
Pileopsis tricarinatus.
Nerita ustulata.
Dentalium octangulatum.
Ringicula sp.
Bulla ampulla.
Anomia achæus.
— enigmatica.
Pecten sp.
Spondylus sp.
Plicatula depressa.
Mytilus canaliculatus.
Arca obliquata.
— sculptilis, etc.
Chama sp.
Lucina sp.
Cardium fimbriatum.
— latum.
— impolitum.
— pallidum.
— assimile.
Venus pinguis.
— cor.
— purpurata.
Meroe Solandri.
— effossa.
Trigona trigonella ?
Artemis angulosa.
— exasperata.
— subrosea?
Venerupis sp.

Petricola sp.
Tapes sulcosa.
— Malabarica.
Cypricardia vellicata.
Cardita crassicostata.
— calyculata.
— Tankervillii?
Mactra Ægyptiaca, etc.
Tellina angulata.
— capsoïdes.
Mesodesma Horsfieldii.
Psammobia sp.
Syndosmya sp.
Semele sp.
Solen sp.
Solecurtus politus.
Donax scortum.
— scalpellum.
Sanguinolaria diphos.
— violacea.
— sinuata.
Corbula sp.
Diplodonta sp.
Anatina rostrata.
Pandora sp.
Martesia sp.
Pholas australis.
— Bakeri, Desh.
— orientalis.
(Meleagrina).

Aux *Cargados*, ou bancs de Saint-Brandon, au nord de l'île Maurice, on a obtenu, par la drague, les *Voluta costata*, *Conus verrucosus*, *Pleurotoma virgo*, et *Turbinella Belcheri*.

Des collections de coquilles marines ont été faites à Madagascar et aux Mascareignes par Sganzin, et aux Séchelles par Dufo. Le nombre des espècesrécoltées dans cette dernière localité était de 265, dont 220 étaient des univalves. Deux des univalves, à savoir le *Dolium galea* et la *Cypræa helvola*, et deux des bivalves, se trouvent dans la Méditerranée.

IX. Province australo-zélandaise.

Cette province, qui est la plus éloignée de celle des mers celtiques, présente aussi les plus grandes différences avec elle ; elle contient beaucoup de genres totalement inconnus à l'Europe, soit à l'état vivant, soit à l'état fossile, et quelques-uns qui ne se rencontrent que dans des roches de formation ancienne. Elle comprend la Nouvelle-Zélande, la Tasmanie et l'Australie au sud du Tropique, depuis le cap sablonneux (Sandy cape), à l'est, jusqu'à la rivière des Cygnes, à l'ouest. Nous devons des listes de ses coquilles à Gray [1], Menke [2], et Forbes [3]. Parmi les genres suivants, quelques-uns sont spéciaux à cette province (*) d'autres y atteignent leur plus grand développement :

*Pinnoctopus.	*Macgillivrayia.	Cypricardia.	Imperator.
*Struthiolaria.	*Amphibola.	Mesodesma.	Monoptygma.
Phasianella.	*Trigonia.	Terebratella.	Siphonaria.
Elenchus.	*Chamostrea.	Spirula.	Pandora.
Bankivia.	*Myadora.	Oliva.	Anatinella.
Rotella.	*Myochama.	Conus.	Clavagella.
*Macroschisma.	Crassatella.	Voluta.	Placunomia.
Parmophorus.	Cardita.	Terebra.	Waldheimia.
Risella.	Circe.	Fasciolaria.	Crania.

Quelques-uns des genres de cette province ne se rencontrent ailleurs qu'à une distance considérable :

Solenella — Chili.	Bankivia — Cap.	Rhynchonella — Mers arctiques.
Panopæa — Japon.	Kraussia — Cap.	Trophon — Terre de Feu.
Monoceros — Patagonie.	Solemya — Méditerr.	Assiminea — Inde; Iles Britanniques.

Parmi les coquilles littorales de l'Australie méridionale on remarque les *Haliotis elegans. H. rubicunda* et *Littorina rugosa*. Les *Haliotis iris* et *Littorina squalida* se trouvent sur les côtes de la Nouvelle-Zélande et la *Cyprovula umbilicata* en Tasmanie.

La liste des coquilles de la Nouvelle-Zélande de M. Gray se monte à 104 espèces marines, parmi lesquelles il y a trois Volutes, comprenant la *V. magnifica*, qui est la plus grande du genre ; les *Strombus troglodytes, Ranella argus*, le grand *Triton variegatus*, six Cônes (tous douteux), les *Oliva erythrostoma, Cypræa caput serpentis, Ancillaria australis, Imperator helio'ropium, Chiton monticularis*, etc.

Les *Venus Stutchburyi* et *Modiolarca trapezina* ont été trouvées à l'île de Kerguelen, et la *Patella illuminata* aux îles Auckland.

X. Province japonaise.

Les îles du Japon et la Corée constituent la province japonaise. Nos connaissances relatives à sa faune malacologique sont encore bien insuffisantes, malgré les recherches importantes de M. Adams. Le

---

[1] *Travels in New-Zealand.* By Dr. E. Dieffenbach. In-8°, London, 1843.

[2] *Moll. Nov. Hollandiæ.* 1843.

[3] *Narrative of the Voyage of* H. M. S. Rattlesnake, 1846-1850, by Macgillivray. Supplement by professor E. Forbes.

docteur Nuhn a récolté dans le port de Décima plus de 150 espèces dont 113 étaient des Prosobranches.

Octopus areolatus.
Sepia chrysophthalma.
Sepiola Japonica.

———

Conus Sieboldi.
Pleurotoma Coreanica.
Terebra serotina.
— stylata.
Eburna Japonica.
Cassis Japonica.
Murex eurypterus.
— rorifluus.
— plorator.
— Burneti.
Purpura, 5 sp.
Fusus.
Cancellaria nodulifera.
Mitra.
Strombus corrugatus.
Cypræa fimbriata.

Cypræa miliaris.
Mangelia, 4 sp.
Triforis, 3 sp.
Natica, 5 sp.
Trochus, 15 sp.
Radius birostris.
Cerithium longicaudatum.
Imperator Guilfordiæ.
Haliotis Japonica.
— discus.
— gigantea.
Bulla Coreanica.
Siphonaria Coreanica.
Pecten asperulatus.
— Japonicus.
Spondylus Cumingii.
Nucula mirabilis.
— Japonica.
Cardium Bechei.
Crassatella compressa.

Diplodonta alata.
— Coreanica.
Isocardia Moltkiana.
Venus Japonica.
Cyclina orientalis.
Cytherea petechialis.
Artemis sericea.
— bilunata.
— Sieboldi.
— Japonica.
Circe Stutzeri.
Tapes Japonica.
Petricola radiata.
Solen albidus.
Panopæa Japonica.
Terebratulina Japonica.
— angusta.
Waldheimia Grayi.
Terebratella Coreanica.
— rubella.

XI. Province aleutienne.

La province boréale est représentée par son analogue sur les côtes septentrionales du Pacifique, où, selon le docteur Middendorff, on retrouve les mêmes genres et beaucoup d'espèces identiques. Outre celles qui sont indiquées dans la liste de la province arctique (p. 60), on rencontre les espèces suivantes aux îles Shantar, dans la mer d'Ochotsk (O), à Saghalien, aux îles Kuriles (K), Aleutiennes et à Sitka (S).

Patella Scurra). S.
Acmæa, 5 sp. S.
Pilidium commodum. O.
Paludinella, 5 sp. O.
Littorina, 6 sp. O. K. S.
Turritella Fschrichtii. O.
Margarita sulcata. A.
Trochus, 6 sp. S.
Scalaria Ochotensis.
Crepidula Sitchana.
— minuta. S.
— grandis. A.
Fissurella violacea. S.
— aspera. S.
Haliotis Kamtschatica.
— aquatilis. K.
Velutina coriacea. K.
— cryptospira. O.
Trichotropis inermis. S.
Purpura decemcostata (Mid.) S.

Purpura Freycineti. O. S.
— septentrionalis. S.
Pleurotoma Schantarica.
— simplex. O.
Murex monodon. S.
— lactuca. S.
Fusus (Chrysodomus) Sitchensis.
— decemcostatus. A.
— Schantaricus.
— Behringii.
— Baerii. A.
— luridus. S.
Buccinum undatum, var. Schantaricum.
— simplex. O.
— Ochotense.
— cancellatum. A.
— ovoïdes. O.
Pisania scabra. A.
Bullia ampullacea. O.
Onychoteutis Kamtschatica.

Terebratella frontalis. O.
Placunomia macroschisma. O.
Pecten rubidus. S.
Crenella verrucosa. O.
— cultellus. Kamt.
Nucula castrensis. S.
Pectunculus septentrionalis. A.
Cardita borealis. O.
Cardium Nuttalli. S.

Cardium Californicum. S
Saxidomus Petiti. S.
— giganteus. S.
Petricola cylindracea. S.
— gibba. S.
Tellina lutea. A.
— nasuta. S.
— edentula. A.
Lutraria maxima. S.

L'influence du courant côtier asiatique se manifeste par la présence de deux espèces d'*Haliotis*, tandis que les affinités avec la faune de l'Amérique occidentale sont nettement accusées par l'existence des *Patella* (*Scurra*), de trois espèces de *Crepidula*, deux de *Fissurella*, et d'espèces des genres *Bullia*, *Placunomia*, *Cardita*, *Saxidomus* et *Petricola*, qui sont plus abondantes et s'avancent plus loin au nord que les espèces des mêmes genres ne le font dans l'Atlantique.

M. Lord, le naturaliste de l'expédition anglaise pour la révision des frontières dans l'Amérique du Nord, et le docteur Kennerley, le naturaliste de l'expédition américaine pour les frontières du nord-ouest, ont fourni dernièrement de nouveaux renseignements sur la faune de cette province. Les résultats obtenus par ces explorateurs ont été discutés par le docteur P.-P. Carpenter [1].

PROVINCES DE LA CÔTE OCCIDENTALE D'AMÉRIQUE.

Les mollusques de la côte occidentale d'Amérique sont à la fois distincts de ceux de l'Atlantique et de ceux des parties centrales du Pacifique.

M. Darwin a constaté, dans son *Journal de Voyage* (p. 591), que « l'on ne connaît pas une seule coquille marine qui soit commune aux îles du Pacifique et à la côte occidentale d'Amérique, » et il ajoute que « à la suite de comparaisons faites par MM. Cuming et Hinds sur environ 2,000 espèces des côtes orientale et occidentale d'Amérique, on ne trouva qu'une seule coquille commune aux deux régions, à savoir la *Purpura patula* qui habite les Antilles, la côte de Panama et les Gallapagos. » Cette identification isolée a même été mise en doute depuis lors, car M. Cuming, qui a résidé plusieurs années à Valparaiso, n'a découvert aucune espèce des Antilles sur cette côte, et M. d'Orbigny a fait la même remarque. D'autre part, M. Mörch, de Copenhague, dit qu'il a reçu les *Tellina opercularis* et *Mactra alata* de la côte occidentale ainsi que du Brésil, et M. Deshayes indique les singulières distributions suivantes dans son Catalogue des *Veneridæ* du British Museum :

[1] *British Association Report*, pour 1865.

Artemis angulosa, Philippines. — Chili.
Cytherea umbonella, mer Rouge. — Brésil.
  —   maculata, Antilles. — Philippines, îles Sandwich.
  —   circinata, Antilles. — Côte occidentale d'Amérique.

Il y a évidemment dans ce cas-là quelque erreur, soit de provenance, soit de détermination. En ce qui concerne la dernière des espèces citées, M. Carrick Moore a montré que l'erreur provient d'une confusion entre la *Cytherea alternata* de Broderip et la *C. circinata* de Born. M. d'Orbigny a recueilli 628 espèces sur la côte de l'Amérique du Sud, dont 180 de la partie orientale et 447 de la côte du Pacifique, outre la *Siphonaria Lessonii* qui s'étend de Valparaiso, au Chili, jusqu'à Maldonado sur la côte de l'Uruguay [1]. Ces coquilles rentrent dans 110 genres dont 55 sont communs aux deux côtes, tandis que 34 sont spéciaux au Pacifique, et 21 à la côte atlantique de l'Amérique du Sud ; ceci indique un degré extraordinaire de diversité, que l'on peut attribuer en partie au caractère différent des deux côtes, l'orientale étant basse, sablonneuse ou vaseuse, et l'occidentale rocheuse, avec des eaux profondes près du rivage [2].

La comparaison des coquilles de l'Amérique orientale avec celles de l'Amérique occidentale est d'un très-grand intérêt pour les géologues ; car, s'il est vrai qu'un certain nombre d'espèces vivantes soient communes aux côtes du Pacifique et de l'Atlantique, il devient probable que quelque partie de l'isthme de Darien a été submergée depuis la période tertiaire éocène. Toute ouverture dans cette barrière permettrait au courant équatorial de passer dans le Pacifique ; il n'y aurait plus de Gulf-Stream, et le climat de l'Angleterre pourrait, sous l'influence de cette cause, devenir semblable à celui de Terre-Neuve.

Quoique les recherches des géologues semblent démontrer que non-seulement l'isthme de Darien, mais même les Montagnes Rocheuses étaient suffisamment submergées pendant l'époque miocène pour permettre le libre mélange des eaux de l'Atlantique et du Pacifique, les faunes malacologiques spéciales des régions tempérées de l'Amérique orientale et de l'Amérique occidentale sont très-dissemblables. Il n'y a pas de raisons pour supposer qu'une seule de leurs espèces soit identique. Il y a toutefois un grand nombre d'espèces (plus de 50) qui vivent des deux côtés de la partie *septentrionale* du continent, et la majorité de celles-ci se retrouvent dans les mers britanniques.

---

[1] La dispersion de cette coquille côtière s'est peut-être effectuée à l'époque où le canal de la rivière Santa Cruz formait un détroit unissant l'océan Atlantique au Pacifique, comme le fait aujourd'hui le détroit de Magellan. (Darwin, p. 181.) M. Coulhouy distingue les trois espèces suivantes : *Siphonaria Lessonii*, presque lisse, habitant la côte de l'Atlantique ; *S. antarctica*, ornée de côtes, habitant les rivages du Pacifique ; et *S. lateralis*, mince, oblique, provenant de la Terre-de-Feu.

[2] *Voyage dans l'Amérique méridionale.* 1847. Tome V, p. v.

XII. Province californienne.

Les coquilles de l'Orégon et de la Californie ont été recueillies et décrites par M. Hinds [1], M. Nuttall [2], M. Couthouy, naturaliste de l'*American Exploring Expedition* [3], M. Cooper, le docteur Gould, M. Binney [4], le docteur Kennerley, le colonel Jewitt et d'autres [5].

COQUILLES COMMUNES A LA CALIFORNIE SUPÉRIEURE ET A SITKA (MIDDENDORFF)

Littorina modesta.	Trochus ater.	Trochus curyomphalus.
— aspera.	— mœstus.	Petricola cylindracea.
Fissurella violacea.	— Fokkesii.	Lutraria maxima.
— aspera.		

Il n'y a presque aucune espèce commune entre cette province (qui s'étend depuis Puget-Sound jusqu'à la péninsule), et le golfe de Californie qui appartient à la province Panamique. Les genres les plus importants sont les *Chiton*, 18 espèces; *Acmæa*, 11 espèces; *Fissurella*, 6 espèces; *Haliotis*, 6 espèces; *Trochus*, 15 espèces; *Purpura*, 9 espèces. La liste suivante contient probablement quelques coquilles qui devraient être rapportées à la province Panamique.

Fusus Oregonensis.	Puncturella 2.	Modiola capax.
Murex Nuttalli.	Dentalium politum.	Chama lobata.
Monoceros unicarinatus.	Patella 15.	Cardita ventricosa.
— punctatus.	Acmæa scabra.	Cardium 4.
Cancellaria urceolata.	— pintadina.	Lucina 3.
Trivia Californica.	Chiton Mertensii.	Chironia Laperousii.
Natica herculea.	— scrobiculatus, etc.	Solecardia eburnea.
— Lewisii.	Cleodora exacuta.	Venus Californiensis.
Calyptræa fastigiata.		— callosa.
Crepidula exuviata.	Valdheinia Californica.	Artemis ponderosa.
— navicelloides.	Discina Evansii.	Saxidomus Petiti.
— solida, etc.		— Nuttalli.
Imperator Buschii.	Anomia pernoides.	— giganteus.
Haliotis Cracherodii.	Placunomia cepa.	Venerupis Cordieri.
— fulgens.	Hinnites giganteus.	Petricola mirabilis.
— corrugata.	Perna 1, Pinna 2.	Mactra 2, Donax 1.
Fissurella crenulata.	Mytilus 1, Pecten 2.	Tellina Bodegensis.
— cucullata.	Mytilimeria Nuttalli.	— secta, etc.

[1] Voyage of H. M. S. Sulphur: *Zoology* by R. B. Hinds, in-4°, 1844.

[2] Ses coquilles ont été décrites par M. Conrad. *Journ. Acad. N. Sc. Philadelphia.* 1854.

[3] Gould, in : *Boston Nat. Hist. Soc. Proceedings.* 1846; et *U. S. Exploring Exped.* (sous le commodore Wilkes), vol. XII, *Mollusca*, avec atlas.in-4°, Philadelphia. 1852.

[4] *Explorations for a railroad route from the Mississipi to the Pacific Ocean.* 1856.

[5] P. P. Carpenter. *On mollusca of the West-Coast of North America. British Association Report* pour 1863.

Semele decisa.
Cumingia Californica.
Sanguinolaria Nuttalli.
Lutraria Nuttalli.
Platyodon cancellatus.
Amphychæna kindermanni.

Lyonsia 1, Thracia 1.
Pandora 1, Saxicava 2.
Cyathodonta undulata.
Sphenia Californica.
Periploma argentaria.
Solecurtus subteres.

Machæra lucida.
— maxima.
Mya truncata.
Panopæa generosa.
Pholas Californica.
— concamerata.

XIII. Province panamique.

La côte occidentale d'Amérique, du golfe de Californie à Payta au Pérou, forme une des provinces les plus grandes et les plus distinctes. Menke a donné un catalogue imparfait des coquilles de Mazatlan et du golfe de Californie. Les mollusques de Mazatlan ont été examinés par M. P. P. Carpenter, qui énumère 654 espèces. Le nombre total des coquilles marines connues comme appartenant à cette province est de 1,341. On y compte 27 Chitonidæ, 13 Acmæidæ, 18 Fissurellidæ, 64 Trochoidæ, 28 Calyptræidæ, 69 Pyramidellidæ, 59 Buccinidæ et 90 Muricidæ. Le golfe de Californie, avec la côte voisine jusqu'à Mazatlan et San Blas, a fourni 768 espèces (502 univalves et 266 bivalves), dont 459 se trouvent aussi dans le golfe de Panama, et dont 117 s'étendent jusque dans l'Amérique du Sud; on connaît 635 espèces du golfe de Panama; 266 de ces dernières sont spéciales à ce district, et 165 se rencontrent aussi dans l'Amérique du Sud. La faune de la province Panamique est remarquablement distincte de celles des provinces de l'Amérique occidentale et surtout de la faune Caraïbe. L'on croyait jadis qu'elle ne possédait pas une seule espèce identique à celles qui se trouvent aux Antilles ou sur la côte orientale d'Amérique. Le docteur Carpenter a cependant montré que 35 coquilles marines (15 univalves et 20 bivalves) se rencontrent des deux côtés de l'isthme de Darien, et ce nombre a encore été augmenté dernièrement.

Un petit nombre des espèces de cette province s'étendraient même, selon le docteur Carpenter, jusqu'à l'Afrique occidentale; il en mentionne 15 qui seraient dans ce cas, et entre autres les suivantes : *Crepidula unguiformis, C. aculeata, Hipponyx antiquatus, Bankivia varians, Natica Maroccana, Marginella cærulescens, Nitidella guttata, Purpura pansa.* Cinq espèces sont communes à Mazatlan et aux côtes des Iles Britanniques, à savoir les *Kellia suborbicularis, Lasea rubra, Saxicava arctica, Cytherea Dione, Hydrobia ulvæ.* On doit être d'autant plus frappé de l'absence de ressemblances entre la faune de Panama et celle de la région Indo-Pacifique qui n'ont que sept formes en commun; la *Cytherea petechialis* se trouve au Japon; la *Nassa acuta* en Australie; et les *Oliva Duclosii, Natica Maroccana, Nitidella cribraria, Hipponyx barbatus, H. Grayanus,* sont répandus dans tout l'océan Pacifique.

Sur cette côte, les embouchures des rivières sont bordées de mangliers au milieu desquels on trouve des *Potamides*, des *Arca*, *Cyrena*, *Pota-momya*, *Auricula* et *Purpura*, tandis que les *Littorina* rampent sur les arbres et se trouvent jusque sur leurs feuilles. A Panama, les marées ordinaires sont de 5 à 6 mètres, les plus grandes sont de 8^m,50, de sorte qu'une fois tous les quinze jours on peut examiner une zone de plage plus basse et recueillir d'autres coquilles. La plage est formée de sable fin, avec des récifs dans la baie.

Iles Gallapagos. Sur 111 coquilles marines recueillies dans ces îles par M. Cuming, 43 ne se rencontrent nulle part ailleurs, 25 se trouvent à Mazatlan, 22 dans l'Amérique centrale, 38 à Panama, et seulement 11 dans l'Amérique du Sud.

COQUILLES LITTORALES COMMUNES A PANAMA ET AUX GALLAPAGOS (C.-B. ADAMS).

Cypræa rubescens.
Mitra tristis.
Planaxis planicostatus.
Purpura Carolinensis.
Columbella atramentaria.
— bicanalifera.
— hæmastoma.

Columbella nigricans.
Ricinula Reeviana.
Cassis coarctata.
Oniscia tuberculosa.
Conus brunneus.
— nux.
Strombus granulatus.

Turbinella cerata.
Pleurotoma excentrica.
Hipponyx radiatus.
Fissurella macrotrema.
— nigro-punctata.
Siphonaria gigas.

COQUILLES DE PANAMA

Strombus gracilior.
Murex erythrostomus.
— regius.
— imperialis.
— radix.
— brassica.
— monoceros, etc.
Rapana muricata.
— kiosquiformis.
Myristica patula.
Ricinula clathrata.
Purpura, plusieurs esp.
Monoceros, plusieurs esp.
— brevidentatus.
— cingulatus.
Clavella? distorta.
Oliva porphyria.
— splendidula, etc.
Northia pristis.
Harpa crenata.
Malea ringens.
Mitra Inca, etc.
Terebra luctuosa, etc.
Conus regularis, etc.
Pleurotoma, plusieurs esp.
Cancellaria goniostoma.
— cassidiformis.
— chrysostoma.
Columbella, plusieurs esp.

Columbella strombiformis.
Marginella curta.
Cypræa nigro-punctata.
Trivia.
Pyrula ventricosa.
Natica glauca.
Pileopsis hungaricoides.
Crucibulum auriculat., etc.
Trochita mamillaris.
Crepidula arcuata, etc.
Littorina pulchra.
Turritella Californica.
Truncatella, 2 esp.
Cæcum, 8 espèces.
Imperator unguis, etc.
Trochus pellis serpentis.
Vitrinella, 12 esp.
Nerita ornata.
Patella maxima.
———
Discina strigata.
— Cumingii.
Lingula semen.
— albida.
— Audebardi.
———
Placunomya foliacea.
Ostrea æquatorialis.
Spondylus princeps.

Pecten magnificus.
Arca lithodomus, etc.
Pectunculus tessellatus, etc.
Nucula exigua.
Leda, 5 esp.
Cardium senticosum.
— maculosum.
Cardita laticosta.
Gouldia pacifica.
Cytherea, plusieurs esp.
Venus Gnidia.
Venus histrionica.
Artemis Dunkeri.
Trigona crassatelloides.
Cyclina subquadrata.
Venerupis foliacea.
Petricola Californica, etc.
Tellina Burneti.
Cumingia coarctata.
Semele, 7 esp.
Saxicava purpurascens.
Gastrochæna.
Solecurtus lucidus.
Lyonsia brevifrons.
Pandora arcuata, etc.
Pholas melanura, etc.
Parapholas.
Jouannetia pectinata

XIV. Province péruvienne.

La côte du Pérou et du Chili, de Callao à Valparaiso, offre un ensemble important et caractéristique de coquilles, dont seulement une petite partie ont été cataloguées, quoique le district ait été bien exploré, surtout par d'Orbigny, Cuming et Philippi. D'Orbigny a recueilli 160 espèces, dont la moitié sont communes avec le Pérou et le Chili, et dont une espèce seulement (*Siphonaria Lessonii*) trouvée à Callao a été aussi rencontrée à Payta, un peu au delà de la limite de la région. M. Cuming a obtenu 222 espèces sur la côte du Pérou et 172 au Chili. Hupé a décrit 201 espèces dans l'ouvrage de Gay sur le Chili. L'île de Juan Fernandez est comprise dans cette province. Nous ne pouvons énumérer ici qu'un petit nombre des mollusques du Pérou.

Onychoteuthis peraptoptera.	Cancellaria buccinoides.	Discina lævis.
—	Sigaretus cymba.	—
Eolis Inca.	Fusus Fontainei.	Pholas subtruncata, etc.
Doris Peruviana.	Murex horridus.	Lyonsia cuneata.
Diphyllidia Cuvieri.	Ranella ventricosa.	Solen gladiolus.
Posterobranchæa.	Triton scaber.	Solecurtus Dombeyi.
Aplysia Inca.	Nassa dentifera.	Mactra Byronensis.
Tornatella venusta.	Columbella sordida.	Mesodesma Chilensis.
Chiton, plusieurs esp.	Oliva Peruviana.	Cumingia lamellosa.
Patella scurra.	Rapana labiosa.	Semele rosea, etc.
Acmæa scutum.	Monoceros giganteus.	Petricola, plusieurs esp.
Crucibulum lignarium.	— crassilabris.	Saxidomus opacus, etc.
Trochita radians.	— acuminatus.	Cyclina Kroyeri.
Crepidula dilatata.	Purpura chocolatum.	Venus thaca.
Fissurella, plusieurs esp.	Concholepas.	Crassatella gibbosa.
Liotia Cobijensis.	Mitra maura.	Nucula, plusieurs esp.
Gadinia Peruviana.	—	Leda, pl. esp.
Littorina Peruviana.	Terebratella Fontainei.	Solenella Norrisii.
— araucana.	— Chilensis.	Lithodomus Peruvianus.
Rissoina Inca.	Discina lamellosa.	Saxicava solida.

XV. Province magellanique.

Cette région comprend les côtes de la Terre de Feu, des îles Falkland, (Malouines), et du continent de l'Amérique du Sud, depuis P. Melo, sur la côte orientale, jusqu'à Conception, sur la côte occidentale. Elle a été décrite par d'Orbigny et par Darwin (*Journal*, p. 177 et suivantes). Philippi, qui s'en est aussi occupé, assigne 88 espèces au district voisin du détroit de Magellan. On ne connaît que 15 espèces des Malouines, et 11 d'entre elles n'ont été trouvées nulle part ailleurs. Les côtes méridionales et occidentales sont parmi les plus sauvages et les plus exposées aux tempêtes qu'il y ait sur le globe; dans plusieurs endroits les glaciers descendent jusque dans la mer, et l'on a souvent à doubler le cap Horn au milieu des banquises venant du continent polaire austral. Les plus grandes marées que l'on observe dans le détroit sont de 15 mètres. « A la Terre-de-Feu, l'algue gigantesque (*Macrocystis pyrifera*) croît sur chaque rocher, depuis le niveau de la basse mer jusqu'à 82 mètres de profondeur, tant sur la côte qui regarde la haute mer que dans les détroits ; elle n'arrive pas seulement à la surface, mais s'étend sur une épaisseur de plusieurs mètres et abrite une multitude d'animaux marins, tels que de belles Ascidies composées, diverses coquilles patelliformes, des *Trochus*, des mollusques nus, des céphalopodes et des bivalves fixés. A basse mer les rochers abondent aussi en coquillages qui ont un caractère très-différent de ceux des latitudes septentrionales correspondantes, et, même lorsque les genres sont identiques, les espèces sont d'une beaucoup plus grande taille et d'une croissance plus vigoureuse [1].

COQUILLES DE LA PROVINCE MAGELLANIQUE (ÌLES FALKLAND).

Buccinum antarcticum.	*Margarita Malvinæ.	*Terebratella Magellanica, plusieurs variétés.
— Donovani ?	Scissurella conica.	Waldheimia dilatata.
Bullia cochlidium.	*Fissurella radiosa.	Pecten Patagonicus.
Monoceros imbricatus.	Puncturella conica.	Pecten corneus.
— glabratus.	Nacella cymbularia.	Mytilus Magellanicus.
— calcar.	*Patella deaurata.	*Modiolarca trapezina.
Trophon Magellanicus.	*Patella barbara.	Leda sulculata.
Voluta Magellannica.	* — zebrina.	*Cardita Thouarsii.
— ancilla.	Siphonaria lateralis.	*Astarte longirostris.
Natica limbata.	Chiton setiger.	*Venus exalbida.
Lamellaria antarctica.	Doris luteola.	*Cyamium antarcticum.
Littorina caliginosa.	Æolis Patagonica.	Mactra edulis.
Chemnitzia Americana.	Spongiobranchæa.	*Lyonsia Malvinensis.
*Scalaria brevis.	Spiralis cucullata, 66° S.	Pandora cistula.
*Trochuta pileolus.		Saxicava arctica.
Crepidula Patagonica.	—	Octopus megalocyathus.
Trochus Patagonicus.	Terebratella crenulata.	

XVI. Province patagonienne.

De Sainte-Catherine, au sud du tropique, jusqu'à P. Melo, cette ligne de côtes a considérablement changé pendant l'ère à laquelle appartient sa faune actuelle. M. d'Orbigny et M. Darwin ont observé des bancs de coquilles actuelles, surtout de *Potamomya labiata,* dans la vallée de La Plata et dans les pampas autour de Bahia Blanca. M. Cuming a aussi trouvé la *Voluta Brasiliana,* et d'autres coquilles actuelles dans des bancs situés à 80 kilomètres de la côte. Sur 79 coquilles récoltées par d'Or-

[1] Les mollusques constituent la nourriture principale des indigènes ainsi que des animaux sauvages. Au port de Low, on tua une loutre de mer, au moment où elle était occupée à transporter dans son trou une grande Volute, et, à la Terre-de-Feu, on en vit une qui mangeait un Céphalopode. (Darwin.)

bigny sur la côte de la Patagonie septentrionale, 51 étaient spéciales, 1 commune avec les iles Falkland, et 27 se trouvaient aussi à Maldonado et au Brésil. Ce naturaliste a trouvé à Maldonado 57 espèces, dont 8 étaient spéciales, 10 communes avec la Patagonie septentrionale, 2 avec Rio, et 17 avec le Brésil. Parmi ces dernières, 8 s'avancent jusqu'aux Antilles; ce sont les

Crepidula aculeata.	Mactra fragilis.	Modiola viator.
— protea.	Venus flexuosa [1].	Plicatula Barbadensis.
Pholas costata.	Lucina semi-reticulata.	

A Bahia Blanca, par 39° lat. S., les coquilles les plus abondantes parmi celles observées par M. Darwin (p. 243) étaient les

Oliva auricularia.	Oliva tehuelchana.	Voluta angulata.
— puelchana.	Voluta Brasiliana.	Terebra Patagonica.

La liste de M. d'Orbigny renferme aussi les genres et espèces qui suivent :

Octopus tehuelchus.	Æolis.	Leda.
Columbella sertularium.	Paludestrina.	Cytherea.
Bullia globulosa.	Scalaria.	Petricola.
Pleurotoma Patagonica.	Natica.	Corbula.
Fissurellidea megatrema.	Chiton.	Pinna.
Panopæa abbreviata.	Solen.	Mytilus.
Periploma compressa.	Lutraria.	Lithodomus.
Lyonsia Patagonica.	Donacilla.	Pecten.
Solecurtus Platensis.	Nucula.	Ostrea.

XVII. Province caraïbe.

Cette province, qui forme la quatrième grande faune tropicale marine, comprend le golfe du Mexique, les Antilles et la côte orientale de l'Amérique du Sud jusqu'à Rio. Le professeur C. B. Adams estime qu'elle ne renferme pas moins de 1,500 espèces de coquilles; 500 ont été décrites par d'Orbigny dans l'*Histoire naturelle de Cuba*, de Ramon de la Sagra, et un petit nombre des espèces Brésiliennes dans son *Voyage dans l'Amérique du Sud*. Sir R. Schomburgh a donné une liste des coquilles des Barbades.

Les côtes des Antilles, des Bermudes et du Brésil sont bordées de récifs de coraux, et il y a des bancs considérables de « raisins des tropiques » à une certaine distance de la côte des Antilles.

---

[1] On peut distinguer la variété de la *Venus flexuosa*, trouvée à Rio, de la coquille des Antilles, qui est la *Venus punctifera* de Gray.

COQUILLES DES ANTILLES.

Argonauta.
Octopus.
Philonexis.
Loligo.
Cranchia.
Onychoteuthis.

Ommastrephes.
Sepioteuthis.
Sepia.
Spirula.
Hyalæa.

Cleodora.
Creseis.
Cuvieria.
Atlanta.
Oxygyrus.

Cheletropis.
Janthina.
Glaucus.
Notarchus Pleii.
Aplysia.

Strombus gigas.
— pugilis.
Murex calcitrapa.
Pisania articulata.
— turbinella.
Triton pilearis.
— cutaceus.
Fusus morio.
Fasciolaria tulipa.
Lagena ocellata.
Cancellaria reticulata.
Fulgur aruanum.
Terebra acicularis.
Myristica melongena.
Purpura patula.
— deltoidea.
Oniscia oniscus.
Cassis tuberosa.
— flammea.
— Madagascariensis.
Columbella mercatoria,
— nitida, etc.
Voluta vespertilio.
— musica.
Oliva Brasiliensis.
— angulata.
— jaspidea.
— oriza, etc.
Ancillaria glabrata.
Conus varius, etc.
Clavatula zebra.
Marginella.
Erato Maugeriæ.
Cypræa mus.
— exanthema.
— spurca, etc.
Trivia pediculus.
Ovulum gibbosum.

Natica canrena.
Pyramidella dolabrata.
Planaxis nucleus.
Littorina zic-zac.
— flava.
— lineolata.
Tectaria muricata.
Modulus lenticularis.
Fossarus.
Truncatella Caribbæa.
Torinia cylindracea.
Turritella exoleta.
— imbricata.
Trochus pica.
Imperator tuber.
— calcar.
Fissurella Listeri.
— nodosa.
— Barbadensis.
Nerita.
Neritina.
Hemitoma octoradiata.
Hipponyx mitrula.
Pileopsis militaris.
Calyptræa equestris.
Crepidula aculeata.
Patella leucopleura.
Chiton squamosus.
Hydatina physis.

Bouchardia tulipa.
Discina Antillarum.

Placunomia foliata.
Plicatula cristata.
Lima scabra.
Mytilus exustus.
Lithodomus dactylus.

Arca Americana.
Yoldia tellinoides.
Chama arcinella.
— macrophylla.
Cardium lævigatum.
Lucina tigrina.
— Pennsylvanica.
— Jamaicensis.
Corbis fimbriata.
Coralliophaga.
Crassatella.
Gouldia parva.
Venus Paphia.
— dysera.
— crenulata.
— cancellata.
— violacea.
Cytherea Dione.
— circinata.
— maculata.
— gigantea.
— flexuosa.
Artemis concentrica.
— lucinalis.
Cyclina saccata.
Trigona mactroides.
Petricola lapicida.
Capsula coccinea.
Tellina Brasiliana.
— bimaculata.
Strigilla carnaria.
Semele reticulata.
— variegata.
Cumingia.
Iphigenia Brasiliensis.
Lutraria lineata.
Periploma inæquivalvis.
Pholadomya candida.

XVIII. Province transatlantique.

E. Forbes supposait que la côte atlantique des États-Unis formait deux provinces : 1° la province *Virginienne*, allant du cap Cod au cap

Hatteras, et 2° la province *Carolinienne*, s'étendant jusqu'à la Floride ; mais il n'apportait pas de faits à l'appui de cette division. Le nombre total des Mollusques de la province transatlantique est seulement de 250, dont 60 s'avancent plus au nord, et dont 15 sont en outre communs avec l'Europe. Ces deux régions sont quelquefois réunies sous le nom de province Pennsylvanienne.

Le docteur Gould a décrit 110 espèces de la côte du Massachusetts, au sud du cap Cod ; 50 de celles-ci ne se trouvent pas plus au Nord, mais forment le commencement du type américain proprement dit. Les coquilles de New-York et des États méridionaux de l'Atlantique ont été décrites par De Kay dans l'*Histoire naturelle de l'État de New-York*; la liste donnée par cet auteur indique 120 espèces qui manquaient à la précédente, et dont quelques-unes au moins sont des espèces égarées de la région Caraïbe ; par exemple les *Chama arcinella, Iphigenia lævigata Capsula deflorata* [1].

M. Massachusetts.   CS. Caroline du Sud.   Y. New-York.   F. Floride.

Conus mus. F.	Littorina irrorata. Y.
Fusus cinereus. M. CS.	Fissurella alternata. (Say)?
Nassa obsoleta. M. F. (Mexique).	Chiton apiculatus. M. CS.
— trivittata. M. CS.	Tornatella punctato-striata. M. Y.
— vibex. M. F. (Mex.)	Bulla insculpta. M. Y.
Purpura Floridana. (Mex.)	
Terebra dislocata. Y. CS.	Ostrea equestris. CS. F.
Pyrula? papyracea. F.	Pecten irradians.
Fulgur carica. M. CS.	Avicula atlantica. F.
— canaliculatum. M. CS.	Mytilus leucophantus. CS.
Oliva literata. CS.	Modiola Carolinensis.
Marginella carnea. F.	— plicatula. M. Y.
Fasciolaria distans. CS. (Mex.)	Pinna muricata. CS.
Columbella avara. M. Y.	Arca ponderosa. CS.
Ranella caudata. M. Y.	— pexata. M. F.
Natica duplicata. Y. CS.	— incongrua. C. S.
Sigaretus perspectivus. Q. CS.	— transversa. M. Y.
Scalaria lineata. M. CS.	Solemya velum. M. Y.
— multistriata. M. Y.	— borealis. M.
— turbinata. CN.	Cardium ventricosum. CS.
Cerithium ferrugineum. F.	— Mortoni. M. Y.
— 4 esp. M.	Lucina contracta. Y.
Triforis nigrocinctus. M.	Astarte Mortoni. Y.
Odostomia, 6 esp. M. Y.	— bilunulata. F.
Turritella interrupta. M. Y.	Cardita incrassata. F.
— concava. CS.	Venus mercenaria. M. CS.
(Vermetus lumbricalis. M.?).	— Mortoni. CS. F.
Calyptræa striata. Y.	— gemma. M. Y.
Crepidula convexa. M. Y.	Artemis discus. CS.
— fornicata. M. F. (Mex.)	Petricola dactylus. M. CS.

[1] Les coquilles marines des États-Unis ont aussi été collectées et décrites par Say, Lesueur, Conrad et Couthouy.

Petricola pholadiformis. Y.
Mactra similis. CS. M.
    — solidissima. M. Y.
    — lateralis. M. Y.
Lutraria lineata. F.
    — canaliculata. Y. F.
Mesodesma arctata. M. Y.
Tellina tenta. M. CS.
    — 8 esp. CS. F.
Semele æqualis. CS.
Cumingia tellinoides. M.

Donax fossar. Y.
    — variabilis. G. F.
Solecurtus fragilis. M. CS.
Solecurtus Caribbæus. M. F.
Corbula contracta. M. F.
Periploma Leana. M. Y.
    — papyracea. M. Y.
Lyonsia hyalina. Y.
Pandora trilineata. M. F.
Pholas costata. CS. F.
    — semicostata. CS.

RÉGIONS TERRESTRES

DISTRIBUTION DES COQUILLES TERRESTRES ET FLUVIATILES.

Les régions zoologiques terrestres ont des frontières plus nettement tranchées et ont été plus complétement étudiées que les régions marines. Presque chaque grande ile a sa faune et sa flore propres; presque chaque système fluvial a ses poissons d'eau douce et ses mollusques spéciaux; en outre, les chaines de montagnes, telles que les Andes, semblent présenter des barrières infranchissables aux « nations » d'animaux et de plantes qui vivent de chaque côté d'elles. On rencontre toutefois des exceptions qui montrent que, au-dessus de cette première généralisation, il existe une loi supérieure. La Manche n'est pas une barrière entre deux provinces, non plus que la Méditerranée; et le désert du Sahara sépare seulement deux parties de la même région zoologique. Dans ces cas et dans d'autres semblables, la « barrière » est d'une date postérieure à l'apparition des faunes et des flores qui se trouvent de chaque côté d'elle.

L'on a souvent remarqué que la partie septentrionale du globe présente des plaines immenses dont une grande portion est formée de terrains géologiquement récents. Dans l'hémisphère austral, les continents sont rétrécis en promontoires et en péninsules, ou bien ont été depuis longtemps rompus pour former des iles. L'on doit rattacher à ces données le fait remarquable que c'est seulement autour des rivages de la mer arctique que les mêmes animaux et les mêmes plantes se trouvent sous tous les méridiens; lorsque l'on s'avance plus au sud, le long des trois principales directions des terres, l'on voit disparaitre les identités spécifiques et l'on ne trouve plus que des identités de genres; celles-ci sont remplacées à leur tour par des parentés de famille, et enfin, les familles elles-mêmes d'animaux et de plantes deviennent en grande partie distinctes, non-seulement sur les grands continents, mais encore sur les iles, jusqu'à ce que chaque petit rocher perdu au milieu de l'océan ait ses habitants spéciaux, semblant comme les survivants de groupes que la mer aurait engloutis. (Waterhouse.)

Les deux plus grands genres de coquilles terrestres et fluviatiles, les *Helix* et les *Unio* ont une extension presque universelle, mais comportent de nombreuses subdivisions géographiques[1]. Il y a plusieurs espèces de mollusques terrestres auxquelles on a assigné, quelquefois à tort, une extension presque universelle sur le globe; c'est ainsi que l'*Helix cicatricosa* est indiquée comme se trouvant au Sénégal et en Chine, ou l'*Helix similaris* Fér. au Brésil et dans l'Inde ; souvent cette extension est réelle, mais provient seulement de ce que ces mollusques ont été portés par l'homme dans des localités éloignées. Les matelots portugais aiment beaucoup les escargots qu'ils considèrent comme de la « viande fraiche à bord, » et ils ont naturalisé une des espèces communes d'Europe, l'*Helix aspersa*, en Algérie, aux Açores et au Brésil, et l'*Helix lactea* à Ténériffe et à Montevideo.

L'*Achatina julica* a été portée d'Afrique à l'Île Maurice et, de là, à Calcutta, où elle a été installée par un naturaliste actuellement vivant; l'*Helix hortensis* a été transportée de la Grande-Bretagne en Amérique, et naturalisée sur la côte de la Nouvelle-Angleterre ainsi que sur les bords du Saint-Laurent.

Le *Bulimus Goodalli*, originaire des Antilles et de l'Amérique du Sud, a été introduit dans les serres à ananas d'Angleterre et à l'île Maurice.

L'*Helix pulchella*, petite espèce qui se trouve dans la mousse et les feuilles mortes, habite l'Europe, le Caucase, Madère, le Cap (où il a été introduit), et l'Amérique du Nord, jusqu'au Missouri.

L'*Helix cellaria* habite l'Europe et les États du Nord de l'Union Américaine ; il a été porté au loin avec des racines de plantes, ou fixé à des tonneaux d'eau et naturalisé au Cap et à la Nouvelle-Zélande.

La *Testacella Maugei* a été transportée des Iles Canaries en Angleterre.

Les *Limnæa*, *Physa*, *Planorbis*, *Ancylus*, qui sont des Pulmonés d'eau douce, et les *Succinea* qui sont amphibies, s'étendent sur presque tout le globe; de même que les plantes et les insectes aquatiques, elles reparaissent souvent, même aux antipodes, sous des formes qui nous sont familières. Les mollusques d'eau douce à respiration branchiale ont une distribution géographique plus restreinte.

L'ancien monde et l'Amérique peuvent être considérés comme des provinces d'ordre primaire, n'ayant aucune espèce en commun (sauf dans leurs parties tout à fait septentrionales), et possédant chacune un grand nombre de genres caractéristiques.

---

[1] Dans les catalogues des *Unionidæ* l'on devrait indiquer la rivière et le pays qu'habite chaque espèce. Les auteurs américains se sont trop souvent contentés de citer des localités telles que Nashville et Smithville, qui sont tout à fait inintelligibles. Il y a presque autant de difficulté à comprendre ce que l'on entend par S. Vincent, S. Cruz, S. Thomas, Prince's Id. ; quant aux noms de localités latinisés, ils défient souvent toute tentative de traduction.

AMÉRIQUE.	ANCIEN MONDE.	AMÉRIQUE.	ANCIEN MONDE.
Anastoma.	Zonites.	Choanopoma.	Pomatias.
Tridopsis.	Nanina.	Chondropoma.	Otopoma.
Sagda.	Vitrina.	Cistula.	Craspedopoma.
Stenopus.	Helicolimax.	Trochatella.	Diplommatina.
Proserpina.	Daudebardia.	Alcadia.	Aulopoma.
Bulimus.	Achatina.	Stoastoma.	Pupina,
Odontostomus.	Achatinella.	Geomelania.	Acicula.
Liguus.	Clausilia.	———	———
Glandina.	Paxillus.	Hemisinus.	Vibex.
Cylindrella.	Pupa.	Melafusus.	Pirena.
Megaspira.	———	Ceriphasia.	Melanopsis.
Simpulopsis.	Testacella.	Anculotus.	Paludomus.
Amphibulima.	Parmacella.	Melatoma.	Lithoglyphus.
Omalonyx.	Limax.	Amnicola.	Navicella.
———	Arion.	———	———
Philomycus.	Phosphorax.	Mülleria.	Ætheria.
Peltella.	Incilaria.	Mycetopus.	Iridina.
———	Oncidium.	Castalia.	Galatea.
Chilinia.	———	Monocondylea.	Cyrenoides.
Gundlachia.	Latia.	Gnathodon.	Glaucomya.

Les provinces terrestres représentées sur la carte sont les principales régions botaniques du professeur Schouw, telles qu'elles sont données dans l'Atlas physique de Berghaus. Nous nous proposons de voir jusqu'à quel point ces divisions sont confirmées par la distribution des coquilles terrestres et fluviatiles, et plus particulièrement des Hélicides, Limacides et Cyclostomides qui ont été si laborieusement cataloguées par le docteur L. Pfeiffer [1].

La première région botanique, celle des Saxifrages et des Mousses, n'a pas été numérotée sur la carte, bien que ses frontières soient données par la ligne de limite polaire des arbres. Cette ligne coïncide presque avec l'isotherme de 32°, ou du gel permanent du sol ; mais, en Sibérie les forêts de pins s'étendent 15° plus au nord, par suite de l'absence de pluies hibernales et de la clarté et de la pureté de l'atmosphère.

Dans cette région, les coquilles sont très-rares. La *Physa hypnorum* a été trouvée par le docteur Middendorff dans la Sibérie arctique; et la *Limnæa geisericola* (Beck) habite les sources chaudes de l'Islande. On suppose que les quelques espèces qui ont été découvertes par Müller dans le Groënland sont spéciales à ce pays :

Helix Fabricii.	Succinea Groenlandica.	Limnæa Holböllii.
Pupa Hoppii.	Limnæa Vahlii.	Planorbis arcticus.
Vitrina Angelicæ.	— Pingelii.	Cyclas Steenbuchii.

———

[1] La distribution des *Cycladidæ* est donnée d'après le Catalogue du British Museum par M. Deshayes..

1. Région germanique.

Tout le nord de l'Europe et de l'Asie limité par les Pyrénées, les Alpes, les Carpathes, le Caucase et l'Altaï, ne constitue qu'une seule province, ayant une faune qui n'est nullement proportionnée à son étendue[1].

Le nombre des mollusques terrestres est de plus de 200, mais presque tous (ou au moins les cinq sixièmes) lui sont communs avec la région Lusitanienne[2].

Helix.	90	Pupa.	44	Cyclostoma.	1
Bulimulus.	10	Clausilia.	52	Acicula.	1
Zua.		Vitrina.	5	Limax.	9
Azeca.	5	Succinea.	5	Arion.	4
Cionella.		Balea.	1	Carychium.	1

Les coquilles d'eau douce appartiennent aux genres et sous-genres suivants :

Limnæa.	20	Velletia.	1	Unio, sp. et var.	20
Amphipeplæa.	2	Neritina, var.	3	Anodon, var.	20
Physa.	5	Paludina et Bithynia	25	Alasmodon.	5
Aplexa.	1	Valvata.	5	Cyclas.	6
Planorbis.	16	Conovulus (Alexia).	5	Pisidium.	11
Ancylus.	7	Dreissena.	1		

Selon Reeve, il y a 199 mollusques britanniques, dont 176 vivent sur le sol et 23 dans l'eau. Les *Pupa anglica*, *Helix fusca* et *H. lamellata* que l'on croyait jadis spéciales ont été trouvées, les deux premières, en France, et la troisième, dans le Holstein. L'*Helix excavata* est encore inconnue sur le continent ; et les *Geomalacus maculosus* et *Limnæa involuta* n'ont été rencontrés que dans le sud-ouest de l'Irlande ; mais ce sont peut-être des espèces lusitaniennes. La *Dreissena polymorpha* a été naturalisée d'une manière permanente dans les canaux, et les *Testacella Maugei* et *haliotidea*, dans les jardins ; les *Bulimus decollatus* et *Goodalli* ont souvent été établis dans des serres. Quelques espèces qui étaient jadis abondantes en Angleterre y sont maintenant très-rares, ainsi les :

Clausilia plicatula.	Vertigo Venetzii.	Succinea oblonga.
Vertigo minutissima.	Helix lamellata.	Acicula fusca.

[1] La température moyenne des mois d'hiver et de ceux d'été est de 2° à 14° ; dans l'Europe occidentale les pluies d'automne dominent, et dans l'Europe orientale et la Sibérie ce sont les pluies d'été.

[2] L'opinion de E. Forbes était que, *toutes* les espèces du sol post-pliocène du Nord de l'Europe et de l'Asie *avaient leur origine* au delà des limites de cette région.

D'autres qui se trouvent dans les dépôts tertiaires récents sont aujour-d'hui tout à fait éteintes en Angeterre; ainsi les :

Helix fruticum.	vivant en France et en Suède.	
— ruderata.	—	Allemagne.
— labyrinthica (éocène).	—	Nouvelle-Angleterre.
Paludina marginata.	—	France.
Corbicula consobrina.	—	Egypte et dans l'Inde
Unio littoralis.	—	France et en Espagne.

D'autre part, quelques-unes des espèces vivantes les plus communes n'ont pas été trouvées à l'état fossile; par exemple les *Helix aspersa, pomatia* et *cantiana*. Plusieurs genres se rencontrent seulement à l'état fossile dans les tertiaires anciens, à savoir les :

Glandina.	Cyclotus.	Nematura.
Proserpina.	Megalomastoma.	Melania.
Cylindrella.	Craspedopoma.	Melanopsis.

On a donné les résumés suivants du nombre des mollusques pulmonés habitant les différentes contrées d'Europe :

France,	200 (176 terrestres,	26 aquatiques),	*Moquin-Tandon.*
Dalmatie,	202 (197 —	5 —	*Bellotti.*
Danemark,	95 72 —	25 —	*Mörch.*
Norwége,	52 (56 —	16 —	*Martens et Friele.*
Finlande [1],	41 (25 —	26 —	*Nylander et Nordenskjöld.*
Laponie,	16 (10 —	6 —	*Wallenberg.*

Ce tableau semble montrer que les Pulmonés sont plus nombreux dans les parties chaudes de l'Europe, et que leur nombre diminue, en ce qui concerne les espèces, à mesure que l'on approche des régions polaires. Ainsi, dans l'aire méditerranéenne il y a 800 espèces, en Allemagne 200, en Norwége 50, en Laponie 16. Jusqu'à présent l'on n'a obtenu que 25 espèces des contrées européennes au nord du cercle arctique. Les espèces les plus septentrionales sont les *Limnæa palustris, Physa fontinalis, Physa hypnorum* et *Succinea putris*.

Le docteur Middendorff [2] donne la liste suivante des coquilles de Sibérie :

Helix carthusiana, Irkoutsk.	Helix subpersonata, Mt. Stanowoj, Ochotsk.
— Schrenkii, M. Tunguska, 58°.	Pupa muscorum, Barnaoul.
— hispida, Beresov, Barnaoul.	Zua lubrica, —
— ruderata, Mt. Stanowoj.	Succinea putris, — Irkoutsk.
— pura, —	Limnæa Gebleri, M. Barnaoul.

[1] L'un des trois nombres donnés pour la Finlande doit être inexact, puisque l deux parties donnent une somme supérieure au tout. (Trad.)

[2] *Sibirische Reise*, vol. II, part. 1. Petersbourg, 1851.

Limnæa auricularia, Nertschinsk.
— ovata, Barnaoul.
— kamtschatica, Mid.
— peregra, Barnaoul, Beresov.
— stagnalis, Barnaoul, Irkoutsk.
— palustris, — —
— truncatula, — Tomsk.
— leucostoma, Irkoutsk.
Physa hypnorum, Barnaoul, Taimyrlande.
Planorbis corneus, Barnaoul, Beresov, Steppes des Kirghises, Altaï.
Planorbis complanatus, Altaï.
— albus, Barnaoul. —
— contortus, —
— vortex, —
— leucostoma, —
— nitidus, Irkoutsk.

Bithynia tentaculata, Barnaoul.
— Kickxii, R. Ami, Altaï.
Valvata cristata, var. Sibirica, Barnaoul, Beresow, Kamtschatka.
— piscinalis, R. Ami.
Unio complanatus, Kamtschatka.
— Dahuricus, Mid. Schilka.
— Mongolicus, M. Gorbitza, Daourie.
Anodon herculeus, M. Scharanai.
— anatinus, Tunguska.
— Cellensis, var. Beringiana, Kamtschatka.
Cyclas calyculata, Barnaoul, R. Lena, R. Ami, Kamtsch. mér.
Pisidium fontinale, Beresov.
— obliquum, Barnaoul, Tomsk.

2. Région lusitanienne.

Les contrées qui bordent la Méditerranée forment, avec la Suisse, l'Autriche, la Hongrie, la Crimée (*Tauride*), et le Caucase, une grande province à laquelle E. Forbes a donné le nom de *Lusitanienne*. Les Canaries, les Açores et Madère sont des fragments éloignés de la même région [1].

Dans l'Europe méridionale l'on trouve environ 600 gastéropodes terrestres, sur lesquels plus de 100 s'étendent dans la région germanique et la Sibérie, et dont 20 ou 30 sont communs avec l'Afrique septentrionale. Outre cela, 60 autres se trouvent en Algérie et en Egypte, 140 en Asie Mineure et en Syrie, et 135 dans les îles de l'Atlantique, faisant un total de près de 900 espèces d'*Helicidæ* [2].

Sur les 12 espèces de *Zonites* proprement dites, 10 sont spéciales au Portugal.

Les espèces de *Bulimus*, *Achatina* et *Pupa* sont petites ou très-petites, et appartiennent aux sous-genres *Bulimulus*, *Cionella*, *Zua*, *Azeca*, *Vertigo*, etc.; l'on en a rapporté 4 (dont deux d'Algérie) au sous-genre *Glandina*.

L'on trouve aussi dans cette région 22 espèces de *Cyclostomidæ* et 44 de *Limacidæ* :

Helix.	592	Succinea.	8	Tornatellina,	5
Bulimus.	80	Achatina.	25	Balea.	4

---

[1] Dans l'Europe méridionale, la pluie tombe rarement en été, mais elle est fréquente dans d'autres saisons, surtout en hiver. La température moyenne est de 12° à 22°.

[2] L'auteur doit à l'extrême obligeance de M. W. H. Benson, des renseignements relatifs aux coquilles terrestres de la province lusitanienne, de l'Afrique et des îles éloignées.

upa	120	Arion	7	Craspedopoma	5
Clausilia	247 [1]	Phosphorax	1	Pomatias	10
Vitrina	11	Testacella	2	Acicula	4
Daudebardia	5	Parmacella	5		
Helicolimax	5	Cryptella	1	Carychium	5
Limax	28	Cyclostoma	5		

On trouve des coquilles d'eau douce des mêmes genres que celles de la province germanique, et en nombre à peu près égal; il faut y ajouter plusieurs espèces de *Melania, Melanopsis, Lithoglyphus* et *Cyrena*. La *Melanopsis buccinoides* se trouve en Espagne, en Algérie et en Syrie, et est éteinte dans les contrées intermédiaires; deux espèces de *Lithoglyphus* habitent le Danube; la *Cyrena (Corbicula) Panormitana* se trouve en Sicile, deux autres espèces vivent dans l'Euphrate, et la *C. consobrina* dans le canal d'Alexandrie.

La province lusitanienne comprend de nombreuses régions secondaires; les îles et les massifs de montagnes sont plus particulièrement les centres ou foyers où un certain nombre d'espèces spéciales sont associées avec celles qui vivent à l'entour. Ainsi, parmi les espèces qui n'ont pas encore été indiquées d'autres localités, la Suisse en a **28**, les Alpes autrichiennes 46, les Carpathes 28, l'Italie septentrionale et la Dalmatie 100, la Roumélie 20, la Grèce et l'Archipel 90, l'Anatolie 50, le Caucase 20, la Syrie 50, la Basse-Égypte et l'Algérie 60, l'Espagne 26, et le Portugal 24 (15 *Helicidæ* et 9 *Limacidæ*).

ÎLES DE LA MÉDITERRANÉE.

Corfou, Chypre, Rhodes, Syra et Candie ont chacune quelques mollusques terrestres spéciaux, se montant à 40 espèces en tout.

ÎLES BALÉARES. *Helix Graellsiana, Hispanica* (var. *Balearica*), *Nyellii, Minoricensis*, et le *Cyclostoma ferrugineum*, commun avec l'Espagne et l'Algérie.

CORSE. *Helix Raspailii, tristis, Clausilia* 4 espèces.

SARDAIGNE. *Helix Sardiensis, Meda, tenuicostata, Pupa* 2, *Clausilia* 1.

MALTE a deux espèces spéciales d'*Helix*, et une *Clausilia* (*scalaris*).

La SICILE a 40 espèces spéciales d'*Helix* et 5 Limaces. Cette île est reliée avec l'Afrique septentrionale par un banc tortueux bordé de chaque côté par des eaux profondes.

GROUPE DE MADÈRE.

Ces anciennes îles volcaniques, qui sont situées à 600 milles au sud-ouest du Portugal, comprennent Madère, avec Fora et trois autre îlots

---

[1] Un grand nombre de celles-ci ne doivent pas être considérées comme des *espèces*, telles que nous les comprenons ici, mais comme des *races*, ou variétés géographiques.

appelés les Desertas et Porto Santo, à 26 milles au nord-est, et les ilots rocheux de Ferro, Baxo et Cima[1]. Les mollusques terrestres ont été décrits par le révérend R. T. Lowe[2] et forment le sujet d'une monographie du docteur Albers[3]. Les recherches de M. Wollaston ont presque doublé le nombre des espèces connues, qui se monte aujourd'hui à 154. Les Vitrines appartiennent à la section *Helicolimax*, les Cyclostomes au sous-genre *Craspedopoma*, et la moitié des *Pupa* aux *Vertigo*.

Arion.	1	Bulimus.	2	Cionella.	5	Limnæa.	1
Limax.	4	Glandina.	4	Pupa.	23	Ancylus.	1
Testacella.	2	Azeca.	5	Balea.	1	Conovulus.	5
Vitrina.	5	Tornatellina.	1	Clausilia.	5	Pedipes (afra.).	1
Helix.	76	Zua.	2	Cyclostoma.	2		

Sur les 92 espèces trouvées à Madère ou aux Desertas, 70 sont spéciales : 54, sur lesquelles 39 sont spéciales, se trouvent à Porto Santo et sur les ilots avoisinants; 11 autres, dont 4 sont largement répandues, sont communes à Madère et à Porto Santo. 1 espèce est spéciale à la Deserta grande; 1 espèce et 1 variété à la Deserta du Sud (Bugio); 1 à celle du Nord (Cho); 1 variété à l'île de Fer. 7 espèces sont communes aux Desertas; 1 à la grande et à celle du Nord; 5 à Madère et à la Deserta grande; et 5 à Madère, à Porto Santo et aux Desertas. Parmi les espèces qui habitent plus d'une île, les échantillons de chaque localité peuvent se reconnaître comme *races* ou *variétés géographiques* distinctes. Les *Helix supplicata* et *papilio* se trouvent à l'Ilheo Baxo l'*H. turricula* sur l'île Cima. Sur un nombre total de 154 espèces, il y en a 112 qui sont spéciales au groupe de Madère : 5 sont communes avec les Canaries; 4 avec les Açores, et 1 avec la côte de Guinée; 11 sont communes avec l'Europe méridionale, outre 2 Limnéides et 7 Limaces qui peuvent avoir été introduites récemment, ce sont :

Arion empyricorum.	Helix cellaria.	Zua lubrica, var.
Limax variegatus.	— crystallina.	— folliculus.
— antiquorum.	— pisana.	Bulimus decollatus.
— agrestis.	— pulchella.	— ventrosus, Fér.
— gagates.	— lenticula.	Balea perversa.
Testacella Maugei.	(Helix lapicida, fossile).	Limnæa truncatula.
— haliotidea.	Cionella acicula.	Ancylus fluviatilis.

[1] Ces iles, de même que les Canaries et les Açores, contiennent des formations marines (grès et tufs volcaniques) avec des coquilles tertiaires miocènes. Dans l'ilot de Baxo, on exploite des carrières de chaux.

[2] *Primitiæ et novitiæ Faunæ et Floræ Maderæ et Portus Sancti.* in-12°, Lond., 1851. Liste descriptive de toutes les espèces par le même auteur, *Proc. Zool. soc.* 1854, p. 161. Les faits et les chiffres donnés ci-dessus sont tirés de cette dernière monographie, revue par M. Wollaston.

[3] *Malacographia Maderensis,* in-4°, Berlin, 1854, avec figures de toutes les espèces.

On trouve dans des anciennes dunes de sable, près de Caniçal, à l'extrémité orientale de Madère, et à Porto Santo de grandes quantités de *coquilles mortes* de Gastéropodes terrestres, comprenant 64 des espèces actuelles et 13 qui n'ont pas été trouvées à l'état vivant. Comme les échantillons fossiles de plusieurs espèces sont plus grands que leurs descendants vivants, il est possible que quelques-unes de celles qui sont considérées comme éteintes aient seulement dégénéré. C'est un fait remarquable que quelques-unes des espèces vivantes les plus communes ne se trouvent pas fossiles, tandis que d'autres, qui sont aujourd'hui extrêmement rares, se rencontrent abondamment à l'état fossile [1].

COQUILLES TERRESTRES DE MADÈRE.

Helix delphinula, Lowe. M.
— arcinella, Lowe. P.
— coronula, Lowe. Deserta.
— vermetiformis, Lowe. P.
— Lowei, Fér. (porto-sanctana, var?). P.
— fluctuosa, Lowe (= chrysomela, Lowe). P.
— psammophora, Lowe (phlebophora, var?). P.
— Bowdichiana, Fér. (punctulata, major?). M. P.
Glandina cylichna, Lowe. P. Santo.
Cionella eulima, Lowe. P.
Pupa linearis, Lowe. M. (= minutissima, Hartm.?)
— abbreviata, Lowe. M.

Le problème de la colonisation de ces îles est éclairci par les faits observés dans d'autres îles océaniques, et particulièrement aux Canaries et à Sainte-Hélène. Il y a des preuves que ce groupe de montagnes n'est pas sorti récemment de la mer, et il y a de grandes probabilités qu'il s'est trouvé isolé par suite de l'affaissement des terres qui l'environnaient [2]. Le caractère et la disposition de sa faune sont probablement les mêmes aujourd'hui que lorsqu'il formait partie d'un continent, et la diminution de variété et de taille de ses coquilles terrestres peut provenir de changements modernes dans les conditions physiques qui ont été amenés, comme à Sainte-Hélène, par l'action de l'homme.

La chute annuelle de pluie est maintenant de $0^m,757$, tandis que, il y a trois cent cinquante ans, Colomb remarquait que précédemment la chute de pluie était aussi grande à Madère, aux Canaries et aux Açores qu'à la Jamaïque, mais que, depuis que les arbres qui ombrageaient le sol avaient été coupés, *la pluie était devenue beaucoup plus rare* [3].

---

[1] On supposait que l'*H. tiarella*, W. et B. était éteinte, mais, en 1855, M. Wollaston l'a trouvée à l'état vivant dans deux localités presque inaccessibles sur la côte septentrionale de Madère ; elle ne se trouve pas aux Canaries.

[2] Voyez les observations de M. James Smith, de sir C. Lyell et de M. Hartung. *Geol. Journ.*, 1854.)

[3] *Cosmos*, II, 650, édit. Bohn. Il est probable que la Jamaïque a aussi subi depuis cette époque un changement semblable ; on dit que la chute de pluie est de $1^m,25$, tandis que dans les îles voisines elle est de plus $2^m,50$.

Les *Açores* sont un groupe de neuf îles volcaniques, situées à 800 milles à l'ouest de Lisbonne ; la plus élevée est Pico, qui a 2,320 mètres. Le nombre des coquilles terrestres que l'on connaît de ces îles a atteint récemment, par suite des additions dues à Morelet et à d'autres, le chiffre de 68, parmi lesquelles on compte 4 *Limax*, 5 *Arion*, 1 *Testacella*, 7 *Vitrina*, 30 *Helix*, 10 *Bulimus*, 1 *Zua*, 8 *Pupa*, 1 *Balea*, 5 *Auricula*. Sur ce nombre 28 se trouvent en Europe, 7 à Madère, 4 aux Canaries, et les 29 autres sont spéciales.

Les *îles Canaries* sont à 60 milles de l'Afrique occidentale ; leur température est de 15°,5 à 18°,9 pendant la moitié la plus fraîche de l'année, et de 25°,5 à 30°,5 pendant la moitié la plus chaude. Les Gastéropoterrestres sont au nombre d'environ 80, comprenant 50 *Helix*, 1 *Nanina*, des 3 *Vitrina*, 10 *Bulimus*, 3 *Achatina*, 5 *Pupa*, 1 *Limax*, 1 *Phosphorax*, 2 *Testacella*, 1 *Cryptella* et 4 *Cyclostomidæ* ; 60 de ces coquilles sont spéciales, 12 sont communes avec l'Europe méridionale, et 4 avec les Antilles ! 1 avec le Maroc, 1 avec l'Algérie (et l'Europe), et 1 avec l'Égypte. En fait de coquilles d'eau douce, l'on trouve 2 *Physa* et 1 *Ancylus*.

Les *Helix ustulata* et *Mac Andrei* sont spéciaux aux îlots rocheux qui se trouvent aux nord des Canaries et qui sont connus sous le nom de *Salvages*.

L'absence de coquilles terrestres de l'Afrique occidentale et la présence d'espèces des Antilles peut s'expliquer par les courants qui viennent des Antilles et que nous avons tracés sur la carte[1]. Quelques espèces européennes peuvent avoir été introduites (ex. *Helix lactea, pisana, cellaria*) ; mais la présence de 20 espèces lusitaniennes sur un total de 80 est un fait trop remarquable pour être accidentel.

Les *îles du Cap Vert*, quoique beaucoup plus au sud, sont aussi beaucoup plus éloignées du continent ; elles se trouvent à 320 milles (515 kilomètres) à l'ouest du cap Vert ; leur température moyenne est de 18° à 21°, et, comme l'a fait remarquer le docteur Christian Smith, leur végétation ressemble plus à celle de la Méditerranée qu'à celle de la côte occidentale d'Afrique. Sur les 12 coquilles terrestres que l'on connaît de ces îles, 2 sont communes avec les Canaries et les Açores.

ESPÈCES LUSITANIENNES AYANT UNE DISTRIBUTION ÉTENDUE.

Helix amanda, Sicile — Palma.
— planata, Maroc — Canaries.
— lenticula, Europe mérid. — Madère — Canaries.
— Rozeti, Sicile, Morée — Algérie — Cap Vert — Canaries.
— lanuginosa, Majorque — Algérie — Palma.
— simulata, Syrie — Egypte — Lancerote.

[1] « Longtemps avant la découverte de l'Amérique, l'on avait observé que les coups de vent de l'ouest jetaient sur la côte des tiges de bambous, des troncs de pins, et même *des hommes vivants dans leurs canots*. » Humboldt, II, p. 162.

Helix Michaudi, sommet de Porto-Santo — Ténériffe ?
  — cyclodon, Açores — Canaries — Cap Vert.
  — advena (= *erubescens*, Lowe), Madère — Açores — Saint-Vincent.
  — plicaria et planorbella, Canaries — Porto-Rico ?
Bulimus subdiaphanus, Canaries — Açores — Cap Vert.
  —   bæticatus et badiosus, Canaries — Saint-Thomas ?

Ascension. Cette île volcanique et stérile, perdue au milieu de l'océan Atlantique, ne possède, autant qu'on le sait, aucun Pulmoné terrestre, sauf une Limace, *Limax Ascensionis*. M. Benson pense que l'on pourrait peut-être trouver quelques *Helicidæ* sur la montagne Verte qui s'élève à 865 mètres, et où la garnison a ses jardins. M. Darwin remarque que nous pouvons être certains que, à quelque époque antérieure, les productions et le climat de l'Ascension étaient très-différents de ce qu'ils sont aujourd'hui.

SAINTE-HÉLÈNE (N° 28 DE LA CARTE).

L'île de Sainte-Hélène est à 800 milles (1,287 kilomètres) au S.-E. de l'Ascension, et à 1200 milles (1,930 kilomètres) de la côte de Benguela, qui est le point le plus rapproché d'elle sur la côte d'Afrique. Elle est entièrement volcanique. Les plantes indigènes sont toutes spéciales, et n'ont pas plus de rapports avec celles de l'Afrique occidentale qu'avec celles du Brésil [1].

Les coquilles terrestres sont aussi spéciales ; on en a décrit 13 espèces, savoir : *Helix* 5 espèces, *Bulimus* 5, *Achatina* 2, *Pupa* 1, *Succinea* (*Helisiga*) 2.

L'on en rencontre encore autant d'autres à l'état de coquilles mortes, n'ayant que rarement conservé leurs couleurs et leur transparence. On les trouve au-dessous de la surface du sol, sur les flancs de ravins creusés par les fortes pluies, à une hauteur de 565 à 520 mètres.

« Leur extinction est probablement due à la destruction totale des forêts et à la perte de nourriture et d'abri qui s'en est suivie, changements qui ont eu lieu pendant la première partie du siècle dernier. » (Darwin, *Journal*, p. 488).

On trouve un *Bulime* vivant, voisin du *B. Blofieldi*, aujourd'hui éteint ; il mange les choux palmistes, et ne se rencontre que sur les points les plus élevés de l'île.

---

[1] « On aurait pu s'attendre à ce que l'examen du voisinage du Congo eût jeté quelque lumière sur l'origine, si je puis m'exprimer ainsi, de la Flore de Sainte-Hélène. Ceci n'a toutefois pas eu lieu ; car l'on n'a trouvé ni sur les bords du Congo, ni dans aucun autre point de cette côte d'Afrique, une seule espèce de cette île ni un seul des genres principaux qui caractérisent sa végétation. » — R. Brown, *Appendice au récit de l'expédition au Congo du capitaine Tuckey*, p. 476. 1818.

COQUILLES TERRESTRES ÉTEINTES DE SAINTE-HÉLÈNE [1].

Bulimus auris vulpina.	Bulimus relegatus.
— Darwini.	Helix bilamellata.
— Blofieldi.	— polyodon.
— Sealei.	— spurca.
— subplicatus.	— biplicata.
— terebellum.	— Alexandri.
— fossilis.	Succinea Bensoni.

Le grand *Bulimus* (*fig.* 125,) n'a pas d'analogues vivants en Afrique, mais fait partie d'un groupe caractéristique de l'Amérique tropicale, auquel on a donné les noms de *Plecochilus*, *Pachyotis*, et *Caprella*, et qui renferme les *B. signatus*, *B. bilabiatus*, *B. goniostomus*, et surtout *B. sulcatus* (Chilonopsis, Fischer) de Santiago [2]. Les quatre espèces suivantes appartiennent au même type, mais sont plus petites et plus grêles. « Les mollusques marins de la côte de Sainte-Hélène nous feraient conclure à la séparation très-ancienne de cette île, tandis que l'on trouve en même temps une vague indication d'un rapport géographique antérieur entre les continents d'Afrique et d'Amérique plus intime que celui qui existe aujourd'hui. Les renseignements que nous avons relativement aux mollusques terrestres vivants ou éteints sembleraient indiquer une affinité géographique plus étroite entre Sainte-Hélène et la côte orientale de l'Amérique du Sud que celle que l'on voit de nos jours. » (Forbes.)

TRISTAN D'ACUNHA (N° 29 DE LA CARTE).

Deux espèces spéciales de *Balea* (*Tristensis* et *ventricosa*) se trouvent sur cette île éloignée qui atteint une altitude de 2510 mètres.

3. Région africaine.

L'Afrique tropicale occidentale, avec ses côtes marécageuses, brûlantes, et ses vallées, au fond desquelles coulent des rivières, est la région des grandes *Achatines* et des *Bulimes*, à formes d'Achatines, qui sont les plus grands de tous les Gastéropodes terrestres actuels. L'on

---

[1] G. Sowerby, in : Darwin, *Volcanic Islands*, p. 75. Forbes, *Journ. Geol. Soc.*, 1852, p. 197. — Benson, *Ann. Nat. Hist.*, 1851, VII, 265.

[2] Comme le docteur Pfeiffer comprend cette espèce (avec un signe de doute), parmi les synonymes du *B. auris-vulpina*, il doit avoir soupçonné que les échantillons provenaient de Sainte-Hélène et non de Santiago. Le seul autre groupe de Bulimes qui ressemble aux coquilles de Sainte-Hélène se rencontre dans les îles du Pacifique ; ce sont le *Bulimus Caledonicus* à l'île Mulgrave, le *B. auris bovina* aux îles Salomon, et le *B. Shongi* à la Nouvelle-Zélande.

connaissait en 1865 : *Vitrina* 4 espèces, *Streptaxis* 7, *Helix* 50, *Pupa* 5, *Bulimus* 50, *Achatina* 54, *Succinea* 5, et *Perideris* 18. Le *Streptaxis Recluziana* habite les îles de la Guinée. Les *Helix Folini, Bulimus Numidicus* et *fastigiatus, Pupa crystallum* et *sorghum, Achatina columna, striatella* et *lotophaga* se trouvent à l'île du Prince : le *Pupa putilla* à l'île de Gorée ; les *Bulimus (Pseudachatina) Downesi, Achatina iostoma* et *Glandina cerea* à Fernando Po. Les Ampullaires sénestres (*Lanistes*) sont généralement répandues dans les eaux douces d'Afrique ; plusieurs espèces de *Potamides* et de *Vibex* se trouvent aux embouchures des rivières de la côte occidentale et les *Pedipes* sur le bord de la mer. Les coquilles d'eau douce du Sénégal sont semblables à celles du Nil :

Pisidium parasiticum, Égypte.	Iridina exotica, Sénégal.	
Cyrenoides Duponti, Sénégal.	— rubens —	
Corbicula, 4 esp., Égypte.	Pleiodon ovatus. —	
Iridina Nilotica. —	Ætheria semilunata. —	Nil.
— Ægyptiaca. —	Galatea radiata. —	

4. Région du Cap.

Le docteur Krauss a décrit 41 espèces de gastéropodes terrestres de l'Afrique méridionale, et M. Benson a donné une liste qui en contient 22 autres ; ces coquilles sont toutes spéciales, à l'exception d'une *Succinea* qui ne semble être qu'une variété de la *S. putris* d'Europe, et de deux *Helix* d'Europe (*H. cellaria* et *pulchella*) probablement importés dans les environs du Cap. En 1865 le nombre des espèces connues s'élevait à environ 90. Il y a aussi 5 Limaces, 9 Pulmonés d'eau douce, 7 Pulmonés marins, 5 Bivalves d'eau douce, et 5 Univalves. Les espèces trouvées au Cap, à la baie d'Algoa, à Natal, etc., sont pour la plupart différentes. Les *Potamides decollatus, Clionella sinuata,* et une *Assiminea* habitent les eaux saumâtres.

Limax.	4				
Arion.	1	Limnæa.	1	Paludina.	5
		Physa.	4	Neritina.	1
Vitrina.	4	Physopsis.	1		
Helix.	35	Ancylus.	1	Corbicula.	1
Succinea.	4	Planorbis.	5	Cyclas.	1
Bulimus.	13			Pisidium.	1
Pupa.	6	Vaginulus.	1	Unio.	1
Achatina.	7	Oncidium.	1	Iridina.	1
Cyclostoma.	6	Auricula.	6		

5. Yémen. — Madagascar.

Les montagnes du S.-O. de l'Arabie (Yémen) forment une province botanique distincte isolée au nord par des déserts arides. Les coquilles terrestres sont quelques espèces d'*Helix* et de *Bulimus*, le *Cyclostoma lithidion* et 5 espèces de la section *Otopoma*, groupe qui se trouve aussi à Madagascar. 2 espèces sont communes avec l'île de *Socotra* (n° 30), qui a aussi une espèce (du genre *Pupa*) commune avec Madagascar. Les *Bulimus Guillaini, Cyclostoma gratum, modestum,* et *Souleyeti* se trouvent dans l'île d'Abd-el-Kouri.

L'on a récolté très-peu de coquilles terrestres sur la côte orientale du continent africain, quoique ce soit une région humide et bien boisée dans sa partie méridionale; on indique seulement 5 espèces de Magadoxa et de Ibou; elles appartiennent aux genres *Helix, Bulimulus, Achatina, Pupa* et *Otopoma.* Dans l'île de Zanzibar, l'on trouve les *Achatina Rodatzi* et *allisa, Cyclostoma Creplini* et *Zanguebarica*; le *Pupa cerea* est commun à Madagascar et à Zanzibar.

Madagascar est riche en coquilles terrestres; le docteur Pfeiffer énumère : 28 *Helix,* 6 *Bulimus,* 14 *Succinea,* 1 *Pupa,* 4 *Achatina* (dont, une, l'*A. eximia,* est voisine de l'*A. columna* de l'Afrique occidentale) et 32 *Cyclostomidæ,* principalement de la section caractérisée par des carènes spirales (*Tropidophora*); 3 espèces appartiennent à la division *Otopoma.* Les *Cyclostoma cariniferum* et *Cuvieri* se trouvent dans l'île de Nossi-Bé; l'*Helix Guillaini* dans l'île Saint-Marie. Parmi les coquilles d'eau douce on indique les *Melania amarula, Melanatria fluminea* et *Neritina corona.*

Les coquilles terrestres des iles *Mascareignes* sont presque toutes spéciales; nous devons à M. W. H. Benson la plupart des renseignements qui les concernent.

ÎLES COMORES.

Les *Helix russeola* et *Achatina simpularia* se trouvent à Mayotte; le *Cyclostoma pyrostoma* à Mayotte et à Madagascar.

SÉCHELLES (N° 31 DE LA CARTE).

Parmacella Dussumieri.	Bulimus ornatus.
Helix unidentata	— fulvicans.
— Studeri.	Cyclostoma insulare.
— Souleyeti.	— pulchrum.
— Tranquebarica.	Cyclotus conoideus.
Streptaxis Souleyeti.	

ÎLE MAURICE (N° 32).

Parmacella perlucida.	Helix Mauritianella.	Helix suffulta.
— Rangii.	— Rawsoni.	— albidens.
— Mauritii.	— semicerina.	— Barclayi.
Helix philyrina.	— mucronata.	— odontina.
— inversicolor.	— nitella.	Vitrina angularis.
— stylodon.	— rufa.	Tornatellina Cernica
— Mauritiana.	— similaris.	Gibbus Antoni.

Gibbus Lyonneti.
Succinea sp.
Bulimus clavulinus.
— Mauritianus.
Pupa pagoda.
— fusus.
— sulcata.
— clavulata.
— modiolus.

Pupa funicula.
— versipolis.
Pupa Largillierti.
Cyclostoma Barclayi.
— Michaudi.
— carinatum.
— undulatum.
— insulare?
Cyclotus conoideus?

Otopoma Listeri.
— hæmastoma.
Realia rubens.
— aurantiaca.
— multilirata.
— expansilabris.
— globosa.
Megalomastoma croceum.

L'on croit que deux grandes espèces d'*Achatina* (*A. fulica* et *panthera*), qui abondent dans les plantations de café, ont été introduites. La chute annuelle de pluie à l'île Maurice est de $0^m,895$.

ÎLE DE LA RÉUNION (N° 33).

Helix cælatura.
— delecta.
— delibata.

Helix tortula.
— Brandiana.
Pupa Largillierti. — Maurice.

ÎLE RODRIGUEZ.

Cyclostoma articulatum, Madagascar?   Streptaxis pyriformis.

N° 54. *Terre de Kerguélen.* Lorsque cette île fut visitée par l'Expédition antarctique, l'on y récolta l'*Helix Hookeri.*

6. Région indienne.

En s'avançant à l'est dans l'Asie, l'on voit diminuer rapidement ou disparaître complétement les espèces d'*Achatina, Pupa, Clausilia, Physa, Limax* et *Cyclostoma.* Les Hélices de la section *Nanina* deviennent abondantes et sont représentées par 150 espèces, et les *Bulimulus* et *Cyclophorus* atteignent leur maximum. Les *Leptopoma* et *Pupina* sont des genres spéciaux aux îles asiatiques.

Notre catalogue des coquilles de l'Inde doit être bien imparfait, car il renferme seulement environ 180 *Helicidæ* et 50 *Cyclostomidæ.* Un très-petit nombre d'espèces indiennes sont communes avec la Chine et les îles asiatiques, ou même avec Ceylan. Les coquilles de l'Inde septentrionale ressemblent à celles de la région lusitanienne; dans le Sud elles se rapprochent davantage des grandes espèces vivement colorées des îles asiatiques. Dans l'Himalaya les coquilles terrestres sont nombreuses et montent aussi haut que la région des genévriers et des rhododendrons, c'est-à-dire entre 1200 et 3000 mètres d'altitude.

Helix	83	Pupa	7	Cyclophorus	26
Nanina	46	Clausilia	7	Leptopoma	1
Ariophanta	8	Vitrina	9	Pterocyclus	10
Streptaxis	5	Succinea	7	Cyclotus	5
Bulimus	45	Parmacella	2	Megalomastoma	4
Achatina	16	Cyclostoma	3	Diplommatina	5

Les *Parmacella* et *Vaginulus* se trouvent dans l'Inde, ainsi que l'espèce typique du genre *Oncidium*. Les formes ordinaires de *Limnæa* et de *Planorbis* sont abondantes, et il y une espèce d'*Ancylus*. Les *Physa* se rencontrent seulement à l'état fossile, ou sont représentées par le singulier genre *Camptoceras* de Benson. Les *Hypostoma Boysii*, *Auricula Judæ* et *Polydonta scarabæus* sont aussi des formes indiennes.

Les mollusques d'eau douce à respiration branchiale sont très-nombreux dans l'Inde, surtout les *Melania* et *Melanatria*, ainsi que des espèces de *Pirena*, *Paludomus*, *Hemimitra* (retusa), *Ampullaria*, *Paludina*, *Bithynia*, *Nematura* (*Deltæ*), *Assiminea* (*fasciata*), *Neritina* (en particulier les *N. crepidularia* et *Smithii*), et *Navicella* (*tessellata*).

Les espèces de *Cerithidium*, *Terebralia*, et *Pyrazus*, qui habitent les eaux saumâtres, sont pour la plupart communes à l'Inde et à l'Australie septentrionale.

Les bivalves d'eau douce sont représentés par quelques formes ordinaires d'*Unio*, 3 espèces de *Cyrena*, une *Corbicula* (dont on a fait 6 espèces), les *Cyclas Indica*, *Arca scaphula*, *Glaucomya cerea*, et *Novaculina Gangetica*.

Ceylan. Les coquilles terrestres de Ceylan ont été étudiées par M. Benson; elles ressemblent surtout à celles des Nilgherries, mais diffèrent presque toutes spécifiquement, et même quelques-uns des genres sont spéciaux. Cette île semble mériter de former une province. Les *Helix Skinneri* et *Waltoni* sont des exemples de la forme la plus caractéristique des Helix; le type vitriniforme (*Nanina*) est aussi commun. L'*H. hæmastoma*, qui est une des espèces les plus marquantes, et que l'on trouve sur les arbres à Pointe-de-Galles, est commun avec les Iles Nicobar. Les Achatines appartiennent à une section distincte (*Leptinaria*, Beck) représentée aussi sur le continent. Quelques-uns des *Bulimus* se rapprochent des formes des Philippines.

Helix	46	Succinea	1	Pterocyclus	5
Nanina	9	Pupa	5	Aulopoma	4
Vitrina	5	Achatina	8	Leptopoma	5
Streptaxis	2	Cyclophorus	12	Cataulus	10
Bulimus	15				

Les coquilles d'eau douce appartiennent aux genres *Limnæa*, *Physa*, 2 espèces (qui manquent au continent), *Planorbis*, *Melania*, *Tanalia* 10 (spéciales), *Paludomus*, *Bithynia*, *Ampullaria*, *Neritina*, *Navicella*, *Unio* et *Cyrena*.

Aux *îles Nicobar* on trouve les *Cataulus tortuosus*, *Helicina Nicobarica* et *Pupina Nicobarica*. L'*Helix castanea* est de Sumatra. (Beck.)

7. Chine et Japon.

Le peu de gastéropodes terrestres que l'on connaît de la Chine, appartiennent à des types indiens et lusitaniens; ce sont : 20 *Helix*, 10 *Nanina*, 1 *Streptaxis* (de Cochinchine), 5 *Bulimus*, 2 *Achatina*, 1 *Pupa*, 11 *Clausilia*, 1 *Succinea*, 6 *Helicarion*, 1 *Cyclophorus*, 1 *Cyclotus*, 1 *Otopoma*. Le docteur Cantor a découvert dans l'île de Chusan les genres *Lampania* et *Incilaria*. Les bivalves les plus caractéristiques sont les *Glaucomya sinensis* et *Symphynota plicata*; 3 espèces (ou variétés) de *Cyrena* et 9 *Corbicula* ont été décrites par M. Deshayes, et un *Planorbis* par M. Dunker.

L'on n'a encore reçu des îles du Japon et des Loo-choo que 9 espèces d'*Helix*, 2 de *Nanina*, 2 de *Clausilia*, et 2 d'*Helicarion*.

8. Iles Philippines.

La richesse extraordinaire de ces îles a été surtout démontrée par les recherches de Cuming. Les *Helicidæ* (plus de 500 espèces) ne sont inférieures en nombre qu'à celles de la région lusitanienne et des Antilles, et l'emportent de beaucoup sur elles par la taille et la beauté de la coloration. Les *Cyclostomidæ* (55) ne sont guère moins nombreux que ceux de l'Inde. Presque toutes les espèces sont restreintes à des îles particulières, et il est probable, à cause de la répétition des formes, que beaucoup d'entre elles ne sont que des variétés géographiques. Le climat est égal, avec une température semblable à celle de la Chine méridionale (19° à 29°); les forêts dominent, et les pluies sont abondantes, circonstances qui sont toutes favorables à l'abondance des individus chez les Gastéropodes terrestres.

Helix.	160	Clausilia.	1	Cyclotus.	6
Nanina.	40	Vitrina.	18	Megalomastoma.	1
Helicarion.	5	Cyclophorus.	15	Pupina,	9
Bulimus.	105	Leptopoma.	16	Helicina.	7

Les Hélices appartiennent en grande partie à la section *Callicochlias* (Ag.) et *Helicostyla* (*mirabilis*) Fér. Quelques espèces à tours fortement carénés ont été nommés *Geotrochi* (*Iberus*, Albers). Les Bulimes sont surtout de la section *Orthostylus* (Beck); ils sont grands et vivement colorés, avec un épiderme *hydrophane*, les bandes devenant translucides quand elles sont mouillées; d'autres, tels que le *B. perversus*, représentent les formes brésiliennes typiques. C'est à ces îles qu'appartiennent la plupart des *Cyclophorus* (*Leptopoma*) à formes d'Hélicines.

Les coquilles d'eau douce sont nombreuses; M. Cuming en a réuni plus de 100, comprenant un grand nombre d'espèces de *Melania* (54?), les *Navicella lineata* et *suborbicularis*, 5 espèces de *Glaucomya*, l'*Unio verecundus*, une *Corbicula*, et 11 espèces (?) de *Cyrena*.

Célèbes et les Moluques. L'on connaît jusqu'à présent de ces îles 16 espèces d'*Helix*, 19 *Nanina*, 3 *Bulimus*, 2 *Vitrina* (*viridis* et *flammulata,* Quoy), 1 *Cyclophorus*. Dans les mares d'eau douce et les ruisseaux M. A. Adams a trouvé des espèces de *Melania*, *Assiminea*, *Ampullaria* et *Navicella*, l'*Auricula subulata* et le *Conovulus leucodon*. La *Neritina sulcata* a été trouvée sur le feuillage des arbres, à plusieurs centaines de mètres de l'eau.

9. Java.

Le groupe de Java, comprenant Flores et Timor, a été exploré d'une manière partielle depuis Batavia, le quartier général des établissements hollandais. Les coquilles terrestres et fluviatiles sont presque toutes spéciales; quelques-unes seulement sont communes avec les Philippines et l'Australie septentrionale; elles ont été décrites et figurées par M. Albert Mousson (Zurich, 1849, in-8°, avec 22 planches).

Helix	15	Platycloster?	5	Navicella	2
Nanina	8	Meghimatium	2		
Ariophanta	1	—		Unio	⎫
Bulimus	10	Limnæa	1	Symphynota	⎬ 4
Clausilia	6	Auricula	2	Alasmodon	2
Cyclophorus	4	—		Anodon	1
Cyclotus	2	Melania	5	Cyrena	7
Leptopoma	1	Ampullaria	1	Corbicula	4
Parmacella	3	Neritina	2		

10. Bornéo.

Les coquilles terrestres de cette grande île sont presque inconnues, et la seule raison qu'il y ait pour la mentionner à part, c'est que l'on ne sait pas si elle doit être considérée comme une partie de la région Japonaise, ou associée aux Moluques et aux Philippines.

Helix	12	Paxillus	1	Leptopoma	5
Nanina	8	Succinea	2	Cyclotus	1
Bulimus	1	Cyclophorus	2	Pterocyclus	2

Les bivalves d'eau douce sont les *Glaucomya rostralis*, *Corbicula tumida*, et *Cyrena triangularis*. La *Pholas rivicola* a été trouvée perforant des troncs d'arbres flottants servant de débarcadère, à 12 milles (19 kilomètres) de la mer, dans la rivière Pantai. Les *Cerithidium* *Terebralia telescopium*, *Potamides palustris* et *Quoyia* abondent dans les marais à mangliers; les *Auricula Midæ* et *Polydonta scarabæus* habitent les bois humides.

11. Nouvelle-Guinée et Nouvelle-Zélande.

Les coquilles terrestres de la Nouvelle-Guinée diffèrent presque toutes de celles des Philippines et des Moluques, et renferment quelques espèces qui se relient aux types polynésiens. Les îles de la Louisiade, au sud-est de la Nouvelle-Guinée, et la Nouvelle-Irlande au nord font partie de cette province.

Helix	50	Partula	5	Leptopoma	1
Nanina	7	Pupina	5	Cyclotus	1
Bulimus	2	Otopoma	1	Helicina	2

Les Cyrènes sont nombreuses dans cette région. Le *Cyclostoma australe* est commun aux îles australiennes et à la Nouvelle-Irlande; le *C. Massenæ* à l'Australie et à la Nouvelle-Guinée, et le *C. vitreum* à la Nouvelle-Irlande, à la Nouvelle-Guinée, aux Philippines et à l'Inde.

12. Région australienne.

La faune et la flore de l'Australie tropicale diffèrent de celles de la Nouvelle-Galles du Sud et de la Tasmanie, la principale barrière entre elles étant le caractère désert de l'intérieur; mais les localités des coquilles terrestres n'ont pas été indiquées avec une exactitude suffisante pour montrer si les mollusques diffèrent aussi. La liste la plus complète que l'on possède a été donnée par E. Forbes dans l'appendice au récit du voyage du « Rattlesnake » par Mac Gillivray (1846-1850). Ce naturaliste énumère 48 Hélices (parmi lesquels la plus remarquable est l'*H. pomum*), 10 Bulimes, une Achatine, 6 Vitrines (*Helicarion*) appartenant au continent, et une aux îles Lizard, et un *Balea* (*australis*) dextre. Les *Pupa* et les *Helicina* (*Gouldiana*) se trouvent seulement sur les îlots de la côte nord-est, et les *Pupina* (*bilinguis*) au cap York et dans les îles voisines, partie de cette province qui est très-boisée et se trouve dans la *région pluvieuse* des îles asiatiques. Le *Cyclostoma bilabre* du catalogue de Menke provient probablement des Antilles. Les coquilles d'eau douce de l'Australie sont les *Planorbis Gilberti, Iridinæ?* (R. Victoria), *Unio auratus, cucumoides, superbus* (*Hyridella*), *australis*, *Corbicula* 4 espèces, *Cyrena* 3, *Cyclas egregia* (R. Hunter), *Pisidium semen* et *australe*, ce dernier commun avec Timor.

Plus récemment, Cox a décrit 178 espèces appartenant principalement à l'Australie orientale. Il indique 135 *Helix*, 17 *Vitrina*, 12 *Succinea*, 17 *Bulimus*, 6 *Pupa*, 1 *Balea*, et d'autres espèces appartenant aux genres *Triboniophorus, Limax* et *Planorbis*.

13. Australie méridionale et Tasmanie.

Les parties de l'Australie situées au sud du Tropique ont fourni les mollusques suivants :

Helix 9, *Helicarion* 2, *Bulimus* 2, *Succinea* 1 (commune à Swan River et à la Tasmanie), le *Limax olivaceus*, et un *Ancylus*. Deux des plus grandes Helices connues, *H. Cunninghami* et *Falconeri* se trouvent dans la Nouvelle-Galles du Sud. Les côtes de cette région ont une végétation arborescente clair-semée, mais une grande partie est rendue déserte par le manque de pluie; dans la Nouvelle-Galles du Sud les sécheresses reparaissent à des intervalles d'une douzaine d'années, et durent quelquefois trois ans, temps pendant lequel il ne tombe presque pas de pluie.

14. Nouvelle-Zélande.

Le climat humide et égal de ces iles (qui ont une température de 16° à 17°,5) est favorable à l'existence de nombreux Gastéropodes terrestres. L'on y a déjà constaté la présence de près de 100 espèces de mollusques terrestres et fluviatiles qui sont tous spéciaux ; le genre *Helix* compte 60 espèces, dont quelques-unes, parmi lesquelles se trouvent le grand *H. Busbyi*, ressemblent pour la forme aux *Helicellæ* d'Europe ; on connait 5 *Bulimus*, 1 *Balea* (*peregrina*), 2 *Vitrina* de forme particulière, 1 *Tornatellina*, les *Cyclophorus cytora* et *Omphalotropis Egea*. Il y a 2 Limaciens (*Limax antipodarum* et *Janella bitentaculata*), 2 Pulmonés d'eau douce, les *Physa variabilis* et *Latia neritoides ;* plusieurs Mollusques marins à respiration aérienne ; 2 *Oncidium* (*Peronia*), 3 *Siphonaria*, 1 *Amphibola* (*avellana*). Les autres coquilles d'eau douce sont les *Melanopsis trifasciata* (type lusitanien), *Assiminea antipodarum* et *Zelandiæ*, *Amnicola? corolla*, *Cyclas Zelandiæ*, et *Unio Menziesii* et *Aucklandicus*.

La *Vitrina zebra* se trouve aux iles Auckland.

15. Région polynésienne.

Les iles du Pacifique sont en partie les sommets volcaniques de chaines de montagnes submergées, ordinairement frangés ou entourés de récifs de coraux, et en partie des *atolls* ou iles en lagunes, s'élevant à peine au-dessus de la mer et n'offrant aucune trace des roches sur lesquelles elles reposent. Les iles madréporiques basses forment une longue série d'archipels, commençant à l'ouest avec les groupes des iles Pelew, Carolines, Radack, Gilbert et Ellice, puis, s'étendant sur un plus grand espace et se terminant à l'est dans l'archipel des iles Basses. Elles ont été principalement, et peut-être même entièrement colonisées par des animaux provenant d'autres îles.

Les groupes volcaniques sont les îles des Larrons, les Sandwich et les Marquises, au nord de la zone basse madréporique ; au sud de celle-ci se trouvent les Salomon, les Nouvelles-Hébrides, la Nouvelle-Calédonie et les Fidji, les îles des Amis, les îles des Navigateurs et de Cook, les îles de la Société et les îles Australes ; cette chaine se termine avec les îles Pitcairn et Élisabeth. Un grand nombre de ces îles sont très-hautes. Leur faune malacologique est tout à fait particulière, mais elle a surtout de l'affinité avec celles de la Nouvelle-Zélande et des îles asiatiques, et une grande analogie avec celles de Sainte-Hélène, du Brésil et des Antilles.

ÎLES SALOMON. — NOUVELLES-HÉBRIDES. — NOUVELLE-CALÉDONIE. — FIDJI.

Les coquilles terrestres les plus remarquables de ces îles sont les grands Bulimes auriculiformes (par exemple les *B. auris-bovina* et *B. miltocheilus*, des îles Salomon). On trouve à Vanikoro, l'*Acicula striata* et 2 espèces de *Cyrena* ; aux Fidji l'on a trouvé les *Physa sinuata*, *Peronia*, *acinosa* et *corpulenta*, et plusieurs *Neritina* et *Melania* couronnées [1].

Helix	18	Bulimus	10	Cyclophorus	2
Nanina	2	Partula	6	Omphalotropis	1
Vitrina	6	Acicula	1	Helicina	6

ÎLES DES AMIS. — ÎLES DES NAVIGATEURS. — ÎLES DE LA SOCIÉTÉ.

Les principales îles élevées et rocheuses du Pacifique méridional d'où l'on a reçu des coquilles terrestres, sont Tonga, les Samoa, Upolu et Manua, Tahiti, Oheteroa et Opara, l'île Pitcairn et l'île Élisabeth. Chacune d'elles semble avoir quelques espèces spéciales, et quelques-unes communes avec d'autres îles ; l'ilot madréporique Aurora (*Metia*), situé au nord-est de Tahiti, et élevé seulement de 76 mètres, a quatre Gastéropodes terrestres qui n'ont été trouvés nulle part ailleurs ; ce sont les *Helix pertenuis*, *dædalea*, *Partula pusilla*, *Helicina trochlea*. « Les îles Samoa et les îles des Amis doivent avoir des rapports géologiques étroits ; l'on rencontre dans ces deux groupes les mêmes formes et beaucoup des mêmes espèces de coquilles terrestres ; on n'a recueilli ni sur l'un ni sur l'autre, aucune coquille des Fijdi. » (Gould.)

Helix	13	Tornatellina	6	Cyclophorus	5
Nanina	18	Pupa	5	Omphalotropis	6
Bulimus	1	Succinea	12	Helicina	15
Partula	15	Electrina	1		

[1] Les îles Fidji (*Viti*) ont plus de rapports que les îles des Amis avec les îles à l'ouest, telles que les Nouvelles-Hébrides. Les *Succinea* et les *Partula*, si abondantes dans ces dernières, ne se retrouvent pas aux Fidji. (Gould, U. S. Exploring Expedition.)

Les coquilles d'eau douce sont des *Physa*, *Melania*, *Assiminea* (*Taheitana*), *Neritina* et *Navicella*; les espèces de ces deux derniers genres ont souvent des mœurs littorales et mèmes marines.

ÎLES MADRÉPORIQUES BASSES.

Les atolls, ou iles à lagunes, sont moins riches en espèces ; on trouve à Oualan dans l'archipel des Carolines, 2 *Helix* et 2 *Partula*, et dans l'ile Chain (*Annaa*), centre du commerce dans les parties orientales de l'archipel, l'on a obtenu 2 espèces d'*Helix*, 1 *Nanina*, 1 *Partula*, 1 *Tornatellina*, 1 *Cyclophorus*, et le *Melampus mucronatus*.

ÎLES SANDWICH.

Les coquilles terrestres de ces iles sont au nombre de plus de 200, et sont toutes, ou presque toutes spéciales ; il y a un *Limax*; dans les eaux douces, on trouve les *Limnæa volutatrix*, *Physa reticulata* (Gould), *Neritopsis*, *Neritina Nuttalli* et *undata*, et *Unio contradens* (Lea).

Dans l'ile Kaui l'on a trouvé deux espèces d'*Achatina*; les *Achatinella* sont allongées (*Leptachatina*, G.) et les *Helix* sont planorbiformes et à tours nombreux. A Molokai, les *Achatinella* sont grandes et colorées. A Maui et Oahu, les *Helix* sont petits et glabres, ou hispides, ornés de côtes et dentés. A Hawaii, les *Succinea* dominent et les Achatinelles sont rare)Gould). Le grand nombre des Achatinelles provient en partie de ce que ce groupe a été étudié d'une manière spéciale par M. Cooper des États-Unis.

Helix..	20	Achatina.	5	Pupa.	2
Nanina.	5	Achatinella.	204	Vitrina.	2
Bulimus.	5	Tornatellina..	3	Succinea.	10
Partula.	4	Balea.	1	Helicina.	6

L'ile Guam, du groupe des Larrons, a 5 espèces de *Partula*, 2 *Achatinella* et 1 *Omphalotropis*. Aux Marquises l'on a trouvé 5 *Nanina*, 1 *Partula* et 1 *Helicina*.

16. Région canadienne.

La contrée dont les eaux se versent dans les grands lacs et le fleuve Saint-Laurent ne possède qu'un petit nombre de coquilles spéciales, et celles qui le sont appartiennent pour la plupart aux genres d'eau douce. Elle est surtout remarquable par la présence de quelques espèces européennes qui corroborent les preuves que nous avons données plus haut (p. 62) d'une terre traversant l'Atlantique septentrionale et ayant persisté encore après l'époque où ont apparu les plantes et les animaux actuels [1].

> Helix hortensis (importé), côtes de la Nouv.-Angleterre et bords du St-Laurent.
> — pulchella (seulement la var. lisse), Boston, Ohio, Missouri.
> Helicella cellaria (glaphyra, Say?) États du N.-E. et du centre.
> — pura, nitida et fulva?
> Zua lubrica, Territoires du nord-ouest.
> Succinea amphibia (= campestris, Say?).
> Limax agrestis (= tunicatus, G.), Mass.
> — flavus, New-York, introduit.
> Vitrina pellucida (= Americana?)
> Arion hortensis, New-York (Dekay).
> Limnæa palustris (= elodes, Say?)
> — truncatula (= desidiosa?).
> Aplexa hypnorum (= elongata, Say?)
> Auricula denticulata, Mont., port de New-York.
> Alasmodon margaritiferus (= arcuatus, Barnes).
> Anodon cygneus (= fluviatilis, Lea?)

Les coquilles propres au Canada, ou provenant des États voisins, ne comprennent que 6 *Helix*, 2 *Succinea* et 1 *Pupa*; l'on a eu 8 espèces de *Cyclas* du lac Supérieur.

Les espèces suivantes se rencontrent dans la Nouvelle-Angleterre :

Helix.	13	Physa.	2	Unio.	5
Succinea.	2	Planorbis.	11	Alasmodon.	2
Pupa.	7	Paludina.	1	Anodon.	2
Limnæa.	7	Valvata.	2	Cyclas.	6
Ancylus.	2	Auricula.	1	Pisidium.	1

Le *Carychium exiguum*, Say, se trouve à Vermont, et les *Limnæa* (Acella) *gracilis*, au lac Champlain; la *Valvata tricarinata* et la *Paludina decisa* sont des formes caractéristiques.

Les genres *Clausilia* et *Cyclostoma* manquent complétement au Canada et dans les États du Nord. Les *Limacidæ* sont représentés par le genre *Philomycus*, dont il y a 9 prétendues espèces, s'étendant du Massachusetts au Kentucky et à la Caroline du Sud.

17. États de l'Atlantique.

Le parallèle du 36° lat. N. forme, aux États-Unis, la ligne de séparation de deux régions botaniques; mais les éléments fournis par

---

[1] Ainsi, par exemple, la bruyère commune (*Calluna vulgaris*), une des plantes *sociales* les plus abondantes d'Europe, caractéristique des landes, et s'élevant rarement dans les montagnes d'Écosse au-dessus de 900 mètres. (Watson.) Selon Pallas, elle est abondante sur les flancs occidentaux des monts Oural, mais disparaît sur leur revers oriental et ne se trouve pas en Sibérie. Elle semble s'être répandue pendant la période pliocène au Nord et à l'Ouest, en Islande, au Groënland et à Terre-Neuve, où elle croît encore; *c'est la seule bruyère indigène au nouveau monde.* (Humboldt.)

les coquilles d'eau douce, dans lesquelles elles sont particulièrement riches, semblent conseiller une division en deux provinces hydrographiques, l'une comprenant la région des cours d'eau qui vont à l'Atlantique, et l'autre le bassin du Mississipi. On pense qu'il se trouve environ 50 *Pulmonés* d'eau douce, 150 *Pectinibranches* et 250 *bivalves* dans les États-Unis, et l'on suppose qu'il n'y a qu'un petit nombre d'espèces qui soient communes aux deux côtés des Alleghanies. Les *Cyclas mirabilis, Pisidium Virginicum, Cyrena Carolinensis, Unio complanatus,* et *U. radiatus,* sont des espèces caractéristiques des rivières orientales ; la *Melania depygis* serait la seule espèce de ce grand genre qui se trouvât à l'est de l'Hudson.

Parmi les Gastéropodes terrestres, on compte dans les États de l'Atlantique, 29 espèces d'*Helix*, 6 *Succinea* et 15 *Pupa*. En Floride, le voisinage de la faune des Antilles est fortement indiqué par la présence de la grande *Glandina truncata,* par des espèces de *Cylindrella* et une *Helicina*. On dit aussi qu'une espèce de *Chondropoma* de Cuba (*C. dentatum*) se rencontre en Floride, et l'*Ampullaria depressa* en Floride et en Géorgie.

Les Pulmonés de l'Amérique du Nord ont été l'objet d'une étude attentive de la part de MM. Binney[1], Bland[2], et d'autres naturalistes. M. Binney donne le résumé suivant des Pulmonés de l'Amérique du Nord. L'aire dans laquelle ils sont distribués est presque de la même étendue que nos régions n° 16 et 17.

Arion.	2	Bulimus.	21	Melampus.	11
Limax.	5	Achatina.	5	Carychium.	1
Philomycus.	2	Pupa.	12	Limnæa.	51
Vitrina.	2	Vertigo.	4	Physa.	19
Succinea.	18	Cylindrella.	4	Planorbis.	21
Glandina.	6	Veronicella.	1	Ancylus.	10
Helix.	151				

On trouve aussi dans les eaux douces de ce district 380 *Melaniadæ*, 58 *Paludinidæ*, 44 *Cycladidæ*, 552 *Unionidæ*.

18. Région américaine.

La masse des coquilles terrestres et fluviatiles américaines se trouvent dans les États du centre et dans ceux du Sud, comprenant la contrée arrosée par le Mississipi et ses tributaires. Les *Helicidæ* ne sont pas plus remarquables pour leur taille et leur couleur que celles du nord de l'Europe ; les formes les plus caractéristiques appartiennent au sous-genre *Polygyra* (ou *Tridopsis*, Raf.), comme c'est le cas, par exemple,

[1] Dans plusieurs mémoires, in *Proc. Acad. Nat. Sc. Philad.*, 1857, et années suivantes.

[2] *Remarks on the Classification of N. Amer. Helices. Annals of Lyceum of Nat. Hist.*, New-York, 1865.

pour les *Helix tridentata, hirsuta, albolabris,* et *septemvolvis*. Les formes vraiment nord-américaines appartiennent toutes aux trois genres *Helix* (43 esp.), *Succinea* (8), et *Pupa* (3). Dans les États du Sud on trouve aussi 5 espèces de *Bulimus,* 3 *Cylindrella,* 2 *Glandina* et 5 *Helicina,* genre dont la métropole est dans les Antilles ou dans l'Amérique tropicale.

Les Univalves d'eau douce renferment plus de 100 espèces de *Melaniadæ,* appartenant aux genres *Ceriphasia, Melafusus, Anculotus, Melatoma* et *Amnicola,* 15 *Paludina,* dont quelques-unes sont carénées, et dont une espèce est muriquée (*P. magnifica*), et des espèces des genres *Valvata, Limnæa, Physa* (15), *Planorbis* et *Ancylus* (5).

Les Bivalves d'eau douce sont aussi extrêmement nombreux; les *Unionidæ* sont sans rivales pour leur solidité, les teintes vives de leur intérieur, et la variété de leurs formes extérieures [1]. Les *Gnathodon cuneatus, Cyrena floridana,* 16 espèces de *Cyclas,* et le *Pisidium altile* appartiennent à cette région.

19. Orégon et Californie.

La Faune de la région s'étendant au delà des Montagnes-Rocheuses est considérée comme presque entièrement distincte de celle des États-Unis [2]. Les *Arion (foliatus)* et *Limax (Columbianus),* genres qui manquent à l'Amérique orientale, se trouvent près de Puget Sound. (Gould. Nous n'avons pas de renseignements sur les mollusques terrestres et fluviatiles de l'Amérique russe; mais, par analogie, nous pouvons nous attendre à en trouver quelques-uns communs avec ceux qui ont déjà été mentionnés comme se rencontrant en Sibérie.

Les coquilles de l'Orégon et de la Californie sont connues surtout par les recherches de Nuttall, Couthouy et Binney.

Helix	34	Physa	9	Cyrena	2
Bulimus	10	Ancylus	4	Cyclas	1
Achatina	1	Planorbis	12	Unio	1
Succinea	4	Melania	2	Alasmodon	1
Limnæa	12	Potamides	2	Anodon	3

La *Limnæa fragilis,* espèce canadienne, s'étend à l'Ouest, parait-il, jusqu'au Pacifique; la *L. jugularis* serait commune au Michigan, aux territoires du nord-ouest, et à l'Orégon (de Kay). Les *Limnæa umbrosa,* Say? et *Planorbis corpulentus,* Say? se trouvent dans la rivière Columbia.

[1] La collection de M. Jay contient plus de 200 espèces d'*Unionidæ* de l'Amérique du Nord et un très-grand nombre de variétés.

[2] Les affinités qui existent entre les Mammifères de l'ancien monde et ceux du nouveau sont surtout marquées dans l'Asie orientale et le nord-ouest de l'Amérique; elles diminuent graduellement à mesure que l'on s'éloigne de ces régions. (Waterhouse, in *Johnston's Physical Atlas.*)

20. Région mexicaine.

Les terres basses de la moitié septentrionale de l'Amérique tropicale ne constituent qu'une seule région botanique s'étendant du Rio Grande del Norte à l'Amazone ; mais, au point de vue zoologique, elles peuvent être divisées en deux aires plus petites. La province mexicaine, comprenant l'Amérique centrale, renferme elle-même trois régions physiques : les districts comparativement secs et dépourvus d'arbres de l'Ouest ; les montagnes ou hauts plateaux, avec leur flore spéciale ; et enfin la région boisée et arrosée de pluies abondantes, qui borde la mer Caraïbe. Les Gastéropodes terrestres de l'Amérique centrale ressemblent à ceux des Antilles par la prédominance de quelques genres caractéristiques, tels que les *Glandina, Cylindrella* et *Helicina*, dont l'on trouve fort peu d'espèces sur la côte septentrionale du golfe du Mexique. Les *Bulimus* sont nombreux, mais en grande partie minces et translucides.

Helix	33	Glandina	25	Cistula	7
Proserpina	1	Tornatellina	1	Cyclophorus	3
Bulimus	50	Pupa	1	Chondropoma	3
Succinea	6	Cylindrella	20	Megaloma	2
Achatina (Spiraxis)	35	Cyclotus	1	Helicina	22

Parmi les coquilles d'eau douce on trouve les *Neritina picta, Cyclas maculata, Corbicula convexa*, et 7 espèces de *Cyrena*. M. Carpenter a décrit de Mazatlan les *Cyrena olivacea* et *Mexicana, Gnathodon trigonus. Anodon ciconia* (voisine de l'*A. anserina* du Brésil), *Physa aurantia* et *elata, Planorbis* sp., *Melampus olivaceus*. Deux espèces des eaux saumâtres (*Cerithidium varicosum*, et *C. Montagnei*), sont communes avec l'Amérique du Sud.

21. Antilles.

Les Antilles ont fourni près de 500 espèces d'*Helicidæ*, nombre plus considérable que celui d'aucune autre province, sauf la lusitanienne, et plus de 260 *Cyclostomidæ*, c'est-à-dire presque trois fois autant que l'Inde. Elles sont aussi d'une richesse exceptionnelle en formes génériques, et leur climat est extrêmement favorable à la multiplication des individus. La température moyenne des Antilles est de 15° à 25°,5, et la chute annuelle de pluie dépasse 2^m,50 dans la plupart des îles.

Helix	200	Pupa	26	Cyclophorus	1
Stenopus	2	Cylindrella	73	Cyclotus	14
Sagda	20	Clausilia	1	Megaloma	8
Proserpina	5	Balea	1	Helicina	47
Bulimus	53	Succinea	16	Alcadia	17
Achatina	27	Chondropoma,	15	Trochatella	16
Glandina	46	Choanopoma	53	Lucidella	6
Spiraxis	9	Adamsiella	10	Stoastoma	20
Tornatellina	1	Cistula	36	Geomelania	21

Il est probable que chaque île a quelques espèces spéciales, et celles des grandes îles, telles que Cuba et la Jamaïque sont presque toutes distinctes. La Jamaïque possède des espèces de *Stoastoma*, *Sagda* et *Geomelania*, le petit sous-genre *Lucidella*, les *Alcadia*, et une foule de beaux Cyclostomes à spire décollée et à bord frangé (*Choanopoma*, *Adamsiella*, *Jamaicia*, *Chondropoma*, part., et *Cistula*, part.)[1]. On trouve une *Clausilia* isolée à Porto Rico, une *Balea* à Haïti, et une *Tornatellina* à Cuba ; le genre *Stenopus* est spécial à l'île Saint-Vincent. Les Bermudes ont 4 *Helix*, dont l'une est commun avec le Texas, et une autre avec Cuba. Les Chondropoma se trouvent à Cuba et à Haïti.

Les *Achatina* des Antilles appartiennent aux sous-genres *Glandina*, *Liguus* et *Spiraxis;* les Bulimes ont un bord tranchant et sont, pour la plupart, petits et grêles (*Subulina*, *Orthalicus*). Les *Helix* (*Sagda*) epistylium, *H. carocolla* et *Succinea* (*Amphibulima*) *patula* sont des formes caractéristiques.

Quoique les Antilles soient reliées avec la Floride par la chaîne des Bahama, et avec la Trinité par les petites Antilles, elles ont un très-petit nombre d'espèces communes avec les parties continentales de l'Amérique du Nord ou de l'Amérique du Sud ; les rapports sont principalement génériques.

Les *Limacidæ* sont représentées par le genre *Vaginulus* (*Sloanei*) ; dans les eaux douces, il y a des espèces des genres *Physa* (5), *Planorbis* (8), *Ancylus*, *Gundlachia*, *Valvata* (*pygmæa*), *Ampullaria* (*fasciata*), *Paludestrina* (de petites espèces), *Hemisinus*, et 2 espèces de *Pisidium*.

Dans les eaux saumâtres on trouve des *Cerithium*, *Neritina* (par ex. *N. meleagris*, *pupa*, *virginea*, *viridis*), *Melampus* (*coniformis*) et *Pedipes* (*quadridens*).

22. Région colombienne[2].

L'étendue de pays ombrée dans la carte embrasse plusieurs régions secondaires : 1° les états humides et boisés de la Nouvelle-Grenade et de l'Équateur ; 2° la province élevée et presque dépourvue de pluies de Venezuela qui a une flore semblable à celles des régions plus hautes des Andes ; 5° la Guyane, comprenant la vallée de l'Amazone, dont les forêts sont luxuriantes, et où la pluie tombe presque chaque jour (la chute d'eau annuelle allant jusqu'à 2^m,50 ou même 5 mètres). La plus grande partie des terres basses appartiennent, comme celles de la Province mexicaine, à ce que les botanistes appellent la « Région des Cactus, »

---

[1] Une magnifique collection de coquilles terrestres de la Jamaïque a été offerte au British Museum par M. E. Chitty, dont les recherches ont été faites en commun avec feu le professeur C. B. Adams.

[2] En 1824, les États de la Nouvelle-Grenade, de Venezuela, et de l'Équateur s'unirent pour former la République Colombienne ; mais ils se séparèrent de nouveau en 1851.

et elles ont une température moyenne de 20 à 29°. Les coquilles terrestres sont abondantes dans les forêts et dans les broussailles de la zone inférieure des montagnes où la température est de 5 à 6° plus basse et où les pluies sont plus fortes. Les formes prédominantes sont les Bulimes et particulièrement les espèces à formes de Succinées (par ex.: *B. succinoides*).

Helix	40	Pupa	7	Cistula	1
Streptaxis	3	Clausilia	4	Bourciera	1
Bulimus	200	Cylindrella	1	Cyclotus	8
Succinea	9	Vitrina	1	Adamsiella	1
Tornatellina	1	Limax	1	Helicina	6
Achatina	10	Choanopoma	2	Trochatella	1
Glandina	5	Cyclophorus	2		

La présence de plusieurs espèces rentrant dans les genres de l'ancien monde *Clausilia* et *Streptaxis*, qui manquent tous deux dans l'Amérique du Nord, devient un fait significatif, lorsqu'on le relie avec les affinités que les animaux supérieurs de l'Amérique présentent avec ceux de l'Afrique. Ces faits indiquent une route de terre au travers de l'Atlantique (à une époque *très-reculée*) plus directe que celle que pouvait fournir le continent que l'on suppose avoir uni les régions boréales à la fin de l'époque miocène[1].

La *Corbicula cuneata* et 3 espèces de *Cyrena* se trouvent dans l'Orénoque et dans de petites rivières, et le remarquable genre *Mulleria*, représentant les *Etheria* africaines, habite le Rio Magdalena. On mentionne une espèce d'*Ancylus* du Venezuela.

ÎLES GALAPAGOS (N° 55).

La Faune et la Flore de ces îles sont spéciales, mais se rattachent à celles des parties tropicales de l'Amérique méridionale. Les seules coquilles terrestres que l'on connaisse sont 17 espèces de *Bulimus*, petites et obscures, dont la plus remarquable est le *B. achatinellinus*. Quelques-unes d'entre elles sont, comme les oiseaux et les reptiles, spéciales à de certaines îles; ainsi 2 le sont à l'île Chatam, 3 à l'île Charly, 2 à l'île Jacob, 1 à l'île Jacques. « L'archipel est un petit monde à part, ou plutôt un satellite attaché à l'Amérique, d'où il a tiré un petit nombre de colons égarés, et d'où il a reçu le caractère général de ses productions indigènes. » (Darwin, *Journal*, p. 377.)

---

[1] Dans la carte physique de l'Atlantique du lieutenant Maury, le contour de cette ancienne terre est indiqué en partie par la ligne de 2,000 fathoms (= 5657 mètres) qui s'étend au delà des Canaries et de Madère et envoie un promontoire aux Açores. Les Clausilies se trouvent dans les couches éocènes, et peut-être même dans le carbonifère. M. Dawson a décrit dernièrement un Pupa des couches carbonifères (coal measures) de la Nouvelle-Écosse, qui est peut-être la même coquille dont il est question ici.

23. Région brésilienne.

La « région des Palmiers et des Mélastomacées, » s'étendant de l'Amazone au tropique du Capricorne, est une des provinces zoologiques les plus riches. Elle renferme la Bolivie, et toute la partie du Pérou qui se trouve à l'est des Andes. La plus grande partie de la région est montagneuse, humide et couverte de forêts épaisses, mais entrecoupée de plaines étendues (*Llanos*) dont quelques-unes sont herbeuses et fertiles, et dont les autres, surtout dans le Sud, sont sèches, rocheuses, privées de pluies. Cette province est arrosée par de nombreuses rivières qui sont des affluents de l'Amazone et de la Plata. Les aires hydrographiques de ces deux grandes rivières ont été représentées sur la carte, mais la limite méridionale de la province brésilienne s'étend, au delà de la ligne de partage des eaux, jusqu'au tropique ; elle renferme les sources de la Plata dans lesquelles on trouve les mêmes remarquables coquilles d'eau douce que dans les rivières de la Bolivie. (D'Orbigny.) Les montagnes qui entourent le lac de Titicaca sont les plus hautes d'Amérique, et c'est là que M. d'Orbigny a trouvé plusieurs espèces d'*Helix* jusqu'à une altitude de 4,270 mètres ; le *Bulimus Tupaici* se rencontre jusqu'à 2,750 mètres. Les espèces les plus grandes et les plus typiques de Bulimes appartiennent à cette province ; les *B. ovatus* et *B. oblongus* se trouvent près de la côte, et le *B. maximus* plus avant dans l'intérieur. Les Bulimes auriculiformes (*Otostomus* et *Pachyotis*, Beck), ceux à bouche anguleuse (*Goniostomus*, Beck), et les espèces pupiformes, à ouverture dentée (*Odontostomus*), sont caractéristiques de cette région, ainsi que quelques-unes des formes les plus allongées (*Obeliscus*). Les *Anastoma* et *Megaspira*, genres qui habitaient la France pendant la période éocène, sont maintenant spéciaux au Brésil ; les *Simpulopsis* le sont aussi, et les *Streptaxis* atteignent là leur maximum. Les *Cyclostomidæ* sont peu nombreux et les autres formes des Antilles ont presque disparu.

Helix	47	Glandina	1	Cyclophorus	2
Streptaxis	11	Tornatellina	1	Cyclotus	1
Anastoma	7	Vitrina	5	Cistula	1
Bulimus	250	Omalonyx	1	Helicina	12
Megaspira	2	Simpulopsis	5		

Les mollusques nus sont la *Peltella palliolum*, le *Vaginulus solea*, et la *Limax andicola*. Les eaux douces de l'intérieur sont riches en bivalves de genres spéciaux [1].

Physa	1	Planorbis	4	Marisa	1
Ancylus	1	Paludestrina	2	Succinea	27

---

[1] L'expédition américaine a exploré quarante rivières du Brésil, et n'a trouvé qu'une *Ampullaria*, une *Melania* et un *Planorbis*. (Gould.)

Ampullaria	2	Monocondylœa	1	Hyria	1
Corbicula	2	Unio	4	Castalia	2
Pisidium	1	Iridina	1	Mycetopus	5
Anodon	1				

24. Région péruvienne.

La longue bande étroite, qui s'étend de l'Équateur au 25° lat. S, entre les Andes et le Pacifique, forme une province distincte quoique comparativement improductive, comprenant les côtes de l'Équateur, du Pérou et de la Bolivie. Elle est chaude et ne reçoit presque pas de pluie; les nuages crèvent sur le versant oriental des Andes, et la pluie est si rare sur la côte occidentale que dans certains points il n'en tombe que deux ou trois fois dans un siècle. Au Pérou, pendant une grande partie de l'année on voit s'élever le matin une vapeur appelée « le garua, » qui disparaît peu après le milieu du jour et qui est suivie d'une forte rosée pendant la nuit.

M. Cuming a recueilli au Pérou 46 espèces de coquilles terrestres, et le docteur Pfeiffer en énumère 100, mais peut-être que la moitié de ces dernières sont du revers oriental des Andes et appartiennent à la province brésilienne. Ce sont pour la plupart des Bulimes qui sont plus petits et moins vivement colorés que ceux de la Bolivie et du Brésil; les *Bulimus Denickei, solutus* et *turritus* sont des formes spéciales. La *Cistula Delatreana* est le seul Gastéropode terrestre operculé de cette province, et le *Vaginulus Limayanus* en est le seul Gastéropode nu.

Helix	12	Pupa	1	Ancylus	1
Bulimus	79	Balea	1	Ampullaria	1
Succinea	5	Cistula	1	Paludestrina	2
Glandina	1	Physa	1	Cyrena	3
Tornatellina	1	Planorbis	5	Anodon	1

25. Région argentine.

La « région des Composées arborescentes, » n'a presque point fourni de Gastéropodes terrestres; on indique seulement 7 *Bulimus* et 3 *Helix*, mais quelques autres espèces peuvent avoir été réunies à celles du Brésil et du Chili. Cette province est séparée de la Bolivie par les vastes plaines du Grand Désert ou prolongement septentrional des Pampas, et toute sa partie orientale a été submergée à une époque géologiquement récente, de sorte que les seuls districts qui aient de l'avenir sont le Paraguay et les pentes orientales des Andes chiliennes. Les coquilles d'eau douce de la Plata et de ses affluents sont plus intéressantes.

Chilinia	7	Cyclas	1	Byssanodon	1
Planorbis	11	Pisidium	1	Monocondylœa	6
Ancylus	4	Corbicula	2	Mycetopus	1
Ampullaria	7	Unio	7	Castalia	1
Asolene	1	Anodon	10	Iridina	1
Paludestrina	7				

L *Ampullaria*(*Marisa*) *cornu-arietis* est une coquille caractéristique; la *Paludestrina lapidum* a un opercule onguiculé (non spiral), et semble appartenir à la famille des *Melaniadæ*.

26. Région chilienne.

La partie septentrionale du Chili appartient à la même région physique que le Pérou, et est formée de plaines sèches et privées de pluies. Les mollusques terrestres y sont petits et peu nombreux, et n'apparaissent qu'après les rosées. A Valparaiso la pluie est abondante pendant les trois mois d'hiver, et les côtes méridionales sont extrêmement humides et couvertes de forêts luxuriantes. Les Pulmonés caractéristiques sont les Chilines qui vivent dans les eaux douces. Le genre *Buchanania* est douteux. Il y a 51 espèces de *Bulimus*, y compris le *B.* (*Plecostylus*) *Chilensis*, et 22 d'*Helix*; on trouve les *Succinea Chiloensis*, *Ancylus Gayanus* (Valparaiso), *Planorbis fuscus*, *Paludestrina* sp., *Unio Chilensis*, *Pisidium Chilense* (Valdivia). L'*Helix Binneyana* se trouve dans l'île de Chiloé.

L'île *Juan Fernandez* (36) a au moins 20 espèces de coquilles terrestres qui lui sont toutes spéciales :

Helix quadrata.	Ꭻmalonyx Gayana.	Tornatellina minuta.
— arctispira.	Achatina diaphana.	— trochiformis.
— pusio.	— splendida.	Succinea Cumingi.
— tessellata.	— bulimoides.	— mamillata.
— ceroides.	— conifera.	— fragilis.
— marmorella.	— acuminata?	Parmacella Cumingi.
— helicophantoides.	Spiraxis consimilis.	

Dans l'île voisine, *Masafuera*, on trouve les :

Tornatellina Recluzii.	Succinea semiglobosa.
Succinea rubicunda.	— pinguis.

27. Région patagonienne.

Les Pampas, ou grandes plaines de Patagonie, sont secs et privés de pluie pendant presque toute l'année ; la végétation qui pousse après les légères pluies de l'été se change bientôt en foin naturel pour la nourriture des animaux sauvages. A la Terre-de-Feu, la température moyenne est de 0°,5 à 10°, et il tombe de la pluie et de la neige pendant toute l'année; néanmoins la base des montagnes est couverte de forêts de hêtres toujours verts [1]. Le *Bulimus sporadicus* se trouve sur les bords du Rio Negro, et les *B. lutescens* dans le détroit de Magellan ; les *Helix lyrata* (*costelata*, d'Orbigny ?) et *H. saxatilis* habitent la Terre-de-Feu. La *Succinea*

[1] On voit des oiseaux-mouches voltigeant au-dessus de fleurs délicates, et des perroquets cherchant leur nourriture au milieu de bois toujours verts. (Darwin, p. 251.)

Magellanica se trouve aussi dans le détroit, et les *Chilinia fluminea*, *Limnæa viatrix*, une *Paludestrina*, l'*Anodon puelchanus* et l'*Unio Patagonicus* dans le Rio Negro. Les *Peronia marginata* et *Potamides cælatus* ont été découverts à la Terre-de-Feu par M. Couthouy.

Les *Iles Falkland* (Malouines) sont à 300 milles (483 kil.) à l'est de la Patagonie, et les seules coquilles que l'on y ait rencontrées sont deux espèces de *Paludestrina*. Il y a des preuves zoologiques que ces îles étaient unies au continent de l'Amérique du Sud à une époque géologique peu ancienne. La flore consiste en plantes caractéristiques de la Terre-de-Feu et de la Patagonie, mélangées et couvrant toute la surface ; il n'y a que peu d'espèces spéciales. (J.-D. Hooker [1].)

[1] Le docteur Hooker a suggéré l'idée que, non-seulement les iles Falkland, mais encore celles de Tristan d'Acunha (p. 101) et de Kerguélen (p. 104), qui sont bien plus éloignées, pourraient être les sommets des montagnes d'un continent qui aurait été submergé depuis l'époque où s'est formée leur flore actuelle. « Il y a cinq groupes détachés d'iles entre la Terre-de-Feu et la Terre de Kerguélen (formant une région qui comprend 5,000 milles), qui toutes offrent les particularités botaniques de l'extrémité méridionale de l'Amérique du Sud. Quelques-uns de ces points détachés sont beaucoup plus voisins des continents africain et australien, dont ils ne présentent pas la végétation, que du continent américain ; et ils sont situés sous des latitudes et dans des circonstances éminemment défavorables à la migration des espèces. »

« La botanique de Tristan d'Acunha (île qui n'est éloignée que de 1,000 milles du Cap de Bonne-Espérance, tandis qu'elle est à 5,000 milles du détroit de Magellan), est beaucoup plus intimement reliée à celle de la Terre-de-Feu qu'à celle de l'Afrique. Sur 28 plantes phanérogames, 7 sont propres à la Terre-de-Feu ou appartiennent aux types sud-américains.

« La flore de la terre de Kerguélen est semblable à celle du continent américain, et un grand nombre de ses espèces sont identiques à celle d'Amérique. Ce point isolé sur la surface de notre globe a une structure géologique qui parlerait en faveur d'une antiquité de sa flore surpassant de beaucoup la portée de nos calculs. Nous pouvons le regarder comme le reste de quelque terre jadis beaucoup plus étendue. » (*Botany of Antarctic Voyage*, 1, part. II, 1847.)

CHAPITRE III

DISTRIBUTION DES MOLLUSQUES DANS LE TEMPS

L'historien de la géologie moderne, sir Charles Lyell, nous a appris à considérer les roches stratifiées comme autant de monuments rappelant la condition physique de la terre dans les anciens âges et les habitants qui la peuplaient.

Chaque *formation* se compose d'une série plus ou moins complète de calcaires, de grès, d'argiles, de charbons et d'autres *couches* représentant les mers plus ou moins profondes, les eaux douces, et les portions émergées de la surface du globe qui existaient à une certaine époque [1].

Les débris organiques enfouis dans les différentes couches ne montrent pas de répétitions semblables, mais changent graduellement et régulièrement depuis les formations les plus anciennes jusqu'aux plus récentes, de sorte que l'*ensemble des espèces* dans chaque période doit avoir été spécial et caractéristique.

L'importante théorie d'après laquelle les couches peuvent être identifiées par les fossiles a été enseignée par William Smith, au commencement de notre siècle, et il l'a exprimée de la manière suivante dans son *Système stratigraphique :* « Les corps organisés fossiles sont pour le naturaliste ce que les médailles sont pour l'antiquaire ; ce sont les antiquités de la terre ; ils montrent très-nettement sa formation graduelle et régulière, ainsi que les différents changements qu'ont subis les habitants de l'élément liquide. » Ils sont surtout marins, et de même qu'ils diffèrent généralement des habitants actuels des mers, de même ils différaient autant les uns des autres dans des périodes distinctes de la formation de la terre. C'est au point que chaque couche de ces corps organisés fossiles doit être considérée comme résultant d'une création distincte ; s'il n'en était pas ainsi, comment la terre pourrait-elle être formée, *couche sur couche*, chacune étant abondamment pourvue de races différentes d'animaux et de plantes [2].

---

[1] Les couches carbonifères et la craie d'Angleterre ne peuvent être appelées *semblables*, mais les formations crétacées du monde entier présentent des types *minéralogiques* correspondant peut-être à toutes les variétés de roches carbonifères.

[2] *Stratigraphical system of organized Fossils.* 4°, London, 1817.

Le « Prodrome » de M. d'Orbigny est un catalogue des mollusques et des rayonnés de chaque formation, d'où il ressort que l'ensemble de la population animale du globe a été changé vingt fois depuis la fin de la période primaire ou paléozoïque, et, quoique les fossiles des roches anciennes n'aient pas été généralement classés avec les mêmes soins, on en sait assez pour prouver qu'au moins dix grands changements ont eu lieu avant l'époque secondaire.

Dans le tableau suivant, la première colonne donne les noms des Formations ou Périodes, la seconde renferme ceux sous lesquels les principales couches sont connues.

I. Tableau géologique.

FORMATIONS OU PÉRIODES	NOMS DES COUCHES
PÉRIODE PALÉOZOÏQUE.	
I... { 1. Trémadocien....	Schistes de Longmynd. (Bangor, Wicklow.) Couches à Lingulés = Groupe primordial. (Barrande.) Schistes de Trémadoc; Grès de Potsdam.
2. Snowdonien....	Couches de Llandeilo } Groupe de Bala ou Grès de Caradoc } de Coniston.
II.. { 3. Wenlock.....	Grès de May-hill = Groupe de Clinton. Calcaires de Woolhope et de Dudley.
4. Ludlow.......	Ludlow inf.; calcaire d'Aymestry; Ludlow sup.
III.. { 5. Hercinien...... 6. Eifélien....... 7. Clyménien......	Grès à Spirifer } Devonien et vieux Calcaire de Plymouth } grès rouge. — de Petherwin }
IV.. { 8. Bernicien...... 9. Démétien......	Calcaire carbonifère (schistes et charbon). Formation houillère (grès meulière, charbon, etc.).
V... 10. Permien......	Calcaire magnésien = Zechstein. (Perm.)
PÉRIODE SECONDAIRE.	
VI.. { 11. Conchylien....	Nouveau grès rouge = Bunter. (Muschel-Kalk = Calcaire à Cératites).
12. Saliférien......	Marnes rouges = Keuper. Bone bed liasique.
VII.. { 13. Liasique....... 14. Toarcien....... 15. Bajocien.......	Lias inférieur = *Sinémurien* et *Liasien.* Marnes dures ; Schistes alumineux. (Thouars.) Oolithe inférieure; Fuller's earth. (Bayeux.)
16. Bathonien......	Grande oolithe (schistes de Stonesfield ; gr. Ool. Argile de Bradfort ; Forest marble ; Cornbrash).
VIII. { 17. Oxfordien..... 18. Corallien...... 19. Kimméridgien.... 20. Portlandien.....	Kelloway rock = *Callovien,* d'Orb. Oxford Clay. (Jura blanc.) Coral rag, et Calcareous grit. Argile de Kimméridge. (Dorsetshire.) Portland stone, et couches de Purbeck.
IX.. { 21. Wealdien...... 22. Néocomien.....	Sables de Hastings, et argile Wealdienne. Argile de Speeton ? (Neuchâtel.) Lower green-sand, et *Aptien,* d'Orb.

FORMATIONS OU PÉRIODES	NOMS DES COUCHES
PÉRIODE SECONDAIRE.	
X. { 23. Albien.	Gault (département de l'Aube ou *Albe*).
24. Cénomanien.	Upper green-sand. (Le Mans, *Cenomanum.*)
25. Hippuritique.	Marnes calcaires et Craie inférieure = *Turonien*.
26. Sénonien.	Craie à silex = Calcaire à Baculites. Craie de Maestricht = *Danien*, d'Orb.
PÉRIODE TERTIAIRE.	
XI. { 27. Londinien.	Sables de Thanet ; argile plastique ; argile de Londres.
28. Nummulitique.	Bracklesham ; Barton ; Ile de Wight ; = *Parisien*. Hempstead ; Fontainebleau ; = *Tongrien*.
XII. 29. Falunien.	Faluns de Touraine ; Bordeaux ; Vienne.
XIII. 30. Icénien.	Crag des C. Or. = *Subapennin*, d'Orb.

L'on doit faire remarquer que l'importance et le nombre des « Formations » ont été d'abord déterminés par hasard et ensuite modifiés de manière à se plier aux exigences de la théorie, et à représenter des valeurs plus sensiblement égales entre elles [1].

Selon MM. Agassiz et d'Orbigny, tous ou presque tous les fossiles de chaque formation sont spéciaux ; ces naturalistes supposent qu'un très-petit nombre d'espèces ont survécu d'une époque à l'autre. Des changements aussi subits et complets n'ont lieu que lorsque la nature du dépôt est complétement changée, ainsi lorsque du sable et de l'argile reposent sur de la craie ; dans ces cas-là il y a ordinairement des preuves (dans la forme des lits de cailloux, ou dans un changement

[1] Les noms des formations sont en grande partie provisoires, et ne sont point à l'abri de la critique. Quelques-uns ont été donnés par Brongniart et Omalius d'Halloy, d'autres ont été employés plus récemment par d'Orbigny, Sedgwick, Murchison et Barrande, et quelques-uns enfin sont des noms adoptés par l'usage populaire. Les noms *géographiques* et ceux que l'on tire des fossiles caractéristiques se sont trouvés les meilleurs, mais on n'a encore combiné aucun plan complet de nomenclature *zoologique*.

L'épithète de « Turonien » (25) est rejetée parce qu'elle entraîne avec elle la même idée que celle de « Falunien » (29) ou tertiaire moyen, dont le type a été pris en Touraine.

Nous proposons le terme de *Icénien* pour les couches pliocènes, parce que leur ordre de succession a été d'abord déterminé par M. Charlesworth dans les comtés orientaux d'Angleterre, qui étaient le pays des ICENI. Nous avons laissé le tableau tel qu'il était dans la première édition de cet ouvrage ; mais nous devons dire qu'il y a une formation, le *Laurentien*, qui devrait être placée en tête, et qu'il faudrait ajouter à l'autre extrémité les couches qui se sont déposées pendant et après l'époque glaciaire.

d'inclinaison) qu'il doit s'être écoulé un intervalle entre l'achèvement
de la couche inférieure et le commencement de la supérieure.

Le professeur Ramsay[1] a discuté ce sujet avec beaucoup de détail.
Il essaye de prouver que là où nous avons une succession complète de
roches, les espèces s'éteignent et apparaissent graduellement et d'une
manière presque imperceptible, tandis que tout changement brusque
dans les faunes est constamment accompagné d'une discordance dans
les roches, c'est-à-dire que les couches ne reposent pas parallèlement
les unes sur les autres, mais que l'inférieure montre toujours des érosions à sa surface, ou qu'elle n'est pas en stratification parallèle avec
la roche supérieure. On pense qu'une interruption dans le courant de
la vie animale est toujours accompagnée d'une interruption dans la
succession des roches. Chaque interruption marque un laps de temps
pendant lequel il ne s'est fait aucun dépôt de vase, etc., sur l'aire caractérisée par cette lacune. Comme l'on admet que le changement des
formes spécifiques a procédé d'une manière uniforme à travers les
époques géologiques, on en conclut que, plus la différence entre deux
faunes est grande, plus le temps qu'indique l'interruption a été long.
« L'on doit admettre d'une manière générale que, dans les cas de
superposition, selon que les espèces sont plus ou moins continues,
c'est-à-dire, selon que l'interruption de vie est partielle ou complète
d'abord dans les espèces, puis d'une manière plus importante par la
disparition d'anciens genres et l'apparition de genres nouveaux qui
leur sont ou non voisins, il s'est écoulé un intervalle plus ou moins
long entre la fin de la formation inférieure et le commencement de la
formation supérieure. Il arrive ainsi souvent que l'intercalation de couches
ayant quelques mètres d'épaisseur, ou, mieux encore, que l'absence
de ces couches peut servir à indiquer une période aussi longue que les
vastes accumulations de toute la série silurienne. » Le temps écoulé est
marqué en outre dans la plupart des cas par des dénudations considérables des couches. On connait pendant la période paléozoïque dix
interruptions physiques dont six se rencontrent avant que l'on arrive
à la formation devonienne. Dans tous ces cas, sauf un (et dans celui-ci
les roches sont presque entièrement dépourvues de restes animaux),
il y a un changement complet dans les espèces et un changement considérable dans les genres. Les interruptions sont moins marquées et
moins nombreuses dans la période secondaire, car elles ne se montent
qu'à quatre environ ; elles le deviennent encore moins dans la période
tertiaire.

Nous avons vu que des faunes distinctes peuvent être séparées dans
les mers actuelles par des barrières étroites ; des différences presque aussi
grandes peuvent se rencontrer sur la même ligne de côtes sans qu'il y ait
interposition d'aucune barrière, mais simplement lorsque l'on passe

___

[1] *Anniversary Address. Quart. Journ. Geol. Soc.*, vol. XIX et XX. 1863 et 1864.

d'un fond de rochers et d'algues à un fond de sable ou de vase, ou bien à une zone de profondeur différente. Il ne serait donc pas raisonnable de s'attendre à trouver les mêmes fossiles dans un calcaire et dans un grès ; et, même en comparant des couches semblables, nous devons tenir compte de la probabilité qu'elles aient été formées à des profondeurs différentes, ou dans des provinces zoologiques distinctes.

Les observations les plus attentives, faites dans les circonstances les plus favorables, tendent à montrer que tous les changements brusques ont été *locaux*, et que la loi des modifications s'exerçant sur tout le globe et dans tous les temps a été graduelle et uniforme. L'hypothèse de sir Ch. Lyell, d'après laquelle les espèces ont été créées et se sont éteintes *une par une* concorde beaucoup mieux avec les faits que la doctrine des extinctions et des créations périodiques et générales.

En ce qui regarde la valeur zoologique des « Formations, » nous croyons être dans le vrai en admettant que celles qui ont été établies jusqu'ici correspondent en importance aux provinces géographiques, car au moins la moitié des espèces y sont spéciales, les autres étant communes aux couches précédentes et aux suivantes. Cela donne à chaque période géologique une longueur égale à trois fois la durée moyenne des espèces de coquilles marines [1].

La distribution des espèces dans les couches (ou dans le temps) est semblable à leur distribution dans l'*espace*. Chacune d'elles est surtout abondante dans un horizon et devient graduellement moins fréquente dans les couches qui se trouvent au-dessus et au-dessous ; la localité de la couche la plus récente dans laquelle elle se rencontre est souvent très-éloignée de celle où on la trouve dans la couche la plus ancienne [2].

On comprend suffisamment que les espèces aient été créées dans un seul point et se soient multipliées peu à peu et répandues. Leur déclin et leur disparition après qu'elles ont obtenu un certain maximum de développement est un fait entouré de mystère. Mais, même si cela dépend de causes physiques et n'est pas une loi de la vie, l'action n'en est pas moins certaine et ne semble pas varier au delà de limites assez restreintes.

---

[1] On ne peut pas s'assurer de la valeur exacte de ces périodes, mais on peut arriver à une certaine idée de leur longueur en considérant que les dépôts de la vallée du Mississipi que l'on estime représenter cent mille ans se sont accumulés depuis l'apparition d'un grand nombre d'espèces de coquilles actuelles. On peut dire la même chose de l'élévation du mont Blanc, de la formation de la Méditerranée, et d'autres grands événements physiques. Les grandes villes de l'antiquité, Rome, Corinthe et Thèbes d'Égypte, reposent sur des fonds de mers soulevés, ou sur des dépôts d'alluvion contenant des coquilles d'espèces aujourd'hui vivantes.

[2] MM. Agassiz et E. Forbes ont représenté d'une manière schématique la distribution des genres dans le temps, au moyen de lignes horizontales se renflant proportionnellement au développement de ces genres. Ceux dont l'on connaît le commencement, le maximum de développement et la fin peuvent être représentés par une ligne de cette nature ◄━━━━►. Les genres qui atteignent leur maximum dans les mers actuelles sont représentés de la manière suivante ◄━━━.

Les coquilles (telles que les *Rhynchonella*, *Terebratula*, *Yoldia*) qui vivent à de grandes profondeurs dans la mer, ont une plus grande extension dans le temps et dans l'espace que les espèces littorales ; mais les coquilles terrestres et fluviatiles sont les plus remarquables pour leur longévité spécifique [1].

Dans chaque couche il y a quelques fossiles qui caractérisent de petites subdivisions des terrains, précisément de même qu'il y a des espèces vivantes dont l'extension est très-restreinte.

Lorsque des espèces se sont éteintes, elles ne réapparaissent jamais ; une des preuves qu'elles se sont éteintes consiste en ce qu'elles ont été remplacées par d'autres espèces ayant rempli les mêmes fonctions, et se trouvant dans des dépôts formés dans des conditions semblables. (Forbes.)

Le nombre total des espèces est plus grand dans les formations les plus récentes que dans celles qui sont plus anciennes ; mais la loi qui règle cet accroissement n'a pas été déterminée [2].

Distribution des genres dans le temps. — La doctrine de l'identification des couches par les fossiles tire sa valeur principale du fait que le développement et la distribution des genres sont, aussi bien que la distribution des espèces, soumis à une loi ; et, autant que nous pouvons le savoir, ces deux lois sont semblables.

Les groupes de couches peuvent être, comme les provinces zoologiques, de diverses grandeurs ; et, tandis que les petites divisions sont caractérisées par des *espèces* spéciales, les grands groupes ont, selon leurs dimensions et leur importance, des sous-genres, des genres et des familles distinctes.

William Smith lui-même avait observé que « trois familles principales de corps organisés fossiles occupent presque trois parties égales de la Grande-Bretagne. »

« Les *Echini* sont les fossiles les plus communs dans les couches supérieures ;

« Les *Ammonites* dans celles qui sont au-dessous ;

« Les *Productus*, avec de nombreuses Encrines, dans les plus inférieures. »

Cette sorte de généralisation a été justement considérée par E. Forbes comme ayant plus d'importance que l'identification des couches par les espèces, méthode qui n'est applicable qu'à des aires de faible dimension et qui perd de sa valeur lorsque la distance augmente. L'on pour-

---

[1] L'on trouve dans l'Amérique du Nord des coquilles terrestres et fluviatiles d'espèces actuelles enfouies avec les ossements fossiles du *Mastodonte* et du *Megalonyx* (Lyell.)

[2] Le nombre des espèces dans chaque formation dépend de l'étendue des recherches dont celle-ci a été l'objet, et de l'opinion que l'on se fait sur les couches qu'il faut y rapporter. Le professeur Phillips a discuté ce sujet dans son ouvrage sur les fossiles devoniens (p. 165) et dans son *Guide to Geology*.

rait admettre en effet que les couches géographiquement éloignées et contenant cependant quelques espèces identiques, doivent différer au point de vue de l'âge proportionnellement au temps qui a été nécessaire pour la migration de ces espèces d'une localité à l'autre.

Un tableau des espèces caractéristiques des couches d'Angleterre est peu utile en Amérique ou dans l'Inde, sauf pour montrer combien les fossiles identiques sont peu nombreux et douteux. Au contraire, les genres caractéristiques et l'ordre de succession des grands groupes sont les mêmes dans les localités les plus distantes ; et, quelque valeur qu'il puisse y avoir à constater que des systèmes particuliers de terrains contiennent le charbon, le plomb ou le sel gemme les meilleurs, elle n'est pas affaiblie par la circonstance que les espèces de fossiles qui se trouvent dans ces roches ne sont pas partout les mêmes, puisque les genres seuls sont suffisants pour les identifier.

Les genres ont, comme les espèces, un commencement, un maximum et une période de déclin ; le plus petit s'étend ordinairement dans plusieurs formations, et un grand nombre de genres typiques ont une durée égale à celle des familles.

Les groupes de formations sont nommés *systèmes*, et ceux-ci sont à leur tour groupés en trois séries principales : Paléozoïque, Secondaire et Tertiaire.

Dans le tableau ci-contre (n° II) on trouvera la liste de 15 systèmes géologiques ayant chacun un certain nombre de genres spéciaux. Quelques-uns des genres cités, par exemple les *Bélemnites*, ont une extension plus grande, mais sont mentionnés en raison de leur abondance dans un système particulier. Les noms en italiques sont ceux des genres actuels [1].

Le troisième tableau contient les noms de quelques grands genres, arrangés selon l'ordre de leur apparition. Ce diagramme produit l'impression que la série des couches fossilifères n'est pas complétement connue, ou que les commencements de beaucoup de groupes de fossiles ont été effacés par le métamorphisme universel des plus anciennes roches stratifiées [2].

---

[1] Les couches pliocènes ne contiennent pas de genres éteints et représentent seulement le commencement de l'ordre de choses actuel. Tous les dépôts qui se font actuellement ne constitueront pas une « Formation » nouvelle, et encore moins un « Système Quaternaire. »

[2] C'est pour cette raison que M. Sedgwick a proposé le terme de « Paléozoïque, » de préférence à celui de « Protozoïque » pour les plus anciennes roches fossilifères connues.

II. Tableau des genres caractéristiques.

SYSTÈMES	GENRES ET SOUS-GENRES
1. Cambrien, ou Silurien inférieur. . .	Camaroceras, Endoceras, Gonioceras, Pterotheca. Maclurea, Raphistoma, Holopea, Platyceras. Orthisina, Platystrophia, Porambonites, Pseudocrania. Ambonychia, Modiolopsis, Lyrodesma.
2. Silurien.	Actinoceras, Phragmoceras, Trochoceras, Ascoceras. Theca, Holopella, Murchisonia. Atrypa, Retzia. Cardiola, Clidophorus, Goniophorus, Grammysia.
3. Dévonien.	Bactrites, Gyroceras, Clymenia, Apioceras, Serpularia. Spirigera, Uncites, Merista, Davidsonia, Calceola. Stringocephalus, Megalodon, Orthonota, Pterinea.
4. Carbonifère.. . .	Nautiloceras, Discites, Goniatites, Porcellia. Naticopsis, Platyschisma, Metoptoma, Productus. Aviculopecten, Anthracosia, Conocardium, Sedgwickia.
5. Permien..	Camarophoria, Aulosteges, Strophalosia. Myalina, Bakewellia, Axinus, Edmondia.
6. Trias..	Ceratites, Naticella, Platystoma, Koninckia, Cyrtia. Monotis, Myophoria, Pleurophorus, Opis.
7. Jurassique infér.. .	Belemnites, Beloteuthis, Geoteuthis, Ammonites. Alaria, Trochotoma, Rimula, Pileolus, Cylindrites. Waldheimia, *Thecidium*, Spiriferina, Ceromya. Gryphæa, Hippopodium, Cardinia, Myoconcha.
8. Jurassique supér. .	Coccoteuthis, Leptoteuthis, Nautilus. Spinigera, Purpurina, Nerinæa, Neritoma. Pteroperna, Trichites, Hypotrema, Piceras. Trigonia, Pachyrisma, Sowerbya, Tancredia.
9. Crétacé infér.. . .	Crioceras, Toxoceras, Hamulina, Baculina. Requienia, Caprinella, Sphæra, Thetis.
10. Crétacé supér. . .	Belemnitella, Conoteuthis, Turrilites, Ptychoceras. Hamites, Scaphites, Pterodonta, Cinulia, Tylostoma. Acteonella, Globiconcha, Trigonosemus, Magas, Lyra. Neithea, Inoceramus, Hippurites, Caprina, Caprotina.
11. Eocène..	Beloptera, Lychnus, *Megaspira, Glandina, Typhis. Volutilithes, Clavella, Pseudoliva, Seraphs, Rimella.* Conorbis, Strepsidura, Globulus, *Phorus,* Velates. Chilostoma, Volvaria, Lithocardium, Teredina.
12. Miocène..	Spirulirostra, Aturia, Vaginella, Ferussina. Italia, Proto, Deshayesia, *Niso, Cassidaria,* Carolia. Grateloupia, *Artemis, Tapes, Jouannetia.*
13. Pliocène.	*Argonauta, Strombus, Purpura, Trophon. Yoldia, Tridacna, Circe, Verticordia.*

III. Extension des genres dans le temps.

GENRES DISPOSÉS SELON LEUR ORDRE D'APPARITION	CAMBRIEN	SILURIEN	DÉVONIEN	CARBONIFÈRE	PERMIEN	TRIAS	JURASS. INF.	JURASS. SUP.	CRÉTACÉ INF.	CRÉTACÉ SUP.	ÉOCÈNE	MIOCÈNE	PLIOCÈNE
Lituites, Raphistoma, Obolus	—	—											
Camaroceras, Atrypa, Pterinea	—	—	—										
Gomphoceras, Bellerophon, Pentamerus	—	—	—	—									
Orthis, Conularia, Murchisonia	—	—	—	—	—								
Spirifera, Athyris, Posidonomya	—	—	—	—	—	—	—						
Isoarca	—	—	—	—	—	—	—	—	—	—			
Conocardium, Megalodon, Chonetes	—	—	—	—	—								
Cardiomorpha	—	—	—	—	—								
Orthoceras, Loxonema, Cyrtia	—	—	—	—	—								
Pleurotomaria, Porcellia	—	—	—	—	—	—							
Productus, Macrochilus, Streptorhynchus		—	—	—	—								
Goniatites, Pleurophorus			—	—	—	—							
Edmondia, Myalina				—	—								
Acteonina				—	—	—	—	—	—	—	—	—	—
Terebratula, Pinna, Cyprina						—	—	—	—	—	—	—	—
Lima						—	—	—	—	—	—	—	—
Gervillia, Myoconcha						—	—	—	—	—			
Ammonites, Naticella, Opis						—	—	—	—	—			
Trigonia, Isocardia, Thecidium						—	—	—	—	—	—	—	—
Cerithium, Plicatula, Cardita						—	—	—	—	—	—	—	—
Trochotoma, Tancredia, Gryphæa						—	—	—	—	—			
Ancyloceras, Inoceramus, Unicardium							—	—	—	—			
Astarte, Pholadomya, Corbis							—	—	—	—	—	—	—
Nerinæa, Goniomya, Exogyra							—	—	—	—			
Terebratella, Limopsis, Neæra, Argiope								—	—	—	—	—	—
Baculites, Cinulia, Radiolites									—	—			
Physa, Paludina, Unio, Cyrena									—	—	—	—	—
Aporrhais, Tornatella, Pyrula									—	—	—	—	—
Pectunculus, Thetis, Crassatella										—	—	—	—
Crenella, Chama										—	—	—	—
Voluta, Conus, Mitra, Haliotis, etc.											—	—	—
Aturia											—	—	—
Helix, Auricula, Cyclostoma											—	—	—
Pseudoliva, Rostellaria, Seraphs											—	—	—
Purpura, Strombus												—	—
Argonauta, Tridacna													—

On pense que les genres des terrains anciens sont presque tous éteints; en effet, bien que l'on trouve dans les catalogues de fossiles Palæozoïques les noms de beaucoup de genres actuels, l'on doit constater qu'ils ne sont employés que par suite du manque de renseignements exacts. On a fait disparaitre depuis longtemps les *Buccinum*, *Melania* et *Mya*, et l'on ne conserve les *Modiola*, *Nucula* et *Natica* qu'en attendant de mieux comprendre les caractères qui les distinguent.

IV. EXTENSION DES FAMILLES DANS LE TEMPS.

FAMILLES	CAMBRIEN	SILURIEN	DÉVONIEN	CARBONIFÈRE	PERMIEN	TRIAS	JURASS. INF.	JURASS. SUP.	CRÉTACÉ INF.	CRÉTACÉ SUP.	ÉOCÈNE	MIOCÈNE	PLIOCÈNE	ÉPOQUE ACTUELLE
Argonautidæ													—	—
Teuthidæ, Sepiadæ							—	—	—	—	—	—	—	—
Belemnitidæ						—	—	—	—	—				
Nautilidæ		—	—	—	—	—	—	—	—	—	—	—	—	—
Ammonitidæ			—	—	—	—	—	—	—	—				
Orthoceratidæ	—	—	—	—	—	—								
Atlantidæ, Hyaleidæ		—	—	—	—	—	—	—	—	—	—	—	—	—
Strombidæ, Buccinidæ									—	—	—	—	—	—
Conidæ, Volutidæ										—	—	—	—	—
Naticidæ, Calyptræidæ									—	—	—	—	—	—
Pyramidellidæ							—	—	—	—	—	—	—	—
Cérithiadæ, Littorinidæ							—	—	—	—	—	—	—	—
Turbinidæ, Janthinidæ						—	—	—	—	—	—	—	—	—
Fissurellidæ, Tornatellidæ									—	—	—	—	—	—
Neritidæ, Patellidæ									—	—	—	—	—	—
Dentaliadæ							—	—	—	—	—	—	—	—
Chitonidæ						—	—	—	—	—	—	—	—	—
Bullidæ										—	—	—	—	—
Helicidæ, Limacidæ											—	—	—	—
Limnæidæ, Melaniadæ										—	—	—	—	—
Auriculidæ, Cyclostomidæ										—	—	—	—	—
Terebratulidæ						—	—	—	—	—	—	—	—	—
Rhynchonellidæ		—	—	—	—	—	—	—	—	—	—	—	—	—
Spiriferidæ, Orthidæ		—	—	—	—	—	—							
Productidæ		—	—	—	—									
Craniadæ, Lingulidæ	—	—	—	—	—	—	—	—	—	—	—	—	—	—
Pectinidæ						—	—	—	—	—	—	—	—	—
Aviculidæ, Mytilidæ			—	—	—	—	—	—	—	—	—	—	—	—
Arcadæ, Trigoniadæ			—	—	—	—	—	—	—	—	—	—	—	—
Unionidæ											—	—	—	—
Chamidæ, Myadæ									—	—	—	—	—	—
Hippuritidæ	·								—	—				
Tridacnidæ													—	—
Cardiadæ, Lucinidæ			—	—	—	—	—	—	—	—	—	—	—	—
Cycladidæ											—	—	—	—
Cyprinidæ, Anatinidæ			—	—	—	—	—	—	—	—	—	—	—	—
Astartidæ						—	—	—	—	—	—	—	—	—
Veneridæ, Tellinidæ									—	—	—	—	—	—
Mactridæ											—	—	—	—
Solenidæ				—	—	—	—	—	—	—	—	—	—	—
Gastrochænidæ, Pholadidæ									—	—	—	—	—	—

Distribution des Familles de Mollusques dans le temps. En employant le terme de « Familles » pour les groupes naturels de genres, et en adoptant le plus petit nombre possible de divisions de cette nature, nous trouvons qu'il y en a 16, soit près d'un cinquième, qui s'étendent dans toute la série des terrains. Il n'y en a que sept qui se soient éteintes, ce sont les :

Belemnitidæ.	Spiriferidæ.	Hippuritidæ
Ammonitidæ.	Orthidæ.	
Orthoceratidæ.	Productidæ.	

Trois autres sont presque éteintes, ce sont les :

Nautilidæ.	Rhynchonellidæ.	Trigoniadæ.

Enfin, plusieurs ont dépassé leur maximum de développement et sont devenues moins variées et moins abondantes qu'elles ne l'étaient auparavant; ce sont, par exemple, les :

Tornatellidæ.	Cyprinidæ.	Anatinidæ.

Les familles et les genres fossiles semblent avoir atteint leur maximum plus rapidement que leur minimum : ils ont continué d'exister sous des formes obscures et dans des localités éloignées, longtemps après l'époque pendant laquelle ils prospéraient.

L'introduction de formes nouvelles est aussi plus rapide que leur extinction. Si quatre familles palæozoïques disparaissent, vingt-six autres nouvelles familles les remplacent dans la série secondaire ; et trois de ces dernières sont à leur tour remplacées par quinze nouvelles familles dans les mers tertiaires et actuelles.

Par suite de ces circonstances, le nombre des types est trois fois plus grand dans les tertiaires récents qu'il ne l'était à l'époque silurienne ; et comme il n'y a pas de preuves ou d'indications que la terre ait jamais été en tout ou en partie dépourvue de vie animale, il s'ensuit, comme une conséquence nécessaire, que les types primitifs ont été plus largement distribués et plus développés en individus que ceux d'aujourd'hui.

On verra d'après le tableau suivant que le nombre des genres et des familles a augmenté avec un degré de régularité qui ne peut pas être accidentel. En outre, le rapport de ces nombres n'est pas sujet à être beaucoup modifié par le progrès des découvertes ou le caprice des opinions. Il n'est pas probable que l'on découvre beaucoup de nouveaux types ; la création de noms nouveaux à la place des anciens n'augmentera pas le nombre des genres palæozoïques, et l'établissement de nouvelles divisions arbitraires aura une influence proportionnelle sur tous les groupes.

Si l'on réduisait à sept le nombre des groupes appelés « Systèmes » (trois palæozoïques, trois secondaires, et un tertiaire, comme dans le tableau ci-contre), la durée *moyenne* d'un genre de mollusques serait égale à celle d'un système de Formations.

La durée des plus petites familles bien définies de mollusques est à peu près égale à une des trois grandes divisions géologiques ou époques.

V. Développement des familles, genres et espèces dans le temps.

SYSTÈMES GÉOLOGIQUES	TOTAL DES GENRES	CEPHALOPODA	GASTEROPODA	BRACHIOPODA	CONCHIFERA	NOMBRE TOTAL DES ESPÈCES (D'ORBIGNY)	FAMILLES	
PALÆOZOÏQUE								
1 { Cambrien.	49	12	11	15	11	562	18	
Silurien.	55	15	11	16	15	517	20	
2 Dévonien.	77	14	20	25	20	1,055	24	} 52
3 { Carbonifère. . . .	79	11	26	19	25	855	39	
Permien [1].	65	6	24	16	20	74	5	
SECONDAIRE								
4 Trias.	81	9	25	16	51	715	55	
5 { Jurassique infér. .	107	12	55	12	48	1,502	42	
Jurassique supér..	108	15	56	9	50	1,266	49	} 57
6 { Crétacé infér. . .	125	20	41	9	55	784	52	
Crétacé supér. . .	148	16	59	14	59	2,147	56	
TERTIAIRE								
7 { Éocène.	172	4	85	11	72	2,656	60	
Miocène..	178	5	97	11	76	2,242	60	} 78
Pliocène.	192	1	100	12	79	457	62	
Époque actuelle .	400	21	251	15	115	16,000	78	
Vivants et fossiles. .	520	56	280	54	150	50,000	85	

Ordre d'apparition des différents groupes de Mollusques. Le premier
et le plus important des points qui ressortent des tableaux précédents,
c'est la coexistence des quatre classes principales de testacés depuis la
période la plus ancienne. Les groupes les plus supérieurs et les plus
inférieurs étaient très-abondants dans l'époque palæozoïque ; les bivalves
et univalves ordinaires atteignent leur maximum de développement
dans les mers actuelles. S'il y a une signification dans cet ordre d'apparition, elle se rattache au plan général de création et ne peut pas être
étudiée à part de celui-ci ; mais l'on doit remarquer que les derniers
groupes qui se sont développés sont aussi les plus typiques ou *les plus
caractéristiques de leur classe.*

[1] On considère comme appartenant à un système les genres qui se rencontrent à la
fois dans les couches situées au-dessus et au-dessous de lui, aussi bien que ceux qui
se trouvent dans le système lui-même. Nous avons laissé ce tableau tel qu'il était
dans la première édition, parce que nous ne pouvions pas en corriger tous les éléments. Ceci a toutefois peu d'importance, puisque les résultats principaux, tels que
l'accroissement graduel du nombre des familles, resteraient les mêmes.

Les Céphalopodes montrent dans leur propre classe des preuves incontestables d'un ordre dans leur apparition et leur succession. Le groupe des Tétrabranches apparaît le premier et atteint son maximum à peu près à l'époque de la première apparition des Dibranches, dont l'organisation est plus parfaite[1]. Les familles de chaque division qui diffèrent le moins entre elles (*Orthoceratidæ* et *Belemnitidæ*) se sont développées respectivement les premières.

Parmi les Brachiopodes, les genres dépourvus de charnière ont atteint leur maximum dans l'époque palæozoïque ; il n'y en a que trois qui aient survécu jusqu'à aujourd'hui (*Lingula*, *Discina*, *Crania*), et ils représentent autant de familles distinctes. Parmi les genres à valves articulées, ceux qui sont pourvus de bras spiraux ont apparu les premiers et ont atteint leur maximum à une époque où les Térébratulides étaient encore peu nombreuses. La subdivision à spires calcaires a disparu avec la période du lias, tandis que le genre *Rhynchonella* existe encore. Enfin, le groupe typique des *Terebratulidæ* a atteint son maximum à l'époque de la craie et a à peine commencé à décliner. Le nombre des sous-genres (aussi bien que celui des genres) dans chaque système est indiqué dans le tableau précédent, parce que ce groupe montre une tendance à la « polarité, » c'est-à-dire à un développement excessif aux extrémités de la série[2].

Les genres de bivalves ordinaires (*Conchifera*) sont sept fois plus nombreux dans les tertiaires récents que dans le plus ancien système géologique. La formation palæozoïque contient de nombreux genres de toutes les familles à *manteau ouvert*; des *Cyprinides*, des *Anatinides*, et le genre anormal des *Conocardium*. La majorité des bivalves pourvus de siphons n'apparaissent que vers le milieu de la période secondaire, et n'atteignent qu'aujourd'hui leur maximum.

Les Gastéropodes sont représentés dans les couches palæozoïques par plusieurs genres très-voisins des *Atlanta* et des *Scissurella*, et par d'autres qui se rapprochent peut-être des *Janthina*. Les *Naticides* et les *Calyptræides* sont très-abondantes, et il y a plusieurs genres à coquilles spirales allongées que l'on rapporte aux *Pyramidellides*. Dans les couches secondaires, les coquilles à ouverture entière (*Holostomata*) deviennent abondantes, et dans quelques localités spéciales (surtout dans l'Inde méridionale), les genres de Gastéropodes à ouverture canaliculée (*Sipho-*

---

[1] Le *Palæoteuthis* de Bronn (non d'Orb.), provenant du dévonien de l'Eifel, semble être un *os de poisson*.

[2] Voyez le rapport annuel de E. Forbes à la Société géologique de Londres, février 1854, p. 63. Cette hypothèse semble être née de ce que l'on a accordé une importance exagérée à la pauvreté des couches permiennes et triasiques en Angleterre, où elles séparent, comme un désert, les formations palæozoïques des formations « néozoïques. » On n'aurait jamais dû considérer le permien comme étant plus qu'une division du système carbonifère, et il est pauvre en *espèces* plutôt qu'en *types*. Si l'on veut apprécier convenablement le trias il faut l'étudier en Allemagne, ou dans la collection du docteur Klipstein (au British Museum).

nostomata) apparaissent dans les couches de l'époque crétacée. On rencontre dans les couches de Purbeck des *Pulmonés* d'eau douce appartenant au genre vivant des *Physa*, mais les Gastéropodes marins à respiration aérienne et les Gastéropodes terrestres n'ont pas été trouvés d'une manière certaine dans des couches plus anciennes que les tertiaires éocènes.

Ordre de succession des groupes de Mollusques. Nous avons déjà fait ressortir le fait que les animaux qui sont intimement rapprochés de structure et de mœurs vivent rarement ensemble, mais occupent des *aires distinctes*, et forment ce que l'on appelle des « espèces représentatives.» L'on a observé la même chose dans la distribution des fossiles ; les espèces de couches successives sont pour la plupart représentatives.

Lorsque les intervalles de temps et d'espace sont considérables, la représentation est seulement générique, et les proportions relatives des grands groupes sont aussi changées.

La succession de formes est souvent assez régulière pour égarer un observateur superficiel, tandis que si on l'étudie convenablement elle fournit un guide important pour reconnaître les affinités de fossiles problématiques.

On admet généralement aujourd'hui que les premières formes animales, quelque étranges que plusieurs d'entre elles puissent nous paraître, étaient en réalité moins métamorphosées, ou différaient moins profondément de leurs archétypes idéaux que celles de périodes plus récentes et de l'époque actuelle [1]. Les types qui se sont développés les premiers ressemblent beaucoup aux formes embryonnaires des groupes auxquels ils appartiennent ; l'on observe une progression qui va de ces types généraux à des formes plus fortement spécialisées. (Owen.)

Migration des espèces et diffusion des genres dans les époques antérieures à la nôtre. Après avoir admis la continuité des aires spécifiques et génériques, il reste à démontrer que des groupes qui sont aujourd'hui disséminés sur une grande surface *peuvent* avoir rayonné de centres communs et que les barrières qui les séparent maintenant n'ont pas toujours existé.

En premier lieu, il faut remarquer que la plupart des roches stratifiées sont d'*origine marine*, circonstance qui n'est pas bien étonnante puisque la surface de la mer est deux fois aussi grande que celle de la

---

[1] M. Darwin a fait remarquer que les Cirrhipèdes *sessiles* qui représentent une métamorphose plus avancée que les *Lepadidæ*, sont les derniers qui aient apparu. Ce sont toutefois les mammifères fossiles qui offrent les exemples les plus remarquables de cette loi. De nos jours, un animal comme le cheval à trois doigts (Hipparion), des tertiaires miocènes serait considéré comme un *lusus naturæ*, mais en réalité le cheval ordinaire est beaucoup plus étrange. Malheureusement une nouvelle erreur vulgaire est née de ce que les animaux fossiles ont été quelquefois décrits comme s'ils avaient été construits sur plusieurs types distincts, et comme s'ils réunissaient les caractères de plusieurs classes.

terre, et qu'il en a probablement toujours été ainsi, car la profondeur moyenne de la mer est beaucoup plus grande que l'altitude générale des terres [1].

Les changements minéralogiques qu'ont subis les couches peuvent quelquefois s'expliquer par des changements dans la profondeur de la mer, ou dans la direction des courants. Mais dans beaucoup de cas le fond de la mer a été élevé de manière à devenir une terre ferme dans l'intervalle de temps qui s'est écoulé entre la formation de deux couches marines distinctes; et l'on estime que ces modifications se rencontrent au moins *une fois dans chaque formation.*

Si chaque portion de ce qui est maintenant terre ferme a été submergée en moyenne trente fois et a fait partie du fond de la mer pendant les deux tiers de tous les temps géologiques, il n'y a pas de difficulté à expliquer la migration des coquilles marines ou la diffusion des genres marins.

D'autre part, on peut en inférer que chaque partie des mers actuelles a été terre ferme à un grand nombre de reprises, en moyenne au moins trente fois, ce qui ferait un tiers de l'intervalle total compris depuis l'époque cambrienne jusqu'à nous.

La durée moyenne des espèces marines a été estimée à un tiers seulement de la longueur d'une période géologique, et cela s'accorde avec le fait qu'un très-petit nombre d'entre elles (soit vivantes, soit fossiles) sont distribuées sur toute la terre.

La vie des coquilles terrestres et d'eau douce a été d'une étendue moyenne plus longue, ce qui leur a permis de s'étendre davantage, malgré la lenteur de leurs migrations.

Mais, quand nous comparons le degré de rapidité des changements que l'on estime avoir eu lieu dans la géographie physique avec la durée des *genres* et des *familles* de coquilles, non-seulement nous trouvons un temps amplement suffisant pour leur diffusion par terre ou par mer sur de grandes régions du globe, mais nous pouvons reconnaître que des translations pareilles de la scène de la création doivent avoir été inévitables.

Méthode d'investigation géologique. De quelque manière que l'histoire géologique soit écrite, ceux qui en poursuivent l'étude originale, n'ont qu'une manière de procéder, à savoir du connu à l'inconnu, c'est-à-dire en remontant le cours du temps.

Les dépôts les plus récents et les plus superficiels contiennent les débris de l'homme et de son industrie ainsi que des animaux qu'il a introduits.

Ceux d'une date préhistorique, mais encore très-récents, contiennent

---

[1] On a considéré l'épaisseur énorme des roches anciennes *dans toutes les parties du monde* comme indiquant la prédominance des eaux profondes dans les mers primitives.

des coquilles, etc., d'espèces récentes, mais en proportions différentes de ce que l'on observe aujourd'hui (pages 93, 94, 98).

Quelques espèces peuvent être éteintes dans le voisinage immédiat des dépôts où on les rencontre, mais vivre encore à une certaine distance. Dans le port de New-Bedford, il y a des colonies de coquilles mortes de la *Pholas costata*, espèce vivant sur les côtes des États du Sud. A Bracklesham, dans le Sussex, on voit un fond de mer soulevé contenant 55 espèces de coquilles marines qui vivent sur la même côte et 2 autres qui ne vivent plus là, à savoir le *Pecten polymorphus*, coquille de la Méditerranée, et la *Lutraria rugosa*, qui se trouve encore sur les côtes du Portugal et de Mogador.

Époque tertiaire. Si l'on doit faire une distinction entre les couches « tertiaires » et « post-tertiaires, » le premier terme devrait être réservé pour les dépôts qui contiennent quelques espèces *éteintes*. Les plus récents de ceux-ci, en Angleterre, renferment un ensemble de coquilles du Nord. Ed. Forbes a publié une liste de 124 espèces de coquilles de ces « couches glaciaires » (*Glacial beds*), dont presque toutes existent actuellement dans les mers britanniques[1].

Dans la plupart des localités où l'on rencontre les coquilles glaciaires, elles sont toutes des espèces actuelles ; mais à Bridlington, dans le Yorkshire, et dans le *crag* de Norwich, on trouve quelques espèces éteintes (par exemple la *Nucula Cobboldiæ*, pl. XVII, fig. 18). A Chillesford, dans le Suffolk, on rencontre des *Yoldia arctica* et *myalis* de grande taille et en parfaite conservation, avec de nombreux échantillons de *Mya truncata*, placés debout, comme ils vivaient dans un fond de mer vaseux. Les *Trophon scalariforme, Admete viridula, Scalaria groenlandica*, et *Natica groenlandica*, se rencontrent aussi dans le crag de Norwich, et l'*Astarte borealis*, ainsi que plusieurs formes arctiques de Tellines, sont parmi les coquilles les plus communes, et se présentent souvent avec les deux valves, ou avec leur ligament conservé ; on exploite le dépôt sur une grande échelle pour le sable coquiller.

Depuis l'époque de Linné, on a attiré à plusieurs reprises l'attention sur les fonds de mer soulevés d'Uddevalla, en Suède, qui contiennent des coquilles arctiques. Le capitaine Bayfield a découvert près de Québec, des couches semblables situées de 15 à 60 mètres au-dessus du Saint-Laurent, et contenant une réunion de coquilles d'un caractère entièrement arctique, tandis que dans le golfe actuel, il a rencontré un mélange de représentants américains des types lusitaniens, *Mesodesma, Periploma, Petricola, Crepidula*.

Les dépôts glaciaires de l'hémisphère septentrional s'étendent à environ 15° au sud de la ligne qui forme la « limite septentrionale des arbres ; » mais cette extension relativement récente de l'océan arcti-

---

[1] Les espèces qui se sont retirées plus au nord sont marquées par deux astérisques (**) dans la liste des espèces arctiques, p. 60.

que ne semble pas avoir beaucoup influencé le bassin Aralo-Caspien,
si elle l'a même jamais envahi ; celui-ci ne contient en effet qu'une seule
espèce commune avec la Mer Blanche, le *Cardium edule*, var. *rusticum*[1].

La période du *Pliocène* ancien est représentée en Angleterre par le Crag
corallin (*Coralline crag*), dépôt qui contient 540 espèces de coquilles. Sur
ce nombre, 75 sont des espèces britanniques vivantes, mais (à deux ou
trois exceptions près) elles font partie de celles qui s'étendent au sud
de la Grande-Bretagne. (Forbes.) Les autres sont éteintes, ou vivent
seulement plus au sud, principalement dans la province lusitanienne :
par exemple les *Fossarus sulcatus, Lucinopsis Lajonkairii, Chama gry-
phoides*, et des espèces de *Cassidaria, Cleodora, Sigaretus, Terebra,
Columbella* et *Pyramidella*. Ce dépôt contient aussi quelques formes
appartenant à une époque plus ancienne, ainsi une *Pholadomya*, une
vraie *Pyrula*, une *Lingula*, et une grande *Voluta* ressemblant aux
espèces de la Terre-de-Feu.

Les coquilles des tertiaires récents sont toujours identiques, au moins
génériquement, à celles des côtes les plus voisines. Ainsi, on trouve en
Patagonie des espèces de *Trophon, Crepidula, Monoceros, Pseudoliva,
Voluta, Oliva, Crassatella* et *Solenella*; les tertiaires des États-Unis
contiennent des espèces de *Fulgur, Mercenaria*, et *Gnathodon*. Les
coquilles miocènes de Saint-Domingue semblent, à première vue, être
toutes des espèces actuelles, mais une étude attentive montre qu'elles
sont pour la plupart distinctes.

La proportion des espèces éteintes dans les tertiaires pliocènes varie
de 1 à 50 pour 100. Si un dépôt contient plus de 50 pour 100 d'espèces éteintes, on le rapporte à la période *Miocène*, et ce critère a une
importance particulière puisque les dépôts modernes sont souvent isolés,
et que l'on ne peut tirer aucun secours de la superposition, ou même
de l'identité des espèces.

Dans les tertiaires *Éocènes* nous apercevons l'aurore de l'ordre
de choses actuel. Toutes, ou presque toutes les espèces sont différentes,
mais une forte proportion des genres existent encore aujourd'hui
à l'état vivant, quoique ce ne soit pas toujours dans les mers les plus
voisines des localités où ils se rencontrent à l'état fossile. C'est ainsi,
que l'on trouve dans l'argile de Londres des *Rostellaria, Oliva,
Ancillaria*, et *Vulsella*, genres qui vivent encore aujourd'hui dans la
mer Rouge ; et un grand nombre d'espèces de *Nautilus, Rimella, Seraphs, Conus, Mitra, Pyrula, Phorus, Liotia, Cardilia*, genres caractéristiques de l'océan Indien; *Cyprovula, Typhis*, et *Volutilithes*, vivant
aujourd'hui au cap; *Clavella*, qui se trouve aux Marquises, et *Pseudo-*

---

[1] M. W. Hopkins, de Cambridge, a recherché les causes qui ont pu produire une
extension temporaire du phénomène arctique en Europe ; il estime que la plus efficace et la plus probable est un changement de direction du Gulf-stream, qui aurait
coulé le long de ce qui est maintenant la vallée du Mississipi. (*Geological Journal.*)

liva, Trochita, ainsi que des espèces de *Murex* dont les analogues vivants se trouvent sur les côtes occidentales de l'Amérique du Sud.

Les coquilles d'eau douce de cette période sont des formes de l'ancien monde : *Melanopsis, Potamides, Lampania, Melanatria,* et *Nematura;* tandis que les coquilles terrestres forment un groupe d'un caractère tout à fait américain, comprenant de grandes espèces de *Glandina* et de *Bulimus,* (à lèvre réfléchie), des *Megalomastoma (mumia),* un *Cyclotus* (avec son opercule) semblable au *C. Jamaicensis,* et le petit *Helix labyrinthica.*

Époque secondaire. Dans aucune des couches plus anciennes, nous ne trouvons d'indices qu'un climat plus chaud que celui qui caractérise la période de l'argile de Londres ait régné sous la latitude de l'Angleterre. Celui-ci peut s'expliquer par une cause telle que le mouvement d'un courant équatorial venant de la direction de la mer Rouge jusqu'à ce qu'il fût arrêté par un continent au sud-ouest, dans la région des Açores, comme l'a supposé M. Prestwich.

L'on a quelques indices de l'existence d'un climat plus modéré qui aurait régné dans les régions polaires arctiques, car il a été trouvé des débris d'*Ichthyosaurus* à l'île d'Exmouth, point le plus éloigné qui ait été atteint par l'expédition de sir E. Belcher.

Les conditions physiques spéciales de la *période crétacée* sont représentées de nos jours, non pas tant par les mers à coraux, que par la mer Égée, où la vase calcaire, provenant des débris des régions à *Scaglia,* se dépose rapidement dans les eaux profondes. (Forbes.)

La *période Wealdienne* a été nommée « l'âge des Reptiles » par le docteur Mantell, qui comparait l'état de l'Angleterre à cette époque à celui que présentent aujourd'hui les îles Galapagos.

La *période Jurassique* trouve son parallèle en Australie, comme cela a déjà été indiqué depuis longtemps par le professeur Phillips, et la comparaison peut se soutenir pour les faunes marines aussi bien que pour les faunes terrestres.

Le *Trias,* avec ses marques de pas dues à des oiseaux gigantesques dépourvus d'ailes a été comparé à ce qu'étaient les îles Mascareignes il y a seulement quelques siècles, et à la faune de la Nouvelle-Zélande où les oiseaux sont encore les animaux aborigènes les plus parfaits[1].

Époque Palæozoïque. Le professeur Ramsay a montré récemment que l'on peut retrouver des signes d'action glaciaire dans quelques-uns des conglomérats trappéens du permien et du dévonien ou vieux grès rouge d'Angleterre; M. Page a essayé d'appliquer la même interprétation à des phénomènes d'un caractère semblable présentés par le vieux grès

---

[1] Dans un mémoire relatif aux grands oiseaux fossiles dépourvus d'ailes que l'on trouve à la Nouvelle-Zélande, le professeur Owen a suggéré l'hypothèse d'une terre qui, depuis l'époque triasique, aurait avancé comme une vague à travers le vaste intervalle qui se trouve entre le Connecticut et la Nouvelle-Zélande.

rouge d'Écosse[1]. Les géologues ont généralement abandonné l'idée, jadis dominante, d'une température universellement élevée qui aurait régné pendant les périodes primitives; cette opinion s'était formée par suite de la rencontre dans les hautes latitudes de certaines plantes fossiles, de certains coraux et de certaines coquilles.

L'absence de débris de Mammifères dans les formations palæozoïques est un fait remarquable, mais qui trouve son parallèle complet dans la grande province zoologique moderne des îles du Pacifique.

Humboldt a émis la possibilité que l'on découvrit quelque terre où des lichens gigantesques et des mousses arborescentes seraient les princes du règne végétal[2]. Si cette terre existait pour représenter l'époque palæozoïque, les habitants qui lui conviendraient seraient semblables au *Protée* qui habite les cavernes, et aux *Silures* qui trouvent un asile même dans les cratères des Andes.

Qu'est-ce donc qui a principalement déterminé le caractère des provinces zoologiques actuelles? Quelle est cette loi, plus puissante que le climat, plus influente que le sol, que la nourriture, et que le besoin d'abri; et, bien plus encore, semblant souvent produire des résultats opposés aux probabilités *a priori*, et en désaccord avec la convenance des conditions[3]?

La réponse à cette question, c'est que chaque faune porte avant tout l'empreinte de l'époque à laquelle elle appartient. Chacune d'elles a subi une série de vicissitudes jusqu'au moment où ses limites ont été fixées, et après avoir été isolée, elle n'a plus subi de changements, mais a commencé à décliner.

Nous indiquerons à propos de chaque genre de Mollusques, et autant que nous aurons pu le savoir, le nombre des espèces vivantes et fossiles qu'il renferme. Avec quelques modifications ces nombres fournissent les totaux suivants qui peuvent donner une idée du développement numérique relatif des ordres et des familles :

CEPHALOPODA.

Dibranchiata.

	VIV.	FOSS.
Argonautidæ.	4	2
Octopodidæ.	63	—
Teuthidæ.	104	51
Belemnitidæ.	—	140
Sepiadæ.	50	16
Spirulidæ.	3	—
	204	189

Tetrabranchiata.

	VIV.	FOSS.
Nautilidæ.	6	} 593
Orthoceratidæ.	—	
Ammonitidæ.	—	1,600
	6	2,193

GASTEROPODA.

Prosobranchiata.

	VIV.	FOSS.
Strombidæ[4].	87	593

---

[1] Voyez aussi Rev. J.-G. Cumming, *Isle of Man.* 1849, p. 89.
[2] *Tableaux de la nature.*
[3] Burchell, in Darwin, *Journal*, p. 87.
[4] En y comprenant les *Aporrhais.*

	VIV.	FOSS.
Muricidæ	995	703
Buccinidæ	1,144	552
Conidæ	856	462
Volutidæ	686	210
Cypræidæ	227	97
Naticidæ	268	340
Pyramidellidæ	216	594
Cerithiadæ	192	610
Melaniadæ	424	50
Turritellidæ [1]	329	290
Littorinidæ	410	220
Paludinidæ	217	110
Calyptræidæ	160	101
Turbinidæ	853	906
Haliotidæ	104	156
Fissurellidæ	201	76
Neritidæ	428	103
Patellidæ	568	101
Dentalidæ	50	125
Chitonidæ	250	57
	8,465	5,819

Pulmonifera.

Helicidæ	4,750	316
Limacidæ	95	4
Limnæidæ	552	185
(P. marins)	195	57
(P. nus)	56	—
	5,404	542

Pulmonifera operculata.

Cyclostomidæ	905	45
Aciculidæ	28	1
	931	46

Tectibranchiata.

Tornatellidæ	62	166
Bullidæ	168	88
Aplysiadæ	84	4
Pleurobranchidæ	28	5
Phyllidiadæ	14	—
	356	263

Nudibranchiata.

Doridæ	160	—
Tritoniadæ	58	—
Æolidæ	101	—
Phyllirhoidæ	6	—
Elysiadæ	13	—
	318	—

Nucleobranchiata.

	VIV.	FOSS.
Firolidæ	33	1
Atlantidæ	22	159
	55	160

PTEROPODA.

Hyaleidæ	52	95
Limacidæ	19	—
Clionidæ	14	—
	85	95

BRACHIOPODA.

Terebratulidæ	67	540
Spiriferidæ	—	580
Rhynchonellidæ	4	422
Orthidæ	—	528
Productidæ	—	146
Craniadæ	5	57
Discinidæ	10	90
Linguidæ	16	99
	102	1,812

CONCHIFERA.

Ostreidæ	426	1,562
Aviculidæ	94	658
Mytilidæ	217	551
Arcadæ	560	1,142
Trigoniadæ	3	159
Unionidæ	549	58
Chamidæ	50	62
Hippuritidæ	—	105
Tridacnidæ	8	5
Cardiadæ	200	560
Lucinidæ	178	446
Cycladidæ	176	144
Cyprinidæ	176	956
Veneridæ	600	529
Mactridæ	147	58
Tellinidæ	560	388
Solenidæ	65	81
Myacidæ	121	554
Anatinidæ	246	400
Gastrochænidæ	40	55
Pholadidæ	81	50
	4,295	7,419

[1] Avec les *Scalaria.*

RÉSUMÉ GÉNÉRAL.

	VIVANTS.	FOSSILES.
Dibranchiata.	204	189
Tetrabranchiata.	6	2,195
Prosobranchiata.	8,465	5,819
Pulmonifera inoperculata.	5,404	542
Pulmonifera operculata.	951	46
Tectibranchiata.	556	263
Nudibranchiata.	518	—
Nucleobranchiata.	55	160
Pteropoda.	85	95
Brachiopoda.	102	1,842
Conchifera.	4,295	7,419
	20,502	18,56

CHAPITRE IV

DE LA RÉCOLTE DES COQUILLES

Les circonstances dans lesquelles l'on trouve les coquilles et la manière de les recueillir sont des sujets si intimement unis que l'on doit éviter de les traiter séparément.

Les naturalistes distinguent entre les *habitats*, ou localités géographiques des espèces, et les *stations* ou circonstances dans lesquelles celles-ci se trouvent ; nous n'avons fait jusqu'ici que peu d'allusions à ce dernier sujet (p. 7).

Les *coquilles terrestres* sont surtout abondantes sur les sols calcaires (p. 50), et dans les climats chauds et humides. Les espèces des îles Britanniques doivent être récoltées plus volontiers en automne, lorsqu'elles ont atteint toute leur croissance, et qu'elles se montrent pendant les rosées du matin et du soir. Quelques espèces, telles que le *Bulimus acutus* se trouvent seulement près de la mer ; le *Bulimus Lackamensis* monte sur les troncs des hêtres, sur les dunes de craie et les Cotswolds ; les *Pupa Juniperi* et *Helix umbilicata* se rencontrent principalement sur les rochers et les murs. On peut se procurer, au pied des arbres, même en hiver, pendant les temps doux, les *Clausilies* qui fréquentent les mousses ; l'on prend quelquefois en abondance les petites espèces de *Pupa* (ou *Vertigo*) en fauchant l'herbe mouillée avec une filoche à insectes ; l'*Acicula fusca* vit au pied des herbes ; la *Cionella acicula* se trouve dans les vieux os (tels que ceux que l'on rencontre dans les lieux de sépulture Danois !), et quelquefois en transplantant des bulbes de fleurs ; l'*Helix aculeata* a été trouvée à la face inférieure des feuilles (par exemple de celles du sycomore), à quelques pieds du sol.

Dans les pays tropicaux, un grand nombre de mollusques terrestres ont des habitudes arboricoles. Les palmiers des Antilles (tels que l'*Oreodoxa regia*) forment la retraite de prédilection de beaucoup d'espèces d'Hélicides. M. Couthouy a trouvé le *Bulimus auris leporis* sur les orangers et les myrtes, près de Rio, et les *Partula* et *Helicina* sur les *Dracæna* et les bananiers des îles de la Polynésie ; lors de l'expédition du capitaine Owen Stanley, les matelots du navire de la marine anglaise le *Rat-*

tlesnake, devinrent habiles à collecter les *Geotrochus* sur les arbres des îles Australiennes.

Les grands Bulimes et les grandes Achatines pondent quelquefois leurs œufs en captivité [1].

Voici quelques exemples de l'altitude à laquelle l'on trouve certains mollusques terrestres :

> Helix pomatia, 1520 mètres. — Alpes. (Jeffreys.)
> — rupestris, 365-1520 m.
> — bursatella, Gould, 600-1520 m. — Tahiti.
> Bulimus vibex, 2150 m. Inde. (Benson.)
> — nivicola et ornatus, 4260 m.
> — Lamarckianus, 2435 m. — Nouvelle-Grenade.
> Achatina latebricola, 1220-2150 m. — Landour.
> Pupa Halleriana, 365-761 m. — Alpes.
> — tantilla, 600 m. — Tahiti.
> Clausilia Idæa, 1675 m. — Mont Ida.
> Vitrina glacialis, Forbes, 2435 m. — Mont Rose.
> — annularis, 600-900 m. Burgos. (M. Andrew.)
> — Teneriffæ, 600-1890 m. — Madère.
> Helicina occidentalis, Guilding, 600 m. — Saint-Vincent.
> (Limnæa Hookeri, 5485 m. — Thibet).

Les mollusques terrestres des régions chaudes et sèches restent engourdis pendant de longues périodes (p. 15) et n'exigent aucun soin pendant plusieurs mois, après qu'ils ont été récoltés [2].

On collecte les *coquilles d'eau douce* avec une filoche à insectes, ou un troubleau assez fort pour pouvoir soulever des masses de plantes aquatiques. Les glaïeuls et les roseaux fortement enracinés doivent être arrachés avec une gaffe, et l'on peut se procurer des Cyclades, aussi bien que des univalves, en secouant les plantes aquatiques sur le filet. Le meilleur instrument pour s'emparer des *Unio* est un bassin de fer blanc, troué comme un tamis, et adapté à l'extrémité d'un bâton ou d'une tige articulée. (Pickering.)

Dans certaines localités, les coquilles d'eau douce sont toutes très-érodées (p. 34) ou recouvertes d'un dépôt ferrugineux. Il est convenable de trouver les localités où les échantillons sont dans les meilleures conditions, avant de se mettre à en collecter de grandes quantités. On doit toujours conserver les *opercules* avec les coquilles auxquelles ils

---

[1] Ces énormes coquilles doivent être récoltées dans un panier, tandis que les petites coquilles terrestres des pays découverts et rocailleux peuvent être mises dans un sac de coton pendu à un bouton de l'habit.

[2] Les Gastéropodes terrestres et d'eau douce peuvent être tués instantanément dans de l'eau bouillante, pourvu que l'on n'agisse que sur un petit nombre à la fois ; on les refroidit ensuite en les transportant dans de l'eau froide. Chaque collecteur trouve des procédés pour sortir plus ou moins complétement les animaux de leur coquille ; les mollusques qui, comme les Clausilies, se retirent au delà du point que l'on peut atteindre avec une épingle recourbée, peuvent être noyés dans l'eau tiède.

appartiennent; ceux des *Cyclostomacés* et ceux des *Mélaniens* sont particulièrement intéressants.

Les *Auriculacés* se rencontrent surtout dans les lieux humides, près de la mer, ainsi dans les endroits vaseux où croissent les mangliers, dans les criques et sur les bords de rivières, là où l'eau devient saumâtre. Les *Amphibola* et les *Assiminea* se trouvent dans les étangs salés; les *Siphonaria* et les *Peronia* sur la plage, entre le niveau de la haute et celui de la basse mer.

Récolte des coquilles marines. Les remarques suivantes ont été écrites par un conchyliologiste qui a une grande expérience du sujet, M. W. J. Broderip. — « Pendant que la mer est la plus basse, le collecteur doit se promener au milieu des rochers et des flaques, près de la plage, et chercher sous les saillies des rochers aussi loin que ses bras peuvent atteindre. Un râteau de fer à dents longues et serrées sera un instrument utile dans ces circonstances. Il faut retourner toutes les pierres qui peuvent être remuées et toutes les algues, en ayant soin de protéger ses mains avec des gants, et ses pieds avec des souliers et des bas contre les piquants acérés des Oursins, les rayons dorsaux de certains poissons et l'irritation produite par les méduses. La *spatule* ou couteau à étui est d'un grand secours pour détacher les Oscabrions et les Patelles que l'on a à chercher sur les côtes rocheuses. Ceux qui ont voué une certaine attention à la conservation des Oscabrions ont reconnu qu'il était nécessaire de les faire mourir comprimés entre deux planches. On peut enlever les Oreilles de mer (*Haliotis*) des rochers auxquels elles adhèrent, en jetant sur elles un peu d'eau chaude, et en leur donnant ensuite, avec le pied, une brusque secousse de côté; on arrive ainsi à un résultat que l'on n'aurait pas obtenu par la seule violence, sans briser la coquille. Il faut retourner les Madrépores roulés et les fragments de rochers détachés; ils servent souvent de retraite à des Porcelaines et à d'autres mollusques. L'on trouve en général une foule de coquillages dans les récifs de coraux. » Dans les régions à coraux l'on doit employer les indigènes qui peuvent être d'un grand secours en plongeant ou en marchant à gué dans l'eau.

On peut profiter des grandes marées, surtout aux équinoxes, pour examiner les parties basses de la plage qui ne sont pas ordinairement accessibles. Beaucoup de bivalves s'enfouissent dans le sable et dans la vase à l'extrême limite des basses eaux, et on peut se les procurer vivants en creusant avec une bêche ou une fourchette; l'on en trouve d'autres occupés à creuser les pieux et les rochers, et l'on a besoin du marteau et du ciseau pour les extraire [1].

M. Joshua Alder remarque, que « en recueillant dans les rochers, la

---

[1] L'on peut mettre les bivalves dans l'eau bouillante et une fois que la coquille bâille, retirer leurs parties molles. Il faut prendre garde de rompre le ligament ou la charnière, surtout dans les genres (comme ceux des *Anatinides*) qui sont pourvus d'un *osselet*.

chose principale est de regarder avec attention, surtout dans les crevasses et sous les pierres. La meilleure manière d'obtenir les petites espèces qui habitent les algues est de ramasser ces plantes et de les plonger pendant quelque temps dans un bassin d'eau de mer ; l'on en voit alors sortir les petits mollusques. Si l'on veut seulement se procurer les coquilles, le moyen le plus sûr et le plus prompt est de plonger les algues dans l'eau douce, ce qui fait immédiatement tomber les animaux au fond. »

Les mollusques qui flottent à la surface, dans la haute mer, surtout dans les latitudes tropicales, sont comparativement peu connus. De bons dessins et des descriptions faites d'après le vivant, ont une très-grande valeur. « Il serait très-désirable d'avoir des échantillons entiers de l'animal de la Spirule ; si l'on pouvait le capturer vivant, il faudrait observer ses mouvements dans un vase plein d'eau de mer, et voir s'il a le pouvoir de monter et de descendre à volonté, quelle est sa manière de nager, et quelle est sa position pendant ces mouvements et lorsqu'il est au repos. L'on devrait ouvrir sous l'eau sa coquille cloisonnée pour s'assurer si elle contient un gaz, et il faudrait autant que possible déterminer la nature de celui-ci. L'on devrait faire sur le Nautile les mêmes observations qui présenteraient une plus grande précision et une plus grande facilité à cause de sa taille plus considérable. » (Owen[1].)

Le *filet traînant* pélagique, employé par M. Mac Gillivray « consistait en un sac d'étamine (semblable à celle dont on se sert pour les drapeaux), de 60 centimètres de profondeur, et dont l'ouverture était cousue autour d'un cercle de bois de 55 centimètres de diamètre ; trois bouts de cordes de 15 centimètres de long, étaient fixés au cercle à des intervalles égaux et avaient leurs extrémités attachées ensemble. L'on remorquait le filet à l'arrière, en dehors du sillage du navire, au moyen d'une forte corde attachée à l'une des embarcations de portemanteau, ou tenue à la main. L'on réglait la longueur de corde nécessaire d'après la vitesse du navire et le degré de tension produit par le filet en partie immergé[2]. »

Pêche au chalut. M. John W. Woodall, de Scarborough, a eu l'obligeance de nous fournir les dessins ci-dessous accompagnés des notes et des renseignements suivants : « B, *fig.* 52, est destiné à représenter un *chalut* en mouvement au fond de la mer. Les pièces latérales sont en fer, la traverse supérieure est en bois, et le bord inférieur du filet est retenu en bas contre le sol par le moyen d'une chaîne qui est corroyée ou enveloppée de vieille corde. La traverse a en général de 12 à 15 mètres de long, et environ 20 centimètres en carré. Le filet a environ 27 mètres de profondeur, avec une paire de poches à l'intérieur. Lorsque le filet a été hissé à bord pour prendre le poisson qu'il contient, on

<hr>

[1] *Admiralty Manual of Scientific Inquiry*, in-8°, Londres, 1849.
[2] Voyage of H. M. S. *Rattlesnake*. Vol. I, p. 27.

détache l'extrémité. Ces filets ne peuvent être employés que là où le
fond de la mer est dépourvu de rochers. Ils sont traînés par des bateaux
de 55 à 60 tonneaux, montés par quatre à six hommes et deux à trois
mousses. Près de Scarborough, on pêche entre les récifs de la côte et

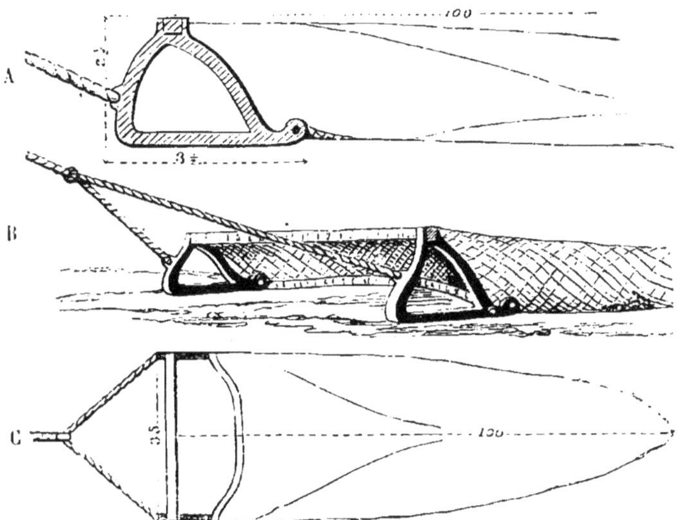

Fig. 52. — Chalut. — A, vue de côté; B, filet en action; C, plan.

les rochers du large, qui sont éloignés de 6,500 à 16,000 mètres de la
terre; le fond est sablonneux ou argileux, avec de 7 à 27 mètres d'eau
du côté de la terre, et de 50 à 45 mètres du côté du large. » On prend
avec le chalut d'immenses quantités de crustacés et de coquillages, ainsi
que des poissons de fond.

Filets à Maquereau (Kettle nets)[1]. Sur la côte plate et sablonneuse
du Kent et du Sussex, on pêche le maquereau en plantant des pieux
de 5 mètres à 5^m,50 de haut, à des intervalles de 5 mètres les uns
des autres, en lignes s'étendant au large à partir du point du rivage où
vient la haute mer, jusqu'à celui de basse mer en mortes eaux, se retournant alors dans la direction du courant de marée. On attache à ces
pieux des filets garnis de plombs et on les laisse aussi longtemps que
les poissons sont sur la côte. On prend souvent des Seiches dans ces
filets.

Pêche en eau profonde. Dans le nord de la Grande-Bretagne, on fait
une pêche de fond très-importante au moyen de longues lignes ayant

[1] Sur la côte de Normandie, on nomme ces sortes de pêcheries des *parcs*. (Note
communiquée au traducteur par M. de Folin).

souvent un mille de long, garnies d'hameçons et d'amorces placés à quelques mètres les uns des autres. Ces lignes sont placées près de la côte pendant la nuit et levées le lendemain matin. Lorsque les lignes ont été posées, les bateaux restent sur place pendant quelques heures, et ensuite lèvent les lignes. Les Buccins qui sont carnassiers adhèrent à celles des amorces qui n'ont pas été happées par les poissons, et quelquefois on en prend de cette manière un boisseau sur une seule ligne. On a quelquefois trouvé sur ces lignes la *Rhynchonella psittacea*, la *Panopæa Norvegica*, les Velutines et quelques espèces rares de *Fusus*; les bivalves sont enlacés accidentellement par les hameçons.

Pour prendre des Buccins sur un fond rocheux, l'on peut faire un filet semblable à celui que l'on emploie pour les crabes et les homards, en fixant un sac lâche à un cercle de fer de 1 mètre de diamètre. On attache celui-ci à une corde avec trois ficelles de longueur égale ; on met pour amorce du poisson mort, et on le laisse descendre depuis un vaisseau à l'ancre ou, mieux encore, depuis une bouée. On le pose le soir, et on le relève doucement le matin suivant.

M. d'Urban nous apprend que les *Natica Alderi* et *monilifera* se trouvent fréquemment dans les pots à homards, à Bognor, dans le Sussex; elles y entrent pour dévorer les amorces.

Dragage. Les dragues dont l'on se sert pour la pêche des huîtres et des Buccins sont si grossièrement faites qu'elles gâtent les animaux marins plus délicats, et laissent échapper tous ceux de petite dimension. Il est par conséquent nécessaire d'avoir des instruments spécialement adaptés aux recherches des naturalistes.

La figure 53 est un plan, et la figure 54 une vue de côté d'une petite drague appartenant à M. J. S. Bowerbank, et convenable pour les re-

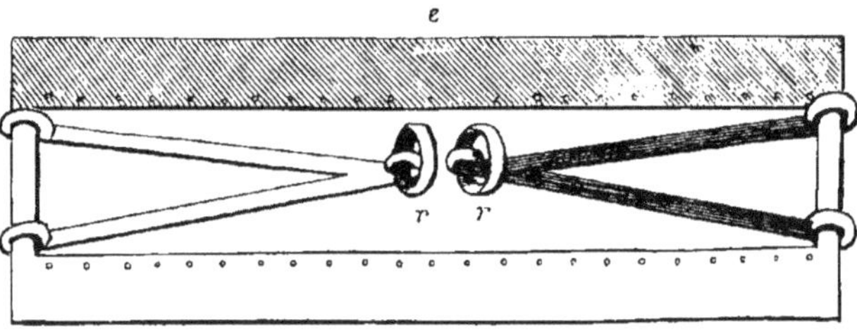

Fig. 53. — Plan du cadre de la monture d'une drague, réduit à 1/8.

cherches qu'un amateur peut faire sur les côtes d'Angleterre. Elle est faite de fer forgé, et a des articulations mobiles qui permettent de la plier et de la porter à la main. Le sac attaché à la drague est formé de deux pièces de cuir brut (*h*, *h*) reliées à l'extrémité et au fond par un filet (*n*) fait de ligne de pêche pour la morue et destiné à laisser échap per l'eau; il est fixé à la monture par du fil de cuivre, passé à travers des œillets. La corde de halage est attachée aux anneaux (r, r), et une fois au fond, le cadre râcle avec l'un ou l'autre de ses bords tranchants (e, e'). L'ouverture est étroite pour empêcher qu'il n'entre des pierres trop grosses et trop lourdes.

L'on ne doit pas essayer de draguer dans un bateau à rames, à moins que ce ne soit près de la côte, dans une eau tranquille, et avec une profondeur qui ne dépasse pas de 9 à 18 mètres. On peut le faire avec un bateau léger contenant deux personnes, dont l'une rame tandis que l'autre tient la corde de la drague qui passe par-dessus le bord, près de l'arrière.

Les pêcheurs qui draguent les Buccins et les Huîtres emploient un bateau à voile ponté, et font marcher plusieurs dragues à la fois, chacune devant être manœuvrée par un homme. Les dragues sont mises à l'eau du côté du vent et les funes sont amarrées à un taquet sur la muraille. Chaque dragueur tient sa fune à la main ; après lui avoir fait faire un tour sur le taquet, il règle le dragage au moyen de l'orin. Quand il a été parcouru une distance suffisante ou que les cordes sont trop tendues à cause du poids de la vase et des pierres entraînées, le navire est arrêté ; on hisse les dragues et on les vide [1].

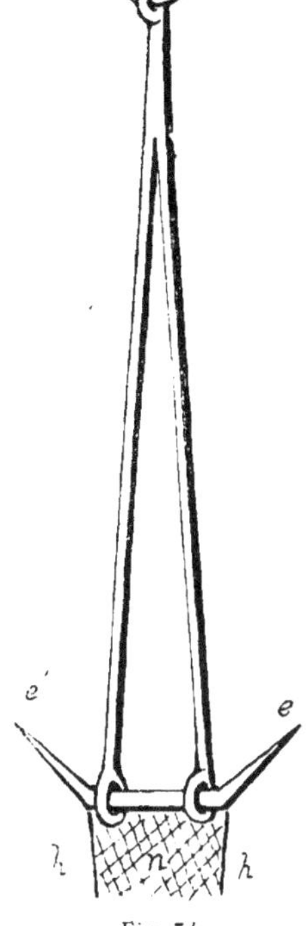

Fig. 34.

La longueur de la corde doit être environ double de la profondeur de l'eau. Si la corde est trop courte, la drague effleure seulement le fond ; si elle est trop longue, l'appareil risque de s'accrocher et de rester fixé. Quand le fond est formé de sable mouvant ou de vase molle, la fune doit être raccourcie, ou il faut donner plus d'erre au navire ; autrement la drague s'enfoncerait trop dans le fond.

La force de la corde devrait être suffisante pour ancrer le bateau dans une eau calme, — quoiqu'elle ne le fût naturellement pas avec une grande vitesse, — de sorte que si la drague se surjale, il faut laisser filer l'orin et soulager la tension pendant que le bateau est ramené en arrière. La drague pourra ordinairement chavirer et être relevée.

M. Cuming, en draguant sur un fond de corail, employait une haus-

---

[1] Un amateur peut aller en mer avec les pêcheurs et surveiller sa propre drague presque à toute époque de l'année, quoique la pêche des huîtres ne soit pas permise en été. Les bancs de peignes qui sont près de Brighton sont situés par 27 mètres d'eau, presque hors de vue de la terre. Il n'est pas toujours possible de les explorer et de revenir avant la nuit.

sière de 7 à 8 centimètres, et avait une bouée attachée à la drague par une corde de 3 centimètres. La haussière se rompit plus d'une fois et la drague resta au fond toute la nuit, mais fut reprise le jour suivant.

Les recherches de M. Mac Andrew sur les côtes de Norwége ont été faites avec *la Naïade*, yacht de 70 tonneaux, et elles se sont étendues depuis le rivage jusqu'à une profondeur de 457 mètres. La drague employée était au moins deux fois aussi forte et aussi lourde que celle que nous avons figurée; elle était forgée d'une seule pièce et ne pouvait pas se plier. Le sac était fixé sur le cadre au moyen de lanières coupées dans la peau. Il fallait, avant de s'en servir, la traîner à l'arrière pendant une couple d'heures pour la ramollir. En trois mois de travail on n'a employé que deux peaux de vaches et l'une d'elles fut déchirée par accident sur des rochers tranchants. Il y avait à bord plusieurs dragues de réserve, mais elles ne furent pas nécessaires.

L'on ne peut draguer dans une eau profonde (de 90 à 550 mètres) que par un temps calme et avec une brise légère. On fait lofer le yacht en mettant la barre dessous; on traverse les écoutes de foc; la grande voile est établie haut et boulée au vent et le tapecu rentré; la flèche en cul est aussi établie; alors le navire dérive. On jette la drague au vent en filant la fune qui s'amarre au milieu du bâtiment. L'orin a été lové de façon à pouvoir le filer rapidement. Quand on veut rentrer la drague on passe la fune dans une poulie de retour fouettée sur les haubans et on range tout son monde dessus (quinze hommes), si cela est nécessaire. Lorsque la profondeur ne dépasse pas 90 mètres, l'on emploie une embarcation avec trois hommes et deux dragueurs.

Si la drague se surjale, on passe la corde dans le bateau; on amène celui-ci au-dessus de la drague et on la hisse. Dans une eau très-profonde (275 mètres), la corde de la drague est portée en avant, fixée à l'avant, et le yacht lui-même est hâlé au vent jusqu'à ce qu'il soit à pic au-dessus de la drague, que l'on ramène alors sans difficulté.

On lave le contenu de la drague et on le passe sur deux tamis, l'un d'un quart de pouce ($6^{mm},5$), l'autre très-fin. La drague est vidée dans le tamis grossier et lavée dans la mer depuis le bateau, ou si c'est dans le yacht, on le place dans un cadre en fer, en dehors du bord et on verse sur lui des seaux d'eau. On peut sécher et examiner à loisir le sédiment qui reste sur le tamis fin pour y rechercher les petites coquilles.

Il faut immédiatement passer dans l'eau chaude les coquilles obtenues en draguant, et en enlever les animaux, à moins que l'on n'ait besoin de ceux-ci pour les étudier (p. 163). Les bivalves, qui restent béants, ont besoin d'être attachés avec du coton; les *opercules* des univalves doivent être fixés dans l'ouverture de la coquille avec de la ouate. Les petits gastéropodes peuvent être mis dans de l'esprit de vin ou de la glycérine pour épargner du temps. Dans les climats chauds les mouches et les fourmis aident à l'enlèvement des débris d'animaux qui sont restés dans les coquilles spirales ; le chlorure de chaux peut être employé pour les désinfecter.

On doit à M. Petit de la Saussaye des instructions très-complètes sur la récolte et la conservation des coquilles, publiées dans le *Journal de Conchyliologie*, pour 1850, page 215, et 1851, pages 102, 226.

On assure qu'une dissolution saturée de chlorhydrate d'ammoniaque (10 parties) et de sublimé corrosif (1 partie, préalablement dissoute dans l'alcool), peut conserver la forme et la couleur des mollusques ; mais cette préparation est coûteuse et dangereuse.

Les « notes de dragage » suivantes, tenues sur le plan recommandé par E. Forbes, ont été choisies par M. Barrett pour montrer les espèces de coquilles que l'on trouve à diverses zones de profondeur.

Notes de dragages, soit registres de recherches faites sur la côte de Norwége, par MM. R. Mac Andrew et Lucas Barrett.

I

Date. . . . . 1er juillet 1855.
Localité. . . . . Tromsoë (Nordland).
Profondeur. . . . . Entre le niveau de la haute et de la basse mer.
Nature du fond. . . . . . Rochers et sable.

ESPÈCES	NOMBRE DES ÉCHANTILLONS VIVANTS	NOMBRE DES ÉCHANTILLONS MORTS	OBSERVATIONS
Mya truncata.	6	Abondants.	Dans le sable.
Tellina incarnata.	Abondants.	Abondants.	Dans le sable.
Astarte compressa.	1	0	Sur le sable.
— borealis.	5	Abondants‴ [1]	Sur le sable.
Cardium edule.	Abondants.	Abondants.	Dans le sable.
Crenella discors.	Abondants.	0	Couvrant la surface inf. des pierres.
Acmæa testudinalis.	Abondants.	0	Sur les rochers.
Margarita undulata.	6	0	Sur les algues.
— helicina.	8	0	Sur les algues.
Littorina littorea.	Abondants.	0	Sur les rochers.
— rudis.	Abondants.	0	Sur les rochers.
Lacuna vincta.	2	0	Sur les algues.
Natica pusilla.	2	0	Sur le sable.
— clausa.	Abondants.	0	Sur les rochers.
Purpura lapillus.	Abondants.	Abondants.	Sur les rochers.
Buccinum undatum.	Abondants.	0	Sur les rochers et le sable.
— cyaneum.	Abondants.	0	Sur les rochers.
Bela turricula.	10	0	Sur les rochers.
Doris Johnstoni.	8	0	

NOTA. L'on n'a pas rencontré d'échantillons de *Trochus* ni de *Patella vulgata*.

[1] Les nombres marqués d'accents, dans la colonne des « échantillons morts » se rapportent aux valves séparées des *Conchifères* et des *Brachiopodes*.

II

Date. . . . . 5 juillet 1855.
Localité. . . . . Près de Hammerfest (Finmarck).
Profondeur. . . . . 15 à 37 mètres.
Distance de la côte. . . . . . . Très-près de la côte.
Nature du fond. . . . . Sable et nullipores.

ESPÈCES	NOMBRE DES ÉCHANTILLONS VIVANTS	NOMBRE DES ÉCHANTILLONS MORTS	OBSERVATIONS
Saxicava arctica.	4	0	Jeunes.
Mya truncata.	4	5	Jeunes.
Thracia convexa.	4	0	Dans le sable.
Tellina proxima.	0	4'	
Mactra elliptica.	1	0	
Venus ovata.	5	0	
Venus striatula.	Abondants.	0	
Cyprina Islandica.	Abondants.	Abondants'.	
Astarte compressa.	Abondants.	0	
Cardium fasciatum.	6	0	
Modiola modiolus.	1	4'	
— phascolina.	5	0	
Leda caudata.	2	1	
Pecten Islandicus.	0	2'	
Chiton asellus.	2	0	
— marmoreus.	2	0	
Acmæa virginea.	5	2	
— testudinaria.	0	1	
Patella pellucida.	6	0	
Dentalium entale.	4	2	
Trochus tumidus.	Abondants.	Abondants.	
— cinerarius.	1	0	
Margarita helicina.	12	0	
— undulata.	Abondants.	Abondants.	
— cinerea.	6	2	
Velutina lævigata.	0	1	
Buccinum undatum.	0	5	
Trophon clathratus.	1	0	
— Gunneri.	1	0	
Bela rufa.	1	0	
— turricula.	0	4	
Mangelia nana.	2	0	

III

Date. . . . . 5 juillet 1855.
Localité. . . . . Ile d'Arnoë (Finmarck).
Profondeur. . . . . 15 à 40 mètres.
Distance de la côte. . . . Très-près de la côte.
Nature du fond. . . . . . Laminaires, etc.

ESPÈCES	NOMBRE DES ÉCHANTILLONS VIVANTS	NOMBRE DES ÉCHANTILLONS MORTS	OBSERVATIONS
Saxicava arctica.	5	Abondants'.	Jeunes.
Thracia convexa.	1	0	

ESPÈCES	NOMBRE DES ÉCHANTILLONS VIVANTS	NOMBRE DES ÉCHANTILLONS MORTS	OBSERVATIONS
Venus ovata.	1	3′	
Cyprina Islandica..	2	Abondants′.	
Astarte crebricostata.	Abondants.	Abondants.	
— elliptica..	12	Abondants.	
— compressa.	Abondants.	Abondants.	
Cardium fasciatum..	Abondants.	Abondants.	
Cryptodon flexuosus. . . .	1	6′	
Modiola modiolus..	1	Abondants′.	
Crenella decussata.	Abondants.	Abondants.	
Leda pernula..	Abondants.	Abondants.	
Pecten Islandicus..	5	Fragments.	
Anomia ephippium..	Abondants.	0	Jeunes.
— aculeata.	Abondants.	0	
Chiton marmoreus.	1	0	
Dentalium entale..	4	Abondants.	
Trochus tumidus..	Abondants.	Abondants.	
— cinerarius.	Abondants.	Abondants.	
Margarita cinerea.	Abondants.	Abondants.	
— undulata..	Abondants.	Abondants.	
— helicina.	Abondants.	Abondants.	
Lacuna vincta.	Abondants.	Abondants.	
Littorina littoralis.	5	0	
Rissoa parva.	Abondants.	0	
Natica clausa..	4	0	
— pusilla..	0	1	
Velutina lævigata..	5	0	
— flexilis.	1	0	
Trichotropis borealis.	5	0	
Nassa incrassata.	4	0	
Mangelia nana.	8	0	
Bela turricula.	Abondants.	0	
Trophon Gunneri..	12	0	
— clathratus..	5	0	

IV

Date.. . . . .   Juillet 1855.
Localité. . . . .   Ile Vigten (Drontheim sept.).
Profondeur. . . . .   55 mètres.
Distance de la côte. . . .   400 mètres.
Nature du fond.. . . . . .   Banc de coraux.

ESPÈCES	NOMBRE DES ÉCHANTILLONS VIVANTS	NOMBRE DES ÉCHANTILLONS MORTS	OBSERVATIONS
Arca nodulosa.	5	5	
Leda caudata..	2	0	
Voldia lucida..	5	0	
Astarte sulcata..	5	4′	
Pecten Islandicus..	0	2′	
Lima excavata.	0	1′	
Lucina Sarsii..	0	1	
Cryptodon flexuosus.	2	0	
Modiola phaseolina.	10	0	

ESPÈCES	NOMBRE DES ÉCHANTILLONS VIVANTS	NOMBRE DES ÉCHANTILLONS MORTS	OBSERVATIONS
Anomia ephippium.	Abondants.	0	
Venus ovata.	0	2	
Terebratulina caput serpentis.	20	Abondants.	
Chiton asellus.	4	0	
Puncturella noachina.. . . .	2	0	
Emarginula fissura..	1	2	
— crassa.	0	1	
Margarita cinerea..	1	0	
— alabastrum.. . . .	1	0	
Trophon Barvicensis.	1	0	

V

Date. . . . . 23 juin 1855.
Localité.. . . . . Omnaesöe (Nordland).
Profondeur. . . . . . 55 à 75 mètres.
Distance de la côte. . 800 mètres.
Nature du fond. . . . Pierres et sable.
Nombre des levées.. . Quatre.

ESPÈCES	NOMBRE DES ÉCHANTILLONS VIVANTS	NOMBRE DES ÉCHANTILLONS MORTS	OBSERVATIONS
Saxicava arctica.	6	2	
Tellina proxima.	0	1	
Venus ovata.	2	0	Petits.
Cyprina Islandica.	2	Abondants.	
Astarte elliptica.	4	0	
— compressa.	6	0	
Cardium fasciatum.	2	0	
— Suecicum.	5	4'	
Modiola phaseolina.	200	Abondants.	Grands.
Crenella nigra.	0	1	Grands.
Nucula nucleus.	0	5	
— tenuis.	4	Abondants.	
Leda caudata..	2	0	
Arca pectunculoides..	12	10'	Grands.
Pecten striatus.	2	0	
— tigrinus..	5	6	
— similis.	1	0	
— Islandicus..	0	1'	Grand et récent.
Terebratula cranium.	80	10	
Terebratulina caput serpentis.	1	0	
Crania anomala.	12	0	Beaucoup de pierres portaient la valve attachée.
Chiton Hanleyi.	3	0	
Lepeta cæca.	4	0	
Acmæa virginea.	10	6	
Pilidium fulvum.	Abondants.	4	
Puncturella noachina.. . . .	2	1	
Trochus millegranus.	2	0	
Eulima polita.	1	0	

ESPÈCES	NOMBRE DES ÉCHANTILLONS VIVANTS	NOMBRE DES ÉCHANTILLONS MORTS	OBSERVATIONS
Natica nitida	5	2	
— helicoides	0	1	
— pusilla	0	1	
Velutina lævigata.).	1	0	Grands.
Trichotropis borealis	6	5	
Nassa incrassata	1	0	Variété carénée.
Fusus antiquus	0	2	
Trophon clathratus	0	1	
Mangelia turricula	1	0	
Tornatella fasciata	0	2	Jeunes.
Buccinum undatum	6	0	
Pleurotoma nivalis	10	15	

VI

Date. . . . . 20 juillet 1855.
Localité. . . . . Au nord de Rolphsoë (Finmarck).
Profondeur. . . . . 242 à 550 mètres.
Distance de la côte. . . . . 800 mètres.
Nature du fond. . . . . Sable.
Nombre des levées. . . . . Deux.

ESPÈCES	NOMBRE DES ÉCHANTILLONS VIVANTS	NOMBRE DES ÉCHANTILLONS MORTS	OBSERVATIONS
Cyprina Islandica	0	5	
Neæra cuspidata	0	2'	
Leda caudata	0	5'	
Yoldia lucida	1	2'	
Pecten Islandicus	0	Abondants.	Petits.
— similis	0	1	
Arca pectunculoides	1	0	
Syndosmya prismatica	0	1	
Cryptodon flexuosus	0	1	
Mactra elliptica	0	2"6'	
Cardium fasciatum	0	2	
— Succicum	0	5	
Astarte sulcata	1	0	
Anomia ephippium	Abondants.	0	
Crenella decussata	2	Abondants.	
— nigra	0	2'	
Terebratula cranium	5	0	
Rhynchonella psittacea	1	2	
Dentalium entale	Abondants.	Abondants.	
Puncturella noachina	Abondants.	0	
Lepeta cæca	2	0	
Pleurotoma nivalis	1	2	
Fusus? sp.	0	Très-jeunes.	
Buccinum Humphreysianum	0	1	
Bela turricula	2	0	
Margarita cinerea	5	4	
— undulata	0	2	
— alabastrum	0	1	

VII

Date. . . . . 25 juillet 1855.
Localité. . . . . Devant l'île d'Arnöe (Finmarck).
Profondeur. . . . . 565 mètres.
Distance de la côte. . . . . 6,400 mètres.
Nature du fond. . . . . Vase.

ESPÈCES	NOMBRE DES ÉCHANTILLONS VIVANTS	NOMBRE DES ÉCHANTILLONS MORTS	OBSERVATIONS
Pecten similis.	6	2'	
Cryptodon flexuosus.	4	0	
Neæra cuspidata.	0	1	
Arca pectunculoides.	1	5	
Nucula tenuis.	2	0	
Yoldia lucida.	4	6	
Modiola phaseolina.	2	0	
Cardium Suecicum.	2	0	
Crenella decussata.	1	0	
Astarte crebricostata. . . .	0	4"	
Terebratula cranium.	0	2'	
Dentalium entale.	1	2	
— sp.	1	8	
— quinquangulare (Forb.)	1	0	
Eulima bilineata.	2	2	
Eulimella Scillæ.	0	5	
Mangelia Trevelliana.	0	1	
Bela rufa.	0	1	
Philine quadrata.	0	1	

Notes de dragages, soit registres de recherches faites dans la mer Égée, par E. Forbes.

I

Date. . . . . 29 mai 1841.
Localité. . . . . Baie de Nousa (Paros).
Profondeur. . . . . 9 à 11 mètres.
Distance de la côte. . . . . Dans l'intérieur de la baie.
Nature du fond. . . . . . Vase et vase sablonneuse.

ESPÈCES	NOMBRE DES ÉCHANTILLONS VIVANTS	NOMBRE DES ÉCHANTILLONS MORTS	OBSERVATIONS
Pinna squamosa.	0	1	Dans de la vase sablonneuse.
Modiola tulipa.	1	0	
Pecten polymorphus.	4	6'	
— hyalinus.	1	0	

ESPÈCES	NOMBRE DES ÉCHANTILLONS VIVANTS	NOMBRE DES ÉCHANTILLONS MORTS	OBSERVATIONS
Nucula margaritacea.	0	40′	Dans de la vase foncée.
Cytherea chione.	0	1	
— venetiana	1	3-3′	
— apicalis..	1	2-12′	
Artemis lincta.	0	1′	
Tapes virginea.	0	3′	
Venus verrucosa.	0	3′	
Tellina donacina.	0	1-3′	
— balaustina.	0	2′	
Syndosmya alba.	0	2-10′	
Lucina lactea.	0	2-28′	
— squamosa..	0	3′	
— rotundata.	0	4′	
Cardium rusticum.	0	1′	Une forte valve.
Cardium exiguum.	3	7′	
Cardita sulcata..	0	1′	
Patella scutellaris.	0	1	Rejetée là depuis la côte.
Calyptræa Sinensis.	0	2	
Bulla hydatis..	0	1	
Turritella triplicata..	0	1	
Trochus canaliculatus.. . . .	0	4	
Cerithium lima..	0	3	
— vulgatum.	12	8	
Murex fistulosus...	1	0	Dans de la vase foncée.
Aplysia depilans.	1	0	
Ostræa plicatula.	0	10′	

II

Date. . . . . 14 septembre 1842.
Localité.. . . . . . . Golfe de Smyrne.
Profondeur... . . . 48 mètres.
Distance de la côte.. 4 kilomètres.
Nature du fond. . . Fine vase brune.

ESPÈCES	NOMBRE DES ÉCHANTILLONS VIVANTS	NOMBRE DES ÉCHANTILLONS MORTS	OBSERVATIONS
Avicula Tarentina..	3	3	Adultes, adhérant les uns aux autres.
Saxicava arctica.	4	0	

III

Date. . . . .   5 août 1841.
Localité.. . . . . . .   Devant l'extrémité septentrionale de Paros.
Profondeur. . . . . .   75 mètres.
Distance de la côte.. .   6,400 mètres.
Nature du fond. . . .   Herbeux.

ESPÈCES	NOMBRE DES ÉCHANTILLONS VIVANTS	NOMBRE DES ÉCHANTILLONS MORTS	OBSERVATIONS
Pecten pusio.	5	4′	
— opercularis.	0	1	Petits.
Nucula margaritacea.	0	2′	
Cytherea apicalis..	0	1′	
Cardita squamosa..	1	1′	
Cardium papillosum.	0	2	
Fusus fasciolaroides.	1	0	Espèce nouvelle.
Murex brandaris.	0	5	
Vermetus gigas..	0	1	
— corneus.	5	0	Espèce nouvelle.
Trochus exiguus.	8	2	
Turbo rugosus..	1	0	
Pleurobranchus sordidus. . .	1	0	Espèce nouvelle.
Doris tenerrima.	2		Espèce nouvelle.
— gracilis.	2		
— coccinea	1		
Ascidium, 4 espèces.			
Aplidium, 2 espèces..			

IV

Date. . . . .   16 septembre 1841.
Localité.. . . . .   Au large des rochers Ananas.
Profondeur. . . . .   192 mètres.
Distance de la côte. . . .   A 5 kilom. des rochers ; à 16 kilom. de Milo.
Nature du fond. . . . . .   Nullipores.

ESPÈCES	NOMBRE DES ÉCHANTILLONS VIVANTS	NOMBRE DES ÉCHANTILLONS MORTS	OBSERVATIONS
Terebratula vitrea.	0	2′	Mortes et usées.
Megerlia truncata.	50	100-20′	De tout âge.
Argiope decollata..	100	400-6′	De tout âge.
— seminulum.	18	10-8′	
Morrisia anomioides.	1	0	Adhérant à la *T. vitrea*. -- Esp. nouv.
Crania ringens.	0	6′	
Lima elongata.	0	5′	Espèce nouvelle.
Pecten concentricus..	0	1′	Espèce nouvelle.
— fenestratus..	0	2′	Espèce nouvelle.
Spondylus Gussoni.	1	1′	

ESPÈCES	NOMBRE DES ÉCHANTILLONS VIVANTS	NOMBRE DES ÉCHANTILLONS MORTS	OBSERVATIONS
Arca lactea	1	7'	
— scabra	0	2'	
Neæra cuspidata	0	1'	
— attenuata	0	1'	Espéce nouvelle.
Fusus echinatus	0	2	
Pleurotoma crispata	0	2	Connu jusqu'alors seulement à l'état fossile.
— Maravignæ	0	2	Espèce nouvelle.
— abyssicola	0	4	Espèce nouvelle.
Mitra Philippiana	0	4	Espèce nouvelle.
Cerithium luna	0	8	
Trochus tinei	0	6	
— exiguus	1	9	
Turbo sanguineus	0	24	Connu jusqu'alors seulement à l'état fossile dans le bassin méditerranéen.
Rissoa reticulata	4	11	
Emarginula elongata	0	8	
Pileopsis Hungaricus	0	1'	Petit.
Acmæa unicolor	1	24	Espèce nouvelle.
Atlanta Peronii	0	2	Incrustés de Nullipores et rendus ainsi solides.
Hyalea gibbosa	0	1'	
Cleodora pyramidata	0	3	
Creseis clava	0	7	
— spinifera	0	10	

V

Date. . . . . 25 novembre 1841.
Localité. . . . . Extrémité méridionale du golfe de Macri.
Profondeur. . . . . 420 mètres.
Distance de la côte. . . . . . 1600 mètres (côte escarpée).
Nature du fond. . . . . Vase jaunâtre fine.

ESPÈCES	NOMBRE DES ÉCHANTILLONS VIVANTS	NOMBRE DES ÉCHANTILLONS MORTS	OBSERVATIONS
Terebratula vitrea	0	2'	
Syndosmya profundissima	0	3'	
Arca imbricata	1	1'	
Dentalium quinquangulare	1	0	
Hyalea gibbosa	0	1	
Cleodora pyramidata	0	8	
Creseis spinifera	0	5	

La *distribution des Mollusques* selon *la profondeur* a été l'objet des recherches de MM. Audouin, Milne Edwards, Sars et E. Forbes. Ces observateurs divisent le sol sous-marin en quatre zones principales :

1° La zone littorale, ou espace compris dans le balancement des marées.

2° La zone des Laminaires, allant depuis le niveau de la basse mer jusqu'à 27 mètres.

3° La zone des Corallines, de 27 à 91 mètres.

4° La zone des coraux des eaux profondes, de 91 à 183 mètres, et au delà.

1. La *zone littorale* dépend pour sa profondeur des niveaux auxquels la marée monte et descend; pour son étendue, elle dépend de la forme de la côte. Les coquilles de cette zone sont plus limitées dans leur extension géographique que celles qui sont protégées contre les vicissitudes du climat par un séjour à une certaine profondeur dans la mer [1].

En Europe, les genres caractéristiques des côtes rocheuses sont les *Littorina, Patella* et *Purpura*; ceux des plages sablonneuses sont les *Cardium, Tellina, Solen;* ceux des côtes pierreuses les *Mytilus;* et ceux des côtes vaseuses, les *Lutraria* et *Pullastra.* Sur les côtes rocheuses l'on trouve aussi plusieurs espèces de *Haliotis, Siphonaria, Fissurella,* et *Trochus;* elles se rencontrent à différents niveaux, quelques-unes seulement sur la ligne des plus hautes marées, d'autres dans une zone intermédiaire, ou sur la limite des basses marées. Les *Cypræa* et les *Conus* s'abritent sous les blocs de corail, et les *Cerithium, Terebra, Natica* et *Pyramidella* s'enfoncent dans le sable pendant la basse mer, mais on peut les trouver en suivant les traces de leurs longs canaux. (Mac Gillivray.)

2. *Zone des Laminaires.* Lorsque cette région est rocheuse, les Laminaires (*Laminaria*) et d'autres herbes marines forment des forêts en miniature, qui servent de retraite aux mollusques herbivores, tels que les *Lacuna, Rissoa, Nacella, Trochus, Aplysia,* et divers *Nudibranches.* Dans les sols sous-marins mous, les bivalves abondent et fournissent une proie aux *Buccinum,* aux *Nassa* et aux *Natica.* Depuis le niveau de la basse mer jusqu'à la profondeur de 2 à 5 ou 6 mètres, il y a souvent sur les côtes vaseuses et sablonneuses de grandes *prairies* de varechs (*Zostera*) qui procurent un abri à de nombreux coquillages et servent de retraite aux Seiches et aux Calmars. Dans les mers tropicales les coraux qui forment des récifs prennent souvent la place des algues et étendent leur action jusqu'à une profondeur d'environ 45 mètres. Ils

---

[1] Quelques-uns des mollusques littoraux, tels que la *Purpura lapillus* et la *Littorina rudis* n'ont pas d'état larvaire pendant lequel ils puissent nager librement, mais ils commencent leur vie en rampant, avec une coquille bien développée. Ils ont des habitudes paresseuses, et leur diffusion par les moyens ordinaires doit être extrêmement lente.

couvrent le fond de la mer d'une verdure vivante dont se nourrissent beaucoup de mollusques carnivores ; quelques-uns de ceux-ci, tels que les *Ovulum* et les *Purpura* broutent les flexibles Gorgones. C'est à cette zone qu'appartiennent les bancs d'huîtres de nos mers et ceux des huîtres à perles des pays chauds ; elle est plus riche qu'aucune autre en vie animale, et fournit les coquilles les plus vivement colorées.

3. *Zone des corallines*. Dans les mers du Nord la ceinture d'algues qui borde les côtes est suivie d'une zone où abondent les zoophytes cornés, et dont la principale production végétale consiste en *Nullipores* qui couvrent les rochers et les coquilles de leurs incrustations à aspect pierreux. Cette zone s'étend de 27 ou 45 mètres jusqu'à 64 ou 91, et elle est habitée par un grand nombre de genres carnassiers, tels que les *Buccinum, Fusus, Pleurotoma, Natica, Aporrhais, Philine, Velutina*, et par des herbivores, tels que les *Fissurella, Emarginula, Pileopsis, Eulima* et *Chemnitzia*. Les grands bancs de *Pecten* appartiennent à la partie peu profonde de cette région, où l'on trouve aussi beaucoup de bivalves des genres *Lima, Arca, Nucula, Astarte, Venus, Artemis* et *Corbula*.

4. *Zone des coraux des eaux profondes*. De 91 à 183 mètres, les Nullipores abondent encore, ainsi que de petits coraux rameux auxquels adhèrent les *Terebratula*. Dans les mers du Nord, c'est dans cette zone que l'on trouve les plus grands coraux (*Oculina* et *Primnoa*) et les coquilles y sont relativement plus abondantes, par suite de l'uniformité de la température à ces profondeurs. Ces coquilles vivant dans les grandes profondeurs sont, pour la plupart, petites et ne présentent pas de couleurs brillantes ; mais elles sont intéressantes en raison des circonstances dans lesquelles on les trouve, de leur grande extension géographique, et de leur haute antiquité. Parmi les genres caractéristiques l'on peut citer les *Crania, Thetis, Neæra, Cryptodon, Yoldia, Dentalium* et *Scissurella*. Dans la vase ramenée d'une grande profondeur, l'on peut souvent trouver des coquilles de *Ptéropodes* et d'autres mollusques qui vivent à la surface de la mer. Dans la mer Égée, l'on trouve des eaux très-profondes à une distance de 1 kilomètre et demi à 3 kilomètres de la côte ; mais dans la Manche la profondeur atteint rarement plus de 36 à 73 mètres.

Lorsque l'on enregistre les résultats des dragages, il est important de distinguer entre les *coquilles mortes* et les *coquilles vivantes*, comme on l'a fait dans les tableaux qui précèdent ; en effet, presque chaque espèce se rencontre à l'état de *coquille morte* à des profondeurs beaucoup plus grandes que celles dans lesquelles elle vit. Sur les côtes escarpées, les coquilles littorales tombent dans les eaux profondes et se mêlent avec celles qui habitent les autres zones ; les courants peuvent aussi transporter des coquilles mortes à une certaine distance sur le fond de la mer. Mais les poissons qui se nourrissent de coquilles doivent être les agents principaux qui disséminent tant de coquilles mortes et brisées sur le sol des profondeurs de la mer. Sur les 270 espèces de coquilles boréales qu'a décrites le docteur Gould (p. 62), ce naturaliste s'en est procuré plus de la moitié dans l'estomac de poissons achetés sur le marché de Boston. Les morues n'avalent pas les grands Buccins, mais, on peut se faire une idée de la quantité qu'ils en consomment d'après ce fait, que M. Warington a trouvé dans l'estomac de trois morues achetées sur le marché de Londres, le pied musculeux et l'opercule de plus de 100 Buccins de grande taille, outre une quantité de *Crustacés*. Les bivalves, tels que les *Solen* et la rare *Panopæa Norvegica* sont avalés, puis ensuite rejetés avec leurs surfaces érodées. L'Eglefin avale des coquilles avec moins de choix encore, et M. Mac Andrew a trouvé dans l'estomac de ce poisson des espèces rares de Pecten en grand nombre, mais généralement gâtées. Le loup de mer et la raie brisent les plus fortes coquilles avec leurs dents, ce qui explique la présence des nombreux fragments anguleux que l'on rencontre dans la drague et dans les dépôts récents.

Voici quelques exemples de coquilles obtenues de grandes profondeurs :

Norwége (Mac Andrew).
Coquilles vivantes.

	MÈTRES.
Cerithium metula.	57—374
Margarita cinerea.	18—256
Dentalium entale.	566
Limea Sarsii.	220
Leda pygmæa.	566
Yoldia limatula.	220
Thetis Koreni.	75—185
Cryptodon flexuosus.	566

Au large du Cap (Belcher).

Buccinum? clathratum.	249
Volutilithes abyssicola.	242
Pectunculus Belcheri.	220

Mer Égée (Forbes).

	VIVANT.	MORT.
Terebratula vitrea..	185	457
Argiope decollata.	185	201
Crania ringens.	165	574
Murex vaginatus..		574

Mer Égée (Forbes),

	VIVANT.	MORT.
Fusus muricatus...	146—174	374
Nassa intermedia.		82—358
Cerithium lima...	5—146	256
Chemnitzia fasciata.		201—374
Eulima distorta...		126—256
Scalaria hellenica..		201
Rissoa reticulata...	100	358
Trochus exasperatus.	18—191	501
Scissurella plicata..		128—574
Acmæa unicolor..	109—191	374
Dentalium quinquangulare.		374—590
Bulla utriculus...		73—256
Spondylus Gussonii.		191
Pecten Hoskynsii..		358—566
Arca imbricata...	165—420	
Næera cuspidata...	22—358	
Thetis anatinoides..		75—574
Kellia abyssicola..	128—529	366
Syndosmya profundissima..		146—358

CONSERVATION DES ANIMAUX POUR L'ÉTUDE

Lorsque l'on tue les mollusques par immersion brusque dans l'eau chaude ou dans l'esprit de vin concentré, il se produit une contraction violente et inégale qui tord les parties musculaires et rompt les membranes.

L'on a encore des recherches à faire pour découvrir des moyens de paralyser et de tuer les mollusques et d'autres animaux marins sans changer les conditions normales de leurs organes[1].

La *glycérine* est le meilleur liquide pour conserver certains objets, tels que les Gastéropodes destinés à l'étude des dents linguales; car, si l'on plonge ces mollusques dans de l'alcool concentré, ils deviennent si durs qu'il est presque impossible d'en faire de bonnes préparations, et dans de l'alcool faible ils ne se conservent pas indéfiniment.

Alcool. En Angleterre, l'alcool le meilleur marché pour conserver les objets d'histoire naturelle se vend sous le nom de « esprit méthylé; » il contient 10 pour 100 d'esprit de bois ordinaire et, n'étant pas potable, il n'est pas soumis aux droits. Lorsque l'on met une grande quantité d'objets ensemble, l'alcool s'affaiblit beaucoup et doit être changé. Les tissus mous des bivalves, et la partie spirale du corps des Gastéropodes se décomposent bientôt dans un alcool faible. Mais pour l'usage permanent dans les musées, le trois-six doit être étendu d'eau à volume égal. On peut mettre de la ouate avec les échantillons dans l'esprit de vin, surtout avec les Céphalopodes, pour les empêcher de se déformer par la pression.

La *solution de Goadby* se prépare en dissolvant $\frac{1}{2}$ livre de sel marin, 20 grains d'acide arsénieux, ou d'oxyde blanc d'arsenic, et 2 grains de sublimé corrosif dans une quarte (1 litre, 135) d'eau de pluie en ébullition.

La *solution de Burnet* (chlorure de zinc), très-étendue, est employée maintenant au *British Museum* pour conserver les poissons et d'autres objets dans des bocaux de verre. Elle a plusieurs avantages sur l'alcool ; ainsi, elle n'est pas potable, n'est pas inflammable, et la solution concentrée (qui se vend chez tous les droguistes) occupe beaucoup moins de volume que l'alcool.

[1] On tue certaines Astérides (*Ophiocoma*) par l'immersion brusque dans l'eau douce, et l'on peut stupéfier les Actinies en ajoutant à l'eau de mer de l'eau douce goutte par goutte jusqu'à ce qu'elles perdent le pouvoir de rétracter leur tentacules. Mais les bivalves (tels que les *Pholas*) peuvent être tenus dans de l'eau en putréfaction jusqu'à ce que leurs valves tombent, par suite d'un commencement de décomposition, sans que pour cela leurs siphons musculaires perdent leur irritabilité et cessent de se contracter lentement et complétement lorsqu'on les met dans l'alcool.

Le *Chlorhydrate d'ammoniaque* est recommandé par M. Gaskoin pour faire disparaître toute odeur désagréable qui peut provenir des préparations, lorsque l'on sort celles-ci de l'alcool pour les examiner.

Le général du génie Totten, des États-Unis, a employé une solution de *chlorure de calcium* pour conserver la flexibilité de l'épiderme de différentes coquilles. La solution de ce sel déliquescent (que chacun peut faire en saturant de l'acide chlorhydrique avec du carbonate de chaux), conserve dans un état permanent d'humidité l'objet que l'on y a trempé, sans détériorer sa couleur ni sa texture; en outre, les propriétés antiseptiques de ce sel aident à la conservation des matières qui seraient susceptibles de se décomposer. (Professeur J. W. Bailey, dans : *Silliman's Journal*, juillet, 1854.)

DEUXIÈME PARTIE

SYNOPSIS DES GENRES

CHAPITRE PREMIER

PREMIÈRE CLASSE. — CÉPHALOPODES

Les Céphalopodes sont représentés par le Calmar commun, le Nautile et l'Ammonite, formes qui sont plus ou moins familières à la plupart de nos lecteurs. Ils possèdent une structure plus compliquée qu'aucun autre groupe de mollusques ; mais, sous ce rapport, ils sont très-inférieurs aux animaux vertébrés chez lesquels l'existence d'organes spéciaux pour l'accomplissement de fonctions distinctes est si fortement accusée. Nous ne pouvons pas trouver une série de formes successives entre le Céphalopode le plus élevé et le vertébré le plus inférieur ; mais nous pouvons descendre des formes les plus spécialisées des mollusques à celles qui le sont moins ; ces dernières finissent à leur tour par passer dans une certaine direction à des êtres tels que les *Fasciola*, parmi les entozoaires ; et, dans une autre direction, à des formes telles que les *Vorticella*, par les genres intermédiaires des *Pedicellina*, parmi les Bryozoaires, et des *Perophora*, parmi les Ascidiens. Il est par conséquent beaucoup plus facile, dans un grand groupe primaire, de définir les limites supérieures que les inférieures. Les rapports entre les Céphalopodes et les Vertébrés consistent dans l'existence d'un squelette interne, dans la ressemblance de forme des corpuscules sanguins, et dans la structure capillaire de la partie du système circulatoire qui est située entre les artères et les veines.

Les Céphalopodes se meuvent en partie par le moyen d'une série de longs bras musculaires disposés autour de la bouche, en partie par le moyen de nageoires ou de lobes aplatis attachés de chaque côté du corps, et en partie aussi par l'expulsion violente de l'eau au travers d'un tube ou *siphon*.

Ils diffèrent de la plupart des autres mollusques par leur corps symétrique, qui est développé également du côté droit et du côté gauche. Leur coquille est ordinairement droite ou enroulée suivant un plan vertical. Le Nautile et l'Argonaute seuls (parmi les genres vivants) ont une coquille externe ; les autres sont appelés « Céphalopodes nus » parce que leur coquille est nulle ou interne. Ils ont des mâchoires puissantes, agissant dans une direction verticale, comme les mandibules des oiseaux ; leur langue est grosse et charnue ; une partie de sa surface est douée de sensation, tandis que le reste est armé d'épines dirigées en arrière ; leurs yeux sont grands et situés sur les côtés de la tête. Selon toute probabilité ils possèdent le sens de l'odorat et celui de l'ouïe. Tous sont carnivores et vivent dans la mer.

Le système nerveux est plus centralisé dans cette classe que chez les autres mollusques, et le cerveau est protégé par un cartilage. Les organes respiratoires consistent en deux ou quatre branchies en forme de plumes, placées symétriquement sur les côtés du corps, dans une grande cavité branchiale qui s'ouvre en avant, à la face *inférieure*[1] de la tête ; au milieu de cette ouverture est placé le *siphon* ou *entonnoir*. Les sexes sont toujours séparés. Les Céphalopodes se divisent en deux ordres, dont les noms sont tirés du nombre des branchies.

Ordre I. — Dibranchiata (Owen).

Animal nageur, nu. *Tête* distincte. *Yeux* sessiles, saillants. *Mandibules* cornées (*pl.* I, *fig.* 2). *Bras* au nombre de huit ou de dix, munis de ventouses. *Corps* arrondi ou allongé, portant ordinairement une paire de *nageoires ;* deux *branchies*, munies de ventricules musculaires ; toujours une poche *à encre ; entonnoir* en tube complet.

Coquille interne (sauf chez l'*Argonaute*), cornée ou calcaire, avec ou sans chambres à air. La coquille de l'Argonaute ne correspond pas à la coquille ordinaire des mollusques (voy. page 40).

Les formes typiques des Dibranches, déjà bien décrites par Aristote, ont été souvent étudiées par les naturalistes modernes ; toutefois, jusqu'à ce que le professeur Owen eût démontré l'existence d'un second ordre de Céphalopodes, ayant des caractères différents de tous ceux mention-

---

[1] Nous désignons, selon l'usage établi, sous le nom d'*inférieure* ou *ventrale* la face du corps sur laquelle est placé l'entonnoir. Mais, si nous comparons les Seiches avec les Nucléobranches, ou le Nautile avec les Gastéropodes à ouverture entière (*Holostomata*), leurs analogies externes semblent indiquer une conclusion opposée. Il y a beaucoup de termes appliqués à ces animaux, tels que ceux de nageoires, de bras, etc., qui sont de nature à induire en erreur ; ces termes ont un sens défini quand on les applique aux vertébrés, mais il n'en est plus de même lorsque l'on s'en sert pour décrire les invertébrés.

nés ci-dessus, on ne comprit pas bien clairement comment l'organisation des Dibranches était intimement liée avec leur condition de *Mollusques nageurs* respirant par *deux* branchies. Il y a deux types d'organisation respiratoire parmi les Dibranches; dans les *Octopus* et les *Sepia*, les branchies forment un cylindre complet, tandis que dans les *Loligo* et d'autres genres, elles ne forment qu'un demi-cylindre.

Les caractères qui coexistent avec la présence des deux branchies, sont une coquille rudimentaire interne, et la substitution d'autres moyens de défense à ceux qu'aurait fournis une coquille externe; on trouve des bras puissants, munis de ventouses; il se sécrète un liquide noir au moyen duquel ces animaux obscurcissent l'eau et cachent leur retraite; les organes visuels sont plus parfaits; enfin, des cœurs branchiaux surajoutés rendent la circulation plus active.

Les 'ventouses ou cupules (*antlia* ou *acetabula*) forment une série simple ou double sur la face interne des bras. Les fibres musculaires convergent du bord de chaque ventouse vers son centre, où elles laissent une cavité circulaire occupée par une *caroncule* molle, qui s'élève dans le milieu comme le piston d'une seringue, et est capable de rétraction lorsque la ventouse est appliquée contre quelque surface. Ce mécanisme est si parfait pour produire l'adhésion que, tant que les fibres musculaires restent contractées, il est plus facile d'arracher le membre que de lui faire lâcher ce qu'il tient[1].

Chez les Décapodes la base du *piston* est entourée d'un cercle corné denté, qui chez les *Onychoteuthis* est replié et prolongé en un ongle long et aigu.

La *poche à encre* (*fig.* 40) est coriace et fibreuse, avec une mince enveloppe externe nacrée; elle verse son contenu par un canal qui vient s'ouvrir près de la base de l'entonnoir. L'encre était jadis employée pour écrire (Cicéron), ainsi que pour la préparation de la *Sepia*[2]. et, en raison de sa nature indestructible on la trouve souvent à l'état fossile.

La peau des Céphalopodes nus est remarquable par ses vésicules ou cellules pigmentaires diversement colorées. Dans les *Sepia* elles sont noires et brunes; dans les Calmars, elles sont jaunes, rouges et brunes; et dans l'Argonaute et quelques Octopodes on trouve en outre des cellules bleues. Ces cellules se contractent et se dilatent alternativement, ce qui fait que la matière colorante est condensée ou dispersée, ou peut-

---

[1] « Le mécanisme complexe et irritable de tous ces suçoirs est sous le contrôle complet de l'animal. M. Broderip m'apprend qu'il a essayé d'attraper avec une filoche un *Octopus* flottant près de lui et ayant ses bras longs et flexibles enroulés autour d'un poisson qu'il était occupé à déchirer avec son bec de faucon. Le poulpe laissa approcher la filoche jusqu'à une petite distance avant de quitter sa proie; puis, tout à coup, il lâcha ses mille suçoirs, lança sa provision d'encre, et battit rapidement en retraite, au moyen de mouvements vigoureux et rapides de sa membrane circulaire, et sous la protection du nuage qu'il avait produit. » (Owen.)

[2] L'encre de Chine et la sépia se font aujourd'hui avec du noir de fumée ou du charbon préparé.

être chassée dans les parties profondes de la peau. La couleur s'amasse, comme la rougeur sur les joues, lorsque la peau est irritée, même plusieurs heures après qu'elle a été séparée du corps. Pendant la vie, ces changements sont sous l'influence de la volonté de l'animal, et lui permettent de changer de couleur comme le caméléon. Dans des échantillons frais, les *plaques sclérotiques* des yeux ont un éclat nacré; on les trouve quelquefois conservées à l'état fossile.

Les *pores aquifères* sont situés sur les parties dorsales et latérales de la tête, sur les bras (*pores brachiaux*), ou à la base de ces organes (*pores buccaux*).

Le *manteau* est relié ordinairement avec la partie dorsale de la tête par un large ruban musculaire (*nuchal*) ; mais son bord est quelquefois libre tout le tour et n'est soutenu que par des bandes cartilagineuses s'ajustant dans des sillons correspondants et permettant une grande liberté de mouvements.

Les Dibranches sont généralement des animaux nocturnes ou crépusculaires, se cachant pendant le jour, ou se retirant dans des régions plus profondes. Ils habitent toutes les zones et on les rencontre aussi bien près des côtes que dans la haute mer, à des centaines de milles de toute terre. Ils atteignent quelquefois une taille beaucoup plus grande que celle d'aucun autre mollusque. MM. Quoy et Gaimard ont trouvé dans l'Atlantique, sous l'équateur, un Céphalopode qui devait avoir pesé 100 kilogrammes lorsqu'il était complet; il flottait à la surface, et avait été en partie dévoré par les oiseaux. Banks et Solander en ont aussi rencontré un dans l'océan Pacifique, qu'ils jugèrent avoir mesuré $1^m,80$ de long. (Owen.)

Les bras des Octopodes ont quelquefois $0^m,60$ de long[1]. Certaines espèces sont difficiles à prendre vivantes, mais on se les procure souvent en bon état, dans l'estomac des Dauphins et d'autres cétacés qui s'en nourrissent.

Section A. — Octopoda.

Bras au nombre de huit; ventouses sessiles. *Yeux* fixes, incapables de rotation. *Corps* uni à la tête par un large ruban cervical. *Chambre branchiale* divisée longitudinalement par une cloison musculaire. *Oviducte* double; pas de glande nidamentaire distincte. *Coquille* interne et rudimentaire.

Les Octopodes diffèrent des Dibranches typiques en ce qu'ils n'ont que huit bras ; il leur manque les bras tentaculaires, leur corps est arrondi, et ils ont rarement des nageoires.

---

[1] Denys de Montfort, qui avait représenté un poulpe (kraken) en train de couler bas un trois-mâts, disait à M. Defrance que si l'on « avalait » cette histoire, il représenterait dans sa prochaine édition, le monstre embrassant le détroit de Gibraltar, ou faisant chavirer une flotte entière. (D'Orbigny.)

Les mâles et les femelles ont une ressemblance générale les uns avec les autres, quoique les sexes présentent dans leur forme et leur apparence des différences très-saillantes; mais, jusqu'à une époque très-récente, nous n'avons eu sur ce sujet que des notions très-confuses. Dans tous les Dibranches mâles, un des huit bras présente une apparence particulière et subit un développement spécial qui le rend propre à concourir à l'acte de la reproduction de l'espèce. Dans beaucoup de cas il est modifié au point de devenir incapable d'agir comme organe locomoteur. Selon le docteur Müller, le bras se détache après qu'il s'est rempli de liqueur séminale, et il se fixe sur la femelle. Le bras, ou l'organe ainsi attaché, avait été pris jadis pour un ver parasite et désigné sous le nom d'*Hectocotyle*; plus récemment, quelques auteurs l'ont considéré comme un spermatophore, et d'autres comme le mâle tout entier. Nous avons figuré l'hectocotyle d'un *Tremoctopus* dans la planche I, figure 5. Le corps est vermiforme, avec deux rangs de ventouses sur la face ventrale, et un appendice ovale à l'extrémité postérieure. La partie antérieure du dos est bordée d'une double série de filaments branchiaux (250 de chaque côté). Entre les filaments se trouvent deux rangs de *taches* brunes ou violettes, semblables aux cellules pigmentaires du *Tremoctopus*. Les ventouses (au nombre de 40 de chaque côté) ressemblent beaucoup, mais en miniature, à celles du *Tremoctopus*. Entre les ventouses l'on voit quatre ou cinq séries de *pores*, qui sont les orifices de fins canaux passant dans les parties intérieures du corps. Il y a de chaque côté, une artère et une veine envoyant des branches aux filaments branchiaux, tandis que la partie centrale est parcourue par un nerf. Le *sac ovale* renferme un tube enroulé, fin, mais très-long, qui se termine dans un sac musculaire contenant les zoospermes.

L'*Hectocotyle* de l'Argonaute fut découvert par *Delle Chiaje*, qui le considéra comme un ver parasite et le décrivit sous le nom de *Trichocephalus acetabularis*; il fut de nouveau décrit par Costa[1] qui le regarda comme « un spermatophore d'une forme singulière, » et enfin par Kölliker[2].

Il ressemble aux autres pour la forme, mais a seulement sept lignes de long, et présente en avant un appendice filiforme long de six lignes. Il possède deux rangs de ventouses alternes, de 45 chacun; il n'a pas de branchies; sa peau contient de nombreuses taches changeantes, rouges ou violettes, comme celles de l'Argonaute. (Kölliker[3].)

Il semblerait étrange que les observateurs qui ont précédé ceux que nous venons de nommer eussent pu méconnaître un trait aussi remarquable que celui du bras métamorphosé ou *hectocotylisé* des Céphalopodes. Aristote, donne non-seulement une description claire de cette

---

[1] *Ann. des Sc. Natur.;* 2⁰ série, vol. VII, p. 175.

[2] *Linn. Trans.,* vol. XX, part. I, p. 9; et dans ses comptes rendus zootomiques où il le figure.

[3] *Ann. des Sc. natur.;* 2⁰ série, vol. XVI, p. 185.

particularité, mais montre même qu'il était au courant de la fonction que le bras devait accomplir. Les auteurs postérieurs à Aristote semblent avoir mal compris le passage en question ; ils mentionnent le bras incolore comme une monstruosité, ou ils s'en servent, dans quelques cas, comme caractère distinctif de telle ou telle espèce. Il y a de nombreux cas dans lesquels le mâle a servi à former une espèce et la femelle une autre. Maintenant que l'on sait que l'hectocotyle est une partie du mâle, son rôle est plus facile à comprendre. Il y a là un phénomène analogue à celui qui se rencontre dans quelques espèces d'araignées chez lesquelles certaines parties des palpes des mâles se développent en organes en forme de cuilleron qui accomplissent les mêmes fonctions que l'hectocotyle. L'on rencontre aussi quelque chose d'analogue chez les *Polydesmus*.

Madame Power semble avoir fait ses observations sur un hectocotyle lorsqu'elle assure que le jeune Argonaute n'a pas de coquille. M. Duvernoy a montré en effet que l'embryon de l'Argonaute possède déjà une coquille avant d'avoir quitté l'œuf.

Le mémoire le plus important relatif au développement des Céphalopodes est dû à Kölliker[1]. « Le phénomène de la segmentation du vitellus est partiel, et le développement de l'embryon se fait dans une aire germinative distincte d'où il se forme un sac vitellin distinct. Celui-ci est relativement très-grand dans les *Sepia* (*fig.* 55) et les *Loligo*, très-

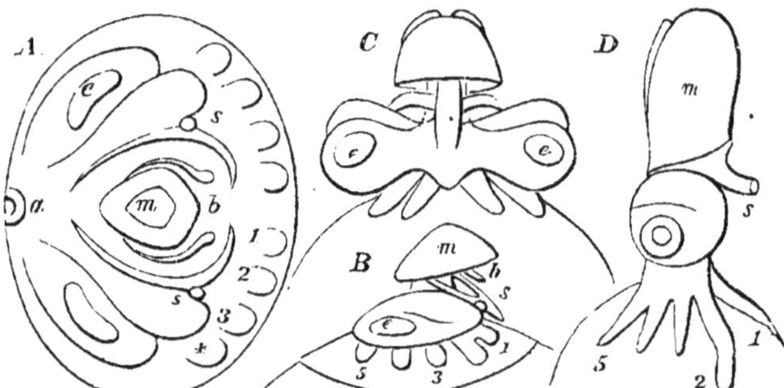

Fig. 55. — Développement de la Seiche. (Kölliker.)

A Embryon de deux lignes de diamètre ; *m*, manteau ; *b*, processus branchial ; *s*, tube du siphon ; *a*, bouche ; *e*, yeux ; 1-5, bras rudimentaires.
B Embryon vu de côté, à une époque plus avancée du développement.
C Le même, vu de face, à une période ultérieure.
D Jeune Seiche, encore attachée au sac vitellin, avec les bras tentaculaires (2) plus longs que les autres.

petit dans l'*Argonaute* (*fig.* 56), et par conséquent, tandis que l'embryon est aplati et étendu dans les deux premiers genres, il ressemble davan-

---

[1] *Entwickelungsgeschichte der Cephalopoden.* Zurich, 1844.

tage dans ce dernier à l'embryon d'un Gastéropode. Le développement commence par la séparation de l'embryon en *manteau* et en *corps* (pied).»

La partie du corps en avant du manteau devient la tête ; celle qui est derrière lui devient la surface branchio-anale. Les bords latéro-postérieurs du corps s'étendent, de chaque côté, en quatre ou cinq prolongements qui deviennent les *bras*. De chaque côté du manteau, entre cette partie du corps et la tête et les bras, il se forme une saillie sur le corps. Ces saillies (*ss*, *fig.* 35 A), représentent l'*epipodium ;* leurs extrémités antérieures sont continues et fixes ; les postérieures sont d'abord libres, mais plus tard, en s'unissant, elles forment l'entonnoir (D, *s*).

Les branchies rudimentaires (*b*) apparaissent entre l'*epipodium* et le manteau. Le canal digestif est d'abord droit (la bouche étant en *a*, l'anus en *b*, dans la *fig.* 35 A). L'embryon croit ensuite plus rapidement dans la direction verticale que dans la direction

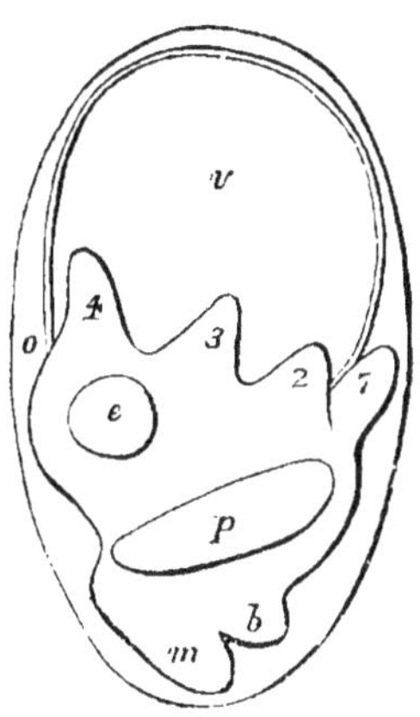

Fig. 36. — Embryon d'*Argonaute* dans l'œuf.

longitudinale, de sorte qu'il prend la forme caractéristique des Céphalopodes. L'intestin se courbe par conséquent sur lui-même et la paire antérieure de bras dépasse en avant la tête, et se réunit de manière à finir par rejeter la bouche presque au centre des bras. (Huxley.) A une période plus avancée du développement (*fig.* 35 D) on voit les mouvements respiratoires produits par la dilatation et la contraction alternatives du manteau ; la poche à encre se distingue par la couleur de son contenu. A l'époque où l'embryon sort de la capsule nidamentaire, il s'est déjà formé de fines couches de la coquille de la jeune Seiche ; mais, à l'exception du nucléus qui est calcaire, elles sont cornées et transparentes. Les nageoires latérales sont plus larges que dans l'animal adulte. L'embryon de l'Argonaute, tel qu'il est décrit par Kölliker, a des bras coniques simples (1-4, *fig.* 36) ; l'on aperçoit des indications de l'entonnoir sous la forme d'une saillie (*p*) de chaque côté du corps ; *v* est le sac vitellin ; *o* indique la place de la future bouche ; *e* l'œil ; *b* la branchie ; *m* le manteau.

FAMILLE I. — ARGONAUTIDÆ.

Bras dorsaux (de la femelle) portant à leur extrémité un élargissement qui sécrète une coquille enroulée symétrique. Troisième bras gauche du mâle hectocotylisé, caduque, incolore, se développant dans un sac. Femelle polyandre. *Manteau* soutenu en avant par une simple saillie sur l'entonnoir.

Genre ARGONAUTA, Lin. Argonaute.

Étymologie : Argonautai, matelots du navire *Argo.*
Synonymes : Ocythoë (Rafinesque). Nautilus (Aristote et Pline).
Exemple : A. Hians, Soland. Pl. II, *fig.* 1. Chine.

La coquille de l'Argonaute est mince et transparente ; elle n'est pas moulée sur le corps de l'animal, et n'est pas attachée par des muscles ; la cavité inoccupée de la spire sert de réceptacle pour les petits œufs déposés en paquets. On croit que la coquille est spéciale à la femelle. Sa fonction spéciale est relative à la protection et à l'incubation des œufs. Elle n'est pas l'homologue des coquilles chambrées ou des coquilles rudimentaires internes des autres Céphalopodes, mais peut être comparée au cocon de la sangsue ou au flotteur de la Janthine. L'Argonaute est placé dans sa nacelle avec son siphon tourné du côté de la carène[1], et ses bras véliformes (dorsaux) appliqués étroitement contre les côtés de la coquille, comme dans la figure 37, où ils sont toutefois représentés comme en partie rétractés, de manière à laisser voir le bord de l'ouverture. L'animal nage en chassant l'eau par son entonnoir, et rampe dans une position renversée, en portant sa coquille sur son dos comme un Escargot (Madame Power et M. Rang.)

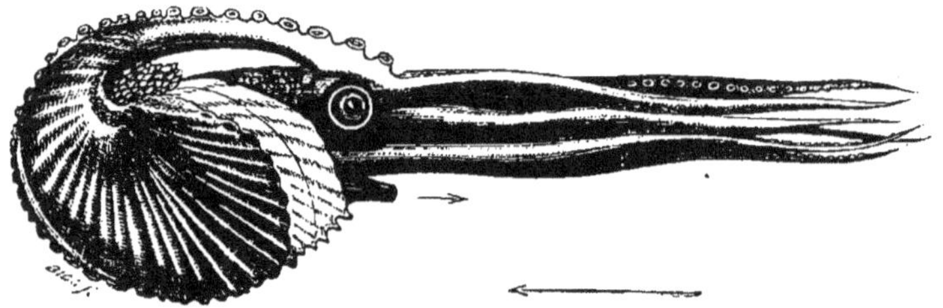

Fig. 37. — *Argonauta argo,* L., nageant[2].

Les Argonautes mâles n'ont qu'un pouce de long et ne possèdent pas de coquille ; leurs bras dorsaux sont pointus et non dilatés. Le testicule est grand et semblable à celui des *Octopus* pour la structure et la position ; il contient des zoospermes à différents degrés de développement, et le canal excréteur débouche probablement dans l'hectocotyle. Le sac

---

[1] Poli l'a représenté placé dans la direction inverse ; l'auteur de ce manuel a eu une coquille d'Argonaute à nucléus *renversé,* ce qui indiquait que l'animal *avait fait un tour complet* et était resté dans cette position. L'échantillon est maintenant dans le musée d'York.

[2] D'après une copie de la figure de Rang dans *Charlesworth's Magazine,* un quart de grandeur naturelle ; la petite flèche indique la direction du courant sortant de *l'entonnoir,* la grande flèche celle dans laquelle l'animal est chassé par le recul.

dans lequel se développe l'hectocotyle, se fend sous l'influence des
mouvements que fait l'hectocotyle en s'étendant, et se retrousse pour
former la capsule de couleur violette qui est sur le dos. Le sac ne contient jamais plus d'un hectocotyle; celui-ci est fixé par sa base, tandis
que le reste de son corps est libre et enroulé; il n'a pas de dilatation
comme ceux des Tremoctopus (Pl. I, *fig.* 3); l'appendice filiforme part
de la petite extrémité, et reste quelquefois entortillé dans l'ampoule colorée qui est près de la base de la face externe de l'hectocotyle. Il a une
chaine de ganglions nerveux le long de son axe.

L'Argonaute de la Méditerrannée était le *Nautilus* (*primus*) d'Aristote
qui le décrivit comme flottant à la surface de la mer par le beau temps
et déployant au vent ses bras en forme de voiles. Il ne se sert pas de ses
bras comme de voiles, mais les emploie quelquefois comme des rames,
lorsqu'il veut progresser lentement tout en flottant à la surface de la
mer.

Distribution ; on connait quatre espèces d'Argonautes; ils habitent la
pleine mer dans les parties chaudes du globe, et sont surtout actifs pendant la nuit. Le capitaine King en a trouvé plusieurs dans l'estomac d'un
dauphin pris à plus de 600 lieues de toute terre.

Fossiles, 2 espèces; terrains tertiaires. L'*A. hians* se trouve dans les
tertiaires subapennins du Piémont. Cette espèce vit encore dans les mers
de Chine, mais a disparu de la Méditerrannée.

Famille II. — Octopodidæ.

Bras semblables entre eux, allongés, réunis à la base par une membrane. *Coquille* représentée par deux courts styles enfouis dans la substance du manteau. (Owen.)

Octopus, Cuvier. Poulpe.

Étymologie, octo, huit, *pous* (*poda*), pieds.
Synonyme, Cistopus. (Gray.)
Exemple : O. *tuberculatus,* Bl., Pl. I, *fig.* 1, et 2 (mandibules.)
Corps ovale, couvert de verrues ou de cirrhes, sans nageoires; *bras*
longs, inégaux; *ventouses* sur deux rangs; manteau soutenu en avant
par la cloison branchiale.

Les Octopodes sont les « *polypi* » d'Homère et d'Aristote ; ce sont des
animaux solitaires, très-actifs et très-voraces, fréquentant les côtes rocheuses; les femelles déposent leurs œufs sur les plantes marines ou
dans les cavités des coquilles vides. On les vend communément dans les
marchés de Smyrne et de Naples ainsi que dans les bazars de l'Inde.
« Quoique communs (à St-Iago) dans les flaques d'eau laissées par la
marée descendante, ils ne sont point faciles à prendre. Au moyen de
leurs longs bras et de leurs ventouses, ils peuvent se trainer dans des

crevasses très-étroites, et lorsqu'ils se sont fixés, il faut beaucoup de force pour les enlever. D'autres fois, ils s'élancent avec la rapidité d'une flèche d'un côté à l'autre de la flaque, la partie postérieure la première, et troublent en même temps l'eau avec une encre d'un brun marron foncé. Ils échappent aussi aux recherches en variant leurs teintes selon la nature du fond sur lequel ils passent. Dans l'obscurité, ils sont légèrement phosphorescents. » (Darwin[1].) E. Forbes a observé que les Octopus, lorsqu'ils sont au repos, replient leurs bras ventraux sur le dos et semblent rappeler vaguement la coquille de l'Argonaute.

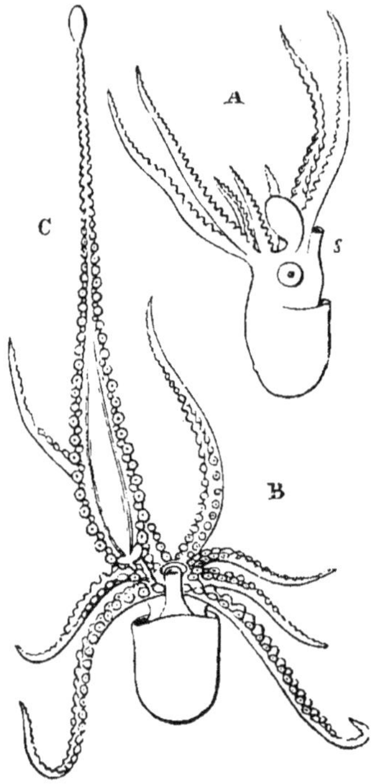

Chez l'Octopus mâle, le troisième bras de droite est plus développé que le bras correspondant du côté gauche, et se termine par une plaque de forme ovale (*fig.* 38, C), marquée de nombreuses crêtes transversales, entre lesquelles il y a des enfoncements. Un pli musculaire de la peau descend de cette plaque le long du bord dorsal du bras jusqu'à la membrane qui est à sa base ; le bord est enroulé et forme un passage couvert, au travers duquel le spermatophore est probablement amené à la plaque terminale. Le bras est fixé d'une manière permanente et se développe dans une poche, A.

Fig. 38. — *Octopus carena*, Ver. ♂.

A. Vu de côté pour montrer le kyste qui se trouve à la place du troisième bras.
B. Face ventrale d'un individu plus développé, avec son hectocotyle (C).

Distribution. Se trouvant partout sur les côtes des zones tempérées et tropicales, on en connaît 46 espèces ; lorsqu'ils sont adultes, ils varient pour la longueur de 5 centimètres à plus de 60 centimètres selon les espèces.

Sous-genre Tremoctopus (Delle Chiaje), Pl. I., *fig.* 3.

Nom tiré de deux grands pores aquifères (*tremata*) situés sur la partie dorsale de la tête.

---

[1] *Journal of a Voyage round the World*. Le livre de voyages le plus captivant qui ait été écrit depuis les fictions de de Foë.

Bras plus longs que le corps ; les deux paires dorsales les plus longues, palmées jusqu'à mi-hauteur, et quelquefois jusqu'à leur extrémité.
Bras non-palmés dans le mâle. Quatre ouvertures aquifères (?), dont deux
entre les yeux et deux au-dessous ; il y a quelquefois de petites ouvertures sur les côtés ; *ventouses* sur deux rangs ; troisième bras de droite
hectocotylisé.

Distribution, 3 espèces. *P. Quoyanus, violaceus* et *velifer*. Atlantique et Méditerranée.

PINNOCTOPUS, d'Orb.

Corps à nageoires latérales, réunies en arrière.

La seule espèce connue, le *P. cordiformis*, a été découverte par
MM. Quoy et Gaimard sur les côtes de la Nouvelle-Zélande ; elle atteint plus
de 90 centimètres de long.

ELEDONE. (Aristote.) Leach.

Type, E. Octopodia, L.

Ventouses formant une seule série sur chaque bras ; longueur de 15 à
45 centimètres. Troisième bras droit hectocotylisé, fixé d'une manière
permanente, devenant libre. L'*E. moschata* exhale une odeur mus-
quée.

Distribution : 2 espèces. Côtes de la Norwége, et des Iles Britanniques,
Méditerranée.

CIRROTEUTHIS. Eschricht. 1836.

Synonymes, Sciadephorus (Reinh. et Prosch.); *Bostrychoteuthis* (Ag.)
Étymologie, Cirrus un filament, et *teuthis*, un Céphalopode.

Corps muni de deux nageoires transversales ; bras réunis par une
membrane presque jusqu'à leur extrémité ; *Ventouses* sur un seul rang,
alternant avec des *cirrhes.* Longueur 25 centimètres. Couleur violette. La
seule espèce connue (*C. Mülleri*, Eschr.) habite la côte du Groënland.

PHILONEXIS, d'Orb.

Étymologie, philos, adepte en, *nexis*, natation.
Type, P. atlanticus, d'Orb.

Bras libres ; ventouses sur deux rangs ; *manteau* supporté par deux
saillies sur l'entonnoir ; *yeux* grands et saillants. Longueur totale,
0^m,025 à 0^m,075.

Distribution, 6 espèces. Atlantique et Méditerranée. Vivent par bandes dans la haute mer ; se nourrissent de mollusques flottants.

SCÆURGUS. Troschel. 1857.

Corps ovale, sans nageoires, plus large que la tête ; *bras* courts ; *ven-*

touses sur deux rangs; le troisième bras de gauche hectocotylisé au sommet.

Distribution, 2 espèces. Méditerranée.

BOLITÆNA. Strp. 1858.

Semblable aux Eledone, mais plus gélatineux, et avec de petits suçoirs. 1 espèce vivante.

SECTION B. — DECAPODA.

Bras 8. Tentacules[1] 2, allongés, cylindriques, à extrémités dilatées. *Ventouses* pédonculées, armées d'un anneau corné. *Bouche* entourée d'une membrane buccale, quelquefois lobée et munie de ventouses. *Yeux* mobiles dans leurs orbites. *Corps* oblong ou allongé, toujours pourvu d'une paire de nageoires. *Entonnoir* ordinairement muni d'une valve interne. *Oviducte* unique. *Glande nidamentaire* fortement développée. *Coquille* interne, logée librement dans le milieu de la région dorsale du manteau.

Les bras des Décapodes sont proportionnellement plus courts que ceux des Octopodes; la paire dorsale est ordinairement la plus courte, la ventrale la plus longue. Les tentacules naissent en dedans du cercle des bras ordinaires, entre la troisième et la quatrième paire; ils sont ordinairement beaucoup plus longs que les autres bras, et dans les *Cheiroteuthis* ils sont six fois aussi longs que l'animal lui-même. Chez les *Sepia*, *Sepiola*, et *Rossia*, ils sont complétement rétractiles dans de grandes poches suboculaires; chez les *Loligo* et les *Sepioteuthis*, ils sont en partie rétractiles; enfin ils ne le sont pas du tout chez les *Cheiroteuthis*. Ils servent à saisir les proies qui se trouvent hors de portée des bras ordinaires, ou à amarrer fermement l'animal, lorsque la mer est agitée par une tempête.

La dentition linguale des Décapodes ressemble un peu à celle des Pté-

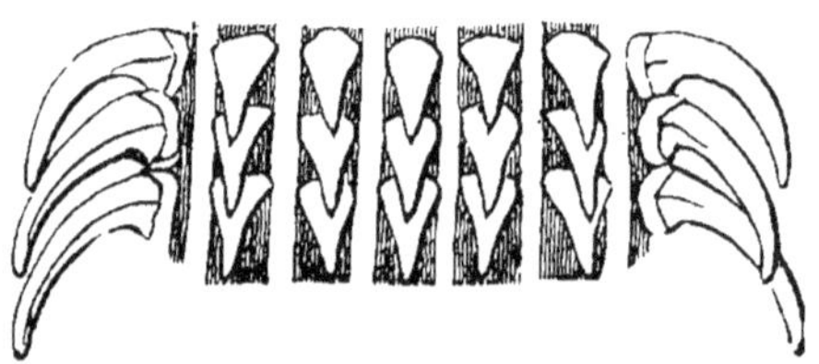

Fig. 59. — Dents linguales de *Sepia officinalis* (Cocken).

ropodes. Les dents centrales sont simples dans les *Sepia* et *Sepiola*, tricuspides dans les *Loligo*, et denticulées dans les *Eledone*. Les dents

---

[1] Ou « bras tentaculaires. »

latérales ou *uncini* sont au nombre de trois de chaque côté et le plus souvent simples et en forme de griffe. Dans un échantillon de *Sepia*, l'on a compté cinquante rangées de dents, le ruban augmentant de largeur d'avant en arrière.

La *coquille* des Décapodes vivants est tantôt une « plume » cornée (*gladius*), tantôt un « osselet » calcaire (*sepion*) ; elle n'est pas attachée à l'animal par des muscles, mais est si libre qu'elle tombe de la poche qui la contient lorsque l'on ouvre celle-ci. Dans le genre *Spirula*, c'est un tube spiral délicat divisé en chambres à air par des cloisons (*septa*). Dans le genre fossile *Spirulirostra*, une coquille semblable forme le sommet d'un os de Seiche ; chez les *Conoteuthis* fossiles, une coquille chambrée se combine avec une *plume*; et la Bélemnite réunit toutes ces combinaisons.

Les Décapodes fréquentent surtout la haute mer ; ils apparaissent comme les poissons, périodiquement et en grands bancs, sur les côtes et les hauts-fonds. (Owen, D'Orbigny.)

FAMILLE III. — TEUTHIDÆ (Calmars ou Encórnets).

Corps allongé ; *nageoires* courtes, larges et le plus souvent terminales.

Coquille (*gladius* ou plume) cornée, formée de trois parties, une tige et deux expansions latérales ou ailes.

Sous-famille A. — *Myopsidæ*, D'Orbigny. *Yeux* couverts par la peau.

LOLIGO, (*Pline*) Lamarck. Calmar.

Synonymes, Teuthi (Aristote) Gray.
Type, L. vulgaris (Sepia loligo, L.), *fig.* 1. Pl. I, *fig.* 6 (plume).
Plume lancéolée, à tige allongée en avant ; elle se multiplie avec l'âge, car dans les vieux individus l'on en trouve plusieurs serrées les unes derrière les autres. (Owen.)
Corps s'atténuant en arrière, très-allongé dans les mâles. *Nageoires* terminales, réunies, rhomboïdales. *Manteau* supporté par une crête cervicale, et par deux gouttières à la base de l'entonnoir. *Ventouses* sur deux rangs, munies de cercles cornés dentés. *Renflement tentaculaire* portant quatre rangs de ventouses. Longueur (sans compter les tentacules) de 75 millimètres à 75 centimètres. Le quatrième bras de gauche du mâle métamorphosé à son extrémité. Steenstrup[1] dit que l'on confond deux espèces sous le nom de *Loligo vulgaris*. La variété qui se rencontre dans l'Atlantique et qui manque à la Méditerranée, serait une espèce distincte (*L. Forbesii*, Stp.). Chez celle-ci le quatrième bras de gauche a vingt-trois paires de ventouses bien développées, cinq moins dévelop-

[1] *Annals of Natural History*, 1857.

pées, et au delà de la trente-huitième paire, le bras est occupé par quarante paires de papilles coniques allongées, qui correspondent à quarante paires de ventouses. Steenstrup ne reconnaît que sept espèces vivantes de Calmars, et considère toutes les autres comme de simples variétés de celles-ci.

Les Calmars sont de bons nageurs; ils rampent aussi, la tête en bas, sur leur disque buccal. L'espèce commune est employée comme amorce par les pêcheurs de la côte de Cornouailles (Couch). L'on trouve dans son estomac des coquilles, et plus rarement des plantes marines. (Docteur Johnston.) On a calculé que les paquets d'œufs contenaient environ 40,000 œufs. (Bohadsch.)

Distribution, 24 espèces, de toutes les mers. Norwége — Nouvelle-Zélande. *Fossile*, 1 espèce. Lias.

Sous-genre. *Teudopsis*, Deslongchamps. 1835.

Étymologie, Teuthis, un calmar, et *opsis*, semblable.
Type, T. Bunellii, Desl.
Plume semblable à celle des *Loligo*, mais dilatée et spatulée en arrière.
Fossiles, 5 espèces. Lias supérieur, Oolithe; France et Wurtemberg.

GONATUS, Gray.

Animal et *plume* ressemblant sous beaucoup de rapports à ceux des *Loligo*. Bras à quatre séries de ventouses; *renflement tentaculaire* avec de nombreuses petites ventouses et une seule grande ventouse sessile armée d'un crochet; entonnoir sans valve.

Distribution, une seule espèce (G. *amæna*, Müller sp.) se trouvant sur la côte du Groënland.

SEPIOTEUTHIS, Blainville.

Synonymes (?) Loliolus (Steenstrup); Chondrosepia (Leuckart).
Type, S. sepioidea, Bl.
Animal semblable aux *Loligo; nageoires* latérales, aussi longues que le corps. *Longueur* de 10 à 90 centimètres. Quatrième bras de gauche hectocotylisé au sommet.

Distribution, 15 espèces. Antilles, le Cap, mer Rouge, Java, Australie, Méditerranée.

BELOTEUTHIS, Münster.

Étymologie, belos, un trait, et *Teuthis*.
Type, B. subcostata, Münster. Pl. II, *fig.* 8. Lias supérieur, Wurtemberg.
Plume cornée, lancéolée; tige très-large, pointue à chaque extrémité, avec de petites ailes latérales.

Distribution, 6 espèces décrites par Münster, mais considérées par D'Orbigny comme n'étant que de simples variétés d'une seule espèce (différant selon l'âge et le sexe).

GEOTEUTHIS, Münster.

Étymologie, gé, la terre (c'est-à-dire fossile), et *Teuthis*.

Synonymes, Belemnosepia (Agassiz) ; Belopeltis (Voltz) ; Loligosepia (Quenstedt) ; Coccoteuthis, Owen (part).

Type, Loligo Aalensis, (Schubler.)

Plume large, pointue en arrière ; tige large, tronquée en avant ; ailes latérales plus courtes que la tige.

Fossiles, 9 espèces. Lias supérieur, Wurtemberg ; Calvados ; Lyme Regis. Plusieurs espèces non décrites de l'Oxfordien, Chippenham.

Outre les *plumes* de ce calmar, l'on trouve dans l'Oxfordien la poche à encre, le manteau musculaire, et les bases des bras. Quelques-unes des poches à encre trouvées dans le Lias ont presque un pied de long, et sont recouvertes d'une couche nacrée brillante ; l'encre donne une excellente *Sepia*. Il est difficile de comprendre comment ces poches se sont conservées, car les calmars actuels répandent leur encre à la moindre alarme. (Buckland.) L'on reconnaîtra probablement que ce genre doit appartenir à la famille des *Belemnitidæ*.

LEPTOTEUTHIS, Meyer.

Étymologie, leptos, mince, et *Teuthis*.

Type, L. gigas, Meyer ; Oxfordien, Solenhofen.

Plume très-large et arrondie en avant, pointue en arrière, obscurément marquée de côtes divergentes.

CRANCHIA, Leach, 1817.

Nom donné en l'honneur de M. J. Cranch, naturaliste de l'expédition du Congo.

Synonyme, Owenia, Prosch.

Type, C. scabra, Leach.

Corps large, ventru ; nageoires petites, terminales ; manteau soutenu en avant par une cloison branchiale. Longueur deux pouces. *Tête* très-petite. *Yeux* immobiles. *Membrane buccale* grande, à huit lobes. *Bras* courts ; ventouses sur deux rangs. *Renflements tentaculaires* disposés en nageoires en arrière, à ventouses sur quatre rangs. *Entonnoir* muni d'une valvule.

Plume longue et étroite.

Distribution, 5 espèces. Afrique occidentale ; dans la haute mer.

Ce genre est celui qui s' rapproche le plus des Octopodes.

Sepiola, (Rondelet) Leach, 1817.

Exemple, S. Atlantica (D'Orbigny). Pl. I, *fig.* 4.

Corps court, bursiforme; manteau soutenu par une large bride cervicale, et une saillie s'ajustant dans un sillon de l'entonnoir. *Nageoires* dorsales, arrondies, contractées à la base. *Ventouses* des bras sur deux rangs, ou serrées les unes contre les autres; celles des tentacules sur quatre rangs. Longueur 5 à 10 centimètres. Premier bras gauche hectocotylisé.

Plume ayant la moitié de la longueur du dos. La *S. stenodactyla* (Sepioloidea, D'Orbigny) n'a pas de plume.

Distribution, 7 espèces. Norwége, Iles Britanniques, Méditerranée, île Maurice, Japon, Australie.

Sous-genre. Rossia, Owen.

Type, R. palpebrosa.

Synonyme, Heteroteuthis, Gray.

Manteau soutenu par une crête cervicale et un sillon. *Ventouses* des tentacules sur deux rangs. Premier bras de gauche hectocotylisé dans toute sa longueur, et le bras correspondant de droite dans son milieu. Longueur de 75 à 125 millimètres.

Distribution, 6 espèces. Regent Inlet, Iles Britanniques, Méditerranée, Manille.

Sous-famille B. — *Oigopsidæ*, D'Orbigny.

Yeux nus. *Nageoires* toujours terminales et réunies, formant un rhombe.

Loligopsis, Lam., 1842.

Étymologie, Loligo, et *opsis*, semblable.

Synonymes, Leachia, Les., 1821; Perotis, Eschscholtz, 1827; Taonius, Steenstrup, 1861.

Type, L. pavo (Lesueur).

Corps allongé; manteau soutenu en avant par une cloison branchiale. *Bras* courts. *Ventouses* sur deux rangs. *Tentacules* grêles, souvent mutilés. *Entonnoir* sans valvule.

Plume grêle, avec un petit appendice conique. Longueur de 15 à 30 centimètres.

Distribution, 8 espèces, pélagiques. Mer du Nord, Atlantique, Méditerranée, Inde, Japon, mer du Sud.

Cheiroteuthis, D'Orbigny.

Étymologie, cheir, la main, et *Teuthis*.

Type, Ch. Veranii, Fér.

Manteau soutenu en avant par des crêtes. *Entonnoir* sans valvule. *Bras ventraux* très-longs. *Tentacules* extrêmement allongés, grêles, avec des ventouses distantes et sessiles sur les pédoncules, et quatre rangs de griffes pédonculées sur leurs extrémités dilatées.

Plume grêle, légèrement ailée à chaque extrémité. Longueur du corps 5 centimètres; jusqu'à l'extrémité des bras 20 centimètres; jusqu'à l'extrémité des tentacules 90 centimètres.

Distribution, 2 espèces. Atlantique, Méditerranée; sur les Sargasses, dans la haute mer.

Histioteuthis, D'Orbigny.

Étymologie, histion, un voile, et *Teuthis*.

Type, H. Bonelliana, Fér. Longueur 40 centimètres.

Corps court. *Nageoires* terminales, arrondies.

Manteau soutenu en avant par des crêtes et des sillons. *Membrane buccale* à six lobes. *Bras* (sauf ceux de la paire ventrale) réunis sur une assez grande longueur par une membrane. *Tentacules* longs, situés en dehors de la membrane, avec six rangs de ventouses dentées à leur extrémité.

Plume courte et large.

Distribution, 2 espèces. Méditerranée; dans la haute mer.

Onychoteuthis, Lichtenstein.

Étymologie, onyx, une griffe, et *Teuthis*.

Type, O. Banksii, Leach (— Bartlingii?). Pl. I, *fig*. 7, et *fig*. 8 (plume).

Synonymes, Ancistroteuthis (Gray); Onychia (Lesueur).

Plume étroite, avec un sommet conique, creux.

Bras à deux rangs de ventouses. *Tentacules* longs et puissants, armés d'une double série de crochets; ayant ordinairement un petit groupe de ventouses à la base de chacun des renflements tentaculaires; l'on suppose que l'animal les réunit pour s'en servir de concert[1]. Longueur de 10 à 50 centimètres.

Les Onychoteuthis sont des animaux solitaires, vivant dans la haute mer, et surtout dans les bancs de Sargasses. L'*O. Banksii* s'étend de la Norwége au Cap et à l'océan Indien; les autres espèces sont spéciales aux mers chaudes. L'*O. Dussumieri* a été pris nageant en pleine mer, à 290 lieues au nord de l'île Maurice.

Distribution, 8 espèces. Atlantique, Océan indien, Pacifique.

---

[1] Ce sont les ventouses des Calmars qui ont suggéré au professeur Simpson l'idée de son forceps à accouchements.

Enoploteuthis, d'Orbigny. Calmars armés.

Étymologie, enoplos, armé, et *Teuthis.*
Type, E. Smithii, Leach.
Synonymes, Ancistrochirus et Abralia (Gray) ; Octopodoteuthis (Rüppell); Verania (Krohn).
Plume lancéolée. *Bras* armés d'une double série de crochets cornés,
cachés par des réseaux rétractiles. *Tentacules* longs et faibles, avec de
petits crochets à l'extrémité. Longueur (sans les tentacules) de 5 à 30 centimètres; quelques espèces atteignent toutefois une plus grande taille.
Il y a dans le Musée du collége des Chirurgiens, un bras d'un échantillon d'*E. unguiculata*, trouvé par Banks et Solander pendant le premier voyage de Cook, et que l'on suppose avoir eu 1^m,80 de long
lorsqu'il était complet. Les indigènes de la Polynésie qui plongent pour
récolter des mollusques, craignent avec raison ces créatures formida-
bles. (Owen.)
Distribution, 10 espèces. Méditerranée, Océan Pacifique.
Fossile, une espèce. Jurassique.

Ommastrephes, d'Orbigny. Calmars sagittés.

Étymologie, omma, œil, et *strepho* tourner.
Synonyme, Hyaloteuthis (Gray).
Type, O. sagittatus, Lam.
Corps cylindrique; nageoires terminales grandes et rhomboïdales.
Bras avec deux rangs de ventouses, et quelquefois une frange mem-
braneuse interne. *Tentacules* courts et forts, avec deux rangs de ven-
touses.
Plume consistant en une tige avec trois côtes divergentes et un appen-
dice conique creux. Longueur de 25 millimètres à près de 1^m,20.
Les Ommastréphes vont par troupes et vivent dans la haute mer, sous
toutes les latitudes. On les emploie en grande quantité dans la pêche
de la Morue à Terre-Neuve, et ils forment la nourriture principale des
Dauphins et des Cachalots, ainsi que des Albatros et des grands Pétrels.
Les marins les appellent « flèches de mer » (sea-arrows) ou « calmars
volants » (flying squids), à cause de leur habitude de sauter hors de
l'eau, souvent à une hauteur telle qu'ils retombent sur le pont des vaisseaux. Ils déposent leurs œufs en longues grappes flottant à la surface
de l'eau.
Distribution, 14 espèces vivantes. L'on a trouvé dans l'Oxfordien de
Solenhofen des *plumes* semblables à celles des Ommastrèphes (4 espèces), mais l'on ne peut pas être certain de leur identité générique. Il
y a une espèce tertiaire.

Thysanoteuthis, Troschel, 1857.

Étymologie, thysanos, une frange.
Bras sessiles et réunis par une membrane, mais sans crochets. *Tentacules* garnis de ventouses. *Nageoire* longue. *Plume* sagittiforme.
Distribution. Deux espèces vivantes, *T. rhombus, T. elegans.* Méditerranée.

Loliolus, Stp., 1856.

Plume cornée, large ; tige à carène tranchante ; pas de brides musculaires à l'entonnoir ; ventouses ayant un ruban saillant ; quatrième bras gauche hectocotylisé.
Distribution, 2 espèces. Océan Indien.

Plesioteuthis, Wagner, 1860.

Plume grêle, avec une arête médiane et deux latérales. *Pointe* sagittiforme. Bras sans crochets.
Distribution, 2 espèces. Lias, schistes de Solenhofen.

Dosidicus, Stp., 1856.

Ressemblant un peu aux Ommastrèphes. Portion inférieure des bras ayant de grandes ventouses, et leur extrémité en portant de nombreuses petites. *Tentacules* avec quatre ou cinq crochets.
Distribution, 1 espèce. Méditerranée.

Famille IV. — Belemnitidæ.

Coquille consistant en un osselet en forme de *plume*, se terminant en arrière en un cône divisé en chambres, enveloppé quelquefois d'un rostre fibreux. Les cellules aériennes du *phragmocone* sont reliées par un *siphon* rapproché de la face ventrale.

Belemnites, Lamarck, 1801.

Étymologie, belemnon, un trait [1].
Exemple, B. Puzozianus. Pl. II. *fig.* 5.
Phragmocone corné, légèrement nacré, avec un petit nucléus globuleux à son sommet ; divisé intérieurement par de nombreuses cloisons (*septa*) concaves. *Plume* représentée par deux bandes nacrées situées du côté dorsal du phragmocone, et s'avançant au delà du bord de celui-ci

---

[1] L'on donnait jadis la terminaison *ites* (de *lithos*, une pierre), à tous les genres fossiles.

sous la forme d'un processus ensiforme [1] (Pl. II, *fig.* 5). Rostre fibreux, souvent allongé et cylindrique, devenant très-mince en avant, où il enveloppe le phragmocone [2]. *Ventouses* munies de crochets cornés.

L'on connaît plus de cent espèces de Bélemnites depuis le lias jusqu'à la craie, sur toute l'étendue de l'Europe. L'on a trouvé aussi quelques espèces dans la craie de l'Inde méridionale, et quelques autres dans les terrains jurassiques de l'Himalaya. Le *phragmocone* de la Bélemnite, qui représente l'appendice terminal des calmars, est divisé en chambres à air reliées par un petit tube (*siphon*), comme cela se voit dans la coquille du Nautile ; il est excessivement délicat et doit ordinairement sa conservation à l'infiltration de spath calcaire. L'on rencontre souvent dans le lias des échantillons ayant les moules en forme de ménisques de leurs chambres à air libres, et ressemblant à une pile de verres de montre. Le siphon est ordinairement excentrique, son sommet étant plus rapproché du côté ventral du rostre. Le *rostre* varie beaucoup dans ses proportions, n'ayant quelquefois que 12 milimètres de longueur de plus que le phragmocone, et étant dans d'autres cas, long de 50 à 60 centimètres. Ces variations dépendent probablement jusqu'à un certain point de l'âge et du sexe ; M. d'Orbigny pense que les coquilles des mâles sont toujours (relativement) plus longues et plus grêles ; celles des femelles sont d'abord courtes, mais elles croissent ensuite seulement aux extrémités et deviennent proportionnellement aussi longues que les autres. Le rostre montre toujours à l'intérieur des lignes d'accroissement concentriques ; dans la *B. irregularis* son sommet est creux. Nos connaissances relatives à ce genre comprennent maintenant la forme et les proportions du corps, les bras, les crochets, la poche à encre, un type de

---

[1] Il y en avait une fois cinq échantillons dans la collection du docteur Mantell, et d'autres au British Museum ; ils avaient été trouvés par William Buy dans l'Oxfordien de Christian Malford, dans le Wiltshire. Un échantillon encore plus beau, qui se trouve dans la collection de M. Montefiore, a été trouvé récemment dans le lias du Dorsetshire par M. Day. La dernière loge d'une Bélemnite du lias qui se trouve dans la collection du British Museum a 15 centimètres de long, et 62 milimètres de large à la petite extrémité ; une fracture près du siphon laisse voir la *poche à encre*. Le *phragmocone* d'un échantillon correspondant à celui-ci pour la taille mesure 19 centimètres de long.

[2] La pesanteur spécifique du rostre est identique à celle de la coquille des *Pinna* vivantes, et sa structure est la même. Parkinson et d'autres naturalistes ont supposé qu'il avait originairement une structure légère et poreuse, comme l'os de seiche, mais le *mucro* de l'os de seiche, qui est la seule partie dont il soit l'homologue est aussi dense que la Bélemnite. Nous devons à M. Alex Williams, les chiffres suivants de pesanteurs spécifiques de coquilles vivantes et fossiles, comparées à celle de l'eau indiquée par 1,000 :

Belemnites Puzozianus ; oxfordien..	2,674
Belemnitella mucronata ; craie.	2,677
Pinna ; espèce vivante de la Méditerranée.	2,607
Trichites Plottii ; oolithe inférieure.	2,670
Conus monile ; espèce vivante.	2,910
Conus ponderosus, miocène ; Touraine..	2,715

lame cornée (pro-ostracum) et de bec. Les Bélemnites ont été divisées en groupes, d'après l'existence de sillons sur la surface du rostre et la position de ceux-ci.

SECTION I. ACŒLI (Bronn); pas de sillon ventral ni dorsal.

Sous-section 1. *Acuarii* Rostre sans sillons latéraux, mais caniculé à l'extrême pointe.
Type, B. acuarius. 20 espèces. Lias — Néocomien.
Sous-section 2. *Clavati*. Des sillons latéraux.
Type, B. clavatus, 5 espèces. Lias.

SECTION II. GASTROCŒLI (d'Orb.) ; un sillon ventral distinct.

Sous-section 1. *Canaliculati*. Pas de sillons latéraux.
Type, B. canaliculatus. 5 espèces. Oolithe inférieure — Grande oolithe.
Sous-section 2. *Hastati*. Des sillons latéraux distincts.
Type, B. hastatus. 19 espèces. Lias supérieur — Gault.

SECTION III. NOTOCELI (d'Orb.). Un sillon dorsal ; des sillons latéraux.

Type, B. dilatatus. 9 espèces. Néocomien.
Les Bélemnites semblent avoir vécu par troupes, car leurs débris se trouvent en extrême abondance dans beaucoup de localités, telles que certaines carrières de marne dure des comtés du centre de l'Angleterre, et dans les falaises du lias du comté de Dorset. Il est probable aussi qu'elles vivaient à une médiocre profondeur et préféraient un fond vaseux aux rochers ou aux bancs de coraux contre lesquels elles auraient couru le danger de se heurter. L'on a souvent mentionné des Bélemnites qui avaient été blessés pendant la vie de l'animal.

BELEMNITELLA, d'Orb.

Synonyme, Actinocamax, Miller (genre fondé sur une erreur.)
Type, B. mucronata, Sby. Pl. II, *fig.* 6.
Distribution, Europe ; Amérique du Nord. 6 espèces. Grès vert supérieur et craie.
Le *rostre* de la Bélemnitelle a une fissure droite sur le côté ventral de son bord alvéolaire ; on voit à sa surface des impressions vasculaires distinctes. Le *phragmocône* n'est jamais conservé, mais des moules de l'alvéole montrent qu'il était cloisonné, qu'il avait une seule arête dorsale, un processus ventral passant dans la fissure du rostre, et un nucléus apicial.

XIPHOTEUTHIS, Hux. (1864).

Coquille ayant un long phragmocône enveloppé dans une gaine calcaire.
Fossile, 1 espèce. Lias. Angleterre.

ACANTHOTEUTHIS (Wagner), Münster.

Étymologie, acantha, une épine, et *Teuthis.*
Synonymes, Kalæno (Münster) ; Belemnoteuthis?
Type, A. prisca, Rüppell.

Fondé sur les crochets fossiles d'un calmar, de l'oxfordien de Solenhofen. Ils montrent que l'animal avait dix bras presque égaux, munis, sur toute leur longueur, d'une double série de griffes cornées. On a rapporté hypothétiquement à ces bras un osselet en forme de *plume* semblable à celui des *Ommastrephes*, mais il pourrait cependant avoir appartenu à une Bélemnite ou à un *Belemnoteuthis.*

Fossiles, 17 espèces. Jurassique.

BELEMNOTEUTHIS (Miller, Pearce), 1842.

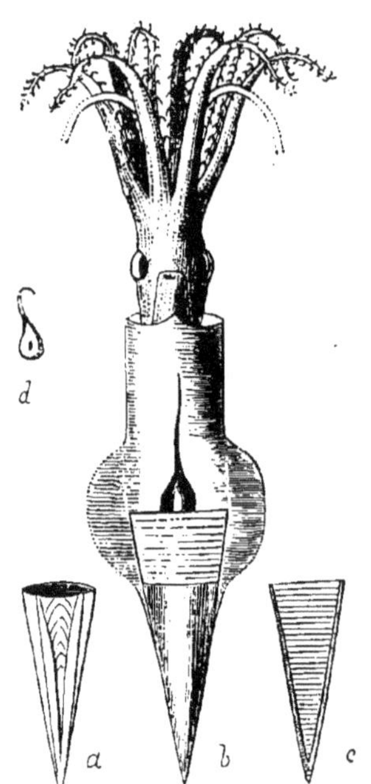

Fig. 40. — *Belemnoteuthis* [1].

Type. B. antiquus (Cunnington), *fig.* 40.
Coquille consistant en un *phragmocone*, semblable à celui des Bélemnites ; une *plume* cornée dorsale avec de vagues rubans latéraux ; et un mince rostre fibreux, ayant deux crêtes divergentes sur le côté dorsal. *Animal* pourvu de *bras* et de *tentacules* de longueur presque égale, munis d'une double série alterne de crochets cornés, formant de 20 à 40 paires sur chaque bras ; *manteau* libre tout le tour ; *nageoires* grandes, médiodorsales (beaucoup plus grandes que dans la figure 40).

Fossile dans l'Oxfordien de Chippenham. L'on a trouvé des griffes cornées semblables dans le lias de Watchett, et un rostre également mince est figuré dans le *Bridgewater Treatise* de Buckland, pl. 44, *fig.* 14.

Dans le calmar fossile de Chippenham la coquille est conservée avec le manteau musculaire, les nageoires, la poche à encre, l'entonnoir, les yeux, et les tentacules avec leurs crochets cornés. Tous les échantillons ont été découverts et nettoyés avec une habileté incomparable par William Buy, de Sutton, près de Chippenham.

[1] Fig. 40. *Belemnoteuthis antiquus*, 1/4 de grandeur naturelle, vu du côté ventral, d'après un échantillon de la collection de M. William Cunnington, de De-

Conoteuthis, d'Orb.

Type, C. Dupinianus, d'Orb. Pl. II, *fig.* 9.
Distribution, Néocomien, France ; Gault, Angleterre.
Phragmocone légèrement recourbé. Plume allongée, très-grêle.
Cette coquille, qui ressemble à la plume d'un Ommastrèphe, avec un cône cloisonné, relie les Calmars ordinaires aux Bélemnites.

Famille V. — Sepiadæ.

Coquille calcaire (os de seiche ou *sépiostaire*), consistant en une large plaque lamelleuse, se terminant en arrière en une pointe (*mucro*) creuse, et imparfaitement cloisonnée. Animal à tentacules allongés, dilatés à leur extrémité.

Sepia (Pline), Linné.

Type, S. officinalis, L. Pl. I, *fig.* 5.
Synonymes, Belosepia, Voltz (B. sepioidea, Pl. II, *fig.* 3, *mucro* seul) ; Palæoteuthis, Röm.
Corps oblong, à nageoires latérales aussi longues que lui. *Bras* à quatre rangs de ventouses. *Manteau* soutenu par des tubercules s'ajustant dans des enfoncements situés sur le cou et l'entonnoir. Longueur de 75 millimètres à 71 centimètres.
Coquille aussi large et aussi longue que le corps, très-épaisse en avant, concave en arrière à la face interne, se terminant en un *mucro* saillant. La partie épaissie se compose de nombreuses plaques séparées par des piliers verticaux qui la rendent très-légère et très-poreuse. S. Orbignyana, Pl. II, *fig.* 2.
L'os de seiche était jadis employé par les pharmaciens comme une base ; aujourd'hui l'on s'en sert seulement pour faire la poudre de sandaraque ou pour prendre des empreintes. L'os d'une espèce de la Chine atteint une longueur de 45 centimètres. (Adams.)
Les Seiches vivent près des côtes et le *mucro* de leur coquille semble destiné à les protéger lors des chocs fréquents auxquels elles sont exposées en nageant en arrière. (D'Orbigny.)

vizes. La dernière loge du phragmocone est conservée dans cet échantillon. *a* représente le côté dorsal d'un phragmocone non comprimé du Callovien, de la collection de M. J. G. Lowe ; *c* est une coupe idéale du même. Depuis que cette figure a été gravée, le British Museum a reçu un échantillon plus complet ; les *tentacules* ne sont pas plus longs que les bras ordinaires, ce qui est dû peut-être à leur rétraction partielle ; cet échantillon est figuré dans l'ouvrage du docteur Mantell intitulé : *Petrifications and their teachings. d* est un seul crochet, de grandeur naturelle. Les échantillons appartenant à M. Cunnington et à feu M. C. Pearce montrent les grandes bases acétabulaires des crochets.

Distribution, 50 espèces ; se trouvant dans toutes les mers ; 2 sur les côtes des Iles Britanniques.

Fossiles, 10 espèces. Oxfordien, Solenhofen. L'on a établi plusieurs espèces sur des pointes (*mucrones*) de l'éocène de Londres et de Paris. (Pl. II, *fig*. 5.) La *S. ungula* se trouve, à l'état fossile, au Texas.

Spirulirostra, d'Orb.

Type, S. Bellardii (d'Orb.). Pl. II, *fig*. 4. Miocène, Turin.

Coquille connue seulement par son *mucro* ; cloisonnée, chambrée intérieurement ; chambres reliées par un *siphon* ventral ; couche spathique externe se prolongeant au delà du *phragmocone* en un long rostre pointu.

Beloptera (Blainville), Deshayes.

Étymologie, belos, un trait, et *pteron*, une aile.

Type, B. belemnitoides, Blainville. Pl. II, *fig*, 7.

Coquille connue seulement par son *mucro*, cloisonnée et pourvue d'un siphon, ailée extérieurement.

Fossiles, 4 espèces. Eocène. Paris ; Bracklesham.

Belemnosis, Edwards.

Type, B. anomalus, Sby. species. Eocène. Highgate (exempl. unique).

Coquille à mucro cloisonné et pourvu d'un siphon ; pas d'ailes latérales, ni de rostre allongé.

Helicerus, Dana.

Exemple, H. Fugiensis. Seule espèce connue. Coquille semblable à une Bélemnite, ayant un demi-pouce de diamètre ; *rostre* épais, subcylindrique, fibreux ; *phragmocone* grèle, se terminant en un nucléus spiral fusiforme. Dans une roche schisteuse. Cap Horn.

Famille VI. — Spirulidæ.

Coquille entièrement nacrée ; discoïde ; tours séparés, cloisonnés (*polythalames*), avec un siphon ventral.

Spirula, Lam., 1801.

Synonyme, Lituus, Gray.

Exemple, S. lævis (Gray). Pl. I, *fig*. 9.

Corps oblong, avec des petites nageoires terminales.

Manteau soutenu par une crête cervicale et deux ventrales, et par des sillons.

Bras ayant six rangs de très-petites ventouses. *Tentacules* allongés. *Entonnoir* muni d'une valvule.

Coquille placée verticalement, dans la partie postérieure du corps, avec la spire enroulée du côté ventral. La dernière chambre n'est pas plus grande proportionnellement que les autres; son bord a des connexions organiques; elle contient la poche à encre. On trouve les coquilles délicates de la Spirule, répandues par milliers sur les côtes de la Nouvelle-Zélande; elle abonde sur les rivages de l'Atlantique, et chaque année quelques échantillons amenés par le Gulf-stream, sont rejetés sur les côtes du Devonshire et du Cornouailles. Mais l'animal n'est connu que par un petit nombre de fragments, et par un échantillon complet, trouvé par M. Percy Earl sur la côte de la Nouvelle-Zélande.

Distribution, 5 espèces. Toutes les mers chaudes.

Ordre II. — Tetrabranchiata.

Animal rampant, protégé par une coquille externe.

Tête rétractile dans le manteau. *Yeux* pédonculés. *Mandibules* calcaires. *Tentacules* très-nombreux.

Corps retenu à la coquille par des muscles adducteurs et par une ceinture cornée continue. Quatre *branchies*. *Entonnoir* constitué par l'union de deux lobes qui ne forment pas un tube complet.

Coquille externe, cloisonnée (polythalame) et pourvue d'un siphon; les couches internes et les cloisons nacrées; couches externes à structure porcelainée [1].

Il y a longtemps que Dillwyn avait remarqué que les coquilles des gastéropodes carnivores manquent plus ou moins complétement dans les couches palæozoïques et secondaires, et que le rôle de ces animaux semble avoir été rempli, dans les mers anciennes par un ordre de Céphalopodes, aujourd'hui presque entièrement éteint. Cet ordre est connu maintenant par plus de 2,000 espèces fossiles, tandis qu'il n'est représenté dans la nature actuelle que par un petit nombre d'espèces de Nautiles [2].

La coquille des Céphalopodes tétrabranches est un cône extrêmement allongé, qui est ou droit, ou diversement replié, ou enroulé.

---

[1] Les Chinois sculptent dans la couche opaque externe de la coquille du Nautile un grand nombre de dessins qui ressortent sur le fond nacré qui se trouve au-dessous.

[2] Le frontispice de cet ouvrage, copié d'après la figure qui se trouve dans le mémoire du professeur Owen, représente l'animal du Nautile pris aux Nouvelles-Hébrides et rapporté en Angleterre par M. Bennett. Il est figuré placé dans une coupe de la coquille et n'en cachant aucune partie. La figure 50, faite d'après un échantillon plus parfait, acquis à une époque postérieure par le British Museum, montre exactement les rapports de l'animal avec sa coquille.

Elle est *droite* dans les	Orthoceras	Baculites.
courbée sur elle-même	Ascoceras	Ptychoceras.
recourbée	Cyrtoceras	Toxoceras.
spirale	Trochoceras	Turrilites.
discoïde	Gyroceras	Crioceras.
discoïde et prolongée	Lituites	Ancyloceras.
enroulée sur elle-même	Nautilus	Ammonites.

La coquille est divisée intérieurement en loges ou chambres par une série de cloisons (*septa*), reliées par un tube ou *siphon*. La dernière loge seule est occupée par l'animal ; les autres l'ont probablement été les unes après les autres ; elles sont vides pendant la vie, mais dans les échantillons fossiles elles sont souvent remplies de carbonate de chaux. Lorsque la coquille externe a été détruite (ce qui arrive souvent aux fossiles), l'on voit les bords des cloisons (comme dans la pl. III, *fig.* 1, 2). Elles forment tantôt des lignes courbes, comme dans les Nautiles et les Orthoceras, tantôt des zigzags, comme dans les Goniatites (*fig.* 60), ou bien encore elles sont *foliacées*, comme dans les Ammonites (*fig.* 41).

Fig. 41. — Suture d'une Ammonite [1].

La ligne de rencontre des cloisons avec la coquille a reçu le nom de *suture*[2]; lorsque cette ligne est repliée, les élévations se nomment *selles*, et les dépressions qui sont entre elles *lobes*. Dans les Cératites (*fig.* 61) les selles sont arrondies, et les lobes *dentés*; dans les Ammonites les lobes et les selles sont extrêmement compliqués. On voit sur les fossiles brisés que les cloisons sont presque plates dans le milieu, et sont plissées (comme un jabot de chemise) sur le pourtour, où elles s'appuyent contre la paroi externe de la coquille (*fig.* 44).

Le *siphon* des Nautiles actuels est un tube membraneux, recouvert d'une couche nacrée très-mince ; dans la plupart des fossiles il est formé d'une succession de tubes infundibuliformes ou moniliformes. Dans quelques-uns des plus anciens genres fossiles, tels que les *Actinoceras, Gyroceras* et *Phragmoceras,* le siphon est grand, et renferme dans son centre un plus petit tube, l'espace entre les deux organes étant rempli de plaques rayonnantes semblables aux lamelles d'un polypier. La position du siphon est très-variable ; dans les Ammonitides il

---

[1] *A. heterophyllus*, Sby., du lias de Lyme Regis ; British Museum. L'on n'a représenté qu'un des côtés ; la flèche indique la selle dorsale.

[2] En raison de leur ressemblance avec les sutures du crâne.

est *externe*, c'est-à-dire situé près du bord externe de la coquille (*fig.* 44). Dans les Nautilides il est ordinairement central (*fig.* 42), ou interne (*fig.* 43).

  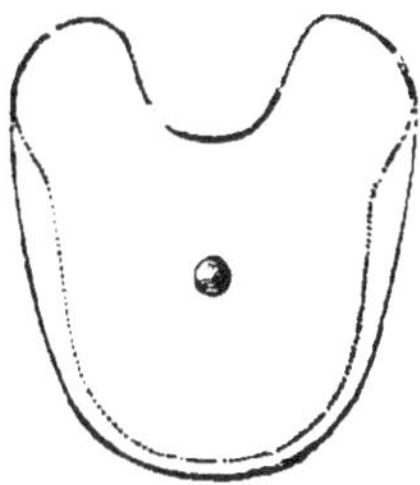

Fig. 42. — Nautilus [1].   Fig. 43. — Clymenia.   Fig. 44. — Hamites.

Les *chambres à air* des Nautiles actuels sont doublées d'une membrane vivante, très-mince ; celles des *Orthoceras* ont conservé des marques d'une couche vasculaire épaisse, reliée avec l'animal par des espaces situés entre les renflements du siphon [2].

La *dernière loge* est toujours très-grande ; dans les Nautiles vivants sa cavité est deux fois aussi grande que toute la série des chambres à air ; dans les Goniatites (*fig.* 46), elle occupe tout un tour, et a une

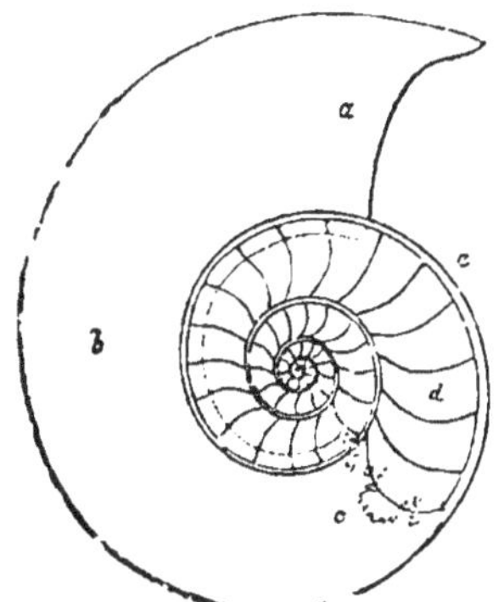
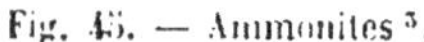
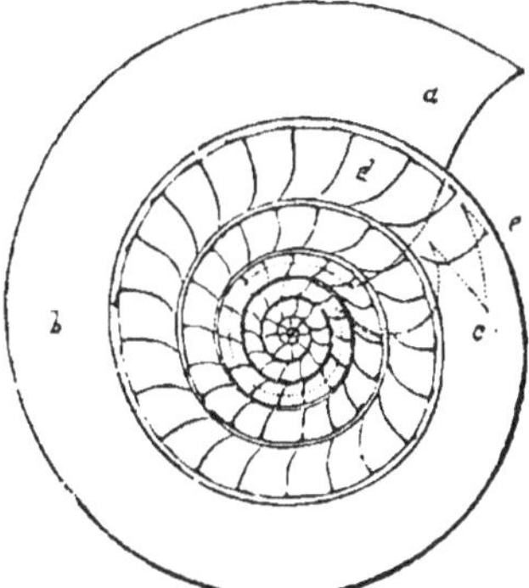

Fig. 45. — Ammonites [3].   Fig. 46. — Goniatites.

extension latérale considérable ; et dans l'*Ammonites communis* elle comprend plus d'un tour.

<hr>

[1] Fig. 42. *Nautilus Pompilius*, L. — Fig. 43. *Clymenia striata*, Münst. (Voy. pl. II. fig. 16.) — Fig. 44. *Hamites cylindraceus*, Defr. (Voy. fig. 65.)

[2] La plupart des fossiles appelés *spongaria* sont des cloisons séparées d'une *Orthoceras*, provenant des couches du Ludlow supérieur, et dans lesquelles les impressions vasculaires rayonnent distinctement à partir du siphon. M. Jones, directeur de l'hôpital de Clun, a plusieurs de ces pièces qui peuvent s'appliquer les unes contre les autres.

[3] Fig. 45. Coupe de l'*Ammonites obtusus*, Sby. du lias de Lyme Regis ; d'après un

Le *bord de l'ouverture* est tout à fait simple dans les Nautiles vivants, et ne met pas sur la trace des nombreuses et curieuses modifications que l'on observe dans les formes fossiles. Nous trouvons souvent dans les Ammonites un processus dorsal ou des saillies latérales; ils se développent périodiquement, ou seulement chez l'adulte (*fig.* 62, et Pl. III, *fig.* 5).

Dans les *Phragmoceras et Gomphoceras* (*fig.* 47, 48) l'ouverture est tellement contractée, qu'il est évident que l'animal ne pouvait pas retirer sa tête dans la coquille, comme le fait le Nautile.

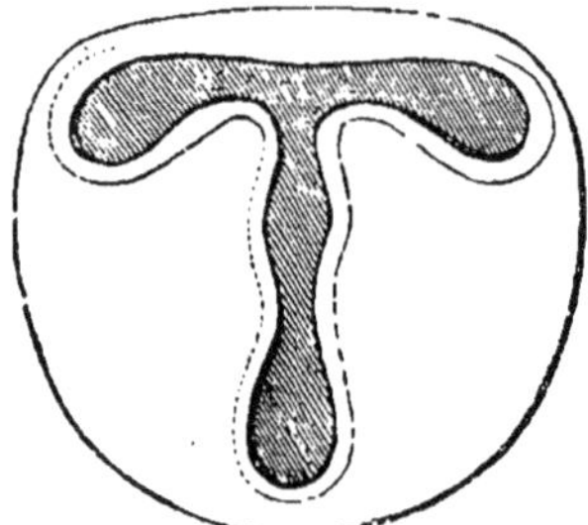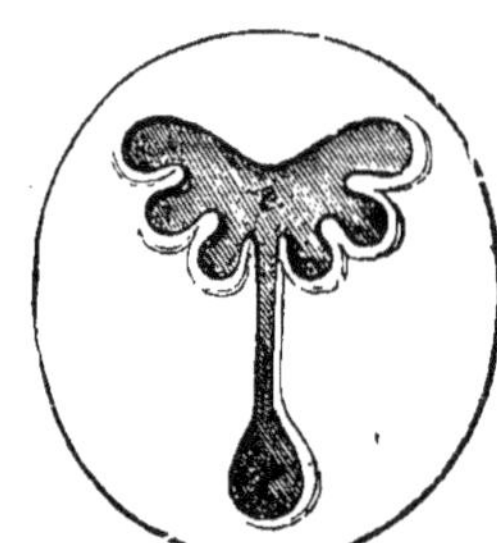

Fig. 47. — Gomphoceras [1].   Fig. 48. — Phragmoceras.

M. Barrande, dont le grand ouvrage sur la formation silurienne de Bohême nous a fourni ces figures, suppose que la partie inférieure de l'ouverture (*s s*), qui est presque isolée du reste, peut avoir servi au passage de l'entonnoir, tandis que l'espace plus grand qui se trouve au dessus (*c c*) était occupé par le cou; les lobes indiquent probablement la position des bras externes.

L'ouverture de la coquille du Nautile perlé est fermée par un disque ou capuchon (*fig.* 50, *h*) formé par la réunion des deux bras dorsaux qui correspondent aux bras sécréteurs de la coquille de l'Argonaute.

Dans les Ammonites, genre aujourd'hui éteint, nous avons des preuves que l'ouverture était protégée encore plus efficacement par un opercule corné ou calcaire, sécrété selon toute probabilité par ces bras dorsaux. Dans un groupe (*arietes*), l'opercule se composait d'une seule pièce et était corné et flexible [2]. Dans les Ammonites à dos arrondi, l'opercule était calcaire et divisé en deux plaques par une suture médiane droite

échantillon très-jeune. — Fig. 46. Coupe du *Goniatites sphæricus*, *Sby.*, du calcaire carbonifère de Bolland; collection de M. Tennant. Les lignes ponctuées indiquent les bords latéraux de la dernière loge.

[1] Fig. 47. *Gomphoceras Bohemicum* (Barrande), vue réduite de l'ouverture; *s* ouverture du siphon. — Fig. 48. *Phragmoceras callistoma* (Barr.). Toutes deux du Silurien supérieur de Bohême.

[2] Cette forme a été découverte par feu miss Mary Anning, l'infatigable collectionneur des fossiles du lias de Lyme Regis, et décrite par M. Strickland (*Geol. Journal*, vol. I, p. 232). Voyez aussi: Voltz, *Mém. de l'Institut*, 1837, p. 48.

(*fig.* 49). Ces pièces ont été décrites en 1811 par Parkinson, qui les appela *Trigonellites*, et fit remarquer les rapports de leur structure interne avec celle des os. Leur face externe est lisse ou ornée de sculptures; leur face interne est marquée de lignes d'accroissement. Bronn en énumère 45 espèces ; elles se rencontrent dans toutes les couches dans lesquelles on trouve des Ammonites, et un échantillon, figuré par M. d'Archiac, a été trouvé dans les couches devoniennes de l'Eifel, associé avec des Goniatites[1].

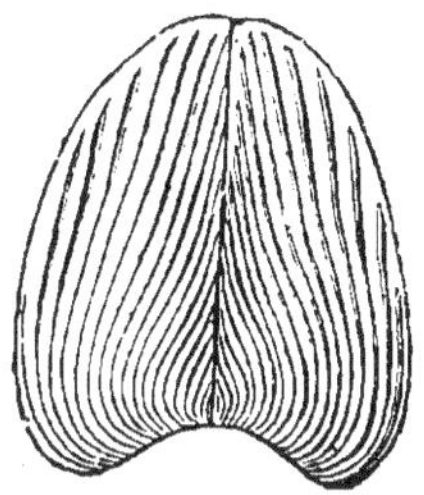

Fig. 49[2].

L'on a trouvé des *mandibules calcaires* ou *Rhyncholithes* (Faure Biguet) dans toutes les couches où se rencontrent des Nautiles ; et leur rareté, leurs grandes dimensions, leur étroite ressemblance avec les mandibules des Nautiles vivants, rendent probable l'opinion qu'elles appartenaient à ce genre[3]. L'on trouve dans le Muschelkalk de Bavière un Nautile (*N. arietis*, Reinecke ; = *N. bidorsatus*, Schlotheim), et deux espèces de *Rhyncholithes*; l'une de ces formes, correspondant à la mandibule supérieure du Nautile actuel, a été appelée *Rhyncholithes hirundo* (Pl. II, *fig.* 11) ; l'autre, qui semble être seulement la mandibule inférieure de la même espèce, a été décrite sous le nom de *Conchorhynchus avirostris*[4]. On en rencontre aussi dans les couches à Bélemnites du lias moyen du Dorsetshire ; mais elles sont très-différentes de forme de celles des Nautiles du lias inférieur, et appartiennent probablement aux Bélemnites.

En étudiant les *Tétrabranches* fossiles, il est nécessaire de tenir compte des circonstances variables dans lesquelles ils ont été conservés. Dans quelques dépôts (tels que le lias de Watchett) la couche externe de la coquille a disparu, tandis que la couche nacrée interne est con-

---

[1] Les *Trigonellites* ont été décrits par Meyer comme des bivalves, sous le nom générique d'*Aptychus*, et par Deslongchamps sous celui de *Munsteria*. M. d'Orbigny les regarde comme des Cirrhipèdes! M. Deshayes croit que ce sont des gésiers d'Ammonites. M. Coquand les compare aux *Teudopsis*, analogie évidemment suggérée par quelques-unes des formes membraneuses et allongées, telles que le *T. sanguinolarius*, que l'on rencontre avec l'*Amm. depressus*, dans le lias de Boll. Rüppell, Voltz, Quenstedt et Zieten regardent les Trigonellites comme les *opercules des Ammonites*, opinion partagée aussi en Angleterre par un grand nombre de collecteurs de fossiles des plus experts. Quelques formes ont été décrites par Rolle (1862) sous les noms de *Cyclidia* et *Scaphanidia*.

[2] *Trigonellites lamellosus*, Park.; Orfordien de Solenhofen et de Chippenham ; associé à l'*Ammonites lingulatus*, Quenstedt. (=A. Brightii, Pratt), d'après un échantillon de la collection de M. Charles Stokes.

[3] M. d'Orbigny a fait *deux genres de Calmars*, avec ces becs de Nautiles (*Rhyncholeuthis* et *Palæoleuthis*. Dans les innombrables coupes d'Ammonites que l'on a faites, l'on n'a jamais découvert de traces des mandibules.

[4] *Lepas avirostris* (Schlotheim), décrit par Blainville comme le bec d'un Brachiopode !

servée. Il arrive plus souvent que c'est seulement la couche externe qui reste, et, dans la craie, la coquille entière a disparu. Dans le grès calcaire du Berkshire et du Wiltshire, les Ammonites ont perdu leurs coquilles, mais il reste des moules parfaits des chambres, formés de spath calcaire [1].

Les Orthoceras et les Ammonites que l'on trouve fossiles, sont évidemment dans beaucoup de cas des *coquilles mortes*, recouvertes de coraux, de serpules, ou d'huitres ; chaque collection contient des échantillons de ce genre. Dans d'autres cas, l'animal semble avoir occupé sa coquille et empêché ainsi l'entrée de la vase, qui s'est durcie tout autour d'elle ; il s'est ensuite décomposé et a contribué à former ces phosphates et ces sulfures que l'on trouve ordinairement dans la dernière loge des coquilles fossiles, et qui ont si souvent transformé en une concrétion durcie le sédiment qui les entoure [2]. Dans cet état, elles sont traversées par une eau minérale qui dépose lentement du spath calcaire en cristaux, sur leurs parois, ou par de l'eau acidulée qui fait disparaître toute trace de la coquille, en laissant une cavité qui plus tard peut se remplir de nouveau de spath, prenant la forme de la coquille sans en avoir la structure. Dans quelques coupes d'*Orthoceras*, on voit d'une manière évidente que la vase a pénétré dans les chambres à air ; mais ces chambres ne sont pas entièrement remplies parce que la membrane qui les doublait s'est contractée, en laissant un espace entre elle et certaines parties des parois qui se correspondent dans chaque chambre.

Les Tétrabranches pourraient incontestablement nager au moyen de leurs jets respiratoires ; mais les Nautiles et les Ammonites qui sont discoïdes, n'ont pas des formes bien calculées pour la natation; et les Orthoceras et les Baculites doivent avoir eu une position presque verticale, la tête en bas, à cause de la légèreté de leurs coquilles. Les chambres à air ont pour effet de donner à tout l'animal (avec sa coquille) une pesanteur spécifique à peu près égale à celle de l'eau [3]. Le but des nombreuses cloisons n'est pas tant de supporter la pression de l'eau, que de protéger la coquille contre les chocs auxquels elle est exposée. Ces cloisons sont surtout compliquées dans les Ammonites dont la forme générale offre la moins grande force [4]. La fonction du siphon (comme l'a

---

[1] Ces moules avaient reçu des anciens auteurs le nom de *Spondylolithes*.

[2] Dans les schistes alumineux de Whitby on trouve d'innombrables concrétions qui, sous un coup de marteau, se fendent et laissent voir une Ammonite. Voyez l'ouvrage du docteur Mantell intitulé *Thoughts on a Pebble*, p. 21.

[3] Un *Nautilus pompilius*, de la collection de M. Morris, pèse une livre, et lorsque le siphon est bouché, il flotte avec un poids d'une demi-livre dans son ouverture. L'animal aurait déplacé deux pintes (= 2 livres 1/2) d'eau, et par conséquent, s'il pesait trois livres, la pesanteur spécifique de l'animal avec sa coquille aurait été à peine supérieure à celle de l'eau salée.

[4] Le siphon et les cloisons lobées ne servaient pas à maintenir l'animal dans sa coquille, comme le pensait Léopold de Buch ; cette fonction était dévolue à des muscles spéciaux. Les sutures compliquées indiquent peut-être des ovaires lobés ; elles se rencontrent dans des genres qui doivent avoir produit de très-petits œufs.

supposé M. Searles Wood) était de conserver la *vitalité* de la coquille pendant la longue vie dont jouissaient certainement ces animaux. M. Forbes a supposé que les tours internes des *Hamites* se brisaient à mesure que les tours externes se formaient. Mais ce n'était pas le cas pour les *Orthoceras*, dont les longues coquilles droites étaient tout particulièrement exposées aux dangers ; chez celles-ci la conservation de la coquille était assurée par la taille et la force croissantes du siphon et sa vascularité également croissante. Chez les *Endoceras* nous trouvons le siphon épaissi par des dépôts internes, jusqu'à ce que dans quelques espèces très-cylindriques il forme un axe presque solide.

Le nucléus de la coquille est assez grand dans les Nautiles, et fait qu'il reste une ouverture au travers de la coquille jusqu'à ce ce que l'*ombilic* soit rempli par un dépôt calleux ; plusieurs espèces fossiles ont toujours un trou au travers de leur centre.

Dans les Ammonites, le nucléus est extrêmement petit et les tours sont compacts depuis le premier.

L'on a reconnu que les cloisons se forment périodiquement ; mais il ne faut pas supposer que les muscles qui fixent l'animal à la coquille se détachent jamais, ou que l'animal se meuve en une seule fois de toute la longueur d'une chambre. Il est très-probable que les adducteurs croissent seulement en avant et qu'une destruction continue a lieu en arrière, de sorte qu'ils se meuvent toujours d'arrière en avant, sauf quand une nouvelle cloison doit se former ; les cloisons indiquent des repos périodiques.

La considération de ce fait que le Nautile doit avoir si souvent une cavité à air entre lui et sa coquille, suffit à elle seule pour nous convaincre que les Céphalopodes à coquilles cloisonnées ne pouvaient pas vivre dans les eaux très-profondes. Ils étaient probablement restreints à une profondeur de 37 à 55 mètres au plus [1].

Il est certain que les sexes étaient séparés chez les Tétrabranches. D'Orbigny ayant remarqué qu'il y avait dans presque chaque espèce d'Ammonite, deux variétés, dont l'une est comprimée et l'autre renflée, a supposé naturellement que la première était la coquille du mâle ($\male$), la seconde celle de la femelle ($\female$). Le docteur Melville a fait une hypothèse semblable relativement aux Nautiles ; il suppose que les échantillons ombiliqués correspondaient aux mâles, et les coquilles non ombiliquées aux femelles. Van der Hoeven a décrit les différences qui existent

---

[1] Par *eau profonde* les naturalistes et les dragueurs entendent rarement plus de 15 mètres, profondeur relativement faible que l'on rencontre seulement près des côtes. A 183 mètres, la pression dépasse 118 kilogrammes par pouce carré. Des bouteilles vides, solidement bouchées, sont toujours brisées lorsqu'on les fait descendre avec des poids au-dessous de 183 mètres. Si elles sont pleines de liquides, le bouchon est chassé en dedans, et le liquide est remplacé par de l'eau salée ; lorsqu'on remonte la bouteille, le bouchon est ramené dans le cou de la bouteille, ordinairement dans une position renversée. (Sir F. Beaufort.)

entre la coquille des deux sexes[1] ; mais ces différences sont minimes en comparaison de celles que présentent les animaux. La plus saillante de celles-ci consiste en ce que la femelle a 12 tentacules rétractiles, tandis que le mâle en a seulement 8, les 4 autres se réunissant pour former un organe appelé le *spadix*.

M. Barrande a publié en 1865, les planches de son second volume sur les Céphalopodes de Bohême. Cet ouvrage contient 107 planches, avec les figures de 200 espèces de Céphalopodes, appartenant aux genres *Goniatites, Nothoceras, Trochoceras, Hercoceras, Lituites, Phragmoceras, Gomphoceras* et *Ascoceras*.

Famille I. — Nautilidæ.

Coquille ayant une dernière loge ample ; *ouverture* simple ; *sutures* simples ; *siphon* central ou interne (*fig.* 50, 51).

Nautilus, Breynius, 1752.

Coquille enroulée ou discoïde, à tours peu nombreux. *Siphon* central ou subcentral.

Dans les Nautiles actuels la coquille est lisse, mais dans beaucoup d'espèces fossiles elle est plissée, comme ces toitures en fer si remarquables pour leur force et leur légèreté. (Buckland.) Voy. pl. II, *fig.* 10.

L'ombilic est petit ou presque nul dans les Nautiles typiques, et les tours croissent rapidement. Dans les espèces palæozoïques les tours croissent lentement et sont quelquefois à peine en contact. La dernière chambre à air est souvent moins profonde à proportion que les autres.

Animal. Dans les Nautiles actuels les *mandibules* sont cornées, mais considérablement endurcies par du calcaire ; elles sont entourées d'une lèvre circulaire charnue, en dehors de laquelle se trouvent 4 groupes de *tentacules labiaux*, formés chacun de 12 ou 13 *tentacules*, qui semblent correspondre à la membrane buccale du calmar (*fig.* 1). En dehors de ces organes, il y a de chaque côté de la tête, une double série de bras ou *tentacules brachiaux*, au nombre de 56 ; la paire dorsale est étalée et soudée, pour former le capuchon qui ferme l'ouverture de la coquille, sauf dans un petit espace de chaque côté occupé par la seconde paire de bras. Les *tentacules* sont lamelleux à leur face interne, et rétractiles dans des gaînes, ou « digitations » qui correspondent aux huit bras ordinaires des Seiches ; leur nombre plus élevé indique un degré inférieur d'organisation. Outre ceux-ci, il y a encore quatre tentacules oculaires, dont un derrière chaque œil et un devant ; ils semblent être des instruments de sensation, et ressemblent aux tentacules des *Doris* et des *Aplysia*. (Owen.) Sur les côtés de chaque œil, il y a une saillie creuse, plissée, qui ne porte pas de tentacule. Cette

---

[1] *Annals of Natural History.* vol. XIX, 1857.

saillie contient l'oreille externe. Sa cavité communique avec la capsule
auditive par un passage doublé d'un membrane glandulaire. Le *tube*

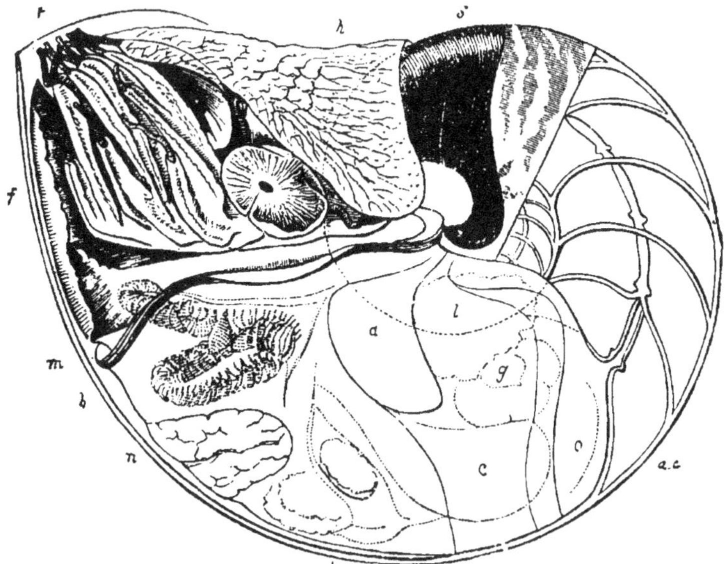

Fig. 50. — *Nautilus pompilius* dans sa coquille [1].

respiratoire est formé par un repli d'un lobe musculaire très-épais,
qui se prolonge latéralement de chaque côté de la tête, avec son bord
libre dirigé en arrière dans la cavité branchiale ; derrière le *capuchon*
il est dirigé en avant, formant un lobe appliqué contre la partie teintée en noir de la spire (*fig.* 50, *s*) [2]. Il y a en dedans de l'entonnoir

[1] Cette figure sur bois et dix-huit autres qui se rapportent aux *Tétrabranches* appartiennent au docteur Gray qui a permis à l'auteur de s'en servir ; la figure 50 représente un Nautile vivant tel qu'il se voit lorsqu'on a enlevé une partie de la paroi
externe de la coquille (d'après l'échantillon du British Museum). L'on aperçoit au
centre l'œil, recouvert par le capuchon (*h*) ; *t*, tentacules, presque cachés dans leurs
gaines ; *f*, entonnoir ; *m*, bord du manteau, très-contracté ; *n*, glande nidamentaire ;
a, *c*, chambres à air et siphon ; *s*, partie de la coquille ; *a*, muscle rétracteur. Les
organes internes sont indiqués par des lignes ponctuées ; *b*, branchies ; *h*, cœur
et glandes rénales ; *c*, jabot ; *g*, gésier ; *l*, foie ; *o*, ovaire.

[2] L'entonnoir est considéré par Lovén comme étant l'homologue du pied des Gastéropodes, conclusion que nous ne pouvons pas adopter. Les Céphalopodes devraient
être comparés aux larves de Gastéropodes, chez lesquelles le pied sert seulement à supporter un opercule, ou aux genres flottants chez lesquels le pied est
presque nul, ou sert seulement à sécréter un radeau nidamentaire. (Janthina.) Toutefois, en examinant le Nautile conservé dans le British Museum, et en constatant
que l'entonnoir n'est qu'une partie d'un collier musculaire qui s'étend tout le tour
du cou de l'animal, nous n'avons pu nous empêcher de remarquer sa ressemblance
avec les lobes du siphon de la Paludine, et avec cette série de lobes (comprenant le
lobe operculifère) qui entoure le Trochus (fig. 114).

un pli valvuliforme (*fig.* 51, *s*). Le bord du manteau est entier, et s'étend jusqu'au bord de la coquille ; sa substance est ferme et musculaire jusqu'à la ligne des muscles rétracteurs et de la ceinture cornée, mais, en arrière de ce point, il devient mince et transparent. Les *muscles* adducteurs sont réunis par une bande étroite à travers la cavité occupée par la spire enroulée de la coquille. Le *siphon* est vasculaire ; il s'ouvre dans la cavité contenant le cœur (*pericardium*), et est très-probablement rempli du liquide contenu dans cette cavité. (Owen.)

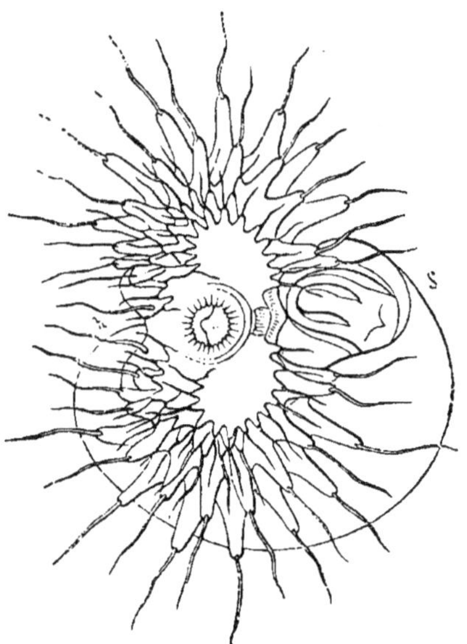

Fig. 51. — Nautile en extension [1].

L'on sait très-peu de chose sur les mœurs du Nautile : l'échantillon disséqué par le professeur Owen avait le jabot plein de fragments d'un petit crabe, et ses mandibules semblent être bien conformées pour briser des coquilles. L'assertion, d'après laquelle il viendrait de lui-même à la surface de la mer, n'a pas été jusqu'à présent confirmée par l'observation, quoique ses cellules à air puissent incontestablement lui permettre de monter avec un très-faible effort musculaire.

M. Owen reproduit le passage suivant de l'ancien naturaliste hollan-

---

[1] Représentation idéale du Nautile en extension, par le professeur Lovén, qui semble avoir dessiné les détails d'après le mémoire de Valenciennes publié dans les *Archives du Muséum*, vol. II, p. 257. *h*, capuchon ; *s*, siphon. On pourrait supposer que lorsque le Nautile sort de sa coquille, le gaz contenu dans la dernière chambre à air qui est incomplète, peut se dilater ; mais cela serait impossible sous une pression un peu considérable.

dais Rumphius, qui écrivait, en 1705, une description des curiosités d'Amboine. « Quand le Nautile flotte, il sort sa tête et tous ses tentacules, et les étend sur l'eau, avec la poupe de la coquille au-dessus de la surface de la mer; mais, sur le fond, il rampe dans la position inverse, avec son bateau au-dessus de lui, et avance assez rapidement en ayant sa tête et ses tentacules sur le sol. Il se tient surtout sur le fond, et rampe quelquefois dans les filets des pêcheurs; mais, après une tempête, lorsque le temps redevient calme, on voit ces mollusques par troupes, flottant sur l'eau, *poussés par le mouvement des vagues*. Cette allure n'est toutefois pas de longue durée; car après avoir rentré tous leurs tentacules, ils renversent leur bateau et reviennent au fond. »

Distribution, 3 ou 4 espèces; mers de Chine, océan Indien, golfe Persique.

Fossiles, environ 188 espèces; dans tous les terrains; Amérique méridionale (Chili) et septentrionale, Europe, Inde méridionale.

Il y a deux types d'ornementation dans les Nautiles; les uns sont lisses et les autres striés longitudinalement; ces derniers sont presque exclusivement jurassiques, et l'on n'en connaît aujourd'hui qu'une espèce des terrains crétacés de l'Inde; le type lisse est presque exclusivement crétacé, et est abondamment représenté dans l'Inde. M. d'Orbigny s'est servi de ces caractères pour diviser les Nautiles en trois groupes, à savoir:

1° *Lævigati*. Nautiles à coquille lisse, s'étendant depuis l'époque permienne jusqu'à l'époque actuelle.

2° *Radiati*. Coquille ornée de côtes transversales; principalement crétacés.

3° *Striati*. Coquille ornée de stries longitudinales. En Europe ils sont restreints au jurassique. Dans l'Inde l'on en rencontre un petit nombre d'espèces dans le crétacé inférieur.

Sous-genres. Aturia (Bronn). *Megasiphonia*, d'Orb.

Type, N. zic-zac, Sby. Pl. II, *fig.* 12, Argile de Londres, Highgate.

Coquille à sutures ayant un profond lobe latéral; siphon presque interne, grand, continu, ressemblant à une série d'entonnoirs.

Fossiles, 4 espèces. Éocène; Amérique du Nord, Europe, Inde.

Discites, Mac Coy. *Tours* tous visibles; la dernière loge quelquefois prolongée.

Fossiles, 5 espèces. Silurien inférieur –Calcaire carbonifère.

Temnocheilus, Mac Coy. Fondé sur 5 espèces carénées du calcaire carbonifère.

Cryptoceras, d'Orb.; *Ascoceras*, Barr. Établi sur le *N. dorsalis*, Phil., et sur une autre espèce, dans laquelle le siphon est presque externe.

Fossiles, 16 espèces. Silurien supérieur –Carbonifère.

Lituites, Breynius.

Étymologie, lituus, une trompette.
Synonymes, Hortolus, Montf. (tours séparés). Trocholites, Conrad.
Exemple. L. convolvans, Schl. L. lituus, Hisinger.
Coquille, discoïde ; tours contigus ou disjoints ; dernière chambre prolongée en ligne droite ; siphon central ou subcentral.
Fossiles, 18 espèces. Silurien ; Amérique du Nord ; Europe.

Trochoceras, Barrande, 1848.

Exemple, T. trochoïdes, Barr.
Coquille nautiloïde, spirale, déprimée.
Fossiles, 44 espèces. Silurien supérieur.; Bohême.
Quelques espèces sont presque plates, et comme elles ont la dernière chambre prolongée, elles auraient jadis été considérées comme des Lituites.

Fig. 52.— *Clymenia striata,* Münster [1].   Fig. 53.— *Clymenia linearis,* Münster.

Clymenia, Münster, 1852.

Étymologie, Clymene, une nymphe de la mer.
Synonymes, Endosiphonites, Ansted. Subclymenia, d'Orb.
Exemple, C. striata, Pl. II, fig. 16 (Coll. Tennant).
Coquille discoïde ; cloisons simples ou légèrement lobées ; siphon interne.
Fossiles, 45 espèces. Silurien supérieur — Calcaire de montagne. Amérique du Nord, Europe.

Famille II. — Orthoceratidæ.

Coquille droite, courbe ou discoïde ; dernière loge petite ; *ouverture* contractée, quelquefois extrêmement étroite (*fig.* 48, 49) ; siphon compliqué.

Il est probable que les Céphalopodes de cette famille n'étaient pas capables, de se retirer complétement dans leur coquille, comme le Nautile ; tel était certainement le cas pour quelques-uns d'entre eux, comme l'a établi M. Barrande ; en effet, chez eux, l'ouverture du siphon est presque complétement séparée de l'ouverture céphalique. La coquille semble avoir été souvent moins calcaire que celle du Nautile, mais en

---

[1] Figures 52 et 53. Sutures de deux espèces de Clymenia, d'après Phillips, Pal. Foss. Devonshire.

connexion avec plus de parties vasculaires que chez cet animal, et le siphon atteint souvent un énorme développement. Dans tout cela il n'y a rien qui soulève des doutes sur leur caractère de Tétrabranches ; et les bandes colorées en forme de chevrons que l'on voit sur l'*Orthoceras anguliferus* [1], prouvent suffisamment que la coquille était essentiellement externe.

ORTHOCERAS, Breyn.

Étymologie, *orthos*, droit, et *ceras*, une corne.

Synonymes, Cycloceras, Mac Coy ; Gonioceras, Hall [2]; Conoceras, Brown.

Exemple, O. Ludense (diagramme d'une coupe longitudinale). Pl. II, *fig*. 14.

Coquille droite ; siphon central ; ouverture quelquefois contractée.

Fossiles, 240 espèces. Silurien inférieur—Lias ; Amérique du Nord, Australie, et Europe.

Les Orthoceras sont les coquilles les plus abondantes et les plus répandues des roches anciennes, et ils ont atteint une taille plus grande qu'aucune autre coquille fossile. Un fragment d'un Orthoceras de la collection de M. Tate d'Alnwick, a 91 centimètres de long et 50 centimètres de diamètre ; sa longueur primitive doit avoir été de 1ᵐ,80. D'autres espèces qui ont 60 centimètres de long, n'ont que 25 millimètres de diamètre à l'ouverture.

Sous-genre. 1. *Cameroceras*, Conrad (Melia et Thoracoceras, Fischer?).

Siphon latéral, quelquefois très-grands (simple?) Eichwald a décrit sous le nom de *Hiolytes* des moules de ces grands siphons. 27 espèces. Silurien inférieur — Trias ? Amérique du Nord et Europe.

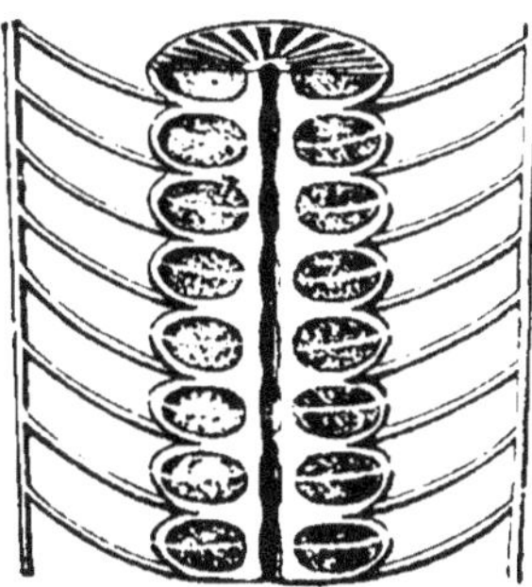

Fig. 54. — *Actinoceras* [3].

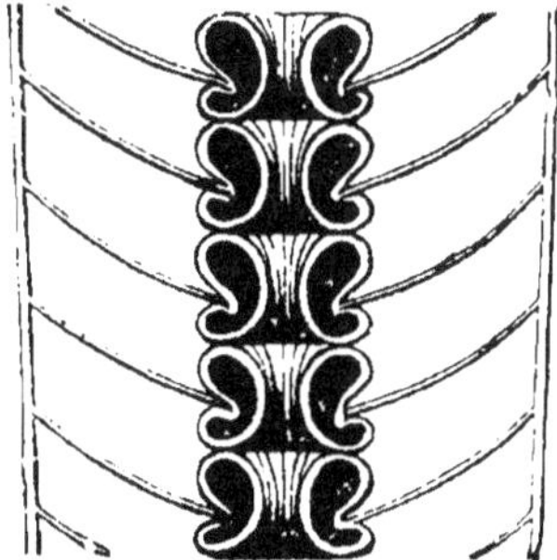

Fig. 55. — *Ormoceras*.

2. *Actinoceras* (Brown), Stokes. Siphon très-grand, renflé entre les

---

[1] Figuré par d'Archiac et de Verneuil, *Geol. Trans.*

[2] Les genres *Theca* et *Tentaculites* sont classés provisoirement avec les Ptéropodes ; ils devront probablement prendre place ici.

[3] Fig. 54. *Actinoceras Richardsoni*, Stokes. Lac Winipeg (diagramme réduit de

loges, et relié avec un tube central par des plaques rayonnantes, 6 espèces. Silurien inférieur — Carbonifère ; Amérique du Nord, Baltique, Grande Bretagne.

3. *Ormoceras*, Stokes. Renflements du siphon étranglés dans le milieu (ce qui donne aux cloisons l'apparence d'être réunies au centre de chacun d'eux). 5 espèces. Silurien inférieur — Devonien ; Amérique du Nord. Ce sous-genre ressemble beaucoup au précédent, s'il ne lui est pas identique.

4. *Huronia*, Stokes. Coquille extrêmement mince, membraneuse ou cornée? Siphon très-grand, central ; partie supérieure de chaque segment reliée avec un petit tube central par des plaques rayonnantes. 5 espèces. Silurien inférieur. Ile Drummond, Lac Huron.

Le docteur Bigsby et les officiers du régiment qui était cantonné en 1822 à l'île Drummond, ont récolté de nombreux échantillons de ce curieux fossile. D'autres exemplaires ont été rapportés par les officiers de plusieurs des expéditions arctiques. Mais, à l'exception d'un échantillon

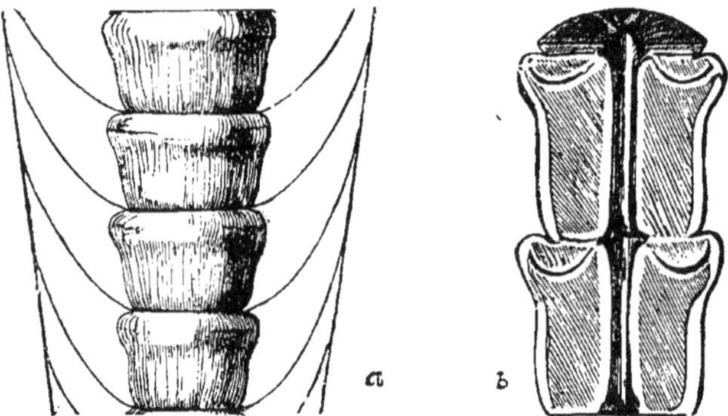

Fig. 56. — *Huronia vertebralis* [1].

qui appartenait au lieutenant Gibson, et d'un autre qui fait partie de la collection de M. Stokes, le siphon seul est conservé, et il ne reste pas de trace des cloisons ou de la paroi de la coquille. Quelques-uns de ceux que le docteur Bigsby a vus dans les falaises calcaires, avaient 1^m,80 de long.

5. *Endoceras*, Hall (Conotubularia, Troost). Coquille extrêmement al-

moitié). — Fig. 55. *Ormoceras Bayfieldi*, Stokes. Ile Drummond (d'après le mémoire de M. Stokes. *Geol. Trans.*).

[1] Fig. 56. *Huronia vertebralis*. Stokes : *a* échantillon du British Museum, donné par le docteur Bigsby. Les cloisons sont ajoutées d'après le dessin du docteur Bigsby, elles étaient seulement indiquées dans l'échantillon par « des lignes incolores sur le calcaire brun ; » *b* représente une coupe formée par les agents atmosphériques. et offerte au British Museum par le capitaine Kellett et le lieutenant Wood, du navire de guerre *Pandora*. Les figures sont réduites de moitié.

longée, cylindrique. Siphon très-grand, cylindrique, latéral, épaissi
intérieurement par des couches successives de coquille, ou divisé par
des diaphragmes en forme d'entonnoir. 12 espèces. Silurien inférieur ;
New-York.

Coquille perforée par deux siphons distincts? O. bisiphonatum, Sby. ;
grès de Caradoc, Grande-Bretagne.

« L'on a observé des Orthoceras à deux siphons, mais il a toujours
semblé qu''ls présentaient quelque chose de douteux. Toutefois, dans
le cas en question, l'on ne peut pas mettre en doute l'existence de cette
structure. » (J. Sowerby.)

L'on trouve souvent de petits Orthoceras de diverses espèces dans la
dernière loge et dans le siphon ouvert des grands échantillons[1].
Les *Endoceras gemelliparum* et *proteiforme* de Hall semblent offrir des
exemples de ce genre.

6. *Tritoceras = Diploceras*, Salter. On suppose que la coquille a res-
semblé aux *Gonioceras*, et que le tube externe est une simple cavité,
formée par le rapprochement des angles latéraux.

Discosorus (conoïdeus) Hall, 1852. Pal. New-York. Ce fossile semble être
un siphon semblable à ceux qui ont été figurés par le docteur Bigsby
en 1824 (*Geol. Trans.* 1. Pl. 30, *fig.* 6) et que Quenstedt a rapportés avec
raison aux Orthoceras.

GOMPHOCERAS, J. Sby. 1839.

Étymologie, gomphos, une massue, et *ceras*, une corne.
Synonymes, Apioceras (Fischer); Poterioceras (Mac Coy).
Type, G. pyriforme, Sby., *fig.* 58, et G. Bohemicum, Barr., *fig.* 47.
Coquille fusiforme ou globuleuse ; sommet atténué; ouverture con-
tractée dans le milieu ; siphon moniliforme, subcentral.
Distribution, 27 espèces. Silurien inférieur—Carbonifère. Amérique du
Nord, Europe, Iles Britanniques. Barrande figure, dans le vol. II de son
Système silurien (1865), 70 espèces, dont presque toutes sont considé-
rées comme nouvelles.

ONCOCERAS, Hall.

Étymologie, oncos, une protubérance.
Type, O. constrictum, Hall. Calcaire de Trenton.
Coquille ressemblant à un *Gomphoceras* courbé; siphon externe.
Distribution, 3 espèces. Silurien ; New-York.

PHRAGMOCERAS, Broderip.

Étymologie, phragmos, une séparation, et *ceras*, une corne.

---

[1] L'on trouve des coquilles de *Bellerophon* et de *Murchisonia* dans les mêmes
conditions.

Type, P. ventricosum (espéce de Steininger). Pl. II, *fig*. 15.

Coquille courbe, comprimée latéralement; *ouverture* contractée dans le milieu; *siphon* ventral, rayonné. Exemple, P. callistoma, Barr., *fig*. 48.

Distribution, 15 espèces. Silurien inférieur—Carbonifère; îles Britanniques, Allemagne.

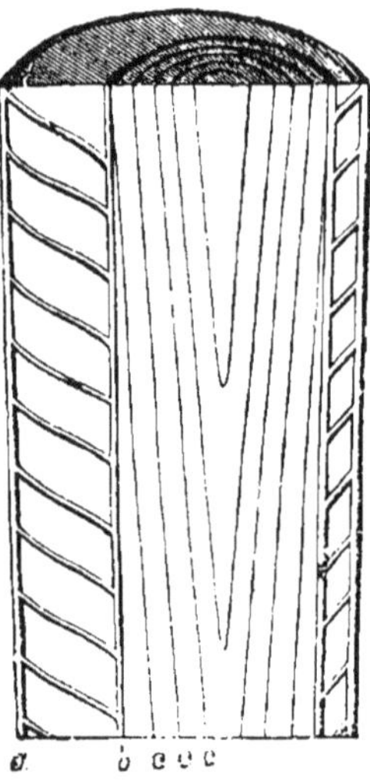

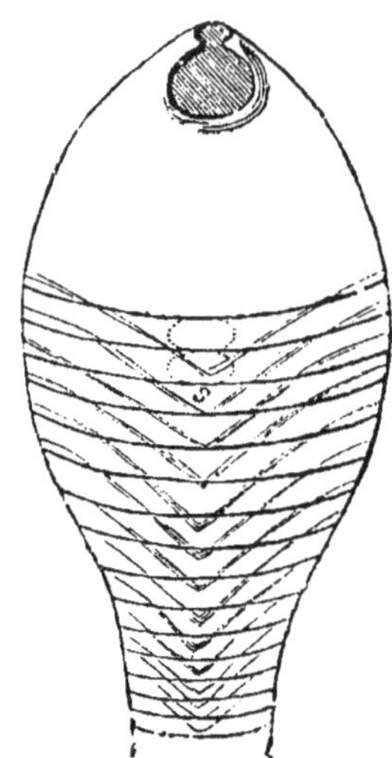

Fig. 57. — *Endoceras*[1].   Fig. 58. — *Gomphoceras*[2].

CYRTOCERAS, Goldf. 1852.

Étymologie, *curtos*, courbé, *ceras*, corne.

Synonymes, Campulites, Desh., 1832 (comprenant les Gyroceras); Aploceras, d'Orbigny; Campyloceras et Trigonoceras, Mac Coy; Gyroceras, d'Orbigny.

Exemple, C. hybridum, Volborthi et Beaumonti (Barrande).

Coquille courbe; *siphon* petit, interne, ou subcentral.

Fossiles, 84 espèces. Silurien inférieur—Carbonifère; Amérique du Nord et du Sud, Europe.

GYROCERAS, Meyer. 1829.

Étymologie, *Gyros*, un cercle, et *ceras*.

Synonyme, Nautiloceras, d'Orbigny.

[1] Fig. 57. Diagramme d'un *Endoceras* (d'après Hall); *a*, paroi de la coquille; *b*, paroi du siphon; *c*, *c*, *c*, diagrammes (embryotubes de Hall).

[2] Fig. 58. *Gomphoceras pyriforme*; Couches inf. de Ludlow; Mocktree Hill, Herefordshire (d'après : *Murchison, Silurian System*; 1/2), *s*, siphon moniliforme.

Exemple, G. Eifeliense, d'Arch. (Pl. II, *fig.* 15.) Devonien ; Eifel.
Coquille nautiloïde ; tours séparés ; siphon excentrique, rayonné.
Fossiles, 17 espèces. Silurien supérieur—Trias? Amérique du Nord et Europe.

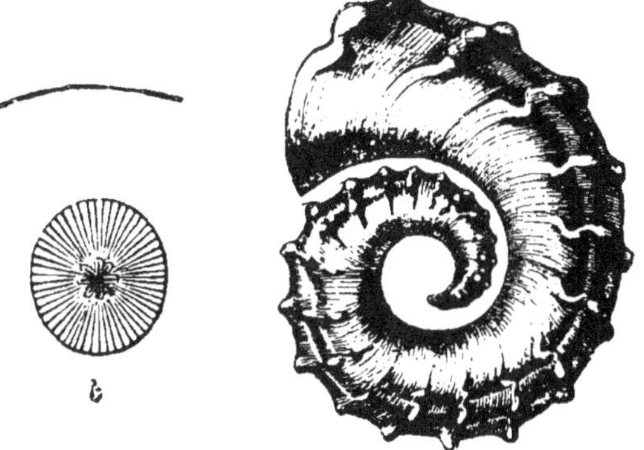

Fig. 59 [1].

THORACOCERAS, Fischer. 1844.

Synonyme, Melia, Fischer (non L.).
Type, T. vestitum.
Coquille droite, allongée, conique, avec un petit siphon latéral droit.
Fossiles, 20 espèces. Silurien inférieur — Carbonifère. États-Unis et Europe.

NOTHOCERAS, Barrande. 1856.

Coquille nautiloïde, faiblement enroulée ; cloisons légèrement voûtées, sans lobes.
Fossile, 1 espèce. Silurien supérieur.

FAMILLE III. — AMMONITIDÆ.

Coquille à dernière loge allongée ; *ouverture* protégée par des saillies et fermée par un opercule ; sutures anguleuses, ou lobées et foliées ; *siphon* externe (dorsal, par rapport à la coquille.)
La coquille des Ammonitides a essentiellement la même structure que celle des Nautiles. Elle consiste en une couche externe porcelainée [2], formée seulement par le collier du manteau, et en un revêtement interne

---

[1] Fig. 59. *Gyroceras Golfussii* (= *ornatum*, Goldf.) ; *b*, siphon du *G. depressum*, Goldf. sp. Devonien, Eifel. D'après MM. d'Archiac et de Verneuil.

[2] La structure microscopique de cette couche n'a pas été examinée d'une manière satisfaisante. E. Forbes a découvert dans une espèce une structure ponctuée.

nacré, déposé par toute l'étendue de la surface viscérale. Il y a, dans le
British Museum, une Ammonite qui été évidemment brisée et réparée
pendant la vie de l'animal [1], et qui montre que la coquille se déposait
par *dedans*. Dans quelques espèces d'Ammonites, le collier du manteau formait sur la coquille, des épines saillantes, trop profondes pour
que le manteau viscéral pût y entrer ; elles sont par conséquent séparées
du dernier tour et des chambres à air par une cloison (comme c'est le
cas dans l'*A. armatus*, du Lias) et ne se retrouvent pas dans les *moules*.

Les Baculites et les Ammonites de la section des *cristati* acquièrent
lorsqu'elles sont adultes, une saillie qui s'avance depuis le bord externe
de leur coquille. Certaines autres Ammonites (les *ornati*, *coronati*, etc.)
forment deux apophyses latérales avant de cesser de croître. (Pl. III,
fig. 5.) Comme ces apophyses sont souvent développés dans de très-petits
échantillons, l'on a supposé qu'elles se formaient plusieurs fois pendant la
vie de l'animal (à chaque repos périodique) et étaient de nouveau résorbées
lorsque l'accroissement recommençait. Il se pourrait toutefois que ces petits
échantillons fussent seulement des individus nains. Dans une Ammonite de
l'oolithe inférieur de Normandie, les extrémités de ces apophyses latérales se rencontrent, « formant une voûte au-dessus de l'ouverture, et
la séparant en deux orifices ; l'un de ceux-ci correspond à celui qui est
au-dessus du capuchon du Nautile, et qui donne passage au pli dorsal du
manteau ; l'autre avec celui qui est au-dessous du capuchon, et d'où
sortent les tentacules, la bouche, et l'entonnoir. Nous devons supposer
qu'une modification de cette nature n'avait pas lieu avant que la croissance de l'individu fût terminée [2]. » (Owen.)

Fig. 60 [3].

M. d'Orbigny a figuré plusieurs exemples d'Ammonites déformées,
chez lesquelles un des côtés de la coquille est à peine développé, et dont

[1] *A. serpentinus*, Scloth., du Lias supérieur de Wellingboro. Rev. A. W. Griesbach.
[2] Cet échantillon unique et anormal est dans la collection de M. S. P. Pratt.
[3] Fig. 60. *Goniatites sphericus*, Sby. Vue de face et de côté d'un échantillon du
calcaire carbonifère du Derbyshire, faisant partie de la collection de M. J. Ten
nant ; la dernière loge et la paroi de la coquille ont été enlevées.

la carène est par conséquent latérale. Des échantillons de ce genre indiquent probablement l'atrophie partielle des branchies d'un côté. Il y a dans le British Museum des échantillons déformés des *A. obtusus*, *amaltheus*, et *tuberculatus*.

GONIATITES, De Haan.

Étymologie, *gonia*, angles (on devrait écrire gonialites?).
Synonyme, Aganides, d'Orbigny (non Montf. = *Aturia zic-zac*).
Exemples, G. Henslowi. (Pl. III, *fig.* 1), G. sphericus (*fig.* 60 et 46).
Coquille discoïde; sutures lobées ; siphon dorsal.
Distribution, 197 espèces. Silurien supérieur—Trias. Europe.

RHABDOCERAS, Hauer, 1860.

Coquille droite, à forme d'Orthoceras, fortement sculptée. *Cloisons* à lobes arrondis.
Distribution, 1 espèce. Trias. Allemagne.

BACTRITES, Sandberger (Stenoceras, d'Orb?).

Coquille droite ; sutures lobées.
Type, B. subconicus, Sbger.
Distribution, 3 espèces. Devonien. Allemagne.

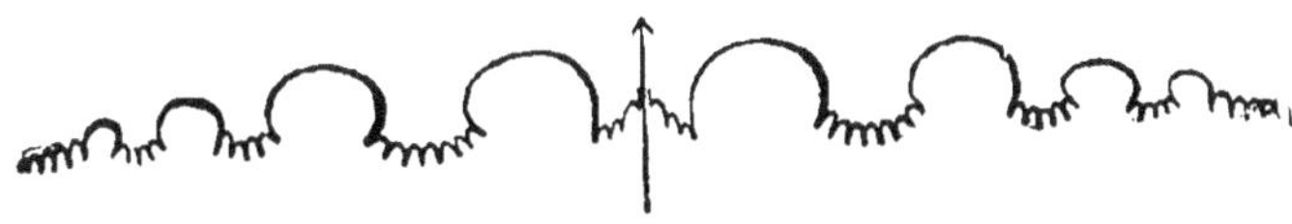

Fig. 61 [1].

CERATITES, De Haan.

Type, C. nodosus. (Pl. III, *fig.* 2.)
Coquille discoïde ; sutures lobées, à lobes crénelés (*fig.* 61).
Distribution, 29 espèces. Devonien—Craie. Europe ; Inde.

D'Orbigny décrit cinq coquilles du Gault et du Grès vert supérieur comme étant des Cératites ; mais beaucoup d'Ammonites ont aussi des sutures simples quand elles sont jeunes.

AMMONITES, Bruguière.

Étymologie, *Ammon*, un des noms de Jupiter, adoré en Libye sous la forme d'un bélier. L'Ammonite est le *cornu ammonis* des anciens auteurs.
Synonymes, Orbulites, Lam. ; Planulites, Montf.

---

[1] **Fig. 61.** Sutures de *Ceratites nodosus* (Brug.). La flèche qui est dans le lobe dorsal indique la direction de l'ouverture.

Coquille discoïde ; tours internes plus ou moins cachés ; cloisons on dulées ; sutures lobées et foliacées ; siphon dorsal.

Distribution, environ 700 espèces. Trias–Craie. Côtes du Chili (d'Orbigny), Santa-Fé de Bogota (Hopkins), New-Jersey, Europe, Inde méridionale et Nouvelle-Zélande.

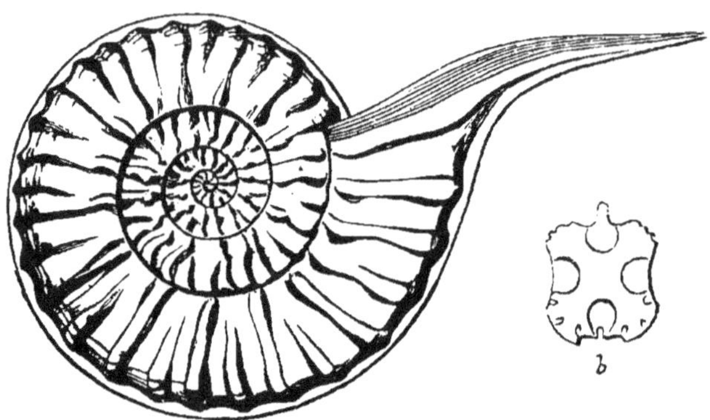

Fig. 62 [1].

Dans ce genre-ci, comme c'est presque toujours le cas, les chiffres représentent le nombre de formes qui ont été décrites, et qui sont généralement acceptées comme *espèces*. Il est très-probable que, lorsque toutes ces formes auront été étudiées à fond, l'on reconnaîtra peut-être que beaucoup d'entre elles ne sont rien autre que des variations de la même espèce, dues à des différences d'âge, etc. Ainsi, selon M. Seeley, l'*Ammonites splendens*, du grès vert de Cambridge, comprend non–seulement la forme qui a reçu ce nom, mais 14 autres qui se trouvent dans les mêmes couches et qui ont reçu des noms spécifiques différents. l'*Ammonites planulatus* a été établie aux dépens de 5 prétendues espèces. Si l'on appliquait cette critique aux 700 espèces décrites, elles se réduiraient à un nombre bien inférieur.

Le capitaine Alexander Gerard a découvert dans les hauts cols de l'Himalaya, à une altitude de 4940 mètres des Ammonites semblables à nos espèces jurassiques.

Section A. Dos à carène entière.

1. *Arietes,*   Oolithe infér.,   A. bifrons (Pl. III, *fig.* 6), bisulcatus (Pl. III, *fig.* 7).

2. *Falciferi,*   Oolithe infér.,   A. serpentinus, radians, hecticus.

3. *Cristati,*   Crétacé,   A. cristatus, rostratus (*fig.* 62), varians.

[1] Fig. 62. *Ammonites rostratus* (Sby.). Du grès vert supérieur de Devizes ; collection de M. W. Cunington ; *b*, une de ces cloisons vue par devant.

B. *Dos crénelé.*

4. *Amalthei,*	Jurassique,	A. Amaltheus, cordatus, excavatus.
5. *Rhotomagenses,*	Crétacé,	A. rhotomagensis; de Rhotoma- gum, Rouen (Pl. III, *fig.* 4).

C. *Dos tranchant.*

6. *Disci,*	Jurassique,	A. discus, clypeiformis.

D. *Dos canaliculé.*

7. *Dentati,*	{ Crétacé,	A. dentatus, lautus.
	{ Jurassique,	A. Parkinsoni, anguliferus.

E. *Dos carré.*

8. *Armati,*	Ool. infér.,	A. armatus, athletus, perarmatus.
9. *Capricorni,*	Ool. infér.,	A. capricornus, planicostatus.
10. *Ornati,*	Jurassique,	A. Duncani, spinosus (Pl. III, *fig.* 3).

F. *Dos rond, convexe.*

11. *Heterophylli,*	Jurass. inf.,	A. heterophyllus (*fig.* 41).
12. *Ligati,*	Crétacé,	A. planulatus (Pl. III, *fig.* 3).
13. *Annulati,*	Jurassique,	A. annulatus, biplex, giganteus.
14. *Coronati,*	Jurassique,	A. coronatus (*fig.* 63), sublævis.

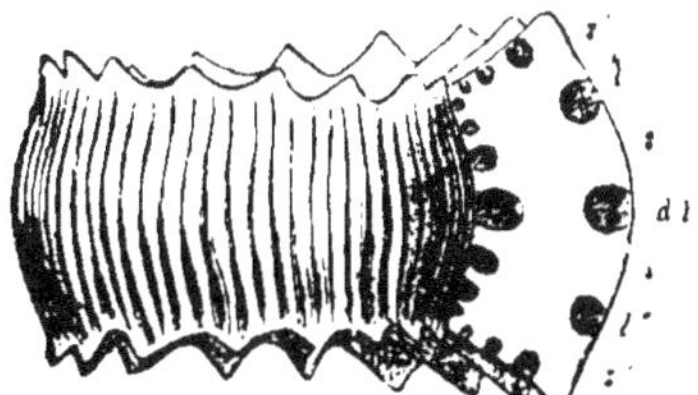

Fig. 63. — *Ammonites coronatus* [1].

15. *Fimbriati,*   Jurass.,   A. fimbriatus, lineatus, hircinus.
16. *Cassiani,* 36 espèces de formes très-diverses et remarquables par le nombre et la complexité de leurs lobes. Trias ; Alpes d'Autriche.

---

[1] Fig. 63. Profil de l'*Ammonites coronatus,* Brug. (Réduite de moitié, d'après d'Orbigny). Callovien, France ; *dl,* lobe dorsal ; *ss,* selles dorsales ; *l'l'.* lobes latéraux ; *s's'* selles latérales ; lobes accessoires et ventraux. Le nombre des lobes accessoires augmente avec l'âge.

Exemple. A. Maximiliani (*fig.* 64). A. Metternichii.

Fig. 64 [1].

CRIOCERAS, Léveillé.

Étymologie, krios, un bélier, et *ceras,* une corne.
Synonyme, Tropeum, Sby.
Exemple, C. cristatum, d'Orbigny (Pl. III, *fig.* 8).
Coquille discoïde ; tours séparés.
Distribution, 15 espèces. Néocomien — Grès vert supérieur. Grande-Bretagne, France.

TOXOCERAS, d'Orbigny.

Étymologie, toxon, un arc, *ceras,* une corne.
Exemple, T. annulare, d'Orbigny (Pl. III, *fig.* 12).
Coquille arquée, ressemblant à une Ammonite déroulée.
Distribution, 20 espèces. Néocomien. Il y a de nombreuses formes intermédiaires entre ce genre et les *Crioceras* et *Ancyloceras.*

ANCYLOCERAS, D'Orbigny.

Étymologie, anculos, courbé.
Synonyme, Anisoceras, Pictet.
Exemple, A. spinigerum (Pl. III, *fig.* 10).
Coquille d'abord discoïde, à tours disjoints; s'avançant ensuite suivant une tangente, et recourbée de nouveau en forme de crochet ou de crosse.
Distribution, 58 espèces. Oolithe inférieure —Craie. Amérique du sud (Chili et Bogota), Europe.

SCAPHITES, Parkinson.

Étymologie, scaphe, un bateau.
Exemple, S. æqualis (Pl. III, *fig.* 9).

---

[1] Fig. 64. *Am. Maximiliani,* Klipstein (= *A. bicarinatus,* Münst.). Trias, Hallstadt (copié de Quenstedt). A, profil, montrant les nombreux lobes et selles ; B, suture d'un des côtés ; *v,* selle dorsale.

Coquille d'abord discoïde, à tours serrés ; dernière loge détachée et recourbée.

Distribution, 19 espèces. Jurassique — Craie. Europe, Inde.

HELICOCERAS, D'Orbigny.

Étymologie, helix (*helicos*), une spirale, et *ceras*, une corne.
Exemple, H. rotundum, Sby. species (Pl. III, *fig.* 11, diagramme).
Coquille spirale, senestre ; tours séparés.
Distribution, 11 espèces. Oolithe inférieure ? — Craie. Europe, Inde.

TURRILITES, Lam.

Étymologie, turris, une tour, et *lithos,* une pierre.
Coquille spirale, senestre ; ouverture souvent irrégulière.
Distribution, 57 espèces. Gault — Craie. Europe.

Les Turrilites étaient peut-être *dibranches* par l'atrophie des organes respiratoires d'un seul côté. D'Orbigny fait rentrer dans ce genre des échantillons particuliers de certaines Ammonites du lias, qui sont très-légèrement asymétriques ; les mêmes espèces se rencontrent avec les deux côtés semblables. Il fait aussi un genre (*Heteroceras*) de deux Turrilites, chez lesquelles la dernière loge est un peu allongée et recourbée. Le *T. reflexus* (Quenstedt, pl. 20, *fig.* 16) a son sommet infléchi et caché.

HAMITES, Parkinson.

Étymologie, hamus, un hameçon.
Exemple, H. attenuatus (Pl. III, *fig.* 15).

Fig. 65. — Sutures de l'*Hamites cylindraceus*, Defr. [1].

Coquille en forme d'hameçon, ou recourbée plus d'une fois sur elle-même, avec les différentes parties disjointes.

[1] Fig. 65. Espace entre deux sutures consécutives du côté droit, d'après un échantillon du British Museum : : *a*, ligne dorsale ; *b*, ligne ventrale. Du calcaire à Baculites de Fresville.

Distribution, 58 espèces. Néocomien—Craie. Amérique du Sud (Terre-de-Feu), Europe, Inde.

Les parties internes de cette coquille se brisent probablement ou sont « décollées » par la suite du développement. (Forbes.) D'Orbigny a proposé le nouveau genre *Hamulina*, pour les 20 espèces du Néocomien.

PTYCHOCERAS, d'Orbigny.

Étymologie, ptyche, un pli.

Exemple, P. Emericianum, d'Orbigny (Pl. III, *fig.* 14).

Coquille revenant une fois sur elle-même ; les deux parties droites et en contact.

Distribution, 8 espèces. Néocomien — Craie. Grande-Bretagne, France, Inde.

BACULITES, Lamarck.

Étymologie, baculus, un bâton.

Exemple, B. anceps (Pl. III, *fig.* 13).

Coquille droite, allongée ; ouverture protégée par un prolongement dorsal.

Distribution, 17 espèces. Néocomien — Craie. Europe, Amérique du Sud (Chili), Inde.

Baculina, d'Orbigny ; 2 espèces ; B. Rouyana. Néocomien ; France. Sutures non foliacées.

La craie de Normandie a reçu le nom de *calcaire à Baculites*, en raison de l'abondance de ces fossiles.

CHAPITRE II

DEUXIÈME CLASSE — GASTÉROPODES

Les Gastéropodes, qui comprennent les Limaçons terrestres, les Mollusques marins à coquille spirale, les Buccins, les Patelles, etc., nous offrent le type des mollusques ; c'est-à-dire qu'ils présentent au plus haut degré tous les caractères principaux de l'organisation de cet embranchement, et se rapprochent moins des poissons que les Céphalopodes pour l'apparence et la structure, et moins des crustacés et des zoophytes que les Bivalves.

Leur mode ordinaire et caractéristique de locomotion est celui que l'on voit chez l'escargot ordinaire de nos jardins, qui rampe par l'expansion et la contraction de son large pied musculaire. L'on peut observer ces mouvements musculaires se succédant les uns aux autres en ondes rapides lorsqu'un escargot rampe sur un morceau de verre.

Les *Nucléobranches* sont des Gastéropodes « aberrants » ayant le pied étroit et vertical ; ils nagent près de la surface de la mer dans une position renversée, ou adhèrent aux plantes marines flottantes.

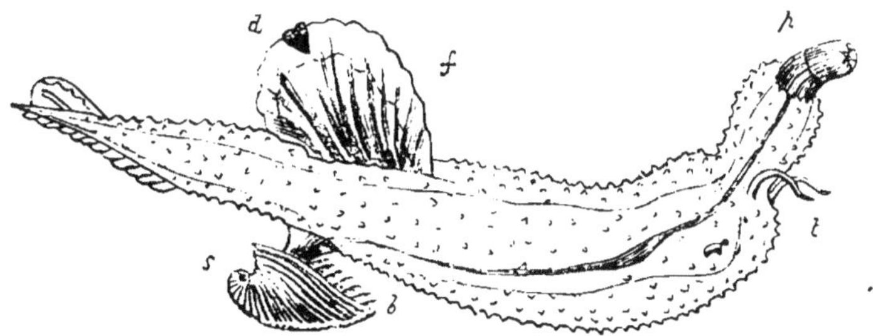

Fig. 66. — Nucléobranche [1].

Les gastéropodes sont presque tous asymétriques, leur corps étant enroulé en spirale et les organes respiratoires du côté gauche étant or-

[1] Fig. 66. *Carinaria cymbium*, Desh. = C. cristata, L. sp. (d'après Blainville). Méditerranée; *p*, trompe ; *t*, tentacules ; *b*, branchies ; *s*, coquille ; *f*, pied ; *d*, disque.

dinairement atrophiés. Chez les *Chiton* et les *Dentalium* les branchies et les organes reproducteurs sont répétés à droite et à gauche.

Un petit nombre d'espèces des genres *Cymba, Littorina, Paludina,* et *Helix,* sont vivipares ; les autres Gastéropodes sont ovipares.

Les jeunes, au moment où ils viennent d'éclore, sont toujours munis d'une coquille, bien que, dans beaucoup de familles, elle soit plus tard cachée par un repli du manteau, ou disparaisse même complétement[1].

Les gastéropodes forment deux groupes naturels, dont l'un comprend ceux qui respirent l'air en nature (*Pulmoni-fera*), et l'autre, ceux qui respirent l'air dissous dans l'eau (*Branchifera*). Ceux dont la respiration est aquatique ont d'abord une petite coquille nautiloïde, capable de les cacher entièrement, et fermée par un opercule. Au lieu de ramper, ils nagent au moyen d'une paire de nageoires ciliées naissant des côtés de la tête, et sont souvent à cause de cela plus disséminés que l'on ne pourrait le supposer d'après leurs mœurs à l'état adulte ; ainsi, quelques espèces sédentaires de *Calyptræa* et de *Chiton* ont

Fig. 67 [2].

une plus grande extension géographique que les Argonautes ou que les Janthines flottant au gré des vagues.

Dans cette période que l'on peut fort bien comparer à l'état larvaire des insectes, il y a à peine de différences entre les jeunes des Eolis et des Aplysies, ou des Buccins et des Vermets. (M. Edwards.)

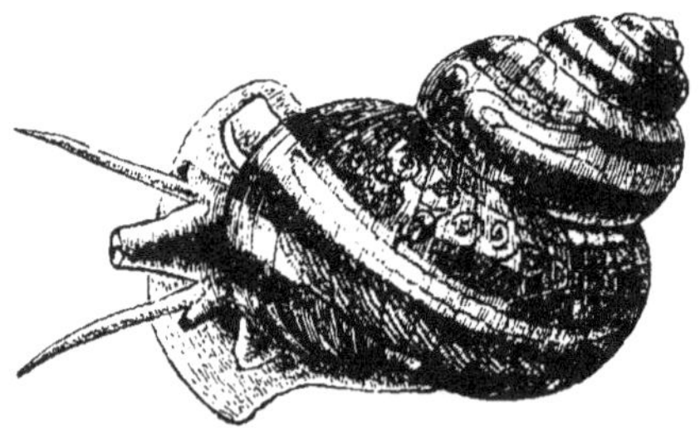

Fig. 68. — *Paludina vivipara* [3].

L'on peut observer avec une grande facilité le développement des Gastéropodes branchifères dans les Paludines de nos eaux douces, qui

---

[1] M. Lovén pense que la coquille embryonnaire des Nudibranches tombe lorsqu'ils acquièrent un pied locomoteur.

[2] Fig. 67. Jeune d'une *Eolis* (d'après Alder et Hancock); *o*, l'opercule; l'original n'est pas plus grand que la lettre *o*.

[3] Fig. 68. *Paludina vivipara*, L. (original); les organes internes sont représentés comme si on les voyait au travers de la coquille. L'ovaire, distendu par les œufs et les embryons, occupe le côté droit du dernier tour ; la branchie se voit à gauche; entre ces deux organes se trouve la terminaison du canal alimentaire. Echantillon provenant des Surrey Docks. Juin, 1850.

sont vivipares, et dont les oviductes contiennent au commencement de l'été des jeunes à tous les états de développement; quelques-uns de ceux-ci n'ont qu'un quart de ligne de diamètre.

Des embryons à peine visibles à l'œil nu ont déjà une coquille bien formée, ornée de franges épidermiques, un pied et un opercule : la tête a des tentacules longs et délicats, et des yeux noirs très-distincts.

Le développement de l'embryon des Pulmonés se voit surtout bien dans les œufs transparents des Limnéides; ceux-ci n'éclosent pas avant que les jeunes aient dépassé l'état de larve, et leurs lobes céphaliques ciliés (ou *voile*) sont remplacés par le disque reptatoire, ou pied.

Le développement des Pulmonés a lieu en dedans de la coquille; il a été décrit par van Beneden, Gegenbaur, et d'autres chez les Limax, Veronicella, Vitrina, Bulimus et Helix.

La coquille des gastéropodes est ordinairement *spirale* et univalve ; elle est plus rarement *tubuleuse* ou conique, et dans un genre elle est *multivalve.*

Elle présente les principales modifiations suivantes :

A. Régulièrement spirale.
> *a.* Allongée ou turriculée ; *Terebra, Turritella.*
> *b.* Cylindrique ; *Megaspira, Pupa.*
> *c.* Courte : *Buccinum.*
> *d.* Globuleuse ; *Natica, Helix.*
> *e.* Déprimée ; *Solarium.*
> *f.* Discoïde ; *Planorbis.*
> *g.* Enroulée; ouverture aussi longue que la coquille ; *Cypræa, Bulla.*
> *h.* Fusiforme ; atténuée à chaque extrémité, comme les *Fusus.*
> *i.* Trochiforme; conique avec une base aplatie, comme les *Trochus.*
> *k.* Turbinée ; conique, avec une base arrondie, comme les *Turbo.*
> *l.* A tours peu nombreux ; *Helix hæmastoma.* Pl. XII, *fig.* 1.
> *m.* A tours très-nombreux : *Helix polygyrata.* Pl. XII, *fig.* 2.
> *n.* Auriforme; *Haliotis.*

B. Irrégulièrement spirale ; *Siliquaria, Vermetus.*

C. Tubuleuse ; *Dentalium.*

D. Clypéiforme ; *Umbrella, Parmophorus.*

E. Naviculaire ; *Navicella.*

F. Conique ou patelliforme ; *Patella.*

G. Multivalve et imbriquée ; *Chiton.*

Les seules coquilles symétriques sont celles des *Carinaria, Atlanta, Dentalium,* ainsi que les Patelles [1].

---

[1] La courbe des coquilles spirales et de leurs opercules, ainsi que celle du Nautile, est une *spirale logarithmique ;* de sorte que l'on peut donner pour chaque

Presque toutes les coquilles spirales sont *dextres*, ou *bouche à droite*; un petit nombre seulement sont constamment *senestres*, ou *bouche à gauche*, comme les *Clausilia*; l'on rencontre des monstruosités inverses, soit dextres soit senestres, de beaucoup de coquilles.

La cavité de la coquille forme une seule chambre conique ou spirale; aucun gastéropode n'a une coquille à plusieurs loges comme celle du Nautile, mais certaines espèces (telles que le *Triton corrugatus*, fig. 69, et l'*Euomphalus pentangulatus*), forment des fausses chambres; l'on trouve aussi des cloisons dans certains cas particuliers, comme par exemple lorsque la partie supérieure de la spire a été détruite.

Quelques coquilles spirales forment de vrais tubes, avec les tours séparés, ou a peine en contact, comme les *Scalaria, Cyclostoma* et *Valvata*; mais il arrive plus souvent que le côté interne du tube spiral est formé par le tour précédent (*fig. 69.*)

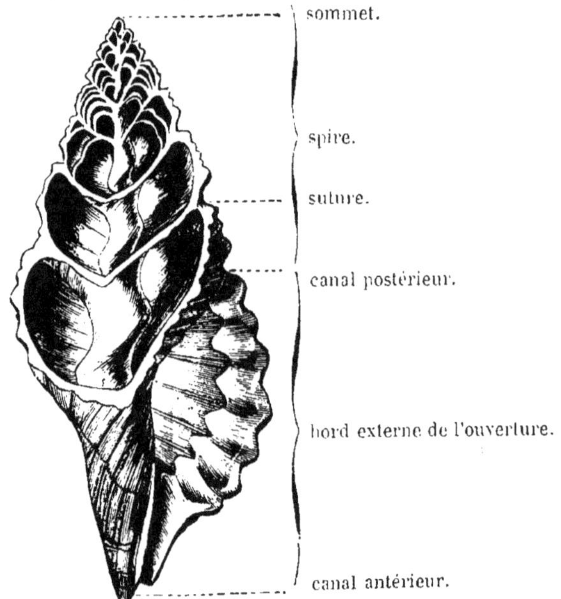

Fig. 69. — Coupe d'une coquille spirale de Gastéropode[1].

L'axe de la coquille, autour duquel les tours sont enroulés, est quelquefois ouvert ou creux; dans ce cas l'on dit que la coquille est perfo-

espèce un nombre indiquant la raison de la progression géométrique des dimensions de ses tours. Voyez Rev. H. Moseley : *On the geometrical Forms of turbinated and discoid Shells. Phil.Trans.* Lond., 1838. Part. II, p. 351.

[1] Fig. 69. Coupe longitudinale du *Triton corrugatus*, Lam., d'après un échantillon de la collection de M. Gray. La partie supérieure de la spire a été cloisonnée à plusieurs reprises successives.

rée ou *ombiliquée* (ex. : *Solarium*). La perforation peut consister en une simple fente ou fissure (*rima*), comme dans les *Lacuna ;* ou elle peut être pleine d'un dépôt calcaire, comme dans beaucoup de *Natica*. Dans certaines coquilles, telles que les *Triton*, les tours sont serrés les uns contre les autres, laissant seulement dans le centre un pilier solide ou *columelle ;* les coquilles de cette forme sont appelées *imper-forées*.

Le *sommet* de la coquille offre des caractères importants, parce que c'est le *nucléus* ou partie formée dans l'œuf ; il est senestre dans les Pyramidellides, oblique et spiral dans les Nucléobranches et les Émarginules, et mamelonné dans la *Turbinella pyrum* et le *Fusus antiquus*.

Le sommet est dirigé en arrière chez tous les Gastéropodes, sauf chez quelques *Patellidæ*, où il est tourné en avant, au-dessus de la tête de l'animal. Quelques coquilles ont toujours à l'état adulte leur sommet tronqué (ou *décollé*), comme cela se voit chez les *Cylindrella* et chez le *Bulimus decollatus ;* chez d'autres il n'est tronqué que lorsque les animaux ont vécu dans des eaux acidulées (par ex. les *Cerithidea* et *Pirena*), et l'on peut obtenir de localités favorables des échantillons ayant le sommet parfait.

On nomme *suture* la ligne enfoncée formée par la jonction des tours.

Le *dernier tour* de la coquille est ordinairement très-grand ; chez les femelles de quelques espèces, les tours croissent plus rapidement que chez les mâles (par ex. *Buccinum undatum*). La *base* de la coquille est l'extrémité opposée au sommet, et elle correspond ordinairement à la partie antérieure de l'ouverture.

L'*ouverture* est *entière* dans la plupart des Gastéropodes herbivores (*Holostomata*), mais échancrée ou prolongée en un *canal* dans les familles carnivores (*Siphonostomata*) ; ce canal ou siphon, est en rapport avec l'acte respiratoire et n'indique pas nécessairement la nature de la nourriture. Quelquefois il y a une gouttière ou un canal postérieur, dont la fonction est efférente ou anale (par ex. *Strombidæ*, et *Ovulum volva*); il est représenté par la fente de la *Scissurella*, le tube du *Typhis*, la perforation de la *Fissurella*, et la série de trous des *Haliotis*.

Le bord de l'ouverture est appelé le *péristome ;* quelquefois il est continu (*Cyclostoma*), ou devient continu dans l'adulte (*Carocolla*) ; il est très-souvent « interrompu, » le côté gauche de l'ouverture étant formé seulement par le dernier tour. Le côté droit de l'ouverture est formé par le bord externe (*labrum*), le côté gauche par le bord interne ou columellaire (*labium*), ou en partie par le dernier tour (et appelé par Pfeiffer « la paroi aperturale »).

Le bord externe est ordinairement mince et tranchant dans les coquilles qui ne sont pas arrivées à tout leur développement, ainsi que chez certaines coquilles adultes (par ex. *Helicella* et *Bulimulus*); mais il est plus souvent *épaissi*, ou *réfléchi*, ou courbé en dedans (*infléchi*, comme chez les *Cypræa* ; ou étalé, comme dans les *Pteroceras* ; ou bordé d'épines, comme chez les *Murex*. Lorsque ces bordures ou ces expansions du bord externe sont produites périodiquement, on leur donne le nom de *varices*.

Les lignes de couleur, ou d'ornements qui vont du sommet à l'ouverture sont spirales ou longitudinales, et d'autres, qui coïncident avec les lignes d'accroissement sont transversales par rapport aux tours; mais les bandes de couleur qui partent du sommet et passent à travers des tours sont souvent décrites comme « longitudinales » ou « rayonnantes » par rapport à la coquille entière.

Les coquilles qui sont toujours cachées par le manteau, comme les *Limax* et les *Parmophorus*, sont incolores; celles qui sont recouvertes par les lobes du manteau lorsque l'animal s'étend, prennent comme les Porcelaines, une surface vernissée et émaillée; lorsque la coquille est profondément enfouie dans le pied de l'animal, elle devient en partie vernissée, comme cela a lieu chez les *Cymba*. Dans toutes les autres coquilles il y a un épiderme, bien que celui-ci soit souvent très mince et transparent.

Dans l'intérieur de la coquille on voit l'impression musculaire en forme de fer à cheval, ou divisée en deux cicatrices; les cornes du croissant sont tournées du côté de la tête de l'animal.

L'*opercule*, au moyen duquel beaucoup de Gastéropodes ferment l'ouverture de leur coquille, présente des modifications de structure qui sont si caractéristiques des sous-genres qu'elle méritent une mention spéciale. Il se compose d'une couche cornée, quelquefois renforcée extérieurement par l'addition de matière calcaire, et il présente dans son mode d'accroissement une certaine ressemblance avec la coquille. Sa face interne est marquée d'une impression musculaire dont les lignes ne sont nullement en rapport avec les lignes externes d'accroissement, et dont la forme est différente de celle de l'impression musculaire de la coquille. Il se développe chez l'embryon encore dans l'œuf, et le point d'où il commence s'appelle le *nucléus*; un grand nombre de ceux à formes spirales et concentriques s'ajustent exactement à l'ouverture de la coquille, les autres ne ferment qu'incomplétement l'entrée, et dans beaucoup de genres, surtout dans ceux à large ouverture (ex. *Dolium, Cassidaria, Harpa, Navicella*) il est tout à fait rudimentaire ou presque nul.

L'opercule est appelé *concentrique*, quand il s'accroît également tout le tour, et que le nucléus est central ou subcentral, comme dans les *Paludina* et *Ampullaria* (Pl. IX, *fig.* 26).

Imbriqué, ou lamelleux (*fig.* 71) quand il croît seulement d'un côté, et que le nucléus est marginal, comme dans les *Purpura, Phorus* et *Paludomus*.

Onguiculé (*fig.* 70), lorsque le nucléus est au sommet ou en avant, comme dans les *Turbinella* et *Fusus*; il est onguiculé et dentelé dans les *Strombus* (*fig.* 76).

Spiral, lorsqu'il s'accroît seulement sur un de ses bords, et tourne à mesure qu'il croît ; il est toujours *senestre* dans les coquilles dextres.

Paucispiral, ou à tours peu nombreux (*fig.* 73), comme chez les *Littorina*.

Subspiral, ou à peine spiral, chez les *Melania* (Pl. VIII, *fig.* 25).

Multispiral (*fig.* 72), comme chez les *Trochus*, où l'on compte quelquefois jusqu'à vingt tours ; le nombre des tours de l'opercule n'est pas déterminé par le nombre des tours de la coquille, mais par la courbure de l'ouverture, et la nécessité que l'opercule doive tourner assez vite pour s'y ajuster constamment. (Moseley.)

L'on dit qu'il est *articulé,* lorsqu'il a une saillie, comme chez les *Nerita* (*fig.* 74.)

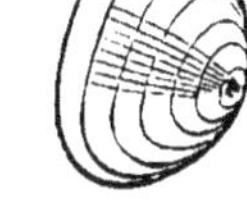

Fig. 70. Fig. 71. Fig. 72. Fig. 73. Fig. 74.

Il ne faut toutefois pas accorder trop d'importance au point de vue de la classification à cette plaque très-variable ; elle existe chez quelques *Voluta, Oliva, Conus, Mitra* et *Cancellaria*, tandis qu'elle manque chez d'autres espèces des mêmes genres ; elle est indifféremment cornée ou calcaire chez les *Ampullaria* et *Natica*; elle est concentrique chez les *Paludina*, lamelleuse chez les *Paludomus*, spirale chez les *Valvata*, multispirale ou paucispirale chez les *Solarium* et *Cerithium*.

Les recherches du docteur Lovén[1] ont fait naître beaucoup d'essais pour remanier l'arrangement des Gastéropodes en s'aidant des particularités de leur dentition. Quels que soient les perfectionnements auxquels on puisse arriver par ce moyen, il ne nous semble pas désirable d'introduire une nouvelle nomenclature pour des divisions établies depuis longtemps et déjà surchargées de noms *classiques*[2].

Les plans ou *types* de dentition linguale sont en somme remarquablement constants ; mais leur *valeur systématique* n'est pas uniforme. L'on doit se rappeler que les dents sont essentiellement des *cellules*

---

[1] *Ofversigt af Kongl. Vetensk. Akad. Förhandl,* 1847.

[2] Les noms suivants ont été proposés par Troschel (in : *Wiegmann, Handbuch der Zoologie*, 1848), et par Gray (*Ann. Nat. Hist.*) pour les principaux types de dentition linguale :

a. Tænioglossa, dents 3. 1. 3 ; Littorina, Natica, Triton.
b. Toxoglossa, dents 1. 0. 1 ; Conus, Terebra?
c. Rachiglossa, dents 1. 1. 1 ; Murex, Buccinum.
d. Rachiglossa, dents 0. 1. 0 ; Voluta, Mitra ?
e. Gymnoglossa, dents 0 ; Pyramidella, Cancellaria, Solarium
f. Rhipidoglossa, dents 00. 1. 00 ; Nerita, Trochus.

épithéliales, et susceptibles, comme les autres organes superficiels, de se modifier selon les besoins et les mœurs des animaux. Les instruments qui servent aux animaux à se procurer leur nourriture sont, de

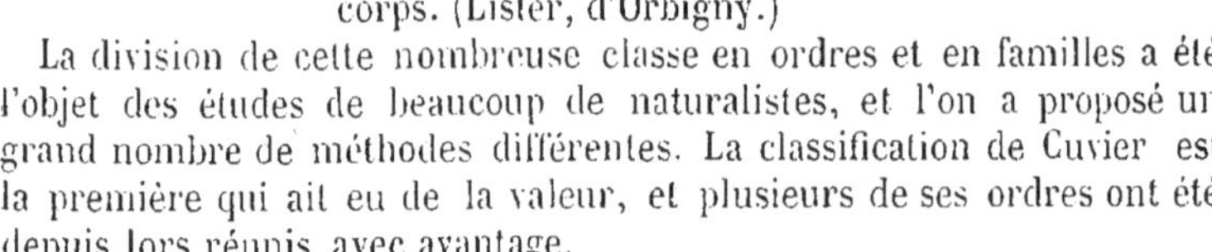

tous, les plus sujets à ces modifications *adaptives*, et ne peuvent jamais fournir la base d'un système philosophique [1].

Quelques Gastéropodes peuvent se suspendre par des fils visqueux, comme les *Litiopa* et la *Rissoa parva*, qui s'ancrent aux plantes marines (Gray), et les *Cerithidæ* (*fig.* 75), qui quittent souvent leur élément naturel et que l'on trouve suspendus dans l'air. (Adams.) Un mollusque terrestre des Antilles (*Cyclostoma suspensum*) se suspend aussi. (Guilding.) L'origine de ces fils n'a pas été expliquée; quelques Limaces se laissent descendre sur le sol au moyen d'un fil qui n'est sécrété par aucune glande particulière, mais est seulement produit par l'exsudation qui a lieu sur toute la surface du corps. (Lister, d'Orbigny.)

Fig. 75.

La division de cette nombreuse classe en ordres et en familles a été l'objet des études de beaucoup de naturalistes, et l'on a proposé un grand nombre de méthodes différentes. La classification de Cuvier est la première qui ait eu de la valeur, et plusieurs de ses ordres ont été depuis lors réunis avec avantage.

SYSTÈME DE CUVIER.	SYSTÈME ADOPTÉ AUJOURD'HUI.
Classe GASTEROPODA.	
Ordre 1. Pectinibranchiata	
2. Scutibranchiata	
3. Cyclobranchiata	Ordo *Prosobranchiata*, M. Edw.
4. Tubulibranchiata	
5. Pulmonata	Ordo *Pulmonifera*.
6. Tectibranchiata	
7. Inferobranchiata	Ordo *Opisthobranchiata*, M. Edw.
8. Nudibranchiata	
Classe HETEROPODA.	Ordo *Nucleobranchiata*, Bl.

[1] Les Marsupiaux carnivores ont des dents adaptées pour manger de la chair, mais ne doivent pas pour cela être classés avec les carnivores placentaires. Les dents linguales ont ordinairement, comme l'opercule, une structure caractéristique chez les genres ou les sous-genres. Elles ont quelquefois un caractère général uniforme dans toute une famille ou tout un groupe de familles. Dans beaucoup de cas, elles présentent de petites différences qui fournissent de précieux secours pour séparer des espèces très-voisines. C'est ainsi, par exemple, que l'on peut distinguer par les dents la *Patella athletica* de la Patelle ordinaire. (*P. Vulgata.*)

Ordre I. — **Prosobranchiata**.

Abdomen bien développé, et protégé par une coquille dans laquelle l'animal peut généralement se retirer tout entier.

Manteau formant sur la partie postérieure de la tête, une chambre voûtée dans laquelle sont situés les organes excréteurs et dans laquelle sont presque toujours logées les branchies. *Branchies* pectinées ou plumeuses, situées en avant (*proson*) du cœur. *Sexes* distincts. (M. Edwards.)

Section A. — Siphonostomata. Gastéropodes carnivores.

Coquille spirale, ordinairement imperforée ; ouverture échancrée ou prolongée en avant en un canal. Opercule corné, lamelleux.

Animal pourvu d'une trompe rétractile ; pédoncules oculaires réunis aux tentacules ; bord du manteau prolongé en un siphon, qui sert à amener l'eau dans la chambre branchiale ; une ou deux branchies pectinées, placées obliquement sur le dos. Espèces toutes marines.

Famille I. — Strombidæ. Les Ailés.

Coquille à bord étalé, profondément échancré près du canal. Opercule onguiculé, dentelé à son bord externe.

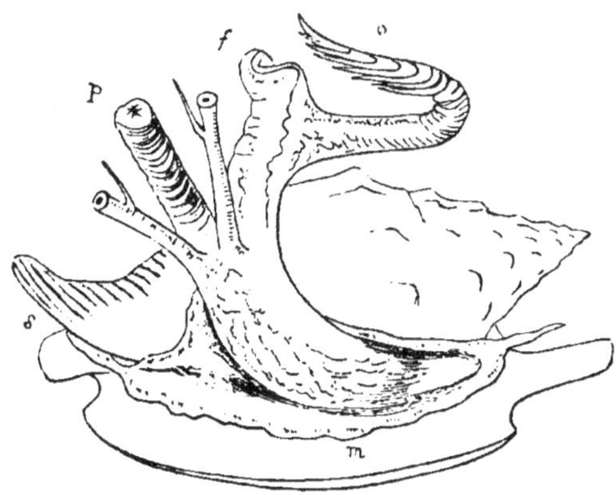

Fig. 76[1].

Animal pourvu de grands yeux, placés sur de gros pédoncules ; tentacules grêles, partant du milieu des pédoncules oculaires. Pied étroit,

[1] Fig. 76. *Strombus auris-Dianæ*. L. (d'après Quoy et Gaimard) ; Amboine ; *p*, trompe, située entre les pédoncules oculaires ; *f*, pied, replié ; *o*, opercule ; *m*, bord du manteau ; *s*, siphon respiratoire.

mal combiné pour ramper. Dents linguales sur une seule série; uncini au nombre de trois de chaque côté.

Les Strombes se nourrissent de proie morte; pour des mollusques, ils sont très-actifs; ils progressent par une sorte de mouvement saltatoire, en tournant leur lourde coquille de côté et d'autre. Leurs yeux sont plus parfaits que ceux des autres Gastéropodes et de beaucoup de poissons.

STROMBUS, Lin. Strombe.

Étymologie, *strombos*, une toupie.
Type, S. pugilis (Pl. IV, *fig.* 1).
Coquille assez ventrue, tuberculeuse ou épineuse ; spire courte; ouverture longue, avec un court canal en haut et tronquée en bas; labre dilaté, lobé en haut, et sinué près de l'échancrure du canal antérieur. Dents linguales (S. *floridus*) à 7 dentelures ; uncini, 1 tridenté, 2, 3 onguiformes, simples (*fig.* 77) [1].

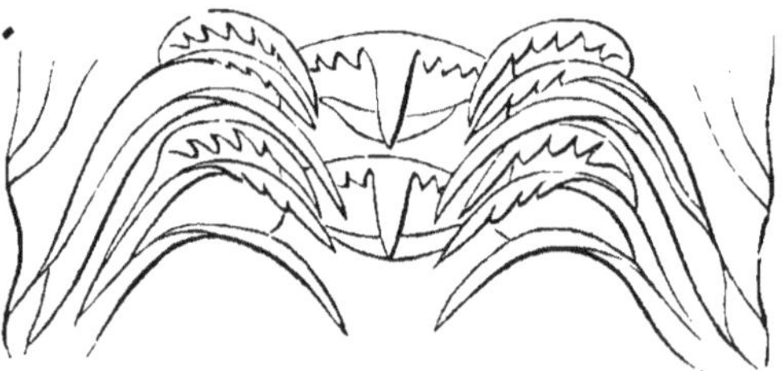

Fig. 77. — Strombus. (Wilton.)

Les *Strombus* (floridus) sont décrits par Lovén comme ayant un *mufle* saillant, non rétractile, comme les *Aporrhais*. Le S. *gibberulus* est représenté par le docteur Bergh comme ayant tous les uncini denticulés.

Distribution, 65 espèces. Antilles, Méditerranée, mer Rouge, Inde, île Maurice, Chine, Nouvelle-Zélande, Océan Pacifique, côtes occidentales d'Amérique. Sur les récifs, à marée basse, et s'étendant jusqu'à une profondeur de 18 mètres.

Fossiles, 5 espèces crétacées; 5 espèces miocènes. Europe méridionale. Il y a dans les tertiaires éocènes d'Angleterre et de France un groupe de petites coquilles très-voisines du S. *fissurellus*, des mers actuelles, et dont quelques-unes ont été placées avec les *Rostellaria*, parce que l'échancrure du bord externe est petite ou obsolète. Ils constituent probablement un sous-genre auquel on pourrait appliquer le nom de *Rimella* Ag. *Exemple*, S. Bartonensis, Pl. IV, *fig.* 2.

---

[1] La dention linguale des *Strombus* ressemble à celle des *Aporrhais*, et est différente de celle des Buccins ; mais il est cependant plus probable que les *Aporrhais* sont des *représentants* des *Strombus* plutôt qu'ils n'ont des affinités très-étroites avec ce genre.

Le Strombe géant (*S. gigas*, L.) des Antilles est une des plus grandes coquilles vivantes, et pèse quelquefois quatre ou cinq livres, son sommet et ses épines se remplissent de substance calcaire quand il devient vieux. L'on en importe d'immenses quantités chaque année des Bahamas, pour la fabrication des camées et pour les ouvrages en porcelaine (porcelain works) ; dans la seule année 1850, on en a apporté 300,000 à Liverpool. (M. Archer.)

PTEROCERAS, Lam. Ptérocère.

Étymologie, pteron, une aile, et *ceras*, une corne.

Type, P. lambis. Pl. IV, *fig.* 5.

Coquille semblable à celle des Strombes lorsqu'elle est jeune ; bord externe de l'adulte prolongé en plusieurs longues pointes, dont l'une, placée près de la spire, forme un canal postérieur.

Distribution, 12 espèces. Inde, Chine.

Fossiles, d'Orbigny énumère près de 100 espèces, s'étendant du Lias à la Craie supérieure ; plusieurs d'entre elles ont plus d'affinité avec les *Aporrhais* (*Cerithiadæ*).

ROSTELLARIA, Lam.

Étymologie, rostellum, un petit bec.

Synonyme, Fusus, Humphreys.

Exemple, R. curta. Pl. IV, *fig.* 4.

Coquille à spire allongée ; tours nombreux, plats, canaux longs, le postérieur remontant le long de la spire ; labre plus ou moins dilaté, n'ayant qu'un sinus, situé près du canal.

Distribution, 8 espèces. Mer Rouge, Inde, Bornéo, Chine. *Extension bathymétrique*, 55 mètres.

Fossiles, 80 espèces. Néocomien — Craie (= Aporrhais ?) 6 espèces. Éocène. Iles Britanniques, France, etc.

Les espèces des tertiaires anciens ont le labre excessivement dilaté, et à bord lisse ; ils constituent la section *Hippochrenes* de Montfort (ex. R. ampla, Solander. Argile de Londres).

Sous-genre? Spinigera, d'Orbigny, 1847.

Coquille semblable aux *Rostellaria* ; tours carénés ; carène développée en une épine grêle sur le bord externe, et deux sur chaque tour, formant des franges latérales, comme celles des *Ranella. Fossiles*, 5 espèces. Oolithe inférieure — Craie. Iles Britanniques, France.

SERAPHS Montfort. (Terebellum, Lam.)

Étymologie, diminutif de *terebra*, une tarière.

Coquille lisse, subcylindrique ; spire courte ou nulle : ouverture longue et étroite, tronquée à la base ; bord externe mince.

Distribution, 1 espèce. Chine, Philippines ; 15 mètres. (Cuming.)

Fossiles, 5 espèces. Eocène —. Londres, Paris.

L'animal du *Terebellum* a un opercule comme celui des Strombes ; ses pédoncules oculaires sont simples, sans tentacules. (Adams.) Chez une espèce fossile, le *T. fusiforme*, il y a un court canal postérieur, comme chez les *Rostellaria*.

Famille II. — Muricidæ.

Coquille à canal antérieur droit ; ouverture entière en arrière.

Animal à pied large ; yeux sessiles sur les tentacules ou à la base de ceux-ci ; deux branchies plumeuses. Ruban lingual long, linéaire ; rachis armé d'une seule série des dents garnies de dentelures ; uncini en une seule série. Se nourrissant d'autres Mollusques. L'on sait aujourp'hui que les deux espèces qui appartiennent au genre *Cheletropis*, Forbes = *Sinugera*, d'Orbigny, n'ont pas d'affinité avec les Atlantidæ, mais sont des formes larvaires d'espèces appartenant à la famille des Muricidæ.

Murex (Pline), Lin.

Types, M. palma rosæ, Pl. IV, *fig.* 10. M. tenuispina, Pl. IV, *fig.* 9. M. haustellum, Pl. IV, *fig.* 8. M. radix, pinnatus.

Coquille ornée de varices longitudinales continues, au nombre de trois ou davantage ; ouverture arrondie ; canal souvent très-long, en partie fermé ; opercule concentrique, nucléus subapicial (Pl. IV, *fig.* 10) ; dentition linguale (M. erinaceus) à dents sur une série, à trois crêtes ; uncini simples, courbés. Pour la dentition du *M. tenuispina*, voy. *fig.* 78.

Distribution, 220 espèces. Tout le globe ; principalement abondants sur la côte occidentale de l'Amérique tropicale, dans les mers de Chine, à la côte occidentale d'Afrique, aux Antilles ; s'étendant depuis le niveau de la marée basse jusqu'à 45 mètres, plus rarement jusqu'à 110 mètres.

Fossiles, 164 espèces. Eocène —. Iles Britanniques, France, Java, etc.

Fig. 78. — *Murex tenuispina*, Wilton.

Quelques-unes des espèces ordinairement rapportées à ce genre appartiennent aux *Pisania* et aux *Trophon*.

Les Murex semblent ne former par an qu'un tiers de tour, se terminant par une *varice* ; quelques espèces forment d'autres varices inter médiaires moins considérables. Le *M. erinaceus*, espèce très-abondante sur les côtes de la Manche, est appelé « sting winkle » par les pêcheurs anglais, qui disent qu'il fait des trous cylindriques dans les autres coquilles avec son canal (voy. p. 22). Les anciens retiraient la pourpre d'une espèce de *Murex;* les petites coquilles étaient écrasées dans des mortiers, et on extrayait les animaux des grandes (F. Col). L'on voit encore aujourd'hui sur la côte de Tyr, des monceaux de coquilles brisées du *M. trunculus* et des trous en forme de chaudrons creusés dans les rochers. (Wilde.) L'on trouve aussi sur la côte de Morée des preuves semblables de l'emploi du *M. brandaris* dans le même but. (M. Boblaye.)

Typhis, Montfort.

Étymologie, *typhos*, fumée.
Type, T. pungens, Pl. IV, *fig.* 11.
Coquille semblable à celle d'un Murex, mais ayant entre les varices des épines tubuleuses dont la dernière est ouverte et occupée par le canal efférent.
Distribution, 9 espèces. Méditerranée, Afrique occidentale, le Cap, Inde, Amérique occidentale. 90 mètres.
Fossiles, 8 espèces. Eocène —. Londres, Paris.

Pisania, Bivon, 1832.

Étymologie, habitant de (la côte près de) *Pise*, en Toscane.
Synonymes, Pollia, Enzina, et Euthria (Gray).
Type, P. maculosa. Pl. IV, *fig.* 14. (Enzina) zonata. Pl. IV, *fig.* 15.
Coquille à nombreuses varices indistinctes, ou lisse, et striée en spirale; canal court; bord columellaire ridé; bord droit crénelé. *Opercule* ovalaire, aigu; nucléus apicial.
Les *Pisania* ont été ordinairement confondues avec les *Buccinum*, les *Murex*, et les *Ricinula.*
Distribution, environ 120 espèces. Antilles, Afrique, Inde, Philippines, Mers du Sud, Afrique occidentale.
Fossiles ? espèces. Éocène —. Angleterre, France, etc.

Ranella, Lam.

Synonyme, Apollon (Montfort et Gray).
Types, R. granifera. Pl. IV, *fig.* 12. R. spinosa.
Coquille ayant deux rangs de varices continues, dont un de chaque côté.
Opercule ovalaire, nucléus latéral.
Distribution, 58 espèces. Méditerranée, le Cap, Inde, Chine, Australie, océan Pacifique, Amérique occidentale. Depuis la marée basse jusqu'à 37 mètres.
Fossiles, 23 espèces. Éocène —.

Triton, Lam.

Étymologie, Triton, divinité de la mer.
Synonyme, Persona (Montfort, Gray).
Type, T. Tritonis, L. species. Pl. IV, *fig.* 13.
Coquille à varices non continues ; canal saillant ; bords de la bouche denticulés.
Opercule ovale, sub-concentrique.
Distribution, 100 espèces. Antilles, Méditerranée, Afrique, Inde, Chine, Pacifique, Amérique occidentale. Du niveau des basses marées jusqu'à 18 ou 36 mètres ; l'on en a dragué une petite espèce à 90 mètres.

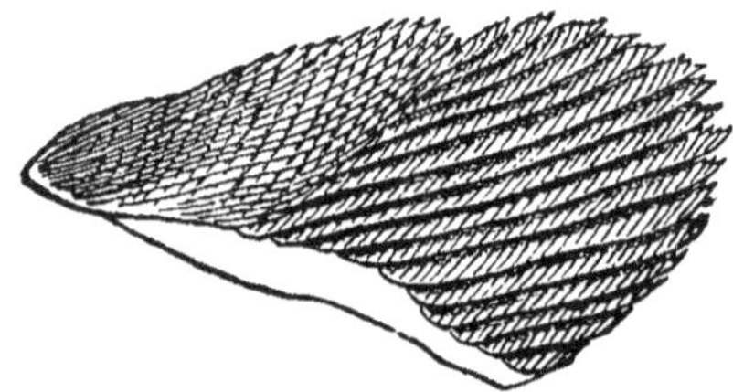

Fig 79. — Une des plaques buccales d'un *Triton;* 40/1. (Wilton.)

Fossiles, 45 espèces. Éocène —. Iles Britanniques, France, etc. Chili. Le grand Triton (*T. tritonis*) est la conque des Australiens et des indigènes de la Polynésie. L'on trouve une espèce très-voisine (*T. nodiferus*) dans la Méditerranée et une troisième aux Antilles. Nous avons

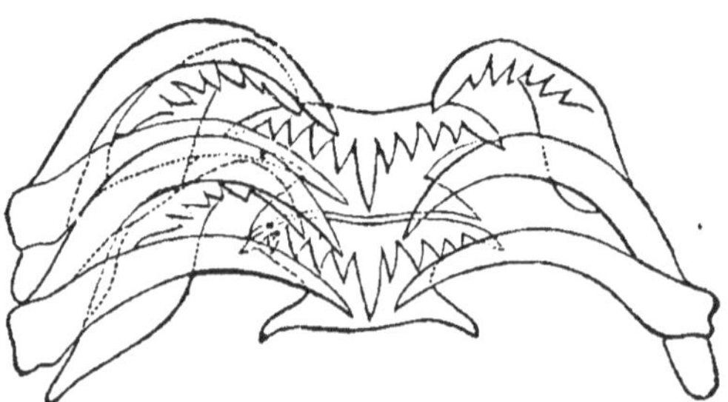

Fig. 80. — Dents de *Triton,* 240/1. (Wilton.)

représenté dans les *fig.* 79 et 80 les plaques buccales et les dents d'un Triton.

Fasciolaria, Lam.

Étymologie, fasciola, un ruban.
Type, F. tulipa. Pl. V, *fig.* 1.

Coquille fusiforme, allongée ; tours ronds ou anguleux ; canal ouvert ; bord columellaire tortueux, avec plusieurs plis obliques. Opercule onguiculé. La *F. gigantea* de la mer du Sud atteint une longueur de près de deux pieds. Les dents des *Fasciolaria* ressemblent à celles du *Fusus islandicus*. Dans le *Buccinum undatum* les dents médianes ont cinq denticules, rarement six ; et M. Wilton a observé que le *B. limbosum* mâle a sept pointes à ses dents, tandis que les femelles n'en ont que six.

Fig. 81. — *Fasciolaria Tarentina.* (Wilton.)

Distribution, 108 espèces. Antilles, Méditerranée, Afrique occidentale, Inde, Australie, parties méridionales du Pacifique, Amérique occidentale.

Fossiles, 50 espèces. Craie supérieure —. France.

TURBINELLA, Lam.

Étymologie, diminutif de *turbo*, une toupie.

Type, T. pyrum. Pl. V, *fig.* 2.

Coquille épaisse ; spire courte ; columelle ayant plusieurs plis transversaux. Opercule onguiculé (*fig.* 70). Le « chank » (*T. pyrum*) est sculpté par les Cingalais, et dans l'Inde l'on considère comme sacrées les variétés senestres que les prêtres emploient dans leurs pratiques superstitieuses.

Distribution, 70 espèces. Indes occidentales, Amérique du Sud, Afrique, Ceylan, Philippines, océan Pacifique, Amérique occidentale.

Fossiles, 20 espèces. Miocène.

Sous-genres, *Cynodonta* (Schum.), T. cornigera. Pl. V, *fig.* 3.

Latirus (Montfort), T. gibbula. Pl. V, *fig.* 4.

Lagena (Schum.), T. smaragdula, L. species. Australie septentrionale.

CANCELLARIA, Lam.

Étymologie, *cancellatus*, treillisé.

Type, C. reticulata. Pl. V, *fig.* 5.

Coquille cancellée ; ouverture canaliculée en avant, columelle pourvue de plusieurs forts plis obliques ; pas d'opercule. Animal herbivore. (Desh.)[1].

Distribution, 71 espèces. Antilles, Méditerranée, Afrique occidentale, Inde, Chine, Californie.

---

[1] Les *Cancellaria* et les *Trichotropis* forment une petite famille naturelle reliée avec les *Cerithiadæ* et les *Strombidæ*.

Fossiles, 60 espèces. Craie supérieure —. Angleterre, France, etc.
L'*Admete viridula* est une forme boréale de Cancellaria sans plis.

DIBAPHUS, Phillippi.

Synonyme, Conohelix edentulus (Sw.).
Coquille sub-cylindrique, spire aiguë; ouverture étroite, linéaire, dépourvue de dents, excisée à la base; bord épaissi, droit, arrondi et rac-
courci en avant.

TRICHOTROPIS, Broderip, 1829.

Étymologie, Thrix (trichos), poil, et *tropis*, carène.
Type, T. borealis. Pl. VI, *fig.* 8. (=? *Admete*, Phil., sans opercule).
Coquille mince, ombiliquée, sillonnée en spirale; carènes portant des
franges épidermiques; columelle obliquement tronquée; opercule lamelleux, nucléus externe.
Animal à tête courte et large; tentacules écartés, avec les yeux sur
leur milieu; trompe longue, rétractile.
Dentition linguale semblable à celle des *Velutina*; dents simples, crochues, denticulées; uncini 3 : 1 denticulé, 2 et 3 simples (*fig.* 82.)

Fig. 82. — *Trichotropis borealis.* (Warrington.)

Lovén place les *Trichotropis* dans la même famille que les *Velutina*;
les Cancellaria en sont très-voisines, quoiqu'elles manquent de dents et
d'opercule. M. Couthouy décrit le *Trichotropis cancellata* comme ayant
un mufle semblable à celui des Littorina.
Distribution, 14 espèces. Mers du Nord. États-Unis, Groënland, île
Melville, détroit de Behring, parties septentrionales de la Grande-Bretagne. De 27 à 146 mètres. 1 espèce des mers du Japon. (A. Adams.)
Fossile, 1 espèce. Miocène —. Iles Britanniques.

PYRULA, Lam.

Étymologie, diminutif de *pyrus*, une poire.
Synonymes, Ficula, Sw.; Sycotypus, Br.; Cassidula, Humph.; Cochli-
dium, Gray.
Type, P. ficus. Pl. V, *fig.* 6.

Coquille pyriforme ; spire courte ; bord externe mince ; columelle lisse ; canal long, ouvert. Pas d'opercule dans les espèces typiques.

Distribution, 59 espèces. Antilles, Ceylan, Australie, Chine, Amérique occidentale.

Fossiles, 52 espèces. Néocomien —. Europe, Inde, Chili, Java.

La *Pyrula ficus* a un large pied, tronqué et cornu en avant ; le manteau forme sur les côtés, des lobes qui se rencontrent presque sur la partie dorsale de la coquille. Mers de Chine, par 30-62 mètres de profondeur. (Adams.)

Sous-genres, *Fulgur*, Montfort ; P. perversa. (*Pyrella*, Sw. P. spirillus.)

Rapana, Schum. P. bezoar ; coquille perforée, opercule lamelleux, nucléus externe. Cette espèce semble être une Purpura.

Myristica. Sw. P. melongena. Pl. V, *fig*. 7. Opercule pointu, courbé.

Fusus, Lam. Fuseau.

Synonymes, Colus, Humph. ; Leiostoma (bulbiformis), Sw. ; Strepsidura, Sw.

Type, F. colus. Pl. V, *fig*. 8.

Coquille fusiforme ; spire à tours nombreux ; canal droit, long ; opercule ovale, courbé, à nucléus apicial. Pl. V, *fig*. 9.

Distribution, 184 espèces. De toutes les mers. Les espèces typiques sont sub-tropicales. Australie, Nouvelle-Zélande, Chine, Sénégal, États-Unis, Amérique occidentale, océan Pacifique.

Fossiles, 520 espèces. Bathonien? Gault — Éocène —. Angleterre, etc.

Sous-genres, *Trophon*, Montfort ; F. magellanicus. Pl. IV, *fig*. 16. 58 espèces. Mers antarctiques et boréales. Côtes des Iles Britanniques. De 9 à 128 mètres. *Fossiles*, Chili, Iles Britanniques.

Clavella, Sw. (Cyrtulus, Hinds) ; dernier tour ventru, brusquement rétréci en avant ; canal long et droit. Ressemblant à une Turbinelle sans plis. 2 espèces. Marquises, Panama. *Fossiles*, Éocène. F. longævus (Solander) ; Barton, etc.

Chrysodomus, Sw. F. antiquus (var.) Pl. V, *fig*. 9. Canal court ; sommet papillaire ; dentition linguale semblable à celle des Buccinum. 12 espèces. Spitzberg, détroit de Davis, îles Britanniques, Méditerranée, Kamtschatka, Orégon. Du niveau de la basse marée à 185 mètres. *Fossiles*, Pliocène. Iles Britanniques, Sicile.

Pusionella, Gray ; F. pusio, L. species (F. nifat, Lam.) ; columelle carénée ; un opercule à nucléus interne, 7 espèces ; Afrique, Inde. *Fossiles*, Tertiaire. France.

Les *Fusus colosseus* et *proboscidalis*, Lam., sont deux des plus grands Gastéropodes vivants. Le *Fusus (Chrysodomus) antiquus*, appelé « red whelk » sur les côtes de la Manche, et « buckie » en Écosse, est dragué en grande quantité pour l'alimentation, et est plus estimé que le Buccin. C'est le « roaring buckie » dans lequel on peut toujours entendre le bruit de la mer. Dans les chaumières des Shetland on le suspend horizontalement et l'on s'en sert comme d'une lampe ; l'huile est contenue dans la cavité de la coquille et la mèche passe dans le canal. (Fleming.) La variété senestre (*Fusus contrarius*, Sby.) se trouve dans la Méditerranée, et sur les côtes d'Espagne ; elle abonde dans le pliocène (crag) de l'Essex. Une espèce voisine, le *Fusus deformis*, qui se trouve au Spitzberg, est toujours senestre.

<h3 style="text-align:center">Famille III. — Buccinidæ.</h3>

Coquille échancrée en avant, ou à canal brusquement réfléchi, produisant une sorte de varice en avant de la coquille.

Animal semblable à celui des *Murex* ; ruban lingual long et linéaire (*fig.* 16), dents rachidiennes sur une seule série, transverses, dentées en avant ; une seule série d'uncini. Carnivore.

<h3 style="text-align:center">Buccinum, L.</h3>

Étymologie, *buccinum*, une trompette, ou conque de Triton.

Type, B. undatum. Pl. V, *fig.* 10.

Coquille à tours peu nombreux, ventrus ; ouverture large ; canal très-court, réfléchi ; opercule lamelleux, nucléus externe. (Voy. *Pisania*.)

Distribution, 48 espèces. Mers boréales et antarctiques. Du niveau de la basse mer jusqu'à 183 mètres (Forbes.) (B? clathratum, à 250 mètres au large du cap de Bonne-Espérance.) Australie méridionale.

Fossiles, 130 espèces, en y comprenant les *Pisania*, etc. Gault ? — Miocène —. Grande-Bretagne, France.

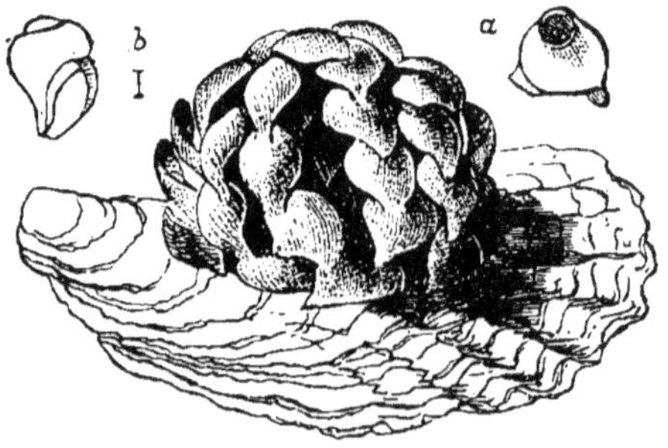

Fig. 83. — Capsules nidamentaires de Buccin [1].

On drague le Buccin pour le vendre sur les marchés ou pour l'employer comme appât. On peut le prendre dans des nasses amorcées avec du pois-

---

[1] Fig. 83. D'après un petit échantillon, fixé sur une coquille d'huître ; de la collection de M. Albany Hancock. La ligne en *b* représente la longueur de la jeune coquille.

son mort. Ses capsules nidamentaires sont agrégées en masses arrondies,
qui, après qu'elles ont été jetées sur la côte et chassées par le vent, ressemblent à des corallines. Chaque capsule contient cinq ou six jeunes,
qui, lorsqu'ils viennent d'éclore, ont l'apparence de celui qui est représenté dans la figure 83, en *b*; *a* représente le côté interne d'une capsule, laissant voir le trou arrondi par lequel le jeune est sorti.

Sous-genre, *Cominella*, Gray. *Ex*. B. limbosum, Purpura maculosa,
etc. Opercule semblable à celui des *Fusus*. Environ 12 espèces.

PSEUDOLIVA, Swainson.

Étymologie, nommé d'après sa ressemblance de forme avec les *Olives*.
Synonymes, Sulcobuccinum, d'Orbigny; Gastridium (Gray) G. Sowerby.
Type, P. plumbea. Pl. V, *fig*. 12.
Coquille globuleuse, épaisse; un profond sillon spiral près de la partie
antérieure du dernier tour, formant, comme dans les *Monoceros* une
petite dent sur le bord externe; spire courte, aiguë; suture canaliculée;
bord interne calleux; ouverture échancrée en avant; opercule? Animal
inconnu.

Distribution, 6 espèces. Afrique et Californie.
Fossiles, 5 espèces. Éocène. Iles Britanniques, France, Chili.

? ANOLAX (Roissy), Conrad, Lea.

Étymologie, *an aulax*, sans sillon.
Synonymes, Buccinanops, d'Orbigny; Leiodomus, Sw.; Bullia, Gray.
Types, A. gigantea, Lea. Buc. lævigatum. B. semiplicata. Pl. V, *fig*. 14.
Coquille variable, semblable aux Buccinum, Pseudoliva, ou Terebra;
sutures calleuses; bord interne calleux.

Animal sans yeux; pied très-large; tentacules longs et grêles; opercule pointu, nucléus apicial.

Distribution, 26 espèces. Brésil, Afrique occidentale, Ceylan, océan
Pacifique, Amérique occidentale.
Fossiles, 3 espèces. Éocène —. Amérique du Nord, France.

? HALIA, Risso.

Étymologie, *halios*, marin.
Synonyme, Priamus, Beck.
Types, Bulla helicoïdes (Brocchi). Miocène; Italie. Helix Priamus
(Meuschen). Côte de Guinée?
Coquille semblable à celle des *Achatina*; ventrue, lisse; sommet ré-
gulier, obtus; un opercule? Les espèces fossiles se rencontrent associées
avec des coquilles marines, et sont quelquefois encroûtées par un Bryo-
zoaire. (*Lepralia*.)

Terebra, Lamarck. Tarière.

Synonymes. Acus, Humph. ; Subula, Bl. ; Dorsanum, Gray.
Type, T. maculata. Pl. V, *fig.* 13.
Coquille longue, pointue, à tours nombreux ; ouverture petite ; canal court ; opercule pointu, nucléus spiral.
Animal aveugle, ou à yeux situés près du sommet de petites tentacules.
Distribution, 109 espèces, la plupart tropicales. Méditerranée (1 espèce), Inde, Chine, Amérique occidentale.
Fossiles, 24 espèces. Éocène —. Iles Britanniques, France, Chili.

Eburna, Lamark. Éburne.

Étymologie, ebur, ivoire.
Synonyme, Latrunculus, Gray.
Type, E. spirata. Pl. V, *fig.* 11.
Coquille ombiliquée lorsqu'elle est jeune ; bord interne calleux, s'étendant sur l'ombilic et le couvrant chez l'adulte ; opercule pointu, nucléus apicial.
Distribution, 9 espèces. Mer Rouge, Inde, Cap, Japon, Chine, Australie. Coquilles solides, lisses, ayant ordinairement perdu leur épiderme, et étant d'un blanc pur, tacheté de rouge foncé ; l'animal est tacheté comme la coquille. 25 mètres. (Adams.)

Nassa, Lam.

Étymologie, nassa, panier employé pour prendre le poisson.
Synonymes, Desmoulinsia et Northia, Gray.
Type, N. arcularia. Pl. V, *fig.* 15.
Coquille semblable à celle des Buccinum ; bord columellaire calleux, étalé, formant une saillie dentiforme près du canal antérieur ; opercule ovale, nucléus apicial. Dents linguales arquées, pectinées ; uncini ayant une dent basilaire.
Animal ayant un large pied, avec des cornes divergeant en avant, et deux petites queues en arrière. La *N. obsoleta* (Say) vit sous l'influence de l'eau douce et subit des érosions. La *N. reticulata*, L., que l'on trouve abondamment sur les côtes d'Angleterre à basse marée, est connue des pêcheurs sous le nom de « dog-whelk. »
Distribution, 210 espèces. Depuis le niveau de la marée basse jusqu'à 90 mètres. Répandues partout. Mers arctiques, tropicales et antarctiques.
Fossiles, 19 espèces. Éocène —. Iles Britanniques, etc. Amérique du Nord.
Sous-genre, Cyllene, Gray. C. Oweni. Pl. V, *fig.* 17. Bord externe ayant

un léger sinus près du canal; sutures canaliculées. Afrique occidentale,
iles Soulou, Bornéo. *Fossile*, Miocène. Touraine.

Cyclonassa, Swainson. C. neritea. Pl. V, *fig.* 16.

Phos, Montfort.

Étymologie, *phos*, lumière.
Synonyme, Rhinodomus, Sw.
Type, Ph. senticosus. Pl. V, *fig.* 18.
Coquille semblable à celle des *Nassa*, treillisée; bord externe strié
intérieurement, avec un léger sinus près du canal; columelle oblique-
ment sillonnée.

L'animal a des tentacules grêles portant les yeux près de leur extrémité.

Distribution, 30 espèces. (Cuming.) Mer Rouge, Ceylan, Philippines,
Australie, Amérique occidentale.

? Ringicula, Deshayes.

Étymologie, diminutif de *ringens*, de *ringo*, grimacer.
Type, R. ringens. Pl. V, *fig.* 21.
Coquille petite, ventrue; spire courte; ouverture échancrée, colu-
melle calleuse, profondément plissée; bord externe épaissi et réfléchi.

Distribution, 7 espèces? Méditerranée, Indes, Philippines, Gallapagos.

Fossiles, 9 espèces. Miocène —. Iles Britanniques, France. Les *Ringicula*
sont placées avec les *Nassa* par le docteur Gray et M. S. Wood; elles
nous semblent très-intimement liées aux *Cinulia* = *Avellana*, d'Orbigny, de la famille des Tornatellidæ.

Purpura (Adams). Lam. Pourpre.

Type, P. persica, Pl. VI, *fig.* 1.
Coquille striée, imbriquée, ou tuberculeuse; spire courte; ouverture
large, légèrement échancrée en avant; bord supérieur très-usé et aplati.
Opercule lamelleux, nucléus externe. Pl. VI, *fig.* 2. Dents linguales
semblables à celles du *Murex erinaceus*; dents transversales, à trois den-
telons; uncini petits, simples.

Un grand nombre de Purpura produisent un liquide qui donne une
teinture d'un rouge sombre; on peut l'obtenir en pressant sur l'opercule. La *P. lapillus* se trouve en abondance sur les côtes d'Angleterre,
à marée basse, parmi les plantes marines; elle commet de grands rava-
ges dans les bancs de moules. (Fleming.)

Distribution, 140 espèces. Indes occidentales, îles Britanniques, Afrique, Inde, Nouvelle-Zélande, océan Pacifique, Chili, Californie, Kam-
schatka. Du niveau de la basse marée à 45 mètres.

Fossiles, 40 espèces. Tertiaire. Iles Britanniques, France, etc.

Concholepas, Favan. C. lepas (Gmelin species). Pl. VI, *fig.* 3. Pérou. La seule espèce que l'on connaisse diffère des Purpura par les dimensions de l'ouverture et la petitesse de la spire.

Cuma (Humphrey). P. angulifera, bord interne ayant un seul pli saillant.

? PURPURINA (Lycett, 1847), d'Orbigny.

Coquille ventrue, couronnée ; spire courte ; ouverture grande, à peine échancrée en avant.

Fossiles, 9 espèces. Bathonien. Iles Britanniques, France. Le type de ce genre, la *P. rugosa*, ressemble un peu à la *Purpura chocolatum* (Duclos), mais le genre appartient probablement à un groupe éteint.

RHIZOCHILUS, Stp. 1850.

Exemple, Rh. antipathum. Fondé sur une espèce de *Purpura?* qui vit sur l'*Antipathes ericoides*. Lorsqu'ils sont adultes, les individus se fixent isolément, ou par groupes, aux branches du corail, ou les uns aux autres, par un prolongement solide du canal respiratoire.

MONOCEROS, Lam.

Étymologie, *monos*, un (une) ; *ceras*, corne.

Synonymes, Acanthina, Fischer ; Chorus, Gray.

Type, M. imbricatum. Pl. VI, *fig.* 4 (Buc. monoceros, Chemn.).

Coquille semblable à celle des Purpura ; un sillon spiral sur les tours, se terminant par une épine saillante.sur le bord externe de l'ouverture. On conserve ce genre à cause de sa singulière distribution géographique ; il est formé d'espèces qui avaient été rangées parmi les *Purpura, Lagena, Turbinella, Pseudo'iva*, etc.

Distribution, 18 espèces. Côte occidentale d'Amérique.

Fossile, Tertiaire. Chili.

Le *M. giganteus* (Chorus) a le canal allongé comme celui d'un *Fusus*. Le *M. cingulatum* est une *Turbinella*, et plusieurs espèces appartiennent plutôt au genre *Lagena*.

PEDICULARIA, Swainson.

Type, P. sicula. Pl. VI, *fig.* 5. (*Thyreus*, Phil.).

Coquille très-petite, patelliforme ; ouverture grande, canaliculée en avant ; spire petite, latérale. Dentition linguale particulière ; dents simples, crochues, denticulées ; uncini 3 ; 1 quadricuspide, 2, 3, allongés, triépineux.

Distribution, 1 espèce. Sicile ; adhérant aux coraux. Très-voisine de la *Purpura madreporarum*, Sby., des mers de Chine.

Ricinula, Lam.

Étymologie, diminutif de *ricinus*, (le fruit du) ricin.
Exemple, R. arachnoides. Pl. VI, *fig.* 9 (= Murex ricinus, L.).
Coquille épaisse, tuberculeuse, ou épineuse; ouverture rétrécie par des projections calleuses des bords de l'ouverture. Opercule semblable à celui des Purpura.
Distribution, 54 espèces. Inde, Chine, Philippines, Australie, océan Pacifique.
Fossiles, 3 espèces. Miocène —. France.

Planaxis, Lam.

Type, P. sulcata. Pl. VI, *fig.* 6.
Synonymes, Quoyia et Leucostoma.
Coquille turbinée; ouverture échancrée en avant; bord interne calleux, canaliculé en arrière; opercule subspiral (Quoyia) ou semi-ovalaire. Pl. VI, *fig.* 7.
Distribution, 27 espèces. Antilles, Mer Rouge, La Réunion, Bourbon, Inde, océan Pacifique, et Pérou.
Fossile, Miocène?
Petites coquilles côtières ressemblant aux Littorines, avec lesquelles les plaçait Lamarck. Ce genre est généralement placé maintenant dans les Littorinides.

Magilus, Montfort, 1810.

Synonyme, Campulote, Guettard, 1759; Leptoconchus, Rüppell.
Type, M. antiquus. Pl. V, *fig.* 19, 20.
Coquille mince et spirale lorsqu'elle est jeune; ouverture canaliculée en avant; à l'état adulte, elle se prolonge en un tube irrégulier, solide en arrière; opercule lamelleux.
Distribution, 4 espèces. Mer Rouge, Maurice. Les Magiles vivent fixés dans les coraux, et s'allongent du côté supérieur à mesure que croissent les zoophytes dans lesquels ils sont enfouis; ils remplissent la cavité de leur tube de substance solide à mesure qu'ils avancent.

Cassis, Lam. Casque.

Synonymes, Bezoardica, Schum.; Levenia, Gray.; Cypræcassis, Stuch.
Type, C. flammea. Pl. VI, *fig.* 14.
Coquille ventrue, avec des varices irrégulières; spire courte; ouverture longue; bord externe réfléchi, denticulé; bord interne s'étendant sur le dernier tour; canal brusquement recourbé. Opercule petit, allongé;

nucléus situé au milieu du bord interne qui est droit (*fig.* 84). Dents linguales 3, 1, 3, comme dans la figure 85.

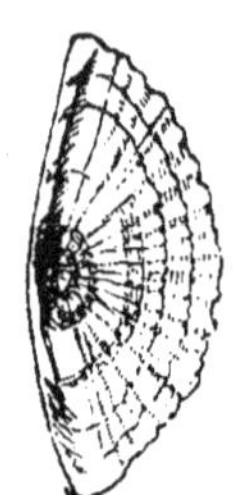

Les *plaques buccales* épineuses des Cassis ont été prises à tort par Gray et Adams pour les *dents*, qui, chez ce genre, comme chez les *Tritons*, sont très-petites et transparentes.

Distribution, 37 espèces. Mers tropicales ; à une faible profondeur. Antilles, Méditerranée, Afrique, Chine, Japon, Australie, Nouvelle-Zélande, océan Pacifique, Mexique.

Fossiles, 36 espèces. Éocène —. Chili, France. L'on emploie le *C. Madagascariensis* et d'autres grandes espèces pour la fabrication des camées de coquilles, (p. 39). Les bouches périodiques (*varices*), qui sont

Fig. 84.—Operc. de *Cassis.*

très-saillantes, ne sont pas absorbées intérieurement à mesure que l'animal croît.

Fig. 85. — *Cassis saburon.* (Figure originale.)

ONISCIA, Sowerby.

Étymologie, oniscus, un cloporte.
Synonyme, Morum, Bolten.
Type, O. oniscus ; O. cancellata. Pl. VI, *fig.* 15.
Coquille à spire courte et à ouverture longue et étroite, légèrement tronquée en avant ; bord externe épaissi, denticulé ; bord interne granuleux.
Distribution, 9 espèces. Antilles, Chine, Gallapagos, États-Unis. (37 mètres.)
Fossiles, 5 espèces. Miocène. États-Unis, Saint-Domingue.

CASSIDARIA, Lam.

Étymologie, cassida, un casque.
Synonymes, Morio, Montfort ; Sconsia, Gray.
Type, C. echinophora. Pl. VI, *fig.* 13.
Coquille ventrue ; canal allongé, passablement courbé. Pas d'opercule.
Distribution, 6 espèces. Méditerranée.
Fossiles, 10 espèces. Éocène —. Iles Britanniques, France, etc.

Bachybathron, Gaskoin.

Coquille petite, oblongue, striée de lignes d'accroissement ; spire petite, déprimée, avec une suture canaliculée ; ouverture à bords calleux, denticulés, comme celle des *Cypræa*.
Distribution, 5 espèces.

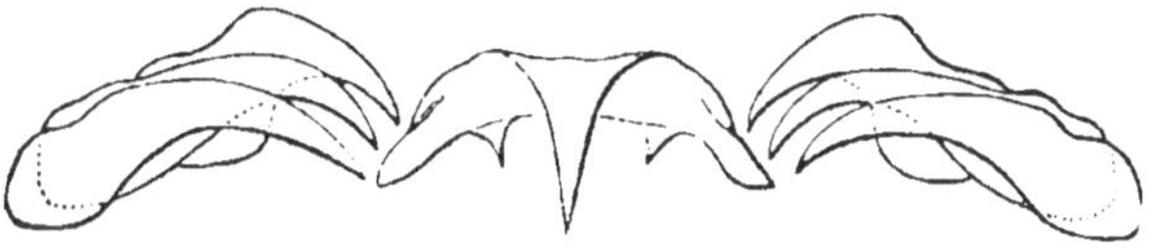

Fig. 86. — *Dolium perdix*. (Figure originale.)

Dolium, Lam. Tonne.

Type, D. galea. Pl. VI, *fig.* 12.
Coquille ventrue, portant des côtes spirales ; spire petite ; ouverture très-grande ; bord externe crénelé. Pas d'opercule. Dents 3, 1, 3 (*fig.* 86).
Le genre *Macgillivrayia*, rapporté d'abord aux Atlantidæ, doit prendre place ici. Il comprend les formes larvaires de plusieurs espèces de Dolium.
Distribution, 14 espèces. Méditerranée, Ceylan, Chine, Australie, océan Pacifique.

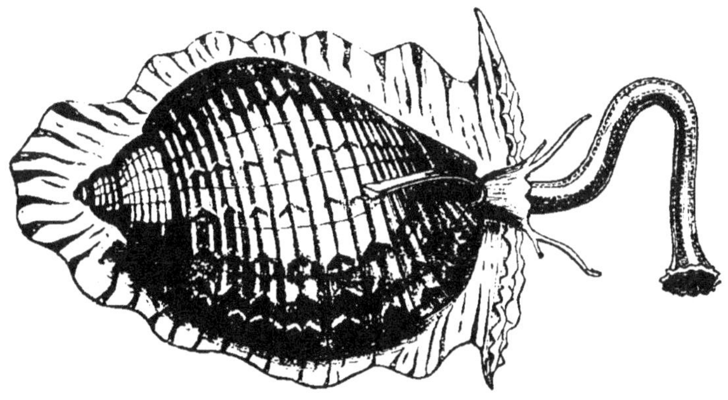

Fig. 87 [1].

Fossiles, 7 espèces (? Craie, Iles Britanniques). Tertiaire. Europe méridionale.
Sous-genre, *Malea*, Valenc. (D. personatum); bord externe épaissi et denticulé ; bord interne ayant des protubérances calleuses.

---

[1] *D. perdix*, L. species. 1/5 de grandeur naturelle (d'après Quoy). Vanicoro, océan Pacifique. La trompe est allongée et le siphon recourbé au-dessus de la partie antérieure de la coquille.

HARPA, Lam. Harpe.

Type, Arca ventricosa. Pl. VI, *fig.* 11 (= Buc. harpa, L.).

Coquille ventrue, à côtes nombreuses, placées à des intervalles réguliers; spire petite; ouverture grande, échancrée en avant. Pas d'opercule.

L'animal a un très-grand pied, dont la partie antérieure, en forme de croissant, est séparée par de profondes entailles latérales de la partie postérieure que l'on prétend qui se sépare spontanément lorsque l'on irrite l'animal. On trouve les Harpes dans les eaux profondes et sur des fonds mous.

Distribution, 12 espèces. Maurice, Ceylan, Philippines, océan Pacifique.

Fossiles, 4 espèces. Éocène —. France.

COLUMBELLA, Lam.

Étymologie, diminutif de *Columba*, une Colombe.

Type, C. mercatoria. Pl. VI, *fig.* 10.

Coquille petite, à ouverture longue et étroite ; bord externe épaissi (surtout dans le milieu), denté ; bord interne crénelé. Opercule très-petit, lamellaire.

Distribution, 205 espèces. Sub-tropicales. Antilles, Méditerranée, Inde, Gallapagos, Californie. Petites coquilles à dessins élégants, vivant dans les eaux peu profondes, sur des fonds plats et sablonneux, ou se ré unissant en groupes autour des pierres. (Adams.)

Fossiles, 8 espèces. Tertiaire. (Les espèces d'Angleterre sont des *Pisania*.)

Sous-genre, *Columbellina*, d'Orbigny. 4 espèces. Crétacé. France, Inde.

OLIVA, Lam. Olive.

Type, O. porphyria. Pl. VI, *fig.* 16.

Synonyme, Strephona, Brown.

Coquille cylindrique, polie; spire très-courte, suture canaliculée; ouverture longue, étroite, échancrée en avant; columelle calleuse, obliquement striée; dernier tour sillonné près de la base. Pas d'opercule dans les espèces typiques.

Animal ayant un très-grand pied, dans lequel la coquille est à moitié enfouie; lobes du manteau grands, se rencontrant sur la partie dorsale de la coquille, et envoyant des filaments qui se logent dans la suture et le sillon. Les yeux sont placés près du sommet des tentacules.

Les Olives sont des animaux très-actifs, qui sont capables de se retourner lorsqu'ils sont étendus sur le dos : on peut les voir près du ni-

veau de la basse marée, s'avançant en glissant ou s'enfonçant dans le
sable à mesure que la marée se retire. On peut les prendre au moyen
d'appâts animaux attachés à des lignes. On en trouve jusqu'à une profondeur de 45 mètres.

Distribution, 120 espèces. Sub-tropicales. Côtes orientale et occidentales d'Amérique. Afrique occidentale, Inde, Chine, océan Pacifique.

Fossiles, 20 espèces. Éocène —. Iles Britanniques, France, etc.

Sous-genres, *Olivella*, Sw. O. jaspidea. Pl. VI, *fig.* 19.

Animal à lobes frontaux petits, aigus. Opercule à nucléus sub-
apicial.

Scaphula, Sw. = Olivancillaria, d'Orbigny, Pl. VI, *fig.* 18.

Lobes frontaux grands, arrondis; un opercule.

Agaronia, Gray. O. hiatula, Pl. VI, *fig.* 17.

Pas d'yeux ni de tentacules. Lobes frontaux médiocres, aigus.

<h3 style="text-align:center">ANCILLARIA, Lam.</h3>

Étymologie, *ancilla*, une jeune fille.

Types, A. subulata. Pl. VI, *fig.* 20. A. glabrata. Pl. VI, *fig.* 21.

Coquille semblable à celle d'une Olive; spire entièrement couverte
d'un émail brillant. Opercule petit, mince, pointu. Dents linguales pectinées; uncini simples, crochus.

Animal semblable à celui des Olives, se servant, à ce que l'on dit, des
lobes du manteau pour nager. (D'Orbigny.) Chez l'*A. glabrata*, il existe,
entre le bord interne calleux et le dernier tour, un espace qui ressemble
à un ombilic.

Distribution, 25 espèces. Mer Rouge, Inde, Madagascar, Australie,
océan Pacifique.

Fossiles, 21 espèces. Éocène —. Angleterre, France, etc.

<h3 style="text-align:center">FAMILLE IV. — CONIDÆ.</h3>

Coquille en cône renversé; ouverture longue et
étroite; bord externe échancré à la suture ou près de
celle-ci; opercule petit, lamelleux.

Animal à pied oblong, tronqué en avant, ayant dans
son milieu un pore (aquifère?) bien visible; tête saillan-
lante; tentacules très-écartés l'un de l'autre; yeux
sur les tentacules; 2 branchies. Dents linguales (*uncini?*)
par paires, allongées, subulées, ou en fer de lance.

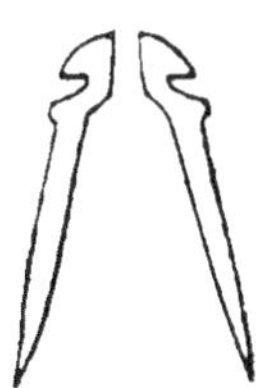

Fig. 88 [1].

<h3 style="text-align:center">CONUS, L. Cône.</h3>

Types, C. marmoreus, Pl. VII, *fig.* 1. C. geographicus, antediluvia-
nus, etc.

[1] Fig. 88. Dents linguales de la *Bela turricula* (d'après Lovén).

Coquille conique, s'atténuant régulièrement ; spire courte, à tours nombreux ; columelle lisse, tronquée en avant ; bord externe échancré à la suture ; opercule pointu ; nucléus apicial.

Distribution, 371 espèces. De toutes les mers tropicales.

Fossiles, 84 espèces. Craie—. Iles Britanniques, France, Inde, Java, etc.

Les Cônes s'étendent au Nord jusqu'à la Méditerranée, et au Sud jusqu'au Cap ; mais ils sont surtout abondants et variés dans les mers équatoriales. Ils habitent les fentes et les trous des rochers, ainsi que les flaques chaudes et peu profondes qui se trouvent à l'intérieur des récifs de coraux ; ils s'étendent depuis le niveau de la basse marée jusqu'à 55 et 73 mètres ; ils se meuvent lentement, et mordent quelquefois lorsqu'on les prend dans la main ; tous sont carnassiers. (Adams.)

Sous-genre, *Conorbis*, Sw. C. dormitor, Pl. VII, *fig*. 2. Éocène —. Iles Britanniques, France.

Pleurotoma, Lam.

Étymologie, *pleura*, le flanc, côté, et *toma*, une échancrure.

Synonyme, Turris, Humphrey.

Types, P. Babylonica, Pl. VII, *fig*. 3. P. mitræformis, etc.

Coquille fusiforme, à spire élevée ; canal long et droit ; bord externe ayant une profonde entaille près de la suture. Opercule pointu, à nucléus apicial.

Distribution, 430 espèces. De toutes les mers. Groënland, Iles Britanniques, 17 ; Méditerranée, 19 ; Afrique, 15 ; mer Rouge et Inde, 6 : Chine, 90 ; Australie, 15 ; océan Pacifique, 0 ? ; Amérique occidentale, 52 ; Antilles et Brésil, 20. Les espèces typiques sont au nombre d'environ 20 (Chine, 16 ; Amérique occidentale, 4). Depuis le niveau de la basse marée jusqu'à 183 mètres.

Fossiles, 378 espèces. Craie —. Angleterre, France, etc , Chili.

Sous-genres, *Drillia*, Gray. D. umbilicata ; canal court.

Clavatula, Lam. ; canal court ; opercule pointu, à nucléus situé au milieu de son bord interne. C. mitra. Pl. VII, *fig*. 4.

Tomella, Sw. ; canal long ; bord interne calleux près de la suture. T. lineata.

? Clionella, Gray ; C. sinuata, Born species (P. buccinoides) ; des eaux douces, Afrique.

Mangelia, Leach (non Reeve). Fente aperturale à la suture ; pas d'opercule, M. tæniata. Pl. VII, *fig*. 5. Groënland, Angleterre, Méditerranée.

Bela, Leach ; opercule à nucleus apicial. B. turricula. Pl. VII, *fig*. 6.

Defrancia, Millet [1] ; pas d'opercule, D. linearis. Pl. VII, *fig*. 7.

? Lachesis, Risso, L. minima. Pl. VII, *fig*. 8 ; sommet mamelonné ;

---

[1] Selon M. S. Hanl·y, le genre *Defrancia* est synonyme de *Mangelia*.

opercule onguiculé. Méditerranée, côtes méridionales d'Angleterre, Japon. Dans les eaux peu profondes.

Daphnella, Hinds. D. marmorata ; Nouvelle-Guinée. (B. junceum ; argile de Londres.)

Borsonia, Edwards ; 2 espèces vivantes ; mers tropicales. Fossiles, 6 espèces. Tertiaire, Europe.

CITHARA, Schumacher.

Étymologie, cithara, une guitare.

Synonyme, Mangelia, Reeve (non Leach.).

Type, Cancellaria citharella, Lam. (Cithara striata, Schum.)

Coquille fusiforme, lisse, ornée de côtes longitudinales régulières ; ouverture linéaire, tronquée en avant, légèrement échancrée en arrière ; lèvre externe bordée, denticulée en dedans ; lèvre interne finement striée. Un opercule.

Distribution. M. Cuming a découvert aux îles Philippines plus de 50 espèces de ce joli petit genre.

FAMILLE V. — VOLUTIDÆ.

Coquille turriculée, ou enroulée ; ouverture échancrée en avant ; columelle plissée obliquement. Pas d'opercule.

Animal à siphon recourbé ; pied très-grand, cachant en partie la coquille ; manteau souvent lobé et réfléchi sur la coquille ; yeux sur les tentacules ou près de leur base. Ruban lingual linéaire ; *rachis* denté ; *pleuræ* inermes.

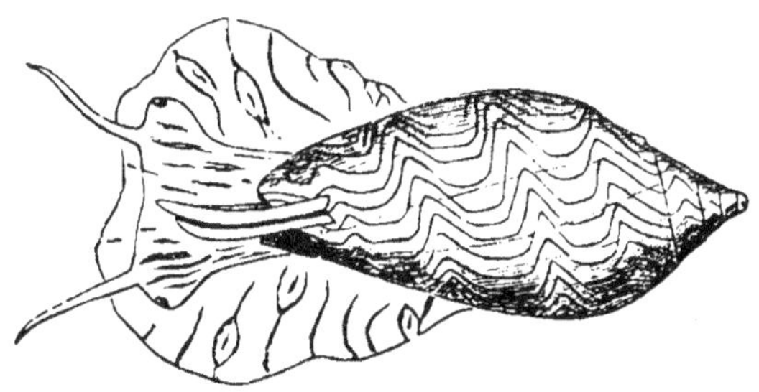

Fig. 89 ¹.

VOLUTA, L. Volute.

Type, V. musica. Pl. VII, *fig.* 9.

Synonymes, Cymbiola, Harpula, Sw. ; Volutella, d'Orbigny ; Scapha, etc., Gray.

¹ Fig. 89. *V. undulata*, Lam. 1/2. Australie (d'après Quoy et Gaymard).

Coquille ventrue, épaisse; spire courte, sommet mamelonné; ouverture grande, profondément échancrée en avant; columelle à plis nombreux. La *V. musica* et quelques autres espèces ont un petit opercule.

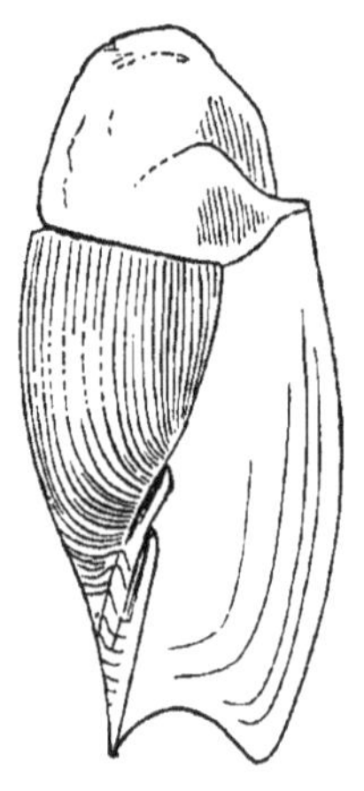

Animal ayant des yeux sur des lobes situés à la base des tentacules; siphon avec un lobe de chaque côté de sa base; dents linguales tricuspides (*fig.* 90).

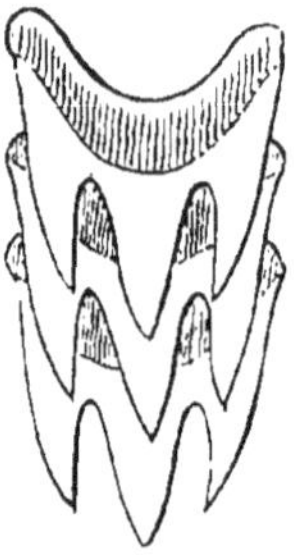

Les *V. vespertilio* et *hebræa* remplissent le nucléus de leurs spires de substance calcaire. La *V. brasiliana* fait des capsules nidamentaires de 3 pouces de long. (D'Orbigny.) Chez la *V. angulata* le manteau s'avance en un lobe sur le côté gauche et recouvre la coquille.

Distribution, 70 espèces. Antilles, cap Horn, Afrique occidentale, Australie, Java, Chili.

Fossiles, 80 espèces. Craie —. Inde, Angleterre, France, etc.

Fig. 90. — *Voluta.* (Wilton.)

Sous-genres, *Volutilithes*, Sw. Spire pointue, à tours nombreux, plis columellaires indistincts. *V. spinosus*. Pl. VII, *fig.* 10.

Une espèce vivante (*V. abyssicola*), draguée à une profondeur de 242 mètres au large du Cap. (Adams.) *Fossile*, Éocène. Angleterre, Paris.

Scaphella, Sw. Fusiforme, lisse. *Exemple*, V. magellanica. *Fossile*, V. Lamberti; Crag; Suffolk.

Melo, Brod. Grande, ovale; spire courte. *Type*, M. diadema. Pl. VII, *fig.* 11. Nouvelle-Guinée, 8 espèces.

CYMBA, Broderip.

Synonyme, Yetus (Adans.) Gray.

Type, C. proboscidalis. Pl. VII, *fig.* 12, et *fig.* 91 (= V. cymbium L.).

Coquille semblable à celle des Volutes; nucléus grand et globuleux; tours peu nombreux, anguleux, formant un rebord plat autour du nucléus.

L'animal a un pied très-grand et dépose une couche mince d'émail sur la face inférieure de la coquille. Il est ovovivipare, et les jeunes sont déjà très-grands au moment de leur naissance; le nucléus finit par être en partie caché par suite de la croissance de la coquille.

Distribution, 10 espèces. Afrique occidentale, Lisbonne.

Fig. 91. — *Cymba.*

Mitra, Lam. Mitre.

Synonymes, Turris, Montfort; Zierliana, Gray; Tiara, Sw.

Types, M. episcopalis. Pl. VII, *fig.* 13. M. vulpecula, *fig.* 14.

Coquille fusiforme, épaisse; spire élevée, aiguë; ouverture petite, échancrée en avant; columelle plissée obliquement; opercule très-petit.

L'animal a une très-longue trompe; il émet, lorsqu'il est irrité, un liquide pourpre, qui a une odeur nauséabonde. Les yeux sont placés sur les tentacules, ou à leur base. Les espèces de ce genre s'étendent depuis le niveau de la basse marée jusqu'à 27 mètres, et plus rarement entre 27 et 146 mètres.

Distribution, 420 espèces. Philippines, Inde, mer Rouge, Méditerranée, Afrique occidentale, Groënland (1 espèce), océan Pacifique, Amérique occidentale. Les espèces qui se trouvent en dehors des tropiques sont de petite taille. Les *M. groenlandica* et *M. cornea* (espèce de la Méditerranée) se rencontrent ensemble dans les tertiaires les plus récents d'Angleterre. (Forbes.)

Fossiles, 90 espèces. Craie —. Inde, Angleterre, France, etc.

Sous-genres, *Imbricaria*, Schum. (Conohelix, Sw.).

Coquille en forme de cône. I. conica. Pl. VII, *fig.* 15.

Cylindra, Schum. (Mitrella, Sw.). *Coquille* en forme d'olive. C. crenulata. Pl. VII, *fig.* 16.

Volvaria, Lam.

Étymologie, volva, une enveloppe.

Type, V. bulloides. Pl. VII, *fig.* 17.

Coquille cylindrique, enroulée; spire petite; ouverture longue et étroite; columelle ayant trois plis obliques en avant.

Distribution, 29 espèces; mers tropicales.

Fossiles, 5 ? espèces. Éocène. Angleterre, France.

Marginella, Lam.

Étymologie, diminutif de *margo*, un rebord.

Synonymes, Porcellana (Adans.), Gray; Persicula, Schum.

Types, M. nubeculata. Pl. VII, *fig.* 18. M. persicula, *fig.* 19.

Coquille lisse, brillante; spire courte ou cachée; ouverture tronquée en avant; columelle garnie de plis; bord externe épaissi (chez l'adulte.)

Animal semblable à celui des Cypræa.

Distribution, 159 espèces. Régions tropicales. Antilles, Brésil, Méditerranée (1 petite espèce), Afrique occidentale, Chine, Australie.

Fossiles, 30 espèces. Éocène —. France, etc.

Sous-genre, Hyalina, Schum. Bord externe à peine épaissi.

Type, Voluta pallida, Montfort. Antilles.

Famille VI. — Cypræidæ.

Coquille enroulée, émaillée; spire cachée; ouverture étroite, canaliculée à chaque extrémité; bord externe (de l'adulte) épaissi, infléchi. Pas d'opercule.

Animal ayant un large pied, tronqué en avant; manteau étalé de chaque côté, formant des lobes qui se rencontrent sur la partie dorsale de la coquille; ces lobes sont ordinairement ornés de filaments tentaculaires; yeux sur le milieu des tentacules ou près de leur base; plume branchiale simple. Ruban lingual long, en partie contenu dans la cavité viscérale; *rachis* unidenté; 3 *uncini*. Dans les *Ovulum* la disposition des dents est de 2, 1, 2, la plus externe étant large, avec des bords pectinés. Lovén décrit les Cypræidæ comme ayant un mufle court, non rétractile, et les place entre les *Naticidæ* et les *Lamellaria*. Les Porcelaines vivent dans les eaux peu profondes, près du rivage; elles se nourrissent de zoophytes.

Cypræa, Lin. Porcelaine.

Étymologie, Cypris, un des noms de Vénus.

Types. C. tigris, C. mauritiana. Pl. VII, *fig.* 20.

Coquille ventrue, enroulée, couverte d'un émail brillant; spire cachée; ouverture longue et étroite, avec un court canal à chaque extrémité; bord interne crénelé; bord externe infléchi et crénelé; *uncini* semblables entre eux.

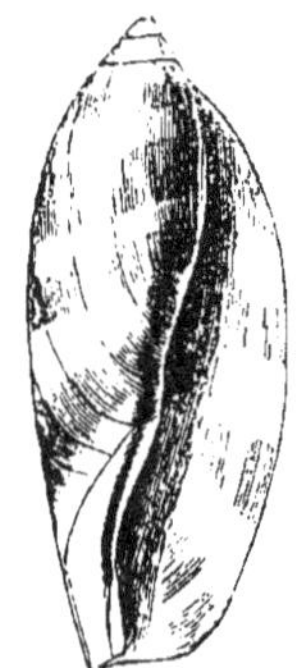

Fig. 92. — Jeune *Cypræa* [1].

La jeune coquille a un bord externe mince et tranchant, une spire saillante, et est couverte d'un mince épiderme (*fig.* 92). Lorsque l'animal est adulte les lobes du manteau s'étalent de chaque côté, et déposent sur toute la coquille un émail brillant qui cache entièrement la spire. Il y a ordinairement une ligne de couleur plus pâle qui indique où les lobes du manteau se rencontrent. La *Cypræa annulus* est employée par les habitants des îles asiatiques pour orner leurs vêtements, pour maintenir leurs filets au fond, et elle leur sert aussi de monnaie d'échange. Le docteur Layard en a trouvé des échantillons dans les ruines de Nimroud. La *cauris* ou « monnaie de Guinée » (*C. moneta*) est aussi originaire des mers asiatiques et du Pacifique; l'on importe chaque année en Angleterre un grand nombre de tonnes de cette petite coquille que l'on réexporte de nouveau pour les échanges avec les peuplades de l'Afrique occidentale; dans l'année 1848

---

[1] Fig. 92. *Cypræa testudinaria*, L., jeune; de Chine.

l'on en a importé 60 tonnes à Liverpool. M. Adams a observé à Singapore les jeunes de la *C. annulus* adhérant en masses au manteau de leurs parents, ou nageant rapidement soit en cercle, soit par mouvements brusques et saccadés, au moyen de leurs nageoires céphaliques.

Distribution, 150 espèces. Dans toutes les mers chaudes (sauf la côte orientale de l'Amérique du Sud?), mais surtout abondantes dans celles de l'ancien monde. Sur les récifs, et sous les rochers à mer basse.

Fossiles, 84 espèces. Craie—. Inde, Angleterre, France, etc.

Sous-genres, *Cyprovula*, Gray. C. capensis. Pl. VII, *fig.* 21. Plis de l'ouverture continués régulièrement sur le bord du canal.

Luponia, Gray. C. Algoensis. Pl. VII, *fig.* 22. Bord interne irrégulièrement plissé en avant.

Trivia, Gray. C. europæa, Pl. VII, *fig.* 23; *fig.* 93, et 15 B. Petites coquilles ornées de stries qui s'étendent sur le dos. (*Uncini* : 1 denticulé, 2, 3, simples.)

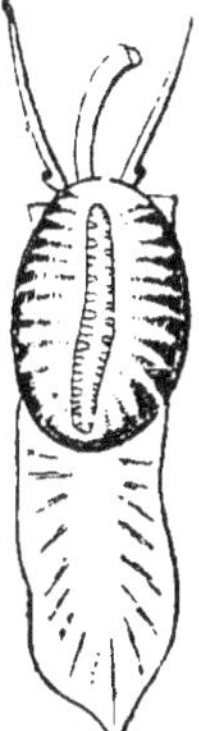

Fig. 93.
Trivia [1].

Distribution, 50 espèces. Groënland, Iles-Britanniques, Antilles, Cap, Australie, océan Pacifique, côte occidentale d'Amérique.

Erato, Risso.

Étymologie, *Erato*, la muse des chants d'amour et de l'imitation.

Type, E. lævis. Pl. VII, *fig.* 24.

Coquille petite, semblable à celles des Marginelles; bords de l'ouverture finement crénelés.

Animal semblable à celui des *Trivia*.

Distribution, 11 espèces. Angleterre, Méditerranée, Antilles, Chine.

Fossiles, 2 espèces. Miocène —. France, Angleterre. (Crag.)

Ovulum, Lam.

Étymologie, diminutif de *ovum*, un œuf.

Synonyme, Amphiceras, Gronov.

Types, O. ovum. Pl. VII, *fig.* 25. O. gibbosum, et verrucosum.

Coquille semblable à celle des *Cypræa;* bord interne lisse.

Distribution, 56 espèces. Mers chaudes. Antilles, Iles-Britanniques, Méditerranée, Chine, Amérique occidentale.

Fossiles, 11 espèces. Éocène —. France, etc.

Sous-genre. Calpurna, Leach. O. volva (la navette de tisserand). Ouverture prolongée en un long canal à chaque extrémité; pied étroit, organisé pour progresser sur les tiges cylindriques des Gorgones, etc.,

[1] Fig. 93. *Trivia europæa*, Mont. D'après les *British Mollusca* de Forbes e Hanley.

qui forment sa nourriture. La *C. patula* habite la côte méridionale d'Angleterre; elle est très-mince et a un bord externe tranchant.

Calpurnus, Montfort. Ovulum verrucosum.

Volva (Fleming). Ovulum patulum (*Calpurna* Leach.).

Radius (Montfort), Schum. = Ovula volva.

SECTION B. — HOLOSTOMATA.

Coquille spirale ou patelliforme, rarement tubuleuse ou multivalve; bords de l'ouverture entiers; un opercule corné ou pierreux, ordinairement spiral.

Animal à mufle court, non rétractile; siphon respiratoire nul, ou formé par un lobe naissant du cou (*fig.* 68); branchies pectinées, ou en plumes, placées obliquement en travers du dos, ou fixées au côté droit du cou; cou et flancs souvent ornés de barbes et de filaments tentaculaires. Habitent la mer ou les eaux douces; la plupart sont phytophages[1].

FAMILLE I. — NATICIDÆ.

Coquille globuleuse, à tours peu nombreux; spire courte, obtuse; ouverture semi-lunaire; bord externe tranchant; columelle souvent calleuse.

Fig. 94. — *Natica monilifera.* (Willon.)

Animal à trompe longue et rétractile; ruban lingual linéaire; *rachis* unidenté; *uncini* 3 (comme dans la *fig.* 94); pied très-grand; lobes du manteau fortement développés, cachant plus ou moins la coquille. Tous marins.

NATICA (Adans.) Lamarck.

Synonyme, Mamilla, Schum.; Cepatia, Gray.; Nacca, Risso.

Type, N. canrena. Pl. VIII, *fig.* 1.

Coquille épaisse, lisse; bord interne calleux; ombilic grand, avec un calus spiral; épiderme mince, poli; opercule sub-spiral.

---

[1] Ces sections ne sont pas très-satisfaisantes, mais elles sont meilleures que toutes celles que l'on a proposées jusqu'à présent, et elles sont commodes à cause de la grande étendue de l'ordre des Prosobranches. Les *Natica* et les *Scalaria* ont une trompe rétractile. Les *Pirena* ont une ouverture échancrée, et les *Aporrhais* un canal.

Animal aveugle; tentacules connés avec un voile céphalique; pied grand, portant en avant un pli (*mentum*), réfléchi sur la tête et la protégeant; lobe operculigère grand, couvrant une partie de la coquille; mâchoires cornées: ruban lingual court; plume branchiale simple.

Fig. 95. — *Natica* [1].

Les dessins colorés des Natices sont très-persistants; on les trouve souvent conservés chez les fossiles. Les Natices fréquentent les fonds de sable et de gravier, depuis le niveau de la marée basse jusqu'à 165 mètres. (Forbes.) Elles sont carnivores, se nourrissent de petits bivalves (Gould), et deviennent à leur tour la proie des morues et des églefins. Leurs œufs sont agglutinés en un ruban large et court, très-légèrement attachés, et reposent librement sur le sable.

Distribution, 197 espèces. Mers arctiques, Angleterre, Méditerranée, mer Caspienne, Inde, Australie, Chine, Panama, Antilles.

Fossiles, 260 espèces. Devonien —. Amérique du Sud, Amérique du Nord, Europe, Inde.

Opercule calcaire.

Sous-genres, Naticopsis, Mac Coy. N. Phillipsii. Coquille imperforée; bord interne très-épais, étalé; opercule solide. Calcaire carbonifère, 7 espèces.

Opercule corné.

Neverita, Risso. N. Alderi. *fig.* 95.

Lunatia, Gray. N. ampullaria. Perforation simple; épiderme terne, olivâtre. Mers du Nord.

Globulus, J. Sow. (Ampulina, Deshayes, non Bl.). N. sigaretina. Pl. VIII, *fig.* 2. Ombilic étroit (en fente), bordé d'une mince callosité. *Fossile*, Éocène. Angleterre, Paris.

Polinices, Montfort (Naticella, Guild.), N. mammilla. Coquille oblongue; callosité très-grande, remplissant l'ombilic.

Cernina, Gray. N. fluctuata. Pl. VIII, *fig.* 3. Globuleuse, imperforée; bord interne calleux, couvrant une partie du dernier tour.

Naticella, Müller. 19 espèces. *Fossiles*, Trias, Saint-Cassian.

DESHAYESIA, Raulin.

Miocène, France. L'on a découvert quelques autres espèces ayant une ouverture oblique semblable, et un bord interne garni de plis. Le baron de Ryckholt a décrit une espèce (*D. Raulini*), du Devonien de Belgique. Les affinités de ce genre sont incertaines.

---

[1] Fig. 95. *Natica Alderi*, Forbes. D'après un dessin original communiqué M. Joshua Alder.

Naticella, Münster.

Ce genre, qui est abondamment représenté dans le Trias de Saint-Cassian, a été rapporté aux *Natica* par d'Orbigny. On en rencontre dans le grès vert de Blackdown, une espèce caractéristique qui a reçu le nom de *Natica carinata*, J. Sby. (Narica, d'Orbigny.) Les *Naticella* sont exactement intermédiaires entre les *Narica* (p. 248) et les *Fossarus* (p. 264), et semblent former avec ces genres un petit groupe qui a des rapports étroits avec les *Lacuna* (p. 266).

Sigaretus (Adans.), Lamarck.

Synonymes, Cryptostoma, Bl. ; Stomatia, Browne.
Type, S. haliotoides. Pl. VIII, *fig.* 4.
Coquille striée, auriforme ; spire petite ; ouverture très-large, oblique (non nacrée) ; opercule petit, corné, sub-spiral.

La coquille des espèces aplaties est complétement cachée pendant la vie par le manteau de l'animal ; les coquilles convexes ne sont qu'en partie cachées, et elles ont un épiderme jaunâtre. Le lobe antérieur du pied (*mentum*) est extrêmement développé.

Distribution, 51 espèces. Antilles, Inde, Chine, Pérou.

Fossiles, 10 espèces. Éocène —. Angleterre, France, Amérique du Sud.

Sous-genre, Naticina, Gray. N. papilla, Pl. VIII, *fig.* 3. Coquille ventrue, mince, perforée. Antilles, mer Rouge, Chine, Australie septentrionale, Tasmanie. *Éocène*, Paris.

Lamellaria, Montagu.

Étymologie, lamella, une plaque mince.
Synonymes, Marsenia. Leach ; Coriocella, Bl.
Type, L. perspicua. Pl. VIII, *fig.* 6.
Coquille auriforme, mince, transparente, fragile ; spire très-petite ; ouverture grande, étalée ; bord interne retiré en arrière. Pas d'opercule.

Animal beaucoup plus grand que la coquille, qui est entièrement cachée par les bords réfléchis du manteau ; manteau non rétractile, échancré en avant ; yeux à la base externe des tentacules. *Uncini* 3, semblables entre eux, ou l'un d'eux très-grand.

Distribution, 10 espèces. Norwége, Angleterre, Méditerranée, Nouvelle-Zélande, Philippines.

Fossiles, 2 espèces. Pliocène —. Angleterre. (Crag.)

Narica, Recluz.

Synonymes, Vanicoro, Quoy ; Merria, Gray ; Leucotis, Sw.
Type, N. cancellata. Pl. VIII, *fig.* 8.
Coquille mince, blanche, avec un épiderme velouté, des côtes irré-

gulières et des stries spirales; axe perforé; opercule très-petit, mince.

Animal ayant ses yeux à la base externe des tentacules; pied muni de lobes aliformes.

Distribution, 26 espèces. Antilles, Nicobar, Vanikoro, océan Pacifique.

Fossiles, 4 espèces. Gault —. (D'Orbigny.) Angleterre, France.

VELUTINA, Fleming.

Étymologie, velutinus, velouté (de *vellus*, une toison).

Type, V. lævigata. Pl. VIII, *fig.* 7.

Coquille mince, à épiderme velouté ; spire petite; suture profonde : ouverture très-grande, arrondie ; péristome continu, mince. Pas d'opercule.

Animal à pied grand et oblong; bord du manteau développé tout le tour, et plus ou moins réfléchi sur la coquille ; 2 branchies; tête large : tentacules subulés, émoussés, distants l'un de l'autre, portant les yeux sur des protubérances de leur base externe. Carnivore. Dentition linguale (*fig.* 96) ressemblant à celle des *Trivia* (*fig.* 15, B.).

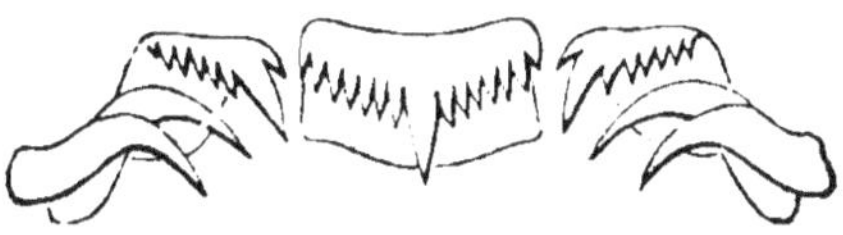

Fig. 96. — *Velutina lævigata.* (Warington.)

Distribution, 4 espèces. Angleterre, Norwége, Amérique du Nord, mer Glaciale jusqu'au Kamtschatka.

Fossiles, 3 espèces. Pliocène —. Angleterre.

Sous-genre, Otina (Gray.) V. otis.

Coquille petite, auriforme.

Animal à manteau simple, et à tentacules très-courts. Côtes ouest et sud-ouest d'Angleterre; habitant les fentes des rochers, entre le niveau de la haute et de la basse marée. (Forbes.) Les *Velutina* habitent la zone des Laminaires, et s'étendent jusqu'à 75 mètres. La *V. lævigata* est quelquefois ramenée avec les lignes de pêche (sur la côte de Northumberland), adhérant en général à l'*Alcyonium digitatum*. (Alder.) Le docteur Gould se l'est procurée dans l'estomac des poissons.

CRYPTOCELLA. H. et A. Adams, 1853.

Coquille mince, transparente, calcaire ; spire petite; ouverture grande.

FAMILLE II. — PYRAMIDELLIDÆ.

Coquille spirale, turriculée; nucléus petit, senestre; ouverture petite;

columelle ayant quelquefois un ou plusieurs plis saillants ; opercule corné, imbriqué, nucléus interne.

Animal à tentacules larges, auriculés, souvent connés ; yeux à la partie postérieure et basilaire des tentacules ; trompe rétractile ; pied tronqué en avant ; langue inerme. Espèces toutes marines ; très-nombreuses dans les mers du Japon.

L'on a placé provisoirement dans cet ordre plusieurs genres de coquilles fossiles, à cause de leur ressemblance avec les *Eulima* et les *Chemnitzia* [1]. Les *Tornatella*, ordinairement placées dans cette famille ou près d'elle, sont des Opisthobranches.

PYRAMIDELLA, Lam.

Étymologie, diminutif de *pyramis*, une pyramide.

Synonymes, Obeliscus, Humphrey. P. dolabrata. Pl. VIII, *fig.* 11 ; Syrnola, Adams, 1860.

Type, P. auris-cati. Pl. VIII, *fig.* 10.

Coquille grêle, pointue, à tours nombreux, ornés de côtes ou lisses ; sommet senestre, columelle à plis nombreux : lèvre quelquefois sillonnée intérieurement ; opercule entaillé à son bord interne de façon à s'adapter aux plis columellaires. La coquille des Pyramidelles typiques a une certaine ressemblance avec celle des *Cancellaria*.

Distribution, 111 espèces. Antilles, Maurice, Australie.

Fossiles, 12 espèces. Craie —. France, Angleterre.

ODOSTOMIA, Fleming, 1824.

Étymologie, *odous*, une dent, et *stoma*, bouche.

Type, O. plicata. Pl. VIII, *fig.* 12.

Coquille subulée ou ovalaire, lisse ; sommet senestre ; ouverture ovale ; péristome non continu ; columelle ayant un seul pli en forme de dent ; bord mince : opercule corné, entaillé à son bord interne.

Distribution, ? espèces. Angleterre, Méditerranée, mer Rouge, Australie.

Fossiles, 15 espèces ? Éocène —. Angleterre, France.

Coquilles très-petites et lisses, ayant les mœurs des *Rissoa*, et se trouvant quelquefois comme elles dans les eaux saumâtres. Elles s'étendent du niveau de la basse marée jusqu'à 73 mètres. L'animal ne peut pas se distinguer de celui des *Chemnitzia*.

---

[1] Les *Pyramidellidæ* offrent des sujets d'étude fort intéressants à ceux qui s'occupent des Mollusques fossiles ; l'on rencontre, parmi les fossiles des plus anciennes roches stratifiées, de nombreuses formes qui ont tout à fait l'air d'appartenir à cette famille. Beaucoup d'entre elles ont des dimensions gigantesques si on les compare aux espèces actuelles, et l'on peut, en somme, considérer ce groupe comme appartenant plutôt aux temps passés qu'à l'époque actuelle. (Forbes.)

Chemnitzia, d'Orbigny.

Étymologie, nom donné en l'honneur de Chemnitz, conchyliologiste distingué de Nuremberg, qui publia sept volumes en continuation du « *Conchylien-Cabinet* » de Martini, 1780-1795.

Synonymes, Turbonilla, Risso ; Parthenia, Lowe ; Pyramis et Jaminea, Br. ; Monoptigma, Lea, part.; Amoura, Möller.

Type, C. elegantissima. Pl. VIII, *fig.* 13.

Coquille grêle, allongée, à tours nombreux ; tours munis de côtes ; sommet senestre ; ouverture simple, ovale ; péristome incomplet ; opercule corné, sub-spiral.

Animal à tête très-courte, munie d'une longue trompe rétractile ; tentacules triangulaires ; yeux enfouis à l'angle interne des tentacules ; pied tronqué en avant, avec un *mentum* distinct.

Distribution, 32 espèces. Angleterre (4 espèces), Norwége, Méditerranée. Probablement de toutes les mers ; s'étendant depuis le niveau de la basse marée jusqu'à 165 mètres.

Fossiles, 240 espèces. Silurien —. Angleterre, France, etc.

Les « *Melania* » des terrains secondaires sont provisoirement rapportées à ce genre, et celles des couches palæozoïques aux *Loxonema*.

Sous-genre, *Eulimella*, Forbes. E. Scillæ, Scacchi. 4 espèces britanniques. Coquille lisse et luisante ; columelle simple ; sommet senestre.

Stylopsis (Adams, 1860) ; ressemblant beaucoup au sous-genre précédent, et n'en étant probablement qu'un synonyme.

Eulima, Risso, 1826.

Étymologie, eulimia, faim dévorante.

Synonyme, Pasithea, Lea.

Type, E. polita. Pl. VIII, *fig.* 14.

Coquille petite, blanche et polie, grêle, allongée, et formée de nombreux tours plats, obscurément marquée d'un côté d'une série de bouches périodiques qui forment à l'intérieur des côtes saillantes ; sommet aigu ; ouverture ovale, aiguë en haut ; bord externe épaissi intérieurement; bord interne réfléchi sur la columelle ; opercule corné, sub-spiral.

Animal à tentacules subulés, rapprochés, avec les yeux enfouis à leur base postérieure; trompe longue, rétractile ; pied tronqué en avant, *mentum* bilobé ; lobe operculaire ailé de chaque côté ; une seule branchie ; manteau ayant un pli du siphon rudimentaire.

Les Eulimes rampent avec le pied très en avant de la tête, qui est ordinairement cachée en dedans de l'ouverture, les tentacules seuls faisant saillie. (Forbes.)

Distribution, 49 espèces. Angleterre, Méditerranée, Inde, Australie, Océan Pacifique. Par 9-165 mètres d'eau.

Fossiles, 40 espèces. Carbonifère ? —. Angleterre, France, etc.

Sous-genre, *Niso*, Risso (= Bonellia, Deshayes). N. terebellatus, Lam. species. Axe perforé.

Distribution, 5 espèces. Chine, côtes occidentales d'Amérique. (Cuming.)

Fossiles, 3 espèces. Éocène—. Paris.

MONOPTIGMA, Lea.

Synonymes, Melanioides, Lea = M. striata, Gray.

Coquille semblable aux *Chemnitzia*, assez fusiforme, à sillons spiraux ; columelle légèrement plissée, avec un sinus à la base.

Distribution, 12 espèces. Région Indo-Pacifique.

Menestho, Möller (Turbo albulus, Fabr. ; Groënland). V. Chemnitzia.

ACLIS, Lovén.

Étymologie, *a* privatif, et *kleis*, une saillie.

Synonyme, Alvania, Leach. (non Risso).

Type, A. supranitida, Wood. A. ascaris, Turt. Pl. IX, *fig.* 4.

Coquille petite, semblable aux *Turritella*. striée en spirale ; ouverture ovale ; bord externe saillant ; axe légèrement fendu ; un opercule ; sommet senestre.

Animal à trompe longue et rétractile ; tentacules rapprochés, grêles, renflés au sommet ; yeux enfouis à la base des tentacules ; lobe operculaire ample, asymétrique ; pied tronqué en avant. Les espèces s'étendent jusqu'à 145 mètres de profondeur ; 5 espèces britanniques, Norwége.

Fossiles ? espèces. Pliocène —. Angleterre. (Crag.)

STYLOPTYGMA, Adams, 1860.

Coquille pupiforme, semi-transparente ; tours légèrement convexes ; ouverture sub-carrée.

MYONIA, Adams.

Coquille ovalaire, turriculée, blanche, mince, à tours légèrement convexes ; ouverture oblongue.

LEUCOTINA, Adams.

Coquille semblable à la précédente, mais à dernier tour ventru ; finement tachetée.

Stilifer, Brod.

Exemple, S. astericola. Pl. VIII, *fig*. 15.
Synonyme, Stylina, Fleming.
Coquille hyaline, globuleuse ou subulée, sommet atténué, styliforme, nucléus senestre.
Animal à tentacules grêles, cylindriques, avec de petits yeux sessiles à leur base externe ; manteau épais, réfléchi sur les derniers tours de la coquille; pied grand, avec un lobe frontal ; plume branchiale simple. Fixés aux épines des oursins, ou enfouis dans les Astéries et les coraux vivants.
Distribution, 16 espèces. Antilles, Angleterre, Philippines, Gallapagos, océan Pacifique.

Loxonema, Phillips.

Étymologie, loxos, oblique, et *nema*, fil ; par allusion à la surface striée de beaucoup d'espèces.
Type, L. sinuata. Dévonien supérieur. Petherwin.
Coquille allongée, à tours nombreux ; ouverture simple, rétrécie en arrière, dilatée en avant, avec un bord externe sigmoïdal.
Fossiles, 75 espèces. Silurien inférieur — Trias. Amérique du Nord, Europe.

Macrocheilus, Phillips.

Étymologie, macros, long, et *cheilos*, lèvre.
Synonyme, Polyphemopsis, Portlock.
Coquille épaisse, ventrue, buccinoïde ; ouverture simple, élargie en avant ; bord externe mince, bord interne nul ; columelle calleuse, un peu tortueuse.
Type, M. arculatus, Schlotheim species. Dévonien. Eifel.
Distribution, 1 espèce (M. Japonicus), détroit de Corée.
Fossiles, 12 espèces. Devonien — Carbonifère. Angleterre, Belgique.

Famille III. — Cerithiadæ.

Coquille spirale, allongée, à tours nombreux, souvent variqueuse ; ouverture canaliculée en avant, avec un canal postérieur moins distinct ; bord externe ordinairement évasé chez l'adulte ; opercule corné et spiral.
Animal à mufle court, non rétractile ; tentacules distants, grêles ; yeux sur des pédoncules courts, réunis aux tentacules ; bord du manteau avec un pli siphonal rudimentaire ; langue armée d'une seule série de dents médianes, et de trois latérales ou uncini. M. Wilton a examiné la dentition de quatre *Cerithiadæ* ; leurs dents sont larges comme celles

des *Melaniadæ*, avec des sommets recourbés en dedans et dentés. Chez les *Cerithidium*, les dents médianes sont grêles et garnies de petits crochets. Les *Cerithiadæ* habitent la mer, les estuaires, ou les eaux douces.

CERITHIUM (Adans.), Bruguière.

Étymologie, ceration, une petite corne.

Type, C. nodulosum. Pl. VIII, *fig.* 16.

Coquille turriculée, à tours nombreux, avec des varices indistinctes ; ouverture petite, avec un canal tortueux en avant ; bord externe évasé ; bord interne épaissi ; opercule corné, à tours peu nombreux. Pl. VIII, *fig.* 16.

Distribution, 136 espèces. Du globe entier ; les espèces typiques sont tropicales. Norwége, Angleterre, Méditerranée, Antilles, Inde, Australie, Chine, océan Pacifique, Gallapagos.

Fossiles, 460 espèces. Trias —. Angleterre, France, États-Unis, etc.

Sous-genres, *Rhinoclavis*, Sw. C. vertagus. Canal long, brusquement recourbé ; opercule sub-spiral.

Bittium, Leach. C. reticulatum. Pl. VIII, *fig.* 17. Petites espèces du Nord, s'étendant depuis le niveau de la marée basse jusqu'à 145 mètres.

Triforis, Deshayes. C. perversum. Pl. VIII, *fig.* 18. 30 espèces. Norwége — Australie. *Fossile*, Éocène —. Angleterre, France.

Coquille senestre ; canaux antérieur et postérieur tubuleux ; le troisième canal n'existe qu'accidentellement et fait partie d'une varice.

Cerithiopsis, Forbes. C. tuberculare, Angleterre.

Coquille semblable à celle des *Bittium* ; trompe rétractile ; opercule pointu, nucléus apicial ; s'étendant de 7 à 73 mètres.

POTAMIDES, Brongniart. Cérithes d'eau douce.

Étymologie, potamos, un rivière, et *ides*, terminaison patronymique.

Type, P. Lamarckii, Brongn. (= Cer. tuberculatum, Brard.).

Exemple, P. mixtus. Pl. VIII, *fig.* 19.

Synonymes, Tympanotomus, Klein ; C. fuscatum, Afrique. Pirenella, Risso ; C. mammillatum. Pl. VIII, *fig.* 22.

Coquille semblable à celle des *Cerithium*, mais sans varices dans les nombreuses espèces typiques fossiles ; épiderme épais, d'un brun olive ; opercule orbiculaire, à tours nombreux.

Distribution, 41 espèces. Californie, Afrique, Inde. On les trouve dans la vase de l'Indus mêlés avec des *Ampullaria, Venus, Purpura, Ostrea*, etc. (Major W. E. Baker.)

Fossiles (espèces placées avec les *Cerithium*), Éocène —. Europe.

Sous-genres, *Cerithidea*, Sw. ; C. decollata. Pl. VIII, *fig.* 24. Ouverture arrondie ; bord étalé, aplati. Habitent les étangs salés, les lieux vaseux où croissent les mangliers, et l'embouchure des rivières ; il se tiennent si habituellement hors de l'eau, qu'on les a pris pour des coquilles ter-

restres. M. Adams les a observés dans les eaux douces de l'intérieur de
Bornéo, rampant sur les Pontederia et les Carex ; ils
se suspendent souvent par des fils glutineux (*fig.* 97).

Distribution, Inde, Ceylan, Singapore, Bornéo,
Philippines, port Essington.

Terebralia, Sw. Cerith. telescopium. Pl. VIII, *fig.* 21.

Coquille pyramidale ; columelle ayant un pli saillant, qui se continue plus ou moins vers le sommet,
et un autre moins distinct, sur la partie basilaire
antérieure des tours (comme dans les *Nerinæa*,
fig. 98). Inde, Australie septentrionale.

La *T. telescopium* est si abondante près de Calcutta, qu'on la calcine pour en faire de la chaux ; l'on
expose d'abord de grands tas de cette espèce au soleil pour tuer les animaux. On les a apportées vivantes
en Angleterre. (Benson.)

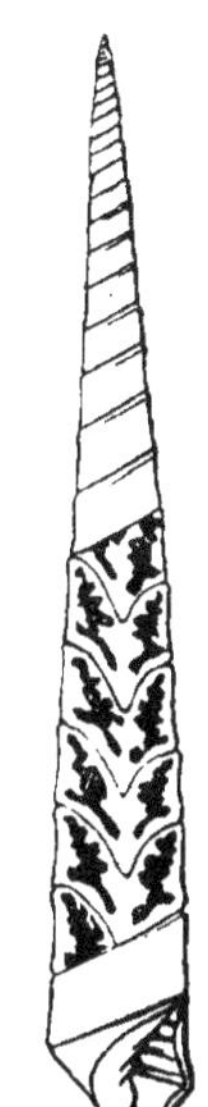

Fig. 97. — *Ceri-
thidea* [1].

Pyrazus, Montfort. Cer. palustre. Pl. VIII, *fig.* 20.

Coquille à nombreuses varices indistinctes ; canal droit, souvent tubuleux ; bord externe de l'ouverture évasé. Inde, Australie septentrionale.

Les *C. radula* et *granulatum*, des rivières de la côte
occidentale d'Afrique, se rapprochent beaucoup des *Potamides* fossiles, mais ils ont de nombreuses varices.

Lampania, Gray, (Batillaria, Cantor). C. zonale.
Pl. VIII, *fig.* 23.

Coquille sans varices, canal droit. Chusan.

Le *Potamides decussatus*, Brug., fossile du bassin
de Paris, ressemble aux espèces de cette section, et con
serve ses bandes spirales rouges.

NERINÆA, Defrance.

Étymologie, *Nereis*, une nymphe de la mer.

Exemple, N. trachæa, *fig.* 98.

Coquille allongée ; tours nombreux, presque cylindriques ; ouverture canaliculée en avant ; des plis internes
continus sur la columelle et sur les tours.

Fossiles, 150 espèces. Oolithe inférieure — Craie supérieure. Angleterre, France, Allemagne, Espagne et Portugal. Elles sont extrêmement abondantes, et atteignent leur
plus grande taille dans les contrées méridionales ; on les
trouve ordinairement dans les couches calcaires, associées avec des coquilles qui habitent les eaux peu profondes. (Sharpe.)

Fig. 98.[2]

[1] *C. obtusa*, Lam. sp. Figure copiée d'après Adams.
[2] Fig. 98. *Nerinæa trachea*, Desl., en partie usée, pour montrer la forme de l'intérieur. Bathonien. Ranville. Communiquée par M. John Morris.

Sous-genres, 1. *Nerinæa*. Plis simples : 2-5 sur la columelle ; 1-2 sur la paroi externe ; columelle solide, ou perforée. Plus de 50 espèces.

2. *Nerinella* (Sharpe) ; columelle solide ; plis simples : 0-1 sur la columelle ; 1 sur la paroi externe.

5. *Trochalia* (Sharpe) ; columelle perforée, munie d'un pli ; paroi externe simple, ou épaissie, ou munie d'un pli ; plis simples.

4. *Ptygmatis* (Sharpe) ; columelle solide ou perforée, portant ordinairement 5 plis ; paroi externe avec 1-5 plis, quelques-uns d'entre eux de forme compliquée.

? Fastigiella, Reeve.

Type, F. carinata, Reeve.

Coquille semblable à celle d'une Turritelle ; ouverture avec un court canal en avant (collection Cuming et British Museum.)

Fossiles, Éocène. Paris (*Cerithium rugosum*, Lam.)

Aporrhais, Aldrovande.

Étymologie, *aporrhais* (Aristote) « coquille en goulot », de *apporheo*, s'écouler.

Synonyme, Chenopus, Philippi.

Type, A. pes-pelecani. Pl. IV, *fig.* 7, et *fig.* 99.

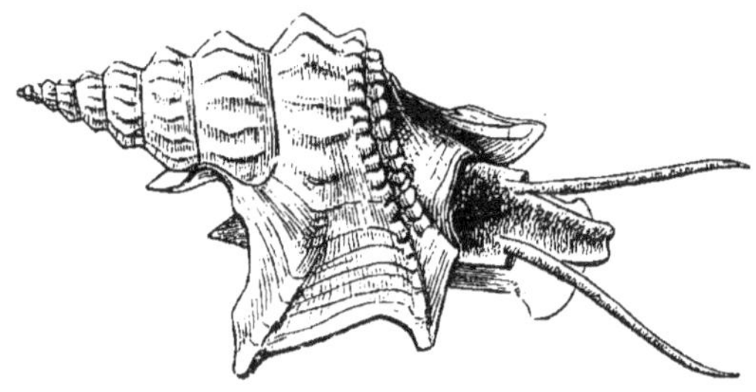

Fig. 99 [1].

Coquille à spire allongée ; tours nombreux, tuberculeux ; ouverture étroite, avec un court canal en avant ; bord externe étalé chez l'adulte, et lobé ou digité ; opercule pointu, lamelleux.

Animal à mufle court et large ; tentacules cylindriques, portant les yeux près de leur base, sur des saillies, au côté externe ; pied court, anguleux en avant ; plume branchiale unique, longue ; ruban lingual linéaire : dents en une seule série, crochues, denticulées ; uncini 3, le premier transverse, 2 et 5 en griffes (*fig.* 100).

---

[1] Fig. 99. *Aporrhais pes-pelecani*, L., d'après un dessin de M. Joshua Alder dans *British Mollusca*.

La dentition des *Aporrhais* est tout à fait semblable à celle des *Strombus* et des *Carinaria*, et tout à fait différente de celle des *Cerithiadæ* avec lesquels ils ont été placés, d'après les vues de E. Forbes. L'anima est carnivore.

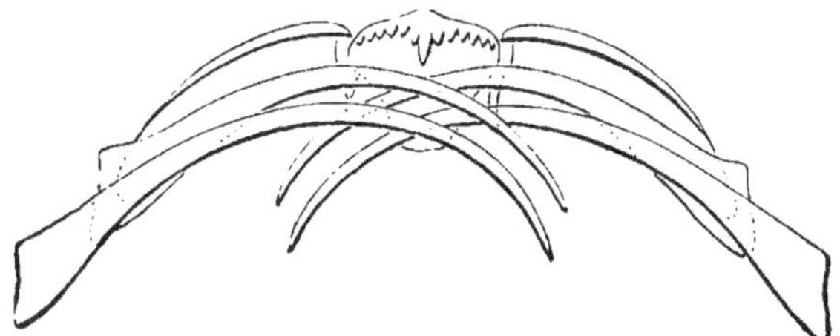

Fig. 100. — *Aporrhais pes-pelecani*. (Warington.)

Distribution, 4 espèces. Labrador, Norwége, Angleterre, Méditerranée, côte occidentale d'Afrique. Ils s'étendent jusqu'à 185 mètres.

Fossiles, voy. *Pteroceras* et *Rostellaria* ; plus de 200 espèces, s'étendant depuis le lias à la craie, appartiennent probablement à ce genre ou à des genres à établir.

STRUTHIOLARIA, Lam.

Étymologie, *Struthio*, une autruche (pied d'), d'après la forme de son ouverture.

Type, S. straminea. Pl. IV, *fig*. 6.

Coquille turriculée ; tours anguleux ; ouverture tronquée en avant : columelle très-oblique ; bord externe saillant dans le milieu, réfléchi et épaissi chez l'adulte ; bord interne calleux, évasé ; opercule onguiculé, recourbé en dedans, avec une saillie du bord externe qui est concave (*fig*. 101).

Animal à mufle allongé ? ; tentacules cylindriques ; pédoncules oculaires courts, soudés aux tentacules, en dehors ; pied large et court. (Kiener.)

Fig. 101.
Opercule de
Struthiolaria.

Distribution, 5 espèces. Australie et Nouvelle-Zélande, seules contrées où l'on trouve le genre à l'état sub-fossile.

FAMILLE IV. — MELANIADÆ.

Coquille spirale, turriculée ; un épiderme épais, de couleur foncée ; ouverture souvent canaliculée, ou échancrée en avant ; bord externe tranchant ; opercule corné, spiral. La spire est souvent fortement érodée par l'acidité de l'eau dans laquelle ces animaux vivent.

Animal à mufle large, non rétractile ; tentacules écartés, subulés ; yeux portés sur de courts pédoncules naissant au côté externe des ten-

tacules ; pied large et court, anguleux en avant ; bords du manteau frangés ; langue longue et linéaire, avec une série médiane et trois séries
latérales de dents crochues multicuspides. Souvent vivipares. Habitent
les lacs et les rivières de toutes les parties chaudes du globe.

MELANIA, Lam.

Étymologie, melania, noirceur (de *melas.*)
Type, M. amarula. Pl. VIII, *fig.* 25.
Synonymes, Thiara, Megerle; Pyrgula, Crist.
Coquille turriculée, sommet pointu (à moins qu'il ne soit érodé);
tours ornés de stries ou d'épines; ouverture ovale, rétrécie en arrière,
bord externe tranchant, sinueux ; opercule subspiral. Pl. VIII. *fig.* 25*.
Distribution, 361 espèces. Europe méridionale, Inde, Philippines,
îles du Pacifique. Des groupes distincts se trouvent dans les parties mé-
ridionales des États-Unis.
Fossiles, 25 espèces. Wealdien —. Europe (voy. *Chemnitzia*).
Sous genres, *Melanatria*, Bowdich, M. fluminea [1]. Pl. VIII, *fig.* 26.
Ouverture allongée en avant; opercule à tours assez nombreux. Cette
section comprend quelques-unes des plus grandes espèces du genre, et
elle est bien représentée par la *M. Sowerbyi* (Cerith. melanoides, Sow.),
fossile des sables de Woolwich. Ancien monde ; Inde, Philippines.
Vibex, Oken, V. fuscatus. Pl. VIII, *fig.* 29, V. auritus, Afrique occidentale. Tours portant des côtes ou des tubercules en spirale ; ouverture largement canaliculée en avant.
Ceriphasia, Sw., C. sulcata, Amérique du Nord ; ouverture semblable
à celle des Vibex, légèrement échancrée près de la suture.
Hemisinus, Sw, H. lineolatus, Antilles; ouverture canaliculée en avant.
Melafusus, Sw. (Jo, Lea; Glottella, Gray), M. fluviatilis, Pl. VIII,
fig. 27, États-Unis; ouverture prolongée en avant en une sorte de
goulot.
Melatoma, Anthony (non Sw.), M. altilis.
Coquille semblable à celle des Anculotus, avec une profonde fente à la
suture ; États-Unis.
Anculotus, Say, A. præmorsus. Pl. VIII, *fig.* 28.
Coquille globuleuse, spire très-courte ; bord externe prolongé; États-
Unis.
Amnicola, G. et H.; A. isogona. Pl. IX, *fig.* 23, États-Unis; habite les
eaux douces de la Nouvelle-Angleterre, où elle vit par groupes sur
les pierres et les plantes submergées.
Chilostoma, Desh. M. marginata. Éocène, Paris ; péristome épaissi
extérieurement tout le tour.
Clea, Bens., C. Annesleyi, Inde méridionale.

---

[1] C'est une bonne section des *Melania*, mais le type de M. Gray ne la représente
pas bien, car il ressemble plus à une *Pirena* pour la forme de son ouverture.

Paludomus, Swainson.

Étymologie, palus, un marais, et *domus*, demeure.
Synonymes, Tanalia, Gray; Hemimitra, Sw.
Type, P. aculeatus. Gm. species. Pl. IX, *fig.* 54.
Coquille turbinée, lisse ou couronnée; bord externe crénelé; olivâtre, avec des lignes spirales d'un brun foncé.
Distribution, 25 espèces. Ceylan (Himalaya?), dans les ruisseaux des montagnes, quelquefois à une altitude de 6,000 pieds. Les espèces de l'Himalaya (*Melania conica*, Gray, *Hemimitra retusa*, Sw., et plusieurs autres), que l'on a rapportées à ce genre, ont un opercule concentrique comme les *Paludina*.

Melanopsis, Lam.

Type, M. buccinoides, M. costata, Pl. VIII, *fig.* 30.
Coquille à dernier tour allongé; spire courte et aiguë; ouverture distinctement échancrée en avant; bord interne calleux; opercule subspiral.
Distribution. 21 espèces. Espagne, Asie Mineure, Nouvelle-Zélande.
Fossiles, 25 espèces. Éocène —. Europe.
Sous-genre, *Pirena*, Lam. (Faunus, Montfort), P. atra. Pl. VIII, *fig.* 31. Spire allongée, à tours nombreux; bord externe saillant chez l'adulte. Dents 5, 1, 5, comme dans la figure 102.

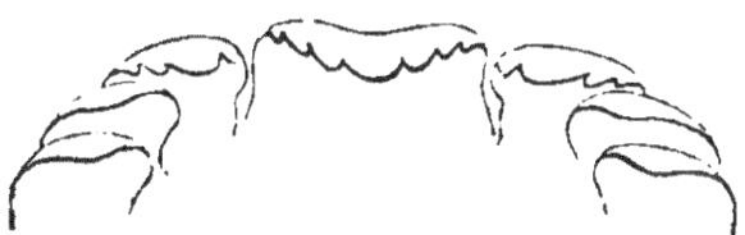

Fig. 102. — *Pirena atra*. (Wilton.)

Distribution, 4 espèces? Afrique méridionale, Madagascar, Ceylan, Philippines.

Famille V. — Turritellidæ.

Coquille tubuleuse ou spirale; partie supérieure cloisonnée; ouverture simple; opercule corné, à tours nombreux.
Animal à mufle court; yeux enfouis, à la base externe des tentacules; bords du manteau frangés; pied très-court; une seule plume branchiale unique; langue armée; dentition 5, 1, 5.

Turritella, Lam.

Étymologie, diminutif de *turris*, une tour.
Synonymes, Terebellum, Torcula, Zaria, et Eglisia. (Gray.)

Type, T. imbricata, Pl. IX, *fig.* 1.

Coquille allongée, à tours nombreux, striée en spirale ; ouverture arrondie, bord mince ; opercule corné, à tours nombreux et à bord frangé.

Animal à tentacules longs, subulés ; yeux faiblement saillants ; pied tronqué en avant, arrondi en arrière, sillonné en dessous ; plume branchiale très-longue ; ruban lingual petit ; dents médianes crochues, denticulées ; uncini 3, dentelés. Carnivores ?

Distribution, 75 espèces. De toutes les mers ; s'étendant de la zone des laminaires jusqu'à 183 mètres. Antilles, États-Unis, Angleterre (1 espèce), Islande, Méditerranée, côte occidentale d'Afrique, Chine, Australie, Amérique occidentale.

Fossiles, 172 espèces. Néocomien —. Angleterre, etc., Amérique du Sud, Australie, Java.

Sous-genres, *Proto*, Defr., P. cathedralis. Pl. IX, *fig.* 3 ; ouverture tronquée en bas.

Mesalia, Gray, M. sulcata (var.). Pl. IX, *fig.* 2. Groënland — Afrique méridionale. *Fossile*, Éocène. Angleterre, France.

CÆCUM, Fleming.

Synonymes, Corniculina, Münster ; Brochus, Bronn ; Odontidium, Phil.

Type, C. trachea. Pl. IX, *fig.* 5 ; espèce jeune, *fig.* 6.

Coquille d'abord discoïde, devenant décollée lorsqu'elle est adulte ; tubuleuse, cylindrique, arquée ; ouverture circulaire, entière ; sommet fermé par une cloison mamelonnée ; opercule corné, à tours nombreux ; dents linguales 0 ; uncini 2, l'interne large et dentelé.

Distribution, Angleterre, 11 espèces ; 18 mètres. Méditerranée.

Fossiles, 4 espèces. Éocène —. Angleterre, Castelarquato.

VERMETUS, Adanson.

Synonymes, Siphonium, Gray ; Serpuloides, Sassi.

Types, V. lumbricalis. Pl. IX, *fig.* 7.

Coquille tubuleuse, fixée ; quelquefois régulièrement spirale quand elle est jeune, à croissance toujours irrégulière lorsqu'elle est adulte ; tube plusieurs fois cloisonné ; ouverture circulaire ; opercule circulaire, concave extérieurement.

Distribution, 51 espèces ; Portugal, Méditerranée, Afrique, Inde.

Fossiles, 12 espèces. Néocomien —. Angleterre, France, etc.

? Sous-genre, *Spiroglyphus*, Daud., S. spirorbis, Dillwyn species ; irrégulièrement tubuleux ; fixé à d'autres coquilles, et à demi enterré dans un sillon qu'il fait à mesure qu'il croît. Peut-être est-ce une Annélide ?

Petaloconchus, P. sculpturatus, Lea, 1843.

Coquille ayant deux plis internes marchant en spirale le long de la columelle, et s'effaçant près du sommet et de l'ouverture. *Miocène*. États-Unis, Saint-Domingue, Europe méridionale.

SILIQUARIA, Brug.

Étymologie, siliqua, une gousse.
Type, S. anguina. Pl. IX, *fig.* 8.
Coquille tubuleuse, d'abord spirale, ensuite irrégulière ; tube avec une fente longitudinale continue.
Distribution, 8 espèces. Méditerranée, Australie septentrionale ; dans des éponges.
Fossiles, 10 espèces. Éocène —. France, etc.

SCALARIA, Lam.

Étymologie, scalaris, semblable à un escalier.
Type, S. pretiosa. Pl. IX, *fig.* 9. (= T. scalaris, L.)
Coquille le plus souvent blanche et éclatante , turriculée, tours nombreux, arrondis, quelquefois séparés, ornés de nombreuses côtes transversales ; ouverture circulaire ; péristome continu, opercule corné, à tours peu nombreux.
Animal à bouche proboscidiforme et rétractile ; tentacules rapprochés, longs et pointus, avec les yeux près de leur base externe ; bords du manteau simples, avec un pli siphonal rudimentaire ; pied obtusément triangulaire, avec un repli (*mentum*) en avant. Dentition linguale presque comme celle des *Bulla* ; dents 0, uncini nombreux, simples ; sexes distincts ; carnassiers ; s'étendant depuis le niveau de la basse marée jusqu'à 145 mètres. L'animal exsude, lorsqu'on l'inquiète, un liquide de couleur pourpre.
Distribution, 104 espèces. La plus grande partie des espèces sont des tropiques. Groënland, Norwège, Angleterre, Méditerranée, Antilles, Chine, Australie, océan Pacifique, côte occidentale d'Amérique.
Fossiles, près de 100 espèces. Corallien —. Angleterre, Amérique du Nord, Chili, Inde.

FAMILLE VI. — LITTORINIDÆ.

Coquille spirale, turbinée ou déprimée, jamais nacrée ; ouverture arrondie ; péristome entier ; opercule corné, à tours peu nombreux.
Animal à tête en forme de mufle, avec des yeux sessiles à la base externe des tentacules ; langue longue, armée d'une série médiane de larges dents crochues, et de 5 uncini oblongs, crochus ; une seule plume branchiale ; pied ayant un repli linéaire en avant et un sillon le long de la sole ; manteau ayant un canal siphonal rudimentaire ; lobe operculaire appendiculé.
Les espèces de cette famille habitent la mer et les eaux saumâtres ; la plupart sont littorales et se nourrissent d'algues.

LITTORINA, Férussac.

Étymologie, littoralis, qui appartient au rivage.

Type, L. littorea. Pl. IX, *fig.* 10.

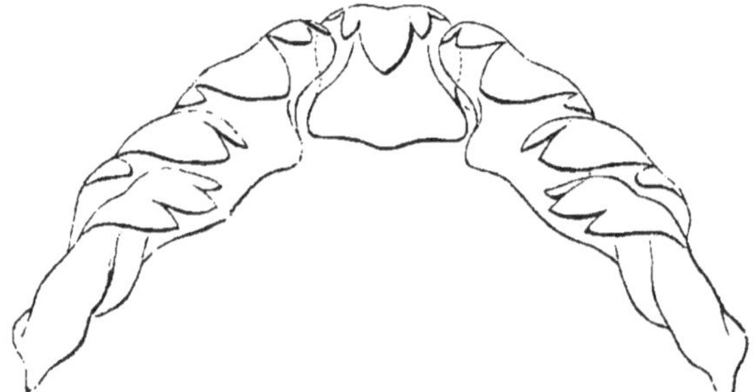

Coquille turbinée, épaisse, à spire aiguë, à tours peu nombreux; ouverture circulaire; bord externe tranchant; columelle assez aplatie, imperforée; opercule à tours peu nombreux, *fig.* 105. Dents linguales crochues et trilobées; uncini crochus et dentés (*fig.* 104).

Fig. 105.

Distribution, 131 espèces. Les Littorines se trouvent sur le bord de la mer, dans toutes les parties du monde. Dans la Baltique elles vivent sous l'influence de l'eau douce et deviennent souvent difformes; l'on trouve des monstruosités semblables dans le Crag de Norwich.

Fig. 104. — *Littorina littorea.* (Warington.)

L'espèce commune « *le vignot* » (*L. littorea*) est ovipare; elle habite les plus basses zones d'algues, entre les laisses des hautes et des basses mers. Une espèce voisine (*L. rudis*) fréquente une région plus élevée, où elle est à peine atteinte par la marée; elle est vivipare, et les jeunes ont une coquille dure avant leur naissance, ce qui fait que l'on ne peut pas manger l'espèce.

La *L. littorea* a une langue de deux pouces de long; son pied est divisé par une ligne longitudinale, et lorsqu'elle marche, les deux côtés avancent alternativement. Ce mollusque et les Trochus forment pendant l'hiver la nourriture de la Grive dans les Hébrides. Le canal lingual de la Littorine passe de la partie postérieure de la bouche sous l'œsophage pendant une courte distance, il tourne ensuite du côté droit, et se termine en un rouleau (semblable à un rouleau de corde) qui repose sur la partie plissée de l'œsophage. Il a 2 1/2 pouces de long, et contient environ 600 rangées de dents; la partie utilisée, qui arme la langue, en comprend environ 24 rangées[1]. Le ruban dentaire des *Ri-*

---

[1] La figure 105 montre comment on peut placer un Gastéropode *sous l'eau* po ur étudier; il faut fixer le corps et maintenir avec des aiguilles les bord coupés du

sella a plus de 2 pouces de long, et est enroulé comme celui des Littorines. (Wilton.)

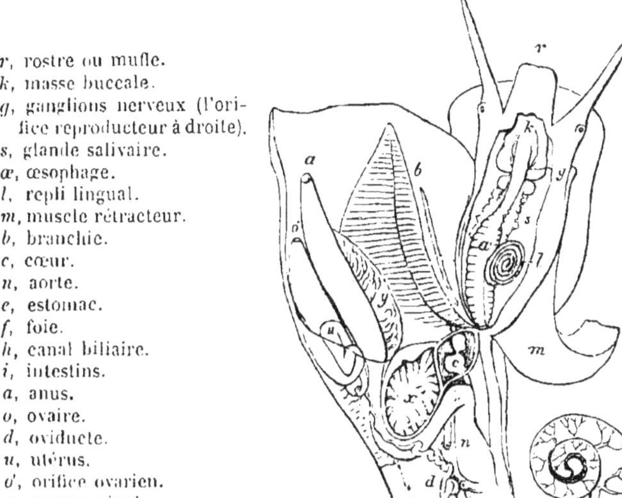

r, rostre ou mufle.
k, masse buccale.
g, ganglions nerveux (l'orifice reproducteur à droite).
s, glande salivaire.
œ, œsophage.
l, repli lingual.
m, muscle rétracteur.
b, branchie.
c, cœur.
n, aorte.
e, estomac.
f, foie.
h, canal biliaire.
i, intestins.
a, anus.
o, ovaire.
d, oviducte.
u, utérus.
o', orifice ovarien.
x, organe rénal.
y, glande du mucus.

Fig. 105. — *Littorina littoralis* ♀ (d'après Souleyet). La coquille a été enlevée;
la cavité branchiale et la région dorsale ont été ouvertes.

Fossiles, 10 espèces? Miocène —. Angleterre, etc. Il est probable qu'une grande partie des coquilles jurassiques et crétacées rapportées aux *Turbo* appartiennent à ce genre, et en particulier à la section *Tectaria.*

Sous-genres, *Tectaria*, Cuvier, 1817 (= Pagodella, Sw.), L. pagodus. Pl. IX, *fig.* 11.

Coquille imriquée ou granuleuse; quelquefois une fente ombilicale, opercule avec une large bordure membraneuse. Antilles, Zanzibar, océan Pacifique.

Modulus, Gray. M. tectum. Pl. IX, *fig.* 13. Coquille trochiforme ou

manteau. On peut faire un bassin commode avec une boîte à savon en terre commune, en coupant un morceau d'une plaque de liège, de la grandeur du fond, et en le fixant à une plaque de plomb de même dimension avec deux bandes de caoutchouc. Les instruments nécessaires pour disséquer, consistent simplement en une paire de ciseaux à pointe fine, quelques aiguilles cassées, un canif ou un scalpel, et une paire de pinces à pointe fine et courbée.

naticoïde; porcelainée; columelle perforée; bord interne usé ou denté percule corné, à tours peu nombreux.

Distribution, Philippines, côte occidentale d'Amérique.

Fossarus (Adans.), Philippi. F. sulcatus. Pl. IX, *fig.* 12.

Synonyme, Phasianema, Wood.

Coquille perforée; bord interne mince; opercule non spiral.

Distribution, Méditerranée.

Fossiles, 5 espèces. Miocène —. Angleterre, Méditerranée.

Risella, Gray. Lit. melanostoma. Pl. IX, *fig.* 14.

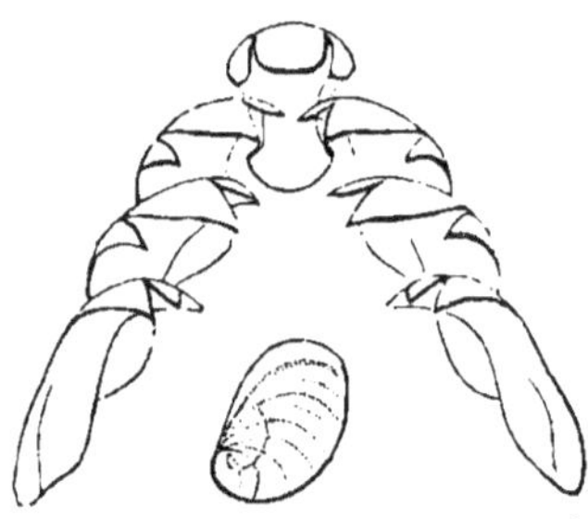

Fig. 106. — Opercule et dents de *Risella*. (Wilton.) La dent centrale devrait être pointue, et non émoussée comme elle l'est dans la figure.

Coquille trochiforme, à base plate ou concave; tours carénés; ouverture rhomboïdale, foncée ou variée, opercule à tours peu nombreux.

Distribution, Nouvelle-Zélande.

Conradia, Adams. Ouverture circulaire, 5 espèces. Mers du Japon.

Coulhouyia, Adams. Coquille ovoïde, avec une spire aiguë; ouverture semi-ovalaire, 1 espèce. Mers du Japon.

SOLARIUM, Lam. Cadran.

Étymologie, *solarium*, un cadran solaire.

Synonymes, Architectoma, Bolten; Philippia, Gray; Helicocryptus, d'Orbigny?

Type, S. perspectivum. Pl. IX, *fig.* 15.

Coquille orbiculaire, déprimée; ombilic large et profond; ouverture rhomboïdale; péristome mince; opercule corné, sub-spiral.

Les angles spiraux des tours, que l'on voit à l'intérieur de l'ombilic, ont été comparés à un escalier en colimaçon.

Distribution, 25 espèces. Mers tropicales, Méditerranée, Afrique orientale, Inde, Chine, Japon, Australie, océan Pacifique, côte occidentale d'Amérique.

Fossiles, 56 espèces. Éocène —. Angleterre, etc. 26 autres espèces (oolithe-craie) sont provisoirement rapportées à ce genre; les espèces crétacées sont nacrées. (Voy. Trochus.)

Sous-genres, *Torinia*, Gray, T. cylindracea ; opercule conique, à tours nombreux, à angles saillants (*fig.* 107). Nouvelle-Irlande.

Fossile, Éocène. Angleterre, Paris.

Bifrontia, Desh. (*Omalaxis*, Desh.) S. bifrons. Discoïde, le dernier tour séparé, 1 espèce vivante. Madère.

Fossiles, 6 espèces. Éocène. Paris, Angleterre.

? Orbis, Lea. Discoïde, tour carrés.

Fossile, Éocène. Amérique.

Discohelix (calculiformis). Dunker, 1851. Lias; Göttingen. Ce nom a été proposé pour les *Euomphalus* déprimés de l'Oolithe inférieure, dont l'on trouve plusieurs espèces en Normandie et en Angleterre.

Fig. 107 [1].

Coquille ordinairement sénestre, plate ou concave en dessus; ouverture quadrangulaire.

Platystoma (Suessi) Hörnes, 1855. Trias. Hallstadt.

Coquille discoïde, senestre ? ornée de sculptures; péristome brusquement évasé, lisse ; ouverture avec un rebord interne, circulaire, et réfléchie (en haut) à angle droit avec le plan de la coquille.

Philippia (lutea) Gray ; opercule à tours nombreux, animal semblable à celui d'un *Trochus* (Philippi.)

Paludestrina (lapidum), d'Orbigny (part.). Eaux douces de l'Amérique du Sud.

Coquille conique, à tours peu nombreux, épiderme vert; ouverture oblique, péristome brusquement réfléchi; opercule onguiculé. Les espèces typiques semblent être des *Melaniadæ*, mais l'on a fait rentrer dans ce genre quelques petites coquilles analogues aux *Hydrobia*.

PHORUS, Montfort. Fripière.

Étymologie, *phoreus*, un porteur.

Synonymes, Onustus, Humph.; Xenophorus, Fischer.

Exemples, P. conchyliophorus, Born. P. corrugatus. Pl. X, *fig.* 1.

Coquille trochiforme, concave en dessous; tours plats, à bords foliacés ou étoilés, sur lesquels sont ordinairement fixées des coquilles, des pierres, etc.; ouverture très-oblique, non nacrée; bord externe mince, très-saillant en haut, très-reculé en bas; opercule corné, imbriqué, à nucléus externe, comme chez les *Purpura* et les *Paludomus*, et portant une impression transversale, comme celle qui est représentée dans la figure 108. (Collection Cuming.)

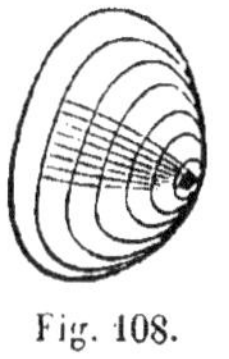

Fig. 108.

Animal à trompe allongée (non-rétractile ?); tentacules longs et grêles, avec des yeux sessiles à leur base externe; flancs lisses; pied étroit, allongé en arrière. (Adams.) Ils offrent des rapports avec les

[1] Opercule de **S.** *patulum*, Lam. 3/1, d'après Deshayes.

Scalaria? La plupart des Phorus fixent des substances étrangères sur les bords de leurs coquilles à mesure qu'ils croissent ; certaines espèces choisissent des pierres, tandis que d'autres préfèrent des coquilles ou des coraux. Les collectionneurs les appellent fripières (*mineralogists*, et *conchologists*) ; les *P. solaris* et *P. indicus* sont presque ou entièrement dépourvus de ces revêtements. On dit que les Phorus fréquentent les fonds raboteux, et se meuvent sur le sol à la manière des Strombes plutôt qu'ils ne rampent.

Distribution, 9 espèces. Antilles, Inde, Malacca, Philippines, Chine, et côte occidentale d'Amérique.

Fossiles, 15 espèces. Craie ? — Éocène —. Angleterre, France. L'on rencontre jusque dans le calcaire carbonifère et le lias des coquilles extrêmement semblables aux *Phorus* actuels.

Lacuna, Turton.

Étymolojie, *lacuna*, une fente.
Type, L. pallidula. Pl. IX, *fig.* 16.
Synonyme, Medoria, Gray.
Coquille turbinée, mince ; ouverture semi-lunaire ; columelle aplatie, avec une fente ombilicale ; opercule à tours peu nombreux.

Animal ayant un lobe operculigère muni d'ailes latérales et de filaments tentaculaires. Dents à 5 pointes ; uncini 1 et 2 dentés, 3 simple. Frai (*Ootheca*) vermiforme, épais, semi-circulaire. Les espèces s'étendent depuis le niveau de la marée basse jusqu'à 90 mètres.

Distribution, 16 espèces. Mers du Nord, Norwége, Angleterre, Espagne.
Fossile, 1 espèce. Dépôts glaciaires, Écosse.

Litiopa, Rang.

Étymolojie, *litos*, simple, *ope*, ouverture.
Type, L. bombyx. Pl. IX, *fig.* 24.
Coquille petite, pointue ; ouverture légèrement échancrée en avant ; bord externe simple, mince ; bord interne réfléchi ; opercule spiral.

Distribution, 6 espèces. Atlantique et Méditerranée ; sur des algues flottantes, auxquelles elles adhèrent par des fils.
Fossile, 1 espèce. Pliocène. (Crag.)

Rissoa, Fréminville.

Étymologie, nom donné d'après Risso[1], zoologiste français.
Type, R. labiosa. Pl. IX, *fig* 17.

Il est très-regrettable que quelques naturalistes modernes aient essayé d'interpréter et d'introduire les genres obscurs de Risso, et les créations sans valeur de Montfort et de Rafinesque, qu'il aurait bien mieux valu laisser dans l'ombre.

Synonyme, Cingula Flem.

Coquille petite, blanche ou cornée, conique, à spire aiguë, à tours nombreux, lisse, garnie de côtes ou cancellée ; ouverture arrondie ; péristome entier, continu ; bord externe légèrement évasé et épaissi ; opercule sub-spiral.

L'*animal* a des tentacules longs et grêles. avec des yeux sur de petites saillies près de leur bas eexterne ; le pied est appointi en arrière ; le lobe operculigère a un processus aliforme et un filament (*cirrhus*) de chaque côté. Dents linguales sur une seule série, sub-carrées, crochues, dentées ; uncini 5 ; 1 denté, 2, 5, en griffe. Les espèces de ce gen re s'étendent depuis le niveau de la haute marée jusqu'à 185 mètres, mais elles abondent surtout dans les parties peu profondes, voisines du r i-vage, sur les couches de *Fucus* et de *Zostera*.

Distribution, environ 70 espèces, répandues partout, mais surtout abondantes dans la zone tempérée boréale. Amérique du Nord, Antilles, Norwége, Angleterre, Méditerranée, mer Caspienne, Inde, etc. La *Rissoa parva* adhère aux algues, par des fils, comme le font les *Litiopa*. (Gray.)

Fossiles, 100 espèces. Permien —. Angleterre, France etc.

Sous-genres, *Rissoina*, D'Orbigny. Ouverture canaliculée en avant, 66 espèces vivantes. *Fossiles* (10 espèces. Bathonien —. Angleterre) = *Tuba*, Lea ? Amérique.

Hydrobia, Hartm. (= Paludinella, Lovén.)

Coquille lisse ; pied arrondi en arrière ; lobe operculigère sans fila-ment.

Type, Littorina ulvæ. Pl. IX, *fig*. 18.

Distribution, 50 espèces.

Fossiles, 10 espèces. Wealdien —. Angleterre etc.

Syncera, Gray (Assiminea, Leach), S. hepatica.

Coquille semblable à celle des Hydrobia ; tentacules unis aux pédoncules oculaires, qui les égalent en longueur. Dents ayant 5-7 pointes ; uncini 1, 2, dentés, 5 arrondi.

Distribution, 2 espèces ; eaux saumâtres. Angleterre et Inde.

Nematura, Benson. N. deltæ. (Pl. IX, *fig*. 21.) Ouverture contractée ; péristome entier ; opercule à tours peu nombreux.

Fossile, Éocène. Ile de Wight.

Jeffreysia, Alder (= Rissoella, Gray, Ms.) J. diaphana. *Coquille* petite, translucide ; opercule semi-lunaire, imbriqué, avec une saillie du bord interne qui est droit. (Pl. IX, *fig*. 19.) Tête allongée, profondément fendue, et prolongée en deux processus tentaculaires ; bouche armée de mâchoires denticulées, et d'une langue épineuse ; tentacules linéaires, yeux situés très en arrière, saillants, seulement visibles à travers la coquille ; pied bilobé en avant, 6 espèces. Angleterre. Sur les algues, près du niveau de la basse marée. (Alder.) Il existe huit autres espèces de ce groupe dans les mers du Japon.

Skenea, Fleming.

Étymologie, nom donné d'après le docteur Skene, d'Aberdeen, qui était contemporain de Linné.

Synonyme, Delphinoidea, Brown.

Type, S. planorbis. Pl. IX, *fig.* 20.

Coquille petite, orbiculaire, déprimée, à tours peu nombreux; péristome continu, entier, circulaire; opercule àtours peu nombreux.

Animal semblable à celui des *Rissoa*; pied arrondi en arrière. Se trouvent sous les pierres, à basse mer, et dans les racines de la *Corallina officinalis*.

Distribution, ? espèces. Mers du Nord, Norwége et Angleterre. *S. cornuella*, détroit de Corée. (Adams.)

? Truncatella, Risso.

Type, T. truncatula. Pl. IX., *fig.* 25. (Coll. Hanley.)

Coquille petite, cylindrique, tronquée; tours striés transversalement; ouverture ovale, entière; péristome continu; opercule sub-spiral.

Animal à tentacules courts, triangulaires, divergents; yeux placés en arrière, sur le milieu; tête bilobée; pied court, arrondi aux deux extrémités. (Forbes.)

Les Troncatelles se trouvent sur les pierres et les plantes marines, entre les laisses de la haute et de la basse mer, et vivent pendant plusieurs semaines après qu'elles ont été sorties de l'eau. (Lowe.) Elles progressent à la manière des chenilles arpenteuses par des contractions de l'espace qui est entre leurs lèvres et leur pied. (Gray.) On les trouve à l'état sub-fossile, avec des squelettes humains, dans le calcaire récent de la Guadeloupe.

Distribution, 15 espèces. Antilles, Angleterre, Méditerranée, Rio, Cap de B.-Esp., Maurice, Philippines, Australie, Océan Pacifique (Cuming.)

? Lithoglyphus, Megerle.

Type, L. fuscus. Pl. IX, *fig.* 22.

Coquille naticoïde, souvent érodée; tours peu nombreux, lisses; ouverture grande, entière; péristome continu, bord externe tranchant, bord interne calleux; une fente ombilicale; épiderme olivâtre; opercule à tours peu nombreux.

Distribution, 5 espèces. Europe et Orégon.

Famille VII. — Paludinidæ.

Coquille conique ou globuleuse; épiderme épais, d'un vert olive; ouverture arrondie; péristome continu, entier; opercule corné ou calcaire, normalement concentrique.

Animal ayant un large mufle; tentacules longs et grêles; yeux portés sur de courts pédoncules, en dehors des tentacules. Habitent les eaux douces de toutes les régions du globe.

PALUDINA, Lam.

Étymologie, palus (paludis) un marais.
Synonyme, Viviparus, Gray.
Type, P. Listeri. Pl. IX, *fig.* 26. (P. vivipara, *fig.* 68.)
Coquille turbinée, à tours arrondis; ouverture faiblement anguleuse en arrière; péristome continu, entier; opercule corné, concentrique.
Animal à mufle long et à pédoncules oculaires très-courts; cou ayant un petit lobe sur le côté gauche, et un plus grand sur le côté droit, replié de manière à former un siphon respiratoire; branchie pectinée, unique; langue courte; dents sur une seule série, ovales, légèrement crochues et denticulées; uncini 3, oblongs, denticulés. Les Paludines sont vivipares; les jeunes ont des coquilles ornées de rangées spirales de cirrhes épidermiques.
Distribution, 60 espèces. Rivières et lacs de tout l'hémisphère boréal; Mer Noire, Caspienne.
Fossiles, 53 espèces. Wealdien —. Angleterre, etc.
Sous-genre, Bithynia (Prideaux), Gray, B. tentaculata (Pl. IX, *fig.* 27).
Coquille petite; opercule calcaire. *Animal* ovipare; un seul lobe collaire, du côté gauche. Les Bithynia déposent leurs œufs sur les pierres et les plantes aquatiques; la femelle pond de 30 à 70 œufs en un ruban faisant trois tours, et elle nettoye la surface à mesure qu'elle avance; les jeunes éclosent au bout de trois ou quatre semaines, et atteignent toute leur grosseur dans la seconde année. (Bouchard.)

AMPULLARIA, Lam.

Étymologie, ampulla, une bouteille globuleuse.
Exemple, A. globosa. Pl. IX, *fig.* 30.
Synonyme, Pachylabra, Sw.
Coquille globuleuse; spire petite, dernier tour grand et ventru; péristome épaissi et légèrement réfléchi, opercule calcaire.
Animal à long siphon afférent formé par le lobe collaire gauche; branchie gauche existant, mais beaucoup plus petite que la droite [1]; mufle prolongé en deux longs appendices tentaculaires; tentacules extrêmement allongés, grêles. Habitent les lacs et les rivières des parties

---

[1] On dit que les Ampullaires ont un sac pulmonaire en outre de leurs branchies (Gray, Owen), mais nous n'avons pas entre les mains des échantillons assez bien conservés pour pouvoir constater ce fait. Il serait à désirer que l'on pût examiner l'*A. cornu-arietis* chez laquelle les branchies sont probablement symétriques, comme chez les Céphalopodes.

chaudes du globe; elles se retirent profondément dans la vase pendant la saison sèche, et sont capables de survivre à une sécheresse ou d'être sorties de l'eau pendant plusieurs années sans périr. Les Ampullaires

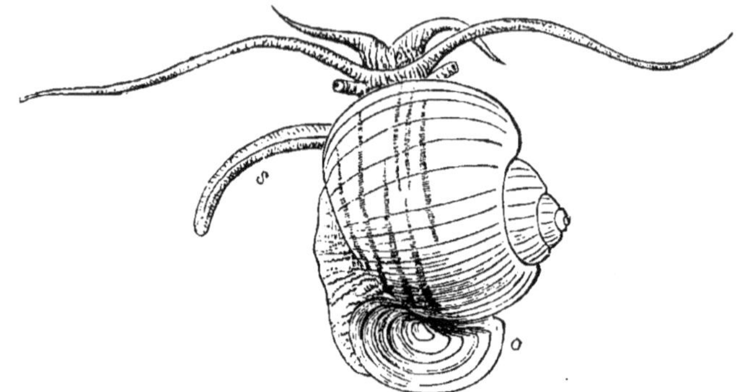

Fig. 109 [1].

sont communes dans le lac Mareotis et à l'embouchure de l'Indus, mélangées à des coquilles marines. Leurs œufs sont grands, enfermés dans des capsules et agrégés en masses globuleuses. La figure 110 donne la dentition de l'*A. globosa*.

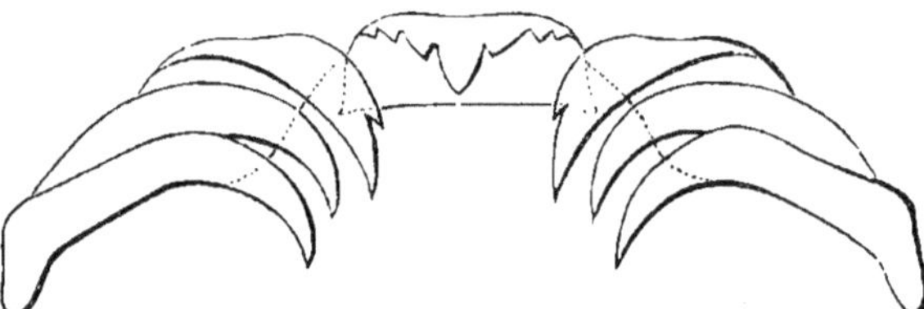

Fig. 110. — *Ampullaria globosa*. (Wilton.)

Distribution, 156 espèces. Amérique du Sud, Antilles, Afrique, Inde.
Sous-genres. Pomus, Humph. A. ampullacea. Opercule corné.
Marisa, Gray (Ceratodes, Guilding). A. cornu-arietis (Pl. IX, *fig* 31), Opercule corné. *Coquille* discoïde.
Asolene, d'Orbigny. A. Platæ. Animal dépourvu de siphon respiratoire; opercule calcaire. *Distribution*, Amérique du Sud.
Lanistes, Montf. A. bolteniana, L. (Pl. IX, *fig*. 32). Coquille inverse, ombiliquée; péristome mince; opercule corné. *Distribution*, Afrique occidentale, Zanzibar, Nil.
Meladomus, Sw, Paludina olivacea, Sby. *Coquille* inverse, imperforée; péristome mince: opercule corné.

---

[1] Fig. 109. *Ampullaria canaliculata* Lam. (d'après d'Orbigny), Amérique du Sud. On voit le siphon branchial (*s*), faisant saillie du côté gauche; *o* est l'opercule.

? Amphibola, Schumacher.

Synonymes, Ampullacera, Quoy ; Thallicera, Sw.
Type, A. australis. Pl. IX, *fig.* 33.
Coquille globuleuse, à surface inégale, martelée ; une fissure colu-mellaire ; bord externe canaliculé près de la suture ; opercule corné. sub-spiral.
Animal sans tentacules ; yeux placés sur des lobes arrondis ; respira-tion aérienne ; cavité respiratoire fermée, à l'exception d'une petite ou-verture valvulaire sur le côté droit ; une grosse glande occupant la place où se trouvent les branchies des Paludines , sexes réunis. (Quoy.) M. Gray place ce genre parmi les vrais *Pulmonés*.
Distribution, 5 espèces. Côtes de la Nouvelle-Zélande et îles du Paci-fique. On trouve quelquefois des Serpules fixées sur les coquilles conte-nant l'animal vivant. (Cuming.) Ces mollusques servent à la nourriture des indigènes de la Nouvelle-Zélande.

Valvata, Müller. Valvée.

Types. V. piscinalis. Pl. IX, *fig.* 28. V. cristata. Pl. IX, *fig.* 29.
Coquille turbinée ou discoïde. ombiliquée ; tours arrondis ou carénés , ouverture non modifiée par le dernier tour ; péristome entier ; opercule corné, à tours nombreux.
Animal à mufle saillant ; tentacules longs et grêles, yeux à leur base externe ; pied bilobé en avant ; plume branchiale longue, pectinée, fai-sant en partie saillie sur le côté droit, lorsque l'animal marche. Dents linguales larges ; uncini 5, lancéolés ; tous crochus et denticulés.
Distribution, 18 espèces. Angleterre et Amérique du Nord.
Fossiles, 19 espèces. Wealdien —. Angleterre, Belgique, etc.

Famille VIII. — Neritidæ.

Coquille épaisse, semi-globuleuse ; spire très-petite ; cavité simple,

Fig. 111 [1].

par suite de l'absorption des portions internes des tours ; ouverture

[1] Fig. 111. *Nerita polita*, I. (d'après Quoy et Gaimard), Nouvelle-Irlande.

semi-lunaire ; bord columellaire évasé et aplati ; bord externe tranchant ; opercule calcaire, sub-spiral, articulé.

A chaque extrémité de la columelle il y a une impression musculaire oblongue, reliée sur le côté externe par une crête sur laquelle repose l'opercule ; les couches internes de la coquille qui se trouvent en dedans de cette crête sont absorbées.

Animal à mufle large et court, et à longs tentacules ; yeux sur des pédoncules saillants, à la base externe des tentacules ; pied oblong, triangulaire. Dentition linguale semblable à celle des *Turbinidæ*. Dents 7 ; uncini très-nombreux.

NERITA, L. Nérite.

Étymologie, Nerites, un mollusque marin, de Nereis.
Type, N. ustulata. Pl. IX, *fig.* 55.
Coquille épaisse, lisse ou sillonnée en spirale ; épiderme corné ; bord externe épaissi et quelquefois denticulé en dedans ; columelle large

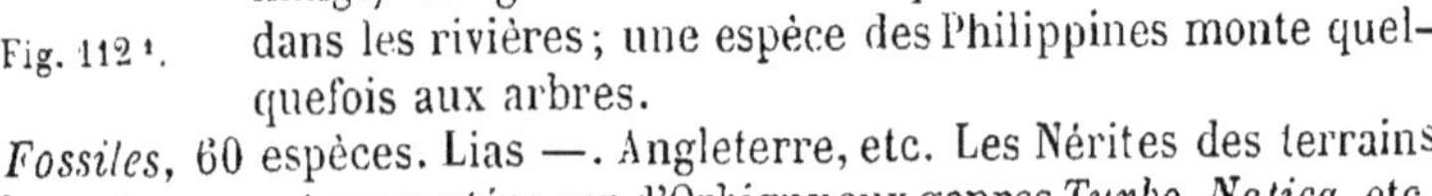

et plate, avec son bord interne droit et denté ; opercule calcaire (*fig.* 112).

Distribution, 173 espèces. De presque toutes les mers chaudes. Antilles, mer Rouge, Zanzibar, Philippines, Australie, océan Pacifique, côte occidentale d'Amérique. (Cuming.) Un grand nombre d'espèces américaines vivent dans les rivières ; une espèce des Philippines monte quelquefois aux arbres.

Fig. 112 [1].

Fossiles, 60 espèces. Lias —. Angleterre, etc. Les Nérites des terrains palæozoïques sont rapportées par d'Orbigny aux genres *Turbo*, *Natica*, etc. La *N. haliotis* est un *Pileopsis*.

Sous-genres. Neritoma, Morris. 1849. N. sinuosa, Sby. Portland stone; Swindon. (Coll. Lowe.) Coquille ventrue, épaisse ; sommet érodé ; une échancrure dans le milieu du bord externe. Les moules de cette coquille sont abondants et montrent la nature de l'intérieur qui est caractéristique de toutes les Nérites ; c'était probablement une espèce d'eau douce.

Neritopsis, Grateloup. N. radula (Pl. VIII., *fig.* 9). *Coquille* semblable à celle des Nerita; bord interne avec une seule échancrure dans le milieu.

Distribution, 1 espèce. Océan Pacifique.

Fossiles, 20 espèces. Trias ? Angleterre, France, etc.

Velates, Montf. N. perversa, Gm. (Pl. IX., *fig.* 36). Bord interne très-épais et calleux ; bord externe prolongé en arrière et enveloppant en partie la spire.

PILEOLUS (Cookson), J. Sowerby.

Étymologie, pileolus, un petit bonnet.
Type, P. plicatus. Pl. IX, *fig.* 37, 38.

---

[1] Fig. 112. Opercule de la *N. peloronta*, Antilles.

Coquille patelliforme en dessus, à sommet subcentral ; concave en dessous, avec une petite ouverture semi-lunaire, et un disque collumellaire, entourés d'un large péristome continu.

Distribution, marins, connus seulement à l'état fossile ; du Bathonien d'Ancliffe, et de Minchinhampton ; 5 espèces. Le *P. neritoides* est une Néritine.

NERITINA, Lam. Néritine.

Exemples, N. zebra. Pl. IX, *fig.* 39. N. crepidularia. Pl. IX, *fig.* 40.

Coquille assez épaisse à l'ouverture, mais dont l'intérieur est fortement absorbé ; bord externe tranchant, bord interne droit, denticulé ; opercule calcaire, à bord flexible, légèrement denté sur son bord droit.

Animal semblable à celui des *Nerita ;* dents linguales médianes petites ; latérales 5,1, grandes, subtriangulaires ; 2,3 petites ; environ 60 uncini, le premier très-grand, crochu, denticulé ; les autres égaux, étroits, crochus, denticulés.

Les Néritines sont de petites coquilles globuleuses, ornées de bandes et de taches noires ou rouges très-variées. Elles sont restreintes pour la plupart aux eaux douces des régions chaudes. Une espèce (*N. fluviatilis*) se trouve dans les rivières d'Angleterre, et dans l'eau saumâtre de la Baltique. Une autre espèce s'étend dans les eaux saumâtres des rivières de l'Amérique du Nord ; et les *N. viridis* et *meleagris* des Antilles se trouvent dans la mer.

La *N. crepidularia* a un péristome continu et se rapproche des *Navicella* pour la forme ; on la trouve dans les eaux saumâtres de l'Inde. La *N. corona*, de Madagascar, est ornée d'une série de longues épines tubuleuses.

Distribution, 111 espèces. Antilles, Norwége, Angleterre, mer Noire, Caspienne, Indes, Philippines, océan Pacifique, côté occidentale d'Amérique.

Fossiles, 20 espèces. Éocène —. Angleterre, France, etc.

NAVICELLA, Lam.

Étymologie, navicella, une nacelle.

Type, N. porcellana. Pl. IX, *fig.* 41.

Coquille oblongue, lisse, patelliforme ; à sommet postérieur, submarginal ; ouverture aussi grande que la coquille, avec une petite lame columellaire, et des impressions musculaires latérales allongées ; opercule très-petit, calcaire.

Distribution, 53 espèces. Inde, Maurice, Moluques, Australie, océan Pacifique.

Les Navicelles habitent les eaux douces et adhèrent aux pierres et aux plantes.

18

Dent médiane petite ; latérales 3, la première grande, trapézoïde, 2,3, petites ; uncini nombreux, le premier grand, fort et opaque, les autres grêles, translucides, à crochets denticulés (*fig.* 113).

Fig. 113. — *Navicella.* (Wilton.)

FAMILLE IX. — TURBINIDÆ.

Coquille spirale, turbinée ou pyramidale, nacrée à l'intérieur ; opercule calcaire et à tours peu nombreux, ou corné et à tours nombreux.

Animal à mufle court ; yeux pédonculés, situés à la base externe de tentacules longs et grêles ; tête et flancs ornés de lobes frangés et de filaments (*cirrhi*) tentaculaires ; une seule plume branchiale ; ruban lingual long et linéaire, contenu principalement dans la cavité viscérale ; dents médianes larges ; latérales 5, denticulées ; uncini très-nombreux (quelquefois près de 100), grêles, à pointes crochues (*fig.* 15. A).

Mollusques marins, se nourrissant d'algues.

Les coquilles de presque tous les Turbinidæ sont brillamment nacrées lorsque l'épiderme et la couche externe de la coquille ont été enlevés ; l'on en emploie dans cet état plusieurs espèces pour l'ornementation.

TURBO, L.

Étymologie, turbo, un sabot (toupie).

Synonymes, Batillus, Marmorostoma, Callopoma, etc. (Gray.)

Type, T. marmoratus. Pl. X, *fig.* 2.

Coquille turbinée, solide ; tours convexes, souvent sillonnés ou tuberculés ; ouverture grande, arrondie, légèrement prolongée en avant ; opercule calcaire et solide, calleux en dehors et lisse ou diversement sillonné et mamelonné, corné intérieurement, et à tours peu nombreux. Dans le *T. sarmaticus* la face externe de l'opercule est *botryoïde,* rappelant quelques dépôts tufeux de sources incrustantes.

Animal ayant les lobes céphaliques pectinés.

Distribution, 60 espèces. Mers tropicales, Antilles, Méditerranée, Cap, Inde, Chine, Australie, Nouvelle-Zélande, océan Pacifique, Pérou.

Fossiles, 360 espèces (comprenant des Littorines). Silurien inférieur —. Partout.

PHASIANELLA, Lam. Phasianelle.

Synonymes, Eutropia (Humphrey), Gray ; Tricolea, Risso.

Type, P. australis. Pl. X, *fig.* 3.

Coquille allongée, luisante, brillamment colorée ; tours convexes ;

ouverture ovale, non nacrée ; bord interne calleux, bord externe mince ; opercule calcaire, calleux en dehors, sub-spiral en dedans.

Animal à longs tentacules ciliés ; lobes céphaliques pectinés, manquant dans les petites espèces ; lobes collaires frangés ; flancs ornés de trois cirrhes ; plume branchiale longue, en partie libre : pied arrondi en avant, pointu en arrière ; ses deux côtés agissant alternativement pendant la progression ; dents linguales à bords lisses, latérales 5, crochues, denticulées ; uncini environ 70, décroissant graduellement en dehors, crochus et denticulés.

Distribution, 25 espèces. Australie (grandes espèces) ; Inde, Philippines (petites espèces) ; Méditerranée, Angleterre, Antilles (très-petites espèces).

Fossiles, 70 espèces. Devonien (?). Europe. La ressemblance qui existe entre la faune Australienne actuelle et celle du Jurassique en Europe augmente la probabilité que quelques-unes au moins de ces coquilles fossiles se rapportent aux Phasianelles.

IMPERATOR, Montfort.

Type, J. imperialis. Pl. X, *fig. 4.*

Synonyme, Calcar.

Coquille trochiforme, épaisse, à base plate ou concave ; tours carénés ou ornés de pointes rayonnantes ; ouverture anguleuse extérieurement, brillamment nacrée ; opercule calcaire.

Distribution, 20 espèces? Afrique méridionale, Inde, Australie, Nouvelle-Zélande.

TROCHUS, L.

Étymologie, *trochus*, un cercle.

Synonymes, Cardinalia, Tegula, et Livona, Gray ; Infundibulum, Montfort ; Chlorostoma, Sw. ; Trochiscus, Sby. ; Monilea, Sw.

Fig. 114[1].

Types, T. niloticus. Pl. X, *fig.* 5. T. ziziphinus. *Fig.* 114.

Coquille pyramidale, à base à peu près plate ; tours nombreux, plats, diversement striés ; ouverture oblique, rhomboïde, nacrée intérieure-

[1] Fig. 114. *Trochus ziziphinus*, L.; baie de Pegwell, Kent.

ment; columelle tordue, légèrement tronquée; bord externe mince; opercule corné, à tours nombreux. *Fig.* 115 (T. pica).

Animal ayant entre les tentacules deux lobes céphaliques petits ou obsolètes; lobes collaires grands; flancs ornés de lobes, et de 5-5 cirrhes; branchie très-longue, linéaire; dents linguales 11, denticulées; uncini – 90, décroissant en dehors.

Distribution, 200 espèces. De toutes les mers. Depuis le niveau de la basse mer jusqu'à 27 mètres; les petites espèces s'étendent jusqu'à près de 183 mètres.

Fig. 115.

Fossiles, 561 espèces. Devonien —. Europe, Amérique du Nord, Chili.

Sous-genres, Pyramis, Chemn., Tr. obeliscus. Pl. X, *fig.* 6. Columelle tordue, formant un faible canal.

Gibbula, Leach. Tr. magus; Angleterre.

Coquille déprimée, largement ombiliquée; tours renflés. Lobes céphaliques fortement développés; cirrhes latéraux 3.

Enida, Adams. 5 espèces; Japon.

Margarita, Leach. Tr. helicinus, Pl. X, *fig.* 7.

Coquille mince; 5 cirrhes de chaque côté.

Distribution, 17 espèces. Groënland, Angleterre, îles Falkland. Prè du niveau de la basse marée, sous les pierres et les plantes marines.

Elenchus, Humphrey (= Cantharidus, Montfort) E. iris; Pl. X, *fig.* 8, Coquille lisse, mince, non ombiliquée, à base saillante. Australie, Nouvelle-Zélande. Le E. *Iris* diffère à peine pour la forme du T. *ziziphinus;* le E. *badius* ressemble à une Phasianelle nacrée ; et le E. *varians* (Bankivia, Menke) serait placé avec les Chemnitzia, s'il se trouvait à 'état fossile. Pl. X, *fig.* 9.

Alcynus, Adams. 2 espèces, Japon.

Minolia, Adams. 1 espèce, Japon.

Turcica, Adams. 1854.

Vitrinella, C. B. Adams. 1850.

Coquille petite, hyaline, turbinée, ombiliquée; ouverture grande, arrondie.

Distribution, 18 espèces. Antilles (5). Panama.

Photinula, H. et A. Adams, 1855.

Coquille héliciforme; spire un peu aiguë.

ROTELLA, Lamarck.

Étymologie, diminutif de *rota*, une roue.

Synonyme, Helicina, Gray.

Type, R. vestiaria, Pl. X, *fig.* 10

Coquille lenticulaire, polie; spire déprimée; base calleuse; dents linguales 15; uncini nombreux, sub-égaux.

Distribution, 15 espèces. Inde, Philippines, Chine, Nouvelle-Zélande.

MONODONTA, Lam.

Étymologie, monos, un, et *odous* (*odontos*), une dent.
Synonymes, Labio, Oken ; Clanculus, Monfort ; Olivia, Risso.
Types, M. labeo. Pl. X, *fig*. 21. M. Pharaonis. Pl. X, *fig*. 12.
Coquille turbinée, à tours peu nombreux, ornés de sillons spiraux et granuleux ; bord épaissi en dedans, et sillonné ; columelle plus ou moins fortement et irrégulièrement dentée ; opercule corné, à tours nombreux.
Distribution, 13 espèces? Côte occidentale d'Afrique, Mer Rouge, Inde, Australie.
Fossiles (réunis aux Trochus), Devonien —. Eifel.

DELPHINULA (Roissy), Lam.

Étymologie, diminutif de *delphinus*, un dauphin (= Cyclostoma, Gray !)
Type, D. laciniata, Pl. X, *fig*. 13 (= T. delphinus, L.).
Coquille orbiculaire, déprimée ; tours peu nombreux, anguleux, rugueux, ou épineux : ouverture circulaire, nacrée ; péristome continu ; ombilic ouvert ; opercule corné, à tours nombreux. Sur les récifs, à marée basse.
Animal sans lobes céphaliques ; flancs munis de lobes ou de cirrhes.
Distribution, 70 espèces. Mer Rouge, Inde, Philippines, Chine, Australie.
Fossiles, 30 espèces? Trias ? — Miocène —. Europe.
Sous-genres, Liotia, Gray. L. Gervillii. Pl. X, *fig*. 14. Ouverture nacrée, à bord régulier, évasé ; opercule calcaire, à tours nombreux.
Distribution, 6 espèces. Cap, Inde, Philippines, Australie.
Fossiles, Éocène —. Angleterre, France.
Collonia, Gray, 1850. C. marginata. Pl. X, *fig*. 15. Péristome simple ; opercule calcaire, avec une côte spirale sur le côté externe.
Distribution, Afrique.
Fossile, Éocène —. Paris.
Cyclostrema, Marryat. C. cancellata, Pl. X, *fig*. 16.
Coquille presque discoïde, cancellée, non nacrée ; ouverture circulaire, simple, ombilic large ; opercule spiral, calcaire.
Distribution, 12 espèces. Cap, Inde, Philippines, Australie, Pérou. Par 7-32 mètres de profondeur.
Serpularia, Römer. Tours lisses et disjoints.
Type, Euomphalus serpula, Kon. Carbonifère. Belgique.
Crossostoma, Morris et Lycett. Columelle dentée lorsque l'animal est jeune, recouverte par une callosité chez l'adulte. Deux espèces. Grande oolithe.

ADEORBIS, Searles Wood.

Type, A. subcarinatus. Pl. X, *fig*. 17.

Coquille petite, non nacrée, déprimée, à tours peu nombreux, profondément ombiliquée ; péristome entier, presque continu, sinueux à sa face interne, et faiblement à l'externe ; opercule calcaire, à tours nombreux.

Distribution, 6 espèces. Antilles — Chine. Depuis le niveau de la basse mer jusqu'à 110 mètres.

Fossile, 5 espèces. Tertiaire —. Angleterre.

EUOMPHALUS, Sowerby.

Étymologie, *eu*, grand, et *omphalos*, ombilic.

Synonymes, Schizostoma, Bronn ; Straparollus, d'Orbigny ; Ophileta Vanuxem ; Platyschisma, Mac Coy.

Type, E. pentagonalis. Pl. X, *fig*. 18.

Coquille déprimée ou discoïde ; tours anguleux ou couronnés ; ouverture polygonale ; ombilic très-grand ; opercule calcaire, circulaire, à tours nombreux. (Salter.)

Fossiles, 80 espèces. Silurien infér. — Trias. Amérique du Nord, Europe, Australie.

Sous-genre. *Phanerotinus*, J. Sby. 1840. E. cristatus, Phil. Calcaire carbonifère. Angleterre.

Coquille discoïde ; tours disjoints ; bord externe quelquefois foliacé.

STOMATELLA, Lam.

Étymologie, diminutif de *stoma*, l'ouverture.

Type, S. imbricata. Pl. X, *fig*. 19.

Coquille auriforme, régulière ; spire petite ; ouverture oblongue, très-grande et oblique, nacrée ; lèvre mince, lisse ; opercule circulaire, corné, à tours nombreux. Sur les récifs et sous les pierres, à marée basse.

Distribution, 33 espèces. Cap, Inde, Australie septentrionale, Chine, Japon, Philippines.

Sous-genre? *Gena*, Gray. Spire petite, marginale ; pas d'opercule. 16 espèces. Mer Rouge, Inde, Seychelles, Swan River, Philippines (Adams.)

Niphonia, Adams. 1 espèce, Japon.

BRODERIPIA, Gray.

Étymologie, nom donné en l'honneur de M. W. J. Broderip, conchyliologiste distingué.

Type, B. rosea, Pl. X, *fig*. 20.

Coquille petite, patelliforme, à sommet postérieur, submarginal ; ouverture ovale, aussi grande que la coquille, d'un nacré brillant.

Distribution, 5 espèces. Philippines, île Grimwood, mers du Sud.
(Cuming.)

Famille X. — Haliotidæ.

Coquille spirale, auriforme ou trochiforme; ouverture grande, nacrée;
bord externe échancré ou perforé. Pas d'opercule.

Animal à mufle court et à tentacules subulés; yeux sur des pédoncules, à la base externe des tentacules: 2 plumes branchiales; bord du
manteau ayant un pli ou siphon postérieur (anal), occupant la fente ou
la perforation de la coquille; lobe operculaire rudimentaire; dentition
linguale semblable à celle des Trochus,

Dans ce groupe nous avons conservé, outre les vraies Haliotides, les
coquilles trochiformes qui ont une ouverture échancrée ou perforée.

Haliotis, L. Haliotide. Oreille de mer.

Étymologie, halios, marin, et *ous* (*otos*), une oreille.
Type, H. tuberculata, Pl. X, *fig.* 21.

Coquille auriforme, à spire petite et déprimée; ouverture très-grande,
irisée; surface externe striée, sombre; angle externe perforé par une
série de trous; ceux de la spire graduellement fermés. Impression musculaire en forme de fer à cheval, la branche gauche très-dilatée en
avant. Dans l'*H. tricostalis* (Padollus, Montfort) la coquille est ornée de
sillons parallèles aux lignes de perforations.

Animal à lobes céphaliques frangés et garnis de cirrhes; pied très-
grand, arrondi. Dent linguale médiane petite, les latérales sur
une seule série, en forme de bâtonnets; uncini environ 70, à crochets
denticulés, les quatre premiers très-grands.

L'Haliotide abonde sur les côtes des îles de la Manche, où on l'appelle
« ormier », et où on la fait cuire après l'avoir bien battue pour la rendre
tendre. (Hanley.) On la mange aussi au Japon. On dit qu'elle adhère très-
fortement aux rochers avec son grand pied, comme la Patelle. La coquille est très-employée pour des incrustations et d'autres travaux
d'ornementation.

Distribution, 75 espèces. Angleterre, Canaries, Cap, Inde, Chine,
Australie, Nouvelle-Zélande, océan Pacifique, Californie.

Fossiles, 4 espèces. Miocène —. Malte, etc.

Sous-genre? Deridobranchus, Ehrenberg. D. argus. Mer Rouge.

Coquille grande et épaisse, semblable à une Haliotis, mais entièrement
recouverte par le manteau épais, dur et plissé de l'animal.

Stomatia (Helbling), Lamarck.

Étymologie, stoma, l'ouverture.
Type, S. phymotis, Pl. X, *fig.* 22.

Coquille semblable à celle d'une Haliotis, mais sans perforations, la place de celles-ci étant occupée par un simple sillon ; surface rugueuse, à crêtes spirales ; spire petite, saillante ; ouverture grande, oblongue, bord externe irrégulier.

Distribution, 12 espèces. Java, Philippines, détroit de Torrès, océan Pacifique. Sous les pierres, à basse mer. (Cuming.)

Fossiles, d'Orbigny rapporte à ce genre 18 espèces, s'étendant du Silurien inférieur à la craie. Amérique du Nord, Europe.

Teinotis, H. et A. Adams, 1854.

Coquille déprimée, allongée, auriforme; spire petite et située tout à fait en arrière ; partie postérieure du pied de l'animal s'étendant assez loin sur la coquille.

Distribution, 2 espèces. Inde,

Scissurella, d'Orbigny.

Étymologie, diminutif de *scissus*, fendu.

Type, S. crispa. Pl. X, *fig.* 23.

Synonymes, Anatomus, Montfort ; Woodwardia, Fischer.

Coquille petite, mince, non nacrée ; dernier tour grand ; spire petite ; surface striée ; ouverture arrondie, avec une fente dans le bord externe ; un opercule. Les jeunes n'ont pas de fente.

Animal semblable à celui des *Margarita;* tentacules longs, pectinés, portant les yeux à leur base ; pied ayant deux lobes pointus, et, de chaque côté, deux longs cirrhes grêles, pectinés ; opercule ovale, très-mince, à nucléus sub-spiral peu distinct.

« Aucune partie de l'animal n'est extérieure à la coquille. Le seul exemplaire observé vivant a été trouvé à Hammerfest, par 75 — 145 mètres de profondeur. Placé dans un verre d'eau de mer, il rampait sur les parois, et raclait le verre avec sa langue. Il était pâle et translucide pendant la vie, mais il passa à un noir d'encre après avoir été plongé dans l'alcool. » (Barrett, *Ann. Nat. Hist.*, 2ᵉ série, vol. XVII, p. 206.)

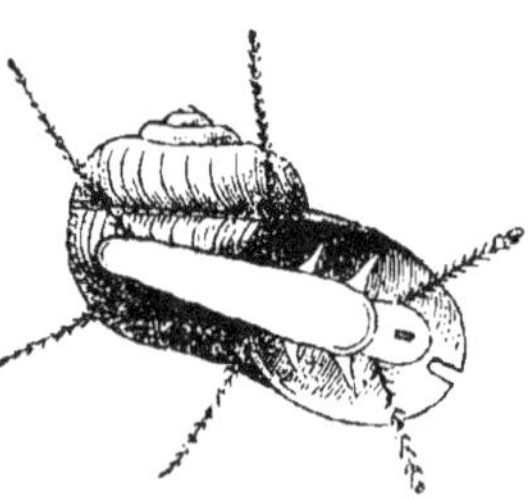

Fig. 116. — *Scissurella*, 8/1.

M. Jeffreys a trouvé la S. *elegans* (d'Orbigny) vivant en grand nombre dans les algues, sur la côte de Piémont. Elle a un opercule à tours nombreux, comme celui des *Margarita*. Chez cette espèce, comme l'a fait remarquer M. G. Sowerby, la *fente* qui se trouve dans le péristome de la jeune coquille, se change en un *trou* chez l'adulte, comme cela a lieu chez les *Trochotoma* des terrains jurassiques.

Distribution, 5 espèces. Norwége, Angleterre, Méditerranée ; on les a trouvées par 15 mètres de profondeur, au large des Orcades, et à de grandes profondeurs à l'est des iles Shetland.

Fossiles, 4 espèces. Tertiaire —. Angleterre, Sicile.

PLEUROTOMARIA, Defrance.

Étymologie, pleuras, flanc, et *tomè*, échancrure.

Type, P. anglica. Pl. X, *fig*. 24.

Coquille trochiforme, solide, à tours peu nombreux, à surface diversement ornée; ouverture sub-quadrangulaire, avec une fente profonde dans son bord externe. La partie de la fente qui a été graduellement oblitérée, forme une bande le long des tours-

Distribution, 2 espèces. L'une de celles-ci se trouve à une grande profondeur dans la mer des Antilles.

Fossiles, 400 espèces. Silurien inférieur — Craie. Amérique du Nord, Europe, Australie. Des échantillons provenant de certains dépôts argileux ont conservé leurs couches nacrées internes; chez ceux de la craie et des calcaires, ces couches sont détruites ou remplacées par du spath calcaire. L'on a trouvé dans le calcaire carbonifère du Lancashire des Pleurotomaires ayant des bandes onduleuses colorées.

Sous-genres, Scalites, Conrad. Silurien inférieur. New-York.

Coquille mince, tours anguleux, plats en dessus; 8 espèces. Silurien inférieur — Carbonifère.

Polytremaria. d'Orbigny. Genre établi sur la *P. catenata* (Koninck) chez laquelle les bords de la fente sont ondulés et changent celle-ci en une série de perforations.

Catantostoma (clathratum), Sandberger, 1842. *Coquille* semblable à une *Pleurotomaria*; dernier tour dévié, péristome incomplet, légèrement variqueux, irrégulier. *Fossile*. Devonien. Eifel.

Raphistoma (angulata), Hall. Silurien inférieur; États-Unis, Canada.

Coquille déprimée, bord externe sinueux. Chez la *R. compacta* (Salter) la spire est enfoncée et en forme de cuvette, le côté ombilical est aplati, et le dernier tour un peu disjoint.

MURCHISONIA, d'Archiac.

Étymologie, non donné en l'honneur de sir Roderick I. Murchison.

Type, M. bilineata. Pl. X, *fig*. 25.

Coquille allongée, à tours nombreux, diversement sculptés et zonés comme ceux des *Pleurotomaria*, ouverture faiblement canaliculée en avant; bord externe profondément échancré.

Les *Murchisonia* sont des fossiles caractéristiques des terrains palæozoïques; on les a comparées à des Pleurotomaires allongées, ou à des Cérithes à ouverture échancrée; la première supposition est très-probablement juste.

Fossiles, 50 espèces. Silurien inférieur — Permien. Amérique du Nord, Europe.

TROCHOTOMA, Lycest.

Étymologie, Trochus et *tomé* une échancrure.
Synonyme, Ditremaria, d'Orbigny.
Type, T. conuloides. Pl. X, *fig.* 26.
Coquille trochiforme, légèrement concave en dessous; tours plats, striés en spirale, arrondis aux angles externes; lèvre ayant une seule perforation près de son bord.
Fossiles, 10 espèces. Lias — Corallien. Angleterre, France, etc.

? CIRRUS, Sowerby.

Étymologie, cirrus, une boucle de cheveux.
Type, C. nodosus, Sby., Min., Conch. Pl. 141 et 219.
Coquille senestre, trochiforme, à base horizontale; dernier tour croissant passablement plus rapidement que les précédents, un peu irrégulier.
Fossiles, 2 espèces. Oolithe inférieure, grande Oolithe. Angleterre, France.

Ce genre a été fondé sur une *Pleurotomaria*, un *Euomphalus*, et le *C. nodosus* (voy. Min. Conch.) On ne sait pas encore quelles espèces il faut y rapporter.

IANTHINA, Lam.

Étymologie, ianthina, coloré en violet.
Type, I. fragilis Lam., (Helix ianthina, L.) Pl. X, *fig.* 27.
Coquille mince, translucide, trochiforme; nucléus petit, styliforme; senestre: tours peu nombreux, assez renflés; ouverture présentant quatre côtés; columelle tortueuse; bord de l'ouverture mince, échancré à l'angle externe; base de la coquille d'un violet foncé, spire presque blanche.
Animal à tête grosse, en forme de mufle, avec un tentacule et un pédoncule oculaire de chaque côté, mais sans yeux; pied petit, sécrétant un flotteur composé de nombreuses vésicules aériennes cartilagineuses, à la face inférieure duquel sont attachées les capsules ovariennes. Ruban lingual à rachis inerme; uncini nombreux, simples (semblables à ceux des *Scalaria*). Deux plumes branchiales; sexes séparés.
Distribution, 10 espèces. Atlantique, mer de coraux.
Les Ianthines se trouvent par bancs dans la haute mer, où on les observe par myriades; il paraît qu'elles se nourrissent de petits acalèphes (*Velella*); elles sont souvent poussées sur les côtes méridionales et occidentales de la Grande-Bretagne, surtout lorsque le vent du sud-ouest souffle pendant longtemps; dans la baie de Swansea on en a

trouvé avec l'animal tout à fait frais. Lorsqu'on les manie, elles exsudent de dessous les bords du manteau un liquide violet. Par les gros temps, elles sont chassées et leur flotteur est brisé ou détaché; c'est ainsi qu'on les rencontre souvent. On a observé que les capsules qui se trouvent au-dessous de l'extrémité du flotteur étaient vides, à une époque où celles du milieu contenaient des jeunes avec leur coquille entièrement formée, et où celles qui étaient rapprochées de l'animal étaient pleines d'œufs. Elles ne peuvent pas s'enfoncer dans l'eau et remonter à la surface. Le flotteur, qui est beaucoup trop grand pour être ramené dans la coquille, est généralement considéré comme une modification extrême de l'opercule; mais M. Lacaze-Duthiers qui a vu construire le flotteur, n'admet pas cette comparaison. Cet organe est formé d'une matière glutineuse sécrétée par le pied [1].

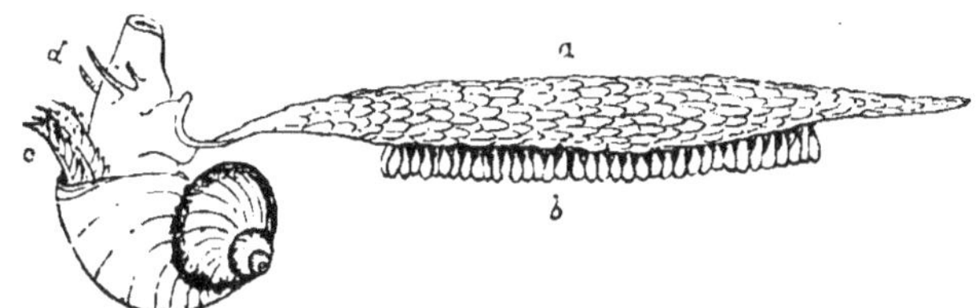

Fig. 117 [2].

? Holopea (symmetrica), Hall. 1847. Bord externe sinueux près de la base. Silurien inférieur. New-York.

Famille XI. — Fissurellidæ.

Coquille conique, patelliforme; sommet recourbé; nucléus spiral, disparaissant souvent pendant le cours de la croissance; bord antérieur échancré, ou sommet perforé; impression musculaire en forme de fer à cheval, à ouverture antérieure.

Animal ayant une tête bien développée, un mufle court, des tentacules subulés, et des yeux à la base externe de pédoncules rudimentaires; flancs ornés de cirrhes courts; deux plumes branchiales symétriques; siphon anal occupant l'échancrure antérieure ou le sommet perforé de la coquille. Dentition linguale semblable à celle des *Trochus* [3].

<hr>

[1] *Annales des Sciences naturelles*, 1865.

[2] Fig. 117. *Janthina fragilis*, Lam. (d'après Quoy et Gaimard). Atlantique. *a*, flotteur; *b*, capsules d'œufs; *c*, branchies; *d*, tentacules et pédoncules oculaires.

[3] La Fissurelle est le meilleur type pour établir des comparaisons entre les Gastéropodes et les Bivalves; ses grandes branchies, situées une de chaque côté, et sa coquille symétrique, percée d'une ouverture médiane pour la sortie du courant branchial efférent, indiquent des homologies évidentes avec les Lamellibranches. Voyez p. 40.

FISSURELLA, Lam.

Étymologie, diminutif de *fissura,* une fente.

Type, F. Listeri, Pl. XI, *fig.* 1.

Coquille ovale, conique, déprimée, à sommet situé en avant du centre et perforé ; surface rayonnée ou cancellée ; impression musculaire à pointes recourbées en dedans. Chez les coquilles très-jeunes, le sommet est entier et sub-spiral ; mais, à mesure que les dimensions de la perforation augmentent, celle-ci envahit le sommet et le fait graduellement disparaître. Les Fissurelles changent assez de place ; elles habitent surtout la zone des Laminaires, mais s'étendent jusqu'à 90 mètres. Pour leur dentition, voy. *fig.* 118.

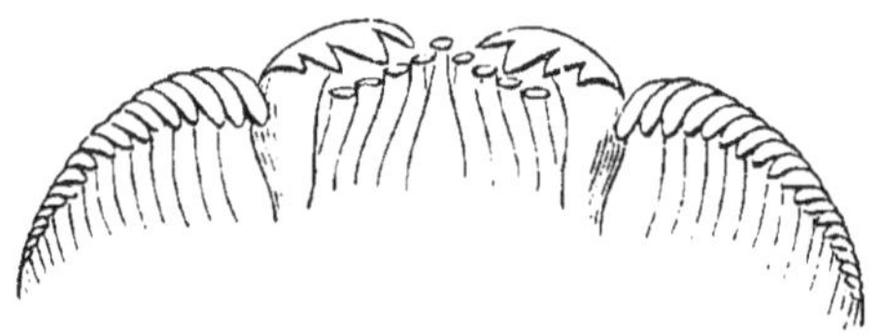

Fig 118. — *Fissurella.* (Wilton.)

Distribution, 152. Amérique, Angleterre, Afrique méridionale, Inde, Chine, Australie, Californie supérieure, Cap Horn.

Fossiles, 50 espèces. Carbonifère ; Jurassique—. Angleterre et France.

Sous-genres, Pupillia, Gray, F. apertura, Born. (=hiantula, Lam.)

Coquille lisse, entourée d'un bord blanc nettement limité ; perforation très-grande.

Distribution, Afrique méridionale.

Fissurellidæa, d'Orbigny, F. hiantula, Lam. (= megatrema, d'Orbigny.)

Coquille cancellée, couverte par le manteau de l'animal. 3 espèces. Cap et Tasmanie,

Macroschisma, Sw. F. macroschisma. Pl. XI, *fig.* 2. Ouverture anale rapprochée du bord postérieur de la coquille. L'animal est tellement plus grand que sa coquille, que M. Cuming l'a comparé sous ce rapport à la Testacelle.

Distribution, Philippines et Swan River.

Lucapina, Gray. F. elegans, Gray (=aperta, Sby.). *Coquille* blanche, cancellée, bord crénelé ; couverte par le manteau réfléchi, 3 espèces. Californie.

PUNCTURELLA, Lowe.

Synonymes, Cemoria Leach ; Diadora, Gray.

Type, P. noachina. Pl, XI, *fig.* 3.

Coquille conique, élevée, à sommet recourbé ; perforation en avant du sommet, avec un rebord intérieur élevé ; surface cancellée.

Distribution, 6 (?) espèces. Groënland, Amérique boréale, Norwége, Terre-de-Feu. Par 57—185 mètres.

Fossile, dans les formations glaciaires du nord de la Grande-Bretagne.

Rimula, Defrance.

Étymologie, diminutif de *rima*, une fissure.

Synonyme, Rimularia.

Type vivant, R. Blainvillii. Pl. XI. *fig*. 4.

Coquille mince et cancellée, avec une perforation près du bord antérieur,

Distribution, plusieurs espèces trouvées sur de la vase sablonneuse, à marée basse, ou draguées entre 18 et 45 mètres. Philippines. (Cuming.)

Fossiles, 5 espèces. Bathonien—Corallien. Angleterre et France.

Emarginula, Lam.

Étymologie, diminutif de *emarginata*, échancrée.

Type, E. reticula. Pl. XI, *fig*. 5 et 6.

Coquille ovale, conique, élevée, à sommet recourbé, surface cancellée ; bord antérieur échancré ; impression musculaire à pointes recourbées. Le *nucleus* (ou coquille du jeune) est spiral et ressemble à une *Scissurella*. Les dimensions de la fente antérieure sont très-variables. L'animal des Émarginules (ainsi que celui des *Puncturella*) a un cirrhe isolé sur la partie dorsale du pied, représentant peut-être le lobe operculigère. (Forbes.) Dentition linguale à dents médianes sub-carrées ; latérales 4, oblongues, imbriquées ; uncini environ 60, le premier grand et épais, avec un crochet lobé, les autres linéaires, à crochets denticulés. (Lovén.)

Distribution, 40 espèces. Antilles, Angleterre, Norwége, Philippines, Australie. S'étendant depuis le niveau de la basse mer jusqu'à 163 mètres.

Fossiles, 40 espèces. Trias —. Angleterre et France.

Sous-genre. Hemitoma, Sw.

Type, E. octoradiata (E. rugosa, Pl. XI, *fig*. 7 et 8).

Coquille déprimée, bord antérieur légèrement canaliculé.

Parmophorus, Blainville.

Étymologie, parmé, un bouclier, et *phoreus*, un porteur.

Type, P. australis, Pl. XI, *fig*. 9.

Synonyme, Scutus, Montfort.

Coquille oblongue-allongée, déprimée ; sommet postérieur ; bord antérieur arqué. Impression musculaire en forme de fer à cheval, allongée. La coquille est lisse et blanche, et couverte constamment par les bords réfléchis du manteau. L'animal est noir, et très-grand relativement à sa coquille ; ses flancs sont frangés de courts cirrhes, et ses yeux sessiles sur la base externe de gros tentacules ; on le trouve dans les endroits peu profonds, et il se meut facilement. (Cuming.)

Distribution, 15 espèces. Nouvelle-Zélande, Australie, Philippines, Singapore, mer Rouge, Cap.

Fossiles, 5 espèces. Éocène? —. Bassin de Paris.

Famille XII. — Calyptræidæ.

Coquille patelliforme, à sommet plus ou moins spiral ; intérieur simple ou divisé par un appendice calcaire, de forme variable, auquel sont attachés les muscles adducteurs.

Animal à tête distincte ; mufle allongé ; yeux sur la base externe des tentacules ; une seule plume branchiale. Dents linguales en une seule série ; uncini 5, comme dans la figure 119, qui représente la dentition des *Crepidula*. Rostre saillant et fendu, mais non rétractile ; dent médiane crochue et dentée ; la première, ou la première et la seconde latérales dentelées en scie, la troisième en griffe et simple. Lovén place cette famille à côté des *Velutinidæ*.

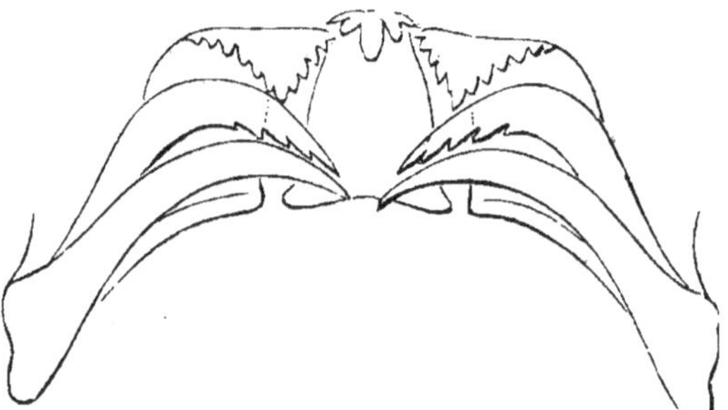

Fig. 119. — *Crepidula*. (Wilton.)

On trouve les Calyptréides adhérant aux pierres et aux coquilles ; la plupart d'entre elles semblent ne jamais quitter le lieu dans lequel elles se sont une fois établies, car les bords de leur coquille s'adaptent à la surface sur laquelle elles sont fixées ; quelques-unes usent l'espace qui est au-dessous de leur pied, et d'autres se sécrétent une base calcaire. Leur forme et leur couleur dépendent de la position dans laquelle elles croissent ; celles que l'on trouve dans les cavités des coquilles mortes sont presque plates, ou même concaves en-dessus et incolores. On présume qu'elles se nourrissent des algues qui croissent autour d'elles, ou d'animalcules ; une Calyptrée que le professeur Forbes tenait dans un verre, mangea un petit Nudibranche (*Goniodoris*) qui était enfermé avec elle. Les *Calyptræa* et les *Pileopsis* recouvrent quelquefois leurs œufs jusqu'à l'éclosion avec la partie antérieure de leur pied. (Alder, et Clarke.)

Le docteur Gray place les Calyptréides immédiatement après les Vermétides; leur dentition linguale est semblable à celle des *Velutina*.

CALYPTRÆA, Lam.

Étymologie, calyptra, un bonnet (de femme).

Synonyme, Lithedaphus, Owen.

Types, C. equestris, Pl. XI, *fig.* 10. C. Dillwynnii, *fig.* 11.

Coquille conique, patelliforme ; sommet postérieur, avec un petit nucléus spiral ; bord irrégulier; intérieur portant une saillie sur le côté postérieur en forme de demi-coupe attachée au sommet et ouverte en avant. Surface rugueuse ou cancellée.

Animal à mufle large ; tentacules assez courts, lancéolés; yeux sur des saillies bombées à la base externe des tentacules; bords du manteau simples, côtés lisses. Se trouvent sous les pierres, entre les niveaux de la haute et de la basse marée, et dans les endroits peu profonds. (Cuming.)

Distribution, 50 espèces. Antilles, Honduras, Angleterre, Méditerranée, Afrique, Inde, Philippines, Chine, Japon, Nouvelle-Zélande, Gallapagos, Chili.

Fossiles, 31 espèces. Carbonifère? Craie —. Angleterre, France, etc.

Sous-genres, Crucibulum, Schum. (Dispotæa, Say.; Calypeopsis, Less.).

Exemple, C. rudis, Pl. XI, *fig.* 12.

Coquille garnie de petites épines ; coupe interne entière; soudée par un de ses côtés.

Distribution, côte occidentale d'Amérique, Japon, Antilles. Trouvée sur des coquilles, avec la base sur laquelle elle reposait usée, ou rendue lisse par un dépôt calcaire. (Gray.) Entre cette section et la suivante, il y a plusieurs formes intermédiaires.

Trochita, Schum. (Infundibulum, J. Sby.; Galerus, Humph.; Trochatella et Siphopatella, Lesson.) T. radians, Pl. XI, *fig.* 13, 14 (= Patella trochoïdes, Dillw.) T. sinensis, Pl. XI, *fig.* 15.

Coquille circulaire, plus ou moins distinctement spirale ; sommet central ; intérieur présentant une cloison sub-spirale plus ou moins complète.

Distribution. Les espèces se rencontrent principalement dans les mers tropicales, mais elles s'étendent toutefois de l'Angleterre à la Nouvelle-Zélande.

La *T. prisca* se trouve en Irlande, dans le calcaire carbonifère, et plusieurs grandes espèces se rencontrent dans l'argile de Londres et dans le bassin de Paris. La *C. sinensis* espèce vivante, qui est le « chapeau chinois » des collectionneurs, se trouve sur les côtes méridionales d'Angleterre et dans la Méditerranée, entre 9 et 18 mètres de profondeur.

(Forbes.) Sa dentition linguale nous est donnée par Lovén ; dents médianes larges, crochues, denticulées ; uncini 3, le premier crochu et dentelé, 2, 3, en griffes simples.

Crepidula, Lam.

Étymologie, crepidula, une petite sandale.
Type, C. fornicata, Pl. XI, *fig.* 16.
Synonyme, Crypta, Humph.
Coquille ovale, patelliforme ; à sommet postérieur et oblique ; intérieur poli, avec une cloison calcaire couvrant sa moitié postérieure.

Les Crépidules ressemblent aux Navicelles pour la forme ; mais la lame interne qui imite la columelle d'une Nérite forme ici la base des muscles adducteurs.

Elles sont sédentaires sur les pierres et les coquilles, dans l'eau peu profonde, et se trouvent quelquefois adhérant les unes aux autres par groupes de plusieurs générations successives. Les échantillons ou les espèces qui vivent à l'intérieur des coquilles vides, sont très-minces, presque plats et incolores.

Distribution, 54 espèces. Antilles, Honduras, Méditerranée, côte occidentale d'Afrique, Cap, Inde, Australie, côte occidentale d'Amérique.

Fossiles, 14 espèces. Éocène —. France, Amérique du Nord, et Patagonie.

Pileopsis, Lam.

Étymologie, pileos, un bonnet, et *opsis,* semblable à.
Synonymes, Capulus, Montf. ; Brocchia, Bronn.
Type, P. hungaricus. Pl. XI, *fig.* 17. P. militaris. Pl. XI, *fig.* 18.
Coquille conique ; sommet postérieur, recourbé en spirale ; ouverture arrondie ; impression musculaire en forme de fer à cheval.

Animal ayant les bords du manteau frangés ; dents linguales comme chez les Calyptræa. Le *P. hungaricus* (le bonnet hongrois) se trouve sur les huîtres, à une profondeur de 9 à 27 mètres ; il vit plus rarement jusqu'à 146 mètres, et alors il est très-petit. Le *P. militaris* ressemble extrèmement à une Véluline.

Distribution, 8 espèces. Antilles, Norwége, Angleterre, Méditerranée, Inde, Australie, Californie.

Fossiles, 20 espèces. Lias —. Europe.

Sous-genres, Amathina, Gray. A. tricarinata. Pl. XI, *fig.* 19.

Coquille déprimée, oblongue ; sommet postérieur, non spiral, ayant trois fortes côtes divergeant vers le bord antérieur.

Platyceras, Conrad (Acroculia, Phil.). P. vetustus. Calcaire carbonifère. Angleterre.

Fossiles, 20 espèces. Devonien — Trias. Amérique, Europe.

Metoptoma, Phillips. M. pileus, Ph.

Coquille patelliforme ; côté qui est au-dessous du sommet tronqué, ressemblant à la valve postérieure d'un Chiton. 7 espèces. Calcaire carbonifère. Angleterre.

Hipponyx, Defrance.

Étymologie, hippos, un cheval, et *onyx*, un ongle, un sabot.

Type, H. cornucopiæ. Pl. XI, *fig.* 20, 21.

Coquille épaisse, en cône oblique, à sommet postérieur; une base calcaire, avec une impression en forme de fer à cheval correspondant à celle du muscle adducteur.

Distribution, 13 espèces. Antilles, golfe Persique, Philippines, Australie, océan Pacifique, côte occidentale d'Amérique.

Fossiles, 10 espèces. Craie supérieure —. Angleterre, France, Amérique du Nord.

Sous-genre, Amalthea, Schum. A. conica. Semblable à un Hipponyx, mais ne formant pas de base calcaire; surface de fixation usée et marquée d'une impression en forme de croissant. On la rencontre souvent sur les coquilles vivantes, telles que les grands Turbo et les Turbinelles des mers d'Orient.

FAMILLE XIII. — PATELLIDÆ.

Coquille conique, à sommet tourné en avant; impression musculaire en forme de fer à cheval, à ouverture antérieure.

Animal ayant une tête distincte, munie de tentacules qui portent des yeux à leur base externe ; pied aussi grand que le contour de la coquille, manteau uni ou frangé. Organe respiratoire sous forme d'une ou de deux plumes branchiales, logées dans une cavité cervicale ; ou d'une série de lamelles entourant l'animal entre son pied et son manteau. Bouche armée d'une mâchoire supérieure cornée et d'une longue langue en forme de ruban, munie de nombreuses dents, dont chacune se compose d'une base translucide et d'un sommet opaque crochu.

L'ordre des *Cyclobranches* de Cuvier comprenait les Oscabrions et les Patelles, et était caractérisé par la disposition circulaire des branchies. L'on a reconnu assez récemment que quelques Patelles (Acmæa) ont une branchie cervicale libre, tandis que les Oscabrions offrent trop de caractères spéciaux pour pouvoir être associés aussi intimement avec les Patelles. E. Forbes a très-heureusement suggéré l'idée que la branchie de Cyclobranche des Patelles n'est en réalité qu'une seule longue plume branchiale, naissant sur le côté gauche du cou, se contournant en arrière autour du pied, et fixée dans toute sa longueur. Cette opinion est confirmée par la circonstance que la branchie de certaines Patelles (sous-genre *Nacella*) ne forme pas un cercle complet, mais se termine sans passer devant la tête de l'animal.

Patella, L. Patelle.

Étymologie, patella, un plat.
Synonymes, Helcion, Montfort; Cymba, Adams.
Exemple, P. longicostata. Pl. XI, *fig.* 22.

Coquille ovale, à sommet subcentral; surface lisse, ou ornée de stries ou de côtes rayonnantes; bord uni ou épineux; face interne lisse.

Animal ayant une série continue de lamelles branchiales; bords du

.Fig. 120.
Patella vulgata.
(Original, Wilton.)

manteau frangés; yeux sessiles, placés en dehors, sur la base renflée des tentacules; bouche échancrée en dessous. Dents linguales 6, dont 4 sont centrales et 2 latérales; uncini 3. La figure 120 montre les dents, mais non les uncini de la *P. vulgata*. Les Patelles du Cap (ex. *P. denticulata*) ont une petite dent centrale qui manque dans toutes les autres espèces examinées jusqu'à présent. (Wilton.)

Le canal dentaire de l'espèce commune d'Angleterre (*P. vulgata*) est passablement plus long que sa coquille; il a 160 rangées de dents, avec 12 dents dans chaque rangée, ou 1920 dents en tout. (Forbes). Les Patelles vivent sur les côtes rocheuses, entre le niveau de la haute et de la basse marée, et sont par conséquent laissées à sec deux fois par jour; elles adhèrent très-fortement par la pression atmosphérique (qui est de 15 livres par pouce carré), et la forme de leur coquille augmente la difficulté que l'on éprouve à les arracher. Sur les roches calcaires molles, comme la craie de la côte de Thanet, elles vivent dans des creux d'un demi-pouce de profondeur, formés probablement par l'action de l'acide carbonique dégagé par la respiration; sur les calcaires durs il n'y a que les vieux individus qui aient usé la roche sous eux, et le bord de leur coquille s'est souvent ajusté aux inégalités de la surface environnante. Ces circonstances sembleraient indiquer que les Patelles sont sédentaires et vivent des algues qui se trouvent à portée de leur langue, ou bien qu'elles retournent se poser à la même place. Sur la côte du Northumberland nous les avons vues s'abriter dans des crevasses de rochers dont les larges surfaces chargées de Nullipores, étaient couvertes de traînées irrégulières paraissant avoir été râpées par les Patelles dans les excursions qu'elles font entre les marées [1].

Les Patelles sont largement employées par les pêcheurs comme amorce; on en a récolté annuellement sur la côte du Berwickshire près

[1] Si l'on place des Patelles dans de l'eau corrompue, ou dans de petites flaques exposées à l'ardeur du soleil, elles en sortent plus vite qu'on ne pourrait le supposer; les traces qu'elles laissent sont très-particulières et ne risquent pas d'être confondues avec quoi que ce soit d'autre.

de 12,000,000 par an, jusqu'à ce que leur nombre eût tellement diminué
que l'on perdit trop de temps à les chercher. (Docteur Johnston.) Dans le
nord de l'Irlande on s'en sert pour l'alimentation, surtout pendant les
années de disette. On en collecte annuellement plusieurs tonnes pesant
près de la seule ville de Larne. (R. Patterson.)

Il y a sur la côte occidentale d'Amérique une Patelle qui atteint un
diamètre d'un pied, et dont les indigènes se servent comme d'un vase.
(Cuming.)

La Patelle commune fait des creux ovales dans le bois, comme dans la
craie. De petits individus s'établissent quelquefois sur de plus grands
qu'eux, et font une marque ovale sur la coquille. La surface sur laquelle
se fixent les Patelles, et un certain espace autour d'elles, sont souvent couverts de stries *rayonnantes*, qui ne sont pas parallèles comme celles
qu'elles produisent avec leurs dents sur les Nullipores. M. Gaskoin a une
coquille de Patelle encroûtée de Nullipores, que d'autres Patelles ont partout râpés. Dans la collection des coquilles de Cuba de M. d'Orbigny il y
a un groupe d'Huîtres (*O. cornucopiæ*), dans les interstices desquelles
s'est abrité une colonie de l'*Hipponyx mitrula ;* ces Patelles se sont non-
seulement nourries des Nullipores qui encroûtaient les Huîtres, mais
elles ont considérablement érodé la couche épidermique de la coquille
qui se trouvait au-dessous [1].

Quant aux Calyptréides en général, quoique munies de dents linguales (*fig.* 96) semblables à celles des Vélutines à nourriture animale, et
manifestant elles-mêmes des dispositions carnivores (p. 286), il est difficile de comprendre comment elles peuvent voyager à la recherche de
leur nourriture.

On suppose que la forme de quelques espèces de Patelles varie selon
la nature de la surface sur laquelle elles vivent ordinairement ; ainsi la
Nacella pellucida d'Angleterre, qui se trouve sur les *frondes* des algues,
prend la forme appelée *N. lævis* lorsqu'elle vit sur leurs tiges. (Forbes.)
L'*Acmæa testudinalis* devient comprimée latéralement et a reçu le nom
de *A. alvea*, lorsqu'elle se développe sur les feuilles étroites des *Zostera*
(Gould); la *Patella miniata* du Cap, devient un nouveau genre (*Cymba*,
Adams, non Broderip) lorsqu'elle s'établit sur les tiges arrondies des
algues, et elle prend la forme appelée *P. compressa*. (Gray.)

Distribution, 144 espèces. Angleterre, Norwége, etc., canal Wellington. De toutes les mers.

Fossiles, on connaît plus de 100 espèces de *Patellidæ*, comprenant
des *Acmæa*. Silurien —. Amérique du Nord, Europe.

Sous-genres, *Nacella*, Schum. (= Patina, Leach.)

Exemple, P. pellucida. Pl. XI, *fig*. 23.

---

[1] Le docteur Bland et M. R. Swift ont remarqué un fait semblable chez les *Paludines* et les *Ampullaires ;* en l'absence d'autre nourriture, elles dévorent la matière
végétale verte qui incruste les coquilles de leurs camarades, et, en faisant cela, elles
enlèvent l'épiderme, ou font même des trous dans la coquille.

Coquille mince; sommet presque marginal.

Animal à bouche entière en dessous. Branchies ne se continuant pas en avant de la tête. Se trouve sur les frondes et les tiges des plantes marines. Angleterre, cap de Bonne-Espérance, cap Horn.

Scutellina, Gray. S. crenulata. Coquille largement bordée. 7 espèces. Mer Rouge, Philippines, océan Pacifique, Panama. (Cuming.)

Acmæa, Eschscholtz.

Étymologie, acme, une pointe.

Synonymes, Tectura, M. Edw.; Lottia et Scurria, Gray; Patelloidea, Quoy.

Type, A. testudinalis. Pl. XI, *fig*. 24.

Coquille semblable à celle d'une Patelle.

Animal ayant une seule branchie pectinée, logée dans une cavité cervicale, et sortant du côté droit du cou, lorsque l'animal marche. 3 dents linguales de chaque côté de la ligne médiane.

Distribution, 61 espèces. Norwége, Angleterre, Australie, Océan Pacifique, côte occidentale d'Amérique. Du niveau de la marée basse jusqu'à 55 mètres. (Forbes.)

Sous-genres, Lepeta Gray (= Propilidium, Forbes). Patella cœca, Müller.

Coquille petite, sommet *postérieur*.

Animal aveugle. Angleterre. De 55 à 165 mètres.

Pilidium, Forbes. P. fulva, Müller. Angleterre. De 37 à 145 mètres.

Coquille petite, sommet antérieur.

Animal aveugle; branchies 2, ne faisant pas saillie; manteau à bords unis. Les *Lepeta*, comme les *Pilidium*, ont de grandes dents médianes sur un seul rang, avec des crochets trilobés, et 2 uncini de chaque côté.

Gadinia (Adanson), Gray.

Type, G. peruviana. Pl. XI, *fig*. 26.

Synonyme, Mouretia, Sby.

Coquille conique; impression musculaire en forme de fer à cheval, le côté droit le plus court, se terminant à la gouttière siphonale.

Animal ayant une seule branchie cervicale; tentacules dilatés, infundibuliformes.

Distribution, 8 espèces. Méditerranée, mer Rouge, Afrique, Pérou.

Fossiles, 1 espèce. Sicile.

Siphonaria, Sowerby.

Type, S. sipho. Pl. XI, *fig*. 25.

Coquille ressemblant à une Patelle; sommet sub-central, postérieur; impression musculaire en forme de fer à cheval, divisée sur le côté droit par une profonde gouttière siphonale, qui produit une légère saillie sur le bord.

Animal à tête large, sans tentacules ; yeux sessiles sur des lobes arrondis saillants ; branchie ? unique. Les Siphonaires se trouvent comme les Patelles. dans la région située entre la haute et la basse marée ; le docteur Gray les place avec les Pulmonés, entre les *Auriculidæ* et les *Cyclostomidæ*.

Distribution, 41 espèces. Cap, Inde, Philippines, Australie, Nouvelle-Zélande, océan Pacifique, Gallapagos, Pérou, cap Horn. (Cuming.)

Fossiles, 5 espèces. Miocène —. France.

Famille XIV. — Dentalidæ.

Dentalium, L. Dentale.

Type, D. elephantinum. Pl. XI, *fig.* 27.

Coquille tubuleuse, symétrique, courbée, ouverte à chaque bout. atténuée en arrière; surface lisse ou striée longitudinalement; ouverture circulaire, non contractée [1].

Animal fixé à sa coquille près de l'orifice postérieur anal ; tête rudimentaire, sans yeux ni tentacules ; orifice buccal frangé ; pied pointu, conique, avec des lobes latéraux symétriques, et une base atténuée, dans laquelle est une cavité communiquant avec l'estomac. Deux branchies symétriques, situées en arrière du cœur ; sang rouge (Clarke); sexes réunis? Ruban lingual grand, ovale; rachis unidenté ; une seule série d'uncini, flanqués d'une seule série de plaques inermes.

Les Dentales ont une nourriture animale ; ils dévorent des Foraminifères et de petits Bivalves ; on les trouve sur le sable, ou sur la vase, dans lesquels ils s'enfoncent souvent. Les espèces d'Angleterre s'étendent de 18 à 185 mètres. (Forbes.)

Distribution, 50 espèces. Antilles, Norwége, Angleterre, Méditerranée, Inde.

Fossiles, 125 espèces. Dévonien —. Europe, Chili.

Famille XV. — Chitonidæ.

Chiton, L. Oscabrion.

Étymologie, chiton, une cotte de mailles.

Exemples, C. squamosus, spinosus, fascicularis, fasciatus. Pl. XI, *fig.* 28-31.

Coquille composée de huit plaques transversales imbriquées, logées dans un manteau coriace, qui forme un bord étalé autour du corps. Les sept premières plaques ont leurs sommets postérieurs ; la huitième a son

---

[1] Le *D. gadus* de Montagu est une Annélide, appartenant au genre *Ditrupa*.

sommet presque en avant. Les six plaques intermédiaires sont divisées chacune par des lignes de sculpture en une aire dorsale et deux aires latérales. Toutes sont insérées dans le manteau de l'animal par des saillies (apophyses) de leur bord antérieur. Le docteur Gray considère la plaque postérieure comme étant l'homologue de la coquille de la Patelle; les autres plaques semblent être des portions de sa face anté-rieure, successivement détachées. Le bord du manteau est nu ou couvert de petites plaques, de poils ou d'épines.

Animal ayant un large disque semblable à celui d'une Patelle, qui lui sert à ramper; trompe armée de mâchoires cartilagineuses et d'une longue langue linéaire; 3 dents linguales, la médiane petite, les laté-rales grandes, à crochets dentés; 5 uncini trapézoïdes, l'un d'eux dressé et crochu. Pas d'yeux ni de tentacules. Branchies formant une série de lamelles entre le pied et le manteau, autour de la partie posté-rieure du corps. Le cœur est médian et allongé, comme le vaisseau dorsal des Annélides; les sexes sont réunis; les organes reproducteurs se ré-pètent symétriquement de chaque côté, et ont deux orifices; l'intestin est droit, et l'orifice anal est postérieur et médian.

Distribution. On connait plus de 250 espèces de ce genre; elles se rencontrent sous tous les climats et dans toutes les mers. Elles sont surtout abondantes sur les rochers, à basse mer, mais on les obtient souvent en draguant par 18-45 mètres. Quelques-unes des petites espèces d'Angleterre s'étendent jusqu'à 185 mètres. (Forbes.) Antilles, Eu-rope, Afrique méridionale, Australie et Nouvelle-Zélande, Californie, et jusqu'aux îles Chiloë.

Fossiles, 37 espèces. Silurien —. Angleterre, Belgique, etc.

Sous-genres[1]. *Chiton*. Synonymes, Lophurus, Poli; Radsia, Callo-chiton, Ischnochiton, et Leptochiton. (Gray.)

Exemple, C. squamosus. Pl. XI, *fig*. 28. Bords tessellés.

Distribution, Brésil, Antilles, Terre-Neuve, Groënland, Angleterre, Méditerranée, Cap, Philippines, Australie, Nouvelle-Zélande, côte occi-dentale d'Amérique.

Tonicia, Gray. C. elegans. Bords nus.

Distribution, Groënland, Cap Horn, Nouvelle-Zélande, Valparaiso.

Acanthopleura, Guilding. C. spinosus. Pl. XI, *fig*. 29. Bords couverts d'épines ou d'écailles allongées.

Synonymes, Schizochiton, Corephium, Plaxiphora, Onychochiton, Enoplochiton. (Gray.)

Distribution, Antilles, cap Horn, îles Falkland, Afrique, Philippines, Australie, Nouvelle-Zélande, Valparaiso.

Mopalia, Gray. C. Hindsii. Bords velus.

---

[1] Les sous-genres du docteur Gray sont fondés sur la forme des *plaques d'inser-tion*; ils sont décrits en détail dans les « Proceedings » de la Société zoologique de Londres. Le docteur Middendorff emploie le nombre des *lames branchiales* pour distinguer les sections.

Distribution, Côte occidentale d'Amérique, îles Falkland.

Katharina, Gray. C. tunicatus. Manteau recouvrant presque le centre des plaques.

Distribution, Nouvelle-Zélande, côte occidentale d'Amérique.

Cryptochiton, Gray. C. amiculatus. Valves couvertes d'un épiderme écailleux.

Synonymes, Cryptoconchus, Sw.; Amicula, Gray.

Distribution, Californie, Nouvelle-Zélande.

Acanthochites, Leach. C. fascicularis. Pl. XI, *fig.* 30. Bords ornés de touffes d'épines grêles, vis-à-vis des plaques.

Distribution, Angleterre, Méditerranée, Nouvelle-Zélande.

Chitonellus. Lam. C. fasciatus, Quoy. Pl. XI, *fig.* 31. Bords veloutés ; parties visibles des plaques petites, distantes; apophyses rapprochées les unes des autres. La dentition des *Chitonellus* est représentée dans la figure 121.

Fig. 121. — *Chitonellus*. Tasmanie. (Wilton.)

Distribution, 10 espèces. Antilles, Afrique occidentale, Philippines, Australie, océan Pacifique, Panama. Les Chitonellus se trouvent dans les fentes des récifs de coraux. (Cuming.)

Fossile, Carbonifère. Écosse.

Gryphochiton, Gray. G. nervicanus.

Helminthochiton, Salter, 1847. H. Griffithii, Salter, *Geological Journal*. Plaques subquadrangulaires, non recouvertes par le manteau; apophyses largement séparées.

Fossiles, Silurien. Irlande.

Les genres suivants, que l'on considérait anciennement comme rentrant dans la famille des *Atlantidæ*, sont, pour la plupart, établis sur des larves de *Prosobranches*; mais l'on n'a pas encore reconnu quels sont les genres auxquels ils appartiennent.

Brownia (Candei), d'Orbigny, 1853. Petite coquille discoïde, associée d'abord aux *Helicophlegma*, mais s'en distinguant par les carènes dentelées de ses tours et les échancrures latérales de l'ouverture. Cuba.

Calcarella (spinosa), Souleyet, 1850.

Coquille subglobuleuse, spirale, dextre, cornée, pellucide, avec trois carènes à dentelures aiguës ; ouverture épaissie, entière. Mers du Sud (= Echinospira, Krohn, et Jasonilla, Mæd.).

Recluzia, Petit, 1853. R. Jehennei, mer Rouge. R. Rollandiana, océan Atlantique et Mazatlan.

Animal pélagique, ressemblant aux *Janthina;* un pouce de long.

Coquille paludiniforme, mince, à épiderme brun; tours ventrus; ouverture en ovale oblique, légèrement évasée à la base; bords désunis; bord interne oblique, assez sinueux dans le milieu; bord externe tranchant, entier.

Ordre II. — Pulmonifera.

Cet ordre comprend tous les Mollusques terrestres et les autres Gastéropodes qui respirent l'air en nature. Ce sont des Gastéropodes normaux, ayant un large pied, et ordinairement une grande coquille spirale ; leur organe respiratoire se présente sous la forme la plus simple du poumon, et est semblable à la chambre branchiale des Gastéropodes marins, mais doublé d'un réseau de vaisseaux respiratoires. Un nombreux groupe de Gastéropodes terrestres possède une coquille operculée; les autres sont inoperculés, et quelquefois dépourvus de coquille.

Les Pulmonés sont étroitement liés aux Gastéropodes marins herbivores (*Holostomata*) par les *Cyclostoma* et aux Nudibranches par le genre *Oncidium*. Ils sont d'une manière générale, et considérés comme groupe, inférieurs aux Gastéropodes marins, à cause de l'imperfection relative de leurs sens et de la réunion des fonctions des deux sexes sur chaque individu.

Section A. — Inoperculata.

Les Pulmonés typiques varient beaucoup d'apparence et de mœurs, mais concordent essentiellement dans leur structure. La plupart d'entre eux ont des coquilles assez grandes; dans les Limaces toutefois, la coquille est petite et cachée ou, plus rarement, elle manque complétement. Les coquilles d'Escargots contiennent une plus grande proportion de matière animale que les coquilles marines, et elles ont une structure moins distinctement stratifiée (p. 34). Par leur forme, ces coquilles rappellent beaucoup de genres marins. La plus grande partie d'entre elles sont terrestres ; il n'y a que quelques petites familles qui habitent les eaux douces ou les lieux humides voisins de la mer. L'orifice respiratoire est petit et valvulaire[1], pour empêcher une trop rapide dessiccation chez les Gastéropodes terrestres, et pour protéger contre l'entrée de l'eau ceux qui sont aquatiques.

Les Mollusques terrestres sont répandus partout, mais le besoin d'un air humide et la nature végétale de leur nourriture favorisent leur multiplication dans les contrées chaudes et humides; ils sont surtout abondants dans les îles, tandis que dans les contrées chaudes et désertes

---

[1] C'est pourquoi le docteur Gray les a appelées *Adelopneumona* (à poumons cachés.)

ils n'apparaissent que pendant la saison des pluies ou des rosées. Leur histoire géologique est moins complète que celle des ordres exclusivement marins ; mais on pourrait présumer leur antiquité d'après la distribution dans des iles éloignées, de genres spéciaux associés avec les représentants vivants de l'ancienne faune d'Europe. Les Pulmonés d'eau douce (*Limnæidæ*) se trouvent dans le Wealdien d'Angleterre, mais l'on n'a pas trouvé sur le continent de Pulmonés terrestres dans des couches plus anciennes que les tertiaires, et ils y sont représentés par des formes génériquement, et même dans un cas, spécifiquement identiques avec des types vivants du nouveau monde (*Megaspira*, *Proserpina*, *Glandina* et *Helix labyrinthica*). Sir Charles Lyell a découvert dans les couches de charbon de la Nouvelle-Écosse un seul échantillon d'une coquille inverse et striée, qui semble être une *Clausilia*.

La dentition linguale des Pulmonés confirme d'une manière remarquable les vues relatives aux affinités de cet ordre et à sa valeur zoologique déduites des caractères plus saillants fournis par l'animal et par sa coquille. Les Pulmonés operculés ont des dents sur sept rangées longitudinales, comme les Paludines et les Littorines. Les inoperculés ont, sans exception, des rangées de dents très-nombreuses et semblables, à base large, ressemblant à un pavé tessellé. Leurs couronnes sont recourbées, et, soit pourvues d'aiguillons, soit dentées. Le ruban lingual est très-large, souvent presque aussi large que long, et le nombre des dents d'une rangée transversale, quoique ordinairement d'un tiers plus faible que le nombre de ces rangées, est quelquefois égal ou même supérieur à ce dernier nombre. Les rangées de dents sont droites, courbées, ou anguleuses : quand les rangées sont droites, les dents sont de forme semblable ; les courbes indiquent des modifications graduelles, et les angles coïncident avec de brusques changements de forme.

Fig. 122. — Dents linguales d'*Achatina* [1].

Le nombre absolu des dents est seulement un caractère spécifique, et atteint ordinairement son maximum dans les grandes espèces ; mais les *Helicellæ* ont proportionnellement moins de dents que les *Helix*, et les *Velletia* moins que les *Ancylus* ; il paraît que le genre anormal des *Amphibola* (p. 271) a une langue armée de dents semblables à celles des Limaces.

[1] Fragment de la membrane linguale de l'*Achatina fulica*, avec la dent centrale et deux des latérales plus grossies ; d'après un échantillon communiqué par M. J. W. Laidlay.

Un tiers environ de la membrane linguale est étendu sur la langue; le reste a ses bords roulés ensemble et est logé dans un sac ou canal dentaire qui diverge en bas, depuis la partie postérieure de la bouche, et se termine en dehors de la masse des muscles buccaux [1].

On peut voir la manière dont la langue fonctionne, en plaçant une Limnée ou un Planorbe dans un verre d'eau, à l'intérieur duquel ont commencé à croître des conferves ; on remarquera que ces animaux sont constamment occupés à nettoyer les parois de cet enduit. La lèvre supérieure et sa mandibule sont soulevées, la lèvre inférieure, qui est en forme de fer à cheval, s'étale, la langue est poussée en dehors et appliquée contre la surface pendant un instant, et ensuite retirée; ses dents brillent comme du papier de verre, et chez les Limnées, elles sont si flexibles, que souvent elles s'accrochent contre des points saillants, et sont légèrement déformées en vibrant sur la surface.

« Le développement des Pulmonés inoperculés a été étudié par van Beneden et Windischmann [2], par Oscar Schmidt [3], et par Gegenbaur [4] ; le mémoire de ce dernier auteur contient des informations détaillées sur les *Limax* et les *Clausilia*, et quelques notes importantes relatives aux *Helix*.

« Le vitellus subit une segmentation complète. La première période du développement consiste dans la séparation de l'embryon en deux parties dont l'une correspond au manteau et l'autre au pied. La partie antérieure du corps, en avant du manteau, se dilate et forme un sac contractile, homologue du *velum* des Gastéropodes marins, que l'on a vu éprouver des contractions semblables chez les *Doris, Polycera* et *Æolis*. (Gegenbaur.) Van Beneden et Windischmann avaient donné à cette vésicule contractile le nom de *sac vitellin* ; mais c'est un organe très-différent du vrai sac vitellin, qui n'existe que chez les Céphalopodes parmi les Mollusques.

« Une dilatation contractile semblable existe à l'extrémité du pied, et les contractions de cette vésicule « caudale » et de la vésicule « vitellaire » alternent, de manière à produire une espèce de circulation avant le développement du cœur.

« Les tentacules buccaux et les organes qui environnent la bouche, sont les derniers à se compléter.

« Il existe pendant le développement embryonnaire, une glande particulière fixée aux parois de la vésicule « vitellaire, » et que Gegenbaur et Schmidt comparent à un corps de Wolff.

« Gegenbaur attire l'attention sur le fait que le premier rudiment de la coquille chez les *Limax, Clausilia*, et probablement *Helix*, n'est pas

---

[1] Thomson, *Annals of Nat. Hist.*, février 1851.

[2] *Recherches sur l'embryogénie des Limaces.* Müller's Archiv, 1841.

[3] Ueber die Entwickelung von *Limax agrestis*. Müller's Archiv, 1851.

[4] Beiträge zur Entwickelungsgeschichte der Landgastcropoden. Siebold und Kölliker, *Zeitschr. für wiss. Zoologie*. 1852.

sécrété sur l'extérieur du manteau, comme chez les autres Gastéropodes, mais est déposé sous la forme de granules calcaires en dedans de sa substance.

« Ainsi donc, si les observations faites sur les *Clausilia* et les *Helix* peuvent s'étendre au reste de l'ordre, les Gastéropodes terrestres se distinguent, non-seulement par l'existence de corps de Wolff et d'organes contractiles spéciaux, qui servent à la respiration et à la circulation pendant la vie embryonnaire, mais encore par le mode particulier de développement de leurs coquilles. Le premier développement de la coquille en dedans de la substance du manteau (disposition qui n'avait été encore trouvée que chez les Céphalopodes) est jusqu'à présent un fait isolé, sans parallèle parmi les autres familles de Gastéropodes. » (Huxley.)

Famille I. — Helicidæ [1].

Coquille externe, ordinairement bien développée et capable de contenir l'animal entier ; ouverture fermée par un épiphragme pendant l'hibernation [2].

Animal à tête courte, rétractile, avec quatre tentacules cylindriques rétractiles, ceux de la paire supérieure les plus longs et portant des taches oculaires à leur sommet. Corps spiral, distinct du pied ; orifice respiratoire sur le côté droit, au-dessous du bord de la coquille ; orifice reproducteur près de la base du tentacule oculaire droit ; bouche armée d'une mandibule supérieure cornée, dentée, en forme de croissant ; membrane linguale oblongue, dents centrales peu développées, dents latérales nombreuses, semblables entre elles.

Helix, L. [3].

Type, H. pomatia, L. Hélice vigneronne.

Étymologie, helix, une spire.

Coquille ombiliquée, perforée ou imperforée, discoïde, globuleuse, déprimée ou conoïde ; ouverture transverse, oblique, en croissant ou arrondie ; bords distincts, séparés, ou réunis par une callosité.

Animal ayant un pied long, pointu en arrière ; dents linguales ordinairement en rangées droites ; dents du bord dentelées.

Distribution, en y comprenant les sous-genres, on connait plus de 1,600 espèces ; il reste encore à décrire plusieurs centaines d'espèces. De tout le globe ; s'étendant au nord jusqu'à la limite polaire des arbres, et au sud jusqu'à la Terre-de-Feu, mais beaucoup plus abondants dans

---

[1] L'histoire de cette famille est tirée surtout de la *Monographia Heliceorum*, du docteur L. Pfeiffer.

[2] L'*épiphragme* est une couche de mucus durci, renforcé quelquefois de carbonate de chaux ; il est toujours finement perforé en face de l'orifice respiratoire.

[3] La synonymie de ce genre remplirait plusieurs pages. Voy. p. 49.

les climats chauds et humides. D'Orbigny a observé, dans l'Amérique du Sud, 6 espèces à des altitudes dépassant 5,550 mètres, et Layard a trouvé, à Ceylan, l'*H. Gardneri* à une altitude de 2,440 mètres.

Les espèces des îles tropicales et australes sont pour la plupart spéciales. Plusieurs des petites espèces d'Angleterre, et même la grande Hélice chagrinée (*H. aspersa*), ont été naturalisées dans les colonies les plus éloignées. Les Napolitains et les Brésiliens mangent les escargots.

Fossiles, environ 200 espèces. Éocène—. Europe.

Sections, *Acavus*, Montf. Coquille imperforée, H. hæmastoma, Pl. XII, *fig.* 1.

Geotrochus (*lonchostoma*) Hasselt. Trochiforme, aplati en dessous.

Polygyra, Say. Déprimé, tours nombreux, H. polygyrata, Pl. XII, *fig.* 2.

Tredopsis, Raf. Ouverture contractée par des saillies dentiformes. H. hirsuta, Pl. XII, *fig.* 5.

Carocolla, Lam. Péristome continu, H. lapicida. Pl. XII, *fig.* 3.

Sous-genres, *Anastoma*, Fischer. (Tomigerus, Spix.) H. globulosa. Pl. XII, *fig.*4. Ouverture de l'adulte tournée en haut, grimaçante; 4 espèces. Brésil.

Hypostoma (Boysii), Albers; petite Hélice de l'Inde, chez laquelle l'ouverture est tordue d'une manière analogue.

Lychnus (Matheroni, Req.); coquille semblable, mais sans dents à 'ouverture; on en trouve trois espèces dans les tertiaires éocènes de la France méridionale.

Streptaxis, Gray, H. contusa. Pl. XII, *fig.* 6; suglobuleux, tours inférieurs en retrait sur l'axe des supérieurs; 54 espèces. Brésil, Afrique occidentale, Iles Mascareignes, Asie méridionale.

Sagda, Beck, H. epistylium, Pl. XII, *fig.* 7. Imperforé, conoïde–globuleux; tours serrés; ouverture lamelleuse en dedans, bord tranchant. 5 espèces. Jamaïque.

Proserpina (nitida), Guilding. *Coquille* déprimée, brillante, calleuse en dessous; ouverture dentée en dedans; péristome tranchant.

Distribution, 6 espèces. Jamaïque, Cuba, Mexique.

Fossiles. Éocène—.Ile de Wight. (F. Edwards.)

Helicella, Lam. [1].

Type, H. cellaria. Pl. XII, *fig.* 8. *Coquille* mince, déprimée; péristome tranchant, non réfléchi. Dents linguales marginales munies de pointes. 110 espèces.

Stenopus (cruentatus), Guild.

Synonymes, Nanina (citrina), Gray; Ariophanta (lævipes. Pl. XII, *fig* 9), Desm.

Coquille mince, polie : péristome mince, non réfléchi.

---

[1] Le docteur Gray employait précédemment pour ce groupe le nom de *Zonites*, donné primitivement par Montfort à l'*Helix algira;* dans ses derniers travaux il adopte le nom de *Helicella*.

Animal à queue tronquée et glandulaire, semblable à celle d'un *Arion* ; bords du manteau développés, couvrant en partie la coquille.

Distribution, 295 espèces. Asie méridionale et ses îles, Nouvelle-Zélande, îles du Pacifique, Antilles.

Tanystoma (tubiferum), Benson, 1856. *Coquille* semblable à celle d'un *Anastoma*, petite, ombiliquée ; ouverture disjointe, tubiforme, dentée. Bords de l'Irawaddi, au-dessus de Prome.

Pfeifferia (micans), Gray ; c'est une *Nanina* qui manque du pore muqueux caudal. Philippines.

Vitrina, Draparnaud.

Type, V, Draparnaldi. Pl. XII, *fig.* 28.

Synonyme, Helicolimax, Fér.

Coquille imperforée, très-mince, déprimée ; spire courte, dernier tour grand ; ouverture grande, en croissant ou arrondie, bord columellaire légèrement infléchi, péristome souvent membraneux.

Animal allongé, trop gros pour pouvoir se retirer complétement dans sa coquille ; queue très-courte ; manteau réfléchi sur le bord de la coquille, et muni d'un lobe postérieur sur le côté droit. Dents linguales (conformes au type de la Famille) présentant 100 rangées longitudinales, chacune de 75 dents ; dents marginales ayant une seule pointe longue et recourbée. (Thomson.) Quelquefois carnassiers comme les Limaces.

Les *V. Cuvieri* et *Freycineti* (Helicarion, Fér.) ont la queue plus longue, tronquée plus brusquement, avec une glande caudale comme celle des *Arion*, et un manteau plus développé.

Distribution, 87 espèces ; surtout abondantes dans les parties septentrionales de l'ancien monde.

Sous-genres, *Daudebardia*, Hartm. (Helicophanta, Fér.) V. brevipes. Pl. XII, *fig.* 29.

Coquille perforée, enroulée horizontalement, ouverture oblique, ample. 8 espèces. Europe centrale.

Simpulopsis (sulculosa), Beck.

Coquille à formes de Succinée. 5 espèces. Brésil.

Succinea, Draparnaud. Ambrette.

Type, S. putris. Pl. XII, *fig.* 23.

Synonymes, Cochlohydra, Fér. ; Helisiga (S. Helenæ), Less. ; Amphibulima (patula), Beck ; Pelta (Cumingii), Beck.

Coquille imperforée, mince, ovale ou oblongue ; spire petite ; ouverture grande, en ovale oblique ; columelle et péristome simples, tranchants.

Animal grand, tentacules courts et gros, pied large ; dents linguales comme celles des Helix ; la S. *putris* a 50 rangées de 65 dents chacune.

(Thomson.) Habite les lieux humides, mais entre rarement dans l'eau.

Distribution, 155 espèces. De tout le globe.

Fossiles, 7 espèces. Éocène. Angleterre.

Sous-genre, *Omalonyx*, D'Orbigny. O. unguis. Pl. XII, *fig.* 24.

Coquille ovale, convexe, translucide· spire presque nulle; bords tranchants.

Animal grand, limaciforme; coquille placée sur le milieu du dos; manteau légèrement réfléchi sur elle tout le tour.

Distribution, 2 espèces. Bolivie, Juan Fernandez.

BULIMUS, Scopoli.

Étymologie? boulimos, faim extrême (par allusion à leur voracité!).

Synonyme, Bulinus, Brod. (non Adams.)

Type, B. oblongus. Pl. XII, *fig.* 10.

Coquille oblongue ou turriculée; ouverture à bords longitudinaux inégaux, inermes ou dentés; columelle entière, renversée extérieurement ou presque simple; péristome simple ou étalé.

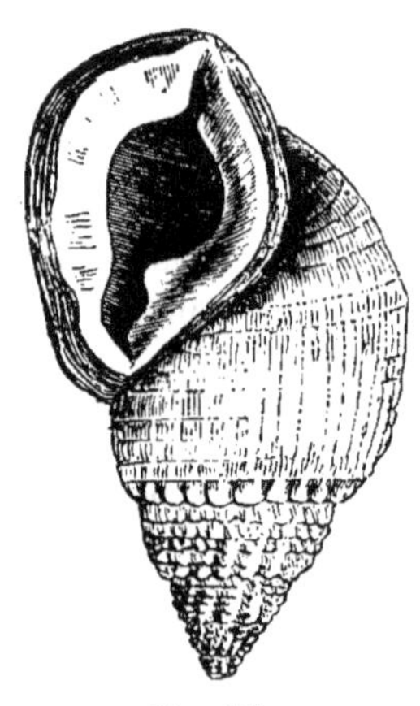

Animal semblable à celui d'un Helix.

Le *B. ovatus* arrive à une longueur de plus de 15 centimètres, et on le vend sur le marché de Rio; il dépose parmi les feuilles mortes ses œufs qui ont une coque cassante; les jeunes ont 25 millimètres au moment de leur naissance. (V. p. 45, *fig.* 31.)

Sections. Ondontostomus (Gargantua), Beck; ouverture dentée, 5 espèces. Brésil.

Pachyotis, Beck (Caprella, Guild.), *fig.* 12 ,[1].

Partula, Fér. P. faba. Pl. XII, *fig.* 13. Tahiti; 26 espèces. Asie, Australie, îles du Pacifique, Amérique du Sud. L'animal est ovovivipare.

Gibbus (Lyonnetianus), Montf.

Coquille bossue. Maurice; 2 espèces.

Bulimulus, Leach. B. decollatus. Pl. XII, *fig.* 11 et 12

Fig. 125.

Coquille petite, bord tranchant. Plus de 300 espèces. Angleterre; 3 espèces.

Zua, Leach. Z. lubrica. Pl. XII, *fig.* 14.

Coquille polie, columelle légèrement tronquée; 6 espèces.

Azeca, Leach. A. tridens. Pl. XII, *fig.* 15.

Coquille polie, péristome épaissi et denté; 4 espèces vivantes.

---

[1] Fig. 125 *Bulimus auris-vulpina,* Chemn. C'est la grande espèce éteinte de Sainte-Hélène. Figuré d'après un échantillon donné par M. Ch. Darwin. Voy. son *Journal of Voyage round the World.*

Distribution, 1120 espèces. Répandus partout.

Fossiles, 30 espèces. Éocène —. Europe, Sainte-Hélène, Australie, Antilles.

Le *B. Guadalupensis* se trouve dans le calcaire récent de la Guadeloupe, avec des débris humains.

ACHATINA, Lam.

Type. A. variegata. Pl. XII, *fig.* 22.

Synonymes, Cochlitoma, Fér. ; Columna, Perry; Subulina (octona), Beck; Liguus (virgineus), Montf. ; Cionella (acicula), Jeffreys.

Coquille imperforée, bulimiforme ; columelle tordue, et tronquée en avant ; ouverture ovale, anguleuse en arrière ; péristome simple, tranchant.

Animal semblable à celui d'un Helix. Les grandes Achatines africaines sont les plus grands de tous les mollusques terrestres; elles atteignent une longueur de 20 centimètres; leurs œufs ont plus de 2 centimètres et demi de longueur, et sont recouverts d'une coquille calcaire.

Distribution, 570 espèces. Europe, Afrique, Asie et Amérique tropicale.

Fossiles, 19 espèces. Éocène —. Europe et Sainte-Hélène.

Sous-genres, Glandina (voluta), Schum. ; (Oleacina, Bolten; Polyphemus, Montf.)

Coquille oblongue, fusiforme ; ouverture étroite, elliptique.

Animal deux fois aussi long que la coquille; pédoncules oculaires déviés au sommet, au delà des yeux ; tentacules beaucoup plus courts, également déviés; lèvres allongées, tentaculaires. Fréquentant les lieux bas et humides; une espèce tenue en captivité refusa une nourriture végétale, mais mangea un autre mollusque. (Say.) 186 espèces. Antilles, Amérique centrale, Mexique, Floride.

Fossiles. Éocène —. *Glandina costellata*, île de Wight. (F. Edwards.)

Achatinella (vulpina), Sw. (Helicteres, Fér.) Columelle tordue en un fort pli dentiforme. Iles Sandwich, 25; Mariannes, 2 ; Ceylan, 1.

PUPA, Lamarck. Maillot.

Type, P. uva. Pl. XII, *fig.* 16.

Synonyme, Torquilla (juniperi), Studer.

Coquille à ombilic fendu ou perforée, cylindrique ou oblongue; ouverture arrondie, souvent dentée [1]; bords distants, réunis le plus souvent par une lame calleuse.

Animal à pied court, pointu en arrière ; tentacules inférieurs courts.

---

[1] Le docteur Pfeiffer appelle *pariétales* les dents qui sont placées sur le dernier tour, *palatines* celles qui sont sur le bord externe, et *columellaires* celles qui sont sur le bord interne.

Distribution, 236 espèces. Groënland, Europe, Afrique, Inde, îles du Pacifique, Amérique du Nord et du Sud.

Fossiles, 40 espèces. Carbonifère. Amérique (Dawson). Éocène —. Europe.

Sous-genres, Vertigo, Müll. V. Venetzii. Pl. XII, *fig*. 17.

Coquille petite, quelquefois senestre.

Animal à tentacules buccaux rudimentaires ou presque nuls. 12 espèces. Ancien monde.

Spiraxis, C. B. Adams, 1850.

Type, Achatina anomala, Pfeiffer.

Coquille ovale-oblongue, fusiforme, ou cylindrique ; dernier tour atténué ; ouverture étroite, bord droit ordinairement infléchi, columelle plus ou moins tordue ; base à peine tronquée, munie d'une lame calleuse profondément entrante.

Distribution, 30 espèces. Antilles, Mexique, Juan Fernandez.

Stenogyra, Shuttleworth, 1854. *Coquille* allongée, turriculée, à tours nombreux, semi-transparente et émoussée au sommet ; péristome simple ; coquille fréquemment décollée.

Animal assez semblable à un Bulime ; dents rachidiennes médianes petites.

Distribution, 50 espèces. Amérique tropicale.

Cylindrella, L. Pfeiffer.

Type, C. cylindrus. Pl. XII, *fig*. 20 [1].

Synonymes, Brachypus, Guild. ; Siphonostoma, Sw.

Coquille cylindrique ou pupiforme, quelquefois senestre, à tours nombreux ; sommet de l'adulte tronqué ; ouverture circulaire ; péristome continu, étalé.

Animal semblable à celui d'une Clausilie ; pied court, tentacules buccaux petits.

Distribution, 143 espèces. Antilles, Mexique, Texas, Amérique méridionale.

Balea, Prideaux.

Type, B. perversa. Pl. XII, *fig*. 21.

Synonyme, Fusulus, Fitz.

Coquille grêle, ordinairement senestre, fusiforme, à tours nombreux ; ouverture ovale ; péristome tranchant, bords inégaux, paroi de l'ouverture avec un seul pli ; columelle simple.

Animal ressemblant à un Helix ; dents 20-20 ; 130 rangées. (Thomson.)

Distribution, 8 espèces. Norwége, Hongrie, Nouvelle-Grenade, Tristan

---

[1] Cette figure est faite d'après un échantillon de la collection de M. Cuming, chez lequel le sommet vide, et ordinairement décollé, est resté adhérent à la coquille.

d'Acunha. L'espèce d'Angleterre se trouve à Porto Santo, mais très-rarement et seulement sur le plus haut pic, à une altitude de 507 mètres. (Wollaston.)

Fossile, 1 espèce. Éocène

Sous-genre, Megaspira (elatior), Lea. Pl. XII, *fig.* 18.

Coquille dextre, columelle à plis transverses.

Distribution, 1 espèce. Brésil.

Fossile, 1 espèce. Éocène —. Reims.

Tornatellina, Beck.

Étymologie, diminutif (ou terminaison patronynique) de *Tornatella*.

Type, T. bilamellata, Ant.

Synonymes, Strobilus, Anton ; Elasmatina, Petit.

Coquille imperforée, ovale ou allongée : ouverture semi-lunaire, bords inégaux, disjoints ; columelle tordue, tronquée ; bord interne muni d'un pli.

Distribution, 27 espèces. Cuba, Amérique du Sud, Juan Fernandez, îles du Pacifique, Nouvelle-Zélande.

Paxillus, A. Adams.

Type, P. adversus, Ad. ; Bornéo.

Coquille petite, pupiforme, senestre, à ombilic fendu ; spire aiguë ; ouverture semi-ovalaire, remontant sur le dernier tour ; bord interne étalé, muni d'un pli ; bord externe étalé, échancré en avant.

Clausilia, Draparnaud.

Étymologie, diminutif de *clausum*, un lieu fermé.

Synonyme, Cochlodina, Fér.

Exemple, C. plicatula, Draparnaud (= C. Rolphii, Leach). Pl. XII, *fig.* 19.

Coquille fusiforme, senestre ; ouverture elliptique ou pyriforme, contractée par des lamelles, et fermée, lorsqu'elle est adulte, par une plaque calcaire mobile (*clausilium*) qui se trouve dans le cou.

Animal à pied court, obtus ; tentacules supérieurs courts, les inférieurs très-petits. La *C. bidens* a 125 rangées de 50 dents chacune. La *C. nigricans* a 90 rangées de 40 dents chacune.

Distribution, 386 espèces. Europe, Asie, Afrique et Amérique du Sud.

Fossiles, 20 espèces. Éocène —. Angleterre et France. Couches carbonifères de la Nouvelle-Écosse. (Lyell.)

Famille II. — Limacidæ. Limaciens.

Coquille petite ou rudimentaire, ordinairement interne, ou en partie cachée par le manteau, et placée au-dessus de la cavité respiratoire.

Animal allongé ; corps non distinct du pied ; tête et tentacules rétractiles ; 4 tentacules cylindriques, la paire supérieure portant des yeux :
manteau petit, en bouclier ; orifices respiratoire et excréteur sur le côté
droit.

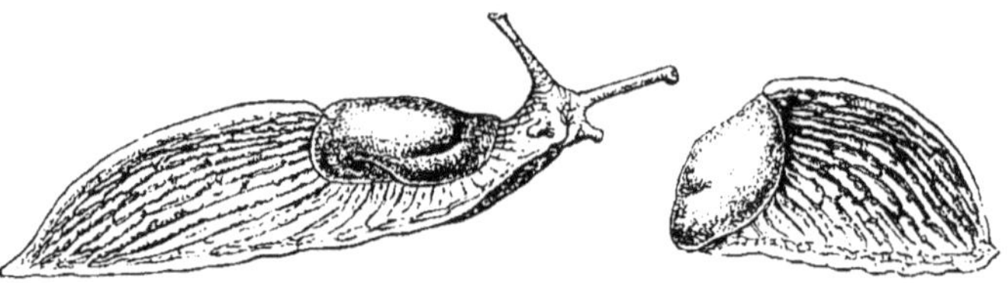

Fig. 124. — *Limax Sowerbyi*, Fér., Angleterre.

LIMAX, L. Limace.

Type, L. maximus Pl. XII, *fig.* 25. (L. cinereus, Müller.)

Coquille interne, oblongue, aplatie, ou faiblement concave en dessous,
nucléus postérieur ; bords membraneux ; épiderme distinct.

Animal à pied pointu et caréné en arrière ; manteau en bouclier sur
la partie antérieure du dos, granuleux ou marqué de stries concentriques ; orifice respiratoire sur le côté droit, près du bord postérieur du
manteau ; orifice reproducteur près de la base du tentacule oculifère
droit ; dents linguales tricuspides, celles qui sont près du bord simples,
pointues.

Les Limaces se relient aux Hélices par les Vitrines ; leurs dents sont
semblables, mais ont des dentelures plus allongées. Leur disque de reptation, ou *sole*, s'étend sur toute la longueur du corps ; mais elles relè-
vent souvent la tête comme les Helix, et remuent leurs tentacules en
quête des objets qui sont au-dessus d'elles. Elles montent souvent aux
arbres, et quelques espèces peuvent se laisser descendre sur le sol par
un fil muqueux. Lorsqu'elles sont inquiétées, elles retirent leur tête au-
dessous du manteau, comme cela se voit dans la figure 124. Les Limaces
se nourrissent principalement de matières végétales et animales en décomposition ; elles pondent leurs œufs à quelque moment que ce soit du
printemps et de l'été, lorsque le temps est humide, et elles s'enfoncent
dans la terre pendant la sécheresse et le gel. Le *Limax noctilucus*, Fér.
(Phosphorax, Webb), qui se trouve à Ténériffe, a un pore lumineux dans
le bord postérieur du manteau.

Distribution. 51 espèces. Europe, Canaries, îles Sandwich, Australie.

Fossiles, Éocène —. Angleterre. L'*Ancylus? latus*, Edw., de l'île de
Wight, semble être une Limace.

Sous-genre, Geomalacus (*maculosus*) Allman. Irlande.

Coquille unguiforme. *Animal* à glande muqueuse à l'extrémité de la
queue ; orifice respiratoire près du bord antérieur droit du manteau.

ANADENUS, Heynemann, 1863.

Coquille circulaire, calcaire, à nucléus postérieur; manteau grand et rugueux : orifice respiratoire sur le côté droit et près du milieu du manteau : orifice génital éloigné du précédent et situé derrière le tentacule droit. Surface dorsale non sillonnée ; queue pointue, sans glande muqueuse.

Distribution, 2 espèces. Himalaya.

INCILARIA, Benson.

Type, I. bilineata, Cantor. Chusan.
Synonyme? Meghimatium, Hasselt.

Animal allongé, atténué en arrière, entièrement couvert d'un manteau ; 4 tentacules, les supérieurs portant des yeux, les inférieurs entiers; orifice respiratoire sur le côté droit, près de la partie antérieure du manteau.

Distribution, 6 espèces. Amérique du Nord, Chine.

Philomycus (Raf.) Fér. = Tebennophorus, Binney, 1842, *Boston Society's Journal* (Helix Carolinensis, Bosc). C'est aussi une Limace à long manteau.

ARION, Férussac.

Type, A. empiricorum, Fér.
Synonyme, Limacella, Brard.

Coquille ovale, concave, ou représentée par de nombreux granules calcaires irréguliers.

Animal limaciforme : orifice respiratoire du côté droit, près de la partie antérieure du manteau ; orifice reproducteur immédiatement au-dessous du précédent ; queue arrondie, légèrement tronquée, terminée par une glande du mucus. Dents linguales comme chez les Limax ; l'A. *empiricorum* a 160 rangées de 101 dents chacune. Les Arion dévorent parfois des substances animales, telles que des lombrics morts, ou des individus blessés de leur propre espèce. Ils pondent de 70 à 100 œufs entre mai et septembre ; ces œufs éclosent au bout de 26 à 40 jours, et les jeunes arrivent à toute leur grosseur en un an; ils commencent à pondre un mois ou deux avant la fin de ce temps. Les œufs de l'A. *hortensis* sont très-phosphorescents pendant les quinze premiers jours. (Bouchard.)

Distribution, 20 espèces. Norwége, Angleterre, Espagne, Afrique méridionale.

Fossile. Pliocène récent. Maidstone. (Morris.)

Plectrophorus (*corninus*, Bosc), Fér. 5 espèces. Ténériffe. Représenté comme ayant une petite coquille conique sur la queue ; observation probablement erronée.

PARMACELLA, Cuvier.

Type, P. Olivieri, Cuvier.
Étymologie, parma, un petit bouclier.
Synonyme? Peltella (americana), van Beneden.
Coquille cachée. oblongue, presque plate, à sommet subspiral.
Animal semblable à une Vitrine; pied grand, pointu en arrière, et pourvu d'un pore muqueux; manteau petit, en bouclier, placé sur le milieu du dos, cachant complétement ou en partie la coquille. La *P. calyculata*, Sby. (Cryptella, Webb) Pl. XII, *fig.* 27, est patelliforme, avec une spire papillaire visible au dehors.
Distribution, 7 espèces. Europe méridionale, Iles Canaries, Inde septentrionale.

JANELLA, Gray, 1850 (non Grat., 1826).

Synonyme, Athoracophorus (!) Gould.
Type, Limax bitentaculatus, Quoy. Allongée, limaciforme, couverte d'un manteau à bords libres; dos sillonné; 2 tentacules rétractiles, naissant en dedans du bord du manteau; orifice respiratoire à la droite du sillon dorsal; orifice reproducteur au-dessous du précédent et sous le manteau.
Distribution, Nouvelle-Zélande; sur les feuilles.

ANEITEA, Gray, 1860.

Manteau petit et triangulaire; ruban lingual ayant une seule dent médiane.
Distribution, 1 espèce. A. Macdonaldii. Nouvelles-Hébrides, Nouvelle-Calédonie.

PARMARION, Fischer, 1855.

Coquille surbaissée, en partie externe; manteau grand, à bord antérieur libre, mais couvert en arrière par la coquille; orifice génital derrière le tentacule droit.
Distribution, 4 espèces. Inde.

TRICONIOPHORUS, Humbert, 1863.

Manteau petit, triangulaire; dos ayant un sillon presque imperceptible; dents à bords ondulés.
Distribution, 3 espèces. Nouvelle-Galles du Sud.

VIQUESNELIA, Deshayes, 1857.

Coquille interne, rudimentaire, ovale, suborbiculaire, légèrement concave en-dessous, et épaissie sur les bords; sommet subcentral.

TESTACELLA, Cuvier.

Coquille petite, auriforme, située sur l'extrémité postérieure du corps.

Animal limaciforme, allongé et atténué vers la tête ; dos ayant deux sillons latéraux principaux d'où partent de nombreux sillons réticulés ; manteau pas plus grand que la coquille ; orifice respiratoire situé du côté droit, au-dessous du sommet subspiral de la coquille ; orifice reproducteur derrière le tentacule droit. Les Testacelles ont des habitudes

Fig. 125. — *Testacella haliotidea*, Fér. [1].

souterraines ; elles se nourrissent de vers de terre, et ne viennent à la surface du sol que pendant la nuit. Leur membrane linguale est très-grande et large, avec environ 50 rangées de 20.20 dents qui diminuent rapidement de dimension vers le centre ; chaque dent est grêle, barbelée à la pointe, légèrement renflée à la base, et munie d'une saillie sur le milieu de sa face postérieure.

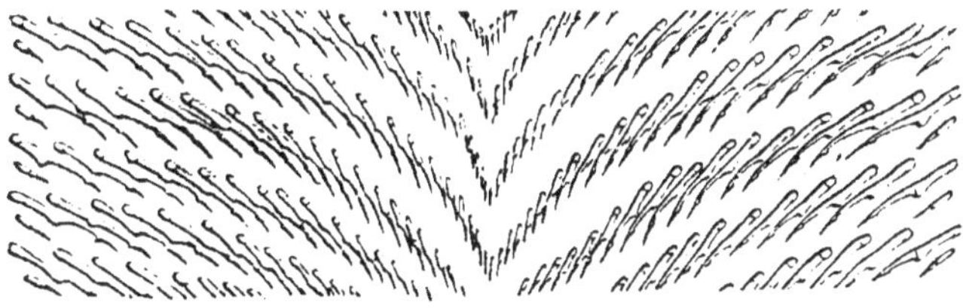

Fig. 126 [2].

Pendant l'hiver, et pendant les sécheresses, les Testacelles forment une sorte de cocon dans le sol au moyen de l'exsudation de leur mucus. Si l'on brise cette cellule, on peut voir l'animal complétement enveloppé de son mince manteau blanc opaque, qui se contracte rapidement jusqu'à ce qu'il ne dépasse que de peu le bord de la coquille. La figure 127 représente la *T. Maugei* (découverte récemment par M. Cumington, dans des champs près de Devizes)

Fig. 127. — *Testacella.*

[1] Individu arrivé à la moitié de sa croissance, et vu par le dos ; coquille et région caudale vues de profil ; tête vue par devant. D'après des échantillons communiqués par M. Arthur Mackie, de Norwich.

[2] Partie de la membrane linguale de la *T. haliotidea* d'après une préparation faite par M. Fisher Cocken, de Botesdale. La dentition ressemble à celle d'un Janthine.

au moment où l'on vient de la déranger de son sommeil; *s*, la coquille; *m*, le manteau contracté.

Distribution, 5 espèces. Europe méridionale, îles Canaries, Angleterre (introduite).

Fossiles, 2 espèces. Tertiaire.

FAMILLE III. — ONCIDIADÆ.

Animal limaciforme, complétement dépourvu de coquille, entièrement couvert d'un manteau coriace; tentacules cylindriques, rétractiles, portant des yeux à leur extrémité; pied beaucoup plus étroit que le manteau.

ONCIDIUM, Buchanan.

Type, O. Typhæ, Buch.
Étymologie, diminutif de *onkos*, un tubercule.
Animal oblong, convexe, ordinairement tuberculeux; tête ayant deux tentacules rétractiles qui portent les yeux; bouche recouverte d'un voile échancré; pas de mâchoires cornées; langue large, avec plus de 70 rangées de dents linguales (dans l'*O. celticum*), dents 54.1.54[1]; les dents centrales petites, triangulaires, avec une seule épine obtuse; dents latérales légèrement courbées; cœur d'opisthobranche; orifice respiratoire postérieur, distinct de l'anus; sexes réunis, organe ♂ sous le tentacule droit, organe ♀ à l'extrémité postérieure du corps.

Distribution, 16 espèces. Angleterre, Méditerranée, mer Rouge, Maurice, Australie, Pacifique.

Les *Oncidium* typiques vivent sur les plantes aquatiques, dans les marais des parties chaudes de l'ancien monde. Ceux qui fréquentent les bords de la mer ont été séparés sous le nom de *Peronia*, Bl. (*Onchis*, Fér.) Une espèce (*O. celticum*) se trouve sur la côte du Cornouailles, réunie par petits groupes, à environ un pied ou deux du bord de la mer, où les vagues viennent se briser sur eux. Ces mollusques montent et descendent, de manière à maintenir leur distance à mesure que la marée monte et descend; mais ils ne supportent pas une longue immersion dans l'eau de mer. (Couch.)

? *Buchanania* (*oncidioides*), Lesson; nom donné en l'honneur du docteur F. Hamilton Buchanan, le zoologiste de l'Inde.

Animal ovale, entièrement couvert d'un manteau simple; orifice respiratoire dans le milieu du dos; tête portant 4 tentacules, rétractile

---

[1] Cette manière d'indiquer le nombre des dents linguales de chaque série est assez commode; cela signifie qu'il y a une seule dent (symétrique) dans le centre, et 54 latérales (asymétriques) de chaque côté. Si l'on connaît le nombre des rangées de dents sur la membrane dentaire, on peut l'ajouter en dessous; ainsi : *Peronia Mauritiana* $\frac{80.1.80}{68}$.

au-dessous du manteau; pied ovale, beaucoup plus petit que le manteau; longueur 88 millimètres. Côtes du Chili. (Genre demandant de
nouvelles études.)

Vaginulus, Férussac.

Type, V. Taunaisii, Férussac.
Synonyme, Veronicella, Bl.

Animal allongé, limaciforme, entièrement couvert d'un manteau
épais, coriace, lisse ou granuleux; tête rétractile sous le manteau; tentacules 4, les supérieurs grêles, cylindriques, renflés au sommet et portant des yeux, les inférieurs courts, bifides; pied linéaire, pointu en
arrière; sexes réunis; orifice mâle derrière le tentacule droit, orifice
femelle sur le milieu du côté droit, en dessous du manteau; orifices
respiratoire et excréteur à l'extrémité postérieure, entre le manteau et
le pied.

Distribution, 20 espèces. Antilles, Amérique du Sud, Inde, Philippines. Habitent les forêts, dans le bois pourri et sous les feuilles.

Famille IV. — Limnæidæ.

Coquille mince, de couleur de corne, capable de contenir tout l'animal
lorsqu'il est rétracté; ouverture simple, lèvre tranchante; sommet quelquefois érodé.

Animal à mufle court, dilaté; 2 tentacules portant des yeux sessiles
à leur base interne; bouche armée d'une mandibule supérieure; langue
ayant des dents semblables à celles des Helix. Les Limnéides habitent
les eaux douces de toutes les parties du monde; elles se nourrissent
principalement de feuilles mortes, et déposent leur frai sous la forme
de masses transparentes oblongues, sur les plantes aquatiques et les
pierres. Elles glissent souvent sous la surface de l'eau, la coquille en
bas; elles hivernent, ou passent la saison sèche dans la vase.

Les Gastéropodes d'eau douce (y compris les Nérilines) peuvent se
laisser descendre des plantes aquatiques par un fil muqueux *et remonter
par le même procédé;* l'on peut même soulever une Physe hors de
l'eau par son fil.

Limnæa[1], Lamarck.

Étymologie, limnaios, marécageux.
Type, L. stagnalis, *fig.* 128. Pl. XII, *fig.* 30.

Coquille spirale, plus ou moins allongée, mince, translucide; dernier
tour grand, ouverture arrondie en avant; columelle obliquement tordue.

Animal à tête courte, large; tentacules triangulaires, comprimés;

---

[1] Les adjectifs employés comme noms de coquilles devraient avoir une terminaison féminine.

dents linguales (*L. stagnalis*) 55.1.55, sur environ 110 rangées; dents centrales petites, les latérales bicuspides; dentelures internes les plus grandes. La *L. peregra* se nourrit des algues vertes d'eau douce; la *L. stagnalis* préfère les substances animales.

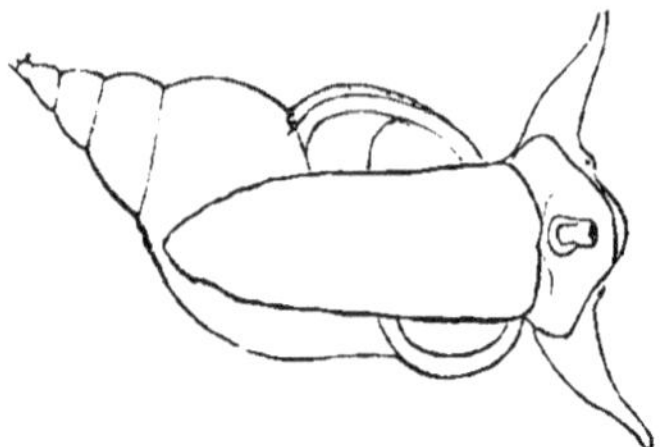

Fig. 128. — *L. stagnalis.*

Distribution, 90 espèces. Europe, Madère, Inde, Chine, Amérique du Nord.

Fossiles, 70 espèces. Wealdien —. Angleterre, France.

Sous-genre, Amphipeplea, Nilsson; A, glutinosa. Pl. XII, *fig.* 31.

Coquille globuleuse, hyaline.

Animal à manteau lobé, pouvant s'étendre sur la coquille. 5 espèces. Europe, Philippines.

Chilinia, Gray.

Exemple, C. pulchra, D'Orbigny, *fig.* 129.

Synonyme, Dombeya, D'Orbigny,

Coquille ovale, mince, ornée de taches ou de bandes onduleuses foncées; columelle épaissie, avec un ou deux forts plis.

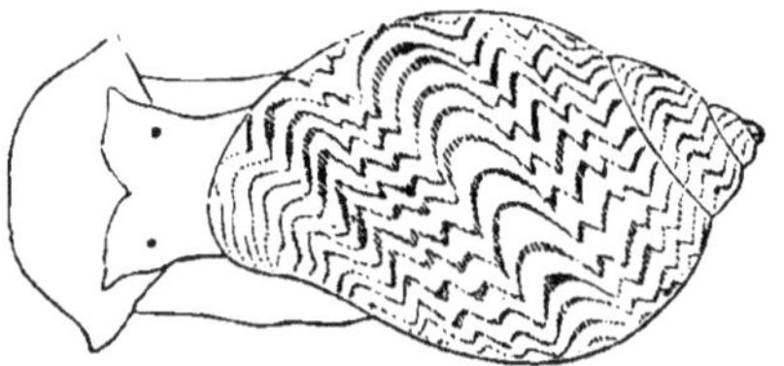

Fig. 129. — *C. pulchra.*

Distribution, 18 espèces. Amérique du Sud; dans les eaux claires et courantes.

Fossile, 1 espèce. Miocène. Rio Negro, Patagonie. (d'Orb.)

Physa, Draparnaud.

Type, P. fontinalis. Pl. XII, *fig.* 32.

Étymologie, physa, une poche.

Synonymes, Bulin, Adans.; Rivicola, Fitz.; Isidora, Ehr.

Coquille ovale, à spire senestre, mince, polie, ouverture arrondie en avant.

Animal à tentacules longs et grêles, portant les yeux à leur base; bords du manteau étalés et frangés de longs filaments.

La *P. hypnorum* (Aplexa, Fleming) a une spire allongée, les bords du manteau sont lisses.

Les *Physopsis,* Krauss, de l'Afrique méridionale, ont la base de la columelle tronquée.

Le genre *Camptoceras* (terebra), Benson, de l'Inde, a les tours disjoints et le péristome continu.

Distribution, 20 espèces. Amérique du Nord, Europe, Afrique méridionale, Inde, Philippines.

Fossiles, 45 espèces. Wealdien —. Angleterre, France. La plus grande espèce vivante (*P. Maugeræ*, Équateur?) a 52 millimètres de long. Une espèce fossile trouvée à Grignon mesure 55 millimètres, et une autre aussi grande se trouve dans l'Inde.

ANCYLUS, Geoffroy.

Étymologie, ancylus (ankulos), un petit bouclier rond.

Type, A. fluviatilis, Müller. Pl. XII, *fig.* 33 (Patella lacustris, L.)

Coquille conique, patelliforme, mince ; sommet postérieur, senestre; impression musculaire interne subspirale.

Animal semblable à celui d'une Limnée; tentacules triangulaires, avec les yeux à leur base: dents linguales 37.1.37, sur 120 rangées, les centrales petites, les latérales à longs crochets recourbés.

Distribution, 49 espèces. Amérique septentrionale et méridionale, Europe, Madère; sur les pierres et les plantes aquatiques, dans les ruisseaux d'eau vive.

Fossiles, 8 espèces. Éocène. Belgique.

Sous-genres, Velletia (oblonga, Lightfoot), Gray; (Acroloxus, Beck.)

Coquille et *Animal* dextres ; dents linguales 40, sur 75 rangées. 5 espèces. Antilles, Europe.

Fossiles, 2 espèces. Éocène. Angleterre, France.

Latia (neritoides), Gray; coquille patelliforme, ayant une plaque horizontale interne retroussée et échancrée d'un côté. 2 espèces. Nouvelle-Zélande.

PLANORBIS, Müller.

Synonyme, « Coret, » Adanson.

Type, P. corneus, Pl. XII, *fig.* 34.

Coquille discoïde, dextre, à tours nombreux: ouverture en croissant, péristome mince, incomplet, bord supérieur saillant.

Animal à pied court, arrondi ; tête courte, tentacules grêles, yeux à leur base interne; dents linguales subcarrées, les centrales et les marginales bicuspides, les latérales tricuspides; orifices excréteurs sur le côté gauche du cou.

Quelques espèces de Planorbes ont les sutures et la spire profondément enfoncées, et l'ombilic aplati; on rencontre des échantillons ayant la spire élevée (*fig.* 150 [1]). Une petite espèce, le *P. contortus*, a plus de 6,000 dents. (Cocken.) Le *P. corneus* sécrète un liquide pourpre. (Lister.) Le *P. lacustris*, (Segmentina, Fleming), a les tours rétrécis intérieurement par des cloisons périodiques, au nombre de trois par tour, avec des ouvertures triradiées. Le *P. armigerus* (Planorbula, Haldeman) a, dans l'ouverture, 5 dents qui ferment presque le passage.

Fig. 150.

Distribution, 145 espèces. Amérique du Nord, Europe, Inde, Chine.

Fossiles, 69 espèces. Wealdien —. Angleterre, France.

Gundlachia ancyliformis, Pfeiffer, 1850. Eaux douces de Cuba.

Coquille mince, en cône oblique ; sommet incliné postérieurement ; base fermée aux deux tiers par une lame aplatie, horizontale; ouverture semi-circulaire.

FAMILLE V. — AURICULIDÆ.

Coquille spirale, couverte d'un épiderme corné; spire courte, dernier tour grand; ouverture allongée, denticulée ; cloison interne graduellement absorbée.

Animal à mufle large et court; 2 tentacules cylindriques derrière lesquels sont placés les yeux sessiles ; bord du manteau épaissi; orifices comme dans les Hélicides ; pied oblong; sexes réunis ; bouche à mâchoire supérieure cornée; dents linguales nombreuses, celles de la série centrale distinctes, crochues, tricuspides. L'*A. livida* a environ 51 dents latérales (Lovén) ; une autre espèce examinée par M. Wilton en a 11 grandes latérales, et environ 100 plus petites (*uncini*) de chaque côté, diminuant graduellement vers les bords (*fig.* 151) ; *c* dents centrales, *l* latérales.

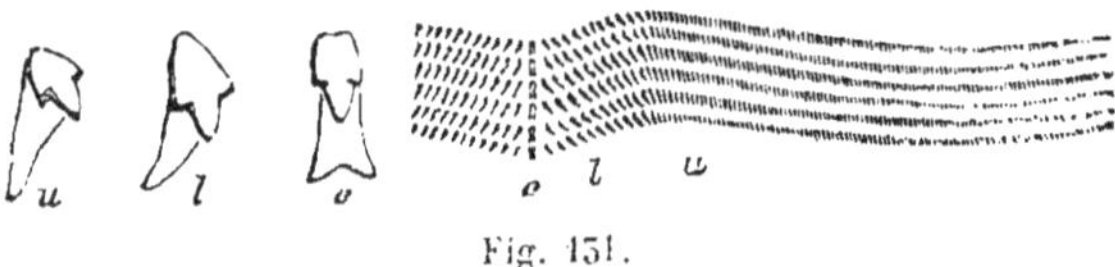

Fig. 151.

Les Auricules fréquentent les étangs salés, les lieux bas et humides, et les places inondées par la mer; on les a longtemps regardées

---

[1] *P. marginatus*, var.; Rochdale ; communiqué par M. J. S. Gaskoin.

comme des animaux marins, et leurs coquilles ont été confondues avec
celles des *Tornatella* et des *Ringicula*.

AURICULA, Lamarck.

Type, A. Judæ. Pl. XII, *fig*. 35.
Étymologie, auricula, une petite oreille.
Synonymes, Cassidula, Fér. (non Lam.); Marinula (pepita) King; Geo-
vula, Sw.
Coquille oblongue, à épiderme épais, sombre; spire obtuse; ouver-
ture longue, étroite, arrondie en avant, avec 2 ou 3 forts plis sur le bord
interne; bord externe étalé et épaissi.
Distribution, 94 espèces. Philippines, Célèbes, Fidgi, Australie, Pérou.
Fossiles, 28 espèces? Néocomien —. France.

Fig. 152. — *A. auris-felis* (d'après Eydoux et Souleyet).

L'*A. Judæ* a des tentacules tronqués. Les espèces typiques se trouvent dans les marais d'eau saumâtre des îles tropicales, sur les racines
des mangliers, et près des petits ruisseaux qui subissent l'influence des
marées. M. Adams a observé une espèce à une profondeur de près de
3^m,65.
Sous-genres, Polydonta, Fischer. *P. scarabæus*. Pl. XII, *fig*. 36. (Scara-
bus imbrium, Montfort.)
Coquille ovale, comprimée; spire aiguë, à tours nombreux, à varices
latérales; ouverture dentée sur ses deux bords.
Distribution, 54 espèces. Inde, Bornéo, Célèbes, îles du Pacifique.
Ces mollusques habitent les lieux humides, dans les bois rapprochés de
la mer, et sont tout à fait terrestres; ils se nourrissent de substances
végétales en décomposition. (Adams.) 1 espèce tertiaire.
Pedipes (afra), Adanson.
Coquille ovoïde, striée en spirale; ouverture denticulée des deux côtés;
l'animal recourbe son pied en marchant, comme les *Truncatella*.
Distribution, Antilles, Afrique, Philippines, îles du Pacifique; sous les
pierres, au bord de la mer.
Fossiles, 5 espèces. Eocène —. Angleterre, France.

CONOVULUS, Lamarck.

Type, C. coniformis, Brug. Pl. XII, *fig*. 37. (= Voluta coffea, L.?)
Synonymes, Melampus, Montfort; Rhodostoma, Sw.

Coquille en forme de cône obtus, lisse ; spire courte, à tours plats ; ouverture longue, étroite ; lèvre tranchante, denticulée en dedans ; columelle tordue en avant ; paroi de l'ouverture avec 1 ou 2 plis spiraux.

Animal à tentacules courts, subulés et assez comprimés ; pied divisé transversalement en deux parties qui avancent l'une après l'autre, lorsque l'animal marche.

Distribution, 56 espèces. Antilles, Europe. Dans les étangs salés, sur la plage : les espèces d'Angleterre ont une coquille mince et ovoïde, avec une spire médiocrement allongée, et une ouverture ovale. Elles forment le sous-genre *Alexia* (denticulata), Leach.

Fossiles, Éocène. Angleterre, France.

CARYCHIUM, Müller.

Type, C. minimum, Pl. XII, *fig.* 39.

Synonyme, Auricella, Hartm.

Coquille petite, oblongue, finement striée transversalement ; ouverture ovale, dentée, bords épaissis, réunis par une callosité.

Animal ayant 2 tentacules cylindriques mousses ; yeux noirs, sessiles, rapprochés l'un de l'autre ; situés derrière les tentacules.

Distribution, 9 espèces. Europe, Amérique du Nord. Sur les racines des plantes herbacées, dans les lieux humides, surtout près de la mer.

Fossiles, 3 espèces. Miocène —. Europe.

On suppose que le genre *Siphonaria*, décrit à la p. 292, est pulmoné et a à peu près les mêmes rapports avec les Auricules que les Ancyles ont avec les Limnées. La dentition linguale des Siphonaires est semblable à celle des Auricules ; les dents centrales sont distinctes, les latérales nombreuses et crochues.

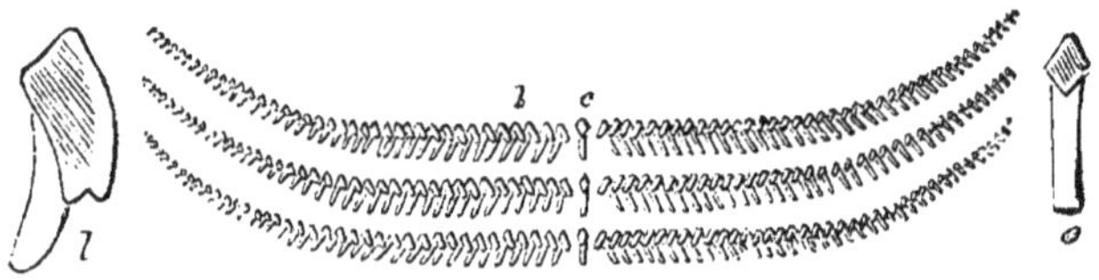

Fig. 155 [1].

SECTION B. — OPERCULATA [2].

Les gastéropodes terrestres operculés ressemblent extrêmement aux

[1] *Siphonaria* sp., du Cap ; trois rangées de dents ; c rangée centrale, l rangée latérale ; d'après une préparation par M. J. W. Wilton, de Gloucester.

[2] *Phaneropneumona* (poumons ouverts), Gray. Les détails relatifs à ce groupe sont principalement tirés du catalogue préparé par mon ami le docteur Baird.

Littorines et en diffèrent principalement par leur habitat et par le milieu dans lequel ils respirent. Ils ont un long mufle tronqué, 2 tentacules contractiles grêles, et leurs yeux sont sessiles sur les côtés de la
tête [1]. Le bord du manteau est simple ; la cavité pulmonaire est située
sur la partie dorsale du cou, et est tout à fait ouverte en avant. Ruban
lingual étroit ; dents en 7 séries.

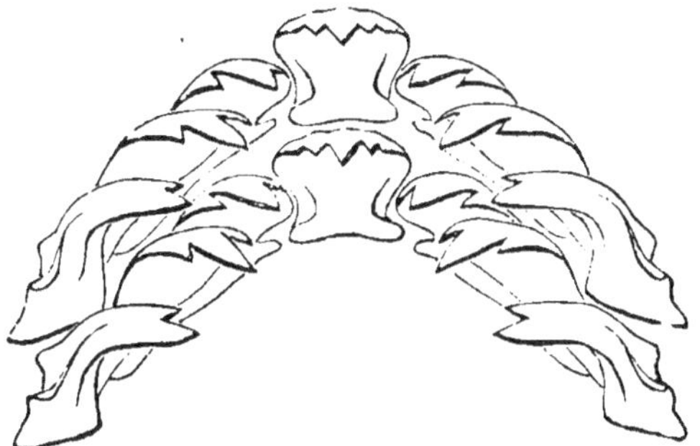

Fig. 134. — Dents linguales de *Cyclophorus* [2].

Les sexes sont distincts ; la coquille est spirale, et fermée par un
opercule offrant de nombreuses et curieuses modifications de structure,
caractérisant de petits groupes qui sont souvent spéciaux à des régions restreintes, comme c'est le cas pour les *Helicidæ*. Les espèces
fossiles les plus anciennes se trouvent dans les tertiaires éocènes.

FAMILLE VI. — CYCLOSTOMIDÆ.

Coquille spirale, rarement très-allongée, souvent déprimée, striée en
spirale ; ouverture presque circulaire ; péristome simple. Opercule distinctement spiral.
Animal à yeux portés sur de faibles saillies, à la base externe des tentacules ; tentacules seulement contractiles ; pied assez allongé.

CYCLOSTOMA, Lamarck.

Étymologie, *cyclos*, cercle, *stoma*, bouche.
Type, C. elegans, Pl. XII, *fig.* 40.
Synonymes, Leonia (mammillaris), et Lithidion, Gray.
Coquille turbinée, mince, axe perforé ; ouverture ovale ; péristome

---

[1] Les tentacules des *Helicidæ* sont rétractiles par invagination (p. 19), ceux des
Cyclostomidæ sont seulement contractiles.
[2] *C. aquilum*, Sby. (figure originale). D'après un échantillon récolté par M. J. W.
Laidlay, sur les degrés du grand temp'e de Moulmein, dans le Birman.

continu, simple, droit ou étalé ; épiderme très-mince. Opercule calcaire, à tours peu nombreux.

Animal à tentacules claviformes ; sole du pied divisée par un sillon longitudinal, les deux côtés se mouvant alternativement pendant la marche ; ces Mollusques appliquent souvent aussi l'extrémité de leur long
mufle sur le plan de progression et s'en servent comme les Troncatelles
pour s'aider à grimper.

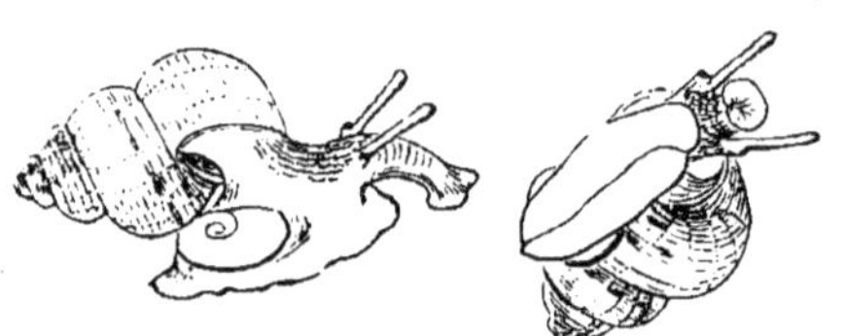

Fig. 155. — *Cyclostoma elegans*, de Charlton, Kent.

Distribution, plus de 160 espèces. Europe méridionale, Afrique, Madagascar. La seule espèce d'Angleterre, le C. *elegans*, se trouve sur les
sols calcaires ; il s'étend jusqu'aux Canaries et en Algérie, et se rencontre à l'état fossile dans les tertiaires récents. Près de la moitié des espèces ont les tours carénés en spirale, et ont été distinguées par Troschel sous le nom de *Tropidophora*. On les trouve à Madagascar et dans
les îles voisines, ainsi qu'à la côte d'Afrique.

Fossiles, 40 espèces. Éocène. Europe.

Sous-genres, *Otopoma* (foliaceum), Gray.

Coquille subglobuleuse, ombiliquée ; péristome ayant une saillie auriforme couvrant une partie de la perforation. Distribution, 15 espèces.
Arabie, Madagascar, Chine, Nouvelle-Irlande.

Choanopoma (lincina), Pfeiffer. *Coquille* souvent un peu décollée ;
péristome ordinairement double, le bord externe étalé à angle droit sur
le bord. Les *Lincina* (labeo), Br. ont le dernier tour détaché. Les *Jamaicia* (anomala), C. B. Adams, ont l'opercule convexe.

Distribution, 70 espèces. Antilles, et un petit nombre dans l'Amérique tropicale.

Cistula (fascia), Gray = *Tudora*, (megacheila), Gray. *Coquille* ovalaire
ou allongée, sommet ordinairement décollé, péristome libre ; opercule
ayant un mince revêtement calcaire externe. *Chondropoma* (semilabre),
Pfr., différant par son opercule « subcartilagineux. » *Distribution*, environ 70 espèces. Antilles, Amérique tropicale, 8 espèces.

Realia (hieroglyphica), Gray = Hydrocæna (part.), Parreyss ; Omphalotropis, Pfr. ; Liarea (Egea), Gray ; Bourciera (helicinæformis), Pfr. *Coquille* turriculée ou turbinée, perforée, péristome simple, droit ou
étalé ? opercule à tours peu nombreux, corné. *Distribution*, 17 espèces.
Canaries, ?Maurice, îles du Pacifique, Équateur (Bourciera).

Pomatias (maculatum), Studer. *Coquille* grêle, striée transversalement ;

péristome réfléchi ; opercule cartilagineux, cloisonné intérieurement.
Distribution, 18 espèces. Europe méridionale, Corfou, Inde.

Adamsiella (mirabilis), Pfeiffer, 1851 = Choanopoma. Pfr. (part.)
1847. « Opercule mince, assez cartilagineux. » *Distribution*, 12 espèces. Jamaïque, Démérara. Genre dédié à feu C. B. Adams, d'Amherst,
Massachusetts. *Cyclotopsis*, Blanford, Asie.

? Ferussina, Grateloup.

Étymologie, genre dédié au baron de Férussac.
Type, F. anastomæformis, Gr.
Synonyme, Strophostoma, Desh.
Coquille arrondie, déprimée, ombiliquée ; tours striés transversale-
ment en dessus, carénés en spirale en dessous ; ouverture tournée
obliquement en dessus, péristome simple. Opercule ?
Fossiles, 5 espèces. Miocène—. Dax, Turin.

Cyclophorus, Montfort.

Étymologie, cyclos, cercle, *phoreus*, qui porte.
Type, C. involvulus. Pl. XII, *fig.* 41.
Coquille déprimée, franchement ombiliquée ; ouverture circulaire,
péristome continu, droit ou étalé ; épiderme épais ; opercule corné, à
tours nombreux.
Animal à tentacules longs, grêles et pointus ; pied largement étalé,
sans sillon.
Distribution, environ 150 espèces. Inde, Philippines, Nouvelle-Zélande, îles du Pacifique, Amérique tropicale. Le *C. gibbus*, Fér. (Aly-
cœus. Gray), a le dernier tour tordu. Le *C. cornu-venatorium*, Sby.
(Aulopoma, Troschel), de Ceylan, a le péritosme libre à l'état adulte :
l'opercule est plus grand que l'ouverture, et se réfléchit sur elle.
Sous-genres. Pterocyclos (rupestris), Benson ; Myxostoma et Stegano-
stoma, Troschel. *Coquille* déprimée, presque discoïde, largement ombiliquée : péristome étalé, prolongé en une petite aile à la suture :
opercule subcartilagineux, à lamelles spirales. *Distribution*, 16 espèces. Inde, Ceylan, Birman, Bornéo ?
Cyclotus (fuscescens), Guilding (Aperostoma, Troschel). *Coquille*
déprimée, largement ombiliquée ; opercule calcaire ; tours nombreux,
à bords élevés. *Distribution*, 44 espèces. Antilles, Amérique tropicale, Inde, îles asiatiques. *Fossiles*, Éocène. Île de Wight. (F. Edwards.)
Leptopoma (perlucidum), Pfeiffer. *Coquille* turbinée, péristome
simple, réfléchi ; opercule membraneux. *Distribution*, 20 espèces
Philippines, Inde, Nouvelle-Guinée, Nouvelle-Zélande, îles du Pacifique.

Lomastoma[1] (cylindraceum), Guild. (Farcimen, Troschel). *Coquille* oblongue, ou pupiforme, à peine perforée ; ouverture circulaire ; opercule mince, plat, corné, à tours nombreux. *Distribution,* 19 espèces. Antilles, Amérique tropicale, Canaries, Inde, Maurice. *Fossile,* Éocène ·. Paris, île de Wight. (E. Forbes.)

Craspedopoma (lucidum), Pfr. *Coquille* turbinée, à ombilic fendu, un peu contractée près de l'ouverture ; opercule circulaire, corné, à tours nombreux. *Distribution,* 5 espèces. Madère, Palma. *Fossile,* Éocène —. Ile de Wight, Madère.

Cataulus (tortuosus), Pfr. *Coquille* pupiforme, à carène basilaire, formant un canal en avant de l'ouverture ; opercule circulaire, corné, à tours se séparant facilement. *Distribution,* 6 espèces. Ceylan.

Diplommatina (folliculus), Benson. *Coquille* petite (1 espèce senestre), conique, à tours costulés ; péristome double ; opercule corné, à tours nombreux. *Distribution,* 5 espèces. Inde.

Opisthophorus, Benson, 1855. O. biciliatus, Mouss. *Coquille* ressemblant à un *Pterocyclos*; opercule double, à bords sillonnés, cloisonné à l'intérieur. *Distribution,* 4 espèces. Singapore, Bornéo, Java.

Hypocystis, Benson, 1859. *Coquille* ovale, tordue; ouverture circulaire, péristome interne, profondément échancré. Opercule calcaire, épais, à tours nombreux.

PUPINA, Vignard.

Type, P. bicanaliculata, Sby. Pl. XII. *fig.* 42. Iles australiennes.

Coquille subcylindrique, ordinairement polie ; ouverture circulaire, péristome épaissi, échancré en avant et à la suture ; opercule membraneux, à tours étroits. La *P. grandis*, Forbes, a un épiderme terne.

Distribution, 17 espèces. Philippines, Nouvelle-Guinée, Nouvelle-Irlande, Louisiades.

Sous-genre, Rhegostoma (Nunezii), Hasselt. Ouverture avec un canal étroit dans le milieu du bord columellaire. 6 espèces. Philippines, Nicobar. Chez le *R. lubricum* (Callia, Gray) le sinus est presque nul. Le *R. pupiniforme* (Pupinella, Gray) est perforé et a un épiderme terne.

HELICINA, Lamarck.

Type, H. neritella, Lam.

Synonymes, Oligyra, Say; Pachytoma, Sw. ; Ampullina, Bl.; Pitonellus, Montfort.

Coquille globuleuse, déprimée ou carénée, calleuse en dessous ; ouverture à peu près carrée ou semi-lunaire; columelle aplatie, péristome

---

[1] Abréviation de *Megalomastoma*. Swainson, qui a abrégé, avec raison, plusieurs noms d'une longueur ridicule, a laissé subsister celui-ci.

simple, évasé, opercule calcaire ou membraneux, à peu près carré ou semi-ovalaire, lamelleux.

Animal semblable à celui d'un *Cyclophorus*, dents linguales 3. 1. 3. (Gray.)

Distribution, 162 espèces. Antilles, Amérique tropicale, îles du Pacifique, îles Australiennes, Philippines.

Sous-genres, *Lucidella* (aureola), Gray. Péristome plus ou moins denté intérieurement. 8 espèces. Antilles, Amérique tropicale.

Trochatella (pulchella), Sw. *Coquille* non calleuse en dessous; péristome simple, évasé. Antilles, 20 espèces; Vénézuela, 1.

Alcadia, Gray. A. Brownei, Pl. XII, *fig.* 43. Jamaïque. *Coquille* à formes d'*Helix*, souvent veloutée, calleuse en dessous; columelle aplatie, droite; péristome fendu en avant; opercule calcaire, semi-ovalaire, avec une saillie dentiforme s'ajustant dans la fente du péristome. *Distribution*, 17 espèces. Cuba, Jamaïque et Haïti.

STOASTOMA, C. B. Adams.

Étymologie, *stoa*, portique, *stoma*, bouche.

Type, S. pisum, Ad.

Coquille petite, conico-globuleuse ou déprimée, striée en spirale; ouverture semi-ovalaire; péristome continu : bord interne droit, formant une petite carène spirale autour de l'ombilic; opercule calcaire, lamelleux.

Distribution, 19 espèces. Jamaïque. Le *S. succineum* (Electrina, Gray) a des tours lisses. Ile Opara, Polynésie. M. E. Chitty a ajouté 60 espèces nouvelles qu'il répartit dans plusieurs genres nouveaux.

FAMILLE VII. — ACICULIDÆ.

Coquille allongée, cylindrique; opercule mince, subspiral.

Animal à mufle assez saillant, grêle et tronqué, yeux sessiles sur la partie supérieure de la tête, derrière la base des tentacules qui sont grêles; pied oblong, court, pointu en arrière.

ACICULA, Hartmann.

Type, A. fusca. Pl. XII, *fig.* 44.

Synonymes, Acme et Acmæa, Hartmann[1].

Coquille petite, grêle, presque imperforée; péristome légèrement épaissi, bords sub-parallèles, réunis par un mince calus; opercule hyalin.

---

[1] Ces trois noms ont été donnés en 1821 ; le nom d'*Acmæa* avait déjà été employé par Eschscholtz pour un genre de Patelles. Pfeiffer et Gray ont conservé le nom d'*Acicula* pour le genre de coquilles terrestres dont nous traitons ici.

Distribution, 7 espèces. Angleterre, Allemagne, France, Vanicoro ; (sur les feuilles).

L'*A. fusca* se trouve dans les lieux bas, marécageux, au pied des herbes ; on la rencontre à l'état fossile dans le Pliocène supérieur d'Essex. (J. Brown.)

GEOMELANIA, Pfeiffer.

Type, G. Jamaicensis, Pfeiffer.

Étymologie, *gè*, la terre (c'est-à-dire terrestre), et *Melania*.

Coquille imperforée, turriculée ; ouverture entière, évasée ; péristome simple, à bords continus ; le bord basal prolongé en une saillie en forme de langue ; opercule ovale, pellucide, à tours peu nombreux, croissant rapidement.

Distribution, 21 espèces. Jamaïque.

Ordre III. — Opisthobranchiata.

Coquille rudimentaire ou nulle. Branchies rameuses ou fasciculées, n'étant pas contenues dans une cavité spéciale, mais plus ou moins complétement exposées sur le dos et les flancs, vers la partie postérieure (*opisthen*) du corps. Sexes réunis. (M. Edwards.)

On peut désigner les mollusques de cet ordre sous le nom de « Limaces de mer » (*sea slugs*), puisque la coquille, lorsqu'elle existe, est ordinairement petite et mince, et complétement ou partiellement cachée par l'animal. Lorsqu'ils sont inquiétés ou sortis de leur élément, ils contractent leurs branchies et leurs tentacules, et se présentent sous une forme si douteuse, que le naturaliste qui n'a pas une expérience suffisante, les rejettera probablement à la mer avec les débris ramenés par la drague. Leur structure interne présente beaucoup de points intéressants ; chez quelques-uns le gésier est armé d'épines cornées ou de grandes plaques calcaires ; chez d'autres, l'estomac est extrêmement compliqué, ses ramifications et celles du foie se prolongeant dans les papilles que l'on dit être des branches de l'organe respiratoire. La langue est toujours armée, mais le nombre et l'arrangement des dents linguales sont extrêmement variables, et cela dans une même famille ; ordinairement la membrane linguale est large et courte, avec de nombreuses dents semblables dans chaque rangée.

La dentition linguale est extrêmement variée dans les *Bullidæ*. Chez la *Philine aperta*, il n'y a pas de dent centrale, et les latérales, qui augmentent rapidement de taille en arrière, ont leur bord interne membraneux finement denticulé.

Chez les *Tornatella* et *Bulla* (physis), le rachis est inerme, et les dents latérales sont nombreuses et semblables entre elles ; chez les *Acera*, *Cylichna* et *Amphisphyra*, il y a une petite dent centrale.

Le canal alimentaire se termine plus en arrière du corps que dans les autres Gastéropodes [1]. Les branchies sont en arrière du cœur, et l'oreillette est placée derrière le ventricule, conditions qui caractérisent d'une manière générale l'état embryonnaire des mollusques.

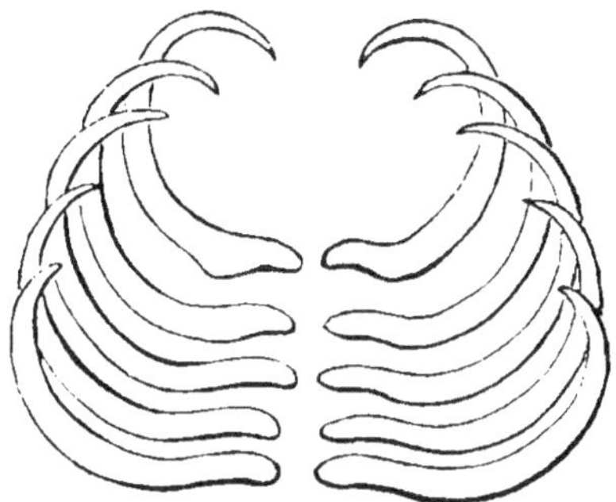

Fig. 156. — *Philine aperta.* (Wilton.)

On connaît relativement peu de chose sur la distribution géographique de ces animaux; on les a trouvés partout où ils ont été l'objet de recherches suffisantes, et ils sont probablement beaucoup plus nombreux qu'on ne le suppose actuellement. Nos connaissances sur ce sujet ont été toutefois considérablement accrues par les recherches de Kelaart, à Ceylan, et de A. Adams, dans les mers de Chine. Les genres pourvus d'une coquille ont été florissants pendant la période secondaire. Les espèces vivantes sont principalement carnassières, et se nourrissent aux dépens d'autres mollusques ou de zoophytes.

Section A. — Tectibranchiata [2].

Animal ordinairement muni d'une coquille, soit à l'état larvaire soit à l'état adulte; branchies recouvertes par la coquille ou le manteau sexes réunis.

Famille I. — Tornatellidæ.

Coquille externe, solide, spirale ou enroulée sur elle-même, subcylindrique; ouverture longue et étroite; columelle plissée; quelquefois un opercule.

---

[1] Dans les Céphalopodes et les Ptéropodes il est recourbé sur lui-même du côté *ventral*, dans les Prosobranches du côté *dorsal*, et se termine en avant, près de son point de départ; le système vasculaire participe à cette flexion, et les branchies sont en avant du cœur. (Huxley.)

[2] *Monopleurobranchiata*, Bl., *Pomatobranchia* (de *poma*, un couvercle), Wiegm. L'ordre des *Tectibranchiata* de Cuvier renfermait seulement la famille des *Bullidæ*; nous y faisons aussi rentrer les *Inférobranches*; il n'y a, en effet, aucun avantage à encombrer la nomenclature.

Animal à tête aplatie, discoïde, et à tentacules larges et obtus ; pied ample, muni de lobes latéraux et operculigères.

Les coquilles de cette famille sont surtout connues à l'état fossile : elles s'étendent depuis la période carbonifère, et atteignent leur plus grand développement dans la période crétacée.

Les *Tornatella* se rattachent essentiellement aux *Bulla*, mais offrent quelques rapports avec les *Pyramidellidæ* dans les plis de leur ouverture et dans leur opercule ; chez les *Tornatina*, le nucléus ou sommet est senestre. Les stries spirales qui ornent beaucoup d'espèces sont ponctuées, comme c'est le cas chez les Bullidæ, et le bord externe est souvent remarquablement épaissi, comme cela se voit chez les Auricula.

TORNATELLA, Lamarck.

Type, T, tornatilis, Pl. XIV, *fig*. 1.

Synonymes, Actæon, Montf. (non Oken); Dactylus (solidulus), Schum.? ; Monoptygma (elegans), Lea.

Coquille solide, ovale ; spire conique, à tours nombreux ; marquée de

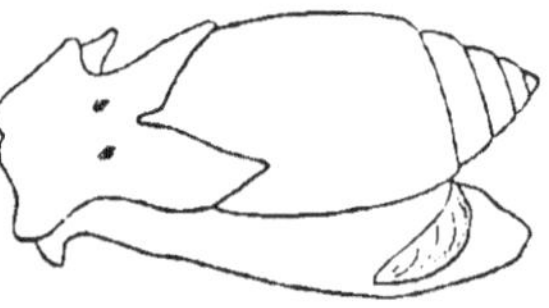

Fig. 157.

stries ponctuées ou de sillons spiraux ; ouverture longue étroite, arrondie en avant ; bord externe tranchant ; columelle ayant un fort pli tortueux; opercule corné, elliptique, lamelleux.

Animal blanc ; tête tronquée et légèrement échancrée en avant, munie postérieurement de lobes tentaculaires couchés, portant de petits yeux près de leur base interne ; pied oblong, lobes latéraux légèrement réfléchis sur la coquille. Dents linguales 12.12, uniformes, avec des crochets longs et simples.

Distribution, 16 espèces. États-Unis, Angleterre, Sénégal, mer Rouge, Philippines, Japon, Pérou. La *T. tornatilis* habite les grandes profondeurs. — 110 mètres. (Forbes.)

Fossiles, 70 espèces. Trias — Lias —. Amérique du Nord, Europe, Inde méridionale.

Sous-genres, *Cylindrites* (Llhwyd), Lycett. C. acutus, Sby. Pl. XIV, *fig*. 2. (A.) Coquille lisse, grêle, subcylindrique ; spire petite ; ouverture longue et étroite ; columelle arrondie, tordue, et dirigée légèrement en dehors. (B.) Coquille ovale, spire enfoncée ; tours à bords tranchants. Bathonien. Angleterre.

Acteonina, d'Orbigny. Tornatelles sans plis columellaires. 30 espèces.
Carbonifère — Portlandien. (Ce genre comprend les *Cylindrites*.)

Acteonella, d'Orbigny. A. Renauxiana, Pl. XIV, *fig.* 5. *Coquille* épaisse,
à formes de Cône ou enroulée; spire courte ou cachée; ouverture longue et étroite; columelle ayant en avant trois plis spiraux forts et réguliers.

Distribution, 18 espèces. Craie. Angleterre, France.

L'*Acteon Cabanetiana*, d'Orbigny (*Itieria*, Matheron, 1842), du corallien de France, appartient au genre *Nerinæa* (d'Orbigny), p. 255.

Cinulia, Gray.

Type, C. avellana, Pl. XIV, *fig.* 4.
Synonymes, Avellana et Ringinella, d'Orbigny.
Coquille globuleuse, épaisse, sillonnée et ponctuée en spirale; spire
petite; ouverture étroite, arrondie et sinuée en avant; bord externe
épaissi et réfléchi; crénelée intérieurement; columelle ayant plusieurs
plis dentiformes.
Fossiles, 21 espèces. Néocomien — Craie. Angleterre, France.

Ringicula (voy. p. 233), Pl. V. *fig.* 21.

Globiconcha, d'Orbigny.

Type, G. rotundata, d'Orbigny.
Fossiles, 6 espèces. Craie. France.
Coquille ventrue, lisse; ouverture en croissant, simple, ni dentée ni
épaissie sur le bord columellaire.

Varigera, d'Orbigny, 1850 [1].

Type. V. Guerangueri, d'Orbigny.
Fossiles, 8 espèces. Néocomien —. Craie, France.
Coquille semblable à une *Globiconcha*, mais avec des varices latérales.

Tylostoma, Sharpe, 1849.

Type, T. Torrubiæ, Sharpe.
Étymologie, *tulos*, une callosité, *stoma*, bouche.
Coquille ventrue, lisse ou à stries ponctuées; spire médiocre; ouverture ovato-semilunaire, pointue en haut, arrondie en avant; bord externe périodiquement épaissi en dedans et étalé (une ou deux fois par

---

[1] Les dates des genres données par M. d'Orbigny, dans son *Prodrome de Paléontologie*, sont des dates de *fantaisie*, les noms n'ayant été publiés, dans beaucoup de
cas, que plusieurs années après.

tour), légèrement soulevé ; bord interne calleux, s'étendant sur le dernier tour.

Distribution, 4 espèces. Crétacé inférieur. Portugal.

? PTERODONTA, d'Orbigny.

Type, P. inflata, d'Orbigny.
Fossiles 8 espèces. Craie. France.
Coquille oblongue, ventrue ; spire allongée ; ouverture ovale ; péristome légèrement étalé, échancré en avant, et ayant une saillie dentiforme interne, éloignée du bord.

? TORNATINA, A. Adams.

Type, T. voluta. Pl. XIV, *fig.* 5.
Coquille cylindrique ou fusiforme ; spire apparente, sommet senestre ;
suture canaliculée; columelle calleuse, portant un pli.

Animal à tête large triangulaire, arrondie en avant ; lobes tentaculaires triangulaires, avec des yeux à leur base externe ; pied court,
tronqué en avant.

Distribution, 24 espèces. Antilles, États-Unis, Méditerranée, Philippines, Chine, Australie. Sur les fonds sablonneux ; s'étendant jusqu'à
65 mètres. (Adams.)

Fossiles, 13 espèces. Tertiaire.

Les *Volvula*, Adams (Bulla acuminata, Brug.) sont de petites coquilles
enroulées, à spire cachée, et à columelle ayant des plis effacés ; elles sont
rapportées aux *Cylichna* par Lovén, et aux *Ovulum* par Forbes. *Distribution*, 12 espèces. Angleterre, Méditerranée, Asie. *Fossiles*, Pliocène —.
Suffolk.

FAMILLE II. — BULLIDÆ.

Coquille globuleuse ou cylindrique, enroulée, mince, souvent marquée de stries ponctuées ; spire petite ou cachée; ouverture longue, arrondie et sinuée en avant ; bord externe tranchant. Pas d'opercule.

Animal enveloppant plus ou moins la coquille ; tête en forme de disque aplati[1], avec des lobes tentaculaires souvent réunis ; yeux enfouis
dans le centre du disque, ou nuls ; pied oblong, muni d'un lobe postérieur (*metapodium*), et de lobes latéraux (*epipodia*) ; une seule branchie sur le côté droit du dos, recouverte par la coquille; bord du
manteau simple ou étalé, et enveloppant la coquille. Dentition linguale

---

[1] L'expansion céphalique des Bullidæ est formée par la fusion des tentacules dorsaux et buccaux. (Cuvier.) Les lobes tentaculaires, ou partie postérieure du disque,
reçoivent des nerfs des ganglions olfactifs ; la partie antérieure du disque reçoit des
branches du nerf labial, qui vient du bord antérieur du cérébroïde (Hancock.)

très-variée ; dents centrales manquant souvent, une seule latérale ou
plusieurs. Gésier armé de plaques calcaires. Sexes réunis.

Les *Bullidæ* ont une nourriture animale ; on dit qu'elles se servent
de leurs lobes latéraux pour nager. M. A. Adams en a décrit environ
150 espèces vivantes dans le « *Thesaurus conchyliorum* » de Sowerby.
Les espèces *fossiles* se trouvent depuis l'Oolithe inférieure; l'on en connait une de la formation Aralo-Caspienne.

BULLA, Lamarck.

Type, B. ampulla. Pl. XIV, *fig.* 6.
Synonyme, Haminea (hydatis), Leach.
Coquille ovale, ventrue, enroulée, externe ou cachée seulement en
partie par l'animal ; sommet perforé ; ouverture plus longue que la
coquille, arrondie à chaque extrémité ; bord externe tranchant.
Animal à disque céphalique grand, tronqué en avant, bilobé en arrière, les lobes lamelleux en dessous ; yeux subcentraux, enfouis ou
nuls ; lobes latéraux très-grands, réfléchis sur les côtés de la coquille,
lobe postérieur couvrant la spire ; pied carré ; gésier muni de 3 plaques
semblables aux pièces des Chiton ; dents ?
La Bulla naucum (*Atys*, Montf.; *Alicula*, Ehr.; *Roxania*. Leach). Pl. XIV,
fig. 7, a la columelle tordue et la spire entièrement cachée.
Distribution, 50 espèces. De toutes les mers tempérées et tropicales,
surtout sur les fonds sablonneux ; s'étendant depuis le niveau de la basse
marée jusqu'à 45 ou 55 mètres.
Fossiles, 70 espèces. Oolithe —. Amérique du Sud, États-Unis, Europe.
Sous-genres? *Cryptophthalmus* (smaragdinus), Ehr. Mer Rouge.
Coquille à peine enroulée, fragile, ovale, convexe, sans spire ni columelle. *Animal* semi-cylindrique ; tête à lobes tentaculaires courts ; yeux
petits, cachés sous les bords latéraux de la tête ; manteau et lobes latéraux enveloppant la coquille.
Phanerophthalmus, A. Adams (Xanthonella, Gray). B. lutea, Quoy.
Nouvelle-Guinée. *Coquille* ovale, convexe, pointue en arrière, bord columellaire ayant une apophyse recourbée. *Animal* long, cylindrique ;
tête à lobes tentaculaires courts; yeux au milieu du disque ; lobes latéraux enveloppants
Linteria, A. Adams (Glauconella, Gray ; Smaragdinella, A. Adams).
Bulla viridis, Rang. Pl. XIV, *fig.* 8. *Coquille* ovale, à large ouverture,
laissant voir la spire rudimentaire interne. *Animal* à tête à peu près
carrée, discoïde; yeux sessiles au centre ; manteau n'enveloppant pas la
la coquille ; un lobe postérieur; lobes latéraux enveloppants.

ACERA, Müller.

Type, A, bullata. Pl. XIV, *fig.* 9,
Étymologie, *akeros*, sans cornes.

Coquille mince, flexible, cylindrique-globuleuse; spire tronquée; tours canaliculés ; ouverture longue, évasée et ayant un profond sinus en avant, bord externe disjoint à la suture ; columelle ouverte, laissant voir les tours.

Animal à lobe céphalique court et simple, tronqué en avant, et manquant d'yeux; lobes latéraux cachant presque la coquille ; dents linguales crochues et denticulées, latérales, environ 40, étroites, en griffe; gésier armé de dents cornées.

Distribution, 7 espèces. Groënland, Angleterre, Méditerranée, Zanzibar, Inde, Nouvelle-Zélande.

L'*A. bullata* se trouve dans les algues, de 2 à 27 mètres de profondeur. (Forbes.)

CYLICHNA, Lovén.

Type, C. cylindracea, Pl. XIV, *fig*. 10.

Synonyme, Bullina, Risso.

Coquille forte, cylindrique, lisse ou marquée de stries ponctuées ; spire petite ou tronquée; ouverture étroite, arrondie en avant; columelle calleuse, avec un pli.

Animal court et large, n'enveloppant pas la coquille; tête aplatie, tronquée en avant, avec deux yeux enfouis, subcentraux, lobes tentaculaires plus ou moins soudés; pied oblong, lobes postérieurs et latéraux médiocrement développés ; gésier armé ; dents linguales à peu près carrées, recourbées et dentelées, avec 1 grande, et 5 ou 6 petites latérales crochues.

Distribution, 40 espèces. États-Unis, Groënland, Angleterre, mer Rouge, Australie.

Fossiles, Tertiaire —. Angleterre.

? KLEINELLA, A. Adams.

Coquille mince, pointillée, striée; columelle lisse; spire obtuse.

Distribution, 1 espèce. Japon.

AMPHISPHYRA, Lovén.

Type, A. pellucida, Johnst.

Étymologie, *amphisphyra*, double manteau.

Synonymes, Utriculus (part.), Brown.; Rhizorus, Montfort; Diaphana, Brown.

Coquille petite, mince, ovoïde, tronquée ; spire petite, papilliforme; ouverture longue.

Animal entièrement rétractile dans sa coquille; tête large, courte, avec des tentacules latéraux triangulaires ; les yeux situés derrière les tentacules, petits, enfouis; mufle bilobé en avant; pied oblong, tronqué en avant, échancré en arrière ; dents 1.1.1, les centrales carrées, denticulées, les latérales larges, crochues.

Distribution, 7 espèces. États-Unis, Norwége, Angleterre, Bornéo, Mexique.

BUCCINULUS, Blanchard.

Coquille épaisse ; columelle portant deux plis ; ouverture petite, entière en avant.

Distribution, 10 espèces. Mers du Sud.

APLUSTRUM, Schumacher.

Type, Bulla aplustre, Pl. XIV, *fig.* 11.

Étymologie, aplustre, un pavillon de navire.

Synonymes, Bullina, Fér. ; Hydatina (physis), Schum. ; Bullinula (scabra) Beck.

Coquille ovale, ventrue, à couleurs vives ; spire large, déprimée ; ouverture tronquée en avant ; bord externe tranchant.

Animal à pied très-grand, s'étendant tout le tour au delà de la coquille, et capable de l'envelopper ; un lobe postérieur réfléchi sur la spire ; manteau non enveloppant ; lobes tentaculaires grands, ovales, auriformes ; quatre tentacules labiaux ; yeux petits, noirs, sessiles à la base interne des tentacules ; dents linguales (*B. physis*) 13.0.13, dentelées.

Distribution, 10 espèces. États-Unis, Antilles, Maurice, Ceylan, Chine, Australie.

SCAPHANDER, Montfort.

Type, S. lignarius, Pl. XIV, *fig.* 12.

Étymologie, scaphé, bateau, *aner*, homme.

Coquille oblongue, enroulée, striée en spirale ; ouverture très-évasée en avant ; spire cachée ; épiderme épais ; dents linguales 1.0.1, munies de crêtes.

Animal à tête grande, oblongue, sans yeux ; pied court et large ; lobes latéraux réfléchis, mais n'enveloppant pas la coquille ; gésier ayant deux grandes plaques triangulaires et une petite plaque transversale étroite (*fig.* 17). Il se nourrit du *Dentalium entale.*

Distribution, 13 espèces. États-Unis, Norwége, Angleterre, Méditerranée ; sur les fonds sablonneux ; 90 mètres.

Fossiles, 8 espéces. Eocène—. Angleterre, France.

PHILINE (Ascanius, 1762).

Type, B. aperta, Pl. XIV, *fig*, 13.

Synonyme, Bullæa, Lamarck.

Coquille interne, blanche, translucide, ovale, faiblement enroulée ; spire rudimentaire.

Animal pâle, limaciforme ; manteau enveloppant la coquille ; tête oblongue ; pas d'yeux ; pied large ; lobes latéraux grands, mais non enveloppants ; langue ayant deux ou quatre séries d'*uncini* falciformes ; gésier avec trois plaques calcaires longitudinales. Capsules des œufs ovoïdes, disposées en séries simples, sur un long fil spiral ; jeunes ayant un voile céphalique cilié et une coquille spirale operculée. (Lovén.)

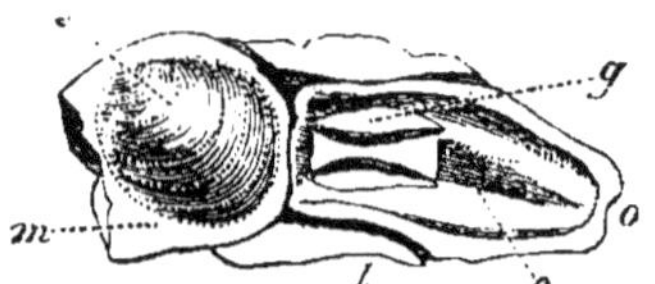

Fig. 138. — *Philine aperta* [1].

Distribution, 16 espèces. Antilles, Groënland, Norwége, Angleterre, Méditerranée, Corée, Bornéo.

Fossiles, 7 espèces. Eocène —. France.

Sous-genre, *Chelidonura*, A Adams (Hirudella, Gray). B. hirundinaria, Quoy ; Maurice.

Coquille cachée ; bord externe prolongé en arrière en un éperon ; bord columellaire infléchi.

Animal ayant des lobes latéraux enveloppants ; manteau avec deux appendices postérieurs semblables aux appendices latéraux des *Hyalæa*.

DORIDIUM, Meckel.

Étymologie, diminutif de *Doris*,

Synonyme, Acera, Cuvier ; Eidothea, Risso.

Type, D. membranaceum, Meck. ; Méditerranée.

Distribution, 3 espèces. Europe méridionale.

Animal oblong, tronqué en arrière, les angles prolongés et dilatés ou filiformes ; tête en ovale oblong, tronquée en avant ; lobes latéraux étalés, aliformes ; manteau recouvrant une coquille rudimentaire, membraneuse.

GASTROPTERON, Meckel.

Type, G. Meckelii, Bl. (Clio amate, D. Chiaje). Méditerranée.

Animal dépourvu de coquille, ovale, à lobes latéraux développés en

---

[1] D'après un échantillon dragué à Folkestone ; *o*, bouche ; *c*, tête ou disque céphalique ; *l*, lobes latéraux du pied ; *m*, manteau. La coquille *s*, et le gésier *g* se voient indistinctement à travers les téguments translucides.

expansions aliformes, se rencontrant et se soudant en arrière ; disque céphalique triangulaire, obtus en avant, pointu en arrière ; yeux enfouis dans le centre ; dents linguales 5.1.5 ; manteau ? ; plume branchiale visible sur le côté droit ; orifice reproducteur en avant de la branchie, orifice excréteur en arrière de celle-ci. Longueur 25 millimètres, largeur 50 mill. 2 espèces.

Physema, A. Adams.

Coquille vitreuse, globuleuse, contractée dans le milieu et terminée en pointe en avant.

Distribution, 1 espèce. Côte occidentale de l'Amérique du Nord.

Le *Sormetus Adansonii* est décrit comme étant de forme demi-cylindrique, avec les flancs sillonnés, la tête indistincte ; coquille unguiforme, mince et transparente.

Atlas (Peronii, Bl.) Lesueur ; tête portant deux petits lobes tentaculaires ; corps contracté dans le milieu ; pied dilaté circulairement et frangé sur le bord.

Famille III. — Aplysiadæ.

Coquille nulle, ou rudimentaire et recouverte par le manteau, oblongue triangulaire, ou légèrement enroulée.

Animal limaciforme, ayant une tête distincte, des tentacules et des yeux ; pied long, prolongé en arrière en une queue ; flancs ayant des lobes développés, réfléchis sur le dos et sur la coquille ; plume branchiale cachée. Sexes réunis.

Aplysia, Gmelin.

Type, A. depilans, Pl. XIV, *fig*. 14.

Synonyme, Siphonotus (geographicus), Ad.

Coquille oblongue, convexe, flexible et translucide, à sommet postérieur, légèrement recourbé.

Animal ovale, à cou long et à dos saillant ; tête à quatre tentacules, la paire dorsale en forme d'oreilles, avec des yeux à la base latérale antérieure ; bouche proboscidiforme, à mâchoires cornées, dents linguales 13. 1. 13, crochues et dentelées, sur 30 rangées environ ; gésier armé d'épines cornées ; flancs à lobes amples, se repliant sur le dos et pouvant servir à la natation ; branchie sur le milieu du dos, recouverte par la coquille et par un lobe du manteau, qui est replié en arrière pour former un siphon excréteur.

Distribution, 42 espèces. Antilles, Norwége, Angleterre, Méditerranée, Maurice, Chine.

Les Aplysies ont une alimentation variée ; elles se nourrissent surtout d'algues, mais dévorent aussi des substances animales ; elles habitent la zone des Laminaires, et déposent leurs œufs dans les algues, au printemps, époque à laquelle elles se réunissent souvent par groupes. (Forbes.)

Ce sont des animaux tout à fait inoffensifs que l'on peut manier impunément. Lorsqu'on les inquiète, ils émettent par le bord de la surface interne du manteau, un liquide violet qui n'attaque pas la peau, n'a qu'une faible odeur, et passe au rouge vineux. (Goodsir.) Ils étaient jadis l'objet d'une crainte superstitieuse, à cause de leurs formes grotesques, et des propriétés de leur liquide que l'on considérait comme vénéneux et produisant des taches indélébiles [1].

Fossiles. L'on a rapporté avec doute à ce genre une ou deux coquilles des tertiaires les plus récents de Sicile.

Sous-genre, Aclesia (dolabrifera), Rang.

Coquille trapézoïde ; lobes latéraux enveloppant étroitement le corps, laissant seulement un petit orifice respiratoire dorsal ; surface ornée de filaments. 9 espèces. Inde.

DOLABELLA, Lamarck.

Type, D. Rumphii, Pl. XIV, *fig.* 15.

Étymologie, dolabella, une petite hache.

Coquille dure, calcaire, triangulaire, à sommet courbe et calleux.

Animal semblable à une Aplysie, avec une branchie près de l'extrémité postérieure du corps et des crêtes latérales serrées les unes contre les autres, et ne laissant qu'une étroite ouverture ; corps orné de filaments ramifiés.

STYLOCHEILUS, Gould, 1841.

Synonyme, Aplysia longicauda, Q. et G.

Animal limaciforme, portant des cirrhes, dilaté sur les côtés, atténué en arrière ; cou distinct ; tentacules 4, longs, linéaires, papilleux, très-éloignés les uns des autres ; lèvres dilatées latéralement en saillies tentaculaires.

Distribution, 3 espèces. Nouvelle-Guinée ; sur les *Fucus.*

DOLABRIFERA, Grube.

Coquille trapézoïde ; lobes latéraux ne servant pas à la natation.

Distribution. 4 espèces. Océan Indien, côte occidentale d'Amérique.

SIPHONOPYGE, Brown.

Coquille tronquée en avant ; lobes du pied étalés pour la natation ; partie postérieure étendue au delà du siphon.

---

[1] *Aplysia* (de *a* et *pluo*) signifie « qui ne peut se laver » les *Aplysia* des pêcheurs grecs étaient des éponges qui ne pouvaient servir à laver.

Distribution, 6 espèces. Côte occidentale d'Amérique, mers de Chine.

NOTARCHUS, Cuvier.

Type, N. Cuvieri, Bl.
Étymologie, *notos*, le dos, *archos*, anus.
Synonyme, Busiris (griseus), Risso ? ; Bursatella (Leachii), Bl.
Animal sans coquille, orné de filaments quelquefois dendritiques ; pied étroit ; crêtes latérales réunies, laissant seulement une étroite fente branchiale ; branchies non recouvertes par un lobe operculaire du manteau.
Distribution, 7 espèces. Méditerranée, mer Rouge.

ICARUS, Forbes, 1843.

Type, I. Gravesii, F.
Synonyme, Lophocercus (Sieboldii) Krohn, 1847.
Coquille semblable à celle d'une Bullæa, enroulée, mince, ovale, couverte d'un épiderme ; bord externe désuni à la suture; angle postérieur infléchi et arrondi.
Animal grêle, recouvert de papilles ; 2 tentacules auriformes ; yeux sessiles sur les côtés de la tête ; lobes latéraux réfléchis et couvrant en partie la coquille, réunis en arrière; queue longue et pointue.

LOBIGER, Krohn.

Type, L. Philippi, Pl. XIV, *fig*. 16. Sicile.
Coquille ovale, transparente, flexible, faiblement enroulée ; couverte d'un épiderme.
Animal grêle, papilleux, avec deux tentacules aplatis, ovales, et de petits yeux sessiles sur les côtés de la tête ; coquille visible sur le milieu du dos, couvrant la branchie en forme de plume ; flancs avec deux paires de lobes arrondis, dilatés, ou d'appendices natatoires ; pied linéaire, queue longue et grêle.
Distribution, 4 espèces. Atlantique, Europe méridionale.

FAMILLE IV. — PLEUROBRANCHIADÆ.

Coquille patelliforme ou cachée, manquant rarement ; manteau ou coquille couvrant le dos de l'animal ; branchie latérale, entre le bord du manteau et le pied ; nourriture végétale, estomac extrêmement compliqué.

PLEUROBRANCHUS, Cuvier.

Exemple. P. membranaceus. Pl. XIV, *fig*. 17.
Étymologie, *pleura*, flancs, *branchia*, branchie.

Synonyme, Berthella (plumula), Bl.; Oscanius (membr.), Gray.

Coquille interne, grande, oblongue, flexible, légèrement convexe, lamelleuse, avec un nucléus postérieur, subspiral.

Animal oblong, convexe ; manteau couvrant le dos et les flancs, papilleux, contenant des spicules; pied grand, séparé du manteau par un sillon ; une seule branchie, libre à l'extrémité, placée sur le côté droit, entre le manteau et le pied ; orifices près de la base de la branchie ; tête ayant deux tentacules creusés en gouttière, yeux à leur base externe ; bouche armée de mâchoires cornées et couverte d'un large voile ayant des lobes tentaculaires.

Distribution, 22 espèces. Amérique du Sud, Norwége, Angleterre, Méditerranée, mer Rouge, Ceylan.

Sous-genre ? Pleurobranchæa, Meckel ; P. Meckelii, Blainv. ; Méditerranée.

Synonyme, Pleurobranchidium (maculatum), Quoy. Australie méridionale. Bords du manteau très-étroits, ne cachant pas la branchie ; tentacules dorsaux auriformes ; voile buccal tentaculiforme.

Posterobranchæa, d'Orbigny.

Type, P. maculata, d'Orbigny, Côtes du Chili.

Animal dépourvu de coquille, ovale, déprimé, couvert d'un manteau plus large que le pied; pied oblong, bilobé en arrière ; plume branchiale du côté gauche, faisant saillie en arrière ; orifice reproducteur en avant de la branchie ; orifice excréteur derrière elle ; trompe couverte d'un large voile bilobé ; pas de tentacules dorsaux.

Runcina (Forbes), Hancock.

Type, R. Hancocki, Forbes.

Synonyme, ? Pelta, Quatrefages (non Beck.)

Animal petit, limaciforme, à manteau distinct ; yeux sessiles sur la partie antérieure du manteau ; pas de tentacules ; branchies 3, légèrement plumeuses, situées, ainsi que l'anus, sur le côté droit, à la partie postérieure du dos, au-dessous du manteau ; gésier armé ; organes reproducteurs du côté droit.

Distribution, sur les conferves, près du niveau de la haute marée, Torbay.

Neda, H. et A. Adams.

Animal sans coquille; bouche à l'extrémite d'une trompe qui est longue et mince ; voile buccal en forme de croissant, avec deux tentacules atéraux recourbés.

Distribution, 1 espèce. Europe méridionale.

Susaria, Grube.

Coquille petite ; manteau tuberculeux, s'étendant bien au-dessus de la tête et du pied, échancré en avant.
Distribution, 1 espèce. Europe méridionale.

Umbrella, Chemnitz.

Type, U. umbellata, Pl. XIV, *fig.* 18.
Synonyme, Acardo, Lam.; Gastroplax, Bl.
Coquille patelliforme, orbiculaire, déprimée, marquée de lignes d'accroissement concentriques ; sommet subcentral, oblique, à peine élevé ; bords tranchants ; surface interne avec un disque central coloré et strié, entouré d'une impression musculaire continue, irrégulière. Un petit nucléus senestre.
Animal à pied tuberculeux, très-grand, profondément échancré en avant ; bouche petite, en forme de trompe, rétractile dans l'échancrure du pied, recouverte d'un voile à petits lobes ; tentacules dorsaux auriformes, ayant de grandes cavités plissées à leur base : yeux petits, sessiles entre les tentacules ; manteau ne s'étendant pas au delà de la coquille : branchie formant une série de plumes au-dessous de la coquille, en avant et sur le côté droit ; organe reproducteur en avant des tentacules dorsaux ; orifice excréteur postérieur, tubuleux.
Distribution, 6 espèces. Canaries, Méditerranée, Inde, Chine, îles Sandwich.
Fossiles, 4 espèces. Oolithe—. États-Unis, Sicile, Asie.

Tylodina, Rafinesque.

Type, T. punctulata, Raf. (= citrina, Joannis).
Coquille patelloïde, déprimée ; sommet subcentral, avec un petit nucléus spiral.
Animal oblong ; pied tronqué en avant, assez pointu en arrière ; tentacules dorsaux auriformes, portant des yeux sessiles à leur base interne ; tentacules buccaux larges ; plume branchiale faisant saillie en arrière, sur le côté droit.
Distribution, 3 espèces. Méditerranée, Norwége.
Fossile, 1 espèce. Tertiaire.

Famille V. — Phyllidiadæ.

Animal dépourvu de coquille, couvert d'un manteau ; lames branchiales disposées en séries sur les deux côtés du corps, entre le pied et le manteau. Sexes réunis.

Phyllidia, Cuvier.

Type, P. pustulosa, Cuvier.
Étymologie, diminutif de *phyllon*, une feuille.
Animal oblong, couvert d'un manteau coriace, tuberculeux ; tentacules dorsaux claviformes, rétractiles dans des cavités situées près de la partie antérieure du manteau ; bouche à deux tentacules ; pied en ovale élargi ; branchies formant une série de lames s'étendant des deux côtés, sur toute la longueur du corps ; orifice excréteur sur la ligne médiane, près de l'extrémité postérieure du dos, ou entre le manteau et le pied; organes reproducteurs sur le côté droit; estomac simple, membraneux.
Distribution, 5 espèces. Méditerranée, mer Rouge, Inde.

Fryeria, Grube.

Orifice excréteur sur le côté du pied, sous le manteau qui est coriace et verruqueux ; 6 branchies occupant toute la longueur du corps, des deux côtés.
Distribution, 1 espèce. Mer du Sud, côte orientale d'Afrique.

Hypobranchiæa, A. Adams.

Manteau à bords minces; branchies limitées à la partie postérieure du corps; orifices excréteurs sur le côté, sous le manteau.
Distribution, 1 espèce. Japon.

Diphyllidia, Cuvier.

Type, D. Brugmansii, Cuvier.
Synonyme, Pleurophyllidia, D. Chiaje ; Linguella, Bl.
Animal oblong, charnu ; manteau ample ; branchies limitées aux deux tiers postérieurs du corps ; tête portant de petits tentacules et un voile lobiforme ; anus du côté droit, derrière les orifices reproducteurs ; dents linguales 30.1.30.
Distribution, 9 espèces. Norwége, Angleterre (*D. lineata*, Otto), Méditerranée, Inde.

Section B. — Nudibranchiata.

Animal dépourvu de coquille, sauf pendant la période embryonnaire, branchies toujours externes, sur le dos et sur les côtés du corps. Sexes réunis.
Les Nudibranches se trouvent sur toutes les côtes où le fond est ferme ou rocheux, depuis la zone comprise entre la haute et la basse marée

jusqu'à une profondeur de 90 mètres ; un petit nombre d'espèces sont pélagiques et rampent sur les tiges et les frondes des algues flottantes. Middendorff en a trouvé dans l'océan Glacial, à Sitka et dans la mer d'Ochotsk ; ils sont abondants dans les mers tropicales et australes. On ne possède toutefois des travaux satisfaisants que sur les espèces d'Europe, et en particulier sur celles d'Angleterre, qui ont été l'objet d'une admirable monographie de MM. Alder et Hancock, publiée dans les mémoires de la *Ray Society*. Ils demandent à être observés et dessinés pendant qu'ils sont vivants et actifs ; après avoir été plongés dans l'alcool, ils perdent leurs formes et leurs couleurs. Chez quelques-uns d'entre eux le dos est couvert d'un manteau (?), qui contient des spicules calcaires de diverses formes, et quelquefois si abondants qu'ils constituent une croûte dure en forme de bouclier [1]. Les tentacules dorsaux et les branchies passent au travers des trous de cette enveloppe que l'on peut presque comparer à la fente d'une Fissurelle. Chez d'autres, il n'y a aucune trace quelconque de manteau. Les yeux se montrent sous la forme de petits points noirs, enfouis dans la peau, en arrière des tentacules ; ils sont bien organisés et apparents chez les jeunes, mais souvent invisibles chez l'adulte. Les tentacules dorsaux sont feuilletés comme les antennes de beaucoup d'insectes (*fig.* 11, p. 18) ; ils ne servent jamais d'organes de toucher, et reçoivent leurs nerfs des ganglions olfactifs. Les centres nerveux sont souvent apparents à cause de leur couleur d'un orange vif ; ils sont concentrés *au-dessus* de l'œsophage : on en remarque trois paires qui sont plus grandes que les autres, la *cérébroïde* en avant, la *branchiale* en arrière, et les ganglions *pédieux* sur les côtés. La paire cérébroïde envoie des nerfs aux tentacules, à la bouche et aux lèvres.

Les ganglions *olfactifs* sont sessiles sur le devant des cérébroïdes (chez les *Doris*) ou situés à la base des tentacules (chez les *Æolis*). Les *ganglions optiques* sont situés sur le bord postérieur des cérébroïdes ; les *capsules auditives* sont sessiles sur les cérébroïdes, immédiatement en arrière des yeux ; elles contiennent une agglomération de petites *otolithes*, qui oscillent constamment [2]. Les *ganglions buccaux* sont situés au-dessous de l'œsophage, et réunis aux cérébroïdes par des commissures qui forment un anneau ; en avant de celui-ci, il y a quelquefois un petit anneau formé par l'union de la cinquième paire de nerfs. Les ganglions *pédieux* (proprement sousœsophagiens) sont réunis sur les côtés aux cérébroïdes et se rencontrent rarement en dessous, mais sont réunis par des commissures qui forment, avec celles des centres branchiaux, le troisième anneau

---

[1] Selon M. Huxley le manteau (*cloak*) des Doris n'est pas l'équivalent du manteau des autres mollusques, mais a plus de rapports avec l'*epipodium*.

[2] Les capsules auditives des autres mollusques (sauf les Nucléobranches) sont fixées au côté postérieur des ganglions pédieux (sous-œsophagiens).

ou *grand collier* nerveux. Les ganglions *branchiaux* sont réunis en arrière aux cérébroïdes et se confondent quelquefois avec eux. Ils envoient des nerfs à la peau du dos, au manteau rudimentaire, et aux branchies; en dessous, et appliqué directement sur leur bord antérieur, se trouve le ganglion viscéral unique. Outre ce système *excito-moteur* (qui comprend les grands centres, ou cerveau, et les nerfs de sensation et de mouvement volontaire), les Nudibranches possèdent un système nerveux *sympathique*, consistant en innombrables petits ganglions, semés partout sur les viscères, réunis par des nerfs formant des plexus, et reliés en avant avec les centres buccaux et branchiaux [1].

Les organes digestifs des Nudibranches présentent deux modifications remarquables ; chez les *Doris* et les *Tritonia*, le foie est compacte et l'estomac est un simple sac membraneux, tandis que chez les *Æolis* le foie est désagrégé, et ses canaux sont si grands que l'acte de la digestion doit s'opérer principalement dans leur intérieur, et qu'on les considère comme des prolongements cæcaux de l'estomac; les cæcums

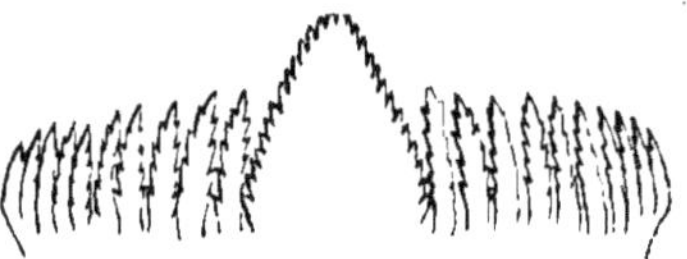

Fig. 159. — *Dendronotus arborescens.*

se prolongent dans une série d'appendices branchiformes, disposés sur le dos de l'animal, et contenant aussi une partie du vrai foie ou la totalité de cet organe ; les ramifications gastriques varient extrêmement pour leur degré de complication. Les *Dorididæ* se distinguent par l'existence d'une membrane linguale courte et large, avec de nombreuses dents uniformes ; les Æolides ont un ruban étroit, avec une seule série de grandes dents. Chez les *Dendronotus*, il y a une grande dent centrale flanquée de quelques petites dents denticulées (Alder et Hancock, Pl. II, *fig.* 8.)

Le seul Nudibranche qui ait une mâchoire supérieure solide, est l'*Ægirus punctilucens* (A. et H. Pl, XVII, *fig.* 15). Dans d'autres cas les deux moitiés sont articulées et agissent comme des mâchoires latérales. Dans l'*Ægirus*, la bouche est aussi munie de franges membraneuses

---

[1] Le système nerveux sympathique fournit des nerfs au cœur et aux autres organes qui sont indépendants de la volonté, et ne sont pas ordinairement susceptibles de souffrance; on les appelle nerfs de la vie *organique*, parce que c'est d'eux que dépendent toutes les fonctions *végétatives*. L'existence de ce système nerveux chez les mollusques a été démontrée clairement pour la première fois par MM. Hancock et Embleton. Le système *excito-moteur* des mollusques correspond au système *cérébro-spinal* des vertébrés.

(A. et H., Pl. XVII, *fig.* 14). L'*Ancula cristata* a un formidable collier
épineux (A. et H. Pl. XVII, *fig.* 7).

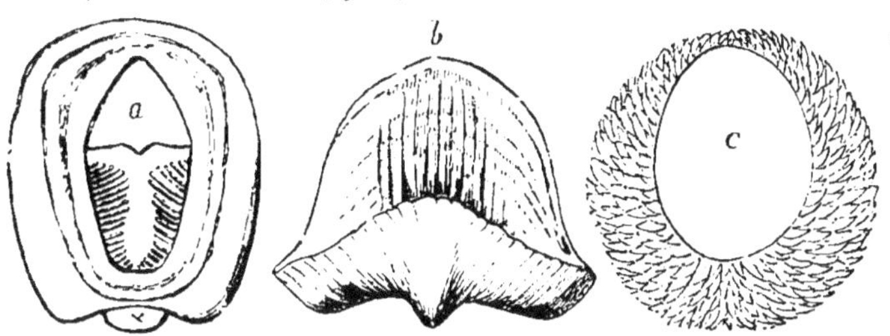

Fig. 140. — *a*, Bouche de l'*Ægirus punctilucens*.
b, Mandibule supérieure cornée isolée.
c, Collier préhensile d'*Ancula*.

a, manteau; *x*, sac dentaire; *b*, plaque d'insertion de la mandibule; *c*, passage
de la bouche.

Le système vasculaire et la circulation des mollusques Nudibranches
sont incomplets. Chez les *Doris*, l'on ne peut constater des veines que
dans le foie et dans la peau; la plus grande partie des artères s'en va
dans le sinus viscéral et dans un réseau de sinus qui se trouve dans la
peau; de là il retourne à l'oreillette par deux veines latérales, sans avoir
circulé à travers les branchies. Le cœur est contenu dans une péricarde
auquel est attaché un petit ventricule ou *cœur-porte* qui chasse du
sang dans le foie; les veines hépatiques marchent côte à côte avec les
artères et s'ouvrent dans une veine circulaire entourant l'anus et fournissant le sang aux branchies. Il n'y a par conséquent que du sang hépatique qui circule dans les branchies. Chez les *Æolis*, il n'y a pas de
branchies spéciales, mais les papilles gastro-hépatiques sont accompagnées de veines qui transmettent le sang à l'oreillette. La peau agit
comme un organe respiratoire accessoire; elle remplit complétement
cette fonction chez les *Elysiadæ*, ainsi que dans les autres familles,
lorsque les branchies ont été détruites par un accident. L'eau des branchies se renouvelle par l'action ciliaire. Les jeunes sont pourvus d'une
coquille transparente, nautiloïde, fermée par un opercule; ils nagent,
comme la plupart des jeunes gastéropodes, au moyen d'un voile céphalique lobé, frangé de cils. (Hancock et Embleton, *Phil. Trans.*
1852. *Ann. Nat. Hist.* 1843.)

Famille VI. — Doridæ [1].

Animal oblong; branchies plumeuses, disposées en cercle sur le milieu du dos; deux tentacules; taches oculaires enfouies, placées der-

[1] Contracté de *Dorididæ*, comme en grec Deucalides pour *Deucaliontades*. Ehren
berg a divisé le genre Doris en sections basées sur le nombre et la forme de
branchies, caractères qui n'ont qu'une valeur spécifique.

rière les tentacules, n'étant pas toujours visibles chez l'adulte ; membrane linguale portant ordinairement de nombreuses dents latérales, rachis souvent dépourvu de dents ; estomac simple ; foie compacte ; peau renforcée de spicules arrangés d'une manière plus ou moins régulière.

Doris, L.

Étymologie, Doris, une nymphe de la mer.

Exemple, D. Johnstoni, Pl. XIII, *fig.* 1.

Synonymes, Dendrodoris, Eb. ; Hemidoris, Strp.

Animal ovale, déprimé ; manteau grand, simple, couvrant la tête et le pied ; 2 tentacules dorsaux, claviformes ou coniques, lamelleux, rétractiles dans des cavités ; branchies entourant l'anus à la partie postérieure du dos, rétractiles dans une cavité ; tête ayant un voile buccal, faisant quelquefois saillie sous forme de tentacules labiaux ; bouche ayant une mandibule inférieure formée de deux plaques cornées, réunies près de la partie antérieure, et munies de deux pointes saillantes ; dents linguales nombreuses, les centrales petites, les latérales uniformes, crochues, et quelquefois dentelées, sur 24 à 68 rangées ; de 37 à 141 par rangée ; ruban nidamentaire assez large, formant un rouleau en spirale de quelques tours (p. 42, *fig.* 29).

Sous-genre, Oncidoris (Bl ?). D. bilamellata, Johnst. Dos élevé, tuberculeux ; branchies non rétractiles ; tentacules buccaux confondus en un voile ; masse buccale ayant un appendice en forme de gésier ; 2 dents linguales dans chaque rangée. (A. et H)

D. scutigera (*Villiersia*), D'Orbigny ; la Rochelle ; manteau plus renforcé que d'habitude de spicules calcaires,

Distribution, 100 espèces.

Les Doris varient, pour la longueur, de 3 lignes à plus de 3 pouces ; elles se nourrissent de zoophytes et d'éponges, et sont surtout abondantes sur les côtes rocheuses, près du niveau de la basse mer, mais s'étendent jusqu'à 45 mètres. Elles se rencontrent dans toutes les mers, de la Norwége à l'océan Pacifique.

Heptabranchus, A. Adams.

Manteau sans crête longitudinale sur le dos ; 7 branchies, disposées en demi-cercle ; tentacules buccaux étoilés.

Hexabranchus, Ehrenberg.

Semblable au précédent, mais ayant 6 branchies arrangées en croix sur la partie postérieure du corps ; tentacules buccaux échancrés.

Atagema, Grube.

Manteau à crête longitudinale sur le dos; tentacules claviformes, rétractiles: branchies très-petites.
Distribution, 1 espèce. Nouvelle-Zélande.

Actinocyclus, Ehrenberg.

Animal ovalaire ; dos nu ; branchies très-plumeuses.
Distribution, 7 espèces. Afrique orientale et Europe méridionale.

Chromodoris, Alder et Hancock.

Animal presque quadrangulaire; dos nu; branchies plumeuses, disposées en ligne.
Distribution, 1 espèce. Inde.

Asteronotus, Ehrenberg.

Animal ovalaire ; les ouvertures par lesquelles passent les branchies et les tentacules presque fermées.
Distribution, 2 espèces. Afrique orientale et Europe méridionale.

Glossodoris, Ehrenberg.

Synonyme, Pterodoris, Eh.
Tentacules rétractiles; dos couvert de tubercules cylindriques, inégaux; un prolongement filiforme de chaque côté de la partie antérieure du pied.
Distribution, 7 espèces. Inde et côte occidentale d'Amérique.

Goniodoris, Forbes.

Étymologie, *gonia*, un angle.
Type, G. nodosa, Pl. XIII, *fig.* 2.
Animal oblong, tentacules claviformes, feuilletés, non rétractiles ; manteau petit, simple, laissant à découvert la tète et le pied. Frai enroulé irrégulièrement.
Distribution, 26 espèces. Norwége, Angleterre (2 espèces), Méditerranée, Chine. Entre le niveau de la haute et celui de la basse marée.

Triopa, Johnston.

Type, T. claviger, Pl. XIII, *fig.* 3.
Synonyme, Psiloceros, Menke.
Animal oblong ; tentacules claviformes, rétractiles dans des gaines :

manteau bordé de filaments; branchies peu nombreuses, pinnées, situées sur le dos, autour de l'anus, ou en avant de cet organe. (A. et H.) Dents linguales 8.1.8 ou 8.0.8.

Distribution, 5 espèces. Norwége et Angleterre. Niveau de la basse mer — 57 mètres.

ÆGIRUS, Lovén.

Type, Æ. punctilucens, Pl. XIII, *fig.* 4.
Étymologie, ? *aix* (αιγος) un bouc.
Animal oblong ou allongé, couvert de très-grands tubercules; pas de manteau distinct; tentacules linéaires, rétractiles dans des gaînes saillantes, lobées; branchies arborescentes, placées autour de l'anus qui est dorsal. (A. et H.) Dents linguales 17.0.17.
Distribution, 5 espèces. Norwége, Angleterre (2 espèces), France. Zone littorale.

THECACERA, Fleming.

Étymologie, theke, une gaîne, *keras,* une corne.
Type, T. pennigerum, Mont.
Animal oblong, lisse; tentacules claviformes, feuilletés, rétractiles dans des gaînes; tête portant un simple voile frontal; branchies pinnées, situées sur le dos autour de l'anus, et entourées d'une rangée de tubercules. (A. et H.).
Distribution, Angleterre, 2 espèces. Longueur, 6-12 millimètres. Se trouvant à la marée basse.

POLYCERA, Cuvier.

Étymologie, polycera, plusieurs cornes.
Type, P. quadrilineata, Pl. XIII, *fig.* 5.
Animal oblong ou allongé; tentacules feuilletés, non rétractiles, sans gaîne; voile céphalique bordé de tubercules ou de saillies tentaculaires; branchies avec deux ou plusieurs appendices latéraux. (A. et H.).
Distribution, Norwége (8 espèces), Angleterre, mer Rouge. Dans la zone du balancement des marées, ou dans les eaux profondes, sur les corallines. Le frai est en forme de ruban et enroulé sur des pierres; on le trouve en juillet et en août. La P. ocellata (*Plocamophorus,* Rüppell) a les tentacules céphaliques ramifiés.

IDALIA, Leuckart.

Étymologie, Idalia, Vénus, du mont Idalium, dans l'île de Chypre.
Synonymes, Euplocamus, Phil.; Peplidium (Maderæ), Lowe.
Exemple, I. aspersa, Pl. XIII, *fig.* 6. Zone des corallines.

Animal oblong, élargi, presque lisse, tentacules claviformes ou linéaires, avec des filaments à leur base ; tête légèrement lobée sur les
côtés ; manteau très-petit, bordé de filaments ; dents linguales 2.0.2.

Distribution, 14 espèces. Norwége, Angleterre (4 espèces), Méditerranée, Madère, Japon.

ANCULA, Lovén.

Synonyme, Miranda, A. et H.
Type, A. cristata, Alder.
Animal grêle, allongé ; manteau entièrement adhérent, orné de filaments simples ; tentacules claviformes, feuilletés, avec des appendices
filiformes à leur base; voile labial prolongé de chaque côté.
Distribution, 2 espèces. Norwége et Angleterre. Longueur 12 millimètres.

CERATOSOMA (Gray), A. Adams.

Étymologie, *ceratois*, cornu, *soma*, corps.
Type, C. cornigerum, Ad.
Animal oblong, étroit, avec deux grands prolongements faisant saillie, comme des cornes, sur la partie postérieure du dos, derrière les
branchies; 5 branchies bipinnées ; tentacules dorsaux claviformes,
feuilletés, naissant de tubercules arrondis, non rétractiles; tête avec un
court processus latéral; pied étroit.
Distribution, 2 espèces. Mer de Soulou. (A. Adams.)

TREVELYANA, Kelaart, 1858.

Corps sans manteau; deux tentacules dorsaux, sans gaines, non rétractiles; bouche en avant de la tête, sans tentacules ; branchies en un
disque circulaire sur le dos, non rétractiles.
Distribution, 1 espèce (T. Ceylonica). Ceylan.

CHIMORA, A. et H.

Corps limaciforme ; manteau presque nul, formant un voile avec des
appendices ramifiés sur la tête, et une crête papilleuse sur les côtés du
dos; tentacules dorsaux feuilletés, rétractiles dans des gaines : tentacules buccaux tuberculeux; branchies plumeuses, non rétractiles. Dents
linguales 26.0.26.

PELAGELLA, Grube.

Animal oblong; tentacules sans gaine; voile céphalique sans appendices ; une crête le long du milieu du dos, et deux autres latérales :
8 branchies plumeuses, disposées en cercle.
Distribution, 1 espèce. Europe méridionale.

Gymnodoris, Steenstrup.

Animal oblong ; tentacules sans gaîne ; branchies à processus latéraux, dendritiques, au nombre de deux ou plus.
Distribution, 1 espèce. Japon.

Acanthodoris, Grube.

Animal oblong ; tentacules sans gaîne, rétractiles dans une cavité du manteau ; plusieurs tubercules charnus sur le dos ; 8 branchies plumeuses, non rétractiles.
Distribution, 2 espèces. Mer du Nord.

Casella, H. et A. Adams.

Tentacules rétractiles dans des gaînes ; branchies lamelleuses, à 6 lobes.
Distribution, 1 espèce. Inde.

Brachychlamis, Ehrenberg.

Manteau long, anguleux ; tentacules en avant du bord du manteau.
Distribution, 1 espèce. Afrique orientale.

Famille VII. — Tritoniadæ.

Animal à branchies feuilletées, plumeuses ou papilleuses, disposées le long des côtés du dos ; tentacules rétractiles dans des gaînes ; membrane linguale avec une dent centrale et de nombreuses dents latérales ; orifices sur le côté droit.

Tritonia, Cuvier.

Exemple, T. plebeia, Pl. XIII, *fig.* 7.
Animal allongé ; tentacules à filaments ramifiés ; voile tuberculeux ou digité ; branchies en série, sur une crête, de chaque côté du dos ; bouche armée de mâchoires cornées ; estomac simple ; foie compacte.
Distribution, 13 espèces. Norwége et Angleterre. Sous les pierres, à marée basse, et jusqu'à 45 mètres. La *T. Hombergi*, Cuvier, se trouve sur les bancs de Pecten ; elle atteint une longueur de plus de 6 pouces.

Scyllæa, L.

Type, S. pelagica, Pl. XIII, *fig.* 8.
Étymologie, *Scyllæa*, une nymphe de la mer.
Animal allongé, comprimé ; pied long, étroit et canaliculé, conformé

pour saisir les algues ; dos ayant deux paires de lobes latéraux aliformes, portant, sur leur face interne, de petites branchies en touffes ; tentacules dorsaux, grêles, à sommet lamelleux, rétractiles dans de longues gaines ; dents linguales 24.1.24, denticulées ; gésier armé de plaques cornées, cultriformes ; orifices sur le côté droit.

Distribution, 7 espèces. Atlantique, côtes méridionales de l'Angleterre, Méditerranée. Sur les algues flottantes.

Nerea (punctata), Lesson ; Nouvelle-Guinée ; 10 lignes de long ; tentacules auriformes ; trois paires de lobes dorsaux.

TETHYS, L.

Étymologie, Tethys, la mer (personnifiée).

Synonyme, Fimbria, Bohadsch.

Type, T. fimbriata, L. Pl. XIII, *fig.* 9.

Animal elliptique, déprimé ; tête couverte d'un disque largement étalé, frangé, avec 2 tentacules coniques, rétractiles dans des gaines foliacées ; branchies légèrement ramifiées, en série simple le long de chaque côté du dos ; orifices reproducteurs derrière les premières branchies ; anus du côté droit, derrière la seconde branchie ; estomac simple.

Distribution, 1 espèce. Méditerranée ; atteint un pied de long ; se nourrit d'autres mollusques et de crustacés. (Cuvier.)

? BORNELLA (Gray), A. Adams.

Type, A. Adamsii, Gray. Longueur, 4 pouces.

Animal allongé ; tentacules dorsaux rétractiles dans des gaines rameuses ; tête portant des appendices étoilés ; dos ayant deux rangs de saillies gastriques cylindriques, rameuses, auxquelles sont fixées de petites branchies ramifiées [1] ; pied très-étroit.

Distribution, 5 espèces. Détroit de la Sonde, sur des algues flottantes. Bornéo.

? DENDRONOTUS, A. et H. [2]

Étymologie, dendron, un arbre, *notos*, le dos.

Type, D. arborescens, Pl. XIII, *fig.* 10.

Animal allongé ; tentacules lamelleux ; devant de la tête avec des appendices branchus ; branchies rameuses, en une seule série de chaque côté du dos ; pied étroit ; dents linguales 10.1.10 ; estomac et foie ramifiés.

---

[1] Cette observation a besoin d'être vérifiée.

[2] Ce genre et les suivants sont placés par Alder et Hancock dans la famille des *Æolidæ* ; ils ont un estomac ramifié, mais leurs caractères extérieurs (*zoologiques*) s'accordent mieux avec ceux des *Tritonia* qu'avec ceux des *Æolis*.

Distribution, 3 espèces. Norwége et Angleterre. Sur les algues et les corallines ; du niveau de la marée basse à la zone des corallines.

? Doto, Oken.

Étymologie, *Doto*, une nymphe de la mer.

Exemple, D. coronata, Pl. XIII, *fig.* 11.

Animal grêle, allongé ; tentacules linéaires, rétractiles dans des gaines tubiformes ; voile petit, simple ; branchies ovalaires, muriquées, en une seule série, le long de chaque côté du dos ; membrane linguale grêle, avec plus de 100 dents recourbées, denticulées, sur une seule série ; pied très-étroit.

L'estomac est ramifié, et le foie est entièrement contenu dans les prolongements dorsaux qui tombent facilement, quand on manie l'animal, mais qui se reforment bientôt.

Distribution, 4 espèces. Norwége et Angleterre. Sur les corallines ; dans les eaux profondes, jusqu'à 90 mètres.

Gellina, Gray.

Tête simple ; papilles ou branchies lisses.

Distribution, 1 espèce. Mer du Nord.

? Melibœa, Rang.

Type, M. rosea, Rang ; sur les algues flottantes ; au large du Cap.

Animal allongé, à pied étroit, canaliculé, et à partie caudale longue et grêle ; côtés du dos portant 6 paires de lobes tuberculeux, qui se détachent facilement ; tentacules cylindriques, rétractiles dans de longues gaines tubiformes ; tête couverte d'un voile lobiforme ; orifices sexuels derrière le tentacule droit, orifice excréteur derrière la première branchie du côté droit.

Distribution, 3 espèces. Mer du Sud et Afrique méridionale.

? Lomanotus, Vérany.

Exemple, L. marmoratus, Pl. XIII, *fig.* 12.

Synonyme, Eumenis, A. et H.

Animal allongé, lisse ; tête couverte d'un voile ; tentacules claviformes, lamelleux, rétractiles dans des gaines ; branchies filamenteuses, disposées le long des côtés du dos, sur les bords ondulés du manteau ; pied étroit, avec des appendices tentaculaires en avant ; estomac ramifié.

Distribution, 3 espèces. Angleterre et Méditerranée. Sur les corallines.

Famille VIII. — Æolidæ.

Animal à branchies (?) papilleuses disposées le long des côtés du dos; tentacules sans gaines, non rétractiles ; dents linguales 0 1.0 ; ramifications de l'estomac et du foie s'étendant dans les papilles dorsales ; orifices excréteurs du côté droit ; peau lisse, sans spicules ; pas de manteau distinct.

Æolis, Cuvier.

Synonymes, Psiloceros, Menke ; Eubranchus, Forbes ; Amphorina, Quatrefages.

Type, Æ. papillosa, L.

Étymologie, Æolis, fille d'Éole.

Animal ovalaire : tentacules dorsaux lisses, ovales, grêles ; papilles simples, cylindriques, nombreuses, déprimées et imbriquées ; bouche à mâchoire supérieure cornée, formée de deux plaques latérales unies en dessus par un ligament ; pied étroit ; langue ayant une seule série de dents courbes, pectinées ; frai formant plusieurs tours ondulés.

Sous-genres, *Flabellina*, Cuvier (Phyllodesmium, Ehr.). Corps grêle ; tentacules dorsaux lamelleux, tentacules buccaux longs ; papilles disposées par touffes ; frai formant des tours nombreux. Exemple, E. coronata, Pl. XIII, *fig.* 15 (voyez aussi *fig.* 11, p. 18).

Cavolina, Brug. (Montagua, Flem.), C. peregrina. Corps lancéolé ; tentacules lisses ou ridés ; papilles en rangées transversales assez distantes ; frai faisant un ou deux tours.

Facelina, Grube. Semblable aux Flabellina, mais avec le pied petit, et les deux parties anguleuses antérieures atténuées en pointe.

Distribution, 5 espèces. Sitka, mer du Nord.

Coryphella, Landsborough. Semblables aux Cavolina, mais avec des papilles disposées par touffes. 4 espèces.

Tergipes, Cuvier. T. lacinulata. Corps linéaire ; tentacules lisses ; papilles sur une seule rangée de chaque côté ; frai réniforme.

Distribution, Norwége, Angleterre (35 espèces), États-Unis, Méditerranée, parties méridionales de l'Atlantique, Pacifique ; se trouvant au milieu des rochers, à marée basse. Ce sont des animaux actifs, remuant continuellement leurs tentacules, et allongeant et contractant leurs papilles ; ils nagent volontiers à la surface de la mer, avec le corps renversé. Ils se nourrissent principalement de Sertulariens ; si on les tient en captivité sans nourriture, ils se dévorent les uns les autres ; lorsqu'on les irrite, ils émettent un fluide laiteux par leurs papilles qui sont très-sujettes à tomber.

Glaucus, Forster.

Étymologie, *Glaucus*, une divinité de la mer.

Synonymes, Laniogerus, Bl.; Pleuropus, Raf.

Exemple, G. atlanticus, Pl. XIII, *fig.* 14.

Animal allongé, grêle ; pied linéaire, canaliculé ; 4 tentacules coniques : mâchoires cornées ; dents en une seule série, simples, arquées et pectinées ; branchies grêles, cylindriques, portées par 5 paires de lobes latéraux ; estomac envoyant de grands cæcums à la partie caudale et aux lobes latéraux ; foie contenu dans les papilles ; orifice sexuel au-dessous de la première papille de droite ; anus derrière la seconde papille ; frai déposé en un ruban formant une spirale serrée.

Distribution, 7 espèces. Atlantique, Pacifique. Trouvés sur des algues flottantes ; ils dévorent de petits animaux marins, tels que des Porpites et des Vélelles. (Bennett.)

FIONA, Alder et Hancock.

Type, F. nobilis, A. et H.

Synonyme, Oithona, A. et H. (non Baird.)

Animal allongé ; tentacules buccaux et dorsaux linéaires ; bouche armée de mâchoires cornées ; branchies (?) papilleuses, recouvrant irrégulièrement, sur les côtés du dos, une expansion subpalléale, ayant chacune une frange membraneuse qui s'étend le long de son bord interne.

Distribution, 5 espèces. Falmouth. Sous les pierres, à marée basse. (docteur Cocks.)

EMBLETONIA, A. et H.

Étymologie, genre dédié au docteur Embleton, de Newcastle.

Synonymes, Pterochilus, A. et H. ; ? Clœlia (formosa), Lovén.

Type, E. pulchra, Pl. XIII, *fig.* 15.

Animal grêle ; 2 tentacules simples ; tête prolongée de chaque côté en un lobe aplati ; papilles simples, subcylindriques, sur une seule série longitudinale, de chaque côté du dos.

Distribution, 4 espèces. Écosse (2 espèces). Dans la zone littorale, et dans celle des laminaires.

Calliopœa (bellula), d'Orbigny, Brest. Deux rangs longitudinaux de papilles de chaque côté du dos ; lobes céphaliques subulés ; anus à droite. Longueur 6 millimètres.

CALMA, Alder et Hancock.

Animal en angle tranchant en avant ; pied large ; papilles simples et portées sur des bases cylindriques ; tentacules petits.

Distribution, 1 espèce. Mer du Nord.

FAVORINUS, Grube.

Animal à tentacules céphaliques grêles, en bouton à l'extrémité

2 paires de tentacules buccaux; papilles disposées sur plusieurs rangs obliques.

Distribution, 1 espèce. Mer du Nord.

GALVINA, Alder et Hancock.

Animal ayant des papilles en rangées transversales ; tentacules buccaux courts et subulés; pied arrondi en avant.

Distribution, 2 espèces. Mer du Nord.

CUTHONIA, Alder et Hancock.

Animal à tête nue et étalée ; papilles claviformes et disposées en angées serrées.

Distribution, 1 espèce. Mer du Nord.

FILURUS, De Kay.

Pied peu développé ; corps grêle ; 2 tentacules ; bouche sur une frange flottante de peau avec deux petits palpes buccaux, papilles sur deux longues rangées le long du dos. 1 espèce.

PROCTONOTUS, A. et H.

Type, P. mucroniferus, Pl. XIII, *fig.* 16. Dublin ; eaux peu profondes.
Synonymes. Venilia, A. et H.; Zephyrina, Quatrefages.
Animal oblong, déprimé, effilé en arrière ; 2 tentacules dorsaux linéaires, simples, avec des yeux à leur base postérieure; tentacules buccaux courts ; tête couverte d'un petit voile semi-lunaire ; bouche à mâchoires cornées; papilles sur des crêtes, le long des côtés du dos, et en avant autour de la tête ; anus dorsal.
Distribution, 5 espèces. Parties septentrionales de l'Atlantique.

ANTIOPA, A. et H.

Type, A. splendida, A. et H.
Synonyme, Janus, Vérany.
Animal en ovale-oblong, effilé en arrière : tentacules dorsaux lamelleux, unis à la base par une crête arquée ; tête portant un petit voile et deux tentacules labiaux ; papilles ovalaires, placées le long des crêtes latérales du dos et se continuant au-dessus de la tête ; anus médian, postérieur; orifice sexuel du côté droit; dents linguales nombreuses?
Distribution, 3 espèces. Angleterre. Méditerranée.

HERMÆA, Lovén.

Type, H. bifida, Pl. XIII, *fig.* 17. Norwége, Angleterre.

Animal allongé, tentacules à plis longitudinaux ; papilles nombreuses, disposées le long des côtés du dos ; orifice sexuel au-dessous du tentacule droit ; anus dorsal ou sublatéral, antérieur.

ALDERIA, Allman.

Étymologie, nom donné en l'honneur de Joshua Alder, l'un des auteurs de la « *Monograph of the British Nudibranchiate Mollusca.* »

Type, A. modesta, Pl. XIII, *fig.* 18. 5 espèces. Norwége, sud de l'Irlande et sud du pays de Galles.

Animal oblong, sans tentacules ; tête lobée sur les côtés ; papilles disposées le long des côtés du dos ; anus dorsal, postérieur.

? *Stiliger* (ornatus). Ehrenberg ; mer Rouge. Anus dorsal, antérieur.

CHIORÆRA, Gould, 1855.

Animal oblong ; tête grande, pédonculée et pourvue de cirrhes buccaux ; papilles foliacées et disposées sur deux rangées latérales ; organes générateurs du côté droit. C. leonina. Puget-Sound.

FAMILLE IX. — PHYLLIROIDÆ.

Animal pélagique, dépourvu de pied, comprimé, nageant librement au moyen d'une queue en forme de nageoire ; 2 tentacules dorsaux ; dents linguales sur une seule série ; estomac muni de cæcums allongés ; orifices sur le côté droit ; sexes réunis.

PHYLLIRHOE, Péron et Lesueur.

Étymologie, *phyllon*, une feuille, *rhoe*, la vague.

Synonyme, Eurydice, Esch.

Type, P. bucephala, Péron.

Distribution, 6 espèces. Méditerranée, Moluques, Océan Pacifique.

Animal translucide, fusiforme, à queue lobée ; mufle arrondi, tronqué ; mâchoires cornées ; dents linguales 3.0.3 ; tentacules longs et grêles, à gaines courtes ; organe d'accouplement long et bifide.

FAMILLE X. — ELYSIADÆ.

Animal dépourvu de coquille, limaciforme, sans manteau ni organe respiratoire distincts ; respiration s'effectuant par la surface ciliée du corps ; bouche armée d'une seule série de dents linguales ; estomac central ; anus médian, subcentral ; organes hépatiques ramifiés, s'étendant sur toute la longueur du corps et s'ouvrant dans les côtés de l'estomac ; sexes réunis ; orifice mâle et orifice ovarien situés au-dessous de l'œil droit; orifice femelle au milieu du côté droit ; cœur ayant une oreillette en arrière ; des traces d'un système artériel et veineux ; yeux sessiles sur les côtés de la tête, tentacules simples ou presque nuls[1].

Elysia, Risso.

Type, E. viridis, Pl. XIII, *fig.* 19.
Synonyme, Actæon, Oken.
Animal elliptique, déprimé, à expansions latérales aliformes ; tentacules simples, portant les yeux sessiles à leur base postérieure ; pied étroit.
Distribution, 8 espèces. Angleterre, Méditerranée. Sur les *Zostera* et les algues, dans la zone des laminaires. Le *Placobranchus* (ocellatus, Rang), Hasselt, de Java, est décrit comme ayant 2 pouces de long, 4 petits tentacules ; les expansions latérales sont très-développées et se rencontrent en arrière ; la face supérieure est plissée longitudinalement, et forme une sorte de chambre branchiale, lorsque les lobes latéraux sont enroulés.

Acteonia, Quatrefages.

Exemple, A. corrugata, Pl. XIII, *fig.* 20. La Manche.
Animal petit, hirudiniforme; tête obtuse, avec des crêtes latérales partant de deux courts tentacules coniques, derrière lesquels sont les yeux. 2 espèces.

Cenia, Alder et Hancock.

Type, C. Cocksii, Pl. XIII, *fig.* 21.
Étymologie, *Cenia*, Falmouth.
Synonyme, ?Fucola (rubra), Quoy.
Animal limaciforme; dos élevé ; tête subanguleuse, portant deux tentacules dorsaux linéaires, avec des yeux à leur base externe.

Limapontia, Johnston.

Type, L. nigra, Pl. XIII, *fig.* 22.
Synonymes, Chalidis, Qu. ; Pontolimax, Cr.

---

[1] Ordre des *Dermibranchiata*, Quatref. (*Pellibranchiata*, A. et H.). M. de Quatrefages a décrit à tort les *Elysiadæ* comme manquant à la fois de cœur et de vaisseaux sanguins, comme les zoophytes Ascidiens ; il leur associa la famille des Éolidiens qu'il décrivit comme ayant un cœur et des artères, mais pas de veines, ces organes étant remplacés par des lacunes du tissu aréolaire. Ce naturaliste supposait que dans ces deux familles le produit de la digestion (*chyle*) était oxygéné dans les ramifications gastriques par l'influence directe de l'eau ambiante. Ce groupe, depuis lors abandonné, avait reçu de lui le nom de *Phlébentérés* (*Phlebs*, une veine, *entera*, les intestins).

Animal petit, hirudiniforme; tête tronquée en avant, avec des crêtes latérales arquées, sur lesquelles sont les yeux ; pied linéaire.

Distribution, Norwége, Angleterre et France; se trouvant au printemps et en été, entre le niveau des hautes marées et celui des marées moyennes; se nourrissant de conferves; frai en petites masses pyriformes, contenant chacune de 50 à 150 œufs ; jeunes ayant une coquille nautiloïde, transparente, fermée par un opercule.

RHODOPE, Kölliker, 1847.

Exemple, R. Veranyi.

Animal petit, semblable aux *Limapontia?*, vermiforme, assez convexe en dessus, plat en dessous; pas de manteau, pas de branchies, ni de tentacules. Sur les algues, Messine.

Ordre IV. — Nucleobranchiata, Bl. [1].

Cet ordre se compose exclusivement d'animaux pélagiques, qui nagent à la surface, au lieu de ramper sur le fond de la mer. Leur position et leurs affinités leur donneraient le droit d'occuper la première place dans la classe, mais leurs formes extrêmement aberrantes, et leur mode exceptionnel de progression nous ont amené à renvoyer leur description après celle des Gastéropodes ordinaires et typiques.

Il y a deux familles de mollusques nucléobranches; d'une part, les *Firoles* et les *Carinaires*, à corps grand et à coquille petite ou nulle, de l'autre, les *Atlantes*, qui peuvent se retirer dans leurs coquilles et les fermer au moyen d'un opercule. L'animal et la coquille sont complétement ou à peu près symétriques, le nucléus de la coquille est petit et à spirale dextre.

Les Nucléobranches progressent rapidement par de vigoureux mouvements de leur queue en nageoire, ou au moyen d'une nageoire ventrale en éventail, et ils adhèrent aux algues par un petit suçoir placé sur le bord de cette dernière. M. Huxley a démontré que ces organes représentent les trois parties essentielles du pied des Gastéropodes marins les plus parfaits. Le *suçoir* représente la partie centrale du pied, ou disque de reptation (*mesopodium*) de l'escargot et du buccin ; la nageoire ventrale est l'homologue de la division antérieure du pied (*propodium*) qui est très-distincte dans les *Natica* (p. 247), et dans les *Harpa* et les *Oliva*, mais qui est seulement marquée par un sillon chez les *Paludina* et les *Dolium* (*fig.* 87). La nageoire terminale (ou queue de la Carinaire), qui porte l'opercule de l'Atlante, est l'équivalent du

---

[1] Ainsi nommés parce que les organes respiratoires et digestifs forment une sorte de *nucléus* dans la partie postérieure du dos. Voyez fig. 141, *s*, *b*, et pl. XIV, fig. 24.

lobe operculigère (*metapodium*) des Gastéropodes ordinaires, tels que les *Strombus* (*fig.* 76).

L'abdomen, ou masse viscérale, est petit, tandis que la partie antérieure du corps (ou *cephalothorax*, M. Edwards) est énormément développée. La trompe est grande et cylindrique, et la langue est armée d'épines recourbées. Le canal alimentaire de la Firole est recourbé à angle droit, en arrière, sur le côté dorsal ; dans l'Atlante, il est recourbé et se termine dans la chambre branchiale. Le cœur est *prosobranche*, quoique, chez la Firole, l'oreillette soit plutôt en dessus qu'en avant du ventricule, à cause du faible degré de la flexion dorsale.

Les Nucléobranches, et surtout ceux qui sont dépourvus de coquille, offrent la preuve la plus complète de la justesse des vues de Milne Edwards, relativement à la nature de la circulation chez les mollusques. Leur transparence permet de voir les corpuscules sanguins flotter dans la cavité générale du corps, entre les viscères et le tégument externe, et s'en aller en arrière au cœur; lorsqu'ils ont atteint la paroi de l'oreillette, ils se frayent, comme ils peuvent, un chemin à travers ses mailles et y sont quelquefois arrêtés lorsque le cœur a perdu de sa force. De l'oreillette on peut les suivre dans le ventricule, et de là dans l'aorte et l'artère pédieuse, par les extrémités béantes desquelles ils se répandent dans les tissus de la tête et de la nageoire. (Huxley.)

Des êtres aussi délicats et aussi transparents semblent n'avoir presque pas besoin d'un organe respiratoire spécial, et en fait, il existe ou fait défaut dans différentes espèces du même genre, ou même dans des échantillons différents de la même espèce. Les *Carinaria* ont des branchies bien développées; chez les *Atlanta* elles sont quelquefois distinctes, et dans d'autres cas elles manquent; chez les *Firoloides*, elles sont seulement indiquées par un ruban cilié subspiral. Les larves sont pourvues d'une coquille et de voiles ciliés. (Gegenbaur.)

Les Nucléobranches sont dioïques ; quelques individus (de Firoles) ont un appendice foliacé, d'autres ont un long tube à œufs grêle, dépendant de l'oviducte et régulièrement annelé [1].

Le système nerveux est remarquable par la grande séparation des centres. Les ganglions buccaux sont situés fort en avant du ganglion céphalique, et les *ganglions pédieux* sont placés fort en arrière, de sorte que les commissures qui les unissent sont presque parallèles à l'œsophage. Les *ganglions branchiaux* se trouvent à l'extrémité postérieure du corps, comme chez les bivalves. Les yeux sont en forme de verre de montre, et ont une organisation très-parfaite ; les vésicules auditives sont placées en arrière et reliées aux ganglions céphaliques; elles contiennent chacune une otolithe ronde, qui semble quelquefois osciller. (Huxley.)

---

[1] Nous ne pouvons citer qu'un autre exemple d'organe segmenté chez les mollusques, à savoir les palmettes penniformes du *Teredo bipalmulata*.

FAMILLE I. — FIROLIDÆ.

Animal allongé, cylindrique, translucide, muni d'une nageoire ventrale et d'une nageoire caudale servant à la progression ; branchie à découvert sur la partie postérieure du dos, ou couverte par une petite coquille hyaline. Bouche munie d'une lèvre circulaire ; membrane linguale n'ayant qu'un petit nombre de rangées de dents ; dents centrales allongées transversalement, avec 3 pointes recourbées ; les latérales au nombre de 3 de chaque côté, la première en forme de plaque transversale à sommet crochu, la deuxième et la troisième falciformes[1].

FIROLA, Péron et Lesueur.

Type, F. coronata, Forsk. Méditerranée.
Synonyme, Pterotrachæa, Forsk.
Animal fusiforme, allongé, à tête longue, grêle, proboscidiforme ; nageoire rétrécie à la base, munie d'un petit suçoir ; queue allongée, carénée, quelquefois pinnée ; nucléus saillant ; appendices branchiaux nombreux, coniques, grêles ; 4 tentacules courts et coniques ; yeux noirs et distincts, protégés par une paupière rudimentaire ; ruban lingual oblong. Les *Firoles* femelles ont un long oviducte moniliforme. L'*Anops Peronii*, d'Orbigny, décrit et figuré comme n'ayant pas de tête (!), était probablement une Firole mutilée. « Les échantillons de cette nature sont très-communs et semblent être aussi actifs que les autres. » (Huxley.)
Distribution, 14 espèces. Atlantique, Méditerranée, Pacifique.
Sous-genre, Firoloïdes, Lesueur (*Cerophora*, d'Orbigny). F. Desmarestii, Les. Corps cylindrique ; tête subulée, munie de deux tentacules grêles ; nucléus à l'extrémité postérieure du corps, avec ou sans petits filaments branchiaux ; tube des œufs régulièrement annelé ; nageoire caudale petite et grêle, nageoire ventrale sans suçoir.
Distribution, 6 espèces. Atlantique, Méditerranée.

CARINARIA, Lamarck.

Étymologie, *carina*, une carène (ou un vaisseau caréné).
Type, C. cymbium, Desh. = C. cristata, L. (*fig.* 141, Pl. XIV. *fig.* 19.)
Coquille hyaline, symétrique, patelliforme, à sommet postérieur, subspiral et à carène dorsale dentelée ; nucléus petit, à spire dextre.
Animal grand, translucide, granuleux ; tête grosse, cylindrique ; ruban lingual triangulaire, dents augmentant rapidement de grosseur d'avant en arrière ; tentacules longs et grêles, portant les yeux près de

---

[1] Le genre *Sagitta*, Q. et G., que l'on a rapporté quelquefois à cette famille, est un animal annelé. (Huxley.)

leur base; nageoire ventrale arrondie, à base large, avec un petit suçoir marginal; queue grande, comprimée latéralement; nucléus pédon-
culé, couvert par la coquille; branchies nombreuses, pinnées, faisant
saillie hors de la coquille.

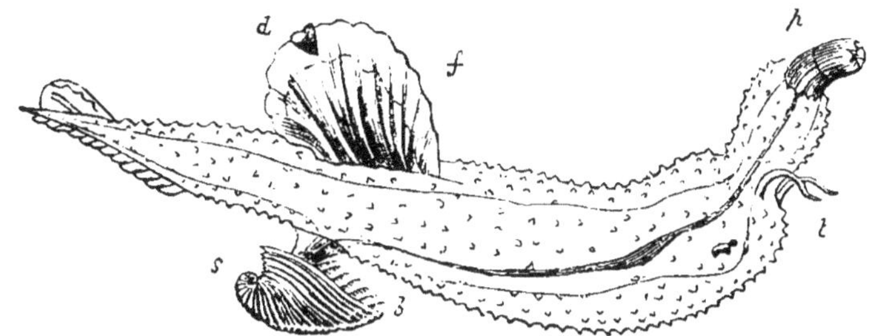

Fig. 141 [1].

Distribution, 8 espèces. Méditerranée et parties chaudes de l'Atlantique et de l'océan Indien. Elles se nourrissent de petite Acalèphes et
probablement de Ptéropodes; M. Wilton a trouvé dans l'estomac d'une
Carinaire deux fragments de quartz, pesant ensemble près de 5 grains.
   Fossile, 1 espèce. Miocène. Turin.

CARDIAPODA, d'Orbigny.

Exemple, C. placenta. Pl. XIV, *fig*. 20.
Étymologie, *cardia*, cœur, *pous*, pied.
Synonyme, Carinaroides, Eyd. et Souleyet.
Animal semblable aux Carinaires.
Coquille petite, cartilagineuse; péristome étalé et bilobé en avant,
enveloppant la spire en arrière.

FAMILLE II. — ATLANTIDÆ.

Animal pourvu d'une coquille bien développée, dans laquelle il peut
se retirer; branchies contenues dans une cavité dorsale du manteau;
dents linguales semblables à celles des Carinaires.
Coquille symétrique, discoïde, quelquefois fermée par un opercule.

ATLANTA, Lesueur.

Type, A. Peronii. Pl. XIV, *fig*. 21-23.
Synonyme, Steira, Esch.
Coquille petite, fragile, comprimée et pourvue d'une carène saillante;

[1] Fig. 141. *p*, trompe; *t*, tentacules; *b*, branchies; *s*, coquille; *f*, pied; *d*, disque.

nucléus spiral dextre; ouverture étroite, profondément échancrée à la carène; opercule ovale, pointu, lamelleux, avec un petit nucléus apicial à spire dextre.

Animal trilobé; tête grande, sub-cylindrique; tentacules coniques, portant en arrière des yeux visibles; nageoire ventrale aplatie, flabelliforme, munie d'un petit suçoir frangé; queue pointue, operculigère.

Distribution, 18 espèces. Parties chaudes de l'Atlantique, Canaries.

Sous-genre, Oxygyrus, Benson.

Synonymes, Ladas, Cantraine; Helicophlegma, d'Orbigny. O. Keraudrenii. Pl XIII, *fig.* 24-25.

Coquille laiteuse, étroitement ombiliquée des deux côtés; nucléus non visible; dos arrondi, caréné seulement près de l'ouverture; dernier tour cartilagineux près de l'ouverture, ainsi que la carène; pas de fente à l'ouverture; opercule triangulaire, lamelleux. 4 espèces. Atlantique, Méditerranée.

Le genre Atlante a été découvert par Lamanon qui supposa que c'était l'analogue vivant des Ammonites. L'opercule des *Oxygyrus* (Pl. XIII, *fig.* 25), ressemble singulièrement aux *Trigonellites* (p. 193); celui des *Atlanta* (*fig.* 22) est le seul exemple d'un opercule dextre appartenant à une coquille dextre (V. p. 218).

PORCELLIA, Léveillé.

Exemple, P. Puzozi. Pl. XIV, *fig.* 29.

Coquille discoïde, à tours nombreux; tours carénés ou couronnés; nucléus spiral; ouverture à fente dorsale étroite.

Fossiles, 10 espèces. Silurien supérieur — Trias. Angleterre, Belgique.

BELLEROPHON, Montfort.

Exemple, B. bicarinatus, Lév. Pl. XIV, *fig.* 27.

Synonyme, Euphemus, Mac Coy.

Coquille enroulée sur elle-même, symétrique, globuleuse, ou discoïde, forte, à tours peu nombreux; les tours souvent ornés de sculptures; une carène dorsale; ouverture sinueuse et profondément échancrée du côté dorsal.

Fossiles, 128 espèces. Silurien inférieur — Carbonifère. Amérique du Nord, Europe, Australie, Inde. Le nom de *Bucania* a été donné par Hall aux espèces à tours visibles; chez le B. expansus, Pl. XIV, *fig.* 28, l'ouverture de la coquille adulte est très-évasée et la fente dorsale est remplie. (Salter.) *Bellerophina*, d'Orbigny (non Forbes); genre établi sur le *Nautilus minutus*, Sby. Pl. XIV, *fig.* 26; petite coquille globuleuse, striée en spirale et manquant de cloisons, du gault d'Angleterre et de France.

Cyrtolites, Conrad.

Type, C. ornatus. Pl. XIV, *fig.* 30.

Étymologie, kurtos, courbé, *lithos*, pierre.

Coquille mince, symétrique, en forme de corne ou discoïde, à tours plus ou moins séparés, carénés et ornés de sculptures.

Fossiles, 15 espèces. Silurien inférieur — Carbonifère. Amérique du nord, Europe.

? *Ecculiomphalus* (Bucklandi), Portlock. Pl. XIV, *fig.* 31. Silurien inférieur. Angleterre, États-Unis.

Coquille mince, courbée ou discoïde ; un petit nombre de tours largement séparés, faiblement asymétriques, carénés.

? Maclurea, Lesueur.

Étymologie, nom donné en l'honneur de William Maclure, le premier géologue américain.

Coquille discoïde, à tours peu nombreux, sillonnés longitudinalement dans la région dorsale et rendus légèrement rugueux par des lignes d'accroissement ; côté droit convexe, profondément et étroitement perforé : côté gauche plat, laissant voir les premiers tours ; opercule subspiral, senestre, solide, avec deux saillies internes (*t, t'*) dont l'une située au-dessous du nucléus est très-épaisse et rugueuse.

Fossiles, 5 espèces. Silurien inférieur. Amérique du Nord, Écosse (Ayrshire, Mac Coy).

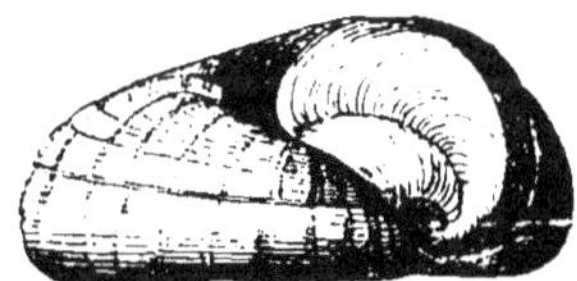

Fig. 142. — *Maclurea Logani* (Salter), *Silurien inférieur*, Canada.

Cette singulière coquille abonde dans le *Chazy limestone* des États-Unis et du Canada ; on peut même en voir des coupes dans les pavés de New-York ; mais il est très-difficile d'en obtenir des échantillons. Grâce à l'obligeance de sir W. E. Logan, du « Geological Survey » du Canada, nous avons pu examiner une grande série d'échantillons silicifiés, et figurer une coquille parfaitement conservée avec son opercule en place. Elle a plutôt l'apparence d'une bivalve, telle que la *Requienia Lonsdalii* (Pl. XVIII, *fig.* 12) que d'une univalve spirale, mais elle n'a pas de charnière. Beaucoup d'échantillons sont recouverts d'un zoophyte, ordinairement du côté convexe seulement, rarement des deux côtés.

La *Maclurea* a été décrite comme *senestre* ; mais son opercule est

celui d'une coquille dextre ; de sorte que l'on doit considérer la spire
comme fortement convexe, et l'ombilic comme étalé, ainsi que cela se
voit dans certaines espèces de Planorbes ; à moins qu'il n'y ait là un fait
inverse de celui que présentent les Atlantes, chez lesquels la coquille et
l'opercule ont tous deux un nucléus dextre. Les affinités des *Maclurea*
ne pourront être reconnues que par un examen attentif et par une comparaison avec les formes voisines, mais moins anormales, qui sont associées avec elles dans les plus anciennes roches fossilifères. Les échantillons de sir W. Logan ne parlent pas en faveur de ses *affinités avec
les Euomphalus* (p. 278).

TROISIÈME CLASSE — PTÉROPODES

Ce petit groupe est composé d'animaux dont toute la vie se passe
dans la haute mer, loin de tout abri, sauf celui qui leur est fourni par
les sargasses flottants, et dont l'organisation est spécialement adaptée
à ce mode d'existence. Pour l'apparence et les mœurs, ils ressemblent
d'une manière frappante aux jeunes gastéropodes marins ordinaires,
et nagent comme eux au moyen de battements vigoureux d'une paire de
nageoires. Le naturaliste qui reste sur la côte ne fait point connaissance
avec eux ; mais celui qui parcourt l'océan, les rencontre là où il n'y a
guère d'autres êtres qui puissent attirer son attention, et il est émer-
veillé de leurs formes délicates et de leur nombre incroyable. Ils four-
millent sous les tropiques et vivent aussi dans les mers arctiques où, sur
des lieues d'étendue, l'eau est colorée par des myriades d'entre eux.
(Scoresby.) On les voit nager à la surface, aussi bien pendant les heures
chaudes de la journée que pendant les moments plus frais de la soirée.
Quelques-unes des grandes espèces ont des tentacules préhensiles, et
leur bouche est armée de dents linguales, de sorte que tout fragiles
qu'ils sont, ils se nourrissent probablement de créatures encore plus
petites et plus faibles qu'eux, par exemple d'*Entomostracés*. Dans
les hautes latitudes, ils forment la nourriture principale de la baleine
et de beaucoup d'oiseaux de mer. Leurs coquilles sont rarement jetées
à la côte, mais foisonnent dans le fin sédiment ramené des grandes
profondeurs par la drague. Un petit nombre d'espèces se rencontrent
dans les couches tertiaires d'Angleterre et du continent; ils sont inconnus dans les roches anciennes, à moins que l'on ne doive rapporter à cet ordre quelques formes relativement gigantesques (*Conularia*
et *Theca*).

Par leur structure, les Ptéropodes se rapprochent surtout des Gastéropodes marins, mais ils leur sont de beaucoup inférieurs. Leurs ganglions nerveux sont concentrés en une masse située *au-dessous* de l'œ-

sophage ; ils ont des vésicules auditives contenant des otolithes, et ils sont sensibles à la lumière et à la chaleur, et probablement aux odeurs, quoiqu'ils possèdent tout au plus des tentacules et des yeux très-imparfaits. Le vrai pied est petit ou presque nul ; chez la Cléodore, il est combiné avec les nageoires, mais chez la Clio, il est suffisamment distinct et se compose de deux éléments ; chez la Spirialis, la partie postérieure du pied supporte un opercule. Les nageoires se développent sur les côtés de la bouche ou du cou, et sont les équivalents des lobes latéraux (*epipodia*) des gastéropodes marins. La bouche des *Pneumodermon* est pourvue de deux tentacules supportant des suçoirs en miniature ; ces organes ont été comparés aux bras dorsaux des Seiches, mais il est douteux qu'ils soient de même nature[1]. Un point de ressemblance plus certain est la flexion ventrale du canal alimentaire qui se termine à la face inférieure, près du côté droit du cou. Les Ptéropodes ont un gésier musculeux armé de dents gastriques, un foie, un cæcum pylorique, et un organe rénal contractile s'ouvrant dans la cavité du manteau. Le cœur est formé d'une oreillette et d'un ventricule, et est essentiellement *opisthobranche*, quoique influencé quelquefois par la flexion générale du corps. Le système veineux est extrêmement incomplet. L'organe respiratoire, qui n'est presque qu'une surface ciliée, est tantôt situé à l'extrémité du corps sans être protégé par un manteau, et tantôt renfermé dans une chambre branchiale dont l'ouverture est antérieure. La coquille, lorsqu'elle existe, est symétrique, fragile, et translucide ; elle se compose d'une plaque dorsale et d'une plaque ventrale réunies, avec une ouverture antérieure pour la tête, des fentes latérales pour le passage de longs appendices filiformes du manteau, et elle se termine en arrière par une ou trois pointes ; dans d'autres cas elle est conique, ou enroulée en spirale, ou fermée par un opercule spiral. Les sexes sont réunis, et les orifices sexuels situés du côté droit du cou. Selon Vogt, l'embryon des Ptéropodes, avant d'avoir développé ses organes locomoteurs définitifs, possède un velum caduc semblable à celui des Prosobranches. (Huxley.)

Il semblerait donc que, bien que présentant quelques ressemblances d'analogie avec les Céphalopodes, et *représentant* d'une manière permanente l'état larvaire des Prosobranches, les Ptéropodes forment un type assez particulier pour mériter de constituer un groupe distinct, non pas d'une valeur égale à celui des Gastéropodes, mais à un des ordres de cette classe.

Ce groupe, le plus inférieur des ordres d'univalves ou Céphalés, ne se rapproche nullement des Bivalves ou Acéphales. Forskal et Lamarck comparaient, il est vrai, les *Hyalæa* aux *Terebratula* ; mais ils faisaient correspondre la plaque ventrale de l'un à la valve dorsale de l'autre, et

---

[1] Les figures d'Eydoux et Souleyet les représentent comme recevant des nerfs des ganglions céphaliques ; tandis que les bras des Seiches, et toutes les autres parties ou modifications du pied chez les mollusques, reçoivent leurs nerfs des ganglions pédieux. (Huxley.)

l'orifice céphalique antérieur de la coquille des Ptéropodes au trou *postérieur* du byssus du bivalve.

SECTION A. — THECOSOMATA, Bl. [1].

Animal pourvu d'une coquille externe ; tête indistincte ; pied et tentacules rudimentaires, réunis avec les nageoires ; bouche située dans une cavité formée par la réunion des organes locomoteurs ; organe respiratoire contenu dans une cavité du manteau.

FAMILLE I. — HYALEIDÆ.

Coquille droite ou courbée, globuleuse ou subulée, symétrique.

Animal ayant deux grandes nageoires, fixé par un muscle columellaire allant du sommet de la coquille à la base des nageoires ; corps enfermé dans un manteau ; branchie représentée par une surface ciliée et plissée transversalement, située dans la cavité du manteau, du côté ventral ; dents linguales (de *Hyalea*) 1.1.1, ayant chacune un fort crochet recourbé.

HYALEA, Lamarck.

Étymologie, hyaleos, translucide.
Synonyme, Cavolina, Gioeni, non Brug.
Type, H. tridentata (*fig.* 143). Pl. XIV, *fig.* 32.

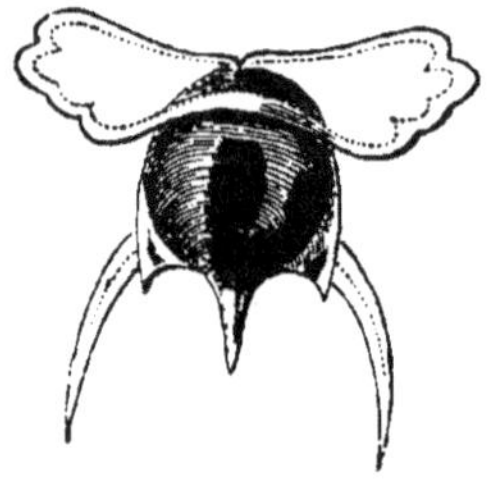

Coquille globuleuse, translucide ; plaque dorsale assez aplatie, prolongée en un capuchon ; ouverture contractée, avec une fente de chaque côté ; extrémité postérieure tridentée. Chez la H. trispinosa (Diacria, Gray) les fentes latérales débouchent dans l'ouverture cervicale.

Animal ayant au manteau de longs appendices qui passent par les fentes latérales de la coquille ; tentacules indistincts ; nageoires réunies par un lobe ventral semi-circulaire,

Fig. 143. — H. tridentata.

qui est l'équivalent de l'élément postérieur du pied.

Distribution, 19 espèces. Atlantique, Méditerranée, océan Indien.
Fossiles, 5 espèces. Miocène —. Sicile, Turin, Dax.

CLEODORA, Péron et Lesueur.

Synonymes, Clio, L. (part.) non Müller ; Balantium, Leach MS.

---

[1] *Thékè,* étui, *soma,* corps ; plusieurs des genres de cette section n'ont pas de coquille.

Type, C. pyramidata. Pl. XIV, *fig.* 53.

Coquille pyramidale, à trois faces, striée transversalement ; face ventrale plate, face dorsale carénée ; ouverture simple , triangulaire, avec les angles prolongés ; sommet aigu.

Animal ayant des yeux rudimentaires ; tentacules presque nuls ; bord du manteau ayant un appendice siphonal (?) ; nageoires amples, réunies du côté du ventre par un lobe arrondi ; dents linguales 1.1.1. Les bandes transversales des branchies, le cœur et d'autres organes sont visibles à travers la coquille transparente. Chez les *C. curvata* et *pellucida* (*Pleuropus*, Esch.) le manteau est pourvu de deux longs filaments de chaque côté.

Distribution, 12 espèces. Atlantique, Méditerranée, océan Indien, Pacifique, cap Horn.

Fossiles, 4 espèces. Miocène —. Angleterre. (La *C. infundibulum* est du Crag.)

Sous-genre, *Creseis*, Rang (Styliola, Lesueur.) C. aciculata. Pl. XIV, *fig.* 54. Grêle, conique, pointue, droite, ou courbée. Nageoires assez étroites, tronquées, avec de petits tentacules partant de leurs bords dorsaux, et des rudiments du *mesopodium* sur leur surface ; bord du manteau ayant un appendice spiral du côté gauche. M. Rang dit avoir vu ces Ptéropodes se réunir par groupes autour des algues flottantes.

CUVIERIA, Rang [1].

Genre dédié à G. Cuvier.

Type. C. columella, Rang. Pl. XIV, *fig.* 55.

Coquille cylindrique, transparente ; ouverture simple, en ovale transversal ; sommet aigu chez les jeunes, ensuite cloisonné et ordinairement caduc.

Animal à nageoires étroites, simples, réunies du côté ventral par deux petits lobes ; dents linguales 1.1.1.

Distribution, 4 espèces. Atlantique, Inde, Australie.

Fossile, 1 espèce. (C. Astesana, Rang.) Pliocène. Turin.

Sous-genre, *Vaginella*, Daudin. V. depressa. Pl. XIV, *fig.* 56.

Coquille oblongue, à sommet pointu ; ouverture contractée, transverse.

Fossiles, 4 espèces. Miocène. Bordeaux, Turin.

THECA, Morris, 1845.

Type, T. lanceolata.

Synonymes, Creseis, Forbes [2], Pugiunculus, Barr.

---

[1] MM. Quoy et Gaimard ont décrit sous le nom de *Triptère* un fragment d'un Ptéropode que l'on a reconnu depuis lors être une *Cuvieria*.

[2] La *Creseis Sedgwicki* est un Orthoceras à cloisons très-minces, appartenant au

Coquille droite, conique, en pointe effilée; dos aplati; ouverture triangulaire. Longueur, de 25 millimètres à 20 centimètres.

Fossiles, 40 espèces. Palæozoïque. Amérique du Nord, Angleterre, Nouvelle-Galles du Sud. ?Permien.

Pterotheca, Salter.

Type, P. transversa, Portlock. 3 espèces. Silurien inférieur. Irlande, pays de Galles, Canada.

Coquille bilobée, en ovale transverse, avec une carène dorsale faisant légèrement saillie à chaque extrémité; plaque ventrale petite, triangulaire.

? Conularia, Miller.

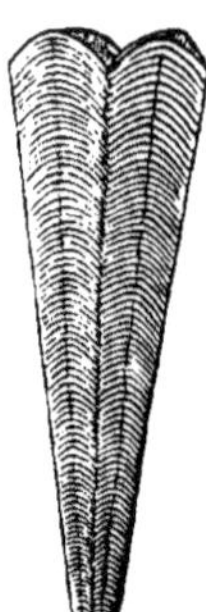

Fig. 144 [1].

Étymologie, conulus, un petit cône.

Type, C. quadrisulcata (*fig.* 144).

Coquille à quatre faces, droite et subulée, les angles sillonnés, les faces striées transversalement ; sommet cloisonné.

Fossiles, 40 espèces. Silurien — Carbonifère. Amérique du Nord, Europe, Australie.

Sous-genre, *Coleoprion* (gracilis), Sandberger. Dévonien. Allemagne.

Coquille arrondie, atténuée, côtés obliquement striés, stries alternantes le long de la ligne dorsale.

Eurybia, Rang. 1827 [2].

Étymologie, *Eurybia*, une nymphe de la mer.

Synonyme, Theceurybia, Bronn.

Exemple, E. Gaudichaudi. Pl. XIV, *fig.* 37 ; d'après (Huxley).

Animal globuleux ; nageoires étroites, tronquées, et échancrées à l'extrémité, réunies du côté ventral par un petit lobe (*metapodium*) ; bouche ayant deux tentacules allongés, derrière lesquels sont de petits pédoncules oculaires et un pied rudimentaire bilobé (*mesopodium*) ; corps enfermé dans un tégument cartilagineux qui a une ouverture en avant et dans lequel les organes locomoteurs peuvent se retirer. Dents linguales 1.0.1. L'animal n'a pas de branchies proprement dites, mais M. Huxley a observé deux cercles ciliés entourant le corps, comme dans la larve des *Pneumodermon*.

même groupe que le (*Conularia*) *teres*, Sby. Les *Tentaculites* Schl. sont des Annélides. (Salter.)

[1] Du calcaire carbonifère, Angleterre, Belgique.

[2] Ce nom avait été employé auparavant pour quatre genres différents de plantes et d'animaux.

Distribution, 4 espèces. Atlantique et Pacifique.

Sous-genre, Psyche, Rang (Halopsyche, Bronn.) P. globulosa. Pl. XIV, *fig*. 38.

Animal globuleux, ayant deux nageoires ovales simples.

Distribution, 1 espèce. Au large de Terre-Neuve.

CYMBULIA, Péron et Lesueur.

Étymologie, diminutif de *cymba*, un bateau.

Type, C. proboscidea. Pl. XIV, *fig*. 39 (d'après Adams).

Coquille cartilagineuse, en forme de pantoufle, pointue en avant, tronquée en arrière; ouverture allongée, ventrale.

Animal à grandes nageoires arrondies, reliées du côté ventral par un lobe allongé, bouche pourvue de petits tentacules; dents linguales 1.1.1; estomac musculeux, armé de deux plaques tranchantes.

Distribution, 5 espèces. Atlantique, Méditerranée, océan Indien.

TIEDEMANNIA, Delle Chiaje.

Étymologie, nom donné en l'honneur de Fr. Tiedemann.

Type, T. Neapolitana. Pl. XIV, *fig*. 40.

Animal nu, transparent; nageoires réunies, formant un grand disque arrondi; bouche centrale; tentacules allongés, connés; tubercules oculaires petits. Larve pourvue d'une coquille.

Distribution, 3 espèces. Méditerranée, Australie.

FAMILLE II. — LIMACINIDÆ.

Coquille petite, spirale, quelquefois operculée.

Animal ayant des nageoires fixées sur les côtés de la bouche, et réunies du côté ventral par un lobe operculigère; cavité du manteau s'ouvrant du côté dorsal; orifices excréteurs du côté droit.

Les coquilles des vrais *Limacinidæ* sont senestres, ce qui peut les faire reconnaitre des jeunes des Atlantes, des Carinaires, et de la plupart des autres Gastéropodes.

LIMACINA, Cuvier.

Étymologie, *limacina*, semblable à une limace.

Synonyme, Spiratella, Bl.

Exemple, L. antarctica (dessin du Dr Joseph Hooker). Pl. XIV, *fig*. 41.

Coquille subglobuleuse, spirale, senestre, ombiliquée; tours striés transversalement; ombilic bordé; pas d'opercule.

Animal à nageoires étalées, échancrées sur leur bord ventral; lobe operculaire divisé; dents linguales 1.1.1.

Distribution, 2 espèces Mers arctiques et antarctiques; vivant par groupes.

SPIRIALIS, Eydoux et Souleyet.

Exemple, S. bulimoides, Pl. XIV, *fig.* 42.

Synonymes, Heterofusus, Fleming; Heliconoides, d'Orbigny; Peracle, Forbes; Scaea, Ph.

Coquille petite, hyaline, spirale, senestre, globuleuse ou turriculée, lisse ou réticulée; opercule mince, fragile, semi-lunaire, légèrement spiral, avec une impression musculaire centrale.

Animal ayant des nageoires simples, étroites, réunies par un lobe operculigère simple, transversal; bouche centrale, à lèvres saillantes.

Distribution, 12 espèces. Du Groënland et de la Norwége au cap Horn, océan Indien, Pacifique.

? CHELETROPIS, Forbes.

Étymologie, chele, une griffe, et *tropis*, une carène.

Synonyme, Sinusigera, d'Orbigny.

Type, C. Huxleyi, Pl. XIV, *fig.* 43.

Coquille spirale, dextre, imperforée, à double carène; nucléus senestre; ouverture canaliculée en avant; péristome épaissi, réfléchi, avec deux lobes en forme de griffes.

Animal vivant par groupes dans la haute mer.

Distribution, 2 espèces. Amérique du Sud et sud-est de l'Australie.

Les espèces comprises dans ce genre et dans le suivant sont de jeunes Gastéropodes. (Voyez p. 237, *Dolium*.)

MACGILLIVRAYIA, Forbes.

Genre nommé d'après le voyageur qui l'a découvert, M. Mac Gillivray, naturaliste du vaisseau de la marine royale le « Rattlesnake. »

Type, M. pelagica, Pl. XIV, *fig.* 44.

Coquille petite, spirale, dextre, globuleuse, imperforée, mince, cornée, translucide; spire obtuse; ouverture oblongue, entière; péristome mince, incomplet; opercule mince, corné, concentrique, nucléus sub-externe.

Animal ayant 4 longs tentacules; manteau à appendice siphonal, pied étalé, tronqué en avant, muni d'un flotteur analogue à celui des Janthines; dentition linguale ressemblant beaucoup à celle des *Jeffreysia*.

Distribution, 3 espèces. Prises dans le filet traînant devant le cap Byron, sur la côte orientale d'Australie, à 15 milles de la côte; elles flot-taient et semblaient vivre en troupes. (J. Mac Gillivray.) Mindoro, Nord de l'Atlantique. (Adams.)

Section B. — Gymnosomata, Bl.

Animal nu, sans manteau ni coquille ; tête distincte ; nageoires fixées sur les côtés du cou ; branchies indistinctes.

Famille III. — Cliidæ.

Corps fusiforme ; tête ayant des tentacules supportant souvent des suçoirs ; pied petit, mais distinct, composé d'un lobe central et postérieur ; cœur *opisthobranche*; orifices excréteurs distants, situés sur le côté droit ; dents linguales (chez les *Clio*) 12.1.12, les centrales grandes, denticulées ; uncini fortement crochus et recourbés.

Clio (L.) [1], Müller.

Étymologie, Clio, une nymphe de la mer.
Synonyme, Clione, Pallas.
Type, C. borealis, Pl. XIV, *fig*. 45. (C. caudata, L., part.)
Tête portant 2 tubercules oculaires et 2 tentacules simples ; bouche ayant des lobes latéraux, supportant chacun 5 appendices coniques rétractiles, munis de nombreux suçoirs microscopiques ; nageoires ovales ; pied lobé. En nageant, la Clio amène l'extrémité de ses nageoires presque en contact, d'abord en dessus et ensuite en dessous. (Scoresby.)
Distribution, 4 espèces. Mers arctiques et antarctiques, Norwége, Inde
Sous-genre? Cliodita (fusiformis), Quoy et Gaimard. Tête supportée par un cou étroit ; tentacules indistincts. 4 espèces. Cap, Amboine.

Pneumodermon, Cuvier.

Étymologie, pneumon, poumon (ou branchie), *derma*, peau.
Type, P. violaceum, Pl. XIV, *fig*. 47.
Corps fusiforme ; tête pourvue de tentacules oculaires ; dents linguales 4.0.4 ; bouche recouverte d'un grand capuchon supportant deux petits tentacules simples et deux grands tentacules acétabulifères ; suçoirs nombreux, pédicellés ; cou assez contracté ; nageoires arrondies ; pied ovale, avec un lobe postérieur pointu ; orifice excréteur situé près de l'extrémité postérieure du corps, qui porte de petits appendices branchiaux et une petite coquille rudimentaire.

---

[1] Ce nom était employé par Linné pour tous les Ptéropodes connus de son temps ; sa définition s'applique surtout à la Clio du Nord, probablement la seule espèce qu'il connût directement. La première espèce énumérée dans le *Systema Naturæ* est la *C. caudata*, et il y a une citation d'une figure indéterminable dans le livre de Brown sur la Jamaïque, et de la description du mollusque du Spitzberg (*C. borealis*) par Marten. Dans des cas comme celui-ci, la règle est d'adopter l'interprétation du naturaliste suivant qui a défini plus exactement les limites du groupe.

Chez les jeunes des *Pneumodermon*, l'extrémité du corps est entourée de bandes ciliées. (Müller.)

Distribution, 4 espèces. Atlantique, Inde, océan Pacifique.

Sous-genre? Spongiobranchæa, d'Orbigny. S. australis, Pl. XIV, *fig*. 46. Branchie (?) formant un anneau spongieux à l'extrémité du corps ; tentacules munis chacun de 6 suçoirs assez grands.

Distribution, 2 espèces. Atlantique méridional (jeune de *Pneumodermon ?*) *Trichocyclus*, Eschscholtz. T. Dumerilii, Pl. XIV, *fig*. 48.

Animal sans tentacules acétabulifères ? bouche proboscidiforme ; partie antérieure de la tête entourée d'un cercle de cils, et deux autres cercles autour du corps.

? PELAGIA, Quoy et Gaimard.

Étymologie, pelagus, la mer profonde (non $=$ *Pelagia*, Péron et Les.)
Type, P. alba, Pl. XIV, *fig*. 49. Amboine.
Animal fusiforme, tronqué en avant, rugueux ; cou faiblement contracté ; nageoires petites, flabelliformes.

CYMODOCEA, D'Orbigny.

Étymologie, Kumodoke, une Néréide.
Type, C. diaphana, Pl. XIV, *fig*. 50.
Animal fusiforme, tronqué en avant, pointu en arrière ; cou faiblement contracté ; 2 nageoires de chaque côté, celles de la première paire grandes et arrondies, celles de la paire inférieure ligulées ; pied allongé bouche proboscidiforme.

Distribution, 1 espèce. Atlantique.

CHAPITRE III

QUATRIÈME CLASSE — BRACHIOPODES, Cuvier, 1805.

(= Ordre des *Palliobranchiata*, Blainville, Prodr. 1814.)

Les *Brachiopodes* sont des mollusques bivalves qui diffèrent des moules, bucardes, etc., en ce qu'ils sont toujours *équilatéraux* et jamais tout à fait *équivalves*. Leurs formes sont symétriques, et ressemblent si souvent à des lampes antiques que les anciens naturalistes les appelaient « *lampades* » ou «lampes» (Meuschen, 1787, Humphreys, 1797) ; le trou qui. dans une lampe, serait destiné à recevoir la mèche, sert dans le Brachiopode à donner passage au pédicelle par lequel le mollusque est attaché aux objets sous-marins [1].

Les valves des Brachiopodes sont l'une ventrale, l'autre dorsale ; la valve ventrale est ordinairement la plus grande, et a un crochet saillant par lequel elle est attachée, ou au travers duquel passe l'organe d'adhérence. Elle est quelquefois perforée, comme c'est le cas dans les Terebratulidæ. La valve la plus petite, ou dorsale, est toujours libre ou imperforée. Les valves sont articulées par deux dents courbes, naissant du bord de la valve ventrale et reçues dans des fossettes de la valve opposée ; cette charnière est si complète que les valves ne peuvent pas être séparées sans rupture [2]. Il n'y a qu'un petit nombre de genres qui manquent de charnière ; chez les *Crania* et les *Discina* la valve inférieure est plate, la supérieure patelliforme ; les valves des *Lingula* sont presque égales et ont été comparées à un bec de canard. (Petiver.)

Cette différence, jointe à plusieurs autres. semble montrer la convenance d'adopter le plan proposé par Deshayes en 1836 de diviser les Brachiopodes en deux grands groupes, chez l'un desquels les valves sont

---

[1] Les principales modifications de forme extérieure que présentent ces coquilles sont représentées sur la pl. XV ; la structure interne de chaque genre est expliquée par les figures dans le texte, qui sont les mêmes que celles de « l'Introduction » de M. Davidson et du catalogue du British Museum. Elles sont, sauf indication contraire, le résultat d'études originales de l'auteur.

[2] Les plus grandes *Terebratula* vivantes ne peuvent pas êtres ouvertes de plus de 5 millimètres sans un effort.

articulées, tandis que chez l'autre elles ne le seraient pas. Dans le premier, toutefois, les valves s'ouvrent au moyen de muscles agissant sur le processus cardinal de la valve dorsale, tandis que dans le second elles s'ouvrent par la pression du liquide qui se trouve dans la cavité périviscérale. Cette différence est accompagnée d'une variation frappante dans l'arrangement des muscles. Le groupe articulé possède une ouverture anale ; le groupe non articulé en manque (Hancock) [1].

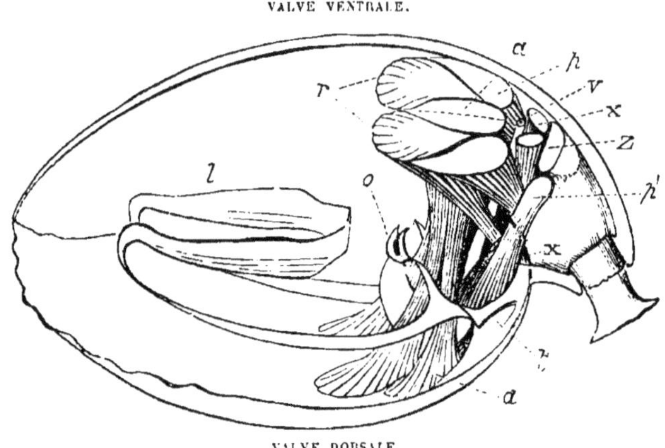

Fig. 145. — Système musculaire de Térébratule [2].

a, a, muscles adducteurs ; *r*, muscles cardinaux ; *x*, muscles cardinaux accessoires ; *p'*, muscles dorsaux du pédoncule ; *z*, muscles capsulaires ; *o*, bouche ; *v*, anus ; *l*, bandelette apophysaire ; *t*, fossette dentaire.

Ce sont des muscles qui ouvrent et ferment les valves ; ceux qui ouvrent la coquille (*cardinaux*) naissent de chaque côté du centre de la valve ventrale et convergent du côté du bord cardinal de la valve libre, derrière les fossettes dentaires où l'on voit ordinairement un *processus cardinal* saillant. Les dents forment le *fulcrum* sur lequel tourne la valve dorsale. Les muscles adducteurs sont au nombre de quatre, et tout à fait distincts dans les *Crania* et *Discina;* chez les *Lingula* ceux de la paire postérieure sont confondus en un faisceau, et chez les *Terebratula* les quatre muscles sont séparés à leur terminaison dorsale, mais réunis à l'endroit de leur insertion au centre de la grande valve. Le pédoncule est fixé par une paire de muscles (chacun à double insertion) au plateau cardinal dorsal, et par une autre paire à la valve ventrale, en dehors des muscles cardinaux [3].

[1] *Philosophical Transactions*, 1858.
[2] *Waldheimia australis*, Quoy. 2/1. D'après un dessin de M. Albany Hancock.
[3] Le système musculaire des *Terebratula* présente un degré considérable de ressem-

Dans les Terebratulidæ et dans les autres Brachiopodes à valves articulées, le système musculaire est composé de trois paires de muscles qui agissent directement sur les valves, et de trois paires qui lient la coquille et la fixent par rapport au pédoncule. Dans les Brachiopodes inarticulés, tels que les Lingules, les muscles sont plus compliqués que dans le groupe précédent; trois paires de muscles protracteurs tiennent les valves réunies, et compensent ainsi l'absence de la charnière et des condyles qui aident à l'accomplissement de cette fonction dans le groupe articulé; ils sont disposés de manière à agir de concert pour prévenir tout déplacement des valves dans quelque direction que ce soit. De là le nom de muscles de glissement qu'ils ont reçu est mal choisi, puisqu'ils empêchent en réalité tout mouvement de glissement. Chez les Lamellibranches le glissement des valves est empêché d'une manière admirable au moyen de charnières formées de dents et de fossettes ; chez les Brachiopodes le même but semble atteint au moyen de muscles. L'on a, par conséquent, proposé de substituer l'expression d'*ajusteur* à celle de *protracteur*, et celle de *rétracteur* à celle de *muscle de glissement* en ce qui concerne ces muscles. Le tableau suivant donne les noms généralement usités, et ceux qui ont été proposés par M. Hancock :

NOMS USITÉS.	NOMS PROPOSÉS. BRACHIOPODES INARTICULÉS.	MUSCLES HOMOLOGUES CHEZ LES BRACHIOPODES ARTICULÉS.
Rétracteurs antérieurs.	Occluseurs antérieurs.	Occluseurs antérieurs.
Adducteurs antérieurs.	— postérieurs.	— postérieurs.
— postérieurs.	Divaricateurs.	Divaricateurs accessoires.
Protracteurs centraux.	Ajusteurs centraux. }	
— externes.	— externes. }	Ajusteurs ventraux.
Rétracteurs postérieurs.	— postérieurs.	— dorsaux.
Capsulaire.	Pédonculaire.	Pédonculaire.
	Pariétaux antérieurs.	
	— postérieurs.	

Les muscles sont remarquablement éclatants et tendineux, excepté à leurs extrémités dilatées, qui sont molles et charnues. A peu d'exceptions près, ils sont lisses. On voit des stries transversales bien développées dans les adducteurs postérieurs des *Waldheimia*. Leurs impressions sont souvent profondes et toujours caractéristiques ; mais elles sont d'une interprétation difficile en raison de leur complication, de leur changement de position, ou de la disparition accidentelle de certaines d'entre elles et de la fusion d'autres[1]. Il peut y avoir des changements

blance avec celui des *Modiola* (fig. 214); les muscles pédieux antérieurs et postérieurs peuvent être comparés aux muscles dorsaux et ventraux du pédoncule.

[1] Le professeur King a montré que la nature composée d'une impression musculaire est souvent indiquée par ! manière dont les impressions vasculaires en naissent (comme dans les figures 176, 181).

considérables dans l'arrangement des muscles sans qu'il y ait de
modifications importantes dans la structure interne. Ainsi, dans la *Waldheimia cranium* il y a six impressions musculaires dans la valve dorsale ; dans la *W. australis* il y en a seulement quatre, les deux autres
muscles s'insérant sur le plateau cardinal, et non sur la valve. La valve
et le plateau cardinal ne se trouvent jamais ensemble, et il est par
conséquent probable que dans les espèces fossiles dont on trouve les
coquilles sans plateau cardinal les muscles peuvent avoir été disposés
comme dans la *W. cranium*.

Lorsque l'on sépare les valves d'une Térébratule vivante, on voit que
les organes digestifs et les muscles n'occupent qu'un très-petit espace
près du crochet de la coquille, espace qui est séparé de la cavité générale par une forte membrane, dans le centre de laquelle est placée la
bouche de l'animal. La grande cavité est occupée par les bras frangés
que nous avons déjà mentionnés (p. 5) comme des organes caractéristiques de cette classe. On comprendra leur nature si on les compare aux lèvres et aux tentacules labiaux des bivalves ordinaires (p. 19-21, *fig.* 208,
p, p) ; ce sont en réalité des prolongements latéraux des lèvres soutenus sur des tiges musculaires, mais ils sont d'une longueur telle, qu'ils
doivent être pliés ou enroulés. Chez les *Rhynchonella* et *Lingula* les
bras sont spiraux et séparés ; chez les *Terebratula* et *Discina* ils ne
sont spiraux qu'à la pointe et sont réunis par une membrane de manière à former un disque lobé. L'on a supposé que les animaux vivants
ont le pouvoir de faire sortir leurs bras pour chercher leur nourriture ;
mais cette supposition est improbable, puisque dans beaucoup de genres ces organes sont soutenus par un squelette calcaire cassant, et que
la nourriture est amenée par le moyen de courants créés par des cils.
La *Lingule* a peut-être la possibilité d'allonger légèrement ses bras. Le
squelette interne se compose chez les *Spiriferidæ* de deux appendices
spiraux (*fig.* 168) tandis que chez les *Terebratula* et *Thecidium* il prend
la forme d'une bandelette apophysaire qui soutient la membrane bra-
chiale, mais qui n'a pas exactement la même forme que les bras. La
manière dont les bras sont pliés, est éminemment caractéristique des
différents genres de Brachiopodes ; le degré plus ou moins grand suivant lequel ils sont supportés par un squelette calcaire est moins important et susceptible de se modifier suivant l'âge. Le bord des bras buccaux qui correspond à la lèvre inférieure d'un bivalve ordinaire est frangé
de longs filaments (*cirri*), comme on peut le voir même sur des échantillons secs des Térébratules actuelles. Chez certains fossiles, les cirrhes
eux-mêmes étaient soutenus par de légers processus calcaires [1] ; ils ne
peuvent être, par conséquent, des cils vibratiles, mais sont probablement eux-mêmes couverts de cils microscopiques, comme les tentacules

---

[1] *Spirifera rostrata* et *Terebratula pectunculoides*, de la collection du British Museum.

buccaux des polypes ascidiens (*Cilio-branchiata* de Farre). La lèvre antérieure et le bord interne des bras buccaux sont lisses, et forment une étroite gouttière le long de laquelle les particules collectées par les courants ciliaires peuvent être amenées à la bouche. Le but du repliement des bras est évidemment d'augmenter la surface sur laquelle peuvent être disposés les cirrhes.

La bouche conduit, par un étroit œsophage, à un estomac simple entouré du foie qui est grand et granuleux; l'intestin des *Lingula* se réfléchit sur le dos, est légèrement enroulé sur lui-même, et se termine entre les lobes du manteau, du côté *droit* (*fig.* 202). Chez les *Orbicula* il est réfléchi du côté ventral, et passe directement à droite, pour se terminer comme chez la Lingule. Chez les *Terebratula, Rhynchonella*, et probablement chez tous les Brachiopodes articulés, l'intestin est simple et réfléchi du côté ventral ; il passe à travers une échancrure ou un trou du plateau cardinal, pour se terminer derrière l'insertion ventrale du muscle adducteur (*fig.* 145, *v*) [1].

Le système circulatoire est beaucoup moins compliqué qu'on ne le supposait jadis, et il ne diffère guère de celui des Tuniciers. Le cœur est situé à la face dorsale de l'estomac, et se compose d'un ventricule, simple, uniloculaire, pyriforme, sans trace d'oreillette. De cet organe, le sang est chassé par quatre canaux aux organes reproducteurs et au manteau ; son cours est probablement facilité par un certain nombre de vésicules pulsatiles accessoires, situées sur les principaux troncs artériels. Il passe alors par le réseau de lacunes dans les sinus et les lobes du manteau : il tourne ensuite en arrière, à travers les lacunes des parois, dans le système des lacunes viscérales. Il entre probablement dans le foie, et retourne enfin dans le cœur par la veine branchio-systémique. Il y a cependant un autre courant sanguin, plus important que celui-là, qui traverse toute la longueur du canal brachial, et pénètre jusqu'aux extrémités des cirrhes avant de rejoindre le courant qui revien' des lacunes viscérales et coule avec lui dans la veine branchio-systémique. Le sang qui a passé par le canal brachial est beaucoup plus oxygéné que celui qui a coulé au travers des membranes palléales. Il semble qu'il y a de fortes preuves que les soi-disant bras sont en réalité les branchies ou organes respiratoires des brachiopodes. Ils servent aussi à amener la nourriture à la bouche de l'animal par le moyen que nous avons mentionné plus haut. Le manteau est un organe respiratoire accessoire. Il atteint son plus haut développement

---

[1] La position suivant laquelle se termine l'intestin chez les Térébratules et les Rhynchonelles, semble forcer les matières fécales à s'échapper par l'ouverture du crochet; dans ces genres fossiles qui ont l'ouverture fermée de bonne heure, il y a encore, entre les valves (par ex. chez les *Unciles*), un orifice qui a été pris à tort pour une échancrure du byssus. M. Hancock a disséqué avec soin plusieurs espèces de ces genres sans découvrir aucune ouverture anale. On a essayé de remplir l'intestin d'une injection, mais l'on n'a pu découvrir aucun orifice.

-sous ce rapport chez la Lingule; mais, même dans ce genre, l'appareil brachial joue le rôle principal dans l'oxygénation du sang.

Il y a un autre système de canaux partant de la cavité viscérale. L'on n'a pas bien déterminé quelle est leur fonction ; ils n'appartiennent pas au système sanguin, comme on l'avait d'abord pensé, et ne sont nullement en connexion avec lui. La cavité périviscérale et les lacunes viscérales qui en divergent, peuvent, à ce que l'on pense, être considérées comme les homologues du système aquifère des Bryozoaires, dont la fonction est probablement d'emmener les produits azotés inutiles qui ont été éliminés du sang. Ce système remplirait ainsi les fonctions du rein et de ses annexes.

Les organes génitaux occupent les grands sinus palléaux, et il est probable que les deux sexes sont réunis sur un seul individu. Dans les Brachiopodes articulés, les ovaires et les testicules sont situés dans le manteau ; mais dans les *Lingula* et *Discina*, ils se trouvent dans la chambre périviscérale. Les œufs sortent par les oviductes (considérés par Cuvier et d'autres comme des cœurs) qui s'ouvrent à l'extérieur et qui n'ont rien de commun avec le système vasculaire. Chez les Rhynchonelles il y a quatre oviductes, mais dans la plupart des autres Brachiopodes, sinon dans tous, il n'y en a que deux. Chez les *Terebratulidæ* ils sont divisés en deux parties, appelées par le professeur Owen l'oreillette et le ventricule. L'on a trouvé en grand nombre, dans la cavité périviscérale et dans les oviductes, des œufs arrivés à maturité. Les *Discina* vivantes portent souvent des jeunes fixés sur leurs valves, et M. Suess, de Vienne, a décrit un échantillon de *Stringocephalus* fossile, qui contenait de nombreuses coquilles embryonnaires.

Nous ne savons, jusqu'à présent, que peu de chose sur le développement des Brachiopodes, mais l'on ne peut douter que dans les premiers temps de leur vie ils ne soient aptes à nager jusqu'à ce qu'ils rencontrent une position convenable. Il est probable que dans la seconde période ils adhèrent tous par un byssus qui, dans la plupart des cas, se consolide et forme un organe permanent de fixation. Quelques-uns des genres éteints (par exemple *Spirifera* et *Strophomena*) semblent être devenus libres à l'état adulte, ou s'être fixés par quelque autre moyen. Quatre genres, appartenant à des familles très-distinctes, se soudent eux-mêmes à des corps étrangers par la substance de la valve ventrale.

Le système nerveux montre un état de développement qui n'est guère supérieur à celui que nous trouvons chez les Ascidiens. L'on n'a pas découvert d'organes spéciaux des sens. Les taches rouges qui se trouvent dans le manteau et que quelques anatomistes supposaient être des yeux et des organes auditifs rudimentaires, sont probablement les glandes situées à la base des soies.

Les Brachiopodes vivent dans toutes les mers. On les trouve suspendus aux branches des coraux, à la face inférieure des rochers inclinés, et dans la cavité des autres coquilles. Les échantillons que l'on obtient de localités rocailleuses sont souvent déformés, et ceux qui proviennent de fonds pierreux et sablonneux, où les eaux sont en mouvement, ont le crochet usé, le trou grand et les ornements des valves moins nettement accusés. On les trouve rarement sur les fonds argileux, ainsi que dans les couches argileuses épaisses : mais ils paraissent être très-abondants là où le fond est composé de boue calcaire; ils se fixent à quelque substance dure sur le fond de la mer et se groupent les uns sur les autres.

Quelques Brachiopodes semblent atteindre toute leur croissance en une seule saison et tous vivent probablement de nombreuses années après être arrivés à l'état adulte. L'accroissement des valves se fait principalement par les bords ; les échantillons adultes sont plus globuleux que les jeunes, et les individus avancés en âge le deviennent encore davantage. La coquille s'épaissit aussi par le dépôt de couches internes qui remplissent quelquefois entièrement le crochet et chacune des parties de la cavité interne qui ne sont pas occupées par l'animal, ce qui fait supposer que ce dernier est mort par suite de l'action exagérée du dépôt de calcaire qui a converti sa coquille en un mausolée, comme cela se voit chez beaucoup de Zoophytes ascidiens.

La structure intime de la coquille des Brachiopodes a été étudiée par M. Morris, par le professeur King et plus récemment par le docteur Carpenter; elle se compose, selon ce dernier observateur, de prismes aplatis, d'une longueur considérable, disposés parallèlement les uns par rapport aux autres avec une grande régularité et obliquement à la surface de la coquille dont l'intérieur est imbriqué par leur affleurement extérieur (*fig.* 146). On ne trouve cette structure que chez les *Rhynchonellidæ*; mais dans la plupart des autres Brachiopodes[1], et peut-être dans tous, la coquille est traversée par des canaux allant presque verticalement d'une face à l'autre et disposés avec une grande régularité, la distance et les dimensions des perforations variant selon les espèces. Leurs orifices externes sont tubiformes, l'interne est souvent très-petit; quelquefois ils se bifurquent vers l'intérieur, et dans les *Crania* ils deviennent ramifiés. Les canaux sont occupés par des appendices cæcaux de la couche palléale externe[2], et sont recouverts extérieurement par un

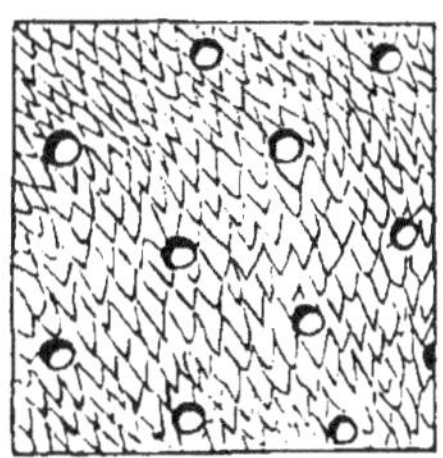

Fig. 146. — *Terebratulata.*

---

[1] Les coquilles fossiles des roches anciennes sont si généralement pseudomorphosées, ou ont le même caractère métamorphique que la roche elle-même, qu'il est difficile d'obtenir des échantillons permettant l'examen microscopique.

[2] Cette couche est appelée par le docteur Carpenter « la membrane tapissant la

épaississement de l'épiderme. M. Huxley a émis l'idée que ces cæcums sont les analogues des prolongements vasculaires au moyen desquels la *tunique* adhère au test dans beaucoup d'Ascidiens; le degré de cette adhésion varie dans des genres très-voisins. Les grandes épines tubuleuses des *Productidæ* doivent aussi avoir été recouvertes par des prolongements du manteau ; mais leur développement était plus probablement en rapport avec le maintien de la coquille dans une position déterminée qu'avec l'économie de l'animal. (King.) Le docteur Carpenter a montré que les coquilles des Brachiopodes contiennent en général moins de matière animale que celles des autres bivalves, mais que les *Discina* et *Lingula* sont composées presque entièrement d'une substance animale cornée qui est lamelleuse et pénétrée par des tubules obliques d'une extrême petitesse. Il a aussi démontré qu'il n'y a pas entre les couches internes et externes de ces coquilles ces différences, soit de structure, soit de mode de croissance, qui existent chez les bivalves ordinaires ; les couches internes seules diffèrent par la petite dimension des perforations, et l'épaisseur totale de la coquille ne correspond qu'à la couche externe des Lamellibranches. L'appareil apophysaire ou les appendices brachiaux manquent toujours de ponctuations. Les recherches de M. Hancock tendraient à prouver que ces conclusions sont généralement correctes, sans l'être en tout point. « Lorsque l'on a dissous la coquille dans un acide, l'on peut étudier aisément le bord libre (du manteau) qui s'avance au delà du pli marginal et qui est appliqué contre le bord extrême de la coquille. Les cæcums palléaux sont alors complétement visibles, adhérant à la membrane à différents degrés de développement, et les espaces qui se trouvent entre eux sont tout parsemés d'assez grandes taches claires, ovales, celluliformes, qui sont disposées en séries avec une extrême régularité, de telle sorte que celles de deux séries voisines alternent. Ces taches correspondent en apparence aux bases des colonnes prismatiques de la coquille, et si l'on admet qu'elles représentent des espaces dans lesquels des granules calcaires se sont acccumulés, il est facile de comprendre comment se forme la structure fibreuse ou columnaire. Des couches successives de semblables granules accumulés, déposées l'une après l'autre, produiraient la structure spéciale de la coquille des Brachiopodes. » Les extrémités des prismes ne sont pas visibles à la face externe, mais chez les jeunes individus de quelques espèces, telles que la *Terebratula caput serpentis*, il y a une mince couche de matière calcaire qui semble montrer que, dans quelques Brachiopodes, la coquille est composée de deux couches ayant une structure différente, comme c'est le cas chez les Lamellibranches.

coquille » (the lining membrane of the shell). Davidson, *Introd. Monogr. Brach.* — M. Queckett prétend que les perforations sont fermées à l'extérieur par des disques entourés de lignes rayonnantes, que l'on suppose qui indiquent l'existence de cils vibratiles chez les échantillons vivants.

Les Brachiopodes sont de tous les mollusques ceux qui offrent la plus grande extension, tant au point de vue du climat, que de la profondeur et du temps; on les trouve dans les mers tropicales et dans les mers polaires, dans les flaques d'eau laissées par la marée descendante et dans les plus grandes profondeurs explorées jusqu'à présent par la drague. L'on ne connait aujourd'hui que 84 espèces vivantes, mais l'on en trouvera probablement encore beaucoup d'autres dans les eaux profondes qu'habitent surtout ces mollusques. Les espèces vivantes sont déjà plus nombreuses que celles que l'on a découvertes dans aucune des couches secondaires, mais l'énorme abondance des échantillons fossiles les a fait paraître plus importants que les types vivants qui sont encore rares dans les collections quoiqu'ils soient loin de l'être dans la mer. L'on a décrit plus de 1,800 espèces de Brachiopodes fossiles dont plus de la moitié se trouvent en Angleterre. Ils sont distribués dans toutes les roches sédimentaires d'origine marine, depuis le Cambrien, et semblent avoir atteint leur maximum de développement spécifique à l'époque silurienne[1]. Quelques espèces (telles que l'*Atrypa reticularis*) s'étendent dans toute une époque et sont également abondantes dans les deux hémisphères; d'autres (comme la *Spirifera striata*) s'étendent des Cordillères à l'Oural. Une espèce vivante de Térébratule (*T. caput serpentis*) a apparu dans les tertiaires miocènes; tandis que d'autres, qui se distinguent à peine de celle-ci, se trouvent dans l'Oolithe supérieure et dans toute la série de la Craie et de l'Argile de Londres[2].

Famille I. — Terebratulidæ.

Coquille finement poncturée, ordinairement arrondie ou ovale, lisse ou striée; valve ventrale ayant un crochet saillant et deux dents cardinales courbes; valve dorsale ayant un sommet déprimé, un processus cardinal saillant, situé entre les fossettes dentaires, et un appareil apophysaire calcaire grêle.

Animal fixé par un pédoncule ou par la valve ventrale; bras buccaux réunis l'un à l'autre par une membrane, diversement repliés, quelquefois spiraux à leur extrémité.

Terebratula (Llhwyd.) Brug.

Étymologie, diminutif de *terebratus*, perforé.

---

[1] Le nombre des espèces siluriennes se monte à 690; mais elles n'ont pas vécu toutes *en même temps;* on les trouve dans toute une série de dépôts représentant une succession d'étages.

[2] L'auteur doit exprimer sa reconnaissance à M. Davidson qui lui a permis de se servir des notes, des dessins et des échantillons réunis pour son grand ouvrage sur les Brachiopodes fossiles d'Angleterre publié par la Société Paléontographique; nous renvoyons à cet ouvrage le lecteur qui désirerait consulter des figures et des descriptions plus détaillées.

Synonymes, Lampas, Humph.; Gryphus, Mühlfeldt; Epithyris, Phil. *Types*, T. maxillata. Pl. XV, *fig*. 1. (= Ter. minor-subrubra, Llhwyd. Anomia terebratula, L.) T. vitrea, *fig*. 147.

Coquille lisse, convexe; crochet tronqué et perforé; trou circulaire ; deltidium formé de deux pièces souvent soudées; appareil apophysaire très-court, simple, fixé par ses racines au plateau cardinal (*fig*. 147, A).

Animal fixé par un pédoncule; disque brachial trilobé, lobe central allongé et enroulé en spirale (*fig*. 147, B). Le jeune de la *T. diphya* (Pygope, Link) a des valves bilobées (Pl. XV, *fig*. 2); lorsqu'elle est adulte les lobes se rejoignent en laissant un trou rond percé à travers le centre de la coquille.

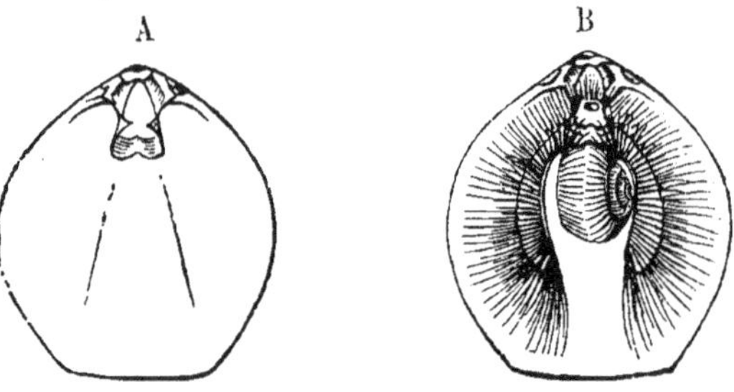

Fig. 147. — *Terebratula vitrea*, Corn.

Distribution, 3 espèces. Méditerranée; 165-457 mètres, sur une vase à nullipores. (Forbes.) Baie de Vigo, îles Falkland.
Fossiles, 126 espèces. Devonien —. Partout.

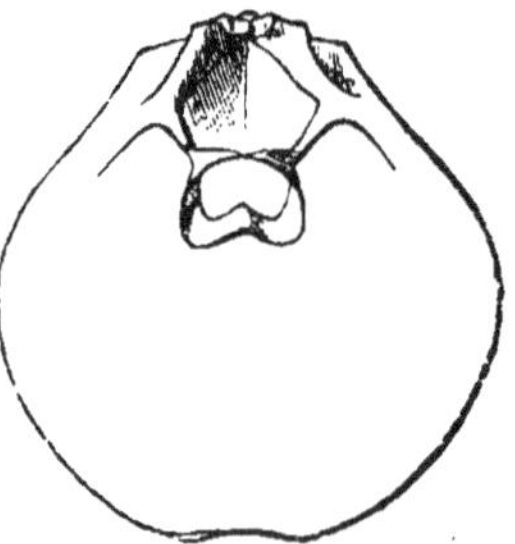

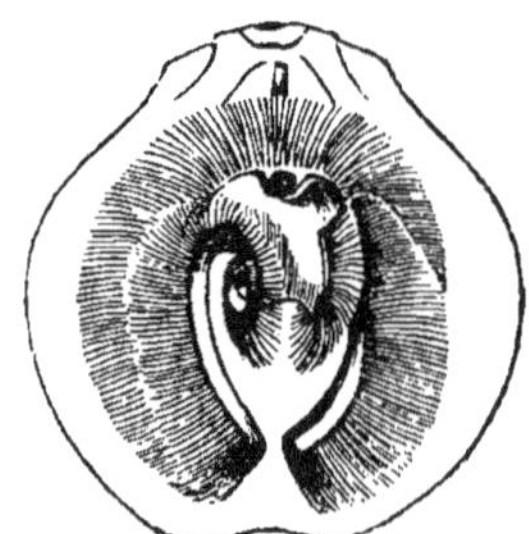

Fig. 148. — Valve dorsale.　　　　Animal 2/1.

Sous-genres, *Terebratulina* (caput serpentis), d'Orbigny (Pl. XV, *fig*. 3), *fig*. 148. *Coquille* finement striée, auriculée, deltidium ordinairement rudimentaire; trou incomplet; appareil apophysaire court, rendu annulaire chez l'adulte par l'union des processus buccaux. *Distribution*, 6 espèces. États-Unis, Norwége, Cap, Japon. 18-220 mètres. *Fossiles*, 22 espèces. Oxfordien — . États-Unis, Europe.

Waldheimia (australis), King. Pl. XV, *fig.* 4 (p. 5, *fig.* 4, 5, 6), *fig.* 145, 149, 150.

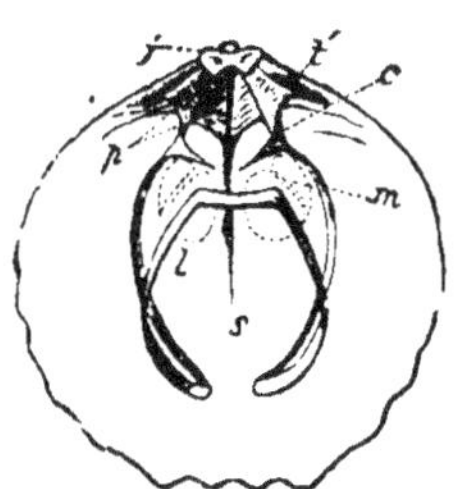

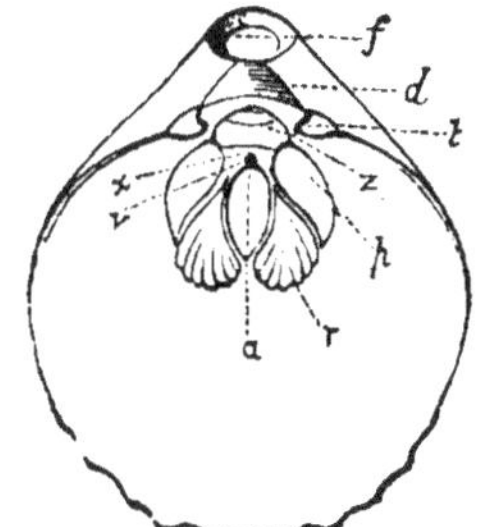

Fig. 149. — Valve dorsale.   Fig. 150. — Valve ventrale.

Fig. 149. *j*, processus cardinal; *t'*, fossettes dentaires; *p*, plateau cardinal; *s*, septum; *c*, racines de l'appareil apophysaire; *l*, portion réfléchie de l'appareil; *m*, impression quadruple des abducteurs.

Fig. 150. *f*, trou; *d*, deltidium; *t*, dents; *a*, impression unique de l'abducteur; *r*, muscles cardinaux; *x*, muscles accessoires; *p*, muscles du pédoncule; *v*, position de l'anus; *z*, point d'attache de la gaine du pédoncule.

Coquille lisse ou plissée, valve dorsale souvent marquée d'impressions; trou complet; appareil apophysaire allongé et réfléchi; septum (*s*) de la petite valve allongé. *Distribution*, 9 espèces. Norwége, Java, Australie, Californie, cap Horn. Depuis le niveau de la marée basse jusqu'à 180 mètres. *Fossiles*, 90 espèces. Carbonifère —. Amérique du sud, Europe.

Eudesia (cardium), King, renfermant 1 espèce vivante et 6 espèces fossiles qui sont fortement plissées. La *T. impressa* (Pl. XV, *fig.* 5) est le type d'un groupe qui a l'apparence extérieure d'une *Terebratella*.

Meganteris, Suess, 1856. Terebratula Archiaci, Vern. *Devonien.* Asturies. *Coquille* à appareil apophysaire interne long et réfléchi.

TEREBRATELLA, d'Orbigny.

Type, T. dorsata, Gmel. (= Magellanica, Chemn.) Pl. XV, *fig.* 7; *fig.* 151.

Coquille lisse ou ornée de plis rayonnants; valve dorsale marquée d'une impression longitudinale; ligne cardinale droite ou peu courbée; crochet ayant un espace aplati de chaque côté du deltidium; trou grand; deltidium incomplet; appareil apophysaire fixé au septum (*s*).

Animal semblable à celui d'une *Terebratula*; le lobe spiral du disque brachial devient très-petit dans quelques espèces et est obsolète dans les *Morrisia* et la *T. Cumingii*.

Distribution, en excluant les sous-genres, 25 espèces. Cap Horn,

378

Valparaiso (165 mètres), Nouvelle-Zélande, Japon, mer d'Ochotsk, Spitzberg, Labrador.

Fossiles, 16 espèces. Lias —. États-Unis, Europe. Chez les *T. crenulata* et *Evansii* (*fig.* 152) le septum dorsal fait quelquefois une telle saillie qu'il touche la valve opposée, mais, dans d'autres cas, il ne se développe pas. (Davidson.)

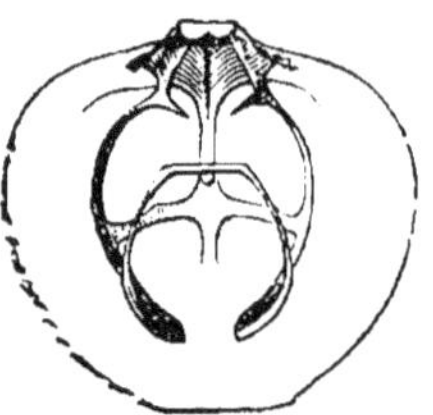

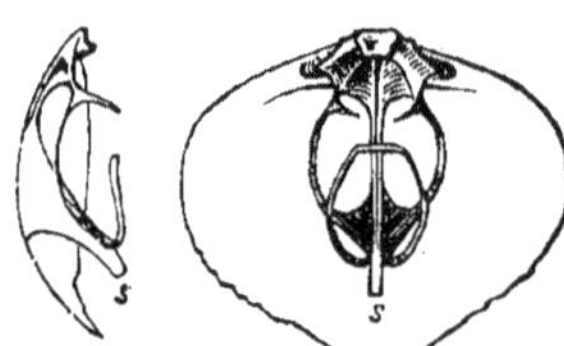

Fig. 151. — *Terebratella.*   Fig. 152. — *Ter. Evansii*, Dav.

Sous-genres, *Trigonosemus* (elegans), König.

Synonyme, Delthyridea (pectiniformis), Mac Coy ; Fissirostra, d'Orbigny.

Exemple. T. Palissii, Pl. XV, *fig.* 8. Coquille finement plissée; crochet saillant, recourbé, avec un trou apicial étroit ; aréa cardinale grande, triangulaire ; deltidium solide, aplati ; processus cardinal très-saillant. *Distribution*, 5 espèces. Craie. Europe.

Lyra (Meadi), Cumberland, Min. Conch. 1816. Pl. XV, *fig.* 6. *Synonymes*, Terebrirostra, d'Orbigny; Rhynchora, Dalman[1].

Coquille ornée de côtes arrondies ; crochet très-long, divisé longitudinalement à l'intérieur par les plaques dentales ; appareil apophysaire doublement fixé? *Distribution*, 4 espèces crétacées. Europe. Trois espèces de forme semblable se trouvent dans le Trias de Saint-Cassian.

Magas (pumila), Sby. *fig.* 153. *Coquille* lisse, visiblement poncturée ; valve dorsale portant une impression ; trou angulaire ; deltidium rudimentaire; septum interne (*s*) bien développé, touchant la valve ventrale ; portions réfléchies de l'appareil apophysaire séparées (*l*). *Fossiles*, 3 espèces. Grès vert supérieur — Craie. Europe. *Distribution*, 2 espèces. Nouvelle-Zélande, Canaries. La *Ter. Cumingii*, espèce vivante de la Nouvelle-Zélande, ressemble extérieurement aux *Bouchar-*

---

[1] Le nom de *Rhynchora* a été donné par Dalman à la Ter. costata, Wahl. (= T. pectinata, L.) d'après la supposition qu'elle était identique avec la *T. lyra* de Sowerby; et comme l'on ne pouvait trouver aucun échantillon à long crochet, on en fabriqua un artificiel dont il existe un moule dans le British Museum. La seconde espèce de « Rhynchora, » la *Ter. spatulata*, Wahl. n'a point de crochet du tout ; elle ressemble pour la forme à un *Argiope*, mais mesure un pouce en tous sens. La valve ventrale est une simple plaque courbée avec les dents aux angles ; la valve dorsale est plate, avec un plateau cardinal très-large et des fossettes aux angles, tandis qu'un seul septum part du centre, et que des parties d'un appareil apophysaire y sont fixées.

dia, mais elle a le processus divergeant de l'appareil apophysaire comme les Magas.

Bouchardia (tulipa), Davidson, *fig.* 154. Crochet saillant, ayant un petit trou apicial (*f*) ; deltidium soudé à la coquille (*d*) ; apophyse en forme d'ancre, le septum (*s*) étant muni de deux courtes lamelles. *Distribution*, 3 espèces. Brésil, 24 mètres ; Nouvelle-Zélande, Australie méridionale.

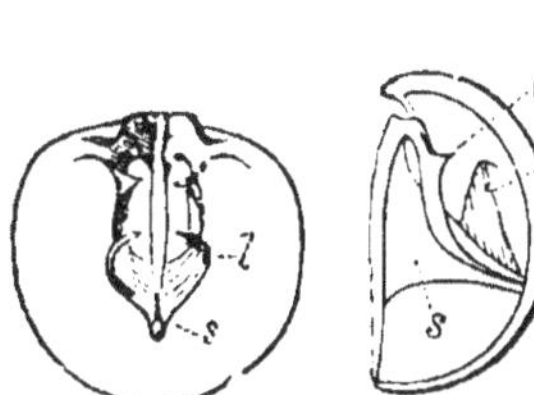

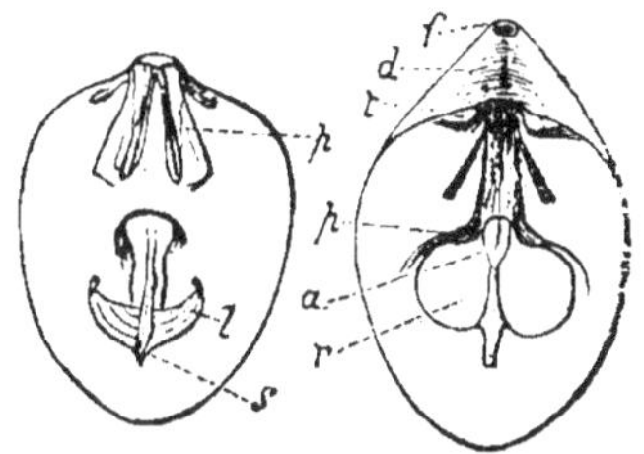

Fig. 153. — *M. pumila.* 2/1.   Fig. 154. — *B. tulipa*, Bl. [1].

Morrisia (anomioides, Scacchi,) Davidson ; *fig.* 155. *Coquille* petite, visiblement ponctuée ; trou grand, empiétant également sur les deux valves ; aréa cardinale petite, droite ; appareil apophysaire non réfléchi, fixé à un petit processus fourchu dans le centre de la valve. *Animal* à bras sigmoïdes, manquant de terminaisons spirales ; cirrhes par paires. *Distribution*, 3 espèces. Méditerranée, 175 mètres. (Forbes.) *Fossiles*, 4 espèces. Craie —. Europe.

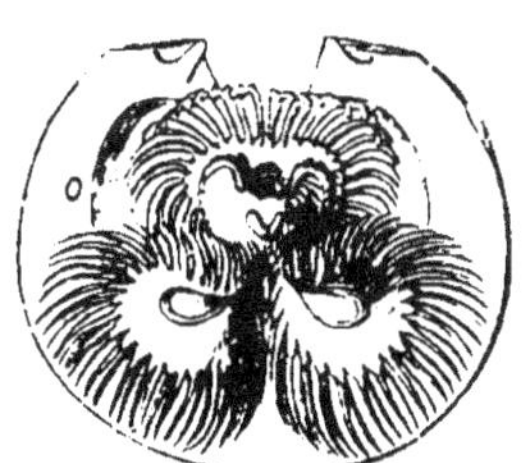
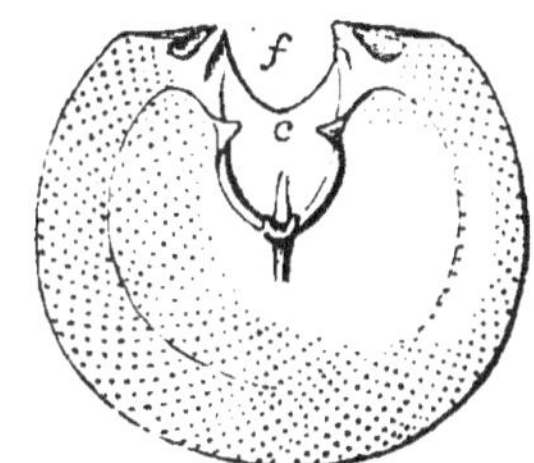

Animal. 10/1.   Fig. 155.   Valve dorsale [2].

Kraussia (rubra), Dav. Cap ; *fig.* 157. K. Lamarckiana, Dav. Australie ; *fig.* 156. *Coquille* oblongue transversale ; ligne cardinale presque

---

[1] Les impressions musculaires de la *Bouchardia* ont été comparées à celles de la *Ter. Cumingii* dont on connait l'animal. La grande impression (*r*) dans le disque de la valve ventrale semble être formée par les muscles cardinaux ; *a*, par l'adducteur ; *p*, par les muscles du pédoncule.

[2] Fig. 155. *c*, appareil apophysaire ; *f*, échancrure du pédoncule ; *o*, les ovaires, d'après les originaux qui se trouvent dans la collection de M. Davidson ; grossissement de dix diamètres.

droite; crochet tronqué, caréné latéralement ; aréa plate ; trou grand; deltidium rudimentaire ; valve dorsale marquée d'une impression longi-

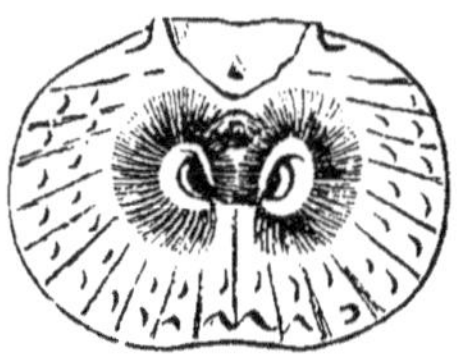
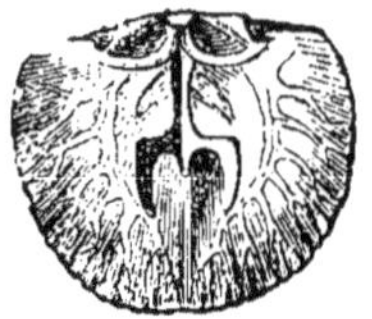

Fig. 156.— Valve dorsale avec l'animal. 2/1.   Fig. 157. — Valve dorsale.

tudinale, munie intérieurement d'un processus fourchu partant presque centralement du septum ; face interne souvent fortement tuberculeuse. *L*'apophyse est quelquefois un peu ramifiée, indiquant une tendance vers la forme qui est représentée dans la *fig*. 158. *Animal* à bras buccaux assez petits, le lobe spiral très-réduit. *Distribution*, 6 espèces. Afrique méridionale, Sydney, Nouvelle-Zélande ; du niveau de la marée basse jusqu'à 220 mètres.

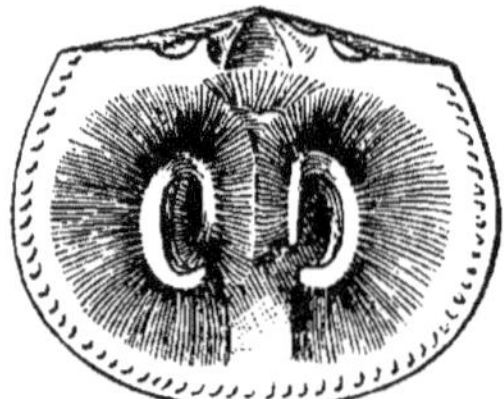
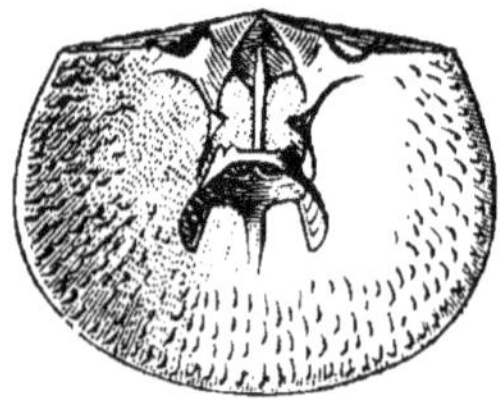

Animal.   Fig. 158.   Valve dorsale.

? *Megerlia* (truncata), King, 1850. Pl. XV, *fig*. 9 ; *fig*. 158. Appareil apophysaire fixé par une triple attache à la plaque cardinale par ses racines, et au septum par des processus venant des parties divergentes et réfléchies de l'appareil. *Distribution*, 3 espèces. Méditerranée, Philippines. Ces espèces appartiennent au même groupe naturel que la *Kraussia*. Fossiles, 7 espèces. Craie —.

? *Kingena* (lima), Dav. Crétacé. Europe, Guadeloupe. Valves spinuleuses ; appareil apophysaire à triple attache.

? *Ismenia* (pectunculus), King. Corallien. Europe. Valves ornées de côtes correspondantes ; appareil apophysaire à triple attache.

? *Waltonia* (Valenciennei), Dav. Nouvelle-Zélande. Peut-être le jeune de la *Ter. rubicunda*, avec la partie réfléchie de l'appareil apophysaire manquant.

Zellania (Davidsoni), Moore, 1855.

(*Étymologie, Zella*, nom de femme?)

Coquille petite, à formes d'Orthis ; texture fibreuse ; aréa cardinale courte; trou anguleux, empiétant sur les deux valves; intérieur de la valve dorsale comme dans les *Thecidium*, avec un seul septum central et un bord large. *Fossiles*, Lias — Grande Oolithe. 3 espèces. Angleterre.

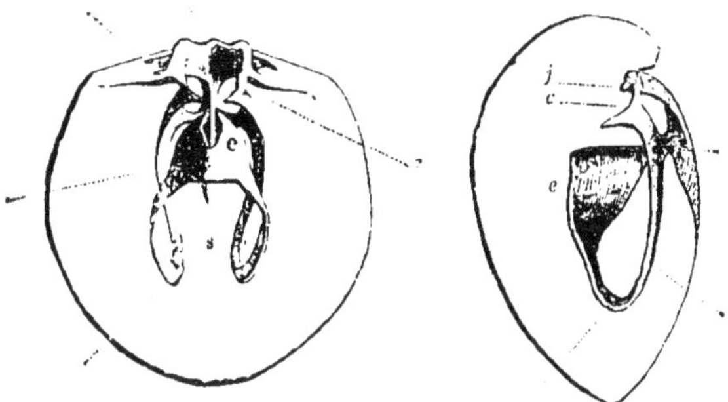

Fig. 159. — *Ter. (Kingena) lima* (d'après Davidson).

t, fossettes dentaires ; *j*, processus cardinal ; *c*, ses racines ; *d*, processus divergents de l'appareil apophysaire; *r*, portion réfléchie ; *e*, troisième point d'attache de l'appareil apophysaire; *s*, septum dorsal.

Argiope, Eudes Deslongchamps.

Étymologie, Argiope, une nymphe.
Synonyme, Megathyris, D'Orbigny.
Type, A. decollata, Pl. XV, *fig*. 10; *fig*. 160, 161, 162.

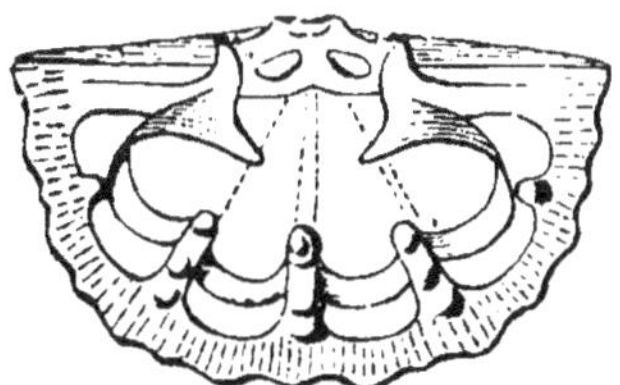
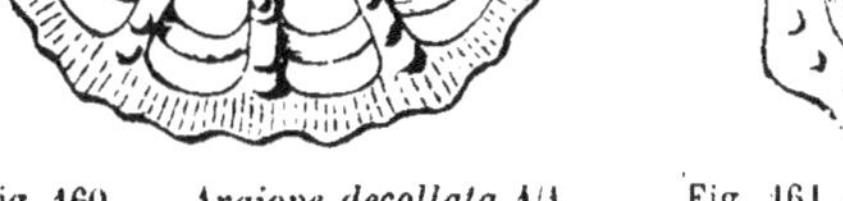
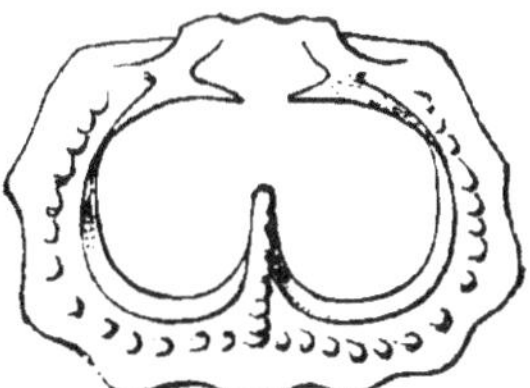

Fig. 160. — *Argiope decollata* 4/1.   Fig. 161. — *A. Neapolitana*, Sc. 8/1 [1].

Coquille petite, transversalement oblongue ou semi-ovalaire, lisse ou à côtes correspondantes ; ligne cardinale large et droite, avec une étroite aréa à chaque valve ; trou grand ; deltidium rudimentaire ; intérieur de la valve dorsale avec un ou plusieurs septums sub-marginaux saillants; appareil apophysaire à deux ou quatre lobes, adhérant aux septums, et plus ou moins confluent avec la valve.

[1] Intérieur des valves dorsales; grossi, d'après les originaux de la collection Davidson.

Animal ayant des bras buccaux repliés en deux ou quatre lobes, réunis par une membrane, formant un disque brachial frangé de longs cirrhes; manteau s'étendant jusqu'au bord des valves, intimement adhérent.

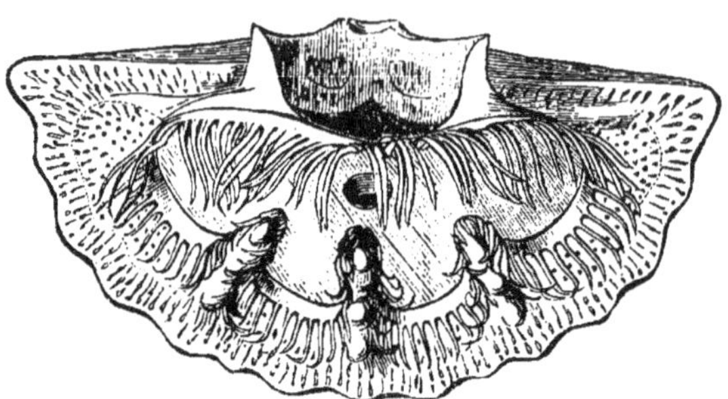

Fig. 162.— *A. decollata* 40/1; valve dorsale avec l'animal, d'après un échantillon dragué par le professeur Forbes dans la mer Égée. L'ouverture buccale se voi dans le centre du disque.

Distribution, 5 espèces. Parties septentrionales de la Grande-Bretagne, Madère, Canaries, Méditerranée. 55-192 mètres.

Fossiles, 19 espèces. Jurassique —. Europe.

THECIDIUM, Defrance.

Étymologie, thekidion, une petite poche.
Type, T. radians, Pl. XV, *fig.* 11.

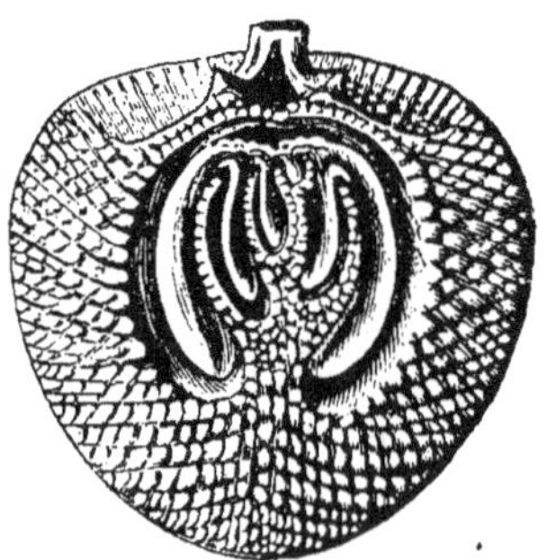
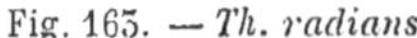
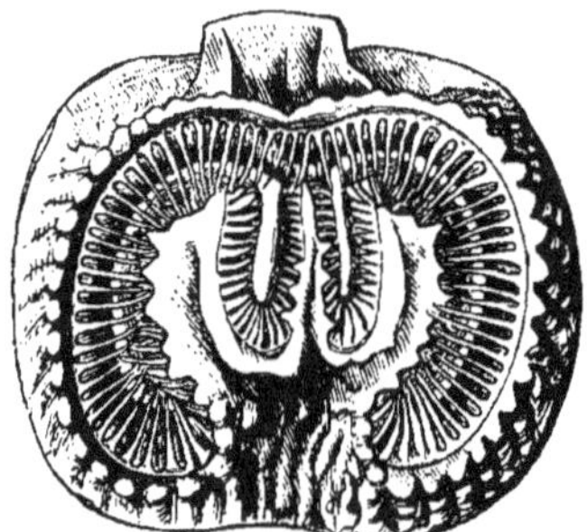

Fig. 163. — *Th. radians.*   Fig. 164. — *Th. Mediterraneum.* 4/1 [1].

Coquille petite, épaisse, poncturée, fixée par le crochet; aréa cardinale (*h*) plate; deltidium (*d*) triangulaire, indistinct; *valve dorsale (fig.* 163) arrondie, déprimée; intérieur avec un bord large et granuleux, processus cardinal saillant, situé entre les fossettes dentaires; processus

---

[1] Valve dorsale avec l'animal; grossie. Collection Davidson.

buccaux réunis, formant un pont au-dessus de la petite et profonde
cavité viscérale ; disque sillonné pour recevoir l'appare il apophysaire

les sillons séparés d'un septum central
par des branches ; appareil apophysaire
souvent asymétrique, lobé et réuni plus
ou moins intimement avec les côtés des
sillons ; *valve ventrale* (*fig* 165) profondément excavée; dents cardinales bien
développées ; cavités du muscle adducteur (*a*) et du muscle du pédoncule (*p*)
petites; disque occupé par deux grandes
impressions lisses des muscles cardinaux, limitées par une ligne vasculaire.

Animal (*fig*. 164) à bras buccaux allongés, repliés sur eux-mêmes et frangés de longs cirrhes ; manteau s'étendant au bord des valves et fortement
adhérent ; épiderme distinct.

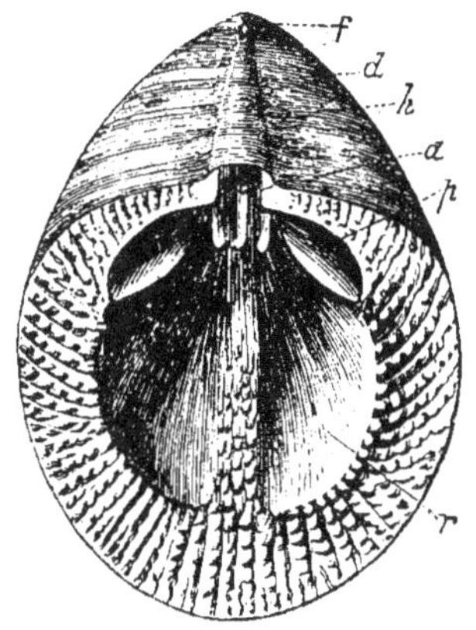

Fig. 165 — T .ra.dians 1/4.

Le *T. radians* est la seule espèce]non fixée ; on suppose que, lorsqu'elle est jeune, elle est fixée par un pédoncule. (D'Orbigny.)

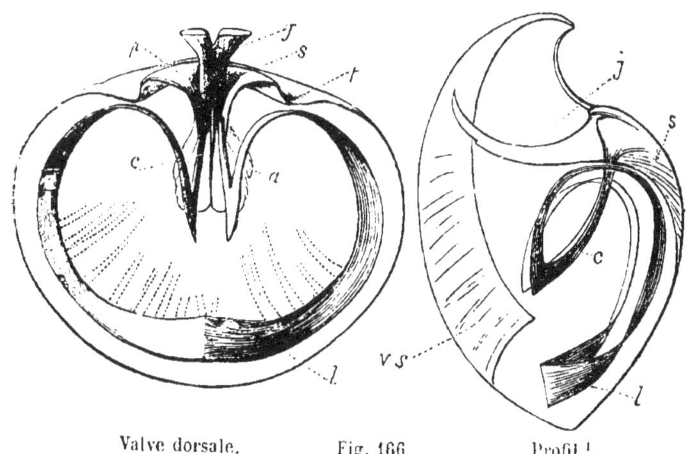

Valve dorsale.   Fig. 166.   Profil [1].

a, adducteur; *c*, racines ; *l*, appareil apophysaire ; *j*, processus cardinal ; *p*, platea
cardinal ; *s*, septum dorsal ; *vs*, septum ventral ; *l*, fossettes dentaires.

[1] L'appareil apophysaire (qui a été découvert par le professeur King) a une suture distincte dans le milieu ; les lignes ponctuées partant de son bord interne sont
ajoutées d'après une figure de M. Suess, et représentent ce qu'il regarde comme des
processus calcaires destinés à supporter un disque membraneux. Il se pourrait
qu'elles fussent des portions de spirales dont les tours externes seraient confluents.

Le *T. hieroglyphicum*, Pl. XV, *fig.* 12, a l'intérieur très-compliqué, tandis que dans plusieurs autres espèces il y a seulement deux lobes brachiaux. Les espèces liasiques forment le sujet d'une monographie d'Eudes Deslongchamps ; elles sont souvent de petite taille et fixées en grand nombre aux oursins, aux coraux et aux Térébratules.

Distribution, 1 espèce. Méditerranée.

Fossile, 34 espèces. Trias —. Europe.

? STRINGOCEPHALUS, Defrance.

Étymologie, strinx (stringos), un hibou, *cephale*, la tête[1].

Type, S. Burtini, Pl. XV, *fig.* 13; *fig.* 166, 167. Devonien. Europe.

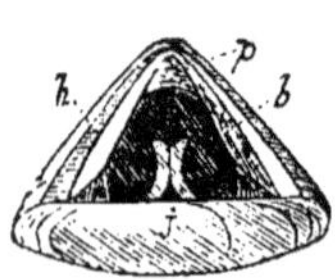

Fig. 167[2].

Coquille poncturée, suborbiculaire, à crochet saillant; valve *ventrale* ayant un septum longitudinal (*v s*) dans le milieu; aréa cardinale distincte; trou grand et anguleux dans la jeune coquille, graduellement entouré par le deltidium, et devenant petit et ovale dans l'adulte; deltidium composé de trois éléments ; dents saillantes, *valve dorsale* déprimée ; processus cardinal (*j*) très-développé, touchant quelquefois la valve opposée, son extrémité fourchue pour recevoir le septum ventral (*v s*) ; plateau cardinal (*p*) supportant un appareil apophysaire calcaire, comme les *Argiope*.

FAMILLE II. — SPIRIFERIDÆ.

Coquille munie intérieurement de deux appendices spiraux calcaires (*apophyses*) dirigés en dehors vers les côtés de la coquille et destinés à supporter les bras buccaux qui doivent avoir été fixés d'une manière immobile ; les lamelles spirales sont quelquefois spinuleuses, indiquant l'existence de cirrhes rigides, surtout sur le devant des tours ; valves articulées par des dents et des fossettes.

SPIRIFERA, Sowerby.

Type, S. striata, Sby., *fig.* 168.

Synonymes, Trigonotreta, König; Choristites, Fischer; Delthyris, Dalman ; Martinia, etc., Mac Coy.

Coquille non poncturée[3], en ovale transverse ou allongée, trilobée,

---

[1] Les carriers du nord de l'Angleterre appellent les moules internes du *Productus giganteus* des « têtes de hibous » (owls heads). Sowerby.

[2] Fig. 167. Jeune coquille; grossissement de quatre diamètres ; *h,* aréa cardinale ; *b,* deltidium ; *p*, pseudo-deltidium.

[3] Le professeur King attribue cette particularité au métamorphisme ; la S. *Demarlii*, Bouch., du calcaire devonien, est poncturée (Carpenter.)

munie d'un crochet, biconvexe, avec une arête dorsale et un sillon ventral ; ligne cardinale large et droite ; aréa modérée, striée en travers ;
trou anguleux, ouvert chez les jeunes et se fermant ensuite graduellement ; valve *ventrale* ayant des dents cardinales saillantes, et une impression musculaire centrale, composée de celle du seul adducteur,

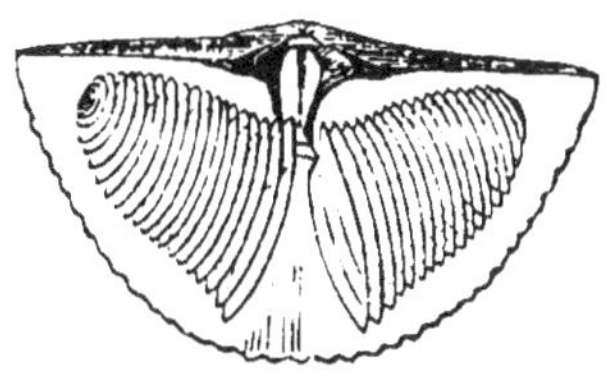

Valve dorsale.   Fig. 168.   Valve ventrale.

flanquée de deux impressions cardinales ; valve *dorsale* ayant un petit
processus cardinal, un plateau cardinal divisé, et deux spires coniques
dirigées en dehors et remplissant presque la cavité de la coquille ; racines
unies par un appareil apophysaire buccal. La coquille et les spires se
trouvent quelquefois silicifiées dans le calcaire et l'on peut les obtenir
par l'action d'un acide. Dans le *S. mosquensis* les plaques dentaires se
prolongent presque jusqu'à la partie antérieure de la valve ventrale.

Distribution, 22 espèces. Silurien inférieur — Trias. Amérique arctique, Chili, Iles Falkland, Europe, Chine, Thibet, Australie, Tasmanie.
En Chine, l'on se sert de ces fossiles, ainsi que d'autres, comme de
remèdes.

Sous-genre, Spiriferina, d'Orbigny. S. Walcoti, Pl. XV, *fig.* 14. *Coquille* ponctuée, surface extérieure spinuleuse ; trou couvert par un
pseudo-deltidium ; intérieur de la valve ventrale ayant un septum saillant, s'élevant de l'impression de l'adducteur.

Distribution, 29 espèces. Carbonifère — Oolithe inférieure. Angleterre,
France, Allemagne, Amérique du Sud.

Cyrtia, Dalman. C. exporrecta. Pl. XV, *fig.* 15. *Coquille* non poncturée, pyramidale ; crochet proéminent ; aréa équiangle ; deltidium ayant
un petit trou tubuleux. *Fossiles*, 10 espèces. Silurien — Trias. Europe.
Chez les C. *Buchii, heteroclita, calceola*, etc., la coquille est ponctuée.

Suessia (imbricata), Eudes Deslongchamps, 1855. (Genre dédié à
M. Suess). *Coquille* semblable aux *Spirifera* ; texture fibreuse ; aréa
cardinale aussi large que la coquille ; trou deltoïde ; grande valve ayant
deux septums cardinaux, et un septum central saillant, supportant une
petite plaque ; petite valve ayant un processus cardinal trilobé et un
large plateau cardinal quadripartite, avec des processus partant des
angles externes des fossettes dentaires ; racines des spires unies par un
ruban transversal, supportant un petit processus. *Fossiles*, 2 espèces.
Lias supérieur. Normandie.

ATHYRIS, Mac Coy.

Étymologie, a, sans, *thuris,* une porte (c'est-à-dire « deltidium »).
Synonyme, Spirigera, d'Orbigny ; Cleiothyris, King (non Phil.).
Types, A. concentrica, Buch. A. Roissyi, *fig.* 169, 170. A. lamellosa,
Pl. XV, *fig.* 16.

Coquille non poncturée, en ovale transverse, ou suborbiculaire, biconvexe, lisse, ou ornée de lignes d'accroissement squameuses, développées quelquefois en expansions aliformes (*fig.* 170[1]) ; ligne cardinale
course ; aréa obsolète ; trou rond, tronquant le crochet, deltidium obsolète ; plateau cardinal de la valve dorsale présentant quatre cavités
musculaires, percé d'un petit trou rond, et soutenant un petit appareil
apophysaire? compliqué, situé entre les spires ; spires dirigées en
dehors, racines réunies par un appareil apophysaire buccal saillant.

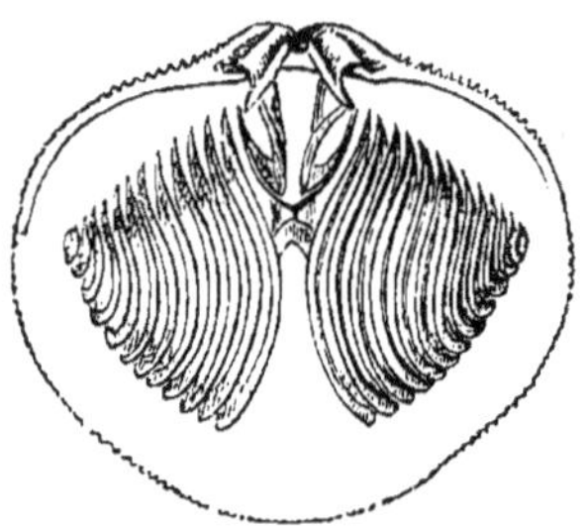 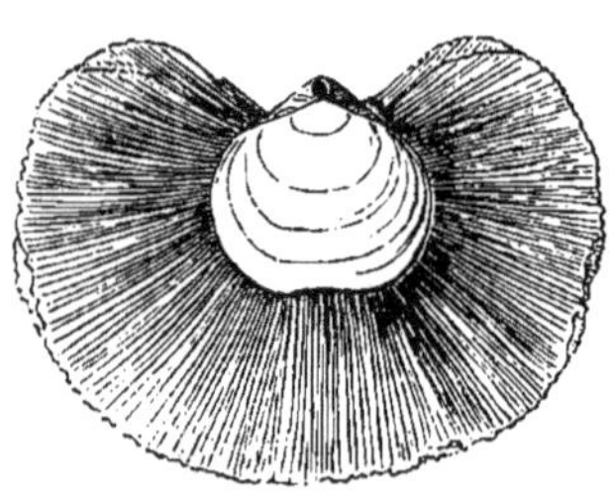

Fig. 169.   Fig. 170.
Intérieur de la valve dorsale.   Échantillon avec frange.

Le trou du plateau cardinal occupe la position de l'échancrure à travers laquelle passe l'intestin dans les Rhynchonelles vivantes ; chez
l'*A. concentrica,* il y a quelquefois un tube grêle et courbé, fixé au trou,
au-dessous du plateau cardinal. L'*A. tumida* a son plateau cardinal
simplement sillonné, et le trou du byssus est anguleux.

Fossiles, environ 70 espèces. Silurien — Lias. Amérique septentrionale et méridionale. Europe.

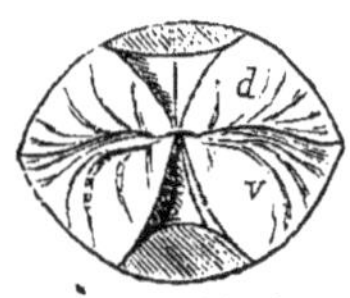

Sous-genre? Merista, Suess. Ter. scalprum,
Römer (A. cassidea, Quenst.; Sp. plebeia, Ph.)
Silurien — Devonien. Europe. *Coquille* non poncturée, plaques dentales (*v*) et septum dorsal (*d*),
soutenus par des plaques arquées (« shoe-lifter
processes » de King) qui se détachent volontiers,
en laissant des cavités (comme dans la *fig.* 171);

Fig. 171. — *Merista.*

l'on a observé des bras spiraux chez toutes les espèces.

<hr>

[1] Le genre *Actinoconchus* (Mac Coy) que l'on doit rejeter, a été établi sur ce carac-
ère ; certaines espèces d'*Atrypa,* de *Camarophoria,* et de *Producta* forment des
expansions semblables.

Retzia, King.

Genre dédié à l'éminent naturaliste suédois Retzius.

Type, Ter. Adrieni, Vern.

Exemple, R. serpentina ; calcaire carbonifère ; Belgique ; *fig.* 172.

Coquille poncturée, à formes de Térébratule ; crochet tronqué par un trou rond, complété par un deltidium distinct ; aréa cardinale petite, triangulaire, nettement marquée ; intérieur ayant des spires calcaires divergentes.

Fossiles, environ 50 espèces. Silurien — Trias. Amérique du Sud, États-Unis, Europe.

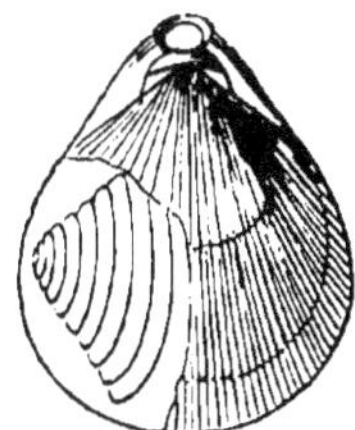

Fig. 172. — *Retzia serpentina*, D. K.   Fig. 173.— *Uncites gryphus.*

Le professeur King a attiré le premier l'attention sur l'existence de spires calcaires chez plusieurs Térébratules des terrains anciens, et MM. Quenstedt, de Koninck et Barrande en ont découvert d'autres. Pour la forme, elles ressemblent aux *Terebratulina, Eudesia* et *Lyra*.

Uncites, Defrance.

Type, U. gryphus. Pl. XV, *fig.* 17 ; *fig.* 173.

Fossile, Devonien. Europe.

Coquille non poncturée, ovale, biconvexe, à long crochet recourbé ; trou apicial fermé de bonne heure ; deltidium grand, concave ; processus spiraux dirigés en dehors ; pas d'aréa cardinale.

Le grand deltidium concave des Uncites ressemble tellement au canal formé par les plaques dentales des *Pentamerus* que Dalman a cru que la coquille en question rentrait dans ce dernier genre. La découverte de spires internes, faite par le professeur Beyrich, montre qu'elle ne diffère de celles des Retzia que par ce qu'elle n'est pas poncturée et qu'elle manque d'aréa cardinale.

Certains échantillons ont des dépressions symétriques sur les côtés des valves (*fig.* 173, *p*) formant des poches qui ne communiquent pas avec l'intérieur.

Famille III. — Rhynchonellidæ.

Coquille non poncturée, oblongue ou triangulaire, pourvue d'un crochet; ligne cardinale courbe; pas d'aréa; valves articulées, convexes,
portant souvent des plis bien accusés; trou au-dessous du crochet,
complété ordinairement par un deltidium, quelquefois caché; dents car-

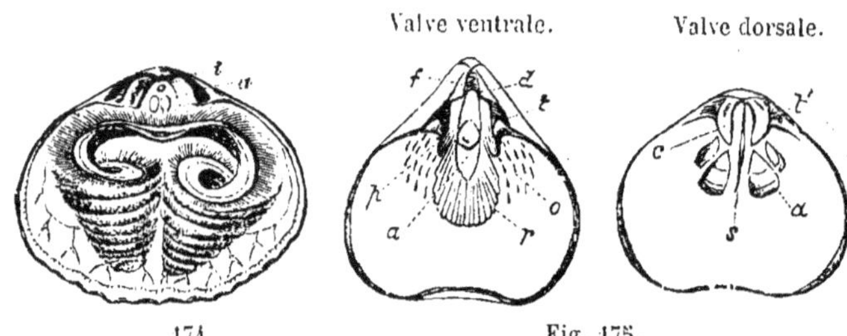

. 174.   Fig. 175.

Fig. 174. *Rh. nigricans*, valve dorsale avec l'animal; *a*, muscles adducteurs;
i, intestins.

Fig. 175. *Rh. psittacea*; intérieur des valves; *s*, septum; *f*, trou; *d*, deltidium;
t, dents; *t'*, fossettes; *c*, lamelles buccales; *a*, impression de l'adducteur;
r, impression cardinale; *p*, muscles du pédoncule; *o*, espaces ovariens.

dinales, soutenues par des plaques dentales; plateau cardinal profondément divisé, portant des lamelles buccales, rarement pourvu de processus spiraux ; impressions musculaires groupées comme chez les
Térébratules; impressions vasculaires composées de deux troncs principaux dans chaque valve, étroites, se divisant dichotomiquement, anguleuses, les branches postérieures principales renfermant les espaces
ovariens.

Animal (des *Rhynchonella*) à bras spiraux allongés, dirigés en dedans,
du côté de la concavité de la valve dorsale; canal alimentaire se terminant derrière l'insertion de l'adducteur dans la valve ventrale; manteau
non adhérent, son bord frangé de quelques soies courtes.

Rhynchonella, Fischer.

Synonymes, Hypothyris, Phil.; Hemithyris (psittacea), d'Orbigny; Acan-
thothyris (spinosa), d'Orbigny ; Cyclothyris (latissima), Mac Coy ; Trigonella (part), Fischer (non L., nec Da Costa).

Types, Rh. acuta. Pl. XV, *fig.* 18 ; furcillata, *fig.* 19; spinosa, *fig.* 20;
acuminata, *fig.* 176 ; nigricans, *fig.* 174 ; psittacea, *fig.* 175 (p. 5,
fig. 4).

Coquille triangulaire, à crochet aigu, ordinairement plissée; valve
dorsale élevée en avant, déprimée sur les côtés; valve ventrale aplatie

ou creusée le long du centre ; plateau cardinal supportant deux lamelles grêles et courbes ; plaques dentales divergentes.

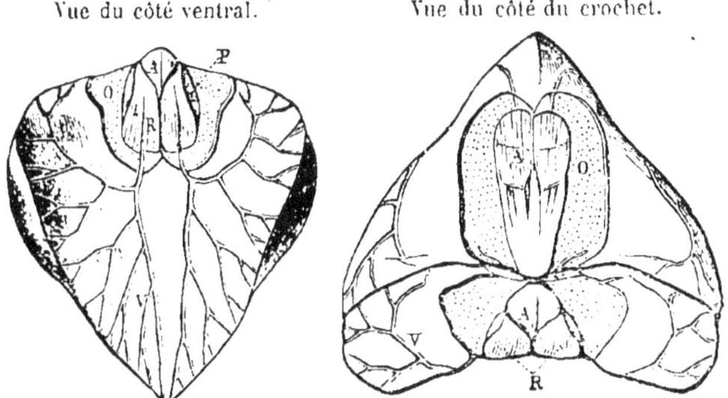

Fig. 176. — *Rh. acuminata* ; moules internes.

Fig. 176. Vue du côté du crochet avec la valve dorsale en dessus. (Coll. de M. le
professeur King.) — Vue du côté ventral. (Coll. de M. le professeur Morris.) — A, impression de l'adducteur ; R, impression cardinale ; P, impression du pédoncule ; V, impressions vasculaires ; O, impressions ovariennes.

Le trou n'est d'abord qu'une échancrure anguleuse dans la ligne
cardinale de la valve ventrale, mais le développement du deltidium le
rend ordinairement complet dans la coquille adulte ; chez les espèces
crétacées il est tubuleux. Chez la *Rh. acuminata* et chez plusieurs autres
espèces paléozoïques, le crochet est si étroitement recourbé qu'il n'y a
pas de place pour un pédoncule. Les deux espèces vivantes de Rhynchonelles sont noires ; la *Rh. octoplicata* de la craie a conservé quelquefois
six taches foncées.

Distribution, 4 espèces. *Rh. psittacea*, Labrador (à marée basse?),
Baie d'Hudson (183 mètres), île Melville, Sitka, mer Glaciale. *Rh. nigricans*, Nouvelle-Zélande, 35 mètres.

Fossiles, 332 espèces. Silurien inférieur —. Amérique septentrionale
et méridionale, Europe, Thibet, Chine.

Sous-genres? *Porambonites*, Pander. P. æquirostris, Schl. *Coquille*
non poncturée ; surface finement impressionnée ; chaque valve ayant
une petite aréa cardinale et des indications de deux septums ; trou anguleux, ordinairement caché. *Distribution*, 8 espèces. Silurien inférieur.
Russie et Portugal.

Camarophoria, King. T. crumena, Martin (sp.), *fig.* 177, 178. Valve
ventrale ayant des plaques dentales convergentes (d) supportées par une
crête septale (s) peu élevée ; valve dorsale à septum (s) saillant, supportant un processus central (v) en forme de cuiller ; lamelles buccales (o)
longues et grêles ; trou anguleux ; processus cardinal (j) distinct Fo:-

siles, 9 espèces. Carbonifère — Permien (calcaire magnésien). Allemagne et Angleterre.

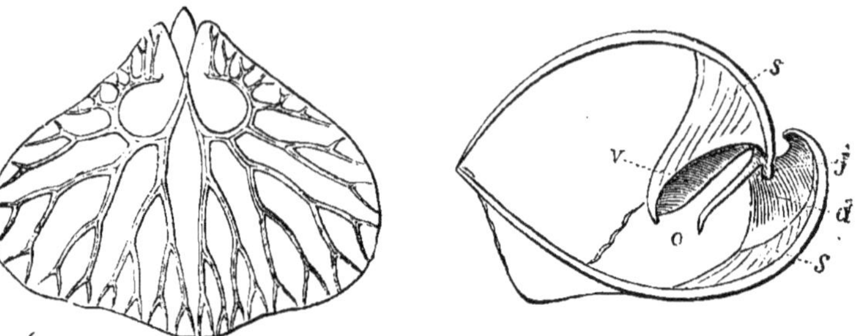

Fig. 177. — Moule interne [1].   Fig. 178. — Coupe.

PENTAMERUS, Sow.

Étymologie, pentameres, à 5 divisions.

Synonyme, Gypidia (conchydium), Dalman.

Type, P. Knightii. Pl. XV, *fig.* 22; *fig.* 179.

Coquille non ponctuée, ovoïde, renflée, à grand crochet recourbé ; valves ordinairement plissées ; trou anguleux ; pas d'aréa ni de deltidium ; plaques dentales (*d*) convergentes, en forme d'auge, supportées sur un septum saillant (*s*) ; valve dorsale ayant deux septums longitudinaux contigus (*ss*) opposés aux plaques de l'autre valve.

Coupe longitudinale.   Coupe transversale.

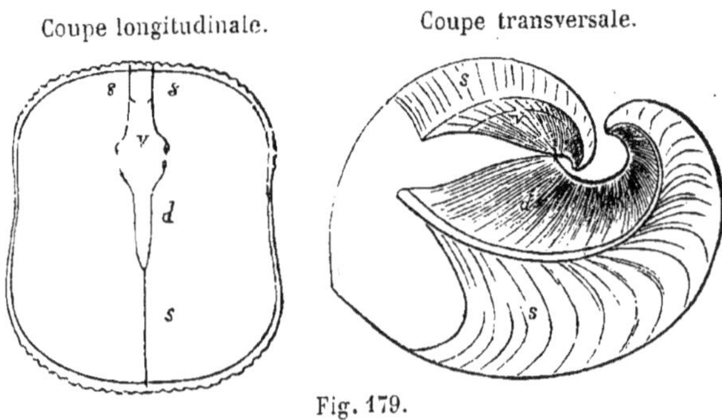

Fig. 179.

M. Salter a découvert des lamelles buccales dans le *P. liratus* ; chez le *P.? brevirostris* (Devonien, Newton), la valve dorsale a un long processus en forme d'auge, supporté par un seul septum peu élevé.

Fossiles, 52 espèces. Silurien supérieur — Devonien. Amérique arctique, États-Unis, Europe.

---

[1] Face ventrale du moule, montrant la cavité en forme de V des plaques dentales, et les impressions des veines branchiales, accompagnées par des artères (d'après King).

On ne peut se représenter les rapports de l'animal avec la coquille dans des espèces telles que le *P. Knightii*, que par comparaison avec d'autres espèces chez lesquelles les plaques internes sont moins développées, et avec d'autres genres tels que les *Cyrtia* et *Camarophoria*. Dans la *fig.* 179, la petite chambre centrale *(v)* doit avoir été occupée par les organes digestifs, et les grands espaces latéraux *(ds)* par les bras spiraux ; l'on peut se demander s'il y avait des muscles qui s'attachassent à ces plaques ; dans les *Porambonites* l'impression de l'adducteur est située au delà du point où convergent les plaques dentales, et chez les *Camarophoria* les impressions musculaires occupent la même position que chez les *Rhynchonella*.

ATRYPA, Dalman.

Synonymes, Cleiothyris, Phillips ; Spirigerina, d'Orbigny [1] ; Hipparionyx, Vanuxem.

Type, A. reticularis. Pl. XV, *fig.* 21 ; *fig.* 180, 181.

<table>
<tr><td>Valve dorsale; face interne.</td><td>Valve ventrale; face interne.</td></tr>
<tr><td>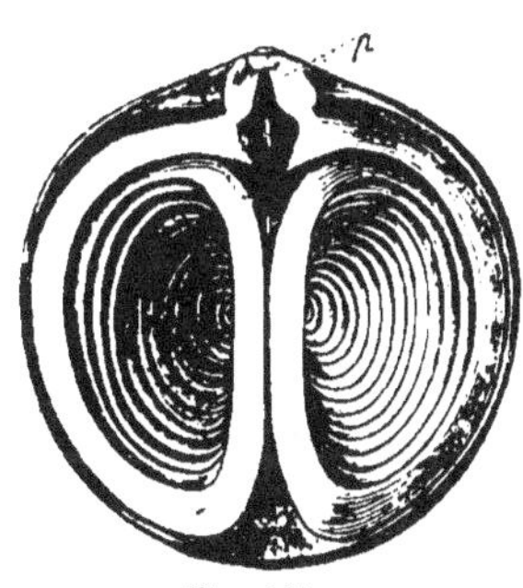</td><td>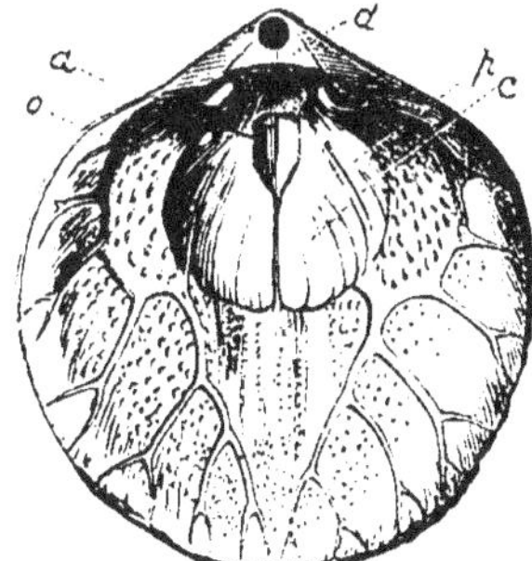</td></tr>
<tr><td>Fig. 180.</td><td>Fig. 181.</td></tr>
</table>

p, plateau cardinal ; *a*, impressions du muscle adducteur ; *c*, muscle cardinal ; *p*, empreinte musculaire du pédoncule ; *o*, sinus ovarien ; *d*, deltidium.

Coquille non poncturée ; ovale, ordinairement plissée et ornée de lignes d'accroissement squameuses ; valve dorsale gibbeuse ; valve ventrale déprimée en avant ; crochet petit, souvent étroitement recourbé ; trou rond, complété quelquefois par un deltidium, souvent caché ; valve dorsale ayant un plateau cardinal divisé, supportant deux larges lamelles enroulées en spirale ; spires verticales, serrées, et dirigées du côté du centre de la valve ; dents et impressions comme chez les *Rhynchonella*.

[1] Le nom d'*Atrypa* (*a*, sans, *trupa*, trou), comme tous les noms de Dalman, est mal choisi ; mais M. d'Orbigny n'a pas introduit d'amélioration en proposant celui de *Spirigerina*, qui vient s'ajouter à ceux de *Spirifera*, *Spirigera*, et *Spiriferina*.

Les coquilles de ce genre diffèrent des *Rhynchonella* principalement par l'endurcissement calcaire des supports buccaux, caractère dont on ne connaît pas la valeur.

Fossiles, 21 espèces. Silurien inférieur — Trias. Amérique (canal Wellington ! Iles Falkland), Europe, Thibet.

L'*Anoplotheca lamellosa*, F. Sandberger, 1856, du Devonien du Rhin, est une espèce d'*Atrypa*.

Famille IV. — ORTHIDÆ [1].

Coquille oblongue transversale, déprimée, rarement trouée ; ligne cardinale large et droite ; crochets peu marqués ; valves plano-convexes, ou concavo-convexes, ayant chacune une aréa cardinale (*h*) échancrée dans le centre ; valve *ventrale* ayant des dents saillantes (*t*) ; impressions musculaires occupant une cavité en forme de soucoupe à bord élevé ; adducteur (*a*) central ; impressions cardinale et pédonculaire (*r*) réunies, latérales, en éventail ; valve *dorsale* ayant un processus cardinal dentiforme entre deux processus brachiaux courbes (*c*) ; impression de l'adducteur (*a*) quadruple ; impressions vasculaires composées de six troncs principaux dans la valve dorsale, deux dans la ventrale, les branches externes tournées en dehors et en arrière, enfermant de larges espaces ovariens (*o*). On a observé dans plusieurs

Valve dorsale [2].   Valve ventrale.

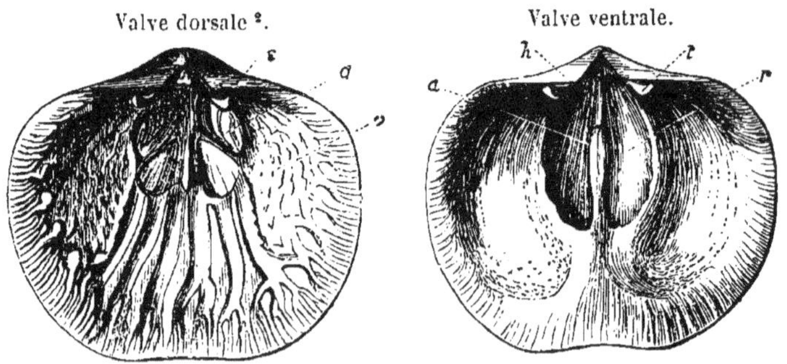

Fig. 182. — *Orthis striatula*, Devonien, Eifel.

genres des indices de bras spiraux enroulés horizontalement ; l'espace entre les valves est souvent très-petit. La coquille est poncturée, sauf dans quelques cas où la texture primitive a été probablement oblitérée.

---

[1] Les noms des familles sont formés de ceux des genres *typiques*, en substituant à la dernière syllabe du génitif la terminaison *idæ*.

[2] D'après un échantillon offert par M. de Koninck au British Museum ; d'anciens auteurs avaient donné à des moules internes de ce fossile le nom d'*Hysterolites*.

Orthis, Dalman.

Étymologie, orthos, droit.

Type, O. rustica, Pl. XV, *fig.* 23.

Synonymes, Dicœlosia (biloba), King ; Platystrophia (biforata), King ; Gonambonites (inflexa), Pander ; Orthambonites (calligramma), Pander.

Coquille oblongue transversale, à stries ou plis rayonnants, biconvexe ; ligne cardinale plus étroite que la coquille : processus cardinal simple, processus brachiaux dentiformes, saillants et courbes.

Fossiles, 154 espèces. Silurien inférieur — Carbonifère. Amérique arctique, États-Unis, Amérique méridionale, iles Falkland, Europe, Thibet.

? Sous-genres, Orthisina, d'Orbigny. O. anomala, Schl., *fig.* 185. *Synonymes,* Pronites (ascendens), et Hemipronites, Pander. *Coquille* non poncturée ? ayant sa plus grande largeur à la ligne cardinale ; échancrure cardinale fermée, échancrure du byssus (*fissure*) recouverte d'un pseudo-deltidium convexe, quelquefois perforé d'un petit trou rond. *Fossiles,* Silurien inférieur. Europe.

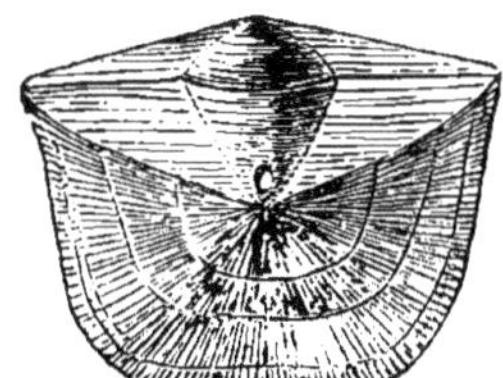

Fig. 185. — *Orthisina.*

L'*O. pelargonatus* (*Streptorhynchus,* King), du calcaire magnésien, l'*O. senilis,* du calcaire carbonifère et quelques espèces devoniennes ont le crochet tordu, comme s'il avait été fixé ; elles n'ont pas de trou.

Strophomena, Blainville[1].

Étymologie, strophos, courbé, *mene,* croissant.

Exemples, S. rhomboidalis. Pl. XV, *fig.* 24. (= Productus depressus, Sby.)

Synonymes, Leptæna (rugosa), Dalman ; Leptagonia, Mac Coy ; Enteletes, Fischer.

Coquille semi-circulaire, ayant sa plus grande largeur à la ligne cardinale, concavo-convexe, déprimée, à stries rayonnantes ; aréa double ; valve ventrale ayant une échancrure anguleuse, couverte graduellement par un pseudo-deltidium convexe ; crochet déprimé, rarement (?) perforé par un petit trou chez les jeunes coquilles (*fig.* 184, *c*); 4 dépressions musculaires, la paire centrale étroite, formée par l'adducteur, la paire externe (*m*) en éventail, due aux muscles cardinal et pédonculaire ; valve *dorsale* ayant un processus cardinal bilobé, situé entre les fossettes dentaires, et quatre dépressions pour les muscles adducteurs.

---

[1] Le nom de *Strophomena* (rugosa) a été primitivement donné par Rafinesque à un fossile inconnu ou imaginaire ; il a toutefois été adopté, tant en Amérique qu'en Europe, pour le groupe dont les types sont les S. *alternata* et *planumbona.*

Il n'y a pas de processus brachiaux visibles dans la valve dorsale des Strophomena, et il est possible que les bras spiraux aient été supportés quelque part près du centre de la coquille (*b*), comme chez les Productus ; la *S. rhomboidalis* montre quelquefois des traces de bras spiraux, dans la valve ventrale. La *S. latissima*, Bouch. a des aréas lisses, comme celle des *Calceola*.

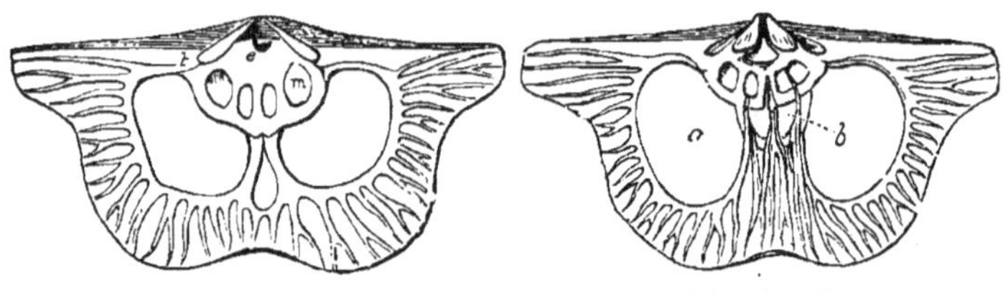

Valve ventrale.   Fig. 184.   Valve dorsale.

Intérieur de la *S. rhomboidalis*, var. *analoga*, du calcaire carbonifère (d'après King), *e*, trou ; *t*, dents ; *o*, espace ovarien ; *b*, fossettes brachiales ?

Les valves des Strophomena sont presque plates jusqu'à ce qu'elles approchent de la fin de leur croissance, puis elles se courbent alors brusquement d'un côté ; la valve dorsale devient concave chez les *S. alternata* et *rhomboidalis*, tandis que chez les *S. planumbona* et *euglypha* elle devient convexe ; ces différences n'ont pas même la valeur de caractères de sous-genres.

Fossiles, 129 espèces. Silurien inférieur — Carbonifère. Amérique septentrionale, Europe, Thibet.

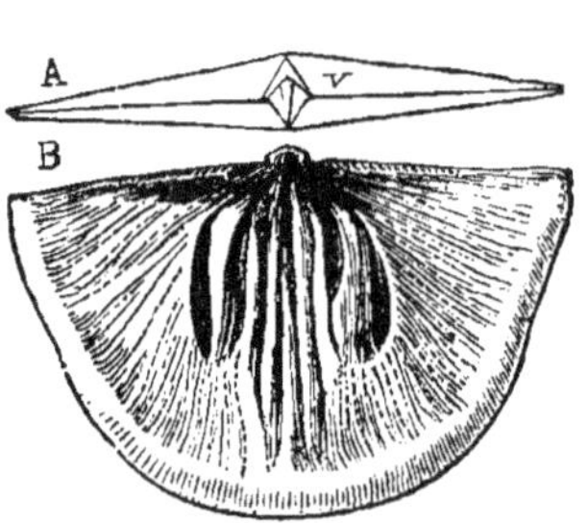

Fig. 185. — *Leptœna*, 2/1.

A, aréa cardinale ; V, valve ventrale ; B, intérieur de la valve dorsale.

Les *S. demissa*, Conr. (Stropheodonta, Hall), *S. Dutertrii*, et plusieurs autres espèces ont une ligne cardinale denticulée.

Sous-genres? Leptæna (part.), Dalman. L. transversalis, *fig.* 185 (Plectambonites, Pander). Valves régulièrement courbées, la dorsale concave, épaissie ; impressions musculaires allongées. *Fossiles*, 41 espèces. Silurien inférieur — Lias. Amérique septentrionale et Europe. Les *Leptæna* du lias ressemblent pour l'intérieur aux *Thecidium ;* ce sont des coquilles libres, ayant quelquefois un petit trou au sommet du deltidium triangulaire ; *L. liassina*. Pl. XV, *fig.* 25.

Koninckia, Suess. Producta Leonhardi, Wissm. (*P. alpina*, Schl.), *fig.* 186. *Trias*, Saint-Cassian. *Coquille* orbiculaire, concavo-convexe, lisse ; valves articulées ? très-serrées l'une contre l'autre ; valve ventrale convexe, la dorsale concave ; crochet recourbé ; pas d'aréa cardinale ni de trou ? intérieur de chaque valve sillonné de deux lignes spirales ou de quatre tours de spire dirigés en dedans et croisant les impressions vasculaires ; crochet ayant trois crêtes divergentes. Si l'on place devant la lumière les échantillons ayant leurs deux valves, l'on peut voir les petites cavités spirales qui étaient occupées par les bras et qui sont remplies maintenant de spath calcaire. M. Suess, de Vienne, dit avoir trouvé des traces de lamelles spirales très-grêles qui occupaient les sillons. Cette curieuse petite coquille ressemble surtout à la *Leptæna dubia* (Productus) Münster (= *Crania Murchisoni*, Klipst!) du Trias.

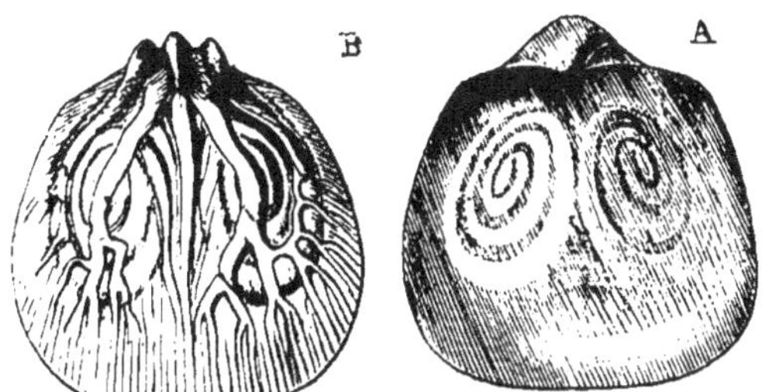

Fig. 186. — *Productus? Leonhardi*, 2/1 [1].

DAVIDSONIA, Bouchard.

Genre dédié à l'auteur de la monographie des Brachiopodes fossiles d'Angleterre.

Type, D. Verneuili, Bouchard. *Fig.* 187. Devonien, Eifel.

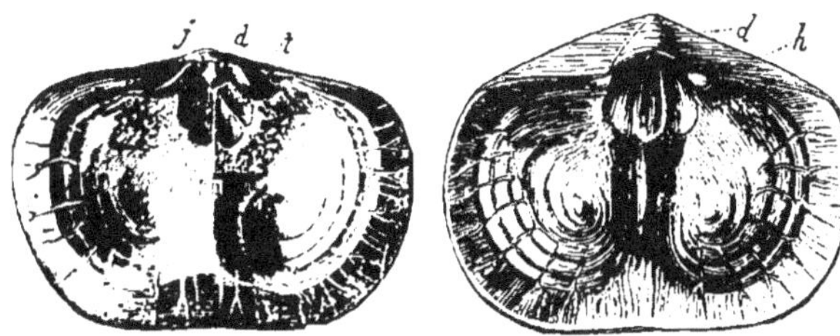

Valve dorsale.   Fig. 187.   Valve ventrale, 2/1.

Coquille solide, fixée par la surface externe de la valve ventrale aux rochers, aux coquilles et aux coraux ; valves sans ornements, articulées ; valve *ventrale* à large aréa (*h*); trou anguleux, recouvert d'un deltidium convexe (*d*); disque occupé par deux élévations coniques, indistinctement marquées d'un sillon spiral de 5 à 6 tours ; valve *dorsale* ayant

[1] A, échantillon translucide ; B, intérieur de la valve dorsale.

deux cavités latérales peu profondes ; impressions vasculaires consistant en deux troncs sub-marginaux principaux, dans chaque valve, avec des branches divergentes ; impression cardinale et impression de l'adducteur distinctes. Les cônes sillonnés indiquent indubitablement l'existence de bras spiraux semblables à ceux des *Atrypa* (*fig.* 180), mais manquant de supports calcaires. La valve supérieure montre quelquefois des marques produites par la surface sur laquelle la coquille s'est développée. Les lobes du manteau semblent avoir continué à déposer du calcaire jusqu'à ce que la cavité interne fût réduite à la plus petite limite possible.

Fossiles, 5 espèces. Devonien — Trias.

CALCEOLA, Lamarck.

Étymologie, calceola, une pantoufle.
Type, C. sandalina. Pl. XV, *fig.* 26; *Fig.* 188.

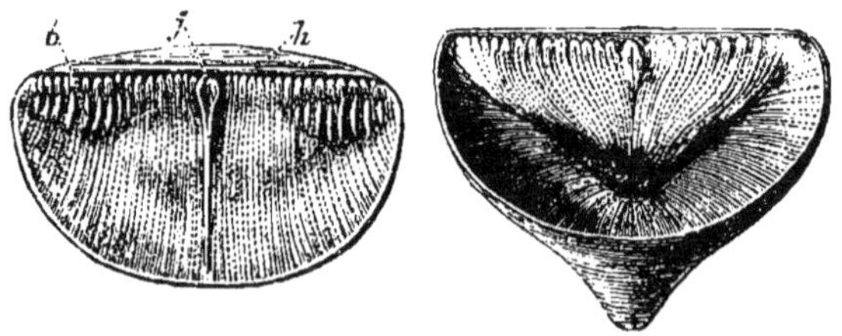

Valve dorsale. Fig. 188. Valve ventrale.

Coquille épaisse, triangulaire ; valves lisses, non articulées ; valve *ventrale* pyramidale ; aréa grande, plate, triangulaire, avec une ligne centrale obscure ; ligne cardinale droite, crénelée ; valve *dorsale* plate, semi-circulaire, avec une aréa étroite (*h*), un petit processus cardinal (*j*) et deux groupes latéraux de petites crêtes (*b*) apophysaires (?) ; surface interne marquée de stries ponctuées.

Fossile, Devonien. Eifel, Angleterre. L'espèce douteuse du Carbonifère (*Hypodema,* D. K.) est peut-être une forme voisine des *Pileopsis.* La Calceola a la forme des *Cyrtia,* et son aréa cardinale ressemble à celle de quelques *Strophomena.*

FAMILLE V. — PRODUCTIDÆ.

Coquille concavo-convexe, avec une ligne cardinale droite ; valves rarement articulées par des dents, rapprochées l'une contre l'autre, munies d'épines tubuleuses ; valve ventrale convexe, la dorsale concave ; face interne parsemée de ponctuations bien marquées, infundibuliformes ; valve *dorsale* ayant un processus cardinal saillant ; processus brachiaux (?) sub-centraux ; empreintes vasculaires latérales, larges et simples ; impressions des adducteurs dendritiques, séparées par une crête centrale étroite ; valve *ventrale* ayant une ligne cardinale légère- ment échancrée ; impression de l'adducteur centrale, située près de l'umbo ; impressions cardinales latérales, striées.

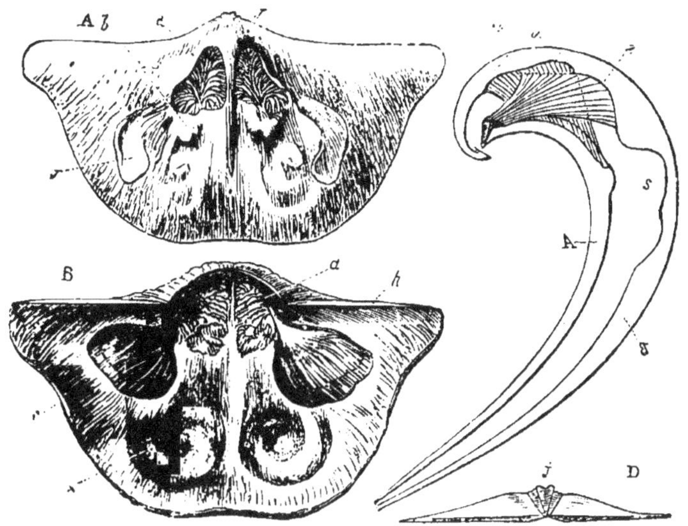

Fig. 189. — *Productus giganteus*, 1/4. Calcaire carbonifère.

A, intérieur de la valve dorsale ; B, intérieur de la valve ventrale, avec l'umbo enlevé ; C, coupe idéale des deux valves ; D, ligne cardinale de A ; *j*, pro- cessus cardinal ; *a*, adducteur ; *r*, muscles cardinaux, *b*, processus buc- caux ? ; *s*, cavités occupées par les bras spiraux ; *v*, empreintes vascu- laires ; *h*, aréa cardinale.

PRODUCTUS, Sowerby.

Types, P. giganteus, Martin. = *Anomia producta*, Martin.
Exemples, P. horridus. Pl. XV, *fig*. 27. P. proboscideus. Pl. XV, *fig*. 28.
Coquille libre, auriculée ; crochet grand et arrondi ; épines dissémi- nées ; aréa cardinale de chaque valve linéaire, indistincte ; pas de dents cardinales ; processus cardinaux lobés, striés ; impressions vasculaires simples, courbes ; valve ventrale profonde, avec deux cavités arrondies ou sub-spirales en avant. Ces coquilles ont peut-être été fixées par un pédoncule pendant leur jeunesse, car les impressions du muscle du pédoncule se fondent avec celles des muscles cardinaux (*c*) dans la valve ventrale. Quelques espèces semblent avoir été fixées d'une manière permanente. Le *P. striatus* a une croissance irrégulière, il est allongé et atténué du côté du crochet ; on le rencontre par grands nombres

d'individus serrés les uns contre les autres. Le *P. proboscideus* semble, comme l'a supposé M. d'Orbigny, avoir vécu ordinairement dans des cavités ou à demi enterré dans la vase ; sa valve ventrale se prolonge de plusieurs pouces au delà de l'autre et a ses bords enroulés sur eux-mêmes et soudés, de manière à former un grand tube toujours ouvert pour les courants brachiaux. Les grandes épines sont le plus souvent situées sur les oreilles de la valve ventrale et peuvent avoir servi à amarrer la coquille ; comme elles étaient tubuleuses, elles pouvaient constamment croître et être réparées. Quoique dépourvue de dents, la valve dorsale doit avoir tourné sur sa longue ligne cardinale avec autant de précision que dans les genres qui sont régulièrement articulés au moyen de dents.

Fossiles, 81 espèces. Devonien — Permien. Amérique septentrionale et méridionale, Europe, Spitzberg, Thibet, Australie.

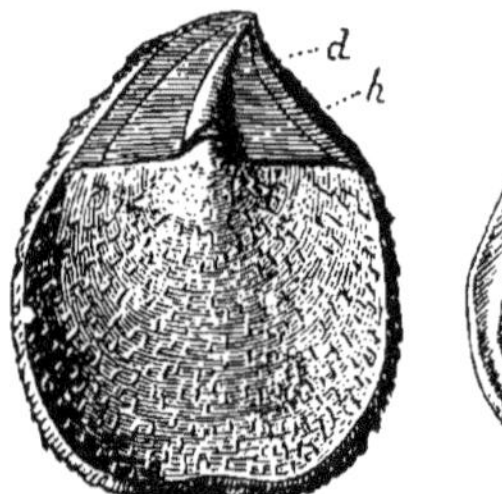
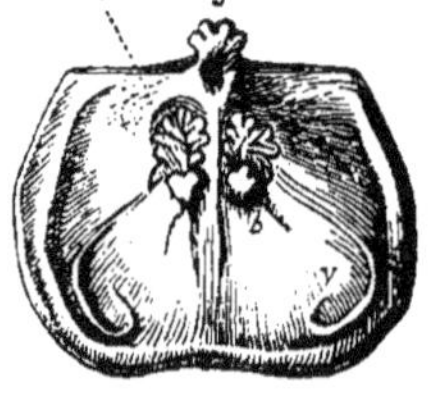

Extérieur.   Fig. 190.   Intérieur.

Sous-genre, Aulosteges, Helmersen. A. Wangenheimii, Vern., *fig.* 190. Permien, Russie ; Carbonifère. *Coquille* ressemblant aux *Productus*; valve ventrale ayant une grande aréa cardinale (*h*) plate et triangulaire, avec un pseudo-deltidium (*d*) étroit et convexe dans le centre ; crochet un peu tordu, comme s'il avait été fixé pendant la jeunesse ; valve dorsale légèrement convexe près du sommet ; intérieur comme chez les *Productus* (*longispinus*).

STROPHALOSIA, King.

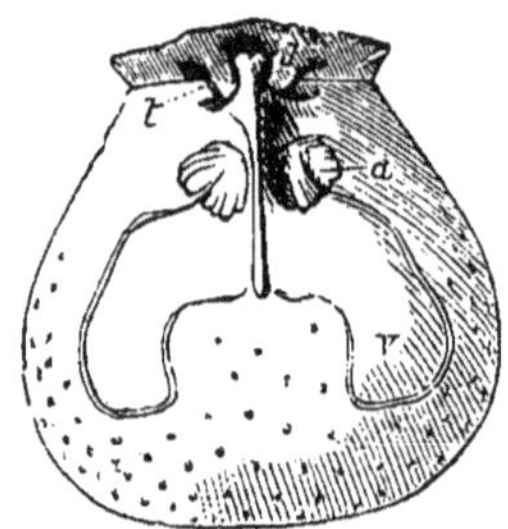

Fig. 191. — *S. Cancrini.*

Exemple, S. Cancrini, de Vern., *fig.* 191.
Synonyme, Orthothrix, Geinitz.
Coquille fixée par le crochet de la valve ventrale, sub-carrée, couverte de longues épines grêles ; valves articulées, la dorsale médiocrement concave, la ventrale convexe, chacune ayant une petite aréa ; fissure recouverte ; empreintes vasculaires réunies, réniformes.

Fossiles, 8 espèces. Devonien — Carbonifère. Europe, Himalaya (Gérard).

Chonetes, Fischer.

Exemple, C. striatella, Pl. XV, *fig*. 29.
Étymolojie, *chone*, une coupe.
Coquille oblongue, transversale, avec une ligne cardinale large et
droite ; aréa double ; valves articulées, à stries rayonnantes ; bord cardinal de la valve ventrale ayant une série d'épines tubuleuses ; fissure
recouverte ; intérieur marqué de stries ponctuées ; impressions vasculaires (*v*) très-petites. (Davidson.)

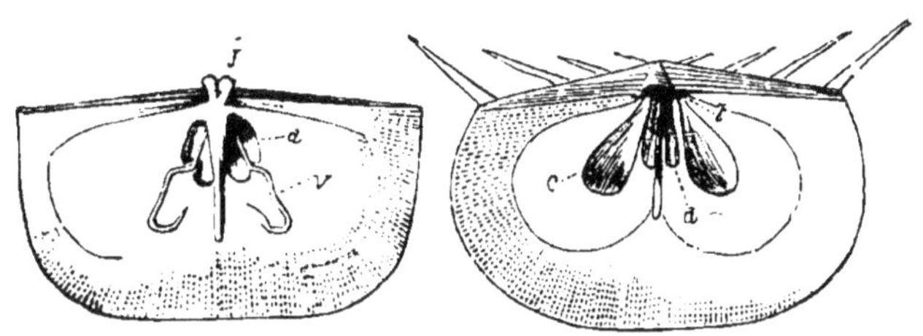

Valve dorsale.   Fig. 192.   Valve ventrale [1].

Fossiles, 47 espèces. Silurien — Carbonifère. Europe, Amérique septentrionale, Iles Falkland.

Famille VI. — Craniadæ.

Coquille orbiculaire, calcaire, sans charnière ; fixée par le sommet,
ou par toute la largeur de la valve ventrale, rarement libre ; valve dorsale patelliforme ; intérieur de chaque valve ayant un large rebord granuleux ; disque présentant quatre grandes impressions musculaires, et
des impressions vasculaires digitées ; structure poncturée.
Animal à bras spiraux libres, dirigés du côté de la concavité de la
valve dorsale, et soutenus par une saillie en forme de nez s'élevant du
milieu de la valve inférieure ; manteau s'étendant jusqu'au bord des
valves, fortement adhérent ; ses bords sans ornements (*fig*. 195).

Crania, Retzius.

Étymologie, *kraneia*, en forme de tête.
Type, Anomia craniolaris, L.
Exemple, C. Ignabergensis, Pl. XV, *fig*. 30. C. anomala, *fig*. 193-195.
Synonymes, Criopus, Poli ; Orbicula (anomala), Cuvier = O. Norve-
gica, Lam.

---

[1] Intérieur de deux espèces de *Chonetes* de Nehou et de l'Eifel, d'après Davidson.
a, adducteur ; *c*, impressions cardinales.

Coquille lisse ou marquée de stries rayonnantes ; sommet de la valve dorsale sub-central ; celui de la valve ventrale marginal, ou saillant et en capuchon, avec une aréa triangulaire obscure, traversée par une ligne centrale.

Les grandes impressions musculaires de la valve adhérente sont convexes dans certaines espèces, et profondément excavées dans d'autres, celles de la valve supérieure sont ordinairement convexes, mais dans la *C. Parisiensis* la paire antérieure (centrale) est développée sous forme d'apophyses saillantes, divergentes. Chez la *C. tripartita*, Münster, le processus nasal divise la valve adhérente en trois loges [1].

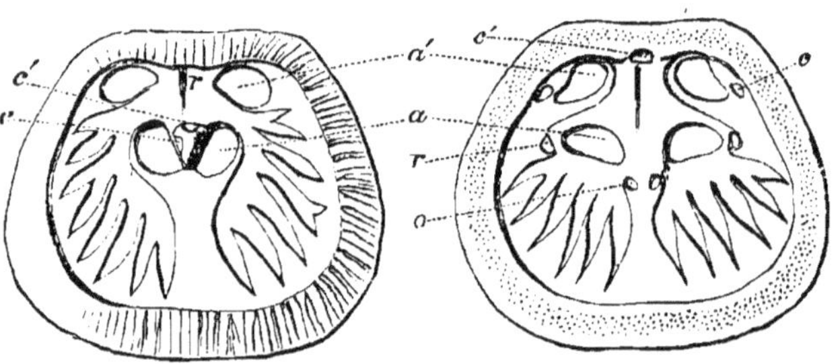

Fig. 193. — Valve ventrale.   Fig. 194. — Valve dorsale.

Crania anomala, Müller. 2/1. Shetland.

a, adducteurs antérieurs ; *a'*, adducteurs postérieurs ; *c*, ajusteurs postérieurs ; *c'*, muscle cardinal ; *r*, *o*, muscles rétracteurs centraux et externes.

La *C. Ignabergensis* est équivalve, et tantôt tout à fait libre, tantôt très-légèrement fixée. La *C. anomala* vit par groupes sur les rochers et les pierres, dans les eaux profondes, soit dans la mer du Nord, soit dans la Méditerranée (*vivante*, par 73-165 mètres ; *morte*, par 274 mètres, Forbes) ; l'animal est de couleur orange, et ses bras labiaux sont épais, frangés de cirrhes, et formant quelques tours horizontaux (*fig.* 193).

Distribution, 5 espèces. Spitzberg, Angleterre, Méditerranée, Inde, Nouvelle-Galles du Sud. — 275 mètres.

Fossiles, 37 espèces. Silurien inférieur —. Europe.

La *C. antiquissima*, Eichw. (Pseudo-crania, Mac Coy), est libre et a le rebord interne des valves lisse ; les empreintes branchiales se confondent en avant. Le *Spondylobus craniolaris*, Mac Coy, est un petit fossile mal connu, des schistes du Silurien inférieur de Builth. La valve supérieure semble avoir eu du rapport avec celle d'une *Crania*, et l'inférieure paraît avoir eu un petit crochet sillonné, avec des processus émoussés, dentiformes, sur la ligne cardinale.

---

[1] M. Quenstedt a placé les *Crania* jurassiques dans le genre *Siphonaria !*

Famille VII. — Discinidæ.

Coquille fixée par un pédoncule passant par un trou de la valve ventrale ; valves non articulées, finement poncturées.

Fig. 195. — *Crania* [1].

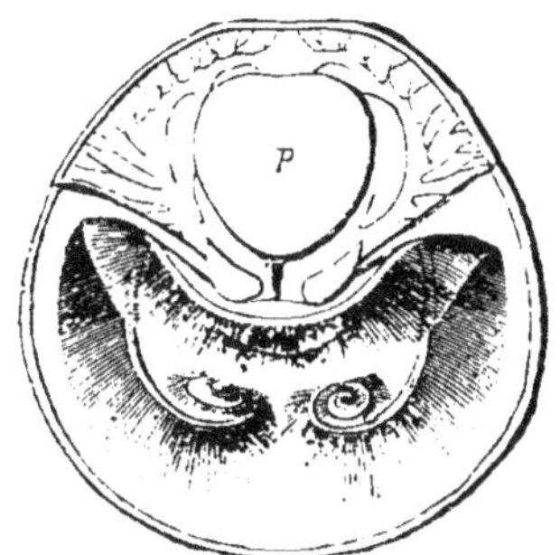

Fig. 196. — *Discina* [2].

Animal à manteau fortement vasculaire, frangé de longues soies cornées ; bras buccaux recourbés en arrière, retournant sur eux-mêmes, et se terminant en petites spires dirigées en bas, du côté de la valve ventrale.

Discina, Lamarck.

Synonymes, Orbicula, Sby. (non Cuvier [3]) ; Orbiculoidea (elliptica), d'Orbigny ; Schizotreta, Kutorga.

Types, D. lamellosa, Pl. XV, *fig.* 51 (= D. ostreoides, Lamarck).

Coquille orbiculaire, cornée ; valve supérieure patelliforme, lisse ou garnie de lamelles concentriques, à sommet situé en arrière du centre ; valve inférieure plate ou conique, ayant un disque enfoncé et perforé près du bord postérieur ; intérieur luisant ; valve inférieure ayant une saillie centrale en avant du trou.

Animal transparent ; lobes du manteau distincts tout le tour ; plis labiaux réunis, non extensibles ; canal alimentaire simple, recourbé sur lui-même du côté ventral, et se terminant entre les lobes du manteau, sur le côté droit. Il y a quatre muscles adducteurs distincts, comme chez

---

[1] Valve dorsale, avec l'animal vu après que l'on a enlevé le manteau.

[2] L'animal tel qu'on le voit après avoir enlevé une partie du lobe inférieur du manteau ; les extrémités des bras labiaux sont portées en avant, de manière à montrer leur terminaison en spirale ; *p* est la surface étalée du pédoncule ; la bouche est cachée par les cirrhes qui s'étendent au-dessus d'elle. La frange du manteau n'est pas figurée.

[3] L'*Orbicula* de Cuvier était la *Patella anomala*, Müll. (= Crania), comme l'a montré le docteur Fleming dans son *History of British Animals*, 1828.

les *Crania*, et trois paires de muscles protracteurs pour tenir les valves opposées l'une à l'autre. Quelques-uns de ceux-ci sont probablement insérés dans le pédoncule. Les cirrhes oraux sont extrêmement délicats

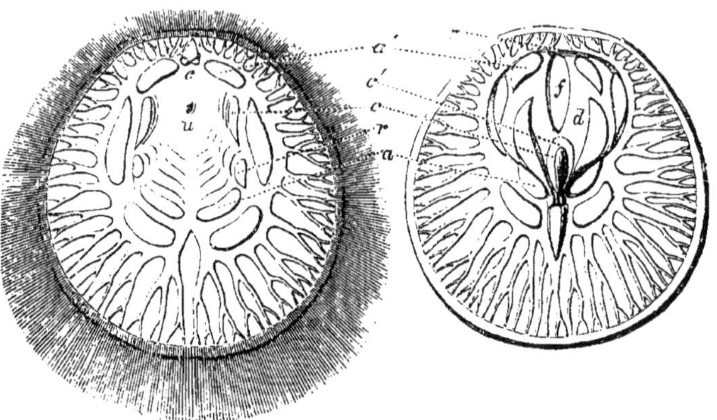

Fig. 197. — Lobe dorsal.   Fig. 198. — Lobe ventral.

Discina lamellosa, Brod. $\frac{2}{1}$

u, sommet; *f*, trou ; *d*, disque; *a*, adducteurs antérieurs ; *a'*, adducteurs postérieurs; *c*, *c'*, protracteurs centraux et postérieurs ; *r*, rétracteurs externes. La frange du manteau n'est pas représentée sur la figure 198.

et flexibles, faisant ainsi un contraste avec les soies roides et cassantes du manteau, qui rappellent les soies de certaines Annélides (par ex. des Aphrodites). La frange labiale montre que le rapport de l'animal avec les valves perforée et imperforée est le même que chez les Terebratula, mais le seul processus qui puisse avoir fourni un support aux bras buccaux naît du centre de la valve ventrale, comme chez les *Crania*. Le baron de Ryckholt a figuré un fossile devonien de Belgique qui a un rebord frangé ; mais si cette coquille est la *Crania obsoleta* de Goldfuss, la frange doit appartenir à la coquille et non au manteau.

Distribution, 10 espèces. Afrique occidentale, Malacca, Pérou et Panama,

Fossiles, 64 espèces. Silurien —. Europe, États-Unis, Iles Falkland.

Chez quelques espèces les valves sont également convexes, et le trou occupe l'extrémité d'une étroite gouttière.

Sous-genre. Trematis, Sharpe (= Orbicella, d'Orbigny.) T. terminalis, Emmons. Valves convexes, à poncturation superficielle ; valve dorsale ayant le bord cardinal épaissi (et trois plaques divergentes, indiquées sur les moules. Sharpe). *Fossiles*, 14 espèces. Silurien inférieur et supérieur. Amérique du Nord et Europe.

Siphonotreta, Verneuil.

Étymologie, siphon, un tube, *tretos,* perforé.
Types, S. unguiculata, Eichw., *fig.* 199, 201. S. verrucosa, *fig.* 200.

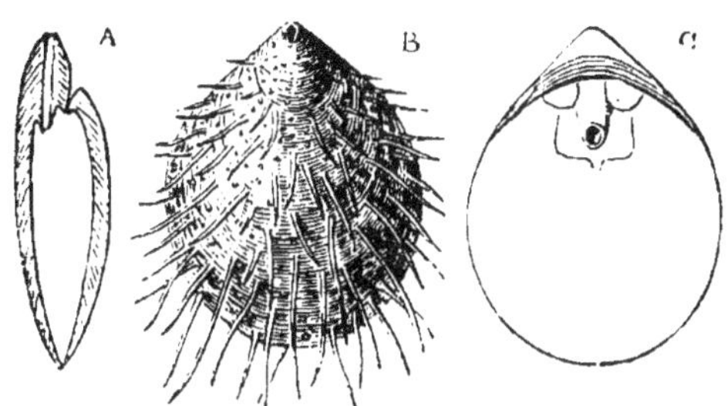

Fig. 199.   Fig 200.— Extérieur.   Fig. 201. — Intérieur.

Coquille ovale, biconvexe, faiblement crochue, visiblement ponctuée.
ou épineuse; crochet perforé par un trou tubuleux; bord cardinal épaissi;
valve ventrale ayant quatre impressions d'adducteurs rapprochées, entourant le trou. Les épines sont tubuleuses, et s'ouvrent dans l'intérieur
de la coquille par des orifices saillants. (Carpenter.) La S. *anglica*
Morris, a des épines moniliformes.

Fossiles, 9 espèces. Silurien inférieur et supérieur. Angleterre, Bohême, Russie.

? *Acrotreta* (subconica), Kutorga; 5 espèces. Silurien inférieur; Russie.
Formes de *Cyrtia,* avec un trou apicial; pas de charnières.

Famille VIII. — Lingulidæ.

Coquille oblongue ou orbiculaire, sub-équivalve, fixée par un pédoncule qui sort entre les valves; texture cornée, finement tubuleuse.

Animal à manteau fortement vasculaire, frangé de soies cornées;
bras buccaux épais, charnus, spiraux; les spires tournées en dedans,
une contre l'autre.

Lingula, Bruguière.

Étymologie, lingula, une petite langue.
Type, L. anatina, Pl. XV, *fig.* 52.
Coquille oblongue, comprimée, légèrement bâillante à chaque extrémité.
tronquée en avant, assez pointue aux crochets; valve dorsale sensiblement plus courte, avec un bord cardinal épaissi, et une crête centrale
élevée, située sur sa face interne.

Animal à lobes du manteau adhérant solidement à la coquille et réunis à l'épiderme, leurs bords distincts et frangés tout le tour ; veines branchiales envoyant de leurs faces internes de nombreuses anses libres, allongées et étroites ; cavité viscérale occupant la moitié postérieure de

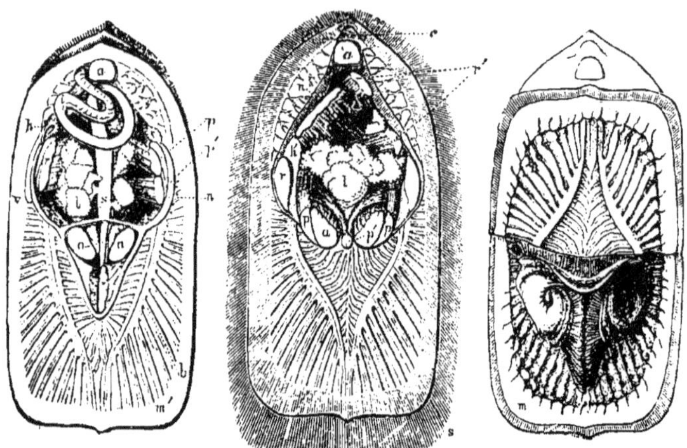

Fig. 202.— Valve dorsale [1].   Fig. 203.— Valve ventrale.   Fig. 204.— Valve ventrale.

Lingula anatina, Lam. (figure originale). *Syn.* Patella unguis, L. (part.)

aa, adducteurs antérieurs ; *a'*, adducteur postérieur ; *pp*, protracteurs externes ; *p'p'*, protracteurs centraux ; *rr*, rétracteurs antérieurs (occluseurs antérieurs de Hancock) ; *r'r'r'*, rétracteurs postérieurs ; *c*, capsule du pédoncule ; *nn*, gaine viscérale ; *o*, œsophage ; *s*, estomac ; *l*, foie ; *i*, intestin ; *v*, anus ; *b*, vaisseaux branchiaux ; *m'*, bord du manteau ; *m*, feuillet interne du bord du manteau rétracté, laissant voir les bases des soies ; *s*, soies.

la coquille, et entourée d'une forte gaine musculaire ; pédoncule allongé, épais ; estomac long et droit, soutenu par des inflexions de la gaine viscérale ; intestin enroulé du côté dorsal, se terminant entre les lobes du manteau, du côté droit ; bras buccaux arrangés environ en six tours serrés, leurs cavités s'ouvrant dans le prolongement de la gaine viscérale en avant des adducteurs.

On aurait grand besoin d'observations sur la Lingule vivante ; les bras buccaux s'étendent probablement jusqu'aux bords de la coquille, et le pédoncule, qui a souvent vingt-trois centimètres de long chez les individus conservés dans les collections, est sans doute encore beaucoup plus long

---

[1] Dans la figure 202 une petite partie du foie et de la gaine viscérale a été enlevée pour montrer le trajet de l'estomac et de l'intestin. Chez certains individus tous les viscères, sauf une portion du foie, sont cachés par les ovaires. Dans la figure 204 la moitié antérieure du lobe ventral du manteau est soulevée pour laisser voir les bras spiraux ; la tache noire dans le centre est la bouche avec ses lèvres supérieure et inférieure, l'une frangée, l'autre lisse. La frange du manteau n'a pas été représentée dans les figures 202 et 204.

et contractile pendant la vie. La coquille est cornée et flexible, et toujours d'une couleur verdâtre.

Distribution, 16 espèces. Inde, Philippines, Moluques, Australie, Iles Fidji et Sandwich, Amérique occidentale.

Fossiles, 91 espèces. Silurien inférieur —. Amérique septentrionale, Europe, Thibet.

Les Lingules ont existé dans les mers Britanniques jusqu'à la période du crag corallin. Les espèces vivantes se trouvent à de faibles profondeurs, et même à basse marée, à demi enterrées dans le sable. La *L. Davisii*, du Silurien inférieur de Trémadoc, a une gouttière du pédoncule semblable à celle des *Obolus* ; *fig.* 205. (Salter.)

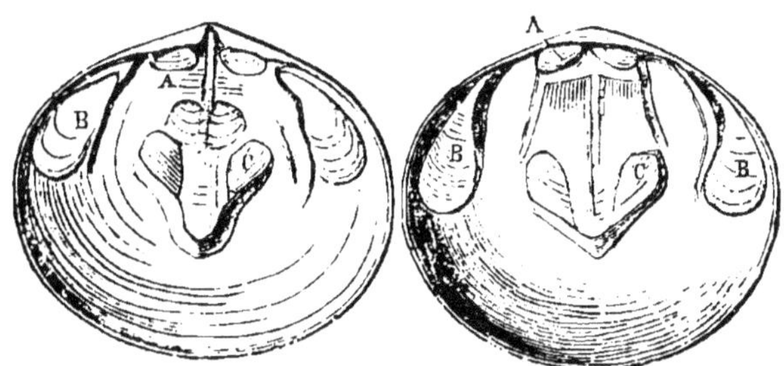

Fig. 205. — Valve ventrale.   Fig. 206. — Valve dorsale.

Obolus Davidsoni. (Salter.) Calcaire de Wenlock, Dudley.

A, adducteurs postérieurs ; B, rétracteurs ; C, adducteurs antérieurs.

OBOLUS, Eichwald.

Synonymes, Ungula, Pander ; Aulonotreta, Kutorga.

Étymologie, *obolus*, petite monnaie grecque.

Type, O. Apollinis, Eichw.

Coquille orbiculaire, calcaréo-cornée, déprimée, sub-équivalve, lisse ; bord marginal épaissi intérieurement et légèrement sillonné dans la valve ventrale ; impressions de l'adducteur postérieur séparées ; paire antérieure sub-centrale ; impressions des rétracteurs latérales, *fig.* 205, 206. (D'après Davidson.)

Fossiles, 8 espèces. Silurien inférieur et supérieur. Suède, Russie, Angleterre, États-Unis.

CHAPITRE IV

CINQUIÈME CLASSE — LAMELLIBRANCHES.

(*Conchifera*, Lamarck ; *Lamellibranchiata*, Blainville.)

Les mollusques bivalves ou Lamellibranches sont représentés par des formes connues de tout le monde, telles que les Huitres, les Peignes, les Moules et les Bucardes [1]. Ils ne le cèdent qu'aux Gastéropodes pour la variété des formes et l'importance ; quoique moins nombreux en espèces, ils sont beaucoup plus abondants en individus [2]. Les bivalves sont tous aquatiques et, à l'exception de quelques genres prolifiques, à distribution très-étendue, ils habitent tous la mer ; on les trouve sur toutes les côtes, et sous tous les climats, s'étendant depuis le niveau de la basse mer jusqu'à une profondeur de plus de 565 mètres.

Dans leur élément, l'Huitre et le Peigne sont couchés sur un côté ; la valve inférieure est plus profonde et a une plus grande capacité que la supérieure ; dans ces genres le pied manque ou du moins est petit et ne sert pas à la locomotion. La plupart des autres bivalves vivent dans une position verticale, reposant sur les bords de leurs valves qui sont de dimensions égales. Ceux qui changent beaucoup de place, comme les Moules d'eau douce, se maintiennent presque horizontalement [3], et leur pied en forme de carène est construit de façon à pouvoir se frayer un chemin dans le sable ou la vase. La position des bivalves qui vivent à demi enfouis dans les lits des rivières ou au fond de la mer, est souvent indiquée par la couleur plus foncée de la partie qui est exposée à la lumière, ou par des dépôts de tuf, ou encore par le développement des algues sur les extrémités saillantes des valves.

Chez les Nucules et quelques autres genres le pied est profondément fendu, et susceptible de s'étaler en un disque semblable à celui sur lequel glissent les Gastéropodes ; tandis que dans les Moules, les Huitres per-

---

[1] Ce sont les *Dithyra* d'Aristote et de Swainson, et ils constituent le second groupe ou groupe sous-typique dans le système quinaire.

[2] L'on a prétendu que les mollusques carnassiers sont plus nombreux que les herbivores, mais il n'en est pas ainsi des individus qui constituent les espèces.

[3] C'est dans cette position qu'ils sont toujours figurés dans les ouvrages anglais parce que c'est ainsi que la comparaison d'une coquille avec une autre est le plus facile.

lières et d'autres, qui se filent ordinairement un *byssus,* le pied est digitiforme et canaliculé.

Les espèces qui vivent enfouies ont un pied fort et volumineux au moyen duquel elles creusent verticalement dans le sol sous-marin, à une profondeur qui dépasse souvent de beaucoup la longueur de leurs valves; elles ne quittent jamais volontairement leur résidence, et fréquemment y sont enterrées et s'y fossilisent. Elles creusent le plus souvent dans les sols mous, mais aussi dans le gravier grossier et dans les argiles et les sables résistants; une petite Modiole fait son trou dans la tunique de cellulose des Ascidiens, et une autre dans la graisse de baleine flottant à la surface de la mer.

On a distingué des précédents les mollusques dits *perforants,* peut-être sans raisons suffisantes, car on les trouve dans des substances qui ont tous les degrés de dureté, depuis la vase molle jusqu'au calcaire compacte, et la méthode employée est probablement toujours la même [1].

Les moyens qu'emploient les mollusques pour perforer la pierre et le bois ont été l'objet de beaucoup de recherches, soit en raison de l'intérêt physiologique que présente cette question, soit par suite du désir de trouver quelque remède aux dégâts commis dans les navires, les jetées et les brise-lames. Le Taret (*Teredo*) et quelques genres voisins perforent seulement le bois; tandis que les Pholades (*Pholas*) creusent dans différentes substances telles que la craie, les schistes, l'argile, les grès tendres, la marne sableuse, et le gneiss en décomposition [2]; on les a aussi trouvées creusant dans la tourbe des forêts sous-marines, dans la cire et dans l'ambre [3]. Il est évident que ces substances ne peuvent être perforées de la même manière que par des moyens *mécaniques,* soit par le pied, soit par les valves, ou par ces deux sortes d'organes à la fois. La coquille de la Pholade est rugueuse comme une lime, et suffisamment dure pour user du calcaire; l'animal peut se tourner d'un côté et de l'autre, et même faire un tour complet dans sa loge dont l'intérieur est souvent annelé de sillons produits par les épines qui se trouvent sur le devant des valves. Le pied de la Pholade est très-grand, il remplit la grande ouverture antérieure des valves; celui du Taret est plus petit, mais entouré d'un collier épais formé par les bords du manteau, et tous deux sont armés d'un fort *epithelium.* Le pied semble être un instrument plus efficace que la coquille, en ce sens que sa surface peut être renouvelée aussi vite qu'elle s'use [4]. (Hancock.)

[1] Voyez l'admirable mémoire publié par M. Albany Hancock, dans les *Annals and Magaz.,* octobre, 1848.

[2] Il y a dans le British Museum un échantillon de ce genre de perforation provenant des côtes de France.

[3] Résine de Highgate, dans la collection de M. Bowerbank.

[4] On dit que le dernier poli de certains objets d'acier est donné par la *main* de l'ouvrier. L'on montre dans le château de Carlisle, sur le mur du donjon, l'impression grossière d'une main, que l'on dit avoir été produite par Fergus Mac Ivor, pendant les deux ans de son emprisonnement solitaire.

L'explication par des moyens mécaniques s'applique plus difficilement à une autre catégorie de coquilles, les *Lithodomus, Gastrochæna, Saxicava* et *Ungulina*, qui creusent dans des roches calcaires et attaquent les marbres les plus durs et des coquilles plus dures encore (*fig.* 25, p. 35). Chez ces genres les valves ne peuvent être d'aucun secours, car elles sont lisses et recouvertes d'épiderme ; le pied ne peut pas aider davantage, par ce qu'il est petit et digitiforme, et qu'il ne s'applique pas à l'extrémité du trou. Leur faculté de mouvement est aussi extrêmement limitée, car leurs cellules ne sont pas cylindriques, et l'un de ces genres, celui des Saxicaves, est même fixé dans sa cavité par un byssus. On a supposé que ces mollusques dissolvaient les roches par des moyens chimiques (Deshayes) ou qu'ils les usaient au moyen des bords épaissis de leur manteau [1]. (Hancock.)

Les trous des Lithodomes servent souvent à abriter d'autres animaux, après la mort des propriétaires légitimes ; l'on a trouvé certaines espèces des genres *Modiola, Arca, Venerupis,* et *Coralliophaga,* tant vivantes que fossiles dans des situations de cette nature et on les a prises à tort pour les vrais mineurs [2].

Les mollusques perforants ont été appelés *lithophages* (mangeurs de pierres) ou *xylophages* (mangeurs de bois); quelques-uns au moins d'entre eux sont obligés d'avaler les matériaux produits par leurs opérations, quoiqu'ils n'en puissent tirer aucune nourriture. Le Taret est souvent plein d'une sciure de bois pulpeuse et impalpable, de la couleur du bois dans lequel il travaillait. (Hancock.) Il n'y a pas de Mollusque qui, après être arrivé à la taille définitive ordinaire de l'espèce, approfondisse ou élargisse ses galeries (p. 36).

Les bivalves vivent en filtrant l'eau au travers de leurs bran-

---

[1] L'on n'a encore réussi jusqu'à présent dans aucun des essais faits pour découvrir la présence d'une sécrétion acide; l'on pouvait s'y attendre, car l'hypothèse d'un acide dissolvant les substances solides suppose seulement une action très-faible, mais continue, comme celles qui dans la nature accomplissent les plus grands effets. Voyez Liebig. *Chimie organique,* et Dumas et Boussingault, *Essai sur la statique chimique.* Il y a plusieurs autres phénomènes étroitement liés avec cette question ; ainsi, la destruction de certaines parties de l'intérieur des univalves par l'animal lui-même, comme cela se voit dans les genres *Conus, Auricula,* et *Nerita* (fig. 24, p. 33) ; la perforation des coquilles par la langue des Gastéropodes carnivores, et la formation de trous dans le bois et le calcaire par les Patelles. Quelques faits chirurgicaux éclairent ce sujet : 1° l'os mort disparaît quand il se développe des granulations en contact avec lui ; 2° si l'on fait un trou dans un os, que l'on y enfonce une cheville d'ivoire, et qu'on la recouvre, toute la partie de la cheville qui a été enfoncée dans l os disparaîtra. (Paget.) L'absorption des racines des dents de lait, avant que les dents elles-mêmes tombent, est un fait bien connu. Dans ces cas-là, la disparition de la matière calcaire a lieu sans qu'il se développe d'acide et sans qu'il y ait aucun changement dans la condition neutre du fluide circulant.

[2] M. Bensted a découvert dans le Kentish-rag de Maidstone des univalves fossiles (*Trochus*) occupant les trous d'une Pholade. Voyez « Mantell, Medals of Creation. » M. Buvignier a trouvé plusieurs espèces d'*Arca* fossilisées dans des trous de Lithodomes.

chies [1]. Toutes les particules que le courant amène, qu'elles soient organiques ou inorganiques, animales ou végétales, sont collectées à la surface de l'organe respiratoire et amenées à la bouche. Ils aident ainsi à faire disparaître les impuretés de l'eau bourbeuse [2]. C'est dans un bivalve à manteau fermé, comme la grande Mye (*fig.* 207) qui vit dans la vase des rivières soumises à la marée, et dont l'extrémité seule des longs siphons réunis fait saillie à la surface, que l'on peut étudier le plus aisément le mécanisme au moyen duquel cet acte s'accomplit [3]. Les siphons peuvent s'étendre jusqu'à avoir deux fois la longueur de la coquille, ou se rétracter complétement dans celle-ci ; ils sont séparés intérieurement par une épaisse paroi musculaire. Le siphon branchial (*s*) a son orifice entouré d'une double frange ; le siphon anal (*s'*) n'a qu'une seule rangée de tentacules ; ces organes sont doués d'une grande sensibilité, et si on les touche sans précaution, les orifices se ferment et le siphon lui-même est brusquement ramené dans la coquille. Lorsque l'animal n'est pas inquiété, il y a un courant qui entre constamment dans l'orifice du siphon branchial, tandis qu'un autre courant sort du tube anal. Il n'y a pas d'autre ouverture dans le manteau, à l'exception d'une petite fente située en avant (*p*) et par laquelle le pied fait saillie. Le corps de l'animal occupe le centre de la coquille (*b*), et présente, à sa partie antérieure, la bouche (*o*) pourvue d'une lèvre supérieure et d'une lèvre inférieure qui se prolongent de chaque côté en une paire de grands palpes membraneux (*l*). Les branchies (*g*) sont disposées au nombre de deux de chaque côté du corps, et sont fixées par leur bord supérieur ou dorsal ; à la partie postérieure du corps, elles sont unies l'une à l'autre ainsi qu'à la cloison du siphon. Chaque branchie se compose de deux lames divisées intérieurement en une série de tubes parallèles indiqués extérieurement par des lignes transversales ; ces tubes s'ouvrent à la base des branchies, dans des canaux longitudinaux qui se réunissent en arrière du muscle adducteur postérieur, à l'origine du siphon exhalant (*c*). Examinées au microscope, les lamelles branchiales semblent être un réseau de vaisseaux sanguins dont les pores s'ouvrant dans les tubes branchiaux sont frangés de cils vibratiles. Ces organes microscopiques accomplissent des fonctions de première importance ; ils produisent les courants d'eau, arrêtent les particules flottantes, les moulent en

---

[1] Il est à peine nécessaire de faire remarquer que les bivalves ne se nourrissent pas de proies prises entre leurs valves. Les observateurs au microscope savent bien que le sédiment pris dans le canal alimentaire des bivalves contient des squelettes d'animalcules et de petits organismes végétaux dont les formes géométriques sont remarquablement belles et variées ; on en a aussi trouvé (en plus grande abondance qu'ailleurs) dans la vase remplissant l'intérieur des coquilles d'huîtres fossiles.

[2] Lorsqu'on les place dans une eau colorée avec de l'indigo, ils l'éclaircissent en peu de temps, en récoltant les petites particules et en les condensant sous une forme solide.

[3] Alder et Hancock, sur les courants branchiaux des Pholades et des Myes. (*Ann. Nat. Hist.*, nov. 1851).

fils dans les sillons des branchies, en les mêlant avec la sécrétion visqueuse de la surface, et les font avancer dans la direction de la bouche, le long du sillon de leur bord libre; ces substances agglomérées sont alors reçues entre les palpes sous la forme de fils entortillés. (Alder et Hancock.)

La cavité de la coquille des Mya et d'autres bivalves qui s'enfoncent dans la vase forme donc une chambre branchiale fermée, et l'eau qui y entre par le siphon respiratoire ne peut en sortir qu'en passant au travers des branchies dans les canaux dorsaux, et de cette manière dans le siphon exhalant. Dans la Moule d'étang les branchies ne sont pas réunies au corps, mais il reste une fente par laquelle l'eau pourrait passer dans le canal dorsal, s'il n'y avait pas dans les circonstances ordinaires un contact étroit des parties (*fig.* 208 *b*). Les branchies de l'Huitre sont réunies tout le long, par leur base, les unes avec les autres et avec le manteau, séparant ainsi complétement la cavité branchiale du cloaque. Chez les *Pecten* les branchies et le manteau sont libres, mais les « canaux dorsaux » existent encore et emmènent l'eau filtrée.

Chez quelques genres, les branchies remplissent une troisième fonction; les oviductes s'ouvrent dans les canaux dorsaux et les œufs sont reçus dans les tubes branchiaux où ils restent jusqu'à leur éclosion. Chez les moules d'étang, les branchies externes reçoivent seules les œufs qui les distendent complétement pendant les

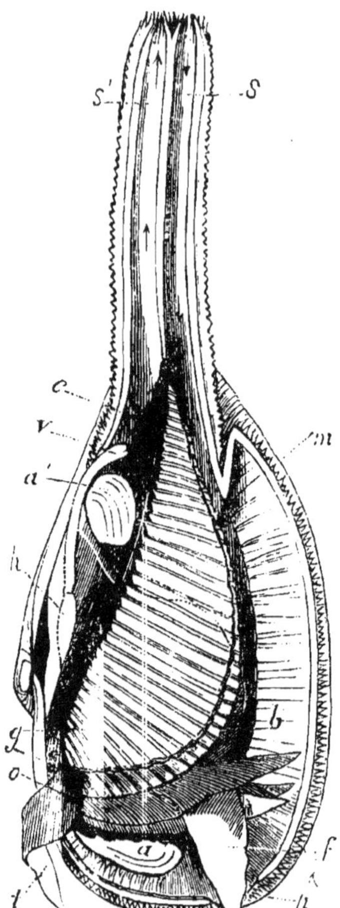

Fig. 207. — *Mya arenaria* [1].

---

[1] *Mya arenaria*, L. (figure originale, d'après des échantillons trouvés à Southend, et communiqués par miss Hume). On a enlevé la valve et le lobe du manteau du côté gauche, ainsi que la moitié des siphons. *a, a'*, muscles adducteurs; *b*, corps; *c*, cloaque; *f*, pied; *g*, branchies; *h*, cœur; *m*, bord coupé du manteau; *o*, bouche; *s, s'*, siphons; *t*, tentacules labiaux; *v*, anus. Les flèches indiquent la direction des courants; les quatre rangées de points à la base des branchies sont les orifices des tubes branchiaux s'ouvrant dans les canaux dorsaux.

mois d'hiver (*fig.* 208, *o, o*). Chez les *Cyclas*, les branchies internes forment le *marsupium*, et l'on n'y trouve que de 10 à 20 jeunes à la fois ; ceux-ci restent dans cette poche jusqu'à ce qu'ils aient atteint presque le quart de la longueur des adultes[1].

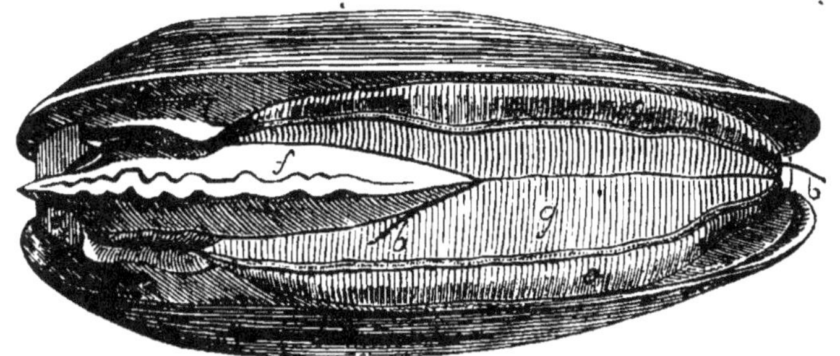

Fig. 208. — Moule de rivière. (*Anodon cygneus* ♀)[2].

Les valves des Lamellibranches sont reliées l'une avec l'autre par un *ligament* élastique et articulées par une charnière pourvue de dents qui s'adaptent les unes dans les autres. La coquille se ferme au moyen de puissants muscles adducteurs, mais s'ouvre spontanément sous l'action du ligament lorsque l'animal cesse de se contracter, ou après sa mort.

Chaque valve est un cône creux ayant son sommet tourné plus ou moins d'un des côtés ; le sommet est le point par où commence la croissance de la valve, et on l'appelle le crochet ou l'*umbo* (p. 50).

Les crochets (*umbones*) sont situés près de la charnière, parce que ce côté croît moins rapidement ; quelquefois même ils sont tout à fait marginaux ; mais ils tendent toujours à s'éloigner de plus en plus l'un de l'autre avec l'âge. Les crochets sont tantôt droits, comme chez les *Pecten*, tantôt recourbés, comme chez les *Venus*, tantôt enfin spiraux, comme chez les *Isocardia* et les *Diceras*. Dans ce dernier cas, chaque valve ressemble à un univalve spiral, surtout à ceux qui ont une grande ouverture et une petite spire, comme les *Concholepas* ; c'est la valve gauche qui ressemble aux univalves ordinaires, la valve droite ayant sa spire tournée à gauche comme les coquilles des gastéropodes senestres. Lorsqu'une des valves est spirale et l'autre plate, comme c'est le cas dans la *Chama ammonia* (*fig.* 224), la ressemblance avec un univalve spiral operculé devient très-frappante.

---

[1] Nous avons donné dans le chapitre Iᵉʳ quelques autres détails relatifs à l'organisation et au développement des mollusques bivalves. Pour la description de leur système vasculaire, voyez Milne Edwards, *Annales des sciences naturelles*, 1847, tome VIII, p. 77.

[2] Les valves ont été ouvertes de force et le pied (*f*) est contracté ; *a*, muscle adducteur très-allongé ; *p,p*, palpes ; *g*, branchies internes ; *o,o*, branchies externes distendues par les œufs ; *b,b*, une soie passée dans un des canaux dorsaux.

Dans la plupart des cas l'on peut aisément reconnaître, à la direction des crochets et à la position du ligament, le rapport de la coquille avec l'animal. Les crochets sont tournés du côté antérieur et le ligament est postérieur ; ces parties sont situées sur le dos ou côté dorsal de la coquille. La *longueur* d'un bivalve se mesure du côté antérieur au postérieur, sa *largeur* du bord dorsal à la base, et son *épaisseur* entre les milieux des valves fermées [1].

Les Lamellibranches sont pour la plupart *équivalves*, c'est-à-dire que la valve droite et la gauche ont les mêmes dimensions et la même forme, sauf dans les *Ostreidæ* et dans un petit nombre d'autres groupes. Chez les *Ostrea*, *Pandora* et *Lyonsia*, c'est la valve droite qui est la plus petite ; chez les *Chamostrea* et *Corbula* c'est la gauche ; les *Chamaceæ* ne suivent à cet égard aucune règle fixe.

Les bivalves sont tous plus ou moins *inéquilatéraux*, le bord antérieur

Bord dorsal.

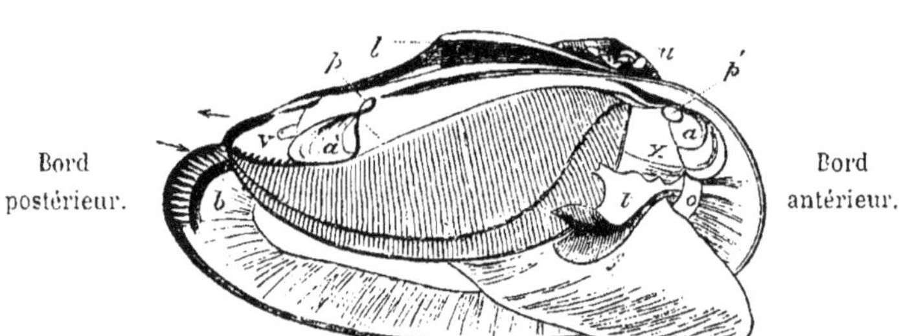

Bord ventral ou base.

Fig. 209. — *Unio pictorum*, L. dont on a enlevé la valve droite et le lobe du manteau : *a, a*, muscles adducteurs ; *p, p,* muscles du pied ; *x*, muscle accessoire du pied ; *u*, sommet ; *l*, ligament ; *b*, orifice branchial ; *v*, orifice anal ; *f*, pied ; *o*, bouche ; *t*, palpes (figure originale).

étant ordinairement beaucoup plus court que le postérieur. Les *Pectunculus* sont presque équilatéraux, et chez les *Glycimeris* et les *Solemya* le bord antérieur est beaucoup plus long que le postérieur. La partie antérieure des petits *Pecten* se reconnaît à son échancrure du byssus ; mais, dans les grandes espèces, ainsi que dans les Huîtres et les Spondyles, la seule indication que l'on ait sur la position de l'animal est fournie par la grande impression musculaire interne qui se trouve sur

---

[1] Linné et les naturalistes de son école ont décrit le devant de la coquille comme le dos, la valve gauche comme droite, et *vice versâ*. Dans les ouvrages qui sont des compilations faites d'après des « descriptions originales » (et non d'après des *échantillons*), l'on appelle *antérieure*, tantôt l'une des extrémités, tantôt l'autre, et la longueur de la coquille est quelquefois mesurée dans la direction de la longueur de l'animal, mais aussi souvent suivant une ligne qui forme un angle droit avec celle-ci.

le côté *postérieur*. Le ligament est quelquefois situé entre les crochets, jamais il ne leur est antérieur. L'*impression du siphon*, qui se trouve à l'intérieur de la coquille, est toujours postérieure.

On dit que les bivalves sont *fermés* quand les valves joignent hermétiquement, et *bâillants* lorsqu'ils ne peuvent pas se fermer complétement. Chez les Gastrochènes (Pl. XXIII, *fig* 15) l'ouverture est antérieure et sert au passage du pied ; chez les Myes, elle est postérieure et correspond aux siphons ; chez les *Solen* et les *Glycimeris*, les deux extrémités sont ouvertes. Dans les *Byssoarca* (Pl. XVII, *fig*. 15), il y a une ouverture ventrale formée par des échancrures du bord des valves qui se correspondent et servent au passage du byssus ; chez les *Pecten*, *Avicula* et *Anomia* (*fig*. 211, s), l'échancrure du byssus (ou *sinus*) est restreint à la valve droite.

La *surface* des coquilles bivalves est souvent ornée de côtes *rayonnant* des crochets jusqu'aux bords, ou de crêtes *concentriques* qui coïncident avec les lignes d'accroissement. Quelquefois la sculpture est oblique ou onduleuse ; dans la *Tellina fabula*, elle est restreinte à la valve droite. Dans beaucoup d'espèces de *Pholas*, *Teredo* et *Cardium*, la surface est divisée en deux aréas par un sillon transversal ou par un changement dans la direction des côtes.

La *lunule* (voyez *fig*. 14, p. 21) est un espace ovale en *avant* des crochets ; elle est profondément enfoncée chez le *Cardium retusum*, L., chez l'*Astarte excavata*, et dans le genre *Opis*. Quand il existe une impression semblable derrière les crochets, on l'appelle l'*écusson* [1].

Le *ligament* des Lamellibranches remplace les muscles qui servent à ouvrir les valves des Brachiopodes ; il se compose de deux parties, le ligament proprement dit, et le *cartilage* ; on les trouve réunis ou séparés, et quelquefois l'un d'eux est développé et pas l'autre. Le ligament externe est formé d'une substance cornée, semblable à l'*épiderme* qui revêt les valves ; il est ordinairement attaché à des saillies des bords cardinaux postérieurs, en arrière des crochets, et par conséquent tendu par la fermeture des valves. Le ligament est grand dans les Moules d'étang, et petit dans les Mactres et les Myes qui ont un grand cartilage interne ; chez les *Arca* et les *Pectunculus* le ligament s'étale sur une aréa plate, en forme de losange, située entre les crochets et marquée de sillons. Chez les *Chama* et les *Isocardia*, le ligament se bifurque en avant et forme une spirale autour de chaque crochet. Les Pholades n'ont pas de ligament, mais l'adducteur antérieur prend une position telle sur le bord cardinal, qu'il fonctionne comme un muscle cardinal (Pl. XXIII., *fig*. 19).

Le ligament interne, ou *cartilage* (chondre), est logé dans des rainures formées par les plaques ligamentaires, ou dans des trous le long de la ligne cardinale ; chez les *Mya* et *Nucula*, il est contenu dans un

---

[1] Nous ne mentionnons ici que les termes qui sont employés dans un sens *spécial*.

processus en forme de cuilleron d'une des valves ou de toutes deux. Il est composé de fibres élastiques placées perpendiculairement aux surfaces entre lesquelles il est contenu ; sa cassure est légèrement irisée ; il est comprimé par la fermeture des valves et tend forcément à les ouvrir aussitôt que la pression des muscles a cessé. Le nom d'*Amphidesma* (double ligament) a été donné à certains bivalves d'après la supposition que la séparation du cartilage d'avec le ligament leur était spéciale. La fossette du cartilage de beaucoup d'*Anatinidæ* offre intérieurement un osselet mobile.

Le ligament est fréquemment conservé dans les coquilles fossiles, telles que les grandes *Cyprina* et *Cardita* de l'argile de Londres, les *Unio* du Wealdien, et même dans quelques bivalves du Silurien.

Tous les bivalves sont revêtus d'un *épiderme* (voyez p. 34) qui est en connexion organique avec le bord du manteau. Il est développé à un haut degré chez les *Solemya* et *Glycimeris* (Pl. XXII, *fig.* 13, 17), et chez les Myes il se continue sur les siphons et sur les lobes fermés du manteau, donnant ainsi à la coquille l'air d'être interne.

L'*intérieur* des bivalves est marqué de caractères empruntés directement au mollusque, et fournissant des indications plus certaines sur ses affinités que ceux que présente l'extérieur. La structure de la *charnière* caractérise les familles et les genres, et l'on peut saisir jusqu'à un certain degré la disposition des organes respiratoires et locomoteurs d'après les impressions musculaires.

Le bord de la coquille sur lequel sont situés le ligament et les dents a reçu le nom de *ligne cardinale*. Il est très-long et droit chez les *Avicula* et *Arca*, très-court chez les *Vulsella* et courbé chez la plupart des genres. Les bivalves susceptibles de locomotion ont *généralement* les plus fortes charnières, mais les formes les plus parfaites se voient chez les *Arca* et les *Spondylus*. Les dents centrales, qui se trouvent immédiatement au-dessous du crochet, sont appelées dents *cardinales* (c'est-à-dire de la charnière) ; celles qui sont situées de chaque côté sont les dents *latérales*. Il se développe quelquefois des dents latérales et pas de dents cardinales (*Alasmodon*, *Kellia*) ; mais il arrive plus souvent que les dents cardinales existent seules. Chez les jeunes coquilles les dents sont aiguës et nettement limitées ; dans les échantillons plus âgés elles sont souvent épaissies, ou même oblitérées par une croissance irrégulière (*Hippopodium*) ou par l'envahissement de la ligne cardinale (*Pectunculus*). Beaucoup de coquilles adhérentes ou perforantes sont dépourvues de dents [1].

Les *impressions musculaires* sont celles des adducteurs du pied et du byssus, des siphons, et du manteau (voyez pp. 20 et 21).

---

[1] On peut établir comme suit la dentition des bivalves : dents cardinales, 2.3 ou $\frac{2}{3}$ c'est-à-dire 2 dans la valve *droite*, et 3 dans la *gauche* ; dents latérales 1—1, 2—2, ou 1 dent latérale antérieure et 1 postérieure dans la valve *droite*, 2 antérieures et 2 postérieures dans la valve gauche.

Les *impressions de l'adducteur* sont ordinairement simples, quoique les muscles eux-mêmes puissent être composés de deux éléments [1], comme chez la *Cytherea chione* (*fig.* 14, p. 21) et chez l'Huître commune. L'impression de l'adducteur postérieur est double chez le Spondyle (Pl. XVI, *fig.* 15). Chez le *Pecten varius* (*fig.* 210, *a, a*) les deux parties de l'adducteur forment de grandes impressions indépendantes, et il y a dans la valve *gauche* une troisième impression (*p*) produite par le pied qui, chez les *Pecten* pourvus d'un byssus, est un simple muscle conique à base large.

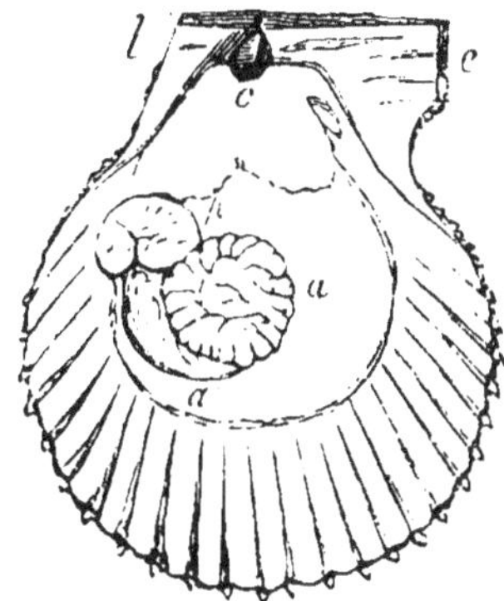
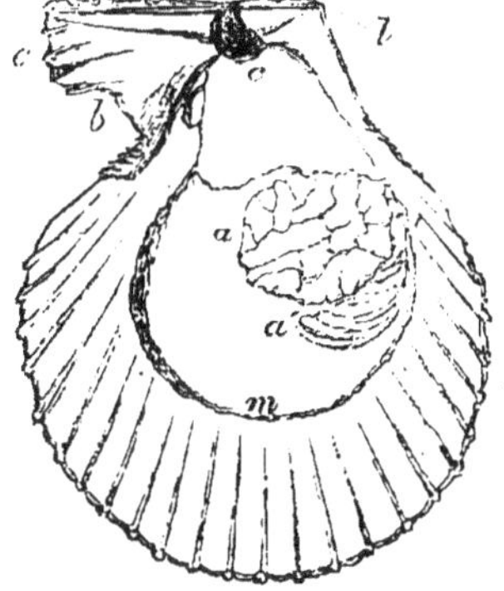

Fig. 210. — *Pecten varius.*

a a, adducteurs ; *p*, impression du pied ; *m*, ligne palléale ; *l*, bord ligamentaire ; *c, c*, cartilage ; *e, e*, oreilles antérieures ; *b*, sinus du byssus.

Dans la valve *gauche* de l'*Anomia* il y a quatre impressions musculaires distinctes (*fig.* 213). Parmi celles-ci il n'y a que la petite em-

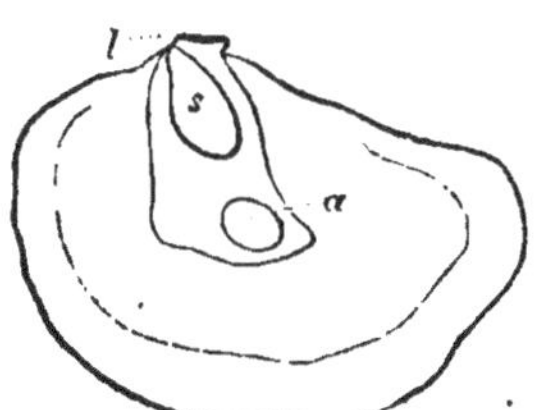

Fig. 211.— Valve droite.   Fig. 212.   Fig. 213. — Valve gauche [2].

preinte postérieure qui soit produite par l'*adducteur*, et elle correspond avec l'impression unique de la valve droite. L'adducteur lui-même (*fig.* 212, *a'*) est double. La grande impression centrale (*p*) est produite par le muscle de la *cheville* (*plug*), qui est l'équivalent du muscle du byssus des *Pinna* et *Modiola*. La petite impression qui est en dedans des crochets (*u*) et la troisième impression (*p'*), qui est dans le disque (et qui manque chez les *Placunomia*), sont produites par les rétracteurs du pied.

Le terme de *monomyaire*, employé par Lamarck pour désigner les bivalves qui n'ont qu'un adducteur s'applique seulement aux *Ostreidæ*, à une partie des *Aviculidæ*, et aux genres *Tridacna* et *Mulleria*.

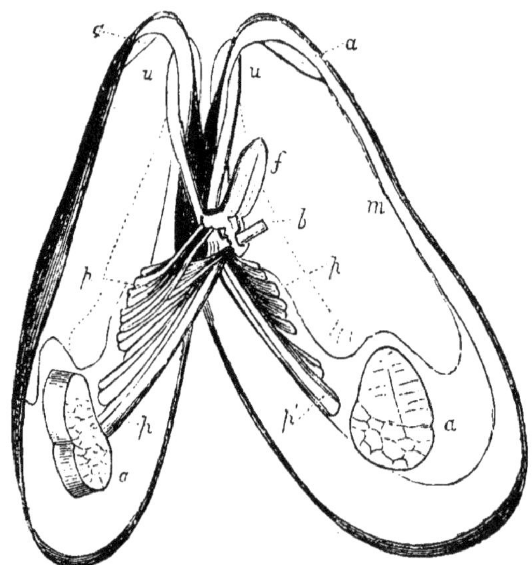

Fig. 214. — Muscles de *Modiola* [1].

Les bivalves *dimyaires* ont un second adducteur situé près du bord antérieur; il est petit chez les *Mytilus* (*fig.* 50), mais grand chez les *Pinna*. Les muscles *rétracteurs* du pied (que nous avons déjà mentionnés à la page 21) ont leurs points d'attache près de ceux des adducteurs; la paire antérieure est insérée en dedans des crochets (*fig.* 214, *u*, *u*), ou près de l'adducteur, comme chez les *Astarte* et les *Unio* (*fig.* 209). La paire postérieure (*p'p'*) est souvent rapprochée de l'adducteur,

nus. Fig. 213. Valve gauche; *l*, fossette ligamentaire. Fig. 212. Système musculaire, d'après un dessin communiqué par M. A. Hancock. *f*, le pied ; *pl*, la *cheville*. On décrit en général le muscle *p* comme une partie de l'*adducteur*, mais une comparaison de cette coquille avec les *Carolia* et *Placuna* montre d'une manière évidente que *a'* représente l'adducteur tout entier, et *p* le muscle du byssus.

[1] Fig. 214. Système musculaire de la *Modiola modiolus*, L., d'après un dessin communiqué par M. A. Hancock. *aa*, adducteurs antérieurs ; *a'a'*, adducteurs postérieurs ; *uu* et *p'p'*, muscles du pied ; *pp*, muscles du byssus ; *f*, pied ; *b*, byssus ; *m*, impression palléale.

et ne laisse pas d'impression distincte. Les *Unionidæ* ont deux rétracteurs supplémentaires du pied insérés sur les côtés, en arrière des adducteurs antérieurs; chez les *Leda*, *Solenella*, et quelques autres genres cette insertion latérale forme une ligne qui s'étend de l'adducteur antérieur en arrière jusque dans la région apiciale de la coquille. (Voyez : Pl. XVII, *fig.* 21, 22.)

Chez les bivalves qui, comme la *Pinna* et la Moule, sont amarrés d'une manière permanente par un fort *byssus*, le pied (*f*) sert seulement à mouler et à fixer les fils dont celui-ci est formé. Les fibres des muscles du pied passent principalement au byssus (*b*), et, outre ceux-ci, il se développe deux muscles supplémentaires (*pp*). Chez les *Pinna*, *Modiola*, et *Dreissena* les muscles du byssus sont de même dimension que les grands adducteurs.

Dans quelques cas rares, les muscles s'insèrent sur des *apophyses*. Les *processus falciformes* des Pholades et des Tarets (Pl. XXIII, *fig.* 19, 20) se développent pour fournir une insertion au muscle du pied; l'arête musculaire postérieure des *Diceras* et des *Cardilia* ressemble à une dent latérale, et dans le genre fossile des *Radiolites* les deux adducteurs étaient insérés à de grands processus dentiformes de la valve operculaire; mais, en règle générale, les muscles déposent moins de calcaire que le manteau et leurs impressions deviennent plus profondes avec l'âge.

L'*impression palléale* (*fig.* 214, *m*,) est produite par les fibres musculaires des bords du manteau; elle est séparée en taches irrégulières dans les bivalves monomyaires, ainsi que chez les *Saxicava* et la *Panopæa Norvegica*.

L'*impression du siphon* ou *sinus palléal* (*fig.* 14, p. 20), n'existe que chez les coquilles qui ont des siphons rétractiles; sa profondeur est un indice de leur longueur. Les grands siphons réunis des *Mya* (*fig.* 207) sont beaucoup plus longs que la coquille, et ceux de quelques *Tellinidæ* sont trois ou quatre fois plus longs que celle-ci; ils sont néanmoins complétement rétractiles. Les petits siphons des *Cyclas* et des *Dreissena* ne produisent pas d'inflexion dans la ligne palléale. La *forme* du sinus caractérise les genres et les espèces.

Il y a quelquefois dans l'*aire apiciale* (en dedans de l'impression palléale) des sillons produits par les viscères; on peut les distinguer des impressions musculaires par l'absence de poli et de contours nets (voy. *Lucina*, Pl. XIX, *fig.* 6).

Les bivalves *fossiles* se rencontrent d'une manière constante dans toutes les roches sédimentaires; ils ne sont pas abondants dans les formations anciennes, mais augmentent d'une manière graduelle en nombre et en variété dans les couches *secondaires* et *tertiaires*, et atteignent leur maximum de développement dans les mers actuelles.

Quelques familles, telles que les *Cyprinidæ* et les *Lucinidæ*, sont plus abondantes à l'état fossile qu'à l'état vivant; plusieurs genres, et même une famille entière (celle des *Hippuritidæ*) se sont éteintes. La détermination des affinités des bivalves fossiles est souvent extrêmement difficile, à cause des conditions dans lesquelles on les rencontre. Quelquefois on les trouve avec leurs deux valves et remplies d'une roche dure ; et souvent sous la forme d'empreintes ou de moules de l'intérieur, ne donnant aucune trace de la charnière et ne fournissant que des traces très-obscures des impressions musculaires. Les moules de valves isolées sont plus instructifs, parce qu'ils offrent des impressions de la charnière [1].

Une autre difficulté provient de ce que la partie nacrée ou lamelleuse des bivalves fossiles est souvent détruite, tandis que les couches celluleuses se sont conservées. Les *Aviculidæ* de la craie ont entièrement perdu leur intérieur nacré ; les *Spondylus*, *Chama* et *Radiolites* sont dans le même état ; leurs couches internes ont disparu et il n'est pas resté de vide, tout l'intérieur étant rempli de craie. Comme c'est la couche interne seule qui forme la charnière, et qui seule reçoit les impressions des parties molles, l'on ne peut pas déterminer les vrais caractères des coquilles d'après des échantillons de cette nature. Nos connaissances relatives aux Radiolites sont dues à des moules naturels de l'intérieur formés avant la disparition de la couche interne de la coquille, ou à des échantillons dans lesquels cette couche est remplacée par du carbonate de chaux.

Les besoins de leur science ont forcé les géologues à donner une attention minutieuse aux impressions internes, à la structure microscopique des coquilles et à toute autre source possible de comparaison et de distinction. L'on ne doit toutefois pas s'attendre à ce que l'ensemble de l'organisation et des affinités des mollusques puisse se déduire de l'examen d'une moule interne ou d'un fragment de coquille, pas plus que l'on ne peut déduire les formes et les mœurs d'un mammifère fossile d'après une dent isolée ou un fragment d'os [2].

L'*arrangement systématique* des bivalves adopté aujourd'hui est essentiellement celui de Lamarck, modifié cependant par beaucoup d'observations récentes. Les familles se suivent les unes les autres selon leurs affinités et non selon leur position absolue ; les *Veneridæ* sont celles qui ont l'organisation la plus parfaite, et de ce point culminant le courant des affinités prend deux routes, l'une dans la direction des Myes, l'autre dans la direction des Huîtres, groupes qui sont reliés par des analogies aux Tuniciers et aux Brachiopodes.

---

[1] On peut aisément mouler ces impressions avec de la *gutta-percha*. M. Agassiz a publié une série de moules en plâtre de l'intérieur des genres de coquilles vivantes, que l'on peut voir dans certains musées, entre autres dans le British Museum. (*Mémoire sur les moules des Mollusques vivants et fossiles*, par L. Agassiz ; Mém. Soc. Sc. Nat. Neuchâtel, tome II.)

[2] *Études critiques sur les Mollusques fossiles*, par L. Agassiz ; Neuchâtel, 1840.

Section A. — Asiphonida.

a. Impression palléale simple : Integropallialia.

Fam. 1. Ostreidæ.   Fam. 4. Arcadæ.
     2. Aviculidæ.   5. Trigoniadæ.
     3. Mytilidæ.   6. Unionidæ.

Section B. — Siphonida.

Fam. 7. Chamidæ.   Fam. 11. Lucinidæ.
     8. Hippuritidæ.   12. Cycladidæ.
     9. Tridacnidæ.   13. Cyprinidæ.
    10. Cardiadæ.

b. Impression palléale sinueuse : Sinupallialia.

Fam. 14. Veneridæ.   Fam. 18. Myacidæ.
    15. Mactridæ.   19. Anatinidæ.
    16. Tellinidæ.   20. Gastrochænidæ.
    17. Solenidæ.   21. Pholadidæ.

Les caractères sur lesquels on s'est principalement basé pour distinguer ces groupes et les genres de bivalves sont les suivants, que nous énumérons à peu près dans l'ordre de leur valeur :

1° Degré d'union des lobes du manteau.
2° Nombre et position des impressions musculaires.
3° Existence ou absence d'un *sinus palléal.*
4° Forme du pied.
5° Structure des branchies.
6° Structure microscopique de la coquille (v. p. 32).
7° Position du ligament (interne ou externe).
8° Dents de la charnière.
9° Égalité ou inégalité des valves.
10° Régularité ou irrégularité de forme.
11° Mœurs; coquilles libres, fouisseuses ou fixées.
12° Milieu respiratoire; eau douce, ou eau salée.

L'on peut trouver quelques exceptions dans lesquelles l'un ou l'autre de ces caractères ne possède pas sa valeur ordinaire [1]. Les cas de ce

[1] 1° Les *Cardita* et les *Crassatella* (fam. 13) ont le manteau plus ouvert, tandis que chez les *Iridina* (6), et surtout chez les *Dreissena* (3) il est plus fermé que dans les genres les plus voisins.

2° Les *Mulleria* (6) et les *Tridacna* (9) sont monomyaires.

3° Les *Leda* (4) et les *Adacna* (10) ont un sinus palléal, les *Anapa* (16) n'en ont point.

4° La forme du pied est ordinairement caractéristique des familles, mais quelquefois cet organe présente des modifications *adaptives.*

genre servent à nous tenir en garde contre une trop grande confiance dans les *caractères isolés*. Pour que des groupes soient *naturels*, il faut qu'ils soient basés sur la considération de toutes ces particularités, sur « l'ensemble de l'organisation. » (Owen.)

SECTION A. — ASIPHONIDA.

Animal n'ayant pas de siphons respiratoires ; lobes du manteau libres, ou réunis seulement sur un point qui sépare la chambre branchiale de la chambre anale (*cloaque*).

Coquille ordinairement nacrée ou sub-nacrée intérieurement, celluleuse extérieurement ; impression palléale simple ou obsolète.

FAMILLE I. — OSTREIDÆ.

Coquille inéquivalve, légèrement inéquilatérale, libre ou fixée, reposant sur une des valves ; crochets centraux, droits ; ligament interne ; épiderme mince ; impression de l'adducteur unique, située en arrière du centre ; impression palléale obscure ; charnière ordinairement dépourvue de dents.

Animal marin ; manteau tout à fait ouvert, très-légèrement adhérent au bord de la coquille ; pied petit et pourvu d'un byssus, ou obsolète ; branchies en forme de croissant, au nombre de deux de chaque côté ; muscle adducteur composé de deux éléments, mais représentant seulement l'adducteur *postérieur* de la coquille des autres bivalves.

La réunion des *Ostreidæ* et des *Pectinidæ*, qu'avaient proposée MM. Forbes et Hanley, n'a pas été heureuse. Le genre *Ostrea* est tout à fait isolé et diffère de tous les *Pectinidæ* par la structure de ses branchies qui sont semblables à celles des *Avicula*, et par le fait qu'il repose sur la valve *gauche*. La coquille est aussi plus nacrée que celles des Peignes.

5° Les *Diplodonta* (11) ont quatre branchies.

6° La structure nacrée présente des variations, même dans les espèces d'un même genre.

7° Les *Crassatella* (15) et les *Semele* (16) ont un ligament interne ; chez les *Solenella* et les *Isoarca* (4) il est externe.

8° Les *Anodon* (16), *Adacna*, *Serripes* (10), et *Cryptodon* (11) manquent de dents.

9° Les *Corbula* (18) et les *Pandora* (19) sont plus inéquivalves que les genres dont elles se rapprochent ; la *Chama arcinella* (7) est équivalve.

10° Les *Hinnites* (1), *Ætheria* (6), *Myochama* et *Chamostrea* (19) sont irrégulières.

11° Les *Pecten* sont libres, pourvus d'un byssus ou fixés ; les *Arca* sont libres ou pourvues d'un byssus. Ce caractère varie avec l'âge et la localité pour une même espèce. Ces différences ne dépendent pas toujours de la forme du pied, car les *Lithodomus* et les *Ungulina*, qui sont des coquilles perforantes, ont un pied semblable à celui des *Mytilus* et des *Lucina*.

12° Les *Novaculina* sont des *Solen* habitant les rivières, et les *Scaphula* sont des *Arca* d'eau douce.

Ostrea, L. — Huître.

Synonymes, Amphidonta et Pycnodonta, Fischer; l'eloris, Poli.
Type, O. edulis, L.
Exemple, O. diluviana, Pl. XVI, *fig*. 1.
Coquille irrégulière, fixée par la valve gauche ; valve supérieure plate
ou concave, souvent lisse ; valve inférieure convexe, souvent plissée ou
foliacée, avec un crochet saillant ; cavité ligamentaire triangulaire ou
allongée ; charnière sans dents ; structure sub-nacrée, feuilletée, avec
une substance cellulaire prismatique entre les bords des lames.
Animal à bords du manteau doubles, finement frangés ; branchies
presque égales, réunies postérieurement l'une à l'autre et avec les lobes
du manteau pour former une chambre branchiale complète ; lèvres
lisses ; palpes triangulaires, fixés ; sexes distincts [1].
Distribution, 70 espèces. Mers tropicales et tempérées, Norwége, Mer
Noire, etc.
Fossiles, 200 espèces. Carbonifère —. États-Unis, Europe, Inde.
L'intérieur de la coquille des Huîtres actuelles a un éclat légèrement
nacré ; on voit souvent très-bien dans les surfaces décomposées ou brisées des échantillons fossiles une structure celluleuse irrégulière. Les
Huîtres fossiles qui se sont développées sur les Ammonites, les Trigo-
nies, etc. ont souvent pris la forme de ces coquilles.
Dans les Huîtres « crète de coq » les deux valves sont plissées ; l'*O.
diluviana* émet de sa valve inférieure de longs processus semblables
à des racines. Les *Dendrostrea*, Sw. (tree-oysters) se développent
sur les racines des mangliers. Les coquilles d'Huîtres deviennent très-
épaisses avec l'âge, surtout dans les eaux agitées ; les Huîtres fossiles du
Tage (*O. longirostris*) atteignent une longueur de 60 centimètres. Le
plus grand ennemi des bancs d'huîtres est une éponge (*Cliona*) qui ronge
l'intérieur des valves des coquilles mortes ou vivantes ; l'on ne voit d'a-
bord que de petits trous ronds, à des distances irrégulières les uns des
autres, et disposés souvent de manière à former des dessins réguliers ;
mais la coquille finit par être complétement minée et par tomber en
pièces. On trouve ordinairement les bancs d'huîtres naturels à des profondeurs de plusieurs mètres ; les huîtres frayent en mai et juin, et les
jeunes (« *Spats* ») sont récoltés en nombres considérables et transportés
dans des bassins ou étangs artificiels, où l'eau est très-peu profonde ; on
les appelle alors huîtres indigènes (« *natives* »), et elles n'atteignent
pas toute leur croissance en moins de cinq à sept ans, tandis que les
huîtres de mer (« sea-oysters ») arrivent à leur taille définitive en quatre
ans. Les huîtres indigènes ne pondent pas volontiers, et il en meurt

---

[1] Le trajet du canal alimentaire dans l'Huître commune est représenté d'une manière inexacte par Poli, ainsi que dans la copie qui a été donnée de sa figure dans
l'édition Crochard du *Règne Animal* de Cuvier.

quelquefois beaucoup dans la saison du frai; le froid peut aussi les faire périr. La saison dure du 4 août au 12 mai. L'on apporte chaque année sur le marché de Londres de 7,270 à 10,900 hectolitres d'huîtres indigènes (« natives ») et 36,348 hectolitres d'huîtres de mer (« sea-oysters »).

Fig. 215. — *Gryphæa.*

L'on mange beaucoup d'autres espèces d'huîtres dans l'Inde, en Chine, en Australie, etc. Les « Huîtres vertes » sont celles qui ont vécu de conferves dans les parcs.

Sous-genres, Gryphæa, Lamarck. G. incurva, Sby. (coupe), *fig.* 215. Libre, ou très-légèrement fixée; valve gauche ayant un crochet saillant, recourbé; valve droite petite, concave. *Fossiles,* 30 espèces. Lias — Craie. Europe, Inde.

Exogyra, Sby. E. conica, Pl. XVI., *fig.* 2. *Coquille* à formes de Chame, fixée par la valve gauche; crochets sub-spiraux, tournés du côté postérieur (c'est-à-dire inverses); valve droite operculaire. *Fossiles,* 46 espèces. Oolithe inférieure — Craie. États-Unis; Europe.

Dimya (Deshayesiana), Rouault, 1859; *Mém. Soc. Géol.,* III, 471, Pl. XV, *fig.* 5. *Éocène inf.,* Paris. La figure rappelle tout à fait une Huître, et « l'impression du second adducteur, » qui lui a valu le nom de *Dimya,* ressemble assez à la petite impression antérieure d'un Pecten (*fig.* 210).

ANOMIA, L.

Étymologie, anomios, inégal.

Exemple, A. Achæus, Pl. XVI, *fig.* 3.

Synonymes, Fenestrella, Bolten; Cepa, Humph.; Ænigma, Koch.

Coquille sub-orbiculaire, très-variable, translucide, et légèrement nacrée intérieurement, fixée par une *cheville* passant au travers d'un trou ou d'une échancrure de la valve droite; valve supérieure convexe, lisse, lamelleuse ou striée; surface interne présentant une fossette du cartilage submarginale et quatre impressions musculaires, dont trois sub-centrales, et une en avant du cartilage (voy. *fig.* 213, p. 415); valve inférieure concave, avec une échancrure profonde et arrondie, située en avant du processus du cartilage; disque ayant une seule impression (de l'adducteur).

Animal à manteau ouvert, dont les bords ont une double frange courte; lèvres membraneuses, allongées; palpes fixés, striés des deux côtés; deux branchies de chaque côté, réunies en arrière, les lamelles externes incomplètes et libres; pied petit, cylindrique, auxiliaire d'une *cheville* lamelleuse, plus ou moins incrustée de calcaire, fonctionnant comme un byssus, et fixée à la valve supérieure par trois muscles;

muscle adducteur situé derrière les muscles du byssus, petit, composé de deux éléments; sexes distincts; ovaire s'étendant dans la substance du lobe inférieur du manteau.

Chez l'*A. pernoides*, de Californie, il y a une impression antérieure (*du pied*) dans les deux valves.

« Il n'y a pas d'*affinités* entre les Anomies et les Térébratules, mais seulement une ressemblance par analogie de formes ; les parties qui semblent identiques ne sont pas homologues. » (Forbes.)

On trouve les Anomies fixées sur les Huitres et sur d'autres coquilles, et elles prennent souvent la forme des surfaces avec lesquelles les bords par lesquels elles s'accroissent sont en contact. Elles ne sont pas comestibles.

Distribution, 20 espèces. Amérique du Nord, Angleterre, mer Noire, Inde, Australie, côte occidentale d'Amérique, Mer glaciale. Depuis le niveau de la basse mer jusqu'à 183 mètres.

Fossiles, 56 espèces. Oolithe—. Chili, États-Unis, Europe, Inde.

Sous-genres, *Placunomia* (Cumingii), Broderip. *Synonyme*, Pododesmus, Phil. *P. macroschisma*, Pl. XVI, *fig.* 4. Valve supérieure ayant seulement deux impressions musculaires ; impression du pied marquée de stries rayonnantes; cheville du byssus souvent fixée dans la valve inférieure, et son muscle devenant (quant à sa fonction) un adducteur.

Distribution, 15 espèces. Antilles, Angleterre (*P. patelliformis*), Nouvelle-Zélande, Californie, mer de Behring, Ochotsk. — 90 mètres.

Limanomia (Grayana), Bouchard. Coquille auriculée comme une *Lima. Fossiles*, 4 espèces. Devonien. Boulonnais, Chine ?

PLACUNA, Solander.

Étymologie, plakous, un gâteau mince.

Exemple, P. sella, Pl. XVI, *fig.* 5.

Coquille suborbiculaire, comprimée, translucide, libre, reposant sur la valve droite; aréa cardinale étroite et obscure; cartilage porté par deux crêtes divergentes de la valve droite et des rainures correspondantes de la gauche ; impression musculaire double, le plus grand élément arrondi et central, le plus petit distinct et en forme de croissant, situé en avant de l'autre.

Les Placunes sont étroitement liées aux *Anomia ;* et l'on connaît un grand nombre de formes intermédiaires entre elles. Dans ces deux genres la coquille est entièrement composée de lamelles plissées, subnacrées, pouvant se séparer d'une manière particulière, et pénétrées parfois de petits tubules. (Carpenter.) La *P. sella,* appelée, à cause de sa forme, « la selle hongroise, » présente des stries remarquables. Chez la *P. placenta,* Pl. XVI, *fig.* 6, la crête antérieure du cartilage n'a que la moitié de la longueur de la postérieure, disposition qui semble se lier avec l'économie de la coquille pendant sa jeunesse ; dans les échantillons qui ont 25 millimètres de diamètre il y a une impression du pied au-dessous des rainures du ligament de la valve supérieure, et un sinus peu profond dans le bord de la valve inférieure, indiquant qu'il y a, à cette période de la vie, une faible attache par un byssus.

Les Placunes[1] ressemblent essentiellement aux Anomia en ce qu'elles ont l'appareil générateur fixé au lobe droit du manteau, et le ventricule visible. Le bord du manteau est garni de cirrhes et muni d'un *rideau* comme celui des Pecten ; le pied est tubuleux et extensible, mais n'a pas de muscles distincts, sauf le petit dont nous avons reconnu l'existence chez la *P. placenta* (Pl. XVI, *fig.* 6) par l'examen de la coquille[2]. Les petites impressions musculaires que l'on voit en avant et en arrière de l'adducteur sont produites par les suspenseurs des branchies.

Distribution, 4 espèces. Scinde, Australie septentrionale, Chine.

Sous-genres, *Carolia*, Cantraine, 1835 (nom donné en l'honneur du prince Charles Bonaparte). *Synonyme*, Hemiplacuna, G. Sby. *Type*, C. placunoides, Pl. XVI, *fig.* 7. *Coquille* comme celle des *Placuna* ; charnière semblable pendant la jeunesse à celle d'une Anomia, avec un byssus en forme de cheville passant à travers un petit sinus profond en avant du processus du cartilage, qui est fermé chez l'adulte. *Distribution*, 3 espèces. Tertiaire. Égypte, Amérique? (British Museum.)

Placunopsis, Morris et Lycett, P. Jurensis, Römer. Suborbiculaire ; valve supérieure convexe, marquée de stries rayonnantes, ou prenant la forme de la surface à laquelle elle adhère ; valve inférieure plate ; sillon ligamentaire submarginal, transversal ; impression musculaire grande, subcentrale. *Fossiles*, 4 espèces. Oolithe inférieure ; Europe.

Placenta, Retzius. Sillons du cartilage légèrement divergents, le postérieur le plus long des deux ; impression musculaire subcentrale.

PECTEN, O. F. Müller — Peigne.

Étymologie, pecten, un peigne.

Type, P. maximus (Janira, Schum.).

Synonymes, Argus, Poli; Discites, Schl.; Amusium, Mühlfeldt.

Coquille suborbiculaire, régulière, reposant sur la valve droite, ordinairement ornée de côtes rayonnantes ; crochets rapprochés, auriculés ; oreilles antérieures les plus grandes ; côté postérieur un peu oblique ; valve droite la plus convexe, avec une échancrure au-dessous de l'oreille antérieure : bords cardinaux droits, réunis par un ligament étroit ; cartilage interne, situé dans une fossette centrale ; impres-

---

[1] On trouvera des figures et des descriptions originales dans les *Ann. of Nat. Hist.*, 1855, p. 22.

[2] Cet organe semble représenter la *gaine du byssus* des Anomia, plutôt que le pied, puisqu'il n'y a pas d'autre ouverture pour le passage d'un byssus.

sion de l'adducteur double, obscure ; impression du pied, marquée seulement dans la valve gauche, ou obsolète (*fig.* 210).

Animal à manteau tout à fait ouvert, ses bords doubles, l'interne pendant comme un rideau (*m*) finement frangé ; à sa base se trouve une rangée de petits yeux (*ocelli*) arrondis et noirs, entourés de filaments tentaculaires ; branchies (*br*) extrèmement délicates, en forme de croissant, tout à fait séparées en arrière, ayant des canaux efférents distincts les uns des autres ; lèvres foliacées ; palpes tronqués, lisses

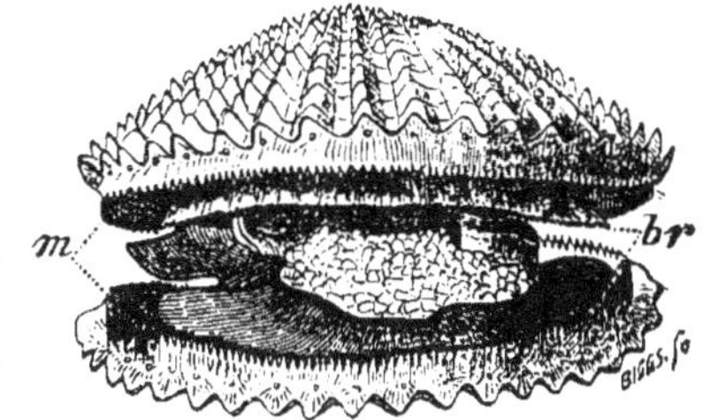

Fig. 216. — *Pecten varius* [1].

en dehors, striés en dedans ; pied digitiforme, sillonné, celui des jeunes portant un byssus.

Le *P. maximus* (« *Scallop* » des anglais) et le *P. opercularis* (« *Quin* » des anglais) sont très-estimés pour la table ; ce dernier se trouve en bancs considérables, surtout dans le nord et l'ouest de l'Irlande, par 27 à 45 mètres d'eau. Le *P. maximus* s'étend de 5 à 73 mètres ; son corps est d'un orange vif, ou écarlate ; le manteau est de couleur brunâtre, marbrée de brun ; la coquille est employée comme un plat pour cuire les huitres (scalloping oysters) ; jadis on l employait comme une coupe à boire, et elle est célébrée comme telle dans la « salle des coquilles » d'Ossian. Une espèce voisine a reçu le nom de « Pèlerine (coquille de saint Jacques) » (*P. Jacobæus*) ; il était porté par les pèlerins allant en Terre-Sainte, et il est devenu l'emblème de plusieurs ordres de chevalerie [2].

La plupart des *Pecten* filent un byssus quand ils sont jeunes, et quelques espèces, telles que le *P. varius*, le font toujours ; le *P. niveus* s'amarre lui-même aux frondes des plantes marines (*Laminaria*).

Le Rev. D. Landsborough a remarqué que les jeunes du *P. opercularis*, lorsqu'ils ont des dimensions inférieures à celles d'une pièce de dix sous, nagent dans les flaques laissées par la marée descendante. « Leurs mouvements étaient rapides et en zigzag ; ils semblaient avoir le pouvoir de se lancer comme une flèche à travers l'eau en ouvrant et en fermant brusquement leurs valves. Une secousse les lançait à quelques mètres de distance, et ensuite, par une autre secousse brusque, ils partaient dans une autre direction. »

---

[1] Les Peignes ne s'ouvrent pas autant que l'indique cette figure ; leurs « rideaux »-restent en contact en un point sur le côté postérieur, séparant ainsi les courants branchiaux des courants efférents.

[2] Lorsque les moines du neuvième siècle métamorphosèrent le pêcheur de Génésareth en un guerrier espagnol, ils lui donnèrent pour insignes le Peigne. (Moule, *Heraldry of Fish.*)

Chez les Pecten et les genres suivants la coquille est formée presque exclusivement de lamelles membraneuses, grossièrement ou finement plissées. Elle se compose de deux couches très–distinctes, différant par la couleur (et aussi par la texture et la destructibilité), mais ayant la même structure fondamentale. L'on peut quelquefois découvrir des traces de structure cellulaire sur la surface externe; le *P. nobilis* a, à l'extérieur, une couche distincte de cellules prismatiques. (Carpenter.)

Sous-genre, Neithea, Drouet ; Vola, Klein. P. quinquecostatus, et d'autres espèces fossiles à valves concavo-convexes et à dents cardinales distinctes : les couches internes de ces coquilles manquent dans tous les échantillons de la craie d'Angleterre.

Pallium, Schum. P. plica. Pl. XVI, *fig.* 8. Charnière obscurément dentée.

Hinnites (Cortesii) Defr. P. pusio. Pl. XVI, *fig.* 10. Coquille régulière, pourvue d'un byssus quand elle est jeune, soudant ensuite sa valve ʻinférieure et devenant plus ou moins irrégulière. *Distribution*, 2 espèces, *Fossiles*, Trias? grès vert supérieur —. Europe.

Hemipecten, A. Adams. H. Forbesianus. Pl. XVI, *fig.* 9. Coquille hyaline, percée comme les *Lima* de tubules microscopiques; oreilles postérieures obsolètes, les antérieures développées; valve droite plate, sinus du byssus profond.

Amusium, Klein. Coquille presque équivalve, bâillante en avant et en arrière, lisse extérieurement, ordinairement marquée en dedans de sillons rayonnants.

Distribution, 176 espèces. De toutes les mers. Nouvelle-Zemble — Cap Horn ; — 365 mètres.

Fossiles, 450 espèces (en y comprenant les Aviculo-Pecten). Carbonifère —. Partout.

LIMA, Bruguière.

Étymologie, *lima*, une lime.

Exemple, L. squamosa. Pl. XVI, *fig.* 11. (Ostrea lima, L.).

Synonymes, Plagiostoma (Llhwyd), Sby. P. cardiiforme. Pl. XVI, *fig.* 12.

Coquille équivalve, comprimée, obliquement ovale ; côté antérieur droit, bâillant, le postérieur arrondi, ordinairement fermé ; crochets distants, auriculés; valves lisses, marquées de stries ponctuées ou de côtes rayonnantes et imbriquées ; aréa cardinale triangulaire ; fossette du cartilage centrale ; impression de l'adducteur latérale, grande, double; deux petites impressions du pied.

Animal ayant les bords du manteau séparés, l'interne pendant, frangé de longs filaments tentaculaires; ocelles peu marqués; pied digitiforme, canaliculé; lèvres ayant des filaments tentaculaires ; palpes petits, striés intérieurement; branchies égales de chaque côté, distinctes.

La coquille est toujours blanche ; sa couche externe se compose de lamelles membraneuses à plis grossiers ; la couche interne est perforée de petits tubules, formant un réseau complet. (Carpenter.)

Les Limes sont libres ou se filent un byssus ; quelques espèces se font une retraite artificielle lorsqu'elles sont adultes, en réunissant ensemble du sable ou des fragments de coraux et des coquilles ; mais ce n'est pas une habitude constante. (Forbes.) Les abris de la *L. hians* sont plusieurs fois plus longs que la coquille et fermés à chaque extrémité. (Charlesworth.) « Cette espèce est d'un rouge pâle ou foncé, avec un manteau orange ; lorsqu'on la sort de son nid, c'est un des plus beaux animaux marins que l'on puisse voir ; elle nage très-vigoureusement, comme les Peignes, en ouvrant et fermant ses valves, de sorte qu'elle avance ou monte dans l'eau par une succession de sauts. « Les filaments de la frange se rompent facilement et semblent vivre plusieurs heures après qu'ils ont été détachés, se tordant comme des vers. » (Landsborough.) La *L. spinosa* a des ocelles apparents et des filaments courts.

Sous-genres, Limatula, S. Wood. L. subauriculata. Pl. XVI, *fig.* 13. Valves équilatérales ; 8 espèces. Groënland — Angleterre. *Fossiles*, Miocène —. Europe.

Limæa, Bronn. L. strigilata. Pl. XVI, *fig.* 14 [1]. Charnière finement dentée. *Fossiles*, 4 espèces. Lias — Pliocène. La *Limæa? Sarsii* (Lovén), espèce vivante de Norwége (= L. crassa, de la mer Égée ?) a le bord du manteau lisse. Quelques-unes des grandes espèces vivantes ont des dents latérales indistinctes.

Distribution, 20 espèces. Norwége, Angleterre, Antilles, Canaries, Inde, Australie ; de 2 à 275 mètres. La plus grande espèce vivante (L. *excavata*, Chemn.) se trouve sur la côte de Norwége.

Fossiles, 200 espèces. Carbonifère ? Trias —. États-Unis, Europe, Inde. Le *Plagiostoma spinosum* est un *Spondylus*.

SPONDYLUS (Pline), L.

Type, S. gæderopus, L.

Exemple, S. princeps. Pl. XVI *fig.* 15.

Synonymes, Dianchora, Sby.; Podopsis, Lam.; Pachytes, Defr.

Coquille irrégulière, fixée par la valve droite, portant des côtes rayonnantes, épineuses ou foliacées ; crochets écartés, auriculés ; valve inférieure ayant une aréa cardinale triangulaire, cartilage dans une rainure centrale, presque ou entièrement recouvert ; charnière formée de deux dents courbes dans chaque valve, s'engrenant mutuellement ; impression de l'adducteur double.

Animal à manteau ouvert et à branchies séparées, comme chez les

---

[1] D'après Bronn ; la figure de Brocchi ne montre pas de dents.

Pecten; lèvres foliacées, palpes courts ; pied petit, cylindrique, tronqué.

Chez les vieux individus la partie circulaire de l'impression musculaire offre des empreintes vasculaires dendritiques. La valve inférieure est toujours la plus épineuse et la moins colorée ; chez quelques espèces (telles que le *S. imperialis*) la coquille est à peine ou pas du tout fixée par son crochet ou ses épines. La couche interne de la coquille est très-distincte de l'externe, et manque toujours dans les échantillons fossiles qui proviennent des roches calcaires, et que l'on appelle alors des *Dianchora*. Les échantillons du Miocène de Saint-Domingue, qui ont perdu cette couche, contiennent un moule libre de l'intérieur primitif. L'on rencontre fréquemment des cavités à eau dans la couche interne, le bord du manteau ayant déposé du calcaire plus rapidement que la partie voisine des crochets. (Owen, *Mag. Hist. Nat.*, 1838, p. 409.)

Distribution, 68 espèces. Antilles, Canaries, Méditerranée, Inde, détroit de Torrès, Pacifique, côte occidentale d'Amérique ; — 192 mètres.

Fossiles, 80 espèces. Carbonifère —. Europe, États-Unis, Inde.

Sous-genre, *Pedum*, Brug. P. spondyloides. Pl. XVI, *fig.* 16. *Coquille* mince, lisse, comprimée, fixée par un byssus passant au travers d'une profonde échancrure de la valve droite. Habite les récifs de coraux, dans lesquels on le trouve à moitié enfoui, mer Rouge, océan Indien, Maurice, mers de Chine.

PLICATULA, Lamarck.

Étymologie, plicatus, plissé.

Type, P. cristata, Pl. XVI, *fig.* 17.

Coquille irrégulière, fixée par le crochet de la valve droite; valves lisses ou plissées ; aréa cardinale obscure ; cartilage tout à fait interne ; deux dents cardinales dans chaque valve ; impression de l'adducteur simple.

Animal ressemblant aux Spondyles.

Distribution, 9 espèces. Antilles, Inde, Philippines, Australie, côte occidentale d'Amérique.

Fossiles, 40 espèces. Trias —. États-Unis, Europe, Algérie, Inde.

La *P. Mantelli* (Lea) de l'Alabama, a les valves auriculées.

FAMILLE II. — AVICULIDÆ.

Coquille inéquivalve, très-oblique, reposant sur la petite valve (droite) et fixée par un byssus ; épiderme indistinct ; couche externe celluleuse-prismatique (*fig.* 217), intérieur nacré ; impression musculaire postérieure grande, sub-centrale ; l'antérieure petite, située en dedans des crochets ; impression palléale irrégulièrement ponctuée ; ligne cardinale

droite, allongée ; crochets antérieurs, auriculés, l'oreille postérieure
aliforme ; cartilage contenu dans une ou plu-
sieurs rainures ; charnière dépourvue de dents
ou obscurément dentée.

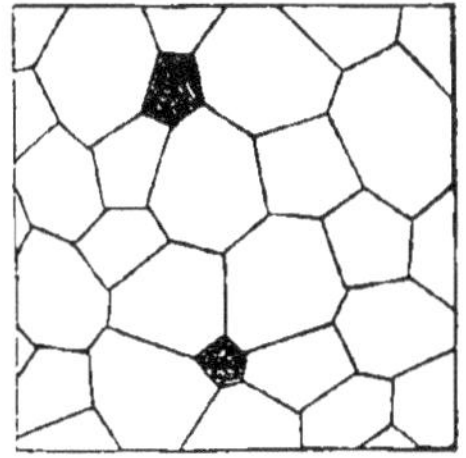

Fig. 217. — *Pinna* [1].

Animal à lobes du manteau libres, ayant leurs
bords frangés ; pied petit, filant un byssus ; deux
branchies de chaque côté, en forme de croissant, entièrement libres (*Desh.*) ou réunies en
arrière l'une à l'autre et avec le manteau (comme
dans les Huitres, et non comme dans les Peignes).

Les Aviculides se trouvent dans les mers tropicales et tempérées ; il n'y a pas d'espèces vi-
vantes dans les latitudes septentrionales, où les formes fossiles sont
toutefois très-nombreuses.

AVICULA (Klein), Bruguière.

Étymologie, avicula, un petit oiseau.

Type, A. hirundo, Pl. XVI, *fig.* 18.

Coquille obliquement ovale, très-inéquivalve ; valve droite présentant
un sinus du byssus en dessous de l'oreille antérieure ; une seule fossette oblique pour le cartilage ; charnière ayant une ou deux petites
dents cardinales, et une dent postérieure allongée, souvent obsolète ;
impression musculaire postérieure (de l'adducteur et du pied) grande,
sub-centrale ; l'antérieure (*pedal scar*) petite, située dans la région
apiciale.

Animal (des *Meleagrina*) à lobes du manteau réunis sur un point par
les branchies, leurs bords frangés et munis d'un rideau pendant ; rideaux
frangés dans la région branchiale, unis en arrière ; pied digitiforme,
canaliculé ; byssus souvent solide, cylindrique, à terminaison étalée ;
4 muscles du pied, le postérieur grand, situé en avant de l'adducteur ;
adducteur composé de deux éléments ; rétracteurs du manteau formant
une série de taches, et une grande empreinte près de l'adducteur ;
lèvres simples ; palpes tronqués ; branchies égales, en forme de croissant, réunies en arrière du pied. (British Museum.)

Distribution, 25 espèces. Mexique, côtes méridionales de la Grande-
Bretagne, Méditerranée, Inde, océan Pacifique ; — 57 mètres.

Fossiles, 300 espèces. Silurien inférieur —. Partout.

Sous-genre, Meleagrina, Lam.; Margaritophora, Mühlfeldt. M. margaritifera. Pl. XVI, *fig.* 19. Les « Huitres perlières » sont moins obliques
que les autres Avicules, et leurs valves sont plus plates et presque
égales ; l'impression postérieure du pied est confondue avec celle du

---

[1] On peut voir la structure celluleuse avec une simple loupe, dans le mince bord
de la coquille, en tenant celle-ci devant la lumière, ou sur les bords des fragments produits par des cassures.

grand adducteur. On les trouve à Madagascar, Ceylan, Swan River, Panama, etc. Manille est le principal port où on les apporte. Il y a trois formes principales qui valent de 100 à 200 fr. les 100 kilog. : — 1° Celles à bords argentés (*silver-lipped*) qui viennent des îles de la Société; on en a importé environ 20 tonnes par an à Liverpool; 2° Celles à bords noirs (*black-lipped*), de Manille; on en a importé 30 tonnes en 1851; 3° Une espèce plus petite de Panama, dont on importe 200 tonnes par an; en 1851 un seul navire en apporta 340 tonnes. (T. C. Archer.) Ces mollusques fournissent la nacre employée comme ornement, et les perles orientales du commerce (pp. 31 et 32). La perle de M. Hope, que l'on dit être la plus grande connue, mesure 5 centimètres de long, 10 de circonférence, et pèse 116 grammes. L'on trouve les Huîtres perlières par environ 22 mètres d'eau. Les pêcheries du golfe Persique et de Ceylan sont connues depuis le temps de Pline.

Malleus, Lam. M. vulgaris, Pl. XVI., *fig.* 20. Les « Marteaux » sont remarquables par leur forme qui devient extrêmement allongée avec l'âge; les deux oreilles sont longues et les crochets sont centraux. Lorsqu'ils sont jeunes, ils ressemblent à des Avicules ordinaires, avec une profonde échancrure pour le byssus dans la valve droite. 6 espèces. Chine, Australie.

Vulsella, Lam. V. lingulata, Pl. XVI., *fig.* 21. *Synonymes*, Reniella, Sw. Coquille oblongue, striée, subéquivalve; crochets droits, non auriculés. Se trouvant souvent enfoncée dans des éponges vivantes. *Distribution*, 7 espèces. Mer Rouge, Inde, Australie, Tasmanie. *Fossiles*, 7 espèces. Craie supérieure —. Angleterre, France.

Pteroperna, Lycett, 1852. P. costulata, Desl. *Coquille* ayant une longue aile postérieure; ligne cardinale bordée d'une rainure : dents antérieures nombreuses, petites; les postérieures au nombre d'une ou de deux, longues, presque parallèles au bord cardinal. *Fossiles*, 3 espèces. Bathonien. Angleterre, France.

? *Aucella* (Pallasii), 1846. Très-inéquivalve; crochet gauche saillant, non auriculé; valve droite petite et plate, ayant un profond sinus au-dessous de la petite oreille antérieure. *Fossiles*, 4 espèces. Permien — Gault. Europe. « Dans l'*A. cygnipes* nous ne voyons pas de traces de la structure celluleuse prismatique ou nacre, mais nous retrouvons la structure grossièrement plissée et un peu tubuleuse des Pecten. » (Carpenter.)

Ambonychia (bellistriata), Hall. 1847. Presque équivalve, gibbeuse, oblique, avec une aile obtuse. L'*A. vetusta* (Inoceramus, Sby.) est marquée de sillons concentriques; la valve droite a une petite oreille antérieure (ordinairement cachée), séparée par un sinus profond et étroit. *Fossiles*, 12 espèces. Silurien inférieur — Carbonifère. États-Unis, Europe.

? *Cardiola* (interrupta), Broderip, 1844. Équivalve, gibbeuse, en ovale oblique, marquée de côtes rayonnantes; crochets saillants; aréa cardinale courte et aplatie. *Fossiles*, 17 espèces. Silurien supérieur — Devonien. États-Unis, Europe.

? *Eurydesma* (cordata) Morris; Devonien? Nouvelle-Galles du Sud. Coquille équivalve, sub-orbiculaire, ventrue, très-épaisse près des crochets ; aréa du ligament longue, large, sub-interne ; sillon du byssus près du sommet : valve droite ayant une dent cardinale grande, émoussée; impression de l'adducteur unique, placée antérieurement ; impression palléale tachetée.

Pterinea (lævis), Goldf., 1832. Coquille épaisse, assez inéquivalve, très-oblique et largement ailée; crochets antérieurs ; sinus peu profond ; aréa cardinale longue, droite, étroite, striée longitudinalement ; dents antérieures peu nombreuses, rayonnantes ; dents postérieures laminaires, allongées ; impression antérieure (du pied) profonde, la postérieure (de l'adducteur) grande, très-excentrique. *Fossiles*, 32 espèces. Silurien inférieur — Carbonifère. États-Unis, Europe, Australie. Le *Pteronites* (angustatus) Mac Coy, 1844, est plus mince et présente un moindre développement des dents, etc.

Monotis, Bronn, 1830. M. salinaria, Schl. *Trias*, Hallein. Obliquement ovale, comprimée, rayonnée; côté antérieur court, arrondi ; côté postérieur légèrement auriculé. *Synonyme*, ? *Halobia* (salinarum) Br. 1830. *Trias*, Hallstadt. En demi-ovale, rayonnée, comprimée, avec un sinus peu profond en avant ; ligne cardinale longue et droite.

POSIDONOMYA, Bronn.

Étymologie, nom tiré de i *Poseidôn*, Neptune.

Synonyme, Posidonia, Br. 1838 (non König).

Type, P. Becheri. Pl. XVI, *fig.* 22.

Coquille mince, équivalve, comprimée, sans oreilles, marquée de sillons concentriques ; ligne cardinale courte et droite, dépourvue de dents.

Fossiles, 50 espèces. Silurien inférieur — Trias. États-Unis, Europe.

? AVICULOPECTEN, Mac Coy, 1852.

Type, Pecten granosus, Sby., Min. Conch. t. 574.

Coquille inéquivalve, suborbiculaire, auriculée ; aréas cardinales plates, avec plusieurs longs et étroits sillons des cartilages, légèrement obliques de chaque côté des crochets ; valve droite ayant un profond et étroit sinus du byssus au-dessous de l'oreille antérieure ; impression de l'adducteur grande, simple, subcentrale ; impression du pied petite et profonde, située au-dessous du crochet.

Fossiles (voyez Pecten). Silurien inférieur — Carbonifère. Spitzberg — Australie.

GERVILLIA, Defrance.

Étymologie, genre dédié à M. Gerville, naturaliste français.
Exemple, G. anceps. Pl. XVII, *fig.* 1.
Coquille semblable aux *Avicula*, allongée; oreille antérieure petite,
la postérieure aliforme; aréa longue et plate; plusieurs fossettes des
cartilages, écartées les unes des autres; dents cardinales obscures, divergeant en arrière.
Fossiles, 37 espèces. Carbonifère — Craie. Europe.
Sous-genre ? Bakewellia, King. B. ceratophaga, Schl. *Fossiles*, 5 espèces. Permien. Angleterre, Allemagne, Russie. *Coquille* petite, inéquivalve; de 2 à 5 fossettes des cartilages; charnière ayant des dents antérieures et postérieures; impression musculaire antérieure et ligne palléale
distinctes.

PERNA, Bruguière.

Étymologie, *perna*, un coquillage ressemblant à un jambon. Pline.
Synonymes, Melina, Retz.; Isognomon, Klein.; Pedalion, Solander.
Type, P. ephippium, L. Pl. XVII, *fig.* 2.
Coquille presque équivalve, comprimée, subcarrée; aréa large, fos-
settes des cartilages nombreuses, allongées, rapprochées; valve droite
ayant un sinus du byssus; impression musculaire double.
Les Pernes varient de forme comme les Avicules; certaines d'entre
elles sont très-obliques, quelques-unes sont très-inéquivalves, et un
grand nombre d'espèces fossiles ont le côté postérieur allongé et aliforme.
Chez quelques Pernes tertiaires la couche nacrée a un pouce d'épaisseur.
Distribution, 18 espèces. mers tropicales; Antilles — Inde — côte
occidentale d'Amérique.
Fossiles, 30 espèces. Trias —. États-Unis, Chili, Europe.
Sous-genres, *Crenatula*, Lam. C. viridis, Pl. XVI, *fig.* 24. *Coquille*
mince, oblongue, comprimée; sinus du byssus obsolète; fossettes des
cartilages peu profondes, en forme de croissants. *Distribution*, 8 espèces; Afrique septentrionale, Mer Rouge — Chine; dans les éponges.
Fossiles, 4 espèces.
Hypotrema, D'Orb., 1853. H. rupellensis (= ? Pulvinites Adansonii,
Defrance, 1826). Corallien. La Rochelle. *Coquille* oblongue, inéquivalve;
valve droite aplatie ou concave, avec une ouverture du byssus arrondie,
située près de la charnière; valve gauche convexe, avec une impression
musculaire près du sommet; bord cardinal large, courbé, ayant environ
douze sillons de cartilages serrés et transverses.

INOCERAMUS, Sowerby (1814).

Étymologie, *is* (inos), fibre, *keramos*, coquille.
Exemple, I. sulcatus, Pl. XVII, *fig.* 3.

Synonyme, Catillus, Brongn.

Coquille inéquivalve, ventrue, marquée de sillons rayonnants ou concentriques; crochets saillants; ligne cardinale droite, allongée; fossettes des cartilages transverses, nombreuses, serrés.

Ce genre diffère des *Perna* surtout par sa forme. L'*I. involutus* a la valve gauche spirale, la droite operculaire. L'*I. Cuvieri* atteint près d'un mètre de long. On en trouve souvent de grands fragments plats dans la craie ou dans les silex, et ils sont souvent perforés par les *Cliona*. L'on a trouvé des perles hémisphériques développées sur la face interne de la coquille, et l'on rencontre, libres dans la craie, des perles sphériques de la même structure prismatique cellulaire. (Wetherell.) Les *Inoceramus* du gault sont nacrés.

Fossiles, 75 espèces. ? Silurien — Craie. Amérique du Sud, États-Unis, Europe, Algérie, Thibet.

Pinna, L.

Étymologie, *pinna*, une nageoire ou une aile.

Type, P. squamosa, Pl. XVI, *fig.* 23.

Coquille équivalve, cunéiforme; crochets tout à fait antérieurs; côté postérieur tronqué et bâillant; sillon du ligament linéaire, allongé; charnière dépourvue de dents; impression de l'adducteur antérieur apiciale, postérieure sub-centrale, grande, mal définie; impression du pied en avant de celle de l'adducteur postérieur.

Animal à manteau doublement frangé; pied allongé, sillonné, filant un byssus puissant, attaché par de grands muscles triples au centre de chaque valve; les deux adducteurs grands; palpes allongés; branchies longues.

Distribution, 30 espèces. États-Unis, Angleterre, Méditerranée, Australie, Pacifique, Panama.

Fossiles, 60 espèces. Devonien —. États-Unis, Europe, Inde méridionale.

La coquille de certaines *Pinna* atteint une longueur de 60 centimètres; lorsqu'elle est jeune, elle est mince, cassante et translucide, consistant presque entièrement en couches prismatiques de cellules; la couche nacrée est mince, divisée, et s'étend sur moins de la moitié de la longueur à partir des crochets.

Quelques *Pinna* fossiles s'émiettent sous le toucher dans les fibres qui les composent. Les espèces vivantes s'étendent depuis le niveau des plus basses marées jusqu'à 110 mètres; elles sont amarrées verticalement, et souvent presque enterrées dans le sable, avec leurs bords semblables à des couteaux tournés en haut. On a quelquefois mêlé leur byssus avec de la soie, on l'a filé, et l'on en a tricoté des gants, etc. Un petit crabe qui s'établit dans le manteau et les branchies de la *Pinna* était considéré jadis comme ayant formé une alliance avec le mollusque aveugle, et avait reçu d'Aristote le nom de gardien de la Pinna (*Pinno-theres*); des espèces voisines infestent les Moules et les Anomies des côtes d'Angleterre.

Sous-genre, Trichites (Plott) Lycett. T. Plottii, Llhwyd (*Pinnigena,* Saussure). *Coquille* épaisse, inéquivalve, un peu irrégulière, à bords ondulés. *Fossiles*, 5 espèces. Couches jurassiques d'Angleterre et de France. On en trouve souvent des fragments de plus d'un pouce d'épaisseur dans les collines de Cotteswold; l'on suppose que les individus arrivés à toute leur croissance mesuraient près d'un mètre de diamètre.

<h3 style="text-align:center">FAMILLE III. — MYTILIDÆ.</h3>

Coquille équivalve, ovale ou allongée, fermée, à crochets antérieurs; épiderme épais et foncé, souvent filamenteux; ligament interne, sub-marginal, très-long; charnière dépourvue de dents; couche externe de la coquille obscurément cellulaire–prismatique[1]; l'interne plus ou moins nacrée; impression palléale simple; impression musculaire antérieure petite et étroite, la postérieure grande, obscure.

Animal marin ou fluviatile, fixé par un byssus; lobes du manteau réunis entre les ouvertures des siphons; deux branchies de chaque côté, allongées, et réunies en arrière l'une avec l'autre et avec le manteau; bords dorsaux des lames externes et des plus internes libres; pied cylindrique, canaliculé.

Les espèces de cette famille ont une tendance à se cacher; elles tissent souvent un nid de sable et de fragments de coquilles, creusent dans des substances molles, ou se retirent dans les galeries faites par d'autres coquilles.

<h3 style="text-align:center">MYTILUS, L.</h3>

Exemple, M. smaragdinus, Pl. XVII, *fig. 4.*

Coquille cunéiforme, arrondie en arrière; crochets terminaux, pointus; dents cardinales petites ou obsolètes; sur chaque valve deux petites impressions musculaires pédieuses, simples, rapprochées des adducteurs.

Animal ayant les bords du manteau lisses dans la région anale et légèrement saillants; bords branchiaux frangés; byssus fort et grossier; branchies presque égales; palpes longs et pointus, libres.

La Moule comestible ordinaire fréquente les bancs de vase qui découvrent à basse mer; les jeunes abondent à une profondeur de quelques mètres; ces mollusques arrivent à toute leur grosseur en une seule année. Il y a certaines époques où, par suite de causes inconnues, ils sont extrêmement nuisibles. On estime à 145 hectolitres (= 400,000

---

[1] On peut souvent découvrir une mince couche de petites cellules situées immédiatement au-dessous de l'épiderme. (Carpenter.)

moules) la consommation annuelle d'Édimbourg et de Leith ; on en emploie aussi des quantités énormes comme appât, surtout pour la pêche dans les eaux profondes ; dans ce seul but l'on en récolte 30 à 40 millions par an dans le Firth of Forth. (Dr. Knapp.) Les moules produisent de petites perles de qualité inférieure. M. Macgillivray a observé à Port Stanley, dans les îles Falkland, des bancs de moules qui étaient pour la plupart mortes, parce qu'elles gelaient pendant la basse mer. Le *M. bilocularis* (Septifer, Recluz) a dans la région des crochets une lame semblable à celle des *Dreissena*, destinée à supporter l'adducteur antérieur ; on le trouve à l'île Maurice et en Australie. Le *M. exustus* (Brachydontes, Sw.) a le bord cardinal denticulé d'une manière continue.

Distribution, 65 espèces. De toutes les mers. Ochotsk, mer de Behring, Océan glacial russe, mer Noire, cap Horn, cap de Bonne-Espérance, Nouvelle-Zélande.

Fossiles, 100 espèces. Silurien —. États-Unis, Europe, Inde méridionale.

? Myalina, Koninck, 1842.

Types, M. Goldfussiana, Kon.; Carbonifère. M. acuminata, Sby.; Permien.

Coquille équivalve, mytiliforme ; crochets presque terminaux, munis d'une cloison intérieure ; bord cardinal épaissi, plat, avec plusieurs rainures de cartilages longitudinales ; deux impressions musculaires ; impression palléale simple.

Fossiles, 6 espèces. Carbonifère — Permien. Europe. L'aréa du ligament ressemble à celle de l'*Arca obliquata*, Chemnitz, espèce vivante de l'Inde.

Modiola, Lam.

Étymologie, *Modiolus*, une petite mesure ou un vase à boire.

Exemple, M. tulipa, Pl. XVII, *fig.* 5. M. modiolus, p. 403, *fig.* 214.

Coquille oblongue, renflée en avant ; crochets antérieurs, obtus ; charnière dépourvue de dents ; trois impressions pédieuses sur chaque valve, celle du centre allongée ; épiderme souvent prolongé en longues franges en forme de barbe.

Animal à bords du manteau simples, faisant saillie dans la région branchiale ; byssus ample, fin ; palpes triangulaires, pointus.

Les Modioles se distinguent des moules par leur habitude de creuser ou de se tisser un nid. Du niveau de la basse mer à 185 mètres.

Distribution, 70 espèces, principalement des tropiques ; *M. modiolus*, mers arctiques — Angleterre.

Fossiles, 150 espèces. Silurien ? Lias —. États-Unis, Europe, Thibet, Inde méridionale.

Sous-genres, *Lithodomus*, Cuv. M. lithophaga, Pl. XVII, *fig.* 7. *Coquille* cylindrique, renflée en avant, cunéiforme en arrière ; épiderme épais et foncé ; intérieur nacré[1]. *Distribution*, 40 espèces. Antilles — Nouvelle-Zélande. *Fossiles*, 35 espèces. Carbonifère — . Europe, États-Unis. Le Lithodome perfore les coraux, les coquilles (*fig.* 25, p. 35) et les roches calcaires les plus dures ; ses galeries ont la forme de la coquille et ne permettent pas un mouvement de rotation. L'animal que l'on mange sur les côtes de la Méditerranée, ressemble à une moule commune ; chez le *L. patagonicus*, les siphons sont saillants. Ces mollusques sont lumineux comme les autres espèces perforantes. Les perforations des Lithodomes dans les rochers calcaires, et dans les colonnes du temple de Sérapis à Pouzzoles, ont fourni des preuves palpables des changements qu'a subis le niveau des côtes maritimes à une époque rapprochée de nous. (Lyell, *Principles of Geology.*)

Crenella, Brown. C. discors, Pl. XVII, *fig.* 8. (Lanistes, Sw.; Modiolaria, Beck.) *Coquille* courte et renflée, en partie lisse et en partie ornée de stries rayonnantes ; bord cardinal crénelé en arrière du ligament ; face interne d'un nacré brillant. *Animal* à tube anal et à bords branchiaux saillants. *Distribution*, 24 espèces. Mers tempérées et arctiques ; Nouvelle-Zemble, Ochotsk, Angleterre, Nouvelle-Zélande. Du niveau de la basse mer à 75 mètres. Ces mollusques se tissent un nid, ou se cachent au pied des plantes marines ou des corallines. La *M. marmorata*, Forbes, perce des galeries dans le test des Ascidies. *Fossiles*, 12 espèces. Grès vert supérieur — . Europe.

Modiolarca (trapezina), Gray ; îles Falkland — Kerguelen ; fixée aux algues flottantes ; lobes du manteau réunis ; ouverture pédieuse petite ; pied ayant une sole étalée ; adducteur antérieur arrondi. La *M. ? pelagica*, Pl. XVII, *fig.* 6, a été trouvée creusant dans de la graisse de baleine flottante, dans le voisinage du Cap. (Forbes.) 2 espèces vivantes.

? *Mytilimeria* (Nuttallii), Conrad. *Coquille* irrégulièrement ovale, mince, dépourvue de dents, bâillante en arrière ; crochets sub-spiraux ; ligament court, à demi interne. *Distribution*, Californie ; animal vivant en troupes, tissant un nid.

Modiolopsis (mytiloides), Hall, 1847 (= Cypricardites, part., Conrad ; Lyonsia, part., d'Orb.) *Coquille* semblable à une *Modiola*, mince et lisse ; extrémité antérieure un peu lobée ; impression de l'adducteur antérieur grande et ovale. *Fossiles*, 15 espèces. Silurien. États-Unis, Europe.

? *Orthonotus* (pholadis), Conrad. Silurien inférieur. New-York. *Coquille* allongée, à bords parallèles ; sommets antérieurs ; dos plissé[2].

---

[1] La couche externe de la coquille a une structure tubuleuse ; les tubes sont excessivement petits, obliques et parallèles, rarement ramifiés. (Carpenter.)

[2] Hall et Salter emploient le nom d'*Orthonotus* pour des coquilles telles que le *Solen constrictus*, Sandb., du Devonien d'Allemagne, le *Sanguinolites anguliferus*, Mac Coy, du Silurien supérieur de Kendal, et le *Solenopsis minor*, Mac Coy, du calcaire carbonifère d'Irlande. M. d'Orbigny a pris par erreur les plis pour des dents, et placé ce genre avec les *Nucula*. La *M. plicata*, Lam., espèce vivante des îles Nicobar, a le même dos long et droit et la même région dorsale plissée.

Myrina, Adams. La *Modiola pelagica* a le manteau ouvert ; la coquille est remarquable par la grande dimension de l'impression musculaire antérieure ; ses sommets subcentraux la distinguent des *Modiolarca*.

Hoplomytilus (crassus), Sdbgr. *Devonien.* Nassau. *Coquille* ayant, comme les Septifer, une plaque musculaire sous les sommets. Le *Mytilus squamosus*, Sby., du calcaire magnésien d'Angleterre, a une plaque semblable.

HIPPOMYA, Salter.

Coquille gibbeuse, à crochets antérieurs renflés et rapprochés, à bord cardinal long ; bord antérieur court, arrondi, séparé par une forte échancrure de l'arête et de la pente postérieures renflées.

Fossile, 1 espèce. Devonien.

DREISSENA, Van Beneden.

Étymologie, genre dédié à Dreissens, médecin belge.

Synonymes, Mytilomya, Cantr.; Congeria, Partsch; Tichogonia, Rossm.

Type, D. polymorpha. Pl XVII, *fig.* 9. (Mytilus Volgæ, Chemn.).

Coquille semblable à un Mytilus, manquant de la couche nacrée ; couche interne composée de grandes cellules prismatiques ; crochets terminaux ; valves obtusément carénées ; valve droite ayant une légère échancrure du byssus ; adducteur antérieur supporté sur une lame placée en dedans du crochet ; une seule impression postérieure du pied.

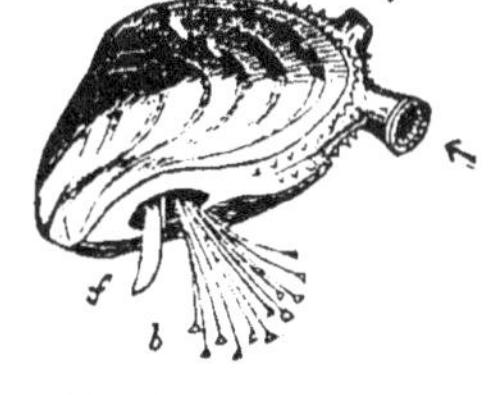

Fig. 218. — *Dreissena.*

Animal à manteau fermé ; orifice du byssus petit ; siphon très-petit, conique, lisse ; tube branchial saillant, frangé intérieurement ; palpes petits, triangulaires ; muscles du pied courts et épais, immédiatement en avant de l'adducteur postérieur.

La *D. polymorpha* est originaire des rivières de la région Aralo-Caspienne ; elle a été observée en 1824, par M. Sowerby, dans les Surrey docks, où elle semble avoir été apportée avec des bois étrangers, dans la cale des navires. Depuis lors elle s'est répandue dans les canaux, les docks, et les rivières de beaucoup de parties de l'Angleterre, de la France et de la Belgique ; elle a été observée dans les conduits d'eau en fer de Londres, où on la trouve recouverte d'un dépôt ferrugineux. (Cunington.)

Distribution, 15 espèces. Europe, Amérique, Afrique.

Fossiles, 13 espèces. Éocène —. Angleterre, Allemagne.

Famille IV. — Arcadæ.

Coquille régulière, équivalve, à épiderme fort ; charnière ayant une longue rangée de dents semblables, en forme de peigne ; impression palléale distincte ; impressions musculaires sub-égales. Structure plissée, avec des tubules verticaux en rayons entre les côtes ou les stries. (Carpenter.)

Animal à manteau ouvert ; pied grand, courbé, et profondément sillonné ; branchies très-obliques, réunies en arrière à une cloison membraneuse.

Arca, L. — Arche.

Étymologie, arca, un coffre.

Type, A. Noæ. Pl. XVII, *fig.* 12.

Synonymes, Barbatia, Gray ; Anomalocardia, Klein ; Scapharca, Gray ; Scaphula, Benson.

Exemples, A. granosa. Pl. XVII, *fig.* 10. A. pexata, *fig.* 11. A. zebra, *fig.* 13.

Coquille équivalve ou sub-équivalve, épaisse, sub-carrée, ventrue, garnie de fortes côtes ou cancellée ; bords lisses ou dentés, rapprochés ou sinueux du côté ventral ; charnière droite, dents très-nombreuses, transverses ; sommets antérieurs, séparés par une aréa du ligament plate, en forme de losange, avec de nombreuses rainures du cartilage ; impression palléale simple ; impression de l'adducteur postérieur double ; deux impressions du pied, la postérieure allongée.

Animal à pied long et pointu, muni d'un talon, profondément canaliculé ; manteau portant des ocelles ; pas de palpes ; branchies longues, étroites, moins striées extérieurement, se continuant avec les lèvres ; deux cœurs ayant chacun une oreillette.

Le nom de *Byssoarca* a été malheureusement choisi par Swainson pour les espèces *typiques* du genre, chez lesquelles l'orifice du byssus est quelquefois très-grand (Pl. XVII, *fig.* 13). Le byssus est un cône corné, composé de nombreuses plaques minces, devenant quelquefois solide et calcaire ; il peut être rejeté et reformé avec une grande rapidité. (Forbes.) Les Arches à valves fermées ont la valve gauche un peu plus grande et un peu plus ornée que la droite.

Les *Byssoarca* se cachent sous les pierres à basse mer, dans les crevasses des rochers et dans les galeries vides des mollusques perforants ; elles sont souvent très-usées et très-déformées. Le genre *Palæarca* doit probablement se placer ici ; nous n'avons pas pu nous assurer de ses caractères génériques, mais on peut les trouver dans les Mémoires du « *Geological Survey* » du Canada, vol. III, à l'article *Cyrtodonta*.

Distribution, 140 espèces. De toutes les mers ; surtout abondantes dans les mers chaudes ; du niveau de la basse mer à 421 mètres (*A. im-*

bricata, Poli); passage du Prince-Régent (*A. glaciaus*). L'*A. scaphula*, Benson, se trouve dans le Gange et dans ses affluents, de Calcutta à Humeerpoor sur la Jumna, à 1600 kilomètres de la mer. L'on a trouvé une seconde espèce dans la rivière Ténassérim, dans le Birman. La charnière est dépourvue de dents dans le centre, et les dents postérieures sont laminaires et ramifiées ; les éléments de l'impression musculaire postérieure sont distincts.

Fossiles, 400 espèces. Silurien inférieur —. États-Unis, Europe, Inde méridionale.

CUCULLEA, Lamarck.

Étymologie, cucullus, un capuchon.

Type, C. concamerata. Pl. XVII, *fig.* 14.

Coquille subcarrée, ventrue ; valves pouvant se fermer complétement, striées ; dents cardinales peu nombreuses et obliques, parallèles à la ligne cardinale à chaque extrémité ; impression musculaire postérieure limitée par une arête élevée.

Distribution, 2 espèces. Maurice, Iles Nicobar, Chine.

Fossiles, 240 espèces. Silurien inférieur. Amérique du Nord, Patagonie, Europe.

Sous-genre, Macrodon, Lycett. M. Hirsonensis. Pl. XVII, *fig.* 15. *Coquille* ayant quelques dents antérieures obliques et une ou plusieurs longues dents postérieures laminaires. Les Arches des couches palæozoïques et secondaires ont leurs dents antérieures plus ou moins obliques, comme les *Arca*, et les dents postérieures parallèles à la ligne cardinale comme les *Cucullæa* ; leurs valves se ferment complétement ou sont bâillantes en dessous ; leurs crochets sont souvent subspiraux; l'aréa cardinale est souvent très-étroite, et dans quelques espèces il n'y a que la moitié postérieure de celle-ci qui soit visible.

Parallelipipedum, Klein. Dents cardinales externes courtes et perpendiculaires à la ligne cardinale ; dents développées sur toute la longueur de la charnière.

PECTUNCULUS, Lam.

Type, P. pectiniformis. Pl. XVII, *fig.* 16. (Arca pectunculus, L.)

Coquille orbiculaire, presque équilatérale, lisse, ou marquée de stries rayonnantes ; sommets centraux, séparés par une aréa du ligament striée; charnière ayant une série semi-circulaire de dents transverses ; adducteurs sub-égaux ; impression palléale simple ; bords crénelés en dedans.

Animal ayant un grand pied en forme de croissant, bords de la sole ondulés ; manteau ouvert, bords simples, portant de petits ocelles ; branchies égales ; lèvres en continuité avec les branchies.

Distribution, 58 espèces. Antilles, Angleterre, Inde, Nouvelle-Zélande, côte occidentale d'Amérique ; s'étendant de 15 à 110 mètres, rarement jusqu'à 220 mètres.

Fossiles, 80 espèces. Néocomien —. États-Unis, Europe, Inde méridionale.

Les dents des *Pectunculus* et des *Arca* augmentent de nombre avec l'âge, parce qu'il s'en ajoute de nouvelles à chaque extrémité de la ligne cardinale, mais les dents centrales sont quelquefois oblitérées par un envahissement du ligament.

Limopsis, Sassi, 1827.

Type, L. aurita. Pl. XVII, *fig.* 17.

Synonymes, Trigonocœlia, Nyst ; Pectunculina, d'Orb.

Coquille orbiculaire convexe, légèrement oblique ; aréa du ligament ayant au centre une fossette du cartilage triangulaire ; charnière ayant deux rangées égales et courbes de dents transverses.

Distribution, 4 espèces. Mer Rouge (Nyst.), Japon, Angleterre. M. Mac Andrew a dragué la L. *pygmæa* vivante, sur la côte du Finmark ; on la trouve fossile dans le Pliocène d'Angleterre, de Belgique et de Sicile.

Fossiles, 36 espèces. Bathonien —. États-Unis, Europe.

Nucula, Lam.

Étymologie, diminutif de *nux*, une noix.

Exemple, N. Cobboldiæ. Pl. XVII, *fig.* 18.

Coquille triangulaire, avec les sommets tournés du côté postérieur qui est court ; lisse ou ornée ; épiderme olive ; face interne nacrée ; bords crénelés ; charnière ayant une fossette interne du cartilage saillante, et de chaque côté une rangée de dents tranchantes ; impression palléale simple.

Animal à manteau ouvert ; ses bords lisses ; pied grand, profondément fendu en avant, formant lorsqu'il est étalé un disque à bords dentelés ; bouche et lèvres petites ; palpes très-grands, arrondis, fortement plissés en dedans et garnis d'un long appendice enroulé ; branchies petites, plumeuses, réunies derrière le pied à la cloison branchiale.

Les Nucules se servent de leur pied pour fouir ; E. Forbes les a vu ramper sur les parois d'un verre plein d'eau de mer. Les appendices labiaux font saillie hors de la coquille en même temps que le pied. La *N. mirabilis*, Adams, du Japon, a des ornements semblables à ceux de la *N. Cobboldiæ* qui est une espèce fossile.

Distribution, 70 espèces. États-Unis, Norwége, Cap, Japon, Sitka, Chili. Sur les fonds rugueux, de 9 à 183 mètres.

Fossiles, 177 espèces. Silurien inférieur ? —. Trias —. Amérique, Europe, Inde.

Sous-genres, Nuculina d'Orb[1]. 1847. N. miliaris. Pl. XVII, *fig*. 19. *Coquille* petite; dents peu nombreuses, sur une seule rangée, avec une dent latérale postérieure. *Éocène*. France. Nucinella (ovalis), Searles Wood, 1850 (= Pleurodon, Wood, 1840); petite coquille du crag corallien du Suffolk, qui est décrite comme ayant un ligament externe.

? *Stalagmium* (margaritaceum), Conrad, 1853 = Myoparo costatus, Lea. *Éocène*, Alabama. ? *S. Nystii*, Galeotti (Nucunella, d'Orb.). *Éocène*, Belgique, *Coquille* semblable à celle d'une *Limopsis*; aréa du ligament étroite, tout à fait postérieure.

Isoarca, Münster, 1842.

Type, I. subspirata, M. Oxfordien. France, Allemagne.
Synonyme, Noetia, Gray.
Coquille ventrue; crochets grands, antérieurs, souvent sub-spiraux; ligament entièrement externe; ligne cardinale courbe, avec deux séries de dents transverses dont les plus petites sont au centre; impression palléale simple.

L'*I. Logani* (Ctenodonta), Salter, du Silurien inférieur du Canada, a trois pouces de long; on la trouve avec son ligament conservé.

Fossiles, 14 espèces. Silurien inférieur — Craie. Amérique du Nord, Europe.

Sous-genres, *Cucullella*, Mac Coy. C. antiqua, Sby. Silurien supérieur. Herefordshire. *Coquille* elliptique, ayant une forte côte en arrière de l'impression de l'adducteur antérieur.

Lunularca, Gray. Partie qui se trouve en avant des crochets dépourvue de dents; une lunule.

Leda, Schumacher.

Étymologie, *Leda*, mère de Castor et de Pollux.
Synonymes, Lembulus (Leach) Risso.
Exemple, L. caudata. Pl. XVII, *fig*. 20.
Coquille ressemblant à une Nucule; oblongue, arrondie en avant, prolongée et pointue en arrière; bords lisses; impression palléale échancrée par un petit sinus; aire apiciale ayant une impression linéaire qui atteint l'adducteur antérieur.

Animal pourvu de deux siphons grêles, inégaux, en partie réunis (Forbes); branchies étroites, plumeuses, profondément lamelleuses, adhérentes sur toute leur étendue; bords du manteau ayant de petits lobes ventraux formant par leur réunion un troisième siphon.

Distribution, 80 espèces. Mers boréales et arctiques, de 18 à 550 mètres. Sibérie, île Melville, Massachusetts, Angleterre, Méditerranée, Cap, Japon, Australie.

---

[1] La N. *donaciformis*, Parreyss, du Nil Blanc, est un crustacé! (Estheria.)

Fossiles, 190 espèces. États-Unis, Europe, Inde méridionale.

Sous-genre, Yoldia, Möller (dédié à la comtesse Yoldi). Y. myalis,

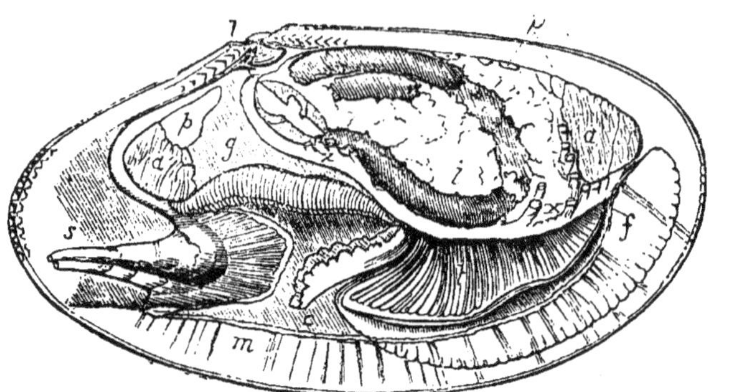

Fig. 219. — *Yoldia*, n. sp. $\frac{3}{1}$. Expédition antarctique.

(D'après un dessin de M. Albany Hancock.) On a représenté les organes internes comme on les voit à travers le manteau après que la valve droite a été enlevée.

a, a, adducteurs; *p, p*, muscles du pied; *l*, ligament; *g*, branchies; *s*, siphons (très-contractls); *t, c*, palpes et appendices labiaux; *i*, intestin ; *f*, pied; *x, x*, muscles latéraux du pied; *m*, impression palléale.

Pl. XVII, *fig.* 21. *Coquille* oblongue, légèrement atténuée en arrière, comprimée, lisse ou à ornements obliques; un épiderme luisant, d'un olive foncé : ligament externe peu développé; cartilage comme chez les *Leda* ; sinus palléal profond. *Animal* à siphons branchiaux et anaux réunis, rétractiles ; palpes très-grands, appendiculés ; branchies étroites, postérieures ; pied ayant un léger talon, profondément sillonné, ses bords crénelés ; intestin situé en partie sur le côté droit du corps et produisant une impression dans la coquille ; bords du manteau lisses en avant, frangés en arrière ; pas de lobes ventraux. *Distribution*, mers arctiques et antarctiques, Groënland, Massachusetts, Brésil, Norwége, Kamtschatka. La *Yoldia limatula* (*fig.* 220) a été draguée vi-

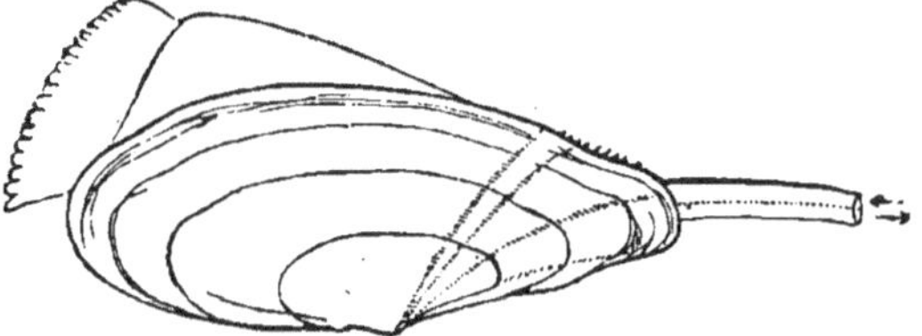

Fig. 220. — *Yoldia limatula.*

vante par M. Mac Andrew sur la côte du Finmark. Elle a été aussi trouvée dans le port de Portland, dans le Massachusetts. L'animal est très-actif

et saute à une hauteur étonnante, surpassant sous ce rapport les Peignes.
(Dr. Mighels.) *Fossile*, Pliocène —. (Crag et dépôts glaciaires.) Angleterre,
Belgique.

Solenella, Sowerby.

Type, S. Norrisii, Pl. XVII, *fig.* 22. S. ornata, *fig.* 23.
Synonymes, Malletia, Desm.; Ctenoconcha, Gray; Neilo, Adams.

Coquille ovale, ou à formes d'arche, comprimée, lisse ou marquée de
sillons concentriques; épiderme olive; ligament externe, allongé, saillant; charnière avec une série antérieure et une autre postérieure de
fines dents tranchantes; face interne sub-nacrée; sinus palléal grand
et profond; impression de l'adducteur antérieur donnant naissance à
une longue ligne oblique du pied.

Animal semblable à une *Yoldia*; bords du manteau légèrement frangés
et pourvus de lobes ventraux; tubes du siphon réunis, longs et grêles,
complétement rétractiles; palpes appendiculés, enroulés, aussi longs
que la coquille; branchies étroites, postérieures; pied profondément
fendu, formant un disque ovalé, ayant ses bords lisses et striés en travers.

Distribution, 2 espèces. Valparaiso, Nouvelle-Zélande (coquille semblable à la *S. ornata*).

Fossile, 1 espèce. Miocène. Point Desire, Patagonie.

? Solemya, Lamarck.

Type, S. togata, Pl. XXII, *fig.* 17.
Synonyme, Solenomya, Menke.

Coquille allongée, cylindrique, bâillante à chaque extrémité; épiderme foncé, corné, s'étendant au delà des bords de la coquille; crochets postérieurs; charnière dépourvue de dents; ligament caché; impression palléale obscure. Une couche externe de longues cellules
prismatiques, presque parallèles à la surface et mêlées à des cellules
foncées, comme dans les *Pinna*; couche interne également cellulaire.

Animal à lobes du manteau unis en arrière, avec un seul orifice siphonal en forme de sablier et garni de cirrhes; pied proboscidiforme,
tronqué et frangé à l'extrémité; branchies formant une seule plume de
chaque côté, avec les lamelles libres jusqu'à la base; palpes longs et
étroits, presque libres.

La coquille ressemble à celle des *Glycimeris* par la brièveté de son
côté postérieur et le développement extraordinaire de son épiderme;
l'animal rappelle surtout celui des *Leda* pour la structure de son
pied et de ses branchies.

Distribution, 4 espèces. États-Unis, Canaries, côte occidentale d'Afrique
(Gabon), Méditerranée, Australie, Nouvelle-Zélande. Ces mollusques se
frayent un chemin dans la vase; 4 mètres.

Fossiles, 4 espèces. Carbonifère. —. Angleterre, Belgique.

Famille V. — Trigoniadæ.

Coquille équivalve, fermée, triangulaire, avec les crochets dirigés en arrière ; ligament externe ; face interne nacrée ; dents cardinales peu nombreuses, divergentes ; impression palléale simple.

Animal à manteau ouvert ; pied long et courbé ; deux branchies de chaque côté, couchées ; palpes simples.

Trigonia, Bruguière (non Aublet).

Étymologie, trigonos, triangulaire.
Synonyme, Lyriodon, G. Sowerby.
Exemple, T. costata, Pl. XVII, *fig.* 24. T. pectinata, *fig.* 221.
Coquille épaisse, tuberculeuse ou ornée de côtes rayonnantes ou concentriques ; bord postérieur anguleux ; ligament petit et saillant ; dents · cardinales 2 3, divergentes, s'riées transversalement ; dent centrale de la valve gauche divisée ; impressions du pied situées en avant de l'adducteur postérieur, et une dans le crochet de la valve gauche ; impression de l'adducteur antérieur tout près du crochet.

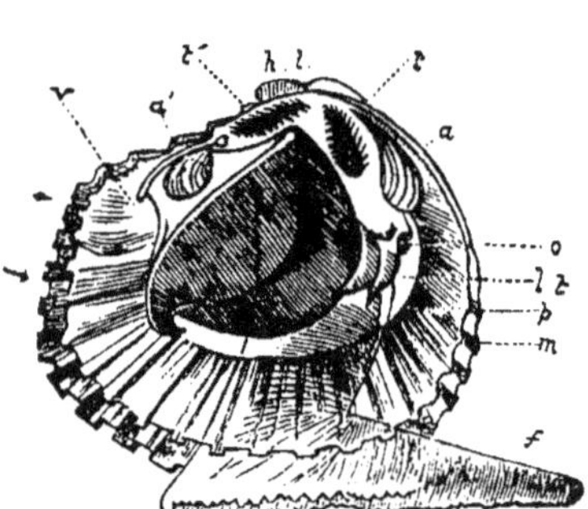

Fig. 221.— *Trigonia pectinata* [1].

Animal ayant un pied long et pointu, coudé brusquement, talon saillant, sole bordée de deux arêtes crénelées ; palpes petits et pointus ; branchies amples, l'externe la plus petite, réunies en arrière du corps l'une avec l'autre ainsi qu'avec le manteau.

La coquille des *Trigonia* est presque entièrement nacrée, et a disparu ou a subi un métamorphisme dans les couches calcaires ; les moules internes ont reçu des carriers de Portland le nom de « têtes de chevaux [2] » (horse-heads) ; ils nuisent à la qualité de la pierre. On a trouvé à Tisbury des moules silicifiés dans lesquels était conservé l'animal lui-même avec ses branchies [3]. Les espèces qui ont l'angle postérieur de la coquille allongé présentent intérieurement une crête du siphon. La couche épi-

---

[1] Fig. 221. D'après un échantillon dans l'alcool. Les branchies sont légèrement recourbées et contractées ; elles devraient se terminer près du bord, entre les flèches qui indiquent les courants entrant et sortant ; *a,a',* adducteurs ; *hl,* ligament ; *t,t',* fossettes dentaires ; *o,* bouche ; *lt,* tentacules labiaux ou palpes ; *p,* impression palléale ; *m,* bord ; *f,* pied ; *v,* cloaque.

[2] Voyez *Plott.* Oxfordshire ; pl. VII, fig. 1.

[3] Dans la collection de feu miss Benett de Warminster, qui est maintenant à Philadelphie.

dermique de la coquille vivante se compose de cellules à noyaux fournissant une très-belle préparation pour le microscope. Une Trigonie, placée par M. S. Stuchbury sur le plat bord de son bateau, sauta par-dessus le bord, en franchissant une distance de quatre pouces ; on suppose qu'elles émigrent, car on n'est jamais sûr d'en prendre avec la drague, quoiqu'elles soient très-abondantes dans certaines parties du port de Sydney.

Distribution, 5 espèces (ou variétés?). Australie.

Fossiles, 100 espèces. Trias — Craie ; on n'en connaît pas des tertiaires. Europe, États-Unis, Chili, Algérie, Cap, Inde méridionale.

Myophoria, Bronn, 1830.

Type, M. vulgaris, Schl.

Synonyme, Cryptina (Kefersteinii), Boué.

Coquille triangulaire, crochets tournés en avant ; obliquement carénée ; lisse ou marquée d'ornements ; dents 2.3, obscurément striées ; dent centrale de la valve gauche simple, l'antérieure de la valve droite saillante ; moule semblable à celui d'une *Trigonia*. La *M. decussata*, Pl. XVII, *fig.* 25, a une dent latérale à l'angle dorsal de la valve gauche.

Fossiles, 16 espèces. Trias. Allemagne, Tyrol.

Axinus, Sowerby, 1821.

Type, A. obscurus, Sowerby.

Synonyme, Schizodus, King (non Waterhouse).

Coquille triangulaire, arrondie en avant, atténuée en arrière, assez mince, lisse, avec une arête oblique obscure ; ligament externe ; dents cardinales 2.3, lisses, assez petites ; adducteur antérieur faiblement marqué, éloigné de la charnière, avec une impression du pied près de lui ; impression palléale simple.

Fossiles, 20 espèces. Silurien supérieur — Muschelkalk. États-Unis, Europe. Les *Mactra trigonia*, Goldf., *Isocardia axiniformis*, Ph., *Anatina attenuata* et *Dolabra securiformis*, Mac Coy, appartiennent probablement à ce genre. Les *Dolabra equilateralis*, *Amphidesma subtruncatum*, ainsi que beaucoup d'autres espèces des couches palæozoïques pourraient bien constituer un genre distinct, mais il reste encore à découvrir leurs caractères génériques.

Curtonotus, Salter

Plateau cardinal épaissi, avec une seule forte dent triangulaire centrale sur chaque valve : plateau de la valve droite ayant une dent obscure en arrière de la dent centrale ; impression musculaire antérieure profonde ; impression palléale entière.

Fossiles, 6 espèces. Devonien. Angleterre.

Pseudaxinus, Salter.

Type, P. (Anodontopsis) securiformis, Mac Coy, et P. trigonus.
Coquille mince, dépourvue de dents, convexe, avec des sommets saillants et un fort bord postérieur caréné ; crochets antérieurs ; pas de *lunule*.

Lyrodesma, Conrad, 1841.

Type, L. plana, New-York.
Synonyme, Actinodonta, Phil.
Coquille à formes de Trigonia, assez allongée, avec une aréa postérieure striée ; charnière ayant plusieurs (5-9) dents rayonnantes, striées en travers ; ligament externe.
Fossiles, 4 espèces. Silurien inférieur. Canada, États-Unis, Angleterre.

Famille VI. — Unionidæ. — Nayades.

Coquille ordinairement régulière, équivalve, fermée ; structure nacrée, avec une très-mince couche cellulaire prismatique au-dessous de l'épiderme ; épiderme épais et foncé ; ligament externe, grand et saillant ; bords lisses ; dents cardinales antérieures épaisses et striées, les postérieures lamelleuses, manquant quelquefois ; impressions des adducteurs profondément marquées ; trois impressions du pied, distinctes, deux en arrière de l'adducteur antérieur, une en avant du postérieur.
Animal à bords du manteau réunis entre les orifices des siphons, et rarement en avant de l'ouverture branchiale ; orifice anal lisse, le branchial frangé ; pied très-grand, linguiforme, comprimé, muni d'un byssus chez les jeunes ; branchies allongées, subégales, réunies en arrière l'une à l'autre et avec le manteau, mais non avec le corps ; palpes médiocres, fixés sur les côtés, striés en dedans ; lèvres lisses. Sexes distincts.
Les Nayades se trouvent dans les étangs et les rivières de toutes les parties du monde. En Europe, les espèces sont peu nombreuses, quoique les échantillons soient abondants ; dans l'Amérique du Nord les espèces et les individus abondent. Toutes les formes génériques remarquables sont spéciales à l'Amérique méridionale et à l'Afrique. Deux de celles-ci sont fixées et irrégulières à l'état adulte, et ont été placées avec les *Chama* et les Huitres par les partisans des systèmes artificiels ; heureusement, toutefois, que M. d'Orbigny s'est assuré que la *Mulleria* qui est fixée et *monomyaire* lorsqu'elle est adulte, est libre et dimyaire pendant sa jeunesse[1] !

[1] On peut voir dans le synopsis, à la page 419, que chacun des principaux groupes de bivalves contient des représentants qui sont fixés et irréguliers, et d'autres qui ont un byssus, ou qui perforent, ou qui sont susceptibles de changer de lieu.

Les Nayades, de même que les autres coquilles d'eau douce, sont souvent fortement érodées par l'action de l'acide carbonique dissous dans l'eau qu'elles habitent (p. 54)[1]. Cette condition des crochets peut se voir dans les grandes *Unio* fossiles du wealdien, mais on ne peut pas la découvrir dans les *Cardinia*, ni dans quelques autres fossiles que l'on faisait rentrer anciennement dans la famille des Nayades.

Les branchies externes des Nayades femelles sont remplies d'œufs pendant l'hiver et au commencement du printemps ; les jeunes filent un byssus délicat, entortillé, et agitent leurs valves triangulaires au moyen de leur adducteur postérieur qui est fortement développé, tandis que l'autre est encore peu apparent. Les coquilles des *Unio* femelles sont passablement plus courtes et plus ventrues que celles des mâles.

Unio, Retz. — Mulette.

Étymologie, unio, une perle (Pline).

Exemple, U. littoralis, Pl. XVIII., *fig. 1.*

Coquille ovale ou allongée, lisse, plissée, ou épineuse, devenant très-solide avec l'âge ; dents antérieures 1.2, ou 2.2, courtes, irrégulières ; dents postérieures 1.2, allongées, lamelleuses.

Animal ayant les bords du manteau unis seulement entre les ouvertures des siphons ; palpes longs, pointus, fixés sur les côtés. (*Fig.* 209, p. 412.)

L'*U. plicatus* (Symphynota, Sw.; Dipsas, Leach) a les valves prolongées en une aile dorsale mince, élastique, comme celle des *Hyria*[2]. Chez l'*U. margaritiferus* (Margaritana, Schum.; Alasmodon, Say; Baphia, Meusch.), les dents postérieures deviennent obsolètes avec l'âge. Cette espèce, qui fournissait les perles jadis fameuses de la Grande-Bretagne, se trouve dans les rivières des montagnes de la Grande-Bretagne, de la Laponie et du Canada ; on s'en sert comme d'amorce dans la pêche des morues à Aberdeen. La pêche des perles dura en Écosse jusqu'à la fin du siècle dernier, surtout dans la rivière Tay, où les moules d'eau douce étaient récoltées par les paysans avant l'époque de la moisson. Les perles se trouvaient ordinairement dans les vieux individus déformés ; des perles rondes ayant environ le volume d'un pois, et parfaites sous tous les rap-

---

[1] Il est probable que plusieurs des acides organiques produits par la décomposition des substances végétales concourent à cette action. L'on a émis l'idée que l'acide sulfurique peut quelquefois se trouver à l'état libre dans l'eau des rivières, par suite de la décomposition des pyrites de fer qui se trouvent sur leurs bords ; mais le professeur Boye de Philadelphie assure qu'on ne l'a découvert dans aucune des rivières des États-Unis où le phénomène de l'érosion est le plus marqué.

[2] Cette espèce est celle dans laquelle les Chinois produisent des perles artificielles, en introduisant des grains de plomb, etc. entre le manteau de l'animal et sa coquille (p. 52). M. Gaskoin a un échantillon contenant deux rangées de perles ; un autre échantillon, qui se trouve dans le British Museum, a dans son intérieur un certain nombre de petites idoles faites de métal de cloche, qui ont été complétement revêtues de nacre.

porls, valaient de 75 à 100 francs. (Dr Knapp.) Sir R. Redding a donné dans les *Philosophical Transactions* de 1693, des détails sur la pêche des perles en Irlande. Les moules se trouvaient placées dans le sable du lit des rivières avec leur côté ouvert tourné du côté d'aval ; on trouvait environ une perle sur cent moules, et, sur cent perles, il y en avait environ une qui était d'une belle eau (voy. p. 31).

Distribution, 420 espèces. Amérique du Nord, Amérique du Sud, Europe, Afrique, Asie, Australie.

Fossiles, 50 espèces. Wealdien —. Europe, Inde.

Sous-genres, *Monocondylæa*, d'Orbigny. M. Paraguayiana, Pl. XVIII, *fig.* 2.

Coquille ayant à chaque valve une seule grande dent cardinale ronde et obtuse ; pas de dents latérales.

Distribution, 6 espèces. Amérique du Sud.

Hyria, Lam. H. syrmatophora, Pl. XVIII, *fig.* 3. *Synonymes*, Pachyodon et Prisodon, Schum. *Coquille* à formes d'*Arca* ; ligne cardinale droite, avec une aile dorsale du côté postérieur ; dents allongées, striées transversalement. *Distribution*, 4 espèces. Amérique du Sud.

Castalia, Lamarck.

Type, C. ambigua, Pl. XVIII, *fig.* 4.

Synonyme, Tetraplodon, Spix.

Coquille ventrue, triangulaire ; crochets saillants, sillonnés ; dents cardinales striées ; 2.1 antérieures, courtes ; 1.2 postérieures, allongées.

Animal à lobes du manteau réunis en arrière, formant deux orifices siphonaux distincts, le branchial garni de cirrhes.

Distribution, 3 espèces. Rivières de l'Amérique du Sud, Guyane, Brésil.

Anodon, Cuvier. — Anodonte.

Type, A. cygneus, *fig.* 208, p. 411.

Étymologie, *anodontos*, dépourvu de dents.

Coquille semblable à celle des *Unio*, mais dépourvue de dents, ovale, lisse, assez mince, comprimée lorsqu'elle est jeune, devenant ventrue avec l'âge.

Animal semblable à celui des *Unio*. On a calculé que les branchies externes d'une femelle contenaient 300,000 jeunes coquilles. (Lea.)

Distribution, 100 espèces. Amérique du Nord, Europe, Sibérie.

Fossiles, 8 espèces. Éocène —. Europe.

M. d'Orbigny raconte qu'il a trouvé dans le Parana, au-dessus de Corrientes, de grandes quantités de petites Anodontes (*Bysso-anodonta Paraniensis*, d'Orbigny) de 4 lignes de long, *fixées par un byssus*.

Iridina, Lamarck.

Étymologie, iris, l'arc en ciel.

Synonymes, Mutela, Scop.; Spatha, Lea (comprenant les *Mycetopus*) ;
Leila, Gray.

Type, I. exotica, Pl. XVIII, *fig.* 5.

Coquille oblongue ; crochets déprimés ; ligne cardinale longue, droite,
atténuée du côté des crochets, crénelée par de nombreuses dents inégales ; ligament long et étroit.

Animal à lobes du manteau réunis postérieurement, formant deux
courts siphons ; bouche et lèvres petites ; palpes immenses, ovales ;
branchies réunies au corps.

L'*Iridina ovata* (I'leiodon, Conrad) a une ligne cardinale plus large.

Distribution, 9 espèces. Rivières d'Afrique ; Nil, Sénégal.

Mycetopus, d'Orbigny.

Étymologie, mukes, un champignon, *pous,* le pied.

Type, M. soleniformis, Pl. XVIII, *fig.* 6.

Coquille allongée, su-bcylindrique, bâillante en avant ; bords sub-parallèles ; charnière dépourvue de dents.

Animal à pied allongé, cylindrique, étalé en un disque,à l'extrémité ;
manteau ouvert ; branchies égales ; palpes courts.

Distribution, 5 espèces. Rio Parana, Corrientes ; Amazone, Bolivie.

Ætheria, Lamarck.

Type, Æ. semilunata, Pl. XVIII. *fig.* 7. (*aitherios,* aërien.)

Coquille irrégulière, inéquivalve, fixée par le crochet et par des prolongements tubuleux de l'une des valves, ordinairement de la gauche ;
épiderme épais, olive ; face interne nacrée, garnie d'ampoules (comme
gonflée par des bulles d'air) ; charnière dépourvue de dents ; ligament
externe, avec une aréa visible et une rainure dans la valve adhérente ;
deux impressions d'adducteurs, l'antérieure très-longue et irrégulière ;
impression palléale simple.

Animal à lobes du manteau ouverts ; corps grand, oblong, saillant en
arrière ; pas de trace de pied ; palpes grands, en demi-ovale ; branchies
sub-égales, plissées, réunies en arrière entre elles, ainsi qu'avec le corps
et le manteau.

Distribution, 4 espèces. Nil, depuis la première cataracte jusqu'au
Fazogl [1], fleuve du Sénégal.

[1] Les « Huîtres d'eau douce » découvertes par Bruce.

Mulleria, Férussac.

Étymologie, genre dédié à Otto-Frid. Müller, l'auteur de la « Zoologia Danica. »

Type, M. lobata, Fér., *fig.* 222.

Fig. 222. — *Mulleria lobata*, Fér. (figure originale.)

Synonyme, Acostæa (Guaduasana), d'Orbigny.

Coquille libre *pendant la jeunesse*, équivalve, à formes d'Anodonte, avec un ligament long et saillant, et deux impressions d'adducteurs; *à l'état adulte*, elle est irrégulière, inéquivalve, fixée par la valve droite, crochets allongés, se remplissant petit à petit de substance-calcaire, et formant un « talon » irrégulier en avant de la valve adhérente; épiderme épais; ligament dans une rainure marginale; intérieur nacré; une seule impression musculaire postérieure. La *fig.* 222 représente la valve gauche ou adhérente, sur laquelle l'on voit l'impression musculaire unique et l'éperon saillant qui porte le nucléus composé des *deux* valves du jeune, réunies, et remplies de substance calcaire [1].

Distribution. Rio Magdalena, près de Bogota, Nouvelle-Grenade.

M. Isaac Lea a prouvé l'identité des *Mulleria* et des *Acostæa* par l'examen du type de Férussac, et la série des échantillons d'âges différents qui se trouvent dans la collection de M. d'Orbigny [2].

[1] M. d'Orbigny a libéralement déposé dans le British Museum sa série d'échantillons de ce genre remarquable. Oct. 1854.

[2] Le seul échantillon de *Mulleria* qui existât en Angleterre avant l'acquisition

Section B. — Siphonida.

Animal à siphons respiratoires ; lobes du manteau plus ou moins réunis.

a. Siphons courts, impression palléale simple. Intégro-palléales.

Famille VII. — Chamidæ.

Coquille inéquivalve, épaisse, fixée ; crochets sub-spiraux ; ligament externe ; deux dents cardinales dans l'une des valves, une dans l'autre ; impressions des adducteurs grandes, réticulées : impression palléale simple.

Animal à manteau fermé, orifices du pied et des siphons petits, sub-égaux ; pied très-petit ; deux branchies de chaque côté, très-inégales, réunies postérieurement.

Chama, (Pline), L.

Exemple, C. macrophylla, Pl. XVIII, *fig.* 8, 9.
Synonyme, Arcinella, Schum.

Coquille fixée ordinairement par la valve *gauche;* valves foliacées, la supérieure la plus petite ; dent cardinale de la valve libre épaisse, courbe, reçue dans l'autre, entre deux dents ; impressions des adducteurs grandes, oblongues, l'antérieure empiétant sur la dent cardinale.

Animal à bords du manteau réunis par un rideau, avec deux rangs de filaments tentaculaires ; orifices des siphons très-écartés, le branchial faiblement saillant, frangé, l'anal ayant une seule valvule ; pied arqué, ou pourvu d'un talon ; foie occupant seulement le crochet de la valve adhérente ; ovaire s'étendant dans les deux lobes du manteau jusqu'à la ligne palléale ; lèvres simples, palpes petits et frisés ; branchies profondément plissées, la paire externe beaucoup plus courte et très-étroite, pourvues d'un bord dorsal libre, réunies en arrière l'une à l'autre et avec le manteau : adducteurs composés chacun de deux éléments.

La coquille des *Chama* est formée de trois couches : la couche externe est colorée et feuilletée par des lignes d'accroissement obliques, avec des plissements à angle droit par rapport aux lamelles ; les épines foliacées contiennent des tubules réticulés ; la couche intermédiaire est d'un blanc opaque et se compose de prismes verticaux mal définis ou d'une structure plissée ; la couche interne, qui est translucide et membraneuse, est pénétrée de tubules verticaux disséminés ; les petits processus qui occupent les tubules donnent au manteau (et aux moules de la coquille) une apparence granuleuse (*fig.* 224, *l, m*).

de la collection de d'Orbigny, avait été acheté, il y a plusieurs années, par M. Thomas Norris, de Bury, pour le prix de 500 francs.

Quelques *Chama* sont fixées indifféremment par l'une ou l'autre des valves ; lorsqu'elles sont fixées par la valve droite, la dentition est renversée, la valve gauche ayant une seule dent. La *Chama arcinella*, qui est toujours fixée par le sommet droit, a la dentition normale 1.2 ; elle est presque régulière et équivalve, et a une lunule distincte.

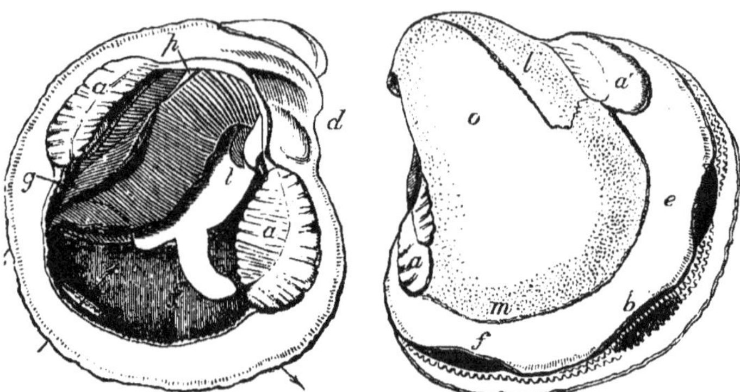

Fig. 223. — Côté droit.   Fig. 224. — Côté gauche.

Fig. 223. — Côté droit, avec la partie voisine des crochets enlevée.

Fig. 224. — Côté gauche, montrant l'étendue relative du foie et de l'ovaire.

a, a, adducteurs; *m*, ligne palléale; *e*, orifice efférent ; *b*, orifice branchial ; *f*, pied et orifice du pied ; *p*, muscle postérieur du pied ; *t*, palpes ; *g*, branchies (contractées) ; *l*, foie ; *o*, ovaire; *d*, lobes dentaires.

Distribution, 50 espèces. Mers tropicales, principalement parmi les récifs de coraux ; — 90 mètres. Antilles, Canaries, Méditerranée, Inde, Chine. *Fossiles*, 40 espèces. Grès vert —. États-Unis, Europe.

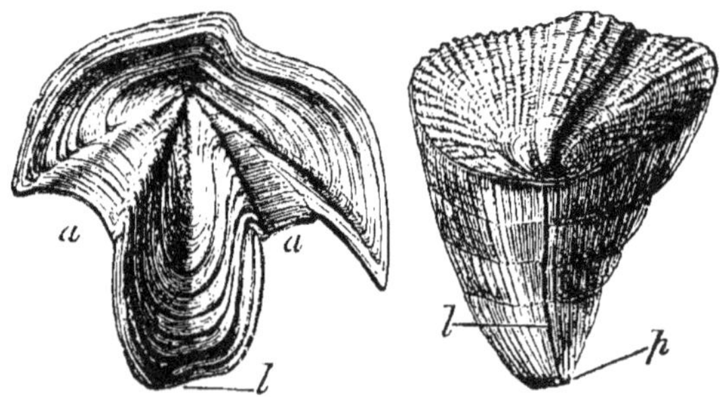

Fig. 225. — *Biradiolites*, $\frac{3}{5}$.   Fig. 226.— *Monopleura*, $\frac{1}{2}$.

p, point d'attache ; *l*, rainure ligamentaire ; *a, a*, aréas correspondantes.

Sous-genre, *Monopleura*, Matheron (= Dipilidia, Math.). M. imbricata. *Fig.* 226. Néocomien. France méridionale.

Coquille fixée par le sommet droit; valves différentes de structure et d'ornements ; valve adhérente droite, en cône renversé, avec une longue rainure ligamentaire droite et une aréa cardinale obscure ; valve operculaire plate ou convexe, ayant un sommet oblique, sub-marginal. *Fossiles*, 10 espèces. Néocomien — Craie. France, Texas. On les trouve ordinairement en groupes, adhérant par les côtés ou s'élevant l'une au-dessus de l'autre : les moules que l'on connaît sont tout à fait simples et semblables à ceux des *Chama*.

DICERAS, Lamarck.

Type, D. arietinum, Pl. XVIII, *fig.* 10 et 11 ; *fig.* 227 et 228.

Coquille sub-équivalve, fixée par l'un ou l'autre des sommets ; crochets très-développés, spiraux, sillonnés extérieurement par des rainures ligamentaires; charnière très-épaisse, 2.1 dents saillantes; impressions musculaires limitées par de longues crêtes spirales, quelquefois obsolètes.

Fossiles, 5 espèces. Jurassique moyen. Allemagne, Suisse, France, Algérie.

Les *Diceras* diffèrent des *Chama* par la grande saillie de leurs deux crochets, par le fait qu'elles ont constamment deux dents cardinales dans la valve droite et une dans la gauche, et enfin par les arêtes saillantes

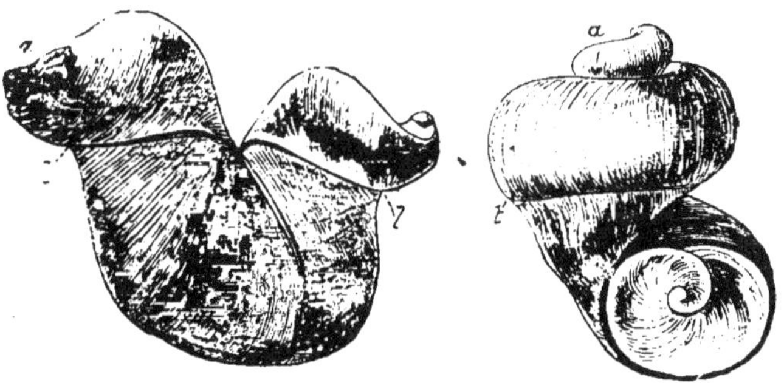

Fig. 227. — *Diceras arietinum*, $\frac{1}{2}$.   Fig. 228.— *Requienia ammonia*, $\frac{1}{4}$.

a, point d'attache ; *l, l*, rainures du ligament ; *t*, inflexion de l'adducteur postérieur.

qui bordent les impressions musculaires. Il existe des crêtes semblables chez les *Cucullæa*, *Megalodon*, *Cardilia*, et chez les Hippurites ; elles produisent de profonds sillons spiraux sur les moules que l'on rencontre fréquemment dans le Corallien des Alpes. L'un des sillons antérieurs, ou tous deux (*fig.* 229, *t, t*) sont souvent obsolètes. Les fossettes des dents sont beaucoup plus profondes que les dents qu'elles reçoivent, et sont sub-spirales ; elles donnent naissance, sur les moules, à des saillie bifides (*c*, *c*) ; la dent unique de la valve gauche est composée de deux éléments, et la cavité (*fossette*) qui la reçoit est divisée dans le fond.

REQUIENIA, Matheron.

Genre dédié à M. Requien, auteur d'un catalogue des mollusques de Corse.

Exemple. R. Lonsdalii, Pl. XVIII, *fig.* 12 ; *fig.* 230. R. ammonia, *fig.* 189.

Coquille épaisse, très-inéquivalve, fixée par le crochet *gauche* ; ligament externe ; dents 2.1 ; valve gauche spirale, sa cavité profonde, non chambrée ; valve libre plus petite, sub-spirale ; l'adducteur postérieur bordé dans chaque valve par une crête sub-spirale saillante.

La structure de la coquille des *Requienia* est semblable à celle des *Chama*. La grandeur relative des valves est soumise à beaucoup de variations ; chez la *R Favri* (Sharpe), celles-ci sont presque égales. Les dents cardinales sont semblables à celles des *Diceras* ; la cavité qui reçoit la dent postérieure de la valve droite est très-profonde et subspirale (*fig.* 230, *c'*). Les crêtes musculaires internes sont produites par des duplicatures de la paroi de la coquille et sont indiquées à l'extérieur

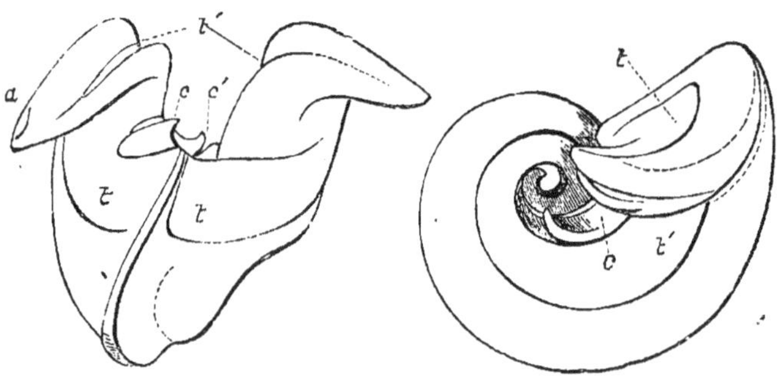

Fig. 229. — *Diceras*, ¼.   Fig. 230. — *Requienia*, ½.

Moules internes ; *a*, point d'attache ; *c*, *c'*, moules des cavités dentaires ;
t, *t*, sillons produits par les crêtes spirales. (Brit. Mus.)

par des sillons (*fig.* 229, *t'*). Chez les *R. subæqualis* et *Toucasiana* il y a une seconde crête parallèle, comme chez les *Hippurites* et *Caprotina*.

Fossiles, 7 espèces. Néocomien — Craie inférieure. Angleterre, France, Espagne, Algérie, Texas.

Famille VIII. — Hippuritidæ.

(Ordre des *Rudistes*, Lamarck.)

Coquille inéquivalve, asymétrique, épaisse, fixée par le crochet *droit*; crochets souvent chambrés; structure et ornementation des valves dissemblables: ligament interne; 1.2 dents cardinales: deux grandes impressions d'adducteurs, celles de la valve gauche sur des apophyses saillantes; impression palléale simple, sub-marginale.

Les coquilles de cette famille aujourd'hui éteinte sont caractéristiques des couches crétacées, et abondent dans beaucoup de points de la péninsule Ibérique, dans les Alpes, et dans l'Europe orientale, où l'équivalent de la craie inférieure a reçu le nom de « calcaire à Hippurites. » On les trouve aussi en Turquie et en Égypte, et le docteur F. Rœmer les a trouvées dans le Texas et à la Guadeloupe. La structure de ces coquilles a été décrite d'une manière complète dans le « Quarterly Journal » de la Société géologique de Londres. Dans tous les genres la coquille se compose de *trois couches*, mais l'externe, qui est mince et compacte, a été souvent détruite par les agents atmosphériques. La couche principale de la valve inférieure des Hippurites n'a pas en réalité une structure très-différente de la valve supérieure; les lames sont plissées, laissant des pores irréguliers ou des tubes, parallèles au grand axe de la coquille, et souvent visibles sur le bord. Le crochet de la valve supérieure des *Radiolites* est marginal chez la jeune coquille (*Quart. Journ. Geol. Soc.*, vol. XI, p. 40).

Ce sont les plus problématiques de tous les fossiles: il n'y a pas de coquilles vivantes que l'on puisse supposer appartenir à la même famille, et l'état dans lequel on les rencontre ordinairement a contribué à répandre sur leur histoire une grande obscurité [1]. Les caractères qui déterminent leur place parmi les bivalves ordinaires sont les suivants:

---

[1] 1° de Buch les regardait comme des coraux. 1840. Leonh. und Bronn. *Jahrb.*, p. 373.

2° Desmoulins, comme une combinaison des Tuniciers et des Cirrhipèdes sessiles.

3° Le docteur Carpenter, comme un « groupe intermédiaire entre les Lamellibranches et les Cirrhipèdes. » *Annals of Nat. Hist.*, XII, 590.

4° Le professeur Steenstrup, de Copenhague, comme des Annélides.

5° M. D. Sharpe place les Hippurites avec les Balanes, et les *Caprinella* avec les Chamacés.

6° La Peyrouse considérait les Hippurites comme des Orthocératides, les Radiolites comme des Ostracés.

7° Goldfuss et d'Orbigny les placent avec les Brachiopodes.

8° Lamarck et Rang, entre les Brachiopodes et les Ostracés.

9° Cuvier et Owen, avec les Lamellibranches

10° Deshayes, dans le même groupe que les *Ætheria*.

11° Quenstedt, entre les Chamacés et les Cardiacés.

1° La coquille est composée de trois couches distinctes ;

2° Elle est essentiellement asymétrique, et a une valve droite et une valve gauche ;

3° Les ornements des valves ne sont pas semblables ;

4° Il y a des preuves de l'existence d'un grand ligament interne ;

5° Les dents cardinales sont formées aux dépens de la valve libre ;

6° Il n'y a que deux impressions musculaires ;

7° Il y a une ligne palléale distincte.

La couche externe de la coquille des Radiolites a une structure cellulaire prismatique (*fig.* 252) ; les prismes sont perpendiculaires aux lamelles de la coquille et souvent finement subdivisés. Les cellules semblent avoir été vides comme celles des Huitres (p. 421)[1]. La couche interne, qui forme la charnière et borde les crochets, est subnacrée et très-rarement conservée. Elle est ordinairement remplacée par du spath calcaire (*fig.* 259), quelquefois par de la vase ou de la craie, et très-souvent elle n'est indiquée que par un vide entre la coquille et le moule interne (*fig.* 244). La couche interne de la coquille est rarement compacte ; ses lamelles sont extrêmement minces, et séparées par des intervalles analogues aux chambres à eau des Spondyles ; on trouve des espaces semblables dans le dépôt qui remplit la cavité des sommets chez les Huitres à longs crochets[2].

La couche interne cesse à la ligne palléale, au delà de laquelle la structure cellulaire est souvent apparente sur le bord de la coquille ;

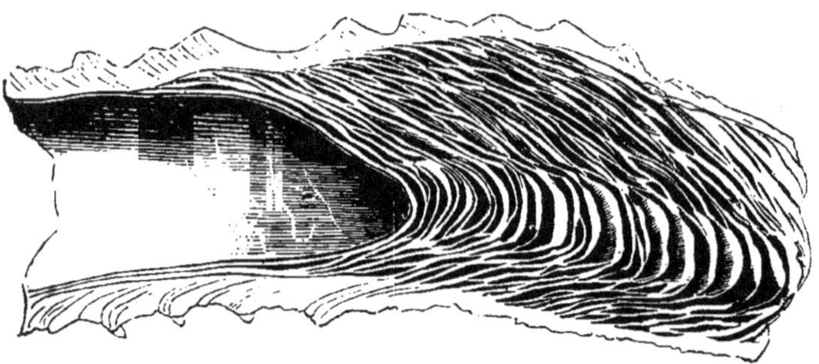

Fig. 251. — Coupe d'un fragment d'*Ostrea cornucopiæ*.

des impressions bifurquées obscures rayonnent de la ligne palléale jusqu'au bord externe (*fig.* 232, *v, v*).

---

[1] Cela est très-visible dans les Radiolites de la craie, terrain dans lequel les autres fossiles cellulaires prismatiques sont solides.

[2] Les chambres à eau de quelques-unes des Hippurites cylindriques sont grandes et régulières, comme celles des polypiers fossiles des genres *Amplexus* et *Cyathophyllum*. Une coupe de l'*Hippurites bioculatus*, ne passant que par une seule des fossettes dentaires, ressemble à une *Orthoceras* à siphon latéral ; d'autre part une *Caprinella* (fig. 246) qui aurait perdu sa couche externe pourrait être prise pour une Ammonite.

L'on a comparé celles-ci aux impressions vasculaires des *Crania* (*fig.* 195, 194), et elles constituent le seul argument pour supposer que

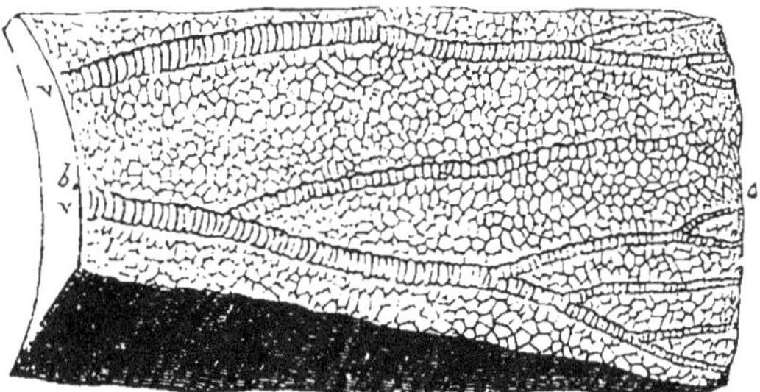

Fig. 252. — Partie du bord de la *Radiolites Mortoni*, Mantell[1].

les Rudistes ont été des Palliobranches ; mais elles se trouvent sur le *bord* de la coquille, et non sur le disque comme chez les *Crania*[2]. La particularité la plus saillante des *Hippuritidæ* est la différence de structure des deux valves, mais ce fait n'a qu'une faible portée, en raison de son peu de constance[3]. La valve libre des Hippurites est percée de canaux rayonnants qui s'ouvrent tout le tour de son bord interne et qui communiquent avec la face supérieure par de nombreux pores, comme pour alimenter l'intérieur d'eau filtrée ; ils étaient peut-être fermés par l'épiderme[4].

Dans le genre voisin des *Radiolites*, non plus que dans celui des *Caprotina*, il n'y a aucune trace de semblables canaux. Ceux qui existent dans la valve supérieure des *Caprina* et dans les deux valves des *Caprinella*, ne communiquent pas avec la surface externe de la coquille ; ils semblent être de la même nature que les côtes tubuleuses du *Cardium costatum* (Pl. XIX, *fig.* 1), et il y a toute probabilité qu'ils n'ont jamais été occupés d'une manière permanente par des prolongements du bord du manteau.

[1] Figure dessinée d'après l'échantillon original qui se trouve dans le musée de l'École des mines d'Angleterre ; *b*, est le bord interne ; *a*, le bord externe ; *v,v*, les impressions dichotomiques ; les lamelles horizontales se voient du côté ombré. Craie inférieure ; Sussex.

[2] M. d'Orbigny pense qu'elles étaient produites par des appendices particuliers des bords du manteau, qui, chez les Hippurites, se prolongeaient dans les canaux de la valve supérieure.

[3] La valve inférieure de certains Spondyles est squameuse ou épineuse, la supérieure lisse ; celle de beaucoup d'Huitres et de Peignes, et celle de quelques Tellines ont une ornementation différente ; mais il n'y a aucun cas dans lequel la structure interne des deux valves soit différente. Les variations que l'on observe dans la structure de la coquille des Rudistes ont leur parallèle chez les *Rhynchonella* et *Terebratula* (p. 575), et dans la condition variable de l'organe hépatique chez les *Tritonia* et les *Dendronotus*.

[4] Les valves des *Crania* sont percées de tubules ramifiés, mais, dans ce cas, ceux-ci passent *verticalement* à travers toutes les parties de la coquille et toutes ses couches (p. 575).

Les dents de la valve gauche ou supérieure sont si saillantes et si droites que le mouvement de celle-ci a dû être presque vertical, but que le ligament semble avoir été tout à fait propre à remplir par sa position et sa grandeur ; mais il est probable que, de même que les autres bivalves, elles ne s'ouvraient que dans des limites très-restreintes.

HIPPURITES, Lamarck.

Étymologie. Nom emprunté à d'anciens auteurs, « *Hippuris* fossile, » ou queue de cheval.

Types, H. bioculatus, Lamarck, et *H. cornu-vaccinum, fig.* 237.

Coquille très-inéquivalve, en cône renversé, ou allongée et cylindrique ; *valve adhérente* striée ou lisse, avec trois sillons parallèles (*l, m, n*) du côté cardinal, indiquant des duplicatures de la couche externe de la coquille ; bord interne légèrement plissé ; ligne palléale continue ; cavité des crochets médiocrement profonde ; inflexion du ligament (*l*) ayant une petite fossette du cartilage de chaque côté (*c, c*) ; fossettes dentaires sub-centrales, divisées par une dent obsolète ; impression musculaire antérieure (*a*) allongée, double ; la postérieure (*a'*) petite, très-profonde, limitée par la seconde duplicature (*m*) ; troisième duplicature (*n*) faisant saillie dans la cavité des crochets ; *valve libre*

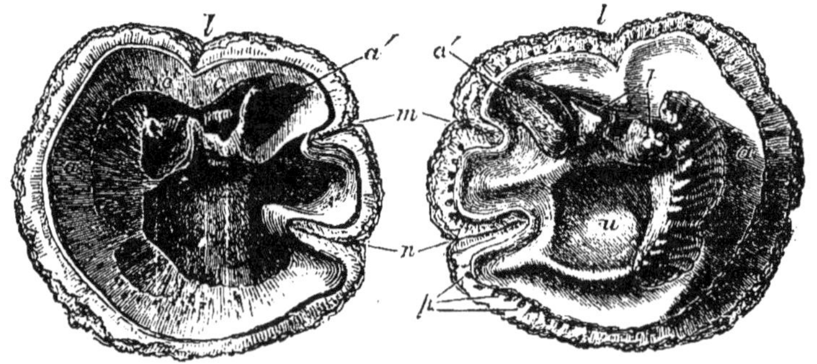

Fig. 253.
Intérieur de la valve inférieure, $\frac{1}{2}$.

Fig. 254.
Intérieur de la valve supér. (restaurée).

Hippurites radiosus, Desm. Craie inférieure ; Saint-Mamest (Dordogne)[1].

a, a, impressions des adducteurs et processus ; *c, c,* cavités des cartilages ; *t, t',* dents et fossettes dentaires ; *u,* cavité des crochets ; *p,* orifices des canaux ; *l,* inflexion ligamentaire ; *m,* inflexion musculaire ; *n,* inflexion des siphons.

déprimée, avec un crochet central, et deux sillons ou enfoncements correspondant aux crêtes postérieures de la valve inférieure ; surface po-

---

[1] D'après l'original dans la collection du British Museum. La couche interne de la coquille de cette espèce a une structure celluleuse irrégulière à laquelle est due sa conservation.

reuse, les pores conduisant dans des canaux de la couche externe de la coquille qui s'ouvrent autour de la ligne palléale sur le bord interne ; cavité antérieure du cartilage profonde et conique, la postérieure peu profonde ; cavité des crochets tournée du côté antérieur (*u*) ; deux dents

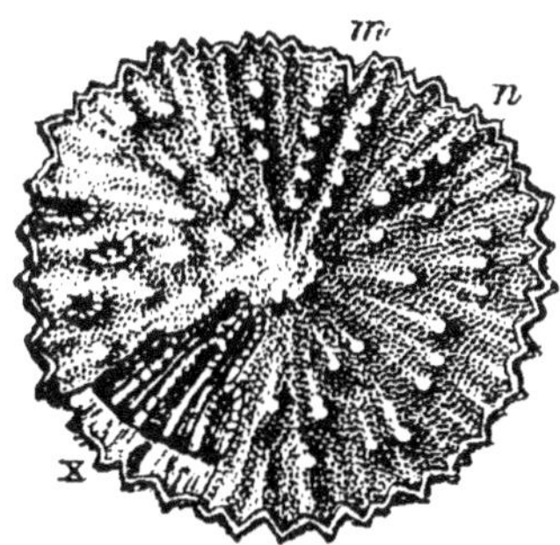

Fig. 255.

H. Toucasianus, valve supérieure, $\frac{1}{2}$.

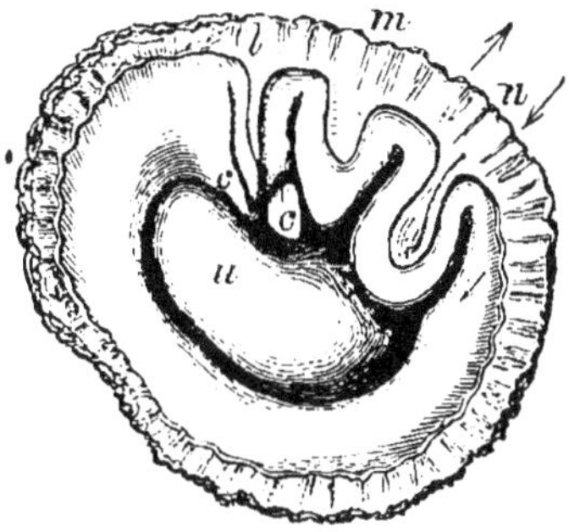

Fig. 256.

Valve inférieure, avec le moule, $\frac{2}{3}$[1].

l, inflexion ligamentaire ; *m*, inflexion musculaire ; *n*, inflexion des siphons ; *x*, cassure laissant voir les canaux ; *c*, cartilage ; *u*, crochet gauche ; les flèches indiquent la direction probable des courants branchiaux.

droites, sub-centrales, l'antérieure la plus grande; chacune supportant une apophyse musculaire crochue, la première large, la postérieure saillante, dentiforme ; inflexions (*m*, *n*) entourées de profondes gouttières.

L'*H. cornu-vaccinum* atteint une longueur de plus d'un pied et est courbée comme une corne de vache ; la couche externe se sépare aisément de l'intérieur qui est marqué de sillons longitudinaux. L'inflexion du ligament (*l*) est très-profonde et étroite, et la dent antérieure plus éloignée des flancs que dans les *H. bioculatus* et *radiosus* (fig 255, 254) ; l'apophyse postérieure (*a'*) ne remplit pas tout à fait la cavité correspondante de la valve inférieure. Chez l'*H. bioculatus* et quelques autres espèces il n'y a pas de crête ligamentaire en dedans ; lorsque ces espèces ont perdu leur couche interne, elles présentent une cavité cylindrique avec deux crêtes parallèles, s'étendant le long d'un des côtés. La troisième inflexion (*n*) est peut-être un pli du siphon, tel qu'il en existe un dans le tube des *Teredo* et quelquefois dans les valves des *Pholas*, des *Clavagella*, et des espèces de *Trigonia* à prolongement caudal.

Le développement de processus naissant de la valve supérieure pour

[1] Ce moule interne représentant la forme de l'animal a été obtenu en enlevant la valve supérieure pièce à pièce avec le ciseau ; un moule pris sur cette valve représente l'intérieur de la valve supérieure avec les bases des dents et des apophyses. Les originaux sont au British Museum.

l'attache des muscles adducteurs concorde avec les autres particularités

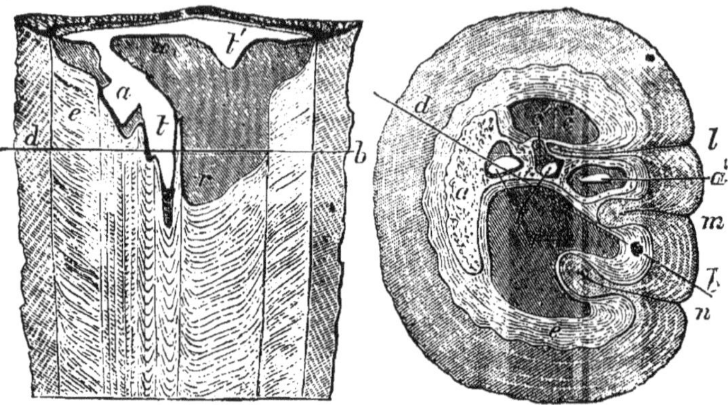

Fig. 257.

Coupe longitudinale; moitié supérieure, $\frac{1}{2}$.

Fig. 258.

Coupe transversale, $\frac{1}{3}$.

Hippurites cornu-vaccinum. Bronn. Salzbourg.

l, *m*, *n*, duplicatures ; *u*, cavité des crochets de la valve gauche ; *r*, cavité des crochets de la valve droite; *c*, *c'*, fossettes des cartilages ; *t*, *t'*, dents ; *a*, *a'*, apophyses musculaires; *d*, couche externe de la coquille. La figure 257 représente une coupe faite selon la ligne *db* de la figure 258, ne coupant que la base de la dent postérieure (*t'*). La figure 258 est faite d'après un plus grand échantillon, environ au niveau *db* de la figure 257, coupant la pointe de l'apophyse postérieure (*a'*), et laissant voir le tissu calcaire particulier déposé par l'adducteur antérieur (*a'*).

des Hippurites. La croissance égale des bords des valves produit des sommets centraux et nécessite un cartilage interne; celui-ci à son tour

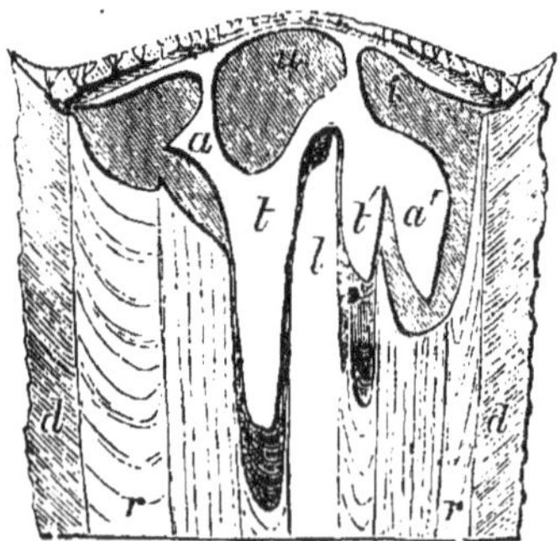

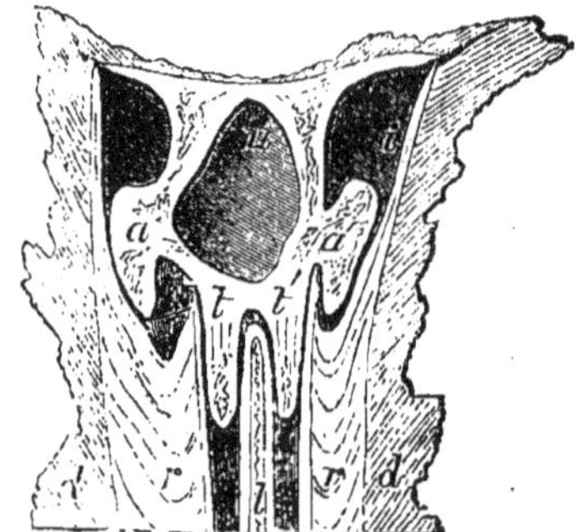

Fig. 259.— *Hippurites cornu-vaccinum.*   Fig. 240. — *Radiolites cylindraceus*, $\frac{1}{2}$.

Coupes longitudinales faites suivant les dents (*t*, *t'*) et les apophyses (*a*, *a'*).

d, couche externe de la coquille; *r*, couche interne ; *l*, plaque dentaire de la valve inférieure ; *u*, cavité apiciale de la valve supérieure; *i*, canal de l'intestin. Les originaux se trouvent dans le British Museum.

amène le déplacement des dents et des adducteurs plus loin du bord

cardinal, dans une position où les muscles doivent avoir été d'une longueur inaccoutumée, à moins qu'ils ne fussent soutenus de la manière
qui a été décrite. En supposant que l'animal ait eu un petit pied comme
celui des *Chama*, l'ouverture du manteau destinée au passage de cet organe
aurait été complétement obstruée par l'adducteur, à moins que le support musculaire ne fût en forme de crochet (*fig.* 259, *a*). Le processus
postérieur de l'adducteur est entaillé en-dessous d'une manière semblable
pour le passage du rectum qui, chez tous les bivalves, sort entre la charnière et l'adducteur postérieur, tourne en dehors de ce muscle, et se termine dans la direction du courant efférent. Il y a autour de la seconde et
de la troisième duplicature, dans la valve supérieure, un sillon (ayant
quelquefois un pouce de profondeur) qui semble destiné à faciliter le
passage du canal alimentaire et le cours de l'eau allant des branchies
dans le canal efférent. La petitesse de l'espace réservé aux branchies
peut avoir été compensée par un plissement profond de ces organes,
semblable à celui que l'on voit chez les *Chama* et les *Tridacna*.

Fossiles, 30 espèces. *Craie*. Bohême, Tyrol, France, Espagne, Turquie, Syrie, Algérie, Égypte.

RADIOLITES, Lamarck, 1801.

Étymologie, radius, un rayon.
Synonyme, Sphærulites, De la Métherie, 1805.
Coquille en cône renversé, biconique ou cylindrique; valves dissem-
blables de structure; bords internes lisses ou finement striés, simples,

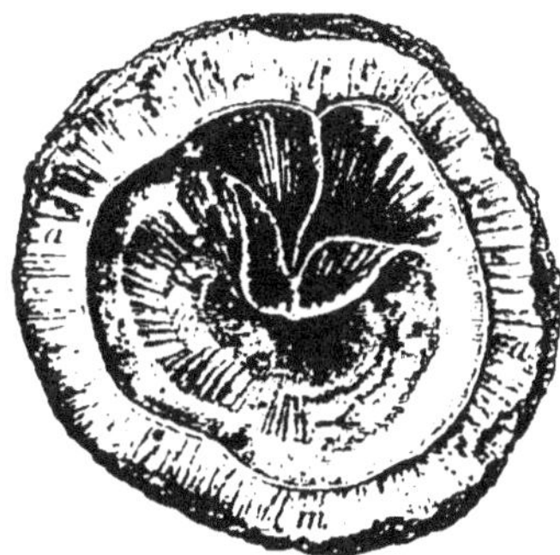

Fig. 241.   Fig. 242.

Intérieur de la valve inférieure.   Intérieur de la valve supérieure.

Radiolites mamillaris, Math., ¼. Craie inférieure; Saint-Mamest (Dordogne).

l, inflexion ligamentaire; *m*, ligne palléale; *c, c*, cavité du cartilage; *a, a'*, impressions et processus des adducteurs; *t*, dents et fossettes dentaires.

continus; inflexion du ligament très-étroite, divisant les fossettes du cartilage qui sont profondes et rugueuses; *valve inférieure* ayant une

couche externe épaisse, souvent foliacée ; sa cavité profonde et droite, avec deux fossettes dentaires et des impressions musculaires latérales ; *valve supérieure* plate ou conique, avec un sommet central ; couche

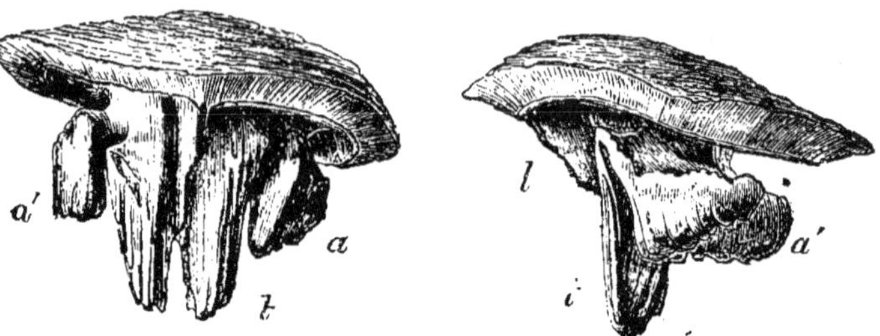

Fig. 243. — Valve supérieure at. *R. mamillaris*, vue de côté ; *l*, inflexion ligamentaire ; *t*, dents, , *a'*, processus musculaires.

externe mince, rayonnée ; cavité apiciale inclinée du côté du ligament ; dents anguleuses, striées, supportant des processus musculaires courbes et sub–égaux.

La valve supérieure de la *R. fleuriausiana* a un crochet oblique, avec un sillon ligamentaire distinct. Les foliations de la valve inférieure sont souvent ondulées, elles sont quelquefois aussi minces que du papier, et ont plusieurs pouces de large.

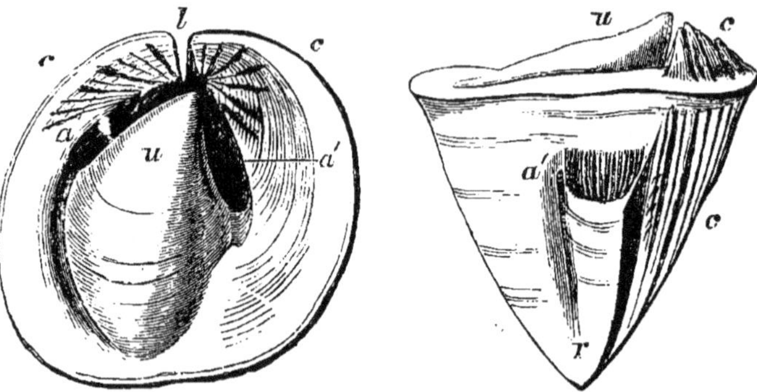

Fig. 244. — Moule, vu par-dessus.   Fig. 245. — Id., vu de côté.

Moule interne de *R. Hœninghausii*, Desm., $\frac{1}{2}$. Craie.

u, sommet de la valve gauche ; *r*, sommet de la droite ; *l*, sillon ligamentaire ; *c, c*, cartilage ; *a*, muscle adducteur antérieur ; *a'*, muscle adducteur postérieur.

La cavité apiciale de la valve inférieure est cloisonnée par des lamelles très-délicates en forme d'entonnoir. On rencontre souvent des échantillons chez lesquels la couche externe de la coquille est conservée, tandis que l'interne manque, et que le moule (« birostrites ») reste libre dans le centre. L'intérieur de la couche externe de la coquille est profondément sillonné de lignes d'accroissement, et montre une crête ligamentaire distincte dans chaque valve.

Chez les vieux individus de la *R. calceoloides* l'inflexion ligamentaire est cachée, les fossettes du cartilage sont en partie remplies et devenues lisses, et les dents et les apophyses si fortement enchâssées dans leurs cavités respectives que cela donne l'idée que les valves étaient devenues fixes à environ un quart de pouce de distance l'une de l'autre, et avaient cessé de s'ouvrir et de se fermer à la volonté de l'animal.

Fossiles, 42 espèces. Néocomien — Craie. Texas, Angleterre, France, Bohême, Saxe, Portugal, Algérie, Égypte.

Sous-genres ? *Biradiolites*, d'Orbigny. R. canaliculatus (*fig.* 225, valve supérieure). Sillon ligamentaire visible sur une des valves ou sur toutes deux, occupant quelquefois le sommet d'une crête, et bordé de deux aréas semblables (*a, a*).

Fossiles, 5 espèces. Craie. France.

CAPRINELLA, d'Orbigny.

Type, C. triangularis, Desm. (*fig.* 246).
Synonyme, Caprinula (Boissyi), d'Orbigny.

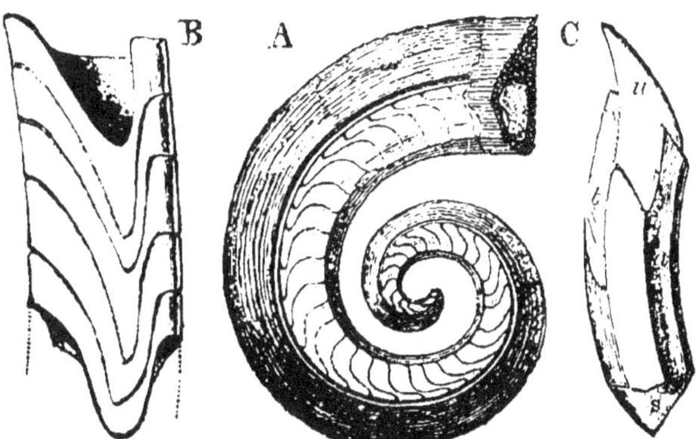

Fig. 246. — *Caprinella triangularis*, Desm. Grès vert supér. La Rochelle, $\frac{2}{5}$.

A, portion de la valve gauche d'après d'Orbigny [1] ; la paroi de la coquille a disparu sous l'action des agents atmosphériques, en laissant visible l'intérieur cloisonné. B, moule de cinq des chambres à eau. C, moule de la chambre occupée par le corps ; *u*, sommet de la valve droite ; *s*, sommet de la valve gauche ; *t*, sillon dentaire ; *a*, surface dont on a détaché le lobe postérieur. D'après les originaux offerts par M. S.-P. Pratt au British Museum.

[1] Dans la figure de M. d'Orbigny, la petite valve a été ajoutée d'après un autre échantillon et est tournée du côté de la spire de la grande valve (*Pal. Franc.* pl. 542, fig. 1). Dans les échantillons de M. Pratt, et dans ceux qui ont été récoltés en Portugal par M. Sharpe, le sommet de la petite valve est tourné dans l'autre sens avec une courbure sigmoïde. (*Quart. Journ. Geol. Soc.* VI. pl. XVIII.)

Coquille fixée par le sommet de la valve droite ou libre ; composée d'une épaisse couche de tubes ouverts, avec une mince lame compacte superficielle ; cartilage interne, contenu dans plusieurs fossettes profondes ; sommets plus ou moins cloisonnés ; valve droite conique ou

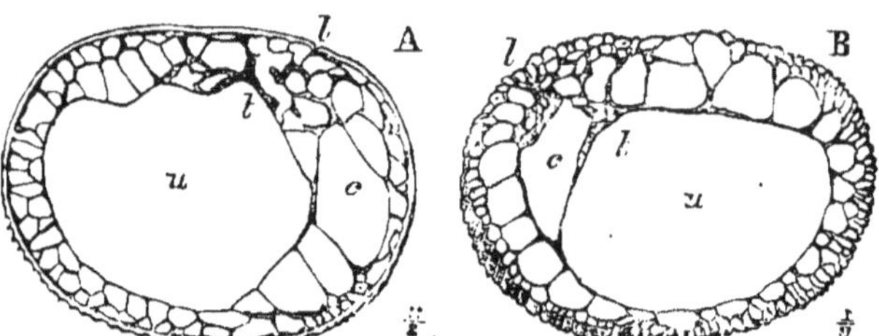

Fig. 247. — Valve droite.   Fig. 248. — Valve spirale.

Coupes transversales de la *C. Boissyi*. Craie infér. ; Lisbonne. (M. Sharpe.

l, position de l'inflexion ligamentaire ; *t*, dents ; *c*, cavités du cartilage ; *u*, cavité apiciale. La figure 248 est faite d'après un échantillon qui, sous l'action des agents atmosphériques, avait perdu sa couche externe. Les tubes de la paroi de la coquille sont remplis de calcaire contenant de petites coquilles.

allongée, avec un sillon ligamentaire sur son côté convexe, et munie d'une forte dent cardinale portée par une plaque oblique ; valve gauche oblique ou spirale, avec deux dents cardinales, l'antérieure portée par une plaque qui divise longitudinalement la cavité des sommets.

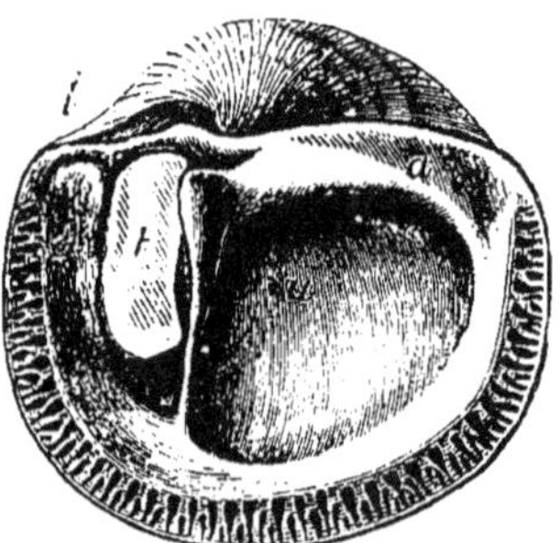

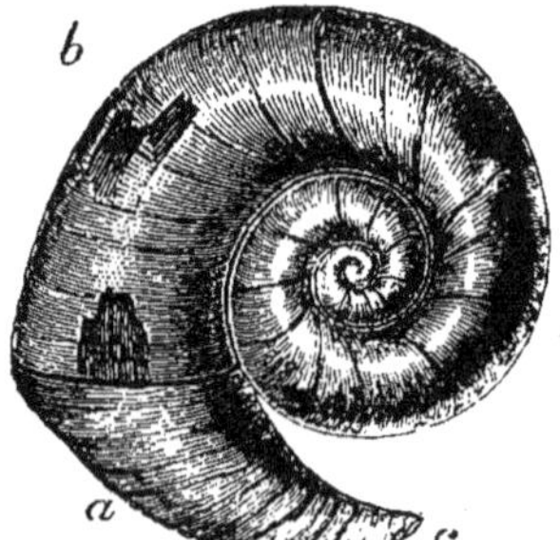

Fig. 249. — *C. Aguilloni*, valve gauche.   Fig. 250. — *C. adversa* (d'après d'Orb.).

a, a, position des adducteurs ; *l*, ligament ; *u*, cavité apiciale ; *t*, dent de la valve adhérente, cassée et restant dans sa fossette ; *c*, point primitif d'attache.

Chez la *C. triangularis* la cavité apiciale de la valve spirale est cloisonnée à des intervalles réguliers (*fig.* 246, A) ; la longueur des chambres à eau est quelquefois de 75 millimètres, et celle de la chambre du corps de 2 à 7 diamètres. On peut voir sur les côtes caverneuses des îlots voisins de la Rochelle, des échantillons mesurant près d'un mètre de diamètre dans le sens transversal [1]. (Pratt.)

Fossiles, 6 espèces. Néocomien — Craie inférieure. France, Portugal, Texas.

CAPRINA, C. d'Orbigny.

Étymologie, *caprina*, appartenant à une chèvre.

Synonyme, Plagioptychus, Matheron.

Type, C. Aguilloni, C. d'Orbigny. Craie inférieure. Tyrol (= C. Part-schii, Hauer).

Coquille à valves dissemblables ; cartilage interne ; valve adhérente conique, marquée seulement de lignes d'accroissement et d'un sillon ligamentaire ; bord cardinal ayant plusieurs profondes fossettes du car-tilage et une grande dent saillante du côté postérieur ; valve libre oblique ou spirale, épaisse, perforée d'une ou de plusieurs séries de canaux aplatis, qui rayonnent depuis le sommet et s'ouvrent autour du bord interne ; dent antérieure portée par une plaque qui divise longitudina-lement la cavité apiciale, dent postérieure obscure ; bord cardinal très-épaissi, sillonné pour le cartilage.

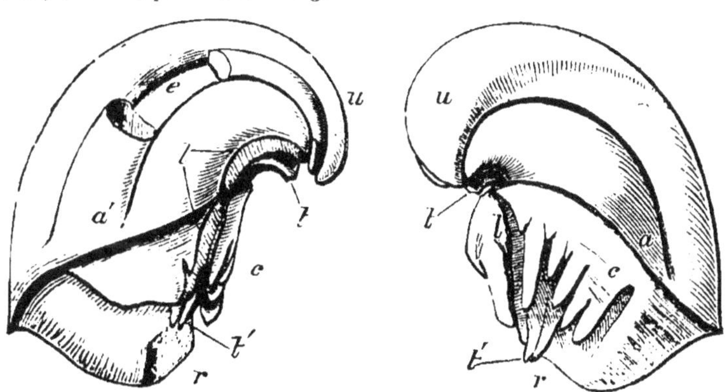

Fig. 251. — Moule interne de *Caprotina quadripartita*, d'Orb. $\frac{1}{2}$.

u, sommet gauche ; *r*, sommet droit ; *l*, inflexion ligamentaire ; *c*, cartilage ; *t*, *t'*, fossettes dentaires ; *a*, *a'*, position des adducteurs ; en *e*, une partie du troisième lobe est cassée [2]. D'après un échantillon collecté par M. Pratt.

Chez la *C. adversa* (*fig.* 250), la valve libre (*b*) forme une spirale senestre ; sa cavité est partagée en loges par de nombreuses cloisons, e divisée longitudinalement par la plaque dentaire. Lorsque la coquille est

[1] Ces singuliers fossiles ont été appelés *ichthyosarcolites* par Desmarest, à cause de leur ressemblance avec les muscles disposés par couches des poissons.

[2] Le premier et le quatrième lobe, qui se trouvent de chaque côté de l'inflexion ligamentaire, semblent être les deux divisions d'un grand cartilage interne semblable à celui des Radiolites. (Fig. 241, 245, *c,c*.)

,eune, elle est fixée par le sommet de la valve droite (*c*), mais ensuite elle se détache, car l'on trouve les grands échantillons enfouis la spire en bas. (Sæmann.) La valve inférieure de la *C. Coquandiana* est sub-spirale.

Fossiles, 10 espèces. Grès vert supérieur et Craie inférieure. Bohême, France, Texas.

CAPROTINA, d'Orbigny.

Type, C. semistriata, Pl. XIX, *fig.* 13 et 14. Le Mans, Sarthe.

Coquille composée de deux couches distinctes; valves de structure semblable, différant par l'ornementation ; sillon ligamentaire faible ; cartilage interne ; *valve droite* adhérente, striée, ou garnie de côtes, avec une dent étroite entre deux profondes fossettes, plusieurs fossettes du cartilage de chaque côté de l'inflexion ligamentaire, adducteur postérieur supporté par une plaque ; *valve libre* plate ou convexe, avec un sommet marginal; deux dents, très-saillantes, supportées par des crêtes (*apophyses*) des muscles adducteurs (*a, a'*), la dent antérieure reliée avec une troisième plaque (*n*), qui divise la cavité apiciale.

Les petites Caprotines se rencontrent par groupes, fixées à des coquilles d'Huîtres ; leurs crêtes musculaires sont beaucoup moins développées que dans les grandes espèces (*fig.* 251). La *C. costata* ressemble à une petite Radiolite.

Fossiles, 10 espèces. Grès vert supérieur, France. (Le reste des espèces comprend des *Chama*, etc.)

FAMILLE IX. — TRIDACNIDÆ.

Coquille régulière, équivalve, tronquée en avant ; ligament externe ; valves ornées de fortes côtes, bord dentés ; impressions musculaires confondues, sub-centrales, obscures.

Animal fixé par un byssus, ou libre ; lobes du manteau réunis sur une grande étendue ; ouverture pour le pied grande, antérieure ; orifices des siphons entourés d'une bordure palléale épaissie ; orifice branchial lisse ; orifice anal éloigné du précédent, avec une valvule tubuleuse ; un seul muscle adducteur, grand et rond, avec un plus petit muscle du pied près de lui, en arrière ; pied digitiforme, avec un sillon du byssus ; de chaque côté deux branchies étroites, fortement plissées, la paire externe composée d'une seule lamelle, l'interne épaisse, à bords distinctement sillonnés ; palpes très-grêles, pointus.

La coquille des *Tridacnes* est extrêmement dure, car elle se remplit de calcaire jusqu'à ce que toute trace de structure organique ait été effacée. (Carpenter.)

TRIDACNA, Bruguière, Bénitier.

Étymologie, *tri*, trois, *dakno*, mordre ; espèce d'Huitre. (Pline.)
Exemple, T. squamosa, Pl. XVIII, *fig*. 15.

Coquille massive, triangulaire, ornée de côtes rayonnantes et d'écailles foliacées imbriquées ; bords profondément dentés ; sinus du byssus grand dans chaque valve, rapproché du sommet en avant ; dents cardinales 1.1, latérales postérieures 2.1.

Une paire de valves de la *T. gigas*, pesant plus de 250 kilog., et mesurant environ 60 centimètres de large, sert de bénitiers dans l'église de Saint-Sulpice à Paris. Le capitaine Cook dit que l'animal de cette espèce pèse quelquefois 10 kilog. et qu'il est bon à manger[1].

La figure 252 montre l'animal de la *Tridacna*, tel qu'on le voit après avoir enlevé la valve gauche et une partie du manteau en dedans de la ligne palléale.

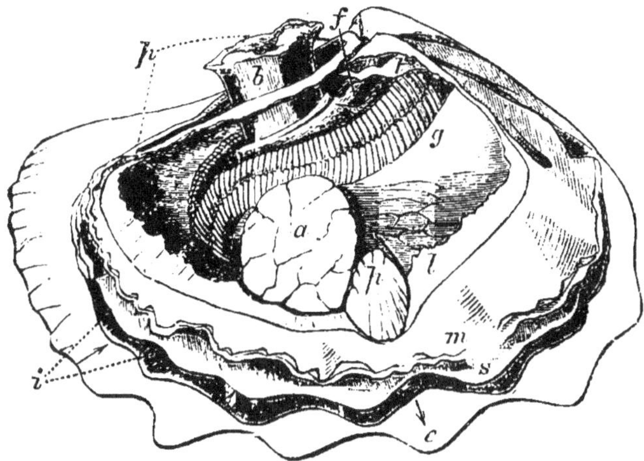

Fig. 252. — *Tridacna crocea*. Lam. (Figure originale.)

a, le muscle adducteur unique ; *p*, muscle et ouverture pour le passage du pied dans le manteau ; *f*, le petit pied sillonné ; *b*, byssus ; *t*, tentacules labiaux ; *g*, branchies ; *l*, le large muscle palléal ; entre *g* et *l* se trouve l'organe rénal ; *m*, le double bord du manteau ; *s*, le rebord siphonal ; *i*, orifice branchial *e*, orifice anal valvulaire. *Ann. Nat. Hist.*, 1855, page 190.

Distribution, 7 espèces. Océan Indien, mers de Chine, océan Pacifique.

Fossile, T. media. *Miocène*. Pologne (Pusch). On trouve des *Tridacna* et des *Hippopus* dans les récifs de coraux soulevés du détroit de Torrès. (Macgillivray.)

[1] Nous restâmes longtemps dans la lagune (de l'île Keeling), à examiner les champs de coraux et les bénitiers gigantesques ; si un homme mettait sa main dans un de ces bivalves, il lui serait impossible de le retirer tant que l'animal serait vivant. (Darwin. *Journal*, p. 460.)

Sous-genre, *Hippopus*, Lamarck. H. maculatus, Pl. XVIII, *fig.* 16. L'Hippope (« bear's-paw clam ») a des valves fermées qui portent chacune deux dents cardinales. On la trouve sur les récifs, dans la mer de coraux. L'animal file un petit byssus.

FAMILLE X. — CARDIADÆ.

Coquille régulière, équivalve, libre, cordiforme, ornée de côtes rayonnantes ; côté anal ayant une ornementation différente de celle de la partie antérieure et des flancs ; deux dents cardinales latérales, 1.1 dans chaque valve ; ligament externe court et saillant ; impression palléale simple ou légèrement sinueuse en arrière ; impressions musculaires sub-carrées.

Animal à manteau ouvert en avant ; siphons ordinairement très-courts, garnis extérieurement de cirrhes ; deux branchies de chaque côté, épaisses, réunies en arrière ; palpes étroits et pointus ; pied grand, falciforme.

CARDIUM, L. —Bucarde.

Étymologie, *kardia*, le cœur.

Synonyme, Papyridea, Sw.

Types, C. costatum, Pl. XIX, *fig.* 1. C. lyratum, *fig.* 2.

Coquille ventrue, fermée ou bâillante en arrière; crochets saillants, sub-centraux : bords crénelés ; impression palléale plus ou moins sinueuse.

Animal à bords du manteau plissés ; siphons garnis de filaments tentaculaires, orifice anal ayant une valvule tubulaire ; orifice branchial frangé ; pied long, cylindrique, falciforme, pourvu d'un talon.

La Bucarde commune (*C. edule*) habite les baies sablonneuses, près du niveau de la basse mer ; une petite variété vit dans les eaux saumâtres de la Tamise, jusqu'à Gravesend ; elle se retrouve dans la Baltique, ainsi que dans la mer Noire et la Caspienne. Le *C. rusticum* s'étend de la mer Glaciale à la Méditerranée, à la mer Noire, à la Caspienne et à la mer d'Aral. Sur la côte du Devonshire, on mange la grande Bucarde épineuse (*C. aculeatum*).

Sous-genres, *Hemicardium* (Cardissa) Cuvier. C. hemicardium, Pl. XIX, *fig.* 3.

Coquille déprimée, côté anal plat, valves fortement carénées.

Lithocardium aviculare, Pl. XVIII, *fig.* 17. *Coquille* triangulaire, carénée; face antérieure très-courte; dents cardinales 1.2, dirigées en arrière; latérales postérieures 2.1 ; fossette musculaire antérieure petite, impression postérieure grande, éloignée de la charnière. Le *L. cymbulare*, *Lam.* laisse voir un faible indice d'échancrure du byssus dans les bords antérieurs des valves. *Fossiles*, *Éocène*, France. Ces coquilles offrent une ressemblance frappante avec les *Tridacna*.

Serripes (Grœnlandicus) Beck. Charnière dépourvue de dents. Mers arctiques, du cap Parry à la mer de Kara ; fossile dans le crag de Norwich.

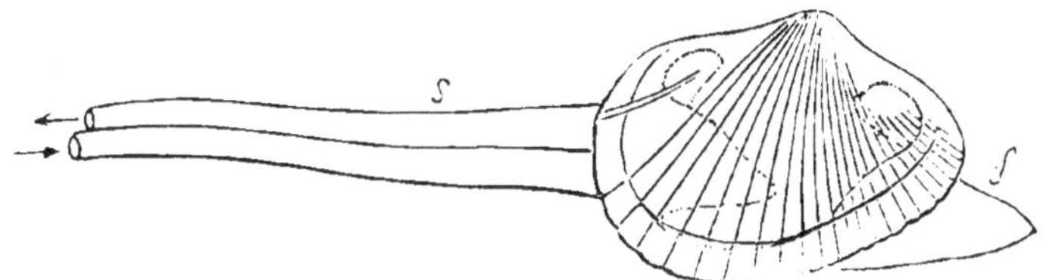

Fig. 253. — *C. læviusculum*, Eichw. (d'après Middendorff).

Adacna, Eichwald. C. edentulum, Pl. XIX, *fig.* 4. (Acardo, Sw., non Brug. ; Pholadomya, Ag. et Mid , non Sby.). *Coquille* comprimée, bâillante en arrière, mince, presque dépourvue de dents ; impression palléale sinueuse. *Animal* à pied (*f*) comprimé ; siphons (*s*) allongés, réunis presque jusqu'à l'extrémité, lisses. *Distribution*, 8 espèces. Mer d'Aral, Caspienne, mer d'Azof, mer Noire, et embouchures du Volga, du Dniester, du Dnieper et du Don ; ils cheminent dans la vase. Le *C. caspicum* (Monodacna, Eichw.) a une seule dent cardinale et le *C. trigonoïdes* (Didacna, E.) a les rudiments de deux dents. L'inflexion siphonale présente un développement variable.

Distribution, 200 espèces. De toutes les mers ; depuis le rivage jusqu'à 260 mètres. Vivant en société sur les sables et les vases sablonneuses.

Fossiles, 330 espèces. Silurien supérieur —. Patagonie — Inde méridionale.

Le *C. Hillanum*, Sby. (Protocardium, Beyr.) est le type d'un petit groupe chez lequel les flancs ont des sillons concentriques, et où le côté anal est marqué de stries rayonnantes ; l'impression palléale est légèrement sinueuse. Jura — Craie. Europe, Inde.

CONOCARDIUM, Bronn.

Synonymes, Lychas, Stein ; Pleurorhynchus, Ph. ; Lunulocardium, Münster.

Type, C. Hibernicum, Pl. XIX, *fig.* 5. C. aliforme, *fig.* 254.

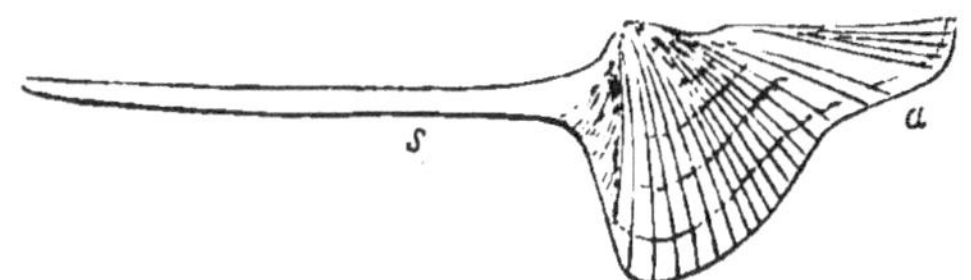

Fig. 254. — *Conocardium aliforme*, Sby.; Carbon.; Irlande (Collect. Tennant).

Coquille triangulaire, équivalve, conique et bâillante en avant, tronquée en arrière, avec un long tube siphonal près des sommets ; pente antérieure marquée de stries rayonnantes, la postérieure de stries obliques; bords fortement crénelés en dedans; charnière ayant des dents lamelleuses antérieures et postérieures; ligament externe.

L'extrémité tronquée a été ordinairement considérée comme *antérieure*, conclusion qui semble incompatible avec la position verticale et les habitudes fouisseuses de la plupart des coquilles libres et équivalves; si on les compare avec les *Adacna* (*fig.* 253), on voit que l'extrémité largement bâillante (*a*) laisse passer le pied, et que le long tube (*s*) renferme les siphons. Le *C. Hibernicum* a une carène étalée comme l'*Hemicardium inversum*. La coquille a une structure cellulaire prismatique, comme Sowerby l'a démontré le premier; mais les cellules sont cubiques et beaucoup plus grandes que chez aucune Aviculide. Chez les *Cardium* la couche externe est seulement plissée ou obscurément cellulaire prismatique.

Fossiles, 30 espèces. Silurien supérieur — Carbonifère. Amérique du Nord, Europe.

<h2 style="text-align:center">Famille XI. — Lucinidæ.</h2>

Coquille orbiculaire, libre, fermée; dents cardinales 1 ou 2; latérales 1-1, ou obsolètes; intérieur terne, obliquement sillonné; impression palléale simple; deux impressions musculaires, allongées, rugueuses; ligament indistinct ou subinterne.

Animal à lobes du manteau ouverts en dessous et ayant en arrière un ou deux orifices des siphons; pied allongé, cylindrique, rubaniforme, (*ligulé*), faisant saillie à la base de la coquille; branchies une (ou deux) de chaque côté, grandes et épaisses, ovales; bouche et palpes ordinairement petits.

Les Lucinides sont principalement répandues dans les mers tropicales et tempérées, sur les fonds sablonneux et vaseux, depuis le rivage jusqu'aux plus grandes profondeurs habitées. La coquille est formée de deux couches distinctes.

La figure 255 représente l'animal d'une espèce de *Diplodonta*, des Philippines, tel qu'on le voit après avoir enlevé la valve gauche et une partie du manteau en dedans de la ligne palléale; en *b c* se trouve la grande ouverture du pied; les flèches indiquent le petit orifice branchial lisse et l'orifice valvulaire anal; *f*, le pied, contracté par l'alcool; *p p*, les grands palpes striés; *l*, le foie; la branchie externe a un bord simple, l'interne est sillonnée

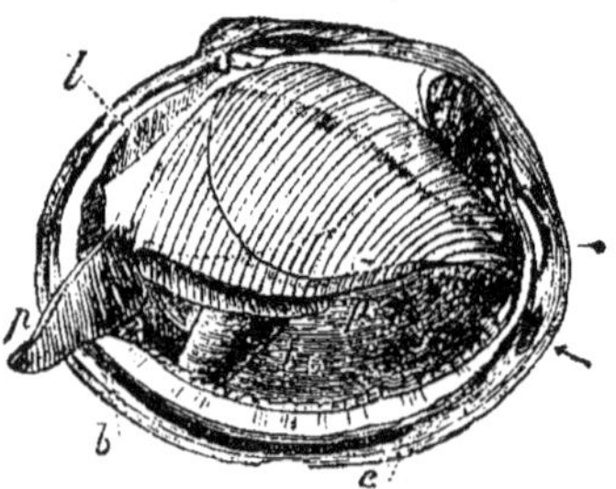

Fig. 255. — *Diplodonta.*

et conduit à la bouche. Ce genre a plus de titres que les *Kellia* à être regardé comme le type d'une famille.

Lucina, Bruguière.

Étymologie, Lucina, un des noms de Junon.
Type, L. Pennsylvanica, Pl. XIX, *fig.* 6.
Coquille orbiculaire, blanche; crochets déprimés; lunule distincte; bords lisses ou finement crénelés; ligament oblique, à demi interne: dents cardinales 2.2; les latérales 1—1 et 2—2, ou obsolètes; impressions musculaires rugueuses, l'antérieure allongée en dedans de l'impression palléale, la postérieure oblongue; aréa apiciale ayant un sillon oblique.
Animal à manteau ouvert en dessous; orifices des siphons simples: bouche petite, lèvres minces; une seule branchie de chaque côté, très-grande et très-épaisse; pied cylindrique, pointu, pourvu d'un faible talon à la base.
Le pied des Lucines est souvent deux fois aussi long que l'animal, mais il est ordinairement replié en arrière sur lui-même et caché entre les branchies. Il est creux dans toute sa longueur. La *L. lactea* (Loripes, Poli) a un long tube anal contractile. La *L. tigrina* (Codakia, Scop.) a le ligament caché entre les valves, ses dents latérales sont obsolètes.
Distribution, 70 espèces. Antilles, Norwége, mer Noire, Nouvelle-Zélande. 220 mètres.
Fossiles, 250 espèces. Silurien supérieur —. États-Unis — Terre de Feu; Europe — Inde méridionale.
Sous-genres, *Cryptodon*. Turton. L. flexuosa, Pl. XIX, *fig.* 7. *Synonymes*, Ptychina, Phil.; Thyatira, Leach; Clausina (ferruginosa) Jeffr. *Coquille* mince, dépourvue de dents; ligament tout à fait interne, oblique. *Animal* à long tube anal. *Distribution*, 5 espèces. Norwége — Nouvelle-Zélande. *Fossiles*, 2 espèces. Éocène —. États-Unis, Europe.
Psathura, Deshayes. Impression de l'adducteur antérieur longue, étroite; dents cardinales 2.2; crochets imperceptibles.

Corbis, Cuvier.

Étymologie, corbis, une corbeille.
Type, C. elegans. Pl. XIX, *fig.* 8.
Synonymes, Fimbria, Mühl., non Bohadsch; « Idotæa, » Schum.
Coquille ovale, ventrue, sub-équilatérale, marquée de sculptures concentriques; bords denticulés en dedans; dents cardinales 2, latérales 2, dans chaque valve; impression palléale simple; aréa apiciale marquée d'un sillon oblique, impressions musculaires arrondies et luisantes; impressions du pied rapprochées de celles des adducteurs.
Animal à manteau ouvert en dessous, doublement frangé; pied long, pointu; orifice siphonal unique, avec une longue valve tubu-

laire rétractile; lèvres étroites; palpes rudimentaires; une seule branchie de chaque côté, épaisse, quadrangulaire, plissée, les deux se réunissant en arrière.

Distribution, 5 espèces. Inde, Chine, Australie septentrionale, Pacifique.

Fossiles, 80 espèces (en y comprenant les sous-genres). Lias —. États-Unis, Europe.

Chez la *C. dubia* (Semicorbis) Desh., de l'Éocène de Paris, les dents latérales sont obsolètes.

Sous-genres, *Sphæra* (corrugata), Sby. *Coquille* globuleuse, sillonnée concentriquement, et obscurément rayonnée; ligament saillant; bords crénelés; dents cardinales 2.2, obscures; les latérales obsolètes. *Fossiles*, Trias — Craie. Europe.

Sportella, Deshayes. Semblables aux Sphæra, mais avec 2.1 dents cardinales.

? *Unicardium*, d'Orb. (Mactromya, Ag. part.) = Corbula cardioides, Sby. *Coquille* mince, ovale, ventrue, marquée de stries concentriques; plaques ligamentaires allongées; impression palléale simple; charnière n'ayant qu'une dent obscure ou dépourvue de dents. *Fossiles*, 40 espèces? Lias — Portlandien. Europe.

? TANCREDIA, Lycett, 1850.

Genre dédié à Sir Thomas Tancred, Baronet, fondateur du « Cotteswold Naturalists' Club. »

Exemple, T. extensa, L. Pl. XXI, *fig*. 22.

Synonyme, Hettangia, Terquem.

Coquille triangulaire, lisse; face antérieure ordinairement la plus longue; dents cardinales 2.2, dont l'une est petite; une dent postérieure latérale dans chaque valve; ligament externe; impression musculaire ovale; impression palléale simple.

Fossiles, 12 espèces. Lias — Bathonien. Angleterre, France.

DIPLODONTA, Bronn.

Étymologie, *diplos* double, *odonta*, dents.

Synonyme, Sphærella, Conrad.

Type, D. lupinus (Venus) Brocchi. Pl. XIX, *fig*. 9.

Coquille suborbiculaire, lisse; ligament double, assez long, submarginal; dents cardinales 2.2, dont l'antérieure de la valve gauche et la postérieure de la valve droite sont bifides; impressions musculaires luisantes, l'antérieure allongée.

Animal à bords du manteau presque lisses, réunis; orifice du pied grand, ventral; pied pointu, creux; palpes grands, libres; deux branchies de chaque côté, distinctes, les externes ovales, les internes présentant leur plus grande largeur en avant, réunies en arrière ; orifice branchial petit, simple ; l'anal plus grand, avec une valvule lisse.

Distribution, 40 espèces. Antilles, Rio, Angleterre, Méditerranée, mer Rouge, côte occidentale d'Afrique, Inde, Corée, Australie, Californie. La *D. diaphana* (Felania, Recluz) creuse dans le sable.

Fossiles, 50 espèces. Éocène —. États-Unis, Europe.

? *Scacchia*, Philippi, 1844 ; Tellina elliptica, Sc. *Coquille* petite, ovale, côté postérieur le plus court ; dents cardinales 1 ou 2, les latérales obsolètes ; ligament petit ; cartilage interne, dans une fossette oblongue. *Animal* à manteau largement ouvert ; un seul orifice siphonal ; pied comprimé, linguiforme ; palpes médiocres, oblongs. *Distribution*, 2 espèces. Méditerranée. *Fossile*, 1 espèce. Pliocène ; Sicile.

? *Cyamium*, Philippi, 1845. C. antarcticum, Pl. XIX., *fig.* 16. *Coquille* oblongue ; dents cardinales 2.2 ; ligament double ; cartilage dans un sillon triangulaire, derrière les dents de chaque valve. *Distribution*, 5 espèces. Patagonie, Europe septentrionale. *Fossile*, 1 espèce. Tertiaire ; Europe.

UNGULINA, Daudin.

Étymologie, *ungulina*, semblable à un sabot (ongle).

Type, U. oblonga. Pl. XIX, *fig.* 10.

Coquille suborbiculaire ; ligament très-court ; épiderme épais, ridé, quelquefois noir ; dents cardinales 2.2 ; impressions musculaires longues, rugueuses.

Animal à manteau ouvert en dessous, frangé ; un seul orifice siphonal ; pied vermiforme, épaissi à l'extrémité et perforé, faisant saillie à la base de la coquille ou replié entre les branchies ; palpes pointus ; deux branchies de chaque côté, inégales, les externes plus étroites, avec un bord dorsal libre, les internes plus élargies en avant.

Distribution, 4 espèces. Sénégal, Philippines ; ces bivalves creusent des galeries tortueuses dans les coraux.

KELLIA, Turton, 1822.

Étymologie, genre dédié à M. O'Kelly, de Dublin.

Synonymes, Lasea (Leach), Br. 1827 ; Cycladina (Adansonii) Cantr. ; Bornia (suborbicularis) Phil. ; Poronia (rubra), Recluz (non Willd.) ; Erycina (cycladiformis), Desh. (non Lam.).

Types, K. suborbicularis, Mont. ; K. rubra. Pl. XIX, *fig.* 12.

Coquille petite, mince, suborbiculaire, fermée ; crochets petits ; bords lisses ; ligament interne, interrompant le bord (chez la *K. suborbicularis*), ou situé sur les bords épaissis (dans la *K. rubra*) ; dents cardinales 1 ou 2, latérales 1—1 dans chaque valve.

Animal à manteau prolongé en avant en un canal respiratoire, tantôt complet (chez la *K. suborbicularis*), tantôt s'ouvrant dans la fente du pied (chez la *K. rubra*) ; pied en forme de ruban, canaliculé ; branchies grandes, deux de chaque côté, réunies postérieurement, la paire externe plus étroite et prolongée du côté dorsal ; palpes triangulaires ; orifice siphonal postérieur unique, anal.

Les charnières de ces petites coquilles sont sujettes à des variations qui ne se lient pas d'une manière constante avec les modifications des ouvertures du manteau. Ils rampent librement et se fixent à volonté au moyen d'un byssus. La *K. rubra* se trouve dans les crevasses des rochers, au niveau de la haute mer, et dans des places où elle n'est atteinte que par les embruns, sauf pendant les grandes marées ; d'autres espèces s'étendent jusqu'à une profondeur de 565 mètres. La *K. Lapeyrousii* (Chironia), Desh. Pl. XIX, *fig.* 11, a été trouvée creusant dans des grès, dans des eaux profondes, à Monterey, en Californie.

Distribution, 20 espèces. Norwége — Nouvelle-Zélande — Californie.

Fossiles, 20 espèces. Éocène —. États-Unis, Europe.

Sous-genres, *Turtonia* (minuta), Hanley. *Coquille* oblongue, inéquilatérale, côté antérieur très-court ; ligament caché entre les valves ; dents cardinales 2.2. *Animal* à manteau ouvert en avant ; pied grand, pourvu d'un talon ; siphon simple, grêle, allongé, faisant saillie à l'extrémité la plus allongée de la coquille. *Distribution*, Groënland, Norwége, Angleterre. Dans les flaques et dans les fentes des rochers, entre la haute et la basse mer, et dans les racines des algues et des corallines. M. Thompson s'en est procuré dans l'estomac des muges pris sur la côte nord-est de l'Irlande.

Pythina (Deshayesiana), Hinds. (Myllita, d'Orb., et Recl.). *Coquille* triangulaire, ayant des sculptures divergentes ; ligament interne ; valve droite ayant 2 dents latérales, la gauche avec une dent cardinale et 2 latérales. *Distribution*, 8 espèces. Nouvelle-Irlande, Australie, Philippines. *Fossiles*, 2 espèces Éocène —. France, Java.

MONTACUTA, Turton.

Étymologie. Genre dédié au colonel George Montagu, le plus distingué des anciens malacologistes anglais.

Type, M. substriata. Pl. XIX, *fig.* 13.

Coquille petite, mince, oblongue, le côté antérieur le plus long ; ligne cardinale échancrée ; ligament interne, entre deux dents lamelleuses divergentes (avec un petit osselet. Lovén).

Animal à manteau ouvert en avant ; bords simples ; orifice siphonal unique ; pied grand et large, canaliculé.

Les *Montacuta* s'amarrent par un byssus ou se meuvent librement ; la *M. substriata* n'a été trouvée que fixée aux piquants d'un échinoderme (*Spatangus purpureus*) par une profondeur de 9 à 165 mètres. La *M. bidentata* creuse dans les valves des coquilles d'huîtres mortes.

Distribution, 5 espèces. États-Unis, Norwége, Angleterre, mer Egée.

Fossiles, 2 espèces. Pliocène —. Angleterre.

LEPTON, Turton.

Étymologie, lepton, une petite pièce de monnaie (de *leptos,* mince).
Synonyme ? Solecardia (eburnea), Conrad ; basse Californie.
Type, L. squamosum, Pl. XIX., *fig.* 14 ; *fig.* 256.
Coquille sub-orbiculaire, comprimée, lisse, ou chagrinée, un peu ouverte aux extrémités et plus longue en
arrière ; dents cardinales 0.1 ou 1.1, en
avant d'une échancrure anguleuse du
cartilage ; dents latérales 2.2 et 1.1.

Animal à manteau (*m*) ouvert en
avant, s'étendant au delà de la coquille
et portant une frange de filaments,
dont l'un, situé en avant, (*t*) est très-
grand ; un seul siphon (*s*) ; deux bran-
chies de chaque côté, séparées ; pied (*f*) gros, allant en s'atténuant,
portant un talon et sillonné, formant une sole ou disque de reptation.
(Alder.)

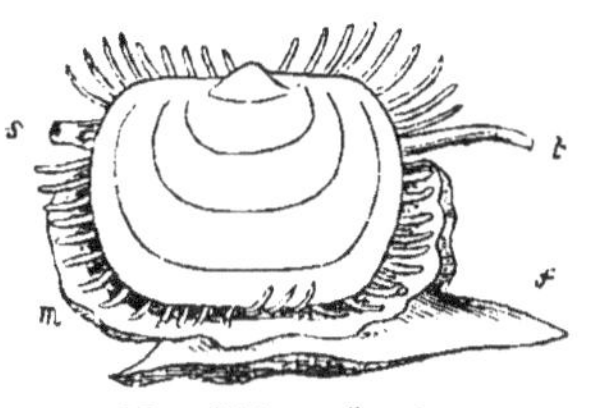

Fig. 256. — *Lepton.*

Sous-genre, Scintilla (Cumingi), Desh. 1856. Petites coquilles ressemblant aux *Lepton* ; finement ponctuées ; ligament interne oblique ; dents
cardinales 1.2 ; les latérales postérieures 1.2. *Distribution,* 37 espèces (?).
Philippines, Australie septentrionale, Panama.

Distribution, 50 espèces. États-Unis, Angleterre, Espagne. Zone des
Laminaires et des coralllines.

Fossiles, 5 espèces. Pliocène —. États-Unis, Angleterre.

GALEOMMA, Turton.

Synonymes, Hiatella, Costa (non Daud.) ; Parthenopea, Scacchi (non
Fabr.)

Type, G. Turtoni, Pl. XIX, *fig.* 15. (*Gale,* belette, *omma,* œil.)
Coquille mince, ovale, équilatérale, largement bâillante en dessous ;
pourvue d'un épiderme fibreux épais ; crochets petits ; ligament interne ;
dents 0.1.

Animal à lobes du manteau réunis en arrière et percés d'un orifice
siphonal, bords doubles, l'interne avec une série de tubercules oculi-
formes ; branchies grandes, subégales, réunies en arrière ; lèvres
grandes, palpes lancéolés, plissés ; pied long, comprimé, avec une sole
plate et étroite.

Les *Galeomma* filent un byssus, mais rompent leurs amarres à
volonté et rampent comme des gastéropodes, en étendant leurs valves
presque horizontalement. (Clarke.)

Distribution, 14 espèces. Angleterre, Méditerranée, Maurice, océan
Pacifique.

Fossiles, 1 espèce. Pliocène —. Sicile.

Famille XII. — Cycladidæ.

Coquille suborbiculaire, fermée ; ligament externe ; épiderme épais corné ; crochets des vieilles coquilles érodés ; charnière à dents cardinales et latérales ; impression palléale simple, ou ayant un très-petit sinus.

Animal à manteau ouvert en avant, bords lisses ; siphons (1 ou 2) plus ou moins réunis, orifices ordinairement lisses ; deux branchies de chaque côté, grandes, inégales, réunies en arrière ; palpes lancéolés ; pied grand, linguiforme.

Toutes les coquilles de cette famille étaient jadis comprises dans le genre *Cyclas*, nom qui est conservé aujourd'hui pour les petites espèces qui habitent les eaux douces de la zone tempérée boréale; les Cyrènes se trouvent dans les régions plus chaudes, sur les bords des anses et dans l'eau saumâtre, où elles vivent en société, s'enfonçant verticalement dans le sol et se trouvant souvent associées avec des espèces de genres marins.

Cyclas, Bruguière.

Étymologie, kuklas, orbiculaire.
Type, C. cornea. Pl. XIX, *fig.* 17.
Synonymes, Sphærium, Scop. ; Pisum, Mühlf. (non L.) ; Musculium, Link.

Coquille mince, ventrue, presque équilatérale ; dents cardinales 2.1, petites ; dents latérales 1 — 1 : 2 — 2, allongées, comprimées.

Animal ovovivipare ; siphons en partie réunis, l'anal le plus court, orifices lisses, branchies très-grandes, l'externe la plus petite, avec un lobule dorsal ; palpes petits et pointus.

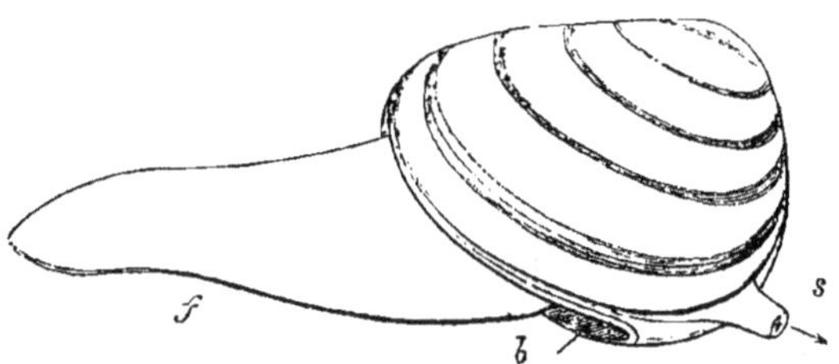

Fig. 257. — *Pisidium amnicum*, $\frac{3}{1}$, avec son pied développé.

Les jeunes des *Cyclas* éclosent dans les branchies internes ; ils sont peu nombreux et de taille très-variée ; une *Cyclas* adulte en a environ 6 dans chaque branchie ; les plus grands ont de 1/6 à 1/4 de la taille de leurs parents. Les jeunes des Cyclades et des Pisidies sont très-actifs, grimpant sur les plantes submergées et se suspendant souvent par les

s d'un byssus; l'on distingue facilement au travers de la coquille les
anchies striées et le cœur que l'on voit battre.

Sous–genres, *Pisidium*, Pfr. P. amnicum, Pl. XIX, *fig*. 18. *Coquille*
équilatérale, côté antérieur le plus long; dents plus fortes que celles
es *Cyclas*. *Animal* ayant un seul petit siphon anal ; orifice des bran-
ies et du pied confluents.

Distribution, 60 espèces. États-Unis, Amérique du Sud, Groënland,
orwége, Sicile, Algérie, Cap, Inde, Caspienne, Angleterre.

Fossiles, 38 espèces. Wealdien —. Europe.

Cyrena, Lamarck.

Étymologie, Cyrene, une Nymphe.

Type, C. cyprinoides, Pl. XIX, *fig*. 20.

Coquille ovale, solide, couverte d'un épiderme épais, rude ; ligament
ros et saillant ; dents cardinales 3.3, latérales 1–1 à chaque valve ;
npression palléale légèrement sinueuse.

Animal (des espèces typiques) à manteau ouvert en avant et en dessous,
ords lisses; siphons courts, à orifices frangés ; branchies inégales,
arrées en avant, plissées, feuillet interne libre à la base ; palpes lan-
éolés ; pied fort, linguiforme.

Sous-genres, *Corbicula*, Mühlf. *C. consobrina*. Pl. XIX, *fig*. 21. *Coquille*
rbiculaire, sillonnée concentriquement, à épiderme luisant ; dents laté-
ales allongées, striées en travers.

Batissa, Gray. Dents latérales antérieures courtes, les inférieures
ongues.

Velorita, Gray. Dents latérales antérieures grosses et triangulaires.

Distribution, 130 espèces. Amérique tropicale (orientale), Égypte,
nde, Chine, Australie, îles du Pacifique. Dans la vase des rivières, et
ans les marais à mangliers, ordinairement près de la côte. La *C. con-
obrina* s'étend depuis l'Égypte au Cachemire et à la Chine, et se trouve
ossile dans les formations pliocènes d'Angleterre [1], de Belgique et de
icile.

Fossiles, 105 espèces. Wealdien —. Europe, États-Unis.

? Cyrenoides, Joannis.

Synonymes, Cyrenella, Desh.

Type, C. Dupontii, Pl. XIX, *fig*. 19.

Coquille orbiculaire, ventrue, mince, érodée aux crochets ; épiderme
'un olive foncé ; ligament externe, saillant, allongé ; dents cardinales
.2, la dent centrale de la valve droite bifide ; impressions musculaires
ongues, étroites ; impression palléale simple.

[1] Elle y est associée avec les os des *Elephas meridionalis, Rhinoceros leptorhi-
nus, Mastodon Arvernensis, Hippopotamus major*, etc.

Animal à manteau ouvert en avant et en dessous, bords simples ; si--
phons courts, réunis ; palpes médiocres, étroits ; branchies très-inégales,
étroites, réunies en arrière ; pied en forme de cylindre allongé.

Distribution, 4 espèces. Fleuve du Sénégal. Les espèces marines sont
des *Diplodonta*.

Fossile, 1 espèce. Europe.

FAMILLE XIII. — CYPRINIDÆ.

Coquille régulière, équivalve, ovale ou allongée ; valves fermées, solides ; épiderme épais et foncé ; ligament externe, visible ; dents cardinales 1-3 sur chaque valve, et ordinairement une dent latérale postérieure ; impressions du pied très-rapprochées de celles des adducteurs,
ou confluentes avec elles ; impression palléale simple.

Animal à lobes du manteau réunis en arrière par un rideau, percés de
deux orifices siphonaux ; pied gros, linguiforme ; deux branchies de
chaque côté, grandes, inégales, réunies en arrière, formant une séparation complète ; palpes médiocres, lancéolés.

La moitié des genres de cette famille sont éteints, et les autres (sauf
les *Circe*) étaient plus abondants dans les époques antérieures à la nôtre
qu'ils ne le sont aujourd'hui. Les *Cyprina* et les *Astarte* sont des formes
boréales ; les *Circe* et les *Cardita* abondent dans les mers australes.

CYPRINA, Lamarck.

Étymologie, Kuprinos (de *Kupris*) qui se rapporte à Vénus.
Synonyme. Arctica, Schum.
Type, C. Islandica, Pl. XIX, *fig.* 22.
Coquille ovale, grande et solide, ayant ordinairement une ligne ou un
angle oblique sur la face postérieure de chaque valve ; épiderme épais
et foncé ; ligament saillant ; crochets obliques ; pas de lunule ; dents
cardinales 2.2, latérales 0-1, 1-0 ; impressions musculaires ovales, luisantes ; sinus palléal obsolète.

Animal à manteau ouvert en avant et en dessous, bords lisses ; orifices siphonaux rapprochés, frangés, légèrement saillants ; branchies
externes semi-lunaires, les internes tronquées en avant.

La principale dent cardinale de la valve droite des *Cyprina* représente la seconde et la troisième des *Venus* et des *Cytherea* ; la seconde
dent de la valve gauche est par conséquent obsolète.

Distribution, La *C. Islandica* s'étend du Groënland et des États-Unis
à la mer Glaciale, à la Norwége et à l'Angleterre ; elle se trouve entre
9 et 145 mètres de profondeur. On la rencontre fossile en Sicile et en
Piémont, mais on ne la trouve pas vivante dans la Méditerranée.

Fossiles, 90 espèces. (D'Orbigny.) Muschelkalk —. Europe.

Circe, Schumacher.

Étymologie, *Circe*, célèbre enchanteresse de la mythologie grecque.
Exemple, C. corrugata, Pl. XX, *fig.* 2.
Synonyme, Paphia (undulata) Lamarck [1].
Coquille suborbiculaire, comprimée, épaisse, souvent ornée de stries
divergentes ; sommets plats ; lunule distincte ; ligament presque caché ;
bords lisses ; dents cardinales 3.3 ; dents latérales obscures ; impression
palléale entière.

Animal (de la *C. minima*) à manteau ouvert, bords denticulés, orifices siphonaux rapprochés, à peine saillants, frangés ; pied grand,
pourvu d'un talon ; palpes longs et étroits. S'étendant de 15 à 90 mètres.
(Forbes.)

Distribution, 40 espèces. Australie, Inde, mer Rouge, Canaries, Angleterre.

Astarte, Sowerby, 1816.

Étymologie, *Astarte*, la Vénus syrienne.
Synonymes, Crassina, Lamarck ; Tridonta, Schum. ; Goodallia, Turton.
Exemple, A. sulcata, Pl. XX, *fig.* 1. A. borealis, *fig.* 258.

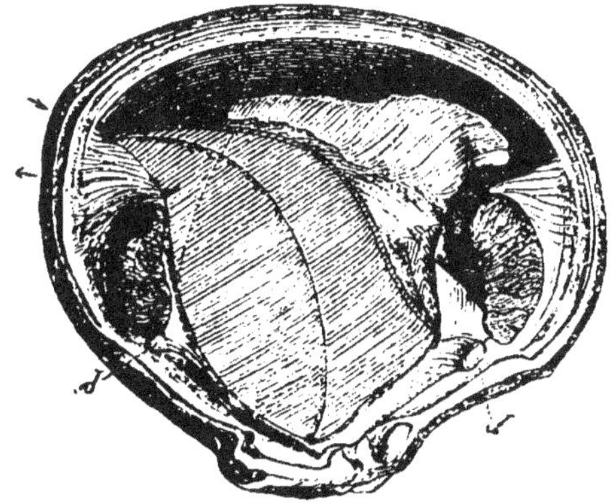

Fig. 258.— *Astarte borealis*, var. semisulcata, Leach., $\frac{3}{2}$. Détroit de Wellington.

Coquille suborbiculaire, comprimée, épaisse, lisse ou marquée de sillons
concentriques ; lunule enfoncée ; ligament externe ; épiderme foncé ; dents
cardinales 2.2, la dent antérieure de la valve droite grande et épaisse ;
impression antérieure du pied distincte ; impression palléale simple.

[1] Ce nom a été employé par Bolten, en 1798, pour certaines espèces de *Veneridæ*, et
par Lamarck, en 1801, pour la *Venus divaricata*, Chemn (= Circe divaricata, et
Crassatella contraria), et le *Mesodesma glabratum*. En 1808, Fabricius appliqua ce
nom à un groupe de papillons ; il est très-employé aujourd'hui dans ce sens,
parce qu'il a été abandonné par Lamarck dans ses derniers ouvrages, et par tous les
malacologistes qui l'ont suivi.

Animal à manteau ouvert ; bords lisses ou légèrement frangés ; orifices siphonaux simples ; pied médiocre, linguiforme ; lèvres grandes, palpes lancéolés ; branchies presque égales, réunies en arrière et fixées au ruban siphonal.

L'animal de l'*Astarte borealis* est représenté figure 258 ; les bords du manteau sont libres, lisses, faiblement garnis de cirrhes dans la région branchiale, réunis postérieurement par la cloison branchiale, formant un seul orifice anal ; muscles du pied (*p*, *p'*) distincts des adducteurs ; branchies plates, finement striées, manquant de divisions internes ; branchie externe étroite, elliptique, à bord simple ; branchie interne sillonnée, conduisant à la bouche.

Distribution, 20 espèces. Détroit de Behring, détroit de Wellington, mer de Kara, Ochotsk, États-Unis, Norwége, Angleterre, Canaries, mer Égée (55 à 205 mètres).

Fossiles, 285 espèces. Carbonifère —. Amérique septentrionale et méridionale, Europe, Thibet.

? *Digitaria*, Wood (Tellina digitaria) ; parties méridionales de la Méditerranée.

Fossile, Pliocène. Angleterre.

Gouldia, C. B. Adams.

Coquille petite, triangulaire, sillonnée ; charnière semblable à celle des *Astarte*, avec des dents latérales ; impression palléale simple.

Distribution, 7 espèces. Panama, Antilles.

Crassatella, Lamarck.

Synonymes, Ptychomya, Ag. ; Paphia (Lamarck, part.) Roissy.

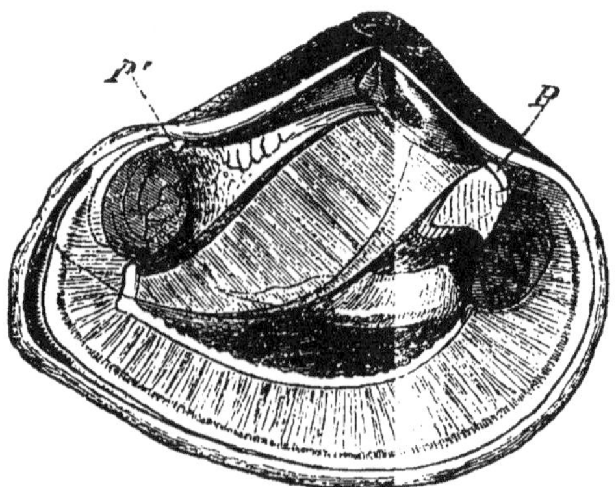

Fig. 259 — *Crassatella pulchra*, Sandy Cape, J.-B. Jukes.
Animal tel qu'on le voit après avoir enlevé la valve *droite*, et une partie du manteau.

Type, C. ponderosa, Pl. XXI, *fig.* 4. C. pulchra, *fig.* 259.
Étymologie, crassus, épais.

Coquille solide, ventrue, atténuée en arrière, lisse ou marquée de sillons concentriques ; lunule distincte ; ligament interne ; bords lisses ou denticulés ; impression palléale simple ; dents cardinales 1.2, striées, situées en avant de la fossette du cartilage ; dents latérales 0-1, 1-0 ; impressions des adducteurs profondes, arrondies ; impression du pied petite, distincte.

Animal à lobes du manteau réunis seulement par la cloison branchiale ; bords conduisant aux branchies garnis de cirrhes ; pied médiocre, comprimé, canaliculé, triangulaire ; branchies lisses, inégales, les externes semilunaires, les internes larges, surtout en avant ; palpes triangulaires.

L'animal de la *Crassatella pulchra* ressemble à celui d'une *Astarte* ; son pied est linguiforme, muni d'une faible rainure ; ses palpes sont courts et larges, à plis peu nombreux ; sa branchie externe est plus étroite en avant.

Distribution, 34 espèces. Australie, Nouvelle-Zélande, Philippines, Inde, côte occidentale d'Afrique, Canaries, Brésil.

Fossiles, 64 espèces. Néocomien —. Patagonie, États-Unis, Europe.

ISOCARDIA, Lamarck.

Étymologie, *isos*, semblable, *cardia*, le cœur.

Type, I. cor. Pl. XX, *fig.* 5.

Synonymes, Glossus, Poli ; Bucardium, Mühlfeldt ; Pecchiolia, Meneghini.

Coquille cordiforme, ventrue ; crochets distants, subspiraux ; ligament externe ; dents cardinales 2.2 ; dents latérales 1 — 1 dans chaque valve, l'antérieure quelquefois obsolète.

Fig. 260. — *Isocardia cor.*

Animal à manteau ouvert en avant ; pied triangulaire, pointu, comprimé ; orifices siphonaux rapprochés, frangés ; palpes longs et étroits ; branchies très-grandes, presque égales.

L'Isocarde chemine dans le sable au moyen de son pied (*f*) en ne laissant libres que les orifices de ses siphons. (Bulwer.)

Distribution, 5 espèces. Angleterre, Méditerranée, Chine, Japon.

Fossiles, 90 espèces. Trias —. États-Unis, Europe, Inde méridionale.

Les fossiles à formes d'Isocardes des terrains anciens appartiennent aux genres *Cardiomorpha* et *Isoarca* ; beaucoup de ceux du jurassique sont des *Ceromya*. Les moules des vrais Isocardes n'ont que deux plis dentaires transverses entre les crochets, et pas de sillons longitudinaux.

CYPRICARDIA, Lamarck.

Exemple, C. obesa, Pl. XX, *fig.* 4. C. rostrata, *fig.* 261.

Synonymes, Trapezium, Humph.; Libitina, Sch.

Coquille oblongue, avec une crête postérieure oblique ; crochets antérieurs, déprimés ; ligament externe, situé dans des rainures profondes et étroites ; dents cardinales 2.2, dents latérales 1–1 dans chaque valve, quelquefois obscures ; impressions musculaires ovales (formées de deux éléments) ; impression palléale simple.

Animal (de la *C. solenoides*) à lobes du manteau réunis, pourvus de cirrhes en arrière ; ouverture du pied médiocre ; pied petit, comprimé, avec un grand pore du byssus près du talon ; siphons courts, coniques, inégaux, garnis extérieurement de cirrhes ; orifices frangés ; palpes

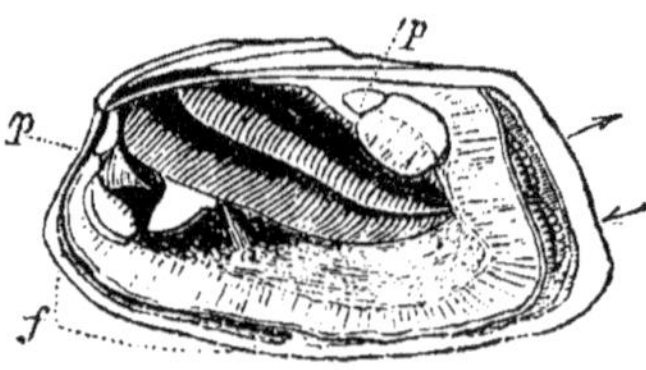

Fig. 261. — *Cypricardia*.

petits ; branchies inégales, l'externe plus étroite et plus courte, profondément lamellée ; réunies en arrière, l'interne prolongée entre les palpes.

Animal de la *C. rostrata*, Lamarck, Philippines (*fig.* 261), à lobes du manteau réunis et couverts d'un épiderme ridé ; orifices des siphons frangés ; branchies profondément plissées, partie antérieure de la branchie externe *réunie à l'interne* ; bord dorsal étroit, plissé ; muscles adducteurs formés de deux éléments.

Distribution, 15 espèces. Mer Rouge, Inde et Australie. Dans les crevasses des rochers et des coraux.

Fossiles, 60 espèces. Silurien infér. —. Amérique du Nord et Europe.

? *Sous-genres*, *Coralliophaga*, Bl. C. coralliophaga, Lamarck. *Coquille* longue, cylindrique, mince, légèrement bâillante en arrière ; dents cardinales 2.2, et une dent postérieure lamelleuse ; impression palléale ayant un sinus large et peu profond. *Distribution*, 5 espèces. Méditerranée, dans les galeries des *Lithodomus* ; l'on trouve quelquefois deux ou trois coquilles mortes l'une dans l'autre, outre l'habitant primitif de la cellule ; mers du Sud.

? *Cypricardites*, Conrad (part.). An. Geol. Rep. 1841. (Sanguinolites, Mac Coy.) Nom employé pour des coquilles à formes de Cypricardia des terrains palæozoïques ; quelques-unes de ces coquilles sont plus étroite-ment liées aux *Modiola* (v. Modiolopsis, p. 456), mais elles n'ont aucun rapport avec les *Sanguinolaria*.

Goniophora, Phillips, 1848. Cypricardia cymbæformis, Sby. Silurien supérieur ; Angleterre (*Mytilidæ?*).

PLEUROPHORUS, King, 1848.

Type, P. costatus, Brown. Permien, Angleterre. (Pal. Trans., 1850. Pl. XV., *fig*. 15-20.)

Synonyme ? Cleidophorus, Hall (seulement le moule) ; Unionites, Wissm.; ? Mæonia, Dana.

Coquille oblongue ; aréa dorsale marquée par une ligne ou une carène ; crochets antérieurs déprimés ; dents cardinales 2.2 ; dents latérales 1.1 ; impression de l'adducteur postérieur allongée ; impression de l'anté-rieur profonde, avec une petite impression du pied près d'elle, et limitée postérieurement par une forte côte naissant de la charnière ; impression palléale simple.

? *Sous-genre*, *Redonia*, Rouault, Bull. Soc. Géol. 8, 362. *Coquille* ovale, renflée ; charnière ayant des dents cardinales et postérieures ; adducteur antérieur limité par une crête. *Fossile*, Silurien inférieur ; Bretagne, Portugal. (Sharpe.)

Fossiles, 5 espèces. Silurien inférieur — Trias. États-Unis, Europe, Nouvelle-Galles du Sud, Tasmanie.

? CARDILIA, Deshayes.

Type, C. semisulcata, Pl. XVIII, *fig*. 18.
Synonyme, Hemicyclonosta, Deshayes.

Coquille oblongue, ventrue, cordiforme ; crochets saillants, subspi-raux ; charnière ayant une petite dent et une fossette dentaire dans chaque valve; ligament en partie interne, contenu dans une inflexion en forme de cuilleron ; impression musculaire antérieure longue, avec une impression du pied au-dessus d'elle ; impression de l'adducteur postérieur sur une plaque subspirale saillante ; impression palléale simple.

Distribution, 2 espèces. Mers de Chine, Moluques.
Fossiles, 2 espèces. Éocène —. France, Piémont.

MEGALODON, J. Sowerby.

Type, M. cucullatus, Pl. XIX, *fig*. 19. (*Megas*, grand, *odous*, dent.)
Coquille oblongue, lisse ou carénée ; ligament externe ; dents cardi-nales 1.2, épaisses ; latérales 1.1, situées en arrière; impression de l'adducteur antérieur profonde, avec un bord élevé et une petite impres-sion du pied derrière elle.

Dans les espèces typiques les sommets sont subspiraux, les dents latérales obscures, et l'adducteur postérieur limité par une crête saillante.

Fossiles, 14 espèces. Silurien supér. — Devonien. États-Unis, Europe.

Sous-genres ? Goldfussia (nautiloides), Castelnau. Sommets spiraux ; face antérieure marquée de sillons concentriques ; face postérieure portant deux crêtes obliques. *Fossiles*, Silurien. États-Unis.

Megaloma (Canadensis), Hall, 1852. Silurien supérieur. Canada. Sommets très-gros, dents cardinales raboteuses, devenant presque oblitérées avec l'âge ; dents latérales postérieures 1.1 ; pas de crêtes musculaires.

Pachydomus (Morris), J. Sowerby.

Étymologie, pachus, épais, *domos*, maison.

Synonyme, Astartila, Dana ; ? Cleobis (grandis), Dana ; ? Pyramus (ellipticus), D. = Notomya, Mac Coy.

Type, P. globosus (Megadesmus), J. Sowerby, in : *Mitchell*, Australia.

Coquille ovale, ventrue, très-épaisse ; ligament grand, externe ; lunule plus ou moins distincte ; ligne cardinale enfoncée ; dents 1 ou 2 (?) à chaque valve ; impressions des adducteurs profondes ; impression antérieure du pied distincte ; impression palléale large et simple, ou ayant un sinus très-peu profond.

Fossiles, 5 espèces. Devonien? Nouvelle-Galles du Sud, Tasmanie.

Pachyrisma, Morris et Lycett.

Étymologie, pachus, épais, *ereisma*, support.

Type, P. grande, Morris et Lycett. Grande Oolithe (Bathonien), Minchinhampton.

Coquille cordiforme, à grands crochets subspiraux ; valves très-épaisses près des crochets, à carènes obliques ; charnière ayant une grosse dent conique dans la valve droite (derrière la fossette dentaire), une petite dent latérale profonde et ovale près de l'impression de l'adducteur antérieur, et une dent latérale postérieure (ou lame musculaire?) ; plaques ligamentaires courtes et profondes.

Opis, Defrance.

Étymologie, Opis, un des noms d'Artemis.

Exemple, O. lunulata, Pl. XIX, *fig.* 24.

Coquille forte, ventrue, cordiforme, à carènes obliques ; crochets saillants, recourbés ou subspiraux ; dents cardinales 1.1 ; lunule distincte.

Fossiles, 42 espèces. Trias — Craie. Europe.

Cardinia, Agassiz.

Étymologie, cardo, cardinis, une charnière.

Type, C. Listeri, Pl. XIX., *fig.* 23.

Synonymes, Thalassides, Berger, 1833 (sans description); Sinemuria, Christol; Pachyodon, Stuch. (non Meyer, nec Schum.); Pronoe, Agassiz.

Coquille ovale ou oblongue, atténuée postérieurement, comprimée, forte, non nacrée, marquée de lignes d'accroissement; ligament externe; dents cardinales obscures, les latérales 1-0, 0-1, écartées, saillantes; impressions des adducteurs profondes; impression palléale simple.

Fossiles, 71 espèces. Silurien — Oolithe inférieure. Europe; se trouvant avec des coquilles *marines*.

Sous-genre ? Anthracosia, King, 1844; Unio subconstrictus, Sowerby. (Carbonicola, Mac Coy, 1856.) Silurien supérieur — Carbonifère. 40 espèces. On les rencontre dans les précieuses couches de minerai de fer argileux appelées « couches à moules » (*Mussel-banks*), où elles sont associées à des Nautiles, des Discina, etc. Dans le Derbyshire on travaille les couches à moules comme du marbre, et l'on en fait des vases.

? Myoconcha, J. Sowerby.

Type, M. crassa, Pl. XIX, *fig*. 25. (*Mya*, moule, *concha*, coquille.)

Coquille oblongue, épaisse, à sommets déprimés, presque terminaux; ligament externe, supporté par des plaques longues, étroites, serrées les unes contre les autres; charnière épaisse, avec une dent oblique dans la valve droite; impression musculaire antérieure ronde et profonde, avec une petite impression du pied derrière elle; une seule impression postérieure grande; impression palléale simple.

Cette coquille, qui n'est pas nacrée à l'intérieur, se distingue de tous les *Mytilidæ* par la forme de ses plaques ligamentaires et de ses impressions musculaires; la dent cardinale est ordinairement recouverte et presque oblitérée par le bord cardinal, comme dans les individus âgés de la *Cardita orbicularis* et de la *Cypricardia vellicata*.

Fossiles, 26 espèces. Permien — Miocène. (D'Orb.) Europe.

Sous-genre ? Hippopodium (ponderosum, Sowerby), Conybeare. Lias. Europe. *Coquille* oblongue, épaisse, ventrue; sommets grands; ligament externe; bord ventral sinueux; charnière ayant dans chaque valve une dent oblique, épaisse, quelquefois presque obsolète; impression palléale simple; impression musculaire antérieure profonde. Cette coquille semble être une forme massive de *Cypricardia* ou de *Cardita*; c'est un fossile caractéristique du Lias d'Angleterre, mais l'on n'en a trouvé que des individus très-âgés.

Cardita, Bruguière.

Synonymes, Mytilicardia et Cardiocardita (ajar), Bl.; Arcinella, Oken.

Type, C. calyculata, Pl. XX, *fig*. 5.

Étymologie, *cardia*, le cœur.

Coquille oblongue, marquée de côtes rayonnantes; ligament externe; bords dentés; dents cardinales 1.2, et une dent postérieure allongée;

impression palléale simple ; impression antérieure du pied rapprochée de celle de l'adducteur.

Animal à lobes du manteau libres, excepté entre les orifices des siphons ; bord branchial à cirrhes apparents ; pied arrondi et canaliculé, filant un byssus ; palpes labiaux courts, triangulaires, plissés ; branchies arrondies en avant, atténuées en arrière, et réunies ensemble, la paire externe la plus étroite.

La *C. pectunculus*, Bruguière (*Mytilicardia*, Blainville) a une dent antérieure. La *C. concamerata*, Bruguière, trouvée au Cap, a une remarquable inflexion calyciforme du bord ventral de chaque valve.

Sous-genre, Venericardia, Lamarck. V. ajar, Pl. XX, *fig*. 6. *Coquille* cordiforme, ventrue ; charnière sans dents latérales. *Animal* susceptible de locomotion, ayant un pied falciforme comme celui des Bucardes.

Distribution, 54 espèces. Principalement des mers tropicales, sur les fonds rocheux et dans les eaux peu profondes ; les *Venericardia* se trouvent sur le sable grossier et sur la vase sableuse. Antilles, États-Unis, côte occidentale d'Afrique, Méditerranée, mer Rouge, Inde, Chine, Australie, Nouvelle-Zélande, océan Pacifique, côte occidentale d'Amérique. La *C. borealis*, Conrad, habite la mer d'Ochotsk ; la *C. abyssicola*, Hinds, s'étend jusqu'à 153 mètres ; la *C. squamosa* jusqu'à 275 mètres.

Fossiles, 170 espèces. Trias —. États-Unis, Patagonie, Europe, Inde méridionale.

? VERTICORDIA, Searles Wood, 1844.

Etymologie, Verticordia, un des noms de Vénus.

Synonymes, Hippagus, Philippi, non Lea ; Trigonulina, d'Orb.

Type, V. cardiiformis (Wood, in Sby., Min. Conch.) Pl. XVII, *fig*. 26.

Coquille suborbiculaire, à côtes rayonnantes ; sommets subspiraux ; bords denticulés ; intérieur d'un nacré brillant ; valve droite avec une dent cardinale saillante ; deux impressions des adducteurs effacées, impression palléale simple ; ligament interne, oblique ; épiderme d'un brun foncé.

Distribution, 2 espèces. Mer de Chine (Adams), Méditerranée ? (Forbes.)

Fossiles, 2 espèces. Miocène —. Angleterre, Sicile.

L'*Hippagus isocardioides*, Lea, 1833, de l'Éocène de l'Alabama, est dépourvu de dents. La *Trigonulina ornata*, d'Orbigny, de la Jamaïque, a 2.2 dents cardinales ; la valve droite a une longue dent postérieure ; épiderme formé de grandes cellules nucléées, comme chez les *Trigoniadæ*, famille à laquelle elle appartient indubitablement.

Section *b*. — Sinu-Pallialia.

Siphons respiratoires longs ; impression palléale formant un sinus.

Famille XIV. — Veneridæ.

Coquille régulière, fermée, suborbiculaire, ou oblongue ; ligament externe ; charnière ayant ordinairement à chaque valve 5 dents divergentes ; impressions musculaires ovales, luisantes ; impression palléale offrant un sinus.

Animal libre, susceptible de se mouvoir, rarement pourvu d'un byssus ou fouisseur ; manteau ayant une assez grande ouverture antérieure ; siphons inégaux, plus ou moins réunis ; pied linguiforme, comprimé, quelquefois canaliculé ; palpes médiocres, triangulaires, pointus ; branchies grandes, subcarrées, réunies en arrière.

Les coquilles de cette famille ont une remarquable élégance de formes et de couleurs ; elles sont souvent ornées de lignes en forme de chevrons. Leur texture est très-compacte, toute trace d'organisation ayant ordinairement disparu. Les *Veneridæ* ont apparu dans la période jurassique, et atteignent leur plus grand développement dans l'époque actuelle ; on les trouve dans toutes les mers, mais elles sont surtout abondantes sous les tropiques.

Venus, L.

Synonymes, Mercenaria, Antigone et Anomalocardia (flexuosa) Schum.; Chione, Megerle (non Scop.); Erycina (carioides), Lamarck, 1818.

Type, V. paphia, L. Pl. XX, *fig.* 7.

Coquille épaisse, ovale, lisse, sillonnée ou cancellée ; bords finement crénelés ; dents cardinales 5–5 ; sinus palléal petit, anguleux ; ligament saillant ; lunule distincte.

Animal à bords du manteau frangés ; siphons inégaux, plus ou moins séparés ; orifice branchial quelquefois doublement frangé, les franges externes pinnées ; orifice anal ayant une simple frange et une valvule tubuleuse ; pied linguiforme ; palpes petits, lancéolés.

La *V. textilis* et d'autres espèces allongées, ont un profond sinus palléal ; la *V. gemma* (Totten) a un sinus anguleux très-profond, comme celui des *Artemis* ; la *V. reticulata* a des dents bifides comme les *Tapes* ; la *V. tridacnoides*, espèce fossile des États-Unis, a des valves massives, garnies de côtes comme celles des « *clams* ». Les Indiens de l'Amérique du Nord faisaient des monnaies (*wampum*) avec les fragments roulés sur la plage de la *Venus mercenaria* ; pour cela ils les perforaient et les attachaient à des cordons de cuir.

Distribution, 176 espèces. De toutes les mers ; du niveau de la marée basse à 256 mètres. La *V. astartoides* se trouve dans la mer de Behring ;

la *V. verrucosa* en Angleterre, dans la Méditerranée, au Sénégal, au Cap, dans la mer Rouge et en Australie?

Fossiles, 200 espèces. Oolithe —. Patagonie, États-Unis, Europe, Inde.

? *Volupia rugosa*, (Defrance, 1829.) Coquille petite, à formes d'Isocarde, marquée de côtes concentriques, avec une grande lunule. *Éocène.* Hauteville.

Saxidomus (Nuttalli), Conrad. Ovale, solide, avec des sommets renflés; pas de lunule; dents 5-4, inégales, la centrale bifide; sinus palléal grand. *Distribution*, 8 espèces. Inde, Australie, côte occidentale d'Amérique.

CYTHEREA, Lam.

Étymologie, Cytherea, de Cythera, une île de la mer Égée.

Synonymes, Meretrix, Gray; Dione, Megerle; Cryptogramma, Mörch.

Exemples, C. dione, Pl. XX, *fig.* 8. C. chione, *fig.* 14, p. 21.

Coquille semblable à celle des *Venus;* bords simples; charnière ayant trois dents cardinales et une dent antérieure au-dessous de la lunule; sinus palléal médiocre, anguleux.

Animal à bords du manteau lisses; siphons réunis jusqu'à la moitié de leur longueur.

Distribution, la même que celle des *Venus*. 115 espèces vivantes.

Fossiles, 80 espèces.

MEROE, Schum.

Étymologie, Meroë, une île du Nil.

Synonyme, Cuneus (part.) Megerle (non Da Costa); Sunetta, Link.

Type, M. picta (= Venus Meroe, L. Donax, Deshayes). Pl. XX, *fig.* 9.

Coquille ovale, comprimée; face antérieure la plus longue; charnière avec trois dents cardinales, et une dent antérieure longue et étroite; lunule lancéolée; ligament dans un écusson profond.

Distribution, 11 espèces. Sénégal, Inde, Japon, Australie.

TRIGONA, Mühlfeldt.

Étymologie, trigonos, triangulaire.

Type, T. tripla, Pl. XX., *fig.* 10.

Coquille triangulaire, cunéiforme, subéquilatérale; ligament court, saillant; dents cardinales 3-4, les antérieuree $\frac{2}{1}$, écartées; sinus palléal arrondi, horizontal.

Distribution, 28 espèces. Antilles, Méditerranée, Sénégal, Cap, Inde, côte occidentale d'Amérique,

Fossiles, Miocène —. Bordeaux.

La *T. crassatelloides* atteint un diamètre de 125 millimètres et est très-massive.

Sous-genre, Grateloupia, Desm. G. irregularis, Pl. XX, *fig.* 11. *Coquille*

subéquilatérale, arrondie en avant, atténuée en arrière ; charnière ayant une dent antérieure, 3 dents cardinales et plusieurs petites dents postérieures ; sinus palléal profond, oblique. *Fossiles*, 4 espèces. Éocène — Miocène. États-Unis, France.

ARTEMIS, Poli.

Étymologie, Artemis, la Diane de la mythologie grecque.
Type, A. exoleta, Pl. XX, *fig.* 12.
Synonyme, Dosinia, Scopoli.
Coquille orbiculaire, comprimée, marquée de stries concentriques ; ligament enfoncé ; lunule profonde ; charnière semblable à celle des *Cytherea* ; bords unis ; sinus palléal profond, anguleux, ascendant.
Animal à pied grand, sécuriforme, faisant saillie au bord ventral de la coquille ; bords du manteau faiblement plissés ; siphons réunis à leurs extrémités ; orifices simples ; palpes étroits.
Distribution, 100 espèces. Des mers boréales aux mers tropicales ; du niveau de la basse mer à 145 mètres.
Fossiles, 15 espèces. Carbonifère —. États-Unis, Europe, Inde méridionale.
Sous-genres, Cyclina, Desh. V. sinensis, Chemn. Orbiculaire, ventrue ; bords crénelés ; pas de lunule ; sinus profond et anguleux. *Distribution*, 10 espèces. Sénégal, Inde, Chine, Japon, côte occidentale d'Amérique. *Fossile*, 1 espèce. Miocène. Bordeaux.
Clementia (papyracea), Gray. Mince, ovale, blanche ; ligament semi-interne ; dents postérieures bifides ; sinus profond et anguleux. Animal à longs siphons réunis ; pied grand, en forme de croissant, semblable à celui des *Artemis. Distribution*, 6 espèces. Australie, Philippines.

LUCINOPSIS, Forbes.

Étymologie, Lucina, et *opsis*, semblable à.
Synonymes, Dosinia, Gray, 1847 (non Scop.) ; Mysia, Gray, 1851 (non Leach) ; Cyclina, Gray, 1853 (non Desh.)
Type, Venus undata, Pennant, Pl. XX, *fig.* 13.
Coquille lenticulaire, assez mince ; valve droite ayant deux dents lamelleuses divergentes ; la gauche en ayant trois, dont la centrale est bifide ; impressions musculaires ovales, luisantes ; sinus palléal très-profond, ascendant.
Animal à bords du manteau lisses ; ouverture du pied contractée ; pied pointu, basal ; siphons plus longs que la coquille, séparés, divergents, à orifices frangés. (Clark.)
M. Deshayes ayant placé par erreur le type de ce genre dans les *Cyclina*, a proposé un genre nouveau (*Lajonkairia*) pour la *L. decussata* des Philippines, qui se trouve fossile dans le pliocène d'Angleterre et qui vit encore dans la Méditerranée.

490   MANUEL DE CONCHYLIOLOGIE.

Distribution, 10 espèces. Amérique du Nord, Norwége, Angleterre.
Fossiles, 3 espèces. Pliocène. Angleterre, Belgique.

Tapes, Mühlfeldt.

Synonymes, Paphia, Bolten, 1798 ; Pullastra, G. Sby. ; Omalia, Ryck., 1856.

Exemple, T. pullastra, Pl. XX, *fig.* 14. (*Tapes*, tapisserie.)

Coquille oblongue, sommets antérieurs, bords lisses ; trois dents dans chaque valve, plus ou moins bifides ; sinus palléal profond, arrondi.

Animal filant un byssus ; pied gros, lancéolé, canaliculé ; manteau lisse ou finement frangé, ouvert en avant ; siphons médiocres, séparés dans la moitié ou la totalité de leur longueur, orifices frangés, cirrhes anaux simples, cirrhes branchiaux rameux ; palpes longs, triangulaires.

Distribution, 78 espèces. Norwége, Angleterre, mer Noire, Sénégal, Brésil, Inde, Chine, Nouvelle-Zélande. Du niveau de la basse mer à 185 mètres. (Beechey.)

Fossiles, 6 espèces. Pliocène —. Angleterre, France, Belgique, Italie.

On mange les animaux de ce genre sur les côtes de l'Europe continentale ; ils s'enterrent dans le sable à basse marée, ou se cachent dans les fentes des rochers et au pied des plantes marines.

Venerupis, Lamarck.

Étymologie, Venus, et *rupes*, un rocher.

Synonyme, Gastrana, Schum.

Exemple, V. exotica, Pl. XX, *fig.* 15.

Coquille oblongue, un peu bâillante en arrière, marquée de stries rayonnantes et ornée de lamelles concentriques ; trois petites dents dans chaque valve, l'une d'elles bifide ; sinus palléal médiocrement profond, anguleux.

Animal à manteau fermé en avant ; orifice du pied médiocre ; siphons réunis sur la moitié de leur longueur, et ayant une simple frange et une valve tubuleuse ; siphon branchial doublement frangé ; cirrhes internes ramifiés ; palpes petits et pointus.

Distribution, 19 espèces. Angleterre — Crimée, Canaries, Inde, Tasmanie, Kamtschatka, détroit de Behring — Pérou. Dans les fentes des rochers.

Fossile, Miocène —. États-Unis, Europe.

Petricola, Lamarck.

Étymologie, petra, pierre, *colo*, habiter.

Synonymes, Rupellaria, Bellevue ; Choristodon, Jonas ; Naranio, Gray.

Type, P. lithophaga, Pl. XX, *fig.* 16. P. pholadiformis, Pl. XX, *fig.* 17.

Coquille ovale ou allongée, mince, renflée, face antérieure courte ;

charnière à trois dents dans chaque valve, l'externe souvent obsolète ; sinus palléal profond.

Animal à manteau fermé en avant, très-épaissi et recourbé sur les bords de la coquille ; ouverture du pied petite ; pied petit, pointu, lancéolé ; siphons en partie séparés, orifices frangés, l'anal avec une valve et de simples cirrhes, cirrhes branchiaux pinnés ; palpes petits, triangulaires.

Distribution, 50 espèces. États-Unis, France, mer Rouge, Inde, Nouvelle-Zélande, océan Pacifique, côte occidentale d'Amérique (Sitka — Pérou). Creuse dans le calcaire et la vase.

Fossiles, 20 espèces. Éocène —. États-Unis, Europe.

GLAUCOMYA (Bronn), Gray.

Synonyme, Glauconome, Gray, 1829 (non Goldfuss, 1826).

Type, G. sinensis, Pl XX, *fig.* 18. (*Glaucos*, vert d'eau, *mya*, moule.)

Coquille oblongue, mince ; épiderme foncé, verdâtre ; ligament externe ; charnière à trois dents dans chaque valve, l'une d'elles bifide ; sinus palléal très-profond et anguleux.

Animal à pied assez petit, linguiforme ; ouverture du pied médiocre ; siphons très-longs, réunis, s'avançant loin dans la cavité branchiale lorsqu'ils sont rétractés, leurs extrémités séparées et divergentes ; palpes grands, falciformes ; branchies longues, arrondies en avant, les externes les plus courtes.

Sous-genre, *Tanysiphon*. Benson. Différant des Glaucomya par des siphons réunis jusqu'à l'extrémité.

Distribution, 12 espèces. Embouchure des rivières ; Chine, Philippines, Bornéo, Inde.

Fossiles, 2 espèces. Tertiaire. Europe.

FAMILLE XV. — MACTRIDÆ.

Coquille équivalve, triangulaire, fermée, ou légèrement bâillante ; ligament (cartilage) interne, quelquefois externe, contenu dans une profonde fossette triangulaire ; épiderme épais ; charnière ayant deux dents cardinales divergentes, et ordinairement des latérales antérieures et postérieures ; sinus palléal court, arrondi.

Animal à manteau plus ou moins ouvert en avant ; tubes siphonaux réunis, orifices frangés ; pied comprimé ; branchies non prolongées dans le siphon branchial.

L'on voit sur les coupes de la coquille une couche cellulaire indistincte sur la surface externe et une couche distincte de cellules allongées. (Carpenter.)

MACTRA, L.

Étymologie, *mactra*, un pétrin.

Synonyme, Trigonella, Da Costa (non L.) ; Schizodesma (Spengleri), Spisula (solida), Mulinia (lateralis), Gray.

Type, M. stultorum, Pl. XXI, *fig.* 1.

Coquille presque équilatérale ; dent cardinale antérieure en forme de Λ, ayant quelquefois une petite dent lamelleuse à côté d'elle ; dents latérales doubles sur la valve droite.

Animal à manteau ouvert jusqu'aux siphons, ses bords frangés ; siphons réunis, frangés de simples cirrhes, orifice anal à valve tubuleuse ; pied grand, linguiforme, pourvu d'un talon ; palpes triangulaires, longs et pointus ; branchies externes les plus courtes.

Les Mactres habitent les côtes sablonneuses, ou elles s'enterrent immédiatement au-dessous de la surface ; le pied peut être considérablement étendu, et mû comme un doigt ; il est aussi employé pour sauter. Ces mollusques sont la proie des étoiles de mer et des buccins, et dans l'île de Man on récolte la *M. subtruncata* pour nourrir les porcs. (Alder.)

Distribution, 125 espèces. De toutes les mers, surtout entre les tropiques ; — 65 mètres.

Fossiles, 50 espèces. Lias —. États-Unis, Europe, Inde.

? *Sous-genre*, *Sowerbya*, d'Orb. ; Isodonta, Buv. S. crassa ; Oxfordien ; France. Fossette du cartilage consistant en un simple sillon ; elle reçoit une dent de la valve opposée ; dents latérales très-grandes.

HARVELLA, Gray.

Dents latérales petites ; coquille cordiforme, mince, tronquée postérieurement, et marquée de stries obliques ; ligament externe, séparé du cartilage qui est dans la fossette interne par une crête ; dents cardinales petites.

Sous-genre, *Mactrella*, Gray ; Mactrinula, Gray. *Coquille* cordiforme, brusquement tronquée en arrière ; dents latérales courtes.

GNATHODON, Gray.

Étymologie, *gnathos*, une mâchoire, *odous*, une dent.

Synonymes, Rangia, Desm.

Type, G. cuneatus, Pl. XXI, *fig.* 2.

Coquille ovale, ventrue ; valves épaisses, lisses, érodées ; épiderme olive ; fossette du cartilage centrale ; dents cardinales $\frac{2}{1}$; les latérales doubles dans la valve droite, allongées, striées transversalement ; sinus palléal médiocre.

Animal à manteau librement ouvert en avant ; bords lisses ; siphons courts, en partie réunis ; pied très-gros, linguiforme, pointu ; branchies inégales, les externes courtes et étroites ; palpes grands, triangulaires, pointus.

Distribution, 1 espèce. Nouvelle-Orléans. (3 autres espèces? Mazatlan ; Californie ; Moreton Bay, Australie. Petit.)

Fossiles, 3 espèces. Craie —. Pétersbourg, Virginie.

Le *G. cuneatus* était autrefois mangé par les Indiens. A Mobile, sur le golfe du Mexique, on le trouve par colonies, avec la *Cyrena Carolinensis*, creusant à 5 centimètres de profondeur dans les bancs de vase ; l'eau dans laquelle il vit est seulement saumâtre, quoiqu'il y ait une marée de 9 décimètres. On trouve à 52 kilomètres dans l'intérieur des terres des bancs épais de 1 mètre à 1ᵐ,20 de coquilles mortes ; Mobile est construit sur une de ces couches coquillières. La route de la Nouvelle-Orléans au lac Pontchartrain (10 kilomètres) est faite de coquilles de *Gnathodon* que l'on se procure à l'extrémité orientale du lac, où il y en a un monticule de 1600 mètres de long, 4ᵐ,50 de haut et 18 à 55 mètres de large ; dans certains endroits il atteint 6 mètres au-dessus du niveau du lac. (Lyell.)

LUTRARIA, Lamarck.

Type, L. oblonga, Gmel. Pl. XXI, *fig.* 3 (= L. solenoides, Lamarck).

Coquille oblongue, bâillante aux deux extrémités ; plaque du cartilage saillante, avec une ou deux petites dents en avant d'elle, dans chaque valve ; sinus palléal profond, horizontal.

Animal à lobes du manteau fermés ; ouverture du pied médiocre ; pied assez grand, comprimé ; siphons réunis, allongés, recouverts d'épiderme ; palpes assez étroits, leurs bords lisses ; branchies se rétrécissant jusqu'à la bouche.

Distribution, 18 espèces. États-Unis, Brésil, Angleterre, Méditerranée, Sénégal, Cap, Inde, Nouvelle-Zélande, Sitka.

Fossiles, 25 espèces. Carbonifère —. États-Unis, Europe.

Les Lutraires ressemblent aux Myes ; elles creusent verticalement dans le sable, ou dans la vase, surtout dans les estuaires ; elles se trouvent depuis le niveau de la basse mer jusqu'à 22 mètres. La *L. rugosa*, que l'on trouve vivante sur les côtes du Portugal et à Mogador, existe à l'état fossile sur la côte de Sussex. (Dixon.)

Sous-genre, *Vaganella*, Gray. Sinus palléal grand, arrondi : des crêtes internes, dont deux divergent de la charnière au bord ventral.

ANATINELLA, G. Sowerby.

Type, A. candida, (Mya) Chemn. Pl. XXIII, *fig.* 6.

Coquille ovalaire, arrondie en avant, atténuée et tronquée en arrière ; cartilage dans un processus saillant en cuilleron, avec deux petites dents en avant ; impressions musculaires irrégulières, l'antérieure allongée ; impression palléale légèrement tronquée en arrière.

Distribution, 3 espèces. Ceylan, Philippines ; dans les sables, à basse mer.

FAMILLE XVI. — TELLINIDÆ.

Coquille libre, comprimée, ordinairement fermée et équivalve ; deux dents cardinales au plus, latérales 1-1, quelquefois obsolètes : impressions musculaires arrondies, luisantes ; sinus palléal très-grand ; ligament sur le côté le plus court de la coquille, quelquefois interne. Structure vaguement cellulaire prismatique ; prismes fusiformes, presque parallèles à la surface, rayonnants depuis la charnière dans la couche externe, transversaux dans l'interne.

Animal à manteau largement ouvert en avant, ses bords frangés ; pied linguiforme, comprimé ; siphons séparés, très-longs et grêles ; palpes grands, triangulaires ; branchies réunies postérieurement, inégales ; la paire externe dirigée quelquefois du côté du dos.

Les Tellines se trouvent dans toutes les mers, principalement dans la zone littorale et dans la zone des laminaires ; elles fréquentent les fonds de sable ou de vase sablonneuse, et s'enfoncent au-dessous de la surface ; quelques espèces habitent les estuaires et les rivières. Leurs valves sont souvent brillamment colorées et ornées de lignes délicates de sculpture.

TELLINA, L. — Telline.

Étymologie, telline, nom grec d'une espèce de moule.

Synonymes, Peronæa (part.), Poli ; Phylloda (foliacea), Omala (planata), Schumacher ; Psammotea (solidula), Turt ; Arcopagia (crassa), Leach ; Tellinodora, Mörch.

Exemples, T. lingua felis, Pl. XXI, *fig,* 5. T. carnaria, *fig.* 6.

Coquille légèrement inéquivalve, comprimée, arrondie en avant, anguleuse et formant un léger pli postérieurement ; crochets sub-centraux ; dents 2.2, latérales 1-1, surtout distinctes dans la valve droite ; sinus palléal très-large et profond ; ligament externe, saillant.

Animal à siphons grêles divergents, deux fois aussi longs que la coquille, leurs orifices lisses ; pied large, pointu, comprimé ; palpes très-grands, triangulaires ; branchies petites, molles et très-finement striées, les externes rudimentaires et dirigées du côté dorsal.

Tellinides, Lamarck. T. planissima, Pl. XXI, *fig.* 7. Valves sans pli postérieur ; pas de dents latérales.

La *T. carnaria* (*Strigilla,* Turt.) a les valves ornées de sculptures obliques : la *T. fabula,* Gron. a la valve droite striée, l'autre lisse. La *T. Burnettii,* de Californie, a la valve droite plate ; chez la *T. lunulata,* du pliocène de la Caroline du Sud, qui lui ressemble, du reste, beaucoup pour la forme, c'est la valve gauche qui est plate.

Distribution, plus de 300 espèces. De toutes les mers, principalement de l'océan Indien ; les espèces sont surtout abondantes et vivement colorées dans les mers tropicales. Du niveau de la basse mer jusque dans la zone des coraux, à 90 mètrés. Détroit de Wellington, mer de Kara, détroit de Behring, Baltique. mer Noire.

Fossiles, 170 espèces. Oolithe —. États-Unis, Amérique du Sud (Chiloë), Europe.

Gastrana, Schumacher.

Synonymes, Fragilia, Desh. ; Diodonta, F. et H., non Schumacher.
Type, Tellina fragilis, L. Pl. XXI, *fig*. 8.
Coquille équivalve, convexe, à lignes d'accroissement squameuses : deux dents cardinales dans la valve droite, une dent bifide dans la gauche : sinus palléal profond et arrondi ; aréa apiciale ponctuée ; ligament externe.
Animal à manteau ouvert en avant, ses bords frangés ; siphons allongés, grêles, séparés, inégaux, orifices garnis de cirrhes ; pied petit, comprimé, linguiforme ; palpes grands, triangulaires ; branchies inégales, molles, finement striées.
Les *Gastrana* habitent les eaux peu profondes ; elles creusent dans la vase et l'argile, et n'errent pas comme les Tellines.
Distribution, 5 espèces. Norwége, Angleterre, Méditerranée, mer Noire, Sénégal, Cap.
Fossiles, Miocène —. Angleterre, France, Belgique.

Capsula, Schumacher.

Étymologie, diminutif de *capsa*, un boîte.
Synonymes, Capsa (part.) Brug. 1791 ; Sanguinolaria, Lamarck, 1818, non 1801.
Type, C. rugosa, Pl. XX, *fig*. 19. (= Venus deflorata, Gmel.).
Coquille oblongue, ventrue, légèrement bâillante à chaque extrémité ; marquée de stries rayonnantes ; deux dents cardinales à chaque valve, l'une d'elles bifide ; ligament externe, grand, saillant : inflexion siphonale courte.
Animal semblable à celui des *Psammobia* ; pied médiocre ; branchies profondément plissées, atténuées en avant ; les externes petites, à bord dorsal large, fixe ; siphons médiocres.
Distribution, 4 espèces. Antilles, mer Rouge, Inde, Chine, Australie.
Fossiles, 20 espèces. Carbonifère —. États-Unis, Europe. (D'Orb.)

Quenstedtia, Morris et Lycett.

Charnière dans la valve gauche, à dents obtuses, oblongues, transversales : sinus palléal petit ; ligament dans une rainure étroite ; dents cardinales 0.1.

Psammobia, Lamarck.

Étymologie, *psammos*, sable, *bio*, vivre.

Synonymes, Psammotea (zonalis) Lamarck ; Psammocola, Bl., Gari, Schumacher.

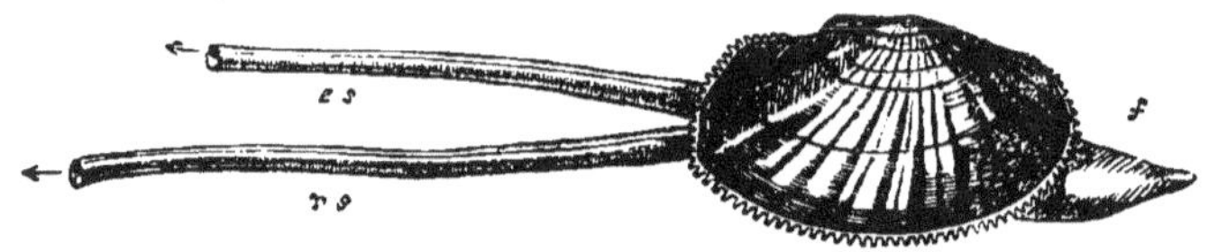

Fig. 262. — *Psammobia vespertina*, Chemn. $\frac{1}{2}$. Angleterre.

Exemple, P. Ferroensis, Pl. XXI, *fig.* 9. P. squamosa, Pl. XXI, *fig.* 10. P. pallida, *fig.* 263. P. vespertina, *fig.* 262.

Coquille oblongue, comprimée, légèrement bâillante aux deux extrémités ; dents cardinales $\frac{2}{1}$; ligament externe, saillant ; inflexion siphonale profonde, en contact avec la ligne palléale ; épiderme souvent foncé.

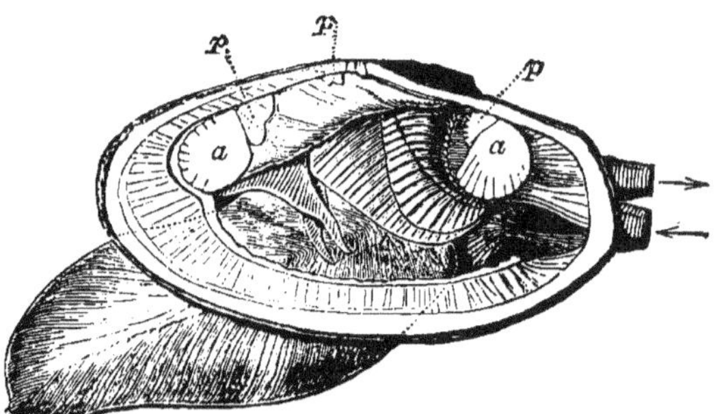

Fig. 263. — *Psammobia pallida*, Desh. ; mer Rouge. La valve gauche, une partie du manteau et le rétracteur des siphons ont été enlevés. Les siphons sont très-contractés ; *a, a*, adducteurs ; *p, p*, muscles du pied.

Animal à manteau ouvert, frangé, siphons très-longs, grêles, presque égaux, ciliés dans le sens de leur longueur, orifices portant de 6 à 8 cirrhes ; pied grand, linguiforme ; palpes longs, subulés ; branchies inégales, couchées, peu plissées.

Distribution, 50 espèces. Norwége, Angleterre, Inde, Nouvelle-Zélande, océan Pacifique. De la zone littorale jusqu'à la zone des corallines, à 183 mètres. On mange dans l'Inde la *P. gari*.

Fossiles, 55 espèces. Oolithe ? Éocène · . États-Unis, Europe.

SANGUINOLARIA, Lamarck.

Nom tiré du *Solen sanguinolentus*, Chemn., type du genre.

Synonymes, Soletellina (diphos), Bl. ; Lobaria, Schumacher ; Aulus, Oken.

Exemples, S. livida, Pl. XXII, *fig.* 1. S. diphos, *fig.* 2. S. orbiculata, *fig.* 3.

Coquille ovale, comprimée, arrondie en avant, atténuée et légèrement bâillante en arrière ; dents cardinales $\frac{2}{2}$, petites ; inflexion siphonale très-profonde, reliée avec l'impression palléale ; ligament externe, porté sur des fulcres très-proéminents.

Animal à manteau ouvert, frangé ; siphons très-longs, le branchial le plus long, orifices frangés ; pied grand, largement linguiforme, comprimé ; palpes longs, pointus ; branchies couchées, feuillets internes libres, bord dorsal large.

Distribution, 20 espèces. Antilles, mer Rouge, Inde, Madagascar, Japon, Australie, Tasmanie, Pérou.

Fossiles, 30 espèces. Éocène —. États-Unis, Europe.

SEMELE, Schumacher, 1817.

Étymologie, *Semele*, la mère de Bacchus.

Synonyme, Amphidesma, Lamarck, 1818 [1].

Type, S. reticulata, Pl. XXI, *fig.* 11.

Coquille arrondie, subéquilatérale, crochets tournés en avant ; face postérieure portant un léger pli ; dents cardinales 2.2, les latérales allongées, distinctes dans la valve droite ; ligament externe court, cartilage interne, long, oblique ; sinus palléal profond, arrondi.

Distribution, 60 espèces. Antilles, Brésil, Inde, Chine, Australie, Pérou.

Fossiles, 30 espèces. Éocène —. États-Unis, Europe.

Sous-genre, *Cumingia*, G. Sowerby. C. lamellosa, Pl. XXI, *fig.* 12. *Coquille* faiblement atténuée et bâillante en arrière, à lamelles concentriques ; apophyse du cartilage saillante ; sinus palléal très-large. *Distribution*, 10 espèces. Dans les éponges, le sable, et les fentes des rochers. — 13 mètres. Antilles, Inde, Australie, côte occidentale d'Amérique. *Fossile*, Miocène —. Wilmington, Caroline du Nord.

Syndosmya, Recluz. *Synonymes*, Abra, Leach MS. ; Erycina (part.), Lamarck, 1805 [2]. *Type*, S. alba, Pl. XXI, *fig.* 13. *Coquille* petite, ovale,

---

[1] Le genre *Amphidesma*, tels que le comprenait Lamarck, renfermait des espèces appartenant aux genres *Semele*, *Loripes*, *Syndosmya*, *Mesodesma*, *Thracia*, *Lyonsia* et *Kellia* ; on a en outre appliqué depuis lors ce nom à quelques *Myacites* jurassiques.

[2] Le nom d'*Erycina* a été primitivement appliqué par Lamarck à un certain nombre de petites coquilles fossiles comprenant des espèces des genres *Syndosmya*, *Venus*, *Lucina*, *Tellina*, *Astarte* et *Kellia*. Fabricius l'employa en 1808 pour un groupe bien connu d'insectes.

blanche et luisante ; côté postérieur le plus court ; sommets dirigés en arrière ; apophyse du cartilage oblique ; dents cardinales petites ou obsolètes, les latérales distinctes ; sinus palléal large et peu profond. *Animal* à manteau ouvert, frangé ; siphons longs, grêles, divergents, l'anal le plus court, orifices lisses ; pied grand, linguiforme, pointu ; palpes triangulaires, presque aussi grands que les branchies. branchies inégales, triangulaires. *Distribution*, Norwége, Angleterre, Méditerranée, mer Noire, Inde. Les espèces sont peu nombreuses et, pour la plupart, des mers boréales ; elles s'étendent de la zone des Laminaires à 350 mètres. (Forbes.) Elles vivent enfoncées dans le sable ou la vase ; lorsqu'elles sont en captivité, on les voit ramper avec leur pied le long des parois du vase. (Bouchard.) *Fossiles*, 6 espèces. Éocène —, Angleterre, France.

Scrobicularia, Schumacher. *Synonymes*, Trigonella (part.), Costa (non L.) ; Ligula (part.) Mont. « Le Lavignon » (Réaumur), Cuv.; Listera, Turt. (non R. Brown); Lutricola, Bl.; Mactromya, d'Orbigny (non Ag.). *Type*, S. piperata (Belon), Gmelin, Pl. XXI, *fig.* 14. *Coquille* ovale, comprimée, mince ; subéquilatérale ; ligament externe, faible ; fossette du cartilage peu profonde, triangulaire ; dents cardinales petites, 1 ou 2 dans chaque valve, les latérales obsolètes ; sinus palléal large et profond.

Animal à manteau ouvert, bords denticulés ; siphons très-longs, grêles, séparés, orifices lisses ; pied large, linguiforme, comprimé ; palpes très-grands, triangulaires ; branchies finement striées, la paire externe dirigée du côté dorsal. Vivant enfoncé verticalement à 12 ou 15 centimètres de profondeur dans la vase des estuaires qui subissent l'influence de la marée. (Montagu.) Les siphons peuvent s'allonger jusqu'à avoir cinq ou six fois la longueur de la coquille. (Deshayes.) L'animal a un goût poivré ; on le mange néanmoins quelquefois sur les côtes de la Méditerranée.

Distribution, 20 espèces. Norwége, Angleterre, Méditerranée, Sénégal.
Fossiles, 4 espèces. Tertiaires. Europe.

MESODESMA, Deshayes.

Étymologie, *meso*, milieu, *desma*, ligament.
Synonymes, Eryx, Sw. (non Daud.); Paphia (part.), Lamarck, 1799 (voyez p 479, note); Erycina (part.); Lamarck, 1818 (non Lamarck, 1805, nec Fabr. 1808); « Donacille, » Lamarck, 1812 (sans caractéristique).
Exemples, M. glabratum, Pl. XXI, *fig.* 15. M. donacinum, *fig.* 16.

Coquille triangulaire, épaisse, comprimée, fermée ; ligament interne, placé dans un cuilleron central profond ; une petite dent cardinale antérieure, et 1-1 dents latérales dans chaque valve ; impressions musculaires profondes ; sinus palléal petit.

Animal à bords du manteau lisses ; siphons courts, gros et distincts,

orifices garnis de cirrhes, cirrhes branchiaux dendritiques; pied comprimé, largement lancéolé; branchies grandes, inégales; palpes petits.

Sous-genres, Anapa, Gray. A. Smithii, Pl. XXI, *fig.* 17. Crochets antérieurs; inflexion siphonale obsolète.

Ceronia, Gray. Dents latérales marquées de stries obliques grossières.

? *Davila*, Gray. Dents latérales inégales; dents antérieures petites et
perpendiculaires.

Distribution, 31 espèces. Antilles, Méditerranée, Crimée, Inde, Nouvelle-Zélande, Chili; dans les sables, à marée basse.

Fossiles, 7 espèces. Néocomien —. États-Unis, Europe. (*Donacilla*,
d'Orbigny.)

Ervilia, Turton.

Étymologie, ervilia, diminutif de *ervum*, orobe.

Type, E. nitens, Pl. XXI, *fig.* 18.

Coquille petite, ovale, fermée; cartilage dans un cuilleron central;
valve droite ayant une seule dent saillante en avant et une dent obscure
en arrière; valve gauche ayant deux dents obscures; pas de dents latérales; sinus palléal profond.

Distribution, 2 espèces. Antilles, Angleterre, Canaries, Méditerranée,
mer Rouge. — 90 mètres.

Donax, L.

Exemple, D. denticulatus, Pl. XXI, *fig.* 19.

Étymologie, donax, un poisson de mer. (Pline.)

Synonymes, Chione, Scop.; Cuneus, Da Costa; Capisterium, Meuschen [1];
Latona et Hecuba, Schum.; Egeria, Lea (non Roissy).

Coquille trigone, cunéiforme, fermée; partie antérieure saillante,
arrondie; côté postérieur court, droit; bords ordinairement crénelés;
dents cardinales 2-2; dents latérales 1-1 dans chaque valve; ligament
externe, saillant; sinus palléal profond, horizontal.

Animal à manteau frangé; siphons courts et gros, divergents; orifice
anal denticulé, orifice branchial ayant des cirrhes pinnés; pied très-
grand, pointu, à bords tranchants, faisant saillie tout à fait en avant;
branchies amples, couchées, l'externe la plus courte; palpes petits,
pointus.

Distribution, 68 espèces. Norwége, Baltique, — mer Noire, toutes les
mers tropicales. Dans les sables, près du niveau de la basse mer (— 15
mètres), enfoncées de 2 à 5 centimètres au-dessous de la surface.

Fossiles, 45 espèces. Carbonifère —. États-Unis, Europe.

Sous-genre? Amphychæna, Phil. A. Kindermanni; Californie. *Coquille*

---

[1] Meuschen était un commissaire-priseur danois; les noms se trouvent dans ses
catalogues de ventes. *Idiotæ imposuere nomina absurda*, Linné.

oblongue, presque équilatérale, bâillante à chaque extrémité; dents $\frac{3}{3}$;
ligament externe; impression palléale sinueuse.

Iphigenia, Schum. (Capsa, Lam., 1818, non 1801 ; Donacina, Fér.)
I. Brasiliensis, Pl. XXI, *fig.* 20. *Coquille* presque équilatérale, lisse ;
dents cardinales 2.2, l'une bifide, l'autre petite ; les latérales éloignées,
obsolètes dans la valve gauche ; bords lisses. *Distribution*, 5 espèces.
Antilles, Brésil, côte occidentale d'Afrique, océan Pacifique, Amérique
centrale. Habite les estuaires. L'*I. ventricosa*, Deshayes, est rayée comme
une *Galatea* et a ses crochets érodés.

? *Isodonta* (Deshayesii). Buv., *Bull. Soc. Géol.* Oolithe ; France, Angleterre.

<h3 style="text-align:center">GALATEA, Bruguière.</h3>

Synonymes, Egeria, Roissy; Potamophila, Sowerby; Megadesma,
Bowdich.

Type, G. reclusa, Pl. XXI, *fig.* 21.

Coquille très-épaisse, trigone, cunéiforme ; épiderme lisse, olive ; crochets érodés ; charnière épaisse, dents 1.2, les latérales indistinctes ;
ligament externe, saillant ; sinus palléal distinct.

Animal à manteau ouvert en avant ; siphons médiocres, avec de six à
huit rangées de cils, orifices frangés ; pied grand comprimé ; palpes
longs, triangulaires ; branchies inégales, réunies à la base des siphons,
la paire externe divisée en deux aréas presque égales par un sillon longitudinal indiquant leur ligne d'attache.

Distribution, 6 ou 7 espèces? Nil et rivières de l'Afrique occidentale.

<h3 style="text-align:center">FAMILLE XVII. — SOLENIDÆ.</h3>

Coquille allongée, bâillante aux deux extrémités ; ligament externe ;
dents cardinales ordinairement 2.3, comprimées, la postérieure bifide.
Couche externe de la coquille à structure celluleuse définie, consistant
en longs prismes, très-obliques par rapport à la surface, et laissant
voir des nucléus ; couche interne presque homogène.

Animal ayant un pied très-grand et très-puissant, plus ou moins
cylindrique ; siphons courts et réunis (dans les Solen typiques, à coquille
longue) ou plus longs et en partie séparés (dans les genres à formes plus
courtes et plus comprimées) ; branchies étroites, se prolongeant dans
le siphon branchial.

<h3 style="text-align:center">SOLEN, (Aristote) L.</h3>

Type, S. siliqua, Pl. XXII, *fig.* 4.

Synonymes, Hypogæa, Poli; Vagina, Megerle; Ensis, Schum.; Ensa-
tella, Sw.

Coquille très-longue, sub-cylindrique, droite, ou faiblement recourbée, bords parallèles, extrémités bâillantes ; crochets terminaux ou sub-centraux ; dents cardinales $\frac{2}{2}$; ligament long, externe ; impression musculaire antérieure allongée ; impression postérieure oblongue ; impression palléale s'étendant au delà des adducteurs ; sinus court et carré.

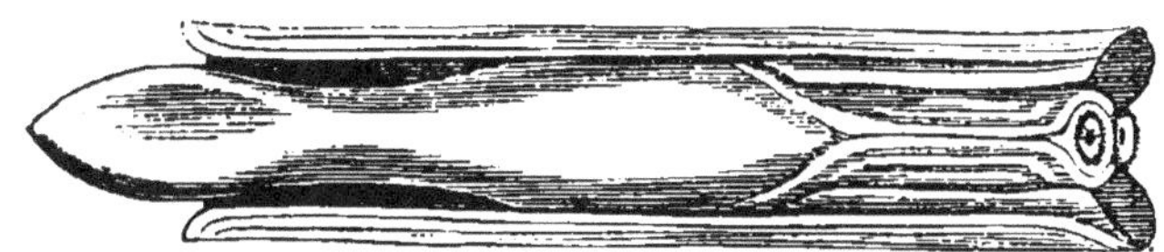

Fig. 264. — *Solen siliqua*, L., $\frac{1}{3}$; les valves écartées de force, et le manteau fendu jusqu'à l'ouverture ventrale pour laisser voir le pied.

Animal à manteau fermé, à l'exception de l'extrémité antérieure et d'une petite ouverture ventrale ; siphons courts, réunis, frangés ; palpes largement triangulaires : pied cylindrique, obtus.

Distribution, 25 espèces. De toutes les mers, sauf les mers Arctiques ; — 183 mètres.

Fossiles, 40 espèces. Carbonifère —. États-Unis, Europe.

Les Solen vivent enterrés verticalement dans le sable, à l'extrême limite de la basse mer, leur position n'étant indiquée que par un orifice semblable au trou d'une serrure ; lorsque la marée descend, ils s'enfoncent plus profondément, pénétrant ainsi souvent jusqu'à une profondeur d'un ou deux pieds. Ils ne quittent jamais volontairement leurs trous, et si on les en sort, ils s'enterrent bientôt de nouveau. On peut les prendre avec un fil de fer recourbé, et ils fournissent un excellent manger lorsqu'ils sont cuits. (Forbes.)

CULTELLUS, Schumacher.

Type, C. lacteus, Pl. XXII, *fig. 5.*

Étymologie, *cultellus*, un couteau.

Coquille allongée, comprimée, arrondie et bâillante aux deux extrémités ; dents cardinales 2.3 ; crochets en avant du centre, soutenus intérieurement par une côte oblique ; impression du pied derrière la côte du crochet ; adducteur postérieur triangulaire : impression palléale non prolongée derrière l'adducteur postérieur ; sinus court et carré.

Animal (du C. Javanicus) à courts siphons frangés : branchies étroites, ayant la moitié de la longueur de la coquille, plissées, portant des plis transversaux ; palpes grands, anguleux, à base large ; pied grand, brusquement tronqué.

Distribution, 5 espèces. Afrique, Inde, îles Nicobar.

Sous-genres, *Ceratisolen*, Forbes (Polia, d'Orbigny ; Pharus, Leach MS.; Solecurtoides, Desm.) C. legumen, Pl. XXII, *fig. 6. Coquille* étroite, sub-équilatérale ; impression de l'adducteur antérieur allongée ; une seconde

impression du pied près du sinus palléal. *Animal* à pied long et tronqué; siphons séparés, divergents, frangés. *Distribution*, 1 espèce. Angleterre, Méditerranée, Sénégal, mer Rouge. *Fossiles*, 3 espèces. Pliocène
—. Italie.

Machæra, Gould; (Siliqua, Megerle ; Leguminaria, Schum.) M. polita,
Pl. XXII, *fig.* 7. *Coquille* lisse, oblongue ; épiderme luisant ; côte des
crochets s'étendant à travers l'intérieur de la valve ; sinus palléal court.
L'animal, qui a été figuré par Middendorff, est semblable à celui des
Solecurtus. *Distribution*, Inde, Chine, Ochotsk, Orégon, Sitka, mer de
Behring, Terre-Neuve. On trouve souvent la *M. costata*, Say, dans l'es-
tomac de la morue. *Fossiles*, 4 espèces. Grès vert supérieur —. Angle-
terre, France.

Pharella, Gray. *Coquille* presque cylindrique ; impression musculaire
antérieure allongée.

Solecurtus, Blainville.

Étymologie, solen et *curtus,* court.

Synonymes, Psammosolen, Risso ; Macha, Oken ; Siliquaria, Schum.,
Tagelus, Gray.

Exemples, S. strigilatus, Pl. XXII, *fig.* 8. S. Caribæus, Pl. XXII, *fig.* 9.

Coquille allongée, assez ventrue, avec des crochets sub-centraux ;
bords sub-parallèles ; extrémités tronquées, bàillantes ; ligament saillant ; dents cardinales $\frac{2}{3}$; sinus palléal très-profond, arrondi ; adducteur postérieur arrondi.

Animal très-grand et gros, ne pouvant pas se retirer entièrement
dans sa coquille ; manteau fermé en dessous ; orifice du pied et pied
grands ; palpes triangulaires, étroits, lamelleux en dedans ; branchies
longues et étroites, l'externe de beaucoup la plus courte ; siphons séparés
à l'extrémité, réunis et formant une grosse masse à leur base ; orifice
anal lisse, orifice branchial frangé.

Les Solécurtes s'enfoncent profondément dans le sable ou dans la
vase, ordinairement au-dessous du niveau de la basse mer, et sont difficiles à obtenir vivants. Le S. *Caribæus* se rencontre par myriades dans
les barres des rivières d'Amérique et sur la côte du New-Jersey, dans les
sables, qui découvrent à basse mer ; en enlevant 8 ou 10 centimètres de
sable, l'on peut découvrir sa retraite qui forme une cavité cylindrique
verticale de 37 à 38 millimètres de diamètre sur 30 centimètres ou
davantage de profondeur ; l'animal se retient fortement par l'extrémité
étalée de son pied.

Distribution, 25 espèces. États-Unis, Angleterre, Méditerranée, côte
occidentale d'Afrique, Madère.

Fossiles, 30 espèces. Néocomien —. États-Unis, Europe.

Sous-genre, Novaculina, Benson. N. gangetica, Pl. XXII, *fig.* 10.
Coquille oblongue, lisse ; épiderme épais et terne ; sinus palléal assez

petit; impression antérieure du pied linéaire. *Distribution*, Inde, Chine. Dans la vase des embouchures de rivières.

FAMILLE XVIII. — MYACIDÆ.

Coquille épaisse, forte et opaque, bâillante postérieurement ; impression palléale sinueuse ; épiderme ridé. Structure plus ou moins distinctement celluleuse, avec des nucléus foncés près de la surface externe ; apophyse du cartilage composée de cellules rayonnées.

Animal à manteau presque entièrement fermé ; ouverture qui donne passage au pied petite ; pied petit ; siphons réunis, plus ou moins complétement rétractiles ; de chaque côté deux branchies allongées.

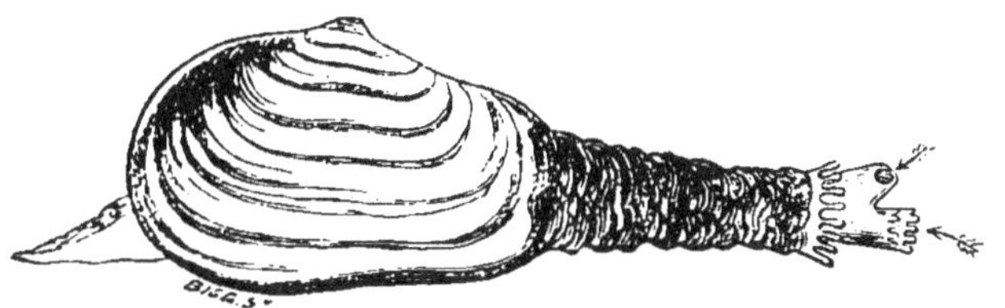

Fig. 265. — *Mya truncata*, L., $\frac{1}{2}$. Angleterre (d'après Forbes).

MYA, L.

Étymologie, myax (myacis), une moule. (Pline.)

Synonyme, Platyodon, Conrad.

Types, M. truncata, Pl. XXIII, *fig.* 1. M. arenaria, *fig.* 207, p. 410.

Coquille oblongue, inéquivalve, bâillante aux extrémités ; valve gauche la plus petite, avec un grand cuilleron aplati pour le cartilage ; sinus palléal grand.

Animal à pied linguiforme, petit et droit ; siphons réunis, couverts d'épiderme, en partie rétractiles ; orifices frangés, l'orifice branchial ayant une série interne de grands filaments tentaculaires ; branchies non prolongées dans le siphon ; palpes allongés, libres.

M. *anatina*, Chemn. (Tugonia, Gray). Côte occidentale d'Afrique ; côté très-fortement tronqué ; des cuillerons semblables dans chaque valve. *Fossile*, miocène. Dax et Morée.

Distribution, 10 espèces. Mers du Nord, côte occidentale d'Afrique, Philippines, Australie, Californie. Les Myes fréquentent les fonds mous, surtout la vase sablonneuse et mélangée de gravier des embouchures de rivières : elles s'étendent depuis le niveau de la basse mer jusqu'à 45 mètres, rarement jusqu'à 185 ou 270 mètres. La M. *arenaria* s'enfonce à un pied de profondeur ; cette espèce et la M. *truncata* se trouvent dans toutes les mers septentrionales et arctiques, d'Ochotsk et Sitka à l'Océan glacial russe, dans la Baltique et sur les côtes d'Angleterre ; sur les côtes de la Méditerranée on ne les trouve qu'à l'état fossile. On les mange dans les Shetland et dans l'Amérique du Nord, et elles sont même un excellent manger. Au Groënland elles sont recherchées par les morses, le renard polaire, et certains oiseaux. (O. Fabricius.)

Fossiles, 17 espèces. Pliocène —. États-Unis, Angleterre, Sicile. La plupart des Myes fossiles ont un ligament externe et rentrent soit dans le genre Panopée, soit dans le genre Pholadomye.

CORBULA, Bruguière.

Étymologie, *corbula*, une petite corbeille.

Type, C. sulcata, Pl. XXIII, *fig.* 2.

Synonymes, Erodona, Daud. (Pacyodon, Beck.) ; Agina, Turt.

Coquille épaisse, inéquivalve, gibbeuse, fermée, prolongée en arrière ; valve droite ayant une dent bien marquée en avant de la fossette du cartilage ; valve gauche plus petite, avec un cuilleron du cartilage saillant ; sinus palléal faible ; impressions du pied distinctes des impressions des adducteurs.

Animal à siphons très-courts, réunis ; orifices frangés ; valve anale tubuleuse ; pied gros et pointu ; palpes médiocres ; deux branchies de chaque côté, obscurément striées.

Distribution, 66 espèces. États-Unis, Norwége, Angleterre, Méditerranée, côte occidentale d'Afrique, Chine. Habite les fonds sablonneux ; de la zone inférieure des laminaires à 145 mètres.

Fossiles, 120 espèces. Oolithe inférieure —. États-Unis, Europe, Inde.

La couche externe de la coquille est composée de cellules fusiformes ; l'interne est homogène et adhère si légèrement à l'externe qu'elle est souvent détachée dans les échantillons fossiles. *Corbulomya*, Nyst (*C. complanata*, Sby.), Crag ; Angleterre.

Sous-genres, *Potamomya*, J. Sowerby. P. gregaria. Éocène, île de Wight. Cuilleron du cartilage large et spatulé, reçu entre deux dents obscures de la valve droite. Les Corbules des estuaires diffèrent très-peu des espèces marines. La *P. labiata* (Azara, d'Orbigny), Pl. XXIII, *fig.* 3, vit enfoncée dans la vase du Rio de la Plata, mais pas au-dessus de Buenos-Ayres, et par conséquent dans de l'eau qui est très-peu influencée par le reflux superficiel de la rivière. La même espèce se trouve en bancs largement répandus dans les pampas près de San Pedro, et dans un grand nombre de lieux de la république Argentine, à 5 mètres au-dessus du Parana. (Darwin.)

Sphenia, Turt. S. Binghami, Pl. XXIII, *fig.* 4. *Coquille* oblongue ; valve droite ayant une dent conique courbe en avant de la fossette oblique et sub-triangulaire du cartilage. *Animal* à gros siphons réunis, frangés à l'extrémité ; valve anale distincte ; pied digitiforme, portant un sillon du byssus. *Distribution*, 2 espèces. Angleterre, France. Perfore les coquilles d'huîtres et le calcaire, par 18 à 45 mètres. *Fossiles*, 20 espèces. Tertiaire. Europe.

Neæra, Gray.

Étymologie, *Neæra*, nom d'une dame romaine.
Type, N. cuspidata. Pl. XXIII, *fig*. 5.
Synonyme, Cuspidaria, Nardo.
Coquille globuleuse, atténuée, et bâillante en arrière ; valve droite un peu plus petite que la gauche ; crochets renforcés intérieurement par une côte du côté postérieur : dans chaque valve un cuilleron du cartilage, spatulé, pourvu d'un osselet mobile (Deshayes), avec une dent obsolète en avant et une dent latérale postérieure ; sinus palléal très-peu profond.
Animal à manteau fermé ; pied lancéolé ; siphons courts, réunis, le branchial le plus grand, l'anal ayant une valve membraneuse. Tous deux avec quelques longs cirrhes latéraux.
Distribution, 22 espèces. Norwége, Angleterre, Méditerranée, Canaries, Madère, Chine, Moluques, Nouvelle-Guinée, Chili. De 22 à 565 mètres.
Fossiles, 14 espèces, Oolithe —. Angleterre, Belgique, Italie.

Thetis, Sowerby.

Étymologie, *Thetis*, une nymphe de la mer, dans la mythologie grecque.
Synonymes, Poromya (anatinoides), Forbes ; Embla (Korenii), Lovén ? Inoceramus (impressus), d'Orb.? Corbula (gigantea), Sby.
Types, T. minor, *fig*. 266. T. hyalina, Pl. XXII, *fig*. 11.

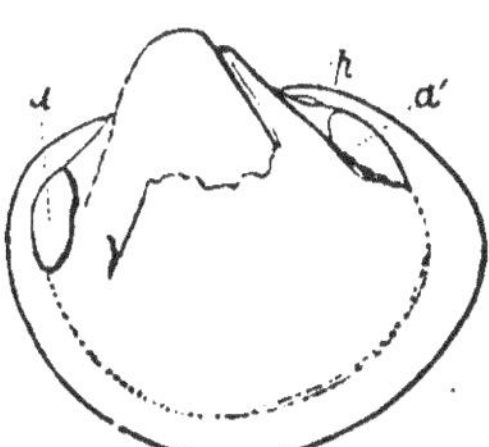
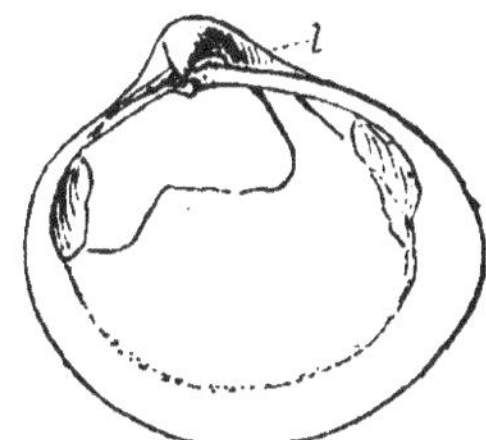

Fig. 266. — *Thetis minor*, Sby. Néocomien ; ile de Wight.

Coquille suborbiculaire, ventrue, mince, translucide, à surface régulièrement granuleuse ; face interne légèrement nacrée ; ligament (*l*) externe ; dents cardinales 1 ou 2 ; crochets renforcés en dedans par une lame postérieure ; impressions des adducteurs (*a, a'*) et impressions du pied (*p*) séparées, faiblement marquées, l'adducteur postérieur limité par une crête ; impression palléale presque simple, sub-marginale.

Animal à siphons courts, le branchial le plus grand, entourés à leur base de 18 à 20 tentacules, généralement réfléchis sur la coquille ; manteau ouvert en avant ; pied long, étroit et grêle. (Mac Andrew.)

Distribution, 5 espèces. Norwége, Angleterre, Méditerranée, Madère, Bornéo, Chine. 75 à 274 mètres.

Fossiles, 17 espèces. Néocomien —. Angleterre, Belgique, France, Inde méridionale.

Sous-genre ? Eucharis, Recluz ; Corbula quadrata, Hinds. Guadeloupe.

Coquille équivalve, obliquement carénée, bâillante ; crochets antérieurs ; dents cardinales 1 — 1 ; ligament externe ; impression palléale simple ; surface granuleuse.

PANOPÆA, Ménard de la Groye.

Étymologie, Panope, une néréide.

Exemple, P. americana, Pl. XXII, *fig.* 12.

Synonyme ? Pachymia (gigas), Sby. Grès vert supérieur. Angleterre, France.

Type, P. glycimeris, *fig.* 267.

Coquille équivalve, épaisse, oblongue, bâillante à chaque extrémité ; ligament externe sur des crêtes bien marquées ; 1 dent saillante sur chaque valve ; sinus palléal profond.

Animal à siphons très-longs, réunis, recouverts d'un épiderme épais, ridé ; orifice pour le pied petit ; pied court, gros et canaliculé en dessous ; branchies longues et étroites, s'étendant loin dans le siphon branchial ; la paire externe beaucoup plus étroite que l'interne, faiblement pectinée ; palpes longs, pointus et striés.

Chez la *P. Norvegica*, l'impression palléale est formée d'un petit nombre de taches espacées, comme dans les *Saxicava* ; l'animal lui-même ressemble à une gigantesque Saxicave, (Hancock.) Cette espèce s'étend depuis Ochotsk jusqu'à la mer Blanche, à la Norwége, et au nord de la Grande-Bretagne ; elle habitait jadis la Méditerranée, sur les bords de laquelle on la rencontre aujourd'hui à l'état fossile. (= *Bivonæ*, Philippi.) Les échantillons des côtes d'Angleterre ont été quelquefois pris accidentellement avec les lignes de fond. La *P. Natalensis* se trouve à Port-Natal, enfoncée dans le sable, à basse mer ; les siphons qui font saillie ont d'abord attiré l'attention (sans doute par les forts jets d'eau qu'elle lance lorsqu'elle est inquiétée), mais on n'obtint les coquilles qu'en creusant à une profondeur de plusieurs pieds. L'espèce de la Méditerranée, la *P. glycimeris*, atteint une longueur de 15 à 20 centimètres.

La *fig.* 267 représente l'animal de la *Panopæa glycimeris*, tel qu'on le voit après avoir enlevé la valve gauche et la partie mince du manteau.

Elle a été trouvée sur la côte de Sicile et offerte au muséum de Gloucester par le capitaine Guise.

Manteau et siphons recouverts d'un épiderme épais, foncé, ridé; siphons. réunis, gros, contractiles; une petite ouverture pour le passage du pied au milieu de l'ouverture antérieure; pied petit (*f*), corps ovale (*b*), avec un talon bien marqué; muscle palléal (*m*) continu, avec une profonde inflexion siphonale (*s*); lèvres larges et lisses; palpes triangulaires, profondément plissés (*l*); branchies inégales (très-contractées dans l'esprit-de-vin), atteignant le commencement des siphons; branchies internes, prolongées entre les palpes; plis disposés par paires, chaque feuillet étant composé d'arcs vasculaires disposés côte à côte; bord sillonné, rebord dorsal du feuillet interne libre; branchies externes plus courtes et plus étroites, formées d'une seule série d'arcs branchiaux placés l'un derrière l'autre; bord dorsal large et fixé.

Distribution, 11 espèces. Mers du Nord, Méditerranée, Cap, Australie, Nouvelle-Zélande, Patagonie. Du niveau de la basse marée à 165 mètres.

Fossiles, 140 espèces. Oolithe inférieure —. États-Unis, Europe, Inde.

GLYCIMERIS, Lamarck.

Étymologie, *glukos*, doux; *meris*, amer.

Type, G. siliqua, Pl. XXII., *fig.* 14 et *fig.* 268.

Synonyme, Cyrtodaria, Daud.

Coquille oblongue, bâillante à chaque extrémité; face postérieure la plus courte; ligament grand et saillant; épiderme noir, s'étendant au delà des bords; impression musculaire antérieure longue, impression palléale irrégulière, légèrement sinueuse.

Animal plus grand que sa coquille, sub-cylindrique; manteau fermé;

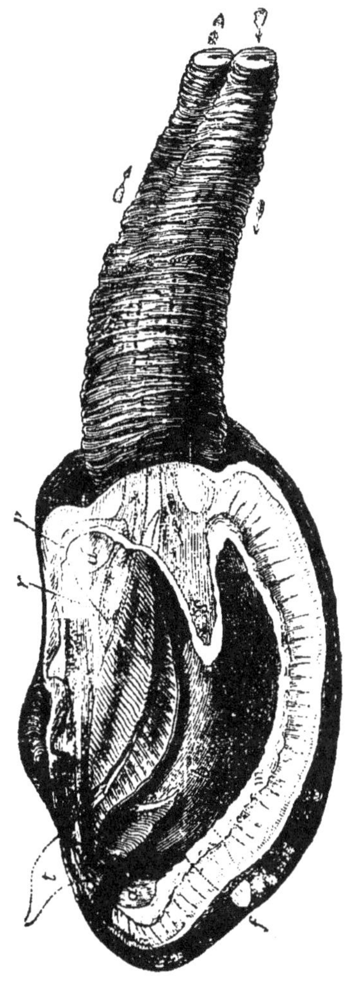

Fig. 267.— *Panopœa glycimeris*, ⅔ de la grandeur naturelle; *a*, *a'*, muscles adducteurs; *p*, muscle postérieur du pied; *r*, organe rénal.

siphons réunis, protégés par une enveloppe épaisse ; orifices petits ; ouverture pour le passage du pied petite et antérieure ; pied conique ; palpes grands, striés en dedans, le bord postérieur lisse ; branchies grandes, s'étendant dans le siphon branchial.

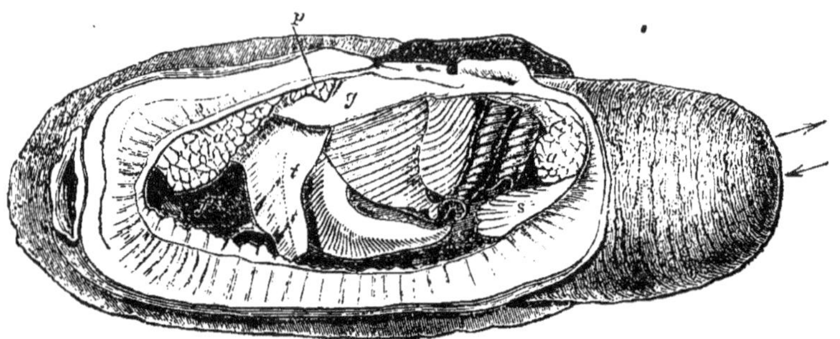

Fig. 268. — *Glycimeris siliqua*, Chemn. Terre-Neuve.

a, a, muscle adducteur ; *p*, muscle du pied ; *s*, muscle du siphon ; *f*, pied ; *t*, tentacules labiaux ; *g*, branchies, très-contractées et plissées.

Distribution, 2 espèces. Mers arctiques, cap Parry, côte Nord-ouest d'Amérique, Terre-Neuve.

Fossiles, Pliocène —. Angleterre, Belgique.

Famille XIX. — Anatinidæ.

Coquille souvent inéquivalve, mince ; face interne nacrée ; surface granuleuse ; ligament externe, mince ; cartilage interne, contenu dans des cuillerons qui se correspondent sur chaque valve et pourvu d'un osselet libre ; impressions musculaires peu marquées, l'antérieure allongée ; impression palléale ordinairement sinueuse.

Animal à bords du manteau réunis ; siphons longs, plus ou moins réunis, frangés ; une seule branchie de chaque côté ; le feuillet externe prolongé du côté dorsal au delà de la ligne d'attache.

Les *Pholadomya* et les genres fossiles qui s'en rapprochent n'ont qu'un ligament externe ; ils manquent d'osselet. La surface externe de ces coquilles est souvent rendue rugueuse par de grandes cellules calcaires, disposées quelquefois en lignes, et recouvertes par l'épiderme ; la couche externe se compose de cellules polygonales, plus ou moins nettement limitées ; la couche interne est nacrée.

Anatina, Lamarck.

Étymologie, anatinus, qui se rapporte à un canard.
Type, A. rostrata, Pl. XXII., *fig.* 7.

Synonymes, Laternula, Bolten MS.; Auriscalpium, Mühlf; Osteodesma, Blainville; Cyathodonta (undulata), Conrad? Côte occidentale d'Amérique.

Coquille oblongue, ventrue, subéquivalve, mince et translucide, face postérieure atténuée et bâillante; crochets fendus, dirigés en arrière, soutenus intérieurement par une lame oblique; charnière avec un cuilleron du cartilage dans chaque valve, pourvue en avant d'un osselet transverse; sinus palléal large et peu profond.

Animal à manteau fermé et à longs siphons réunis, revêtu d'un épiderme ridé; une branchie de chaque côté, épaisse, profondément plissée; palpes très-longs et étroits; une petite ouverture pour le passage du pied qui est très-petit, comprimé.

Distribution, 20 espèces. Inde, Philippines, Nouvelle-Zélande, côte occidentale d'Amérique.

Fossiles, 50 espèces. Devonien? — Oolithe —. États-Unis, Europe.

Sous-genres, *Periploma* (inæquivalvis), Schum. « Spoonhinge » de Petiver. *Coquille* ovale, inéquivalve, valve gauche la plus profonde; côté postérieur très-court et contracté. *Distribution*, Antilles, Amérique du Sud.

Cochlodesma, Couthouy. C. prætenue, Pl. XXIII, *fig.* 8. (Boutia, Leach MS.; Ligula, Mont., part.) *Coquille* oblongue, comprimée, mince, légèrement inéquivalve; crochets fendus; cuillerons du cartilage saillants, osselet petit; sinus palléal profond. *Animal* à pied large, comprimé; siphons longs, grêles, divisés dans toute leur longueur; une branchie de chaque côté, profondément plissée, divisée par un sillon oblique en deux parties, la partie dorsale étant plus étroite, composée d'un seul feuillet, et fixée par toute sa surface interne. (Hancock.) *Distribution*, 2 espèces. États-Unis, Angleterre, Méditerranée. *Fossile*, Pliocène. Sicile.

Cercomya, Agassiz. C. undulata, Sowerby. (= Rhynchomya, Agassiz.) *Coquille* très-mince, allongée, comprimée, atténuée postérieurement, flancs marqués de sillons concentriques; crochets fendus; aréa postérieure (cardinale) plus ou moins définie. *Fossiles*, 12 espèces. Oolithe — Néocomien. Europe.

THRACIA (Leach), Blainville.

Synonymes, Odoncinetus, Cos'a; Corimya, Agassiz; Rupicola (concentrica), Bellevue.

Type, T. pubescens, Pl. XXIII., *fig.* 9.

Coquille oblongue, presque équivalve, légèrement comprimée, atténuée et bâillante postérieurement, lisse, ou finement raboteuse; cuilleron du cartilage gros, mais ne faisant pas saillie, avec un osselet en forme de croissant; sinus palléal peu profond. Couche externe de la coquille composée de cellules nucléées distinctes.

Animal à manteau fermé; pied linguiforme; siphons assez longs, séparés, à orifices frangés; une seule branchie de chaque côté, épaisse, plissée; palpes étroits, pointus.

Les *T. concentrica* et *T. distorta*, Mont., se trouvent dans les fentes des rochers, et dans les galeries des *Saxicava*; on les a prises à tort pour des coquilles perforantes.

Distribution, 17 espèces. Groënland, États-Unis, Norwége, Angleterre, Méditerranée, Canaries, Chine, Soulou; de 7 à 200 mètres.

Fossiles, 36 espèces. (Trias?) Oolithe inférieure —. États-Unis, Europe.

PHOLADOMYA, G. Sowerby.

Type vivant, P. candida, Pl. XXII, *fig*. 15. Ile de Tortola.

Coquille oblongue, équivalve, ventrue, bâillante en arrière, mince et translucide, ornée sur les flancs de côtes rayonnantes; ligament externe; charnière ayant une dent obscure dans chaque valve; un grand sinus palléal.

Animal ayant de chaque côté une seule branchie épaisse, finement plissée, sillonnée le long de son bord libre, le feuillet externe prolongé du côté dorsal; manteau ayant un quatrième orifice (ventral). (Owen.)

Distribution, 1 espèce. Antilles.

Fossiles, 160 espèces. Lias —. États-Unis, Europe, Algérie, Thibet.

Homomya (hortulana), Agassiz. *Coquille* épaisse, marquée de sillons concentriques, sans côtes rayonnantes; 12 espèces. Oolithe, Europe.

Tyleria, Adams. Cartilage inséré dans une cavité en cuilleron; intérieur de la coquille ayant une lame calcaire s'étendant depuis le cuilleron jusqu'à l'impression musculaire antérieure.

MYACITES, (Schlotheim) Bronn.

Synonymes, Myopsis (Jurassi) Agassiz; Pleuromya, Agassiz; Arcomya (Helvetica), Agassiz; Mactromya (mactroides), Ag.; Anoplomya (lutraria), Krauss.

Exemple, M. sulcatus, Fleming (Allorisma, King, Pal. Tr. 1850, Pl. XX, *fig*. 5).

Coquille oblongue, ventrue, bâillante, mince, souvent marquée de sillons concentriques; crochets antérieurs; surface granuleuse; ligament externe; charnière avec une dent obscure, ou dépourvue de dents; impressions musculaires peu marquées; impression palléale profondément sinueuse.

Fossiles, 50 espèces. Silurien inférieur — Craie inférieure. États-Unis, Europe, Afrique méridionale.

Sous-genres? Goniomya, Agassiz. Mya literata, Pl. XXII, *fig*. 16 (Lysianassa, Münster, non M. Edwards.) *Coquille* équivalve, mince, granuleuse; ligament externe, court, saillant. *Fossiles*, 53 espèces. Lias supérieur — Craie. Europe.

Tellinomya (nasuta), Hall; Silurien. États-Unis, Europe. Genre non caractérisé.

Grammysia, Verneuil. Nucula cingulata, His. Silurien supérieur. Europe. *Valves* ayant un fort pli transverse s'étendant des crochets au milieu du bord ventral.

? Sedgwickia (corrugata), Mac Coy. = ? Leptodomus (senilis), Mac Coy. *Coquille* mince, ventrue, à sillons concentriques en avant ; écusson long et plat. Silurien — Carbonifère. Europe.

RIBEIRIA, Sharpe, 1853.

Coquille bâillante aux deux extrémités ; sub-ovalaire, arrondie en avant, allongée et assez atténuée en arrière ; marquée de stries ponctuées ; les moules internes ont une grande impression apiciale (produite par une plaque du cartilage, comme chez les *Lyonsia ?*) et une échancrure en avant de celle-ci.

Fossiles, Silurien inférieur. Portugal.

CEROMYA, Agassiz.

Étymologie, *keraos*, cornu, *mya*, moule.
Type, C. concentrica (Isocardia) Sowerby, Min. Conch. 491, *fig.* 1.
Coquille à formes d'*Isocardia*, légèrement inéquivalve?, très-mince, granuleuse, souvent ornée de sillons excentriques ; ligament externe ; charnière dépourvue de dents; valve droite ayant une lame interne derrière les crochets ; impression palléale à peine sinueuse?

Fossiles, 14 espèces. Oolithe inférieure — Grès vert? Europe.
Sous-genre ? Gresslya (sulcosa) Ag. (Amphidesma, et Unio species, Philippi). *Coquille* ovale, assez comprimée ; crochets antérieurs, recourbés, non saillants ; valves minces, fermées, lisses ou ornées de sillons concentriques; sinus palléal profond. *Fossiles*, 50 espèces. Lias — Portlandien. Europe. La lame qui est en dedans du bord cardinal postérieur de la valve droite produit un sillon dans les moules ; ceux-ci sont plus communs que les échantillons dans lesquels la coquille a été conservée.

? CARDIOMORPHA, Koninck.

Type, C. oblonga (Isocardia), Sowerby (non Koninck).
Coquille à formes d'Isocardia; lisse ou ornée de sillons concentriques ; crochets saillants; charnière dépourvue de dents ; bord cardinal ayant un étroit sillon ligamentaire et un obscur sillon interne du cartilage.

Fossiles, 38 espèces. Silurien inférieur — Carbonifère. Amérique du Nord, Europe.

EDMONDIA, Koninck.

Exemple, E. sulcata, Ph. (*Tr. Pal. Soc.* 1850, Pl. XX, *fig.* 5.) Carbonifère ; Angleterre.

Synonymes, Allorisma, King (part.) ; Sanguinolites, Mac Coy (part.)

Coquille oblongue, équivalve, mince, ornée de stries concentriques, fermée ; crochets antérieurs ; sillons du ligament étroits, externes ; ligne cardinale mince, dépourvue de dents, munie de grandes plaques du cartilage obliques, placées au-dessous des crochets et laissant de l'espace pour un osselet ? La plaque est peut-être l'équivalent de la lame sous-apiciale des *Pholas* ; impression palléale simple ?

Fossiles, 4 espèces. Carbonifère — Permien. Europe.

Sous-genre, *Scaldia*, Ryckholt, 1856. Carbonifère. Tournay. *Coquille* semblable aux *Edmondia*, avec une seule dent cardinale dans chaque valve.

LYONSIA, Turton, 1822 (non R. Brown).

Synonymes, Magdala, Leach, 1827 ; Myatella, Brown ; Pandorina, Scacchi.

Type, L. Norvegica, Pl. XXIII, *fig.* 10.

Coquille presque équivalve, à valve gauche la plus grande ; mince, sub-nacrée, fermée, tronquée postérieurement ; cuillerons du cartilage obliques, couverts par un osselet oblong ; sinus palléal obscur, anguleux. Structure intermédiaire entre celle des *Pandora* et celle des *Anatina* ; couche externe composée de cellules polygonales définies.

Animal à manteau fermé ; pied linguiforme, canaliculé, portant un byssus ; siphons très-courts, réunis sur presque toute leur longueur, frangés ; lèvres grandes, palpes étroits triangulaires.

Distribution, 12 espèces. Groënland, mer du Nord, Norwége, Antilles, Madère, Inde, Bornéo, Philippines, Pérou.

La *L. Norvegica* s'étend de la Norwége à la mer d'Ochotsk ; de 27 à 145 mètres.

Fossiles ? Miocène —. Europe. (100 espèces. Silurien inférieur —. d'Orbigny.)

? *Entodesma* (Chilensis), Phil. *Coquille* mince, à formes de Saxicave, légèrement inéquivalve et bâillante, couverte d'un épiderme épais ; charnière dépourvue de dents ; chaque valve ayant un rebord semicirculaire contenant le cartilage.

PANDORA (Solander), Bruguière.

Étymologie, *Pandora*, l'Ève de la mythologie grecque.

Type, P. rostrata, Pl. XXII, *fig.* 11.

Coquille inéquivalve, mince, nacrée en dedans ; valves fermées, atténuées en arrière : valve droite plate, avec une crête divergente et des sillons contenant le cartilage ; valve gauche convexe, avec deux sillons divergents à la charnière ; impression palléale faiblement sinueuse. Une couche externe de cellules régulières, verticales, prismatiques, 250 fois plus petites que celles des *Pinna* (*fig.* 217). (Carpenter.)

Animal à manteau fermé, à l'exception d'une petite ouverture pour le passage du pied qui est étroit et linguiforme ; siphons très-courts, réunis presque dans toute leur longueur, à extrémités divergentes, frangées ; palpes triangulaires, étroits ; branchies plissées, une de chaque côté, avec un bord dorsal étroit.

Distribution, 18 espèces. États-Unis, Spitzberg, Jersey, Canaries, Inde, Nouvelle-Zélande, Panama. De 7 à 200 mètres ; creusant dans le sable et la vase.

Fossiles, 14 espèces. Carbonifère —. États-Unis, Angleterre.

Myadora, Gray.

Type, M. brevis, Pl. XXIII, *fig.* 12.

Coquille trigone, arrondie en avant, atténuée et tronquée en arrière ; valve droite convexe, la gauche plate ; face interne nacrée ; cartilage étroit, triangulaire, placé entre deux crêtes dentiformes de la valve gauche, et ayant un osselet *falciforme* libre ; impression palléale sinueuse ; structure semblable à celle d'une Anatine ; cellules externes grandes, assez prismatiques.

Distribution, 10 espèces. Nouvelle-Zélande, Nouvelle-Galles du Sud, Philippines.

Myochama, Stuchbury.

Type, M. anomioides, Pl. XXIII, *fig.* 13.

Coquille inéquivalve, fixée par la valve droite et modifiée par la forme de la surface d'attache ; face postérieure atténuée ; valve gauche gibbeuse ; cartilage interne, placé entre deux saillies dentiformes de chaque valve, et pourvu d'un osselet mobile ; impression musculaire antérieure courbe, la postérieure arrondie, sinus palléal petit.

Animal à lobes du manteau réunis ; ouverture pour le passage du pied et siphons entourés d'aréas séparées ; siphons distincts, inégaux, petits, légèrement frangés ; un quatrième petit orifice tout près de la base du siphon branchial : masse viscérale grande ; pied petit et conique ; bouche assez grande, lèvre supérieure en capuchon ; palpes effilés, à plis peu nombreux ; une branchie de chaque côté, triangulaire, plissée, divisée par une ligne oblique en deux parties ; quatre canaux excurrents, dont deux à la base des branchies et deux au-dessous des lamelles dorsales. (Hancock, *Ann. Nat. Hist.*, 1853.)

Distribution, 5 espèces. Nouvelle-Galles du Sud ; fixée aux *Crassatella* et *Trigonia* par 15 mètres de profondeur ; les jeunes (comme l'indiquent les crochets) sont libres, réguliers, et ont des formes de Myadora.

Chamostrea, Roissy.

Type, C. albida, Pl. XXIII, *fig.* 14.
Synonyme, Cleidotherus, Stutch.

Coquille inéquivalve, à formes de Came, solide, fixée par la face antérieure de la valve droite qui est profonde et fortement carénée ; crochets antérieurs subspiraux ; valve gauche plate, avec une dent conique en avant du cartilage ; cartilage interne, avec un osselet oblong, courbe ; impressions musculaires grandes et rugueuses, l'antérieure très-longue et étroite ; impression palléale simple.

Animal à lobes du manteau réunis par leur extrême bord, entre l'ouverture qui donne passage au pied et les siphons ; ouverture correspondant au pied petite, avec une autre petite ouverture ventrale derrière elle ; siphons un peu écartés, très-courts, denticulés ; corps ovale, se terminant par un petit pied comprimé ; lèvres bilobées ; palpes disjoints, assez longs, et en pointe obtuse ; branchies, une de chaque côté, grandes, ovales, profondément plissées, prolongées en avant entre les palpes, réunies postérieurement ; chaque branchie traversée par un sillon oblique ; la partie dorsale composée d'un seul feuillet, à bord libre. (Hancock, *Ann. Nat. Hist.*, février 1853.)

Distribution, 1 espèce. Nouvelle-Galles du Sud.

Famille XX. — Gastrochænidæ.

Coquille équivalve, bâillante ; valves minces, dépourvues de dents, réunies par un ligament, quelquefois soudées à un tube calcaire lorsqu'elles sont adultes ; deux impressions d'adducteurs, impression palléale sinueuse.

Animal allongé, tronqué en avant, prolongé en arrière en deux très-longs siphons contractiles réunis, à orifices garnis de cirrhes ; bords du manteau très-épais en avant, réunis, laissant une petite ouverture pour le pied qui est digitiforme ; branchies étroites, prolongées dans le siphon branchial.

Les mollusques de cette famille, qui correspond aux *Tubicolidæ* de Lamarck, creusent dans la vase ou dans la pierre ; ils vivent souvent en société, se trouvant par myriades près du niveau de la basse mer, mais il est difficile de les extraire de leurs trous.

Gastrochæna, Spengler, 1783.

Étymologie, gaster, ventre ; *chæna*, ouverture.

Type, G. modiolina, Pl. XXIII, *fig.* 15.

Coquille régulière, cunéiforme, à crochets antérieurs, largement bâillante en avant, fermée en arrière ; ligament étroit, externe ; sinus palléal profond.

Animal à manteau fermé et épaissi en avant ; pied digitiforme, canaliculé, pourvu quelquefois d'un byssus ; siphons longs, séparés seulement à leur extrémité ; lèvres simples, palpes falciformes, branchies inégales, librement prolongées dans le siphon branchial.

La *G. modiolina* perfore les coquilles et le calcaire ; ses trous sont réguliers, ayant environ 5 centimètres de profondeur et 12 à 15 millimètres de diamètre ; l'orifice externe est en forme de sablier, et garni d'une couche calcaire qui fait légèrement saillie. Lorsqu'elle creuse dans des coquilles d'huitres, elle passe souvent au travers, pénètre jusque dans le sol qui est au-dessous et complète alors sa retraite en cimentant les matériaux désagrégés qu'elle trouve en un étui en forme de bouteille dont le goulot est fixé dans la coquille de l'huitre ; dans quelques espèces fossiles, les siphons étaient plus séparés et les bouteilles avaient deux goulots divergents. Les orifices des siphons sont rarement quadrilobés ; Pl. XXIII, *fig.* 15 *a*.

Distribution, 10 espèces. Antilles, Angleterre, Canaries, Méditerranée, mer Rouge, Inde, ile Maurice, iles du Pacifique, Gallapagos, Panama ; — 55 mètres.

Fossiles, 20 espèces. Oolithe inférieure —. États-Unis, Europe.

Sous-genre. Chæna, Retz. 1788. C. mumia, Pl. XXIII, *fig.* 16. (= Fistulana clava, Lam.) *Coquille* allongée, contenue dans un tube calcaire ; adducteur postérieur presque central, avec une impression du pied en avant : sinus palléal anguleux à son sommet, atteignant l'impression palléale. Tube cylindrique, droit, atténué en haut, orné de stries transversales, fermé à l'extrémité inférieure lorsqu'il est complet et muni en arrière des valves d'un diaphragme perforé. *Distribution*, 3 espèces. Madagascar, Inde, Philippines. Australie ; creusant dans le sable ou dans la vase. *Fossiles*. Oolithe inférieure —. États-Unis, Europe, Inde méridionale.

Saxicava, Bellevue.

Étymologie, saxum. pierre ; *cavo*, creuser.

Type, S. rugosa, Pl. XXII, *fig.* 13.

Synonymes, Byssomia, Cuv. ; Rhomboides, Bl. ; Hiatella (minuta), Daud. ; Biapholius, Leach ; Arcinella (carinata), Phil.

Coquille symétrique lorsqu'elle est jeune, avec deux petites dents dans chaque valve ; rugueuse à l'état adulte, dépourvue de dents, oblongue, équivalve, bâillante ; ligament externe ; impression palléale sinueuse, non continue.

Animal à lobes du manteau réunis et épaissis en avant ; siphons grands, réunis presque jusqu'à leur extrémité ; orifices frangés ; une petite ouverture pour le passage du pied qui est digitiforme et porte un sillon du byssus ; palpes petits, libres ; branchies étroites, inégales, réunies en arrière et se prolongeant dans le siphon branchial

L'on a établi 5 genres et 15 espèces aux dépens de variétés et d'états divers de cette coquille protéiforme. On la trouve dans les fentes des rochers et des coraux, et parmi les racines des plantes marines, ou perforant dans le calcaire et les coquilles ; à Harwich, elle creuse dans la roche à ciment (clay iron-stone), à Folkestone dans le *Kentishrag*, et elle a beaucoup endommagé la roche de Portland employée dans le brise-lames de Portsmouth. Ses galeries ont quelquefois 15 centimètres de profondeur (Couch) ; elles ne sont pas tout à fait symétriques, mais de même que celles de *Lithodomus*, elles sont inclinées suivant différents angles, de sorte qu'elles pénètrent les unes dans les autres, les derniers venus se frayant un chemin direct au travers de leurs voisins ; les mollusques sont ordinairement fixés par leur byssus à une petite saillie qui se trouve sur le côté de la cellule. Les Saxicaves s'étendent depuis le niveau de la basse mer jusqu'à 255 mètres ; on les trouve dans les mers Arctiques où elles atteignent leur plus grande taille, dans la Méditerranée, aux Canaries et au Cap. Elles se rencontrent fossiles dans les tertiaires miocènes d'Europe et aux États-Unis, ainsi que dans tous les dépôts glaciaires.

CLAVAGELLA, Lamarck.

Exemple, C. bacillaris, Pl. XXIII, *fig.* 17.

Coquille oblongue ; valves aplaties, souvent irrégulières ou rudimentaires ; la gauche soudée au côté du trou lorsqu'elle est adulte, la droite toujours libre ; impression musculaire antérieure petite, la postérieure grande ; impression palléale formant un profond sinus. Tube cylindrique, plus ou moins allongé, divisé quelquefois par une cloison longitudinale, pourvu souvent d'une succession de franges siphonales en dessus, et se terminant en dessous par un disque ayant une petite fissure centrale et bordé de tubules ramifiés.

Animal à manteau fermé en avant, à l'exception d'une petite fente pour le passage du pied, et pourvu d'appendices tentaculaires ; palpes longs et grêles ; deux branchies de chaque côté, allongées, étroites (flottant librement dans le siphon branchial ?).

Quelques échantillons de la *C. aperta* des mers actuelles ont trois collerettes à leurs tubes ; la *C. bacillaris* en a quelquefois un nombre double. Ces ornements sont formés par les orifices des siphons lorsque l'animal continue à s'allonger après avoir fixé sa valve et cessé de creuser ; ou peut-être, dans quelques cas, lorsqu'il est forcé par l'accumulation des sédiments d'allonger son tube dans le haut. Brocchi raconte qu'après avoir brisé le tube de la *C. echinata* fossile, il a quelquefois trouvé la coquille d'une Saxicave ou d'une Pétricole outre la valve libre d'une Clavagelle ; ces bivalves étrangers avaient dû pénétrer dans le tube après la mort de la Clavagelle. La *C. elongata* se trouve dans les coraux ; la *C. australis* qui vit au niveau de la basse mer, a la faculté de lancer de l'eau lorsqu'elle inquiétée.

Distribution, 6 espèces. Grès vert supérieur —. Angleterre, Sicile, Inde méridionale.

Aspergillum, Lam. — Arrosoir.

Type, A. vaginiferum, Pl. XXIII, *fig.* 18.
Synonyme, Clepsydra, Schum.
Coquille petite, équilatérale, soudée à l'extrémité inférieure d'un tube calcaire, les sommets seuls étant visibles extérieurement ; tube allongé, fermé en bas par un disque perforé, avec une petite fissure centrale ; extrémité siphonale unie ou ornée de (1 — 8) collerettes ou manchettes.
Animal allongé ; manteau fermé, épaissi et frangé de filaments en avant ; pied conique, antérieur, opposé à une petite fente du manteau ; palpes lancéolés ; branchies longues, étroites, réunies postérieurement, se continuant dans le siphon branchial et y étant fixées.
Distribution, 21 espèces. Mer Rouge, Java, Australie, Nouvelle-Zélande ; dans le sable.
Fossile, 1 espèce (A.? Leognanum, Hœning. Miocène. Bordeaux).

Humphreya, Gray.

Coquille se développant dans la substance des siphons qui croissent avec la face ventrale en dessus.
Distribution, 1 espèce. Mer du Sud.

Famille XXI. — Pholadidæ.

Coquille bâillante aux deux extrémités, mince, blanche, fragile et extrêmement dure, armée en avant de crêtes imbriquées disposées en râpes ; pas de charnière ni de ligament, mais souvent des valves accessoires renforçant extérieurement la coquille ; bords cardinaux réfléchis sur les crochets, et une longue apophyse calcaire recourbée au-dessous de chacun de ceux-ci ; impression musculaire antérieure sur la surface cardinale ; sinus palléal très-profond.
Animal en massue ou vermiforme ; pied court et tronqué ; manteau fermé en avant, sauf à l'ouverture qui laisse passer le pied ; siphons grands, allongés, réunis presque jusqu'à leur extrémité ; orifices frangés ; branchies étroites, prolongées dans le siphon branchial, fixées sur toute leur longueur, fermant la chambre branchiale ; palpes longs ; muscle antérieur de la coquille faisant les fonctions du ligament.
Les *Pholadidæ* perforent toutes les substances qui sont moins dures que leurs valves (p. 407) [1] ; les trous des Pholades sont verticaux, tout

---

[1] M. Caillaud, en imitant autant que possible les conditions naturelles, et *en faisant un trou avec des valves de Pholade*, a prouvé qu'elles sont capables de perforer le calcaire. M Robertson a aussi tenu des Pholades vivantes dans des blocs

à fait symétriques et rarement en contact. Les Tarets (*Teredo*) font aussi des perforations symétriques, et celles-ci, quoique tortueuses et très-rapprochées, n'empiètent jamais les unes sur les autres, soit que le animaux sachent se guider par le sens de l'ouïe, soit qu'ils soient avertis lorsque le bois cède. Le trou a souvent un revêtement calcaire, en dedans duquel la coquille reste libre ; la *Teredina* arrivée à l'état adulte soude ses valves à son tube. L'ouverture du trou est d'abord très-petite, et peut s'agrandir graduellement par la friction des siphons qui sont revêtus d'un épithélium rugueux ; mais elle s'élargit ordinairement avec beaucoup plus de rapidité par la *destruction de la surface*. A mesure que le bois se décompose, les tubes calcaires du Taret font de plus en plus saillie, et, à mesure que s'use la couche dans laquelle est la Pholade, celle-ci creuse plus profondément.

<h3 style="text-align:center">Pholas, L.</h3>

Étymologie, pholas, un mollusque perforant, de *pholeo*, creuser.
Synonyme, Dactylina, Gray ; Barnea, Risso.
Type, P. dactylus, *fig.* 269.
Exemple, P. Bakeri, Pl. XXIII, *fig.* 19.
Coquille allongée, cylindrique ; bord dorsal protégé par des valves accessoires ; sinus palléal atteignant le centre de la coquille.

Animal à pied grand et tronqué, remplissant l'ouverture qui lui correspond ; corps se terminant en forme de nageoire ; siphons réunis en un tube, grands, cylindriques, à orifices frangés.

La Pholade commune est employée comme amorce sur la côte du Devonshire ; à l'état frais son pied est blanc et translucide comme un morceau de glace ; le *stylet cristallin* (p. 25) qui y est logé est grand et assez singulier. La *P. costata* se vend sur le marché de la Havane comme article d'alimentation.

La *P. dactylus* a deux valves accessoires qui protégent le muscle des crochets, avec une petite plaque transversale en arrière ; une longue plaque asymétrique remplit l'espace qui se trouve entre les valves dans la région dorsale. Les *P. candida* et *parva* ont un simple écusson api-

de craie, au bord de la mer, à Brighton, et a observé la marche de leurs travaux. Elles tournent d'un côté et de l'autre, en ne faisant jamais plus d'un demi-tour dans leur trou, et elles cessent de travailler dès que la cavité est assez profonde pour les abriter ; la craie en poudre est rejetée par intervalles au moyen de contractions spasmodiques par le siphon *branchial*, l'espace entre la coquille et les parois des trous étant rempli de cette boue. (*Journ. de Conchyliologie*, 1855, p. 511.) L'on doit remarquer que l'état dans lequel on trouve les Pholades est toujours en rapport avec la nature des matériaux dans lesquels elles creusent ; dans les fonds mous elles arrivent à la plus grande taille et à la plus grande perfection, tandis que dans les roches dures et surtout dans celles qui sont arénacées, elles sont rabougries, et toutes les pointes et les arêtes sont usées par la friction. Nous n'avons pas mentionné l'hypothèse qui attribue la perforation des roches, etc., à l'*action ciliaire*, parce qu'il n'y a, en réalité, aucun courant entre la coquille ou les siphons et les parois du tube.

cial, et n'ont pas de plaque dorsale ; ces différences n'ont qu'une valeur spécifique. Dans la *P. crispata*, L. (*Zirfæa*, Leach), l'écusson apicial n'est pas distinctement calcaire, mais il y a une petite plaque postérieure ; la surface des valves est divisée en deux aréas par un sillon transversal.

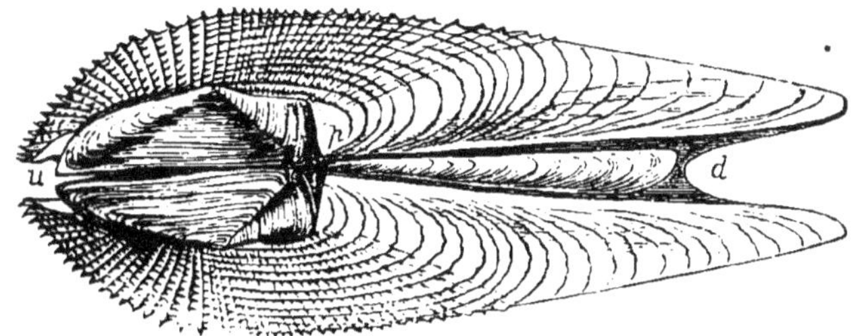

Fig. 269. — *Pholas dactylus*. Dans la craie de la côte du Sussex.

u, valve des crochets ; *p*, valve post-apiciale ; *d*, valve dorsale.

Distribution, 52 espèces. États-Unis, Norwége, Angleterre, côte occidentale d'Afrique, Méditerranée, Crimée, Inde, Australie, Nouvelle-Zélande, côte occidentale d'Amérique. — 45 mètres.

Fossiles. 25 espèces. (Lias supér. —). Éocène —. États-Unis, Europe. Les espèces des terrains secondaires appartiennent au groupe suivant.

Pholadidea, Turton, 1819.

Type, P. papyracea, Pl. XXIII, *fig.* 20.

Coquille globuleuse-oblongue, avec un sillon transversal ; ouverture antérieure grande, fermée chez l'adulte par une plaque calleuse ; deux petites valves accessoires en avant des crochets.

Animal ayant un disque frangé à l'extrémité des siphons réunis, et une coupe cornée à leur base.

Distribution, 7 espèces. Angleterre, Nouvelle-Zélande, Équateur. Du niveau des basses marées à 18 mètres.

Sous-genres, *Martesia* (Leach), Bl. 1825. M. striata, Pl. XXIII, *fig.* 21. Valves allongées en arrière par un bord lisse, lorsqu'elles ont atteint toute leur croissance ; une ou deux valves apiciales ; bords dorsal et ventral ayant souvent des valves accessoires étroites. 11 espèces. Antilles, Afrique, Inde. La *M. striata* creuse dans les bois durs. L'on a trouvé la *M. terediniformis* dans des gâteaux de cire flottants sur la côte de Cuba (G. B. Sby.), la *M. australis* dans une résine (fossile ?) sur la côte d'Australie, et la *M. rivicola* dans des bois, à 20 kilomètres de la mer, dans l'île de Bornéo. La *M. scutata*, de l'Éocène de Paris, revêt de calcaire l'intérieur de son trou.

Jouannetia (semicaudata) Desm. (Pholadopsis, Conrad ; Triomphalia,

Sby.) *Coquille* très-courte, sub-globuleuse ; valve droite la plus longue en arrière ; ouverture antérieure fermée par une plaque calleuse naissant de la valve gauche, recouvrant le bord de la valve droite, et fixée à la surface cardinale qui est asymétrique et unique. *Distribution*, 4 espèces. Philippines, côte occidentale d'Amérique. *Fossiles*, Miocène —. France.

Parapholas, Conrad, P. bisulcata, Pl. XXIII., *fig.* 22. Valves ayant deux sillons rayonnants. *Distribution*, 4 espèces. Panama, Détroit de Torrès.

Xylophaga, Turton.

Étymologie, *xulon*, bois, *phago*, manger.

Types, X. dorsalis, Pl. XXIII, *fig.* 25 ; X. globosa, Sby. Valparaiso.

Coquille globuleuse, avec un sillon transversal ; bâillante en avant, fermée en arrière ; processus du pied courts et recourbés ; bords antérieurs réfléchis, couverts par deux petites valves accessoires ; galerie ovale, doublée d'un revêtement calcaire.

Animal enfermé dans les valves, à l'exception des siphons grêles et contractiles, qui sont munis de crêtes pectinées et divisés à l'extrémité ; pied gros, très-extensible.

Distribution, 2 espèces. Norwége, Angleterre, Amérique du Sud. Creusant à un pouce de profondeur, et perpendiculairement au grain dans les bois flottants et dans ceux qui sont toujours recouverts par la mer.

Teredo (Pline), Adanson.

Type, T. Norvegica, Pl. XXIII, *fig.* 26, 27.

Synonymes, Septaria, Lamarck ; Hyperotis, Guettard.

Coquille globuleuse, ouverte en avant et en arrière, logée à l'extrémité interne d'un trou revêtu en tout ou en partie de calcaire ; valves trilobées, marquées de stries concentriques et d'un sillon transversal ; bords cardinaux infléchis en avant, offrant les traces des impressions musculaires antérieures ; cavité des crochets ayant un long processus courbe pour l'insertion des muscles du pied.

Animal vermiforme ; lobes du manteau réunis, épaissis en avant, avec une petite ouverture pour le passage du pied qui est en forme de suçoir, avec un bord foliacé ; viscères enfermés dans les valves ; cœur non percé par l'intestin ; bouche bordée de palpes ; branchies longues, en cordons, s'étendant dans le tube siphonal ; siphons très-longs, réunis presque jusqu'à l'extrémité, fixés à la bifurcation et pourvus de deux palettes ou styles calcaires ; orifices frangés.

Le T. *navalis* a ordinairement une longueur d'un pied, quelquefois de deux pieds et demi ; il détruit avec rapidité les bois tendres, et même le teak et le chêne ne sont pas à l'abri de ses attaques ; il perce toujours dans la direction du grain, à moins qu'il ne rencontre le tube d'un autre

Taret, ou un nœud du bois[1]. En 1731, il fit des dégâts considérables dans les dunes de la Hollande, et causa une alarme extrême ; l'on a reconnu que des feuilles de métal et des clous de fer à large tête sont les moyens les plus efficaces pour protéger les jetées et les bois de construction. Sellius, qui écrivit en 1733 un traité très-détaillé sur le Taret, est le premier qui ait reconnu que cet animal était un mollusque bivalve. (Forbes.)

Fig. 270. — Taret (*Teredo norvegica*) sorti de son trou.

On trouve le *T. corniformis*, Lamarck, creusant les enveloppes des noix de coco et d'autres fruits ligneux flottant dans les mers tropicales ; ses tubes sont extrêmement tordus et contournés à cause du manque d'espace. Le bois fossile et les fruits des palmiers (*Nipadites*) de Sheppy et du Brabant sont minés de la même manière. Le tube du Taret géant (*T. arenaria*, Rumph. ; Furcella, Lamarck) a souvent 1 mètre de long et 5 centimètres dans son plus grand diamètre ; brisé transversalement, il présente une structure prismatique rayonnante. L'extrémité des siphons est divisée dans le sens longitudinal et prolongée quelquefois en deux tubes divergents. Les *T. Norvegica* et *T. nana* sont divisés longitudinalement et partagés en chambres à l'extrémité postérieure par de nombreuses cloisons transversales incomplètes.

Le *T. palmulata* (Xylotrya, Leach) a les palmettes des siphons allongées et penniformes (Pl. XXIII, *fig.* 28) ; une espèce à palmettes semblables se rencontre dans le bois fossile du grès vert de Blackdown.

Distribution, 21 espèces. Norwége, Angleterre, mer Noire ; mers tropicales ; — 217 mètres.

Fossiles, 24 espèces. Lias —. États-Unis, Europe.

Sous-genre, *Teredina*, Lamarck. T. personata, Pl. XXIII, *fig.* 24, 25. Éocène ; Angleterre, France. *Valves* ayant une plaque accessoire en avant des crochets ; coquille libre à l'état jeune. Le tube est quelquefois cloisonné ; son extrémité siphonale est souvent tronquée, et l'ouverture est rétrécie par un revêtement qui lui donne une forme de sablier, ou elle présente six lobes (*fig.* 25 a).

---

[1] Ce sont les travaux du Taret qui ont suggéré à M. Brunel sa méthode pour percer le tunnel de la Tamise.

MANUEL DE CONCHYLIOLOGIE

APPENDICE

PAR

M. RALPH TATE

(1868)

MANUEL DE CONCHYLIOLOGIE

APPENDICE

PREMIÈRE CLASSE. — CÉPHALOPODES.

Ordre I. — Dibranchiata.

Famille III. — Teuthidæ.

Phylloteuthis, Meek et Hayden.

Type, P. subovatus. Crétacé. Nebraska.

Osselet en forme de plume cornée, mince, sub-ovale, légèrement con-cave en dessous, et convexe en dessus. Depuis en arrière du milieu il se rétrécit dans la direction de la partie antérieure, le contour des bords latéraux étant convexe, tandis que l'extrémité postérieure est en angle plus ou moins obtus. Ce genre semble se rapprocher des *Beloteu-this* et des *Teudopsis*. (Voy. p. 178.)

Famille IV. — Belemnitidæ [1].

La coquille des Bélemnites se compose essentiellement :

1° D'un cône creux, l'alvéole ou *phragmocône, fig.* 271, *p*, ayant une paroi calcaire mince, appelée le *godet* (*conotheca*) *c*, et divisé en chambres ou loculi par des cloisons transversales, concaves en dessus et convexes en dessous ; les cloisons sont perforées près du bord ventral par un *siphon*.

2° D'un *rostre* (*rostrum*), *g*, enveloppant plus ou moins la partie

---

[1] Voyez p. 185.

apiciale du phragmocône. « Le phragmocône n'est pas, comme certains naturalistes l'ont supposé, un corps cloisonné fait pour s'ajuster dans une cavité conique formée auparavant dans le rostrum, mais le rostre et le cône croissent ensemble; le premier se formait sur l'extérieur d'une surface de sécrétion, et le second sur l'intérieur d'une autre surface semblable. » (Phillips.)

Le rostre est composé de substance calcaire arrangée en fibres perpendiculairement aux plans des lamelles d'accroissement. M. le professeur Owen décrit les fibres. d'après des échantillons de Christian Malford, comme ayant une forme prismatique trièdre, et 12 à 13 millièmes de millimètres de diamètre. Ces fibres sont disposées concentriquement autour d'un axe, a, que l'on nomme la ligne apiciale, et qui s'étend de l'extrémité du phragmocône à celle du rostre. On voit dans quelques Bélemnites des indications d'une mince capsule de membrane de formation entourant le rostre; dans celles de l'Oxfordien elle est représentée par une incrustation granuleuse; dans quelques espèces liasiques elle se montre sous forme de plis délicats, semblables à des crêtes ou à des sillons; dans quelques échantillons de la *Belemnitella mucronata* de la craie supérieure d'Antrim, elle se voit sous la forme d'une très-mince couche nacrée.

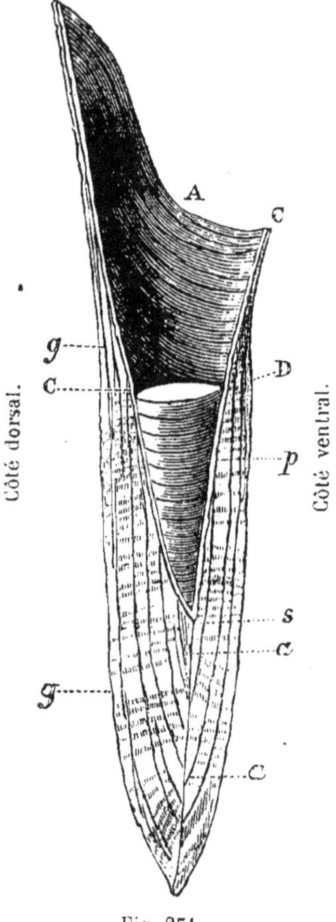

Fig. 271.

3° Un *osselet corné* (*pro-ostracum*), ou coquille antérieure, qui est une extension dorsale du godet au delà de l'extrémité où cesse le rostre. La surface du godet est marquée de lignes d'accroissement, et, selon Voltz, on peut y décrire quatre régions principales rayonnant du sommet; une région dorsale, *fig.* 272, *a*, avec des lignes d'accroissement arquées en avant; deux latérales, *b*, séparées de la dorsale par une ligne continue droite ou presque droite et couvertes de stries très-obliquement arquées de forme hyperbolique, qui sont en partie presque parallèles à la ligne limite dorso-latérale, et en partie réfléchies, de manière à former en travers de la partie ventrale des lignes à convexité postérieure presque parallèles aux bords des cloisons.

Il y avait au moins trois sortes d'osselets cornés dans la famille des Bélemnitides.

A. Dans beaucoup de Bélemnites le prolongement du godet semble se développer en une simple plaque large, *fig.* 273, comme dans le *B. hastatus*, de Solenhofen.

B. Dans le *Belemnites Puzozianus*, d'Orbigny, l'osselet corné est très-mince, et semble corné ou incomplétement endurci de calcaire dans la région dorsale, et soutenu sur les côtés par deux longues plaques calcaires étroites et parallèles, *fig.* 274, comme dans le *B. Puzozianus* de l'oxfordien. Le professeur Huxley considère cette différence existant entre les osselets cornés comme ayant une valeur générique.

C. La troisième sorte d'osselet corné se voit chez l'*Orthoceras elongata*, De la Bèche, type du genre *Xiphoteuthis*, Huxley; il est calcaire, et est composé de lamelles concentriques, chacune desquelles consiste en fibres disposées perpendiculairement au plan de la lamelle; le phragmocône est très-long et étroit, et le rostre est cylindroïde.

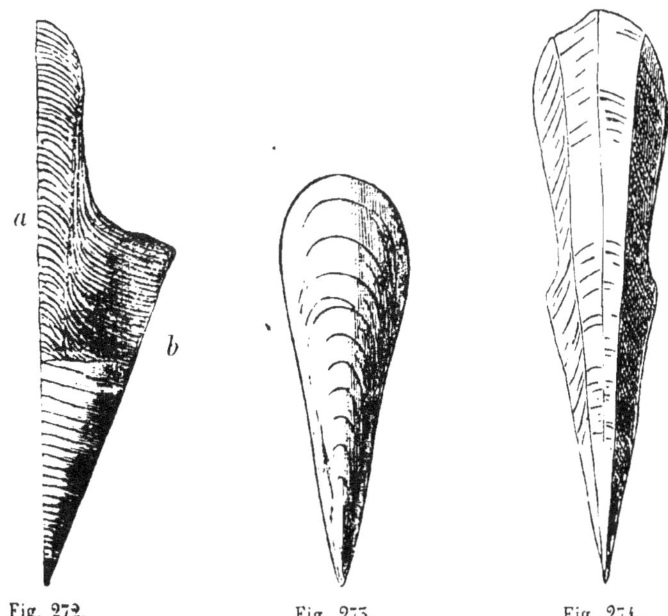

Fig. 272.   Fig. 273.   Fig. 274.

Le professeur Huxley suppose qu'un échantillon de *Belemnoteuthis* d'une conservation parfaite viendra un jour démontrer l'existence d'une quatrième espèce de pro-ostracum parmi les *Belemnitidæ*.

Les genres qui rentrent dans cette famille sont : — 1, *Belemnites ;* 2, *Belemnitella ;* 3, *Xiphoteuthis ;* 4, *Belemnoteuthis ;* 5, *Plesioteuthis ;* 6, *Celæno ;* 7, *Beloptera ;* 8, *Belemnosis ;* 9, *Conoteuthis ;* et ? *Helicerus.*

« Les *Acantholeuthis*, Münster, que nous ne connaissons que par des crochets ou des impressions de parties molles, peuvent avoir été des *Belemnites*, des *Belemnotheuthis*, ou des *Plesioteuthis*, ou bien encore peuvent avoir appartenu au genre *Celæno*. » (Huxley.)

Le genre *Belopeltis*, Voltz, a été établi sur des osselets cornés de Bélemnites dont l'on ne connaissait pas les espèces.

Le genre *Actinocamax*, Miller, a été établi sur des rostres de *Belemnites* et de *Belemnitella* dont les parties supérieures avaient été détruites et ne présentaient par conséquent pas de cavité alvéolaire.

Ordre II. — Tetrabranchiata.

FAMILLE I. — NAUTILIDÆ.

(Comprenant la FAMILLE II. — ORTHOCERATIDÆ.)

DIVISION *a*. — CHAMBRES A AIR RESTREINTES A UNE PARTIE DE LA COQUILLE.

ASCOCERAS, Barrande, 1846 [1].

Étymologie, askos, une bouteille de cuir, et *ceras*.
Type, A. Bohemicum, Barr., *fig.* 275.

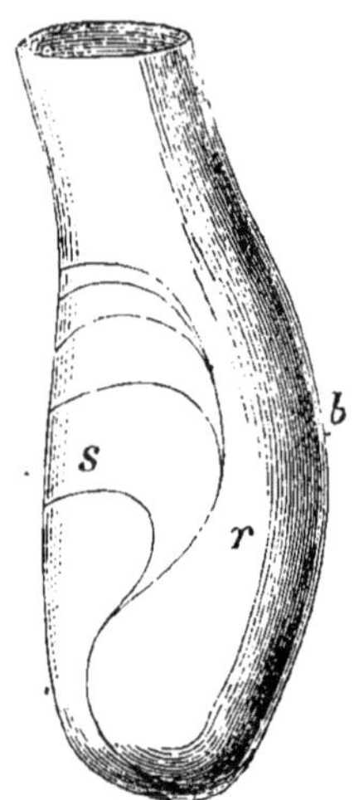

Fig. 275. — Diagramme d'un *Ascoceras* (d'après Barrande).

Coquille en forme de flacon, lisse, marquée de stries transversales ou longitudinales, ou ornée de plis annulaires, ou plissée. La chambre terminale (*r*) occupant l'espace qui est au-dessus des chambres à air (*s*), et s'étendant sur un côté, dans presque toute la longueur de la coquille, sous la forme d'une cavité large et profonde qui est embrassée par les bords descendants des cloisons incomplètes (qui sont au nombre de quatre ou cinq). Cette cavité communique aussi à sa base avec un petit siphon qui traverse les petites chambres à air apiciales. Ouverture de la coquille simple.

La large cavité ventrale des *Ascoceras* est de la même nature que le grand siphon latéral des *Cameroceras*.

Distribution, 16 espèces. Silurien inférieur — Silurien supérieur. Bohême, Norwége, Angleterre, Canada.

---

[1] A la page 193, M. Woodward renvoie au second volume des *Céphalopodes de Bohême*, de M. Barrande. L'on donne ici la description des *Ascoceras, Glossoceras* et *Aphragmites*.

GLOSSOCERAS, Barrande, 1865.

Étymologie, glossa, langue, et *ceras*.
Type, G. gracile, Barrande. Silurien supérieur. Bohême.
Coquille semblable à celle des *Ascoceras*, mais à bord dorsal de l'ouverture étendu sous la forme d'une projection ligulée, sub-triangulaire-arrondie à son extrémité, et recourbée du côté de l'intérieur de la coquille.

Ce prolongement donne naissance de chaque côté de l'ouverture à un lobe distinct qui est analogue à celui qui existe chez les *Hercoceras*, les *Ophidioceras*, et certaines espèces de *Phragmoceras* et de *Gomphoceras*.

Distribution, 2 espèces. Silurien moyen et supérieur. Anticosti; Bohême.

APHRAGMITES, Barrande, 1865.

Étymologie, *a*, sans, *phragmos*. cloison, avec la terminaison ordinaire.
Type, Ascoceras Buchii, Barrande.
Coquille semblable à celle d'un *Ascoceras*, mais ayant des chambres à air caduques.
Distribution, 2 espèces. Silurien supérieur. Bohême.

DIVISION *b*. — CHAMBRES A AIR OCCUPANT TOUTE LA CAVITÉ
DE LA COQUILLE.

PILOCERAS, Salter, 1859.

Étymologie, *pilos*, un bonnet, et *ceras*, une corne.
Type, P. invaginatum, Salter, *fig*. 276.
Coquille large, conique, sub-cylindrique, ou comprimée, et légèrement courbe. Siphon et cloisons réunis sous forme d'une série de cloisons coniques concaves qui s'emboîtent les unes dans les autres.
Distribution, 5 espèces. Silurien inférieur. Écosse, Canada.

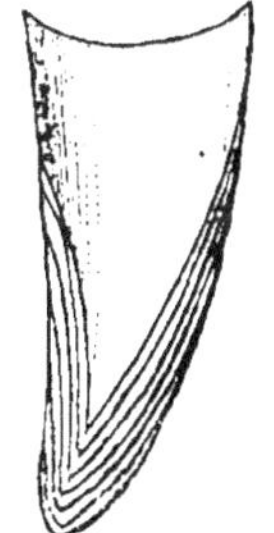

Fig. 276.
Diagramme
d'un *Piloceras*
(d'après Salter).

ORTHOCERAS [1].

Sous-genres : —

1. GONIOCERAS, Hall, 1847.

Étymologie, *gonios*, un angle.

[1] Voyez p. 201.

Type, G. anceps. Silurien inférieur. États-Unis.

Coquille ayant la forme générale et la structure d'un *Orthoceras* aplatie, avec des angles extrêmement saillants ; cloisons sinueuses ; coupe de la coquille formant une ellipse allongée, avec des angles saillants ; siphon ventral.

2. ENDOCERAS, Hall. Voy. plus haut, p. 202.

5. TRETOCERAS, Salter, 1858 (*Diploceras*, Salter, 1856).

Étymologie, tretos, percé.

Type, Orthoceras bisiphonatum, Sowerby. Silurien inférieur. Pays de Galles.

Coquille allongée ; cloisons percées par un siphon sub-central monili-forme, et aussi par une profonde cavité latérale se continuant avec la chambre terminale, et descendant côte à côte avec le siphon (la cavité empiétant sur au moins sept des cloisons les plus supérieures, sinon sur toutes).

CYRTOCERAS[1].

Sous-genres : —

1. ONOCERAS, voir plus haut, p. 204. « Les coquilles de ce genre et celles des *Cyrtoceras* passent graduellement des unes aux autres, mais on peut conserver le nom d'*Onoceras* pour les espèces qui sont très-renflées dans la moitié ou dans les deux tiers antérieurs de la longueur de la coquille » (Billings), et « qui ont une *ouverture plus ou moins étranglée.* » (Barrande.)

2. CYRTOCERINA[2], Billings, 1865.

Type, C. typica, Billings.

Coquille ayant les caractères généraux des *Cyrtoceras*, mais en différant par ses formes courtes et massives, et par son grand siphon qui est situé du côté *dorsal*.

Distribution, 2 espèces. Silurien. Canada.

5. STREPTOCERAS, Billings, 1865.

Étymologie, streptos, courbe, et *ceras*.

Coquille ayant la forme d'un *Onoceras*, mais avec une ouverture tri-lobée comme les *Phragmoceras*.

Distribution, 2 espèces. Silurien moyen. Canada.

LITUITES, Breynius[5].

Type, L. lituus, Hisinger.

[1] Voyez p. 204.
[2] Voyez p. 204.
[5] Voyez p. 200.

Coquille discoïde, les tours (2 - 5) contigus ou séparés; dernière loge prolongée en ligne droite ou presque droite, quelquefois légèrement courbe dans une direction contraire à celle de la spire; bords latéraux de l'ouverture étendus et recourbés du côté de l'intérieur de la coquille; l'ouverture contractée, présentant deux orifices distincts dont le plus petit correspond à la face convexe ou ventrale de la coquille, et le plus grand à sa face concave ou dorsale.

Le *L. lituus* est la seule espèce dans laquelle l'ouverture ait été observée. 28 espèces des terrains siluriens moyens et inférieurs (?) de l'Europe et de l'Amérique du Nord appartiennent à ce genre ou à des genres voisins.

Sous-genre : — OPHIDIOCERAS, Barrande, 1867.

Synonyme, Ophioceras, Barrande, 1865.
Étymologie, ophiodes, à formes de serpent, et *ceras*.
Type, O. Nakholmensis, Kjerulf (*Lituites*).
Coquille dont la partie prolongée est très-courte ou nulle.
Les coquilles des espèces de Bohême sont carénées du côté convexe.
Distribution, 7 espèces. Silurien moyen ; Norwége (1). Silurien supérieur ; Bohême (6).

LITUUNCULUS, Barrande, 1867.

Coquille comme celle d'une Lituite, mais à ouverture simple. L'on n'en a encore observé aucune espèce?
Sous-genre : — DISCOCERAS, Barrande, 1867.

Étymologie, discos, un disque, et *ceras*.
Type. D. antiquissimus, Eichwald (*Lituites*).
Coquille à partie prolongée très-courte ou nulle.
Ce sous-genre présente les mêmes rapports avec les *Lituunculus* (dont on suppose l'existence) que les *Ophidioceras* avec les *Lituites*.
Distribution, 5 espèces. Silurien moyen. Russie, Allemagne, Norwége.

HERCOCERAS, Barrande, 1867.

Étymologie, erkos, une paroi, et *ceras*.
Type, H. mirum, Barr. Silurien moyen, Bohême.
Coquille ordinairement enroulée comme un Nautile, rarement à tours disjoints comme les *Gyroceras*, ou à spire semblable à celle des *Trochoceras. Dernière loge* ayant un diaphragme perpendiculaire à l'axe de la coquille, et dont la concavité est opposée à celle de la dernière cloison. Cette disposition rejette l'ouverture du côté convexe de la coquille qui est profondément excavée. *Siphon* dorsal, cylindrique, renflé entre les loges, séparé de la coquille.

Le *Nautilus subtuberculatus*, Sandberger, du Devonien de Nassau, appartient peut-être à ce genre.

BATHMOCERAS, Barrande, 1867.

Nom faisant allusion à la disposition imbriquée des cloisons.
Type, B. complexum, Barr. (Orthoceras).
Coquille ayant l'apparence générale d'un *Orthoceras*. Une partie de la dernière loge occupée par une série de plaques imbriquées dont le développement horizontal va en diminuant de bas en haut. *Siphon* composé d'une série de tubes en entonnoir superposés, dont la petite extrémité est dirigée du côté de l'ouverture de la coquille.
Distribution, 2 espèces. Silurien moyen ; Bohême.

AULACOCERAS, Hauer, 1860.

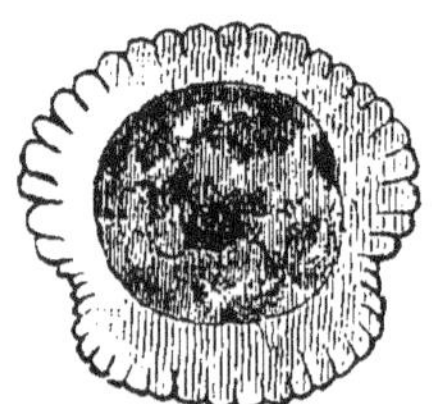

Fig. 277. — Coupe transversale de l'*Aulacoceras sulcatum*.

Étymologie, *aulax*, un sillon, et *ceras*.
Type, A. sulcatum, Hauer, *fig.* 277.
Coquille droite, comme un *Orthoceras* ; plissée, avec deux profonds sillons latéraux ; siphon simple, très-petit, marginal et dorsal, situé entre les sillons longitudinaux. Le test augmente rapidement d'épaisseur vers le sommet de la coquille.
Ce genre constitue une forme de transition entre les Nautilides et les Bélemnitides.

Distribution, 4 espèces. Trias supérieur ; Autriche.

[FAMILLE GONIATIDÆ, Barrande.]

Coquille enroulée ou droite ; cloisons concaves suivant leur coupe médiane ; sutures ayant ordinairement des lobes anguleux ; tubes des cloisons coniques, plus ou moins prolongés, mais toujours dirigés en arrière. Siphon cylindrique, d'un faible diamètre, toujours marginal ; revêtement du siphon non persistant ; bord convexe ventral (?) de l'ouverture sinué ; lignes d'accroissement et d'ornements de la coquille ayant une sinuosité correspondante.
Les genres énumérés dans cette famille sont les *Goniatites*, *Clymenia* et *Bactrites*. Le Dr Woodward place les *Goniatites* et *Bactrites* (p. 207) dans les *Ammonitidæ*, et les *Clymenia* avec les *Nautilidæ* (p. 200).

FAMILLE III. — AMMONITIDÆ.

Coquille de forme variable ; cloisons convexes dans leur coupe médiane ; sutures toujours lobées, ramifiées ou denticulées ; tube des cloisons cylindrique et toujours dirigé en avant. Siphon cylindroïde, d'un petit diamètre, toujours marginal ; revêtement du siphon plus ou moins solide et persistant. Bord convexe ventral (?) de l'ouverture plus ou moins prolongé, ce qui détermine une convexité semblable dans les lignes d'accroissement et dans les ornements du test ; il y a de rares exceptions chez certaines espèces.

DIVISION I. — SUTURES LOBÉES OU DENTICULÉES A LA BASE.

1. RHABDOCERAS (voyez p. 207).

2. BACULINA, d'Orbigny, 1850.

Exemple, B. Rouyana, d'Orb. Néocomien, France.
Coquille semblable aux *Baculites*, mais avec des lobes et des selles sans divisions en forme de feuilles, la même différence s'observant entre ces formes qu'entre les *Ceratites* et les *Ammonites*.
La *B. acuarius*, Schlotheim, est des couches oxfordiennes de Gammelshausen en Würtemberg.

3. COCHLOCERAS. Hauer, 1860.

Étymologie, cochlos, une coquille d'escargot, et *ceras*.
Type, C. Fischeri, Hauer, *fig.* 278.

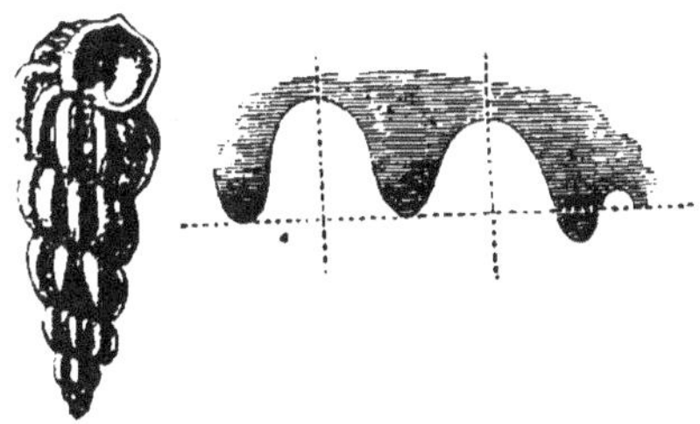

Fig. 278. — Coquille et lobes suturaux de *Cochloceras Fischeri*.

Coquille ressemblant à celle d'une Turrilite, avec les lobes suturaux simples, comme dans les *Rhabdoceras* et les *Clydonites*.
Distribution, 3 espèces. Couches triasiques supérieures de Hallstadt, Autriche.

CHORISTOCERAS, Hauer, 1865.

Type, C. Marshii, Hauer.
Coquille ressemblant quelque peu pour la forme aux *Crioceras*, avec l'ornementation des lobes caractéristique des *Ceratites*.

5. CLYDONITES, Hauer, 1860.

Étymologie, kludon, le flot, avec la terminaison ordinaire.

Exemples, Goniatites Eryx, Münster ; Ammonites delphinocephalus, Hauer, *fig.* 279, 280.

Coquille discoïde ; sutures lobées ; lobes entiers, non crénelés comme dans les *Ceratites*.

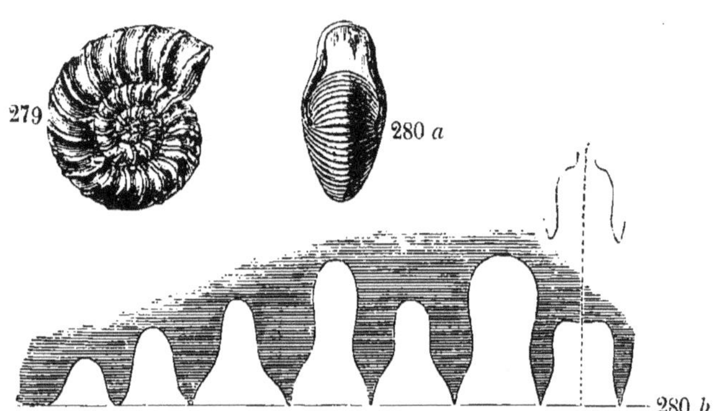

Fig. 279. — Coquille de *Clydonites costatus*, Hauer. — Fig. 280 *a*, et fig. 280 *b*. — Coquille et lobes suturaux du *C. delphinocephalus*, Hauer.

Distribution, couches supra-liasiques de Hallstadt et de Saint-Cassian, dans les Alpes autrichiennes ; nord-ouest de l'Himalaya ; 21 espèces. Crétacé supérieur ; 2 espèces décrites comme des *Ceratites* par d'Orbigny.

6. CERATITES (voyez p. 207).

DIVISION II. — SUTURES DES CLOISONS DÉCOUPÉES EN FEUILLES.

Cette division comprend les genres *Ammonites* (p. 207), *Toxoceras, Ancyloceras* [1], *Scaphites, Helicoceras* et *Turrilites* (p. 211), *Hamites, Ptychoceras* et *Baculites* (p. 212), ainsi que les suivants :

ANISOCERAS (voy. p. 211), Pictet, 1854.

Étymologie, anisos, inégal, et *ceras*.

Exemple, Hamites armatus, Sowerby.

Coquille formant d'abord une spire héliciforme à tours disjoints, ensuite plus ou moins prolongée et infléchie, ornée de côtes transver-

---

[1] M. Astier a reconnu que plusieurs des formes considérées comme appartenant aux *Crioceras* ne sont que des individus plus ou moins complets d'espèces rentrant dans le genre *Ancyloceras*. Il semble inévitable que les *Crioceras* viennent une fois se fondre dans le genre *Ancyloceras*.

sales; sutures des cloisons divisées en cinq lobes et cinq selles, tous divisés en deux ; les selles latérales les plus grandes.

Fossiles. 12 espèces. Gault — Grès vert supérieur ; Europe. Crétacé; Inde. 1 espèce du Jurassique; nord-ouest de l'Himalaya.

Certaines espèces d'*Helicoceras* établies sur des parties héliciformes de coquilles, appartiennent peut-être à ce genre.

HAMULINA (voy. p. 212), d'Orbigny, 1852.

Exemple, H. dissimilis, d'Orb.

Coquille en cône allongé, avec une partie de la dernière loge infléchie, mais ne touchant pas l'autre partie ; coupe de la coquille circulaire ou comprimée latéralement ; sutures des cloisons divisées en six lobes et autant de selles.

Les *Hamulina* diffèrent des *Hamites* en ce qu'elles ne sont infléchies qu'une fois au lieu de deux, et des *Ptychoceras* en ce qu'elles ont la portion infléchie de la coquille séparée de l'autre, et non en contact avec elle.

Distribution, 15 espèces. Néocomien ; France. Groupe d'Ootatoor (= ? Gault) ; Inde.

PELTARION, Deslongchamps, 1859.

Genre établi sur l'appareil mandibulaire de Céphalopodes tétrabranches.

Exemple, P. bilobatum. Lias supérieur : Normandie; *fig.* 281.

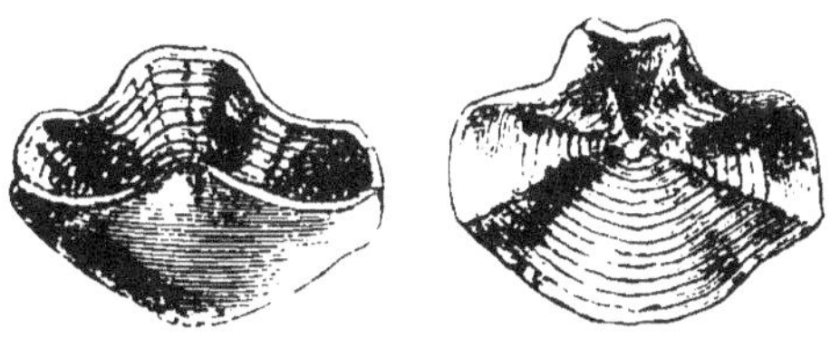

Fig. 281.

Plaques calcaires presque circulaires ou en ovale transverse : bord antérieur arrondi, le postérieur saillant et tronqué ; concaves en dessus et aplaties en dessous ; les deux faces ont une de leurs moitiés lisse, l'autre est striée concentriquement dans une direction inverse à celle de l'autre face.

Fossiles. 3 ou 4 espèces. Lias supérieur — Corallien. Angleterre, Normandie, Würtemberg.

DEUXIÈME CLASSE. — GASTÉROPODES.

Ordre I. — Prosobranchiata.

Famille II. — Muricidæ (voy. p. 224).

Les genres compris dans cette famille sont les :
Murex, Typhis, Pisania, Trophon, Fasciolaria, Turbinella (*Cynodonta, Latirus, Lagena*), Fusus (*Clavella, Chrysodomus, Pusionella, Tritonidea*), Fulgur, Cominella, Myristica et Lachesis.

Anachis, H. et A. Adams.

Type, Columbella scalarina, Sowerby.
Coquille semblable à une *Columbella*; opercule allongé, onguiforme, nucléus terminal, ayant des rapports étroits avec celui des *Pisania*.
Distribution, 27 espèces. Amérique tropicale.

Ptychatractus, Stimpson, 1865.

Étymologie, ptyx, ptychos, un pli; *atractus*, un fuseau.
Type, Fasciolaria ligata, Mighels et Adams. Dans les grandes profondeurs; États-Unis.
Coquille fusiforme, ornée de stries spirales; ouverture ayant un assez long canal; columelle plissée comme celle des *Fasciolaria;* opercule semblable à celui d'un *Chrysodomus*. Dentition linguale ressemblant à celle des *Purpuridæ*, 1.1.1. Dent rachidienne profondément arquée, avec trois denticules; dents latérales versatiles, allongées, simples, en crochet, à base renflée.

Buccinopsis, Jeffreys, 1859.

Étymologie, qui a l'apparence d'un Buccin.
Synonyme, Liomesus, Stimpson, 1865.
Type, Buccinum Dalei, J. Sowerby, Angleterre.
Coquille ovale, ornée de stries spirales; épiderme sous forme d'une mince membrane; spire courte, obtuse; bord externe lisse en dedans; canal court et ouvert; opercule triangulaire; nucléus situé sur la base interne de l'ouverture.
La dentition linguale rapproche ce genre des *Mangelia*; on ne trouve qu'une seule dent lisse et légèrement courbe de chaque côté d'une mince plaque non denticulée.
Les enveloppes des œufs des *Buccinopsis* sont séparées.

Distribution, 3 espèces. Mer du Nord, Atlantique septentrionale, Spitzberg, détroit de Behring.

Le *B. Dalei* se trouve à l'état fossile dans le Crag rouge, le Crag d'Anvers, et le Crag corallin. Angleterre, Belgique.

Les *Cheletropis* sont les jeunes d'espèces appartenant à la famille des *Muricidæ*.

Les *Adamsia*, Dunker, ressemblent à une *Cominella* sans le sillon de la suture. 2 espèces; Australie.

FAMILLE III. — BUCCINIDÆ [1].

Les genres énumérés sont les :

BUCCINUM, PSEUDOLIVA, BULLIA, EBURNA, PHOS, NASSA (*Cyllene, Northia, Cyclonassa*), COLUMBELLA, TRUNCARIA et TEREBRA (*Myurella*), SUBULA (*Euryta*).

TRUNCARIA, A. Adams et Reeve, 1848.

Synonyme, Buccinopsis, Deshayes.

Type, T. filosa (Buccinum), Adams et Reeve. Chine.

Coquille ovale, oblongue ; spire allongée ; sommet pointu ; souvent canaliculée à la suture ; ouverture oblongue, dilatée en avant, anguleuse, pourvue quelquefois d'un petit canal en arrière ; bord externe simple ou bordé ; columelle concave, brusquement tronquée, et plus courte que le bord droit.

Les espèces de ce genre sont des Buccins à columelle tronquée.

Distribution, 5 espèces. Chine, Amérique centrale, baie de Vigo.

Fossiles, 3 espèces. Éocène. Bassin de Paris.

[FAMILLE PURPURIDÆ.]

Cette famille est formée des genres suivants :

PURPURA, comprenant les *Monoceros* (qui ont la valeur d'une section) [2] et les sous-genres :

Concholepas, Cuma, Rapana (voy. p. 228, au genre *Pyrula*), *Pinaxia*, Adams.

Iopas, H. et A. Adams, 1853. *Coquille* bucciniforme, avec un petit canal dans l'angle postérieur de l'ouverture. *Fossiles*, 3 espèces. Eocène. Paris.

Vitularia, Swainson, 1840. V. salebrosa. Amérique méridionale et centrale. *Coquille* à varices irrégulières; opercule semblable à celui des *Purpura*.

Nitidella, Swainson. *Coquille* comme celle des *Cylindra;* spire quel-

[1] Voyez p. 230 et suiv.
[2] Voyez p. 234.

quefois décollée; lèvre continue ou échancrée; opercule allongé; nucléus latéral.

RICINULA, HARPA, RHIZOCHILUS (*Coralliophila*, Adams), et MAGILUS, avec le :

Sous-genre, Leptoconchus, Rüppell.

Coquille semblable à celle des *Magilus;* la jeune coquille ayant seule un opercule.

[FAMILLE CASSIDIDÆ.]

Les genres rapportés à cette famille sont les : —
RANELLA (p. 225), TRITON (p. 225), PYRULA (p. 226), CASSIS (p. 228), ONISCIA (p. 255), CASSIDARIA (p. 256), DOLIUM (*Malea*) (p. 257), et :

NASSARIA, Pfeiffer.

Animal analogue à celui des *Ranella*, en ce qui concerne la longueur des tentacules, la position des yeux, la petitesse de la tête et la forme de l'opercule, mais pourvu d'un long siphon branchial.

Coquille sub-canaliculée en avant et profondément échancrée.

[FAMILLE OLIVIDÆ.]

Cette famille comprend les OLIVA (*Olivella, Scaphula, Agaronia*), ANCILLARIA (*Monoptygma*, Lea)[1].

[FAMILLE VOLUTIDÆ.]

Cette famille renferme les COLUMBELLINA (p. 238), MITRA (*Imbricaria, Cylindra, Strigatella* et *Hyalina*) (p. 243), VOLUTA (*Volutilithes, Scaphella, Volutomitra* et *Melo*), (p. 241); CYMBA (p. 242), MARGINELLA (p. 243), VOLVARIA (p. 245), et ·

LYRIA, Gray, 1847.

Synonymes, Harpella, Gray; Enæta, Gray.
Types, L. deliciosa, Montf.; L. harpa, Barnes.
Coquille ovale, oblongue, mitriforme, épaisse, marquée quelquefois de côtes longitudinales; ouverture sub-ovalaire, avec un grand nombre de plis columellaires dont les deux antérieurs sont les plus forts; partie postérieure du bord interne de l'ouverture portant un grand nombre de courts plis transversaux. Opercule en ovale allongé, mince; nucléus corné, d'abord presque central, puis devenant sub-apicial à un âge plus avancé.

---

[1] Voyez p. 259.

Distribution, 14 espèces. Océan Pacifique, Amérique, Madagascar, Australie, Japon, Nouvelle-Calédonie, Antilles.

Fossiles, 5 espèces. Crétacé. Inde. Les espèces des couches tertiaires n'ont pas été distinguées des *Voluta*.

Cystiscus, Stimpson, 1865.

Type, C. capensis; Cap de Bonne-Espérance.

Coquille ressemblant à celle des *Marginella*; petite, mince, ovoïde, renflée, lisse et luisante; ouverture étroite, columelle plissée.

Animal à pied allongé, tronqué en avant; tête oblongue, déprimée; tentacules triangulaires, aplatis et horizontaux; yeux sur les bords latéraux de la tête, à la base des tentacules. Dentition linguale, 0.1.0; dents rachidiennes ressemblant à celles des *Murex*, grosses et fortes, avec sept denticules coniques inégaux.

[Famille Cypraeidae.]

Cette famille comprend les Erato, Cypraea (*Cyprovula*, *Luponia* et *Trivia*), Ovula (*Volva* et *Radius*), Pachybathron, Pedicularia, et :

Dentiora, Pease, 1862.

Type, D. rubida. Iles Sandwich.

Coquille différant de celle des *Pedicularia* par sa columelle plate ou excavée, comprimée et dentée.

Famille Conidae.

Comprend les Conus (*Conorbis*), Dibaphus, Pleurotoma (*Drillia*, *Bela*, *Clionella*, *Daphnella*), Clavatula (*Tomella*), Mangelia (*Clathurella*), Lachesis, Cithara, et

Borsonia, Bellardi, 1839.

Synonyme, Cordieria, Rouault, 1848.

Coquille semblable à un *Pleurotoma*, avec des plis obliques sur la columelle qui est épaisse, ce qui établit un passage entre les *Pleurotoma* et les *Turbinella*.

Distribution, 4 espèces. Inde.

Fossiles, 23 espèces. Eocène —. France, Italie, Angleterre, États-Unis.

Gosavia, Stoliczka, 1865.

Type, Voluta squamosa, Zekeli.

Coquille semblable à celle d'un Cône; ouverture étroite, allongée;

base émarginée; bord externe échancré près de la suture postérieure.
bord columellaire plissé, les plis antérieurs étant toujours les plus forts.

Fossiles, 8 espèces. Crétacé — Eocène? Gosau ; Inde.

[FAMILLE NATICIDÆ.]

Les genres qui rentrent dans cette famille sont les :

NATICA, comprenant comme sous-genres les *Naticopsis, Neverita, Lunatia, Globulus, Globularia, Polinices, Cernina*, et :

Euspira (Agassiz), Morris et Lycett, 1850.

Spire plus ou moins élevée; tours peu nombreux, distincts, anguleux ou carénés.

Fossiles, 6 espèces. Oolithe inférieure — Forest marble. Angleterre.

« Les *Euspira* présentent de très-grandes affinités avec le genre paléozoïque *Scalites* (Hall), en ce que les lignes d'accroissement ont l'apparence d'une légère fente à l'endroit où se trouve l'angle sur les tours.

SIGARETUS (et sous-genre *Naticina*).

LAMELLARIA (*Oncidiopsis* et *Marsenia*), VELUTINA.

AMAURA, Möller.

Type, A. candida, Möller. Groenland.

« *Animal* voisin des *Natica*; pied petit, compacte, sans trace de lobe postérieur ; le lobe antérieur profondément sinué ; yeux sous-cutanés, situés à la base interne du lobe; opercule terminal, à tours peu nombreux, corné, mince.

« *Coquille* ovoïde, non perforée; spire petite, saillante ; bouche obpyriforme, ayant une longueur égale à environ la moitié de la longueur de la coquille. » (Möller.)

Fossiles. Espèces des terrains crétacés. Allemagne, Angleterre.

DESHAYESIA, Raulin, 1844 (voyez p. 247).

Genre dédié à M. Deshayes, auteur de la « Description des animaux sans vertèbres du bassin de Paris, » etc.

Synonyme, Naticella, Grateloup (non Münster).

Type, D. Parisiensis, Raulin.

Coquille sub-globuleuse, épaisse, ombiliquée; spire courte; ouverture entière, semi-circulaire, oblique; columelle oblique ; callosité denticulée ; ombilic recouvert par la callosité; bord droit tranchant, lisse à l'intérieur.

Ce genre présente une combinaison très-remarquable des caractères des *Natica* et de ceux des *Nerita*, et semble établir un passage entre ces deux genres qui sont les types de familles distinctes.

Distribution, 2 espèces. Oligocène et Miocène. Bassins de Paris et de Bordeaux.

PTYCHOSTOMA, Laube.

Fossiles 3 espèces. Saint-Cassian.

[FAMILLE CANCELLARIADÆ.]

Les genres de cette famille sont les :
CANCELLARIA (*Admete*, p. 228), TRICHOTROPIS (p. 228), ? CERITHIOPSIS (p. 254), ? SEPARATISTA, et :

PURPURINA [1], d'Orbigny, 1850 (p. 254).

Type, Purpurina Bellona, d'Orbigny, *fig.* 282.
Coquille ovale, allongée, ventrue, épaisse ; tours arrondis ou rendus anguleux par un canal situé à leur partie supérieure ; dernier tour très-développé. Ornements consistant ordinairement en grandes côtes longitudinales, croisées par de nombreuses stries ; ouverture grande pendant le jeune âge, faiblement échancrée en avant ; columelle arrondie ; sillon ombilical profond, étroit, mais bien défini.
Fossiles, 8 espèces. Oolithe inférieure — Callovien. Angleterre, France, Allemagne.

Fig. 282.
Purpurina Bellona

TORELLIA (Lovén), Jeffreys, 1867.

Genre dédié au docteur Otto Torell, naturaliste norwégien.
Type, T. vestita, Jeffreys. Shetland et Norwége.
Animal ayant les lèvres saillantes et la dentition linguale des *Capulus*.
Coquille globuleuse, couverte d'un épiderme velouté ; spire très-courte ; sommet déprimé ; ouverture arrondie ; columelle ayant un tubercule mousse à sa base ; un sillon interne à peine visible ; opercule semblable à celui des *Trichotropis*.

[FAMILLE NERITOPSIDÆ.]

Genres : — NERITOPSIS et NARICA avec les *Naticella* comme sous-genre (voyez p. 272).

---

[1] Ce genre a été l'objet d'une révision et de recherches attentives dues à MM. Eugène Deslongchamps et Piette, et nous pensons qu'il est convenable de remplacer les caractères de ce groupe, tels qu'ils sont donnés à la page 254 de ce Manuel, par la description corrigée que nous devons à ces deux auteurs.

[Famille Pyramidellidæ[1].]

Il faut ajouter les genres et sous-genres suivants ·

Pyramidella. Sous-genre, *Chrysallida*, P. Carpenter, 1857.

Coquille pupiforme ; péristome continu ; bord de la bouche mince ; pli columellaire distinct, quoique caché ; opercule marqué de plis rayonnants dans les espèces typiques.

Distribution, 25 espèces. Indes orientales et occidentales, Japon, Mazatlan.

Odostomia. Quelques-unes des espèces de Mazatlan ont le péristome continu.

Sous-genres : — *Auriculina*, Gray.

Coquille ayant l'apparence générale d'une *Odostomia*, mais ne présentant pas de trace de pli. Mazatlan. 5 espèces.

Fossiles, 4 espèces. Tertiaire. États-Unis.

Parthenia, Lowe (*Ebalia*, Adams). Surface sculptée ; columelle plissée.

Distribution, 10 espèces. Mazatlan, Japon.

Scalenostoma, Deshayes, 1863.

Type, S. carinatum ; île Bourbon.

Coquille voisine, pour la forme, des *Pyramidella* et des *Niso*; turriculée, blanche, imperforée ; columelle sans plis ; ouverture sub-triangulaire, faiblement courbée dans la direction de sa longueur; bord simple, échancré près de la suture.

Chemnitzia. Sous-genres : — *Dunkeria*, P. Carpenter (dédié au professeur W. Dunker). Ouverture comme celle des *Chemnitzia*, mais avec les tours arrondis comme chez les *Aclis ;* tours cancellés.

Distribution, 7 espèces. Mazatlan, Japon.

Pseudomelania, Pictet et Campiche, 1864.

Étymologie, pseudo, faux, et *Melania*, nom générique.

Coquille turriculée, à spire aiguë, à test épais, imperforée, sans ornements. Ouverture ovale, arrondie en avant, plus ou moins anguleuse en arrière ; columelle épaisse, participant à la courbure générale de l'ouverture, bord simple.

Distribution. Trias — Craie. Europe, Afrique méridionale. Les espèces crétacées sont au nombre de 14.

Eulima. Sous-genre : — *Leiostraca*, H. et A. Adams (*Balcis*, Leach).

Coquille ayant une légère varice de chaque côté de la spire.

Distribution, 8 espèces. Mazatlan, Taboga.

[1] Voyez p. 219.

Aciculina, Deshayes, 1864.

Coquille petite, aciculiforme ; sommet incliné de côté ; tours nombreux, convexes, lisses ; ouverture entière, petite, sub-quadrangulaire ; columelle droite, étroite, cylindrique et simple.
Distribution, 6 espèces. Éocène. Bassin de Paris.

Mathilda, Semper, 1865.

Coquille turriculée ; sommet renversé, tourné brusquement de gauche à droite ; tours des espèces typiques costulés et réticulés, striés longitudinalement ; ouverture entière, sub-arrondie, base quelquefois sub-versante ; bord tranchant ; columelle lisse, sans plis.
Distribution. Le type qui est la *Turritella quadricarinata*, Brocchi, se trouve vivant dans la Méditerranée et à l'état fossile dans le Crag d'Anvers, et à Bologne.
Fossiles, 15 espèces. Éocène —. Europe, États-Unis.

Soleniscus, Meek et Worthen, 1860.

Étymologie, soleniskos, un petit canal ou gouttière.
Type, S. typicus. Carbonifère supérieur. Springfield, Illinois.
Coquille fusiforme, lisse, dernier tour contracté en-dessous en un canal droit distinct, avec un pli oblique sur la columelle.
Ce genre présente des analogies avec les *Macrocheilus* par sa surface lisse et son pli columellaire, mais il en diffère par son contour fusiforme, son ouverture étroite, et son canal distinct. Par son apparence générale il ressemble aux *Fasciolaria*, mais n'a qu'un pli columellaire au lieu de deux ou trois ; il manque d'ornements, et son bord externe est lisse en dedans.

Euchrysalis, Laube.

Fossiles, 6 espèces. Saint-Cassian, Autriche.

[Famille Stiliferidæ.]

Les genres de cette famille sont les :
Stilifer. — Le docteur Fischer suppose que les *Stilifer*, quoique vivant en parasites sur le système tégumentaire des échinodermes ou sur leurs appendices, ne se nourrissent pas de leur substance, comme on l'a supposé. L'opinion de M. Gwyn Jeffreys est qu'ils se nourrissent des excrétions des Échinodermes.

Styliferina, Adams.

Coquille imperforée, ovoïde-conique, mince, lisse ; tours nombreux, prolongés en une spire styliforme; nucléus senestre; ouverture subcarrée; bord simple, droit.

Distribution, 2 espèces; Japon.

M. Freyer, de Trieste, pense que l'*Entoconcha* (*E. mirabilis*), parasite
de la *Synapta digitata*, est l'état embryonnaire d'une espèce de *Natica*.

[FAMILLE III. — CERITHIADE [1].]

Cette famille comprend les CERITHIUM (*Rhinoclavis* et *Bittium*) TRIFORIS,
POTAMIDES (*Vicarya*, *Cerithidea*, *Terebralia*, *Pyrazus* et *Lampania*), NERI
NEA, et les genres et sous-genres suivants :

CERITHIUM. — *Sous-genre*, *Sandbergeria*, Bosquet, 1860. Dédié au professeur Sandberger. *Type*, Cerithium cancellatum, Nyst, sp. *Coquille*
courte, ressemblant à un *Cerithium*; canal terminal, très-large, et court.
M. Bosquet décrit le type comme ayant un opercule semblable à celui
des *Stenothyra*; il est très-douteux que l'opercule ait appartenu à cette
coquille.

Distribution, 20 espèces. Crétacé; Inde. Éocène; France, Hollande.

EUSTOMA, Piette, 1855.

Type, E. tuberculosa, Piette.

Coquille ressemblant dans son jeune âge à un *Cerithium*; chez l'adulte les bords de l'ouverture sont très-étalés et réunis postérieurement
par un canal indistinct; canal allongé.

Fossiles. 2 espèces. Grande Oolithe; Ardennes.

EXELISSA, Piette, 1861.

Étymologie, *exelisso*, déplier.

Synonyme, Kilvertia, Lycett, 1863.

Type, Cerithium strangulatum, d'Archiac.

Coquille petite, allongée, sub-cylindrique, un peu pupiforme, à tours
nombreux, ornés de côtes perpendiculaires, tuberculeuses ou épineuses;
dernier tour cylindrique, contracté à la base, avec une tendance à se
séparer de l'axe; ouverture orbiculaire, entière, à bords élevés, saillants,
et légèrement épaissis; columelle solide.

Fossiles, 14 espèces. Lias moyen — Kimméridgien. Angleterre, France.
Le grès coquillier de l'Oolithe inférieure du Gloucestershire renferme
quelques espèces qui n'ont pas été décrites. Crétacé, 1 esp.? Inde.

FIBULA, Piette, 1857.

Exemple, Turritella Roissyi, d'Archiac.

[1] Voyez p. 255.

Coquille allongée ; columelle droite, avec un sillon rudimentaire près de la base ; bord externe arqué, légèrement échancré à la suture ; base de l'ouverture formant un léger canal, ou arrondie et entière, selon la période de croissance à laquelle l'animal est mort.

Les espèces de ce genre possèdent des caractères intermédiaires qui les rapprochent des *Turritella* et des *Cerithium*.

Fossiles, 21 espèces. Triasique — Crétacé. Europe, Inde.

Cryptoplocus, Pictet et Campiche, 1864.

Étymologie, cryptos , caché ; *ploce,* un pli.

Exemple, Nerinæa monilifera, d'Orb.

Coquille semblable à celle d'une *Nerinea,* mais sans plis à la columelle ni au labre ; un pli sur la portion de la bouche qui recouvre le tour précédent, disposition qui rappelle beaucoup celle que l'on voit chez quelques *Cerithium,* tels que le *C. nodulosum ;* ouverture arrondie, non caniculée en avant ; ombiliquée ou imperforée.

Distribution, 7 espèces. Jurassique et crétacé. France, Suisse, Allemagne.

Planaxis. M. Deshayes place ce genre dans les *Littorinidæ,* mais M. Macdonald a montré qu'il a des rapports anatomiques étroits avec les *Cerithium,* que les dents linguales sont semblables, et que les sacs auditifs contiennent des otolithes sphériques.

Quoyia, Deshayes, 1830.

Genre dédié au naturaliste distingué qui était à bord de l'*Astrolabe.*

Synonymes, Fissilabria, Brown ; Leucostoma, Swainson.

Coquille solide, allongée, conique ; sommet décollé ; tours plats, le dernier sub-anguleux à la base ; ouverture petite, semilunaire, prolongée en avant ; columelle grosse, courbe, tronquée antérieurement, avec un pli spiral postérieurement ; opercule corné, à tours peu nombreux, nucléus latéral.

Distribution, 2 espèces. Nouvelle-Guinée, Cochinchine.

Fossiles, Eocène ; Paris (1). Miocène ; Dax (1).

Les trois genres suivants sont rapportés provisoirement aux *Cerithiadæ.*

Ceritella, Morris et Lycett, 1850.

Étymologie, diminutif de *Cerithium.*

Synonymes, Tubifer (part.), Piette, 1856.

Type, Ceritella acuta, Morr. et Lycett.

Coquille turriculée, subulée ; spire aiguë ; tours plats ; bords ordinairement sillonnés ; dernier tour grand ; ouverture allongée et étroite ; canal court ; columelle lisse, arrondie, et légèrement réfléchie à la base ; bord externe mince.

Fossiles, 17 espèces. Couches jurassiques moyennes. Angleterre, France.

BRACHYTREMA, Morris et Lycett, 1850.

Étymologie, brachys, court et trema, trou.

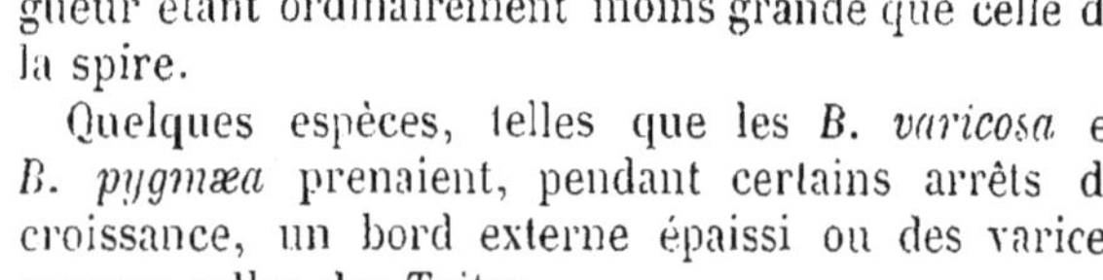

Exemples, B. Buvignieri, Morris et Lycett: B. Wrightii, Cotteau (*fig.* 283).

Coquille petite, turriculée, turbinée; tours costés, noduleux, ou cancellés; le dernier tour grand et ventru ; columelle lisse, arrondie, tordue près de sa base et se réfléchissant en dehors, formant un canal court, oblique ; ouverture médiocrement sub-ovalaire, sa longueur étant ordinairement moins grande que celle de la spire.

Quelques espèces, telles que les B. *varicosa* et B. *pygmæa* prenaient, pendant certains arrêts de croissance, un bord externe épaissi ou des varices comme celles des *Triton*.

Fig. 283.
Brachytrema
Wrightii.

Fossiles, 16 espèces. La plupart appartiennent à la grande Oolithe, d'autres se trouvent dans le Callovien. Angleterre, France.

MESOSTOMA, Deshays, 1864.

Exemple, M. grata, Desh.

Coquille allongée, turriculée, scalariforme ; ouverture presque circulaire, dilatée, coupée obliquement, se terminant en avant par un angle semi-canaliculé ; columelle légèrement concave, cylindrique, obliquement tronquée ; bords de l'ouverture simples et légèrement étalés.

Fossiles, 4 espèces. Éocène. Bassin de Paris.

[FAMILLE APORRHAIDÆ, Gray, 1856.]

Cette famille comprend les genres APORRHAIS (voy. p. 256) PTERODONTA, STRUTHIOLARIA (p. 257 [1]), et HALIA ; ainsi que les :

ALARIA, Morris et Lycett, 1854.

Synonyme, Tessarolax, Gabb, 1864.
Étymologie, ala, une aile.
Exemple, Alaria trifida, Phillips, sp. ; A. cingulata, Pictet et Roux, sp.

[1] Cette page porte, par suite d'une erreur, le numéro 259.

Coquille turriculée, fusiforme, se terminant antérieurement par un canal; aile digitée ou palmée, formée par le prolongement du bord libre du dernier tour et appliquée contre l'avant-dernier tour, mais n'adhérant jamais au reste de la spire; pas de canal postérieur; bord droit sans sinus.

Fossiles, environ 50 espèces. Jurassique; Europe, Himalaya, Afrique méridionale. Crétacé, 9 espèces; Angleterre, France, Allemagne.

Les espèces de ce genre ont été rapportées aux *Rostellaria*, *Pterocera*, et *Aporrhais*.

DIARTHEMA, Piette.

Coquille à varices continues.
Distribution, Oolithe inférieure. France.

La *Pelicaria vernis*, Adams, a une coquille spirale; la spire de l'adulte est couverte d'une couche émaillée; l'ouverture est ovalaire, le bord externe sinueux, tranchant.

? BULIMELLA, Hall, 1857.

Coquille plus ou moins fusiforme; tours convexes, le dernier très-développé; columelle tronquée; lèvre mince, avec une faible échancrure ou sinus sur son bord, près de sa réunion avec la columelle.
Distribution, 3 espèces. Carbonifère : Indiana.

[FAMILLE VERMETIDÆ.]

Les coquilles des mollusques de cette famille se distinguent des tubes des Serpules par la présence d'un nucléus spiral et de cloisons internes concaves et lisses. Si la coquille est formée d'une substance solide fortement sculptée de sillons longitudinaux ou d'écailles, ou si elle est d'une couleur brunâtre, elle est certainement due à un *Vermetus*: mais si la coquille est d'une substance calcaire molle, marquée de faibles sillons longitudinaux, l'on peut hésiter avant de savoir à quel animal il faut la rapporter.

Les coquilles des *Serpulidæ*, sauf celles des *Cymospira*, ont une ouverture anale et semblent n'être composées que de deux couches, tandis que celles des *Vermetidæ* en ont trois.

Plusieurs espèces contiennent intérieurement de très-longues lamelles regardées généralement comme étant un caractère générique; mais ces lamelles se dissolvent avec l'âge, comme les dents de quelques espèces de *Pupa*.

Tous les *Vermets* sont vivipares, et les lamelles qui existent dans les tubes servent peut-être à retenir les jeunes.

Les genres et sous-genres qui rentrent dans cette famille sont es VERMETUS (*Petaloconchus*, *Serpulorbis*) (p. 260), et SILIQUARIA (p. 261).

[Famille Cæcidæ.]

Coquille à nucléus spiral ; tubuleuse, régulière, quelquefois fixée ; ouverture circulaire ; opercule corné, à tours nombreux ; ouverture quelquefois bordée.

Cæcum, Fleming[1].

Tours formant le nucléus orbiculaires, situés dans le même plan que ceux de l'adulte, souvent décollés ; opercule concave ou aplati.

Sections : — *Elephantulum.* De taille relativement grande ; subulé ; sculpture longitudinale.
Distribution, 9 espèces. Mazatlan (6), Antilles, Maurice.
Fossiles, 1 espèce (C. liratum), Carpenter. Crag corallin de Sutton.

Anellum (Cæcum typiques). Coquille adulte annelée.
Distribution, 14 espèces. Europe, Mazatlan, Australie, Japon.
Fossiles, 2 espèces. Eocène. Paris, Suffolk. ,

Fartulum. Coquille lisse, cylindrique.
Distribution, 10 espèces. Mazatlan, Ténériffe, Singapore, Australie.
Fossiles, C. mamillatum, S. Wood. Crag corallin de Sutton.

Sous-genres :

Brochina, Gray.

Type, Dentalium glabrum, Mont.
Coquille semblable à celle d'un *Cæcum* ; ouverture simple, aiguë ; sommet fermé par une cheville (*plug*) mamelonnée ; opercule convexe.
Distribution, 2 espèces. Europe. Antilles, Mazatlan.

Meioceras, Carpenter.

Étymologie, meion, assez petit ; *ceras*, corne.
La *jeune coquille* est spirale ou plate ; la coquille *adulte* est un peu renflée : ouverture oblique ; opercule spiral, à peine concave.
Distribution, 3 espèces. Antilles.

Strebloceras, Carpenter, 1858.

Étymologie, streblos, tordu ; *ceras* corne.
Coquille à spire non décollée ; pas de cheville (*plug*) ; tours du nucléus orbiculaires, perpendiculaires au plan de l'adulte ; le plan de croissance est plat, comme dans les *Cæcum*, mais quelques échantillons ont une légère torsion qui les rapproche des *Meioceras.*
Fossiles, 4 espèces. Eocène. Hampshire, Paris.

[1] Voyez p. 260.

Famille V. — Turritellidæ[1].

Cette famille comprend les Turritella, Proto, Mesalia, et

Cassiope, Coquand, 1865.

Synonyme, Omphalia, Zekeli, 1852 (non *Omphalius*, Philippi, 1847.)
Exemple, Turritella Renauxiana, d'Orbigny.
Coquille plus épaisse qu'une *Turritella*, et à tours croissant plus rapidement, souvent pupiforme ; ouverture arrondie, continue ; bord externe échancré ou sinué par un sillon qui suit le dernier tour ; columelle ordinairement distinctement ombiliquée.
Distribution, 52 espèces. Crétacé. Europe, Inde et Amérique.

[Famille Scalariadæ[2].]

Cette famille comprend les *Scalaria* et les sous-genres *Eglisia*, *Pyrgiscus*, et :

Cirsotrema, Mörch.

Coquille solide, à varices irrégulières ; tours ordinairement cancellés.

Cochlearia, Braun.

Synonyme, Chilocyclus, Bronn.
Coquille turriculée, épaisse ; ouverture circulaire, continue, avec un grand rebord étalé.
Fossiles, 2 espèces. Couches de Saint-Cassian ; Autriche.

Holopella, Mac Coy, 1852.

Exemple, H. gregaria, Sow. (Turritella), *Sil. syst.* pl. iii, f. 1.
Étymologie, olos, entier, et *ope*, une ouverture.
Coquille allongée, grêle ; tours nombreux, augmentant graduellement, ordinairement croisés par des stries légèrement arquées ; bouche circulaire, avec un péristome entier ; base arrondie, avec un petit ombilic ou imperforée.
Les coquilles des espèces qui composent ce genre diffèrent de celles des *Turritella* par leur péristome continu et le bord arrondi et défini de leur ouverture, et se rapprochent ainsi beaucoup plus des *Scalaria*.
Fossiles, 12 espèces. Silurien — Trias. Europe, États-Unis.

[1] Voyez p. 259.
[2] Voyez p. 261.

Famille IV. — Melaniadæ [1].

Melania. — Tentacules longs, avec des yeux sur le côté externe, à environ un tiers de la longueur ; bords du manteau festonnés.

Sous-genres, *Vibex*, *Melanatria*, *Hemisinus*, et :

Philopotamis, Layard ; *P. sulcata*, Reeve, sp. *Opercule* sub-spiral ; nucléus marginal.

Coquille solide, paludiniforme. Facies des *Tanalia*. *Distribution*, 5 espèces. Ceylan.

Paludomus. — (*Type*, P. conicus, Gray).

Ce genre tel qu'il est restreint, après que l'on en a séparé les *Philopotamis* et les *Tanalia*, est caractérisé par la structure concentrique de l'opercule de l'adulte qui ressemble à celui d'une *Paludina*, avec un nucléus spiral situé à peu près au milieu de sa hauteur, et très-près du bord gauche.

Distribution, Inde, Birman, Égypte, Archipel indien, Maurice, Ceylan. (14 espèces, se réduisant à 2). Dans les étangs et les marais.

Sous-genre, *Tanalia*, Gray.

Synonyme, Ganga, Layard. Genre fondé sur certaines formes monstrueuses de *T. aculeata*.

Type, T. aculeata, Chemnitz.

Coquille semiglobuleuse, ornée de côtes, noduleuse ; bouche très-grande, ovalaire ; opercule onguiculé ; nucléus marginal.

Distribution, 2 espèces. Habitent les ruisseaux des montagnes ; adhèrent aux rochers, ou rampent sur les fonds sablonneux. Ceylan.

Fossiles, 2 espèces. Craie supérieure ; Gosau.

Io, Lea, 1831.

Synonymes, Melafusus et Ceriphasia, Swainson ; Pleurocera et Strepoma, Raf. ; Trypanostoma, Lea ; Telescopella, Gray.

Type, I. fluvialis, Say (Fusus).

Animal à bords du manteau lisses ; tentacules courts, portant les yeux à leur base ; opercule subspiral.

Coquille fusiforme, renflée, conique ou ovale ; ouverture prolongée en avant en un canal plus ou moins prononcé.

Distribution, 100 espèces (??) Amérique du Nord.

Sous-genres, *Lithasia*, Haldeman, 1840. *Synonymes*, Angitrema Haldeman ; Potodoma, Sw.; Glotella, Gray. *Columelle* épaissie en une callosité en haut et en bas ; base de l'ouverture échancrée. *Distribution*, 51 espèces. Amérique du Nord.

Strephobasis, Lea, 1861 (Megara sp., A. et H. Adams).

[1] Voyez p. 257.

Coquille à canal coudé à la base de l'ouverture qui est presque arrée. *Distribution*, 8 espèces. Amérique du Nord.

GYROTOMA, Shuttleworth, 1845.

Synonymes, Goniobasis, Lea, 1862; Eurycœlon, Lea.

Coquille solide, ovale, oblongue ou turriculée, un grand nombre de formes ressemblant aux *Paludomus;* ouverture sub-rhomboïdale, sub-angulaire en avant, sans canal; columelle présentant souvent un épaississement calleux en haut; opercule subspiral, comme celui d'une *Melania*.

Distribution, 289 espèces, États-Unis

Fossiles, 8 espèces. Éocène. Amérique du Nord.

Sous-genres, *Schizostoma*, Lea, 1842 (*Schizochilus*, Lea; *Melatoma carinifera*, Anthony): ouverture ayant une fente dans la partie supérieure du bord externe, immédiatement au-dessous de la suture.

Distribution, 27 espèces. Amérique du Nord.

Meseschiza, Lea, 1864. Une fente dans le milieu du bord externe. *M. Grosvenori*. Indiana.

PALADILHEA, Bourguignat, 1865.

Genre dédié au docteur Paladilhe.

Coquille ressemblant un peu à celle d'une *Acme;* test mince, cristallin, extrêmement fragile; base de l'ouverture saillante en avant; péristome continu, mince, tronqué; bord externe ayant une fente vers la suture.

Distribution, 5 espèces. Dépôts d'eau douce; Hérault. Une des espèces vit aujourd'hui dans les environs de Montpellier.

BUGESIA, Paladilhe, 1866.

Coquille ressemblant un peu à un très-petit *Cerithium* ou à une *Lithasia* microscopique, mais en différant génériquement par sa columelle large, comprimée, non calleuse, semblable à celle d'une *Lacuna*.

Distribution, *B. Bourguignati*. Dans les laisses de la rivière du Lez, près de Montpellier.

ANCULOSA, Say, 1821.

Synonymes, Leptoxis, Rafinesque; Anculotus, auctor.

Type, A. præmorsa.

Coquille ovale; ouverture entière et arrondie en avant; columelle avec un épaississement calleux en haut;

Distribution, 31 espèces. Amérique du Nord.

MELANOPSIS, y compris les *Pyrena*, voyez p. 259.

FAMILLE VII. — PALUDINIDÆ [1].

Les genres compris dans cette famille sont les :
PALUDINA, AMPULLARIA (*Pomus, Marisa, Asolene*), LANISTES, MELADOMUS, BITHYNIA ; ce dernier renferme les sous-genres suivants :
Stenothyra (Nematura), Hydrobia, Syncera, Paludinella, Littori-nella, Amnicola, et :

MOITESSIERIA, Bourguignat, 1863.

Type, Paludina Simoniana, Charpentier.
Coquille ressemblant un peu à celle d'une *Acme;* test marqué d'impressions ; dépressions octogones, tétragones et arrondies, selon leur position ; péristome épaissi à l'extérieur; l'on n'a pas observé d'opercule.
Distribution, 1 espèce. Sources salines de Fouradade (Pyrénées).
Fossiles (?) 3 espèces. Alluvions de la Garonne, à Toulouse.

POMATIOPSIS, Tryon, 1865.

Synonyme, Chilocyclus, Gill.
Coquille allongée ; bord de l'ouverture légèrement étalé ; opercule corné, sub-spiral, sans processus interne.
Animal semblable à celui d'une *Hydrobia*, mais avec le pied portant des sinus latéraux; terrestres ou amphibies.
Distribution,? espèces. Amérique.

[FAMILLE RISSOIDÆ.]

Cette famille comprend les LITIOPA (p. 266), RISSOINA (p. 267), RISSOA (p. 266), et il faut y ajouter les genres suivants :

DIASTOMA, Deshayes, 1864.

Type, Melania costellata, Lamarck.
Coquille allongée, turriculée ; tours munis de varices ; ouverture très-oblique, semilunaire, entière ; base sinuée, sub-anguleuse ; angle postérieur aigu, détaché du pénultième tour ; bord mince, courbé; columelle concave, déprimée, étroite.
Fossiles, 4 espèces. Eocène. Bassin de Paris.

[1] Voyez p. 268.

Amphithalamus, P. Carpenter, 1865.

Type, A. inclusus. Côte occidentale de l'Amérique du Nord.

Coquille semblable à une *Rissoa;* nucléus grand; ouverture à lèvre saillante, brusquement contractée chez l'adulte.

Ce genre offre les mêmes rapports avec les *Rissoa* que les *Stoastoma* avec les *Helicina*.

Keilostoma, Deshayes, 1848.

Type, Melania marginata, Lam.

Coquille allongée, turriculée, en cône régulier, ordinairement striée en travers. Ouverture entière, courte, versante à la base, anguleuse postérieurement; columelle courte, calleuse; péristome entier, bord gauche large et épais, le droit largement bordé.

Fossiles, Eocène, 6 espèces; Bassin de Paris, Belgique, Angleterre, Punjab. Crétacé, 5 espèces; Inde, Gosau.

Pterostoma, Deshayes, 1864.

Type, P. tuba. Eocène. Grignon, Paris.

Coquille allongée, turriculée; péristome continu, circulaire, très-dilaté et bordé; columelle très-large, étalée, et continue avec le péristome.

Scaliola, Adams, 1860.

Type, S. bella.

Animal à rostre allongé, cylindrique, annelé, bifide à l'extrémité; tentacules filiformes; yeux saillants, noirs, situés à la base externe des tentacules; pied court, ovalaire, sub-acuminé en arrière; opercule corné, ovale, sub-spiral; nucléus sub-terminal.

Coquille turriculée, à ombilic ou à fente ombilicale; ouverture plus ou moins circulaire; péristome continu; bord droit, tranchant.

Les espèces de ce genre ont l'habitude d'agglutiner des grains de sable à la surface de leur coquille.

Distribution, 4 espèces. Japon, Philippines; de 4 à 128 mètres.

Fossile, 1 espèce. Oligocène; Latdorf.

Microstelma, A. Adams, 1863.

Type, M. Dædala, Adams. Japon; 87 mètres.

Coquille ressemblant un peu à une *Pyramidella*, turriculée, ovalaire, à fente ombilicale; spire conique; tours ornés de plis longitudinaux; ouverture oblongue, prolongée en avant, subcanaliculée; columelle épaissie, à peu près droite; bord simple.

Fossile, 1 espèce. Formation sub-apennine. Asti, Italie.

Barleeia, Clark.

Nom donné en l'honneur de feu G. Barlee.

Type, Turbo ruber, Montagu. Angleterre, Méditerranée.

Animal et *coquille* ayant des rapports avec les *Rissoa;* manteau et lobe operculaire manquant de filaments; opercule solide, auriforme et gibbeux, nucléus excentrique.

Distribution, 3 espèces. Océan Atlantique et Pacifique.

[Famille Skeneidæ.]

Cette famille comprend les genres Skenea (p. 268), et :

Homalogyra, Jeffreys, 1867.

Synonymes, Omalogyra, Jeffreys; Spira, Brown; Ammonicerina, Costa, 1861.

Étymologie, un cercle plat.

Type, H. atomus, Philippi (Skenea nitidissima, F. et H.).

Animal à corps aplati, sans tentacules; yeux sessiles, placés derrière la tête.

Coquille petite, formant une spire aplatie; spire enroulée sur elle-même; tours plus ou moins anguleux; ouverture embrassant les deux côtés de la périphérie; opercule à tours peu nombreux, avec un nucléus central.

La partie supérieure du corps de l'*H. atomus* est en partie ciliée. La langue n'a qu'un seul rang de dents qui ressemblent à des dents de requin en miniature.

Distribution, 2 espèces. Dans les flaques et immédiatement au delà de la marée basse, sur les algues et les Zostères; Norwége, Angleterre, France, côtes de la Méditerranée.

Fossiles. Dépôts tertiaires supérieurs.

Famille VI. — Littorinidæ [1].

Les genres qui rentrent dans cette famille sont les :

Littorina, comprenant les *Tectaria, Modulus*, et *Risella*; Lacuna, et :

Fossarus, Philippi (p. 264).

Synonymes, Phasianema, Wood; Maravignia, Aradas.

Coquille perforée, sculptée; bord interne mince; ouverture semilunaire; opercule non spiral.

Animal ayant deux lobes frontaux entre les tentacules.

[1] Voyez p. 261.

Distribution, 45 espèces, en y comprenant celles des sous-genres. Méditerranée et mers tropicales.

Fossiles, 4 espèces. Miocène. Europe.

Sous-genres, *Conradia, Couthouyia, Cithna, Gottoina.*

Les *Fossarina*, Adams, diffèrent des *Fossarus* par leur bord interne courbe et leur ouverture circulaire. 2 espèces. Australie.

Isapis, H. et A. Adams. *Columelle* munie d'un pli ; chez l'*I. anomala* il est presque obsolète. 4 espèces. Jamaïque et Mazatlan.

LACUNELLA, Deshayes, 1864.

Étymologie, diminutif de *Lacuna* (voy. p. 266).

Type, L. depressa, Desh. Eocène. Paris.

Coquille ovoïde, mince, translucide, luisante, très-déprimée ; sommet obtus ; ouverture grande, dilatée ; bord externe mince, réfléchi ; columelle étroite, mince, concave, sillonnée, avec la base perforée.

? RAULINIA, Mayer, 1864.

Genre dédié à M. Raulin.

Type, Odostomia alligata, Deshayes. Eocène. Bassin de Paris.

Coquille turbinée, en ovale oblong, médiocrement épaisse, marquée de sillons spiraux ; tours croissant rapidement, convexes : le dernier tour très-grand ; ouverture grande, anguleuse en arrière, étalée en avant ; columelle large, arquée, aplatie, avec une dent tuberculeuse saillante.

EUCYCLUS,
E. Deslongchamps, 1860.

Étymologie, *eu-kuklos*, en cercle, par allusion au nombreux plis ou anneaux de la spire et de la base.

Exemples, Turbo ornatus, Sow. ; T. capitaneus, Münster.

Synonymes, Amberleya[1], Morris et Lycett.

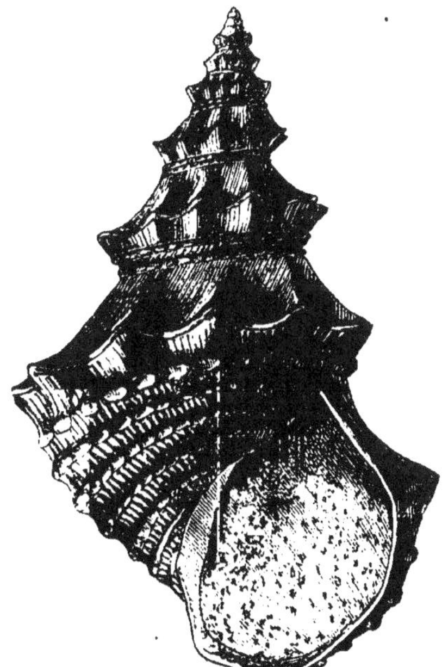

Fig. 281. — *Eucyclus goniatus*, Desl.

Coquille très-mince (sans couche nacrée ?) ; spire allongée, presque

[1] Ce nom a été publié en 1854, mais le genre était caractérisé d'une manière insuffisante.

turriculée; surface ornée de nodosités et de plis longitudinaux; ouverture ovale, anguleuse en haut; lèvre semicirculaire, mince; columelle aplatie, imperforée.

Fossiles, 23 espèces. Lias supérieur — Callovien, Angleterre, France, Allemagne.

[FAMILLE SOLARIDÆ.]

Cette famille contient les :

SOLARIUM (Voy. p. 264).

Sous-genres, *Torinia*, Gray.

Philippia, Gray (p. 265). *Coquille* trochiforme; ombilic petit. *Fossiles*, 3 espèces. Miocène. Amérique.

Disculus, Deshayes. *Coquille* discoïde; ombilic très-étroit; angle inférieur de l'ouverture prolongé et oblique.

ADEORBIS (p. 278), CIRRUS (p. 282), DISCOHELIX (p. 265), EUOMPHALUS (pp. 278, 358), BIFRONTIA (p. 265), PLATYSTOMA (p. 265), PHANEROTINUS (p. 278), MACLUREA (p. 557).

Le genre OPHILETA, Vanuxem (p. 278), a été fondé sur des espèces de *Maclurea* à tours très-grêles. M. Billings regarde les deux genres comme distincts et les sépare comme suit : — « Chez les *Maclurea*, l'ouverture est entière, et les tours ordinairement grands, mais chez les *Ophileta*, l'ouverture a un sinus en bas, une échancrure en haut, et les tours sont ordinairement plus grêles.

« Chez la *Maclurea crenulata* (Billings) il y a une sorte de ruban spiral; on voit aussi des indications d'un sinus dans la lèvre, sur le côté plat, mais ces caractères ne sont qu'à l'état naissant. » — (Billings.)

STROPHOSTYLUS, Hall.

Étymologie, *strepho*, tourner, *stylus*, columelle.

Coquille sub-globuleuse ou ovoïde; spire petite, dernier tour grand et ventru; bord externe mince; columelle tordue ou marquée de sillons spiraux en dedans, non réfléchie; pas d'ombilic; ouverture ovalaire ou en ovale transversal. Ce genre semble se rapprocher des *Platystoma*.

Distribution, 10 espèces. Silurien. États-Unis.

HELICOCRYPTUS, d'Orbigny, 1850.

Coquille déprimée, orbiculaire; tours embrassants; ombiliquée des deux côtés; ouverture verticale, en ovale transverse.

Distribution, *H. pusillus*; Corallien; France, Allemagne. *H. radiatus*; grès vert sup.; Blackdown, Mans.

[Famille Janthinidæ.]

Cette famille comprend les :

Janthina et Recluzia (voy. p. 295).

Famille XII. — Calyptræidæ [1].

Platyceras, Conrad, 1840 (voy. p. 288),

Type, Pileopsis venusta, Sowerby.
Synonymes, Acroculia, Phillips, 1841 ; Orthonychia, Hall, 1843.
Coquille déprimée, passant de la forme sub-globuleuse à la forme oblique, subconique ; spire petite ; tours peu nombreux, libres ou contigus ; ouverture plus ou moins étalée, souvent campanuliforme, entière ou sinueuse.

Beaucoup d'espèces présentent une sinuosité des stries indiquant une échancrure dans le bord de l'ouverture pendant les premières phases de la croissance. M. Hall, n'a pas pu reconnaître les impressions musculaires particulières qui sont caractéristiques des *Pileopsis*. Des échantillons de quelques espèces montrent l'expansion du bord columellaire et son union partielle ou complète avec le tour, offrant toute l'apparence d'une columelle mince avec un profond ombilic. Le *P. dumosum* est garni d'épines ; le *P. subrectum* est simplement courbé ou arqué.

Distribution, 46 espèces. Silurien — Carbonifère. Europe, Amérique du Nord.

Famille IX. — Turbinidæ [2].

Cette famille comprend les :
Phasianella (p. 274), Imperator (p. 275), Turbo (p. 274), avec les sous-genres suivants :

Callopoma, Gray, se distinguant par l'extrême complexité de l'opercule. « Les opercules du *C. flexuosum*, Gray (Turbo) (Maz.), sont plats et couverts en dedans d'une couche cornée foncée, montrant à peu près 6 tours. En dehors il y a une large callosité centrale, spirale, blanche et granuleuse, cachant l'ombilic, et ayant des pustules extrêmement petites sur sa surface, parfois avec quelques épines pointues. Un sillon profondément marqué entoure le callus ; il est suivi d'une fraise verte, spirale, plissée, épineuse en dedans. Entre elle et le bord externe, il y a de 4 à 6 beaux colliers d'émeraude, supportés sur des côtes spirales grêles, avec

[1] Voyez p. 286.
[2] Voyez p. 274.

des intervalles profondément canaliculés. L'opercule du *C. saxosum*, espèce de Panama, est construit sur un plan beaucoup plus grossier. » — (P. Carpenter.)

Uvanilla, Gray. *Exemple, U. olivacea* Mexique.

Ce sous-genre se distingue par l'absence d'un ombilic, et par son opercule à double crête.

Distribution, 5 espèces. Mazatlan, Mexique.

<h3 style="text-align:center">PHASIANELLA.</h3>

Sous-genre, *Eucosmia*, P. Carpenter, 1864.

Étymologie, eu, bien, et *cosmia*, orné.

Coquille solide, variée comme celle d'une Phasianelle; ouverture et tours ronds; axe *ombiliqué*.

Distribution, 4 espèces. Cap. St Lucas.

<h3 style="text-align:center">TROCHUS.</h3>

Avec les sous-genres et sections qui suivent:

Margarita, Leach (p. 276). *Exemple*, T. helicinus, Fabr. *Coquille* petite, nacrée et ombiliquée; de 5 à 7 cirrhes latéraux dans les espèces d'Angleterre. Il ne paraît pas qu'il y ait des *Trochus* typiques sur les côtes N.-E. d'Amérique; on n'y trouve que des espèces de cette section. 5 espèces, Angleterre.

Gibbula, Leach (p. 276). *Exemple*, T. magus, L. *Coquille* à spire surbaissée et ombiliquée; 5 cirrhes latéraux de chaque côté dans les espèces d'Angleterre.

Circulus, Jeffreys. *Coquille* très-petite, à spire presque plate, avec un ombilic extrêmement large et ouvert. *Exemple*, Delphinula Duminyi[1], Requien; 5 cirrhes latéraux de chaque côté (quelquefois 4 d'un côté et 5 de l'autre. — Clarke). *Fossiles*, dans le Crag corallin; Angleterre, Catane. *Vivant*, Angleterre, Méditerranée.

Trochocochlea, Klein. Spire médiocrement haute; base légèrement ombiliquée dans l'adulte, perforée dans le jeune âge; bord columellaire portant une forte dent tuberculeuse. 5 ou 4 appendices de chaque côté. *Exemple*, T. lineatus, Da Costa. Angleterre, France, Espagne, Mogador.

Ziziphinus, Leach. Spire pyramidale, base non perforée; bord columellaire échancré ou anguleux à la partie inférieure. *Exemple*, T. granulatus, Born. 7 espèces, Angleterre.

Omphalius, Philippi. *Type*, Trochus viridulus, Gmel. Mazatlan. *Coquille* ayant une crête spirale entourant l'ombilic, et se terminant par un ou plusieurs tubercules sur la columelle. *Distribution*, 4 espèces. Mazatlan, Chine.

Pyramis, Enida, etc.

---

[1] Les *Adeorbis supranitida* et *A. tricarinata* en sont des variétés.

ROTELLA (voy. p. 276).

Sous-genres, *Isanda* (I. coronata) Adams. *Coquille* orbiculaire, conique, bord columellaire crénelé ; tours arrondis ; axe ombiliqué ; opercule orbiculaire, formé de plusieurs tours.

Chrysostoma, Gray. Turbo Nicobaricum, Gmel.; sous-genre voisin des *Isanda*. Bord columellaire calleux ; opercule corné, spiral.

Microthyca, Adams; différant des *Isanda* par un péristome continu et un bord externe épaissi. 1 espèce. Japon.

Umbonella, Adams, *Coquille* porcelainée, petite, turbinée, voisine des *Chrysostoma*, mais à ouverture circulaire, et à axe non perforé. 1 espèce, Japon.

LEUCORHYNCHIA, Crosse, 1867.

Étymologie, leucon, blanc ; *rhynchion*, un bec.

Type, L. Caledonica, Crosse, habite sous les pierres ; Nouvelle-Calédonie.

Coquille déprimée, sub-discoïde, ombiliquée, luisante, formée d'un petit nombre de tours; ouverture arrondie, non nacrée. Une épaisse callosité nait du bord antérieur de l'ouverture et du bord columellaire, et se continue sur l'ombilic sous forme d'un processus en forme de rostre. Opercule corné, arrondi, à tours nombreux ; nucléus central.

TEINOSTOMA, H. et A. Adams, 1853.

Type, T. politum.

Synonymes, Calceolina, A. Adams.

Coquille semblable à une *Rotella*, avec une bouche et un callus fortement saillants.

Elle ressemble aux *Cyclops* de la famille des *Nassidæ*, et, pour l'apparence de la base aux *Streptaxis* et aux *Anostoma* parmi les *Helicidæ*.

Distribution, 9 espèces. Japon. Mazatlan, Sainte-Hélène, Jamaïque.

Fossiles, 10 espèces. Eocène. Bassin de Paris.

ETHALIA, H. et A. Adams.

Coquille ayant l'apparence générale d'une *Vitrinella*, mais concordant avec les *Rotella*, en ce qu'elle a une base calleuse, et différant des espèces typiques de ce genre en ce qu'elle est souvent ornée de sculptures, en ce que le callus fait le tour de l'ombilic, mais ne le couvre généralement pas, et en ce que la face externe du callus n'est pas brillante. La lèvre n'est ordinairement pas réfléchie sur le dernier tour.

Les espèces de ce genre semblent conserver d'une manière permanente l'état jeune des *Teinostoma*.

Distribution. 12 espèces, habitant les eaux profondes. Mazatlan, Jamaïque, Japon.

MONODONTA.

DELPHINULA (en y comprenant les *Collonia*, *Liotia*, *Serpularia*, et *Crossostoma*).

CYCLOSTREMA, avec les *Adeorbis* et *Vitrinella* comme sous-genres.

STOMATELLA, GENA, et BRODERIPIA.

FAMILLE X. — HALIOTIDÆ.

Sous-famille HALIOTINÆ.

Genres. — HALIOTIS (p. 279), STOMATIA (p. 279), TEINOTIS (p. 280).

Sous-famille, SCISSURELLINÆ.

Genres : — SCISSURELLA (p. 280), PLEUROTOMARIA (p. 281), (les *Raphistoma* et *Scalites* ne sont que des sections de ce genre), MURCHISONIA (p. 281), CATANTOSTOMA (p. 281), TROCHOTOMA (p. 282), auxquels il faut ajouter les genres et sous-genres suivants :

PLEUROTOMARIA (voy. p. 281).

Sous-genres : — *Leptomaria*, E. Deslongchamps, 1865. *L. amæna*, Deslong., sp. *Coquille* semblable à une *Pleurotomaria;* la fente respiratoire est étroite et allongée.

Distribution, Oolithe inférieure — Crétacé.

Cryptænia, E. Deslongch., 1865. (*Helicina*, Sowerby). *C. heliciformis*, Deslong., sp. *Coquille* de forme arrondie et compacte ; surface lisse ou seulement légèrement ornée ; fente excessivement courte, réduite quelquefois à un simple pli ; le ruban occupe le milieu du tour et n'est visible que sur le dernier tour.

Distribution. Les espèces de ce genre sont nombreuses dans le Carbonifère et s'étendent jusqu'au Lias moyen.

Dans les *Pleurotamaria* typiques, la fente est grande et le ruban n'est jamais caché par les tours de la spire.

SCHISMOPE, Jeffreys, 1856.

Étymologie, *schisme*, une fente, et *ope*, un trou.

Synonyme, Woodwardia, Fischer, 1861.

Type, S. striatula, Ph. Méditerranée.

Coquille ressemblant à une *Scissurella*, mais à spire comprimée latéralement, comme dans une *Stomatia*, et moins trochiforme. La fente du péristome de la jeune coquille est convertie en un trou chez l'adulte ; celui-ci ne commence à se former que lorsque l'animal est arrivé à la moitié de sa croissance.

La *S. striatula* est une espèce littorale, tandis que toutes les *Scissurella* habitent les eaux profondes.

Fossile, 1 espèce. Miocène. Bordeaux.

Distribution, 4 espèces. Méditerranée, Japon.

Les *Scissurella* et les *Schismope* sont les analogues respectifs des *Pleurotomaria* et des *Trochotoma*, dont ils diffèrent seulement par la taille ; mais dans les deux premiers genres la coquille est translucide et point nacrée comme dans les deux derniers.

DITREMARIA[1] (part., d'Orbigny), E. Deslongchamps, 1865.

Type, D. quinquecincta, Ziet. sp. Corallien. Natheim, etc.

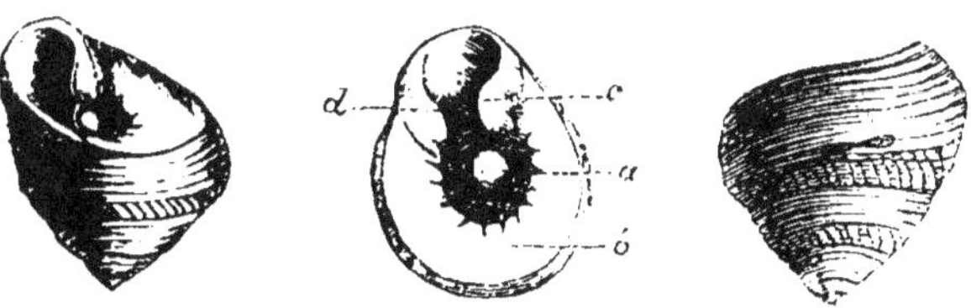

Fig. 285. — *Ditremaria quinquecincta.*
a, dent centrale. *b*, callosité de la base. *c*, dent du côté droit. *d*, dent du côté gauche.

Coquille trochiforme ; au lieu de la fente respiratoire des *Trochotoma*, il y a deux trous en ovale allongé, réunis par une fente transversale ; la base de la coquille présente une grande callosité ; l'ombilic est profondément excavé, et il en nait un tubercule arrondi ; l'ouverture est contractée, et l'angle supérieur de chaque bord porte une dent plus ou moins distincte.

Fossiles, 2 espèces. Grande Oolithe et Corallien ; France et Allemagne.

SOUS-FAMILLE. — BELLEROPHONTINÆ.

Genres : — PORCELLIA (p. 556), BELLEROPHON (p. 556) (avec les *Bucania*), et :

TREMANOTUS, Hall, 1863.

Type, Bucania Chicagoensis, Mac Chesney.

Coquille épaisse, ouverture dilatée ; formes d'une *Bucania*, mais avec

[1] Voyez p. 282.

une série d'ouvertures siphonales ovales, isolées, situées le long du milieu de la face dorsale.

Fossiles, 2 espèces. Silurien supérieur, Amérique du Nord.

? CARINAROPSIS, Hall.

Coquille d'apparence patelloïde; spire ordinairement atténuée; dernier tour brusquement dilaté; cavité peu profonde, présentant une espèce de cloison semblable à celle des *Crepidula*.

Fossiles, 2 espèces. Silurien. Amérique.

FAMILLE XI. — FISSURELLIDÆ.

DESLONGCHAMPSIA, Mac Coy, 1850.

Genre dédié à M. Eudes Deslongchamps, le célèbre paléontologiste français.

Type, D. Eugenei, Mac Coy, Morr. et Lyc.

Coquille patelliforme, sommet aigu, excentrique; un large sillon longitudinal antérieur, prolongé en un lobe arrondi.

« Ce genre diffère des *Metoptoma* par sa surface ornée et par ce que le bord antérieur fait saillie en bas en un lobe arrondi. Cette dernière disposition empêcherait la ferme adhérence de la coquille. » — (Mac Coy.)

Fossiles, 3 espèces. Oolithe inférieure. Angleterre, Normandie, Gallicie.

FAMILLE XIII. — PATELLIDÆ.

HELCION (Montfort, p. 290), Jeffreys.

Étymologie, un hausse-col.

Synonymes, Nacella, Schumacher; Patina, Leach; Calyptra (part.), Klein.

Exemple, H. pellucidum (Patella pellucida, Lin.)

Coquille en demi-ovale, ne ressemblant pas, comme une Patelle, à un chapeau pointu; sommet de la coquille embryonnaire légèrement tordu; sommet jamais saillant, recourbé et presque terminal, ordinairement mince, avec une teinte opaline.

Animal à manteau frangé de cirrhes sur ses bords; branchies moins nombreuses que dans les Patelles, et formant une plume plus courte qui est interrompue au-dessus de la tête.

Les *Helcion* vivent sur les Laminaires et d'autres plantes marines analogues, et sont par conséquent sub-littoraux.

Distribution. Espèces peu nombreuses, mais ayant une grande extension géographique. Europe, Afrique occidentale et méridionale, Cap Horn et Australie.

Fossiles, confondus avec les *Patella*.

Lepeta, Gray (p. 292).

Étymologie, nom dérivé probablement de *Lepas*, l'ancien nom de la Patelle.

Type, Patella cæca, Müller.

Coquille petite, sommet postérieur. Animal aveugle.

Propilidium, Forbes et Hanley (p. 292).

Étymologie, nom donné par allusion aux affinités avec le genre *Pilidium*.

Type, P. ancyloide, Forbes.

Coquille semblable à une *Lepeta*, mais en différant en ce qu'elle a toujours un sommet distinctement spiral et une plaque ou septum en dedans du sommet.

Animal aveugle, comme les *Tectura fulva* et *Lepeta cæca* qui appartiennent à cette famille.

« La langue est très-longue, et les épines centrales brunes, visibles sous le microscope, ressemblent à des aiguillons de ronces en miniature. » — (Forbes et Hanley.)

Distribution, 1 espèce. Côtes d'Irlande, d'Écosse, de Suède.

Gadinia (p. 292).

Sous-genre : — *Rowellia*, Cooper. *Animal* à tentacules plats et larges, arrondis et pectinés en avant, s'avançant au delà de la coquille ; pied médiocre, circulaire. *Coquille* comme celle des *Gadinia*.

Famille XIV. — Dentalidæ.

Gadus, Rang, 1829.

Synonyme, Helonyx, Stimpson, 1865.

Exemple, Dentalium clavatum, Gould.

Coquille petite, ressemblant à celle d'un *Dentalium*, contractée à l'extrémité antérieure, luisante.

Animal à pied cylindrique très-allongé, obtus à l'extrémité ; siphon anal plus long que chez les *Dentalium*, non fendu.

Distribution, 2 espèces. Chine, Atlantique.

Fossiles, 7 espèces. Crétacé — Miocène. Paris, États-Unis.

Ordre II. — Pulmonifera[1].

Famille I. — Helicidæ[2].

Sophina, Benson, 1859.

Type, S. schistostelis, Benson.

Coquille semblable à celle d'un *Helix;* columelle calleuse avec un pli à la base.

Distribution, 3 espèces. Moulmein.

Cylindrella (p. 304).

Animal sans plaque buccale ; la dentition linguale varie considérablement dans les différentes espèces ; chez la *C. scæva*, Guild., la formule est $\dfrac{26.1.26}{130}$; la plaque centrale est petite, à pointe obtuse, les latérales sont crochues, réunies deux par deux, le bord supérieur frangé.

« La *C. Goldfussi* a quatre lamelles sur la paroi externe des tours. L'axe de la *C. turris* et de quelques autres espèces mexicaines est un tube extrêmement luisant ; les jeunes de ces espèces doivent avoir un ombilic largement ouvert.

Macroceramus, Guilding.

Le genre a des affinités avec les *Bulimus*, *Pupa* et *Cylindrella*.

Animal ayant une plaque buccale arquée et striée ; dentition linguale distincte de celle des *Cylindrella;* chez le *M. signatus*, Guild., elle est de $\dfrac{27.1.27}{100}$; la plaque centrale est étroite avec une dent obtuse ; les plaques latérales ont une dent saillante supportant deux denticules et une petite à la base.

Fig. 286.
Plaque centrale et plaques latérales du *M. signatus* (Morse).

Coquille à axe simple, comme celui d'un Bulime ; chez le *M. amplus* une lamelle tourne sur l'axe en dedans des derniers tours.

Distribution, 30 espèces. Ce genre appartient à la faune des Antilles et a son plus grand développement à Cuba et à Haïti.

Achatina. — Sous-genre, *Geostilbia*, Crosse, 1867.

Type, G. Caledonica, Crosse. Nouvelle-Calédonie.

Animal inconnu, à vie souterraine.

[1] Voyez p. 296.
[2] Voyez p. 299.

Coquille semblable à celle de l'*Achatina acicula*, mais à columelle non tronquée et à bord externe épaissi.

XANTHONYX, Crosse et Fischer, 1867.

Type, Vitrina Sumichrasti, Brot. Mexique.

Animal allongé, trop grand pour se retirer complétement dans sa coquille; mâchoire comme celle d'un *Arion*; dentition linguale consistant en une série de dents uniformes, à base large et sub-quadrangulaire; la dent médiane ayant un grand dentelon central et un denticule de chaque côté; les latérales bicuspides, à dentelon interne long, l'externe court et obtus, accompagné quelquefois du rudiment d'un troisième; orifice pulmonaire près du milieu.

Coquille imperforée, très-mince, transparente, sub-déprimée, intermédiaire pour sa forme entre les *Vitrina* et les *Simpulopsis*.

Distribution, 3 espèces. Mexique.

FAMILLE II. — LIMACIDÆ [1].

HYALIMAX, H. et A. Adams.

Type, Limax perlucidus, Quoy.

Animal limaciforme, manteau grand, clypéiforme; orifice pulmonaire à moitié longueur du corps et marginal; pied atténué en arrière, sans glande du mucus, séparé de la tête par un sillon distinct; mâchoire analogue à celle d'un *Zonites*, avec le support d'une *Succinea*; dentition linguale offrant une plaque médiane tricuspide, les latérales ayant un grand dentelon supportant deux ou trois denticules.

Coquille interne, arrondie, mince, légèrement voûtée en dessus.

Distribution, 2 espèces, Bourbon, Maurice.

KRYNICKIA, Blainville, 1859.

Genre dédié au naturaliste Krynicki.

Type, Limax megaspidus, Blainville.

Animal limaciforme, mais à partie antérieure du manteau libre et détachée du corps jusqu'à l'orifice pulmonaire qui est situé très en arrière.

Coquille interne, plate, lamelleuse, elliptique, sans nucléus spiral.

Distribution, 8 espèces. Crimée, Caucase, Amérique du Nord (1), Amérique centrale (1).

[1] Voyez p. 505.

Philomycus, Rafinesque (p. 307).

Type, Limax Carolinensis, Bosc.
Synonyme, Tebennophorus, Binney.
Animal allongé, convexe, effilé en arrière, entièrement couvert d'un manteau mince; orifice respiratoire près de la tête; mâchoire lisse. Pas de coquille.
Distribution, 9 espèces. Amérique du Nord.
Sous-genre, *Meghimatium*, Hasselt. *Synonyme*, *Incilaria*, Benson. Corps déprimé, arrondi à l'extrémité.
Distribution, 4 espèces. Java, Chusan.

Famille IV. — Limnæidæ[1].

Pompholyx, Lea, 1856.

Étymologie, pompholux, lat. *bulla*.
Type, P. effusa, Lea. Rivière du Sacramento, Californie.
Coquille arrondie-gibbeuse, réfléchie en dessous, aplatie en dessus, imperforée; spire déprimée; ouverture très-grande, presque ronde, étalée; bord externe tranchant, bord interne épaissi, aplati.
Animal ayant deux longs tentacules qui portent des yeux, et une seconde paire d'yeux à la base interne des tentacules.
Distribution, 2 espèces. Amérique occidentale.

Pitharella, Edwards, 1860.

Type, P. Rickmani, Ed. « Woolwich and Reading Series, » Peckham and Dulwich, Londres.
Coquille participant des caractères des *Limnæa* et des *Chilina*, subcylindrique; ouverture ovale, arrondie en avant, rétrécie en arrière; columelle droite ou très-obliquement tordue, voûtée antérieurement; bord externe simple, tranchant; bord interne épaissi.
L'espèce qui constitue ce genre se trouve associée avec des coquilles d'estuaires, des débris de mammifères et de plantes terrestres.

Valenciennesia, Rousseau, 1842.

Genre dédié à feu M. le professeur Valenciennes, de Paris.
Type, V. annulatus, Rouss.; associée avec des coquilles d'eau douce dans un dépôt tertiaire, près de Kertch, en Crimée.
Coquille ressemblant à un *Ancylus* gigantesque; sommet très-courbé; surface marquée d'impressions concentriques. Un pli longitudinal s'é-

[1] Voyez p. 311.

tend du sommet au bord droit, et correspond à un canal interne ;
il y a un second pli moins distinct, sur le côté gauche.

CAMPTONYX, Benson, 1858.

Type, C. Theobaldi, Benson. Guzerate.

Coquille ressemblant à un *Pileopsis*, dextre comme une *Velletia*,
avec un canal respiratoire du côté droit.

« *Animal* à orifice respiratoire sur le bord du manteau ; yeux sessiles
au milieu de la partie postérieure de la base des tentacules, et visibles
seulement de dessus ; tentacules plutôt coniques qu'anguleux ; mandibule supérieure bien distincte, légèrement lobée ; ruban lingual large,
avec 86 rangées de dents, chaque rangée étant de 87 dents (43.1.43) ;
elles ont des crochets obtus simples, comme ceux d'un *Ancylus* ; la
rangée centrale ne diffère qu'en ce qu'elle est symétrique : les latérales
diminuent graduellement de la quatorzième à la quarante-troisième, et
il apparaît un second dentelon qui augmente jusqu'à ce que les trois qui
sont près du bord soient régulièrement bicuspides. » (Wodward.)

Le *C. Theobaldi* a une vie terrestre.

Il est douteux que ce genre diffère des *Valenciennesia*.

POEYIA, Bourguignat, 1860.

Genre dédié à M. Poey de la Havane.

Type, P. Gundlachioides, Cuba.

Coquille semblable en dessus à une *Gundlachia*, en dessous à un
Ancylus ; sommet postérieur, dextre, un peu comprimé, très-obtus ;
ouverture grande, péristome simple.

BRONDELIA, Bourguignat, 1860.

Les deux espèces qui composent ce genre sont les *Ancylus Droue-
tianus*, Bourguignat, et *B. gibbosa*, Bourg. ; ce sont des Ancyles terrestres
vivant sur les rochers humides dans la forêt d'Edough, Bone (Algérie).

ACROCHASMA, Reuss, 1860.

Type, A. tricarinatum, Reuss ; calcaire d'eau douce de Bohême.

Coquille à trois côtés, pyramidale, arrondie en-dessous dans toute
son étendue, avec un plan postérieur concave, et deux plans latéraux
légèrement convexes, se terminant en haut par un sommet réfléchi
pointu, et en bas par une ouverture longitudinale au travers de la coquille qui semble avoir été recouverte d'un épiderme pendant la vie. On
peut considérer ce genre comme un représentant d'eau douce des *Fissurella* marines.

Choanomphalus, Gerstfeldt, 1859.

Étymologie, choanos, un entonnoir; *omphalos* un ombilic.
Type, C. Maacki. Lac Baïkal.
Coquille rappelant certaines *Valvata,* avec un ombilic infundibuli-
forme ; pas d'opercule.
Distribution, 3 espèces. Lac Baïkal, Sibérie.

Physella, Pfeiffer, 1861.

Genre fondé sur la P. *Berendti*, que l'on prétend être une coquille
terrestre du Mirador, au Mexique.
Coquille comme celle d'une *Bulla* ; spire petite; dernier tour allongé;
columelle simple, voûtée, non tronquée; péristome simple, droit.

Famille V. — Auriculidæ[1].

Cette famille contient les genres suivants :
Auricula, Lamarck (voy. p. 315).
Sous-genres, *Alexia* (A. myosotis), Leach (p. 316); *Leuconia* (A. bi-
dentata), Gray.
Polydonta, Fischer (*Pythia*, Bolten) (p. 315).
Pedipes, Adans. (p. 315).
Distribution, 6 espèces.
Sous-genre : — *Marinula*, King. *M. pepita*. L'animal n'a pas le sil-
lon transversal du pied des *Pedipes*.
Coquille plus allongée et dépourvue de stries spirales; deux plis
pariétaux convergents ; pli columellaire plus petit, oblique; péristome
assez simple.
Distribution, 10 espèces. Madère, Amérique du Sud, Australie, Phi-
lippines.
Melampus, Montfort (*Ophicardelus*, Beck ; *Tralia*, Gray ; *Laimodonta*,
Nuttall; *Pira, Tifata, Ad., Signia* et *Persa*, Adams; *Cremnobates*,
Sw.) (p. 315.)
Sous-genre, *Cassidula*, Férussac (*Rhodostoma*, Sw; *Sidula*, Gray). Ou-
verture fasciée.

Plecotrema, H. et A. Adams, 1853.

Type, P. typica, Adams.
Synonyme, Lirator, Beck.
Coquille ovato-conique, ou assez fusiforme, solide, sillonnée en spirale ;
ouverture oblongue, contractée; un seul pli columellaire, deux plis pa-

---

[1] Voyez p. 314.

riétaux, dont l'inférieur est bifide; péristome épaissi, se terminant quelquefois par une varice, portant intérieurement deux dents, rarement trois; axe imperforé ou ombiliqué.

Distribution, 14 espèces. Australie, Bornéo, Philippines, Chine, Cuba.

BLAUNERIA, Shuttleworth, 1854.

Genre dédié à M. Blauner.

Type, B. pellucida. Cuba, Jamaïque, Floride et Porto-Rico.

Coquille ressemblant un peu aux *Achatina*, imperforée, turriculée oblongue, mince; ouverture étroite, allongée ; paroi aperturale portant un seul pli près de la columelle, qui est assez tronquée; péristome simple, droit.

Animal offrant les caractères des *Auriculidæ* et non ceux des *Helicidæ*.

Distribution, 2 espèces, Antilles. Iles Sandwich.

STOLIDOMA, Deshayes, 1864.

Type, S. crassidens, Deshayes.

Coquille oblongue, turriculée, sub-cylindrique ; sommet obtus, lisse, luisant; ouverture allongée, obliquement infléchie, rétrécie en arrière, élargie en avant ; columelle droite, avec un grand pli médian, comprimée et faiblement oblique.

Distribution, 3 espèces. Éocène. Bassin de Paris.

Les coquilles de ce genre sont des Auricules, avec un seul pli columellaire, sans dents ou plis sur le bord droit.

CARYCHIUM (voy. p. 316).

ZOSPEUM, Bourguignat, 1860.

Coquille semblable à un *Carychium*: quatre tentacules ; pas d'yeux.

Distribution, 11 espèces. Habitant les grottes souterraines de Carniole. L'animal est surtout actif en l'hiver, époque pendant laquelle il se reproduit.

OTINA (voy. p. 249).

Ce genre est le type d'une sous-famille qui a presque les mêmes rapports avec les *Auriculinæ* que les *Ancylus* avec les *Limnæa*.

Distribution, 3 espèces. Angleterre, États-Unis, Benguela.

Famille VI. — Cyclostomidæ[1].

Cyclostoma (voy. p. 517).

Sous-genre : — *Cyclotopsis*, Blanford, 1864.
Type, C. semistriatus, Sow.
Coquille ombiliquée, déprimée, striée en spirale; ouverture subcirculaire; opercule concentrique, à tours nombreux, membraneux intérieurement, calcaire extérieurement; bords des tours élevés.
Distribution, 5 espèces. Inde, Seychelles, Maurice.

Cyclophorus (voy. p. 519.)

Sous-genres : — *Jerdonia*, Blanford, 1861.
Type. J. trochlea, Benson sp. Nilgherries, Inde.
Coquille petite, ombiliquée, pyramidale, cornée, tricarénée; opercule concentrique, arctispiral, avec un sillon marginal tout le tour; membraneux intérieurement, calcaire extérieurement ; bord interne de chaque tour reposant sur le bord externe du suivant.
Cyathopoma, Blanford, 1864.
Types, C. filocinctum, Benson sp.
Coquille petite, ombiliquée, turbinée, ou un peu déprimée; épiderme épais, quelquefois hispide, lisse, strié en spirale, ou costulé; opercule tronqué, conoïde, concentrique, à tours nombreux; membraneux intérieurement, calcaire extérieurement; bords externes des tours élevés sous forme de plaques calcaires, recourbées; quelquefois sculpté.
Animal blanc, avec un pied ovale court, non divisé en-dessous; tentacules petits, noirs avec des yeux à la base.
Distribution, 5 espèces. Inde.

Spiraculum, Pearson.

Caractérisé par l'existence d'un tube sutural tourné en arrière, et ouvert à ses deux extrémités, ainsi que par une modification de forme du manteau correspondant à cette disposition de la coquille.
Les *Opisthophorus* forment un sous-genre des *Spiraculum*.

Clostophis, Benson, 1860.

Étymologie, *clostos*, enroulé, et *ophis*, serpent.
Type, C. Sankeyi, Benson. Moulmein, Birman.
Coquille sub-conique; avant-dernier tour le plus grand, dernier tour

[1] Voyez p. 517.

séparé et descendant, subaxial, petit ; ouverture sub-circulaire, entière, dentée ; bord étalé.

Rhiostoma, Benson, 1860.

Étymologie. rhion, un promontoire.
Type, R. Haughtoni, Benson.
Coquille subdiscoïde, largement ombiliquée ; dernier tour disjoint, descendant latéralement ; ouverture libre, avec une incision au sommet et une saillie sub-tubuleuse dominant la fente ; opercule à tours nombreux.
Distribution, 6 espèces. Birman, Siam, Cochinchine.

Anaulus, Pfeiffer, 1855.

Type, A. bombycinus. Bornéo.
Coquille ombiliquée, pupiniforme ; péristome double, l'interne continu, l'externe dilaté, perforé au bord par un canal ; canal sutural et interne, se terminant antérieurement, embrassé par la partie externe du double péristome (on peut le suivre extérieurement le long du dernier tour), et arrivant dans la concavité de la spire. Opercule très-mince, corné, à tours étroits.
Distribution, 3 espèces. Archipel indien.

« Le but du tube sutural semble être de maintenir une communication avec l'air extérieur lorsque l'ouverture est fermée. » — (Benson.)

Opisthostoma, Blanford, 1860.

Synonymes, Plectostoma, Adams, 1865.
Type, O. Nilghirica, Blanford. Nilgherries, Inde.
Coquille pupiforme, ombiliquée, régulièrement ornée de petites côtes ; tours apiciaux obliquement déviés ; dernier tour étranglé, séparé des autres et appliqué contre le pénultième ; péristome double, sa partie libre prolongée en arrière ; opercule corné (?).
L'O. *De Crespignyi*, Adams (*Plectostoma*) a une spire conique, et les tours apiciaux ne sont pas excentriques à l'axe des tours inférieurs, comme ils le sont dans la spire ovoïde de l'O. *Nilghirica*.
Distribution, 5 espèces. Inde, Bornéo, Afrique occidentale.

[Famille Proserpinidæ.]

Animal à mufle court, annelé ; deux tentacules latéraux subulés ; yeux sub-sessiles, au côté externe de la base des tentacules ; flancs simples ; pied médiocre, tronqué en avant, tranchant et caréné en-dessus, dans la partie postérieure, avec une concavité dans la partie antérieure ; dents latérales et centrales grandes, irrégulières, lobées ou dentées ; pas d'opercule.

Coquille héliciforme, brillante, imperforée ; base calleuse ; les cloisons qui se trouvent entre les tours supérieures sont absorbées comme chez les *Helicina* et les *Stoastoma*.

Cette famille se rapproche beaucoup des *Helicinidæ*.

Ceres, Gray, 1856.

Étymologie, *Ceres*, la déesse des moissons.

Type, Carocolla eolina, Duclos.

Coquille carénée, face supérieure rugueuse, épiderme mince ; calleuse en dessous, brillante ; columelle avec une dent ou un pli, lamellifère des deux côtés de l'ouverture ; péristome droit, légèrement épaissi.

« La membrane linguale de la *C. Salleana*, Cuming, est large, allongée, avec de nombreuses séries longitudinales de dents. Dents 00.5.1.5.00 ; la dent centrale (*o*, *fig*. 287) oblongue, distincte, avec un

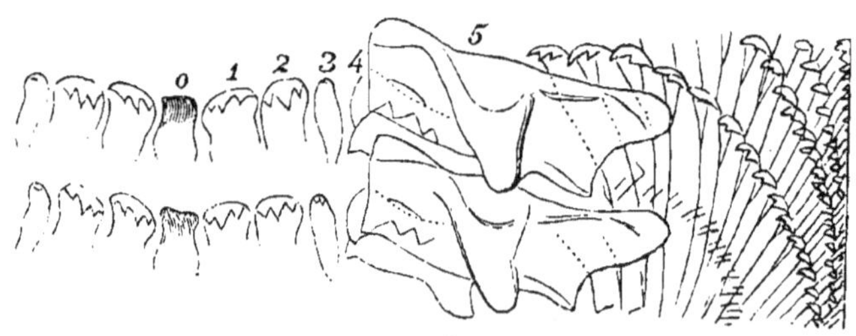

Fig. 287.

large sommet réfléchi simple ; la première et la seconde dent latérale (1 et 2) passablement plus larges que la centrale, avec un sommet recourbé, tridenté ; la troisième (3) étroite, allongée, à extrémité légèrement recourbée ; la quatrième et la cinquième (4 et 5) beaucoup plus grandes, oblongues et à formes irrégulières ; la quatrième ayant environ la moitié de la largeur de la cinquième, avec trois ou quatre dentelures sur la face interne du bord supérieur ; la cinquième très-grande, large, avec un grand lobe sub-central réfléchi ; les dents latérales sont très-nombreuses, sub-égales, semblables, comprimées, transparentes, avec un sommet recourbé, ceux des dents internes de la série étant bifides. » — (Gray.)

Distribution, 2 espèces. Mexique.

Proserpina, Gray, 1840 [1].

Étymologie, *Proserpina*, la fille de Cérès.

Type, P. nitida, Gray.

[1] Voyez p. 500.

Synonyme, Odontostoma, d'Orbigny.

Coquille globuleuse ou déprimée, lisse, luisante; columelle munie d'un pli; paroi aperturale portant un ou plusieurs plis spiraux, ou manquant; ouverture semilunaire, souvent rétrécie par des lamelles palatales; péristome mince, droit.

La *P. Swiftii* n'a que le pli de la columelle et est le seul représentant de la famille que l'on connaisse jusqu'à présent de l'Amérique du Sud.

Distribution, 7 espèces. Cuba, Jamaïque, Vénézuela.

PROSERPINELLA, Bland, 1865.

Étymologie, diminutif de *Proserpina*.
Type. P. Berendti, Bland.
Distribution, Mexique. De 900 à 1200 mètres.
Coquille comme une *Proserpina*; pli de la columelle manquant; ouverture avec un pli pariétal lamelliforme.

[FAMILLE HELICINIDÆ.]

Cette famille contient les genres : —
HELICINA (*Lucidella, Trochatella, Alcadia*).
Schasicheila. Coquille à franges épidermiques très-serrées, longues, spirales. *Distribution*, 5 espèces. Amérique centrale et Bahamas.
Perenna, Guppy, 1867; P. lamellosa, Guppy; île de la Trinité. *Coquille* semblable à une *Helicina*, déprimée; tours lirés et carénés. Opercule mince, subovale, marqué de stries concentriques; nucléus subcentral. *Animal* semblable à celui d'une Hélicine.
Distribution, 2 espèces. Trinité, Yucatan.

BOURCIERA, Pfeiffer, 1851.

Type, B. helicinæformis, Pf.
Coquille semblable à une Hélicine, terne et sans callosité columellaire; columelle dentée en dessous; ouverture ovalaire; péristome étalé. Dentition linguale concordant avec celle des *Helicina*. Opercule ovalaire, corné, à tours peu nombreux.
Distribution, 2 espèces. Amérique du Sud.
STOASTOMA, et :

GEORISSA, Blanford, 1864.

Type, Hydrocæna pyxis, Benson.
Animal pourvu de lobes hémisphériques à la place de tentacules; yeux normaux; pied court, arrondi. Opercule en demi-ovale, n'ayant pas une structure spirale comme celui des *Helicina*; à stries excentriques, testacé, transparent.

Coquille ressemblant à celle d'une *Hydrocæna*, imperforée, petite, conique, de couleur d'ambre ou rougeâtre; sillonnée ou striée en spirale.

Distribution, 6 espèces; adhérant aux rochers calcaires, Inde.

[Famille Aciculidæ.]

Les genres énumérés dans cette famille sont les : — Acicula, Geomelania, Chittya et Truncatella; ce dernier comprenant le sous-genre suivant :

Taheitia, H. et A. Adams, 1863.

Type, Truncatella porrecta, Gould, Taheiti. Opercule calcaire, muni de lamelles rayonnantes dressées. Ouverture de la coquille ovalaire; dernier tour séparé; péristome continu, étalé.

Ordre III. — Opisthobranchiata.

Famille I. — Tornatellidæ.

Etallonia, Deshayes, 1864.

Genre dédié à M. Étallon, paléontologiste français.

Type, E. cytharella, Desh.

Coquille ovoïde, sub-fusiforme, ressemblant à certaines petites Mitres; spire courte, conique, obtuse, à tours peu nombreux; ouverture allongée, étroite, base entière, sub-émarginée; lèvre simple, tranchante, voûtée; columelle épaisse, cylindrique, tordue dans le milieu, ce qui lui donne l'apparence d'un pli obtus, tranchante en avant.

Distribution, 5 espèces. Éocène. Bassin de Paris, Valognes.

Actæonella : — Sous-genre, *Volvulina*, Stoliczka, 1865; (*Actæonella*, part., Meek, 1863).

Type, Volvaria lævis, Sowerby.

Coquille ovoïde, volvuliforme, enroulée, plus ou moins atténuée en dessus, ayant sa plus grande largeur au-dessous du milieu, dépourvue de toute trace de spire.

Fossiles, 5 espèces. Crétacé. Allemagne, Syrie.

Famille VI. — Doridæ.

Angasiella, Crosse, 1864.

Genre dédié à M. G.-F. Angas.

Type, A. Edwardsi, Port-Jackson,

Animal allongé, arrondi en avant, atténué et pointu en arrière; manteau couvrant la tête et le pied ; deux tentacules dorsaux, claviformes comme ceux des *Doris :* branchies plumeuses, moins nombreuses, placées en avant de l'anus comme chez les *Triopa*, et occupant la partie médiane du dos, position plus avancée que dans les autres *Doridæ*.

PLOCAMOPHORUS, Rüppell.

Exemple, P. Ceylonicus, Kelaart sp.
Synonyme, Peplidia, Lowe ; ? Gymnodoris, Stimpson.
Animal semblable à une *Polycera*, mais à tentacules rétractiles dans des gaines.
Distribution, 3 espèces. Madère, Australie, Ceylan.

KALINGA, Alder et Hancock, 1863.

Étymologie, ancien nom indien pour *Telinguna*.
Type, K. ornata, Ald. et Hanc. Côte de Coromandel.
Animal à corps obtusément arrondi ; branchies plumeuses, non rétractiles, entourant l'anus, mais placées séparément à une petite distance de cet orifice, sur la partie postérieure du dos.

[FAMILLE DORIDOPSIDÆ, Alder et Hancock, 1863.]

Tentacules dorsaux rétractiles dans des gaines ; pas de tentacules buccaux ; langue atrophiée, bulbe buccal modifié en une trompe de succion délicate, rétractile ; manteau sans spicules.

DORIDOPSIS, Alder et Hancock, 1863.

Corps déprimé, ovale ou elliptique ; manteau couvrant la tête et le pied, lisse ou couvert de tubercules verruqueux mous ; tentacules dorsaux lamelleux ; tête petite, s'avançant généralement en petits lobes latéraux, sans tentacules buccaux ; branchies plumeuses, entourant en tout ou en partie l'anus sur la ligne dorsale médiane, rétractiles dans une cavité commune.
Distribution, 10 espèces. Inde, Chine, Madère.

FAMILLE VII. — TRITONIADÆ [1].

HERO, Lovén.

Exemple, H. formosa, Lovén.
Animal sans manteau ; deux tentacules linéaires, simples, non ré-

[1] Voyez p. 511.

tractiles; voile lisse, saillant sur les côtés, branchies ramifiées ou om-
bellées; langue ayant une grande épine centrale denticulée et deux
épines latérales simples; mâchoires cornées.

[Famille Eolididæ.]

l'Hidiana, Gray.

Exemple, P. Patagonica, d'Orbigny.
Animal à corps gros; tentacules dorsaux claviformes, lamelleux;
tentacules buccaux très-grands; branchies en séries transversales serrées; côtés du pied arrondis.

[Famille Eolidæ.]

Madrella, Alder et Hancock, 1863.

Type, M. ferruginosa, Ald. et Hanc. Inde.
Animal ovalaire, déprimé, à cloaque distinct; tentacules dorsaux à
partie supérieure papilleuse; *pas de tentacules buccaux*; tête large, ayant
un voile semilunaire; branchies papilleuses ou linéaires, placées sur
plusieurs rangs autour du bord du cloaque; anus latéral; langue étroite,
avec trois plaques pectinées dans chaque rangée; mâchoires grandes et
fortes, bords sans denticulations. Ce genre est très-voisin des *Antiopa*.

Phyllobranchus, Alder et Hancock, 1863.

Type, Proctonotus orientalis, Kelaart. Inde.
Animal allongé, aplati sur le dos, anguleux sur les côtés, sans cloaque
distinct; deux tentacules dorsaux, plissés longitudinalement, bifurqués
en dessus, non rétractiles; tête envoyant sur les côtés des expansions
anguleuses et plissées; branchies en feuilles, avec des pédoncules distincts, disposées sur plusieurs rangées le long des côtés du dos et autour
de la tête en avant; anus latéral. La langue ressemble à celle des *Her-
mæa*

QUATRIÈME CLASSE. — BRACHIOPODES [1].

FAMILLE I. — TEREBRATULIDÆ [2].

TEREBRATULA (voyez p. 575).

Sous-genre, *Rensselæria*, Hall, 1859.
Dédié à feu M. Stephen van Rensselaer.
Exemples, R. ovoides, Hall, *fig.* 288 ; Terebratula strigiceps, Römer.

Coquille ovoïde ou suborbiculaire, sans sinus ou pli médian ; crochet saillant, pointu,
plus ou moins recourbé ; trou terminal, un
peu caché. Valve ventrale ayant deux dents
cardinales divergentes portées par de fortes
plaques dentaires. Valve dorsale ayant les
fossettes dentaires entre la coquille et un
fort processus duquel partent les racines
grêles, d'abord en ligne directe, une division
de chacune divergeant ensuite dans le centre
de la valve ventrale, et se terminant en
pointes aiguës. De l'autre côté, les divisions
s'étendent presque à angle droit avec l'axe
de la coquille dans la cavité de la valve dorsale ; de là, se courbant brusquement en
avant et convergeant graduellement, elles se
terminent au-dessus du centre de la coquille
en une plaque mince, aplatie, ou concave
dans le sens longitudinal.

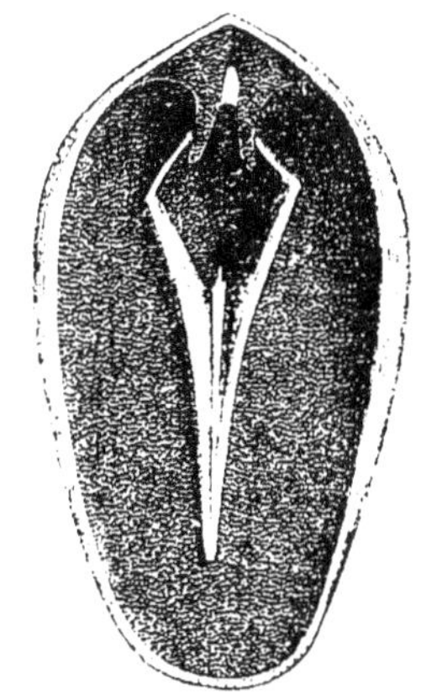

Fig. 288. — Intérieur de la valve dorsale de la *R. ovoi-des*, montrant l'apophyse épaissie du crochet, les ra-cines, l'appareil apophysaire et l'étroite plaque longitu-dinale.

Si les *Rensselæria* ne sont pas synonymes
des *Meganteris*, elles en sont du moins très-
voisines.

Fossiles, 11 espèces. Du Silurien au Devonien. Europe, Amérique du
Nord.

CENTRONELLA, Billings, 1859.

Étymologie, diminutif de *kentron*, un éperon.
Type, Rhynchonella glans-fagea, Hall.
Coquille ayant la forme générale d'une *Terebratula*. Valve dorsale

[1] Voyez p. 567.
[2] Voyez . 375.

portant un appareil apophysaire composé de deux lamelles rubaniformes, réunies suivant un angle aigu au point de la plus grande extension, d'où elles se recourbent en une mince plaque verticale qui n'est attachée ni à un bord ni à l'autre, et se rapprochant sous de certains rapports des *Waldheimia*.

Distribution, 4 espèces. Devonien. Amérique du Nord.

LEPTOCŒLIA, Hall, 1859 (Cœlospira, Hall).

Ce genre semble ne différer des *Centronella* qu'en ce qu'il est formé d'espèces qui ont la surface garnie de côtes au lieu de l'avoir lisse.

Distribution, 9 espèces. Silurien moyen — Devonien. Europe; Amérique du Nord. L'on n'a pas trouvé de vraies Térébratules dans les couches inférieures au Devonien.

FAMILLE II. — SPIRIFERIDÆ[1].

SYRINGOTHYRIS, Winchell, 1863.

Exemples, S. typa, Winchell, *fig.* 289 ; Spirifera distans, Sow.

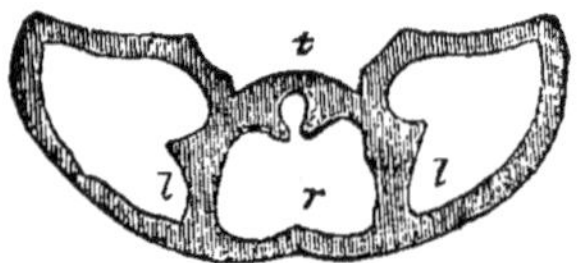

Fig. 289. — Coupe selon le crochet de la valve centrale de la *S. typa* (Winchell).
l, plaques dentales ou lamelles ; *t*, tube incomplet ; *r*, arête médiane.

Coquille semblable à celle d'une *Spirifera*, avec une ligne cardinale allongée. Valve *ventrale* ayant un large sinus médian, une très-large aréa, et une étroite fissure triangulaire fermée du côté du sommet par un pseudo-deltidium convexe externe; au-dessous de celui-ci, et en divergeant, il y a une autre *plaque transverse*, reliant les lamelles dentaires verticales, qui sont recourbées de manière à joindre presque leurs bords inférieurs, formant ainsi un *tube fendu*, qui s'avance au delà des limites de la plaque d'où il naît jusque dans l'intérieur de la coquille. Une arête médiane basse s'étend du crochet à la partie antérieure de la valve. Valve dorsale déprimée, sans aréa, et avec un pli médian distinct. Coquille à structure ponctuée.

Fossiles, 2 espèces. Carbonifère. États-Unis, Irlande, Belgique.

[1] Voyez p. 384.

Cyrtina, Davidson, 1858.

Étymologie, nom modifié du diminutif (*Cyrtidium*) de *Cyrtia*.

Exemples, C. heteroclyta, *[fig*. 290. C. Demarlii, et C. septosa.

Coquille ressemblant à une *Spirifera*, mais sans les plaques calcaires verticales qui divergent de l'extrémité du crochet. Intérieur de la valve *ventrale* ayant deux cloisons verticales contiguës, qui se réunissent en une plaque médiane s'étendant de l'extrémité du bec jusqu'à une faible distance du bord frontal et divergeant alors pour former des plaques dentaires comme dans les *Pentamerus*. La fissure est recouverte par un deltidium en forme de voûte, mais dans la *C. Demarlii* la cloison médiane se continue jusqu'à la face inférieure du deltidium, et les plaques dentaires sont fixées aux côtés, au lieu de l'être au bord supérieur, comme dans les *C. heteroclyta* et *C. septosa*.

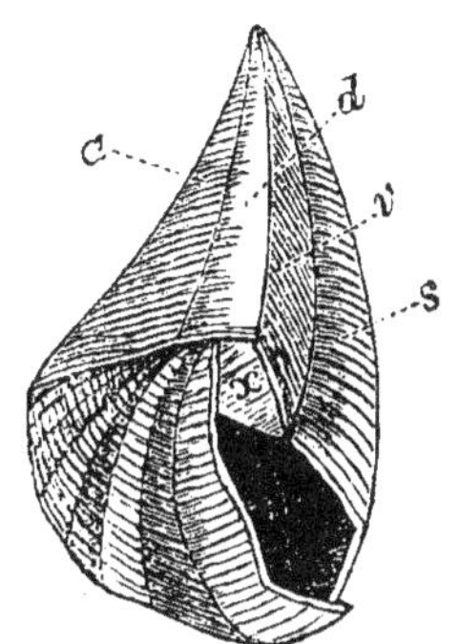

Fig. 290.
Cyrtina heteroclyta.

a, aréa ; *s*, septum ; *v*, plaques dentaires ; *d*, deltidium ; *x*, chambre en forme de *V*.

« Les spires ont la même position que dans les *Spirifera*, mais les deux premiers tours sont reliés un peu en avant du milieu de la longueur par un appareil qui ressemble un peu à celui des *Spirigera*, sans être aussi compliqué. Un processus très-grêle monte du côté de la valve ventrale depuis chaque tour et, à une hauteur d'environ une ligne, se courbe en avant. Ces deux processus se réunissent alors et forment un seul ruban qui s'étend en avant environ jusqu'à la partie antérieure du tour et se termine alors en une pointe obtuse. » — (Billings.)

Distribution, 9 espèces. Devonien — Trias. Europe et Amérique du Nord.

Meristella, Hall, 1860.

Étymologie, diminutif de *Merista*, genre voisin.

Exemples, Atrypa tumida, Dal.; Meristella lævis, Hall.

Coquille ovale, ovoïde, orbiculaire ou transverse. Valves inégalement convexes, avec ou sans un pli médian et un sinus; crochet paraissant imperforé, recourbé; pas d'aréa. Surface lisse ou marquée de stries concentriques. Valve *dorsale* ayant un septum longitudinal; partie supérieure de la valve *ventrale* ayant une profonde impression musculaire sub-triangulaire qui se réunit avec la cavité rostrale.

Les espèces de ce genre sont des *Merista* manquant de l'appendice particulier de la valve ventrale.

Distribution, 17 espèces. Silurien — Devonien. Europe, Amérique du Nord.

Les formes marquées de plis sur le sinus et le repli médian, et quelquefois de plis obscurs ou distincts sur les parties latérales de la coquille, constituent le genre *Leiorhynchus*, Hall. 4 espèces. Devonien, États-Unis.

CHARIONELLA, Billings, 1861.

Synonyme, Cryptonella, Hall, 1861.
Type, Athyris scitula.

Coquille ressemblant aux *Athyris*, mais plus en ovale allongé ou se rapprochant pour leur forme des *Terebratula*. *Spires internes* comme chez les *Athyris* et les *Merista*, mais la plaque cardinale dorsale étant obsolète le long du milieu, ou ankylosée au fond de la valve ; trou terminal, limité du côté inférieur par une ou deux pièces deltidiales, ou par une partie de la coquille. La cloison médiane interne de la valve dorsale est nulle ou rudimentaire.

Distribution, 15 espèces. Devonien. Amérique, Espagne.

NUCLEOSPIRA, Hall, 1859.

Étymologie, nucleus et *spira*.
Type, Spirifer pisum, Sowerby ; Nucleospira ventricosa, Hall, *fig.* 291, 292, 295.

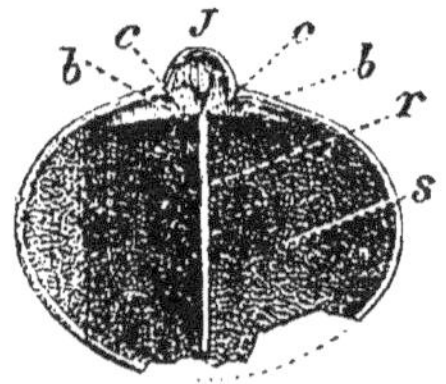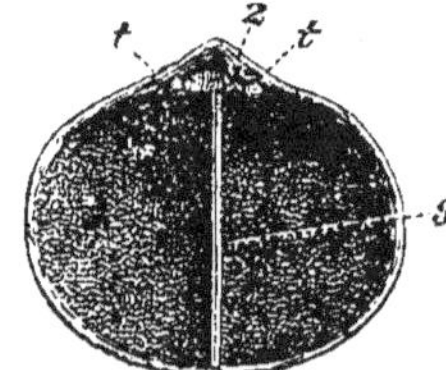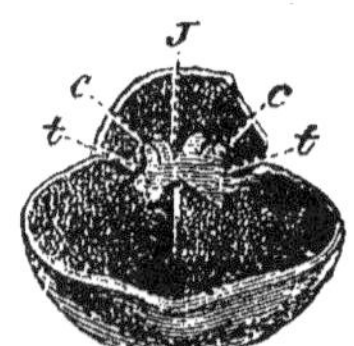

Fig. 291.　　　　　Fig. 292.　　　　　Fig. 295.

Nucleospira ventricosa.

Fig. 291, intérieur de la valve dorsale. Fig. 292, intérieur de la valve ventrale. Fig. 295, intérieur de la valve dorsale avec une partie de la valve ventrale.

J, processus cardinal ; *c, c*, processus cruraux (racines) ; *b, b*, fossettes dentaires ; *r*, impressions musculaires ; *s*, cloison longitudinale médiane ; *t, t*, dents ; 2, espace aplati ou fausse aréa qui est au-dessous du crochet. (Hall.)

Coquille ponctuée, sphéroïdale, pourvue d'un crochet ; ligne cardinale plus courte que la largeur de la coquille ; extrémités cardinales arrondies. Spires internes comme dans les *Spirifera*. Valve *ventrale* ayant un espace aplati ou fausse aréa au-dessous du crochet, de chaque côté duquel se trouve, à la base, une forte dent : une étroite cloison longitudinale médiane s'étend du crochet à la base. Valve *dorsale* munie d'un fort processus cardinal spatulé qui, s'élevant verticalement du bord cardinal, est fortement tenu à sa base par les dents cardinales de l'autre valve ; et de là, se courbant brusquement en haut et s'étalant, s'avance dans la cavité du crochet opposé, étant posé immédiatement sur la face intérieure de la fausse aréa. Processus cardinaux sillonnés pour permettre le passage du pédoncule, pour la sortie duquel on observe quelquefois un petit trou dans le crochet. Les processus cruraux naissent à la base du processus cardinal. Une cloison longitudinale médiane comme dans la valve ventrale.

Surface de la coquille paraissant lisse, se montrant ponctuée sous la loupe ; recouverte, lorsqu'elle est parfaitement conservée, de petites épines piliformes.

Les grandes espèces de ce genre présentent quelque analogie d'apparence extérieure avec les *Spirigera,* et l'existence de spires internes augmente la similitude. Les dents cardinales ressemblent à celles des *Spirigera* et des *Merista.* Par leur forme et leur test ponctué elles simulent les *Magas ;* tandis que le processus cardinal allongé de la valve dorsale ressemble à l'organe homologue des *Thecidium.*

Distribution, 7 espèces. Silurien. États-Unis, Angleterre.

Trematospira, Hall, 1859.

Etymologie, trema, un trou, et *spira.*

Exemples, T. multistriata, Hall.

Coquille transversale, elliptique ou sub-rhomboïdale, munie de spires internes disposées comme dans les *Spirifera ;* ligne cardinale plus courte que la largeur de la coquille. Valves articulées par des dents et des fossettes ; crochet de la valve ventrale saillant ou recourbé, et tronqué par un petit trou rond séparé de la ligne cardinale par un deltidium ; au-dessous du crochet, un profond trou ou enfoncement triangulaire *qui est rempli par le crochet étroitement recourbé de la valve dorsale.* Fausse aréa quelquefois définie.

Distribution, 7 espèces. Silurien supérieur — Devonien moyen. États-Unis.

Ce genre et le suivant paraissent être très-voisins des *Retzia.*

Rhynchospira, Hall, 1859.

Éymologie, rhynchos, un bec, et *spira :* par allusion à la similitude de forme avec les *Rhynchonella* et aux spires internes.

Type, Waldheimia formosa, Hall.

Coquille ressemblant un peu à une *Rhynchonella,* mais ordinairement plus symétriquement arrondie et ayant des sinuosités médianes moins distinctes; par ces caractères elle ressemble aux *Waldheimia*.

Valves articulées par des dents et des fossettes, semblables à celles des *Nucleospira*; les racines supportant deux spires coniques. Le processus cardinal de la valve dorsale est une large plaque émarginée; crochet de la valve ventrale largement perforé. Surface plissée ou striée.

Distribution, 7 espèces. Silurien — Devonien. États-Unis, Russie.

ATRYPA (voy. p. 391).

Les appendices internes de l'*Atrypa reticularis* (voy. *fig*. 294) con-

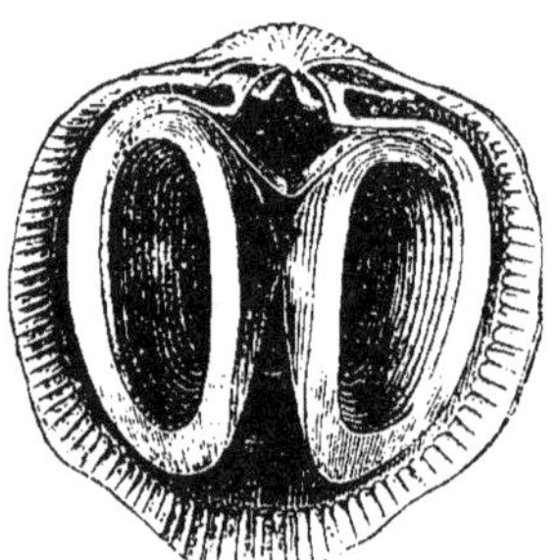

Fig. 294.

sistent en une paire de cônes spiraux, placés l'un à côté de l'autre, avec leurs sommets dirigés du côté de la cavité de la valve dorsale; les lamelles naissent sur les parois des fossettes et marchent parallèlement au bord interne de la valve. « Les cônes spiraux sont reliés par un appareil apophysaire entier et continu qui est confiné à la partie rostrale de la coquille. L'appareil nait de la partie postérieure des premiers tours des spires, et se courbe faiblement en avant et en haut; la partie centrale ou élevée est située entre les cônes et derrière eux, et forme une courbe plus ou moins brusque, ou est prolongée en une pointe dirigée du côté de la valve dorsale. L'existence et la forme de cet appareil ont été constatées dans plusieurs variétés différentes de l'*A. reticularis*, ainsi que dans l'*A. spinosa*, Hall. » — Whitfield.)

Sous-genre, *Zygospira*, Hall, 1862.

Synonyme, Stenocisma, Conrad, 1847. Cônes spiraux reliés par un appareil apophysaire entier et continu d'une manière très-semblable à celle que l'on a décrite dans l'*Atrypa reticularis*; mais l'appareil ayant sa connexion avec les lamelles spirales dans un point relativement plus distant de leur origine sur la plaque cardinale, et passant sur les spires ou devant elles.

FAMILLE III. — RHYNCHONELLIDÆ[1].

EATONIA, Hall, 1859.

Genre dédié à feu M. le professeur Amos Eaton.

Exemple, Atrypa peculiaris, Conrad; A. singularis, Vanuxem.

[1] Voyez p. 388.

Coquille semblable à celle d'une *Rhynchonella*; la partie inférieure de
la valve ventrale ayant un sinus large et profond. Valves s'articulant par
le moyen de deux dents de la valve ventrale avec des fossettes correspondantes de la valve dorsale et une cloison médiane embrassée entre
les processus cardinaux profondément bifurqués de la valve opposée.

Valve dorsale ayant quatre processus cruraux; dans la valve ventrale
les plaques dentaires sont représentées par des lamelles élevées entourant l'impression musculaire qui est beaucoup plus forte que celle des
Rhynchonella et en diffère à quelques égards.

Fossiles, 7 espèces. Silurien supérieur. États-Unis.

Camerella, Billings, 1859.

Exemple, C. Volborthi, Billings; Atrypa extans, Hall.

Synonyme, Triplesia, Hall, 1859.

Valve ventrale ayant une petite chambre triangulaire au-dessous du
crochet, et supportée par une courte cloison médiane, comme chez les
Pentamerus. Valve dorsale ayant une seule cloison médiane et deux
courtes lamelles pour supporter les appendices oraux, comme dans les
Rhynchonella. Surface lisse ou obscurément plissée.

Distribution, 9 espèces. Silurien inférieur. Amérique du Nord.

Eichwaldia, Billings, 1858.

Genre dédié au professeur Eichwald, le célèbre paléontologiste russe.

Type, E. subtrigonalis, Silurien inférieur. Canada.

Coquille à valve ventrale perforée sur le sommet pour le passage d'un
pédoncule; la place du trou au-dessous du crochet étant occupée par
une plaque concave imperforée; l'intérieur de chaque valve divisé par
une crête médiane longitudinale, celle de la valve dorsale très-sail-
lante; charnière et fossettes dentaires nulles.

La structure interne de la valve ventrale ressemble un peu à celle
d'un *Pentamerus* ou d'une *Camarophoria*.

Distribution, 3 espèces. Silurien. Canada, Angleterre.

Stricklandinia, Billings, 1863.

Genre dédié à feu le professeur H.-E. Strickland.

Synonymes, Stricklandia, Billings, 1859 (non Buckman); Rensselæria
(part.), Hall.

Type, Pentamerus lens, Sowerby.

Coquille ordinairement grande, en ovale allongé, etc.; valves *presque
égales, jamais globuleuses*; une courte cloison médiane dans l'intérieur
de la valve ventrale supportant une petite chambre triangulaire au-
dessous du crochet, comme dans les *Pentamerus;* pas de cloisons lon-

gitudinales dans la valve dorsale, ni de spires ou d'appareil apophysaire; tous les organes solides internes consistant en deux plaques dentaires courtes ou rudimentaires, qui dans quelques espèces portent des processus calcaires prolongés pour supporter les bras garnis de cirrhes. Une aréa plus ou moins développée dans la valve ventrale.

Dans les *S. lævis* et *S. microcamerus*, la ligne cardinale est droite et très-étendue. Dans la *S. Arachne*, Billings, l'aréa de la valve ventrale est tellement développée qu'elle donne à toute la coquille l'apparence extérieure d'un Orthis.

Distribution, 10 espèces. Silurien moyen, Europe, Amérique. La *S. elongata*, Vanuxem, est la seule espèce connue des couches devoniennes.

FAMILLE IV. — ORTHIDÆ [1].

SKENIDIUM, Hall, 1861.

Étymologie, skenidion, une petite tente.
Type, Orthis insignis.
Coquille ne différant des *Orthis*, pour son apparence générale, que par l'extrême élévation de la valve ventrale ; processus cardinal prolongé en un septum médian qui s'étend jusqu'à la base ou bord antérieur de la coquille, et se bifurque parfois à cette extrémité inférieure. *Aréa* grande et triangulaire dans les espèces typiques.
Distribution, 3 espèces. Silurien. États-Unis.

STREPTORHYNCHUS, King, 1850 (voyez p. 393).

Étymologie, strepto, courber ou tordre; *rhynchos*, un bec.
Types, S. pelargonatus, Schloth, sp.; S. Devonica, d'Orb. sp.
Coquille inéquivalve, convexe ou concavo-convexe, striée à l'extérieur; ligne cardinale passablement plus courte que la largeur de la coquille; valve dorsale semi-circulaire, avec une petite aréa étroite. Valve ventrale à crochet prolongé et souvent arqué ; *aréa* triangulaire, avec une fissure couverte par un pseudo-deltidium convexe. On n'observe pas de trou, mais on voit parfois le processus cardinal s'étendre partiellement sous le deltidium (*fig.* 296).

Intérieur de la valve ventrale ayant de chaque côté de la base de la fissure un fort appareil cardinal, supporté par une plaque dentaire (*fig.* 295 *t*) ; deux impressions musculaires allongées, ovales, profondément excavées, séparées par une large crête médiane (*fig.* 296, *r*).

Intérieur de la valve dorsale ayant un processus cardinal fortement développé, composé de deux projections sillonnées ou bidentées vers

[1] Voyez p. 392.

l'extrémité de leur surface externe ; plaques des fossettes grandes et en partie unies à la partie inférieure du processus cardinal ; impressions des adducteurs quadruples, occupant plus du tiers de la longueur de la valve, et disposées par paires, divisées par une courte crête arrondie médiane.

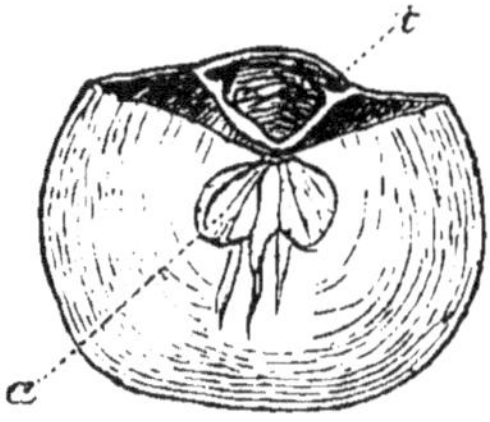 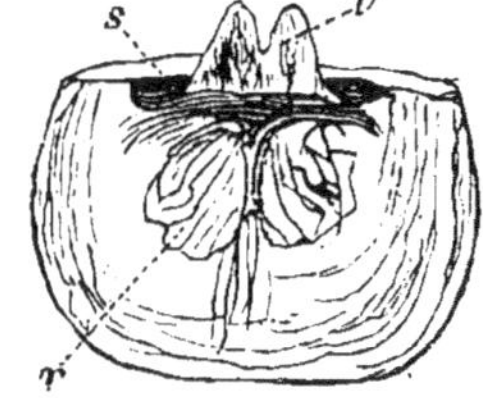

Fig. 295.   Fig. 296.

Streptorhynchus pelargonatus.

Fig. 295. — Intérieur de la valve ventrale ; *t*, dents ; *a*, impressions musculaires cardinales.

Fig. 296. — Intérieur de la valve dorsale ; *s*, fossettes ; *v*, processus cardinal ; *r*, impression de l'adducteur.

Ce genre est intermédiaire entre les Orthis et les Strophomena.

Distribution, 6 espèces. Silurien — Permien. Europe, Asie, Amérique et Australie.

TROPIDOLEPTUS, Hall, 1859.

Étymologie, tropis, une carène, et *leptos,* mince ; la valve ventrale carénée et la cavité viscérale peu profonde montrant des analogies avec les *Leptæna* (voyez Reg. Rep., 1856, p. 3).

Type, Strophomena carinata, Conrad.

Coquille en ovale transverse ou en demi-ellipse longitudinale, articulée par des dents et des fossettes ; ligne cardinale à peu près égale à la largeur de la coquille. Valve ventrale convexe, avec une aréa linéaire et un trou triangulaire dans le bord de l'aréa ; des bords internes de celle-ci naissent les lamelles dentaires qui sont séparées de l'aréa par un sillon étroit, fortement crénelé sur le bord externe, et s'étendant obliquement en dehors, et se terminant par une crête basse qui entoure en partie l'impression musculaire ; valve dorsale concave ; processus cardinal saillant, cunéiforme, supportant les bases des crura ; fossettes dentaires crénelées, surface plissée ; coquille à structure poncturée.

Distribution, 2 espèces. Devonien. États-Unis.

VITULINA, Hall, 1861.

Étymologie, Vitula, nom d'une déesse.

Type. V. pustulosa. Devonien. New-York.

Coquille ressemblant à celle des *Tropidoleptus*, mais à processus dentaires non crénelés, ni distinctement séparés de l'aréa comme dans ce genre.

Amphiclina, Laube, 1865.

Étymologie, amphi, autour, des deux côtés, et *clino,* une pente.
Type, A. dubia, Münster (Producta).
Coquille inéquivalve, circulaire, excavée, lisse; valve ventrale convexe, crochet court; perforée; valve dorsale concave; ligne cardinale très-courte et sub-oblique; aréa nulle; deltidium triangulaire, distinct; structure du test fibreuse, squameuse. Les *Amphiclina* ressemblent extérieurement à quelques *Leptæna;* la structure de la coquille est très-semblable.
Distribution, 2 espèces. Saint-Cassian, Autriche.
Calceola. « Dans ces dernières années, les recherches des professeurs Suess et Lindström ont jeté des doutes considérables sur la convenance de placer ce genre parmi les Brachiopodes. » « .... Si c'est un Brachiopode, il semble être le plus anormal de tous les genres de cette classe. » — Davidson (1865).

Famille VIII. — Lingulidæ [1].

Lingulella, Salter, 1866.

Étymologie, diminutif de *Lingula.*
Type, Lingula Davisii, Mac' Coy.
« *Coquille* presque équivalve, largement oblongue, la valve ventrale pointue *avec un sillon pédonculaire distinct;* impressions musculaires fortes, presque comme chez les *Obolus,* mais la paire des rétracteurs antérieurs étant plus linéaire que dans ce genre, et les muscles de glissement petits et pas tout à fait externes comme chez les *Obolus.* » — (Salter.)
Distribution, 5 espèces. Silurien inférieur. Irlande, pays de Galles, Norwége.

Lingulepis, Hall, 1863.

Étymologie, lingula, une petite langue; *lepis,* une écaille.
Type, Lingula pinniformis, Owen.
Coquille mince, sub-ovalaire ou sub-trigonale; composition et structure des *Lingula.* La valve la plus grande, c'est-à-dire la ventrale, ayant un crochet plus ou moins saillant et pointu; impression viscérale trilobée, avec une ligne ou septum médian longitudinal élevé; les divisions laté-

[1] Voyez p. 405.

rales divergentes et ordinairement plus longues que la médiane ; la valve
la plus petite, c'est-à-dire la dorsale, ayant le crochet moins saillant que
celui de l'autre valve; impression viscérale flabelliforme.

Distribution, 4 espèces. Silurien. Amérique.

TRIMERELLA, Billings, 1865.

Coquille voisine de celle des *Obolus*, dont elle diffère par la présence
dans l'intérieur de chaque valve, de trois cloisons longitudinales de longueur variable qui supportent une plaque horizontale et concave.

Distribution, 2 espèces. Silurien. Canada.

OBOLELLA, Billings, 1861.

Étymologie, diminutif de *Obolus*.

Synonyme, (?) Keyserlingia, Pander.

Type, Obolella chromatica, Billings.

« *Coquille* ovalaire, circulaire ou sub-carrée, convexe ou plano-convexe;
valve ventrale ayant une fausse aréa qui est quelquefois petite et ordinairement sillonnée pour le passage du pédoncule ; valve dorsale avec ou
sans aréa ; quatre impressions musculaires dans la valve ventrale ; une
paire en avant du crochet, près du milieu ou dans la moitié supérieure
de la coquille, et les autres situées une de chaque côté, près du bord
cardinal ; coquille calcaire; surface striée concentriquement, quelquefois avec des bords lamelleux, minces et étalés. »

« Par leurs formes générales, ces petites coquilles ressemblent un peu
aux *Obolus*, mais la disposition des impressions musculaires est différente. Chez les *Obolus*, les deux impressions centrales ont leurs petites
extrémités dirigées en bas, convergeant l'une vers l'autre ; dans les *Obolella* l'arrangement est exactement inverse. » — (Billings.)

Distribution, 12 espèces. Silurien inférieur. États-Unis, Canada, Angleterre, Espagne.

CLASSE DES PTÉROPODES [1].

HERMICERATITES, Eichwald, 1840.

Coquille cylindrique ou semi-cylindrique, allongée, droite, avec un
épiderme corné d'un brun foncé, muni d'un siphon médian droit qui
ne traverse aucune des chambres.

Fossiles, 5 espèces. Silurien moyen. Russie.

[1] Voyez p. 358.

SALTERELLA, Billings, 1861.

Genre dédié à M. J.-W. Salter, ancien paléontologiste du « *Geological
Survey* » de la Grande-Bretagne.

Coquille petite, grèle, conique, droite, formée de plusieurs cônes
placés l'un dans l'autre ; la coupe transversale des tubes est circulaire ou
sub-triangulaire ; la surface est striée transversalement ou longitudinalement.

Fossiles, 5 espèces. Silurien inférieur. Canada.

PHRAGMOTHECA, Barrande, 1867.

Type, P. Bohemica. Silurien supérieur. Bohème.
Coquille semblable à celle d'une *Pterotheca*, mais cloisonnée.

CLASSE DES LAMELLIBRANCHES [1].

[FAMILLE ANOMIADÆ.]

Les genres renfermés dans cette famille sont les : ANOMIA (*Limanomia*, p. 422), PLACUNOMIA (p. 423), PLACUNA (p. 423), CAROLIA (p. 424),
PLACUNOPSIS (p. 424) et PLACENTA (p. 424).

FAMILLE I. — OSTREIDÆ [2].

Les genres énumérés sont les OSTREA (*Gryphæa, Exogyra*) et :

PERNOSTREA, Munier-Chalmas, 1864.

Nom formé de *Perna* et *Ostrea*.
Exemple, Ostrea Luciensis, d'Orbigny.
Coquille plus ou moins épaisse, fixée par la valve gauche, sub-
circulaire, sub-carrée ou trapézoïdale, presque équilatérale, inéquivalve ;
test foliacé, sub-nacré, ressemblant à celui des *Ostrea*, sans couches
corticales fibreuses ; crochets obsolètes ; ligne cardinale divergente, plus
ou moins large, avec 4 à 8 sillons ligamentaires verticaux ; quelques-

Voyez p. 428.
[2] Voyez p. 454.

uns longs et profonds, d'autres courts et rudimentaires; impression musculaire sub-circulaire ou semi-lunaire, plus profonde dans la valve adhérente que dans l'autre.

Les espèces de ce genre ont presque tous les caractères des *Ostrea*, sauf les fossettes ligamentaires ; elles forment un passage entre la famille des *Ostreidæ* et celle des *Aviculidæ*.

Distribution, 7 espèces. Lias moyen — Forest Marble. France, Angleterre.

[Famille Pectinidæ.]

Les genres de cette famille sont les Pecten (*Neithea, Pallium*), Hemipecten (p. 426), Hinnites (p. 426), Lima (p. 426), Spondylus (p. 427), Pedum (p. 428), Plicatula (p. 428), et en outre les genres et sous-genres suivants :

Pernopecten, Winchell, 1865.

Nom tiré de *Perna* et *Pecten*, et indiquant ainsi une combinaison des caractères de ces deux genres.

Type, Aviculopecten limæformis, White et Whitfield.

Coquille sub-équivalve, inéquilatérale, auriculée; ligne cardinale droite, avec une fossette du cartilage centrale et triangulaire et une plaque transverse, avec de plus petites fossettes latérales des cartilages diminuant de taille et de profondeur du centre à l'extérieur.

Les *Pernopecten* concordent avec les *Amusium* par leurs oreilles sub-symétriques, par leur fossette cardinale du cartilage, et par l'absence de crêtes rayonnantes, mais ils en diffèrent par leur ligne cardinale droite et leurs fossettes latérales du cartilage.

Fossiles, 7 espèces. Calcaire carbonifère. Michigan, Belgique, Nassau. Il en existe probablement d'autres qui ont été rapportées aux genres *Avicula, Pterinea*, et plus particulièrement aux *Aviculopecten, Amusium*, et *Pecten*.

Les Aviculopecten (p. 431) n'ont pas la structure prismatique des *Aviculidæ*, mais la structure tubulaire plissée particulière des *Pectinidæ* (Meek). Ils offrent les mêmes rapports avec les *Pecten* vivants que les *Pterinea* avec les Avicules actuelles.

Plicatula (voy. p. 428).

Sous-genre, *Harpax* (Parkinson, 1811), Deslongchamps, 1858.

Exemple, Harpax Parkinsoni, Brown.

Charnière de la valve adhérente consistant en une plaque triangulaire aplatie, traversée par un sillon ligamentaire central plus ou moins perpendiculaire, en dehors duquel sont des sillons divergents, faiblement marqués, destinés à recevoir les bords élevés du sillon ligamentaire de l'autre valve; les bords externes de la plaque forment des processus dentaires allongés et élevés. Plaque cardinale de la valve libre traversée sur sa ligne médiane par le sillon ligamentaire dont les bords sont élevés et ne sont que faiblement divergents; en dehors de ceux-ci sont des sillons fortement marqués, destinés à recevoir les processus dentaires de l'autre valve.

Fossiles, 16 espèces. Lias et Oolithe inférieure. France et Angleterre.

TERQUEMIA, Tate, 1867.

Genre dédié à M. O. Terquem, paléontologiste distingué.

Exemples, T. Heberti, Terquem, *Mém. Soc. géol. de Fr.* vol. VIII. p. 106, pl. XIII, *fig.* 1-3, 1865.

Synonyme, Carpenteria, E. Deslongchamps, 1858 (*non* Gray, 1856).

Coquille inéquivalve, sub-équilatérale, attachée par la région du sommet de la valve *droite*; la valve gauche légèrement concave, lisse, ornée postérieurement, ainsi que la partie libre de la valve droite, de plis concentriques ou de côtes rayonnantes; aréa cardinale triangulaire, transverse, striée dans la même direction, dépourvue de dents, quelquefois saillante dans la ligne médiane; sillon ligamentaire médian longitudinal, droit, assez étroit; impression musculaire près du bord postérieur; ligne palléale nulle. Les coquilles de ce genre ressemblent extérieurement à celles des *Hinnites* et des *Ostrea*.

Fossiles, 5 espèces. Lias inférieur — Lias supérieur. France, Allemagne, Grande-Bretagne.

FAMILLE II. — AVICULIDÆ [1].

SOUS-FAMILLE 1.—PTERINEINÆ. Cartilage contenu dans une série de sillons linéaires presque parallèles au bord cardinal; bord cardinal large, plat; impression musculaire antérieure médiocrement développée et profonde. Groupe éteint.

Genre : — PTERINEA (renfermant probablement les espèces siluriennes et devoniennes qui ont été rapportées au genre *Avicula*).

Sous-genre : — *Eopteria*, Billings; *E. typica*, Silurien inférieur. Terre-Neuve. Valves également convexes; charnière ayant un ligament externe (?).

MONOPTERIA, Meek, 1865.

Type, Gervillia longispina, Cox. Carbonifère; Kentucky. Charnière sans dents; impression musculaire antérieure peu marquée, comme celle des *Avicula*.

____
[1] Voyez p. 428.

Myalina (voy. p. 455). Ambonychia (p. 450), (?) Actinodesma, et Ptero-
erna (p. 450.) L'*A. Casei* (Megapteria, Meek) du silurien inférieur de
l'Indiana diffère des formes typiques du genre par le grand développement de l'aile postérieure.

Sous-Famille 2.— Aviculinæ. Une seule fossette du cartilage bien marquée; impression musculaire antérieure très-petite.
Genres : — Avicula (*Meleagrina, Malleus*), Vulsella (p. 430); Aucella
p. 430), Monotis (p. 431), Halobia (p. 431), Posidonomya (?), Cardiola
p. 430); Eurydesma (p. 431).

Sous-Famille 3. — Perniidæ. Cartilage contenu dans une série de sil-
ons transversaux. Impression musculaire antérieure ordinairement
très-petite.
Genres : — Perna (p. 432), Crenatula (p. 432), Hypotrema (p. 452),
Gervillia (p. 432), Bakewellia (p. 432), Inoceramus (p. 432), et les genres
suivants :

Hörnesia, Laube, 1865.

Genre dédié au docteur Moriz Hörnes.
Type, Gervillia socialis, Schloth.; Saint-Cassian.
Les *Hörnesia* diffèrent des vrais Gervillies par la structure particulière
de la charnière et par une cloison plus ou moins allongée traversant la
cavité des crochets. Le genre est intermédiaire entre les *Cassianella* et
les *Gervillia*.

Nayadina, Munier-Chalmas, 1863.

Type, N. Heberti, Munier. Cénomanien; Aubeterre.
Coquille ressemblant à une *Vulsella* transverse, rostrée en arrière; la
couche fibreuse interne manque.

. Eligmus, E. Deslongchamps. 1856.

Étymologie, eligmos, une sinuosité, par allusion aux sinuosités des
bords de l'ouverture post-apiciale.
Type, E. polytypus, E. Deslongch. *fig.* 297.
Animal inconnu.
Coquille libre, ou peut-être attachée par un byssus, presque équivalve, inéquilatérale, ovalaire ou cylindrique, plus ou moins comprimée;
extrémité antérieure renflée et plus courte que la postérieure qui est
atténuée; test assez épais, foliacé: crochets renflés, faiblement déprimés ou aplatis, divergents et dirigés en arrière; valves fermées aux
deux extrémités, avec un sinus (du byssus?) asymétrique (s) situé derrière les crochets; ornée de côtes carénées, obliques, rayonnantes.

Charnière courte, droite, dépourvue de dents ; aréa ligamentaire triangulaire, avec une fossette superficielle (*l*). Une seule impression musculaire située à l'extrémité libre d'une apophyse en cuilleron (*p*) qui naît de dessous la cavité umbonale ; pas de ligne palléale.

Distribution, 5 espèces. Oolithe inférieure et grande Oolithe.

Fig. 297. — *Eligmus polytypus.*

Le processus interne de l'*Eligmus* n'a aucune analogie avec celui des Myes et des Anatines qui supporte le cartilage et est un prolongement interne de la charnière ; celui de l'*Eligmus* donne attache au muscle adducteur et naît de dessous la charnière. L'*Eligmus* se relie par la *Vulsella Turonensis*, Dujardin, aux *Vulselles* ; toutefois le test n'est pas fibreux, et M. Munier suppose que la couche nacrée interne a été détruite par la fossilisation.

Cassianella, Beyrich, 1861.

Synonymes, Gryphorhynchus, Meek, 1864.
Type, Avicula gryphæata, Munster.
Coquille épaisse, sub-hémisphérique ; valve droite plate ou concave, la gauche très-gibbeuse ; pas de *sinus* du byssus défini ; crochets sub-centraux, ligne cardinale égalant la plus grande longueur de la coquille, avec une aréa cardinale large et bien définie dans chaque valve ; oreilles sub-égales, non prolongées. Charnière avec plusieurs petites dents irrégulières près du milieu. Surface striée.

Fossiles, 6 espèces. Trias supérieur — Lias inférieur. Autriche, Bavière, Himalaya.

Sous-Famille 4. — Pinniinæ.
Genres : — Pinna. Sous-genre *Aviculopinna*, Meek.
Type, Pinna prisca, Münster. Permien.
Coquille presque ou tout à fait équivalve, crochets non terminaux

Par son apparence générale la coquille semble être intermédiaire entre celle des *Pinna* et celle des *Avicula*.

TRICHITES (voy. p. 434).

FAMILLE III. — MYTILIDÆ [1].

MODIOLARIA, Beck (Jeffreys, 1863) (voy. p. 436).

Étymologie, genre voisin des *Modiola*.
Exemple, Mytilus discors, Linné.
Synonymes, Lanistes, Humphreys; Lanistina, Gray.
Animal à manteau replié en avant en un large tube afférent, et en arrière en un tube conique efférent; pied ligulé.
Coquille rhomboïdale, ornée de deux rangs de stries (un de chaque côté), qui rayonnent depuis les crochets, en laissant la partie médiane lisse; crochets recourbés; charnière dépourvue de dents ou crénelée; plaque cardinale finement échancrée.
Distribution, Mers tempérées et arctiques. Les quatre espèces britanniques se trouvent à l'état fossile dans le Crag rouge et le Crag corallin, ainsi que dans les tertiaires récents. Plusieurs espèces des formation triasique supérieure et jurassique qui ont été rapportées au genre *Modiola*, semblent devoir se placer ici.

CRENELLA, Brown (voy. p. 436).

Étymologie, nom diminutif de *crena*, une entaille.
Exemple, Mytilus decussatus, Montagu.
Animal à manteau ouvert en avant et replié en arrière en un tube sessile efférent; pied cylindrique, l'extrémité libre étant discoïde et sortant d'une gaine.
Coquille ovale ou rhomboïdale, nacrée, cancellée; crochets droits, ligament petit, charnière de chaque valve pourvue d'une dent verticale, qui est crénelée, aussi bien que la plaque cardinale.
L'animal ne file pas un byssus épais, comme la *Modiolaria*, mais sécrète seulement un simple fil d'attache, par le moyen duquel il se tient suspendu dans l'eau.
Distribution, 5 espèces. Depuis le niveau de la basse marée jusqu'à 274 mètres. Norwége, Islande, Groënland, Nouvelle-Angleterre, Grande-Bretagne, France.
La *C. rhombea* se rencontre à l'état fossile dans le Crag corallin de Sutton.

[1] Voyez p. 434.

Prasina, Deshayes, 1863.

Types, P. Borbonica, Desh. Ile Bourbon.
Coquille oblongue, épaisse, cordiforme, valves fermées, bords entiers, inéquilatérale; lunule profonde et circulaire, s'avançant dans l'intérieur de la valve droite; valve gauche présentant à la même place des tubercules dentiformes; ligne cardinale simple, arquée; ligament externe, étroit; deux impressions musculaires inégales, subcentrales.

Antrhacoptera, Salter, 1863.

Étymologie, *anthrax*, charbon et *pteron*, une aile.
Exemple, A. carbonaria, Dawson, sp.
Les *Anthracoptera* comprennent les soi-disant *Myalina*, mais elles n'ont pas le plateau cardinal épais des coquilles de ce genre, et elles renferment aussi des espèces qui ont été décrites par Ludwig comme appartenant au genre *Dreissena*. La coquille est de forme triangulaire.
Fossiles, 7 espèces d'origine marine. Carbonifère. Grande-Bretagne, Nouvelle-Écosse, Westphalie.

Famille IV. — Arcadæ [1].

Limopsis. Sous-genre, *Trigonocœlia*, Nyst.
Coquille se rapprochant des *Leda* pour la forme, et différant des *Limopsis* par l'absence de l'aréa ligamentaire étalée.
Fossiles, 7 espèces. Éocène. Bassin de Paris, Belgique, Angleterre, États-Unis.

Ctenodonta, Salter, 1851 (p. 441).

Synonyme, Tellinomya, Hall.
Type, Tellinomya nasuta, Hall.
Coquille fermée, différant des *Isoarca* en ce qu'elle n'en a pas l'aréa ligamentaire, les formes ventrues, les crochets grands et souvent sub-spiraux; surface de la coquille lisse ou marquée de lignes d'accroissement, mais jamais cancellée; dents cardinales petites et nombreuses.
Fossiles, 40 espèces. Silurien — Carbonifère. Europe, Amérique du Nord, Bolivie.
Il est probable que la plupart des espèces paléozoïques rapportées aux *Nucula* appartiennent aux *Ctenodonta*.

Voyez p. 438.

PALÆARCA, Hall, 1858.

Synonymes, Megalomus, Hall, 1852; Cyrtodonta, Billings, 1858; Cypricardites, Conrad, 1841.

Exemple, C. Canadensis, Billings.

Coquille équivalve, inéquilatérale; crochets rapprochés de l'extrémité antérieure ou terminaux; forme générale obliquement renflée, en ovale sub-rhomboïdal transverse; extrémité postérieure plus grande que l'antérieure et ordinairement largement arrondie; de deux à huit dents antérieures obliques en dessous, ou une petite en avant des crochets; de deux à quatre dents latérales écartées, parallèles à la ligne cardinale; ligne palléale simple; deux impressions musculaires, l'antérieure quelquefois profondément excavée, la postérieure superficielle; ligament externe.

Quelques espèces ont une étroite aréa entre les crochets ou derrière eux.

Distribution, 42 espèces. Silurien — Devonien. Amérique du Nord et nord du pays de Galles.

Sous-genre, *Megambonia*, Billings, 1858.

Synonyme, Vanuxemia, Hall, 1858.

Coquille ovalaire, crochets terminaux ou presque terminaux; extrémité antérieure réduite à une petite expansion auriculée ou obsolète.

Distribution, 11 espèces. Silurien. Amérique du Nord.

FAMILLE V. — TRIGONIADÆ [1].

? ISCHYRINA, Billings, 1866.

Type, I. Winchelli, Billings.

Coquille équivalve, inéquilatérale; deux fortes crêtes rayonnant des crochets dans l'intérieur de chaque valve.

Fossiles, 2 espèces. Silurien inférieur et moyen. Anticosti.

FAMILLE VI. — UNIONIDÆ [2].

ANTHRACOSIA, King, 1856 (voy. p. 485).

Étymologie, *anthrax*, charbon, par allusion aux dépôts de charbon dans lesquels le genre se trouve ordinairement.

Type, A. Beaniana, King, Carbonifère; Newcastle.

Coquille, équivalve, inéquilatérale. Une dent dans chaque valve au-dessous du crochet, assez peu haute et massive; couronne de la dent

[1] Voyez p. 441.
[2] Voyez p. 446.

de la valve droite excavée antérieurement et pourvue d'une arête postérieurement ; couronne de la dent de la valve gauche en arête antérieurement et inclinée postérieurement. Des *fulcres ligamentaires des crochets* formant chacun un sillon creusé dans le plateau cardinal entre le crochet et la dent. Des *impressions de la série antérieure des muscles pédieux* situées au-dessus des impressions musculaires de l'adducteur antérieur.

Les *Anthracosia* diffèrent des *Unio*, genre auquel l'on avait rapporté la plus grande partie des coquilles unioniformes, par leur système dentaire plus simple et par l'absence de muscles pédieux supplémentaires. Elles n'ont pas d'affinités avec les *Cardinia*, genre dans lequel l'on a placé d'autres espèces à formes d'*Unio*, tandis que l'on classait dans le genre *Myalina* d'autres membres du genre qui présentaient l'apparence extérieure de certaines formes aviculoïdes de *Modiola*.

Distribution, 61 espèces. Devonien — Carbonifère. Westphalie, Saxe, Russie, Belgique, Grande-Bretagne, Amérique du Nord.

CARBONICOLA, Mac Coy, 1855 (voy. p. 485).

Synonyme, Prisconaia, Conrad, 1867.
Exemple, Unio acutus, Sow.
Dent cardinale de la valve droite divergeant obliquement du côté de la face postérieure ; dents latérales 1 — 1, longues et lamelleuses ; pas d'impression en croissant sur le bord ventral de l'adducteur antérieur, comme cela se voit dans les *Unio*.

Ce genre a des affinités avec les *Anthracosia*, mais s'en distingue par la présence de dents latérales.

Distribution, environ 20 espèces. Carbonifère. Europe, États-Unis.

FAMILLE VIII. — HIPPURITIDÆ [1].

Genre : HIPPURITES.
Sous-genre, *d'Orbignya*, Woodward, 1862.
Type, H. bioculatus, Lam.; pas d'inflexion ligamentaire de la partie externe de la coquille.
Fossiles, 4 espèces. Crétacé moyen. Europe.
Barrettia, Woodward, 1862; genre dédié à M. Lucas Barrett, ancien directeur du « *Geological Survey* » des Antilles.
Type, B. monilifera, Woodward. Calcaire à Hippurites de la Jamaïque. Pas d'inflexion ligamentaire comme dans les *d'Orbignya*, et présentant en outre la particularité d'un nombre indéfini de duplicatures palléales s'étendant tout le tour du bord de la valve inférieure.

[1] Voyez p. 455.

Famille XI. — Lucinidæ [1].

Loripes, Poli, 1791 (Jeffreys) (voy. p. 471).

Étymologie, lorum, un ruban, et *pes*, un pied.
Exemple, Tellina lactea, Linné.
Animal ayant le bord du manteau échancré; tube afférent long.
Coquille presque équilatérale, cancellée ou ornée de stries flexueuses ;
unule courte ; cartilage *tout à fait interne ;* une dent cardinale dans
la valve droite et deux dans la valve gauche ; les latérales écartées
et quelquefois indistinctes.
Distribution, Atlantique, Méditerranée, Antilles.
Fossiles. Éocène —. France.

Axinus, J. Sowerby, 1821 (voy. p. 445).

Synonymes, Thysaira, etc., Leach ; Bequania, Leach ; Cryptodon,
Turton ; Ptychina, Philippi ; Thiatyra, G. Sow.; Clausina, Jeffreys.
Exemple, Tellina flexuosa, Montagu.
Animal à bord du manteau épaissi, ouvert, non prolongé en tubes ;
pied long, sub-cylindrique et très-grêle.
Coquille globuleuse, face postérieure sillonnée ou anguleuse, crochets
rès-recourbés ; lunule courte ou indistincte ; ligament ordinairement
usqu'à un certain point externe, situé dans une rainure sur la ligne
cardinale et en dehors du plateau cardinal ; dents manquant complète-
ment.
Chez l'*A. flexuosus*, la plaque cardinale est dentelée dans la valve
droite immédiatement au-dessous des crochets, et légèrement réfléchie
dans la gauche, ce qui donne à cette valve l'apparence d'avoir une
dent cardinale indistincte ou obscure.
Distribution, 4 espèces. Europe.
Fossiles. Tertiaire. Sur trois des espèces britanniques, deux se rencontrent à l'état fossile dans le Crag corallin.

Sportella, Deshayes (voy. p. 472).

Exemple, Psammotea dubia, Defrance.
Coquille oblongue, lisse, déprimée, sub-équilatérale ; valves fermées ;
charnière étroite, avec deux dents inégales, divergentes, dans la valve
gauche, une dans l'autre valve ; les dents latérales manquent ; impressions musculaires grandes, ovales, presque égales ; ligne palléale simple·
ligament externe.
Fossiles, 17 espèces. Tertiaire. Bassin de Paris.

[1] Voyez p. 470.

Il se peut que quelques-unes des espèces liasiques rapportées aux i
cardium appartiennent à ce genre.

CORBICELLA, Morris et Lycett, 1853.

Étymologie, diminutif de *Corbis*.

Type, C. subæquilatera, Lycett.

Coquille sans ornements, en ovale allongé, assez comprimée; i
antérieure petite; caractères de la charnière différant de ceux
Corbis par l'absence des dents latérales antérieures et par la crête
terne oblique qui descend derrière l'impression musculaire antérieu

Les *Corbicella* sont intermédiaires entre les *Corbis* et les *Tancred*
elles se distinguent de ces dernières, dont elles sont le plus voisin
par leur forme plus ovalaire, par l'absence de l'angle oblique pos
rieur, et par la présence d'une lamelle cardinale allongée et d'une d
latérale postérieure déprimée et écartée.

Fossiles, 7 espèces. Partie supérieure de l'Oolithe inférieure — Oxf
dien. Angleterre, France.

[FAMILLE KELLIIDÆ.]

LASÆA, Brown, 1827.

Étymologie; peut-être est-ce une dérivation corrompue de λαισήϊ
un bouclier.

Synonymes, Poronia, Recluz; Cycladina, part.; Kellia, part.; Bornia, pa

Animal à manteau replié du côté antérieur, de manière à former t
tube afférent large mais incomplet; tube efférent peu distinct, pla
du côté opposé; pied long.

Coquille petite, en ovale arrondi; crochets droits; cartilage long, pla
à l'extrémité courte de la coquille, position opposée à celle qu'il occu
chez la *Kellia;* valve gauche ayant une petite dent cardinale spir
forme; dans chaque valve deux dents latérales remarquablement forte

Ce genre est intermédiaire entre les *Montacuta* et les *Kellia.*

Distribution. « Les *Lasæa* habitent ordinairement la zone littorale o
elles se rassemblent en grand nombre à la base des petites plantes m
rines, dans les crevasses des rochers et dans les coquilles vides.

« La *L. rubra,* espèce d'Angleterre, est vivipare et vit autant hors d
la mer que dans l'eau. L'on rencontre d'autres espèces dans diverse
parties du monde. » — Jeffreys.

FAMILLE XII. — CYCLADIDÆ [1].

Aux genres qui ont été énumérés plus haut, il faut ajouter les sui
vants :

[1] Voyez p. 476.

GALATEA (voy. p. 500), et :

FISCHERIA, Bernardi, 1860.

Genre dédié à M. Fischer, l'un des éditeurs du *Journal de Conchyliologie*.

Type, F. Delesserti, Bern., habitant les rivières du Gabon (Afrique occidentale).

Coquille différant des *Galatea* par l'état rudimentaire des dents cardinales latérales de la valve droite, et par les dents latérales allongées qui sont comprimées comme dans les *Cyrena*; elle se distingue des *Cyrena* par ses dents cardinales moins nombreuses, par la profondeur du sinus palléal, et par le manque de dents latérales dans la valve droite.

FAMILLE XIII. — CYPRINIDÆ [1].

CYPRICARDELLA, Hall, 1857.

Coquille ovalaire, subelliptique ou subcarrée, marquée de stries concentriques; charnière de la valve droite ayant deux dents cardinales, la dent antérieure au-dessous des crochets, la dent postérieure tournée obliquement en arrière, laissant une fossette triangulaire à laquelle correspond probablement une dent dans l'autre valve; bord cardinal antérieur ayant un long sillon étroit, destiné, à ce qu'il semble, à recevoir une saillie grêle de l'autre valve; côté postérieur coupé obliquement depuis dessus, bord mince; ligament externe, dans une cavité profonde, impressions musculaires distinctes, peu profondes; ligne palléale simple.

Fossiles, 4 espèces. Carbonifère. Indiana.

ANISODONTA, Deshayes, 1860.

Type, A. complanatum, Desh. Éocène. Bassin de Paris.

Coquille allongée transversalement, comprimée, inéquilatérale; charnière épaisse; une grande fossette conique et une autre triangulaire dans chaque valve; ligament externe; impression de l'adducteur antérieur très-petite et comprise entre deux côtes saillantes (l'une parallèle et l'autre transverse par rapport au bord antérieur); impression postérieure sub-circulaire, superficielle; ligne palléale faible, entière.

Distribution, 2 espèces. Bourbon.

? MATHERIA, Billings, 1858.

Genre dédié à M. Mather du « *Geological Survey*, » de l'État de New-York.

[1] Voyez p. 478.

Type, M. tenera, Billings. Calcaire de Trenton, Canada.

Coquille transversale, équivalve; crochets près de l'extrémité antérieure; deux petites dents cardinales obtuses dans la valve gauche,
une dans la droite; ligament externe.

CONCHODON, Stoppani, 1865.

Étymologie, conchos, une coquille, et *odous* (odontos), une dent.
Type, C. infraliasicus, Stop. Lias inférieur. Lombardie.
Coquille équivalve, symétrique, très-épaisse, cordiforme, fermée,
crochets grands, anguleux, contournés; ligament interne, très-long,
marginal, attaché à la moitié postérieure de la plaque cardinale; charnière massive; dans la valve droite, une grande dent arrondie en avant
(placée au-dessus d'une fossette dentaire) et deux dents cardinales
transverses; valve gauche ayant une grande fossette circulaire, limitée
en dessous par une dent lamellaire courbe; deux dents transverses et
une courbée au-dessous du sommet.

DICEROCARDIUM, Stoppani, 1865.

Étymologie, diceras, ayant deux cornes, et *Cardium*.
Coquille équivalve, symétrique, fermée, libre; crochets très-saillants,
allongés ou spiraux; plaque cardinale large, épaisse, séparée du bord
de la valve par un intervalle de largeur variable, et prolongée dans la
cavité des crochets; valve gauche ayant une dent cardinale comprimée,
correspondant à une fossette dans la valve droite; valves sillonnées de
rainures ligamentaires; ligament externe.
Fossiles, 4 espèces. Trias supérieur. Lombardie, nord-ouest de l'Himalaya.

CYPRIMERIA, Conrad, 1864.

Type, Cytherea excavata, Morton. Crétacé. Amérique du Nord.
Coquille lenticulaire; charnière de la valve droite large, ayant une dent
cardinale oblique bifide, et deux dents antérieures obliques, aiguës, avec
une fossette intermédiaire pour la réception de la dent de la valve opposée.

DOSINIOPSIS, Conrad, 1864.

Étymologie, Dosinia, nom générique, et *opsis*, semblable à.
Type, D. Meekii. Éocène. États-Unis.
Coquille ressemblant extérieurement à une *Dosinia*. Trois dents cardinales dans chaque valve; la dent postérieure de la valve droite bifide;
dans la valve gauche une dent latérale épaisse et rugueuse s'ajustant
dans une cavité de la valve opposée; sous le sommet il se trouve une

fossette ; plaque du cartilage granuleuse ; sinus palléal profond et anguleux.

Distribution, 3 espèces. Éocène. États-Unis.

CONCHOCELE, Gabb.

Type, C. disjuncta, Gabb. Miocène ? Californie.

Coquille irrégulièrement carrée, très-inéquilatérale, anguleuse postérieurement ; offrant quelque analogie avec les *Edmondia*, *Unicardium* et *Cardiomorpha*; ligament externe ; charnière ayant une longue dent tranchante allant depuis les crochets, parallèlement au bord cardinal, presque jusqu'à l'extrémité postérieure ; ligne palléale simple.

ASTARTE, sous-genre, *Astartella*, Hall et Whitney, 1858. *A. vera*. Carbonifère. Illinois et Indiana. La dent antérieure de la valve droite a une fossette longitudinale au sommet.

[FAMILLE CARDITÆ.]

WOODIA, Deshayes, 1860.

Genre dédié à M. Searles V. Wood, célèbre paléontologiste anglais.
Exemple, Tellina digitaria, Linné.
Coquille petite, arrondie, équivalve, équilatérale; valves fermées, lisses ou ornées de stries obliques, courbes ; charnière épaisse ; valve droite ayant une seule grande dent médiane, triangulaire, déprimée ou canaliculée dans le milieu ; valve gauche ayant deux dents divergentes, étroites, inégales ; dents latérales nulles ou rudimentaires. Ligament interne, petit ; impressions musculaires petites, égales, ovales, ou ovalaires; ligne palléale simple.
Distribution, 1 espèce. Méditerranée ; se trouvant aussi à l'état fossile dans le Crag d'Angleterre, dans celui d'Anvers, et dans les dépôts pleistocènes de Palerme.
Fossiles, 8 espèces. Éocène, Miocène, Pliocène. France, Angleterre, Allemagne. La *W. lamellosa*, Sandb., est inéquilatérale.

LUTETIA, Deshayes, 1860.

Exemple, L. Parisiensis, Deshayes.
Coquille petite, orbiculaire, globuleuse, équivalve ; valves fermées ; bord simple et entier ; charnière étroite ; trois dents cardinales dans chaque valve, dont deux divergentes; la troisième grande et placée obliquement entre les autres; impressions musculaires petites, ovales, submarginales, égales, ligne palléale simple; ligament externe.
Fossiles, 2 espèces. Éocène. Paris.

Goodallia, Deshayes, 1860.

Exemple, Erycina miliaris, Defrance.
Coquille petite, triangulaire, équivalve, inéquilatérale; valves fermées; deux dents cardinales dans la valve droite, divergentes, séparées par une fossette triangulaire; dans la valve gauche une dent triangulaire, quelquefois bifide; les latérales nulles ou rudimentaires; ligament *externe*, très-court; ligne palléale simple.
Fossile, 8 espèces. Éocène. Paris.

Goodalliopsis, Raincourt et Munier, 1863.

Type, G. Orbignyi, Rainc. et Mun. Éocène. Fercourt.
Coquille ovale, aplatie, équivalve, inéquilatérale, lisse, faiblement dilatée en avant, comprimée en arrière; valves fermées; charnière avec deux dents cardinales dans chaque valve, séparées par une fossette triangulaire; dents latérales distinctes et allongées, une dans chaque valve. Les autres caractères sont ceux des *Goodallia*.

Famille XIV. — Veneridæ[1].

Psathura, Deshayes, 1860 (voy. p. 471).

Étymologie, *psathuros*, friable.
Type, Erycina fragilis, Lam. Éocène. Bassin de Paris.
Coquille ovale, inéquilatérale, mince, transparente, fragile; deux dents cardinales dans la valve droite, égales et profondément bifides; dans la valve gauche deux dents inégales, entières; ligament externe; impression de l'adducteur antérieur étroite, claviforme, la postérieure sub-quadrangulaire; impression palléale simple, ce qui différencie ce genre des *Clementia* dont il se rapproche par les caractères de la charnière.

Isodoma, Deshayes, 1860.

Type, I. cyrenoides, Desh. Éocène. Bassin de Paris.
Coquille en ovale transverse, très-mince; charnière semblable à celle d'une *Cyrena*, mais avec une ligne palléale sinueuse.

Famille XVI. — Tellinidæ[2].

Sowerbya, d'Orbigny, 1850 (voy. p. 492).

Genre dédié à Sowerby, l'auteur de la « British Mineral Conchology », etc.

[1] Voyez p. 487.
[2] Voyez p. 494.

Type, S. crassa, d'Orb., Prodrome, I., p. 362.

Synonymes, Isodonta, Buvignier, 1851.

Coquille équivalve, sub-équilatérale ; valve droite avec deux dents cardinales obliques, divergentes, séparées par une fossette triangulaire médiane et deux dents latérales lamellaires séparées du bord cardinal par deux rainures longitudinales ; valve gauche avec une dent conique entre deux fossettes obliques; deux dents latérales, longitudinales, lamelleuses, saillantes, et unies au bord supérieur ; ligament externe.

Fossiles, 8 espèces. Lias inférieur — Portlandien. Angleterre, France, Allemagne.

QUENSTEDTIA, Morris et Lycett, 1853 (voy. p. 495).

Genre dédié au professeur Quenstedt, du Würtemberg, le vétéran des paléontologistes.

Type, Pullastra oblita, Phillips.

Coquille semblable à celle d'une *Psammobia;* charnière ayant dans la valve gauche une dent cardinale obtuse, *transversale*, et une fossette cardinale dans la droite; ligament externe, situé dans une rainure allongée, étroite; impression de l'adducteur postérieur arrondie, l'antérieure allongée, sinueuse; sinus palléal plus petit que chez les *Psammobia* ou les *Sanguinolaria*.

Fossiles, 3 espèces. Oolithe inférieure — Grande Oolithe. Angleterre, France, Allemagne.

? PALÆOMYA, Zittel, 1861.

Coquille triangulaire, déprimée, presque équivalve, inéquilatérale ; valve droite ayant deux dents cardinales dont la postérieure est grande et située en avant de la fossette du cartilage; valve gauche ayant une seule dent cardinale ; dans chaque valve une dent latérale postérieure saillante; impressions musculaires et palléale très-peu marquées.

Fossiles, 1 espèce. Corallien. Glos, Normandie.

FAMILLE XV. — MACTRIDÆ [1].

Cette famille renferme les VANGANELLA (p. 495), LUTRARIA (p. 493), MACTRA (p. 491), GNATHODON (p. 492), HETEROCARDIA, ANATINELLA (p. 495), CARDILIA (p. 485), et :

PSEUDOCARDIUM, Gabb.

Type, Cardium Gabbi, Remond. Miocène et Pliocène. Californie.

Étymologie, *pseudo*, faux, et *Cardium*, nom générique.

[1] Voyez p. 491.

Coquille épaisse, pesante, ressemblant extérieurement aux *Lævicardium;* ligament interne; lunule cordiforme; valve gauche ayant une grande fossette du cartilage, et une dent en forme de V qui s'articule dans une dépression correspondante de la valve droite; deux dents latérales dans chaque valve, très-fortes et saillantes.

FAMILLE XVIII. — MYACIDÆ [1].

POROMYA, Forbes, 1845 (voy. p. 505).

Faisant passage au genre *Mya.*
Exemple, P. granulata.
Synonyme, Eucharis, Recluz; Embla, Lovén; *Cumingia parthenopæa,* Tiberi (*non* Thetis, Sow.).
Animal à siphons inégaux, revêtus de nombreux filaments, pied étroit et grêle.
Coquille sub-orbiculaire, sub-équivalve et inéquilatérale, mince, transparente, faiblement nacrée intérieurement; valves fermées, surface granuleuse; dans la valve droite une dent cardinale courte, mais forte; dans la valve gauche une petite dent cardinale triangulaire et une latérale en forme de crête sur le côté postérieur.
Distribution, 10 espèces. Angleterre, Scandinavie, Méditerranée, Amérique tropicale.
Fossiles, 13 espèces. Éocène. France, Allemagne, Angleterre, États-Unis.

CORBULOMYA, Nyst, 1846 (voy. p. 504).

Étymologie, contraction des noms génériques *Corbula* et *Mya.*
Exemple, Corbula complanata, Sowerby; Lentidium mediterraneum, Jan et Cristofori.
Coquille ovale, transverse, déprimée, fermée, inéquivalve, sub-équilatérale; valve droite la plus grande avec une dent pyramidale et une étroite et profonde fossette; valve gauche avec deux dents inégales séparées par une grande fossette; ligament interne; impressions palléales simples, légèrement infléchies postérieurement.
Animal à manteau réuni en arrière, bords du manteau portant des tentacules foliacés doubles; pied comprimé, triangulaire; siphons courts, réunis à la base, le tube afférent le plus grand et le plus allongé, ayant son orifice entouré de tentacules rameux.
Distribution, 5 espèces. Méditerranée.
Fossiles, 7 espèces. Éocène. France, Belgique, Angleterre.

[1] Voyez p. 503.

Anthracomya, Salter, 1861.

Étymologie, anthrax, charbon, et *Mya*, nom générique.
Synonymes, Naiadites, Dawson.
Type, A. Adamsi, Salter.

Coquille mince, équivalve, la valve droite passablement plus grande que l'autre; valves fermées, oblongues, plus larges en arrière, où il y a une petite arête mousse des siphons; arrondies antérieurement avec un sinus du byssus sur le bord ventral antérieur; crochets petits, antérieurs et faiblement saillants, avec une lunule obscure; ligne cardinale postérieure ayant une crête interne étroite; ligament externe; épiderme fortement ridé.

Animal inconnu; il avait probablement un manteau fermé et des siphons respiratoires.

Distribution, 9 espèces. Carbonifère; associées à des animaux marins. Grande-Bretagne, Nouvelle-Écosse.

Famille XIX. — Anatinidæ [1].

Ribeiria (voy. p. 511).

M. Billings décrit dans ce genre « au-dessous et en avant du sommet, une petite ouverture semi-circulaire, qui semble former l'entrée d'un passage tubuleux se dirigeant en arrière par-dessus la plaque transversale dans la cavité générale du corps; » il la regarde comme un orifice du byssus.

M. J. W. Salter a rapporté ce genre à la classe des Crustacés.

Fossiles, 4 espèces. Silurien inférieur, Portugal, Canada, Angleterre.

Famille XXI. — Pholadidæ [2].

Xylophaga (voy. p. 520). Sous-genre, *Xylophagella*, Meek, 1864.
Type, X. elegantula. Crétacé. Dax.

Coquille ayant les formes et l'ornementation des *Xylophaga*, mais possédant une arête oblique interne postéro-dorsale; espèces perforantes, ne faisant pas, à ce qu'il semble, de revêtement calcaire.

Martesia (voy. p. 519). Sous-genre, *Diplothyra*, Tryon, 1862. *D. Smithii*, Staten Island; perforant dans les coquilles d'huîtres.

Coquille ayant une double valve accessoire; la plaque principale directement au-dessus des crochets, avec une autre petite plaque antérieure surajoutée.

Teredo (voy. p. 520). Sous-genre, *Calobates*, Gould. (*T. furcelloides*,

---

[1] Voyez p. 508.
[2] Voyez p. 517.

Gray). Palettes siphonales grandes, longues, en forme d'échasses; siphons adhérents, ne devenant libres qu'à leur extrémité.

Distribution, 2 espèces. Burmack, Australie.

Nausitora, Wright, 1864. *N. Dunlopi* (eau douce, Inde). Des palettes siphonales; surface externe convexe, couvertes de grosses stries squameuses; surface interne plate ou légèrement concave.

Distribution, 2 espèces perforant dans le bois. Bengale, Australie.

TABLE ALPHABÉTIQUE

Les noms en italiques sont ceux des synonymes. — Les numéros des pages où se trouvent décrits ou cités à leur place les genres adoptés sont précédés d'un astérisque.

FIGURES DANS LE TEXTE

ERRATA

TABLE DES MATIÈRES

PREMIÈRE PARTIE

CHAPITRE I

CHAPITRE II

CHAPITRE III

Distribution des Mollusques dans le temps. — Tableau géologique; distribution des espèces et des genres dans les terrains; tableau des genres caractéristiques; tableaux montrant l'extension des genres et celle des familles; développement numérique dans le temps. — Ordre d'apparition des groupes; ordre de succession. — Migration des espèces et diffusion des genres dans les époques géologiques. — Méthode d'investigation géologique. — Époque tertiaire. — Epoque secondaire. — Époque palæozoïque.— Statistique des espèces vivantes et fossiles. 122

CHAPITRE IV

De la Récolte des Coquilles. — Coquilles terrestres; limites d'altitude auxquelles ellés parviennent. — Coquilles d'eau douce. — Coquilles marines; espèces littorales; espèces pélagiques; filet trainant; chalut; filets à maquereaux; pêche en eau profonde; draguage. 143

Notes de draguages dressées par MM. Mac Andrew et Barrett, d'après leurs recherches faites sur la côte de Norwége. 151

Notes de draguages dressées par E. Forbes, d'après ses recherches faites dans la mer Egée. 156

Distribution des mollusques selon la profondeur; zone littorale; zone des laminaires; zone des corallines; zone des coraux des eaux profondes. 160

Conservation des animaux pour l'étude. 163

DEUXIÈME PARTIE

SYNOPSIS DES GENRES

CHAPITRE I

CHAPITRE II

CHAPITRE III

CHAPITRE IV

APPENDICE

FIN DE LA TABLE DES MATIÈRES.

Pl.1. 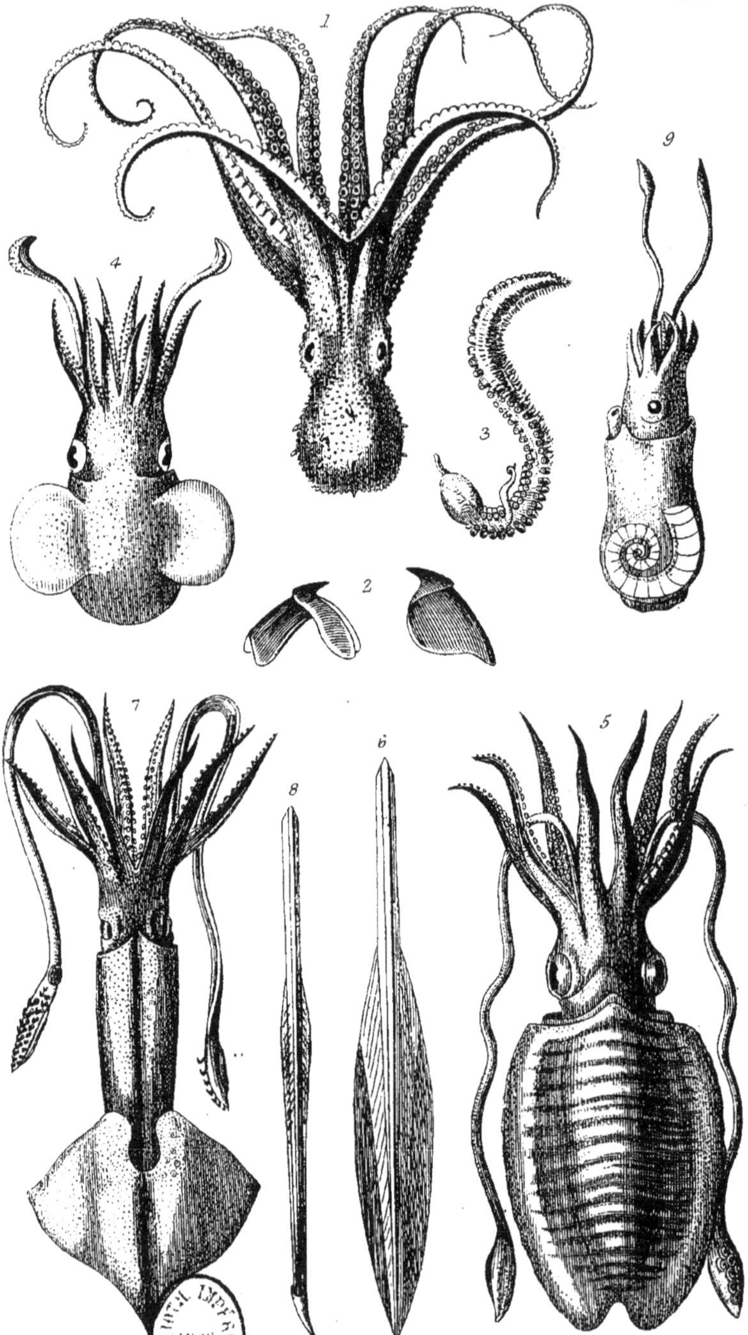
1
9
4
3
2
7
6
8
5
S.P.Woodward.
J.W.Lowry.

EXPLICATION DES PLANCHES

Les principaux échantillons figurés ont été obligeamment communiqués à l'auteur par MM. J. E. Gray, Hugh Cuming, le major W. E. Baker, Laidley de Calcutta, Pickering, Sir Charles Lyell, Sylvanus Hanley, le prof. James Tennant, et Lowell Reeve.

Les fractions indiquent les proportions (en diamètres) selon lesquelles les figures sont réduites ou grossies.

PLANCHE I

Octopodidæ.

1. Octopus tuberculatus, Bl. $\frac{1}{5}$. Méditerranée. 173
2 — (*mandibules*). 166
3. Tremoctopus violaceus ♂. Delle Chiaje. Messine. 169, 174

Teuthidæ.

4. Sepiola atlantica, d'Orb. Atlantique. 180
6. Loligo vulgaris, Lam. (*gladius*). $\frac{1}{4}$. Angleterre. 177
7. Onychoteuthis Bartlingii, Le Sueur $\frac{1}{4}$. Océan Indien. 181
8. — (*gladius*). $\frac{1}{3}$. 181

Sepiadæ.

5. Sepia officinalis, L. $\frac{1}{6}$. Angleterre. 187

Spirulidæ.

9. Spirula lævis, Gray. $\frac{1}{2}$. Nouvelle-Zélande.. 188

PLANCHE II

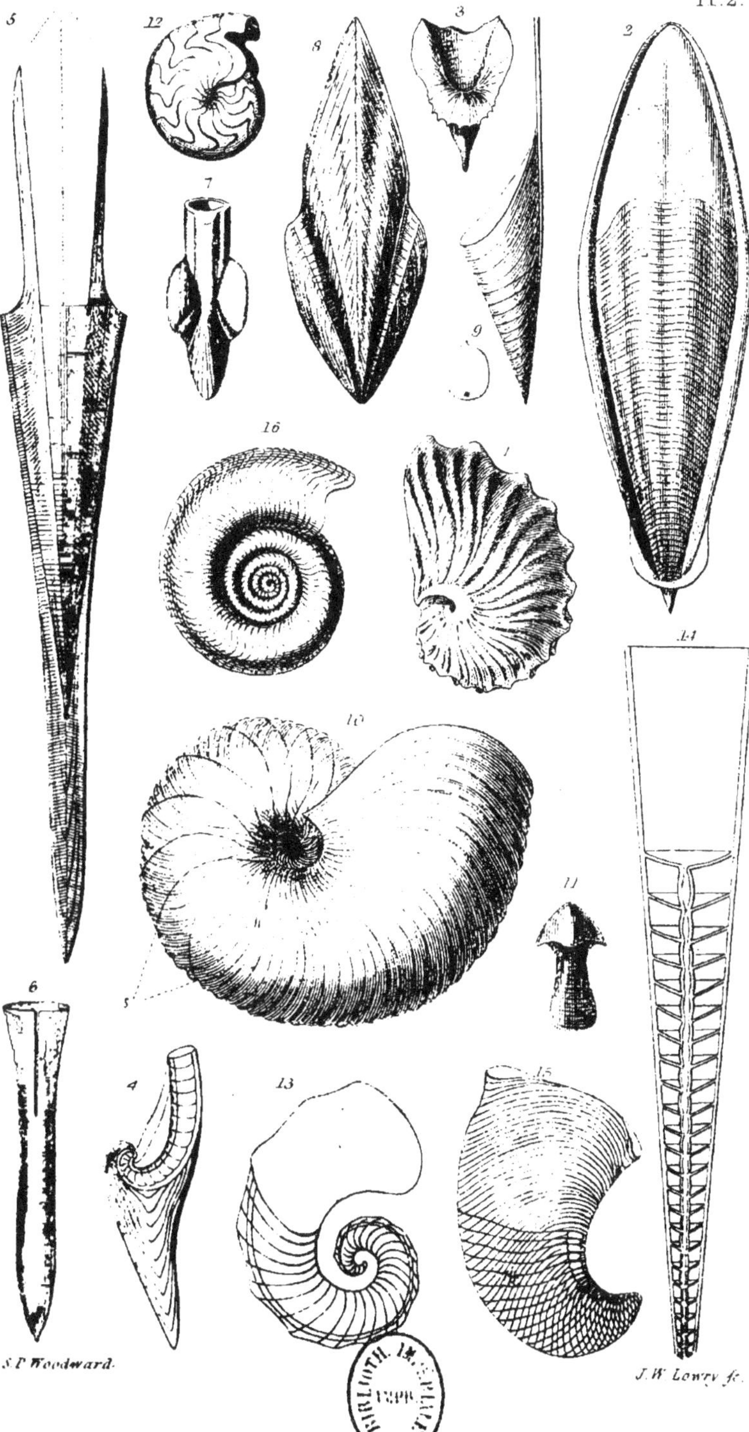

Pl. 2.
5
12
8
3
2
7
9
16
1
10
14
6
11
4
13
15
S. P. Woodward.
J. W. Lowry fc.

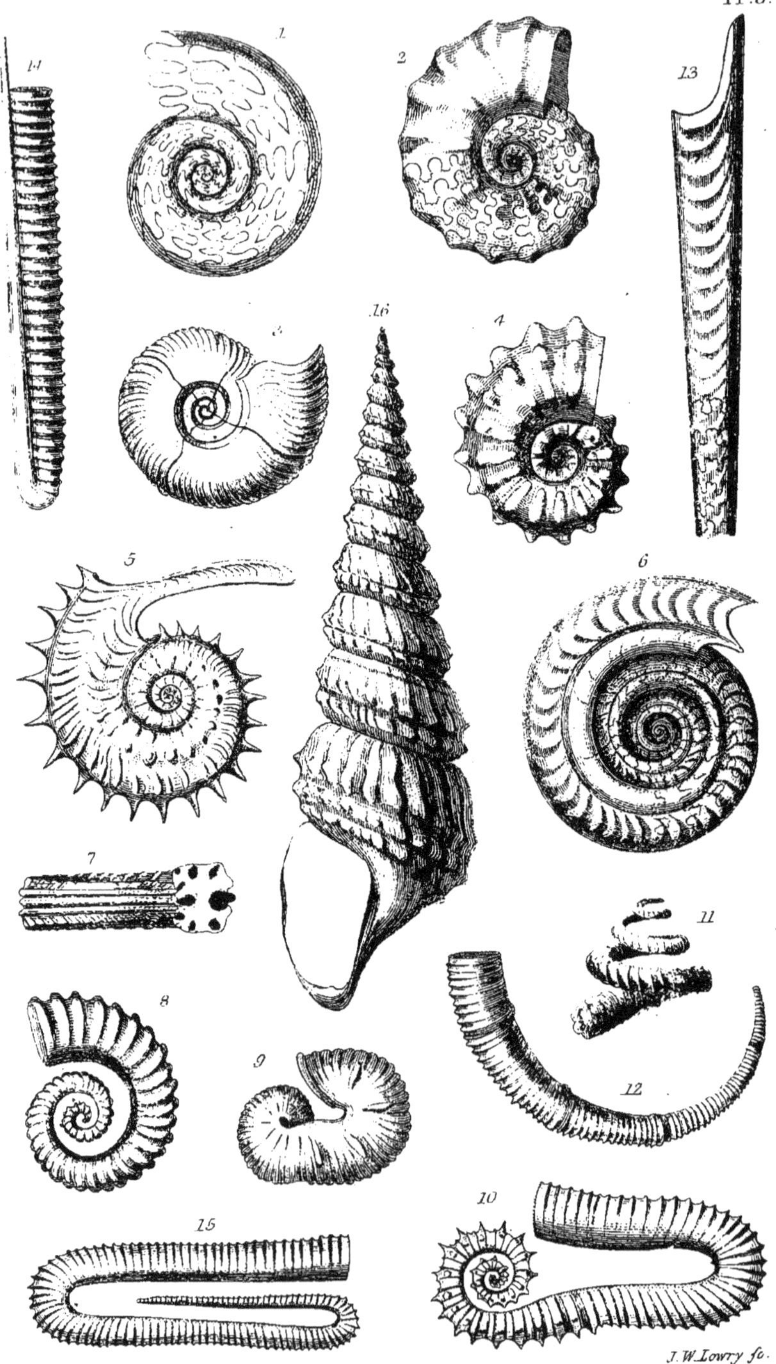
Pl .3.
1
2
13
14
16
4
3
5
6
7
11
8
9
12
10
15
S. P. Woodward.
J. W. Lowry fo.

PLANCHE III

Ammonitidæ.

1. Goniatites Henslowi, Sby. $\frac{1}{3}$. Calcaire carbonifère, Ile de Man. . . . 207
2. Ceratites nodosus, Brug. $\frac{1}{3}$. Muschelkalk, Würtemberg. 207
3. Ammonites planulatus, Sby. $\frac{1}{2}$. Chalk-marl, Sussex. 209
4. — rothomagensis, Brongn. $\frac{1}{2}$. Chalk-marl, Sussex. . . . 209
5. — spinosus, Sby. $\frac{1}{2}$. Oxfordien, Chippenham. 209
6. — bifrons, Brug. $\frac{1}{4}$. Lias, Whitby. 208
7. — bisulcatus, Brug. $\frac{1}{4}$. Lias, Lyme Regis. 208
8. Crioceras cristatum, d'Orb. $\frac{2}{3}$. Gault, France mér. 210
9. Scaphites æqualis, Sby. $\frac{2}{3}$. Chalk-marl, Sussex. 210
10. Ancyloceras spinigerum, Sby. $\frac{2}{3}$. Gault, Folkestone. 210
11. Helicoceras rotundum, Sby. Gault, Folkestone. 211
12. Toxoceras annulare, d'Orb. $\frac{1}{4}$. Néocomien, France mér. 210
13. Baculites anceps, Lam. $\frac{1}{2}$. Craie, France. 212
14. Ptychoceras Emericianum, d'Orb. $\frac{2}{3}$. Néocomien, France mér. . . 212
15. Hamites attenuatus, Sby. $\frac{1}{2}$. Gault, Folkestone. 211
16. Turrilites costatus, Lam. $\frac{1}{3}$. Chalk-marl, Sussex. 211

PLANCHE IV

Strombidæ.

1. Strombus pugilis, L. $\frac{1}{2}$. Antilles.. 222
2. — Bartonensis, Sby. Eocène, Hants. 222
3. Pteroceras lambis, L. $\frac{1}{2}$. Chine. 223
4. Rostellaria curta, Sby. $\frac{1}{3}$. Kurrachee. 223
5. Seraphs terebellum, L. $\frac{2}{3}$. Chine 223

---

6. Struthiolaria straminea, Gm. $\frac{1}{2}$. Nouvelle-Zélande. 257
7. Aporrhais pes-pelecani, L. $\frac{2}{3}$. Angleterre.. 256

Muricidæ.

8. Murex haustellum, L. $\frac{1}{2}$. Chine. 224
9. — tenuispina, Lam. $\frac{1}{2}$. Moluques. 224
10. — palma-rosæ, Lam. $\frac{1}{3}$. Ceylan. 224
10. — erinaceus, L. (*opercule*). Angleterre. 224
11. Typhis pungens, Soland. Eocène, Barton. 225
12. Ranella granifera, Lam. $\frac{2}{3}$. Australie sept.. 225
13. Triton tritonis, L. $\frac{1}{6}$. Nouvelle-Guinée. — Océan Pacifique. 226
114. Pisania striata, Gm. sp. Méditerranée. 225
5. — (*Enzina*) turbinel'a, Kiener. Antilles. 225
16. Trophon Magellanicus, Gm. $\frac{1}{2}$. Terre-de-Feu. 229

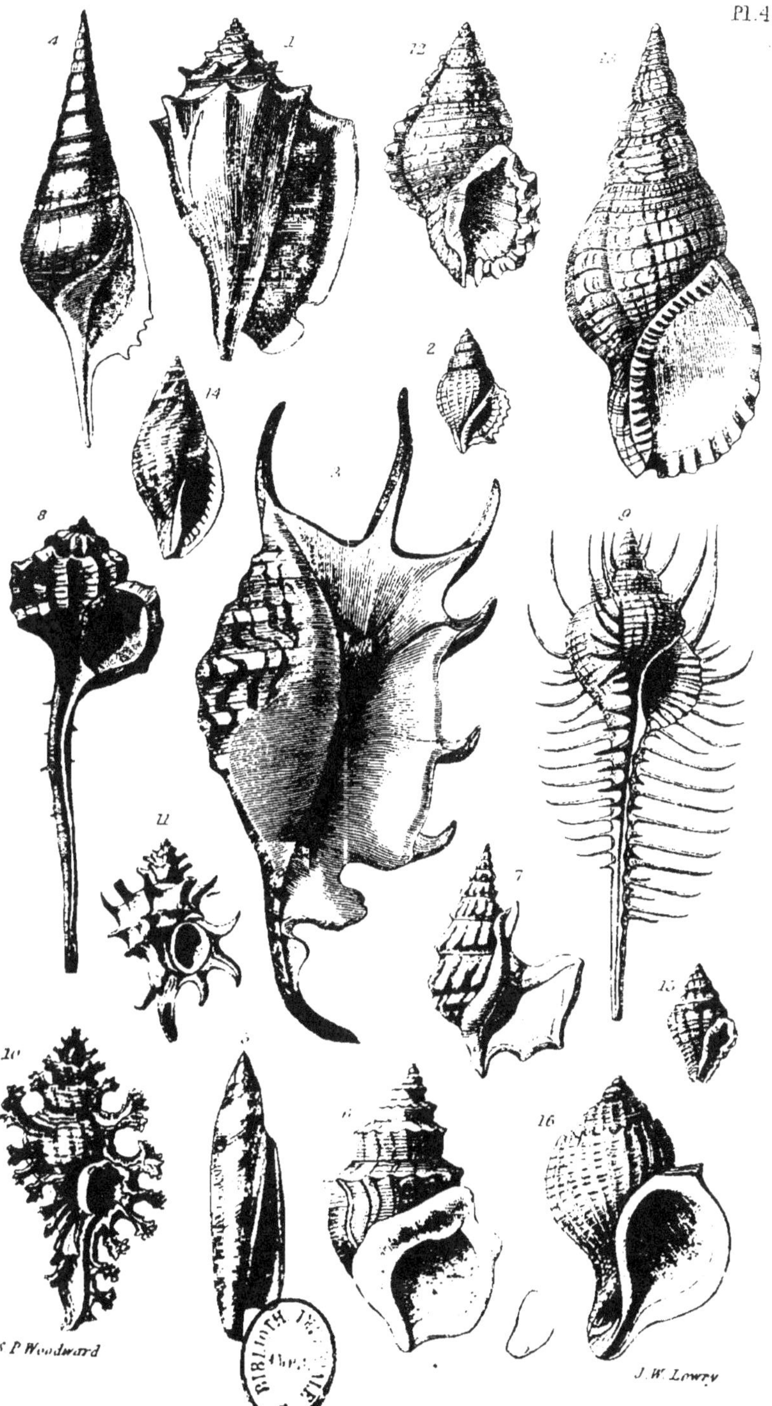
S.P.Woodward
J.W.Lowry

Pl.5.

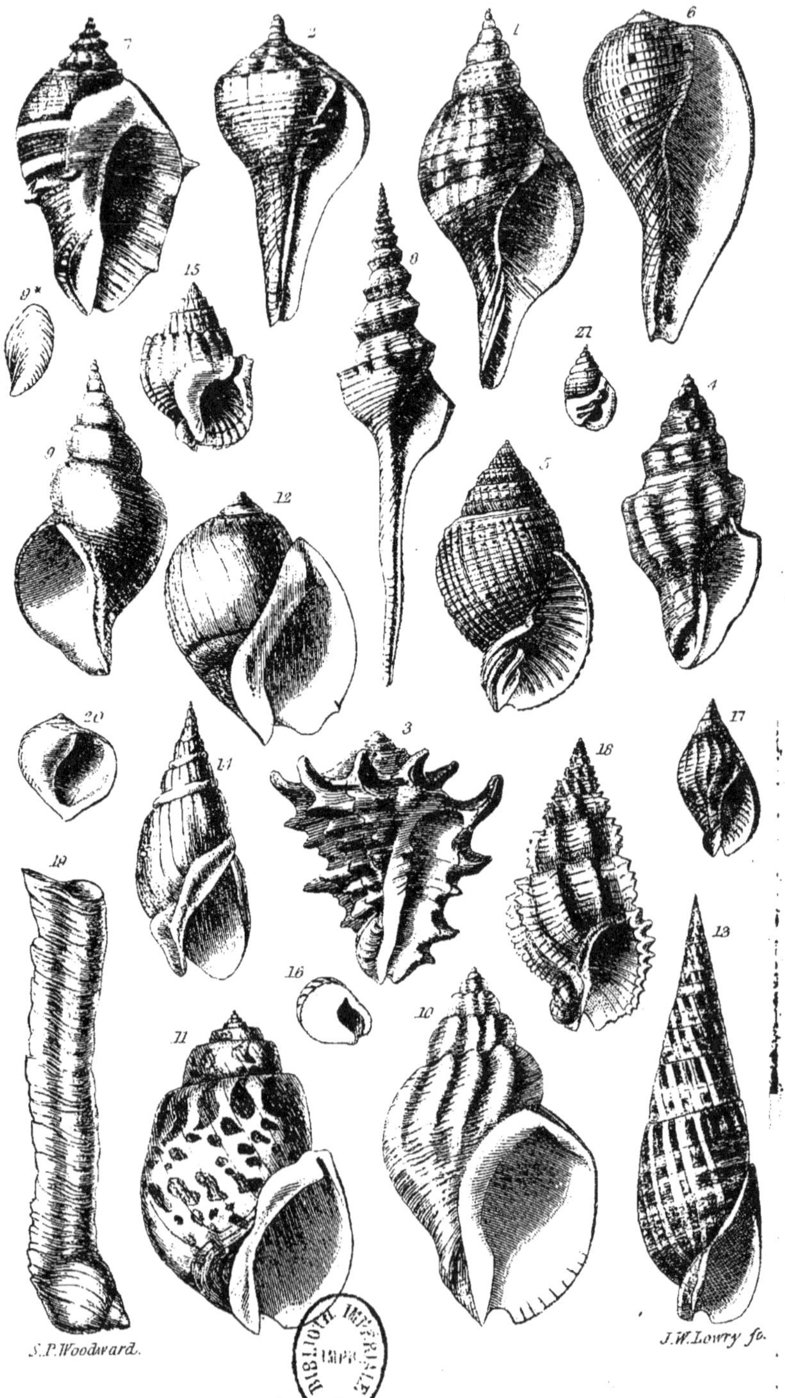

S.P.Woodward.
J.W.Lowry fc.

PLANCHE V

Muricidæ.

1. Fasciolaria tulipa, L. $\frac{1}{2}$. Antilles. 226
2. Turbinella pyrum, L. $\frac{1}{3}$. Ceylan. 227
3. — (*Cynodonta*) cornigera, Lam. $\frac{1}{2}$. Moluques. 227
4. — (*Latirus*) gibbula, Gm. sp. $\frac{1}{2}$. Australie. 227
5. Cancellaria reticulata, Dillw. sp. Antilles. 227
6. Pyrula ficus, Lam. $\frac{1}{2}$. Chine. 228
7. — (*Myristica*) melongena, L. $\frac{1}{2}$. Antilles. 229
8. Fusus colus, L. $\frac{1}{2}$. Ceylan. 229
9. — (*Chrysodomus*) antiquus, Müll. (var contrarius, Sby). 229
9'. — (*opercule*). [Crag rouge, Walton, Essex.. 229

Buccinidæ.

10. Buccinum undatum, L. $\frac{1}{2}$. Angleterre. 230
11. Eburna spirata, L. sp. $\frac{3}{2}$. Ceylan. 232
12. Pseudoliva plumbea, Chemn. sp. $\frac{2}{3}$. Cap. 231
13. Terebra maculata, L. sp. $\frac{1}{2}$. Moluques. 232
14. — (*Bullia*) semiplicata, Gray. Afrique australe. 231
15. Nassa arcularia, L. sp. $\frac{2}{3}$. Moluques. 232
16. — (*Cyclonassa*) neritea, L. sp. Méditerranée. 233
17. — (*Cyllene*) Oweni, Gray. Afrique orientale. 232
18. Phos senticosus, L. sp. $\frac{2}{3}$. Australie septentrionale. 233
19. Magilus antiquus, Montf. $\frac{1}{2}$. Mer Rouge. 235
20. — *Id.*, *jeune*. (*Leptoconchus*) 235
21.? Ringicula ringens, Lam. $\frac{2}{1}$. Eocène, Paris. 233

PLANCHE VI

Buccinidæ.

Pl. 7. 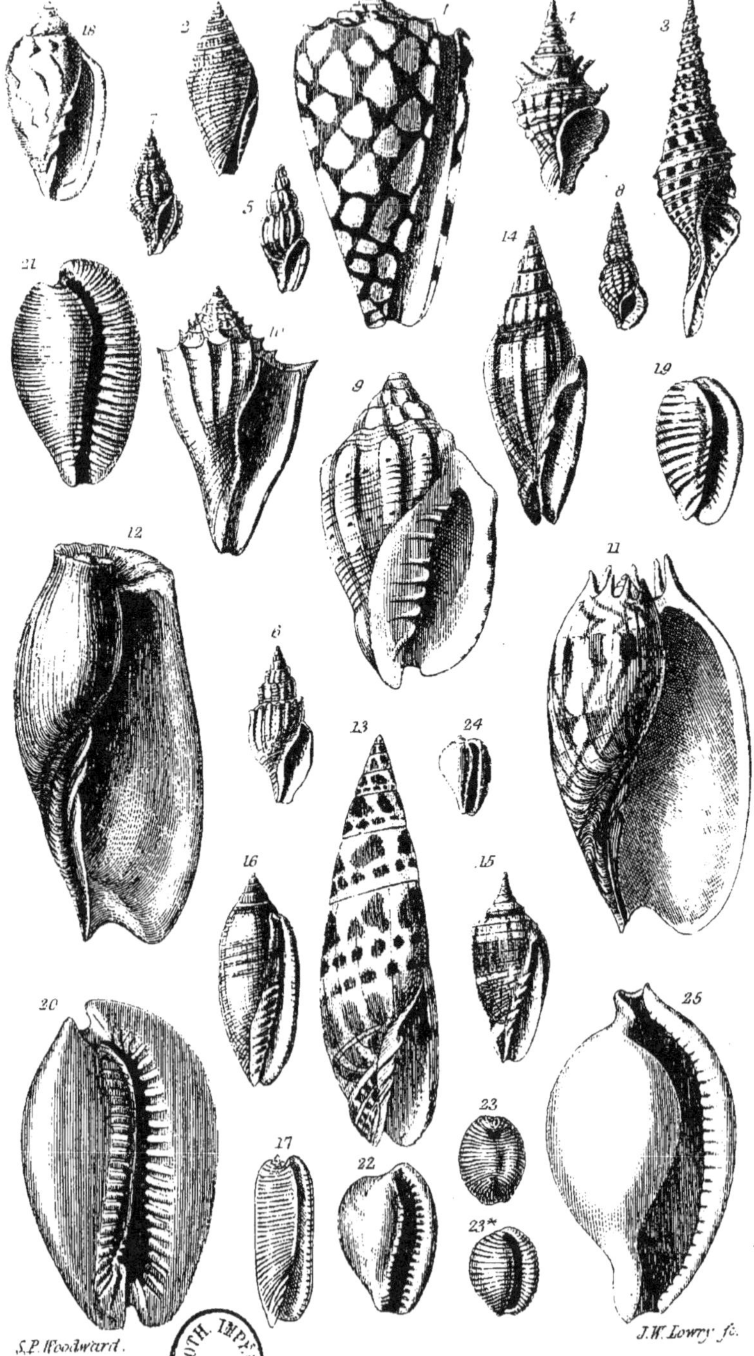
18
2
1
4
3
7
8
5
14
21
10
9
19
12
11
6
13
24
16
15
20
17
22
23
23*
25
S.P. Woodward.
J.W. Lowry. sc.

PLANCHE VII

Conidæ.

1. Conus marmoreus, Gm. $\frac{2}{3}$. Chine. 239
2. — (*Conorbis*) dormitor, Solander. Eocène, Barton. 240
3. Pleurotoma babylonica, L. sp. $\frac{2}{3}$. Chine. 240
4. Clavatula mitra. Gray. Afrique occidentale. 240
5. Mangelia tæniata, Desh. $\frac{2}{1}$. Méditerranée. 240
6. Bela turricula, Mont. sp. Angleterre. 240
7. Defrancia linearis, Bl. sp. $\frac{2}{1}$. Méditerranée. 240
8. Lachesis minima, Mont. sp. $\frac{2}{1}$. Angleterre. 240

Volutidæ.

9. Voluta musica, L. $\frac{1}{2}$. Antilles. 241
10. Volutilithes spinosus, L. sp. $\frac{2}{3}$. Eocène, Barton. 242
11. Melo diadema, Lam. sp. $\frac{1}{3}$. Nouvelle-Guinée. 242
12. Cymba proboscidalis, Lam. sp. $\frac{1}{4}$. Afrique occidentale. 242
13. Mitra episcopalis, d'Arg. $\frac{1}{2}$. Ceylan. 243
14. — vulpecula, L. $\frac{2}{3}$. Singapore. 243
15. — (*Imbricaria*) conica, Schum. Tahiti. 243
16. — (*Cylindra*) crenulata, Chemn. Chine. 243
17. Volvaria bulloides, Lam. Eocène, Grignon. 243
18. Marginella nubeculata, Lam. $\frac{2}{3}$. Afrique occidentale. 243
19. — (*Persicula*) lineata, Lam. Afrique occidentale. 243

Cypræidæ.

20. Cypræa Mauritiana, L. $\frac{1}{2}$. Inde-Pacifique 244
21. — (*Cyprovula*) capensis. Gray. $\frac{2}{3}$. Afrique australe. 245
22. — (*Luponia*) algoensis. Gray. Afrique australe. 245
23, 23* — (*Trivia*) europæa, Mont. Angleterre.. 245
24. Erato lævis, Donovan. Angleterre. 245
25. Ovulum ovum, L. sp. $\frac{1}{2}$. Nouvelle-Guinée. 245

PLANCHE VIII

Naticidæ.

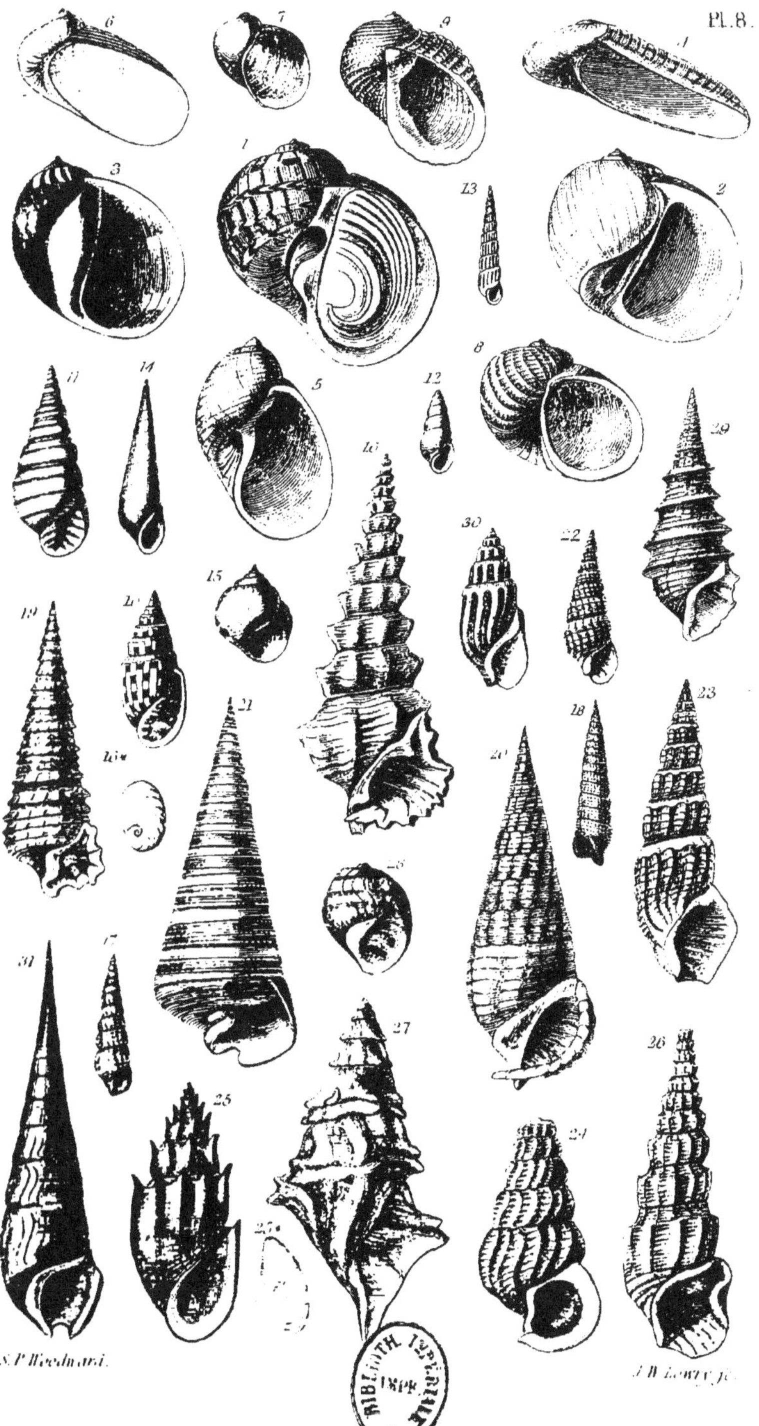
PL. 8.

Pl.9.

S.P. Woodward.
J.W. Lowry sc.
MUSEUM IMPERIALE

PLANCHE IX

Turritellidæ.

1. Turritella imbricata, L. Antilles. 260
2. — (*Mesalia*) sulcata, var. Lam. Eocène, Paris. 260
3. — (*Proto*) cathedralis, Brongn. $\frac{1}{2}$. Miocène, Bordeaux. . . . 260
4. Aclis supranitida, Wood $\frac{2}{1}$. Guernesey. 252
5. Cæcum trachea, Mont. $\frac{4}{1}$. Angleterre. 260
6. — (jeune, grossi, $\frac{8}{1}$.). 260
7. Vermetus lumbricalis, Gm. sp. (jeune). Afrique occid. 260
8. Siliquaria anguina, L. sp. $\frac{1}{2}$. Nouvelle-Guinée. 261
9. Scalaria pretiosa, Lam. $\frac{2}{3}$. Chine. 261

Littorinidæ.

10. Littorina littorea, L. Angleterre. 262
11. — (*Tectaria*) pagodus, L. $\frac{1}{2}$. Zanzibar. 263
12. — (*Fossarus*) sulcatus, S. Wood. Méditerranée. 264
13. — (*Modulus*) tectum, Gm. sp. Australie septentr. 263
14. — (*Risella*) nana, Lam. sp. $\frac{2}{3}$. Tasmanie. 264
15. Solarium perspectivum, L. sp. $\frac{2}{3}$. Chine. 264
16. Lacuna pallidula, Da Costa. Angleterre. 266
17. Rissoa labiosa, Mont. Angleterre. 267
18. — (*Hydrobia*) ulvæ, Penn. Angleterre. 267
19. — (*Jeffreysia*) diaphana, Alder. (opercule). Angleterre. 267
20. Skenea planorbis, O. Fabr. (1^{mm},6). Angleterre. 268
21. Nematura deltæ, Benson. $\frac{2}{1}$. Inde. 267
22. Lithoglyphus fuscus, Pfr. sp. Danube. 268
23. Amnicola isogona, Say. États-Unis. 258
24. Litiopa bombyx, Kiener. Méditerranée. 266
25. Truncatella subtruncata, Mont. sp. $\frac{2}{1}$. Méditerranée. 268

Paludinidæ.

26. Paludina Listeri, Hanley $\frac{1}{2}$. Norwich 269
27. — (*Bithynia*) tentaculata, Mont. Norwich. 269
28. Valvata piscinalis, Müller, Norwich. 271
29. — cristata, Müller. Norwich. 271
30. Ampullaria globosa, Sw. $\frac{1}{2}$. Inde. 269
31. — (*Marisa*) cornu arietis, L. sp. Brésil. 270
32. — (*Lanistes*) Bolteniana, Chemn. sp. $\frac{1}{2}$. Nil. 270
33. Amphibola australis. Nouvelle-Zélande. 271

---

34. Paludomus aculeatus, Gm. sp. Ceylan. 259

Neritidæ.

35. Nerita ustulata, L. Scinde. 272
36. — (*Velates*) perversus, Gm. sp. Eocène, Soissons. 272
37, 38. Pileolus plicatus, J. Sby. Bathonien, Ancliff. 272
39. Neritina zebra, Brug. Pacifique 273
40. — crepidularia, Less. Inde. 273
41. Navicella porcellana, Chemn. sp. Maurice-Pacifique. 273

PLANCHE X

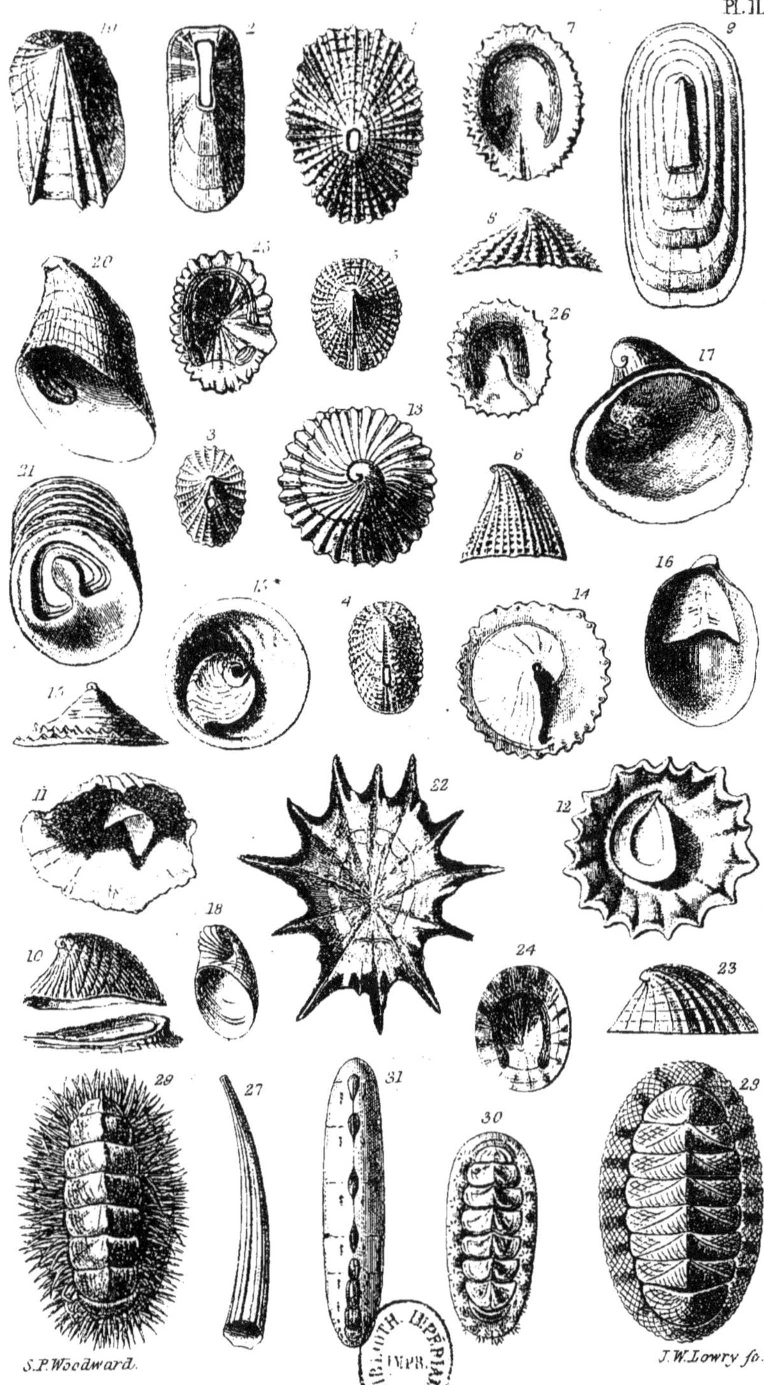

S.P.Woodward.
J.W.Lowry fo.

PLANCHE XI

PLANCHE XII

Helicidæ.

1.	Helix (*Acavus*) hæmastoma, L. $\frac{2}{3}$. Ceylan	300
2.	— (*Polygyra*) polygyrata, Born. $\frac{1}{2}$. Brésil	300
3.	— (*Carocolla*) lapicida, L. Angleterre	300
4.	— (*Anastoma*) globulosa, Lam. Brésil	300
5.	— (*Tridopsis*) hirsuta, Sby. États-Unis	300
6.	— (*Streptaxis*) contusa, Fér. Brésil	300
7.	— (*Sagda*) epistylium, Müll. Jamaïque	300
8.	— (*Helicella*) cellaria, Müll. Angleterre	300
9.	— (*Stenopus*) lævipes, Müll. Malabar	300
10.	Bulimus oblongus, Müll. $\frac{1}{2}$. Guyane	302
11, 12.	— decollatus, L. Europe méridionale	302
13.	— (*Partula*) faba, Martin. Tahiti	302
14.	— (*Zua*) lubricus, Müll. Angleterre	302
15.	— (*Azeca*) tridens, Pulteney. Angleterre	302
16.	Pupa uva, L. sp. Guadeloupe	303
17.	— (*Vertigo*) Venetzii, Charp. $\frac{5}{1}$. Pliocène, Essex	304
18.	Megaspira elatior, Spix sp. $\frac{2}{3}$. Brésil	305
19.	Clausilia plicatula, Drap. Kent	305
20.	Cylindrella cylindrus, Chem. sp. $\frac{2}{3}$. Jamaïque	304
21.	Balea perversa, L. sp. Angleterre	304
22.	Achatina variegata, Fab. Col. $\frac{1}{2}$. Afrique occidentale	303
23.	Succinea putris, L. Angleterre	301
24.	— (*Omalonyx*) unguis, d'Orb. Paraguay	302

Limacidæ.

25.	Limax maximus, L. Angleterre	306
26.	Testacella haliotoides, Fér. $\frac{2}{1}$. Angleterre	309
27.	Parmacella (*Cryptella*) calyculata, Sby. Canaries	308
28.	Vitrina Draparnaldi, Cuv. Angleterre	301
29.	— (*Daudebardia*) brevipes, Drap. $\frac{2}{1}$. Autriche	301

Limnæidæ.

30.	Limnæa stagnalis, L. sp. Angleterre	311
31.	— (*Amphipeplea*) glutinosa, Müll. Angleterre	312
32.	Physa fontinalis, Mont. sp. Angleterre	312
33.	Ancylus fluviatilis, Lister sp. Angleterre	313
34.	Planorbis corneus, L. sp. Angleterre	313

Auriculidæ.

35.	Auricula Judæ, L. $\frac{2}{3}$. Inde	315
36.	— scarabæus, Gm. sp. Ceylan	315
37.	— (*Conovulus*) coffea, L. Antilles	315
38.	— (*Alexia*) denticulata, Mont. sp. Angleterre	316
39.	— Carychium minimum, Drap. sp. $\frac{5}{1}$. Angleterre	316

Cyclostomidæ.

40.	Cyclostoma elegans, Müll, sp. Angleterre	317
41.	Cyclophorus involvulus, Müll. sp. $\frac{2}{3}$. Inde	319
42.	Pupina bicanaliculata, Sby. Australie septentrionale	320
43.	Helicina Bronwnii, Gray. $\frac{1}{2}$. Jamaïque	321
44.	Acicula fusca, Walker sp. $\frac{4}{1}$. Angleterre	321

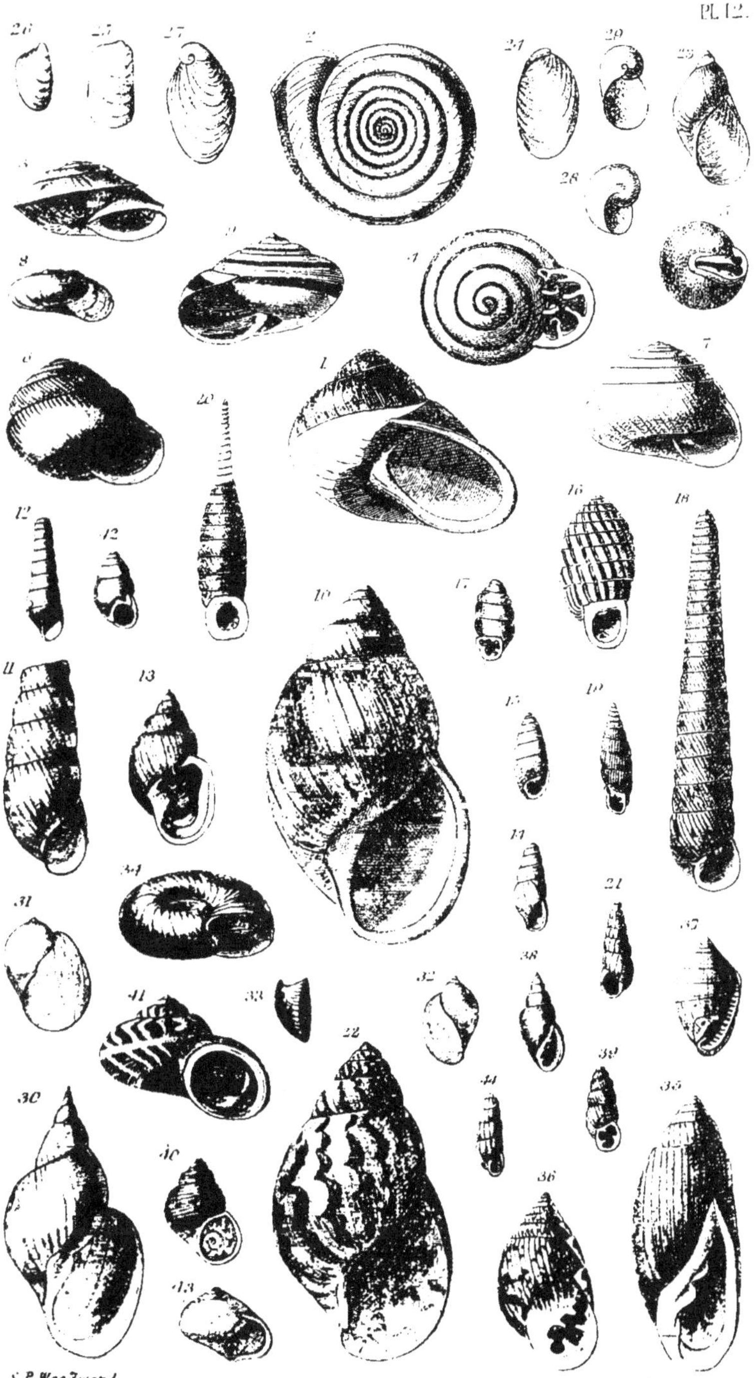

S.P. Woodward
J.W. Lowry sc.

S.P.Woodward.

J.W.Lowry, sc.

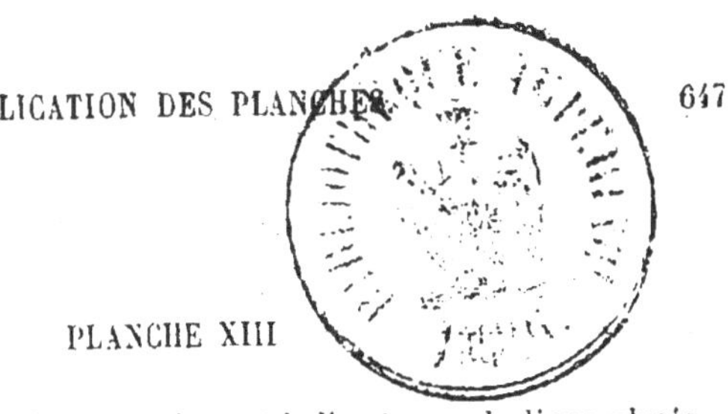

PLANCHE XIII

La grandeur naturelle de chaque espèce est indiquée par la ligne placée
à côté de la figure.

PLANCHE XIV.

Opisthobranches.

Nucléobranches.

Ptéropodes.

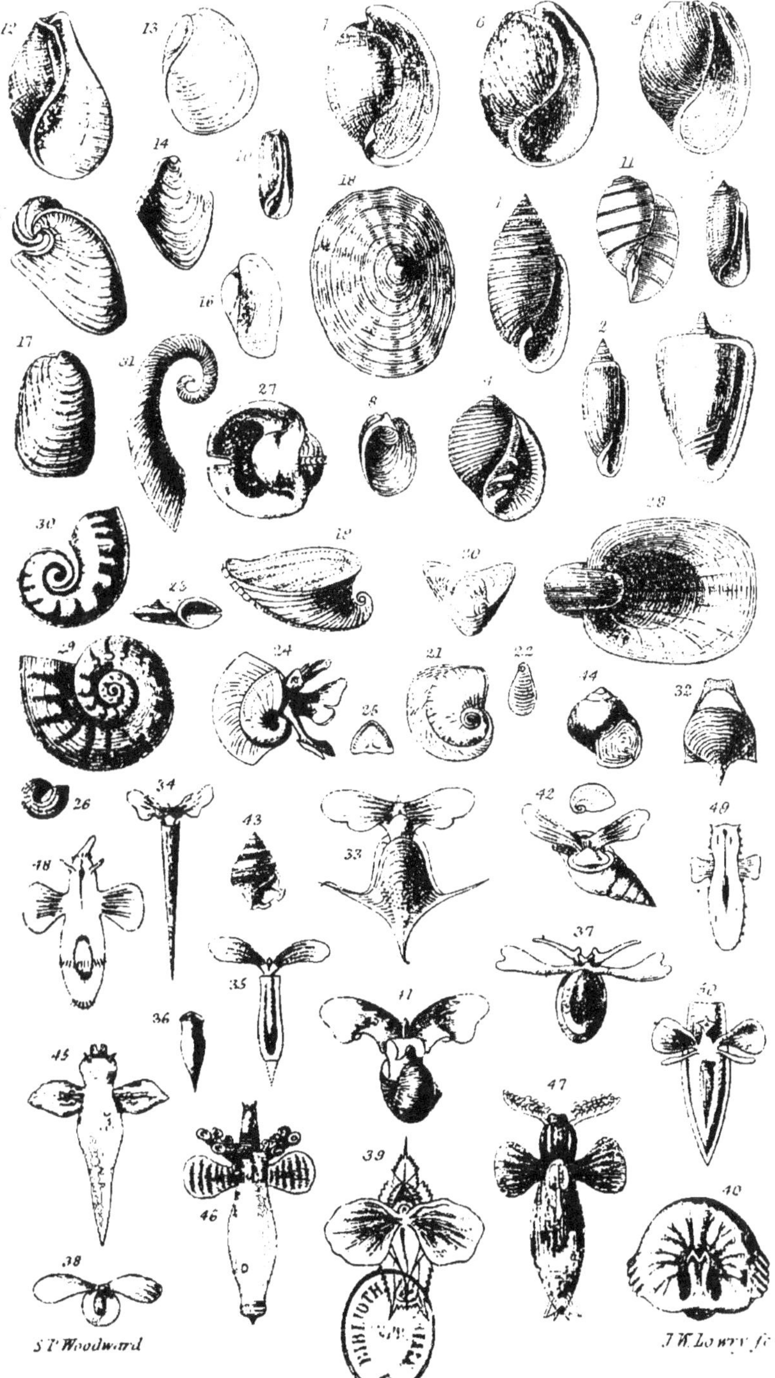
J.W.Lowry fc.
S.P.Woodward

Pl.15. 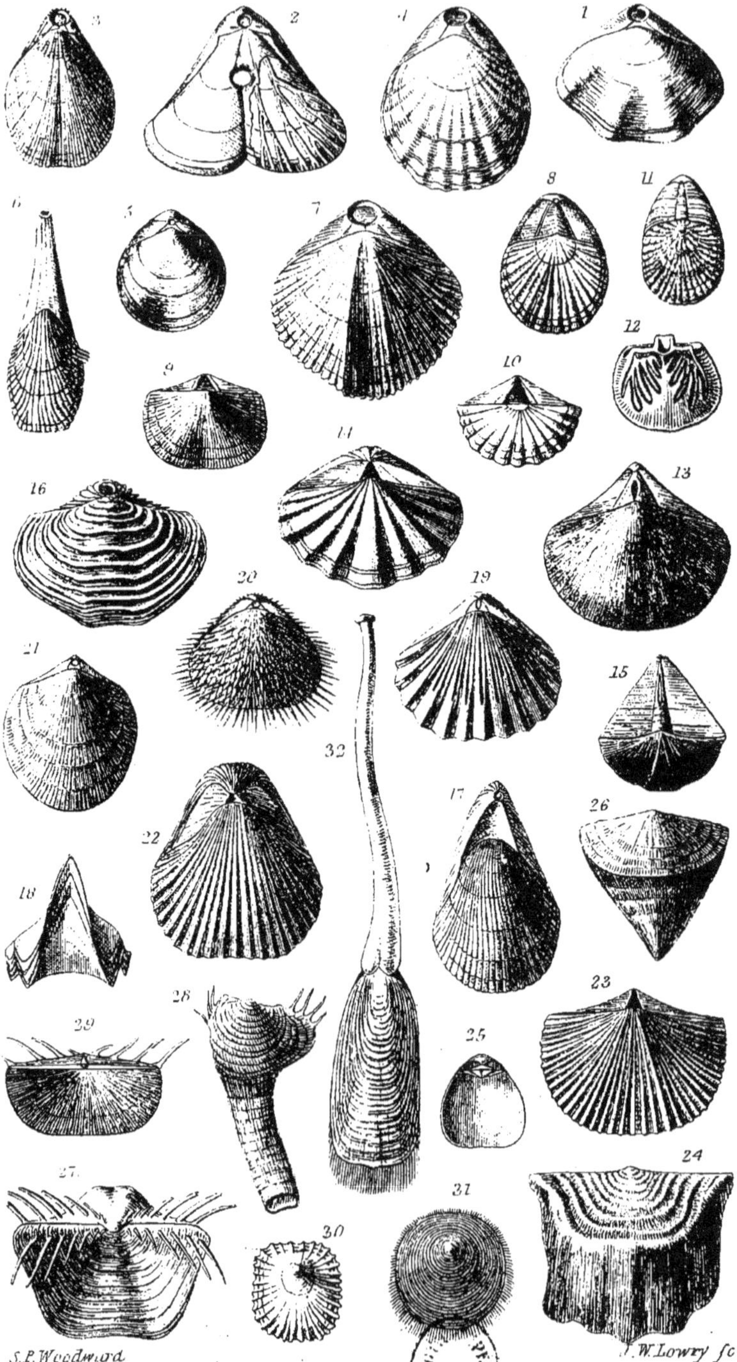
S.P.Woodward
J.W.Lowry sc.

PLANCHE XV

Toutes les espèces figurées sur cette planche, sauf celles qui sont marquées d'un ★, sont vues du côté dorsal.

Terebratulidæ.

1. Terebratula maxillata, Sby. $\frac{1}{3}$. Bathonien, Angleterre. 376
2. — diphya, F. Col. $\frac{1}{2}$. Alpenkalk, Tyrol. 376
3. Terebratulina caput serpentis, L. Norwége — Méditerranée. . . 376
4. Waldheimia australis, Quoy. $\frac{2}{3}$. Port-Jackson. 377
5. — impressa, Buch. Oxfordien, Angleterre. 377
6. Lyra Meadi, Cumb. 1816. $\frac{1}{2}$. Grès vert supérieur, Angleterre. . . 378
7. Terebratella Magellanica, Chemn. $\frac{2}{3}$ Cap. Horn. 377
8. Trigonosemus Palissyi, Woodw. Craie, Belgique. 378
9. Megerlia truncata, Lam. $\frac{2}{3}$. Méditerranée. 380
10. Argiope decollata, Chemn. $\frac{2}{1}$. Méditerranée. 381
11. Thecidium radians, Brongn. Craie, Belgique. 382
12.* — hieroglyphicum, Defr. (intérieur). Craie, Belgique. . 384
13. Stringocephalus Burtini, Defr. var. $\frac{1}{3}$. Devonien, Europe. 384

Spiriferidæ.

14. Spirifera Walcoti, Sby. $\frac{1}{2}$. Lias. Bath. 385
15. Cyrtia exporrecta, Walh. Silurien supér., Europe. 385
16. Athyris lamellosa, Lév. $\frac{1}{2}$. Calcaire carbon. Amér. sept. — Europe. 386
17. Uncites gryphus, Schl. $\frac{1}{2}$. Devonien, Belgique. 387

Rhynchonellidæ.

18.* Rhynchonella acuta, Sby. $\frac{2}{3}$. Lias, Europe. 388
19. — furcillata, Buch. Lias, Europe. 388
20. — spinosa, Schl. $\frac{2}{3}$. Oolithe infér., Europe. 388
21. Atrypa reticularis, L. sp. $\frac{1}{2}$. Silur. — Devonien, Am. sept. — Europe. 391
22. Pentamerus Knightii, Sby. $\frac{1}{3}$. Silurien supérieur. 390

Orthidæ.

23. Orthis rustica, J. Sby. $\frac{2}{3}$. Silurien supérieur, Europe. 393
24.* Strophomena rhomboidalis, Wahl, $\frac{2}{3}$. Silurien supérieur, Amér. sept. — Europe. 393
25. Leptæna liassina, Bouch. $\frac{2}{1}$. Lias, Europe. 394
26. Calceola sandalina, Lam. $\frac{1}{2}$. Devonien, Europe. 396

Productidæ.

27. Productus horridus, J. Sby. $\frac{1}{2}$. Calcaire magnésien, Europe. . . . 397
28.* — proboscideus, Vern. $\frac{1}{2}$. Calcaire carbonifère, Belgique. . 397
29. Chonetes striatella, Dalm. Silurien supérieur, Europe. 399

Craniadæ.

30. Crania Ignabergensis, Retz., Craie, Suède. 399

Discinidæ.

31. Discina lamellosa, Brod. $\frac{1}{2}$. Pérou. 401

Lingulidæ.

32. Lingula anatina, Lam. $\frac{1}{2}$. Philippines. 403

PLANCHE XVI

Ostreidæ.

1. Ostrea diluviana, Gmelin. $\frac{1}{3}$. Marnes de la craie, Angleterre. . 421
2. — (*Exogyra*) conica, Sby. $\frac{2}{3}$. Grès vert supérieur, Wilts. . . . 422
3. Anomia Achæus. Gray. $\frac{2}{3}$. Kurrachee, Scinde. 422
4. Placunomia macrochisma, Desh. $\frac{1}{3}$. Californie. 423
5. Placuna sella, Gm. sp. $\frac{1}{4}$. Chine. 423
6. — placenta, L. (jeune). Australie septentrionale. 423
7. Carolia placunoides, Cantr. (charnière). Tertiaire, Égypte. . . . 424
8. Pecten plica, L. $\frac{2}{3}$ Chine. 426
9. — (*Hemipecten*) Forbesianus, Ad. $\frac{2}{3}$. Mers des Soulou. 25 mèt. 426
10. — (*Hinnites*) pusio, Pen. $\frac{2}{3}$. Angleterre. 426
11. Lima squamosa, Lam. $\frac{1}{2}$. Chine. 426
12. — (*Plagiostoma*) cardiiformis, Sby. 426
13. — (*Limatula*) subauriculata, Mont. Angleterre. 427
14. — (*Limæa*) strigilata, Brocchi, sp. Pliocène, Italie. 427
15. Spondylus princeps, Gmel. $\frac{1}{2}$. Mer des Soulou. 427
16. — (*Pedum*) spondyloides, Gmel. $\frac{2}{3}$. Mer Rouge. 428
17. Plicatula cristata, Lam. $\frac{2}{3}$. Antilles. 428

Aviculidæ.

18. Avicula hirundo, L. $\frac{1}{2}$. Méditerranée. 429
19. — (*Meleagrina*) margaritifera, L. sp. $\frac{1}{4}$. Ceylan. 429
20. — (*Malleus*) vulgaris, Lam. $\frac{1}{4}$. Chine. 430
21. — (*Vulsella*) lingulata, Lam. $\frac{1}{3}$. Mer Rouge. 430
22. Posidonomya Becheri, Bronn. Carb. Hesse, Angleterre. 431
23. Pinna squamosa, Lam. $\frac{1}{10}$. Méditerranée. 433
24. Crenatula viridis, Lam. $\frac{1}{3}$. Mers de Chine. 432

---

a, *a'*, impressions des adducteurs.
p, muscles du pied.
g, suspenseurs des branchies.
b, trou ou échancrure du byssus.

Pl. 16. 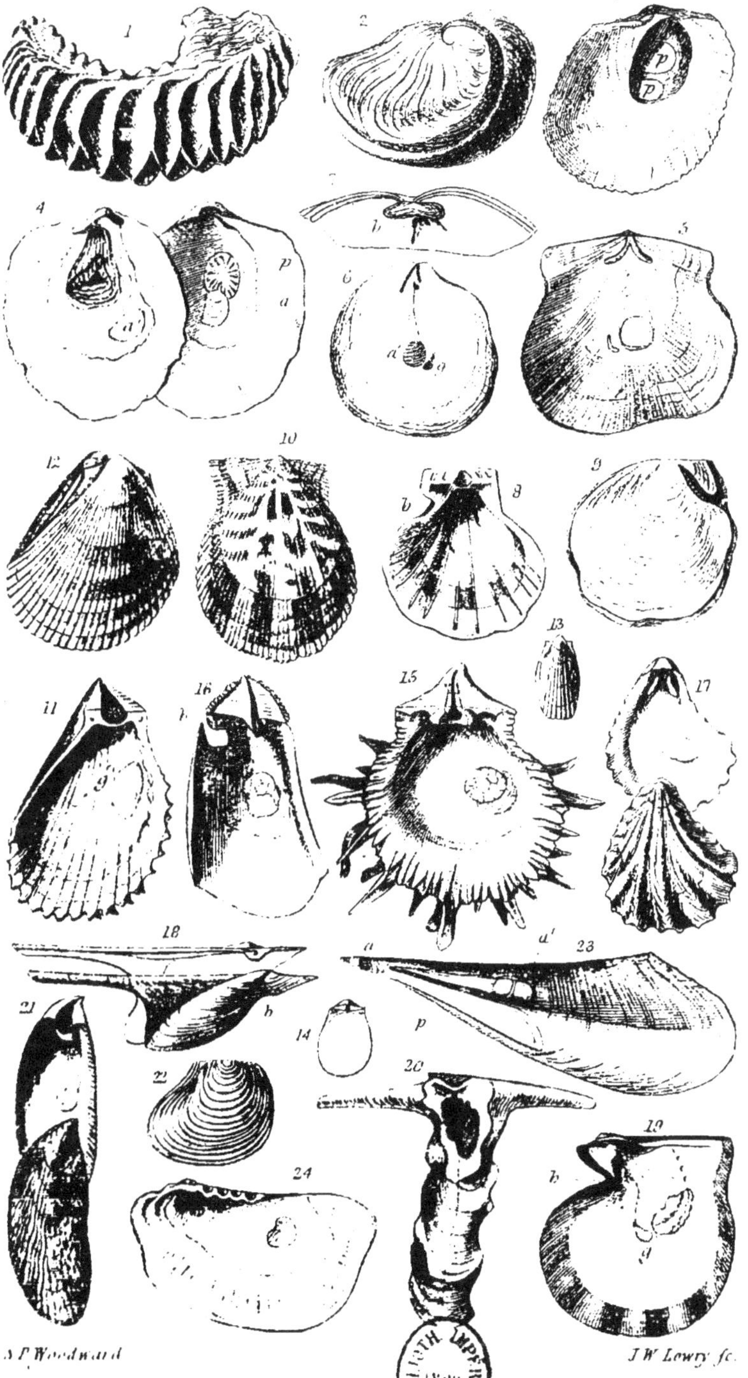
S. P. Woodward
J. W. Lowry sc.

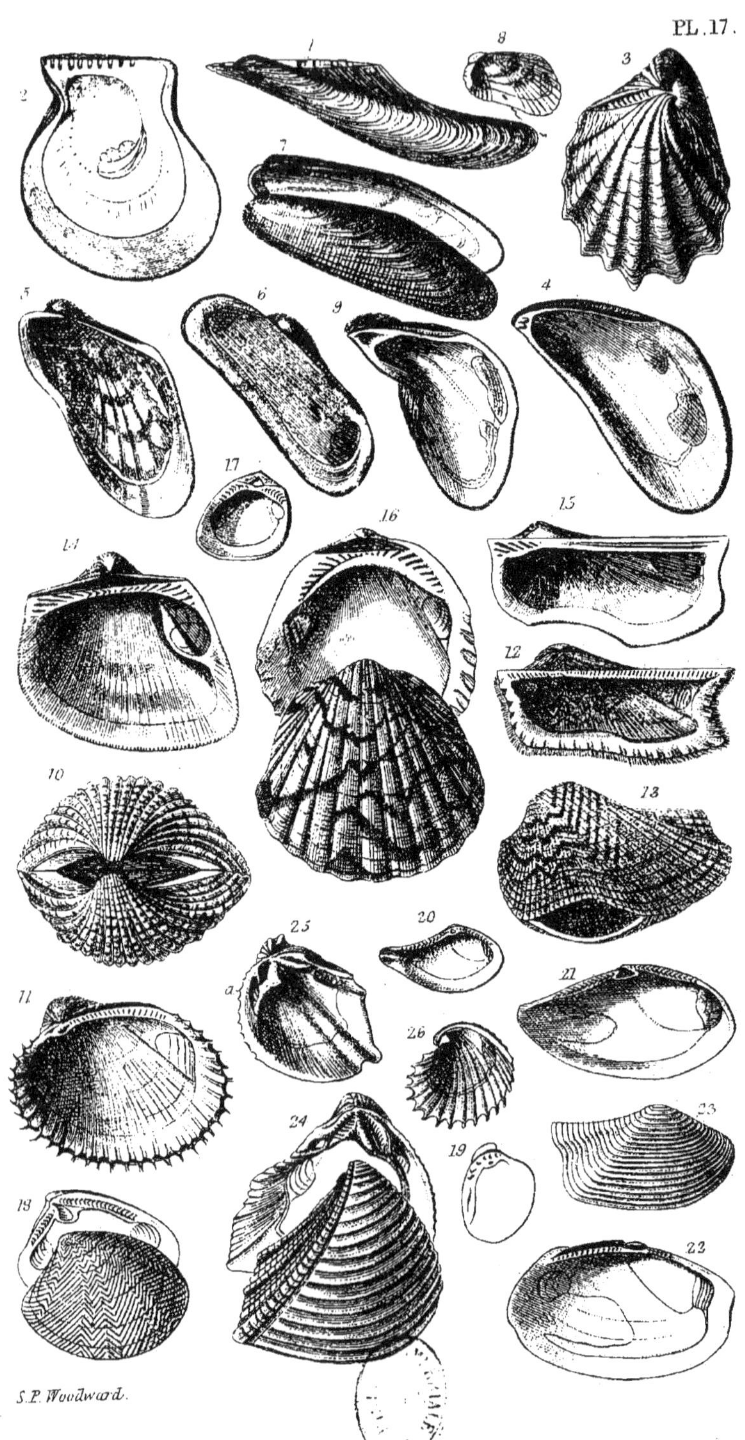

PL.17.
S.P. Woodward.

PLANCHE XVII

Les espèces marquées d'un * sont représentées du côté de la valve gauche (face interne).

Aviculidæ.

1. Gervillia anceps, Desh. $\frac{1}{6}$. Néocomien, Angleterre 432
2. Perna ephippium, L. $\frac{1}{2}$. Antilles. 432
3. Inoceramus sulcatus, Park. $\frac{2}{3}$. Gault, Angleterre. 432

Mytilidæ,

4. Mytilus smaragdinus, Chemn. $\frac{1}{4}$. Inde, ... 434
5. Modiola tulipa, Lam, $\frac{1}{2}$. Angleterre. 435
6. — pelagica, Forbes. $\frac{1}{2}$. Atlantique méridionale. 437
7. — lithophaga, L. $\frac{1}{3}$. Méditerranée. 435
8. Crenella discors, L. Angleterre. 436
9. Dreissena polymorpha, Pallas. $\frac{2}{3}$. Angleterre. 437

Arcadæ.

10. Arca granosa, L. $\frac{2}{3}$. Australie.. 438
11. — pexata, Say. $\frac{1}{2}$. Caroline du Sud. 438
12. — (*Byssoarca*) Noæ, L, $\frac{2}{3}$. Méditerranée. 438
13. — — zebra, Sw. $\frac{1}{2}$. Australie. 438
14. Cucullæa concamerata, Martini. $\frac{1}{2}$. Inde. 439
15. Macrodon Hirsonensis, d'Arch. sp. $\frac{1}{2}$. Oolithe de Bath. Angleterre. 439
16. * Pectunculus pectiniformis, Lam. $\frac{2}{3}$. Inde. 439
17. * Limopsis aurita, Broc. sp. Crag, Suffolk 440
18. Nucula Cobboldiæ, Sby. $\frac{4}{5}$. Crag, Norwich.. 440
19. * Nuculina miliaris, Desh. $\frac{4}{1}$. Eocène. Paris. 441
20. * Leda caudata, Donov., Angleterre. 441
21. * — (*Yoldia*) myalis, Couthouy. $\frac{2}{3}$. Crag, Norwich. 442
22. * Solenella Norrisii, G. Sby. $\frac{3}{5}$. Valparaiso. 443
23. — ornata, G. Sby. sp. $\frac{3}{5}$. Miocène, Patagonie. 443

Trigoniadæ.

24. * Trigonia costata, Park. $\frac{1}{3}$. Oolithe, Angleterre. 444
25. Myophoria decussata, Münst. sp. Trias, Tyrol. 445

---

26. Verticordia cardiiformis, Wood. $\frac{3}{4}$. Crag, Suffolk. 486

PLANCHE XVIII

Les figures marquées d'un astérisque représentent des valves gauches.

Unionidæ.

1. Unio littoralis, Drap. $\frac{1}{2}$. Auvergne. 447
2. — (*Monocondylæa*) Paraguayanus, d'Orb. $\frac{1}{2}$. Amér. du Sud. . . 448
3. Castalia ambigua, Lam. $\frac{1}{2}$. Amazone. 448
4. Hyria syrmatophora, Gronov. $\frac{1}{2}$. Amérique du Sud[1]. 448
5. * Iridina exotica, Lam. $\frac{1}{3}$. Nil. 449
6. Mycetopus soleniformis, d'Orb. $\frac{1}{3}$. Amér. du Sud, Parana. . . . 449
7. Ætheria semilunata, Lam. $\frac{1}{3}$. Sénégal. 449

Chamidæ.

8. Chama macrophylla, Chemn. $\frac{1}{2}$. Antilles. 451
9. — *valve gauche* 451
10. Diceras arietinum, Lam. $\frac{1}{3}$. Oolithe corallienne, France. 453
11. — *valve gauche*. 453
12. — (*Requienia*) Lonsdalii, J. Sow. $\frac{1}{4}$. Néocomien, Espagne — Angleterre 454

Hippuritidæ.

13. Caprotina striata, d'Orb. Grès vert sup., France. 466
14. — *valve gauche*. 466

Tridacnidæ.

15. Tridacna squamosa, Chemn. $\frac{1}{6}$. Bombay. 467
16. Hippopus maculatus, Lam. $\frac{1}{4}$. Australie septentr. 468

Cardiadæ (part.)

17. Lithocardium aviculare, Lam. $\frac{1}{2}$. Eocène, Paris. 468

Cyprinidæ.

18. Cardilia semi-sulcata, Lam. Amboine. 483
19. * Megalodon cucullatus, J. Sby. $\frac{1}{2}$. Devonien. Eifel. 483

[1] L'animal des *Hyria* a deux ouvertures siphonales.

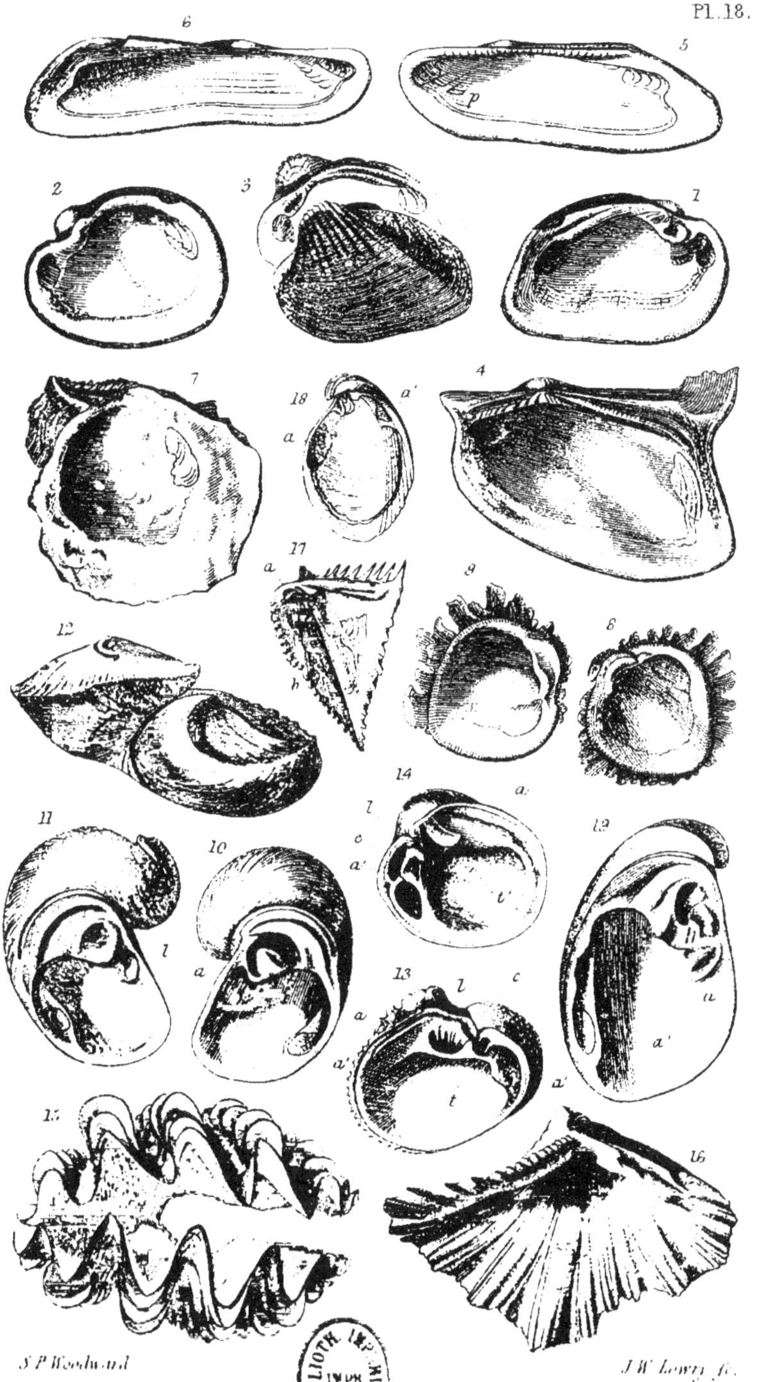

S. P. Woodward

J. W. Lowry sc.

PLANCHE XIX

Les figures marquées d'un astérisque représentent des valves gauches.

Cardiadæ.

1. Cardium costatum, L. $\frac{1}{3}$. Chine. 468
2. — lyratum, G. Sby. $\frac{1}{2}$. Madagascar. 468
3. — hemicardium, L. $\frac{1}{2}$. Chine. 468
4.* — (*Adacna*) edentulum, Pallas. $\frac{2}{3}$. Caspienne. 468
5. Conocardium Hibernicum, Sby. $\frac{1}{2}$. Calcaire carbonifère, Kildare. . . 469

Lucinidæ.

6*. Lucina Pennsylvanica, L. $\frac{2}{3}$. Antilles. 471
7. — (*Cryptodon*) flexuosa, Mont. Angleterre. 471
8. Corbis elegans, Desh. $\frac{1}{2}$. Chine. 471
9. Diplodonta lupinus, Broc. sp. Miocène, Turin. 472
10. Ungulina oblonga, Daud. $\frac{2}{3}$. Afrique occidentale. 473
11. Kellia Lapeyrousii, Desh. Californie. 474
12. — (*Poronia*) rubra, Mont. $\frac{4}{1}$. Angleterre. 473
13. Montacuta substriata, Mont. $\frac{3}{1}$. Angleterre. 474
14. Lepton squamosum, Mont. $\frac{4}{3}$. Angleterre. 475
15. Galeomma Turtoni, Sby. Angleterre. 475
16. *Cyamium antarcticum, Phil. $\frac{2}{1}$. Iles Falkland. 473

Cycladidæ.

17. Cyclas cornea, L. Tamise. 476
18. — (*Pisidium*) amnica, Müll. $\frac{3}{2}$. Tamise. 477
19. Cyrenoides Duponti, Joan. $\frac{2}{3}$. 477
20. Cyrena cyprinoides, Quoy. $\frac{1}{2}$. Ceylan. 477
21. — (*Corbicula*) consobrina, Caillaud. Canal d'Alexandrie. 477

Cyprinidæ.

22. Cyprina Islandica, L. $\frac{1}{3}$. Nord de la Grande-Bretagne. 478
23. Cardinia Listeri, Sby. sp. $\frac{1}{2}$. Lias. Cheltenham. 484
24. Opis lunulata, Mill. sp. Oolithe inférieure, Bridport. 484
25. Myoconcha crassa, Sby. $\frac{1}{4}$. Oolithe inférieure, Dundry. 485

PLANCHE XX

Toutes les figures représentant des *intérieurs* sont faites d'après des valves droites.

Cyprinidæ.

Veneridæ.

Pl.20.
S.P.Woodward
J.W.Lowry. sc

S.P. Woodward.
J.W. Lowry fc.

PLANCHE XXI

Toutes les figures représentant des *intérieurs* sont faites d'après des valves
droites.

Mactridæ.

Tellinidæ

PLANCHE XXII

Les figures marquées d'un astérisque sont des valves *gauches* (intérieurs).

Tellinidæ.

1. Sanguinolaria livida, Lam. $\frac{1}{2}$. Australie septentrionale. 497
2. — diphos, Chemn. $\frac{1}{3}$. Inde. 497
3. — orbiculata, Wood. $\frac{1}{2}$. Penang. 497

Solenidæ.

4. Solen siliqua, L. $\frac{1}{3}$. Angleterre. 500
5. Cultellus lacteus, Spengl. $\frac{1}{3}$. Tranquebar. 501
6. — (*Cerastisolen*) legumen, L. $\frac{2}{3}$. Angleterre. 501
7. — (*Machæra*) politus, Wood. $\frac{2}{3}$. Inde. 502
8. Solecurtus strigilatus, L. $\frac{2}{3}$. Afrique occidentale. 502
9. — Caribæus, Lam. $\frac{2}{3}$. États-Unis. 502
10. — (*Novaculina*) Gangeticus, Bens. Calcutta. 502

Myacidæ.

11. Thetis hyalina, Sby. sp. $\frac{2}{3}$. Chine. 505
12. Panopæa Americana, Conrad. $\frac{1}{3}$. Miocène, Maryland. 506
13*. Saxicava rugosa, L. $\frac{2}{3}$. Angleterre — Kamtschatka. 515
14. Glycimeris siliqua, Chemn. $\frac{2}{3}$. Amérique arctique. 507

Anatinidæ.

15*. Pholadomya candida, Sby. $\frac{1}{3}$. Antilles. 510
16. Goniomya literata, Sby. $\frac{1}{2}$. Oolithe, Angleterre. 510

---

17. Solemya togata, Poli sp. $\frac{1}{2}$. Méditerranée. 443

Pl. 22. 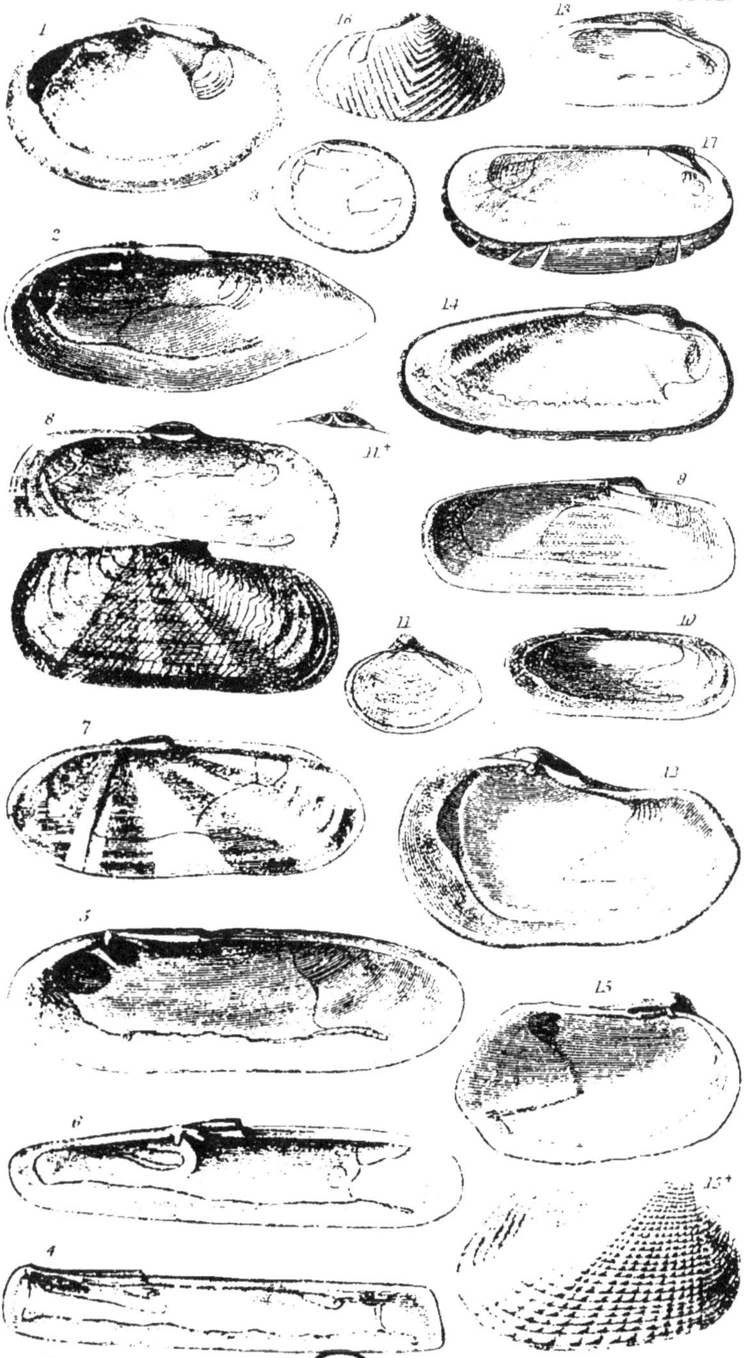
1
16
13
17
3
2
14
8
11*
9
11
10
7
13
5
15
6
13*
4
S. P. Woodward
J. W. Lowry sc.

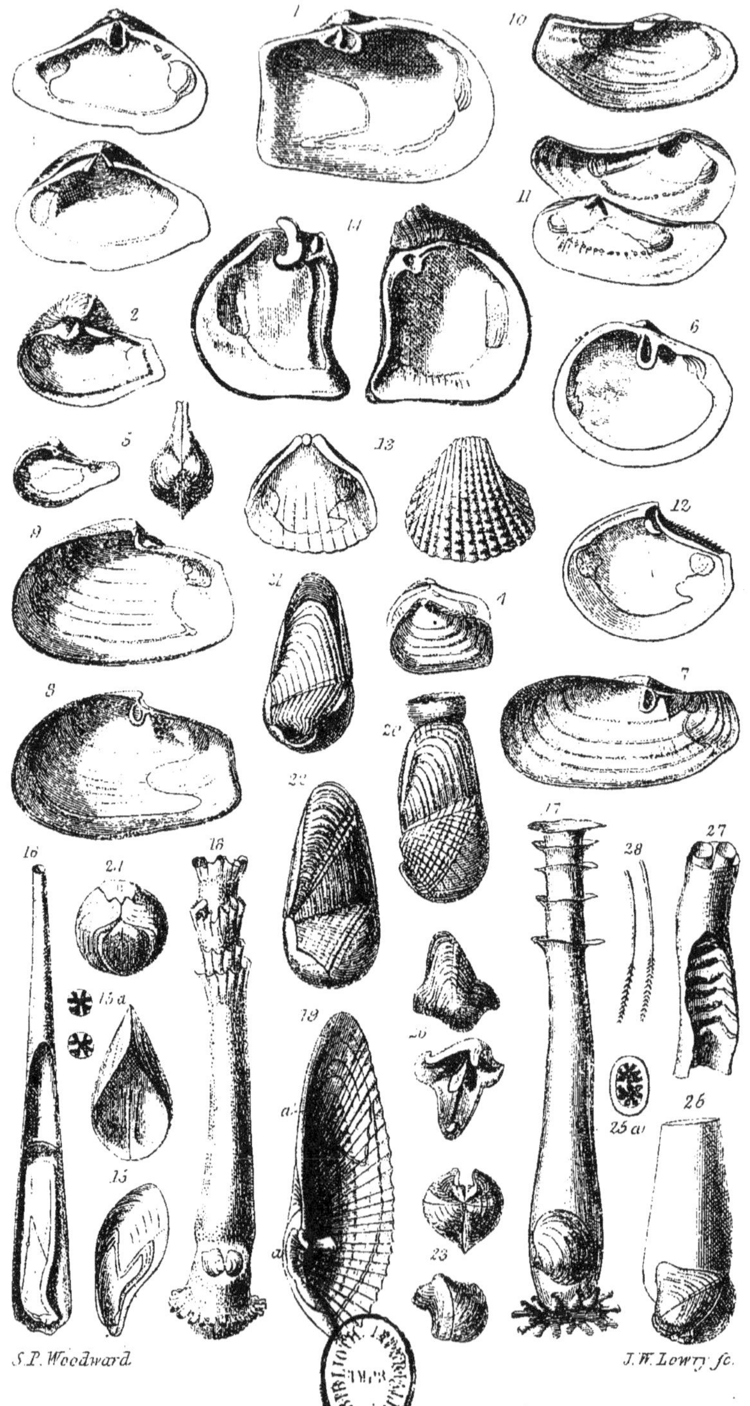

S.P. Woodward.
J.W. Lowry sc.

PLANCHE XXIII

Les intérieurs marqués d'un astérisque sont des valves *gauches*.

Myacidæ.

Anatinidæ.

Gastrochænidæ.

Pholadidæ.

PARIS. — IMP. SIMON RAÇON ET COMP., RUE D'ERFU TH, 1.

F. SAVY, LIBRAIRE-ÉDITEUR
24, rue Hautefeuille, à PARIS

HISTOIRE

DE

LA CRÉATION

EXPOSÉ SCIENTIFIQUE

DES

PHASES DE DÉVELOPPEMENT DU GLOBE TERRESTRE ET DE SES HABITANTS

Par H. BURMEISTER

Directeur du musée de Buénos-Ayres

ÉDITION FRANÇAISE, TRADUITE DE L'ALLEMAND D'APRÈS LA HUITIÈME ÉDITION

Par E. MAUPAS

Revue par le professeur GIEBEL

Un beau vol. gr. in-8 de 700 p. avec de nombreuses gravures dans le texte
et des planches.

Prix : 10 francs

Cet ouvrage est l'exposé des phénomènes naturels qui ont successivement amené le globe terrestre de son état primitif à celui où il se trouve actuellement. L'*Histoire de la Création* de Burmeister partage en Allemagne le succès du *Cosmos* de Humboldt, et il jouit d'une aussi légitime admiration de la part des savants. L'*Histoire de la Création* diffère cependant du *Cosmos* en ce qu'il est plus rigoureusement un livre scientifique. Il n'y a aucun chapitre qui ne soit de nature à intéresser les hommes les plus versés dans l'étude des sciences naturelles. Ce n'est point, comme son titre pourrait le donner à supposer, un ouvrage qui fasse concurrence à ceux que les vulgarisateurs, dits scientifiques, écrivent pour le lecteur superficiel. M. Burmeister a préludé à cette publication par de nombreux travaux, de grands voyages sur tous les points du globe; aussi le savant trouvera dans ce livre, en même temps que les recherches les plus récentes de la science, un grand nombre de faits qui, disséminés dans de grands recueils, lui seraient restés inconnus. Huit éditions publiées en Allemagne en un court espace de temps n'ont point épuisé le succès de ce livre original qui embrasse les questions les plus importantes et les plus attrayantes du monde physique. Une exposition magistrale et des explications libres de tout préjugé sont à la hauteur de tous ces problèmes difficiles qui embrassent la physique du globe, la météorologie, la géologie, la paléontologie, la biologie, l'anthropologie, la zoologie, la botanique, etc. Dans les dernières éditions M. Burmeister s'est adjoint M. Giebel, professeur de zoologie à l'université de Halle ; et ces deux célèbres savants se sont réunis pour

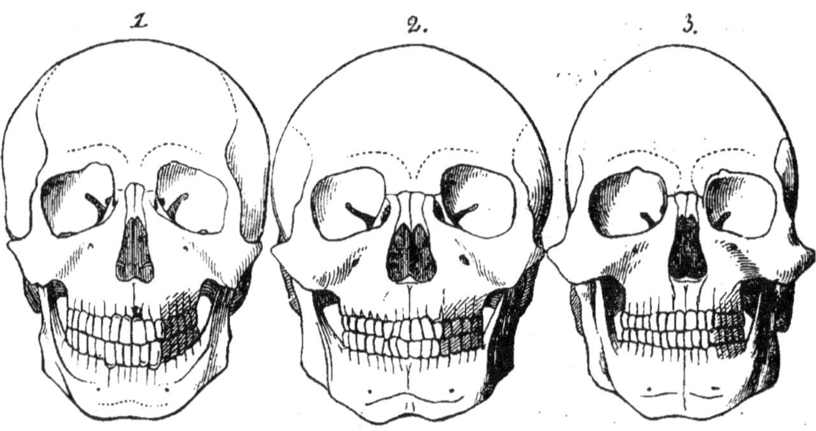

traiter dans ce livre le domaine entier des sciences. On trouvera, traitées de main de maître, toutes les questions qui passionnent les esprits depuis plusieurs années : l'ancienneté de l'homme, l'origine et la variabilité des espèces ; la classification des êtres vivants ; leur répartition et leur arrivée successive sur le globe ; etc., etc.

Ce livre remarquable et si vigoureusement pensé appelait une traduction française. Elle a été faite avec le plus grand soin par M. Maupas et revue par le professeur Giebel. Nous ne doutons point que l'*Histoire de la Création* n'obtienne en France le même succès qu'en Allemagne.

PARIS. — IMP. SIMON RAÇON ET COMP., RUE D'ERFURTH, 1.

HISTOIRE

DE

LA CRÉATION

EXPOSÉ SCIENTIFIQUE

DES

PHASES DE DÉVELOPPEMENT DU GLOBE TERRESTRE ET DE SES HABITANTS

Par H. BURMEISTER

Directeur du musée de Buénos-Ayres

ÉDITION FRANÇAISE, TRADUITE DE L'ALLEMAND D'APRÈS LA HUITIÈME ÉDITION

Par E. MAUPAS

Revue par le professeur GIEBEL

Un vol. grand in-8 avec gravures dans le texte et des planches

---

Prix : 10 francs

Cet ouvrage est l'exposé des phénomènes naturels qui ont successivement amené le globe terrestre de son état primitif à celui où il se trouve actuellement. L'*Histoire de la Création* de Burmeister partage en Allemagne le succès du *Cosmos* de Humboldt, et il jouit d'une aussi légitime admiration de la part des savants. L'*Histoire de la Création* diffère cependant du *Cosmos* en ce qu'il est plus rigoureusement un livre scientifique. Il n'y a aucun chapitre qui ne soit de nature à intéresser les hommes

les plus versés dans l'étude des sciences naturelles. Ce n'est
point, comme son titre pourrait le donner à supposer, un ouvrage
qui fasse concurrence à ceux que les vulgarisateurs, dits scientifiques, écrivent pour le lecteur superficiel. M. Burmeister a
préludé à cette publication par de nombreux travaux, de grands
voyages sur tous les points du globe ; aussi le savant trouvera
dans ce livre, en même temps que les recherches les plus

récentes de la science, un grand nombre de faits qui, disséminés
dans de grands recueils, lui seraient restés inconnus. Huit éditions publiées en Allemagne en un court espace de temps n'ont
point épuisé le succès de ce livre original qui embrasse les
questions les plus importantes et les plus attrayantes du monde
physique. Une exposition magistrale et des explications libres
de tout préjugé sont à la hauteur de ces problèmes difficiles
qui embrassent la physique du globe, la météorologie, la géo-

logie, la paléontologie, la biologie, l'anthropologie, la zoologie,

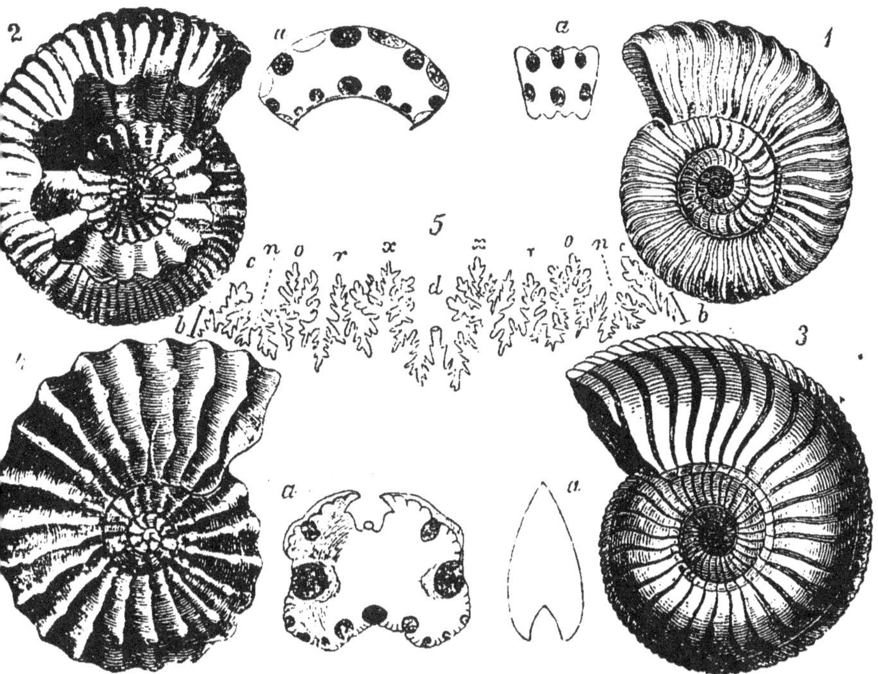

la botanique, etc. Dans les dernières éditions M. Burmeister s'est adjoint M. Giebel professeur de zoologie à l'université

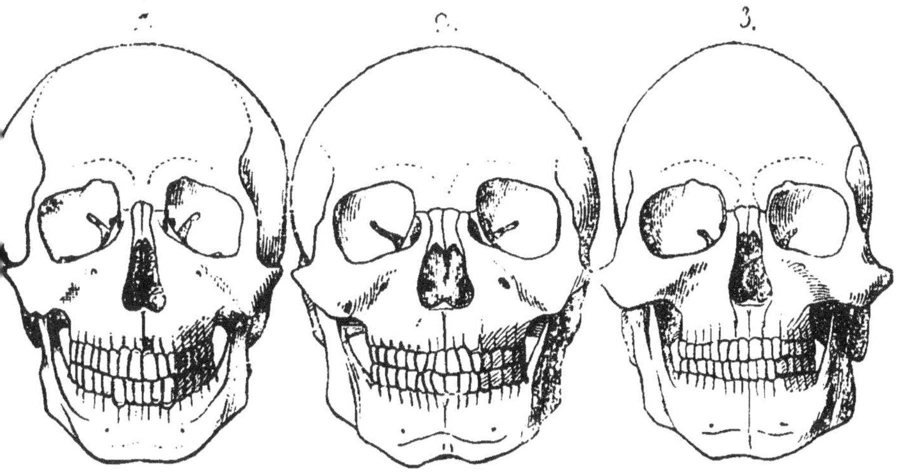

de Halle; et ces deux célèbres savants se sont réunis pour

traiter dans ce livre le domaine entier des sciences. On trouvera, traitées de main de maîtres, toutes les questions qui passionnent les esprits depuis plusieurs années : l'ancienneté de
l'homme, l'origine et la variabilité des espèces ; la classification
des êtres vivants ; leur répartition et leur arrivée successive
sur le globe, etc., etc.

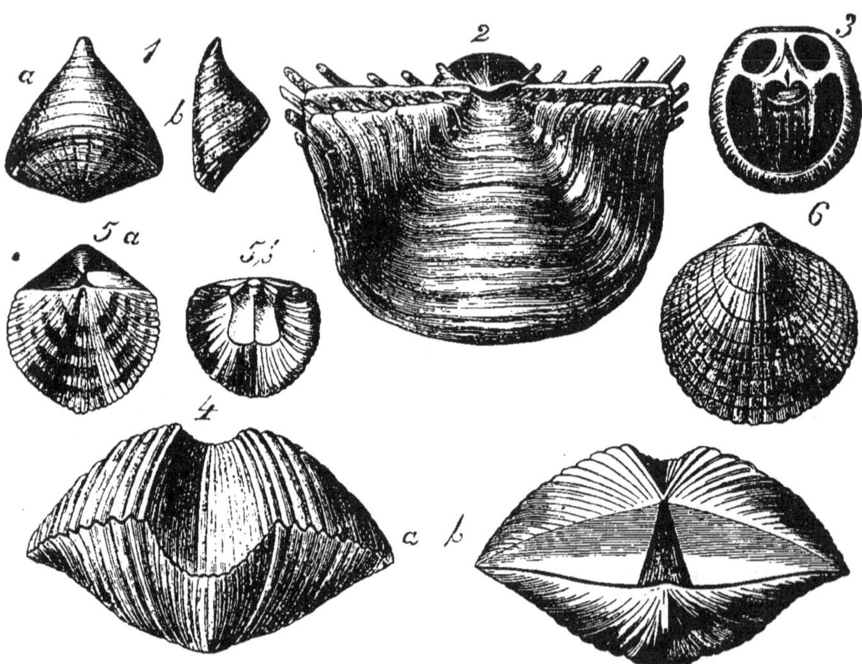

Ce livre remarquable et si vigoureusement pensé appelait
une traduction française. Elle a été faite avec le plus grand
soin par M. Maupas et revue par le professeur Giebel. Nous ne
doutons point que l'*Histoire de la Création* n'obtienne en France
le même succès qu'en Allemagne.

COURS DE MINÉRALOGIE ET DE GÉOLOGIE, professé à l'École des
ponts et chaussées, par Bavle, professeur de minéralogie et de géologie à l'É-
cole des ponts et chaussées. Paris, 1869-1871, 2 vol. in-4, publiés en 6
fascicules autographiés, avec 2,000 grav. dans le texte.

En vente les fascicules I et II
Prix de chaque fascicule. . . . . 7 fr. 50

PARIS. — IMP. SIMON RAÇON ET COMP., RUE D'ERFURTH, 1,

F. SAVY, LIBRAIRE-ÉDITEUR

24, rue Hautefeuille, à PARIS

HISTOIRE NATURELLE
DES OISEAUX

PAR

FLORENT PRÉVOST

AIDE-NATURALISTE DE ZOOLOGIE AU MUSÉUM D'HISTOIRE NATURELLE
CHEVALIER DE LA LÉGION D'HONNEUR

ET

C.-L. LEMAIRE

DOCTEUR EN MÉDECINE

OISEAUX D'EUROPE	OISEAUX EXOTIQUES
AVEC	AVEC
80 PLANCHES REPRÉSENTANT 400 SUJETS	80 PLANCHES REPRÉSENTANT 400 SUJETS
COLORIÉES D'APRÈS NATURE	COLORIÉES D'APRÈS NATURE
GRAVÉES SUR ACIER PAR PAUQUET	GRAVÉES SUR ACIER PAR PAUQUET
1 volume grand in-8	1 volume grand in-8
Cart. en toile anglaise, non rogné. . . **25** fr	Cart. en toile anglaise, non rogné. . . **25** fr.
Demi-rel. chag., doré en tête, non rog. **30** fr.	Demi-rel. chag., doré en tête, non rog. **30** fr.

De tous les êtres si nombreux et si divers qui composent le règne animal, les oiseaux sont peut-être ceux dont la vue excite au plus haut degré l'intérêt, l'admiration, et dans lesquels, en effet, la nature déploie, avec le plus de magnificence, l'éclat de ses richesses et leur inépuisable variété.

L'histoire des mœurs et les habitudes de ces oiseaux ne mérite pas moins d'attention que la beauté de leur plumage. Leurs émigrations périodiques à travers de vastes continents, et souvent au delà de l'immensité des mers, pour aller chercher une nourriture plus abondante ou fuir un changement de saison, la merveilleuse industrie qu'ils déploient dans la construction de leurs nids, l'instinct qui porte plusieurs d'entre eux à se réunir en troupes nombreuses et à former une sorte de société, tandis que d'autres vivent par couples ou même entièrement solitaires, une foule de particularités, enfin, propres à chaque genre, rendent cette histoire aussi attrayante qu'instructive.

La description de chaque oiseau figuré dans cet ouvrage est accompagnée de tout ce que nous avons pu recueillir, à ce sujet, dans les auteurs les plus renommés, Buffon, Levaillant, Vieillot, Temminck, Desmarest, Lesson, etc., et dans les relations plus récèntes des voyageurs naturalistes qui, au commencement de ce siècle, ont parcouru toutes les parties du monde.

Comme pour les Lépidoptères, nous avons consacré un volume aux Oiseaux d'Europe, et un second volume aux Oiseaux exotiques.

Nous avons fait un choix des espèces les plus remarquables, parmi les cent quarante-quatre espèces de ces climats privilégiés, dans les genres Cotinga, Tangara, Colibri, Guépier, Perroquet, oiseau de Paradis, et dans une foule d'autres moins connus ; c'est surtout dans les espèces qui n'appartiennent qu'aux régions du Tropique et de l'Équateur que, sous l'influence d'une chaleur à la fois plus intense et plus constante, d'une lumière plus vive, d'une végétation plus forte et plus active, ces richesses se développent dans toute leur puissance, et que se montrent unies à la plus surprenante variété de formes toutes les nuances et toutes les combinaisons de coloration avec un éclat qui, chez quelques-unes de ces espèces, égale et surpasse celui des métaux les plus brillants et des pierreries étincelantes dont elles ont emprunté les noms.

C'est parmi nos espèces européennes que se rencontrent peut-être les plus agréables chanteurs, les oiseaux aux gosiers les plus flexibles, à la voix pleine de charme et de douce mélodie. L'étude des mœurs et des habitudes nous a été plus facile que pour les oiseaux exotiques, et chacun, ayant la nature vivante sous les yeux, pourra décider si nous nous sommes écarté de la vérité, si cette même nature a été décrite et interprétée par nous d'une manière exacte et fidèle. Notre classification est calquée sur celle de Temminck ; les planches ont le même format que son *Manuel d'ornithologie*.

Des animaux d'appartements et de jardins : oiseaux, poissons, chiens, chats ; par F. Prévost. Paris, 1861. 1 vol. in-32 de 192 pages, avec 46 gravures dans le texte.. . . . . 1 fr. »
Le même ouvrage, figures coloriées.. . . . . 2 fr. 50
La Société protectrice des animaux a décerné à ce volume une mention honorable.

Leçons d'un instituteur, pour disposer les enfants aux bons traitements envers les animaux, par Ph. Passot, membre de la Société protectrice des animaux. Paris, 1862. 1 vol. in-32 de 192 pages. . . . . 1 fr.
La Société protectrice de Lyon a décerné à ce volume une mention honorable.

De la culture des fleurs dans les petits jardins, sur les fenêtres et dans les appartements, par Courtois-Gérard. 4ᵉ édition. Paris, 1864. 1 vol. in-32 de 192 pages, avec 15 gravures. . . . . 1 fr.
La Société centrale d'horticulture a décerné une médaille à cet ouvrage.

De la culture maraîchère dans les petits jardins, publié sous le patronage de la Sciété impériale et centrale d'horticulture, par Courtois-Gérard. 4ᵉ édition. Paris, 1861. 1 vol. in-32 de 192 pages, avec 15 gravures. 1
La Société impériale et centrale d'horticulture a décerné une médaille de vermeil; vrage, et il a été honoré d'une souscription du ministre de l'agriculture.

PARIS. — IMP. SIMON RAÇON ET COMP., RUE D'ERFURTH,

F. SAVY, LIBRAIRE-ÉDITEUR

24, rue Hautefeuille, à PARIS

HISTOIRE NATURELLE
DES LÉPIDOPTÈRES

PAR H. LUCAS

AIDE-NATURALISTE D'ENTOMOLOGIE AU MUSÉUM D'HISTOIRE NATURELLE
MEMBRE DE LA SOCIÉTÉ ENTOMOLOGIQUE DE FRANCE, CHEVALIER DE LA LÉGION D'HONNEUR

LÉPIDOPTÈRES D'EUROPE	LÉPIDOPTÈRES EXOTIQUES
AVEC	AVEC
80 PLANCHES REPRÉSENTANT 400 SUJETS	80 PLANCHES REPRÉSENTANT 400 SUJETS
COLORIÉES D'APRÈS NATURE	COLORIÉES D'APRÈS NATURE
GRAVÉES SUR ACIER PAR PAUQUET	GRAVÉES SUR ACIER PAR PAUQUET
2ᵉ édition. 1 volume grand in-8	1 volume grand in-8
Cart. en toile anglaise, non rogné. . **25** fr.	Cart. en toile anglaise, non rogné. . **25** fr
Demi-rel. chag., doré en tête, non rog. **30** fr.	Demi rel. chag., doré en tête, non rog. **30** fr

---

L'ordre le plus remarquable et en même temps le plus attrayant, dans la classe des insectes, est sans doute celui qui est connu sous le nom de *Lépidoptères;* en effet, les animaux qui composent cet ordre s'en font distinguer par la richesse et par la couleur dont ils sont parés ; aussi ces insectes si brillants de couleur, si remarquables par leur forme, aussi gracieuse que variée, ont-ils toujours attiré le regard des personnes qui se livrent à l'étude de l'entomologie, et plus que tous ceux des autres ordres ; un grand nombre d'auteurs se sont appliqués à les travailler et à étudier avec soin leur histoire.

Dans le désir de rendre l'étude de l'ordre des Lépidoptères plus facile, et dans l'espoir de mettre, autant que possible, à la portée de tout le monde cette partie si intéressante de l'Histoire naturelle, nous avons représenté, par un grand nombre de figures gravées et coloriées avec le plus grand soin, les espèces les plus remarquables, soit par leurs couleurs, soit par leurs formes.

Un volume est consacré aux Lépidoptères d'Europe, et l'autre aux Lépidoptères d'Afrique, d'Asie et d'Amérique. .

Le volume qui contient les *Lépidoptères d'Europe* vient d'être réimprimé et M. Lucas a mis à profit dans cette deuxième édition les dernières recherches de nos entomologistes; les changements qu'a subis cet ouvrage en font un livre complétement neuf; c'est le meilleur guide que l'on puisse donner aux débutants, et il remplace, pour ceux qui sont plus avancés dans l'étude de la science, les grands ouvrages dont le prix est beaucoup plus élevé.

Dans cet ouvrage, chaque figure a une description particulière, dans laquelle les principaux caractères sont énoncés; de plus, chaque description est accompagnée de renseignements historiques puisés dans les meilleurs ouvrages.

Nous avons ajouté un aperçu de l'histoire des Lépidoptères, afin de mettre l'ouvrage au niveau des connaissances actuelles et de le rendre aussi élémentaire que possible. Les noms vulgaires sont suivis d'une synonymie exacte pour faciliter les recherches; et, pour les personnes qui, ayant pris goût à cette étude, désireront la poursuivre, nous avons donné, à la fin de l'ouvrage, les noms des auteurs où nous avons puisé nous-même.

On est d'accord actuellement pour diviser les Lépidoptères, d'une manière générale, en Diurnes (Achalinoptères ou Rhopalicères), et Crépusculaires et Nocturnes (Chalinoptères ou Hétérocères). La classification que nous avons suivie est celle de Latreille, la plus universellement adoptée. Enfin, nous avons cru utile de donner un petit traité de la manière d'attraper les papillons et de les préparer pour les conserver et en faire des collections.

PARIS. — IMP. SIMON RAÇON ET COMP., RUE D'ERFURTH, 1.

Peu d'ouvrages classiques ont eu la fortune des *Éléments de botanique* de Richard, mais la fortune en ce cas n'a pas été aveugle, et la faveur dont jouit ce livre dans les générations d'étudiants qui se succèdent depuis trente ans se justifie par l'ingéniosité de sa méthode, la lucidité de son exposition et l'attrait de son style. Aucun écrivain n'a exposé la botanique avec cette simplicité qui caractérisait son enseignement oral.

La mort de ce savant n'a nullement ralenti le succès de son œuvre, mais elle pouvait en immobiliser le progrès. En 1852, lors de la publication de la huitième édition, ces Éléments étaient complétement au niveau de la science moderne; mais, depuis cette époque, les travaux de MM. H. Mohl, Tulasne, Unger, Trécul, Hofmeister, Naegeli, de Bary, Prings-heim, A. Gris, H. Schacht, lui ont pour ainsi dire imprimé un mouvement nouveau. Un botaniste qui se glorifie d'avoir été l'élève et l'ami de Richard, M. le professeur Ch. Martins, a, par dévouement pour sa mémoire, accepté la tâche de tenir ce manuel au courant des acquisitions scientifiques contemporaines, et il suffit de parcourir cette neuvième édition pour voir que Richard lui-même n'y eût mis ni plus de conscience, ni plus de talent. M. Martins donne dans les termes suivants les additions qu'il a cru devoir faire au livre de Richard : « J'ai voulu, dit-il, ajouter quelques pierres à l'édifice qu'il avait élevé, mais je n'en

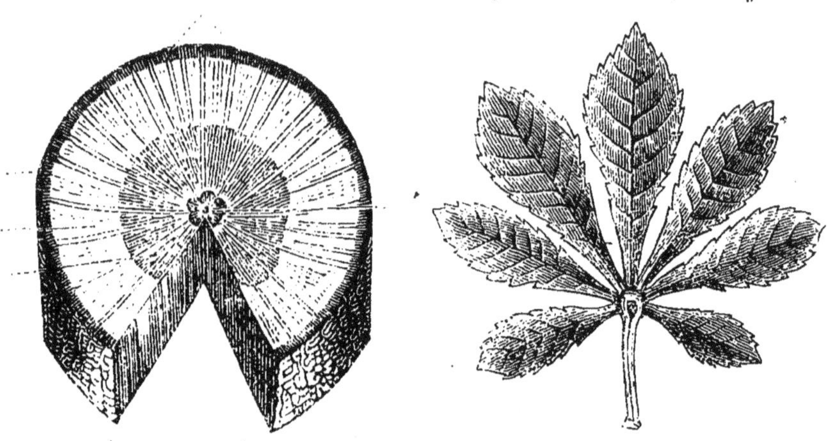

ai modifié ni le plan, ni l'ordonnance. Tout changement aurait altéré l'harmonie de l'ensemble. La huitième édition avait été retravaillée avec un tel soin, une telle conscience par l'auteur que, douze ans après son apparition, rien de ce qu'il a écrit n'a été notablement infirmé par les progrès de la science, et la plupart de ces prévisions ont été confirmées de la manière la plus éclatante. Tout ce qu'il a dit conserve son intérêt historique et n'a été modifié que par des additions et des compléments. Remettre son livre sous les yeux du public était pour moi un devoir et un honneur ; c'était un nouvel hommage rendu à une mémoire qui sera éternellement précieuse à tous ceux qui ont connu l'homme ou admiré le savant. »

Le lecteur s'assurera en parcourant ce livre de l'importance des additions dont le professeur Martins a enrichi cette édition nouvelle. Il s'est évidemment proposé de remplacer Richard, et ce but, il l'a complétement atteint. Parmi les articles additionnels, nous indiquerons les méats intercellulaires, les vaisseaux du latex, la structure du bois, la respiration végétale, la formation de l'embryon, la parthénogénèse, la fécondation entre espèces différentes et la géographie botanique. En ce qui concerne les familles, le professeur Martins, laissant intacte cette partie de l'ouvrage de Richard, s'est contenté d'y ajouter la liste

les familles rangées suivant la méthode de de Candolle. Il justifie cette
addition par l'extrême facilité que cette classification offre aux commençants. Un seule partie a été presque complétement refondue, c'est
la cryptogamie. L'organographie, la physiologie et la phytographie de
ces végétaux, mieux étudiés, ont fait de grands progrès dans ces dernières années.

M. Martin s'est adjoint pour cette partie, M. le Dr Jules de Seynes,
agrégé d'histoire naturelle à la Faculté de Paris, que ses études spéciales avaient fortement préparé pour un travail de cette nature.

Cette dernière édition, avec les compléments dont l'ont enrichie les
professeurs Martins et J. de Seynes, est le tableau extrèmement
fidèle, de l'état de la science botanique.

BOTANIQUE CRYPTOGAMIQUE, ou histoire des familles des plantes
inférieures, par J.-B. PAYER, membre de l'Institut, professeur à la faculté
des sciences de Paris, 2e édition, revue et augmentée de notes, par H. BAILLON,
professeur de botanique à la Faculté de médecine de Paris, 1 vol. grand in-8
avec 1,105 gravures sur bois, représentant les principaux caractères des
genres. . . . . 15 fr.

NOUVEAUX ÉLÉMENTS D'HISTOIRE NATURELLE à l'usage des
lycées, des établissements d'instruction publique, des aspirants au baccalauréat ès sciences, par l'abbé LAMBERT, vicaire de Notre-Dame des Victoires à Paris. Paris, 1865-1871, 3 vol. in-18, formant ensemble 300 pages
avec 450 figures dans le texte.

    Botanique. 2e édit. 1 vol. in-18, de 276 pages avec 202 figures 2 fr. 50
    Géologie. 2e édit. 1 vol. in-18, de 238 pages avec 142 figures 2 fr. 50
    Zoologie. 1 vol. in-8, de 260 pages avec 103 figures. . . . . 2 fr. 50

TRAITÉ D'ANALYSE CHIMIQUE QUALITATIVE. Des opérations chimiques, des réactifs et de leur action sur les corps les plus répandus.
Essai au chalumeau, analyse des eaux potables, des eaux minérales, des
sels, des engrais, etc. Recherches chimico-légales, analyse spectrale, par
FRESENIUS, traduit sur la treizième édition allemande par FORTHOMME, professeur de physique au lycée de Nancy. Paris, 1871. 1 vol. in-18, avec figures
dans le texte et 1 spectre solaire colorié. . . . . 6 fr.

TRAITÉ D'ANALYSE QUANTITATIVE. Traité du dosage et de la séparation des corps simples et composés les plus usités en pharmacie, dans les
arts et en agriculture, analyse par les liqueurs titrées, analyse des eaux
minérales, des cendres végétales, des sols des engrais, des minerais
métalliques, des fontes, dosage des sucres, alcalimétrie, chlorométrie, etc.,
par FRESENIUS, traduit sur la 5e édition allemande, par FORTHOMME, professeur de physique au lycée de Nancy. Paris, 1867. 1 vol. grand in-18 avec
190 figures dans le texte. . . . . 12 fr.

COURS DE MINÉRALOGIE ET DE GÉOLOGIE, par BAYLE, professeur
de minéralogie et de géologie à l'École des ponts et chaussées. Paris, 1870-
1871, 2 vol. in-4, publiés en fascicules, avec 2,000 grav. dans le texte.
En vente les fascicules I et II.
Prix de chaque fascicule. . . . . 7 fr. 50

HISTOIRE DE LA CRÉATION, par BURMEISTER, directeur du musée de
Buenos-Ayres, etc. Traduit de l'allemand par B. MAUPAS, revue par GIEBEL.
Paris, 1870. 1 vol. gr. in-8, avec gravures dans le texte. . . . . . 10 fr.

    L'Histoire de la Création de Burgmeister est placée en Allemagne au même rang que le *Cosmos* de Humboldt. Huit éditions n'ont pas épuisé le succès de ce livre original, qui embrasse les questions les plus importantes et les plus attrayantes du monde physique. Une exposition magistrale et des explications libres de tout préjugé, sont à la hauteur de ces problèmes difficiles qui embrassent la physique du globe, la météorologie, la géologie, paléontologie, anthropologie, zoologie, botanique. Deux célèbres savants se sont réunis pour traiter dans ce livre le domaine entier des sciences. Les nombreuses gravures aident à l'intelligence du texte. Cet ouvrage n'est point seulement un livre traitant de questions générales, comme son titre pourrait le donner à penser, mais il renferme nombre de faits, disait un savant professeur de la Faculté des sciences, que l'on ne pourrait trouver nulle part ailleurs.

HISTOIRE NATURELLE DES LÉPIDOPTÈRES D'EUROPE, par H. Lucas, aide-naturaliste au Muséum d'histoire naturelle, chevalier de la Légion d'honneur. Paris, 1864. 2ᵉ édit. 1 vol. gr. in-8, cartonné en toile anglaise, non rogné, avec 80 pl. col. représentant plus de 400 sujets. **25 fr.**

Dans cette 2ᵉ édition, la classification ayant été mise au courant de la science, il a fallu changer la lettre et les légendes de toutes les planches, qui ont été également retouchées.

HISTOIRE DES LÉPIDOPTÈRES EXOTIQUES, par H. Lucas, aide-naturaliste au Muséum d'histoire naturelle, chevalier de la Légion d'honneur. Paris, 1864. 1 beau vol. gr. in-8, cartonné en toile anglaise, non rogné, avec 800 pl. coloriées, représentant plus de 400 sujets. . . . **25 fr.**

HISTOIRE NATURELLE DES OISEAUX D'EUROPE, par Prévost (Florent), aide-naturaliste de zoologie au Muséum d'histoire naturelle, chevalier de la Légion d'honneur, etc.; et C. Lemaire, docteur en médecine. Paris, 1864. 1 beau vol. gr. in-8, cartonné en toile anglaise, non rogné, avec 80 planches gravées en taille-douce et coloriées avec soin, représentant 200 sujets. . . . . **25 fr.**

HISTOIRE NATURELLE DES OISEAUX EXOTIQUES, par Florent Prévost. Paris, 1854. 1 beau vol. gr. in-8, cartonné en toile anglaise avec 80 planches gravées en taille-douce et coloriées avec soin, représentant 200 sujets. . . . . **25 fr.**

FLORE DE FRANCE, par M. Grenier, professeur à la Faculté des sciences et à l'École de médecine de Besançon, et M. Godron, doyen de la Faculté des sciences de Nancy. Paris, 1848-1856. 3 vol. in-8 de chacun 800 pages. . . . . **50 fr**

Une nouvelle Flore de France, disposée d'après la méthode naturelle, plus complète que les précédentes et mise au niveau des découvertes de la science moderne, était un besoin vivement senti. MM. Grenier et Godron, dont les travaux antérieurs sont une suffisante recommandation, ont entrepris de remplir cette tâche laborieuse, profitant amplement des travaux des botanistes allemands, italiens et français, aidée des conseils bienveillants d'hommes qui font autorité dans la science, entourés de matériaux considérables amassés depuis longues années et qui se sont accrus de tous ceux qui ont été mis généreusement à leur disposition, ils espèrent pouvoir offrir au public un livre utile, fruit de leurs travaux persévérants et consciencieux.

COURS DE CHIMIE PRATIQUE, suivant les théories modernes (analytique, toxicologique, animale) à l'usage des médecins, pharmaciens et étudiants en médecine, par William Odling, professeur de chimie à Saint-Bartholomew's Hospital; édition française, publiée sur la 3ᵉ édition, par A. Naquet, professeur agrégé à la Faculté de médecine de Paris. 1 vol. in-18 de 300 pages, avec 71 gravures dans le texte. . . . . . **4 fr. 50**

PARIS. — IMP. SIMON RAÇON ET COMP., RUE D'ERFURTH, 1.

F. SAVY, LIBRAIRE-ÉDITEUR
24, rue Hautefeuille, à PARIS

NOUVEAUX ÉLÉMENTS

D'HISTOIRE NATURELLE

**A l'usage des Séminaires, des Pensionnats de demoiselles
des Établissements d'instruction publique
et des aspirants au Baccalauréat ès sciences**

PAR L'ABBÉ ED. LAMBERT

ANCIEN PROFESSEUR D'HISTOIRE NATURELLE
VICAIRE DE NOTRE-DAME DES VICTOIRES, A PARIS
DOCTEUR EN THÉOLOGIE

**3 vol. in-18 formant ensemble 800 pages avec 450 figures dans
le texte. Prix : 7 fr. 50**

CHAQUE VOLUME SE VEND SÉPARÉMENT

Il est toujours très-difficile, il faut bien l'avouer, d'écrire
pour la jeunesse et de mettre les éléments des sciences à la portée des commençants. Les définitions et les descriptions trop
savantes rebutent et découragent par les obstacles qu'elles présentent pour être comprises ; un abrégé trop concis et trop
restreint ne donne pas de la science une connaissance complète ; trop de détails, quelque intéressants qu'ils soient, fati-
guent, et il devient extrêmement difficile pour l'élève de retenir et de coordonner dans sa mémoire cette multitude de faits.

Le mérite d'un ouvrage de la nature de celui dont nous par-
lons consiste dans la clarté et la méthode. Pour être mis entre
les mains des commençants, il ne doit pas être trop volumineux
afin d'être retenu plus facilement ; il ne doit pas non plus se

borner à une nomenclature sèche et aride des termes techniques, c'est alors lui retirer tout intérêt ; entre ces deux excès la route est difficile à suivre, nous avons essayé de l'entreprendre. Une longue étude de l'histoire naturelle, et plus tard l'expérience de plus de dix années, consacrées à l'enseignement de cette science, nous ont préparé à la publication de notre ouvrage ; plus tard les conseils et les encouragements que nous avons reçus, nous ont fait un devoir de faire paraître le résumé de nos leçons.

Ces *Nouveaux Éléments d'Histoire naturelle* ont été rédigés dans le but : 1° d'offrir aux jeunes gens un cours clair et méthodique, pouvant leur servir de préparation immédiate aux examens du baccalauréat ès sciences et aux écoles du gouvernement ; 2° d'initier à l'étude de l'Histoire naturelle les personnes amies des sciences, en leur donnant des notions exactes et précises.

Quatre cent cinquante figures enrichissent ces trois volumes, qui sont imprimés sur beau papier ; c'est assez dire que nous n'avons rien négligé pour que l'exécution matérielle soit irréprochable.

Nous avons fait précéder chacun des trois volumes de l'histoire abrégée de la science qu'il traite. N'est-il pas naturel en effet en étudiant une science, de chercher à connaître son origine, ses progrès ou le développement de l'esprit humain ? Nous pensons que l'on nous saura gré de cette innovation.

GÉOLOGIE

DEUXIÈME ÉDITION

1 vol. in-18 de 240 pages avec 138 gravures dans le texte, 2 fr. 50

La Géologie est partagée en deux parties. La PREMIÈRE PARTIE comprend l'étude de la configuration extérieure du globe, et se divise en trois livres ;

le premier a pour objet la constitution générale de l'écorce solide du globe : le second expose les phénomènes actuels propres à expliquer les phénomènes anciens ; le troisième traite des phénomènes anciens qui ont contribué à la formation de la terre et aux modifications successives qu'elle a subies.

La SECONDE PARTIE comprend la classification méthodique des terrains, leur composition minéralogique, leur ordre de superposition et les fossiles caractéristiques 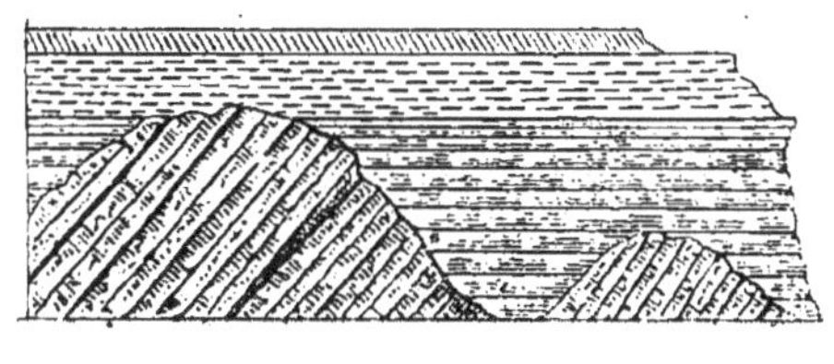 qu'ils renferment ; c'est l'application des principes énoncés dans la première partie.

Ce qui rebute souvent les personnes qui veulent étudier la Géologie, c'est la nouveauté des termes en usage, dont on ne comprend pas toujours le sens ; nous en avons donné la racine étymologique, et dans un vocabulaire explicatif placé à la fin de l'ouvrage, nous avons répété cette même étymologie des termes techniques employés en Géologie.

BOTANIQUE

1 vol. in-18 avec 202 gravures intercalées dans le texte, 2 fr. 50

Toute l'existence de la plante consiste : 1° à se nourrir et à croître ou, en d'autres termes, à végéter ; 2° à se reproduire, c'est-à-dire à se multiplier ; nous avons suivi cet ordre naturel.

C'est pourquoi nous divisons notre œuvre en deux parties : la première partie comprend l'étude de la plante en général et de son développement, elle se subdivise en deux livres ; le premier a pour objet l'étude de chacun des organes qui constituent la plante, et nous suivons l'ordre de développement de ces organes, la racine, la tige, les feuilles, les fleurs et les fruits. Le second livre expose les phénomènes physiologiques, le jeu de ces organes. 

Nous avons traité ensuite des phénomènes généraux qui se présentent dans les plantes, leur odeur, leur saveur, leur coloration, etc., l'état de maladie dans lequel elles peuvent se trouver, ou la Pathologie végétale

Corolle rosacée de la Ronce.

Dans la seconde partie se trouvent comprises la Taxonomie, ou la classification méthodique des végétaux, et la Phytographie, ou la description des familles. Après avoir exposé les systèmes de Tournefort et de Linné, nous abordons avec plus de détails la méthode naturelle de Jussieu.

Nous terminons cette seconde partie par deux chapitres : l'un sur la Géographie botanique ou la répartition des plantes sur la terre; l'autre traite de la Botanique fossile, si intéressante et si curieuse au point de vue de l'apparition successive des végétaux au sein des couches qui constituent l'écorce solide de notre globe. Enfin, comme dans notre Cours de Géologie, nous avons donné la racine étymologique de chaque terme technique, et dans un vocabulaire placé à la fin de l'ouvrage, l'explication de tous les mots scientifiques employés dans le volume.

ZOOLOGIE

1 vol. in-18 avec gravures intercalées dans le texte, 2 fr. 50

Nous suivons dans notre cours de Zoologie la même méthode que dans le volume qui traite de la Botanique.

Dans la première partie, nous traitons de l'Anatomie et de la Physiologie comparée, nous donnons la description de chacun des organes du corps

Lion.

de l'animal et nous expliquons ensuite le jeu des organes, c'est-à-dire les différentes fonctions qu'ils remplissent. La deuxième partie comprend la classification méthodique des animaux, l'étude de leurs mœurs, leur utilité et enfin leur distribution géographique sur le globe.

PARIS. — IMP. SIMON RAÇON ET COMP., RUE D'ERFURTH, 1.

F. SAVY, LIBRAIRE-ÉDITEUR
24, rue Hautefeuille, à Paris

BOTANIQUE
CRYPTOGAMIQUE

OU

HISTOIRE DES FAMILLES NATURELLES DES PLANTES INFÉRIEURES

PAR

J.-B. PAYER

Membre de l'Institut
Professeur de botanique à la Faculté des sciences de Paris

DEUXIÈME ÉDITION, REVUE ET AUGMENTÉE DE NOTES

PAR BAILLON

Professeur de botanique à la Faculté de médecine de Paris

1 VOLUME GRAND IN-8 AVEC 1,105 FIGURES DANS LE TEXTE

Prix : 15 francs

Avant la publication du livre que nous annonçons, on était
fort embarrassé pour commencer l'étude de la Cryptogamie.
On trouvait bien quelques mémoires où la structure intime des
algues, leur origine et les phases diverses de leur développement sont exposées avec méthode et clarté; d'autres remplis
d'aperçus nouveaux sur le mode si singulier de formation des
organes reproducteurs des champignons, leur manière de vivre,
le rôle important qu'ils jouent dans les grands phénomènes de

la nature où les caractéres distinctifs des Mousses sont décrits
et figurés avec une précision extrêmement remarquable ; mais
comment supposer qu'un élève puisse lire avec fruit ces différents travaux, les apprécier, en extraire ce qu'il lui est utile de
savoir et laisser le reste de côté, en un mot n'attacher à chaque
chose que son importance réelle dans l'ensemble des découvertes de la science ? comment ne pas craindre qu'il ne s'égare
au milieu de ces détails dans lesquels se complaît parfois

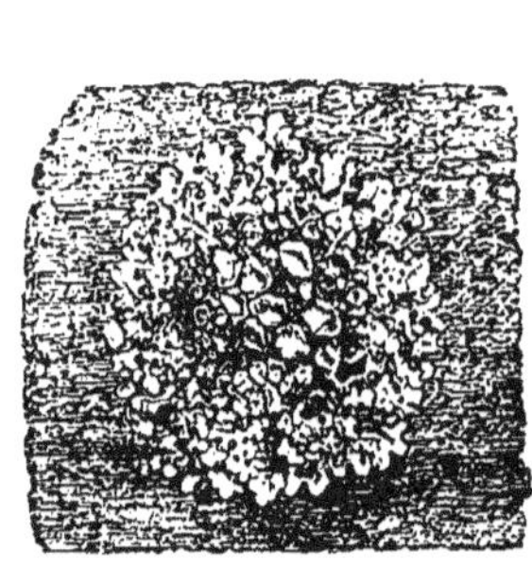 

l'auteur d'un mémoire spécial, et que, découragé dès l'abord, il
n'abandonne pour toujours l'étude d'une science cependant si
attrayante ? Non, il faut un guide à tout homme qui entre dans
une voie nouvelle ; il lui faut un ouvrage qui recueille toutes
ces richesses scientifiques disséminées dans tous ces mémoires
et les coordonne de façon à faire ressortir tout ce qui est saillant.
On sait que la Cryptogamie est l'étude des plantes inférieures
telles que les algues, les champignons, les lichens, les mousses, etc.
Chacune de ces classes a sa structure intime, ses formes extérieures, sa manière d'être et de se reproduire, ses propriétés,
son histoire ; elle a son rôle à part dans les grands phénomènes
de la nature. Aussi est-ce par l'exposition de ces caractères

que j'ai commencé l'étude de chaque classe. J'ai ensuite indiqué les subdivisions qu'on peut y établir, en plaçant toujours
en tête de chacune de ces subdivisions des généralités sur
l'ensemble.

Énumérer les divers organes des plantes dont chaque
subdivision se compose ; analyser leurs formes et leurs struc-

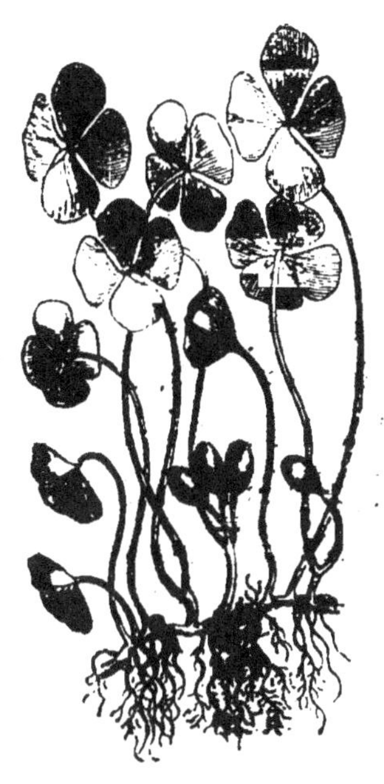

ture intime ; faire connaître la série de leurs développements
depuis leur origine jusqu'à l'état parfait ; les comparer sous ces
divers points de vue à ceux des autres subdivisions et montrer
en quoi ils se ressemblent et en quoi ils diffèrent ; indiquer la
distribution de ces plantes à la surface du globe ; exposer les
loi qui régissent cette distribution et les circonstances particulières qu'elles présentent ; rappeler le rôle qu'elles ont joué
dans les périodes antédiluviennes, et par suite citer les différentes couches géologiques où l'on en retrouve les débris ; ne

pas négliger les usages nombreux auxquels on les emploie dans l'agriculture et dans l'industrie ; dire quels sont les produits qu'on en tire, par quels procédés on les extrait, comment on les prépare, sous quelle forme et dans quel but on les trouve dans le commerce ; enfin donner les caractères qui les distinguent les unes des autres et permettent de les reconnaître ; faire ressortir les plus saillants de façon à en faciliter l'étude ; énumérer les divers travaux qui ont eu ces plantes pour objet et ne pas oublier les noms de ceux qui, en s'y livrant plus particulièrement, ont rendu quelque service à la science : tel est le but que l'auteur de la *Botanique cryptogamique* s'était proposé. Disons tout de suite qu'il l'a complétement atteint. Le suffrage du public lui a répondu et son livre est devenu classique. Épuisé au bout de quelques années, il était devenu fort rare et se vendait très-cher dans les ventes publiques.

M. Baillon, professeur de botanique à la Faculté de médecine de Paris, a bien voulu se charger de répondre au vœu du public, en publiant une nouvelle édition, augmentée de notes, et mise au courant des progrès de la science. Plus de onze cents figures, intercalées dans le texte, en facilitent l'intelligence.

ICONES AD FLORAM EUROPÆ

NOVO FUNDAMENTO INSTAURANDAM SPECTANTES

AUCTORIBUS

ALEXI JORDAN et JULIO FOURREAU

Cet ouvrage se publie par livraisons in-folio de 5 planches gravées avec soin et avec texte. Depuis le mois de novembre 1866, il paraît deux livraisons par mois. Il y aura environ six volumes composés chacun de quarante livraisons.

Prix de la livraison : 9 fr.

PARIS. — IMP. SIMON RAÇON ET COMP., RUE D'ERFURTH, 1.

F. SAVY, LIBRAIRE-ÉDITEUR
24, rue Hautefeuille, à Paris

FLORE
DE FRANCE

OU

DESCRIPTION DES PLANTES

QUI CROISSENT NATURELLEMENT EN FRANCE ET EN CORSE

PAR

GRENIER ET **GODRON**

Professeur à la Faculté des sciences
de Besançon

Doyen de la Faculté des sciences
de Nancy

3 vol. in-8 de 800 pages. — Prix : 30 francs.

ON VEND SÉPARÉMENT :

Tome second. . { Première partie. . . 5 fr.
{ Deuxième partie . . 5 fr.

Tome troisième { Première partie. . . 5 fr.
{ Deuxième partie . . 5 fr.

Depuis l'époque, déjà éloignée, où de Candolle mit au jour sa Flore française, et même depuis l'époque plus récente qui vit paraître la *Flora gallica* de M. Loiseleur-Deslongchamps et le *Botanicon gallicum* de M. Duby, la botanique descriptive a fait des progrès. Les botanistes allemands et italiens ont apporté plus de précision dans la description des végétaux et dans la manière de distinguer les différentes espèces les unes des autres ; ils sont devenus pour nous des modèles à imiter.

D'un autre côté, un nombre assez notable de plantes nouvelles ont été trouvées en France depuis la publication des Flores françaises les moins anciennes et n'ont été indiquées que dans les Flores locales, les catalogues ou les écrits périodiques ; il en est même qui gisent dans les herbiers sans avoir été signalées.

Une nouvelle Flore de France, disposée d'après la méthode naturelle, plus complète que les précédentes et mise au niveau des découvertes de la science moderne, était un besoin vivement senti. MM. Grenier et Godron, dont les travaux antérieurs sont une suffisante recommandation, ont entrepris de remplir cette tâche laborieuse ; profitant amplement des travaux des botanistes allemands, italiens et français, aidés des conseils bienveillants d'hommes qui font autorité dans la science ; entourés de matériaux considérables amassés depuis longues années et qui se sont accrus de tous ceux qui ont été mis généreusement à leur disposition, ils espèrent pouvoir offrir au public un livre utile, fruit de leurs travaux persévérants et consciencieux.

ICONES

AD FLORAM EUROPÆ

NOVO FONDAMENTO INSTAURANDAM SPECTANTES

AUCTORIBUS

ALEXI JORDAN et JULIO FOURREAU

Cet ouvrage se publie en 200 fascicules de 5 planches gravées et coloriées avec le plus grand soin, et texte explicatif. Depuis le 1er décembre 1866 il paraît 2 fascicules par mois. — Prix de chaque fascicule : 9 fr.

FLORE FOURRAGÈRE DE LA FRANCE, reproduite par la méthode de compression dite phyloxygraphique, par Edme ANSBERQUE. Lyon, 1866. 1 vol. in-fol. avec 270 planches. . . . . 40 fr.

DE LA CULTURE DES FLEURS dans les petits jardins, sur les fenêtres et dans les appartements, par COURTOIS-GÉRARD. 4e édition. Paris, 1864. 1 vol. in-32 de 192 pages, avec 15 gravures. . . . . 1 fr.
La Société centrale d'horticulture a décerné une médaille à cet ouvrage.

DE LA CULTURE MARAICHÈRE dans les petits jardins, publié sous le patronage de la Société impériale et centrale d'horticulture, par COURTOIS-GÉRARD. 4e édition. Paris, 1861. 1 vol. in-32 de 192 pages, avec 15 gravures. . . . . 1 fr.
La Société impériale et centrale d'horticulture a décerné une médaille de vermeil à cet ouvrage, et il a été honoré d'une souscription du Ministre de l'agriculture.

FLORE JURASSIQUE, par Grenier, profes eur à la Faculté des sciences de Besançon. Première partie. Dycotylées, Dialypétales. Paris, 1865, in-8 de 540 p. . . . . 5 fr.

Le tome II, qui paraîtra dans le courant de cette année, terminera le premier supplément à la Flore de France de MM. Grenier et Godron.

LA BOTANIQUE SANS MAITRE, par Aug. Jandel, ou étude des fleurs et des plantes champêtres de l'intérieur de la France, de leurs propriétés et de leurs usages en médecine, dans les arts et dans l'économie domestique, par la méthode Dubois. 2ᵉ édition. Paris, 1865. 1 vol. in-18. . . . . . . 3 fr.

BREVIARIUM plantarum novarum sive specierum in horto plerumque cultura recognitarum descriptio contracta, ulterius amplianda. Auctores Alexi Jordan et Julio Foureau.

Cet ouvrage se publie par fascicules grand in-8 de 64 pages. Prix de chaque fascicule : 3 fr. — Le fascicule 1 a paru.

DIAGNOSES D'ESPÈCES NOUVELLES ET MÉCONNUES pour servir de matériaux à une flore réformée de la France et des contrées voisines, par Alexis Jordan. Tome I, Iʳᵉ partie. Paris, 1864. Gr. in-8 de 556 pages. . . . . 9 fr. 50

ALBUM DES MOUSSES DES ENVIRONS DE PARIS, par R. Kleinhans, publié en 30 livraisons. Paris, 1863-1867. In-folio de 30 planches, avec texte explicatif. Prix de chacun. . . . . 75 c.

En vente les livraisons I à XX. (Phascacées, Weisiacées, Dicranacées, Leucobryacées, Fissidentacées, Séligériacées, Pottiacées, Grimmiacées, Bryacées, Polytrichachées, Buxbaumiacées.)

NOUVEAUX ÉLÉMENTS D'HISTOIRE NATURELLE à l'usage des lycées, des établissements d'instruction publique, des aspirants au baccalauréat ès sciences, par l'abbé Lambert, vicaire de Notre-Dame des Victoires à Paris, 3 vol. in-18, formant ensemble 500 pages avec 450 figures dans le texte.

    Botanique. 1 vol. in-18, de 276 pages avec 202 figures. . .   2 fr. 50
    Géologie. 1 vol. in-18, de 238 pages avec 138 figures . . . . 2 fr. 50
    Zoologie. 1 vol. in-18, de 260 pages avec 183 figures. . . . 2 fr. 50

PLANTES PHANÉROGAMES qui croissent aux environs de Fréjus, avec leur habitat et l'époque de leur floraison, par Perreymond. Paris, 1833. In-8 de 92 pages. . . . . 1 fr.

LA MÉDECINE DES FAMILLES ou Traité des propriétés médicinales des plantes indigènes et de celles qui sont généralement cultivées en France ; contenant, pour chaque espèce : sa description botanique ; ses propriétés alimentaires et médicinales ; l'indication de la manière dont on doit l'employer ; les soins à prendre pour la récolter, la sécher et la conserver ; le traitement de l'empoisonnement par celles qui sont vénéneuses, par J. Rioux, docteur en médecine. Paris, 1862. 1 vol. in-18. . . . . 1 fr.

LE MICROSCOPE et son application spéciale à l'étude de l'anatomie végétale, par H. Schacht, traduit de l'allemand sur la troisième édition, par Pau Dalimier. Paris, 1865. 1 vol. in-8 avec 110 fig. dans le texte et 2 pl. . . 8 fr.

CATALOGUE

DE

F. SAVY

ÉDITEUR

MÉDECINE — CHIRURGIE — PHARMACIE
CHIMIE — PHYSIQUE — MATHÉMATIQUES — GÉOLOGIE
MINÉRALOGIE — PALÉONTOLOGIE — BOTANIQUE — AGRICULTURE
HORTICULTURE — ÉCONOMIE RURALE
ART VÉTÉRINAIRE
ARTS INDUSTRIELS — LITTÉRATURE SCIENTIFIQUE

Tous les ouvrages de ce Catalogue sont expédiés
par la poste en France et en Algérie **FRANCO** et sans augmentation
sur les prix désignés

Joindre à la demande des timbres-poste ou un mandat sur Paris

On peut se procurer également ces ouvrages
par l'intermédiaire de tous les libraires de la France et de l'étranger.

———

PARIS

24, RUE HAUTEFEUILLE, 24

PRÈS LE BOULEVARD SAINT-GERMAIN

1ᵉʳ JANVIER 1870

La Librairie F. SAVY se charge de procurer tous les ouvrages publiés à l'Étranger, principalement en Allemagne et en Angleterre.

Elle se charge également de faire les Commissions qui lui sont adressées de France et de l'Étranger.

EN DISTRIBUTION :

Histoire naturelle générale (6 pages).

Géologie, minéralogie, paléontologie (40 pages).

Botanique (40 pages).

Zoologie (40 pages).

Ces Catalogues spéciaux seront envoyés *franco* à toute personne qui en fera la demande par lettre affranchie.

Prix du Catalogue complet (un volume in-8 de 130 pages) : **1 fr.**

ACHAT AU COMPTANT

DE

LIVRES ANCIENS DE SCIENCES NATURELLES

TABLE DES MATIÈRES

MÉDECINE — CHIRURGIE — PHARMACIE

ANNUAIRE des eaux minérales et des bains de mer de la France et de l'étranger, publié par la *Gazette des eaux.* 11ᵉ année, 1869. 1 joli vol. in-18 de 300 p., paraissant chaque année depuis 1859. 1 fr. 50
Cartonné en toile anglaise. . . . . 2 fr.

Ce volume renferme :
Une *nomenclature générale des stations d'eaux minérales* en France, indiquant leur situation, la nature des sources, leur température, leurs propriétés médicales les noms des médecins inspecteurs, inspecteurs adjoints et médecins exerçant auprès de chacune d'elles, et *les moyens de communication* qui y conduisent;
Une nomenclature semblable pour les eaux minérales les plus importantes de l'étranger ;
Le classement des sources minérales selon leur nature et selon les maladies qui s'y adressent;
Une liste des établissements de bains de mer et des principaux établissements hydrothérapiques en France.

ANCELET (E.). **Études sur les maladies du pancréas.** Paris, 1866. In-8 de 160 pages.. . . . . 2 fr. 50

BAILLON (H.). **Programme du Cours d'histoire naturelle médicale,** professé à la Faculté de médecine de Paris. Iʳᵉ partie, **Zoologie médicale.** Paris, 1868. 1 vol. in-18 de 72 pages. 1 fr. 25
—— IIᵉ partie, **Botanique médicale.** Paris, 1869. 1 vol. in-18 de 72 pages. . . . . 1 fr. 25

BARBASTE. De l'état des forces dans les maladies, et des indications qui s'y rapportent. Paris, 1851. 1 vol. in-8.. . . . . . 2 fr.
—— **De l'homicide et de l'anthropophagie.** Paris, 1856. 1 volume in-8. (7 50).. . . . . 3 fr 50

BAUDOT (E.), **Voies d'introduction des médicaments.** Applications thérapeutiques. Paris, 1866. 1 vol. in-8. . . . . 3 fr.

—— **Traité des affections de la peau,** d'après les doctrines de M. Bazin, médecin de l'hôpital Saint-Louis. Paris, 1869. 1 vol. in-8. 7 fr.

Depuis 1850, M. Bazin a successivement enrichi la littérature dermatologique de traités sur les affections artificielles, parasitaires, scrofuleuses, arthritiques, herpétiques, syphilitiques, génériques de la peau ; et aujourd'hui le médecin ou l'élève qui désire connaître ses doctrines est obligé de parcourir huit volumes. Or l'un et l'autre reculent souvent devant une pareille tâche et devant la dépense.

L'auteur a pensé rendre service en résumant en un seul volume dégagé de la masse des observations cliniques, les doctrines de M. Bazin et en permettant ainsi au praticien occupé et à l'élève de les connaître en peu de temps et à peu de frais. Ancien interne de M. Bazin, il s'est pour ainsi dire identifié avec les doctrines de son maître, qui a du reste approuvé et encouragé la publication de ce volume.

BAUMÈS, ancien chirurgien en chef de l'Antiquaille. **Précis historique et pratique sur les diathèses.** Paris, 1853. 1 vol. in-8. (5). 2 fr.
—— **Précis théorique et pratique des maladies vénériennes.** Paris, 1840. 2 vol. in-8. (12). . . . . 6 fr.

BERTHIER (P.), médecin de l'hospice de Bicêtre. **Excursions scientifiques dans les asiles d'aliénés.** — Première série, comprenant les asiles d'Auxerre, de Lyon, de Grenoble, de Dôle, de Chambéry, de Saint-Dizier, de Moulins, de Montpellier, de Dijon, de Rodez, de Caen, d'Avignon, etc. Paris, 1862. 1 vol. in-8. . . . . 2 fr. 50

—— Deuxième série comprenant les asiles de Rouen, de Montauban, de Bonneval, de Toulouse, de la Charité, de Marseille, de Châlons-sur-Marne, de Privas, de Limoges, de Bourges, d'Auch, d'Orléans, d'Albi, de Blois, de Clermont-Ferrand, de Cadillac, de Bordeaux, etc. Paris, 1864. in-8 avec une carte itinéraire des asiles d'aliénés de la France.. . . . . 2 fr. 50

—— Troisième série comprenant les asiles de Clermont-sur-Oise, du Mans, d'Alençon, d'Angers, de Nantes, de Pont-l'Abbé-Picauville, de Pau, de Saint-Venant, de Strasbourg, de Rennes, de Lille, de Leyme, de Niort, de Mayenne, d'Armentières, de Nancy, du Puy, de Napoléon-Vendée, de Bourg. Paris, 1865, 1 vol. in-8.. 2 fr. 50

—— Quatrième série comprenant les asiles de Quimper, Aurillac, Saint-Alban, Morlaix, Saint-Brieuc, Tours, Limoux, Poitiers, Saint-Lô, Lafond, la Rochelle, Pontorson, Dinan, Evreux, Saint-Dizier, Angoulême, Aix, Charenton, Sainte-Anne et suivie d'une table analytique générale des matières contenues dans les quatre séries. Paris, 1867, 1 vol. in-8. . . . . 2 fr. 50

—— **Médecine mentale.**
    PREMIÈRE ÉTUDE. — De l'isolement. 1857. Broch. in-8. . . . 1 fr. 50
    DEUXIÈME ÉTUDE. — Des causes. Paris, 1860. 1 vol. in-8. . . . 4 fr.

—— **De la folie diathésique.** Paris, 1859. In-8. . . . . 1 fr. 50

—— **De l'imitation,** au point de vue médico-philosophique. Paris, 1861. 1 vol. in-8.. . . . . 75 c.

—— **Erreurs relatives à la folie.** Paris, 1863. In-8. . . . . 75 c.

BONNET (A). **Des moyens de prévenir la récidive du cancer du sein après son extirpation.** Lyon, 1847. In-8 de 24 pages. 75 c.

—— **Du soulèvement et de la cautérisation profonde du cul-de-sac rétro-utérin dans les rétroversions de la matrice.** Lyon, 1858, in-8 de 32 pages. . . . . 75 c.

—— **De l'éducation du médecin.** Lyon, 1852. In-8 de 35 p. . 75 c.

BOSSU (A.). **Traité des plantes médicinales indigènes,** précédé d'un Cours de botanique. 2e édition, Paris, 1862. 2 vol. in-8, avec 60 pl. gravées, représentant les organes des végétaux, les caractères des familles, etc.. . . . . 13 fr.
— Le même ouvrage, figures coloriées... . . . . 22 fr.

—— **Anthropologie** ou étude des organes, fonctions, maladies de l'homme et de la femme, comprenant l'anatomie, la physiologie, l'hygiène, la pathologie, la thérapeutique et la médecine légale. 5e édition. Paris, 1859. 2 v. in-8, avec atlas de 20 planches.. . . . . 15 fr.
— Le même ouvrage, figures coloriées. . . . . 22 fr.

BOUCHARD, professeur agrégé à la Faculté de médecine de Paris. **Recherches nouvelles sur la pellagre.** Paris, 1862. 1 vol. in-8 de 400 pages. . . . . 6 fr.
    Ouvrage couronné par les Sociétés de médecine de Lyon et Strasbourg (prix de 500 fr.), et honoré d'un encouragement de 1,000 fr. par l'Institut (Académie des sciences).

—— **De la pathogénie des hémorrhagies** Paris, 1869. 1 vol. in-8 avec fig . . . . 3 fr. 50

—— **Études expérimentales sur l'identité de l'herpès circiné et de l'herpès tonsurant.** 1861. Brochure in-8. . . . . . . 75 c.

BRACHET. Recherches expérimentales sur les fonctions du système nerveux ganglionnaire et sur leur application à la pathologie. 2e édition. Paris, 1837. 1 vol. in-8 (7). . . . . 3 fr
    Ouvrage couronné par l'Institut.

COULON (A.), professeur à l'École de médecine d'Amiens, chevalier de la Légion d'honneur. **Traité clinique et pratique des fractures chez les enfants,** revue et précédé d'une lettre par le docteur Marjolin, chirurgien de l'hôpital Sainte-Eugénie (Enfants malades), membre de la Société de chirurgie, etc. Paris, 1861. 1 vol. in-8. . . . . 4 fr.

Ouvrage couronné par la Société de médecine de Lille.

—— **De l'angine couenneuse** et du croup considérés au point de vue du diagnostic et du traitement. 2ᵉ édition. Paris, 1867. 1 volume in-8 de 100 pages.. . . . . 2 fr.

— **De l'ophthalmie purulente chez les enfants.** 1863. in-8 de 24 p.. . . . . 1 fr.

—— **De la fièvre typhoïde dans la première enfance.** 1863. In-8.. . . . . 1 fr.

DELACROIX (ÉMILE) et ROBERT (AIMÉ). Les eaux. Étude hygiénique et médicale sur l'origine, la nature et les divers emplois des eaux, tant ordinaires que médicinales, suivie d'un tableau général indicateur des sources minérales et stations balnéaires de la France et de l'étranger. Paris, 1865. 1 vol. in-18. . . . . 2 fr. 50

DESPINES (Prosper). Psychologie naturelle. Étude sur les facultés intellectuelles et morales dans leur état normal et dans leurs manifestations anomales chez les aliénés et chez les criminels.

Tome I contenant une étude sur les facultés intellectuelles et morales, sur la raison, sur le libre arbitre et sur les actes automatiques.

Tome II contenant une étude psychologique sur les aliénés et sur les criminels. Paricides-homicides.

Tome III contenant une étude psychologique sur les criminels (*suite et fin*). Infanticide. — Suicides. — Incendiaires. — Voleurs. — Prostituées. — Bases du traitement moral auquel doivent être soumis les criminels et les délinquants. Paris, 1869. 3 vol. in-8 de 800 pages chacun. . . . . 21 fr.

DESPLATS (V.) et GARIEL, professeurs agrégés à la Faculté de médecine de Paris. **Nouveaux éléments de physique médicale.** Paris, 1870. 1 vol. petit in-8 avec 400 figures dans le texte. . . . 7 fr.

DESSAIX (J.-M.). De la médecine conjecturale, soi-disant rationnelle, et **de la médecine positive,** coup d'œil d'un homœopathe. Lyon, 1845. In-8 de 190 p. . . . . 75 c.

DES VAULX (J.-P.). Guide pour le traitement des maladies vénériennes, à l'usage des gens du monde, avec 4 planches coloriees, dessinées par le docteur Claparède. Paris, 1862. 1 vol. in-32, de 192 pages. . . . . 1 fr.

DEVAY (F.). De la médecine morale. Paris, 1861. Br. in-8. 2 fr. 50

—— **et GUILLIERMOND. Recherches nouvelles sur le principe de la ciguë (conicine),** et de son mode d'application aux maladies cancéreuses et aux engorgements de la matrice et du sein. 2ᵉ édition. Paris, 1853. In-8 (4). . . . . 2 fr.

DRUIT. Nouveau compendium de chirurgie, revu et précédé d'une introduction par Dolbeau, professeur à la Faculté de médecine de Paris, chirurgien des hôpitaux. etc., traduit de l'anglais sur la 10ᵉ édition, par P. Labarthe. Paris, 1870. 1 vol. petit in-8 avec 360 gravures dans le texte. (*Sous presse.*)

DUBRUEIL, professeur agrégé de la Faculté de médecine de Paris, chirurgien des hôpitaux. **Manuel d'opérations chirurgicales.** Paris, 1870. 1 vol. in-18 avec 28 planches coloriées. . . . . 9 fr.

  1ᵉʳ fascicule : Opérations qui se pratiquent sur l'appareil circulatoire (Artères), avec 8 pl. col.
  2ᵉ fascicule : Opérations qui se pratiquent sur l'appareil circulatoire (Veines), avec 4 pl. col.
  3ᵉ fascicule : Opérations qui se pratiquent sur l'appareil locomoteur (Amputation, Désarticulations), avec 4 pl. col.
  4ᵉ fascicule : Opérations qui se pratiquent sur l'appareil locomoteur (Amputations, Désarticulations), avec 4 pl. col.
  5ᵉ fascicule : Opérations qui se pratiquent sur l'appareil locomoteur (Amputations, Désarticulations), avec 4 pl. col.
  6ᵉ facicule : Opérations qui se pratiquent sur l'appareil locomoteur (Amputations, Désarticulations), avec 4 pl. col.
  Prix du fascicule. . . . . 1 fr. 50

—— **De l'amputation intra-deltoïdienne.** Paris, 1866. In-8. 75 c.

—— **Note sur la cicatrisation des os et des nerfs.** Paris, 1867. In-8. . . . . 50 c.

—— **Des indications qui représentent les luxations de l'astragale.** Paris. 1864. In-4 de 41 pages et planches. . . . . 2 fr.

—— **De l'iridectomie.** Paris, 1866. In-8 de 90 pages. . . . . . 2 fr.

—— **Recherches** sur l'action physiologique du sulfocyanure de potassium (en collaboration avec M. Legros). In-8 de 4 pages. . . . . 50 c.

—— **Des diverses méthodes du traitement des plaies.** Paris, 1869. In 8 de 95 p. . . . . 2 fr.

DURAND (de Lunel). **Théorie électrique du froid, de la chaleur et de la lumière,** doctrine de l'unité des forces physiques, avec un avant-propos sur l'action physiologique de l'électricité. Paris, 1863 In-8 de 36 pages. . . . . 1 fr. 50

—— **Traité dogmatique et pratique des fièvres intermittentes,** suivi d'une Notice sur le mode d'action des eaux de Vichy dans le traitement des affections consécutives à ces maladies. Paris, 1862. 1 vol. in-8. . . . . 6 fr. 50

—— **Nouvelle théorie de l'action nerveuse** et des principaux phénomènes de la vie. Paris, 1863. 1 vol. in-8. . . . . 7 fr. 50

—— **Des incidents du traitement thermo-minéral de Vichy.** Paris, 1864, in-8°. . . . . 1 fr. 50

DUVAL (Émile). **De la chorée, sa définition ; de ses différents traitements et spécialement de sa cure par l'hydrothérapie.** Paris, 1866. In-8 de 32 pages. . . . . 1 fr.

ÉBRARD. Hygiène des habitants de la campagne, cultivateurs, jardiniers, instituteurs, suivi d'un Essai sur la salubrité publique dans les communes rurales. 1865. 1 vol. in-8. . . . . 2 fr.

—— **Le livre des garde-malades et des mères de famille.** Instructions sur les soins à donner aux malades et aux enfants. 6ᵉ édition. Paris, 1867. 1 vol. in-18. . . . . 2 fr.

FAUCONNET. Du choléra asiatique comme conséquence d'un élément morbide de nature organisée. Étude déposée à l'Académie des sciences comme pièce de concours pour le prix Bréant, le 6 décembre 1865. Paris, 1866. 1 vol. in-8 de 64 pages. . . . . . 2 fr.

—— **Guérison du chancre, des bubons et de quelques syphilides.** Paris, 1867, in-8 de 38 pages. . . . . 75 c.

FERRAND, ancien chef de clinique de la Faculté. **De la médication anti-pyrétique.** Paris, 1869. 1 vol. in-8. . . . . 2 fr. 50

FLORET (P.). Documents chirurgicaux, principalement sur les maladies de l'utérus. Paris, 1862. 1 vol. in-8, avec pl. .   4 fr.

FREY (H.), professeur à l'Université de Zurich. **Traité d'histologie et d'histochimie,** traduit de l'allemand sur la 2ᵉ édition, par le Dʳ P. SPILLMANN annoté par M. RANVIER, préparateur du cours de médecine expérimentale au Collége de France et revu par l'auteur. Paris, 1870. 1 fort volume in-8, avec 530 gravures dans le texte.. . . . . 15 fr.

—— **Le microscope, manuel à l'usage des étudiants,** traduit de l'allemand sur la 2ᵉ édition, par SPILLMANN. Paris, 1867. 1 vol. in-18, avec 62 figures dans le texte et une note sur l'emploi des objectifs à correction et à immersion. . . . . 4 fr.

GARIEL (C. M.), professeur agrégé à la Faculté de médecine de Paris. **De l'ophthalmoscope.** Paris, 1869. In-8 de 48 p.. . . . . 1 fr. 50

GONTIER DE CHABANNE. Le médecin, le chirurgien et le pharmacien à la maison, ou le meuble indispensable des familles, contenant : 1° instruction détaillée sur les récoltes des plantes médicinales usuelles ; 2° les meilleurs remèdes, les plus simples et les moins chers ; 3° la chirurgie populaire, ou instruction très-détaillée pour le pansement des maladies externes ; 4° la pharmacie des ménages ou manière de composer soi-même toute sorte de médicaments ; 5° l'herboristerie des familles, indication des plantes médicinales et leur emploi pour chaque maladie. 4ᵉ édition. 1868. 1 vol. in-8°. . . . . 5 fr.

HUBERT RODRIGUE (D.). Clinique médicale de Montpellier. Constitutions médicales et épidémiques. — Climat de Montpellier. Paris, 1855. 1 vol. in-8. . . . . 2 fr.

JANTET (Charles et Hector), docteurs en médecine. **De la vie** et de son interprétation dans les différents âges de l'humanité. Paris, 1860. 1 vol. in-8.. . . . . 5 fr.
—— **Doctrine médicale matérialiste.** Paris, 1866. 1 vol. in-8.   6 fr.

JOULIN (D.), professeur agrégé à la Faculté de médecine de Paris. **Traité complet théorique et pratique des accouchements.** Paris, 1867. 1 fort volume grand in-8, de 1,200 pages avec 150 figures dans le texte. . . . . 16 fr.

M. Joulin a écrit un traité d'accouchements aussi complet que possible ; les matériaux de son livre, puisés aux meilleures sources, n'ont été acceptés qu'après une critique aussi impartiale que judicieuse ; l'auteur, après s'être approprié tous ces éléments, les a fort habilement mis en œuvre et fondus ensemble de la façon la plus heureuse. Le livre du savant agrégé de la Faculté de Paris n'est point une simple œuvre de vulgarisation, et la personnalité de l'auteur s'affirme d'une façon originale dans maint chapitre important.

Une innovation excellente est d'avoir placé à la fin de chaque chapitre un résumé en une ligne au plus de tout un paragraphe, ce qui fait de ce traité un excellent memento pour repasser à la veille d'un examen.

Les lecteurs soucieux d'approfondir un point spécial d'obstétrique trouveront à fin de chaque chapitre un résumé bibliographique des plus complets.

Un grand nombre de gravures intercalées dans le texte, exécutées avec un soin peu ordinaire dans les traités d'accouchements publiés jusqu'à ce jour, en rendent l'intelligence facile.

—— **Des cas de dystocie appartenant au fœtus.** Paris, 1863, in-8. . . . . 3 fr.

—— **Du forceps et de la version dans les cas de rétrécissement du bassin.** Paris, 1865. 1 vol. in-8.. . . . . 2 fr. 50
Prix Capuron. Mémoire couronné par l'Académie de médecine.

LADREY, professeur à l'École de médecine de Dijon. **Programme d'un cours de pharmacie**. Paris, 1868. 1 vol. in-18. . . 1 fr. 25

—— **Les établissements industriels et l'hygiène publique.** Paris, 1867. 1 vol. in-8. 2 fr. 50

LANGLEBERT (Edmond). Traité théorique et pratique des maladies vénériennes, ou leçons cliniques sur les affections blennorrhagiques, le chancre et la syphilis, recueillies par M. Evariste Michel, revues et publiées par le professeur. Paris, 1864. 1 vol. in-8 de 700 pages, avec une bibliographie complète des ouvrages publiés jusqu'à ce jour sur la syphilis. . . . . 8 fr.

Les discussions doctrinales n'ont point fait oublier à l'auteur que la médecine est avant tout l'art de guérir : *Primo sanare, deinde philosophari*. Aussi M. Langlebert a apporté le plus grand soin à l'étude du diagnostic et du traitement et il a fait tous ses efforts pour que son livre offrît aux jeunes médecins, non-seulement le tableau fidèle de l'état actuel de la science, mais encore un guide qui leur aplanît les difficultés de la pratique. La blennorrhagie et toutes ses complications chez l'homme et chez la femme, le chancre, les accidents secondaires et tertiaires de la syphilis constitutionnelle, la syphilis infantile, les questions d'hygiène sociale et de médecine légale qui s'y rattachent, y sont séparément décrits et exposés avec soin.

LEE (Henry), membre honoraire du Collége du Roi, à Londres. **Leçons sur la syphilis.** De l'inoculation syphilitique et de ses rapports avec la vaccination ; leçons professées à l'hôpital Saint-Georges, traduites de l'anglais par le docteur Edmond Baudot, interne lauréat des hôpitaux de Paris. Paris, 1863. In-8 de 120 pages. . . . . 2 fr. 50

LEGRAND DU SAULLE, médecin de l'hospice de Bicêtre, etc. **La folie devant les tribunaux**. Paris, 1864. 1 vol. in-8 de 600 pages. 8 fr.
Ouvrage couronné par l'Institut de France.

—— **Étude médico-légale sur la séparation de corps.** Leçons professées à l'Ecole pratique en février 1866. In-8 de 34 pages. 1 fr. 25

—— **Étude médico-légale sur la paralysie générale** (folie paralytique), leçons professées à l'École pratique en 1866. In-8 de 32 p. 1 fr. 25

—— **Étude médico-légale sur les assurances sur la vie.** Leçons professées à l'Ecole pratique. Paris, 1867. In-8 de 48 pages. 1 fr. 59

—— **Pronostic et traitement de l'épilepsie.** Succès remarquables obtenus par l'emploi du bromure de potassium à haute dose. Paris, 1869. In-8 de 29 pages. . . . . 1 fr. 50

LEMARCHAND, médecin aux bains de mer du Tréport. **Des bains de mer sur les plages du Nord.** Conseils aux baigneurs. Paris, 1868. 1 vol. in-18. . . . . 1 fr.

LERICHE (Dr). De la surdité et de quelques nouveaux moyens pour constater et guérir cette affection. Paris, 1867. In-8 de 75 pages. . . . . 1 fr. 50

LEROY (Camille). Considérations sur les affections fébriles ou maladies aiguës. Paris, 1846. 1 vol. in-8. . . . . 2 fr.

LOISEAU (de Montmartre). **Traitement préventif du croup par le tannage.** Paris, 1862. In-8. . . . . 75 c.

LOUMAIGNE (L.). De la hernie de l'ovaire. Paris, 1869. In-8 de 48 pages. . . . . 1 fr. 50

LUCAS (Louis), auteur de la *Chimie nouvelle*, etc. **La médecine nouvelle**, basée sur des principes de physique et de chimie transcendantales, comprenant les principes de médecine, la physiologie (système nerveux, circulation et respiration), la pathologie. Paris, 1862-1863. 2 vol. in-18 formant ensemble 650 pages. . . . . 8 fr.

LUNIER (L.), inspecteur général du service des aliénés, et du service sanitaire des prisons de France. **Études sur les maladies mentales et sur les asiles d'aliénés.** De l'aliénation mentale et du crétinisme en Suisse, étudiés au point de vue de la législation, de la statistique du traitement et de l'assistance. Paris, 1868. 1 vol. in-8 . . . . . . 5 fr.

—— **Des placements volontaires dans les asiles d'aliénés.** Études sur les législations françaises et étrangères. Paris, 1868. Brochure in-8. . . . . 1 fr. 50

—— **Des aliénés dangereux,** étudiés au triple point de vue clinique, administratif et médicolégal. Paris, 1869. In-8 de 30 p. . . . . 1 fr. 25

MAISONNEUVE (J. G.), chirurgien de l'Hôtel-Dieu de Paris. **Clinique chirurgicale.** Paris, 1863-1864. 2 volumes grand in-8, formant ensemble 1500 pages, avec figures dans le texte. . . . . 24 fr.
Le tome second, contenant les Affections cancéreuses, la Ligature extemporanée, les Tumeurs de la langue, les Maladies de l'ovaire, les Hernies, etc., se vend séparément.. . . . . 12 fr.

—— **Leçons cliniques sur les affections cancéreuses**, professées à l'hôpital Cochin, recueillies et publiées par le docteur Alexis Favrot.
Irᵉ partie, comprenant les Affections cancéreuses en général. In-8 avec planches lithographiées. Paris, 1852. In-8.. . . . . 2 fr. 50
IIᵉ partie, comprend les Affections cancéreuses du sein. 1854. In-8. 2 fr. 50

—— **Le périoste et ses maladies.** Paris, 1839. In-8. . . . 2 fr. 50

—— **Mémoire sur la désarticulation totale de la mâchoire inférieure.** Paris, 1859. In-4, avec planches noires. . . . . 6 fr.
Avec planches coloriées. . . . . 12 fr.

—— **De la ligature extemporanée** et de sa supériorité sur l'instrument tranchant pour l'extirpation de toutes les tumeurs pédiculées ou pédiculables, avec description des instruments nouveaux destinés à son exécution. 1860. 1 vol. in-4 avec planches. . . . . 6 fr.

MANGIN (Arthur). De la liberté de la pharmacie. Paris, 1864. In-8 de 48 p. . . . . 1 fr.

MASSE (J. N.), professeur d'anatomie. **Petit atlas complet d'anatomie descriptive du corps humain.** *Ouvrage adopté par le conseil impérial de l'instruction publique.* Nouvelle édition augmentée des tableaux synoptiques d'anatomie descriptive. Paris, 1869. 1 vol in-18 relié, de 113 planches gravées en taille-douce, avec texte en regard. . . . 20 fr.
—— Le même ouvrage avec les planches coloriées. . . . . 36 fr.
Plus de quarante mille exemplaires vendus depuis son apparition, des traductions dans toutes les langues attestent suffisamment l'accueil qui a été fait à cette utile publication. L'Atlas d'anatomie de Masse est devenu le *vade-mecum* de l'amphithéâtre

—— **Anatomie synoptique**, ou résumé complet d'anatomie descriptive du corps humain. Paris, 1867. 1 vol. in-18 de 116 pages. 2 fr.
Ces tableaux synoptiques sont extraits de la nouvelle édition du Petit Atlas d'Anatomie descriptive. On a fort approuvé l'idée qui a présidé à ce travail qui, sous une forme concise, est très-utile pour revoir rapidement les articulations, les insertions musculaires, l'angéiologie, la névrologie.

MAURIN (A.). Étude historique et clinique sur les eaux minérales de Néris. Paris, 1858. 1 vol. in-18. (3 fr. 50). . . . . . 50 c.

MAYGRIER (A). Les remèdes contre la rage, aperçu critique, historique et bibliographique depuis le seizième siècle jusqu'à nos jours. Paris, 1866. In-8 de 16 pages. . . . . 50 c.

MILLET (Auguste), professeur à l'École de médecine de Tours, médecin de la colonie pénitentiaire de Mettray, lauréat de l'Académie impériale de médecine (grand prix de 1852). **Traité complet de la diphthérie.** Paris, 1863. 1 vol. in-8.. . . . . 6 fr.
Ouvrage couronné par la Société des sciences médicales et naturelles de Bruxelles.

MILLET (Auguste). De la diphthérie du pharynx. Paris, 1862.
In-8. . . . . 2 fr. 25
Mémoire couronné (médaille d'or) par la Société centrale de médecine du département du Nord.

—— **De l'emploi thérapeutique des préparations arsenicales.** 2ᵉ édition entièrement refondue. Paris, 1865. 1 vol. in-8. . 4 fr.
Mémoire couronné par la Société centrale de médecine du département du Nord.

MOISY (D.). Les eaux de Paris; bains, lavoirs. Paris, 1869.
1 vol. in-18 de 214 p. . . . . 2 fr.

MOREAU (F.). De la liqueur d'absinthe et de ses effets. Paris, 1863.
Brochure in-8. . . . . 1 fr.

NAQUET (A.), professeur agrégé à la Faculté de médecine de Paris.
Cours de chimie pratique, d'après les théories modernes, à l'usage des médecins, pharmaciens, étudiants en médecine, chimistes, et en pharmacie, par W. Odling. Traduit de l'anglais sur la 3ᵉ édition par A. Naquet.
Paris, 1869. 1 vol. in-18 avec 71 figures dans le texte. . . . . . 4 fr. 50
Depuis plusieurs années déjà, les étudiants sont exercés aux manipulations chimiques, et ces manipulations paraissent même devoir prendre une extension considérable. En présence de ce fait nouveau dans l'enseignement, nous avons pensé qu'un livre renfermant tout ce que les étudiants ont besoin d'apprendre dans leurs manipulations et rien de plus; qu'un livre capable de servir de guide de laboratoire répondait à un besoin réel. Nous ne pouvions mieux faire que de traduire en français, pour cet usage, le *Cours de chimie pratique* de M. Odling. L'auteur possède en effet une clarté, une méthode que l'on pourrait peut-être atteindre, mais que certainement on ne saurait dépasser.
(Voy. page 14, *Principes de Chimie.*)

NEUBAUER (Dʳ), professeur de chimie et de pharmacie au laboratoire de chimie de Wiesbaden, et **VOGEL (Dʳ),** directeur, professeur de médecine à l'Institut pathologique de Halle. **De l'urine et des sédiments urinaires.** Propriétés et caractères chimiques et microscopiques des éléments normaux et anormaux de l'urine, analyse qualitative et quantitative de cette sécrétion. Description et valeur séméiologique de ses altérations pathologiques, etc.; précédé d'une introduction par R. Fresenius, traduit de l'allemand sur la 5ᵉ édition, par le docteur L.-A. Gautier. Paris, 1870. 1 vol. gr. in-8, avec 4 planches col. et 31 figures dans le texte. . . . . 10 fr.
L'ouvrage de MM. Neubauer et Vogel est un livre essentiellement pratique, dont l'utilité est éloquemment démontrée par l'empressement avec lequel il a été accueilli à l'étranger. L'urine est, au point de vue physiologique, la sécrétion la plus importante de l'organisme, et sous l'influence des maladies elle subit des modifications dont la connaissance offre au médecin praticien de précieuses ressources pour le diagnostic et le traitement d'un grand nombre d'affections.

ODEPH (A.). Traité complet de la culture de l'opium indigène, précédé de la possibilité pratique de l'obtenir en France, suivi de la fabrication de l'huile d'œillettes. 1865. In-18. . . . . 2 fr.

PASSOT (Ph.). Études et observations obstétricales. 1 vol.
in-8. . . . . 2 fr.

PERROUD, médecin de l'Hôtel-Dieu de Lyon. **De la tuberculose, ou de la phthisie pulmonaire** et des autres maladies dites scrofuleuses et tuberculeuses, étudiées spécialement sous le double point de vue de la nature et de la prophylaxie. Paris, 1861. 1 vol. in-8. . . . 5 fr.
Ouvrage couronné par la Société de médecine de Bordeaux.

PERROUD. De l'état charbonneux du poumon à propos de quelques faits graves d'anthracosis. 1862. In-8. . . . . 75 c.

—— **Influence des pyrexies sur les principaux phénomènes de la menstruation.** In-8 de 30 p. . . . . 75 c.

—— **Note sur l'albuminurie.** In-8. . . . . 75 c.

PHILIPEAUX (**R.**), lauréat de l'Académie des sciences, de l'Académie de médecine, correspondant de la Société impériale de chirurgie, etc. **Traité de thérapeutique de la coxalgie**, suivi de la description de **l'appareil inamovible,** pour le traitement des coxalgies, par le professeur Verneuil. Paris, 1867. 1 vol. in-8 avec figures intercalées dans le texte. . . . . 8 fr.

PLANCHON (**G.**), professeur à l'École supérieure de pharmacie de Paris. **Guide pratique** pour la détermination des drogues simples et usuelles. Paris, 1870. 1 vol. petit in-8 avec figures dans le texte (*sous presse*).
—— **Des quinquinas.** Paris, 1866. 1 volume in-8 . . . . . 3 fr. 50
Pour les autres publications de M. Planchon, voy. nos Catalogues d'histoire naturelle.

POTTON. De la goutte et du danger des traitements empiriques qui lui sont opposés; de son traitement rationnel. Paris, 1860. 1 vol. in-8.   2 fr.

PRAVAZ (**Ch. G.**). **Traité théorique et pratique des luxations congénitales du fémur,** suivi d'un appendice sur la prophylaxie des luxations spontanées. Paris, 1847. 1 vol. in-4 avec 10 pl. (20). . . . . 12 fr.

PUECH (**A.**). **De l'atrésie des voies génitales de la femme.** Paris, 1864. In-4. . . . . 5 fr.
—— **De l'hématocèle péri-utérine.** Paris, 1861. In-8. . . 1 fr. 50
—— **De l'hématocèle péri-utérine** et de ses sources. Paris, 1858. 1 vol. in-8. . . . . 3 fr.
—— **De l'apoplexie des ovaires.** Paris, 1858. Brochure in-8.   1 fr.

QUANTIN (**Émile**). **Prostitution et syphilis.** Paris, 1863. 1 vol. in-18. . . . . 1 fr. 25
—— **De la chorée.** Dijon, 1859. 1 vol. in-18. . . . . 5 fr.

RAPOU (**A.**). **Histoire de la doctrine médicale homœopathique:** son état actuel dans les principales contrées de l'Europe. Application pratique des principes et des moyens de cette doctrine au traitement des malades. Lyon, 1847. 2 volumes in-8 avec un portrait gravé de Hahnemann. . . . . 15 fr.

REAU (**G.**). **Des amauroses** en général et de quelques **amblyopies toxiques** en particulier. Paris, 1868. In-8 de 70 p. . . . . . . 2 fr.

REBOLD (**E.**). **L'électricité,** moteur de tous les rouages de la vie. Paris, 1869. 1 vol. in-8 avec 6 pl. . . . . 6 fr.

RICHARD (de Nancy). **Traité de l'éducation physique des enfants.** 3ᵉ édition, augmentée. Paris, 1861. 1 vol. in-18. . . . . . 4 fr.
—— **Commentaire physiologique sur la personne d'Horace.** Paris, 1863. 1 vol. in-18. . . . . 3 fr. 50

RIOUX (**J.**), **La médecine des familles** ou Traité des propriétés médicinales, des plantes indigènes et de celles qui sont généralement cultivées en France; contenant, pour chaque espèce : sa description botanique ; ses propriétés alimentaires et médicinales; l'indication de la manière dont on doit l'employer; les soins à prendre pour la récolter, la sécher et la conserver; le traitement de l'empoisonnement par celles qui sont vénéneuses. Paris, 1862. 1 volume in-18. . . . . 1 fr.

SABATIER (**A.**), professeur agrégé à la Faculté de médecine de Montpellier. **Recherches anatomiques et physiologiques** sur les appareils musculaires correspondants à la vessie et à la prostate dans les deux sexes. Paris, 1864, in-8 avec 4 pl. . . . . 3 fr. 50
—— **Réflexions sur un cas rare de transposition générale des viscères.** avec conservation de la direction normale du cœur. Paris, 1863. 1 vol. in-8 avec pl. 2 fr.
—— **De l'absorption.** Paris, 1866, in-8. . . . . 3 fr. 50

ROBERT (A.). Guide du médecin et du touriste aux bains de la vallée du Rhin, de la Forêt-Noire et des Vosges. 2ᵉ édition. Paris, 1869. 1 vol. in-18. . . . . 6 fr.

ROCHEBRUNE (A. T. DE). Sur un fœtus humain, appartenant à la famille des anencéphaliens. Paris, 1869. In-8 de 30 p. et pl. 1 fr. 50

SALES-GIRONS, médecin inspecteur de l'établissement de Pierrefonds. **Traitement de la phthisie pulmonaire** par l'inhalation des liquides pulvérisés et par les fumigations de goudron. Paris, 1860. 1 vol. in-8 de 600 pages. . . . . 5 fr.

SAPPEY (Ph. C.), professeur d'anatomie à la Faculté de médecine de Paris. **Recherches sur l'appareil respiratoire des oiseaux.** Paris, 1847. 1 vol. in-4 de 100 pages avec 4 planches. (9). . . . 1 fr. 50

SÉMANAS. Doctrine pathogénique fondée sur le digénisme phlegmasi-toxique et ses composés morbides. Paris, 1858. 1 vol. in-8. (4 fr. 50). . . . . 2 fr.

—— **Traité des frictions quiniques chez les enfants.** Paris, 1859. 1 vol. in-8. (4 fr. 50). 2 fr.

SERAINE (Dʳ Louis). De la santé des gens mariés, ou physiologie de la génération de l'homme et hygiène philosophique du mariage. 2ᵉ édition. Paris, 1866. 1 beau vol. in-18 de 400 p. . . . . 3 fr.

SOMMAIRE DES PRINCIPAUX CHAPITRES DE LA TABLE DES MATIÈRES.

I. Du sens génésique. — II. Des organes reproducteurs. — III. Limite de la puissance sexuelle. — IV. Du mariage et de la maternité. — V. Du célibat et de ses inconvénients. — VI. Conformation vicieuse des organes reproducteurs. — VII. Syncope génitale. — VIII. Atonie des organes. — IX. Perversion nerveuse. — X. Absence ou vice de composition des germes. — XI. Hérédité de structure. — XII. Hérédité physiologique. — XIII. Hérédité de quelques diathèses. — XIV. Hérédité de quelques névropathies. — XV. Hérédité morale.

Depuis longtemps il nous semblait regrettable qu'il n'existât pas sur ces questions un livre sérieux et honnête écrit au nom de la science, dans un style simple et chaste, où les personnes mariées pussent étudier sans rougir ce sujet qui les intéresse si fort dans leur personne et leur postérité. Nous nous sommes efforcé de combler cette lacune.   L. SERAINE.

—— **De la santé des petits enfants,** ou conseils aux mères sur la conservation des enfants pendant la grossesse, sur leur éducation physique depuis la naissance jusqu'à l'âge de sept ans, et sur leurs principales maladies. 2ᵉ édition, Paris, 1861. 1 vol. in-32 de 192 pages. . 1 fr. LE MÊME OUVRAGE, papier vergé, tiré à petit nombre. . . . . 3 fr.

Petit ouvrage plein de charme et de la plus haute moralité. Il devrait se trouver dans toutes les corbeilles de mariage.

SÉRULLAZ, lauréat de l'Académie de médecine de Paris. **Mémoire sur le traitement du croup** par la cautérisation laryngée. Nouveau procédé. Paris, 1863. Brochure in-8. . . . . 1 fr.

SERVE. Mémoire sur les flueurs blanches et leur traitement par l'iodure de potassium et les injections de coloquinte. Paris, 1843. In-8. 2 fr.

SICARD (H.), professeur agrégé à la Faculté de médecine de Montpellier. **Des organes de la respiration** dans la série animale. Paris. in-8 de 85 pages. . . . . 2 fr.

SZAFKOWSKI (L. R.). Recherches sur les hallucinations au point de vue de la psychologie, de l'histoire et de la médecine légale. Paris, 1849. In-8 (5). . . . . 2 fr.

TRIQUET. Leçons cliniques sur les maladies de l'oreille, ou thérapeutique des affections aiguës et chroniques de l'appareil auditif, Paris, 1863. 1 vol. in-8 avec fig. dans le texte. . . . . 5 fr.

VACHER (L.). Étude médicale et statistique sur la mortalité à Paris, à Londres, à Vienne et à New-York en 1865, d'après les documents officiels, avec une carte météorologique et mortuaire. Paris, 1866. 1 vol. in-8. . . . . 6 fr.

— — **Des maladies populaires** et de la mortalité à Paris, à Londres. à Vienne, à Bruxelles, à Berlin, à Rockaden et à Turin, en 1866, avec une étude médico-hygiénique sur les consommations dans ces villes. 2e année. Paris, 1867. In-8. . . . . 3 fr.

—— **Carte présentant l'état météorologique et la mortalité à Paris en 1865.** 1 gr. feuille jésus. . . . . 2 fr.
Cette carte donne le tracé graphique et jour par jour de toutes les circonstances météorologiques et de la mortalité, ainsi que la mortalité relative pour chacun des 20 arrondissements, des détails sur la mortalité à Paris à différentes époques, etc.

—— **Statistique du choléra de 1865 à 1867 en Europe.** In-8 de 14 pages. . . . . 1 fr. 50.

VAN HOLSBEEK. Le médecin de la famille. Paris, 1861. 1 vol. in-18, avec pl. col. . . . . 4 fr.

VERRIER (E.). Manuel pratique de l'art des accouchements, précédé d'une préface par PAJOT, professeur à la Faculté de médecine de Paris. Paris, 1867. 1 vol. in-18 de 700 p. avec 87 gr. dans le texte. 6 fr.
Ce manuel est le *vâde-mecum* de l'étudiant et du praticien ; il a pour parrain un des hommes les plus populaires de la Faculté de Paris, le professeur Pajot, qui en a écrit la préface.

—— **Des positions inclinées, et du nouveau traitement des affections puerpérales.** Paris, 1869. In-8 de 18 p. . . . . . . 1 fr.

WEST (Charles), membre du Collége royal des médecins, examinateur d'accouchements à l'Université de Londres, médecin de l'hôpital des enfants, et premier accoucheur des hôpitaux de Saint-Barthélemy et de Middlesex. **Leçons sur les maladies des femmes,** traduit de l'anglais sur la 3e édition et considérablement annoté par MAURIAC, médecin des hôpitaux. Paris, 1870. 1 fort vol. in-8 de 800 p. . . . . . . 12 fr.

WUNDT. Professeur à l'université d'Heidelberg. **Nouveaux éléments de physiologie humaine.** Traduit de l'allemand et augmenté de notes par le Dr BOUCHARD, professeur agrégé à la Faculté de médecine de Strasbourg. Paris, 1870. 1 vol. grand in-8 avec 200 figures dans le texte. (*Sous presse.*)

CHIMIE — PHYSIQUE — MATHÉMATIQUES

BOLLEY (AL.), professeur de chimie industrielle, à l'École polytechnique de Zurich. **Manuel pratique d'essais et de recherches chimiques appliquées aux arts et à l'industrie.** Guide pour l'essai et la détermination de la valeur des substances naturelles ou artificielles employées dans les arts, l'industrie, etc., traduit de l'allemand sur la 3e édition, par le Dr L. Gautier. Paris, 1869. 1 vol. in-18, de 700 pages avec 98 figures dans le texte. . . . . 7 fr. 50
Ce livre intéresse toutes les personnes qui sont dans le cas d'avoir à faire des essais de matières premières ou de produits manufacturés. Trois éditions attestent éloquemment l'accueil dont il a été l'objet en Allemagne.

BOURGOIN (Edme), pharmacien en chef de l'hôpital du Midi. **De l'isomérie.** Paris, 1866. In-8 de 135 pages. , ... 2 fr. 50

DELESCHAMPS (Albert). Étude physique des sons de la parole. Paris, 1869. In-8 de 107 pages, avec 18 fig. dans le texte. 2 fr. 50

DESPLATS (V.), professeur agrégé à la Faculté de médecine de Paris. **Lois générales de la production et de la propagation du courant électrique.** Paris, 1863. 1 vol. in-8. . . . . . .   1 fr. 50

—— et **GARIEL (C. M.)**, préparateur de physique à la Faculté de médecine de Paris. **Nouveaux éléments de physique médicale.** Paris. 1870. 1 vol petit in-8 avec 400 figures dans le texte. . . . . .   7 fr.

FRESENIUS (Remigius), professeur de chimie à l'université de Wiesbaden. **Traité d'analyse chimique qualitative,** des opérations chimiques, des réactifs et de leur action sur les corps les plus répandus, essais au chalumeau, analyse des eaux potables, des eaux minérales, du sol, des engrais, etc. Recherches chimico-légales, analyse spectrale, traduit sur la 11ᵉ édition allemande, par FORTHOMME, agrégé, docteur ès sciences, professeur de physique et de chimie au lycée de Nancy. Paris, 1866. 1 vol. grand in-18 avec fig. dans le texte, et un spectre solaire colorié. .   6 fr.

Je regarde ce précieux ouvrage comme très-utile pour l'enseignement dans les diverses Facultés, pour les médecins et les pharmaciens. Je recommande ce livre à tous, étudiants et chimistes, même à ceux qui possèdent déjà des traités plus complets d'analyses. J. LIEBIG.

—— **Traité d'analyse quantitative.** Traité du dosage et de la séparation des corps simples et composés les plus usités en pharmacie, dans les arts et en agriculture, analyse par les liqueurs titrées, analyse des eaux minérales, des cendres végétales, des sols, des engrais, des minerais métalliques, des fontes, dosage des sucres, alcalimétrie, chlorométrie, etc., traduit sur la 5ᵉ édition allemande, par M. FORTHOMME, agrégé, docteur ès sciences, professeur de physique et de chimie au lycée de Nancy. Paris, 1867. 1 vol. grand in-18, avec 190 fig. dans le texte. . . . . .   12 fr.

GARIEL (C.-M.)., professeur agrégé et préparateur de physique à la Faculté de médecine de Paris. **Des phénomènes physiques de l'audition.** Paris, 1869. In-8 de 109 pages. . . . .   2 fr. 50

GAUTIER (A), professeur agrégé à la Faculté de médecine de Paris, etc. **Étude sur les fermentations proprement dites et les fermentations physiologiques et pathologiques.** Paris, 1869. In-8 de 123 pages. . . . .   3 fr.

GIRARDON (D.), directeur de l'École centrale lyonnaise, professeur à la Martinière. **Cours élémentaire de perspective linéaire,** à l'usage des écoles des beaux-arts, de dessin, des artistes, architectes, etc. Paris, 1859. 2 vol. in-8, avec un atlas de 28 pl. gravées. . . . . .   6 fr.

GRIMAUX (Édouard), professeur agrégé à la Faculté de médecine de Paris. **Équivalents, atomes, molécules.** Paris, 1866. 1 vol. in-8 de 110 pages. . . . .   2 fr.
—— **Du haschich** ou chanvre indien. Paris, 1866. In-8. . . . .   1 fr. 50

LADREY, professeur à l'École de médecine et de pharmacie de Dijon. **Étude sur le phosphore.** Paris, 1868. 1 vol in-8 de 102 pages.   2 fr.

LE ROUX, professeur de géométrie à l'École du Conservatoire des arts et métiers. **Cours de géométrie élémentaire** (Géométrie plane et Géométrie dans l'espace). Paris, 1864. 1 v. in-18 de 500 pages avec 500 gr. dans le texte. . . . .   6 fr.
Séparément le tome II, comprenant la Géométrie de l'espace. . . . .   2 fr.

MORIN (Ed.). Lois générales de la chaleur rayonnante. Paris, 1863. In-8 de 81 pages.   1 fr. 50

NAQUET (J. A.), professeur agrégé à la Faculté de médecine de Paris. **Principes de chimie** fondée sur les théories modernes. 2ᵉ édition,

revue et considérablement augmentée. Paris, 1867. 2 vol. in-18, de 1,100 p.
avec fig. dans le texte. . . . . 10 fr.

Une première édition épuisée en dix-huit mois, des traductions en anglais, en allemand témoignent de l'opportunité du livre de M. Naquet et de la faveur avec laquelle il a été accueilli.

—— **Cours de chimie pratique**, d'après les théories modernes, à l'usage des médecins, pharmaciens, étudiants en medecine et en pharmacie, chimistes, par W. Odling. Traduit de l'anglais sur la 3ᵉ édition, par A. Naquet. Paris, 1869. 1 vol. in-18 avec 71 figures dans le texte.   4 fr. 50

Depuis plusieurs années déjà, les étudiants sont exercés aux manipulations chimiques, et ces manipulations paraissent même devoir prendre une extension considérable. En présence de ce fait nouveau dans l'enseignement, nous avons pensé qu'un livre renfermant tout ce que les étudiants ont besoin d'apprendre dans leurs manipulations et rien de plus; qu'un livre capable de servir de guide de laboratoire répondait à un besoin réel. Nous ne pouvions mieux faire que de traduire en français pour cet usage, le *Cours de chimie pratique* de M. Odling. L'auteur possède en effet une clarté, une méthode que l'on pourrait peut-être atteindre, mais que certainement on ne pourrait dépasser.

—— **Des sucres.** Paris, 1863. 1 vol. in-8. . . . . 1 fr. 50
—— **De l'allotropie et de l'isomérie.** Paris, 1860. Gr. in-8. . 2 fr. 50
—— **De l'atomicité.** Paris, 1868. Brochure grand in-8. . . . . . . 1 fr.

NEUBAUER (Dʳ), professeur de chimie et de pharmacie au laboratoire de chimie de Wiesbaden, et **VOGEL (Dʳ)**, directeur professeur de médecine à l'Institut pathologique de Halle. **De l'urine et des dépôts urinaires.** Propriétés et caractères chimiques et microscopiques des éléments normaux et anormaux de l'urine, analyse qualitative et quantitative de cette sécrétion. Description et valeur séméiologique de ses altérations pathologiques, etc.; précédé d'une introduction par R. Fresenius, traduit de l'allemand sur la 5ᵉ édition, par le docteur L.-A. Gautier. Paris, 1870. 1 vol. gr. in-8, avec 4 planches col. et 31 fig. dans le texte. . . . 10 fr.

ROLLET (S.), ancien élève de l'École des mines. **Cours élémentaire et pratique du chauffage,** de l'entretien et de la conduite des chaudières à vapeur, fixes, locomobiles, locomotives et de bateaux à vapeur. Paris, 1857. 1 vol. in-4, avec planches. . . . . 6 fr.

ROSELEUR (A.). Manipulations hydroplastiques. Guide pratique du doreur de l'argenteur et du galvanoplaste. 2ᵉ édition. Paris, 1866. 1 vol. in-8 avec 200 gravures. . . . . 15 fr.

ROTTGER (R.), ancien professeur de l'académie du génie au service d'Autriche. **La force des forces.** La pression atmosphérique, force motrice gratis à la disposition du génie humain. Paris, 1869. In-18 de 36 pages   1 fr.

ROUSSE, professeur de physique et de chimie au lycée impérial de Saint-Étienne. Tableau présentant la marche à suivre et les expériences à faire pour reconnaître la nature d'un gaz. 2 feuilles in-folio. . . . . 3 fr.

SECCHI (R. P.), directeur de l'Observatoire de Rome, membre correspondant de l'Institut de France, etc. **L'unité des forces physiques.** Essai de philosophie naturelle, traduit de l'italien sous les yeux de l'auteur, par le docteur Deleschamps. Paris, 1869. 1 fort vol. in-18 avec 5 figures dans le texte. . . . . 7 fr. 50

Pour entreprendre une œuvre de cette portée et l'exécuter, il fallait joindre à une connaissance peu commune de tous les détails des sciences naturelles une rare hauteur de vues et une éminente faculté de généralisation. Or il est impossible de ne pas reconnaître que l'auteur de *l'Unité des forces physiques* réunit ces deux conditions à un degré tout à fait exceptionnel. Le livre du P. Secchi est une étude du plus haut intérêt, qui ne peut manquer de faire faire à la science un pas immense vers son but définitif.

TOURNIER (Émile). Nouveau Manuel de chimie simplifiée pratique et expérimentale sans laboratoire, manipulations, préparations, analyses contenant : 1° des ustensiles, appareils et procédés d'opérations les plus faciles ; 2° principes de la chimie, préparation, étude et usage des corps minéraux et organiques avec les noms anciens et nouveaux, expériences, procédés, recettes d'économie domestique et industrielle, etc.; 3° précis d'analyse, essais, recherche des falsifications. Paris, 1867. 1 vol. in-18 avec 300 figures dans le texte. . . . . 2 fr. 50

WALKOFF (L.). Guide du fabricant de sucre et du raffineur, à l'usage des fabricants de sucre, directeurs de sucreries, contre-maîtres mécaniciens, ingénieurs, constructeurs d'appareils pour sucrerie, cultivateurs chimistes, etc. 4ᵉ édition originale, traduction française, publiée par les soins de M. Mérijot, ancien élève de l'Ecole polytechnique, ingénieur des manufactures de l'Etat. Paris, 1870. 2 v. in-8, avec 200 grav. dans le texte. 30 fr.

GÉOLOGIE — MINÉRALOGIE — PALÉONTOLOGIE

AGASSIZ. Recherches sur les poissons fossiles, comprenant la description de 500 espèces qui n'existent plus, l'exposition des lois de la succession et des développements organiques des poissons durant toutes les métamorphoses du globe terrestre; une nouvelle classification de ces animaux, exprimant leurs rapports avec la série des formations; enfin des considérations géologiques générales tirées de l'étude de ces fossiles. Neufchâtel, 1833-1843. 5 vol. in-4 et atlas de 400 pl. in-fol. publiées en 18 livraisons. . . . . 648 fr.

—— **Monographie des poissons fossiles** du vieux grès rouge ou système dévonien des Iles-Britanniques et de la Russie. Soleure, 1844. 3 liv. in-4 avec 41 pl. in-folio color. . . . . 100 fr.

—— **Monographie d'échinodermes vivants et fossiles,** devant former une histoire complète de cette classe d'animaux. Neufchâtel, 1832-1842.

    1ʳᵉ livraison, contenant les **Salénies.** In-4, avec 5 pl.. . . . . 10 fr.
    2ᵉ livraison, contenant les **Scutelles.** In-4, avec 27 pl. . . . 40 fr.
    3ᵉ livraison, contenant les **Galérites** et les **Dysasters,** par E. Desor. In-4, avec 17 planches. . . . . 24 fr.
    4ᵉ livraison, contenant l'anatomie du genre **Echinus,** par Valentin. In-4 et atlas de 9 pl., grand in-folio. . . . . 24 fr.

—— **Description des échinodermes fossiles de la Suisse.** Neufchâtel, 1839.

    1ʳᵉ partie : **Spatangoïdes** et **Clypéastroïdes.** In-4, 14 pl. 15 fr.
    2ᵉ partie : les **Cidarides.** In-4, avec 10 pl.. . . . . 15 fr.

—— **Études critiques sur les Mollusques fossiles.**

    1ʳᵉ livraison, contenant les **Trigonies.** 1840. In-4, avec 11 pl. 12 fr.
    2ᵉ livraison, contenant les **Myes.** 1842. In-4, avec 48 pl. . . . 48 fr.
    3ᵉ livraison, contenant les **Myes du Jura et de la craie suisse.** 1842, avec 27 pl. . . . . 28 fr.
    4ᵉ livraison, **Myes du Jura.** 1845. In-4, avec 19 pl. . . . . . 24 fr.

—— **Iconographie des coquilles tertiaires.** Neufchâtel, 1845. In-4, avec 14 pl. . . . . 15 fr.

—— **Mémoire sur les moules de mollusques vivants et fossiles.** Première partie, seule publiée. Moules d'acéphales vivants. Neufchâtel, 1839. In-4, avec 9 pl.. . . . . 12 fr.

—— **Nomenclator zoologicus,** continens nomina systematica generum animalium, tam viventium quam fossilium, secundum ordinem alphabeticum disposita, adjectis auctoribus, libris in quibus reperiuntur, annus editionis, etymologia et familiæ ad quas pertinent in variis classibus. Soleure, 1842-1847 2 vol. gr. in-4. . . . . 80 fr.

ARCHIAC (D'). **Introduction à l'étude de la paléontologie stratigraphique.** Cours de paléontologie, professé au Muséum d'histoire naturelle. Paris, 1862-1864. 2 vol. in-8 de 500 p., avec figures dans le texte et cartes coloriées. . . . . 16 fr.

Le I⁛ volume renferme l'*Histoire de la paléontologie stratigraphique.*

Le tome II traite des *Connaissances générales qui doivent précéder l'étude de la paléontologie stratigraphique et des phénomènes organiques de l'époque actuelle qui s'y rattachent.* — Origine des êtres ; De l'espèce ; M. Darwin ; Iles et récifs de polypiers ; Preuves de l'existence de l'homme ; Restes d'industrie humaine ; Habitations lacustres ; Ouvrages en terre de l'Amérique du Nord ; Fossilisation . . . . . . 8 fr. 50

Les matières traitées par M. d'Archiac n'ont donc été publiées jusqu'à ce jour dans aucun ouvrage de paléontologie. Cet ouvrage peut donc être considéré comme le complément de tous les traités de paléontologie ; il se rattache en outre par la méthode à l'*Histoire des progrès de la géologie*, du même auteur.

—— **Histoire des progrès de la géologie de 1834 à 1860**, publiée par la Société géologique de France, sous les auspices de M. le ministre de l'instruction publique. Paris, 1847-1860. 8 vol. grand in-8, en 9 parties.

Tome I.   Cosmogonie et Géogénie. —Physique du globe. — Géographie physique. — Terrain moderne. . . . . » »
Tome II.   *Première partie.* — Terrain quaternaire ou diluvien.. . » »
Tome II.   *Deuxième partie.* — Terrain tertiaire. . . . . »
Tome III.   Formation nummulitique. — Roches ignées ou pyrogènes des époques quaternaire et tertiaire. . . . . » »

Voy. D'ARCHIAC et HAIME : *Description des animaux fossiles du groupe nummulitique de l'Inde.*

Tome IV.   Formation crétacée, *première partie*, avec pl. . . . . . . 8 »
Tome V.   Formation crétacée, *deuxième partie.* . . . . 8 »
Tome VI.   Formation jurassique, *première partie*, avec pl. . . . . 10 »
Tome VII.   Formation jurassique, *deuxième partie*, avec pl.. . . . 8 »
Tome VIII.   Formation triasique. . . . . 8 »

—— **Géologie et paléontologie.** Iⁱᵉ partie. Histoire comparée. IIᵉ partie. Science moderne. Paris, 1867. 1 fort vol. in-8. . . 7 fr. 50

—— **et Jules HAIME. Description des animaux fossiles du groupe nummulitique de l'Inde**, précédée d'un résumé géologique et d'une monographie des nummulites. Paris, 1853-1854. 2 vol. in-4 avec 36 planches de fossiles. . . . . 60 fr.
Le tome II se vend séparément.. . . . . 30 fr.

L'ouvrage de MM. d'Archiac et Jules Haime forme le complément nécessaire du tome III de l'*Histoire des progrès de la géologie.*

Le tome I comprend la Monographie des Nummulites avec la description des Polypiers et des Echinodermes de l'Inde.

Le tome II, les Mollusques Bryozoaires, Acéphales, Gastéropodes, Céphalopodes, Annélides et Crustacés.

BAYLE, professeur de minéralogie et de géologie à l'École des ponts et chaussées. **Cours de minéralogie et de géologie.** Paris, 1871. 2 vol. in-4, publiés en 6 fascicules, avec 2,000 gravures dans le texte. En vente les fascicules I et II.
Prix de chaque fascicule. . . . . 7 fr. 50

BOUÉ (A.). Guide du géologue voyageur. Paris, 1836. 2 vol. in-18.. . . . . 8 fr.

BROSSARD (E.). Essai sur la constitution physique et géologique des régions méridionales de la subdivision de Sétif (Algérie). Paris, 1866. 1 v. in-4 avec coupe et carte géol. col.   11 fr.

BURAT (Amédée). Description des terrains volcaniques de la France centrale. Paris, 1833. 1 v. in-8 avec 10 pl. . . . . . 7 f. 50

BURMEISTER, directeur du musée de Buenos-Ayres, etc. **Histoire de la création**, traduit de l'allemand par B. MAUPAS, revue par GIEDEL. Paris, 1870. 1 vol. gr. in-8, avec gravures dans le texte.. . . . . . 10 fr.

L'*Histoire de la Création* de Burmeister est placé en Allemagne au même rang que le *Cosmos* de Humboldt. Huit éditions n'ont pas épuisé le succès de ce livre original, qui embrasse les questions les plus importantes et les plus attrayantes du monde physique. Une exposition magistrale et des explications libres de tout préjugé, sont à la hauteur de ces problèmes difficiles qui embrassent la physique du globe, la météorologie, la géologie, paléontologie, anthropologie, zoologie, botanique. Deux célèbres savants se sont réunis pour traiter dans ce livre le domaine entier des sciences. De nombreuses gravures aident à l'intelligence du texte. Cet ouvrage n'est point seulement un livre traitant de questions générales, comme son titre pourrait le donner à penser, mais il renferme nombre de faits, disait un savant professeur de la Faculté des sciences, que l'on ne pourrait trouver nulle part ailleurs.

CARTES GÉOLOGIQUES DE TOUS LES DÉPARTEMENTS français, d'Angleterre, de Belgique, d'Allemagne, de Suisse, de l'Espagne, d'Italie.

COLLOMB (Édouard), membre de la Société géologique de France. **Carte géologique des environs de Paris,** d'après les travaux de MM. Cuvier et Brongniart, Omalius d'Halloy, Dufrénoy et Elie de Beaumont, d'Archiac, Raulin, de Sénarmont, Delesse, Deshayes, Desnoyers, Goubert, Hébert, Lambert, Lartet, Meugy, d'Orbigny, Michelot, Triger, Verneuil. Paris, 1866. 1 feuille imprimée en couleur au $\frac{1}{320000}$. . . 10 fr.

LA MÊME, sur toile, dans un étui. . . . . 12 fr. 50

COTTEAU (G.). Échinides fossiles des Pyrénées. Paris, 1863. 1 vol. in-8 de 160 pages, avec 9 pl. représentant 119 sujets. . . 8 fr.

Pour les autres publications de M. Cotteau, voy. nos Catalogues d'Histoire naturelle.

DEFRANCE. Tableau des corps organisés fossiles, précédé de remarques sur leur pétrification. Paris, 1824. In-8.. . . . . 3 fr.

DELESSE, ingénieur des mines, professeur à l'École normale et des mines, membre des Sociétés géologiques de France et de Londres, etc. **Carte géologique du département de la Seine**, publiée d'après les ordres de M. le préfet de la Seine. Paris, 1866. 4 feuilles imprimées en chromolithographie, avec légende explicative. . . . . 20 fr.

La carte géologique du département de la Seine résume tous les résultats donnés par les travaux souterrains: elle permet d'indiquer à l'avance la nature et même la cote des différents terrains qui seraient rencontrés en un point quelconque. Elle sera donc fort utile, non-seulement aux personnes qui s'occupent de géologie, mais encore aux ingénieurs, aux architectes, aux constructeurs et à tous ceux qui ont besoin de connaître le sous-sol parisien.

—— **Procédé mécanique pour déterminer la composition des roches.** 2ᵉ édition. Paris, 1862. Brochure in-8.. . . . . . 1 fr. 25
—— **Recherches sur l'origine des roches.** 2ᵉ édition. Paris, 1865. In-8 de 80 pages. 2 fr. 50
—— **Études sur le métamorphisme des roches.** Paris, 1869. In-8 de 100 pages. . . . . 2 fr. 50

DOLLFUS-AUSSET. Matériaux pour l'étude des glaciers. Paris, 1863-1870. 11 vol. grand in-8 et atlas in-folio.

T. Iᵉʳ — Iʳᵉ partie. — Auteurs qui ont traité des hautes régions des Alpes et des glaciers, et sur quelques questions qui s'y rattachent. . . . . 20 fr.
T. Iᵉʳ. — IIᵉ partie. — Auteurs, etc., etc. . . . . 20 fr.
T. Iᵉʳ. — IIIᵉ partie. — Auteurs, etc., etc. . . . . 20 fr.
T. II. — Hautes régions des Alpes; Géologie; Météorologie; Physique du globe. . . . . 20 fr.
T. III. — Phénomènes erratiques. . . . . 20 fr.
T. IV. — Ascensions. . . . . 20 fr.
T. V. ! — Glaciers en activité. — Iʳᵉ *partie*. . . . . 20 fr.

T. VI. — Glaciers en activité. — *II° partie*. . . . . 20 fr.
T. VI. — II° partie. — Glaciers en activité. — *III° partie*. (*Sous presse*.)
T. VII. — Tableaux météorologiques. . . . . 20 fr.
T. VIII. — Observations météorologiques et glaciaires à la station Dollfus-Ausset,
    au col du Saint-Théodule (3,550 m. alt.), du 1er août 1865 au 1er août
    1866. . . . . 20 fr.
T. VIII. — II° partie. — Observations, etc., etc. . . . . 20 fr.
T. IX. — Monographie des glaciers. (*Sous presse*.)
T. X. — Atlas de 80 planches. (*Sous presse*.)

DOLLFUS (Aug.), **Protogea Gallica.** La Faune kimméridienne du cap
de la Hève. Paris, 1863. 1 vol. in-4, avec 18 pl. sur papier de Chine. 20 fr.

—— Et de **MONT-SERRAT (E.)** Voyage géologique dans les républiques
de Guatemala et de Salvador. (Missions scientifiques au Mexique et dans
l'Amérique centrale.) Paris, 1868, 1 vol. grand in-4 avec 18 planches
teintées et carte géolog. (50) . . . . 35 fr.
    *Publié par ordre de S. M. l'Empereur et par les soins du Ministre de
l'instruction publique.*

**D'ORBIGNY (CH.). Tableau chronologique des divers ter-
rains**, ou systèmes de couches connues de l'écorce terrestre, présentant,
d'une manière synoptique les principaux êtres organisés qui ont vécu aux
diverses époques géologiques, et indiquant l'âge relatif aux différents
systèmes de montagnes, établis par M. Elie de Beaumont. 1 feuille jésus
coloriée . . . . 2 fr.
—— Le même collé sur toile, vernissé et monté sur gorge et rouleau (*propre
à l'enseignement*). . . . . 5 fr.
——— **Coupe figurative de la structure de l'écorce terrestre** avec
indication et figures des principaux fossiles caractéristiques des divers étages.
1 feuille grand-aigle, avec 182 figures de fossiles dessinées par Léger
et coloriées. . . . . 6 fr.
—— Le même collé sur toile, vernissé et monté sur gorge et rouleau (*propre
à l'enseignement*). . . . . 12 fr.

——— **Description des roches composant l'écorce terrestre
et des terrains cristallins constituant le sol primitif,** avec
indication des diverses applications des roches aux arts et à l'industrie;
ouvrage rédigé d'après la classification, les manuscrits inédits et les leçons
publiques de feu M. Cordier. Paris, 1868. 1 fort vol. in-8. . . . . . 10 fr.

**DUFRÉNOY et ÉLIE DE BEAUMONT. Carte géologique de
la France**, publiée par ordre du ministre des travaux publics. 6 feuilles
grand-aigle coloriées, sur toile et pliées. In-4. . . . . 167 fr. 50
—— **Explication de la carte géologique de la France.** *En vente*,
les tomes I et II. . . . . 33 fr. 75
    Le tome 1er contient la Carte réduite en une feuille.

—— **Carte géologique de la France**, imprimée en couleur (réduction
de la grande carte en 6 feuilles). 1 feuille avec le réseau pentagonal. 5 fr.
— La même, collée sur toile. . . . . 7 fr.

DUMORTIER (Eug.), membre de la Société géologique de France.
**Etudes paléontologiques sur les dépôts jurassiques du
bassin du Rhône.** 1re partie, Infralias. Paris, 1864. 1 vol. gr. in-8°,
avec 30 pl. de fossiles. 20 fr.

—— II° partie, Lias inférieur. Paris, 1867. 1 vol. gr. in-8 avec 50 pl. de
fossiles. . . . . 30 fr.

——— III° partie, Lias moyen. Paris, 1869. 1 vol gr. in-8 avec 45 pl. . 30 fr.

FOURNET (J.). Géologie lyonnaise. Paris, 1862. 1 très-fort vol.
grand in-8 de 800 pages. (24) . . . . 20 fr.

FROMENTEL (E. de), membre de la Société géologique de France. **Introduction à l'étude des polypiers fossiles**, comprenant leur histoire, leur anatomie, leur mode de production et de reproduction, leurs habitudes extérieures, leur classification d'après la méthode dichotomique, la description des ordres, des familles, des genres et la description de toutes les espèces connues. Paris, 1858-61. 1 vol. in-8. .   5 fr.
Pour les autres publications de M. E. DE FROMENTEL, voy. nos Catal. d'Hist. nat.

GAUDRY (Albert), professeur à la Faculté des sciences de Paris. **Animaux fossiles et géologie de l'Attique**, d'après les recherches faites en 1855-56 et en 1860 sous les auspices de l'Académie des sciences. Paris, 1862-68. 1 fort vol. in-4 de texte avec 5 planches de fossiles, cartes et coupes géologiques coloriées.. . . . . 120 fr.

—— **Considérations générales sur les animaux fossiles de Pikermi.** Paris, 1861. 1 vol. in-8. . . . . 2 fr.

—— **Des lumières que la géologie** peut jeter sur quelques points de l'histoire ancienne des Athéniens. Paris, 1867. In-8 de 32 pages. 1 fr. 50

—— **Cours annexe de paléontologie** à la Faculté des sciences de Paris. Leçon d'ouverture. Paris, 1688. In-8 de 20 pages. . . . . 1 fr.

—— **Description géologique de l'île de Chypre.** Paris, 1862. 1 vol. in-4, avec carte géologique coloriée et 75 fig. dans le texte. 15 fr.
Pour les autres publications de M. GAUDRY, voy. nos Catalogues d'Histoire naturelle.

GRAS (Scipion), ingénieur en chef des mines. **Description géologique du département de Vaucluse.** Paris, 1862. 1 vol. in-8, avec coupes géologiques coloriées. . . . . 8 fr.

—— **Carte géologique du département de Vaucluse.** 1 feuille coloriée. . . . . 7 fr.
Pour les autres publications de M. S. GRAS, voy. nos Catalogues d'Histoire nat.

HÉBERT (Paul). Théorie chimique de la formation des silex et des meulières. Paris, 1864. In-8 de 16 p.. . . . . 1 fr.

LAMBERT. L'homme primitif et la Bible. Paris, 1869. In-8 de 67 pages. . . . . 1 fr. 50
(Voy. *Nouveaux Éléments d'histoire naturelle.*)

LORIOL (P. DE) et PELLAT (E.). Monographie paléontologique et géologique de l'étage portlandien des environs de Boulogne-sur-Mer. 1 vol. in-4, avec 10 pl. de fossiles.. . 20 fr.

—— **et COTTEAU (G.). Monographie paléontologique et géologique de l'étage portlandien du département de l'Yonne.** Paris, 1868. 1 vol. in-4 avec 15 pl. de fossiles.. . . . . 22 fr. 50

MALINOWSKI (D.). De l'exploitation du charbon de terre dans le bassin houiller du Gard. Paris, 1869. In-8 de 65 pages, avec carte du bassin houiller du Gard. . . . . 3 fr. 50

MARTIN (Jules), Paléontologie stratigraphique de l'infralias de la Côte-d'Or. Paris, 1860. 1 volume in-4 avec 8 planches.. 8 fr.

MICHELIN (Hardouin). Monographie des clypéastres fossiles. Paris, 1861. 1 vol. in-4 avec 28 planches.. . . . . 13 fr.

NOUVEAUX ÉLÉMENTS D'HISTOIRE NATURELLE, à l'usage des lycées, des candidats au baccalauréat ès sciences, etc., par M. E. LAMBERT. 3 vol. in-18 avec 440 gr. dans le texte. . . . . . . 7 fr. 50

—— **Géologie.** 2e édition. Paris, 1867. 1 v. in-18 de 240 p. avec 142 grav. dans le texte.

—— **Botanique.** Paris, 1864. 1 vol. in-18 avec 202 gravures dans le texte.

—— **Zoologie.** Paris, 1865. 1 vol. in-8 avec 100 gravures dans le texte.
Chaque volume se vend séparément.. . . . . 2 fr. 50
Ces *Nouveaux Éléments d'histoire naturelle* ont été rédigés dans le but d'olfrir
aux jeunes gens un cours clair et méthodique, pouvant leur servir de préparation
immédiate aux examens du baccalauréat ès sciences et aux écoles du gouvernement.
Plus de six cents figures enrichissent ces trois volumes, qui sont imprimés sur beau
papier ; c'est assez dire que nous n'avons rien négligé pour que l'exécution matérielle
soit irréprochable.
Nous avons fait précéder chacun des trois volumes de l'histoire abrégée de la science
qu'il traite. N'est-il pas naturel, en elfet, en étudiant une science, de chercher à connaître son origine, ses progrès ou le développement de l'esprit humain? Nous pensons que l'on nous saura gré de cette innovation.

OMALIUS D'HALLOY. Abrégé de géologie. 8ᵉ édition. Paris, 1868.
1 vol. in-8 avec figures dans le texte. . . . . 10 fr.

—— **Des races humaines** ou Éléments d'ethnographie. 5ᵉ édition,
augmentée d'une Classification des connaissances humaines et d'une Notice
sur l'espèce. Paris, 1869. 1 vol. in-8 de 151 pages avec planches col.   3 fr.

PICTET (F.-J.), professeur à l'Académie de Genève. **Matériaux pour
la paléontologie suisse.** Genève, 1854-1869, 1ʳᵉ série, 4 parties publiées en 11 livraisons, avec 64 planches lithographiées, in-4 relié en
toile. . . . . 95 fr.
2ᵉ série, 2 parties publiées en 12 livraisons formant 2 vol. in-4. avec
55 planches, 4 coupes géologiques et atlas de 7 planches in-fol. 125 fr.
3ᵉ série, 2 parties publiées en 16 livraisons.. . . . . 130 fr.
4ᵉ série, 2 parties publiées en 11 livraisons. . . . . 97 »
5ᵉ série, publiée en 5 livraisons. 42 50

—— **Mélanges paléontologiques.** Genève, 1867-1869. 4 livraisons
in-4, avec 44 pl. . . . . 58 fr.

RAMES (S.-B.). Étude sur les volcans. Paris, 1866. 1 volume
in-32. . . . . 1 fr. 25

—— **La création d'après la géologie et la philosophie naturelle.** Iʳᵉ partie. Paris, 1869. 1 vol. in-18 de 184 pages. . . . . . . 3 fr.

ROLLAND DU ROQUAN. Description des coquilles fossile,
de la famille des rudistes, qui se trouvent dans le terrain crétacé de Cor-
bières (Aude). Carcassonne, 1841. Avec 8 pl. (9 fr.). . . . . 3 fr.

**SAPORTA (Comte G. de). Prodrome d'une flore fossile des
travertins anciens de Sézanne.** Paris, 1868. 1 vol. in-4 avec
15 planches. . . . . 17 fr.

TERQUEM et PIETTE. Le lias inférieur de l'est de la France.
Paris, 1865. In-4 de 176 p. avec 18 pl. de fossiles. . . . . 15 fr.

VERNEUIL (E. de) ET COLLOMB (E) Membres de la Société géologique de France. **Carte géologique de l'Espagne et du Portugal,**
d'après leurs propres observations faites de 1844 à 1862, celles de M. C. de
Prado, Botella, Schulz, A. Maestre, Aranzazu, Bauza, J. de Vilanova, E. Fau-
chez, F. de Lujan, de Lorière, Dufrénoy et Elie de Beaumont, Le Play, Jac-
quet, Vezian pour l'Espagne et celles de MM. C. Ribeiro et Sharpe pour le
Portugal. Paris, 1869. Une feuille col. avec un texte explicatif. . . 15 fr.

VÉZIAN (Alexandre), professeur à la Faculté des sciences de Besançon.
Prodrome de géologie. Paris, 1863-1866. 3 vol. in-8, publiés en
10 livr. Ouvrage complet.. . . . . 25 fr.
Constitution physique du globe au point de vue géologique. — Origine, du mode
d'accroissement et de la structure générale de l'écorce terrestre. — Phénomènes géo-

logiques qui ont leur siége à la surface des continents et sur le sol émergé. — Des
phénomènes géologiques qui s'accomplissent au sein des eaux et sur le sol immergé·
— Phénomènes géologiques dont le siége est dans l'intérieur de l'écorce terrestre·
— Phénomènes dont le siége est dans l'intérieur de l'écorce terrestre, action geysé-
rienne, métamorphisme.— Actions dynamiques qui s'exercent sur l'écorce terrestre;
stratigraphie générale.—Stratigraphie systématique; systèmes de montagnes.—Structure intérieure et configuration générale de l'écorce terrestre. — Intervention de
l'organisme dans les phénomènes géologiques. — Révolutions de la surface du globe.
— Classification et description des terrains de la série paléozoïque. — Classification et
description des terrains de la série mésozoïque. — Classification et description des
terrains de la série néozoïque.

Pour les autres publications de M. Vézian, voy. nos Catalogues d'Histoire naturelle.

**WOODWARD, A. L. S. Manuel des mollusques. Traité
des coquilles vivantes et fossiles.** 2ᵉ édition, mise au courant
de la science conchyliologique, par R. Tate, R. F. S. Traduit de l'anglais
par Humbert, conservateur du musée de Genève. Paris, 1870. 1 vol. petit
in-8 cart. en toile anglaise, avec 600 gravures. . . . . 12 fr.

Il n'existait jusqu'à présent, en France, pour ceux qui se livrent à l'étude des
mollusques, que des compilations sans aucune valeur scientifique. il manquait un
livre offrant les garanties que peuvent seules donner des études spéciales.

Le *Manuel de Conchyliologie* de Woodward était considéré par tous les malacologistes comme un petit chef-d'œuvre en son genre. MM. les professeurs Deshayes, Gervais,
Gratiolet, etc., le recommandaient à tous ceux de leurs élèves qui lisaient l'anglais.

Nous avons pensé bien faire en offrant au public une édition française de cet excellent ouvrage.

BOTANIQUE

ANSBERQUE (Edme), vétérinaire au train des équipages militaires.
Flore fourragère de la France, reproduite par la méthode de compression dite phytoxygraphique. Lyon, 1866. 1 vol. in-fol. avec 270 planches. . . . . 40 fr.

—— **et CUSIN**, aide naturaliste au jardin botanique de la ville de Lyon.
Herbier de la flore française, publié sous le patronage du service
des parcs et jardins de la ville da Lyon par le procédé de reproduction dit
de phytoxygraphie. Lyon, 1867, tome Iᵉʳ, in-fol. avec 195 planches représentant les Renonculacées, les Berbéridées, les Nymphéacées, les Papavé-
racées, les Fumariacées. . . . . 30 fr.
Tome 2ᵉ (1868). In-folio avec 235 planches représentent les Crucifères.   50 fr.
Tome 3ᵉ (1869). In-folio avec 125 planches, comprenant les Capparidées,
les Cistacées, les Violacées, les Résédacées, les Polygalées, les Drosé-
racées, les Frankéniacées. . . . . 50 fr.
Tome 4ᵉ (1869). In-folio avec 206 planches, contenant les Silénées, les
Alsinées. . . : . . . . 30 fr.
Cet ouvrage, qui formera 25 volumes in-folio, sera publié en huit années. Il peut
servir d'illustration à la *Flore de France* de Grenier et Godron.

BAILLON (H.), professeur de botanique à la Faculté de médecine de Paris.
Botanique cryptogamique. (Voy. Payer.)

—— **Programme du Cours d'histoire naturelle médicale**, professé à la Faculté de médecine de Paris. IIᵉ partie, **Botanique médicale**. Paris, 1869. 1 vol. in-18 de 72 pages. . . . . 1 fr. 50

**DEBAT (L.). Flore analytique des genres et espèces appar-
tenant à l'ordre des mousses**, pour servir à leur détermination
dans les départements du Rhône, de la Loire, de Saône-et-Loire, de l'Ain,
de l'Isère, de l'Ardèche, de la Drôme et de la Savoie. Paris, 1867. Gr. in-8
de 200 pages. . . . . 5 fr.

DELILE. Flore d'Égypte. 1 atlas grand in-folio de 62 pl. avec texte
(150). . . . . 25 fr.

DULAC (Abbé J). Flore du département des Hautes-Pyrénées. Paris, 1867. 1 vol. in-18 avec gravures dans le texte, extraites de la *Botanique* de Richard. . . . . 10 fr

DUPUY. Mémoires d'un botaniste, accompagnés de la Florule des stations du chemins de fer du Midi dans le Gers. Paris, 1868. 1 volume in-18, avec figures dans le texte. . . . . 3 fr. 50

FÉE, professeur à la Faculté de médecine de Strasbourg. **Flore de Théocrite et des autres bucoliques grecs.** Paris, 1832. In-8. 2 fr.

GENEVIER (Gaston), membre de la Société botanique de France. **Essai monographique sur les rubus du bassin de la Loire.** Angers, 1869. 1 vol. in-8 de 346 p. . . . . 6 fr.
Cet ouvrage, contenant la description de 203 espèces, dont plusieurs inédites, est accompagné d'une clef analytique pour en faciliter la détermination.

GRENIER et GODRON, doyen de la Faculté des sciences de Nancy. **Flore de France,** ou description des plantes qui croissent naturellement en France. Paris, 1848-1856. 3 vol. in-8 de 800 p. . . . . 30 fr.
Une nouvelle Flore de France, disposée d'après la méthode naturelle, plus complète que les précédentes et mise au niveau des découvertes de la science moderne, était un besoin vivement senti. MM. Grenier et Godron, dont les travaux antérieurs sont une suffisante recommandation, ont entrepris de remplir cette tâche laborieuse. Profitant amplement des travaux des botanistes allemands, italiens et français, aidés des conseils bienveillants d'hommes qui font autorité dans la science, entourés de matériaux considérables amassés depuis longues années et qui se sont accrus de tous ceux qui ont été mis généreusement à leur disposition, ils espèrent pouvoir offrir au public un livre utile, fruit de leurs travaux persévérants et consciencieux.

GRENIER, professeur à la Faculté des sciences de Besançon. **Flore jurassique.** Paris, 1865. 2 vol. in-8 de 1,000 pages. . . . . 11 fr.

JORDAN (Alexis). Diagnoses d'espèces nouvelles et méconnues pour servir de matériaux à une Flore réformée de la France et des contrées voisines. Tome I, Ire partie. Paris, 1864. Gr. in-8 de 356 p. 9 fr. 50

—— **et FOURREAU (Julio). Breviarium plantarum novarum** sive specierum in horti plerumque cultura recognitarum descriptio contracta, ulterius amplianda. Fasciculus I. Parisiis, 1866. In-8 de 60 p. 3 fr. Fasciculus II. Parisiis, 1868. In-8 de 137 p. . . . . 6 fr.

—— **Icones ad floram Europæ,** novo fundamento instaurandam, spectantes.
Cet ouvrage se publie en 5 volumes de chacun 40 fascicules in-folio de 5 pl. gravées et coloriées avec soin et texte. Il comprendra environ 1,000 pl. Depuis le mois de novembre 1866, il parait deux fascicules par mois. Prix de chacun.. 9 fr.
En vente les fascicules 1 à XL formant le tome 1er. Prix. . . . . 360 fr.
Ouvrage honoré de souscriptions du Ministère de l'instruction publique.

KLEINHANS (R.). Album des mousses des environs de Paris. Paris. 1863-1869. 1 vol. in-folio cartonné en toile, avec 30 planches lithographiées représentant 270 figures et un texte explicatif.. . . 25 fr.

LAGASCA (M . Genera et species plantarum, quæ aut novæ sunt, aut nondum recte cognoscuntur. Matriti, 1816. In-4 de 35 p. et 2 pl.. . 1 fr.

NOUVEAUX ÉLÉMENTS D'HISTOIRE NATURELLE, à l'usage des lycées, des candidats au baccalauréat ès sciences, etc., par M. E. Lambert. 3 vol. in-18 avec 440 gravures dans le texte. . . . . 7 fr. 50
—— **Géologie.** 2e édition. Paris, 1867. 1 vol. in-18 de 240 pages, avec 242 gravures dans le texte·
— **Botanique.** Paris, 1864. 1 vol. in-18 avec 202 gravures dans le texte.
— **Zoologie.** Paris, 1865. 1 vol. in-8 avec 100 gravures dans le texte.
Chaque volume se vend séparément. . . . . 2 fr. 50
Nous avons fait précéder chacun des trois volumes de l'histoire abrégée de la science qu'il traite. N'est-il pas naturel, en effet, en étudiant une science, de chercher

à connaître son origine, ses progrès ou le développement de l'esprit humain ? Nous pensons que l'on nous saura gré de cette innovation.

Plus de quatre cents figures enrichissent ces trois volumes, imprimés sur beau papier; nous n'avons rien négligé pour que l'exécution matérielle soit irréprochable.

PARLATORE (Ph.). Plantæ novæ vel minus notæ opusculis diversis olim descriptæ. Parisiis, 1842. In-8 de 87 p. . . . . 50 c.

PAYER (J.-B.), membre de l'Institut. **Botanique cryptogamique,** ou histoire naturelle des familles de plantes inférieures. 2ᵉ édition, revue et augmentée de notes par Baillon, professeur de botanique à la Faculté de médecine de Paris. Paris, 1868. 1 vol. gr. in-8, avec 1110 figures dans le texte. . . . . 15 fr.

Avant la publication du livre que nous annonçons, on était fort embarrassé pour commencer l'étude de la cryptogamie. On trouvait bien quelques mémoires sur les algues, les champignons, les mousses, les lichens, etc.; mais comment supposer qu'un élève puisse lire avec fruit ces différents travaux, les apprécier, en extraire ce qu'il lui est utile de savoir et laisser le reste de côté, en un mot n'attacher à chaque chose que son importance réelle dans l'ensemble des découvertes de la science? comment ne pas craindre qu'il ne s'égare au milieu de ces détails dans lesquels se complaît parfois l'auteur d'un mémoire spécial, et que, découragé dès l'abord, il n'abandonne pour toujours l'étude d'une science cependant si attrayante? Non, il faut un guide à tout homme qui entre dans une voie nouvelle; il lui faut un ouvrage qui recueille toutes ces richesses scientifiques disséminées dans tous ces mémoires et les coordonne de façon à faire ressortir tout ce qui est saillant : tel est le but que l'auteur de la *Botanique cryptogamique* s'était proposé. Disons tout de suite qu'il l'a complétement atteint. Le suffrage du public lui a répondu, et son livre est devenu classique. Épuisé au bout de quelques années, il était devenu fort rare et se vendait très-cher dans les ventes publiques.

M. Baillon, professeur de botanique à la Faculté de médecine de Paris, a bien voulu se charger de répondre au vœu du public, en publiant une nouvelle édition augmentée de notes, et mise au courant des progrès de la science. Plus de onze cents figures, intercalées dans le texte, en facilitent l'intelligence.

PERREYMOND. Plantes phanérogames qui croissent aux environs de Fréjus, avec leur habitat et l'époque de leur floraison. Paris, 1833. In-8 de 92 pages.. . . . . 1 fr.

RICHARD (Achille) et MARTINS (Charles). Nouveaux Éléments de botanique contenant l'organographie, l'anatomie et la physiologie végétales, les caractères de toutes les familles naturelles, par Achille Richard, 10ᵉ édit., augmentée de notes additionnelles par Charles Martins, professeur de botanique à la Faculté de médecine de Montpellier, directeur du Jardin des plantes de la même ville, correspondant de l'Institut de France et de l'Académie de médecine de Paris; et pour la partie cryptogamique, par J. de Seynes, professeur agrégé à la Faculté de médecine de Paris. Paris, 1870. 1 vol. petit in-8 avec 500 fig. dans le texte. . . 6 fr.

Peu d'ouvrages classiques ont eu la fortune des *Éléments de botanique* de Richard, mais la fortune en ce cas n'a pas été aveugle; et la faveur dont jouit ce livre dans les générations d'étudiants qui se succèdent depuis trente ans se justifie par l'ingéniosité de sa méthode, la lucidité de son exposition et l'attrait de son style. Aucun écrivain n'a exposé la botanique avec cette simplicité qui caractérisait son enseignement oral.

Le lecteur s'assurera en parcourant ce livre de l'importance des additions dont le professeur Martins a enrichi cette édition nouvelle. Il s'est évidemment proposé de remplacer Richard, et ce but, il l'a complétement atteint. Parmi les articles additionnels, nous indiquerons les méats intercellulaires, les vaisseaux du latex, la structure du bois, la respiration végétale, la formation de l'embryon, la parthénogénèse, la fécondation entre espèces différentes et la géographie botanique. En ce qui concerne les familles, le professeur Martins, laissant intacte cette partie de l'ouvrage de Richard, s'est contenté d'y ajouter la liste des familles rangées suivant la méthode de de Candolle. Il justifie cette addition par l'extrême facilité que cette classification offre aux commençants.

Cette dernière édition, avec les compléments dont l'a enrichie le professeur Martins, est le tableau extrêmement fidèle de l'état de la science botanique.

SCHACHT (**H**). **Le microscope** et son application spéciale à l'étude de l'anatomie végétale, traduit de l'allemand sur la troisième édition, par Paul Dalimier. Paris, 1865. 1 vol. in-8 avec 110 fig. dans le texte et 2 pl.   8 fr.

WAGNER (**H.**). **Phanerogamen Herbarium.** Bielefield, 1858. Petit in-folio, de 8 livraisons, contenues dans un carton en toile anglaise renfermant 200 échantillons collés et étiquetés avec soin. . . . .   20 fr.
> Liv. I, Ranunculaceen, Cruciferen. — II, Cruciferen, Lineen. — III, Lineen Papilionaceen. — IV. Papilionaceen-Grossuiarieen. — V. Saxifrageen Stellaten. — VI. Rubiaceen-Oleineen. — VII. Asclepiadeen-Primulaceen. — VIII. Oleraceæ Liliaceæ.

—— **Cryptogamen Herbarium.** Bielefield, 1860. In-8 de 9 livraisons contenues dans un carton en toile anglaise renfermant 200 échantillons collés et étiquetés avec soin... . . . .   12 fr.
> Liv. I à III, Laubmoose. — IV et V, Lebermoose. — VI et VII, Flechten. — VIII, Algen. — IX. Pilze und Gefass-Cryptogamen.

—— **Gras Herbarium.** Bielefield. Petit in-folio de 8 livraisons contenues dans un carton en toile anglaise renfermant 200 échantillons collés et étiquetés avec soin. . . . .   20 fr.
> Liv. I à III, Juncaceen. — IV, V. — Cyperaceen. — VI, VIII, Gramineceæ.

—— **Herbarium medicinalis.** Bielefield, 1861. Petit in-folio de 4 livraisons contenues dans un carton en toile anglaise formant 100 échantillons collés et étiquetés avec soin. . . . .   10 fr.

WALPERS (**G. G.**). **Repertorium botanices systematicæ.** Lipsiæ, 1842-1848. 6 vol. in-8. . . . .   140 fr·

—— **Annales botanices systematicæ,** Synopsis plantarum phanerogamicarum novarum omnium (continuation de Walpers par Karl Müller)· Lipsiæ, 1848-1868. 7 vol. in-8... . . . .   180 fr·

ZOOLOGIE

AGASSIZ. Histoire naturelle des poissons d'eau douce de l'Europe centrale. Neufchâtel, 1859. Première livraison, in-folio, ave 27 planches coloriées... . . . .   75 fr.

—— 2e livraison, **Embryologie des salmones,** par C. Vogt. 1842. In-folio. de 14 pl., avec texte gr. in-8 de 528 p. . . . .   36 fr.

BAILLON (**H.**), professeur de botanique à la Faculté de médecine de Paris. **Programme du cours d'histoire naturelle médicale,** professé à la Faculté de médecine de Paris. Ire partie. **Zoologie médicale.** Paris, 1868. 1 vol. in-18 de 72 pages.. . . . .   1 fr. 25

BOURGUIGNAT (**S.-R.**). **Malacologie de la Grande-Chartreuse.** Paris, 1864. 1 beau vol. grand in-8, avec 9 pl. de vues pittoresques, 8 pl. de moll. en double, noir et color . . . .   30 fr.

—— **Mollusques nouveaux litigieux ou peu connus,** publié par fascicules, in-8 de 24 pages avec 4 pl. Prix de chaque fascicule contenant chacun dix espèces (décades). . . . .   4 fr.
Dix décades forment une centurie ou un volume.
En vente le premier volume contenant 325 p. et 45 pl. (Fascic. I à X).   40 fr.

—— **Monographie du nouveau genre Moitessierla.** Paris, 1863. 1 vol. in-8, avec 2 planches. . . . .   4 fr.
> Ce mémoire renferme la description de ce nouveau genre et les diagnoses de trois espèces nouvelles.

—— **Monographie du nouveau genre français Paladilha.** Paris, 1865, grand in-8 de 16 p. avec pl . . . .   4 fr.

——**Malacologie d'Aix-les-Bains.** Paris, 1864. 1 v. in-8 av. 3 pl.   10 fr.
> Toutes les publications de M. Bourguignat sont imprimées à 100 exemplaires.

CHAPUIS (F.). Le pigeon voyageur belge. Verviers, 1865. 1 vol.
in-18 . . . . 2 fr.
—— **De son instinct d'orientation** et des moyens de le perfectionner
Verviers, 1868. In-8 de 42 p. . . . . •. . . . . 1 fr.

COMTE (Achille). Introduction à toutes les zoologies. Paris, 1835.
In-4 avec 150 fig. dans le texte. (2 fr. 50). . . . . 75 c.

DUPUY (D.). Histoire des mollusques terrestres et d'eau douce qui
vivent en France. Paris, 1848-1851. 6 fascicules in-4° avec 36 pl.   60 fr.

LEFÈVRE. De la chasse et de la préparation des papillons.
Paris, 1863. In-8 avec pl. 1 fr. 25

LEMAIRE. De la chasse et de la préparation des oiseaux.
Paris, 1863. In-8 avec pl. . . . . 1 fr. 25

LUCAS (H.), aide-naturaliste au Muséum d'histoire naturelle. **Histoire
naturelle des lépidoptères d'Europe**, suivie des instructions sur
la chasse, la préparation, la conservation des papillons, et sur la manière
de choisir et d'élever les chenilles. 2ᵉ édition revue et mise au courant de
la science. Paris, 1864. 1 beau vol. grand in-8, cartonné en toile anglaise,
non rogné, avec 80 planches coloriées représentant plus de 400 sujets.   25 fr.
— Le même ouvrage, demi-rel. chagrin, non rogné.. . . . . 50 fr.
*Dans cette 2ᵉ édition, la classification ayant été mise au courant de la science, nous
avons changé la lettre et les légendes de toutes les planches pour les mettre en harmonie avec le texte réimprimé et augmenté.*
—— **Histoire naturelle des lépidoptères exotiques.** Paris, 1864.
1 beau vol. gr. in-8, cartonné en toile anglaise, non rogné, avec 80 pl.
coloriées, représentant près de 400 sujets. . . . . 25 fr.
—— Le même ouvrage, demi-rel. chagrin, non rogné. . . . . . . , . 30 fr.
Voy. Prévost (Florent).
—— **Des papillons.** Vade-mecum du lépidoptérologiste, contenant
l'histoire naturelle des insectes qui composent l'ordre des lépidoptères,
leurs mœurs, la manière d'en faire la chasse, de les élever et de les conserver dans les collections. Paris, 1838. In-8 de 182 pages avec 5
planches gravées et coloriées.. . . . . 2 fr. 50

MARCHAND (Léon), professeur agrégé à l'École de pharmacie. **De la
reproduction des animaux infusoires.** Étude médico-zoologique.
Paris, 1869. In-8 de 90 p. et 2 pl. . . . . 3 fr.

MULSANT (E.). Professeur d'histoire naturelle au lycée impérial de Lyon.
—— **Histoire naturelle des coléoptères de France.**
—   **Térédiles.** Paris, 1864. 1 vol. in-8 avec 10 pl. . . 14   »
—   **Vésiculifères.** Paris, 1867. 1 vol. in-8 avec 7 pl.   11   »
—   **Scuticolles.** Paris, 1867. 1 vol. in-8 avec 2 pl.   6   »
—— **Monographie des Coccinellides.** Première partie : **Cocci-
nelliens.** Paris, 1866. 1 vol. gr. in-8 de 300 p. . . . . 8 fr.
—— **et VERREAUX (J. E.). Essai d'une classification mé-
thodique des trochilidées ou oiseaux-mouches.** Paris, 1867.
1 vol. in-8. . . . . 2 fr. 50

NOUVEAUX ÉLÉMENTS D'HISTOIRE NATURELLE, à l'usage
des lycées, des candidats au baccalauréat ès sciences, etc., par M. E.
Lambert. 3 vol. in-18 avec 440 gr. dans le texte. . . . . 7 fr. 50
—— **Géologie.** 2ᵉ édition. Paris, 1867. 1 v. in-18 de 240 p. avec 142 grav.
dans le texte.
—— **Botanique.** Paris, 1864. 1 vol. in-18 avec 202 gravures dans le texte.
—— **Zoologie.** Paris, 1865. 1 vol. in-8 avec 100 gravures dans le texte,
Chaque volume se vend séparément. . . . . 2 fr. 50
Ces Nouveaux Éléments d'histoire naturelle ont été rédigés dans le but d'offrir aux

jeunes gens un cours clair et méthodique, pouvant leur servir de préparation immédiate aux examens du baccalauréat ès sciences et aux écoles du gouvernement.

Plus de six cents figures enrichissent ces trois volumes, qui sont imprimés sur beau papier; c'est assez dire que nous n'avons rien négligé pour que 'exécution matérielle soit irréprochable.

Nous avons fait précéder chacun des trois volumes de l'histoire abrégée de la science qu'il traite. N'est-il pas naturel, en effet, en étudiant une science, de chercher à connaître son origine, ses progrès ou le développement de l'esprit humain? Nous pensons que l'on nous saura gré de cette innovation.

PRÉVOST (Florent), aide-naturaliste de zoologie au Muséum d'histoire naturelle, et **C. LEMAIRE**, docteur en médecine. **Histoire naturelle des oiseaux d'Europe**. Paris, 1864. 1 beau vol. gr. in-8, cartonné en toile anglaise, non rogné, avec 80 planches gravées en taille-douce et coloriées avec soin, représentant 200 sujets . . . . 25 fr.

—— Le même ouvrage, demi-reliure chagrin, non rogné. . . . . 30 fr

—— **Histoire naturelle des oiseaux exotiques**. Paris, 1864. 1 beau vol. gr. in-8, cartonné en toile anglaise, avec 80 pl. gr. en taille-douce et col. avec soin, représentant 200 sujets. . . . . 25 fr.

—— Le même ouvrage, demi-reliure chagrin, non rogné. . . . . . 30 fr

Il n'est rien de plus attrayant, pour les personnes qui ont le goût de l'histoire naturelle, que l'étude des oiseaux et des papillons. Les quatre volumes que nous annonçons (H. Lucas, Florent Prévost et Lemaire) se recommandent aux gens du monde par la netteté des descriptions et la clarté du classement des espèces. Les noms des auteurs sont en outre une garantie de leur valeur scientifique. Le coloris des planches, gravées en taille-douce avec le plus grand soin, a été exécuté d'après les aquarelles des voyageurs et des artistes les plus distingués.

Un traité pour l'empaillage et la chasse des oiseaux, ainsi que pour la préparation et la conservation des papillons et des insectes, accompagne chaque traité.

Voy. Lucas.

—— **Des animaux d'appartements et de jardins** : oiseaux, poissons, chiens, chats. Paris, 1861. 1 vol. in-32 de 192 pages, avec 46 gravures dans le texte. . . . . 1 fr. »

Le même ouvrage, figures coloriées. . . . . 2 fr. 50

La Société protectrice des animaux a décerné à ce volume une mention honorable.

PETIT DE LA SAUSSAYE. Catalogue des mollusques testacés des mers d'Europe. Paris, 1869. 1 vol. grand in-8. . . . 7 fr. 50

SAPPEY (Ch.-C.), professeur d'anatomie à la Faculté de médecine de Paris. **Recherches sur l'appareil respiratoire des oiseaux**. Paris, 1847. 1 vol. in-4 de 100 pages avec 4 planches. (9). . . . 1 fr. 50

SICHEL. Études hyménoptérologiques. 1er fascicule, avec 2 pl. coloriées. . . . . 5 fr.

—— **et SAUSSURE (H. de). Catalogus specierum generis scolia** (sensu latiori), continens specierum diagnoses, descriptiones synonymiamque, etc. Paris, 1864, 1 vol. in 8, avec 2 planches coloriées. . 8 fr.

—— **Considérations pratiques** sur la fixation des limites entre l'espèce et la variété. Bone, 1868, in-8 de 25 p. . . . . 1 fr. 50

WOODWARD, A. L. S. Manuel des mollusques. Traité des coquilles vivantes et fossiles 2e édition, mise au courant de la science conchyliologique, par R. Tate R. F. S. Traduit de l'anglais par Humbert, conservateur du musée de Genève. Paris, 1870. 1 vol. petit in-8 cart. en toile anglaise, avec 600 gravures. . . . . 12 fr.

Il n'existait jusqu'à présent, en France, pour ceux qui se livrent à l'étude des mollusques, que des compilations sans aucune valeur scientifique. Il manquait un livre offrant les garanties que peuvent seules donner des études spéciales.

Le *Manuel de Conchyliologie* de Woodward était considéré par tous les malacologistes comme un petit chef-d'œuvre en son genre. MM. les professeurs Deshayes, Gervais, Gratiolet, etc., le recommandaient à tous ceux de leurs élèves qui lisaient l'anglais.

Nous avons pensé bien faire en offrant au public une édition française de cet excellent ouvrage.

AGRICULTURE — HORTICULTURE — ÉCONOMIE RURALE
ART VÉTÉRINAIRE

BRUNO (E.-J.). Manuel d'agriculture, par demandes et par réponses, à l'usage des écoles primaires et des propriétaires ruraux. 3e édition. Paris, 1844. In-32 de 108 pages. . . . . 40 c.

CARRIÉ (Abbé). Hydroscopographie et métalloscopographie, ou art de découvrir les eaux souterraines et les gisements métallifères au moyen de l'électro-magnétisme. 1863. 1 vol. in-8° . . . . 5 fr.

CLÉMENT. Manuel forestier. 1 vol. in-18. . . . . 30 c.

COURTOIS-GÉRARD. De la culture des fleurs dans les petits jardins, sur les fenêtres et dans les appartements 4e édition. Paris, 1864. 1 vol. in-32 de 192 pages, avec 15 gravures. . . . . 1 fr.
La Société centrale d'horticulture a décerné une médaille à cet ouvrage.

—— **De la culture maraichère** dans les petits jardins, publié sous le patronage de la Société impériale et centrale d'horticulture. 4e édition. Paris, 1861. 1 vol in-32 de 192 p., avec 15 grav. . . . . 1 fr.
La Société impériale et centrale d'horticulture a décerné une médaille de vermeil à cet ouvrage, et il a été honoré d'une souscription du ministre de l'agriculture.

GROGNIER. Cours de zoologie vétérinaire. In-8. . . . . . 3 fr.

GROMIER (E). Examen critique des idées nouvelles de M. G. Ville sur les engrais chimiques. Paris, 1868. Grand in-8. . . . . 2 fr.

INSTRUMENTS D'AGRICULTURE (Les) à l'Exposition universelle de Londres. 1 vol. in-18. . . . . 55 c.

KOLTZ (J.-P.-J.), agent des eaux et forêts. **Traitement du chêne** en taillis à écorces. 1859. 1 vol. in-18, avec 30 gravures. . . . . . 75 c.

LADREY, professeur à la Faculté des sciences de Dijon. **Art de faire le vin.** 2e édition. Paris, 1865. 1 vol. in-18. . . . . 3 fr.
SOMMAIRE DES CHAPITRES DE LA TABLE DES MATIÈRES
Caractères généraux de la fermentation : I. Fermentation alcoolique. — II. Fermentation du moût de raisin. — III. Etude des substances produites pendant la fermentation. — IV. Préparation du vin, division et classification des opérations. — V. Vendange, récolte et triage du raisin. — VI. Foulage et égrappage. — VII. Disposition des cuves pendant la fermentation. — VIII. Hygiène des cuveries. — IX. Etat actuel de la chimie du vin. — X. Durée de la fermentation, décuvage, pressurage. — XI. Mise en tonneau, remplissage. — XII. Soutirage. — XIII. Collage. — XIV. Soufrage. — XV. Mise en bouteilles. — XVI. Vinification. — XVII. Modifications apportées à la marche de la vinification dans certaines circonstances.

LAUJOULET, professeur d'arboriculture. **Taille et culture des arbres fruitiers.** Paris, 1865. 1 vol. in-18 avec pl. . . . . 4 fr.
Ce livre a été accueilli avec la plus grande faveur par les principaux organes de la presse parisienne. (*Moniteur universel*, avril 1865.— *Presse*,— *Patrie*,— *Journal de la ferme*, etc.)

—— **Taille et culture de la vigne.** Conduite perfectionnée du vignoble et de la treille, à l'usage des écoles normales primaires, des écoles communales, des instituteurs, propriétaires et vignerons. Paris, 1866. 1 vol. in-18 avec figures dans le texte. . . . . 2 fr. 50

MARÈS (H.), membre correspondant de l'Institut. **Manuel pour le soufrage des vignes malades.** Emploi du soufre, ses effets. 3ᵉ édition, avec figures, augmentée d'un chapitre sur les soufres. Montpellier, 1857. In-18. . . . . 1 fr.

ODEPH (A.). Traité complet de la culture de l'opium indigène, précédé de la possibilité pratique de l'obtenir en France, suivi de la fabrication de l'huile d'œillette. 1865. In-18. . . . . 2 fr.

PEERS (Baron E.). De la culture perfectionnée du froment, traduit de l'anglais sur la 14ᵉ édition. 1856. 1 vol. in-18. . . . . . 40 c.

PEYRON. Le parfait maître de chais, ou Guide complet à l'usage des propriétaires de caves, des commerçants de liquides et de toutes les personnes qui ont des vins et eaux-de-vie à soigner et à manipuler, donnant sans aucun calcul le titre réel des alcools contenus dans chaque qualité de vin, orné de 10 grandes planches contenant ensemble 28 fig., représentant les alcoolomètres Gay-Lussac, Baumé, Cartier, Gilbert, le thermomètre Gay-Lussac, de Réaumur et de Fahrenheit, l'alambic Salleron, les 6 couleurs types des eaux-de-vie, l'appareil à filtrer les eaux-de-vie et les esprits. 1863. 1 vol. in-8°. . . . . 5 fr.

REY (A.), professeur de jurisprudence, de clinique et de maréchalerie à l'École impériale vétérinaire de Lyon. **Traité de jurisprudence vétérinaire**, contenant la législation sur les vices rédhibitoires et la garantie dans les ventes d'animaux domestiques, suivi d'un **Traité de médecine légale** sur les blessures et les accidents qui peuvent survenir en chemin de fer. Paris, 1865. 1 vol. in-8 de 600 p. . . . . . 7 fr. 50

—— **Traité de maréchalerie vétérinaire**, comprenant l'étude de la ferrure du cheval et des autres animaux domestiques, sous le rapport des défauts d'aplomb, des défectuosités et des maladies du pied. 2ᵉ édition, augmentée. Paris, 1865. 1 vol. in-8, avec 174 fig. dans le texte.. . 9 fr.

ROUX. Traité pratique de l'éducation des abeilles. Paris, 1856. 1 vol. in-18, avec figures dans le texte . . . . 2 fr.

SAINT-CYR, professeur à l'École vétérinaire de Lyon. **Recherches anatomiques, physiologiques et cliniques, sur la pleurésie du cheval.** Paris, 1860. 1 vol. in-12. . . . . 2 fr. 50

SCHNEYDER (J.). De la culture de la vigne et des arbres fruitiers chez les Romains, traduit de l'allemand par le docteur Manhane. Dijon, 1869. In-8 de 57 pages. . . . . 2 fr. 50

SERINGE (N. C.). Description et culture des mûriers, leurs espèces et leurs variétés. Paris, 1855. 1 vol. grand in-8, avec figures dans le texte, accompagné d'un atlas in-4 de 27 planches. . . . . . 9 fr.

STENFORT (F.), ancien sous-directeur de l'École normale primaire de Rennes, ancien notaire. **Des conditions des baux ruraux.** Entretiens entre un propriétaire et son fermier sur la pratique de l'agriculture Lectures à l'usage des écoles primaires rurales et des écoles normales. Paris, 1869. 1 vol. in-18 avec 24 gravures dans le texte. . . . 1 fr. 25

Ce petit ouvrage a obtenu de la Société d'agriculture de Brest une médaille d'argent et de bronze pour la formule du bail, de la Société d'agriculture de l'Ain une mention très-honorable.

Les Sociétés d'agriculture pourront donner en prime dans leur concours ce petit Code des conventions entre propriétaires et fermiers.

Le plus grand nombre des questions posées par le nouveau programme de l'enseignement agricole pour les écoles primaires rurales et les écoles normales, se trouve agité entre le propriétaire et le fermier. La table alphabétique peut servir de questionnaire après la lecture des entretiens dans les écoles.

TISSERANT (E.), professeur à l'Ecole vétérinaire de Lyon. **Guide des propriétaires et des cultivateurs** dans le choix, l'entretien et la multiplication des vaches laitières. 2ᵉ édition. Paris, 1861. 1 vol. in-12, avec gravures. . . . . 4 fr.

VAN DEN BROEK (Victor). Catéchisme agricole. Notions très-élémentaires des sciences naturelles considérées dans leurs rapports avec l'agriculture; ouvrage spécialement destiné aux écoles rurales. 1855, 1 vol. in-18.. . . . . 75 c.

VIN SANS RAISIN (Le), ou manière de fabriquer soi-même toute espèces de vins et boissons économiques à l'usage des ménages depuis 5 centimes le litre. 2ᵉ édition, 1856. 1 vol. in-18. . . . . 1 fr.

ARTS INDUSTRIELS — LITTÉRATURE SCIENTIFIQUE

BONNET. Influence des lettres et des sciences sur l'éducation. Lyon, 1855. In-8 de 52 p. . . . . 1 fr.

— De l'oisiveté de la jeunesse dans les classes riches. Lyon, 1858. In-8 de 48 pages.. . . . . 1 fr.

CHEVALIER. L'immense trésor des sciences et des arts, ou les secrets de l'industrie dévoilés, contenant 840 recettes et procédés nouveaux inédits. 11ᵉ édition, 1863. 1 vol in-8°. . . . . 5 fr.

DOLLFUS-AUSSET, manufacturier à Mulhouse, ancien préparateur de M. Chevreul. **Matériaux pour la coloration des étoffes.** Paris, 1865. 2 vol. grand in-8.. . . . . 20 fr.

GANTILLON (C.-E.). Traité complet sur la fabrication des étoffes de soie. Paris, 1859. 1 vol. in-4 (10). . . . . 6 fr.

PARVILLE (Henri de). Découvertes et inventions modernes. Poudre à tirer. — Pyrotechnie. — Machines à vapeur. — Bateaux à vapeur. — Chemins de fer. — Télégraphie électrique. Paris, 1866. 1 vol. in-18 avec 160 gravures dans le texte.. . . . . 1 fr. 50

—— Causeries scientifiques, découvertes et inventions, progrès de la science et de l'industrie. **Première année**, 1861. 1 vol. in-18 avec 22 gravures dans le texte. (3 fr. 50). . . . . 1 fr. 50

Télégraphie transatlantique. — Les eaux de Paris. — Construction du nouvel Opéra. — Eclairage et ventilation des théâtres. — Moteur Lenoir. — Gaz Chandor. — Concile de juin 1861. — Fabrication industrielle de la glace. — Câble sous-marin de la Méditerranée. — Recherches de M. Fremy sur l'acier. — Puits artésien de Passy. — Canot inchavirable de M. Mouë. — Analyse spectrale. — Travaux de MM. Bunsen et Kirchhoff. — Construction du pont de Kehl. — Chauffage des wagons, etc., etc.

—— Deuxième année, 1862. 1 vol. in-18 avec 30 gravures et un spectre solaire colorié.

Ce volume ne se vend qu'avec la collection des six années des Causeries *qui reprennent alors leur ancien prix de 3 fr. 50, soit pour les 6 années 21 fr.*

Structure de la terre. — Photographie microscopique. — Vaisseaux cuirassés. — La lune rousse. — Chemin de fer hydraulique glissant. — Nœud vital. — Exposition de Londres. — Analyse spectrale. — Le stéréoscope. — Dernières études de M. Fremy. — Les aciers français. — Le mal de mer. — Tunnel des Alpes. — Vitesse de la lumière. — Les comètes de 1862. — Pierres précieuses artificielles, etc., etc.

—— **Troisième année**, 1863. 1 vol. in-18 jésus, avec 38 grav.   1 fr. 50

Alimentation publique. — Physique attrayante. — Les spectres. — Fantasmagorie. — L'homme fossile. — Transmission électrique des sons. — Les comètes de 1863. — Photo-sculpture. — Pantélégraphe Caselli. — Agrandissements photographiques. — Succédanés du coton. — L'aérothérapie. — Piqûres de mouche. — Direction des ballons. — Aéro-nef. — Ballons chemins de fer. — Nouveaux procédés de gravure Dulos. — Eclairage. — Les huiles de pétrole. — Production artificielle des perles fines. — Au bord de la mer. — Marées. — Mascaret. — Prédiction du temps, etc., etc.

—— **Quatrième année**, 1864. 1 vol. in-18 jésus avec 34 grav.   1 fr. 50

Science et poésie. — Histoire d'une goutte d'eau. — Transfusion du sang. — La dialyse à propos du procès La Pommerais. — Mouches à feu. — Chemin de fer laminoir. — Trains de plaisir aériens. — La vérité sur l'aviation et le plus lourd que l'air. — Association scientifique. — Bateau plongeur. — L'électricité chirurgien. — La grippe. — Jecture des nerfs. — Transformation de l'homme. — Machine à faire les cartes de visite. — Sommeil léthargique. — Inhalation de l'oxygène. — Serre-frein électrique Achard. — Virus vaccin. — Discussion sur les générations spontanées. — Enseignement libre. — Physiologie végétale. — Conférences de la Sorbonne. — Locomotive électro-magnétique. — Montage hydraulique des matériaux de construction. — Les eaux de Marly et de Versailles, etc.

—— **Cinquième année**, 1865. 1 vol. in-18 jésus avec 22 grav.   1 fr. 50

Dans le soleil. — Les merveilles du monde végétal. — La lumière au magnésium. — Poissons Tyndall. — Le rhume de cerveau. — Nouvelle machine électrique de Holz. — — L'absinthe. — Le choléra en 1865. — Discussions académiques. — Bateaux. — Chars. — Chemins de fer du mont Cenis. — Le nitro-glycérine. — Poudre à canon explosive ou inexplosive à volonté. — Pluralité des mondes. — A travers l'espace. — Le gaz aux pommes. — Les mines d'or et d'argent de la Californie. — Conservation des vins. — Plongeur Rouquayrol. — Maladie des vers à soie. — Bouées électriques. — Photographies vitrifiées. — Les bains. — Assainissement de l'air. — Ovariotomie. — Hygiène, etc., etc.

—— **Sixième année**, 1866. 1 vol. in-18 jésus avec 47 grav.   1 fr. 50

Le câble transatlantique. — L'éruption de Santorin. — Les fusils à aiguille. — Les trichines. — Le palais de l'Exposition universelle. — Les étoiles périodiques. — Conférences sous le patronage de l'Impératrice. — Tremblement de terre. — La gaieté en bouteilles. — Rupture des essieux de chemins de fer. — Pluie d'étoiles filantes. — Sur le ballast. — L'invasion des sauterelles. — Un nouveau monde. — La pieuvre. — Curiosités de l'année. — Nivellement sans instruments. — Plus d'aveugles. — Les nouveau-nés. — Antiseptique végétal. — Maladie des vers à soie. — Les phares électriques. — Nouvelles substances explosibles, etc., etc.

PASSOT (Ph.). Leçons d'un instituteur, pour disposer les enfants aux bons traitements envers les animaux. Paris, 1862. 1 vol. in-32 de 192 pages. . . . . 1 fr.

SERAINE (L.). Les préceptes du mariage, suivis d'un essai sur l'idéal de l'amour. du mariage et de la famille. 3ᵉ édition. Paris, 1861. 1 vol. in-32 de 192 pages. . . . . 1 fr.
Le même ouvrage, papier vergé, tiré à petit nombre. . . . . 3 fr.

Petit ouvrage plein de charme et de la plus haute moralité. Il devrait se trouver dans toutes les corbeilles de mariage.

WALKOFF (L.). Guide du fabricant de sucre et du raffineur, à l'usage des fabricants de sucre, directeurs de sucrerie, contre-maîtres, mécaniciens, ingénieurs, constructeurs d'appareils pour sucrerie, cultivateurs chimistes. etc. 4ᵉ édition originale, traduction française, publiée par les soins de M. Mérijot, ancien élève de l'École polytechnique, ingénieur des manufactures de l'État. Paris 1870, 2 vol. in-8, avec 200 grav. dans le texte. 30 fr.

Le peu d'ouvrages publiés sur le sucre de betteraves en France remonte déjà à une date éloignée et, malgré des qualités réelles, n'est plus à la hauteur d'une industrie sans cesse en progrès. Quelques autres ouvrages, écrits à des points de vue spéciaux, ne fournissent au fabricant que des données insuffisantes sur les questions du travail journalier de l'usine.

Pour quiconque s'est occupé de l'industrie du sucre, le nom seul de l'auteur est un sûr garant de la valeur de son œuvre. L'ouvrage de M. Walkhoff est considéré, en Allemagne, comme le traité le plus complet et le plus autorisé publié sur la fabrication. Trois éditions ont été épuisées en quelques années. et bien que la dernière ne date que de deux ans, une nouvelle édition est devenue nécessaire.

PUBLICATIONS PÉRIODIQUES

ADANSONIA. Recueil périodique d'observations botaniques, rédigé par H. BAILLON, professeur d'histoire naturelle à la Faculté de médecine de Paris, publié mensuellement par livraisons gr. in-8 avec planches gravées.
  Prix de l'abonnement au tome IX. . . . . 15 fr. »
  Prix des tomes I à V réunis, au lieu de 75 fr. . . . . . . 62 fr. 50
  Prix des tomes VI, VII, VIII, chacun. . . . . 15 fr. »

BULLETIN DE LA SOCIÉTÉ GÉOLOGIQUE DE FRANCE.
  PREMIÈRE SÉRIE, 14 volumes in-8, avec planches. — DEUXIÈME SÉRIE, 25 vol. in-8, avec planches. Les deux séries. (1170). . . . . 450 fr.
  L'année 1869, correspondant au tome XXVI. Prix de l'abonnement. 30 fr.

BULLETIN DE LA SOCIÉTÉ LINNÉENNE DE NORMANDIE, publié depuis 1855. 12 volumes in-8, avec planches. . . . . 54 fr.

BULLETIN DE LA SOCIÉTÉ PHILOMATHIQUE DE PARIS.
  Se publie par cahiers trimestriels in-8, depuis le mois de mai 1864. Prix de l'abonnement. . . . . 5 fr.

GAZETTE DES EAUX. Revue hebdomadaire des eaux minérales, des bains de mer et de l'hydrothérapie, publié le jeudi depuis le premier mai 1859, par M. Germond de Lavigne.
  Pour la France, prix de l'abonnement, un an. . . . . . . 15 fr.
  —   6 mois. . . . . 9 fr.
  Pour l'étranger suivant les tarifs.
  Prix de la collection, 10 volumes grand in-4. Tomes II à XII, le premier est épuisé. . . . . 70 fr.

JOURNAL DE CONCHYLIOLOGIE, comprenant l'étude des mollusques vivants et fossiles, publié trimestriellement sous la direction de MM. Crosse et P. Fischer. Prix de l'abonnement pour la France. . . . . . . 15 fr.
  Pour l'étranger. . . . . 18 fr.
  Pour les pays d'outre-mer. . . . . 20 fr.
  Prix de la collection, 17 vol. in-8, avec pl. noires et coloriées. 258 fr.

MÉMOIRES DE LA SOCIÉTÉ GÉOLOGIQUE DE FRANCE.
  PREMIÈRE SÉRIE. 5 volumes en 10 parties, in-4, avec planches. . . 100 fr.
  DEUXIÈME SÉRIE. 8 volumes en 18 parties, in-4, avec planches. . . 205 fr.

MÉMOIRES DE LA SOCIÉTÉ LINNÉENNE DE NORMANDIE, publié depuis 1824. 14 volumes in-4 avec planches. . . . . 250 fr.
  Cette collection renferme de nombreux travaux de MM. Eudes et Eugène Deslongchamps, de Fromentel, de Ferry, Fauvel, etc.

REVUE D'HYDROLOGIE MÉDICALE française et étrangère, et clinique des maladies chroniques, publié mensuellement l'hiver et bimensuellement l'été, par MM. Delacroix, Eugel. Hugueny, Jaquemin, Meder, Morpain, Ritter, Robert, Willemin. Prix de l'abonnement. . . . . 10 fr.
  Pour l'étranger. . . . . 12 fr.

REVUE DES JARDINS ET DES CHAMPS. Bulletin mensuel d'horticulture, publié par CHERPIN, depuis 1860. Prix de l'abonnement. . 7 fr. 50
  Prix de la collection, 10 vol. in-8. . . . . 75 fr.

PARIS. — IMP. SIMON RAÇON ET COMP., RUE D'ERFURTH, 1.